Ingeniería de la automatización industrial

2.ª edición ampliada y actualizada

Ingeniería de la automatización industrial

2.ª edición ampliada y actualizada

Ramón Piedrafita Moreno

Ra-Ma®

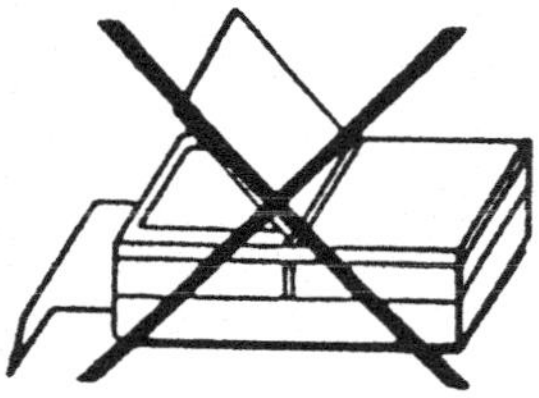

La ley prohíbe
fotocopiar este libro

Ingeniería de la automatización industrial. 2.ª edición ampliada y actualizada

Editado por:
RA-MA Editorial
Calle Jarama, 3A, Polígono Industrial Igarsa
28860 PARACUELLOS DE JARAMA, Madrid
Teléfono: 91 658 42 80
Fax: 91 662 81 39
Correo electrónico: editorial@ra-ma.com
Internet: **www.ra-ma.es** y **www.ra-ma.com**
ISBN: 84-7897-604-3
Depósito Legal: M-51862-2003
Filmación e impresión: Albadalejo, S.L.
Impreso en España
04 12 11 10 9 8 7 6 5 4 3 2 1

A Inma, a Luna y a Dylan

ÍNDICE

AUTOR

Ramón Piedrafita Moreno, Ingeniero Técnico Industrial por la Escuela Universitaria de Ingeniería Técnica Industrial de Zaragoza e Ingeniero Industrial por el Centro Politécnico Superior de la Universidad de Zaragoza, es profesor Titular del Departamento de Informática e Ingeniería de Sistemas en la Escuela Universitaria de Ingeniería Técnica Industrial de Zaragoza.

Ha participado en multitud de proyectos de investigación y formación aplicada al tema del control y la automatización industrial a través de la Oficina de Transferencia de Investigación de la Universidad de Zaragoza y de la Fundación Empresa Universidad de Zaragoza.

Sus principales áreas de investigación son: Ingeniería de la Automatización Industrial, Ingeniería de los Sistemas de Tiempo Real y Control Avanzado de Sistemas Continuos.

Sus principales áreas de trabajo son: Desarrollo de Sistemas de Supervisión Industriales, Automatización de Sistemas de fabricación, Seguridad en Sistemas Automatizados y Aplicación de Internet en los Sistemas de Producción Industrial.

PRÓLOGO

La Automática es la disciplina que persigue el funcionamiento autónomo de los dispositivos o equipos técnicos que se consideren. De forma clásica, correspondiendo a una visión simplificada de las cosas, los sistemas automáticos se dividen en continuos (eventualmente muestreados, es decir, en tiempo discreto) y de eventos discretos. Se denominan híbridos aquellos sistemas que participan de ambas características, pudiendo adoptar formas muy diferentes.

El presente libro se concentra en la automatización industrial, donde se asume prevalente la supervisión y el control de sistemas de eventos discretos, o expresado con mayor propiedad, sistemas modelados como de eventos discretos, merced a formalismos apropiados. La temática es amplia y la utilidad de esta visión de eventos discretos importante.

Dejando el plano formal, para la realización práctica de sistemas de automatización, temática donde este libro hace énfasis, se han ido proponiendo equipos y soluciones técnicas muy variadas.

El presente texto parte de la consideración de los autómatas programables, clase de computadores especializados, nacidos en el ámbito de la industria automovilística a finales de la década de los sesenta del pasado siglo XX. Concebidos como medio de realización programable de automatismos lógicos más o menos complejos, inicialmente su vocación fue la sustitución de los armarios de contactos, de importante tamaño, difícilmente reconfigurables y con algunos problemas en cuanto a la seguridad de funcionamiento, entendida ésta en su sentido más amplio. La nunca fácil adaptación del personal técnico a nuevas tecnologías hizo que los lenguajes de programación de los autómatas programables se circunscribieran en sus comienzos al personal de formación electrotécnica que normalmente se encargaba de los mencionados armarios. Traza innegable de esta evolución-adaptación es la casi omnímoda presencia de lenguajes basados en los conceptos de contacto abierto o contacto cerrado que, estandarizados o no, se han ido ofreciendo en las diferentes familias de productos salidos al mercado.

Consecuencia inmediata de la adopción de realizaciones lógicas "basadas en caminos" fue la aparición de planteamientos alternativos fundamentados en el concepto de lógica realizada por "niveles", esencialmente empleando módulos de diagramas lógicos (diferentes tipos de puertas y, eventualmente, biestables, en primera aproximación), o en una visión cercana a ambos, pero algo más abstracta: el álgebra de Boole. A las tres aproximaciones mencionadas se añadieron, ya en sus comienzos, lenguajes basados en conceptos de programación a nivel de ensamblador.

Un paso importante a la hora de considerar los estilos de programación de los autómatas programables, consistió en proponer como alternativa la codificación de modelos basados en formalismos más próximos a los lenguajes de programación secuencial y concurrente. En particular, ha tenido especial repercusión el Grafcet.

Como investigador en el Laboratoire d´Automatique de Grenoble, y en su representación, tuve la oportunidad de participar en la comisión de normalización la AFCET (la hoy extinta Association Française de Cybernetique Économique et Technique) que lo definió allá en 1977. En sus comienzos, el grafo de la AFCET, poco más tarde, potenciando su empleo fuera de las fronteras del país vecino, Grafcet pasó a significar grafo de Condición(Etapa)-Transición. Con matices y aditamentos se terminó transformando en la norma IEC-848 de la Comisión Internacional de Electrotecnia denominada Sequential Function Chart.

En paralelo a lo mencionado sobre la programación, los requisitos operacionales fueron evolucionando bajo la necesidad de sistemas modulares y fiables de entradas y salidas, y la imperiosa adaptabilidad al funcionamiento en medios "agresivos" (donde condiciones de humedad, purulencia o perturbaciones eléctricas importantes suelen ser la regla). Posteriormente, la comunicación entre autómatas (descentralizándose y distribuyéndose funciones), la incorporación de dispositivos para incrementar la seguridad de funcionamiento, o el enriquecimiento paulatino de los lenguajes de programación con primitivas y construcciones adicionales, es una historia en la que aún nos encontramos inmersos.

El presente texto se estructura en dos partes. La primera establece un amplio barrido sobre la problemática de los autómatas programables, tanto desde el punto de vista funcional como operacional. Los conceptos y técnicas relativos a la comunicación se abordan particularmente. La segunda parte de la monografía se refiere a cuestiones de modelado y programación, partiendo de una breve mención a las redes de Petri, para pasar de inmediato al Grafcet, así como a la Guía Gemma

(Guía para el Estudio de los Modos de Marcha y Parada), acrónimo que deriva de su expresión en francés (Guide d'Étude des Modes de Marches et d'Arrêts). Termina el texto con dos capítulos dedicados a sendos ejemplos de carácter industrial.

Hay que agradecer al autor el esfuerzo realizado, ya que, curiosamente, no es abundante la literatura técnica sobre una temática tan amplia e importante en la práctica como la considerada. Cuestiones más formales, de análisis o de síntesis, como la validación o verificación de modelos, el análisis de prestaciones, o la exposición de técnicas de construcción de modelos o de control, no son abordadas en aras de una aproximación tan directamente pragmática como la adoptada.

Manuel Silva Suárez

Catedrático del Área de Ingeniería de Sistemas y Automática de la Universidad de Zaragoza

septiembre de 2003

INTRODUCCIÓN

La Ingeniería de la Automatización Industrial ha efectuado un enorme progreso en las últimas décadas. Elementos de hardware cada día más potentes, la incorporación de nuevas funcionalidades, y el desarrollo de las redes de comunicación industriales, permiten realizar en tiempos mínimos excelentes sistemas de Automatización Industrial.

En el presente texto se pretende ofrecer al lector una visión amplia y actual de los sistemas de Automatización Industrial. El lector que solamente busque el conocimiento de los lenguajes de programación de Autómatas puede acudir a los fabricantes de éstos. Pero desengáñese antes, conocer un lenguaje de programación de Autómatas sirve de muy poco si no se tiene claro cómo y dónde aplicarlo.

En algunos capítulos como puede ser el dedicado a los buses de campo y la parte del capítulo dedicada a la comunicación, se ha huido de dar la visión interna de las capas de protocolo o describir hasta la saciedad las tramas de los protocolos industriales. Se ha preferido ofrecer una visión de usuario, de las nuevas posibilidades y ventajas que conlleva la aplicación de las nuevas tecnologías.

Paso a paso, se pretende enseñar al lector a desarrollar Automatizaciones Industriales completas.

Estructura del libro

Comenzando por el necesario capítulo de introducción, se dedica el segundo capítulo a los Autómatas Programables Industriales, en un tercer capítulo se estudian las principales gamas de sensores industriales y el cableado básico de los sensores y actuadores a los módulos de entradas/salidas de los Autómatas. En el capítulo cuarto se introducen a los sistemas de cableado de instalaciones automatizadas.

El capítulo quinto se dedica al estudio del funcionamiento interno de los Autómatas y la seguridad de los sistemas automatizados. En el siguiente capítulo se abordan las funciones especializadas como son el contaje rápido, módulos de entrada/salida reflex, módulos de control de ejes...

Se dedican tres capítulos completos a los buses de campo, partiendo de los buses de sensores/actuadores como es el bus AS-i, se analizan los buses industriales FIPIO, Profibus e Interbus.

El tercero de estos capítulos está dedicado a la incorporación de las Tecnologías de la Información de Internet al campo de la automatización, lo cual ha permitido avanzar en los métodos de transmisión de información entre los diversos elementos de los sistemas de automatización. Un gran número de fabricantes han empezado a desarrollar dispositivos que utilizan como protocolo de comunicaciones TCP/IP y medio físico Ethernet, tales como módulos de entradas/salidas, variadores de velocidad, arrancadores, contactores, terminales de explotación y diálogo, pasarelas a buses de terceros... Además, muchos de estos dispositivos incorporan servidores Web empotrados. Lo cual permite su configuración y diagnóstico mediante un navegador de Internet.

En los siguientes capítulos se pretende guiar al lector para que asimile un método de modelado y programación de los sistemas de fabricación industriales. El método parte del conocimiento de una herramienta de modelado de sistemas de fabricación: las redes de Petri. En el texto se realiza una pequeña introducción a la redes de Petri y a su implementación programada. Si el lector desea profundizar en el conocimiento de las redes de Petri, puede acudir a excelentes textos como el libro: *Las Redes de Petri: en la Automática y en la Informática* de Manuel Silva.

El constante desarrollo de los lenguajes de programación como el Grafcet y el lenguaje Literal Estructurado facilita al profesional herramientas avanzadas que permiten que se centre en la solución del problema, el control de la máquina.

El Grafcet es un formalismo inspirado en las redes de Petri, merced a una interpretación singular, donde se manejan eventos, condiciones y acciones en forma análoga a los clásicos diagramas de estado, siendo la variable local de estado (la etapa) intrínsecamente binaria.

En los capítulos 12 y 13 se introduce al lector en el estudio de la Guía de estudio de modos de Marchas y Paradas (Gemma) y su aplicación en la programación de autómatas. Todo profesional de la Automatización que conozca la forma de aplicar la Guía para el estudio de los modos de Marchas y Paradas en la programación de Autómatas, desarrollará los programas en un tiempo aceptable, además de que serán programas correctamente estructurados y fácilmente modificables.

En los dos últimos capítulos se exponen dos ejemplos de instalaciones industriales automatizadas *reales*, en las cuales se han aplicado las tecnologías más avanzadas disponibles en la actualidad. Con estos dos capítulos se pretende que el lector comprenda y asimile la aplicación de las tecnologías expuestas en el libro.

¿A quién se dirige Ingeniería de la Automatización Industrial?

Este libro se dirige a todas aquellas personas interesadas en introducirse y avanzar en las últimas tecnologías del campo de la Automatización Industrial. En general, el libro puede ser asimilado sin muchos problemas por toda persona que posea un mínimo conocimiento sobre automatismos y electricidad. También pensamos que puede ser adecuado para el personal de mantenimiento y producción de los sistemas de fabricación que desea y *debe* actualizarse constantemente.

Pienso que *Ingeniería de la Automatización Industrial* puede resultar un libro de texto adecuado para las asignaturas de Autómatas Programables, de Automatismos Lógicos y de Automatización Industrial que se imparten en los centros de Formación Profesional y en las Escuelas de Ingeniería. Así mismo lo considero adecuado para los cursos de especialización y formación que se imparten específicamente sobre el tema.

Agradecimientos

La génesis del libro parte de la documentación desarrollada para la asignatura Informática Industrial de la Especialidad de Electrónica Industrial y para los cursos de Automatización Industrial impartidos en la Escuela Universitaria de Ingeniería Técnica Industrial, en el Área de Ingeniería de Sistemas y Automática. La gran acogida que han tenido estos cursos, el interés del tema y la carencia de publicaciones que sirvieran de libro de texto para los alumnos, nos llevaron a tomar en serio la "pequeña empresa" que da lugar al texto que tiene en sus manos.

Junto a los agradecimientos formulados en la primera edición, en esta segunda edición del libro quiero agradecer a las personas que han contribuido especialmente a que se haga realidad:

A Manuel Silva Suárez, por su apoyo y por el prólogo del presente texto.

A Francisco Javier Rodrigo, por su apoyo constante y continuado.

A Jordi Piñero y Ricardo Ambrona, por el contenido del CD que acompaña el libro.

A Diego Rodríguez, por su apoyo en las tareas diarias de docencia, desarrollo e investigación.

A Enrique Teruel, por sus constructivas críticas e indicaciones.

A Ismael Blasco Alías, Ladislao Rubio Rubio, Miguel Ángel Montañes Laborda, Jesús Maria Rodríguez y David Gómez Falcón, por su excelente contribución en la automatización de la célula de fabricación del Departamento de Informática e Ingeniería de Sistemas de la Universidad de Zaragoza.

A Inma, por todo.

A todos ellos muchas gracias.

Ramón Piedrafita Moreno

Departamento de Informática e Ingeniería de Sistemas
Escuela Universitaria de Ingeniería Técnica Industrial
Universidad de Zaragoza
Zaragoza y Jaca, octubre de 2003

A Luna, un recuerdo para ti allí donde estés.

CAPÍTULO 1

INTRODUCCIÓN A LA AUTOMATIZACIÓN INDUSTRIAL

1.1 LA AUTOMÁTICA

El Diccionario de la Real Academia Española define la Automática como:

"la Disciplina que trata de los métodos y procedimientos cuya finalidad es la sustitución del operador humano por un operador artificial en la ejecución de una tarea física o mental previamente programada"

Cuando esta sustitución tenga como objetivo el control de un sistema, de forma que este funcione de una manera autónoma hablaremos de sistemas de control automático. Los ingenios y dispositivos diseñados con este fin se denominarán de regulación y mando.

Cuando la sustitución tenga como objetivo el procesado automático de la información, entonces nos referiremos a la disciplina de la Informática. La Informática Industrial se ocupa del procesamiento automático de la información industrial.

El presente texto se orientará al estudio de la disciplina que engloba el control de los sistemas de producción industriales y el procesado automático de la información industrial: la Automatización Industrial.

1.2 AUTÓMATAS EN LA HISTORIA

En la antigüedad el ser humano se percató de que existían tareas que se podían realizar e, incluso, mejorar por medio de sistemas mecánicos, hidráulicos... más o menos complejos. Comenzó a crear artefactos y máquinas encargadas de realizar tareas diarias y comunes, que le facilitaban la actividad cotidiana. No todos los artefactos tenían una utilidad práctica o preindustrial, algunas máquinas servían solo para entretener a sus dueños, erán simples juguetes que no hacían nada más que realizar movimientos repetitivos o emitir sonidos.

Los primeros ejemplos de autómatas se registraron en la antigua Etiopía. En el año 1500 a. C., Amenhotep construye una estatua de Memon, el rey de Etiopía, que emite sonidos cuando la iluminan los rayos del sol al amanecer. En China, en el 500 a.C., King-su Tse inventa una urraca voladora de madera y bambú y un caballo de madera que saltaba. En el año 206 a. C., fue encontrado el tesoro de Chin Shih Hueng Ti consistente en una orquesta mecánica de muñecos, encontrada por el primer emperador Han.

Los ingenieros griegos aportaron grandes conocimientos en el campo de los autómatas, aunque su interés era más bien hacia el saber humano más que hacia las aplicaciones prácticas. Entre el 400 y 397 a. C., Archytar de Tarento construye un pichón de madera suspendido de un pivote, el cual rotaba con un surtidor de agua o vapor, simulando el vuelo. Archytar es el inventor del tornillo y la polea.

En el año 62 Heron de Alejandría describe múltiples aparatos en su libro "Autómata". Entre ellos aves que vuelan, gorjean y beben. Todos ellos fueron diseñados como juguetes, sin mayor interés por encontrarles aplicación. Sin embargo, describe algunos como un molino de viento para accionar un órgano o un precursor de la turbina de vapor. También se diseñan ingeniosos mecanismos como la máquina de fuego que abría puertas de los templos o altares mágicos donde las figuras apagaban el fuego de la llama.

En Roma existía la costumbre de hacer funcionar juguetes automáticos para deleitar a los huéspedes. Trimalco ofreció en su famoso banquete, pasteles y frutas que arrojaban un chorro de perfume cuando se hacía una ligera presión sobre un priapo de pasta, en cuyo regazo estaban colocados pasteles y frutas.

La cultura árabe heredó y difundió los conocimientos griegos, utilizándolos no sólo para realizar mecanismos destinados a la diversión, sino que les dieron una aplicación práctica, introduciéndolos en la vida cotidiana de la realeza. Ejemplos de estos son diversos sistemas dispensadores automáticos de agua para beber o lavarse. Los árabes fueron unos maestros en la construcción de autómatas y en la precisión de sus cálculos, y como ejemplo de ello, se puede mencionar que inventaron el reloj mecánico, así como sus grandes aportaciones a la astrología.

En la Edad Media se desarrollan otros autómatas, de los que hasta nuestros días sólo han llegado referencias no suficientemente documentadas, como el hombre de hierro de Alberto Magno (1204-1282) o la cabeza parlante de Roger Bacon (1214-1294). En el año 1235, Villard d'Honnecourt escribe un libro con bocetos que incluyen secciones de dispositivos mecánicos, como un ángel autómata, e indicaciones para la construcción de figuras humanas y animales.

Un magnífico ejemplo de la época fue el Gallo de Estrasburgo que funcionó desde 1352 hasta 1789. Este es el autómata más antiguo que se conserva en la actualidad, formaba parte del reloj de la catedral de Estrasburgo y al dar las horas movía el pico y las alas.

Durante los siglos XV y XVI algunos de los más relevantes representantes del renacimiento se interesan también por los ingenios descritos y desarrollados por los griegos. Es conocido el León Mecánico construido por Leonardo da Vinci (1452-1519) para el rey Luis XII de Francia, que se abría el pecho con su garra y mostraba el escudo de armas del rey. En España es conocido el hombre de palo construido por Juanelo Turiano en el siglo XVI para el emperador Carlos V. Este autómata con forma de monje, andaba y movía la cabeza, ojos, boca y brazos.

Durante los siglos XVII y XVIII se crearon ingenios mecánicos que tenían alguna de las características de los robots actuales. Estos dispositivos fueron creados en su mayoría por artesanos del gremio de la relojería. Su misión principal era la de entretener a las gentes de la corte y servir de atracción a las ferias. Estos autómatas representaban figuras humanas, animales o pueblos enteros. Así, en 1649, cuando Luis XIV era niño, un artesano llamado Camus (1576-1626) construyó para él un coche en miniatura con sus caballos, sus lacayos y una dama dentro, y todas las figuras se podían mover perfectamente. Salomón de Camus también construyó fuentes ornamentales y jardines placenteros, pájaros cantarines e imitaciones de los efectos de la naturaleza.

Según P. Labat, el general de Gennes construyó en 1688 un pavo real que caminaba y comía. Este ingenio pudo servir de inspiración a Jacques de Vaucanson (1709-1782) para construir su increíble pato mecánico que fue la admiración de toda Europa. Según Sir David Brewster en un escrito de 1868, describe este pato diciendo que es "la pieza mecánica más maravillosa que se haya hecho". El pato alargaba su cuello para tomar el grano de la mano y luego lo tragaba y lo digería. Podía beber, chapotear y graznar, y también imitaba los gestos que hace un pato cuando traga con precipitación. Los alimentos los digería por disolución y se conducía por unos tubos hacia el ano, donde había un esfínter que permitía evacuarlos.

Vaucanson también construyó varios muñecos animados, entre los que destaca un flautista capaz de tocar melodías. El ingenio consistía en un complejo mecanismo de aire que causaba el movimiento de dedos y labios, como el funcionamiento normal de una flauta. Por instigación de Luis XV, intento construir un modelo con corazón, venas y arterias, pero murió antes de poder terminar esta tarea.

También construyó muchos objetos útiles para la industria como una silla para los tejedores, pero eso suscitó el disgusto de los manufactureros de seda franceses, quienes lo amenazaron de muerte.

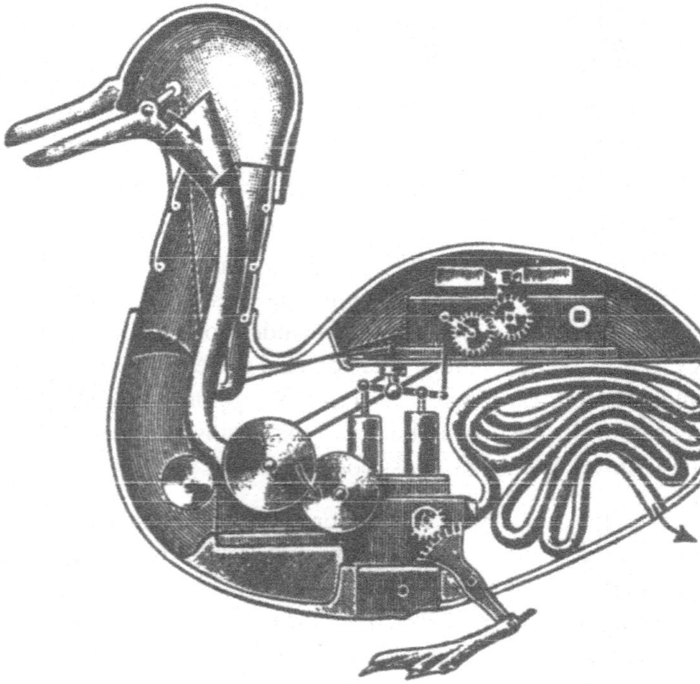

Figura 1.1 Pato de Vaucanson

El relojero suizo Pierre Jaquet Droz (1721-1790) y sus hijos Henri-Louis y Jaquet construyeron diversos muñecos capaces de escribir (1770), dibujar (1772) y tocar diversas melodías en un órgano (1773). Estos se conservan en el museo de Arte e Historia de Neuchâtel, Suiza.

Los Maillardet (Henri, Jean-David, Julien-Auguste, Jacques-Rodolphe) entre finales del siglo XVIII y principios del XIX, construyen un escritor-dibujante con la forma de un chico arrodillado con un lápiz en su mano, escribe en inglés y en francés, y dibuja paisajes. Construyen un mecanismo "mágico" que responde preguntas y un pájaro que canta en una caja.

A finales del siglo XVIII y principios del XIX se desarrollaron algunas ingeniosas invenciones mecánicas, utilizadas fundamentalmente en la industria textil, entre las que destacan la hiladora giratoria de Hargreaves (1770), la hiladora mecánica de Crompton (1779), el telar mecánico de Cartwright (1785) y el telar de Jacquard (1801).

Jacquard basándose en los trabajos de Bouchon (1725), Falcon (1728) y del propio Vaucanson (1745), fue el primero en aplicar las tarjetas perforadas como soporte de un programa de trabajo, es decir, eligiendo un conjunto de tarjetas, se definía el tipo de tejido que se desea realizar. Estas máquinas constituyeron los primeros precedentes históricos de las máquinas de control numérico.

Figura 1.2 Telar de Jacquard

Algo más tarde que en la industria textil, se incorporan los automatismos en las industrias mineras y metalúrgicas. El primer automatismo que supuso un gran impacto social, lo realiza Potter a principios del siglo XVIII, automatizando el funcionamiento de una máquina de vapor del tipo Newcomen.

A diferencia de los autómatas androides los automatismos dedicados a controlar máquinas industriales incorporan el concepto de realimentación. El ingeniero diseñador tenía una doble labor: realizar el proceso de diseño mecánico y también desarrollar el automatismo, que en muchos casos era parte integrante de la mecánica de la máquina.

A partir de aquí el desarrollo de los automatismos es impresionante, en muchas máquinas se incorporan elementos mecánicos como los programadores cíclicos en los cuales se definía la secuencia de operaciones.

1.3 AUTOMATISMOS INDUSTRIALES

Los actuales sistemas de automatización industrial pueden considerarse como herederos de los autómatas mecánicos del pasado. La definición de autómata que aparece en la Real Academia indica que un autómata es una "máquina que imita la figura y los movimientos de un ser animado".

La realización física de los automatismos ha dependido continuamente del desarrollo de la tecnología implementándose en primer lugar mediante ingenios puramente mecánicos y posteriormente por medio de tecnologías cableadas como la neumática, circuitos de relés electromagnéticos ó tarjetas electrónicas. En las dos últimas décadas se han abandonado las tecnologías cableadas siendo sustituidas paulatinamente por los autómatas programables.

Los sistemas de automatización industrial han recibido un gran impulso en este siglo XX sobre todo por parte de la industria del automóvil. El término automatización fue acuñado en 1947 por Delmar S. Halder de la compañía automovilística Ford en Detroit. Halder opina que la *automatización* debería ser un concepto global que abarque todos los diseños y dispositivos realizados para conseguir una plena automatización de la producción. Inicialmente Halder desarrolló su campaña dentro de Ford, pero se extendió por si sola al resto de la industria americana, estableciéndose un debate sobre su aplicación en la industria y las consecuencias sociales que esto conllevaría. Se vertieron opiniones, no sin falta de razón, de que el objetivo final era sacar al ser humano fuera del proceso productivo, prediciendo que una gran cantidad de personas se quedaría sin trabajo.

También se vertieron opiniones favorables dentro del campo tecnológico e industrial, donde muchos consideraban la automatización como un concepto nuevo y revolucionario. La ciencia de la automatización "Automatology" haría comenzar una nueva era. La automatización supondría "la segunda revolución industrial".

La formalización del tratamiento de los automatismos es muy reciente. Históricamente se puede decir que el tratamiento de los automatismos lógicos se ha basado en el álgebra de Boole y en la teoría de autómatas finitos. Hasta la década de los sesenta no se dispuso de herramientas como las redes de Petri, para el diseño y análisis de automatismos secuenciales y concurrentes.

1.4 SISTEMAS DE FABRICACIÓN

En la industria actual, la mayor parte de los procesos de fabricación son automatizados. En los sistemas automatizados la decisión, la inteligencia que realiza las acciones de fabricación, no la realiza el ser humano. La inteligencia del proceso está contenida en la unidad de control o mando del sistema de fabricación.

La realización tecnológica de esa inteligencia ha adoptado diferentes formas o implementaciones a lo largo de la historia industrial. Desde automatismos puramente mecánicos hasta los autómatas programables actuales.

En el momento actual se puede afirmar que la mayoría de los procesos automatizados están controlados por autómatas programables y en menor medida por ordenadores de control de proceso y reguladores industriales.

La combinación de la inteligencia de los autómatas programables con los accionadores industriales, así como el desarrollo de captadores y accionadores cada día más especializados, permite que se automatice un mayor número de procesos, liberando al ser humano tanto de tareas de gran complicación intelectual como de realizar esfuerzos sustituidos por accionadores electromecánicos, neumáticos, etc.

En los últimos años el mercado de los productos de automatización cambia y se incrementa continuamente tanto en sus gamas de productos como en nuevos elementos para implantar y configurar instalaciones automatizadas.

La potencia de los autómatas programables ha aumentado considerablemente dejando de ser unos "lentos elementos de control que sólo pueden sustituir a los cuadros de contactores" a ejecutar complicadas aplicaciones de control con un tiempo de computo mínimo y con una alta fiabilidad. En las gamas de autómatas se han ido incorporando toda una gama de nuevos módulos para funciones especiales como el control de ejes, el pesaje, la comunicación...

Esto no sólo ha sido posible con el desarrollo de la unidad de control, sino que se han invertido grandes esfuerzos e investigaciones en campos como son las Redes de Comunicación Industrial, los buses de Campo, los Buses de Célula, los identificadores de productos, etc.

En la Figura 1.3 se observa una línea de fabricación industrial automatizada. Esta instalación es un transporte de suelo de una fábrica de automóviles. El transporte de suelo está controlado por medio de cuatro autómatas programables. Cada autómata controla una zona del transporte de suelo.

Las carrocerías de los coches entran por el transporte de tierra TT101 y son llevadas a los elevadores EL901, EL902 y EL903.

Para automatizar el proceso el sistema deberá disponer de una serie de captadores y accionadores. Los captadores permitirán detectar el estado y situación de las carrocerías y los accionadores permitirán el desplazamiento.

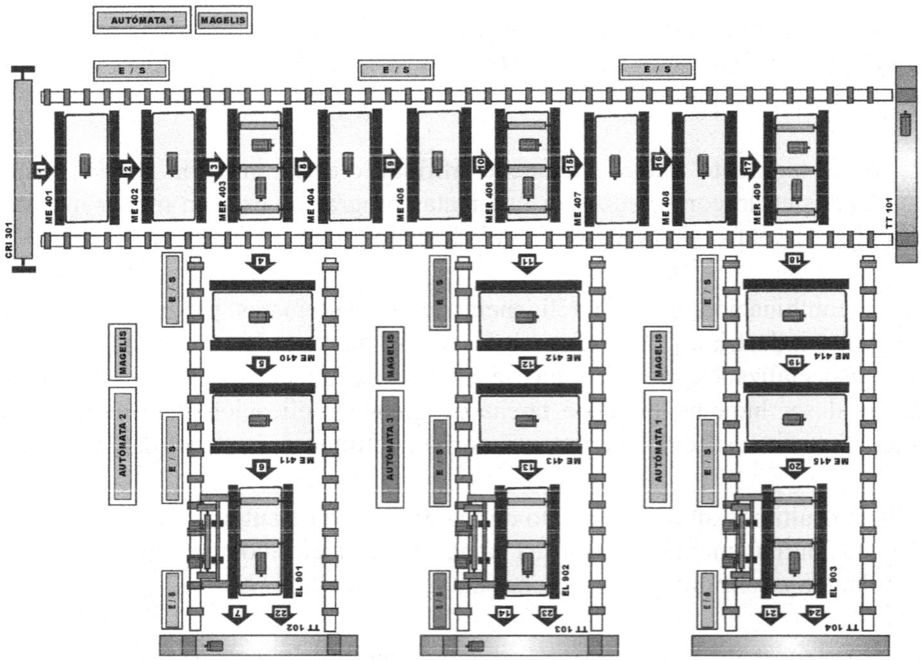

Figura 1.3 ***Transporte de suelo***

Los elementos que componen una instalación Automatizada son:

Máquinas

Donde se realizan los procesos, los traslados, las transformaciones de los productos…

Accionadores

Están acoplados a máquinas para realizar movimientos, calentamientos; son motores de corriente continua, motores de corriente alterna, cilindros neumáticos.

- *Accionadores eléctricos*

  Utilizan como fuente de energía la eléctrica y toman muy diferentes formas como son: válvulas eléctricas, motores eléctricos de velocidad variable, motores de velocidad fija, resistencias de calentamiento, cabezas de soldadura, cabeza de corte por láser. Los motores eléctricos son adecuados para movimientos angulares y en el control de velocidad de ejes.

- *Accionadores neumáticos*

  Utilizan como fuente de energía el aire comprimido. El aire comprimido se obtiene por medio de un grupo compresor, y luego se distribuye por la fábrica a las máquinas que lo utilicen. Los accionadores neumáticos son principalmente cilindros. Son adecuados para aplicarlos en movimientos lineales cortos que se producen, por ejemplo, en operaciones de transferencia, ensamblajes, aprietes, marcados.

- *Accionadores hidraúlicos*

  Sólo se utilizan cuando los esfuerzos a desarrollar son muy importantes (prensas de corte...) o cuando velocidades lentas deben ser controladas con precisión.

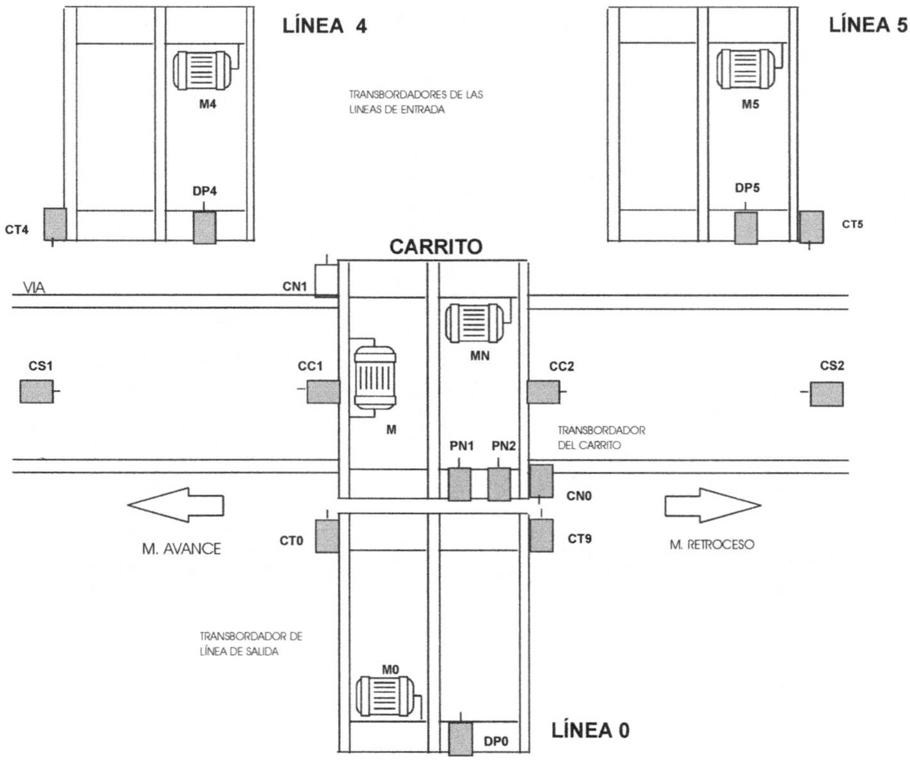

Figura 1.4 Captadores y Accionadores de una Instalación

Pre-accionadores

Para comandar y activar los accionadores. Son contactores, variadores de velocidad, electroválvulas...;

- *Preaccionadores eléctricos*

  Contactores, arrancadores y variadores de velocidad.

- *Preaccionadores neumáticos*

  Son los distribuidores asociados a los cilindros. Reciben una señal neumática o una señal eléctrica como mando.

Captadores

Son elementos que informan al órgano de mando del estado del sistema o de los eventos que sucedan en él. Los captadores captan las señales necesarias para conocer el estado del proceso y decidir su desarrollo futuro. Detectan posición, presión, temperatura, caudal, velocidad, aceleración.

- *Finales de carrera*

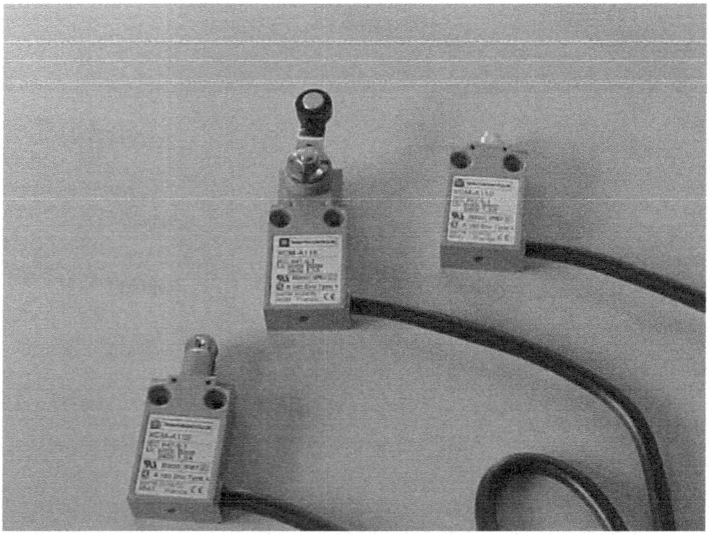

Figura 1.5 Finales de carrera

- *Detectores inductivos*

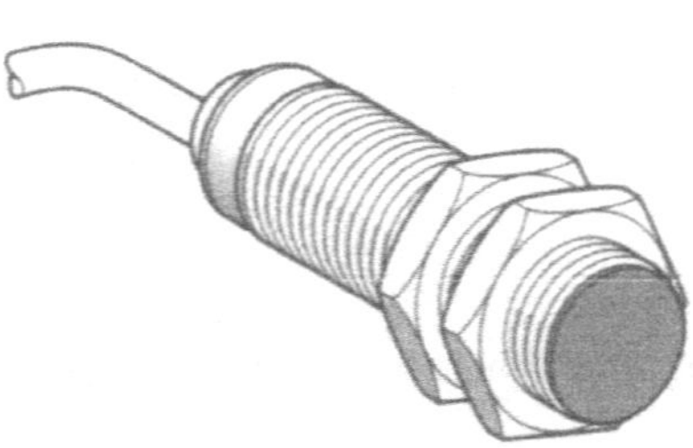

Figura 1.6 Detector inductivo

- *Detectores Fotoeléctricos*

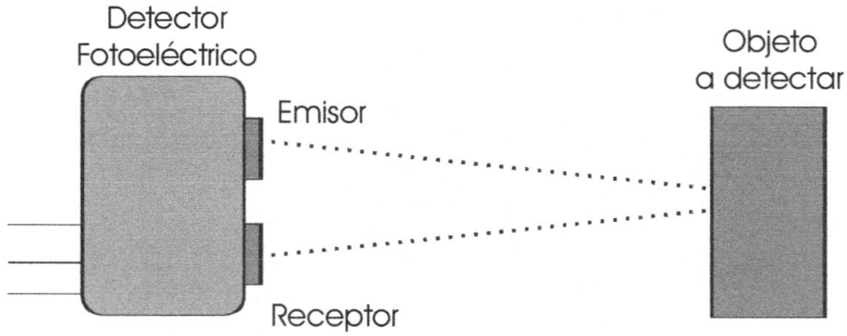

Figura 1.7 detector fotoeléctrico

Elementos de diálogo humano-máquina

Permiten el diálogo entre el operador y la unidad de control. Están implantados en el pupitre de la máquina: pilotos, pulsadores, teclados, visualizadores.

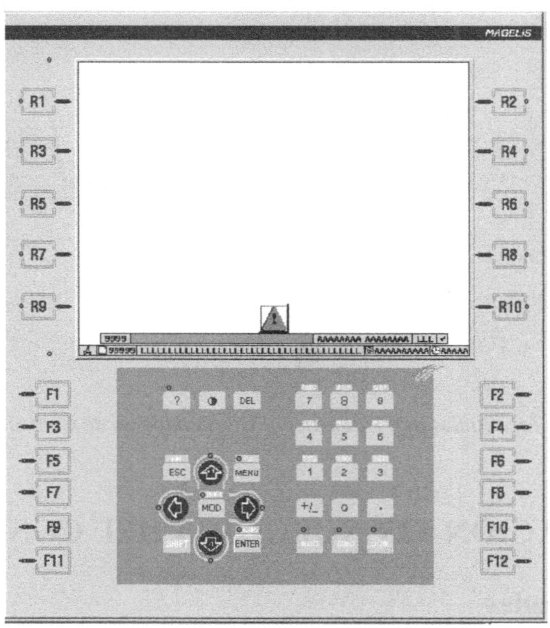

Figura 1.8 Terminal de explotación Magelis

Elementos de mando

Son los elementos de cálculo y control que comandan el proceso. Han tenido un desarrollo espectacular en las dos últimas décadas, permitiendo controles más avanzados y flexibles sin requerir instalaciones complejas. Suelen ser Autómatas Programables u Ordenadores de Control Industrial.

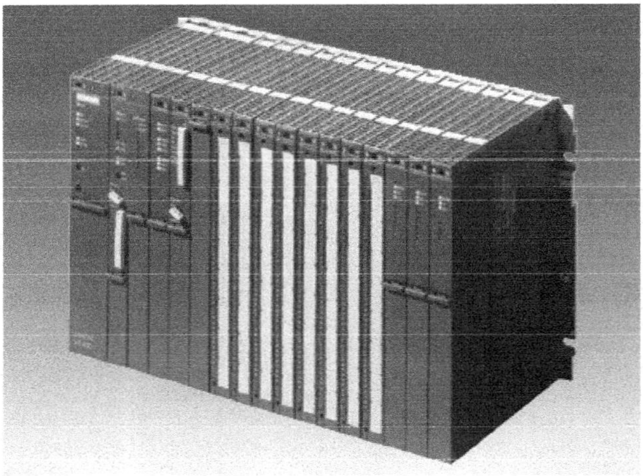

Figura 1.9 Autómata programable Siemens

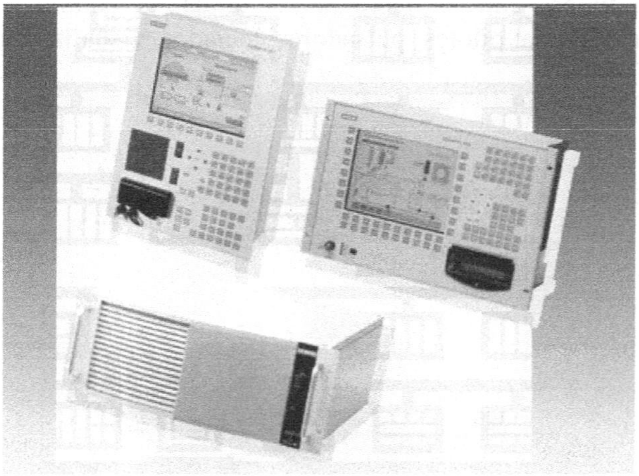

Figura 1.10 Terminales de Visualización y Ordenadores de Control de Proceso

1.5 REALIZACIÓN TECNOLÓGICA DEL CONTROL

Tecnologías cableadas

Las primeras tecnologías disponibles para implementar controladores de sistemas de eventos discretos, se basaban en la aplicación de tecnologías cableadas, lo que se denominaba automatismos cableados. Se utilizaban principalmente las tecnologías neumática y electromecánica.

La tecnología neumática adquiere especial relevancia en la implementación cableada de automatismos, además cuenta con la ventaja de que es homogénea con numerosas máquinas de producción equipadas con cilindros neumáticos. Se debe resaltar que, aunque sea una tecnología cableada, el mando neumático utiliza secuenciadores modulares que suprimen una parte del cableado. En la actualidad en muchas máquinas neumáticas industriales el sistema de control que sigue en activo está integrado por circuitos neumáticos. Los nuevos productos desarrollados incorporan como sistema de mando, en el caso de algunas máquinas pequeñas, circuitos de relés electromagnéticos, pero la mayoría está comandada por autómatas programables.

Los relés electromagnéticos disponen de contactos accionados por una bobina electromagnética. La puesta en tensión de la bobina hace que los contactos conmuten debido a la fuerza electromagnética creada. Los relés electromagnéticos pueden efectuar conmutaciones de grandes corrientes. Continúan siendo interesantes para automatismos muy sencillos. Aunque han sido prácticamente sustituidos por autómatas programables, se siguen utilizando alrededor de ellos en particular para realizar los circuitos de seguridad.

En las instalaciones de las fábricas de Automóviles se instalaban grandes armarios en paralelo con las líneas de producción. Dentro de estos armarios se construía mediante circuitos de relés electromagnéticos la inteligencia que controlaba el proceso de fabricación. Esta tecnología funcionaba y por supuesto se fabricaban coches pero también poseía una gran problemática.

- La tecnología cableada no era muy adecuada para implementar sistemas de control complejos.

- Los elementos que la forman eran electromecánicos (en el caso de los relés), lo cual implica un número no ilimitado de maniobras (rompen) y la necesidad de implantar logísticas de mantenimiento preventivo.

- Ofrecían una gran dificultad para la búsqueda de averías (un cable que no hace contacto sigue estando visualmente junto al tornillo). Para facilitar la localización de averías se instalaban contactores y relés que señalizarán los fallos.

- A veces se debían realizar conexiones entre cientos o miles de relés, lo que implicaba un enorme esfuerzo de diseño y mantenimiento.

- Cuando se cambiaba el proceso de producción cambiaba también el sistema de control.

Los tiempos de parada ante cualquier avería eran apreciables. Si saltaba una parada de emergencia, se tenía que reiniciar manualmente el sistema, dado que se perdía el estado de la producción.

Estas tecnologías se usaban en el tratamiento y toma de decisiones del sistema automatizado. En la actualidad el tratamiento y el control lo ejercen los autómatas programables u ordenadores industriales, habiendo reemplazado en gran cantidad de aplicaciones al cableado.

Sin embargo, la acción directa sobre las máquinas sigue siendo efectuada mediante elementos de tecnología cableada. Los contactores eléctricos dan alimentación a los accionadores eléctricos tales como motores, resistencias de calentamiento... Los relés eléctricos siguen siendo utilizados en las salidas digitales relevando al autómata en potencia.

El desarrollo de los autómatas programables

A finales de los años cincuenta los fabricantes de automóviles necesitaban nuevas y mejores herramientas de control de la producción. Los "nuevos controladores" debían ser fácilmente programables por ingenieros de planta o personal de mantenimiento. El tiempo de vida debía ser largo y los cambios en el programa tenían que realizarse de forma sencilla. Finalmente se imponía que trabajaran sin problemas en entornos industriales adversos.

Los autómatas programables se introducen por primera vez aproximadamente 1960. Bedford Associates desarrolló el denominado Modular Digital Controler (Modicon) para el fabricante de automóviles General Motors. Otras compañías propusieron a la vez esquemas basados en ordenador, uno de los cuales estaba basado en el PDP-8. El MODICON 084 fue el primer autómata del mundo comercializado.

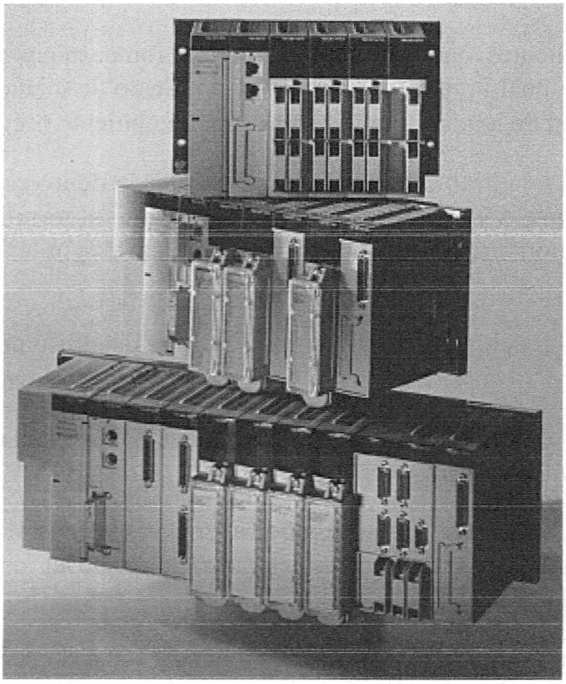

Figura 1.11 Autómata Programable Modicon TSX- Premium

Las funciones de comunicación comenzaron a integrarse en los autómatas a partir del año 1973. El primer bus de comunicaciones fue el Modbus de Modicon. El autómata podía ahora establecer comunicación e intercambiar informaciones con otros autómatas. La implantación de los sistemas de comunicación permitió aplicar herramientas de gestión de producción que se ejecutaban en miniordenadores enviando órdenes de producción a los autómatas de la planta. En las plantas se suele dedicar un autómata programable a ejecutar la función de gestión. Este autómata recibe las órdenes de producción y se encarga de comunicarlas a los autómatas programables dedicados a control. Simultaneámente los autómatas de control envían el estado de la producción al autómata de gestión.

En la década de los 80 se produjo un intento de estandarización de las comunicaciones en el entorno industrial con el protocolo MAP (Manufacturing Automation Protocol) de General Motors. En los últimos años del siglo XX y primeros del siglo XXI se está empezando a imponer como protocolo de comunicación en el entorno industrial el TCP-IP, el protocolo de comunicación estándar mundial utilizado en la comunicación vía Internet.

1.6 SISTEMAS AUTOMATIZADOS

Una forma clásica de abordar el estudio de los sistemas Automatizados es la división en Parte de Mando y Parte Operativa.

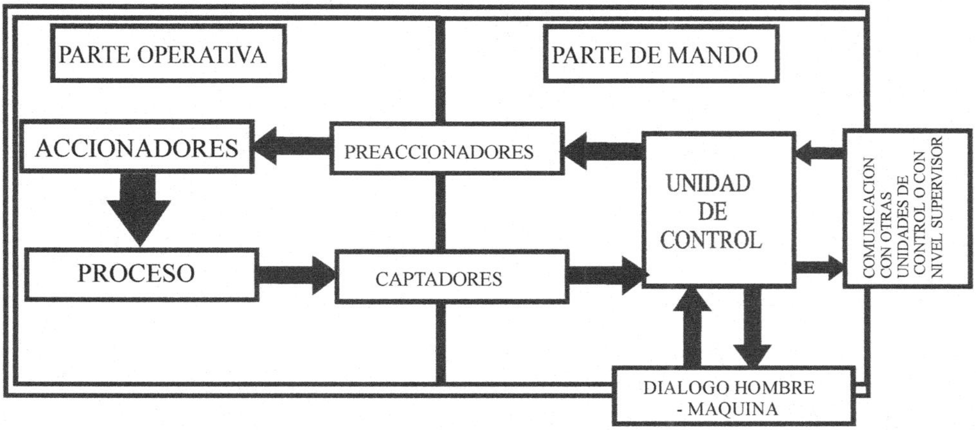

Figura 1.12 Parte de mando y parte operativa

- La parte Operativa es la parte que actúa directamente sobre la máquina. Son los elementos que hacen que la máquina se mueva y realice la operación. Forman parte de ella los accionadores de las máquinas como son motores de corriente continua, motores de corriente alterna, cilindros neumáticos, Accionadores hidraúlicos, compresores, bombas...

- La parte de mando suele ser un autómata programable. En un sistema de fabricación automatizado está el autómata programable en el centro del sistema. El autómata programable debe ser capaz de comunicarse con todos los constituyentes del sistema Automatizado.

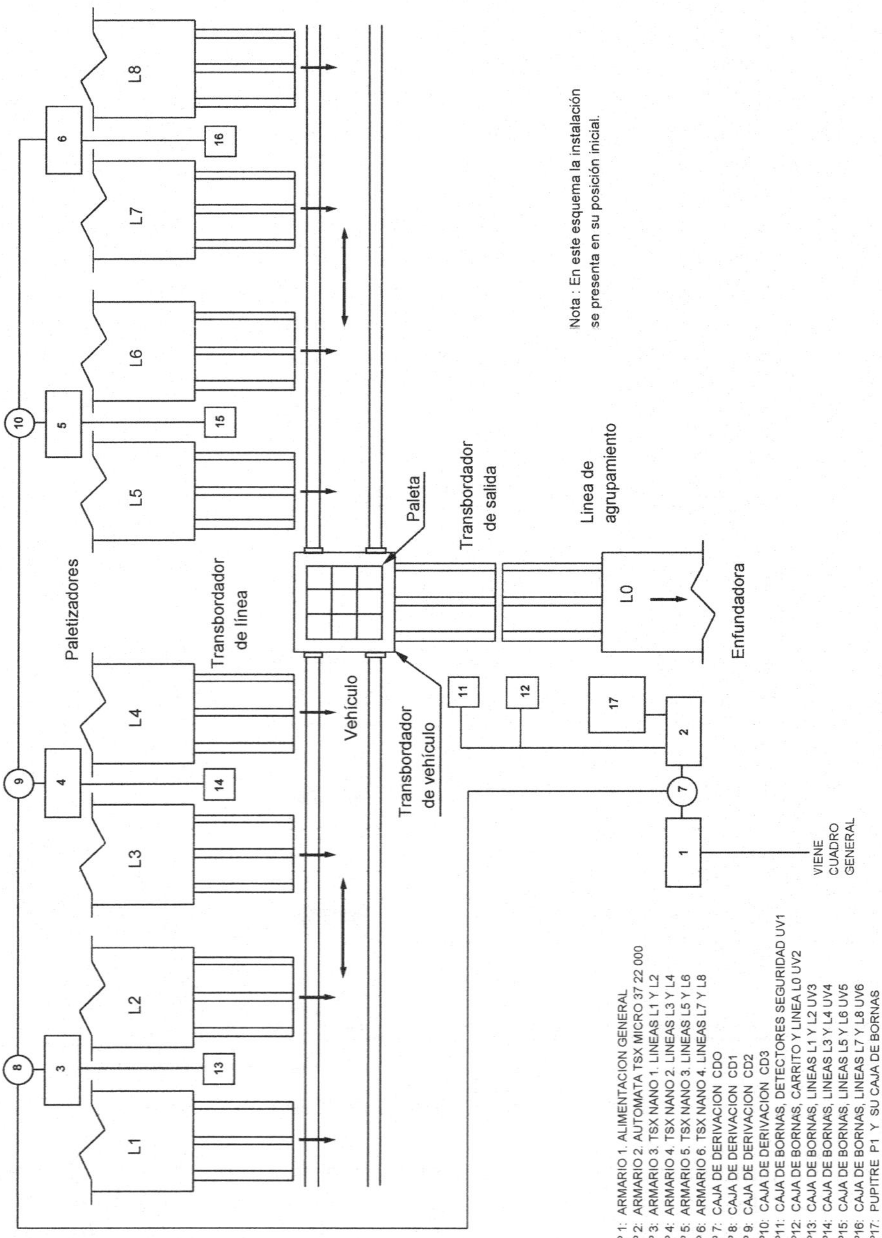

Figura 1.13 Instalación Industrial Automatizada

El autómata elabora las acciones a realizar sobre el sistema de fabricación en base al programa que ha sido introducido en su memoria, en base a las señales de los captadores, y en base a las órdenes que provengan del operador. El autómata dialoga con el operario, recibiendo consignas y suministrando informaciones. Puede coordinarse con otros procesos comunicándose con los demás autómatas de la línea de producción o con un nivel superior de supervisión.

No es posible automatizar todos los procesos. Las razones o causas pueden ser varias, aunque las más comunes son:

- Es muy caro desarrollar las máquinas o los robots necesarios para la automatización.
- No existen captadores fiables del proceso que se desea automatizar. Un ejemplo puede ser la automatización inteligente de lavadoras. ¿Existe un captador de suciedad fiable? ¿A qué llamamos suciedad?
- Es más barato que lo realice un ser humano.

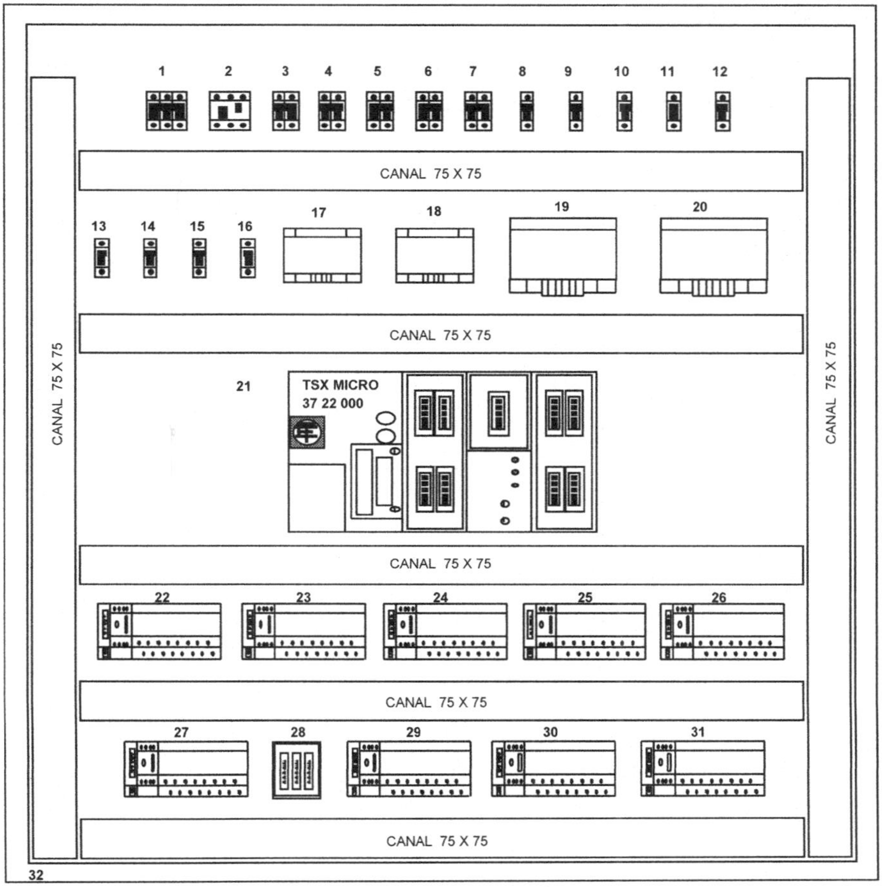

Figura 1.14 Parte de Mando. Armario con Autómata programable y Elementos Auxiliares

Para que el control del proceso sea efectivo las informaciones de los captadores deben ser suficientes y fiables. Los procesos de movimiento como los traslados en cintas transportadoras y los movimientos de los robots han sido totalmente automatizados dado que existen los captadores y accionadores adecuados. Los captadores son finales de carrera, detectores de proximidad inductivos, encoders, dínamos tacométricas... Los accionadores son motores de corriente continua, motores de corriente alterna, cilindros neumáticos.

En la Figura 1.13 se observa una Instalación Automatizada controlada por medio de un Autómata programable TSX Micro de Telemecánica dispuesto en el Armario 2. Los Componentes del Armario 2 se observan en la Figura 1.14. El Autómata controla el movimiento del vehículo transbordador, que se encarga de llevar los palets producidos por las ocho líneas de entrada a la línea de salida donde se encuentra una máquina enfundadora.

1.7 FUNCIONES BÁSICAS DEL AUTÓMATA PROGRAMABLE

El autómata programable debe realizar multitud de funciones y muchas de ellas simultáneamente, las funciones más clásicas son:

- *Detección*

  Lectura de la señal de los captadores distribuidos por el sistema de fabricación.

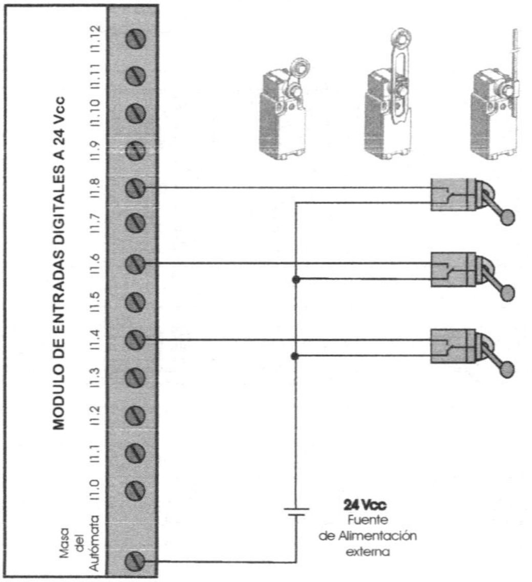

Figura 1.15 Función de detección

- *Mando*

  Elaborar y enviar las acciones al sistema mediante los preaccionadores y accionadores.

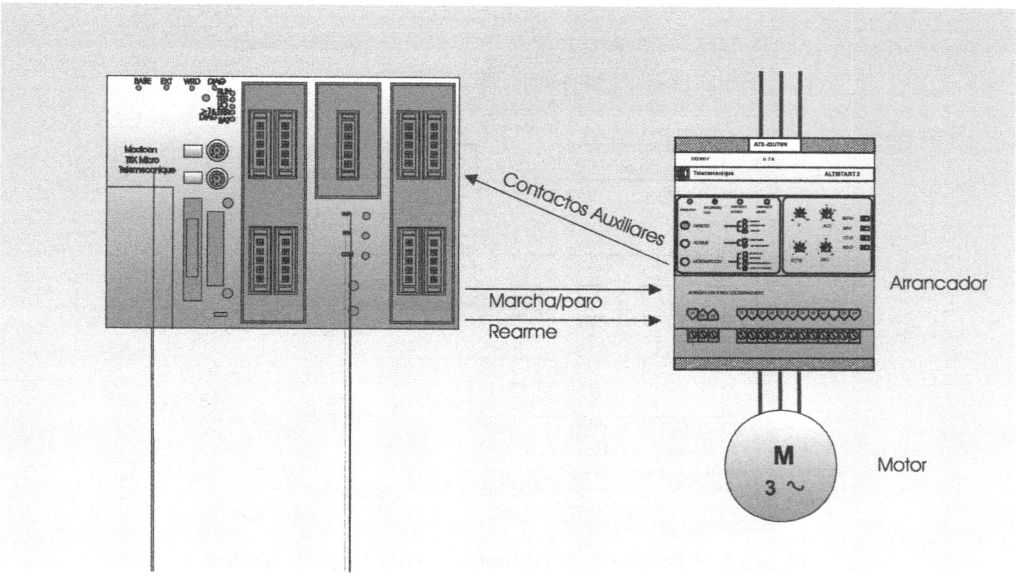

Figura 1.16 Función de mando

- *Dialogo Humano-Máquina*

  Mantener un diálogo con los operarios de producción, obedeciendo sus consignas e informarles del estado del proceso.

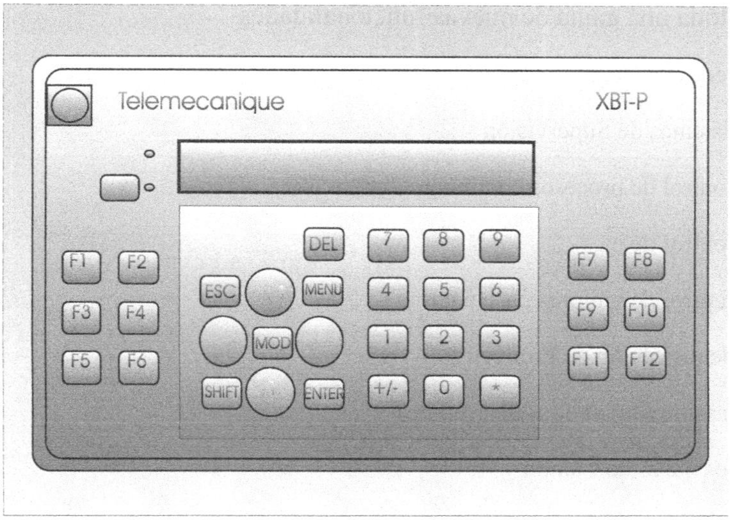

Figura 1.17 Terminal de explotación y Diálogo

- *Programación*

  Para introducir, elaborar y cambiar el programa de aplicación del autómata. El dialogo de programación debe permitir modificar el programa incluso con el autómata controlando la máquina.

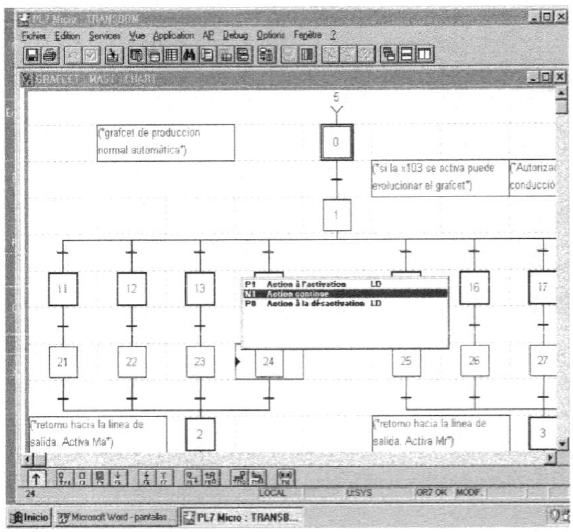

Figura 1.18 Programación de autómatas en lenguaje Grafcet

1.8 NUEVAS FUNCIONES Y ELEMENTOS DE AUTOMATIZACIÓN INDUSTRIAL

En los últimos años, en el campo de la Automatización Industrial se ha incorporado toda una gama de nuevas funcionalidades.

1. Redes de Comunicación
2. Sistemas de Supervisión
3. Control de procesos continuos
4. Control de ejes
5. Control de motores paso a paso
6. Identificación de Productos
7. Las entradas-salidas distribuidas
8. Los buses de Campo
9. Autómatas Servidores Web

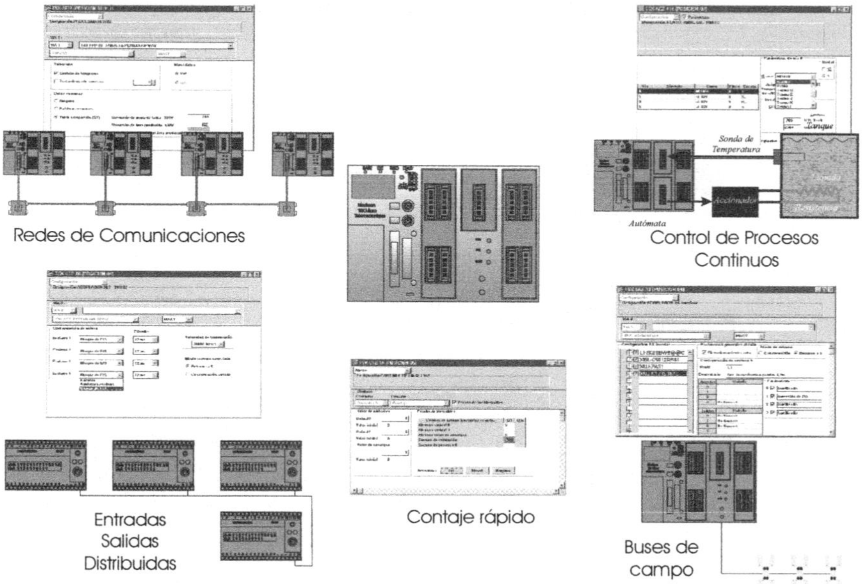

Figura 1.19 Nuevas funciones de los Autómatas Programables

- *Redes de Comunicación*

Permiten establecer comunicación con otras partes de control. Las redes industriales permiten la comunicación y el intercambio de datos entre autómatas en tiempo real. En unos pocos milisegundos pueden enviarse telegramas e intercambiar tablas de memoria compartida.

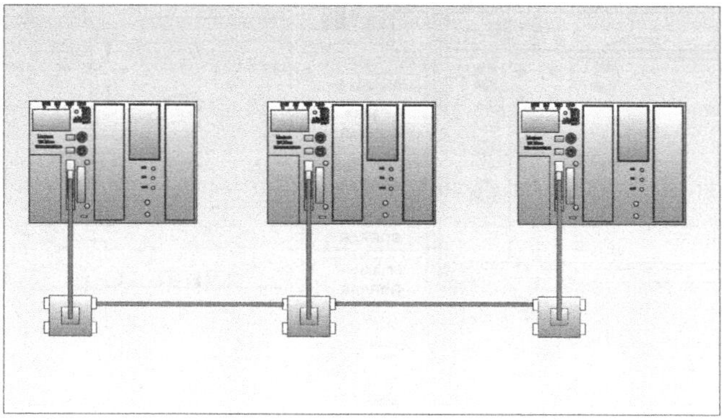

Figura 1.20 Red de Comunicación Industrial

- *Sistemas de Supervisión*

También los autómatas permiten comunicarse con ordenadores provistos de programas de Supervisión Industrial. Esta comunicación se realiza por medio de una red industrial o por medio de una simple conexión por el puerto serie del ordenador.

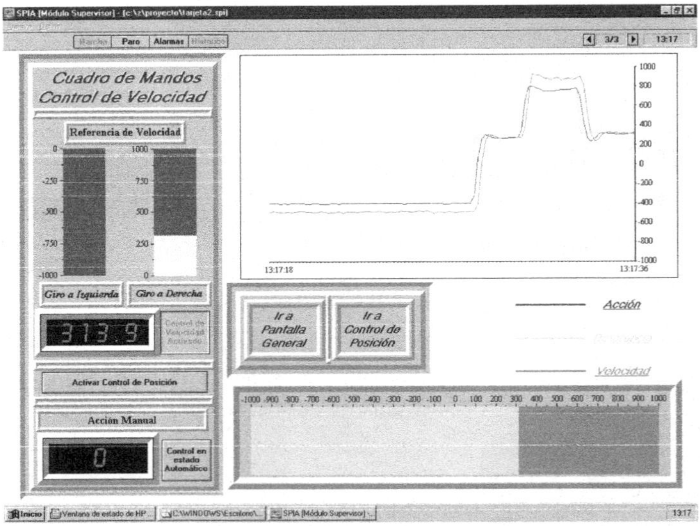

Figura 1.21 Programa de Supervisión Industrial

En la figura siguiente se observa un sistema de supervisión industrial configurado como servidor Web.

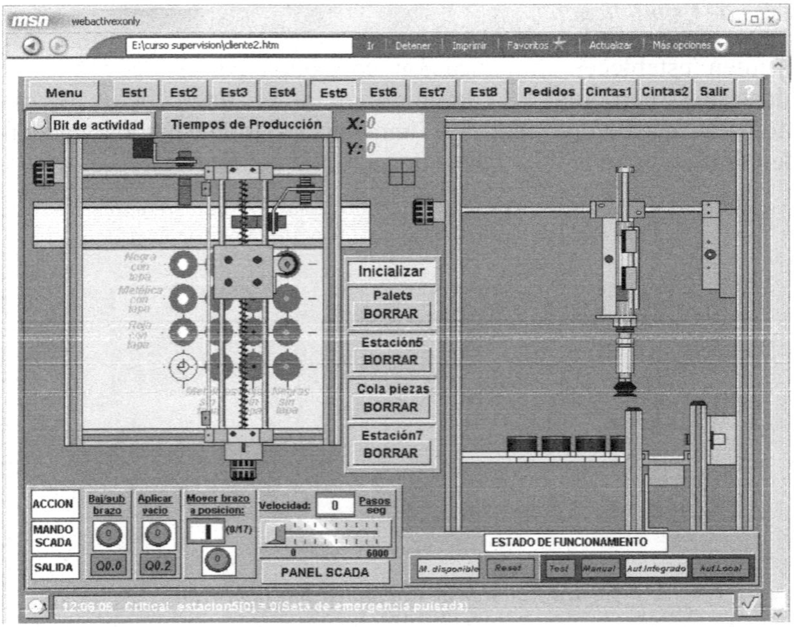

Figura 1.22 Conexión vía Internet a un Sistema de Supervisión Industrial

- *Control de procesos continuos*

Además de dedicarse al control de sistemas de eventos discretos los autómatas llevan incorporadas funciones que permiten el control de procesos continuos.

Disponen de módulos de entradas y salidas analógicas y la posibilidad de ejecutar reguladores PID que están programados o configurados en el autómata.

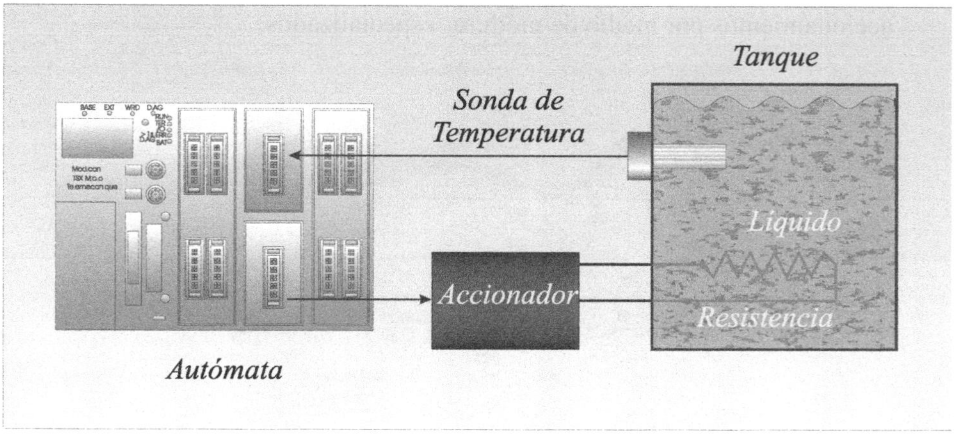

Figura 1.23 Control de un proceso continuo

- *Control de ejes continuos*

En la industria unas de las tareas que más se realizan es el traslado de móviles de un punto a otro con rapidez y gran precisión. Al autómata se le debe incorporar un módulo especializado que sea el encargado de realizar esta función. Por eso deben emplear módulos de control de ejes, que pueden controlar motores paso a paso o servomotores de corriente continua o alterna por medio de un variador de velocidad.

Figura 1.24 Autómata con módulo de control de dos ejes continuos

- *Control de motores paso a paso*

Un tipo de accionador utilizado en el control de movimientos de ejes con alta precisión es el motor paso a paso. Los autómatas pueden gobernar estos accionamientos por medio de módulos especializados.

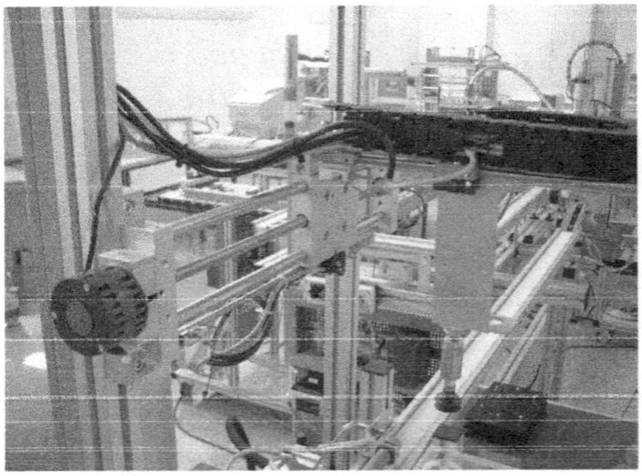

Figura 1.25 Accionamiento con Motor paso a paso

- *Identificación de productos*

En muchos sistemas productivos las máquinas deben trabajar sobre varios productos diferentes. Para que el controlador sepa qué operaciones se han realizado sobre el producto y qué operación debe realizar sobre él la máquina, estos van dotados de una memoria móvil donde se almacena la información. El autómata dispondrá de un sistema identificador de productos que leerá y escribirá sobre esas memorias.

Figura 1.26 Identificador de productos

Figura 1.27 Pastilla de memoria

• *Entradas-Salidas Distribuidas*

Los módulos de entrada salida no tienen por qué estar en el armario del Autómata. Pueden estar distribuidos por la instalación, se comunican con la unidad central del autómata mediante un cable de red. En la Figura 1.28 se observa un Autómata programable que tiene cuatro módulos de entradas-salidas distribuidas.

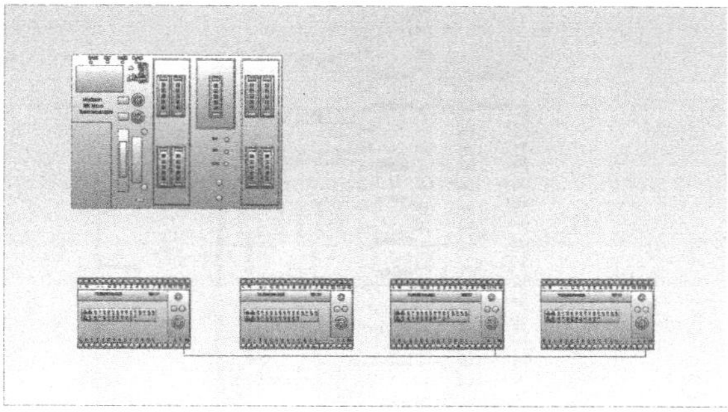

Figura 1.28 Entradas-Salidas distribuidas

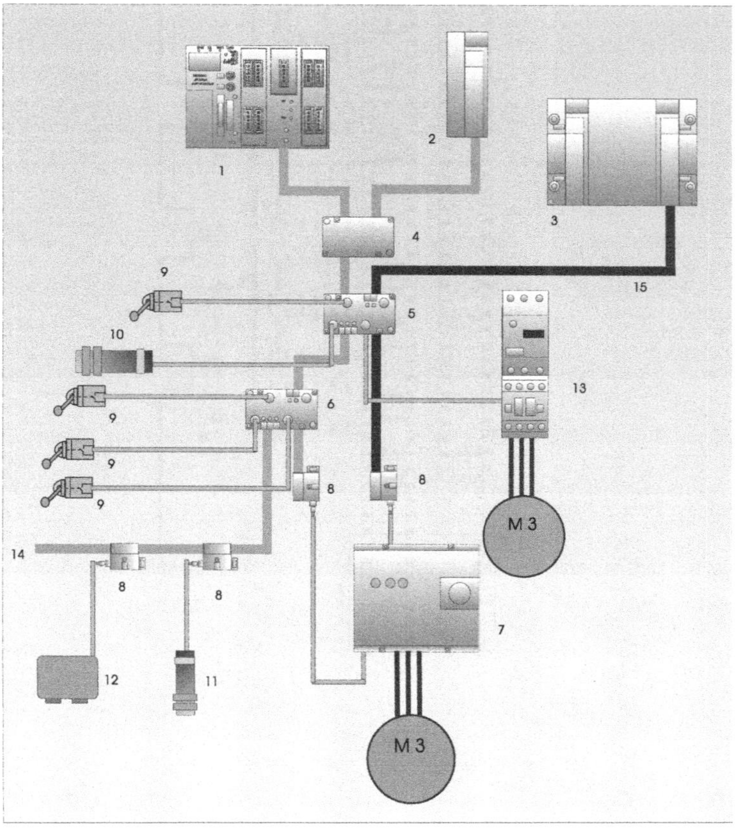

Figura 1.29 Bus de Campo AS-i

- *Buses de campo*

  Mediante un solo cable de comunicación se pueden conectar al bus captadores y accionadores, reemplazando al cableado tradicional. El autómata cíclicamente consulta el estado de los captadores y actualiza el estado de los accionadores.

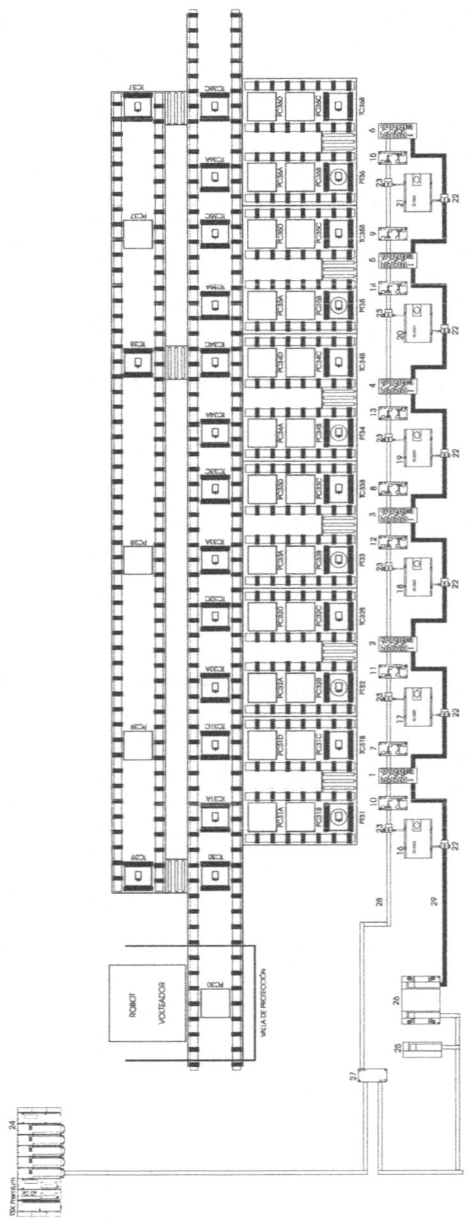

Figura 1.30 Línea de Fabricación cableada con Bus As-i

- *Autómatas Servidores Web*

Las nuevas gamas de Autómatas incorporan Servidores Web que permiten la supervisión y explotación de los sistemas de fabricación por medio de un navegador de Internet.

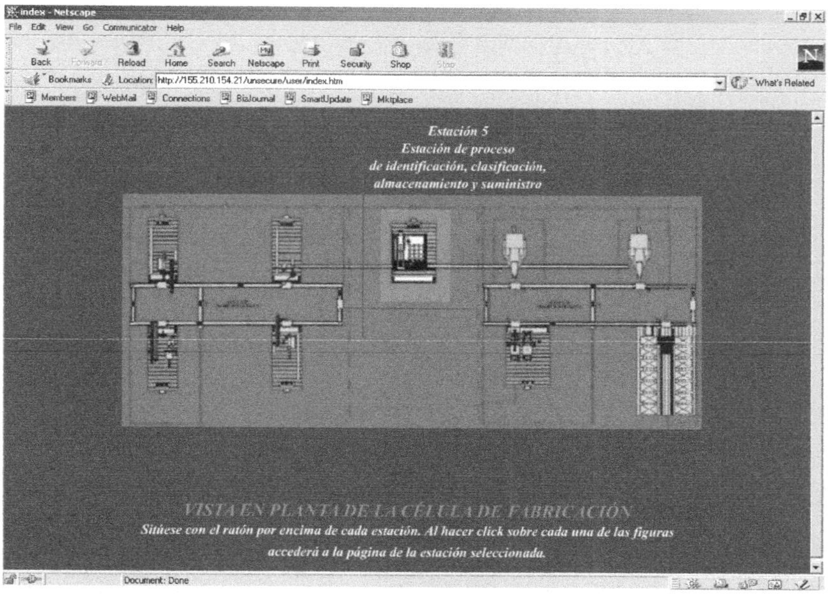

Figura 1.31 Servidor Web de la célula de fabricación

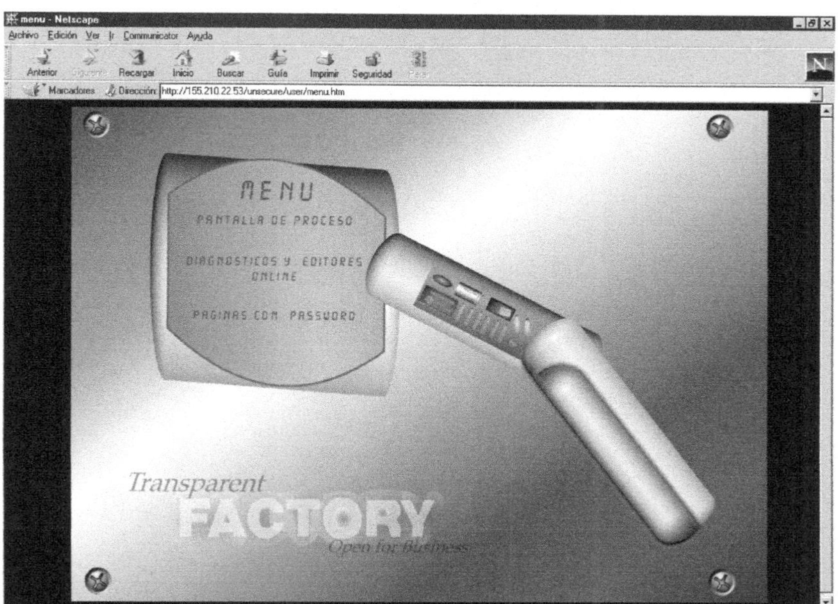

Figura 1.32 Servidor Web empotrado en Autómata

CAPÍTULO 2

AUTÓMATAS PROGRAMABLES INDUSTRIALES

2.1 ESTRUCTURA MODULAR DEL AUTÓMATA PROGRAMABLE

El elemento central de los autómatas programables es la Unidad Central de Proceso. En la unidad central del autómata se encuentran el procesador o procesadores, las memorias RAM, ROM y también la memoria de seguridad grabable eléctricamente.

El autómata programable se organiza alrededor de la unidad central y la comunicación con los módulos se establece mediante un bus interno. A este bus se le pueden conectar módulos de funciones especificas como pueden ser módulos de entradas-salidas digitales, módulos de entradas-salidas analógicas, módulos de comunicación, módulos de posicionamiento, etc.

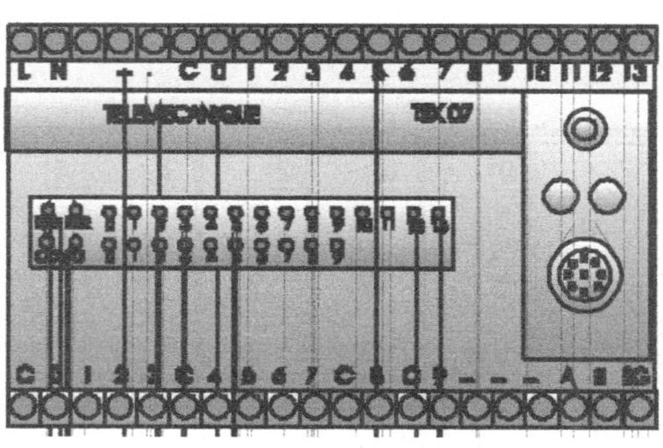

Figura 2.1 Autómata TSX Nano de Telemecánica

La configuración física de un autómata se puede presentar en tres formas principales:

- Autómatas compactos
- Autómatas semimodulares
- Autómatas modulares

Los autómatas de gama baja o nanoautómatas suelen tener una estructura compacta. Incorporan en la unidad central los módulos de entrada-salida e incluso el acoplador de comunicaciones. Ejemplos de estos autómatas son el LOGO de Siemens o el Nano de Telemecánica. Su potencia de proceso suele ser muy limitada, dedicándose a controlar máquinas muy pequeñas o cuadros de mando. Sus reducidas dimensiones permiten que se incorporen a la propia máquina.

No obstante, estos pequeños autómatas han ido aumentando su potencia, con la posibilidad de incorporar módulos de ampliación, entradas-salidas analógicas y en el caso del LOGO conexión al bus AS-i.

Un ejemplo de Autómata semimodular es el autómata Micro de Telemecánica en el cual la unidad Central dispone de un rack donde se conectan los módulos.

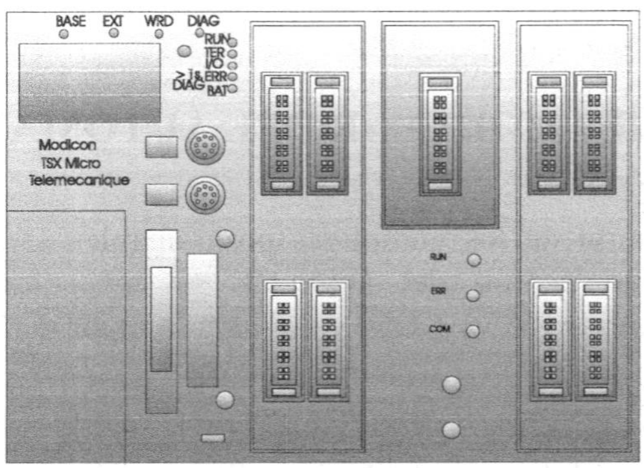

Figura 2.2. Autómata TSX Micro de Telemecánica

Los autómatas semimodulares se dedican a automatizaciones de gama media. Dado que están limitados en sus posibilidades de ampliación, su potencia de proceso, aunque superior a los compactos, es también limitada.

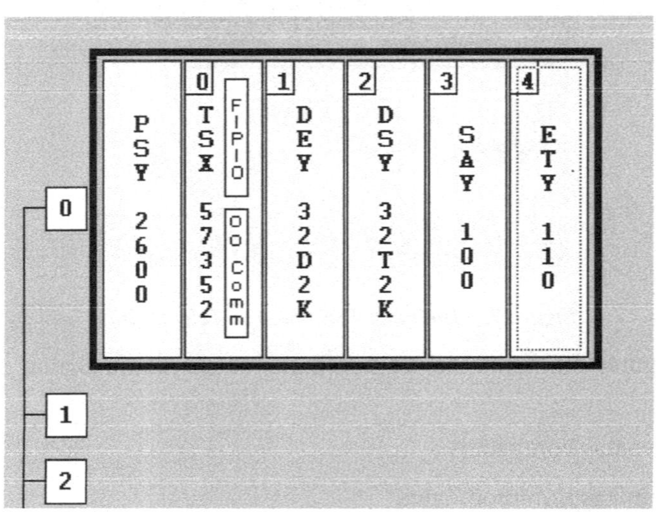

Figura 2.3 Configuración Autómata Premiun

Los Autómatas programables de gama alta se construyen como elementos modulares que permiten una gran flexibilidad en su constitución.

En la Figura 2.3 se observa la configuración hardware de un Autómata Premiun sobre un Rack de 8 posiciones en el que se ha incorporado:

- Fuente de Alimentación (PSY 2600)
- Unidad central (TSX 57232)
- Módulo de 32 entradas digitales (DEY 32D2K)
- Módulo de 32 salidas digitales (DEY 32T2K)
- Módulo Maestro de Bus AS-i (SAY100)
- Módulo de Comunicación Ethernet (ETY100)

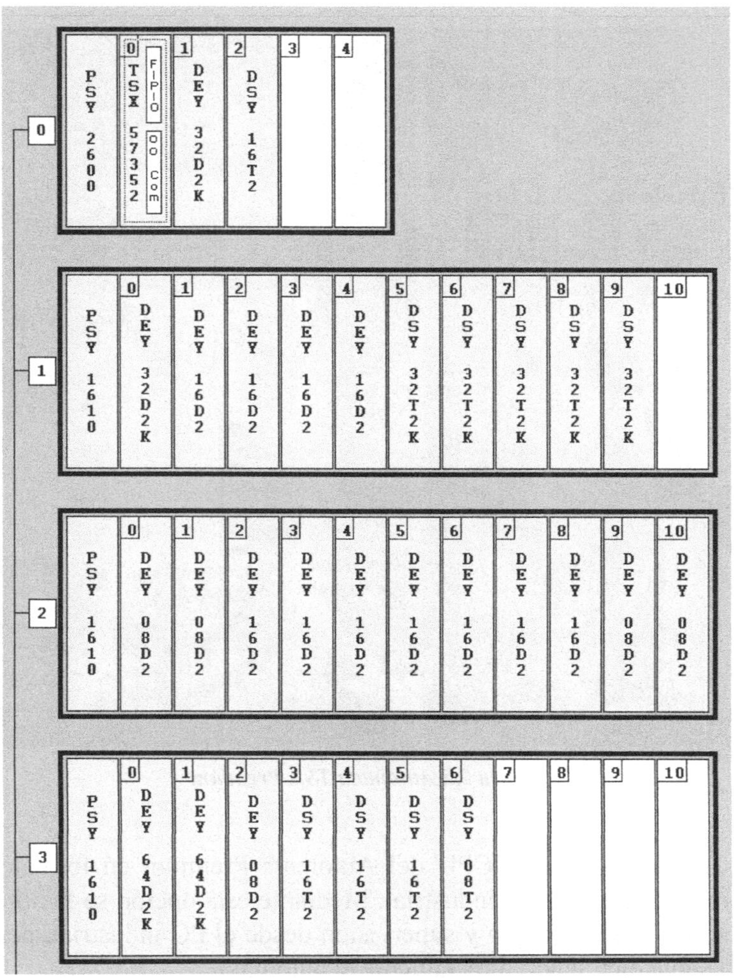

Figura 2.4 Configuración Multirack de un Autómata Premium

El autómata Premium permite la conexión mediante el bus X de un total de 8 racks donde se pueden conectar módulos de funciones especificas. La longitud básica del cable de bus es 100 metros, pero con repetidores eléctricos puede alcanzar los 700 metros, por lo que puede haber racks distribuidos por la instalación que no se encuentran necesariamente en el mismo armario que el autómata.

Esta organización modular permite una gran flexibilidad de configuración para las necesidades del usuario, así como un diagnóstico y un mantenimiento fáciles. Si algún módulo falla, puede ser rápidamente sustituido. En cambio, en un autómata compacto si el módulo de entradas falla debe ser sustituido todo el autómata.

Las posibilidades que ofrecen los autómatas modulares son infinitas, ya que evolucionan día a día y permiten abordar cualquier tipo de automatización, dado que solamente están limitados por problemas de velocidad de proceso.

Figura 2.5 Autómata TSX Premium

Existe una versión de la CPU del Autómata Premium en formato tarjeta bus ISA para su inserción en un PC industrial. Mediante esta opción se facilitan las tareas de monitorización, programación y supervisión desde el PC industrial, pero el control del sistema lo sigue ejerciendo directamente el autómata.

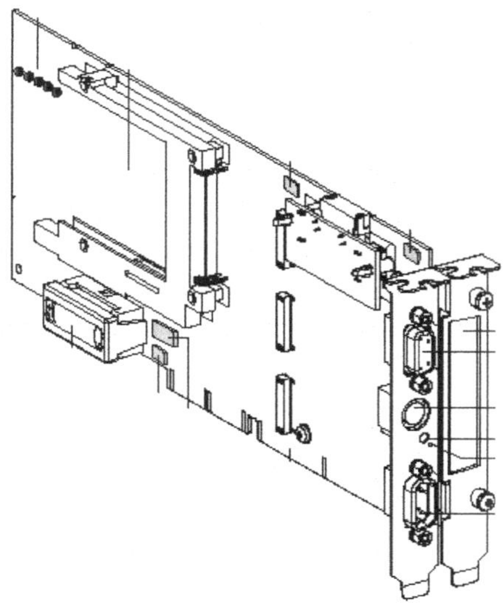

Figura 2.6 Autómata PCX Premium

El control del proceso lo sigue ejerciendo el autómata. El PC se comunicará directamente con la CPU del autómata por medio de drives de comunicación que le permitirán programar, monitorizar y supervisar a través del bus ISA.

Phoenix-Contact ha sacado al mercado autómatas con alto grado de protección IP67, que pueden ser colocados directamente en campo, fuera del clásico armario de automatización, como es el caso del controlador remoto de campo RFC 430 IP ETH-IB:

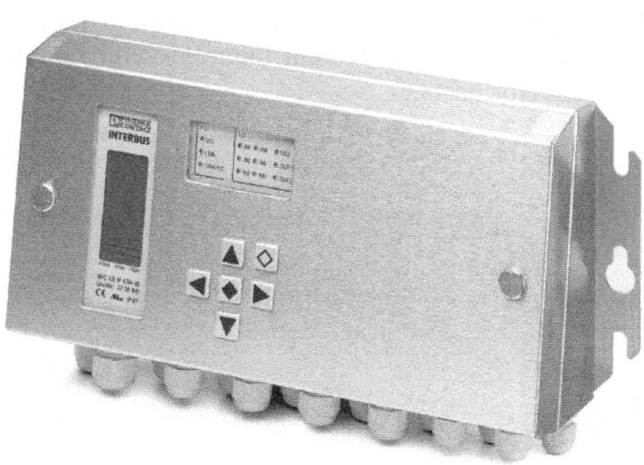

Figura 2.7 Autómata con alto grado de protección

Este autómata dispone de una conexión Ethernet para su programación desde PC e incorpora 4 entradas y 2 salidas digitales y es maestro del bus Interbus. Su alto grado de protección permite su colocación directa en máquinas y procesos con altas temperaturas, humedades, o contaminación química.

2.2 ENTRADAS/SALIDAS DIGITALES

2.2.1 Entradas digitales

Los módulos de entradas digitales permiten conectar al autómata captadores de tipo todo o nada. El cable de señal del captador se conecta a una vía de entrada del módulo. El módulo se encarga de convertir la señal que entra por la vía en una señal que es cero o uno en un bit interno de la memoria del módulo. Cada ciclo de autómata, la unidad central lee los bits de los módulos y vuelca su valor en los objetos del lenguaje del autómata conocidos como entradas digitales.

Los módulos de entradas digitales trabajan con señales de tensión, por ejemplo cuando por una vía llegan 24 voltios se interpreta como un 1 y cuando llegan cero voltios se interpreta como un 0. Los módulos de entradas digitales se caracterizan por el nivel de tensión que interpretan como "uno". Los niveles de tensión estándar son 24 voltios C.C., 110 VCA, 220 VCA.

Los módulos de entradas digitales a 24 Vcc son los más comunes. ¿Por qué se utilizan 24 Vcc y no un nivel de tensión más bajo, como podría ser 5 Vcc? En una instalación industrial hay que garantizar que la señal que da el captador, llegue al módulo de entradas, el cable perfectamente puede medir 100 metros, y no existe ninguna garantía de que los 5 voltios lleguen al módulo de entradas. En el cable además pueden inducirse ruidos que den lugar a la aparición de voltajes que el autómata interpretará como que el captador está activo. Es más difícil que esto suceda si se utilizan 24 voltios.

También existen módulos cuyos niveles de tensión son 110VCA y 220VCA. Son niveles de tensión más elevados, que "garantizan" la llegada de la señal del captador. Además los captadores no necesitan fuente de alimentación, ya que con un simple transformador reductor basta.

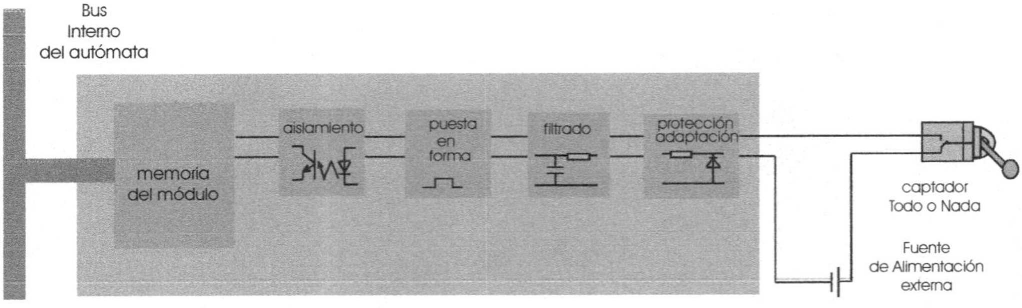

Figura 2.8 Tratamiento de una señal en un módulo de entradas Digitales

En su contra, utilizan tensión alterna, la cual debe ser rectificada y comparada, por lo que el proceso de adquisición de la señal es más lento que en tensión continua. El nivel de tensión 220 debe ser considerado peligroso para el ser humano y los captadores tendrán puntos a esta tensión. En la máquina existirán puntos de tensión peligrosa. Son módulos más caros que los de 24 Vcc. El número de vías por módulo es menor debido a que la electrónica de tratamiento es más complicada y ocupa más sitio. Además se debe tener en cuenta que la oferta comercial de estos módulos es mucho más reducida.

Figura 2.9 Módulo de 16 Entradas a 24 Vcc y 12 Salidas Digitales a Relé

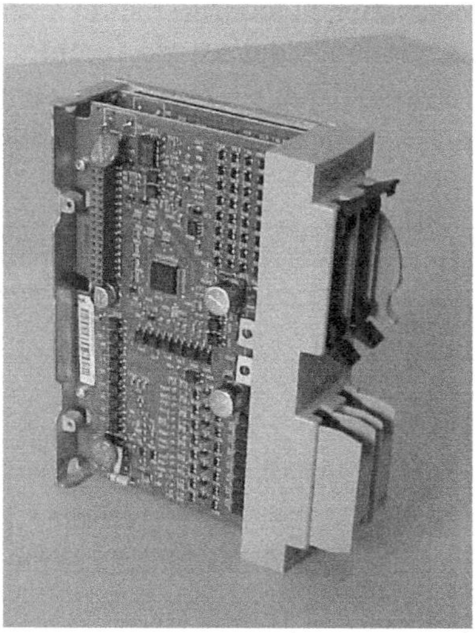

Figura 2.10 Módulo de 32 Entradas a 24 Vcc y 32 Salidas Digitales Estáticas

En el proceso de adquisición de la señal hay varias etapas. En la primera existe una protección contra sobretensiones, si la señal es de corriente alterna se rectifica. En la segunda etapa se produce un filtrado, para evitar los ruidos que pueden entrar por el cable del captador. En algunos módulos es programable el tiempo de filtrado (entre 0.1 y 12 ms). Un ruido que induzca en el cable del captador 24 voltios durante un tiempo inferior al filtrado, no será interpretado como "uno". Después del filtrado se produce una puesta en forma de la onda y un aislamiento galvánico o por optoacoplador. A continuación la señal se deposita como un "cero" o como un "uno" en un bit interno de la memoria del módulo.

Al existir el filtrado de la señal se impide que los ruidos "lleguen" al interior del autómata. Pero también impide que estos módulos se puedan utilizar para cablear captadores que dan pulsos a alta frecuencia, como pueden ser los pulsos de un encoder. Un filtrado de 10 ms indica que se podrán leer pulsos a una frecuencia máxima de 50 Hz (50 pulsos por segundo). Para efectuar contajes rápidos el autómata dispone de entradas de contaje rápido, que asociadas a circuitos contadores rápidos pueden contar pulsos a altas frecuencias (hasta 500 KHz).

En algunos autómatas cada vía de entrada digital ocupa tres bits. Uno para el valor actual, otro para el valor anterior y otro para el valor de forzado. Con los bits de valor actual y valor anterior el autómata puede reconocer flancos de subida o bajada en la vía de entrada digital. Con el bit de forzado se pueden forzar desde el software de programación el estado de las entradas, para por ejemplo comprobar la evolución del programa del autómata sin tener que tener la máquina conectada.

En la Figura 2.11 se observa la configuración de un módulo de entradas digitales de 32 vías de entrada y 32 vías de salida. En la imagen aparecen las 16 primeras entradas. El tiempo de filtrado es programable cada cuatro vías.

Las cuatro primeras vías tienen configuración especial; pueden ser entradas normales, entradas de almacenamiento del estado 0, entradas de almacenamiento del estado 1, o tratamiento de eventos con el flanco de subida o bajada. También las cuatro primeras vías pueden ser entradas de Contaje rápido a una frecuencia máxima de 500 Hz.

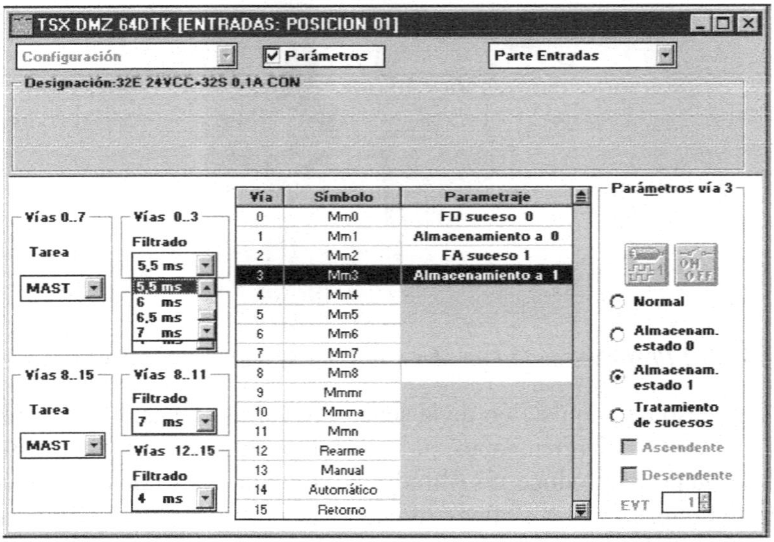

Figura 2.11 Configuración de un módulo de entradas digitales en el TSX37 de Telemecánica

2.2.2 Salidas digitales

Un módulo de salidas digitales permite al autómata programable actuar sobre los preaccionadores y accionadores que admitan órdenes del tipo todo o nada. Periódicamente el autómata escribe el valor de los objetos conocidos en su lenguaje como salidas digitales en estos módulos.

El valor binario de las salidas digitales (0 ó 1) se convierte en la apertura o cierre de un contacto relé interno del autómata en el caso de módulos de salidas a relé. O bien se convierte en la presencia de 0 ó 24 voltios en un tornillo del bornero del módulo, en los módulos de salidas estáticos.

En los módulos estáticos el elemento que conmuta es un componente electrónico como transistores o triacs, y en los módulos electromecánicos son contactos de relés internos al módulo.

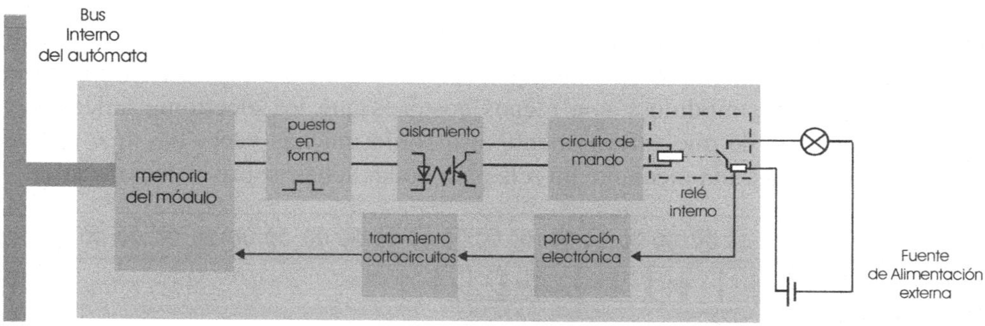

Figura 2.12 Vía de Salida Digital Electromecánica

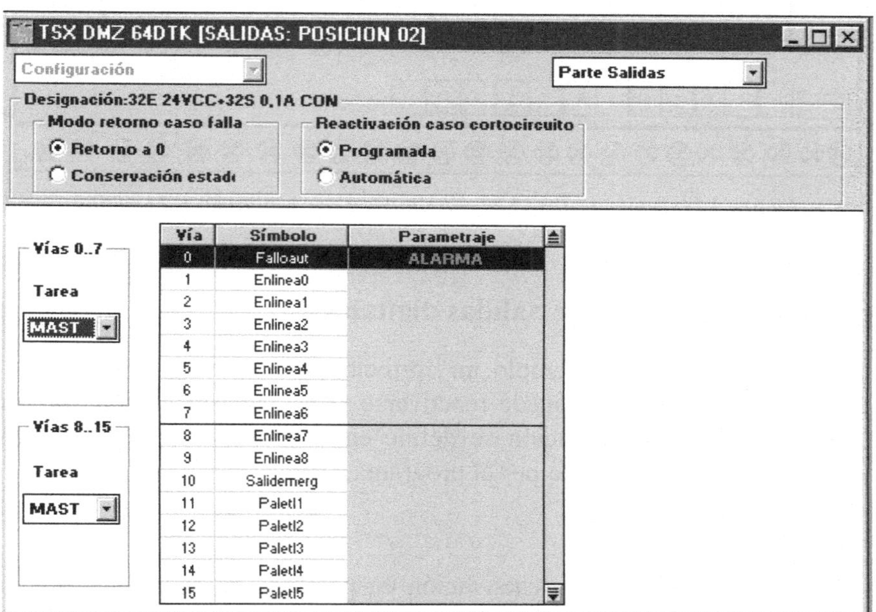

Figura 2.13 Configuración de un módulo de salidas digitales

Los módulos de salida digitales a base de transistores o triacs suministran tensión cuando la vía de salida está activa. Los niveles de tensión estándar son 24 VCC y 110 VCA. La potencia que suministran las vías de salida es limitada.

Los módulos de salidas electromecánicos disponen de relés internos que al activar la salida conmutan su contacto. Este contacto une eléctricamente dos tornillos del bornero de conexión del autómata. Las salidas a relé son libres de tensión. La tensión debe provenir de una fuente de alimentación externa al autómata y conectarse al común del contacto del relé, el otro tornillo del contacto se cableará al elemento que deseemos activar con esta salida. Aunque las salidas a relé sean libres de tensión se procurará no sobrepasar la intensidad máxima que soporta el contacto del relé. De lo contrario el contacto podría soldarse, de manera que la salida permanecería activa aunque por programa estuviera desactivada.

Los módulos de salidas estáticos al suministrar tensión, sólo pueden actuar sobre elementos que trabajen todos a la misma tensión, en cambio los módulos de salidas electromecánicos, al ser libres de tensión, pueden actuar sobre elementos que trabajen a tensiones distintas. Los módulos estáticos a 24 VCC permiten una mayor densidad de vías por módulo y son menos costosos que los electromecánicos. Pero tienen la desventaja de que exteriormente al módulo muchas veces hay que efectuar una activación en cascada mediante un relé para poder actuar sobre el accionador.

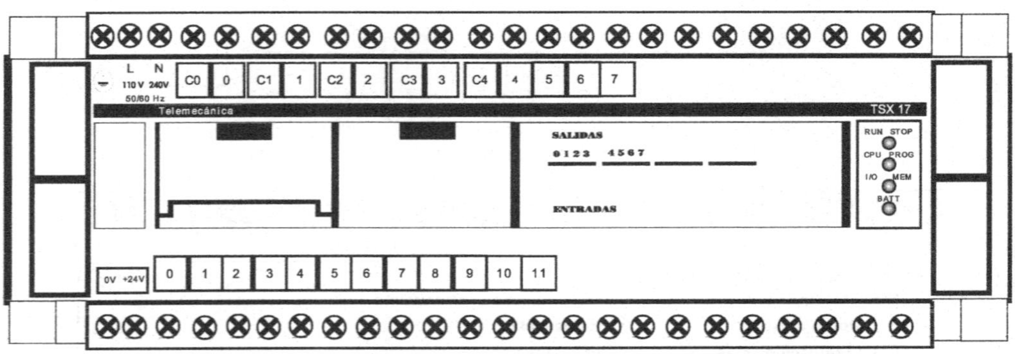

Figura 2.14 Autómata Tsx17-20 con salidas a relé y entradas a 24 voltios

Protección de los módulos de Salidas digitales

Cuando una falla, por ejemplo un cortocircuito, tiene como consecuencia la disyunción de una salida, ésta puede reactivarse si no persiste ninguna falla en sus límites. El comando de reactivación se define en la configuración. La reactivación puede ser automática o controlada por el programa.

- Automático

  El módulo ejecuta la reactivación en periodos de 10 segundos hasta que desaparezca la falla.

- Programado

  El programa de aplicación ejecuta la reactivación. Para evitar las reactivaciones repetidas, el módulo asegura automáticamente una temporización de 10 segundos entre dos reactivaciones.

La reactivación no tiene ningún efecto en una vía no activada o que contiene una falla.

Si el programa de autómata se detiene y pasa a estado de STOP, por fallo del procesador, o por fallo en algún módulo de entradas-salidas, las salidas pueden ponerse en un estado no perjudicial para la aplicación. Este estado, llamado posición de retorno, se define para cada módulo en la configuración de salidas. La configuración permite seleccionar:

- Retorno

  Las vías se ponen a 0 ó 1 en función del valor de retorno configurado.

- Conservación

  Las salidas permanecen en el estado anterior a STOP.

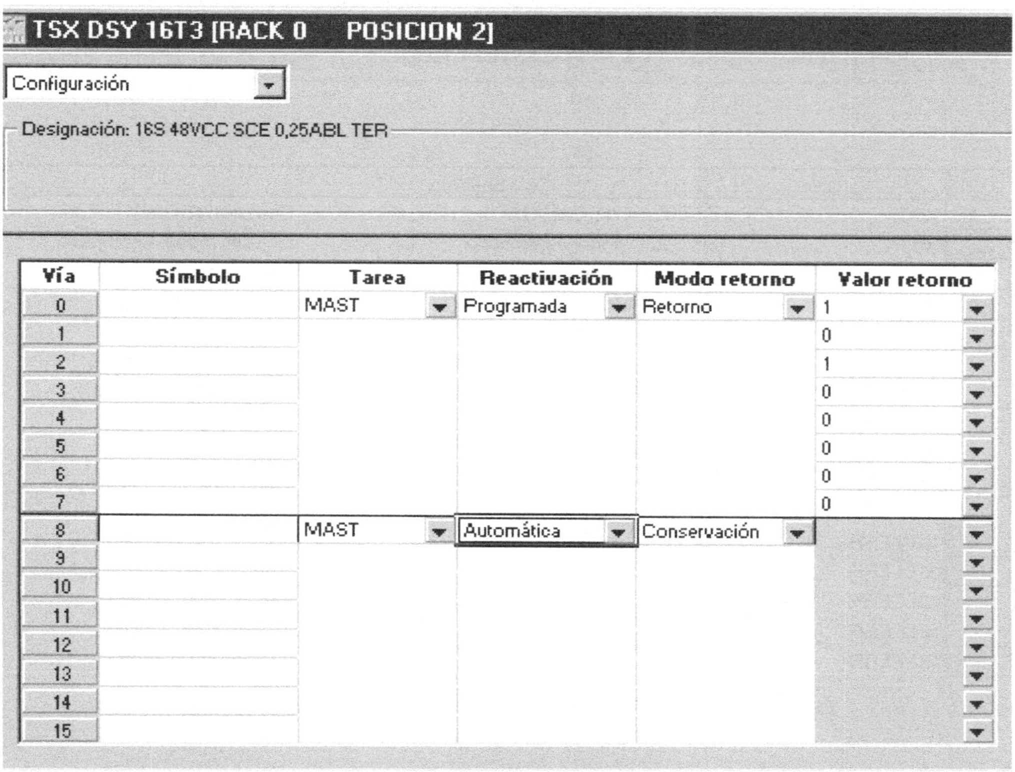

Figura 2.15

Objetos de lenguaje Asociados a los módulos de Entradas y Salidas Digitales

Los objetos que la unidad central del Autómata intercambia automáticamente en cada ciclo de tarea con los módulos de entrada-salida son:

- %Ix.i: En el estado 1, indica para la vía de entrada *i* del módulo situado en la posición *x* que la salida del captador que controla la entrada está activa.

- %Qx.i: bit de vía de salida. En el estado 1, indica para la vía de salida *i* del módulo situado en la posición *x* que la salida está activa.

- %Ix.i.ERR: bit de falla de la vía. En el estado 1, indica una falla de la vía *i* del módulo situado en la posición *x*.

- %Ix. MOD.ERR: bit de falla del módulo. En el estado 1, indica una falla del módulo situado en la posición *x*.

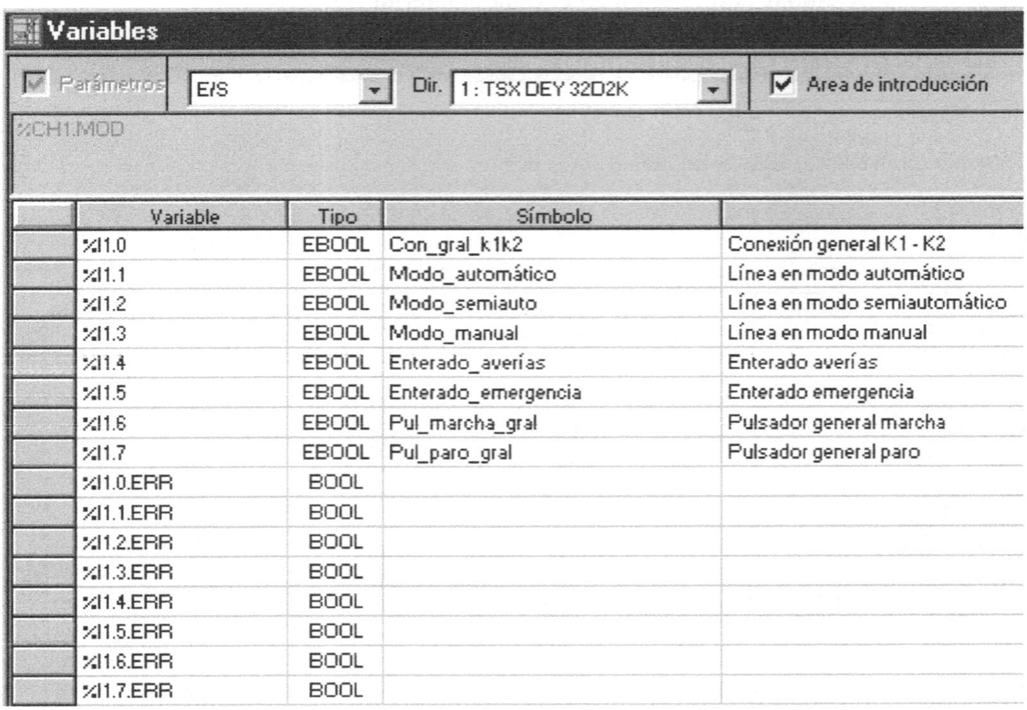

Variable	Tipo	Símbolo	
%I1.0	EBOOL	Con_gral_k1k2	Conexión general K1 - K2
%I1.1	EBOOL	Modo_automático	Línea en modo automático
%I1.2	EBOOL	Modo_semiauto	Línea en modo semiautomático
%I1.3	EBOOL	Modo_manual	Línea en modo manual
%I1.4	EBOOL	Enterado_averías	Enterado averías
%I1.5	EBOOL	Enterado_emergencia	Enterado emergencia
%I1.6	EBOOL	Pul_marcha_gral	Pulsador general marcha
%I1.7	EBOOL	Pul_paro_gral	Pulsador general paro
%I1.0.ERR	BOOL		
%I1.1.ERR	BOOL		
%I1.2.ERR	BOOL		
%I1.3.ERR	BOOL		
%I1.4.ERR	BOOL		
%I1.5.ERR	BOOL		
%I1.6.ERR	BOOL		
%I1.7.ERR	BOOL		

Figura 2.16 Objetos Asociados a un Módulo de Entradas Digitales

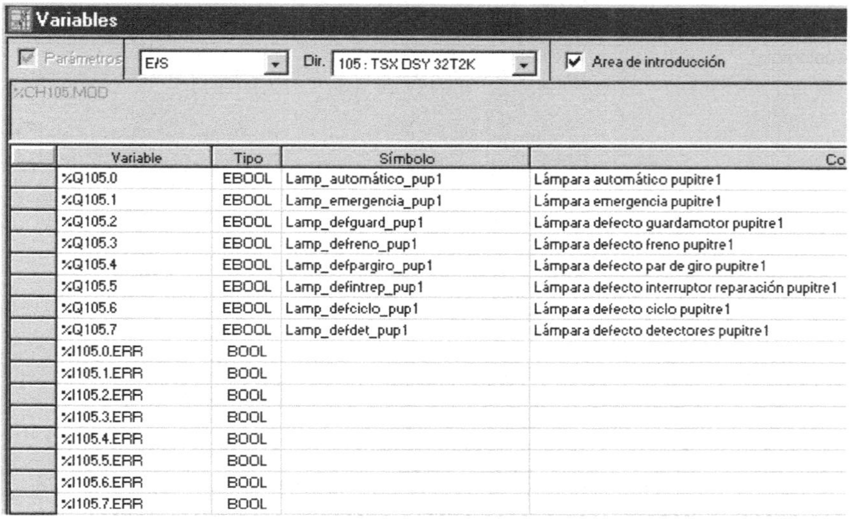

Variable	Tipo	Símbolo	Co
%Q105.0	EBOOL	Lamp_automático_pup1	Lámpara automático pupitre1
%Q105.1	EBOOL	Lamp_emergencia_pup1	Lámpara emergencia pupitre1
%Q105.2	EBOOL	Lamp_defguard_pup1	Lámpara defecto guardamotor pupitre1
%Q105.3	EBOOL	Lamp_defreno_pup1	Lámpara defecto freno pupitre1
%Q105.4	EBOOL	Lamp_defpargiro_pup1	Lámpara defecto par de giro pupitre1
%Q105.5	EBOOL	Lamp_defintrep_pup1	Lámpara defecto interruptor reparación pupitre1
%Q105.6	EBOOL	Lamp_defciclo_pup1	Lámpara defecto ciclo pupitre1
%Q105.7	EBOOL	Lamp_defdet_pup1	Lámpara defecto detectores pupitre1
%I105.0.ERR	BOOL		
%I105.1.ERR	BOOL		
%I105.2.ERR	BOOL		
%I105.3.ERR	BOOL		
%I105.4.ERR	BOOL		
%I105.5.ERR	BOOL		
%I105.6.ERR	BOOL		
%I105.7.ERR	BOOL		

Figura 2.17 Objetos Asociados a un Módulo de Salidas Digitales

2.3 ENTRADAS/SALIDAS ANALÓGICAS

Los módulos de entradas/salidas analógicas permiten que los autómatas programables trabajen con accionadores de mando analógico y lean señales de tipo analógico. Estos módulos son la interfaz para que el autómata pueda controlar procesos continuos como son temperatura, presión, caudal…

2.3.1 Entradas analógicas

Los módulos de entradas analógicas convierten una magnitud analógica en un número que se deposita en una variable tipo palabra interna del autómata. Esta conversión se realiza con una precisión o resolución determinada (número de bits) y cada cierto intervalo de tiempo (periodo de muestreo).

La precisión en los módulos de entrada analógica suele ir desde los 12 a los 16 bits. A mayor número de bits más precisa será la conversión pero también más lenta. Una precisión de 14 bits es mucho más que suficiente en la mayoría de las aplicaciones industriales.

La velocidad con que se toman muestras de la señal analógica, define el periodo de muestreo. El periodo de muestreo, en las tarjetas de entrada analógica de los autómatas, suele ir desde 25 msg a unos 30 segundos. Como muy rápido se toman 40 muestras por segundo. Se debe considerar que los autómatas se dedican a control industrial de variables lentas como son la temperatura, y 40 muestras por segundo es mucho más que suficiente para controlar temperatura (y también para controlar velocidad).

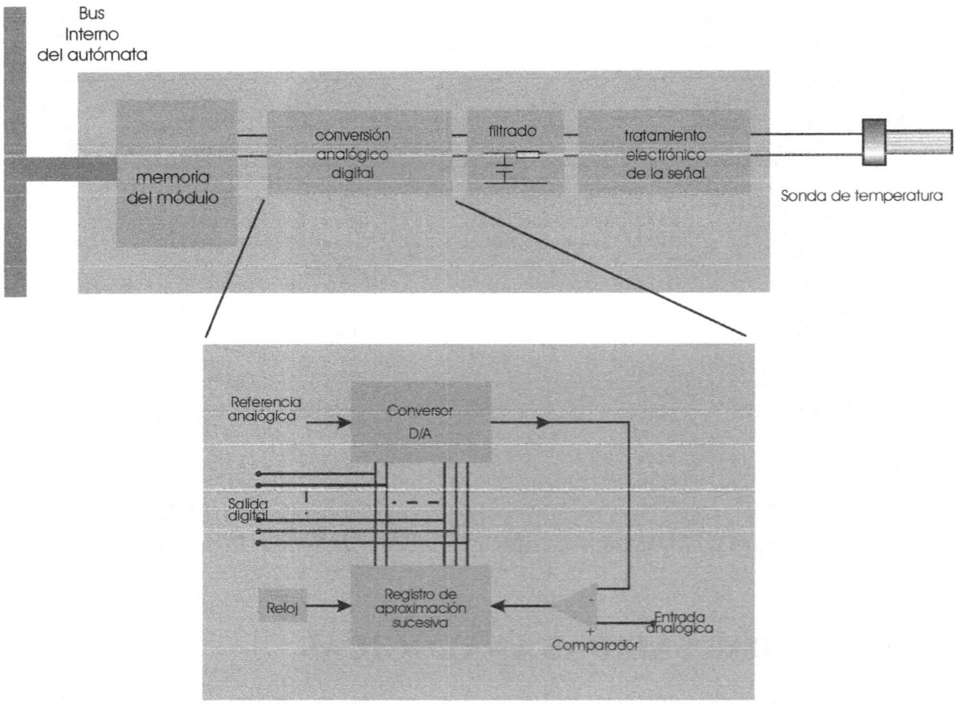

Figura 2.18

En la Figura 2.19 se observa la configuración de un módulo de entradas/salidas analógicas incorporado en la unidad central del autómata TSX Micro 3722. Este módulo dispone de 8 vías de entrada analógica y una vía de salida analógica. En cada vía de entrada se puede configurar el rango y el filtro.

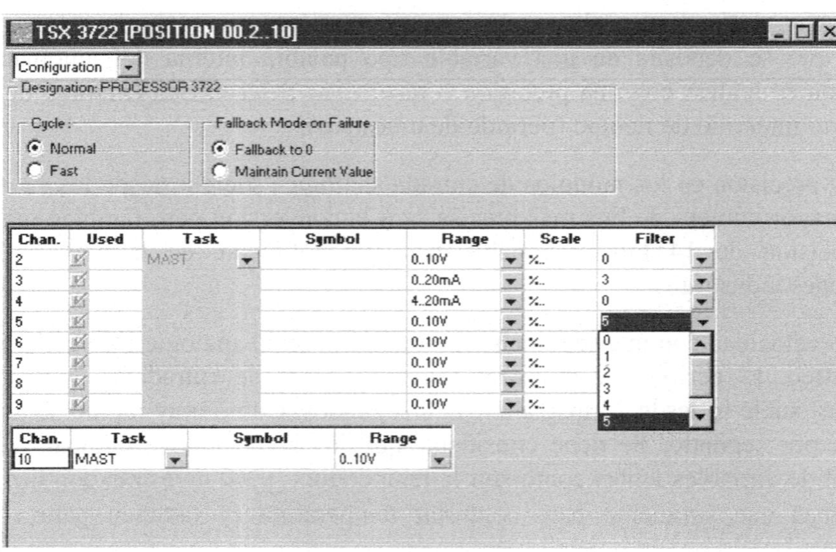

Figura 2.19 Configuración del módulo de entradas/salidas analógicas integradas en el TSX 37 Micro

El filtro elegido permite eliminar los ruidos, en este módulo se puede elegir:

- 0 Sin filtrar, periodo de muestreo de 32ms
- 1 Filtrado débil alpha=0.750 y un tiempo de respuesta de 111,23 milisegundos
- 2 Filtrado débil alpha=0.875 y un tiempo de respuesta de 239,64 milisegundos
- 3 Filtrado medio alpha=0.937 y un tiempo de respuesta de 495,83 milisegundos
- 4 Filtrado medio alpha=0.969 y un tiempo de respuesta de 1,008 segundos
- 5 Filtrado fuerte alpha=0.984 y un tiempo de respuesta de 2,032 segundos

Si se elige el filtro 0, no existe filtrado de la señal analógica y el periodo de muestreo es lo suficientemente bajo como para que el autómata pueda controlar variables rápidas como son velocidad y par. Si la señal es muy ruidosa se debe elegir un filtro alto, pero los tiempos de respuesta del filtro sólo permitirán controlar variables lentas como es la temperatura. Los tiempos de respuesta de los diferentes filtros son directamente proporcionales al periodo de muestreo del módulo.

La ecuación que define el filtrado que se ejecuta cada periodo de muestreo es:

$Medf(n) := \alpha * Medf(n-1) + (1-\alpha) * Med(n)$

Donde

α= eficacia del filtro,

Medf(n) = medida filtrada en el instante n,

Medf(n-1) = medida filtrada en el instante n-1,

Med(n) = valor bruto en el instante n.

El rango permite ajustar la vía al tipo de señal de entrada que da el sensor analógico. Los rangos más comunes de señal que ofrecen los sensores analógicos son:

- ±10 voltios
- 0..10 voltios
- 0..20 mA
- 4..20 mA

Los módulos de entrada analógica pueden leer tensión o intensidad. Una gran gama de sensores analógicos dan como señal de salida una señal en intensidad. La razón es que es mucho más difícil que su forma de onda se vea alterada por ruidos o tensiones inducidas, que en el caso de que la señal sea tensión. En el rango de 4..20 mA se puede detectar la rotura de hilo del cable del sensor. Esto no se puede realizar en ningún otro rango. Pero también existen sensores que no dan ni tensión ni intensidad, como pueden ser los termopares o las Pt100. Estos sensores necesitan de una etapa electrónica de tratamiento y adquisición de la señal.

Existen módulos que llevan incorporada la electrónica necesaria para el tratamiento de la señal, evitando la necesidad de electrónica externa al autómata para el tratamiento de la señal que dan los termopares o las resistencias Pt100. Estos módulos permiten conectar directamente termopares, Pt100, Ni1000. El tratamiento de la señal del sensor se realiza internamente en el módulo, incluyendo también la compensación de la soldadura fría en los termopares.

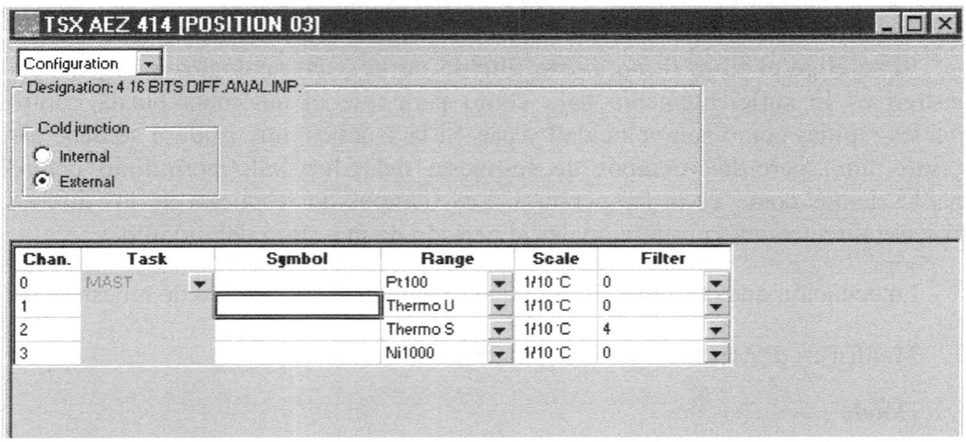

Figura 2.20

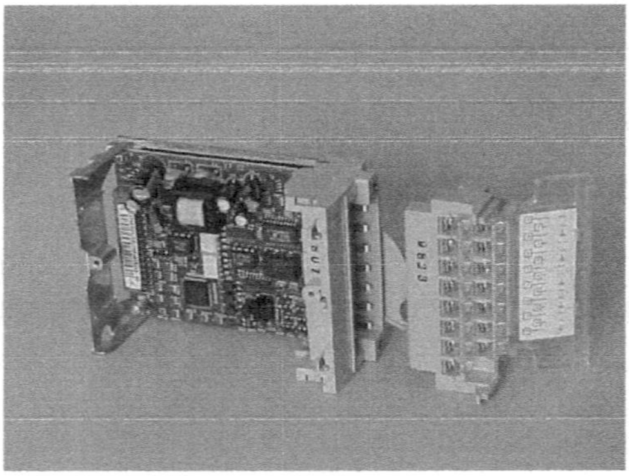

Figura 2.21

En la Figura 2.20 se observa la configuración de un módulo de 4 entradas analógicas de 16 bits. El módulo permite la conexión de diferentes sensores de temperatura, realizándose la conversión, en el caso de que no exista filtrado, en un tiempo mínimo de 520 ms. Si se configura un filtrado 5 el tiempo de respuesta es de

33 segundos. Estos valores de tiempo tan altos son debidos a que la señal debe ser tratada electrónicamente, debe ser filtrada, y a continuación convertida en señal numérica con una precisión de 16 bits. Esta precisión es muy alta, si el rango de entrada fuera de 0..10 voltios, el bit menos significativo equivale a $\frac{10}{2^{16}} = 0.00015$ Voltios.

La escala de la conversión temperatura-variable numérica también es configurable en el módulo. En la Figura 2.22 se puede observar: si la temperatura medida es de -200°C se volcará un 0 en la variable numérica del autómata, y si la temperatura es de 850°C en la variable se volcará 10000.

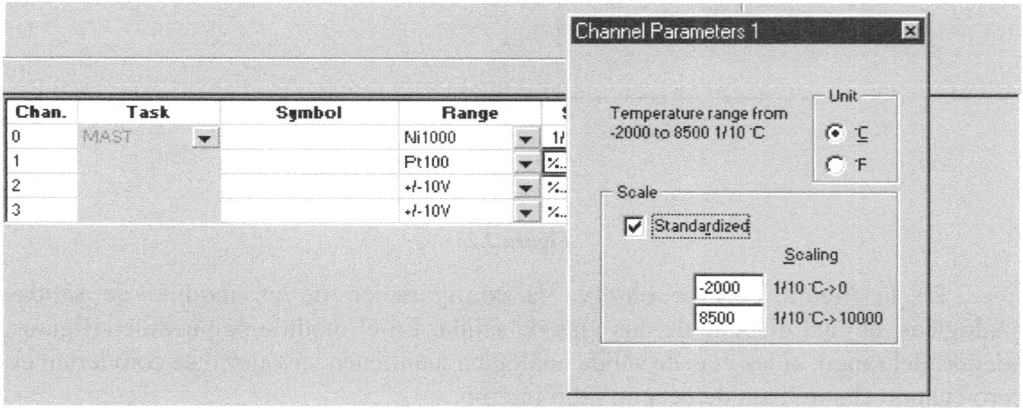

Figura 2.22

2.3.2 Salidas analógicas

Los módulos de salida analógica permiten que el valor de una variable numérica interna del autómata se convierta en tensión o en intensidad. Esta tensión o intensidad puede servir de referencia de mando para actuadores que admitan mando analógico, como pueden ser los variadores de velocidad, las etapas de tiristores de los hornos, reguladores de temperatura, reguladores de caudal, etc., permitiendo al autómata realizar funciones de regulación y control de procesos continuos.

La precisión en los módulos de salida analógica suele ir desde los 12 a los 14 bits (suele ser menor que la de los módulos de entrada). No tienen problemas de velocidad, dado que la conversión digital-analógica es prácticamente instantánea.

Cada salida se caracteriza por el tipo de señal suministrada que puede ser intensidad o tensión y por el rango 0..10Voltios, ±10Voltios, 0..20mA, 4..20mA.

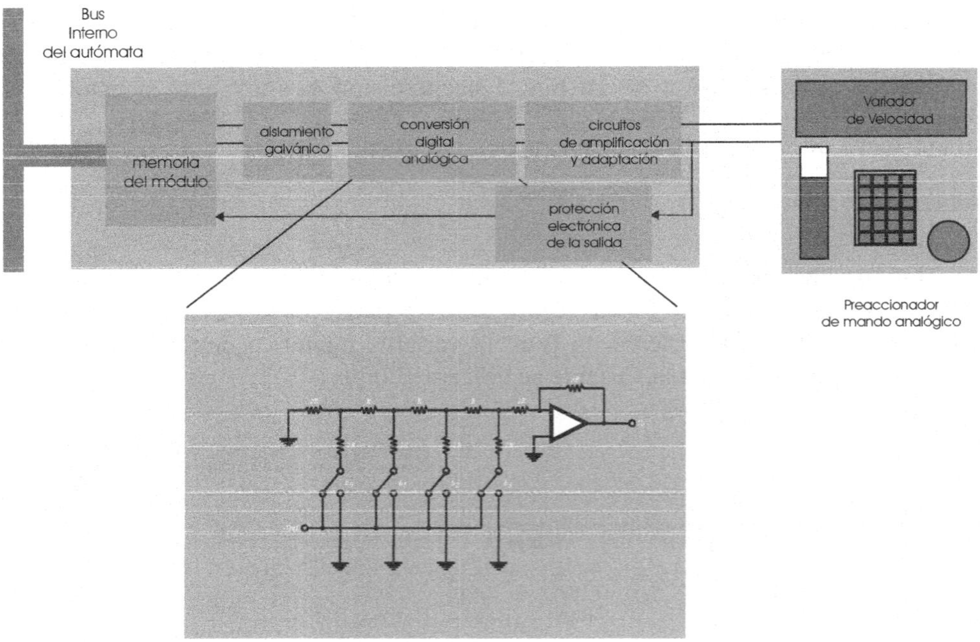

Figura 2.23

En la Figura 2.24 se observa la configuración de un módulo de salidas analógicas, el cual dispone de dos vías de salida. En el módulo se puede configurar, además del rango, si las vías de salida analógica mantienen su valor o se convierten en cero cuando el autómata detecta un fallo interno.

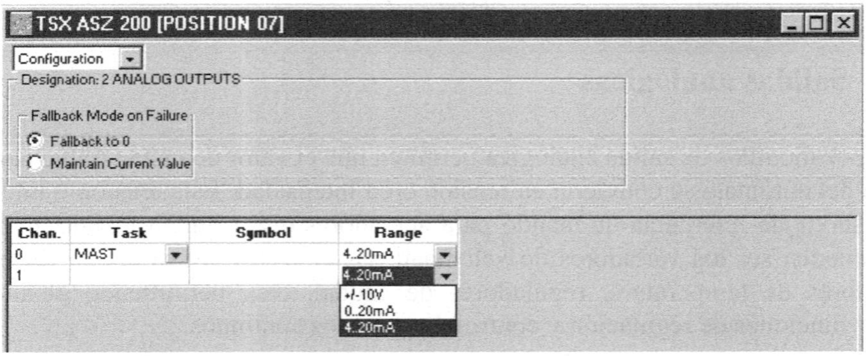

Figura 2.24

Protección de los módulos de Salidas Analógicas

Si el programa se detiene, las salidas analógicas deben ponerse en un estado no perjudicial para la aplicación. Este estado, llamado posición de retorno, se define para cada módulo en la configuración de las salidas. La configuración permite elegir:

- Retorno de las salidas a un valor. 0 es el valor predeterminado.
- Conservación del estado: las salidas permanecen en el estado anterior al Paro.

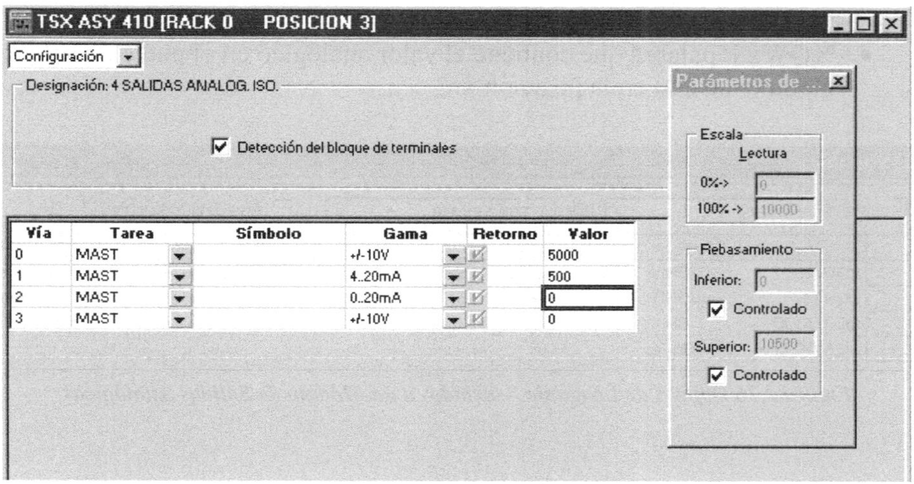

Figura 2.25

En muchas aplicaciones el valor de retorno es diferente de 0, entonces se deberá programar el valor adecuado. El valor de retorno depende del tipo de salida utilizada:

- 0..10500 para 0-20mA.
- 500..10500 para 4-20mA.
- 10500..+10500 para ±10V.

Objetos de lenguaje Asociados a los módulos de entradas y salidas Analógicas

La configuración de un módulo de entradas o salidas analógicas genera un conjunto de objetos lenguaje necesarios para la programación y para el diagnóstico de este módulo.

Los objetos de intercambio implícito se intercambian automáticamente en cada ciclo de la tarea en la que las vías del módulo o de la interfaz integrada se configuran.

- %Ix. MOD.ERR: bit de falla del módulo. En el estado 1, este bit señala un fallo del módulo situado en la posición x.

- %Ix.i.ERR: bit de falla de la vía. En el estado 1, este bit señala un fallo de la vía i del módulo situado en la posición x.

- %IWx.i: palabra que contiene el valor analógico en el punto de entrada i del módulo situado en la posición x. Esta palabra es escrita por el módulo.

- %QWx.i: palabra que contiene el valor analógico en el punto de salida i del módulo situado en la posición x.

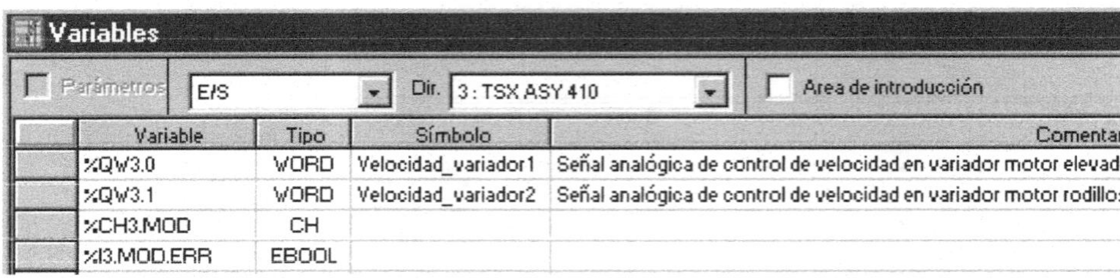

Variable	Tipo	Símbolo	Comentari
%QW3.0	WORD	Velocidad_variador1	Señal analógica de control de velocidad en variador motor elevado
%QW3.1	WORD	Velocidad_variador2	Señal analógica de control de velocidad en variador motor rodillos
%CH3.MOD	CH		
%I3.MOD.ERR	EBOOL		

Figura 2.26 Objetos de Lenguaje Asociados a un Módulo de Salidas Analógicas

2.4 OBJETOS DE LENGUAJE DEL AUTÓMATA

Los programas de Aplicación de Autómatas trabajan con variables conocidas como Objetos. Existen diferentes tipos de objetos, clasificados según la función desempeñada:

- Objetos de Entrada-Salida asignados a los módulos de interfaz.
- Objetos de memoria, asignados a la memoria Ram del Autómata.
- Objetos Constantes.
- Objetos de Comunicación, para intercambio de información con otros autómatas.
- Objetos de sistema, para operaciones de sistema del Autómata.

Según la función del objeto se definen cinco tipos de objetos:

- Objetos de la zona de memoria %M
- Objetos de la zona de entradas %I
- Objetos de la zona de salidas %Q
- Objetos de la zona de constantes %K
- Objetos de la zona de sistema %S
- Objetos de Comunicación %N

Según el tamaño los objetos se clasifican en:

- Objeto bit X
- Objeto byte B 8 bits
- Objeto word W 16 bits
- Objeto doble word D 32 bits

Objetos de memoria

Los objetos asociados a la zona de memoria de lectura-escritura del Autómata, se denominan %M. A continuación se indica el tamaño del objeto (X , B, W ó D) y el número de objeto.

Ejemplos:

- %M 52 bit de memoria (la X se puede omitir) número 52.
- %MB 53 byte de memoria 53. Éste es el formato adecuado para operaciones con cadenas de caracteres.
- %MW 34 palabra de memoria 34.
- %MD 34 palabra de memoria doble 34.
- %MF 34 palabra de memoria doble 34. Los cálculos se realizan en coma flotante.

Los objetos tipo MB, MW, MD y MF se refieren a la misma zona de memoria. La forma de direccionarlos es la siguiente.

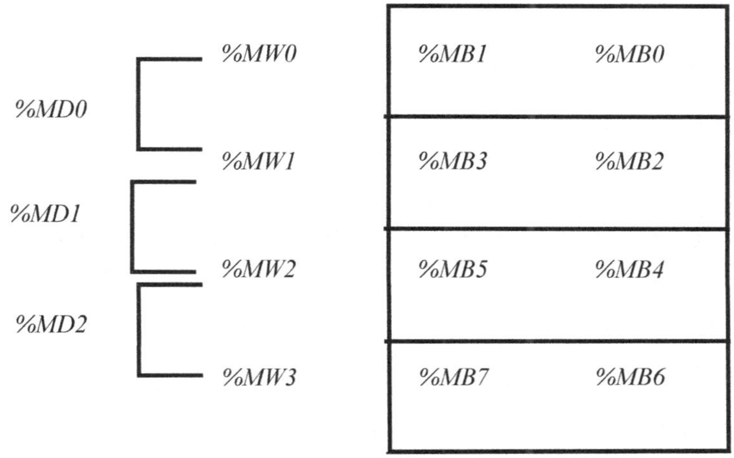

Figura 2.27

Se pueden leer y escribir directamente los bits de las palabras. Por ejemplo %MW30:X7 es el bit 7 de la palabra 30.

Las palabras se pueden direccionar por bloques conocidos como tablas de palabras. Por ejemplo %MW30:25 es una tabla de 25 palabras que empieza en la palabra 30 y acaba en la palabra 54.

Objetos de entradas/salidas

Los objetos asociados a la zona de entrada digital se denominan %I (entrada) o %Q (salida). A continuación se indica el tamaño del objeto (X , B, W ó D), y después el número de módulo de enchufe y el número de vía.

Ejemplos:

- %I 1.2 bit de entrada digital (la X se puede omitir), módulo 1, vía 2.
- %IW 0.3 palabra de entrada módulo 0, vía 3.
- %QW 4.2 palabra de salida módulo 4, vía 2.
- %I4.MOD.ERR bit de error en módulo 4.
- %I6.2.ERR bit de error en módulo 6, vía 2.

Objetos constantes

Estos objetos son constantes, solamente se pueden leer desde el programa del Autómata y se denominan %K. A continuación se indica el tamaño del objeto (X , B, W ó D) y el número de objeto. Normalmente se tratan como palabras.

Ejemplos:

- %KW56 palabra constante número 56.

Objetos de Sistema

Los objetos asociados a la zona de sistema del Autómata se denominan %S. Sólo se tratan como bits o palabras.

Ejemplos:

- %S23 bit de sistema 23.
- %SW54 palabra de Sistema 54.

Objetos de Bloques Funcionales

Los bloques funcionales tienen asociados varios tipos de objetos. Las salidas del bloque se tratan como objetos tipo bits. Además, tienen asignados varios objetos tipo palabra que corresponden a parámetros de configuración y a valores actuales del bloque.

Ejemplos:

- Valor actual del temporizador 5 %TM5.V
- Valor de preselección del temporizador serie 7, %T5 %T5.P
- Word salida de registro %R6 %R6.O

2.5 ESTRUCTURA DE LA MEMORIA DEL AUTÓMATA

La memoria del autómata se divide en diferentes Áreas:

- Área de datos
- Área de programa
- Área de configuración y de sistema

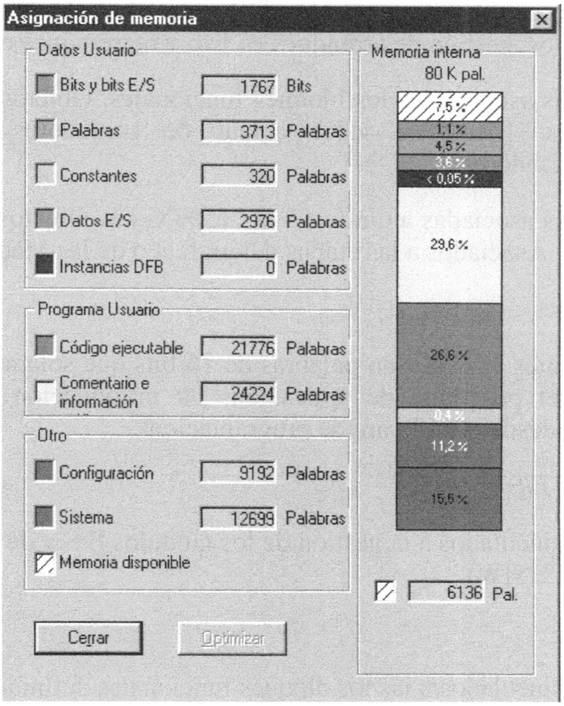

Figura 2.28

Área de datos

Esta área reúne los objetos vinculados a los datos de la configuración software.

- Bits y Bits E/S

  – Bits de memoria %Mi. Objetos de tipo binario, para almacenar estados o informaciones de tipo todo o nada.

  – Bits de sistema %Si. Objetos de tipo binario, realizan funciones especiales, relacionadas con el sistema operativo del autómata, con fallos, gestión de arranques en frío y rearranques en caliente…

  – Bits de entradas/salidas. Objetos de tipo binario, asociados a los módulos de entradas-salidas configurados en el autómata.

  – Bits asociados a Grafcet %Xi, %Xi.j. Objetos de tipo binario, asociados a las etapas del grafcet o de las Macroetapas.

- Palabras

  – Palabras %Mwi. Objetos de tipo palabra de 16 bits. Utilizados para almacenar estados o informaciones de tipo numérico. Permiten su lectura y escritura desde el programa del usuario.

  – Palabras sistema %Swi. Objetos de tipo palabra de 16 bits, realizan funciones especiales, relacionadas con el sistema operativo del autómata, con fallos, gestión de arranques en frío y rearranques en caliente.

  – Palabras asociadas a los bloques funcionales. Objetos de tipo palabra de 16 bits. Ejemplos: valor actual de contadores, valor actual de temporizadores…

  – Palabras asociadas a Grafcet %Xi.T, %Xi.j.T. Objetos de tipo palabra de 16 bits. Asociados a las etapas del grafcet o de las Macroetapas.

- Constantes

  – Constantes %Kwi. Son palabras de 16 bits que solamente se pueden leer desde el programa de aplicación. La introducción de sus valores se realiza desde el software de programación.

- Datos de E/S

  – Datos vinculados a la gestión de los módulos E/S y de las palabras (%IW, %QW, %MW).

- DFB

  – Datos vinculados a las los bloques funcionales definidos por el usuario.

Área del Programa Usuario

- Código ejecutable

  - Contiene el código del programa de aplicación.

- Comentarios e información gráfica

  - Comentarios añadidos al programa. No se debe abusar, dado que ocupan memoria del autómata.

Área de configuración y de sistema

En esta área se almacenan los datos de configuración y de estructura de la aplicación, así como la memoria utilizada por el sistema operativo del Autómata en sus operaciones.

- Configuración

  Configuración hardware del autómata con los módulos de E/S configurados. Configuración software de Temporizadores, Registros, contadores, bloques funcionales predefinidos.

- Sistema

  Pila de tareas, catálogos, datos utilizados para ejecución del programa.

Si el autómata dispone de tarjeta de Ampliación de memoria, las Áreas se distribuyen entre las dos zonas de memoria (interna y tarjeta de Ampliación). El programa se almacena en la tarjeta de ampliación de memoria. De esta forma es posible transportar de un autómata a otro el programa de aplicación.

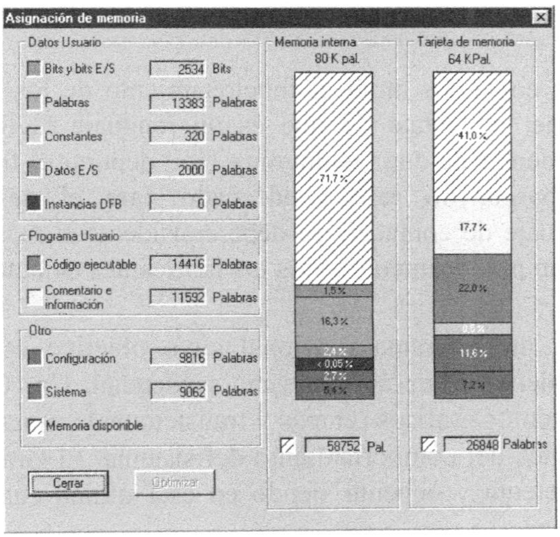

Figura 2.29 Distribución de áreas con Tarjeta de Ampliación de Memoria

Los autómatas programables disponen en el módulo procesador de una memoria FLASH EPROM. En esta memoria se almacena la aplicación y el contexto en el instante en que el autómata detecta un corte de tensión. También se puede utilizar para guardar el programa y las constantes, así como los datos de ajuste.

2.6 LENGUAJES DE PROGRAMACIÓN DE AUTÓMATAS

Junto con la evolución hardware de los autómatas se ha producido una evolución paralela de sus sistemas de programación. Los primeros lenguajes desarrollados fueron la lista de instrucciones y el lenguaje de contactos.

El lenguaje de lista de instrucciones se puede considerar una herencia de la arcaica programación en ensamblador a la que se le añadieron paulatinamente instrucciones de lectura de entradas y escritura de salidas digitales, instrucciones de manejo de bloques funcionales. La lista de instrucciones (IL o AWL) es un lenguaje de bajo nivel, similar al lenguaje ensamblador. Solo se permite programar una operación en cada línea. Este lenguaje es adecuado para pequeñas aplicaciones y para optimizar partes de una aplicación.

Aunque parezca extraño, es un lenguaje que ha tomado una posición que precisamente no se puede calificar de minoritaria en el mercado, sino todo lo contrario. Algunos fabricantes de equipos de automatización lo suministran como opción principal y un gran número de programadores que lo utilizan e incluso lo prefieren. Sus partidarios dicen que permite un mayor control de la máquina, sus detractores opinan que ese mayor control se refiere al autómata, no a la máquina o proceso controlado. En definitiva, aleja al programador del problema real. El problema no debe ser el lenguaje de programación, el lenguaje de programación debe suministrar soluciones.

El lenguaje de contactos imita el funcionamiento de los circuitos basados en relés eléctricos. Tiene la ventaja de que es un lenguaje fácil de asimilar por el operador en planta, además de que resulta muy fácil depurar el funcionamiento de los programas. Sin embargo, no resulta adecuado para el desarrollo de grandes aplicaciones. El lenguaje de contactos se debe considerar el más universal de todos, dado que lo incorporan prácticamente todos los fabricantes de autómatas.

Un Grafcet es un diagrama funcional cuyo objetivo es describir de forma gráfica el comportamiento de un automatismo secuencial. Un Grafcet está definido por una serie de elementos gráficos (etapas y transiciones) y unas reglas de evolución que reflejan la dinámica del comportamiento del sistema. El Grafcet se desarrolló en las décadas de los setenta y ochenta siendo en esta última cuando se incorpora el concepto de macroetapa.

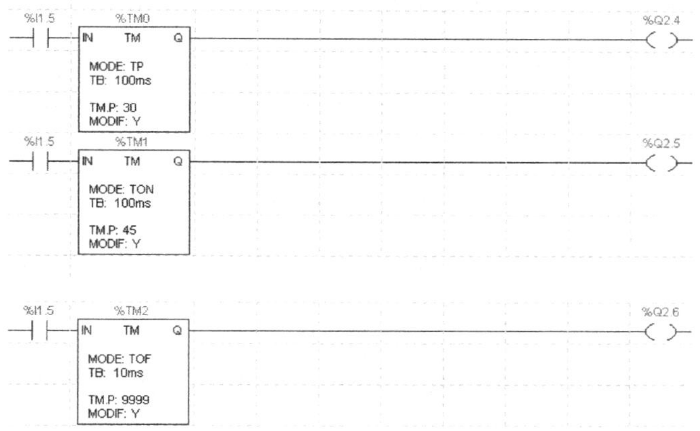

Figura 2.30 Programación en lenguaje de contactos

El Grafcet es un formalismo inspirado en las redes de Petri, merced a una interpretación singular, donde se manejan eventos, condiciones y acciones en forma análoga a los clásicos diagramas de estado, siendo la variable local de estado (la etapa) intrínsecamente binaria. El Grafcet ha contado con un gran apoyo por parte del gobierno y de los fabricantes franceses, entre ellos, Telemecánica.

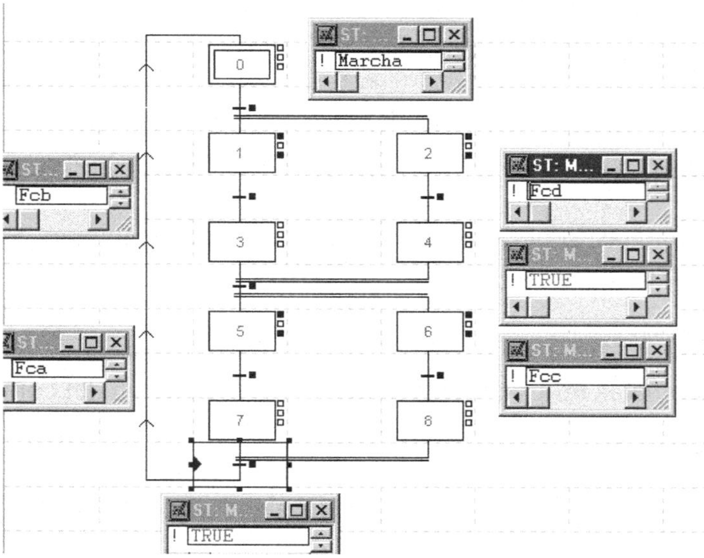

Figura 2.31 Programación en lenguaje Grafcet

Estos tres lenguajes junto con el texto estructurado, de sintaxis similar al Pascal, y el Diagrama de bloques funcionales han sido estandarizados en la norma IEC 61131 que intenta unificar el sistema de programación de todos los autómatas en un único estándar internacional. En el año 1979 la Comisión Internacional Electrotecnia (IEC) designa al Comité de Investigación 65A para la definición de una norma específica referente a los autómatas programables industriales. El objetivo de este comité era responder a la complejidad creciente de los sistemas de control y a la diversidad de autómatas incompatibles entre sí, de forma que se convergiera a un único estándar de programación y desarrollo de aplicaciones de autómatas programables. De dicho comité se definió la norma 61131 cuyos diversos apartados son:

IEC 61131-1

Autómatas programables. Parte 1: Información general.

IEC 61131-2

Autómatas programables. Parte 2: Especificaciones y ensayos de los equipos.

IEC 61131-3

Autómatas programables. Parte 3: lenguajes de programación.

IEC 61131-4

Autómatas programables. Parte 4: Guías del usuario.

Además, se han definido las siguientes normas:

IEC 61131-5

Autómatas programables. Parte 5: Comunicaciones.

IEC 61131-6

Autómatas programables. Parte 6: Comunicaciones vía buses de campo.

IEC 61131-7

Autómatas programables. Parte 7: Programación del control Fuzzy.

IEC 61131-8

Guías para la aplicación e implementación de lenguajes para autómatas programables.

La norma define los lenguajes de programación de autómatas:

- Gráfico secuencial de funciones (Grafcet).
- Lista de instrucciones.
- Texto estructurado.
- Diagrama de contactos.
- Diagrama de funciones.

El texto estructurado (structured text o ST) es un lenguaje de alto nivel que posee una sintaxis parecida al Pascal. El ST puede ser empleado para realizar rápidamente sentencias complejas que manejen variables con un amplio rango de diferentes tipos de datos, incluyendo valores analógicos y digitales. También se especifica tipos de datos para el manejo de horas, fechas y temporizaciones, algo importante en procesos industriales. El lenguaje posee soporte para bucles iterativos, ejecuciones condicionales y funciones matemáticas.

```
!(* start main door timer *)
      START Main_door_timer;
 (* compute speed *)
      SR16;
!(* compute down duration *)
 Auto_mode:=(General_mode=Auto_mode_code)AND
           NOT Pre_processing;
 IF Auto_mode THEN
      Down_duration:=Down_speed*Step_length*
                     (Current_step-1);
      Step_array[Current_step]:=Down_duration;
      IF Current_step=Last_step THEN
           (* compute step access number *)
           INC Last_step_access_number;
      END_IF;
 ELSE
      SR6;
 END_IF;
!(* prepare display: statement being modified *)
 Step_number:8:=INT_TO_STRING(Current_step);
 Step_display:20:=CONCAT(Step_number:8,' - DOWN')
```

Figura 2.32 Programación en texto estructurado

El diagrama de funciones (function block diagram o FBD) es un lenguaje gráfico que permite programar elementos que aparecen como bloques para ser cableados entre sí de forma análoga al esquema de un circuito. FBD es adecuado para muchas aplicaciones que involucren el flujo de información o datos entre componentes de control.

El estándar también define una nueva arquitectura para la organización e interacción de tareas en los autómatas programables.

En los lenguajes de programación de autómatas se han incorporado bibliotecas de funciones que desde siempre han estado disponibles en los lenguajes de programación de ordenadores. El programador puede utilizar las funciones matemáticas clásicas, funciones de manejo de tablas, funciones de conversión numérica, funciones de diálogo operador. Se abre la posibilidad de que las tareas de gestión y cálculo sobre los datos, normalmente asignadas a un computador, se programen en autómatas. Existen instalaciones donde un autómata, denominado de gestión, recibe las órdenes de producción, las procesa y se las transmite a los autómatas de control, a la vez recoge datos de planta y convenientemente tratados se los envía al ordenador central. Un paso más allá ha sido la incorporación de funciones orientadas a la gestión de la comunicación, al diálogo con los módulos de control de ejes, con módulos de pesaje, función de control PID programable, y módulos de control PID configurables.

Algunas casas han sacado al mercado Kits de desarrollo que permiten programar los autómatas en el clásico lenguaje C. Estos Kits añaden al lenguaje las funciones necesarias para tratar con los objetos de autómata (entrada/salida, memoria, sistema, constantes...). Hay que observar que puede ser una buena opción pero realmente no ha tenido una gran difusión, siendo en la práctica no muy utilizada.

CAPÍTULO 3

SENSORES Y ACTUADORES

3.1 SENSORES

Para efectuar el control de las máquinas es necesario que los controladores conozcan la posición de las partes móviles de las máquinas, de los objetos fabricados por ellas, o de variables como son temperatura, presión... Para suministrar esa información al controlador será necesario disponer de sensores en las máquinas.

La gama de sensores (también denominados captadores o detectores) disponible en el mercado es muy amplia con el objeto de responder a los múltiples problemas de detección que se plantean en las máquinas de fabricación. Se pueden encontrar finales de carrera, detectores de proximidad inductivos, detectores de proximidad capacitivos, ultrasónicos, ópticos.

Una primera clasificación de los captadores se puede establecer según el tipo de señal suministrada a la salida:

- Captadores analógicos

  Suministran una señal proporcional a una variable analógica, como pueden ser presión, temperatura, velocidad, posición.

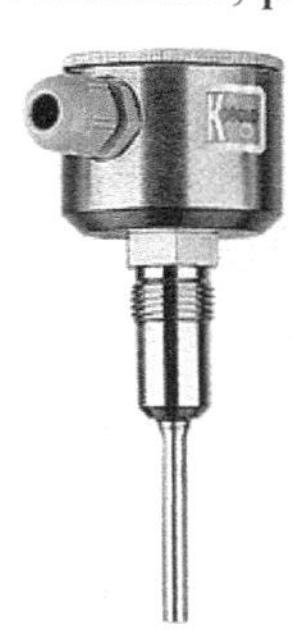

Figura 3.1 Sensor analógico. Sonda de temperatura

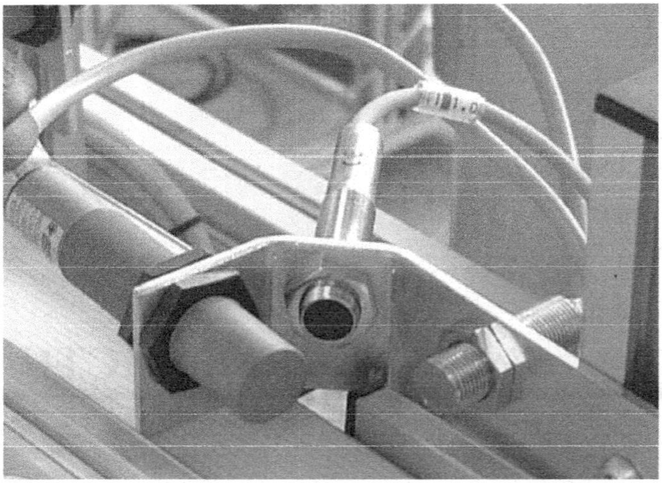

Figura 3.2 Captadores "Todo o Nada"capacitivo, óptico e inductivo

- Captadores "Todo o Nada"

  Este tipo de captador suministra una señal que solamente tiene dos estados, asociados al cierre o apertura de un contacto eléctrico, o bien a la conducción o corte de un interruptor estático como transistor o tiristor. Son los más utilizados en la automatización de movimiento y adoptan diferentes formas: finales de carrera, detector de proximidad inductivo, detector de proximidad capacitivo, fotocélulas.

- Captadores numéricos. Encoders

  Se utilizan en la medida de posiciones, de caudales... Ofrecen como salida una señal codificada y la transmisión de la señal la efectúan por medio de una comunicación tipo serie o paralelo. Pueden ser encoders incrementales que suministran pulsos por medio de dos salidas indicando el decremento o incremento de la variable medida. Los encoders absolutos utilizan códigos binarios, Gray, BCD… para codificar el valor de la variable medida.

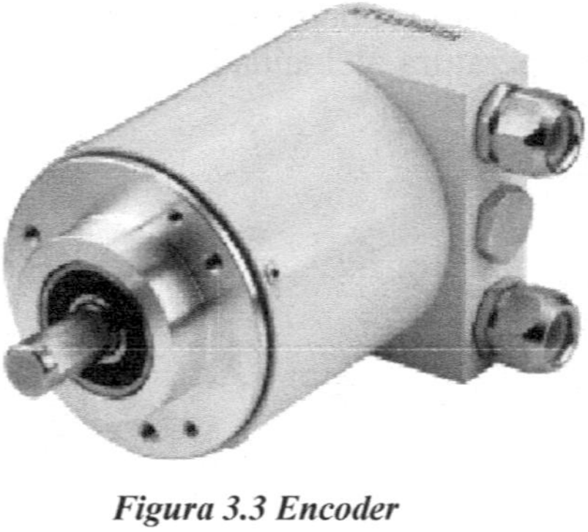

Figura 3.3 Encoder

Figura 3.4 Accionamiento con encader incremental

Los captadores basados en fenómenos eléctricos, magnéticos u ópticos adoptan una estructura general que se compone de tres etapas:

- Sensor o captador

  Efectúa la conversión de las variaciones de una magnitud física en variaciones de una magnitud eléctrica o magnética.

- Etapa de Tratamiento de la señal

  Puede o no existir, se encarga de efectuar el filtrado, amplificación y comparación de la señal mediante circuitos electrónicos.

- Etapa de salida

  Esta etapa está formada por los circuitos de amplificación conversión o conmutación necesarios en la puesta en forma de la señal de salida.

En este capítulo se tratarán principalmente los sensores de tipo todo o nada. Este tipo de sensores nos informan de la presencia o ausencia de un objeto o de la parte móvil de una máquina.

3.1.1 Finales de carrera

Los finales de carrera son captadores de conmutación electromecánica, la detección del objeto por medio del cabezal hace conmutar los contactos eléctricos del final de carrera. Para que la señal del captador llegue al autómata se cablea un terminal del contacto a una fuente de alimentación y el otro terminal a una entrada digital del autómata. El cierre del contacto hace que la tensión llegue a la entrada digital.

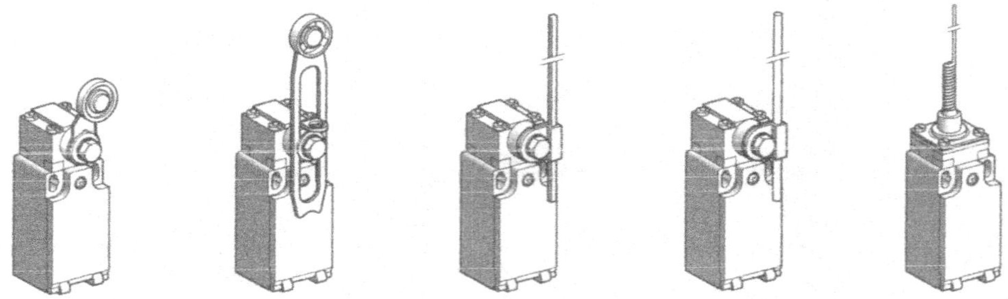

Figura 3.5

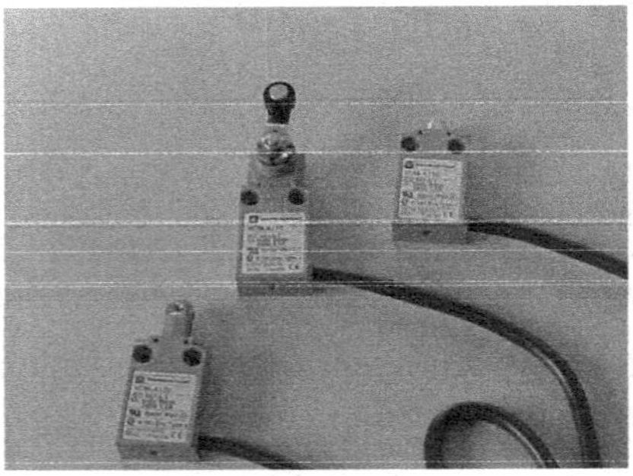

Figura 3.6

Los finales de carrera presentan como ventaja su bajo costo. En su contra, la distancia de detección es cero, dado que requieren contacto físico con el objeto, además de presentar una lenta respuesta. Al ser necesario el contacto físico con el objeto estarán garantizados para un número máximo de maniobras, siempre que no sean sometidos a mayor esfuerzo que el que pueden soportar según catálogo. Una aplicación típica es la detección de final de recorrido en movimientos lineales, como en ascensores, en ejes lineales...

3.1.2 Detectores de proximidad inductivos

Este tipo de detectores se utilizan para detectar piezas o elementos metálicos en distancias que van desde los cero a los treinta milímetros.

Figura 3.7

El Principio de funcionamiento consiste en la posibilidad de influenciar desde el exterior un oscilador HF completado con un circuito resonante LC. Un núcleo de ferrita con un bobinado oscilante genera por encima de la cara sensible un campo magnético variable. Al introducirse una pieza metálica en el campo magnético se producen corrientes de Faucoult que influencian el oscilador y provocan una debilitación de circuito oscilante. Como consecuencia se produce una disminución de la amplitud de las oscilaciones. Un circuito detecta esta variación de amplitud y determina una conmutación de la señal dada por el sensor.

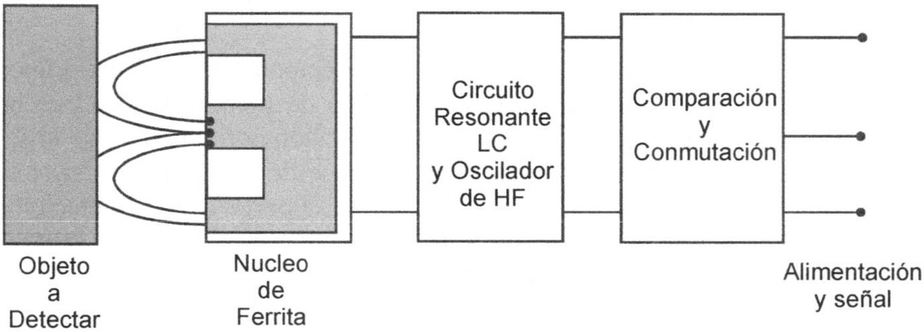

Figura 3.8 Esquema de Funcionamiento de un detector de proximidad inductivo

Características de Funcionamiento:

- Conmutación sin realizar esfuerzo mecánico
- No existe desgaste
- Insensible a las influencias externas
- Larga Duración
- Gran precisión en el punto de conmutación
- Frecuencia de conmutación elevada

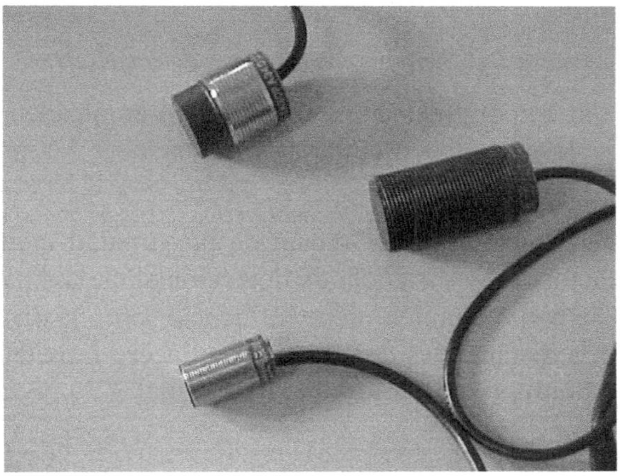

Figura 3.9

Existen detectores inductivos con salida analógica que indica la distancia del objeto al detector. La variación de amplitud de la oscilación, provocada por la presencia del objeto frente al detector, puede servir para conseguir una señal analógica proporcional a la distancia del objeto. Cuando un objeto metálico se aproxima a la cara activa del detector, la energía del oscilador se debilita. Este debilitamiento provoca una disminución de Amplitud en la oscilación. Esa disminución de amplitud es proporcional a la distancia entre el detector y el objeto. La señal obtenida se linealiza y amplifica. Se dispone de salidas 0..10V y/o 0..20 mA. El rango de medida es muy reducido, limitándose a distancias en el rango de los 1 a 11 milímetros.

Existen sensores inductivos empotrables y no empotrables. En los primeros la bobina esta encerrada por un encapsulado cilíndrico de metal, excepto por la cara activa del sensor. Este tipo de sensor se ve menos afectado por el metal que lo rodea y la cara activa del sensor puede enrasarse con una base de metal. En los sensores no enrasables la bobina no tiene encapsulado de metal. Por lo cual el detector se ve fácilmente afectado por el metal que lo rodea. No deberá existir material metálico en las proximidades del cabezal excepto el del propio objetivo.

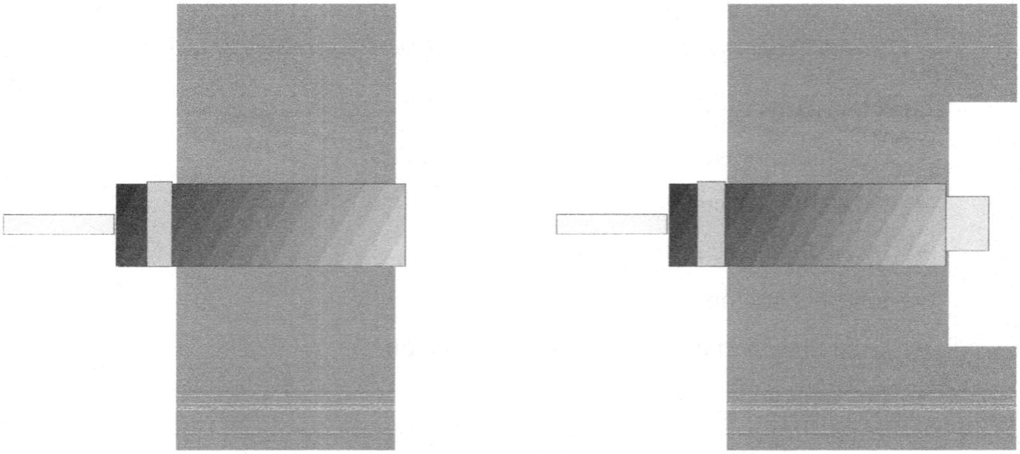

Figura 3.10 Sensores empotrables y no empotrables

Los sensores no empotrables en el metal tienen un alcance 2 veces superior al del modelo empotrable pero deben evitar la influencia de las masas metálicas cercanas.

La distancia de detección de un sensor de proximidad inductivo se puede ver alterada por varios factores. La distancia de detección suele aumentar un poco con la temperatura. El tipo de metal también tiene influencia sobre la distancia de detección. En el caso del hierro la distancia es del 100%, en el acero inoxidable del 70 %, en el latón del 50%, en el aluminio del 36% y en el cobre del 32% de la distancia nominal del sensor.

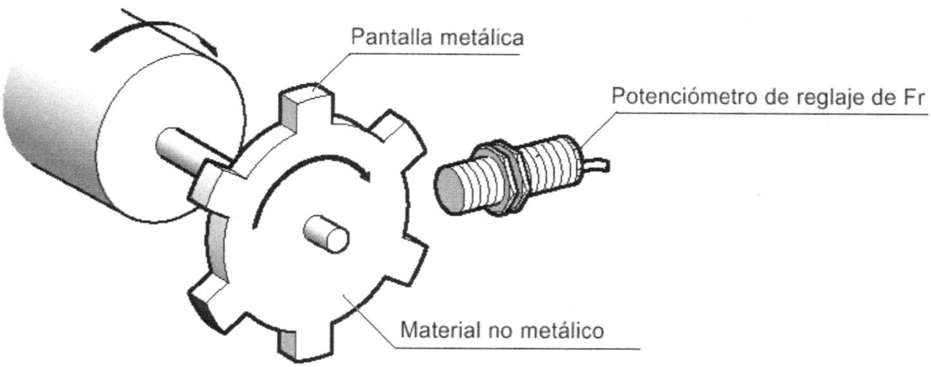

Figura 3.11 Detección de rotación

Control de rotación

Los sensores denominados "de control de rotación" supervisan la velocidad de desplazamiento de un móvil con respecto a un umbral dado. Este desplazamiento puede ser una rotación o una translación lineal. El móvil a controlar está equipado con partes metálicas que el sensor detectará, por ejemplo, una rueda con dientes metálicos. La frecuencia de los impulsos, Fc, emitida por el móvil se compara con la frecuencia Fr preajustada en el sensor. La salida del sensor estará en estado activo para Fc > Fr y en estado inactivo para Fc < Fr. Una vez alimentado el sensor, la función "control de rotación" será efectiva transcurridos unos segundos. Dicha temporización puede ser útil en determinadas aplicaciones para permitir que el móvil alcance su velocidad de régimen permanente.

Distancia entre sensores

Si se montan 2 sensores demasiado cerca el uno del otro, la frecuencia de oscilación de uno de ellos interfiere sobre la otra y puede provocar un estado de detección permanente. Para evitar este fenómeno, es necesario respetar una distancia mínima entre los aparatos. Si se montan en paralelo la distancia entre ellos debe ser mayor que dos veces la distancia nominal de detección. Si se montan enfrentados la distancia será al menos 10 veces la distancia nominal de detección.

En aplicaciones en las que no es posible guardar las distancias mínimas entre detectores estándar se deberán utilizar sensores de frecuencia decalada. En este caso se montan, de forma alterna, un sensor estándar y un sensor de frecuencia decalada.

3.1.3 Detectores de proximidad capacitivos

Los detectores capacitivos permiten la detección sin contacto de materiales conductores y no conductores, como pueden ser madera, vidrio, cartón, plástico, cerámica, fluidos...

- *Aplicaciones:*

  Control de Nivel de depósitos.

  Control de nivel de tolvas o silos.

  En bobinadoras de hilo, señalización de la rotura de hilo.

  En bobinadoras de papel, señalización de la rotura de hilo.

La cara activa de los detectores capacitivos está formada por dos electrodos metálicos colocados concéntricamente. Se pueden imaginar como dos electrodos de un condensador abierto. Las caras de este condensador forman un acoplamiento reactivo con un oscilador de alta frecuencia, regulado de tal forma que no provoca interferencias en el caso de la cara activa libre. Si un objeto se aproxima a la cara activa se introduce en el campo eléctrico de los electrodos, lo que provoca un aumento del acoplamiento capacitivo de los electrodos y el oscilador comienza a oscilar. Un amplificador analiza la oscilación y la transforma en una conmutación.

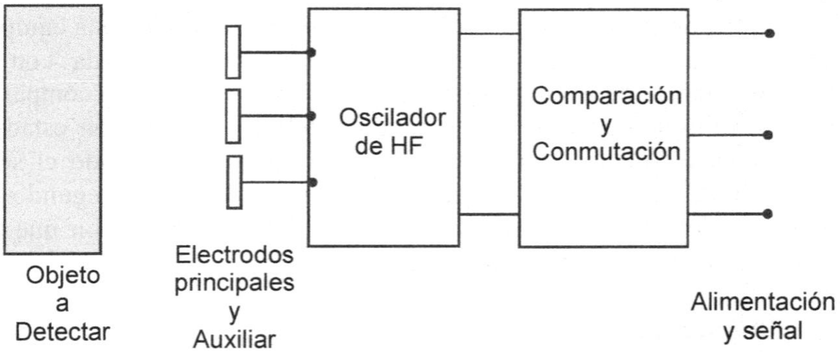

Figura 3.12 Esquema de funcionamiento de un detector capacitivo

Los detectores capacitivos son influenciados tanto por objetos conductores como por los no conductores. Los metales, dada su alta conductividad, se detectan a grandes distancias. La sensibilidad de estos detectores está muy relacionada con el tipo de material que se va a detectar así como por el grado de humedad ambiental y el contenido en agua del cuerpo. En caso de detección de materia orgánica como madera, la distancia de detección está fuertemente influenciada por el contenido en agua.

Cuando el objeto a detectar es aislante su distancia de detección será mayor cuanto mayor sea la constante dieléctrica, dado que aumenta el acoplamiento capacitivo. Para reducir este problema estos detectores llevan un ajuste de sensibilidad según el tipo de material a detectar.

La distancia de trabajo del detector dependerá del valor de la constante dieléctrica (ε_r) del material a detectar. Cuanto mayor es ε_r, más fácilmente se detectará el material. La distancia de trabajo depende de la naturaleza del objeto en cuestión:

St = Sn * Fc

St = distancia de trabajo,

Sn = distancia nominal del detector,

Fc = factor de corrección relacionado con el material del objeto a detectar.

Un detector con una distancia nominal de 10 mm al detectar un objeto de caucho la distancia será:

Sn = 10 mm, Fc = 0,3.

Distancia de trabajo St = 10 x 0,3 = 3 mm.

En la siguiente tabla se muestran los valores de la constante dieléctrica y del factor de corrección de la distancia de detección de diversos materiales:

Material	ε_r	*Fc*	*Material*	ε_r	*Fc*
Aire	*1*	*0*	*Mica*	*6...7*	*0,5...0,6*
Alcohol	*24*	*0.85*	*Nylon*	*4...5*	*0,3...0,4*
Acetona	*20*	*0,8*	*Papel*	*2...4*	*0,2...0,3*
Amoniaco	*15...25*	*0,75...0,85*	*Parafina*	*2...2,5*	*0,2*
Madera seca	*2...7*	*0,2...0,6*	*Plexiglass*	*3,2*	*0,3*
Madera húmeda	*10...30*	*0,7...0,9*	*Resina poliester*	*2,8...8*	*0,2...0,6*
Caucho	*2,5...3*	*0,3*	*Poliestireno*	*3*	*0,3*
Cemento (polvo)	*4*	*0,35*	*Arena*	*3...5*	*0,3...0,4*
Agua	*80*	*1*	*Sal*	*6*	*0,5*
Gasolina	*2,2*	*0,2*	*Azúcar*	*3*	*0,3*
Harina	*2,5...3*	*0,2...0,3*	*Teflón*	*2*	*0,2*
Aceite	*2,2*	*0,2*	*Vidrio*	*3...10*	*0,3...0,7*

Figura 3.13 Factor corrector en detectores capacitivos

Una aplicación de los sensores capacitivos es la detección de nivel de líquidos en envases de vidrio o de plástico. Como el líquido tiene una constante dieléctrica mucho mayor que el plástico. Esto permite que el sensor detecte el líquido "atravesando" el envase de plástico.

3.1.4 Detectores ultrasónicos

Los sensores ultrasónicos emiten y reciben mediante transductores señales de sonido a altas frecuencias. Cuando un objeto interrumpe el haz, refleja la señal hacia el sensor y producirá su conmutación.

En la cara activa del sensor un disco cerámico piezoeléctrico se encarga de transmitir ondas de sonido a alta frecuencia. Durante un tiempo al disco se le aplica un voltaje de alta frecuencia lo cual causa que vibre a la misma frecuencia emitiendo ondas de sonido de alta frecuencia. A continuación, el sensor no emite durante un tiempo esperando los pulsos reflejados. Cuando las ondas chocan con un objeto, se produce un eco.

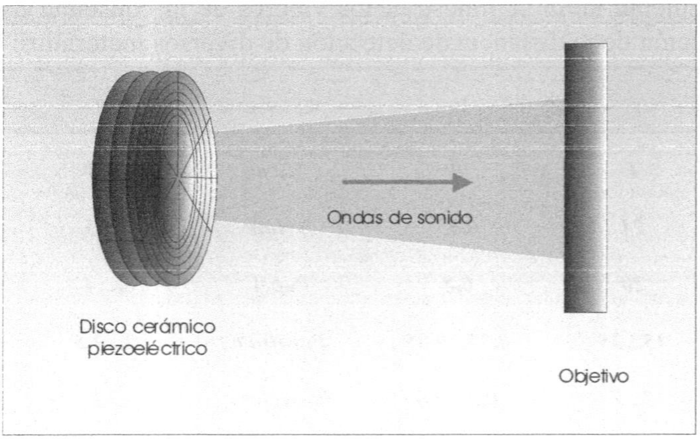

Figura 3.14 Emisión del haz de sonido

Estas ondas reflejadas llegan al sensor. Si el tiempo que ha pasado entre la emisión del pulso y la recepción del eco se encuentra dentro del rango para el cual se ha ajustado el sensor, éste conmutará indicando la presencia del objeto.

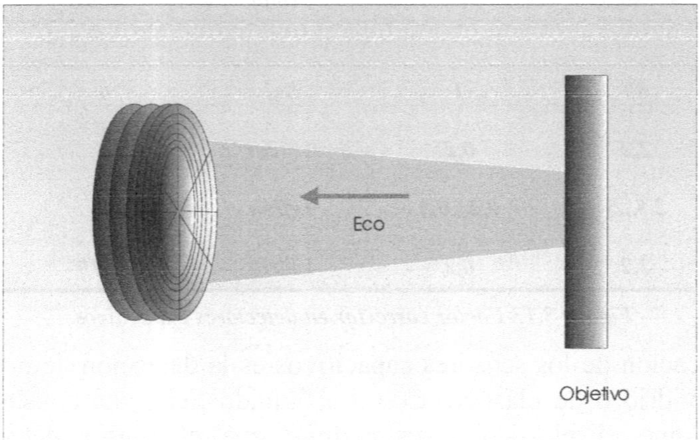

Figura 3.15 Recepción del eco

Delante de la zona activa del sensor existe una zona ciega, dependiendo del sensor esta zona puede ir desde los 6 hasta los 80 cm. Si en esta zona entra un objeto puede producir activaciones no deseadas.

El intervalo de tiempo existente entre la emsión del pulso y la recepción del eco es directamente proporcional a la distancia a la que se encuentra el objeto del sensor. Por lo tanto, el rango del sensor se ajustará en términos del tiempo mínimo y máximo de espera del eco, que serán la distancia mínima y máxima dentro de la cual se debe encontrar el objeto a detectar, el objetivo. En todos los sensores se debe ajustar la distancia máxima, y en algunos la mínima. Los objetos que se encuentren más allá de la distancia máxima no serán detectados. Esto permite eliminar ecos no deseados.

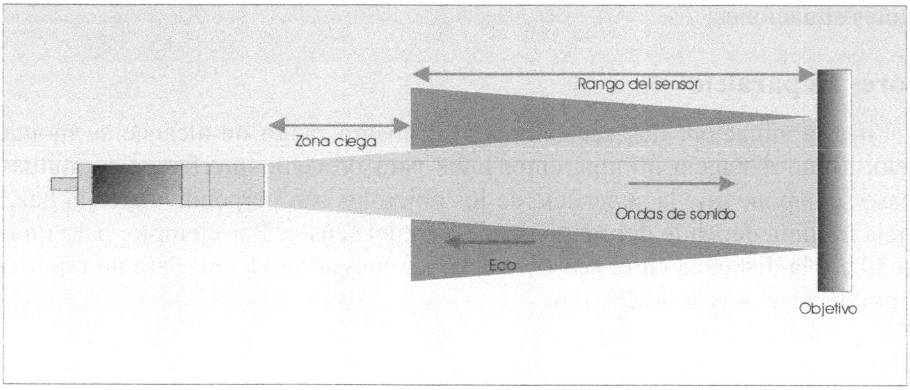

Figura 3.16 Zona ciega

Entre la zona ciega y la distancia mínima existe la llamada zona de bloqueo donde la presencia de objetos interferirán en la detección del objetivo. Existen detectores que activan una salida cuando un objeto se detecta en esta zona.

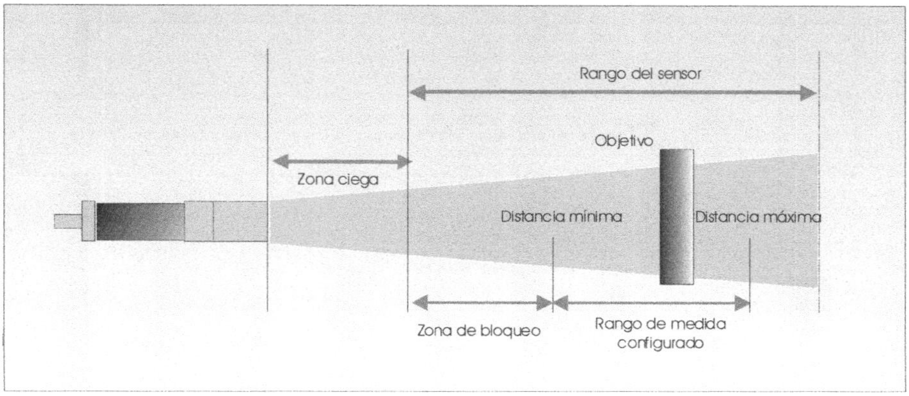

Figura 3.17 Ajustes de un sensor ultrasónico

Los sensores situados en paralelo con una superficie deberán guardar una distancia mínima con ella. Esta distancia es mayor en el caso de que la superficie sea irregular.

Se debe tener en cuenta también que la superficie del objetivo debe rebotar correctamente las ondas hacia el objetivo, por lo cual el ángulo máximo debe ser de 3° respecto a la perpendicular de la dirección de desplazamiento del sonido.

Los detectores ultrasónicos también pueden detectar líquidos, en este caso la máxima desviación es también de 3°. En el caso de material en polvo y granulados la superficie principal puede tener una desviación de hasta 45° . Esto es debido a que la gran cantidad de superficies individuales de los granos se encargan de reflejar el sonido en la dirección correcta.

Alrededor del sensor ultrasónico se deben guardar zonas libres, que prevengan interferencias provenientes de otros sensores ultrasónicos. A continuación se exponen diferentes situaciones:

Sensores en paralelo

En esta situación, dos sensores con el mismo rango de alcance se montan en paralelo, a una distancia mínima entre ellos para prevenir interferencias mutuas. En este caso se supone que la superficie de los objetivos son perpendiculares al haz. Esta distancia mínima depende del rango de alcance del sensor. Por ejemplo, para un rango de 6 a 30 cm la distancia entre sensores debe ser mayor de 15 cm. Para un rango de 60 a 600 cm debe ser nayor de 250 cm.

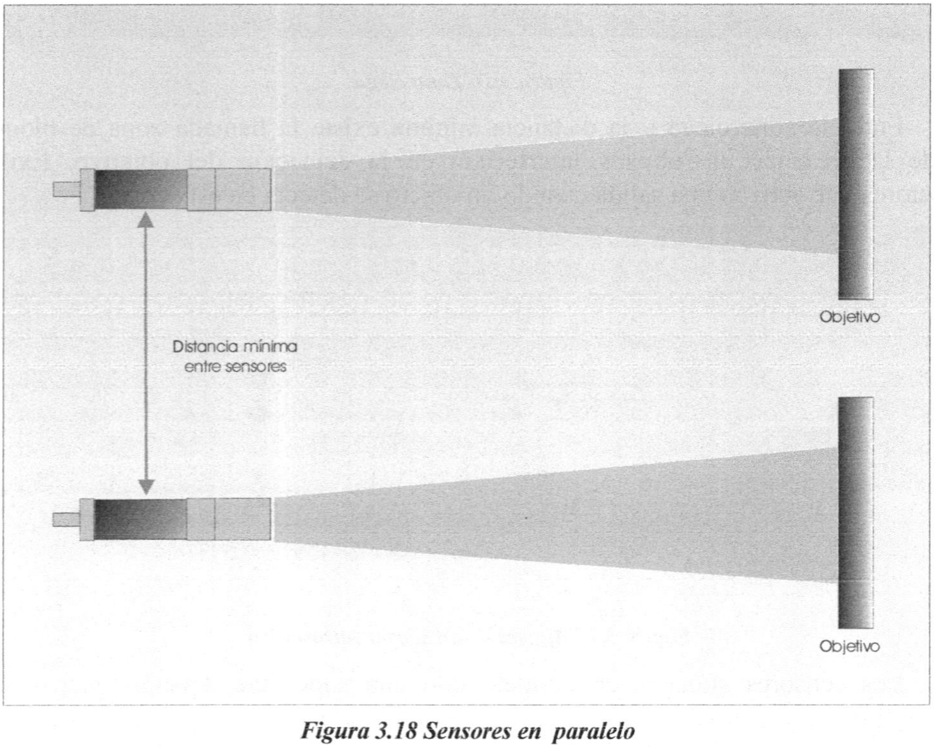

Figura 3.18 Sensores en paralelo

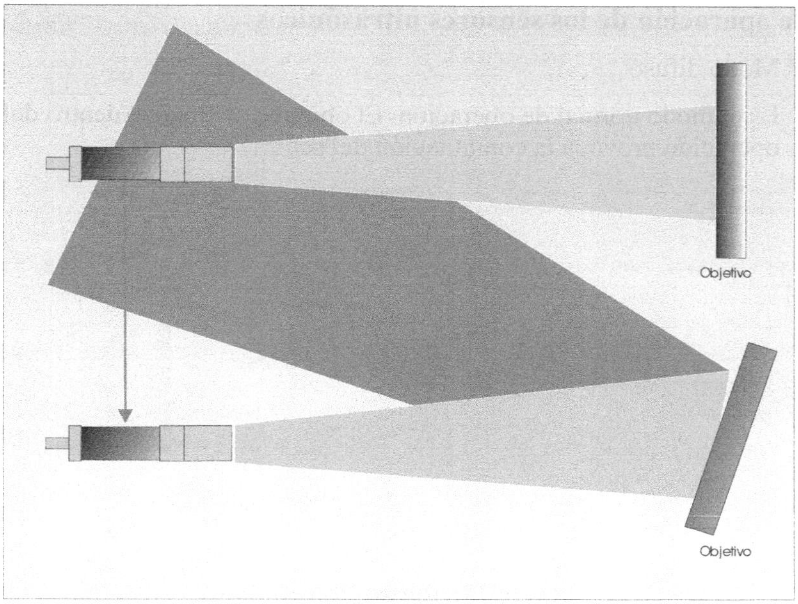

Figura 3.19 Interferencias mutuas

Interferencias mutuas

Suele ocurrir cuando dos sensores ultrasónicos se encuentran demasiados próximos y el haz reflejado por el objetivo interfiere al otro sensor. En este caso la distancia mínima debe ser determinada experimentalmente.

Sensores opuestos

En este caso, dos sensores ultrasónicos se han colocado en oposición. Será necesario guardar una distancia mínima entre ellos para prevenir interferencias. Por ejemplo, para un rango de medida entre 6 y 30 cm la distancia entre sensores debe ser de 120 cm.

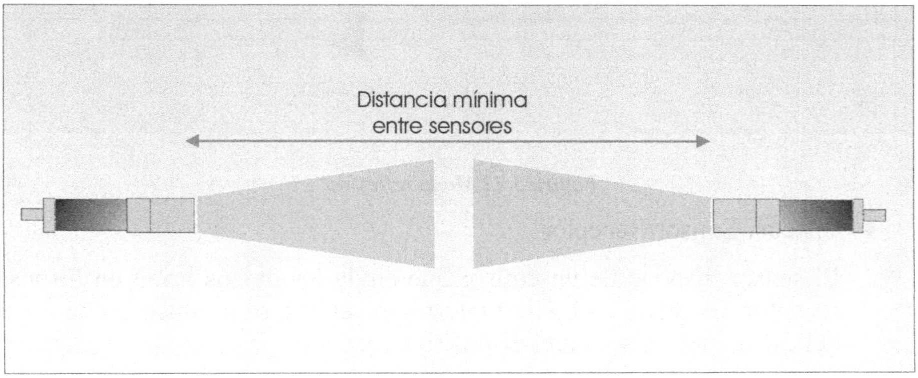

Figura 3.20 Sensores en oposición

Modos de operación de los sensores ultrasónicos

- Modo difuso

  Es el modo normal de operación. El objetivo al situarse dentro del rango de operación provoca la conmutación del sensor.

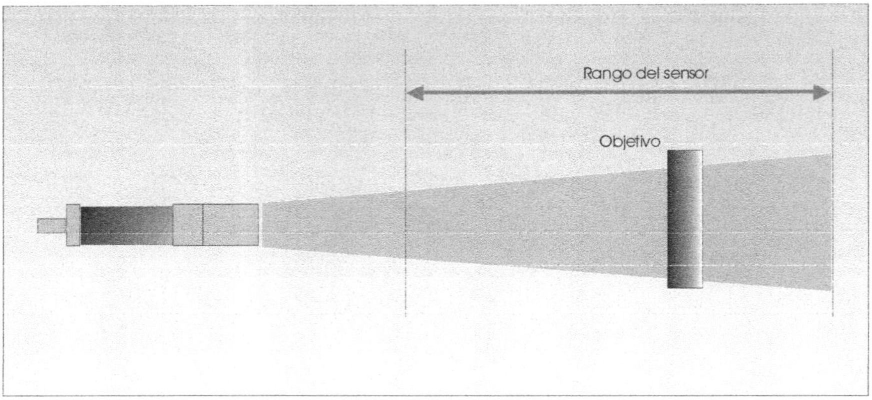

Figura 3.21 Sistema Modo difuso

- Modo reflexión

  En este modo de operación se sitúa un reflector dentro del rango de operación, que es ajustado a la distancia y grosor del reflector. Cuando un objetivo impide que el haz de sonido llegue hasta el reflector, se produce la conmutación del sensor.

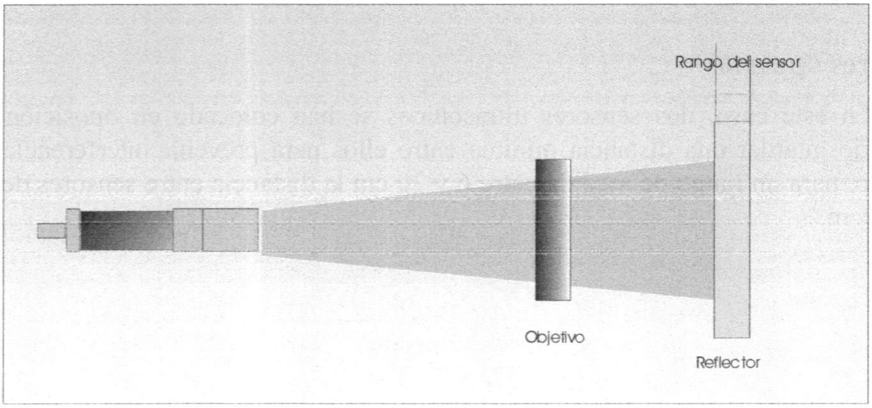

Figura 3.22 Modo reflexión

- Sistema Emisor/Receptor

  El sensor dispone de un emisor que envia los pulsos hacia un dispositivo receptor. Cuando un objetivo interrumpe el haz, se produce la conmutación del estado del sensor en el dispositivo receptor.

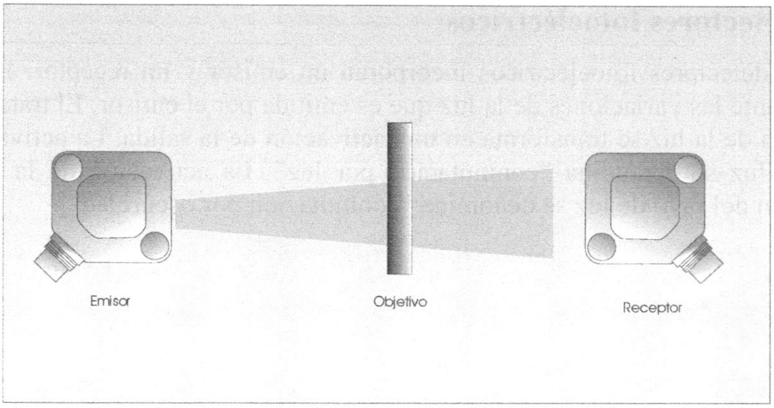

Figura 3.23 Sistema Emisor/Receptor

3.1.5 Detectores magneto/inductivos

Se aplican fundamentalmente en la detección de posición de cilindros neumáticos. El imán permanente fijado en el pistón del cilindro satura con su campo magnético el núcleo de la bobina del detector. De esta forma se varía la corriente que circula por un circuito oscilante. Esta variación la detecta un circuito que la transforma en una señal de conmutación.

Figura 3.24 Detectores magneto/inductivos

3.1.6 Detectores fotoeléctricos

Los detectores fotoeléctricos incorporan un emisor y un receptor. El receptor reacciona ante las variaciones de la luz que es emitida por el emisor. El tratamiento de la variación de la luz se transforma en una activación de la salida. La activación de la salida por luz se denomina "conmutación por luz". La activación de la salida por interrupción del rayo de luz se denomina "conmutación por oscuridad".

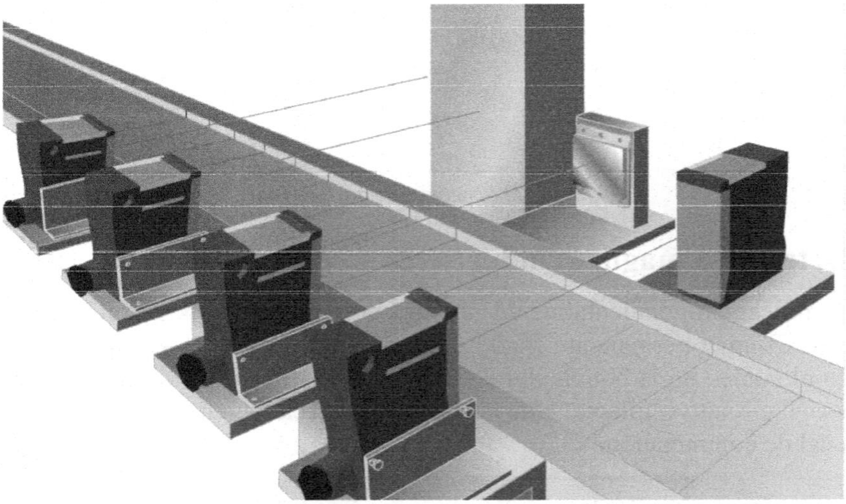

Figura 3.25 Detectores Fotoeléctricos

En los detectores fotoeléctricos la luz que emite el emisor es una luz modulada, de esta forma se eliminan las perturbaciones debidas a la luz solar o a otras fuentes de luz.

Modos de funcionamiento

- Modo reflexión

  El emisor y el receptor se encuentran en la misma unidad. El haz de luz se refleja en el objeto y es tratado por el receptor. No se necesita ajuste del eje óptico como en el caso del reflector. Permite diferenciar colores.

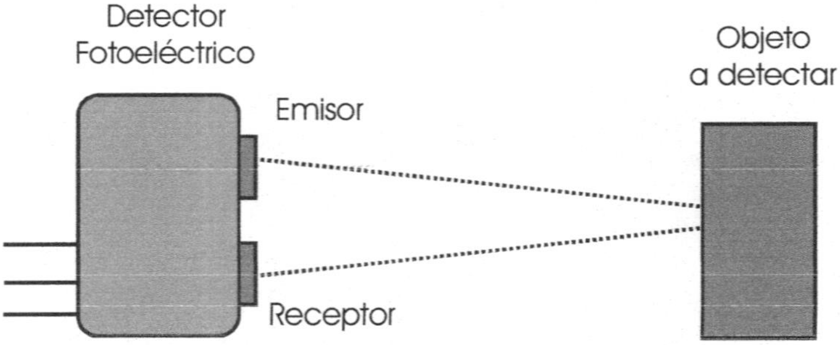

Figura 3.26

- Reflexión de haz localizado

  Es prácticamente idéntico al modo reflexión. Pero el punto de enfoque, por medio de una lente convergente, se encuentra a una distancia prefijada del receptor. Sólo la reflexión en un objeto a esa distancia provoca la activación de la salida. Se produce la detección cuando el punto de luz, emitido al objetivo, se refleja en la superficie de este y se recibe.

  Esta configuración permite detectar objetos muy pequeños, marcas impresas, y detectar a través de ranuras estrechas.

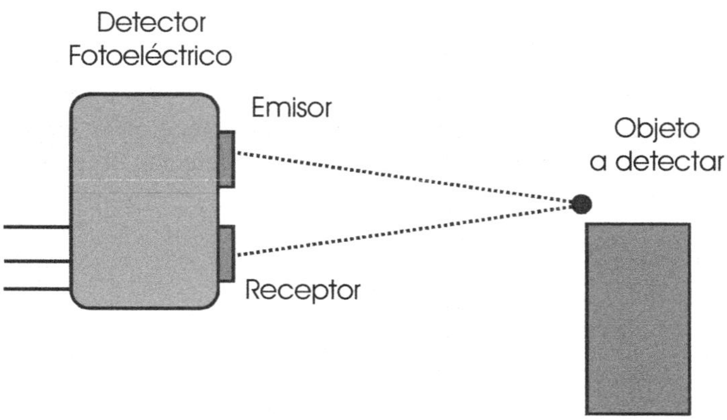

Figura 3.27

- Reflexión definida de punto pequeño

  Una variante del modo anterior es la reflexión definida de punto pequeño. Las partes emisor y receptor se diseñan en ángulo para que la detección se produzca en un área restringida donde los ejes ópticos hacen intersección. Con esto se minimiza el efecto de un fondo de objeto de gran reflexión. Mediante esta configuración se pueden detectar pequeñas diferencias en altura.

- Detección a distancia definida

  Detecta el objeto a una distancia especificada por medio del ángulo de la luz reflejada por el objeto. Este modo no se ve afectado por el fondo de objeto de gran reflexión. Se consigue la detección estable de objetos de colores y materiales con distinta reflexión. Se pueden detectar con gran precisión objetos muy pequeños.

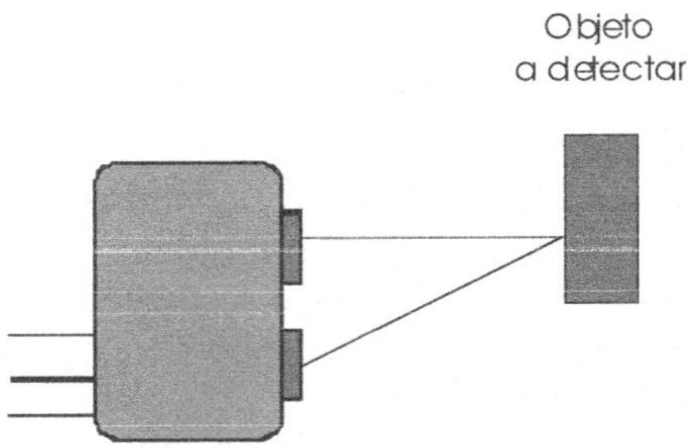

Figura 3.28

- Sistema Emisor/Receptor o Barrera

  Consta de dos aparatos: el emisor y el receptor. La interrupción del haz de luz provoca la conmutación. Permite la detección a larga distancia y la posición de detección es estable. Permite detectar objetos opacos sea cual sea su forma, color o material.

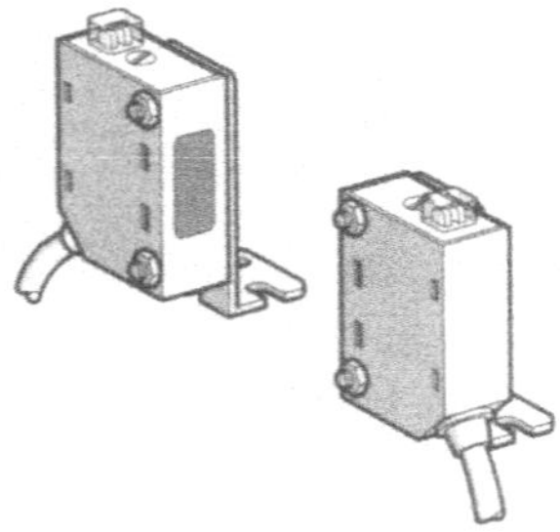

Figura 3.29

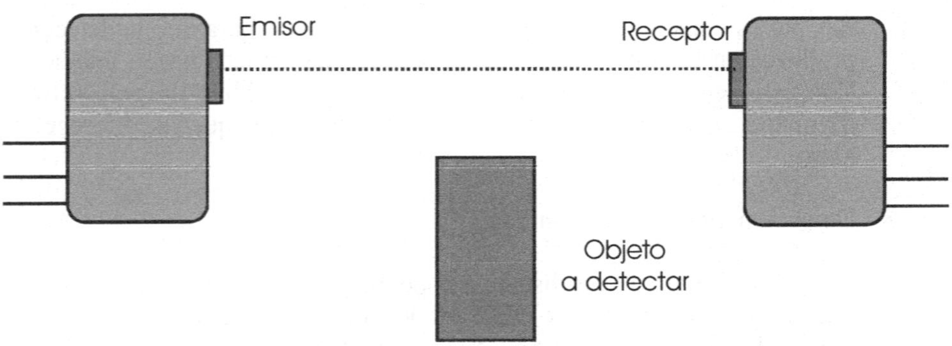

Figura 3.30 Sistema Emisor/Receptor o Barrera

En la configuración tipo barrera es necesario alinear el eje óptico entre el emisor y receptor, para garantizar el correcto envío y recepción del haz de luz.

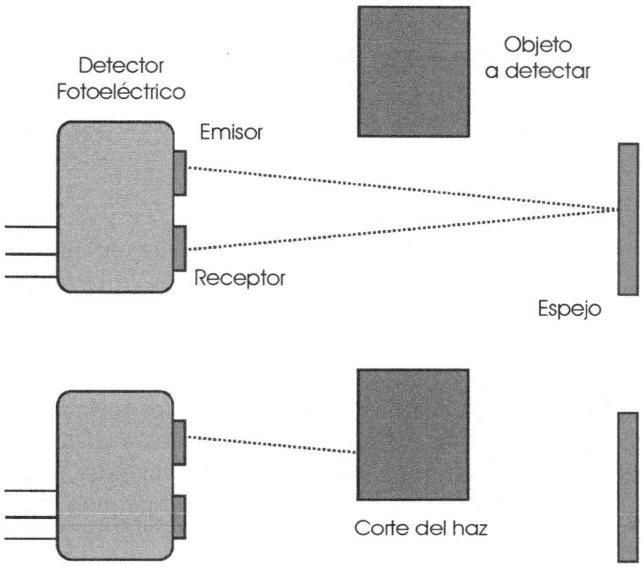

Figura 3.31 Sistema Reflector

- Sistema Reflector

  El haz de luz es reflejado mediante un reflector. La conmutación se produce cuando un objeto interrumpe el haz. Al disponer de reflector éste se podrá instalar en espacios restringidos dado que no necesita cableado. La distancia de detección es mayor que en el sensor tipo reflexión. Permite detectar objetos opacos sea cual sea su forma, color o material.

Características de funcionamiento

- Detección sin contacto

  Lo cual evita dañar al objetivo o al cabezal sensor, consiguiéndose alargar la vida en servicio del sensor.

- Detección de todo tipo de materiales

  La detección del material se basa en la cantidad de luz recibida o en el cambio en la cantidad de luz reflejada por el objetivo. Esto permite la detección de materiales diferentes como metal, madera, líquidos, plástico o vidrio.

- Alta velocidad de respuesta

  El tiempo transcurrido desde la detección del objetivo hasta la conmutación efectiva del sensor , puede ser de sólo unos 20 μs.

- Detección a grandes distancias

  Las distancias de detección son mucho más grandes que en el caso de los capacitivos e inductivos. Los sensores de tipo reflexión tienen una distancia de detección de hasta 1m y en modo barrera alcanzan los 10 metros.

- Identificación de colores

  Los sensores pueden leer la cantidad de luz de un determinado color reflejada por un objeto, permitiendo identificar y diferenciar colores.

- Detección de alta precisión y de objetos de pequeño tamaño (décimas de milímetro)

  La combinación de sistemas ópticos especiales y de circuitos electrónicos especializados permite la detección de objetos a distancias prefijadas con precisión inferior al mm. Esto permite realizar posicionamientos con alto nivel de exactitud y la detección de objetos de pequeño tamaño.

Detección de objetos brillantes

Para detectar objetos con superficie tipo espejo, se deben utilizar sensores con sistemas ópticos especiales. El emisor solamente emite la componente horizontal de la onda de luz y el receptor solo recibirá esta componente. Cuando por delante del emisor pase un objeto con superficie tipo espejo, reflejará solo en el plano horizontal.

Autodiagnóstico

Cuando existe suciedad o polvo en las lentes o hay una mala alineación óptica, disminuye la cantidad de luz recibida por el receptor y se produce una detección inestable. El detector activa su salida de alarma o se desactiva un led indicador de funcionamiento estable. El led indicador de funcionamiento estable se activa cuando la cantidad de luz recibida está entre un 70% y el 150% del nivel de funcionamiento.

Interferencias mutuas

Cuando se instalan dos o más sensores en paralelo, se debe respetar una distancia mínima entre ellos. En caso contrario un receptor puede detectar el haz de luz emitido por un emisor de otro sensor. Para prevenir este mal funcionamiento se pueden instalar sensores con la función de prevención de interferencias. También se recomienda instalar sensores que trabajen a distintas frecuencias y en el caso de sensores de tipo barrera altenar la posición de emisores y receptores.

Interferencias de luz ambiente

La luz ambiente puede provocar conmutaciones no deseadas en los senores ópticos. Existen gamas de sensores que para prevenir estas interferencias, utilizan un método de emisión de pulsos de luz que asegura un funcionamiento estable cuando la luz externa es fuerte. No obstante, un haz de luz fuerte emitido en el sentido del eje óptico del receptor provocará un mal funcionamiento en el sensor. En este caso será necesario cambiar el ángulo del cabezal sensor, o utilizar una protección que impida que el haz de luz externa incida sobre el receptor.

Fibra óptica

Los sensores ópticos se pueden completar con fibras ópticas, lo cual permite un mayor número de aplicaciones. De esta forma los puntos de emisión y recepción de luz pueden estar separados del propio aparato. La detección de objetos puede llevarse a puntos donde es imposible o sería muy difícil colocar fotocélulas.

La fibra óptica se compone de un núcleo y un recubrimiento que tienen distintos índices de refracción. El haz de luz viaja por el núcleo rebotando repetidamente en el recubrimiento. Por lo tanto, la transmisión de luz se produce sin pérdidas.

Permite su instalación en lugares de difícil acceso como en espacios reducidos de máquinas. Permite la detección de objetos pequeños. Presentan un funcionamiento estable en ambientes de gran ruido electromagnético y presentan un buen funcionamiento a altas temperaturas.

3.1.7 Selección de captadores

En función de las propiedades descritas de los captadores se propone la siguiente tabla como guía de elección en función del tipo de material y de la distancia de detección.

Material		Distancia	Detector recomendado
Sólido	Metálico	<4cm	Inductivo
		>4cm	Óptico
	No Metálico	<4cm	Capacitivo
		>4cm	Óptico
Polvo o Granulados	Metálico	<4cm	Inductivo
		>4cm	Ultrasónico
	No Metálico	<4cm	Capacitivo
		>4cm	Ultrasónico
Líquido	Transparente	<4cm	Capacitivo
		>4cm	Ultrasónico
	Opaco	<4cm	Capacitivo
		>4cm	Óptico

Figura 3.32 Selección de captadores

3.2 CABLEADO DE SENSORES A MÓDULOS DE ENTRADAS

En la Figura 3.33 se observa el cableado de un final de carrera a una vía de entrada digital de 24 Vcc. Los 24 Vcc de la fuente de alimentación se llevan a un terminal del contacto y el otro terminal a la entrada digital del autómata.

Al tratarse de un detector electromecánico, el módulo de entradas deberá disponer de un filtro de unos 5..10 milisegundos, para filtrar los posibles ruidos eléctricos que se producen en la apertura o cierre del contacto.

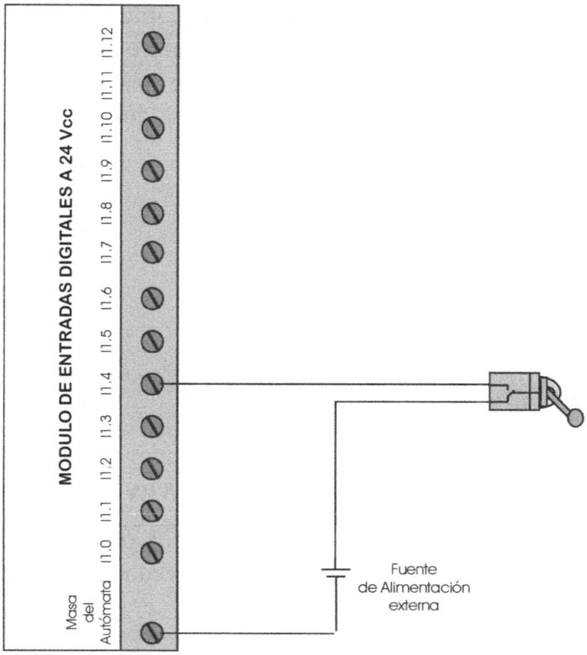

Figura 3.33 Cableado de un final de carrera

En la Figura 3.34 se observa el cableado de varios finales de carrera a un módulo de entradas digitales a 24 Vcc. Solamente parte un cable de la fuente de alimentación, el cual se va puenteando por medio de fichas de conexión a todos los captadores. De cada captador sale un cable de señal hacia una entrada digital.

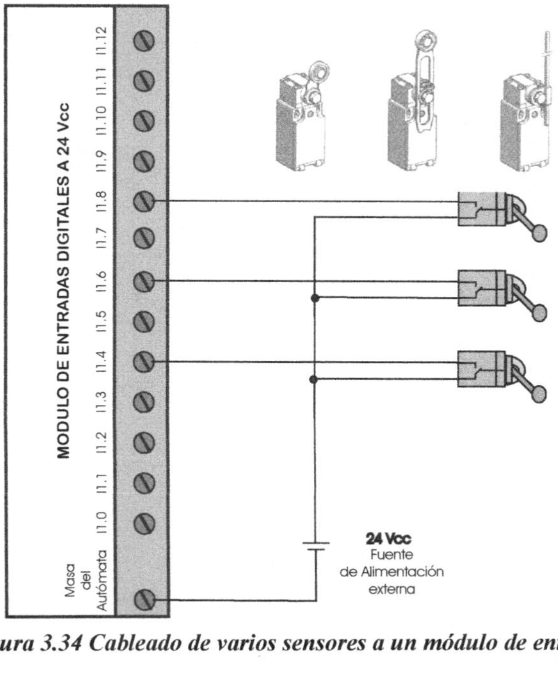

Figura 3.34 Cableado de varios sensores a un módulo de entradas

Los captadores de conmutación electrónica se cablean normalmente a tres hilos. La alimentación de energía de 2 hilos y la señal entre la polaridad común con el autómata y el tercer hilo. Por lo tanto, hay que llevar hasta el captador dos cables de alimentación; esta alimentación está referida a la masa del autómata y el otro cable es la señal que se lleva a una entrada digital.

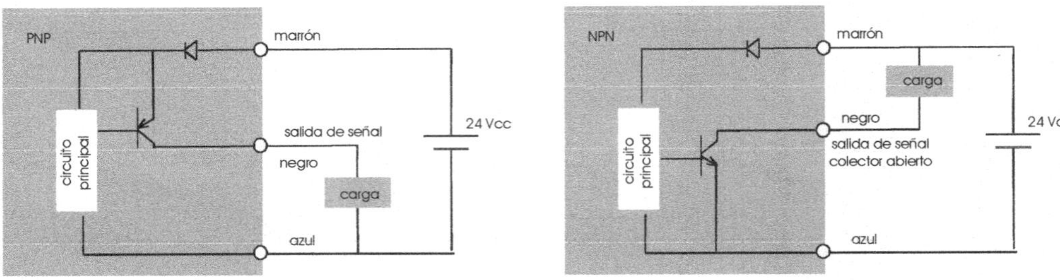

Figura 3.35 Sensores PNP y NPN

El circuito de salida de los sensores electrónicos puede ser tipo PNP ó NPN y también de conexión a dos hilos. En el caso de una salida PNP la conexión se observa en la Figura 3.36 y en la Figura 3.37.

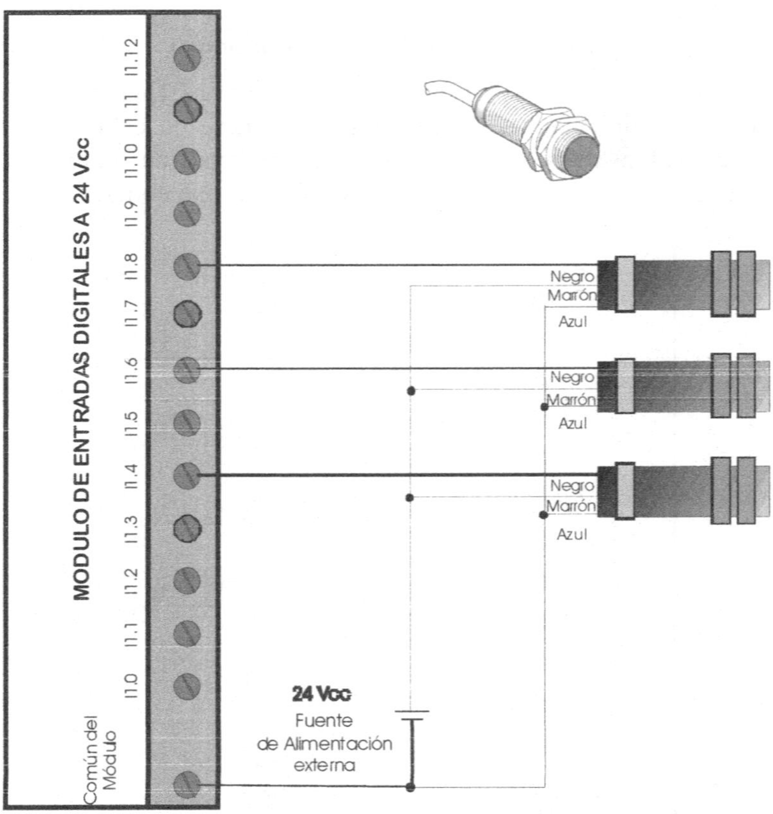

Figura 3.36 Conexión de sensores de proximidad con salida tipo PNP

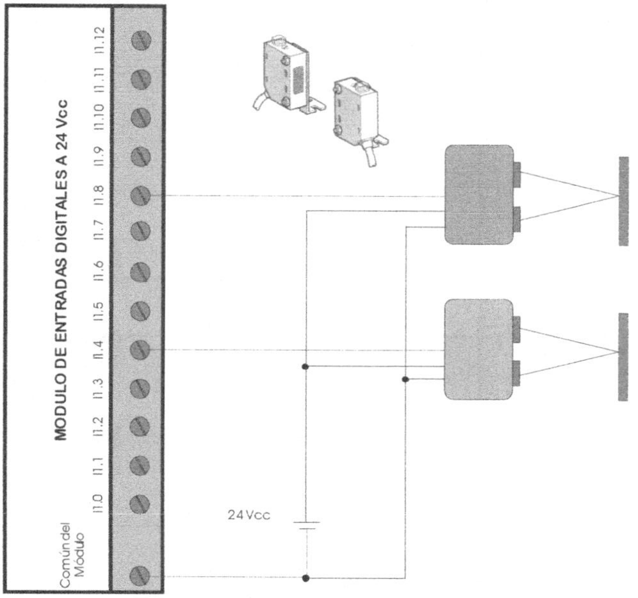

Figura 3.37 Conexión de fotocélulas con salidas tipo PNP

En el caso de que el sensor presente una salida de Tipo NPN la conexión se realizará como en la Figura 3.38.

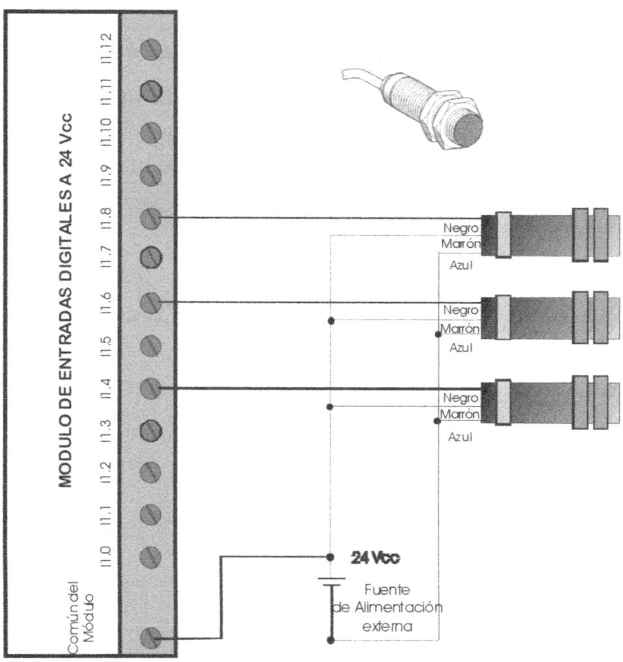

Figura 3.38 Conexión de un sensor tipo NPN

En el caso de un sensor de conexión a 2 hilos se realizará como en la Figura 3.39.

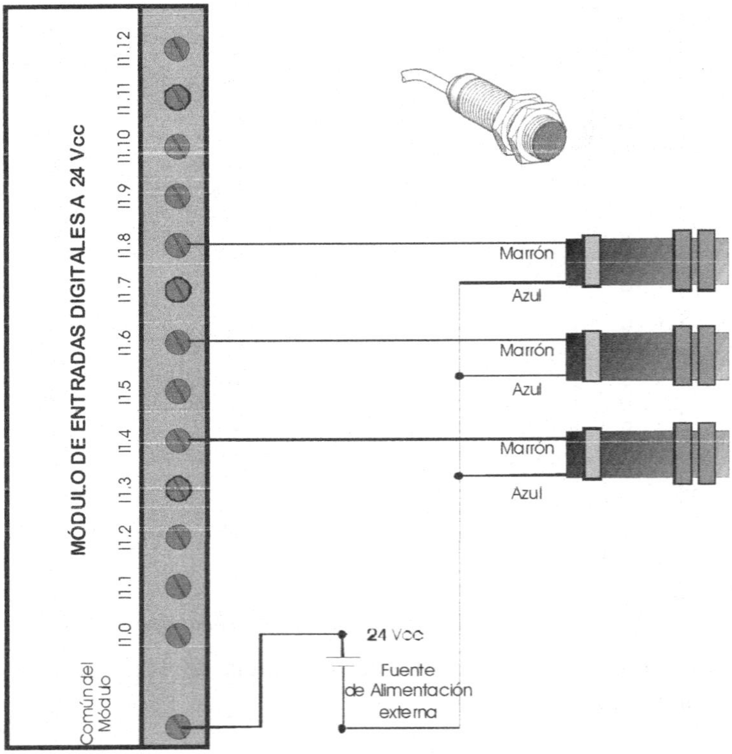

Figura 3.39 Conexión de sensores a dos hilos

Será necesario configurar los módulos de entrada del autómata para la lectura de sensores tipo NPN, tal como se observa en la Figura 3.40, además de configurar por software el módulo habrá que cambiar la posición de un interruptor interno.

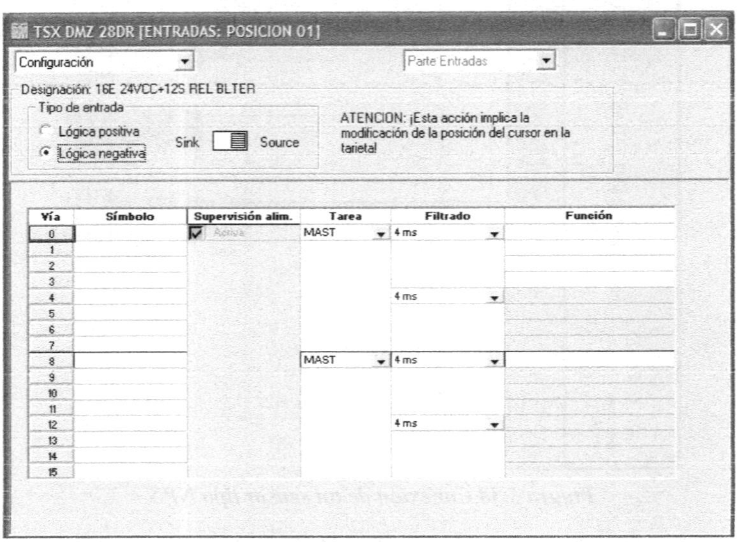

Figura 3.40 Lectura de sensores tipo NPN

Figura 3.41 Interruptor de configuración de lógica positiva o negativa en un módulo de entradas digitales

Si la tensión nominal del módulo de entradas es de 110 Vca, la tensión proviene del secundario de un transformador reductor. Un extremo del secundario se conecta al común del módulo, pero no se conecta con la masa electrónica del autómata.

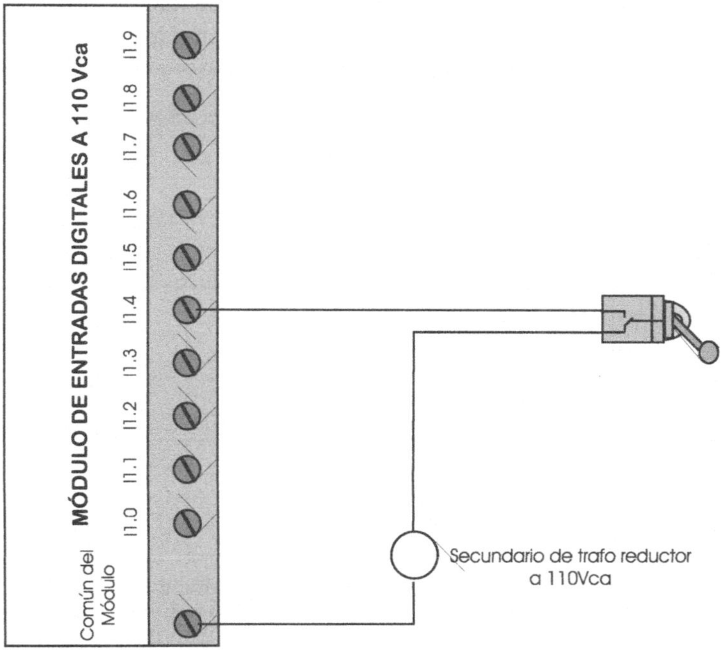

Figura 3.42

Si a este tipo de módulos se desean cablear sensores de proximidad o fotocélulas, estos sensores deberán disponer de salida a relé.

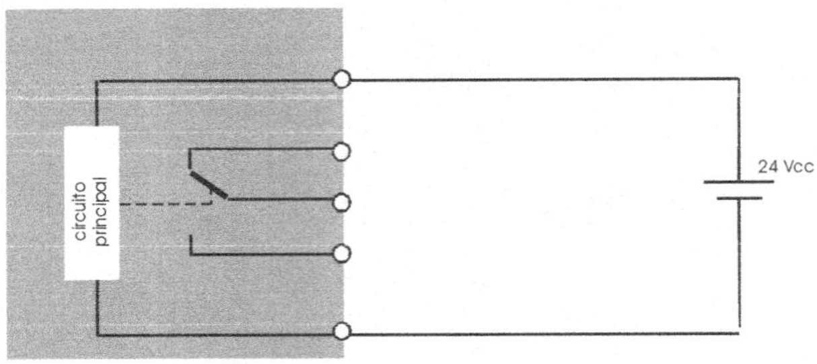

Figura 3.43 Sensor con salida a relé

3.3 CONTROL MEDIANTE MÓDULOS DE SALIDAS DIGITALES

Por medio de los módulos de salida digitales el autómata programable gobierna preaccionadores y accionadores del tipo todo o nada. En la Figura 3.44 se representa la forma de cablear diversos componentes a un módulo de salidas digitales a relé. Las salidas a relé son libres de tensión. La tensión proveniente del exterior del autómata es suministrada por una fuente de alimentación en el caso de los 24 Vcc, o por un transformador reductor en el caso de los 220 Vca, y se conecta a los comunes de los contactos de relé. El tornillo del contacto se cablea a un terminal del componente y el otro terminal al otro extremo de la tensión de alimentación. De esta forma los contactos de relé actúan como interruptor de alimentación a los preaccionadores.

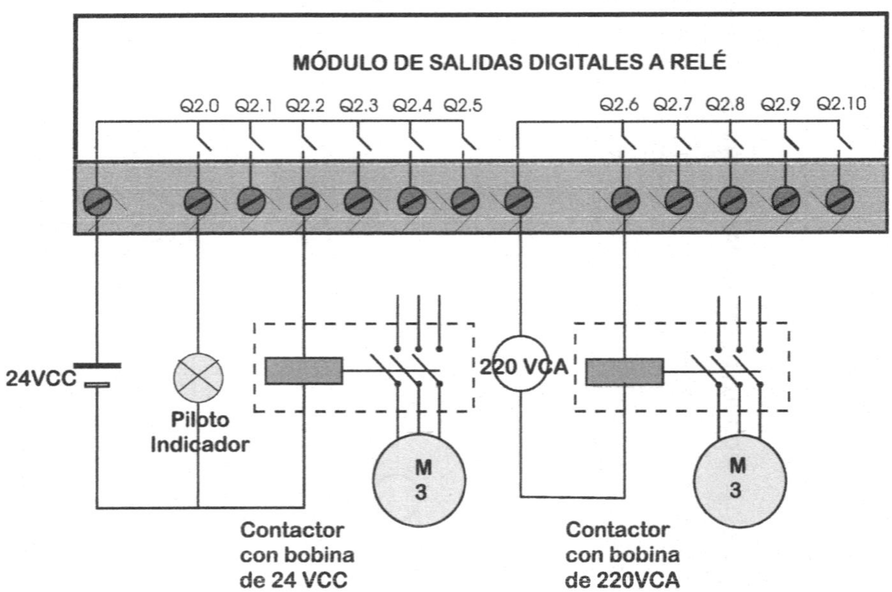

Figura 3.44

- La salida Q2.0 activa un piloto indicador de un panel de control.
- La salida Q2.2 activa la bobina de un contactor, cuya tensión nominal es de 24 Vcc (tensión nominal de la bobina).
- La salida Q2.6 activa la bobina de un contactor, cuya tensión nominal es de 220 Vca (tensión nominal de la bobina).
- Como se puede observar, la salida Q2.6 tiene un común diferente al del la Q2.0 y Q2.2. A este común se ha cableado la fuente de tensión de 220Vca.

Se ha supuesto que los contactos de relé del módulo de la Figura 3.44 soportan la presencia de 220 voltios de tensión alterna y sobre todo soportan el paso de la intensidad que consumen las cargas conectadas a las salidas. En ningún caso se deberá sobrepasar el máximo valor de intensidad de paso que soporta el contacto de relé. En caso contrario, al circular una sobreintensidad durante un tiempo el contacto de relé podría llegar a soldarse, y aunque la salida se desactivará por programa, físicamente seguiría activa. Por seguridad se recomienda que un contacto normalmente cerrado de la seta o del contactor de emergencias deje sin alimentación a los circuitos eléctricos de las salidas relés (no al módulo de salidas) exteriores al autómata. De esta manera cuando el operador pulse emergencia, aunque el contacto de relé se haya soldado, el preaccionador se desactiva.

En el caso de que la bobina del contactor tenga una tensión mayor que la recomendada para el módulo de salidas o el consumo de intensidad de la bobina sea mayor que el que soportan los contactos de relé, se debe realizar una activación en cascada tal como se puede observar en la Figura 3.45.

- Mediante la salida Q2.0 se activa la bobina de un relé a 24 Vca. El contacto del relé cierra y activa la bobina del contactor de 220 Vca que pone en marcha el motor.
- Mediante las salidas Q2.6 y Q2.10 se actúa sobre un cilindro cuyas electroválvulas tienen una tensión nominal de 220 Vca.

Si el módulo de salidas es estático, la tensión la ofrecen las propias salidas en sus tornillos. El cableado de los preaccionadores se efectúa entre el tornillo de la salida y la masa del autómata. Estos módulos sólo pueden actuar sobre preaccionadores a la misma tensión, por lo cual para activar sobre contactores a 220 Vca es necesario efectuar una activación en cascada. Se debe tener en cuenta que la potencia que suministran estos módulos es limitada, y un gran consumo de intensidad conllevaría el salto de las protecciones internas del módulo o un mal funcionamiento.

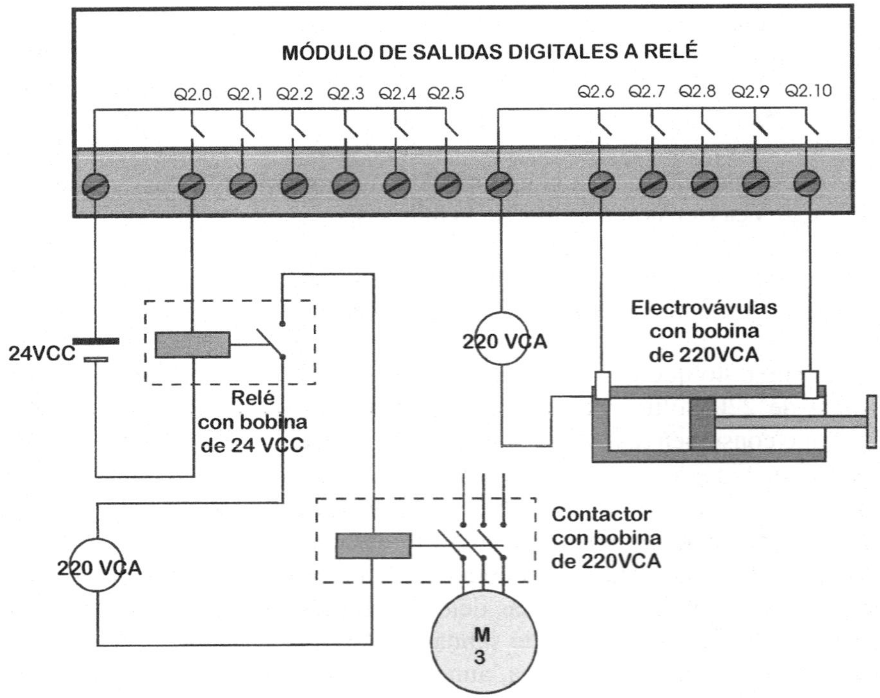

Figura 3.45

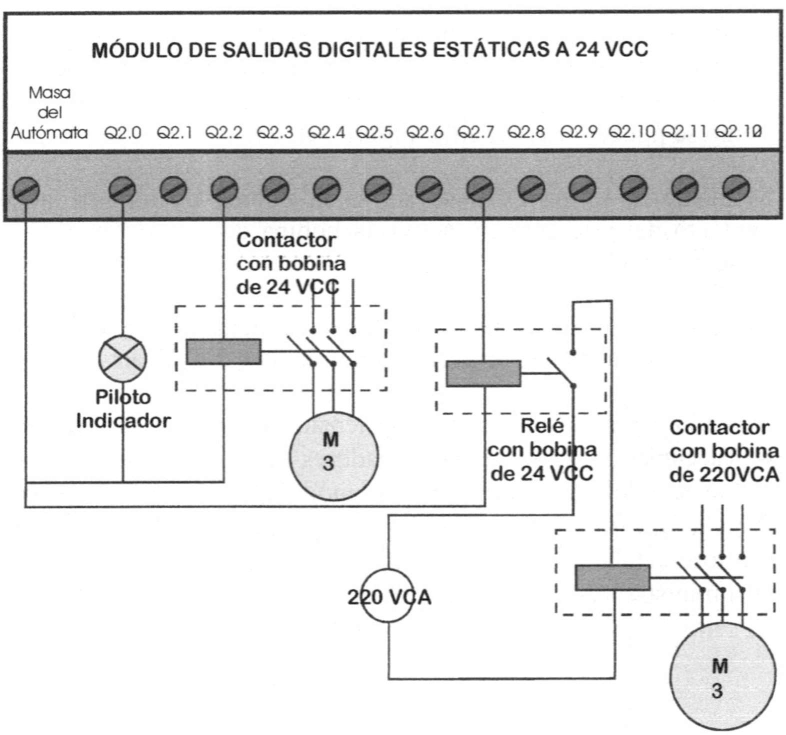

Figura 3.46

Precauciones en el cableado de las salidas

- Cuando se conecta una salida digital a una carga con una intensidad de arranque muy fuerte, como es el caso de las bobinas de contactores o de las lamparas incandescentes, se deberá realizar una activación en cascada por medio de relés externos con bobina de alta resistencia.
- Cuando la salida se conecta a una carga inductiva se deberá colocar un diodo (caso de alimentación a tensión continua) o un circuito supresor de transitorios (caso de alimentación a corriente alterna) en paralelo con la carga inductiva, para evitar que las sobretensiones que se producen en las aperturas de los circuitos inductivos afecten al autómata.

3.4 ACCIONAMIENTOS DE VELOCIDAD "CONSTANTE"

En los accionamientos de velocidad definida como "constante" se utilizan motores de corriente alterna. Los motores se alimentan por medio de contactores directamente a la red eléctrica.

Los contactores son los preaccionadores del accionamiento. Al alimentar la bobina del contactor se produce una fuerza electromecánica y los contactos principales del contactor cierran conmutando simultáneamente las tres fases de alimentación del motor. Si el motor debe funcionar en los dos sentidos de giro, un circuito con dos contactores permite la inversión de dos fases de alimentación y por lo tanto, se invierte el sentido de giro del motor. La bobina electromagnética normalmente requiere potencias de alimentación bajas, por lo que permite un mando directo desde el autómata programable. En caso de un consumo elevado habrá que realizar una activación en cascada.

Al mismo tiempo que conmutan los contactos principales, conmuta el contacto auxiliar del contactor. El cierre del contactor se comprueba con un contacto auxiliar que señaliza al autómata el cierre del contactor. A un tornillo del contacto auxiliar se lleva 24 voltios y el otro tornillo se lleva a una entrada digital del autómata programable.

El accionamiento del motor debe estar convenientemente protegido contra sobrecargas del motor y contra cortocircuitos. En la alimentación del motor se dispondrá de los elementos necesarios para proteger el motor tales como relés térmicos, seccionadores portafusibles, guardamotores y contactores de funciones integradas. Si una protección actúa, abre el circuito dejando sin alimentación al motor. La actuación de las protecciones eléctricas es independiente del autómata, actúan directamente sobre el circuito eléctrico. Las protecciones eléctricas disponen de contactos auxiliares que señalizan al autómata los fallos en el accionamiento. Al actuar una protección eléctrica, debe ser rearmada manualmente.

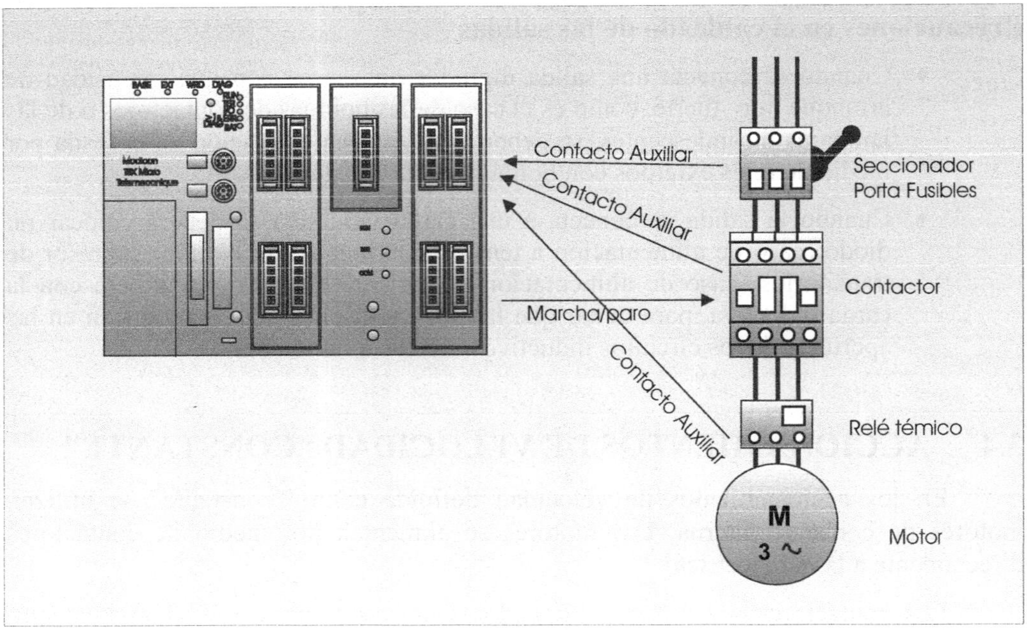

Figura 3.47

En la Figura 3.47 se observa un motor de corriente alterna alimentado a red mediante un contactor. El circuito de potencia lleva dos protecciones eléctricas: un relé térmico contra las sobrecargas térmicas y un seccionador portafusibles para prevenir los posibles cortocircuitos.

El mando se realiza mediante una salida digital del autómata que alimenta la bobina del contactor. El cierre del contactor es comprobado mediante el cierre del contacto auxiliar del contactor, el cual se cablea a una entrada digital del autómata. En caso de actuar las protecciones eléctricas, conmutan sus contactos auxiliares, que estarán cableados a entradas digitales. El mando del accionamiento utiliza una salida digital y al menos tres entradas digitales.

Si el accionamiento es de doble sentido de giro, se utilizarán dos contactores, lo cual supone dos salidas, una para cada contactor, y cuatro entradas, dos para los contactos auxiliares del contactor y otras dos para las protecciones eléctricas.

En la Figura 3.48 se observa el mando de un motor de corriente alterna donde la protección contra cortocircuitos la realiza un disyuntor magnético que reemplaza al seccionador portafusibles. En la Figura 3.49 se observa el mando de un motor de corriente alterna protegido por un guardamotor que integra las funciones de protección contra sobrecargas térmicas y contra cortocircuitos. El contactor se encarga de la función de conmutación.

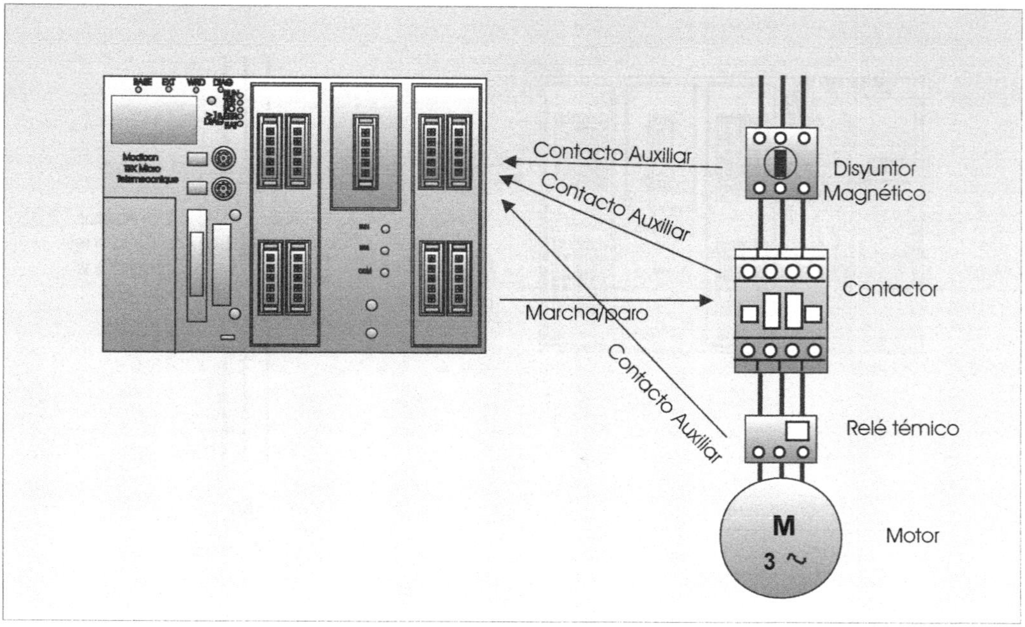

Figura 3.48

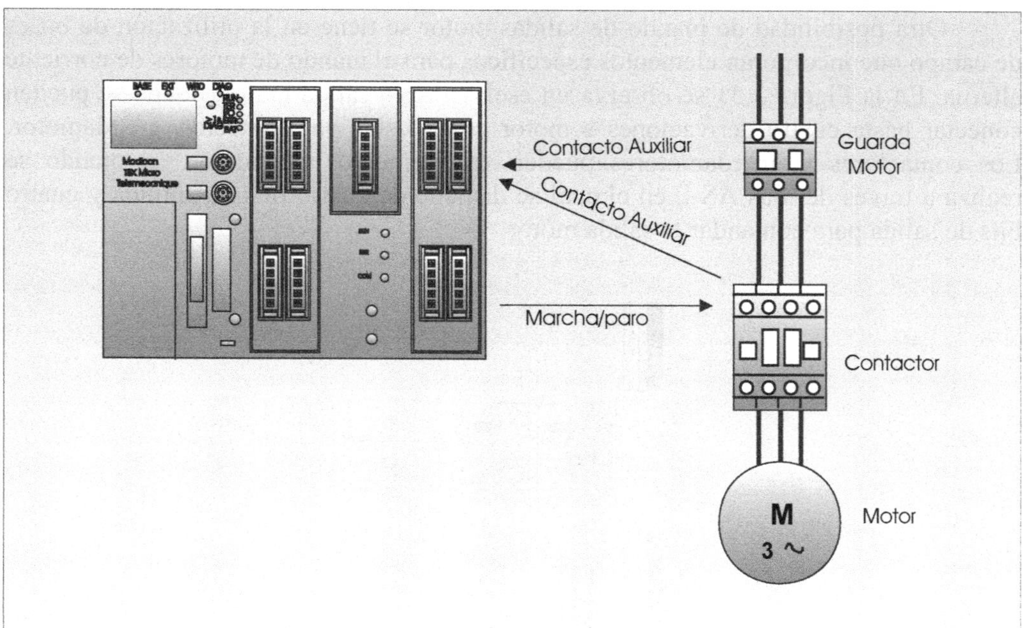

Figura 3.49

En la Figura 3.50 la función de conmutación y de protección eléctrica la asume un solo componente: el contactor de funciones integradas.

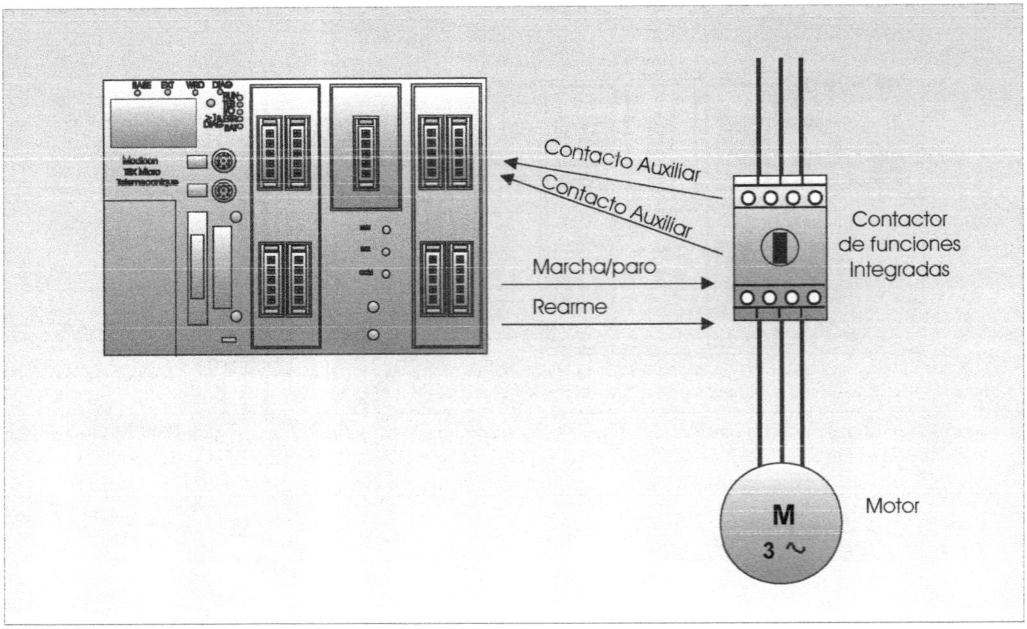

Figura 3.50

Otra posibilidad de mando de salidas motor se tiene en la utilización de buses de campo que incorporan elementos específicos para el mando de motores de corriente alterna. En la Figura 3.51 se observa un esclavo AS-i salida motor, donde se pueden conectar hasta cuatro derivaciones a motor compuestas por contactor, guardamotor. Los contactores y guardamotores pueden ser elementos estándares. El mando se realiza a través del bus AS-i, en el cual se dispone de cuatro bits de entrada y cuatro bits de salida para comandar la salida motor.

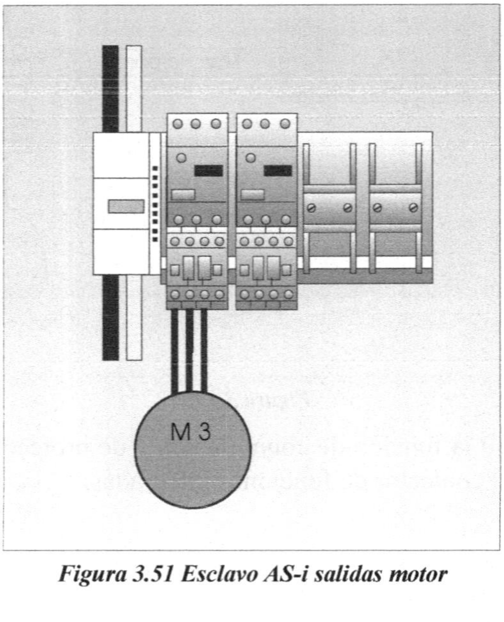

Figura 3.51 Esclavo AS-i salidas motor

En los accionamientos en los que el motor se puede ver sometido a grandes pares de arranque como es el caso de cintas transportadoras continuas, es necesario que el arranque del motor se realice mediante un arrancador. El arrancador gradúa la tensión de alimentación al motor hasta suministrar al final del arranque tensión nominal.

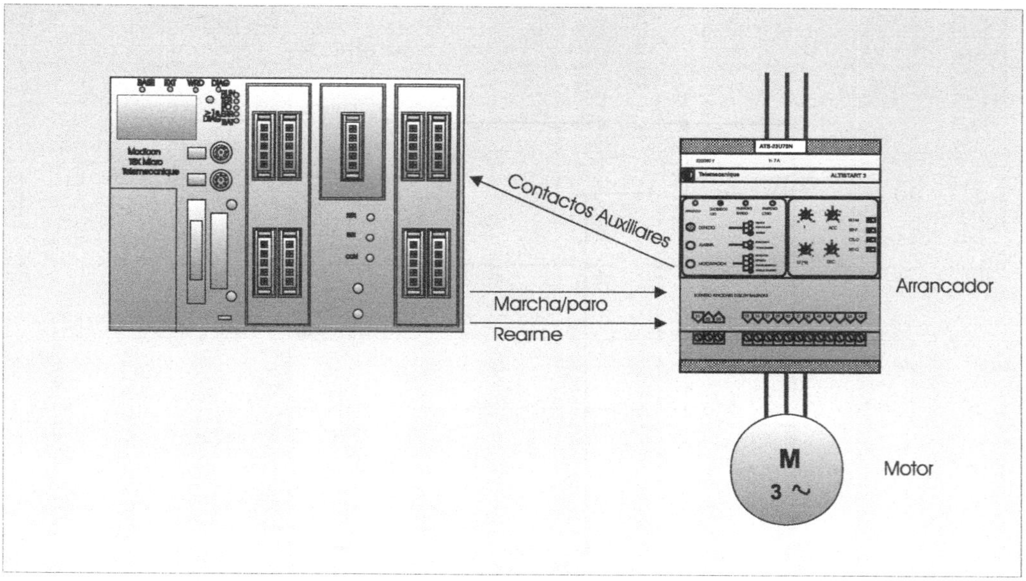

Figura 3.52

El mando del arrancador se realiza mediante salidas del autómata programable. El arrancador informa al autómata mediante contactos de relé internos del estado del accionamiento.

En la Figura 3.53 se observan los circuitos de potencia y mando de un accionamiento de velocidad constante provisto de arrancador. El accionamiento es de un sólo sentido de giro. El autómata programable actúa mediante la salida a relé %Q\4.0\2.0. Al cerrar esta salida se alimenta el contactor KA3. Un contacto de KA3 une los bornes 01 y 03 del arrancador, indicando que se ponga en marcha. El arrancador cierra su contacto 27-28 y al cerrar el contacto KA3 temporizado se activa la bobina de KM7. Se alimenta la parte de potencia del arrancador, el cual durante el arranque gradúa la tensión suministrada al motor. Cuando el arrancador ha llevado el motor a un régimen normal de funcionamiento, se cierran los contactos auxiliares (43-44), la bobina KM8 se excita, cerrando el contactor KM8, con lo cual el motor M1 se alimenta directamente de la red y el arrancador queda puenteado.

Si se desactiva la salida del autómata %Q\4.0\2.0, entonces el arrancador recibe la señal de paro por la apertura del contacto entre sus bornes 01 y 03. El arrancador cierra el contacto auxiliar del arrancador (53-54), se abre (43-44), y se produce el frenado, debido a que la bobina KM8 se desactiva y la bobina KM9 se excita. El arrancador en este momento inyecta corriente continua en las fases del motor produciéndose el frenado. Pasado un tiempo, suficiente para el frenado, se abre el contacto temporizado a la apertura KA3 (57-58). Se desactiva la bobina KM7, dejando el arrancador sin alimentación.

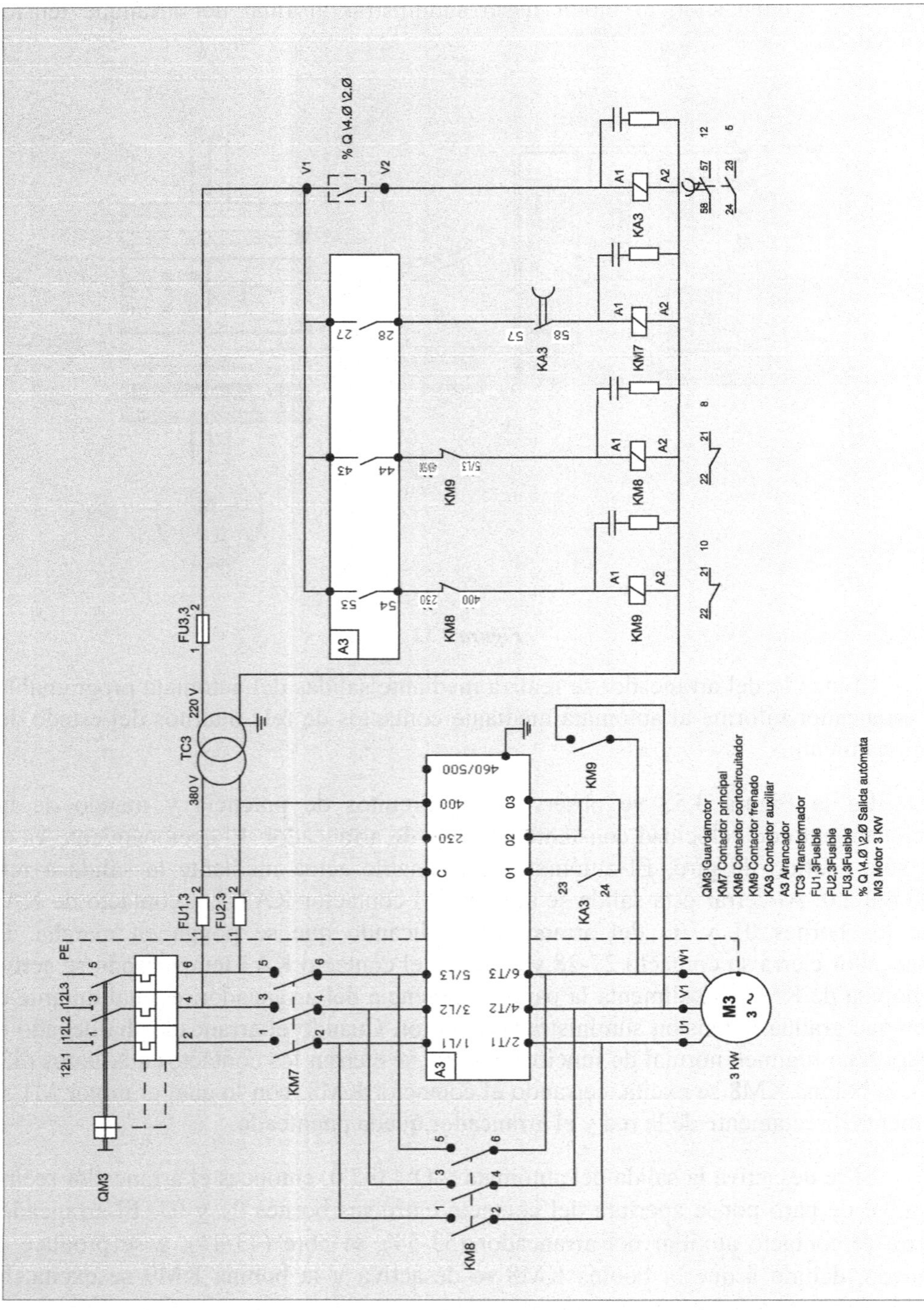

Figura 3.53

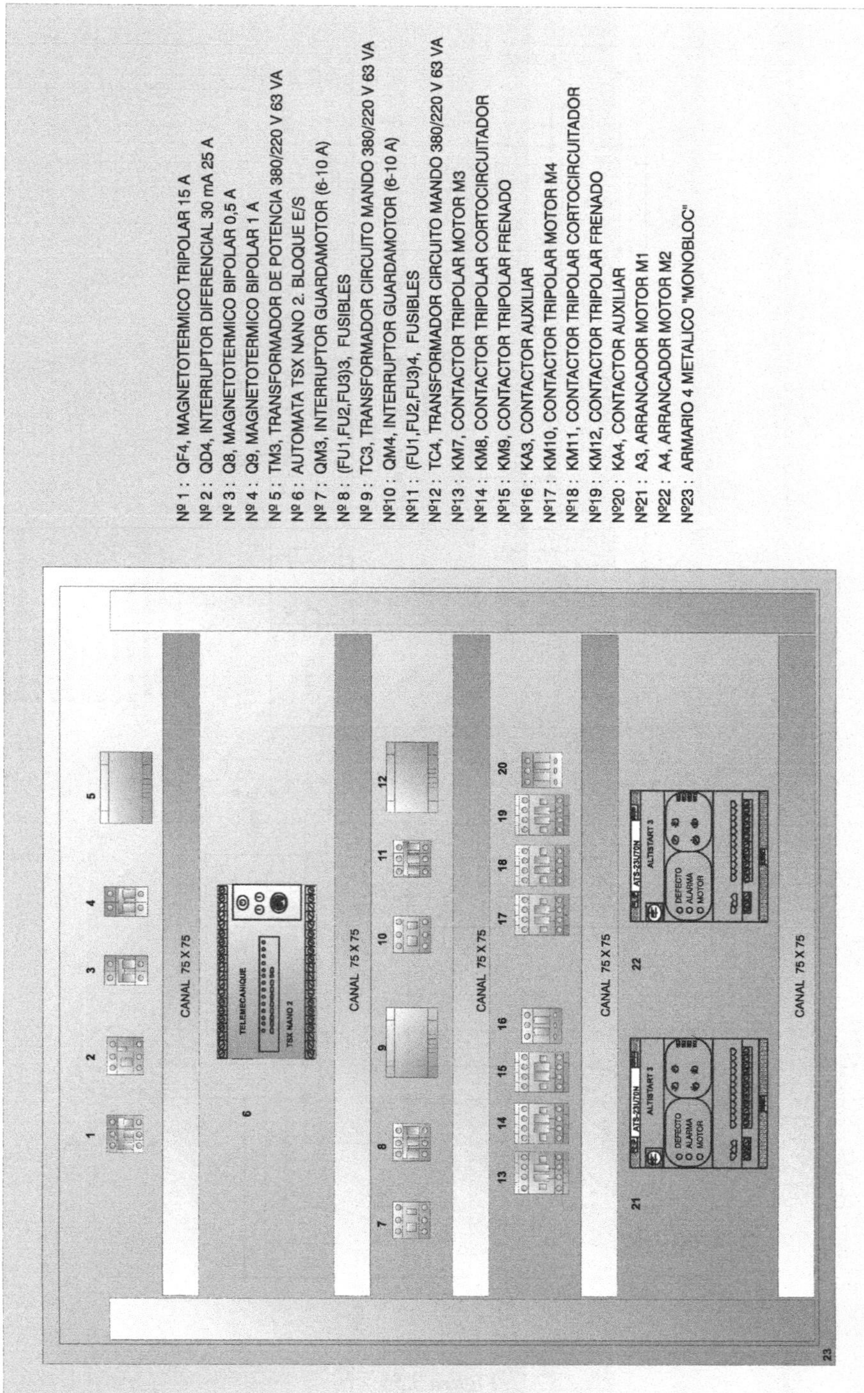

Figura 3.54

En el caso de que el motor deba realizar movimientos en ambos sentidos de giro, el esquema de cableado es el siguiente.

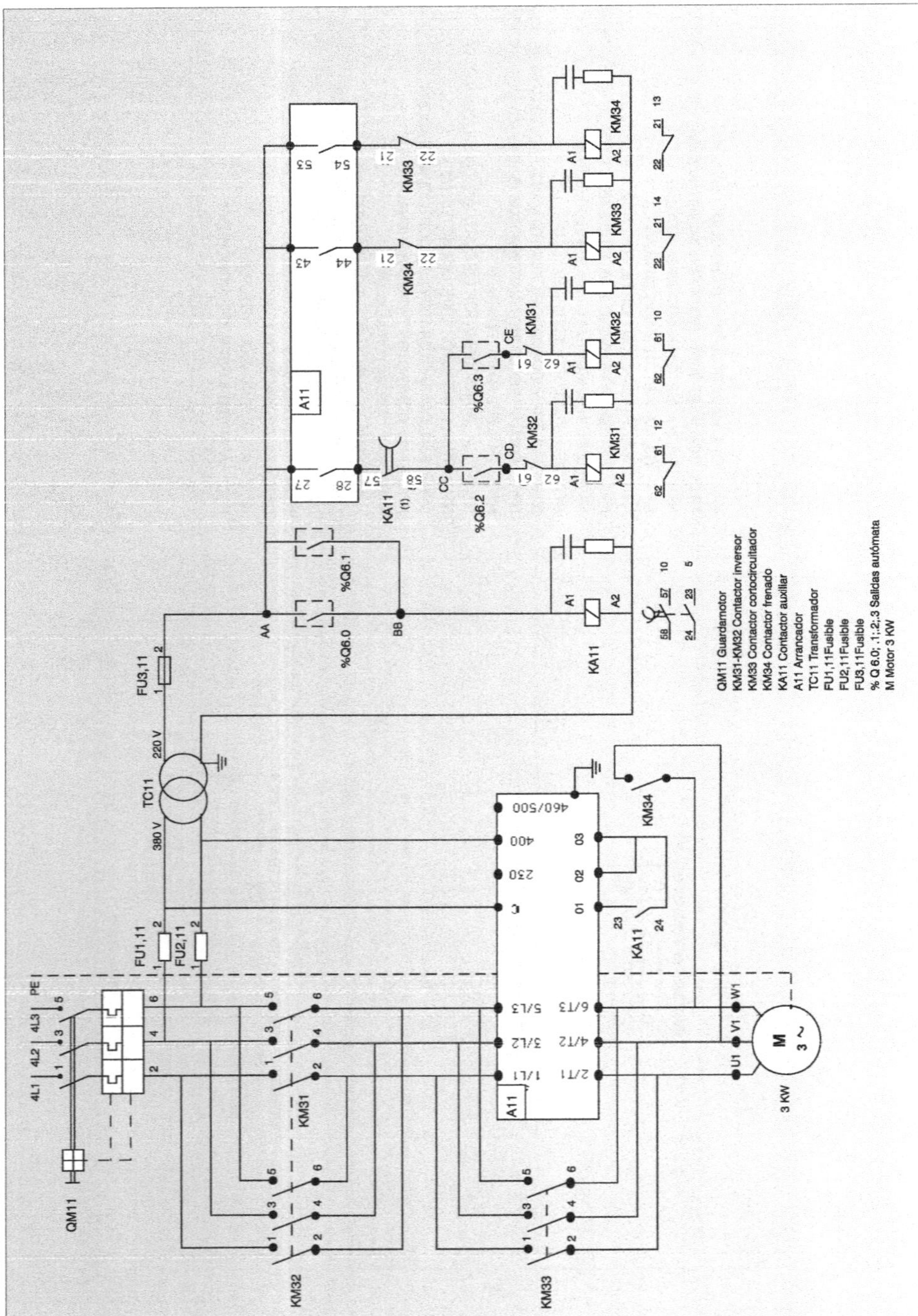

Figura 3.55

En este caso el autómata, para cualquiera de los dos sentidos de marcha activa, dos salidas en paralelo: %Q 6.0-%Q 6.2 para un sentido y %Q 6.1-%Q 6.3 para el sentido contrario.

Mediante %Q 6.0 excita la bobina KA11, con lo que el contacto KA11(23-24) se cierra dando la orden de marcha al arrancador. El arrancador cierra el contacto (27-28).

Por otra parte el contacto KA11 (57-58) se ha cerrado y gracias a la salida %Q 6.2, controlamos la excitación de la bobina KM31. En sentido contrario cerraría KM32, invirtiendo una de las fases de alimentación, y el motor giraría en sentido contrario.

A partir de aquí el contactor KM31 cierra y el motor arranca en sentido de avance. El contacto KM31 (61-62) NC se abre para impedir el funcionamiento del motor en sentido contrario.

Cuando el arrancador ha llevado el motor a un régimen normal de funcionamiento, se cierran los contactos auxiliares (43-44), la bobina KM33 se excita, cerrando el contactor KM33, con lo cual, el motor M sigue su marcha normal y el arrancador queda cortocircuitado. Al mismo tiempo se abre el contacto KM33 (21-22) para evitar que entre el frenado.

Cuando se desactivan las salidas %Q 6.0 y %Q 6.2, abriendo los contactos correspondientes en el circuito de mando, se cierra el contacto auxiliar del arrancador (53-54), y se abre (43-44). Se produce el frenado, debido a que la bobina KM33 se desactiva y la bobina KM34 se excita, cerrando el contactor de frenado KM34.

Pasado un tiempo KM31 se desactiva, el contactor KM31 se abre.

En sentido contrario el funcionamiento es el siguiente:

Con la salida %Q 6.1 se excita la bobina KA11, con lo que el contacto KA11 (23-24) se cierra alimentando el arrancador. En ese momento cierran los contactos (27-28) y KA11 (57-58). Con la salida %Q 6.3 excitamos la bobina KM32, entonces el contactor KM32 se cierra y el motor M arranca en sentido retroceso.

Por otro lado el contacto KM32 (61-62) se abre para asegurar que el sentido de giro sea el correcto.

Como ocurría en el caso de avance, con el contactor KM33 se cortocircuita el arrancador y con el contactor KM34 se produce el frenado.

Al llegar a la línea de salida, los detectores de posición del vehículo y de la propia línea envían una señal al autómata, y éste desactiva las salidas %Q 6.1 y %Q 6.3, deteniéndose el carro.

Como alternativa en los buses de campo se dispone de arrancadores de motor que simplifican en gran medida el cableado del accionamiento.

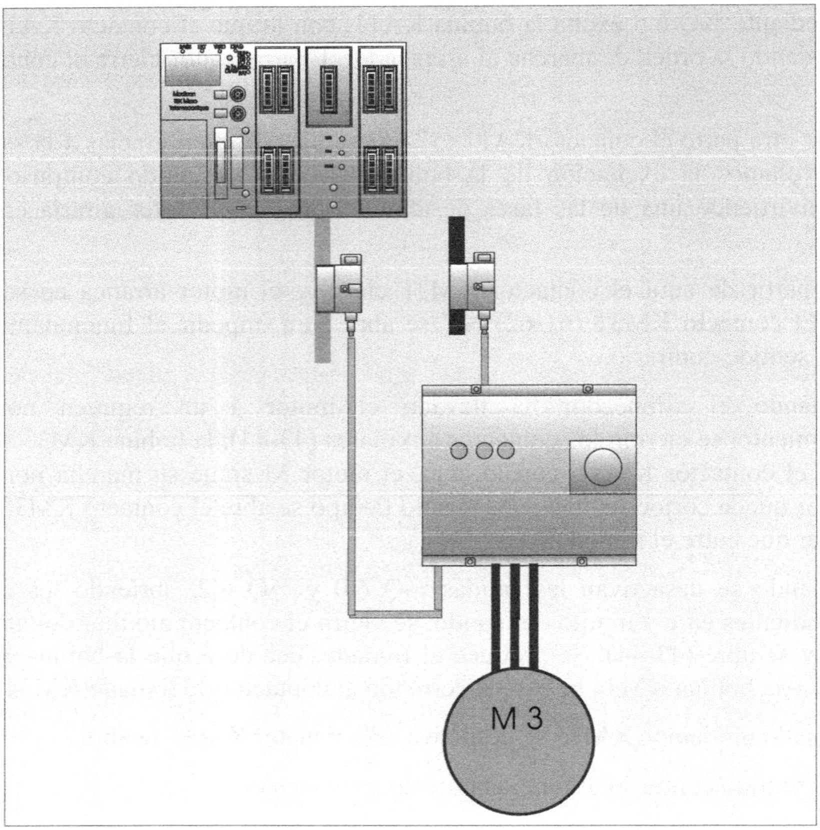

Figura 3.56 Esclavo AS-i arrancador de motor

3.5 ACCIONAMIENTOS DE VELOCIDAD VARIABLE

Multitud de accionamientos en la industria requieren el control de ejes mecánicos o de desplazamientos lineales a velocidad variable. Ejemplos pueden ser el control de velocidad de las cadenas de fabricación de automóviles, el control de velocidad de ascensores, el control de velocidad en máquinas herramienta.

En estos accionamientos los accionadores suelen ser motores de corriente continua o motores de corriente alterna asíncronos. Para controlar la velocidad de los motores se utiliza como preaccionador el variador de velocidad.

Los variadores de velocidad son controladores electrónicos que se encargan de regular la velocidad de los motores. En los motores de corriente continua se consigue variando la tensión de alimentación de inducido. En los motores asíncronos se consigue variando la frecuencia de la tensión trifásica con que se alimentan las fases del motor.

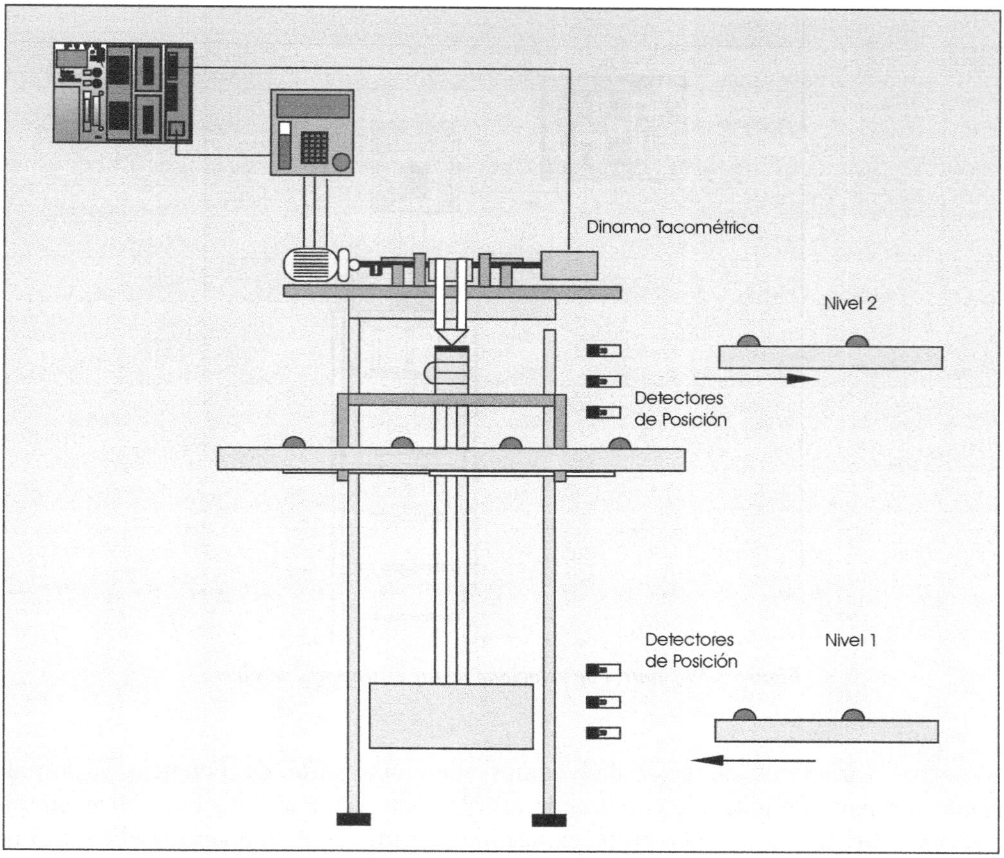

Figura 3.57 Control de velocidad de un Ascensor de Carrocerías

Figura 3.58 Variador de velocidad ATV-16

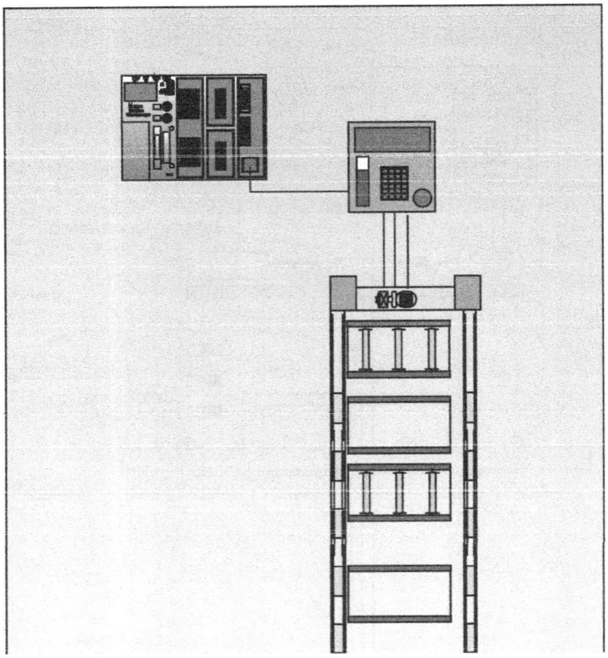

Figura 3.59 Control de velocidad de un Transporte de Tierra

Los variadores de velocidad comprenden una parte de potencia y otra de mando. La parte de potencia comprende los elementos de conmutación y dispositivos asociados (tiristores, mosfets, protecciones...). La parte de mando agrupa el control de los elementos de potencia, la interfaz de comunicación con el autómata programable y captación de señales de sensores o captadores necesarios para efectuar la regulación de velocidad. El control de velocidad se puede realizar en bucle abierto o en bucle cerrado según se tome en cuenta o no la señal proporcionada por una dínamo tacométrica o por un encoder.

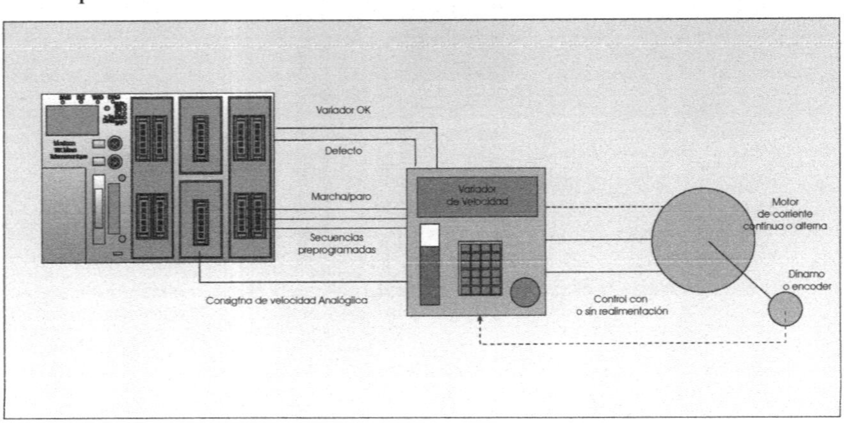

Figura 3.60

El autómata se comunica con el variador enviándole la consigna de velocidad mediante una salida analógica o bien utilizando salidas digitales que hacen que el variador ejecute secuencias de funcionamiento preprogramadas. El variador envía señales al autómata mediante contactos de relé internos al variador que son cableados a entradas digitales del autómata. Al conmutar estos contactos el variador puede indicar buen funcionamiento, fallos, sobreintensidades, etc. El autómata también controla la alimentación de potencia del variador mediante un contactor.

También existe la opción de que el autómata se comunique con el variador por medio de una comunicación serie o de una red de comunicación industrial. Esta opción permite el envío de órdenes al variador como marcha, paro, el envío de la consigna de velocidad, la utilización de secuencias preprogramadas, etc.

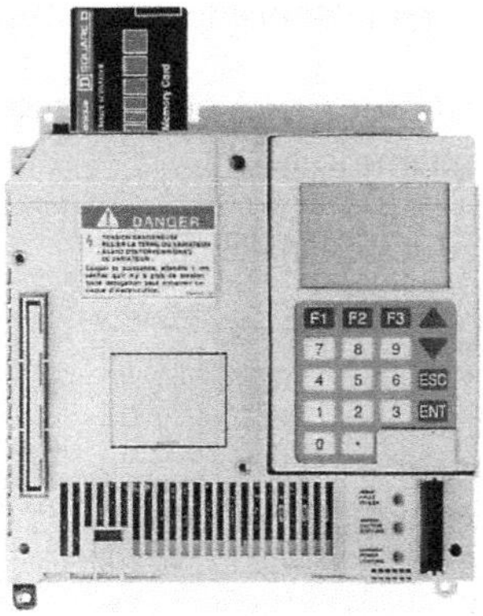

Figura 3.61 Variador de velocidad con tarjeta de comunicación

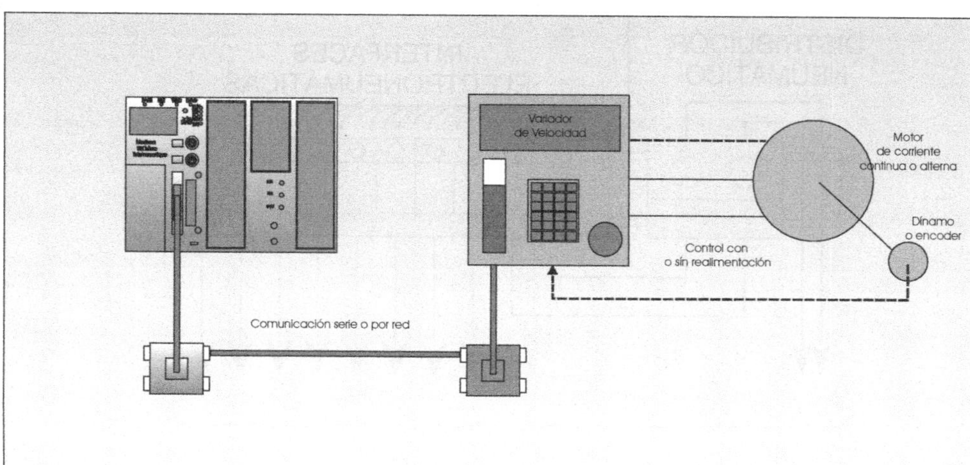

Figura 3.62

3.6 ACCIONAMIENTOS NEUMÁTICOS

Los accionadores neumáticos de las instalaciones industriales se utilizan en operaciones que implican desplazamientos lineales cortos. Estas operaciones pueden ser transferencias, ajustes, marcajes, expulsiones, embalajes, moldeados. Se pueden considerar los accionadores más extendidos junto a los motores asíncronos.

Los autómatas programables se prestan particularmente bien al mando de máquinas de producción equipadas con cilindros neumáticos. La forma de gobernar un cilindro neumático es actuar mediante salidas digitales para activar las electroválvulas que hacen avanzar o retroceder el cilindro. La señal eléctrica de la salida digital del autómata activa una interfaz electroneumática (electroválvula) que transforma la señal eléctrica en señal neumática que actúa sobre los distribuidores.

La conmutación del distribuidor provoca entonces el movimiento del cilindro, debido a la entrada del aire comprimido.

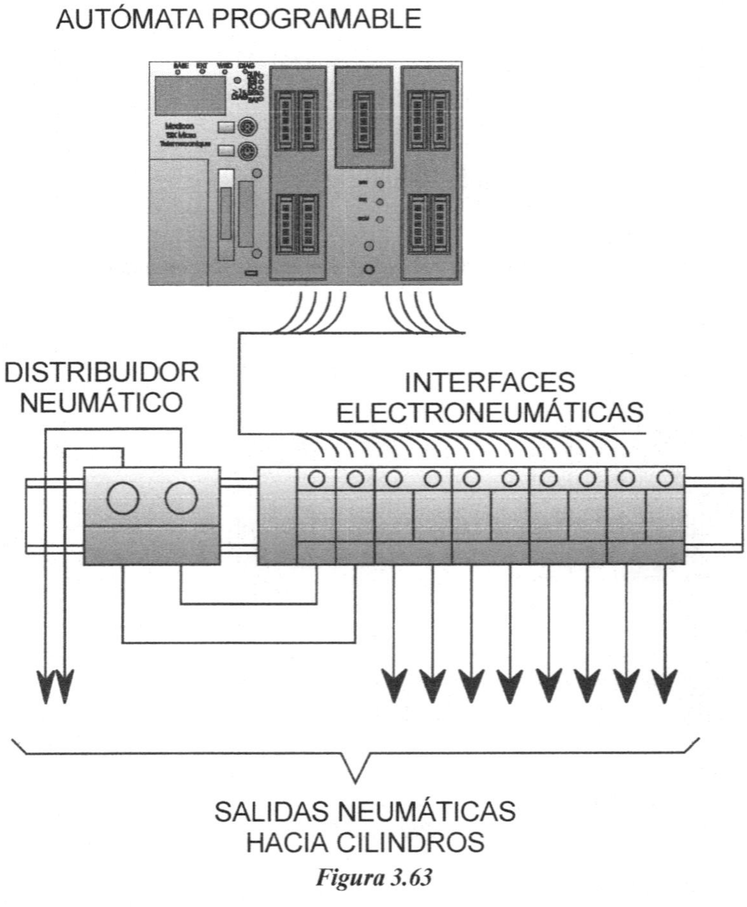

Figura 3.63

3.6.1 Electroválvulas

El autómata mediante sus salidas a relés se encarga de activar las electroválvulas que se encargan de controlar los cilindros. Estas electroválvulas realizan la función de preactuadores, siendo los actuadores los cilindros que veremos posteriormente.

Las elecroválvulas reciben excitación eléctrica proveniente de las salidas del autómata, y mediante la conexión de bobinas se encargan de distribuir el aire a la salida deseada. Las válvulas mandan o regulan la puesta en marcha, paro, sentido, presión o caudal del fluido transportado por la bomba o almacenado en el depósito. Las válvulas de vías, de varios orificios, son los componentes que determinan el camino que debe tomar el fluido bajo presión (marcha, paro, dirección).

Símbolo	***Designación***
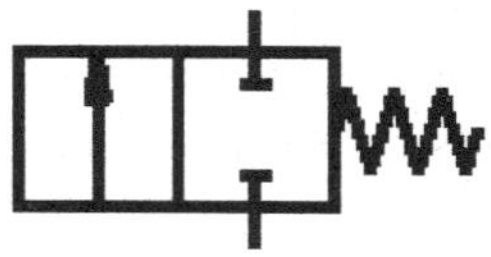	2 / 2 vías (n.c.)
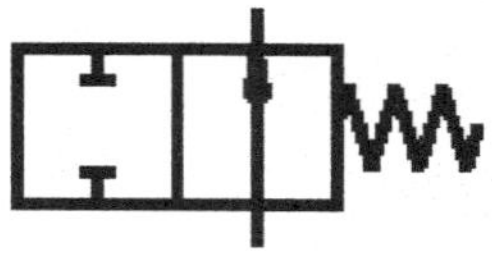	2 / 2 vías (n.a.)
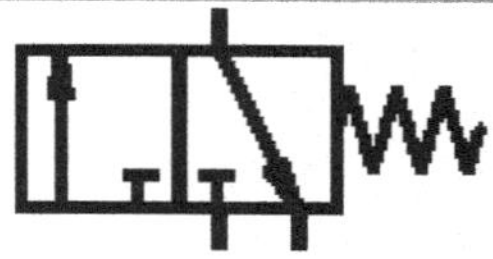	3 / 2 vías (n.c.)
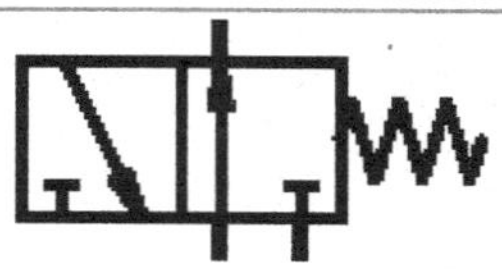	3 / 2 vías (n.a.)
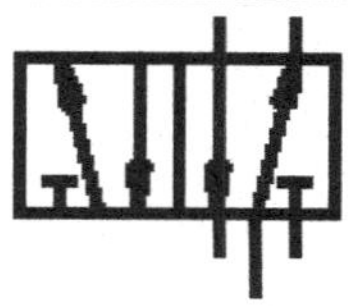	5 / 2 vías

Figura 3.64 Distribuidores

Para representar los distribuidores se utilizan símbolos que indican la función de la válvula. Las válvulas se representan por cuadrados. La cantidad de cuadrados yuxtapuestos indica la cantidad de posiciones del distribuidor. El funcionamiento está representado en el interior del cuadro. Las líneas esquematizan las canalizaciones internas. La flecha indica el sentido de circulación del fluido. Las posiciones de cierre se representan por líneas transversales.

Las conexiones (llegadas y salidas) se representan por trazos que están unidos al cuadrado que esquematiza la posición de reposo del distribuidor o de salida. La otra posición se realiza por traslación lateral de los cuadrados, coincidente con las conexiones. Por posición de reposo se entiende, en el caso de las válvulas con retorno por muelle, la posición que las pieza móviles ocupan cuando no son accionadas.

La designación de un distribuidor está en función de la cantidad de orificios activos y de las posiciones de trabajo. La primera cifra indica la cantidad de vías, o sea, la cantidad de orificios activos. La segunda cifra indica la cantidad de posiciones, por ejemplo, 3/2 vías, 3 orificios activos y 2 posiciones.

Las válvulas biestables llevan dos bobinas, para colocar la válvula en cada una de las posiciones que tiene, mientras que las monoestables, solamente tienen una bobina, puesto que el estado de reposo se consigue por el muelle que tienen todas la válvulas monoestables. En la Figura 3.65 puede diferenciarse unas de otras, puesto que las biestables tienen dos cuadrados azules, y las monoestables solamente uno.

Figura 3.65 Electroválvulas biestables y monoestables

Al activar una salida del autómata, se activa una bobina en las electroválvulas, de forma que ésta se posiciona para que permita la circulación de aire hacia el accionador de salida deseado, realizando el movimiento pertinente.

3.6.2 Cilindros neumáticos

Un cilindro neumático es un dispositivo mecánico que permite, a partir de una presión de aire, obtener un movimiento lineal alternativo limitado, en el cual la potencia es proporcional a la presión de aire.

Se pueden distinguir tres clases:

- Cilindros de simple efecto.

  Un cilindro de simple efecto está constituido por un tubo en el cual puede deslizarse un pistón estanco unido a un vástago que sale por uno de sus extremos. La presión de aire ejerce su efecto solamente sobre una de las caras del pistón. Éste es devuelto a su posición primitiva, al desaparecer la señal de presión, por un muelle, un peso o cualquier fuerza de otra naturaleza. Un orificio situado en el extremo opuesto al del muelle permite la alimentación del cilindro a partir del circuito de potencia (aire comprimido).

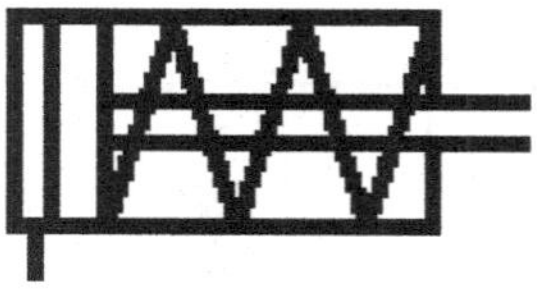

Figura 3.66 Cilindro de simple efecto

- Cilindros de doble efecto.

  En este tipo de cilindros no existe ningún resorte y el movimiento se produce en los dos sentidos por la acción del aire a presión sobre una u otra de las caras del pistón. Para ello existen dos entradas distintas de aire en cada uno de los extremos del tubo que forma el cilindro.

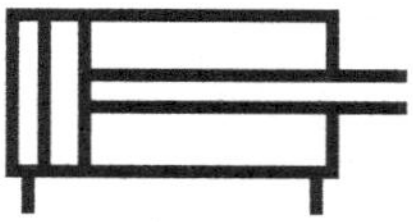

Figura 3.67 Cilindro de doble efecto

- Cilindros especiales.

  Cilindros con amortiguamiento de caucho, cilindros con tres posiciones fijas, cilindros con cremallera, etc.

Los cilindros y las electroválvulas deben estar en concordancia. Hay que considerar ambos en conjunto y no de forma individual. Esto quiere decir que si uno de los elementos en biestable, por ejemplo la válvula distribuidora, el cilindro debe estar en concordancia y ser de doble efecto. Si tenemos una válvula monoestable, el cilindro puede ser de doble efecto o de simple efecto, pero el conjunto será monoestable.

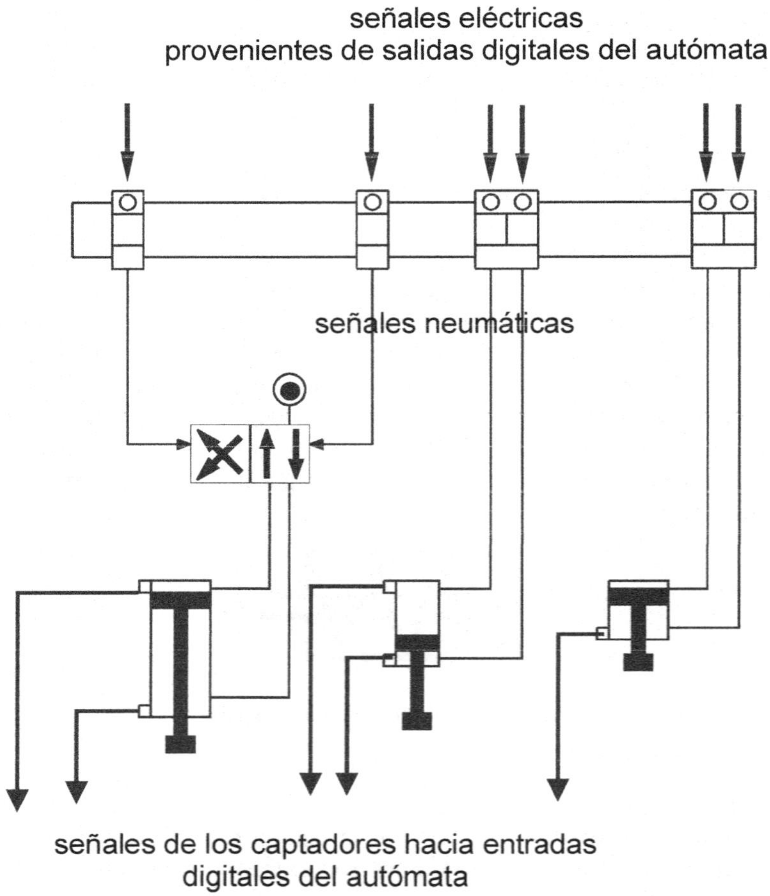

Figura 3.68

Los cilindros neumáticos disponen de captadores de proximidad magneto-Inductivos situados en los extremos de la carrera del cilindro, cuyo cable de señal se lleva a entradas digitales del autómata. Estos captadores conmutan al detectar una pieza magnética acoplada a la parte móvil del cilindro.

Para realizar el cableado de los autómatas programables a los accionadores neumáticos se pueden adoptar dos soluciones:

1. Las señales eléctricas de las salidas digitales actúan directamente sobre los distribuidores equipados con electroválvulas. Esta organización se puede observar en la Figura 3.69.

2. En el armario del Autómata las señales eléctricas de las salidas digitales se convierten, mediante interfaces electroneumáticas, en señales neumáticas. El tubo flexible lleva la señal neumática hasta el distribuidor de mando neumático. Esta organización se puede observar en la Figura 3.70.

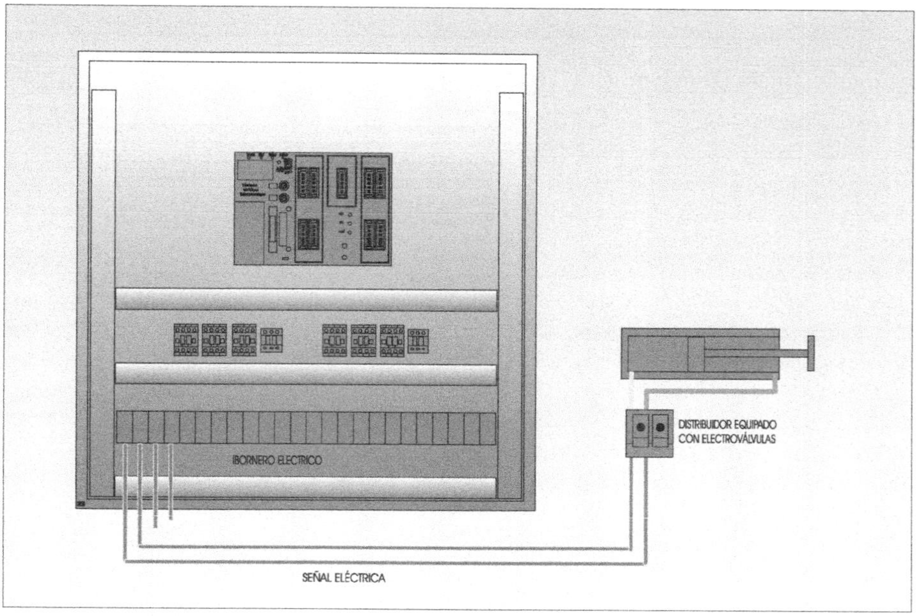

Figura 3.69

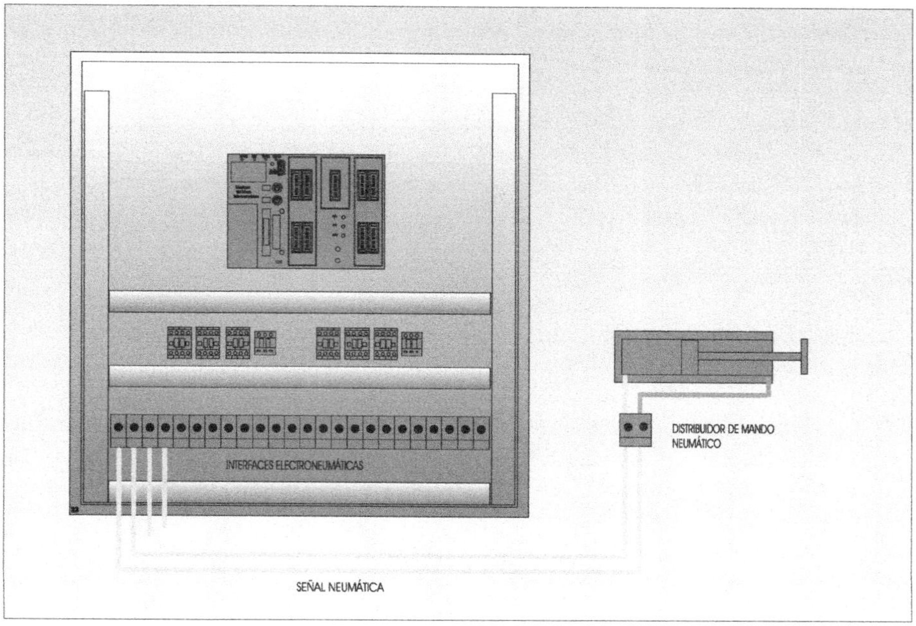

Figura 3.70

CAPÍTULO 4

SISTEMAS DE CABLEADO

4.1 INTRODUCCIÓN

En los primeros autómatas el cableado se hacia hilo a hilo directamente a los borneros de los módulos de entrada-salida del autómata programable. En la actualidad existen otras opciones como son los sistemas de precableado, las entradas salidas distribuidas y los buses de campo. Las opciones de que dispone un ingeniero a la hora de plantear la distribución de cableado en una instalación Industrial que se tratarán en este capítulo son:

- Cableado clásico.
- Cableado mediante bases de precableado.
- Entradas Salidas distribuidas.
- Autómatas Multirack.

Los Buses de Campo, dada la amplitud del tema, se tratarán en varios capítulos posteriores.

4.2 CABLEADO CLÁSICO

Los captadores son cableados hilo a hilo a las entradas del autómata. Este cableado se realiza en varias fases.

Los cables de los sensores y captadores son llevados a cajas de campo, próximas a las máquinas, donde se cablean en borneros. De los borneros de las cajas de campo salen mangueras de cable hacia el armario del autómata donde se cablean a los borneros del armario, y de éstos a los módulos de entradas del Autómata.

Las salidas digitales son cableadas a los preaccionadores, los cuales se suelen encontrar en el propio armario del autómata o en uno contiguo. Del armario de preaccionadores salen los cables de potencia hacia los accionadores de la máquina.

Los problemas que surgen son los siguientes:

- Posible excesiva longitud de cable desde los captadores hasta el armario del autómata.
- Los cables de potencia salen del armario de preaccionadores y deben llegar hasta el accionador, con las posibles caídas de tensión.
- Un problema añadido consiste en los ruidos que inducen estos cables de potencia en los cables de señal de los captadores.

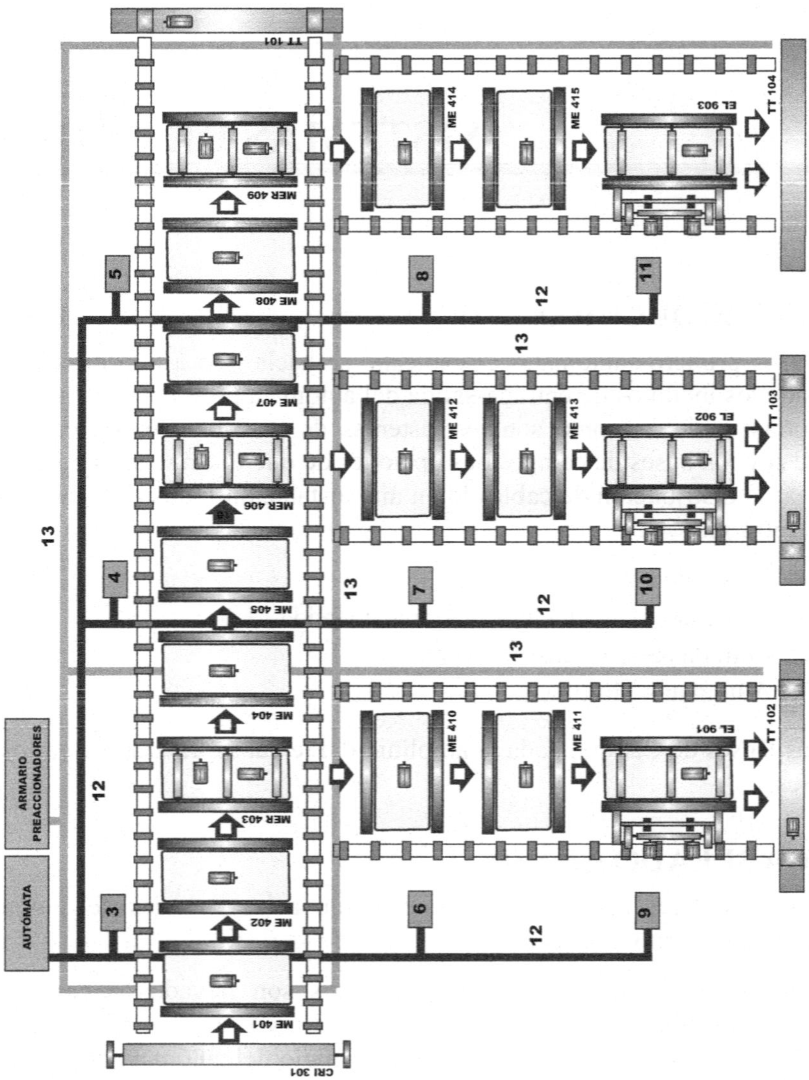

Figura 4.1

En la Figura 4.1 se puede observar una instalación industrial cableada de forma clásica. La instalación es un transporte de suelo de una fábrica de automóviles. Las carrocerías llegan a la entrada (mesa 401) y son llevadas a 3 elevadores (EL901, EL902 y EL903) que las almacenan en tres pulmones de carrocerías (no representados). Los elementos de la Figura son:

1. Armario del autómata programable con módulos de entrada salida por bornero.
2. Armario de los preaccionadores. Aquí se encuentran los contactores, arrancadores y variadores de velocidad que accionan los motores.
3. Caja de campo. Para cablear los captadores de las mesas ME401, ME402 y MER403.
4. Caja de campo. Para cablear los captadores de las mesas ME404, ME405 y MER406.
5. Caja de campo. Para cablear los captadores de las mesas ME407, ME408 y MER409 y del transporte de tierra TT101.
6. Caja de campo. Para cablear los captadores de las mesas ME410 y ME411.
7. Caja de campo. Para cablear los captadores de las mesas ME412 y ME413.
8. Caja de campo. Para cablear los captadores de las mesas ME414 y ME415.
9. Caja de campo. Para cablear los captadores del elevador EL901 y del transporte de tierra 103.
10. Caja de campo. Para cablear los captadores del elevador EL902 y del transporte de tierra 103.
11. Caja de campo. Para cablear los captadores del elevador EL903 y del transporte de tierra 104.
12. Canalizaciones para las mangueras de cable de los captadores.
13. Canalizaciones de los cables de potencia.

Los preaccionadores y sus protecciones eléctricas se encuentran en el armario 2. Los contactos auxiliares de los contactores, relés térmicos, guardamotores, y los relés internos de los arrancadores y variadores de velocidad serán cableados desde este armario a los módulos de entradas digitales del autómata que está en el armario 1.

4.3 SISTEMAS DE PRECABLEADO

En el mercado existen autómatas de pequeño formato pero que admiten módulos de alta densidad de hasta 64 entradas-salidas digitales. El pequeño tamaño de los módulos obliga a disponer de un sistema de cableado distinto al bornero de tornillos. Estos módulos disponen de una serie de conectores donde se enchufan unos cables de conexión que en el otro extremo se conectan a unas bases de precableado a tornillo donde se pueden conectar los cables de captadores y preaccionadores. Los cables que unen las bases de precableado con los módulos del autómata son realmente una manguera de cables.

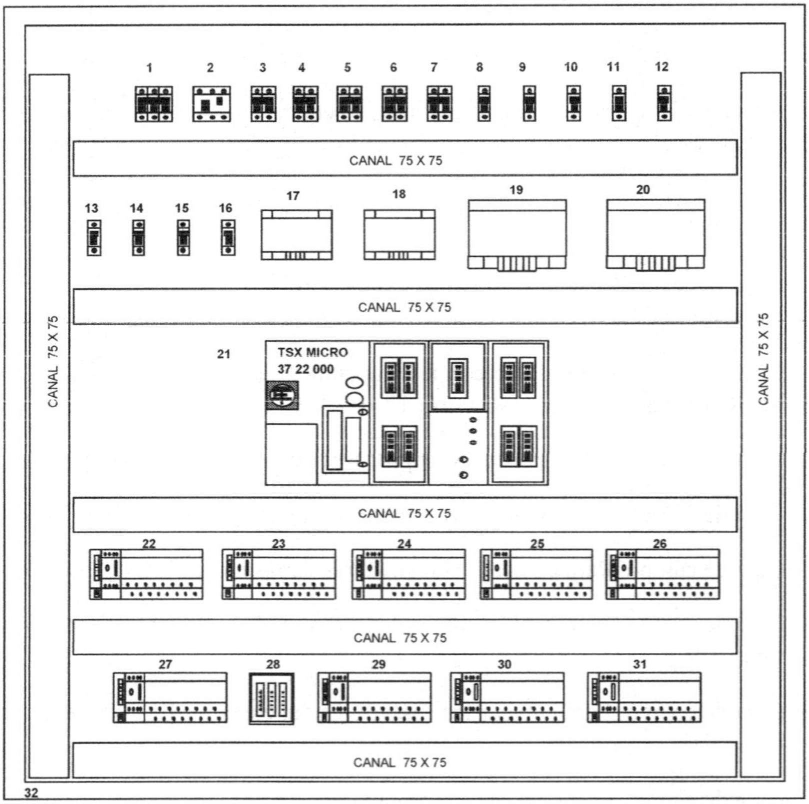

Nº 1 : QF2, MAGNETOTERMICO TRIPOLAR 2 A
Nº 2 : QD2, INTERRUPTOR DIFERENCIAL 30 mA 25 A
Nº 3 : Q1, MAGNETOTERMICO BIPOLAR 0,5 A
Nº 4 : Q2, MAGNETOTERMICO BIPOLAR 1 A
Nº 5 : Q3, MAGNETOTERMICO BIPOLAR 3 A
Nº 6 : Q4, MAGNETOTERMICO BIPOLAR 5 A
Nº 7 : Q5, MAGNETOTERMICO BIPOLAR 5 A
Nº 8 : Q13, MAGNETOTERMICO UNIPOLAR 2 A
Nº 9 : Q14, MAGNETOTERMICO UNIPOLAR 2 A
Nº10 : Q15, MAGNETOTERMICO UNIPOLAR 2 A
Nº11 : Q16, MAGNETOTERMICO UNIPOLAR 2 A
Nº12 : Q17, MAGNETOTERMICO UNIPOLAR 2 A
Nº13 : Q18, MAGNETOTERMICO UNIPOLAR 2 A
Nº14 : Q19, MAGNETOTERMICO UNIPOLAR 2 A
Nº15 : Q20, MAGNETOTERMICO UNIPOLAR 2 A
Nº16 : Q21, MAGNETOTERMICO UNIPOLAR 2 A
Nº17 : TM0, TRANSFORMADOR DE POTENCIA 380/220 V 63 VA
Nº18 : TM1, TRANSFORMADOR DE POTENCIA 380/220 V 1000 VA
Nº19 : GS1, FUENTE DE ALIMENTACION DC 24 V /12 A 300 W
Nº20 : GS2, FUENTE DE ALIMENTACION DC 24 V /12 A 300 W
Nº21 : AUTOMATA PROGRAMABLE, TSX 37 22 000
Nº22 : I.1.1 BASE DE PRECABLEADO, MODULO 1, ENTRADAS
Nº23 : I.1.2 BASE DE PRECABLEADO, MODULO 1, ENTRADAS
Nº24 : Q.2.1 BASE DE PRECABLEADO, MODULO 2, SALIDAS
Nº25 : Q.2.2 BASE DE PRECABLEADO, MODULO 2, SALIDAS
Nº26 : I.3.1 BASE DE PRECABLEADO, MODULO 3, ENTRADAS
Nº27 : I.5.1 BASE DE PRECABLEADO, MODULO 5, ENTRADAS
Nº28 : ABE-7ACC02, BASE ADAPTADOR
Nº29 : Q.6.1.1 BASE DE PRECABLEADO, MODULO 6, SALIDAS
Nº30 : Q.6.1.2 BASE DE PRECABLEADO, MODULO 6, SALIDAS
Nº31 : Q.6.2 BASE DE PRECABLEADO, MODULO 6, SALIDAS
Nº32 : ARMARIO 2 METALICO "MONOBLOC"

Figura 4.2 Autómata TSX 37 y bases de precableado Telefast

El pequeño tamaño de los módulos también obliga a que las salidas digitales sean estáticas a 24 Vcc. No obstante existen bases de precableado con relés internos que transforman la señal de 24 Vcc en la apertura o cierre de un contacto de relé.

Las bases de precableado funcionan como borneros de los módulos de entrada-salida del autómata. Necesitan alimentación a 24 Vcc para activar los leds indicadores de señal en las entradas e indicadores de activación de las salidas. Esta alimentación también es necesaria para activar las bobinas de los relés en las bases que dispongan de éstos.

De esta forma autómatas de pequeñas dimensiones pueden tener un gran número de entradas/salidas, el cableado no se hace directamente en el módulo sino en la base de conexión.

Pero el cableado externo al armario del autómata sigue siendo el mismo. Las mangueras de cable de los captadores se llevarán a las bases de precableado y de ahí al módulo de entradas. Y los cables de los preaccionadores salen de las bases de precableado. Las bases de precableado deben estar en el propio armario del autómata dado que los cables de conexión como máximo miden tres metros.

En la Figura 4.2 se observa un armario de una instalación automatizada, donde un autómata TSX Micro (21) con módulos de entrada-salida por conector se conecta a bases de precableado Telefast (22 a 31).

En la Figura 4.3 se puede observar la conexión de un módulo de 64 entradas-salidas digitales TSX DMZ 64DTK a las bases de precableado telefast ABE-7H16R50.

El módulo contiene 32 entradas digitales en la parte superior y 32 salidas digitales en la parte inferior. Las vías de entradas de la 0 a la 15 se conectan mediante el cable 1 a la base de precableado denominada I1.1. Las vías de entradas de la 16 a la 31 se conectan mediante el cable 2 a la base de precableado denominada I1.2. Las vías de salida de la 0 a la 15 se conectan mediante el cable 3 a la base de precableado denominada Q2.1. Las vías de salida de la 16 a la 31 se conectan mediante el cable 4 a la base de precableado denominada Q2.2.

Se puede observar que la nomenclatura de las bases es la misma, sea para entradas o salidas. Para configurar la base de precableado en función entradas hay que efectuar un puente en sus tornillos de configuración, que será diferente que si se configuran como salidas.

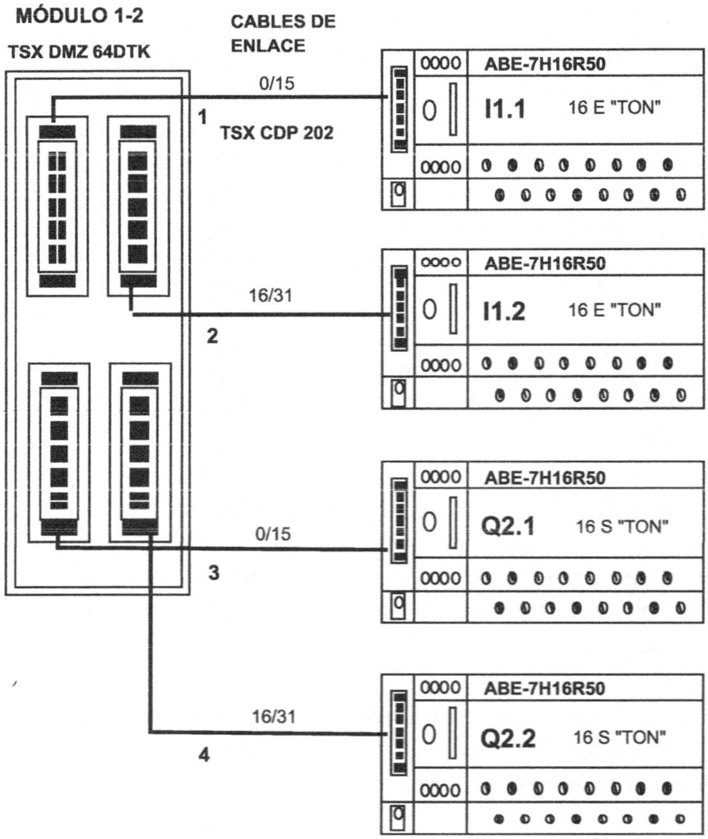

Figura 4.3 Conexión de un módulo de entradas/salidas digitales a las bases de precableado

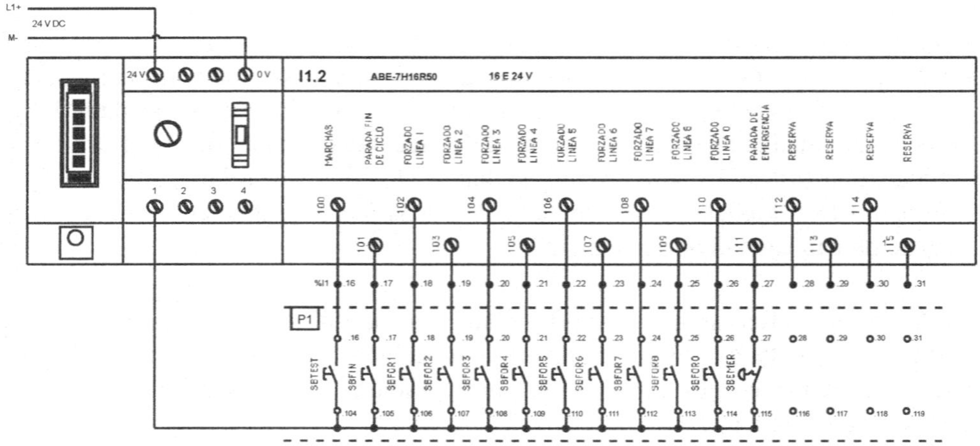

Figura 4.4

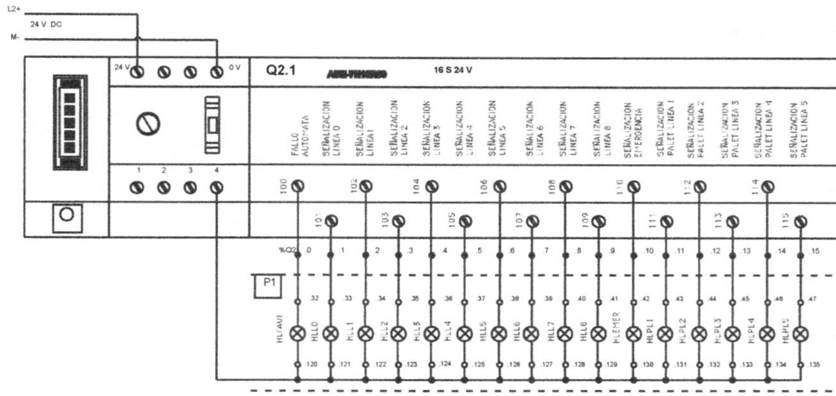

Figura 4.5

En la Figura 4.6 se puede observar la conexión de un módulo de 64 entradas/ salidas digitales TSX DMZ 64DTK situado en el puesto 5-6 a las bases de precableado telefast ABE-7H16R50, ABE-7R0S210, ABE-7ACC02.

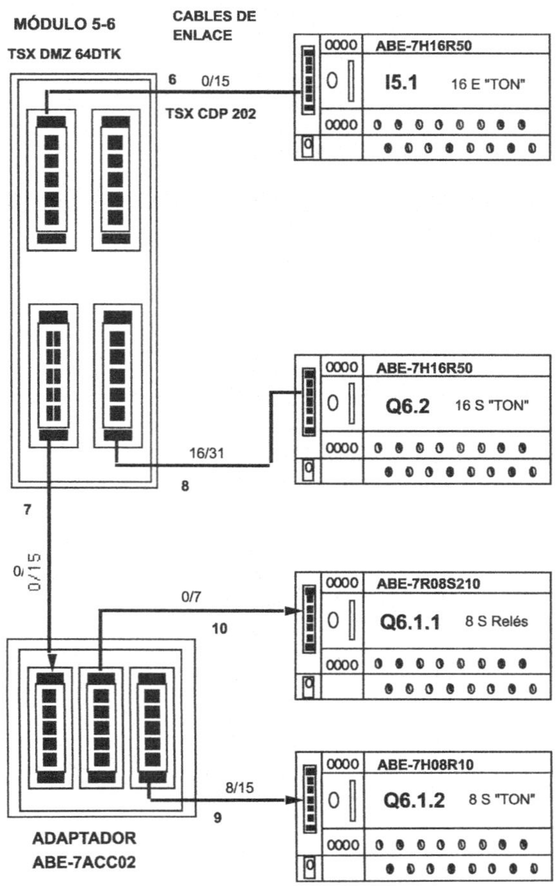

Figura 4.6

Solamente se utilizan las 16 primeras entradas digitales que son conectadas por el cable 6 a una base ABE-7H16R50.

Al necesitar salidas a relé el cable 7 es llevado a un módulo adaptador ABE-7ACC02 del cual salen dos cables cada uno con 8 salidas. El cable 10 va a una base de precableado con salidas a relé ABE-7R0S210. El cable 9 va a una base de precableado 7H16R50.

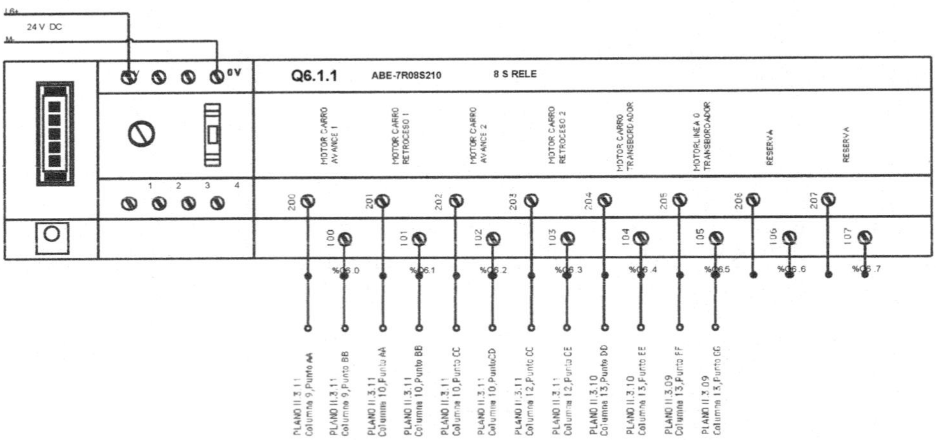

Figura 4.7 Base de precableado con salidas a relé

Las salidas a relé son utilizadas para señales de marcha/paro en los circuitos de mando de los preaccionadores.

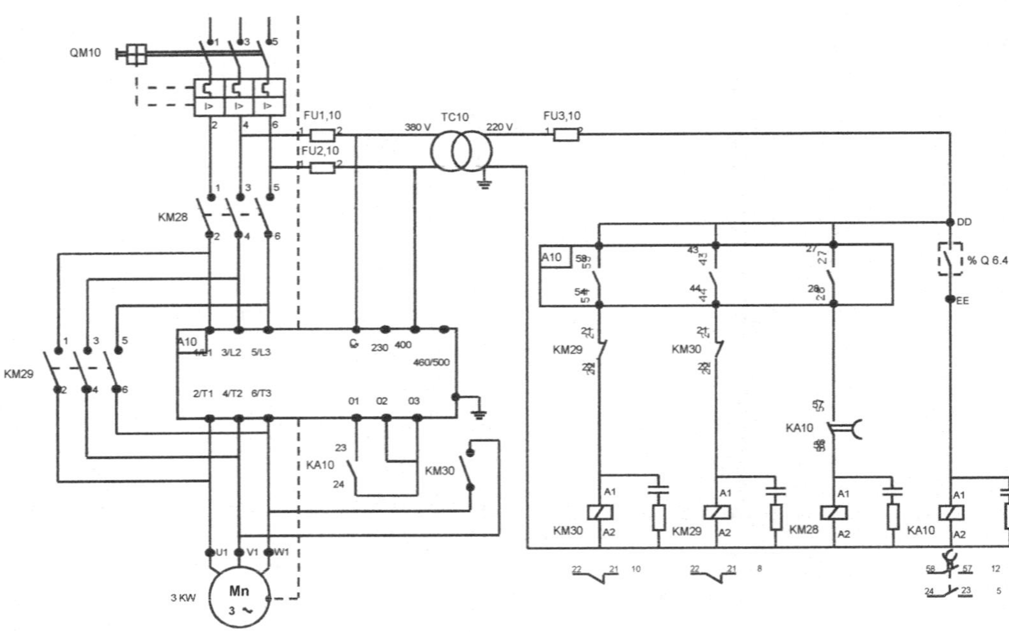

Figura 4.8

Se observa que la nomenclatura de las bases ya no es la misma, dado que se han utilizado salidas a relé.

En la Figura 4.9 se puede observar el cableado del autómata TSX micro a las bases telefast. La leyenda es idéntica a la Figura 4.2.

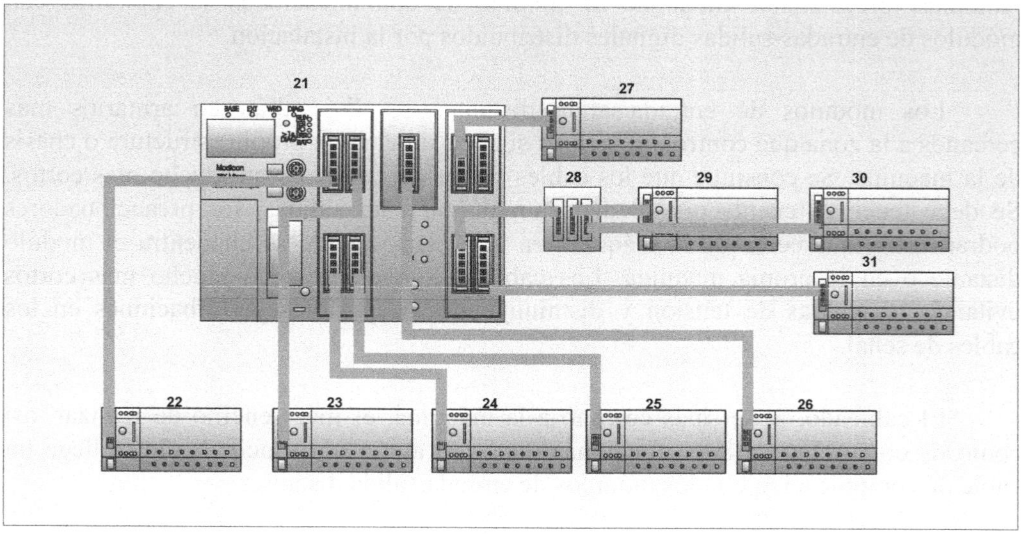

Figura 4.9

Conclusiones

- *Pros*

Mediante las bases de precableado un autómata de pequeño formato puede llegar a tener un gran número de entradas/salidas. En el caso del TSX Micro se pueden incorporar hasta cuatro módulos de 64 entradas-salidas de alta densidad. Aunque los módulos de salidas son estáticos a 24 Vcc, mediante las bases de precableado se puede disponer de salidas a relé.

- *Contras*

La mejora sólo se nota en el interior del Armario donde se encuentra el Autómata. El cableado es igual de complicado que el cableado clásico. Exteriormente al Armario el cableado es idéntico al cableado clásico. ¡Demasiados cables! Dan más posibilidades de error a la hora de la puesta en marcha. ¡Demasiados tornillos que apretar!

4.4 ENTRADAS/SALIDAS DISTRIBUIDAS

En las Instalaciones Automatizadas puede existir una gran distancia entre la situación de los captadores y accionadores y el armario donde se encuentra el autómata programable. Esto puede suponer una gran cantidad de cable y de mangueras de cable. Una solución que se adopta son las entradas-salidas distribuidas. El Autómata programable mediante un módulo de comunicaciones se comunica con módulos de entradas-salidas digitales distribuidos por la instalación.

Los módulos de entrada/salida distantes se dispondrán en armarios más cercanos a la zona que controlan, incluso si es posible, en la propia estructura o chasis de la máquina. Se consigue que los cables de los captadores sean mucho más cortos. Se debe tener en cuenta que al distribuir también las salidas, los preaccionadores podrán estar más cerca de la máquina en el armario donde se encuentra el módulo distante o en la propia máquina. Los cables de potencia serán mucho más cortos evitando las caídas de tensión y disminuyendo las posibles perturbaciones en los cables de señal.

El cableado, al ser más cercano a la máquina, es más sencillo de realizar, así como de comprobar su buen funcionamiento. Al autómata principal sólo le llega un cable de comunicación con los módulos de entrada/salida distantes.

Un ejemplo es la red Nano-bus de Telemecánica. El autómata maestro TSX 37 Micro se comunica mediante el acoplador de comunicaciones TSX STZ10 con cuatro autómatas TSX 07 Nano configurados como entradas salidas del autómata maestro. El cable de enlace puede medir hasta 200 m. Los captadores y accionadores se cablean a los autómatas TSX 07. El estado de las entradas es enviado hacia el autómata maestro y el estado de las salidas es enviado desde el autómata maestro a los TSX 07 mediante un solo cable de red. Los autómatas Nanos se dispondrán cerca de los captadores y accionadores, llevando un sólo cable al autómata maestro.

En el frontal de los autómatas TSX 07 existe un selector de 8 posiciones que permite configurar la función del autómata:

- Posición 0. Maestro de la red Nano-bus.
- Posición 1, 2, 3 y 4. Módulo de entrada/salida distante del maestro.
- Posición 5, 6 y 7. Autómata esclavo. Funciona como un autómata clásico con su programa de aplicación intercambiando información con el maestro mediante una tabla de cuatro palabras.

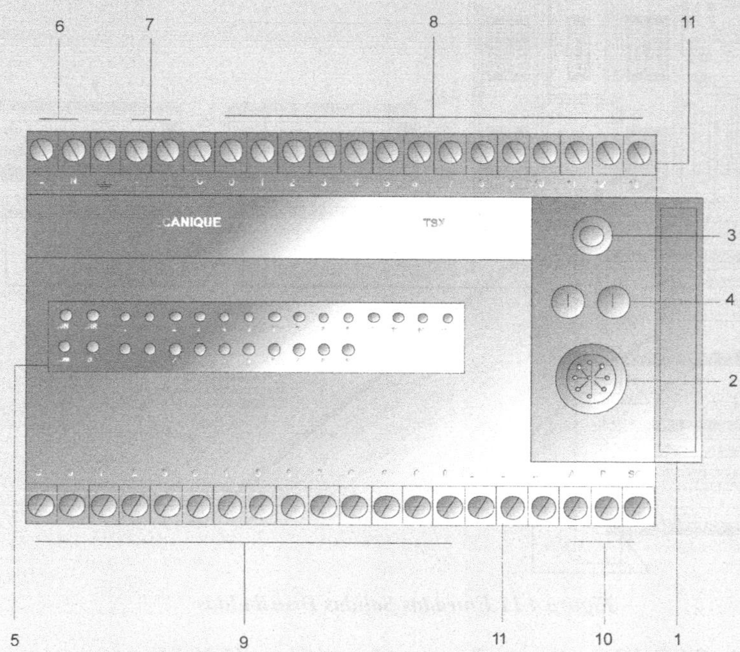

Nº 1 : Una tapa de acceso

Nº 2 : Una toma para conectar el terminal de programación

Nº 3 : Un selector para codificar la función autómata, extensión de E/S o autómata esclavo

Nº 4 : Dos puntos de reglaje analógico

Nº 5 : Visualización:
- de las entradas/salidas (un piloto por Vía)
- del estado del autómata (RUN , ERR, COM, I/O)

Nº 6 : Una conexión de la alimentación de red (100/240 V c.a. ó 24V c.c. según tipo)

Nº 7 : Una alimentación para captadores (24 V/ 150 mA) en los modelos alimentados a 100/240 V c.a.

Nº 8 : Una conexión sobre bornas de tornillos para los captadores de ENTRADAS

Nº 9 : Una conexión sobre bornas con tornillos para los preaccionadores de SALIDAS

Nº 10 : Una conexión interautómatas

Nº 11 : Una tapa de protección extraíble para los borneros

Figura 4.10

En la instalación de ejemplo el maestro de la red es el autómata TSX Micro y los Autómatas Nanos actúan como módulos de entradas salidas distantes. Los selectores de los autómatas Nanos deberán estar en la posición de la 1 a la 4.

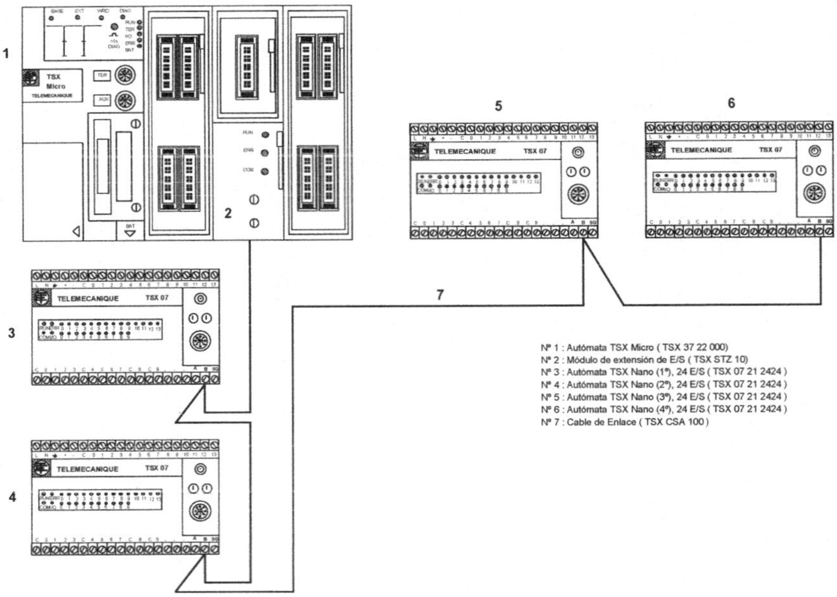

Figura 4.11 Entradas Salidas Distribuidas

El módulo TSX STZ 10 permite que el autómata TSX Micro sea maestro de la red Nano-bus. En la configuración del módulo TSX STZ 10 habrá que configurar los autómatas como bloque de E/S.

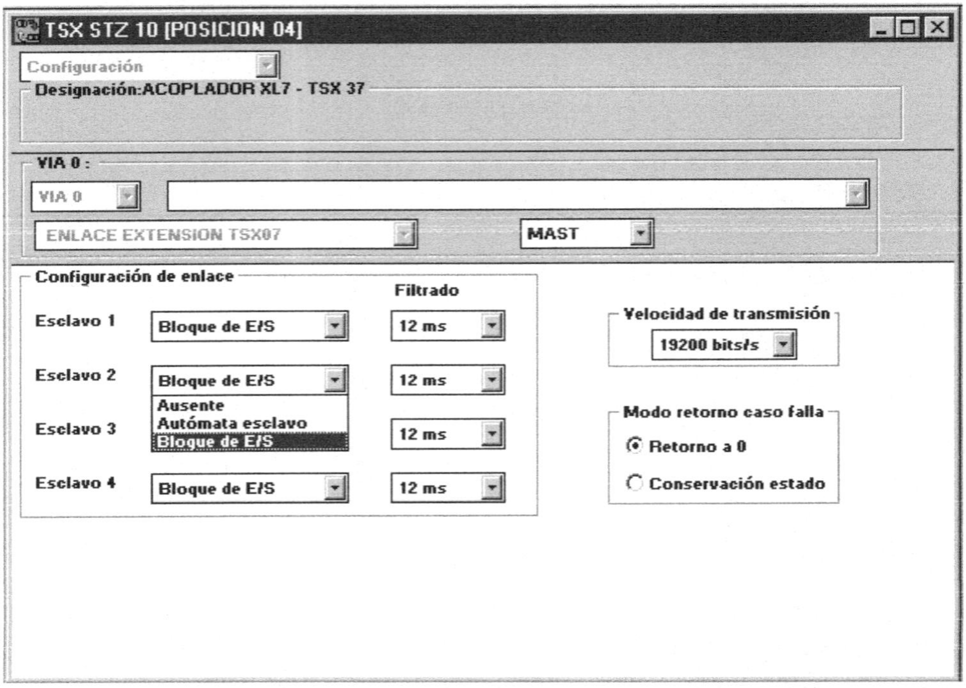

Figura 4.12 Configuración del Acoplador TSX STZ 10

Los Autómatas TSX 07 Nano funcionan como módulos de entrada-salida distantes del autómata maestro. Cada módulo dispone de 14 entradas y 10 salidas digitales. Los objetos de entrada-salida distantes son:

- Autómata Nano con selector en posición 1.

  Entradas: %I\4.0\1.0 a %I\4.0\1.13

  Salidas: %Q\4.0\1.0 a %Q\4.0\1.9

- Autómata Nano con selector en posición 2.

  Entradas: %I\4.0\2.0 a %I\4.0\2.13

  Salidas: %Q\4.0\2.0 a %Q\4.0\2.9

- Autómata Nano con selector en posición 3.

  Entradas: %I\4.0\3.0 a %I\4.0\3.13

  Salidas: %Q\4.0\3.0 a %Q\4.0\3.9

- Autómata Nano con selector en posición 4.

  Entradas: %I\4.0\4.0 a %I\4.0\4.13

  Salidas: %Q\4.0\4.0 a %Q\4.0\4.9

Los objetos entradas son leíbles desde el programa de aplicación del TSX Micro y los objetos salidas se pueden escribir desde el programa de aplicación del TSX Micro.

En la instalación ejemplo se tienen 8 líneas de producción de palets de cajas de leche. Los palets deben ser llevados por medio del vehículo transbordador a la línea de salida donde se efectúa el acondicionamiento en una enfundadora termorretráctil.

El autómata TSX Micro que controla el movimiento del vehículo y de los transbordadores de las líneas se encuentra en el armario 2. En los armarios 3, 4, 5 y 6 se ha dispuesto un autómata TSX 07 Nano configurado como módulo de entradas-salidas distante del autómata.

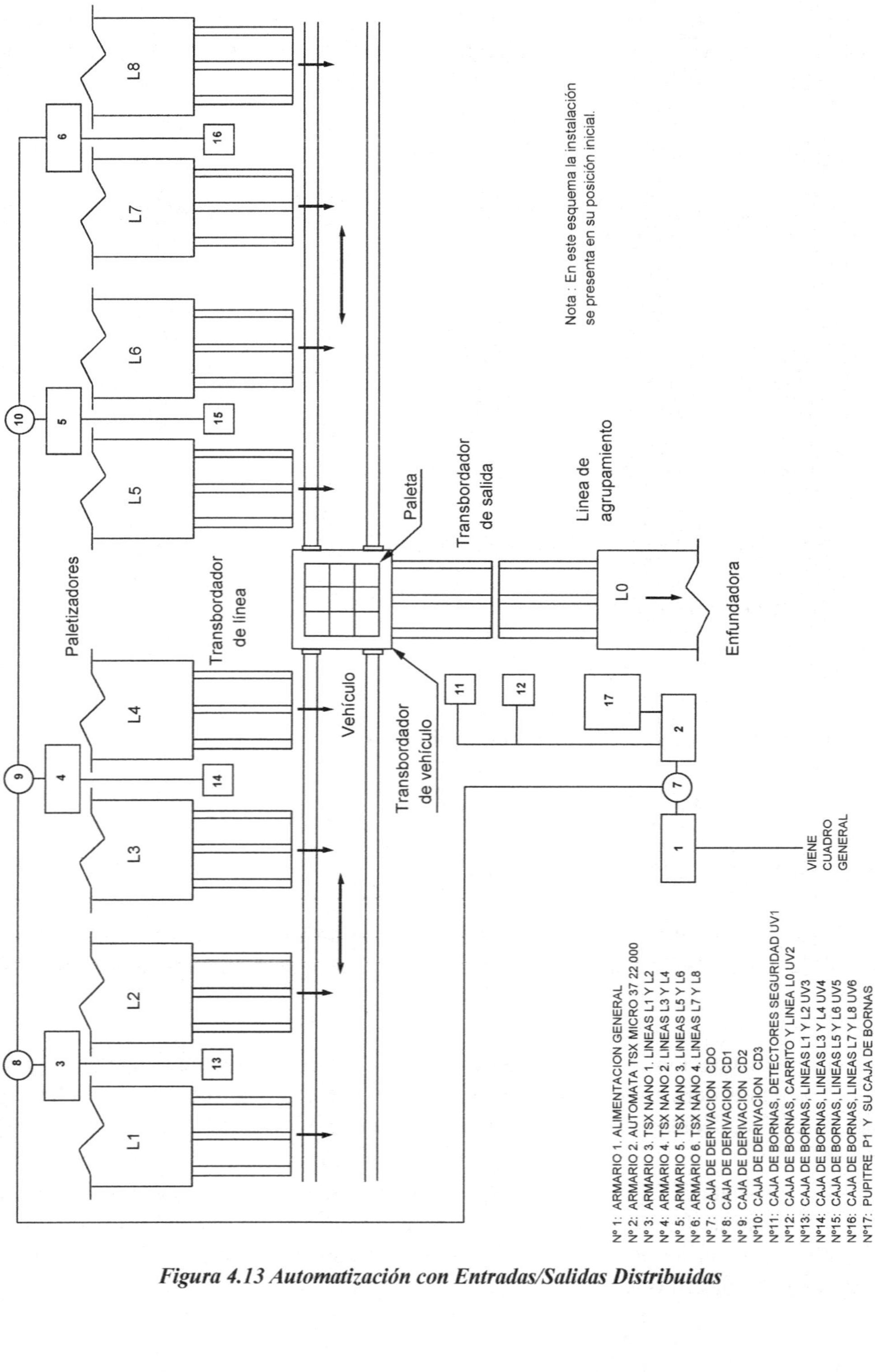

Figura 4.13 Automatización con Entradas/Salidas Distribuidas

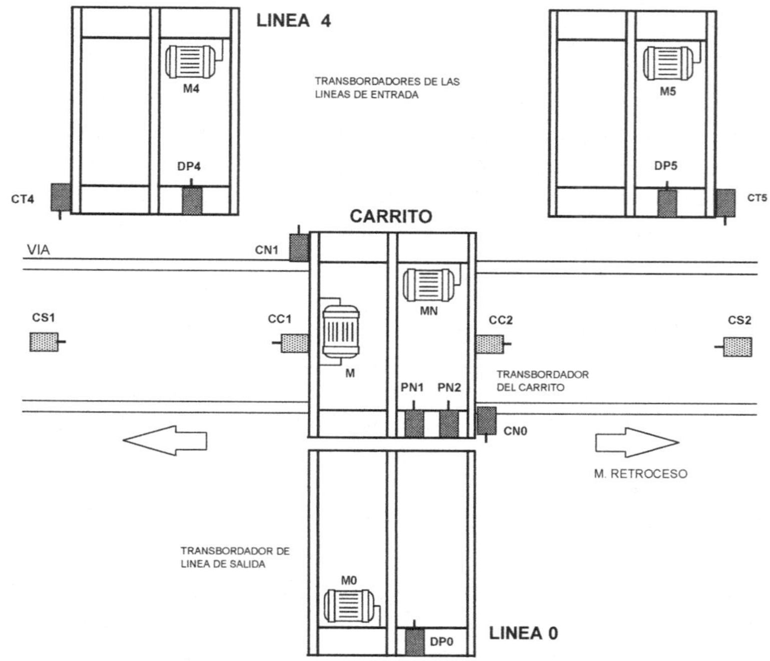

Figura 4.14 Captadores y Accionadores de la Instalación

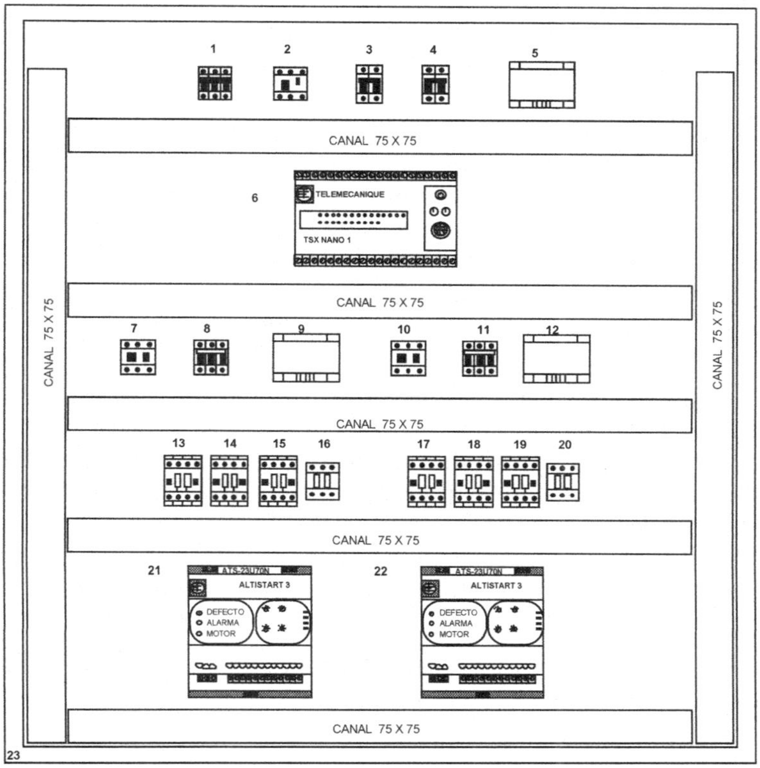

Figura 4.15 Armarios 2, 4, 5 y 6 con Autómata TSX 07

El cableado de la Instalación es:

- Los captadores del vehículo y la línea 0 de agrupamiento se cablean a las cajas de bornas 12. Mediante manguera de cables se llevan a bases de conexión telefast del armario 2 y de éstas al autómata TSX 37 Micro. Los contactos auxiliares de los preaccionadores y de las protecciones eléctricas del armario 1 se llevan a las bases de conexión telefast y de éstas al autómata TSX 37 Micro.

- Los captadores de las líneas 1 y 2 son cableados a la caja de bornas número 13. De esta caja mediante manguera de cables se conectan a las entradas del autómata TSX 07 del armario 3. Los contactos auxiliares de los preaccionadores y de las protecciones eléctricas del armario 3 se llevan a las entradas digitales del autómata Nano. Las salidas digitales a relé del TSX 07 sirven como señal de puesta en marcha en el circuito de mando de los arrancadores. Estos cableados son internos al armario 3.

- Los captadores de las líneas 3 y 4 son cableados a la caja de bornas número 14. De esta caja mediante manguera de cables se conectan a las entradas del autómata TSX 07 del armario 4. Los contactos auxiliares de los preaccionadores y de las protecciones eléctricas del armario 4 se llevan a las entradas digitales del autómata Nano. Las salidas digitales a relé del TSX 07 sirven como señal de puesta en marcha en el circuito de mando de los arrancadores. Estos cableados son internos al armario 4.

- Los captadores de las líneas 5 y 6 son cableados a la caja de bornas número 15. De esta caja mediante manguera de cables se conectan a las entradas del autómata TSX 07 del armario 5. Los contactos auxiliares de los preaccionadores y de las protecciones eléctricas del armario 5 se llevan a las entradas digitales del autómata Nano. Las salidas digitales a relé del TSX 07 sirven como señal de puesta en marcha en el circuito de mando de los arrancadores. Estos cableados son internos al armario 5.

- Los captadores de las líneas 7 y 8 son cableados a la caja de bornas número 16. De esta caja mediante manguera de cables se conectan a las entradas del autómata TSX 07 del armario 6. Los contactos auxiliares de los preaccionadores y de las protecciones eléctricas del armario 6 se llevan a las entradas digitales del autómata Nano. Las salidas digitales a relé del TSX 07 sirven como señal de puesta en marcha en el circuito de mando de los arrancadores. Estos cableados son internos al armario 6.

Todos los autómatas TSX 07 están unidos mediante un cable de red al autómata central TSX Micro situado en el armario 2.

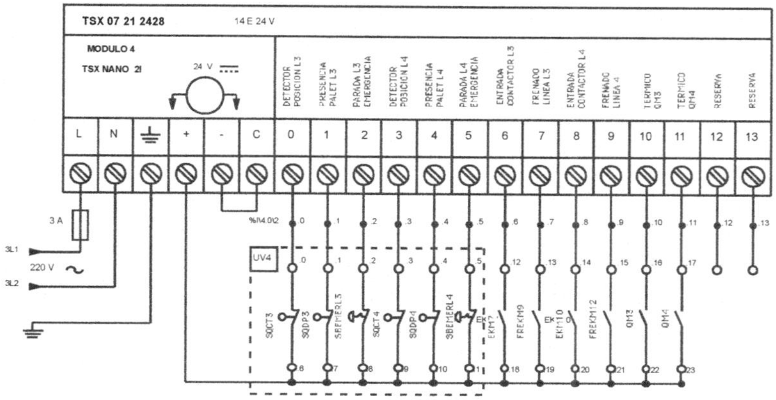

Figura 4.16 Cableado de Captadores

En la Figura 4.16 se observa el cableado de los captadores y contactos auxiliares a las entradas del Autómata Nano. El rectángulo con línea discontinua indica el cableado a realizar a la caja de bornas UV4. A esta caja de bornas (nº14 en la Figura 4.17) se cablean los captadores de las líneas 3 y 4. De ahí mediante manguera de cables se lleva a las entradas del autómata.

El resto entradas son contactos auxiliares de las protecciones eléctricas y contactos de relés internos de los arrancadores, que se encuentran en el mismo armario que el Autómata, por lo que el cableado se realiza internamente en el armario.

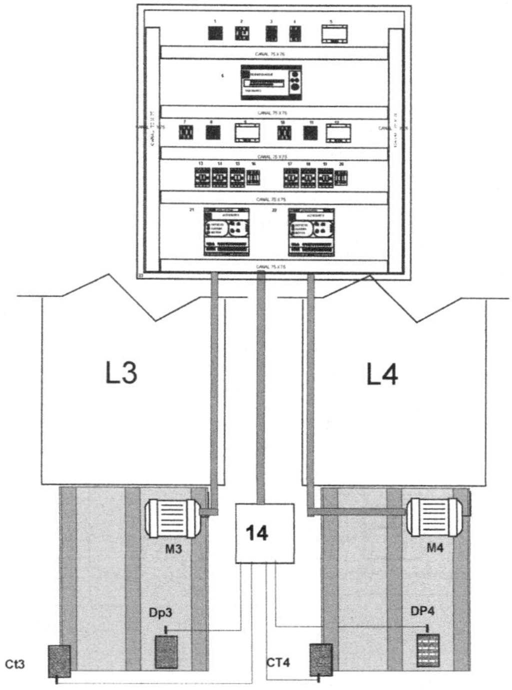

Figura 4.17 Cableado de Accionadores

Las salidas digitales a relé del autómata se conectan como contactos de marcha-paro en los circuitos de mando de los preaccionadores (Figura 4.18).

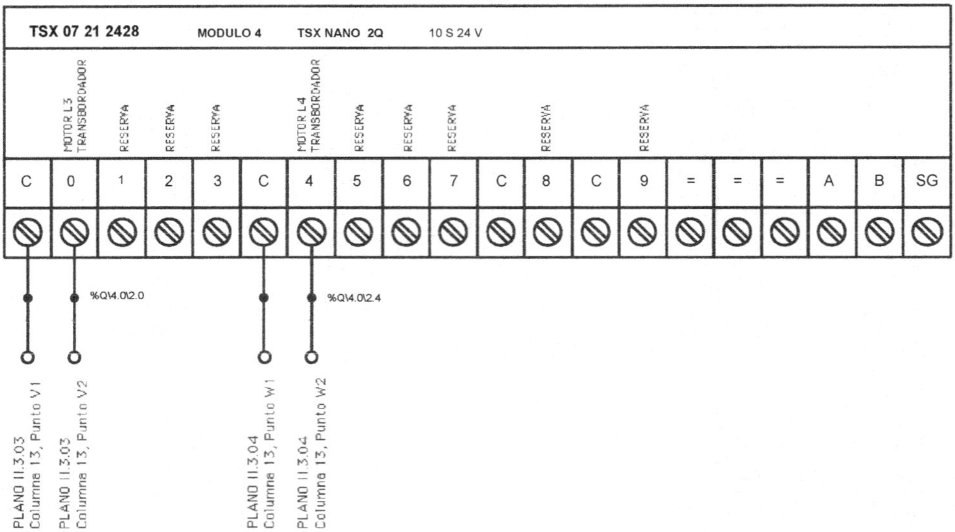

Figura 4.18

Los preaccionadores utilizados son arrancadores para motores asíncronos. El cableado del circuito del arrancador se puede observar en la Figura 4.19. Este cableado se realiza en el armario del Autómata. Hacia el motor sólo salen los tres cables de potencia.

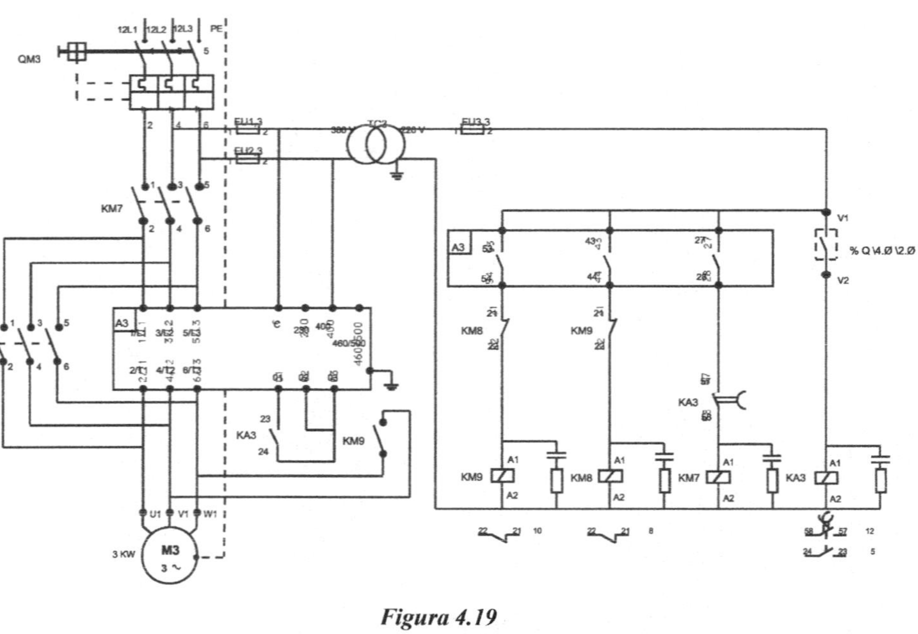

Figura 4.19

Los cables de potencia de los accionadores salen directamente de los armarios donde están los arrancadores de los motores de las líneas tal como se puede observar en la Figura 4.17.

Todos los autómatas TSX 07 están unidos mediante un cable de red al autómata central TSX Micro situado en el armario 2.

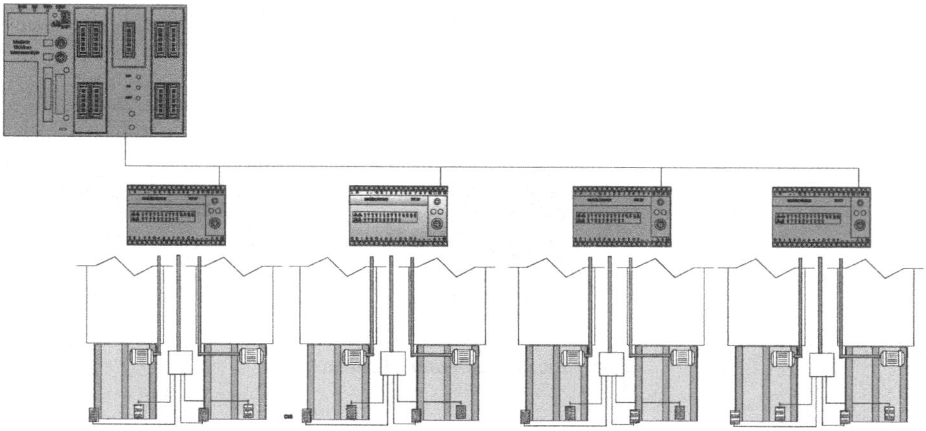

Figura 4.20

Conclusiones

- *Pros*

  Hacia el Autómata programable sólo llega un cable de red, simplificando la instalación Industrial. Ahorro en longitud de cable y *¡¡Ahorro en tiempo de Instalación!!* Las pruebas del cableado son más sencillas dado que los cables tienen menor longitud.

- *Contras*

  Pero el cableado de captadores y accionadores a nivel local sigue siendo igual de complicado que en el cableado clásico.

4.5 AUTÓMATAS MULTIRACK

Los autómatas Premium pueden expandirse hasta un total de 8 racks que se comunican mediante el Bus X. La longitud de este bus puede ser de hasta 700m (con repetidores eléctricos) permitiendo la distribución de los racks por la instalación automatizada.

Solamente en un rack debe estar la unidad central de proceso. En los demás sólo debe conectarse en el primer puesto de enchufe una fuente de alimentación para alimentar a los módulos que se conecten al rack. Cada rack puede contener hasta 12 puestos de enchufe.

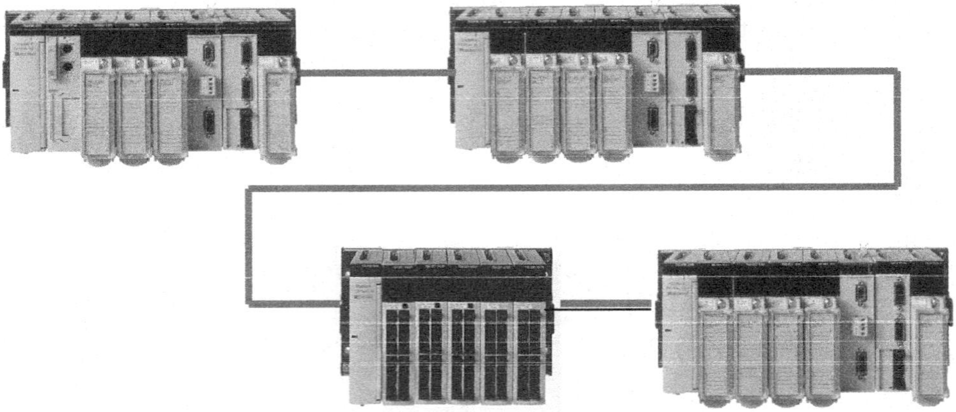

Figura 4.21 Autómata Multirack.

CAPÍTULO 5

FUNCIONAMIENTO Y SEGURIDAD DE LOS SISTEMAS AUTOMATIZADOS

5.1 INTRODUCCIÓN

El funcionamiento de los autómatas programables está basado en el esquema tradicional de un equipo dotado de microprocesador, memoria y una interfaz de entradas/salidas. No obstante, los procesos que se van a tratar en un autómata exigen unas condiciones de funcionamiento y seguridad que superan las normalmente implementadas en los equipos dedicados a procesos ofimáticos. Los autómatas controlan máquinas y procesos productivos. La fiabilidad del control debe ser muy alta y estar preparada para reaccionar ante los diferentes eventos y condiciones que se dan en los procesos productivos.

El entorno de trabajo será en muchos casos hostil, con una gran presencia de ruidos electromagnéticos, altas o bajas temperaturas, o de atmósferas de gran contaminación química. Los autómatas deben cumplir una serie de normas y especificaciones técnicas que garanticen y hagan posible un buen funcionamiento en entornos que en algunos casos se pueden considerar no aptos para el desarrollo del trabajo humano. La evolución de los procesos de fabricación, cada vez más necesitados de accionamientos industriales más rápidos, mayor nivel de producción y por lo tanto, de exigencias a los automatismos, ha hecho que estos progresen en los últimos treinta años de una manera espectacular llegando a unas capacidades de proceso inimaginables hace pocos años. La carrera competitiva ha hecho que las diferentes casas desarrollen sistemas cada vez más potentes, fiables y seguros que permitan procesos de fabricación continuos sin interrupción.

En el presente tema examinaremos el funcionamiento de los autómatas, así como su adaptación a las nuevas exigencias de seguridad en los procesos de fabricación. Se desarrollan los siguientes apartados:

- Funcionamiento interno del autómata programable.
- Seguridad de funcionamiento.

5.2 FUNCIONAMIENTO INTERNO DE UN AUTÓMATA PROGRAMABLE

La configuración hardware de los autómatas programables es parecida a la de los actuales ordenadores personales. Disponen de una unidad central de proceso, de memoria RAM, de memoria ROM, de memoria Flash Eprom, de entradas y salidas, etc.

La capacidad de memoria es reducida (24 K..500 K) debido a que los programas no tienen grandes requerimientos de memoria para funcionar, ya que el tipo de datos con que trabajan ocupan poca memoria (bits o palabras de 16 bits).

Los primeros autómatas sólo disponían de un microprocesador, que constituía la unidad central de proceso. Es el corazón del autómata y donde se gestiona todo el funcionamiento del sistema, así como el diálogo con las terminales de programación, el estado del sistema y la ejecución del programa.

En la actualidad los autómatas disponen de más de un procesador, dedicado cada uno a tareas específicas. En la Figura 5.1 se muestra la estructura de la unidad central del autómata TSX Premium de Telemecánica:

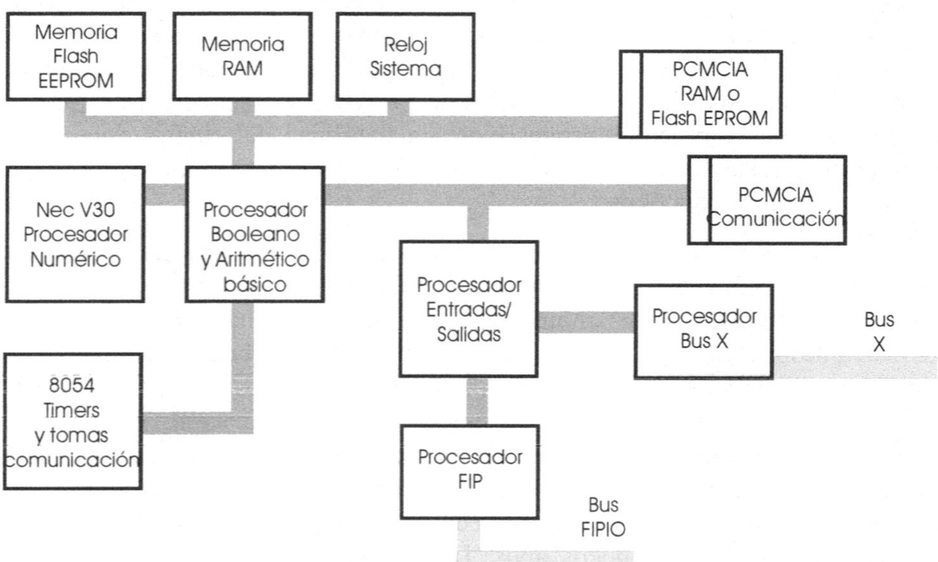

Figura 5.1 Estructura Unidad central Autómata Premium

5.2.1 Ciclo de programa

La ejecución de un programa dentro de un autómata programable sigue un esquema cíclico totalmente diferente al que se sigue la ejecución de un programa en un ordenador personal.

Un ciclo de programa se compone de los siguientes pasos:

- Operaciones de Gestión del Sistema

  Consiste en el tratamiento de las informaciones y de los bits de sistema. El tratamiento de las peticiones y las llamadas efectuadas por el terminal de programación y el envío de mensajes al terminal.

- Lectura del estado de las entradas

  La lectura del estado de las entradas consiste en la lectura de los registros intermedios de los módulos de entrada y el volcado de estos valores en la memoria de imágenes de entrada. Esta memoria de imágenes de entrada no será actualizada hasta el siguiente ciclo de programa. La lectura de las entradas no consiste en la conversión de la tensión 0..24 Voltios en una señal 0..1 binaria, ya que eso lo realiza el módulo de entradas de forma independiente de la Unidad Central del Autómata. El módulo de entradas vuelca los valores en su registro, de donde son leídos por la Unidad Central y volcados en la memoria de imágenes de entrada. La memoria de imágenes de entrada son los objetos %I, entradas del autómata.

- Ejecución del programa del autómata

  Empezando por la primera instrucción y siguiendo linealmente hasta la última a menos que se efectúe un salto hacia atrás del programa. Durante esta ejecución no se considera una posible variación en el estado de las entradas. El estado de las entradas se toma de la memoria de imágenes de entrada y el estado de las salidas se toma de la memoria de imágenes de salida. El estado de los temporizadores, contadores, etc. se toma de sus correspondientes registros internos. La memoria de imágenes de salida son los objetos %Q, salidas del autómata.

- Escritura de las salidas

  Se transfiere la memoria de imágenes de salida a las salidas del autómata. La unidad central transfiere el valor de los objetos salida a los registros de los módulos de salida del autómata programable. En los módulos de salida las señales binarias son convertidas en aperturas o cierres de relé, en presencia de 0 ó 24 voltios en un tornillo del bornero del autómata. Las señales numéricas son convertidas en tensión o intensidad. Si en un ciclo de programa se realizan dos operaciones sobre un objeto salida, la única operación válida será la última. El último valor que tome el objeto salida será el escrito en el registro del módulo de salidas. Durante el tratamiento del programa no se escriben los valores de los objetos salida en los registros.

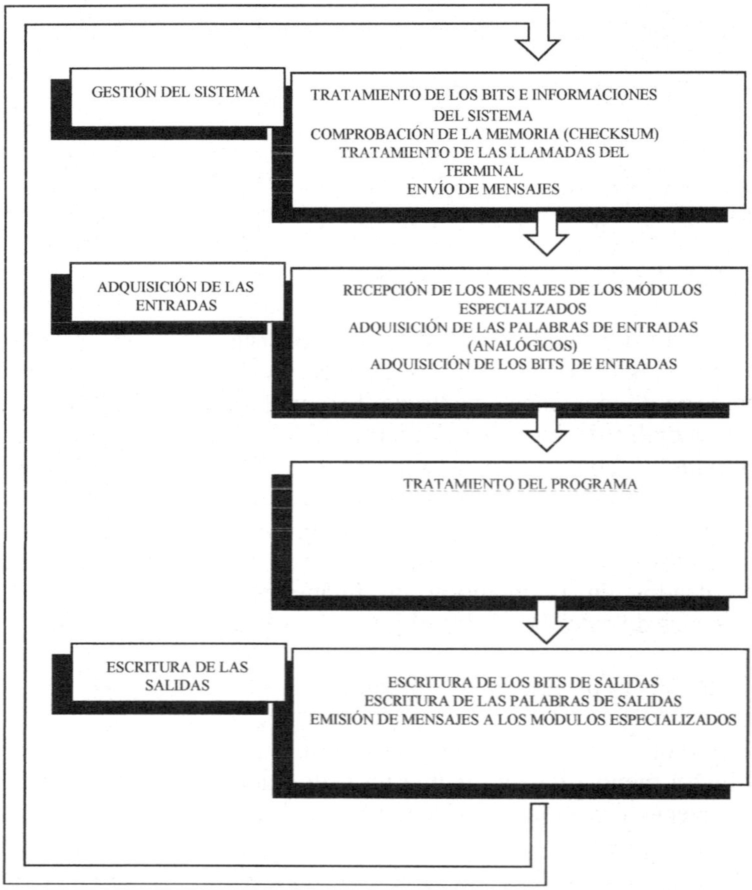

Figura 5.2 Ejecución de un ciclo de programa en los Autómatas Telemecánica TSX 17

A continuación da comienzo la ejecución de un nuevo ciclo del autómata.

Si el autómata se encuentra en Run, ejecuta los cuatro pasos anteriores en cada ciclo. Si se encuentra en Stop, sólo ejecuta las operaciones de sistema y la lectura de entradas.

5.2.2 La tarea maestra

El ciclo anterior responde a la ejecución de la tarea maestra en un autómata programable, esta tarea es la principal del programa.

La tarea maestra tiene la estructura siguiente:

- Un programa principal.
- Subrutinas o subprogramas.

Puesto que los subprogramas se programan como entidades separadas, las llamadas a subprogramas se efectúan en el tratamiento principal o en los subprogramas hasta ocho anidamientos como máximo.

La tarea maestra es una tarea de obligada programación que ejecuta el tratamiento secuencial. Se puede programar en lista de Instrucciones, en lenguaje de contactos, en literal estructurado o en lenguaje grafcet.

Si se programa en grafcet, en el caso de los autómatas Modicon-Telemecanique el programa de la tarea se divide en tres módulos de tratamiento:

- Tratamiento Preliminar (Prl)

  Programado en lista de Instrucciones, lenguaje de contactos o literal estructurado. En este módulo se programan la gestión de la parada de emergencia y del rearme, se efectúan los tratamientos de los bits de sistema y los preposicionamientos del grafcet.

- Módulo Grafcet (Chart)

  En este módulo se programa el grafcet de la aplicación.

- Tratamiento Posterior (Post)

  Programado en lista de Instrucciones, lenguaje de contactos o literal estructurado. En este módulo se programa la activación de las salidas del autómata.

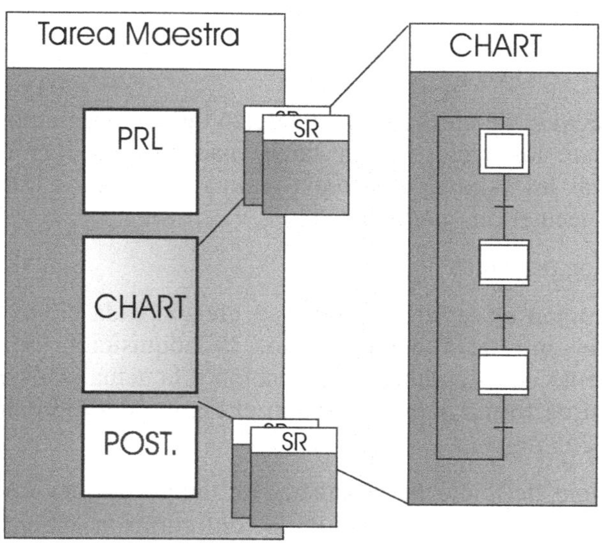

Figura 5.3

Si el autómata admite programación de Macroetapas, éstas pueden forman parte de la propia tarea maestra (macroetapa autónoma) o ser llamadas a partir del módulo CHART o desde otra macroetapa (macroetapas anidadas).

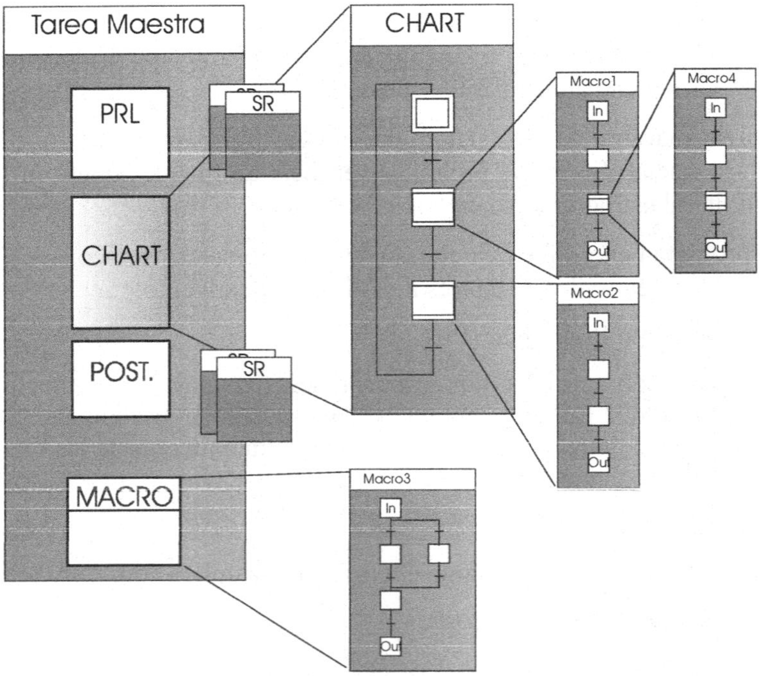

Figura 5.4

La tarea Maestra puede ejecutarse de dos maneras: ejecución cíclica y ejecución periódica.

- Ejecución cíclica

  Es el método de ejecución por defecto del ciclo de autómata. Consiste en encadenar los ciclos de la tarea maestra uno tras otro. Después de actualizar las salidas, el sistema realiza sus propios tratamientos y luego pasa a ejecutar otro ciclo de la tarea.

- Ejecución periódica

  La ejecución de la tarea maestra se efectúa cada cierto tiempo (periodo). En este tipo de funcionamiento, la adquisición de las entradas, el tratamiento del programa de aplicación y la actualización de las salidas se efectúan de forma periódica según el tiempo definido en la configuración (de 1 a 255 ms).

En el principio del ciclo de autómata, un temporizador, cuyo valor actual se inicializa al alcanzar el periodo definido en la configuración, empieza a descontar. El ciclo de autómata debe terminarse antes de que expire el temporizador que activa un nuevo ciclo.

En la Figura 5.5 se puede observar la configuración de la unidad central del autómata TSX Micro. La ejecución de la tarea maestra puede ser cíclica o periódica.

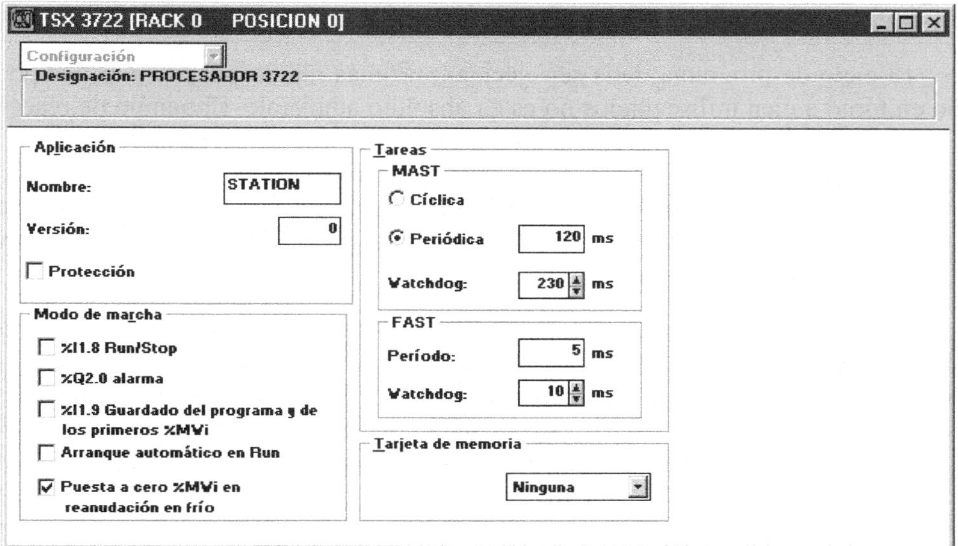

Figura 5.5 Configuración de la unidad Central del Autómata TSX Micro

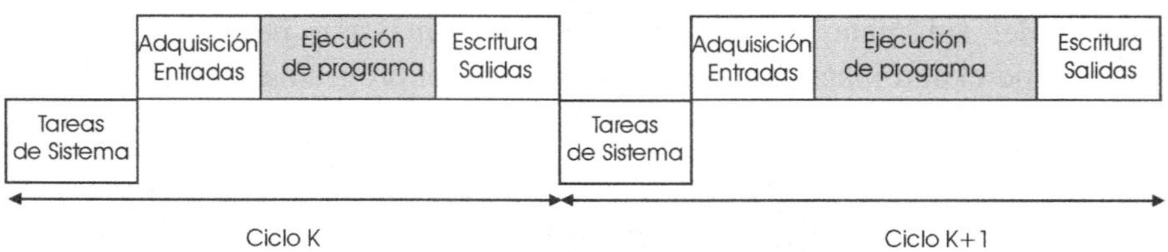

Figura 5.6 Ejecución cíclica

El tiempo de ejecución de un ciclo de autómata no es el mismo siempre. Muchas operaciones del programa del autómata se ejecutan condicionalmente. Un ciclo puede ejecutarse más rápido o más lento que otro aunque el programa sea exactamente el mismo.

Si la tarea se configura como periódica, el tiempo del procesador sobrante se dedica a tareas del sistema. El periodo programado debe ser suficiente para ejecutar el programa en el peor caso, es decir, que se ejecuten todas las instrucciones y dejar tiempo para las tareas del sistema.

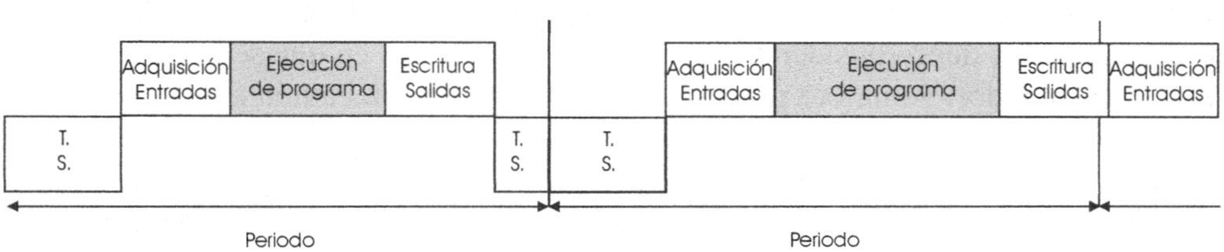

Figura 5.7 Ejecución Periódica

En la Figura 5.7 se observa que en el segundo periodo no ha dado tiempo a actualizar las salidas, por lo que el autómata no ejecuta las operaciones de sistema y pasa a leer las entradas.

Consideraciones en torno a la ejecución del ciclo de programa

El ciclo de programa debe ser ejecutado lo más rápido posible. Un tiempo de ciclo en torno a cien milisegundos no es en absoluto admisible. El tiempo de reacción del autómata ante la variación de una entrada y la consiguiente actualización de las salidas puede ser cercano al doble del tiempo de ciclo, unos 200 ms. Lo cual en absoluto es aceptable. En el caso de un móvil que se desplace a un metro por segundo, la precisión de la parada cuando toca un final de carrera puede ser superior a 20 cm si se tiene en cuenta la inercia del móvil.

Como recomendación los tiempos de ciclo no deben superar los 50 ms. Con este tiempo el autómata lee las entradas y actualiza las salidas 20 veces por segundo. En caso de que sea superior, el autómata no es lo bastante potente para ejecutar la aplicación, lo más recomendable es elegir un autómata con una CPU más rápida o si se puede dividir la zona automatizada en submáquinas y dedicar dos o más autómatas a controlar el sistema.

Para prevenir contratiempos de ciclo grandes los autómatas llevan incorporada una protección, el perro guardián Watchdog. El Watchdog es un parámetro de configuración del autómata, es el tiempo de ciclo máximo permitido; si un ciclo supera ese tiempo el autómata para y deja de ejecutar el programa y pasa a STOP.

Los tiempos de ciclo grandes no sólo son debidos a programas con excesivo texto, pueden producirse debido a malas y erróneas técnicas de programación. En un programa de autómata un ciclo se ejecuta detrás de otro, si se compara con la programación en un lenguaje de aplicaciones de ordenador tipo Pascal o Basic, se podría asemejar a la ejecución de un bucle infinito. No es recomendable en una aplicación de autómata utilizar estructuras de programación que supongan la repetición de instrucciones como pueden ser FOR NEXT, REPEAT UNTIL o WHILE DO. Tampoco es recomendable efectuar saltos hacia atrás en el programa. La repetición de instrucciones en un bucle impide al autómata llegar a final de ciclo y actualizar las salidas, por lo que es posible que salte el WatchDog. Si se programan estas estructuras iterativas deben realizar muy pocos bucles en un ciclo de programa.

Si para cablear los captadores y accionadores de la máquina al autómata se ha utilizado un bus de campo, deberá tenerse en cuenta también el tiempo de ciclo del bus de campo. Se debe considerar el tiempo de ciclo de bus en que se lee el cambio de señal en el captador, y una vez procesado por el programa del autómata ese cambio, el tiempo de ciclo de bus en que se actualizan las salidas que actúan sobre los preaccionadores. El tiempo de reacción máximo del autómata ante un cambio en un captador o mando será algo menor que la suma del doble de ciclo de programa más tres veces el tiempo de ciclo de bus. Cuando se produce el cambio en el captador, puede no ser leído en ese ciclo de bus, teniendo que esperar al siguiente. Una vez que el nuevo estado del captador esté escrito en la memoria de entrada del acoplador maestro del bus, deberá ser leído por la CPU del Autómata. Lo cual puede suponer una espera de cerca de un ciclo de programa, más el ciclo en que se ejecuta la reacción del autómata poniendo a cero objetos salidas digitales (%Q) que se encuentran en su memoria RAM. Cuando acaba el ciclo de programa, el estado de las salidas será escrito en la memoria de salida del acoplador maestro del bus, y éste lo enviará al esclavo en el ciclo actual del bus o en el siguiente. Además, si se tiene en cuenta que la ejecución del ciclo del programa no está sincronizada con la actualización de datos del bus de campo, ese tiempo de reacción podría ser algo superior.

5.2.3 Lectura de entradas

La lectura de las entradas se realiza solamente al principio de ciclo. Por ejemplo, si el estado de una entrada cambia justo después de la lectura de entradas, este nuevo estado no será leído hasta el inicio del ciclo siguiente. Además, para ser leído deberá mantenerse la entrada en el nuevo estado hasta el inicio del ciclo siguiente.

En la Figura 5.9 la entrada digital % I1.0 es siempre 1 aunque la tensión que le llega no es siempre 24 voltios de corriente continua. Eso es debido a que siempre que la entrada es leída por el autómata la tensión es siempre de 24 voltios.

Si en una entrada digital se debe tener siempre en cuenta la aparición de 0 voltios, como en el caso de los captadores de seguridad o setas de emergencia que se cablean con el contacto normalmente cerrado, se deberá configurar como entrada de almacenamiento de estado cero.

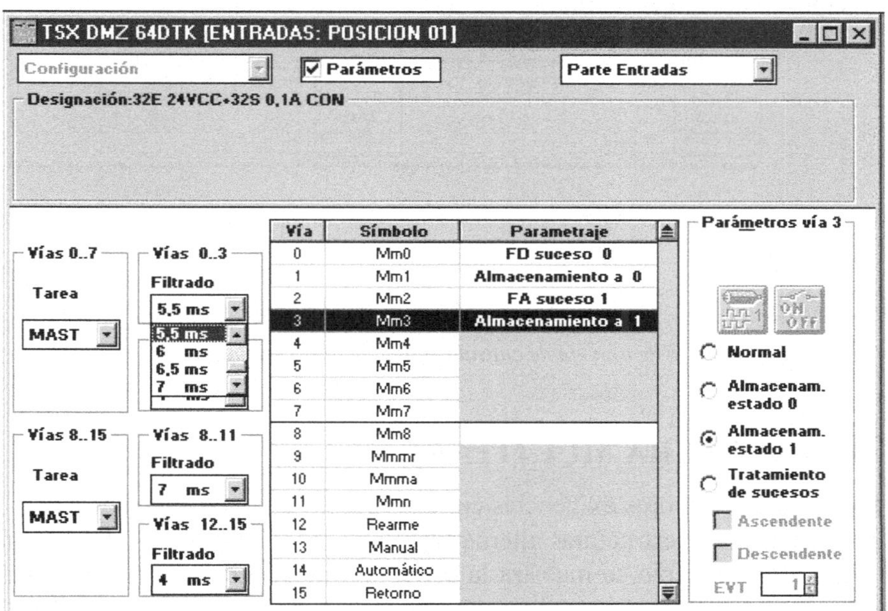

Figura 5.8. Configuración de las vías de entrada digital

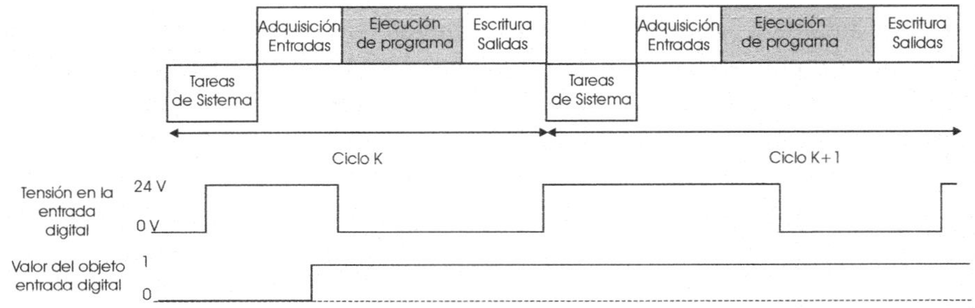

Figura 5.9. Lectura de una vía de entrada digital normal

La función de almacenamiento de estado permite tener en cuenta los impulsos especialmente cortos y de duración inferior a un tiempo de ciclo del autómata.

Esta función memoriza el impulso para tratarlo en el ciclo siguiente de la tarea MAST o FAST, sin interrumpir el ciclo del autómata.

La aceptación del impulso se efectúa cuando la entrada cambia de estado:

- de 0 a 1: almacenamiento del estado 1.

- de 1 a 0: almacenamiento del estado 0.

El tiempo que separa la llegada de dos impulsos en una misma entrada debe ser superior o igual a dos tiempos de ciclo del autómata. La duración mínima del impulso debe ser superior al tiempo de filtrado seleccionado.

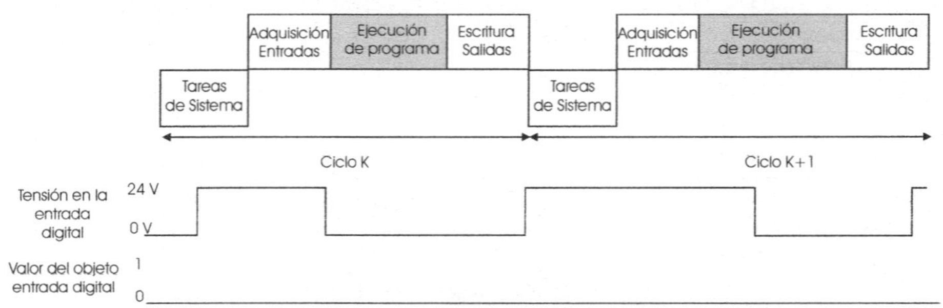

Figura 5.10 Lectura de una vía de entrada digital de almacenamiento del estado cero

5.3 ESTRUCTURA MULTITAREA

Las cada día mayores exigencias en los procesos automatizados han dado lugar a la implementación de estructuras alternativas en la organización de los programas de Autómatas. Como ejemplo se muestra la estructura de programas del autómata TSX Micro de Telemecánica.

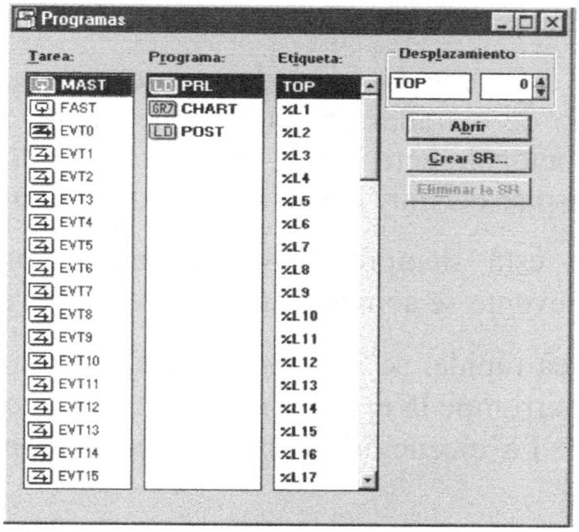

Figura 5.11 Estructura de Programas en el Autómata TSX Micro 3722

Un programa de aplicación de autómata se estructura en tareas. Estas tareas pueden ser del tipo:

- Tarea Maestra

  La tarea maestra siempre está presente y puede ser cíclica o periódica. En ella se efectúa el tratamiento de la mayor parte del programa de aplicación. La tarea Maestra está organizada según lo descrito anteriormente: lectura de entradas, ejecución del programa de aplicación y escritura de las salidas.

- Tarea Rápida

  La tarea rápida se programa opcionalmente. Su ejecución es más prioritaria que la tarea maestra, y es periódica, dado que si fuera cíclica impediría la ejecución de la tarea maestra de menor prioridad. Los programas asociados a esta tarea deben ser de corta duración para no retardar la ejecución de la tarea maestra.

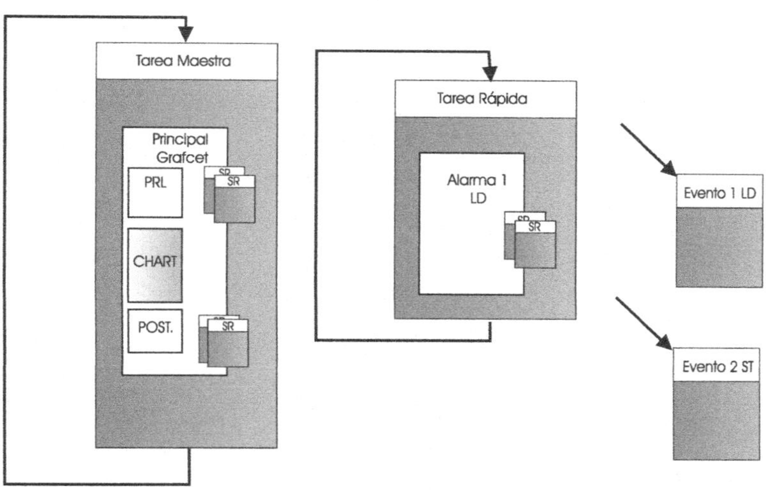

Figura 5.12

- Tareas de Eventos

  Tratamientos de eventos, ejecutados por el sistema al aparecer un evento en un módulo de entradas, en un contaje rápido... Estos tratamientos se programan opcionalmente y son utilizados en aplicaciones que necesitan tiempos de respuestas muy cortos para actuar sobre las salidas.

La tarea maestra está siempre activa, la tarea rápida está activa si está programada. La tarea de evento se activa cuando aparece el evento asociado.

Si se activa la tarea rápida, se interrumpe la ejecución de la tarea maestra. Al aparecer un evento se interrumpe la ejecución de las tareas menos prioritarias, tanto la rápida como la maestra. La ejecución de la tarea interrumpida se reanuda cuando termina la más prioritaria.

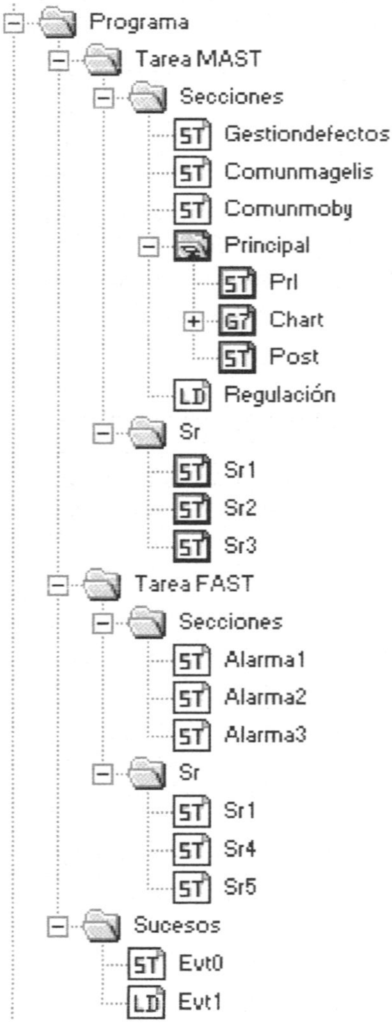

Figura 5.13 Estructura multitarea en un autómata Premium

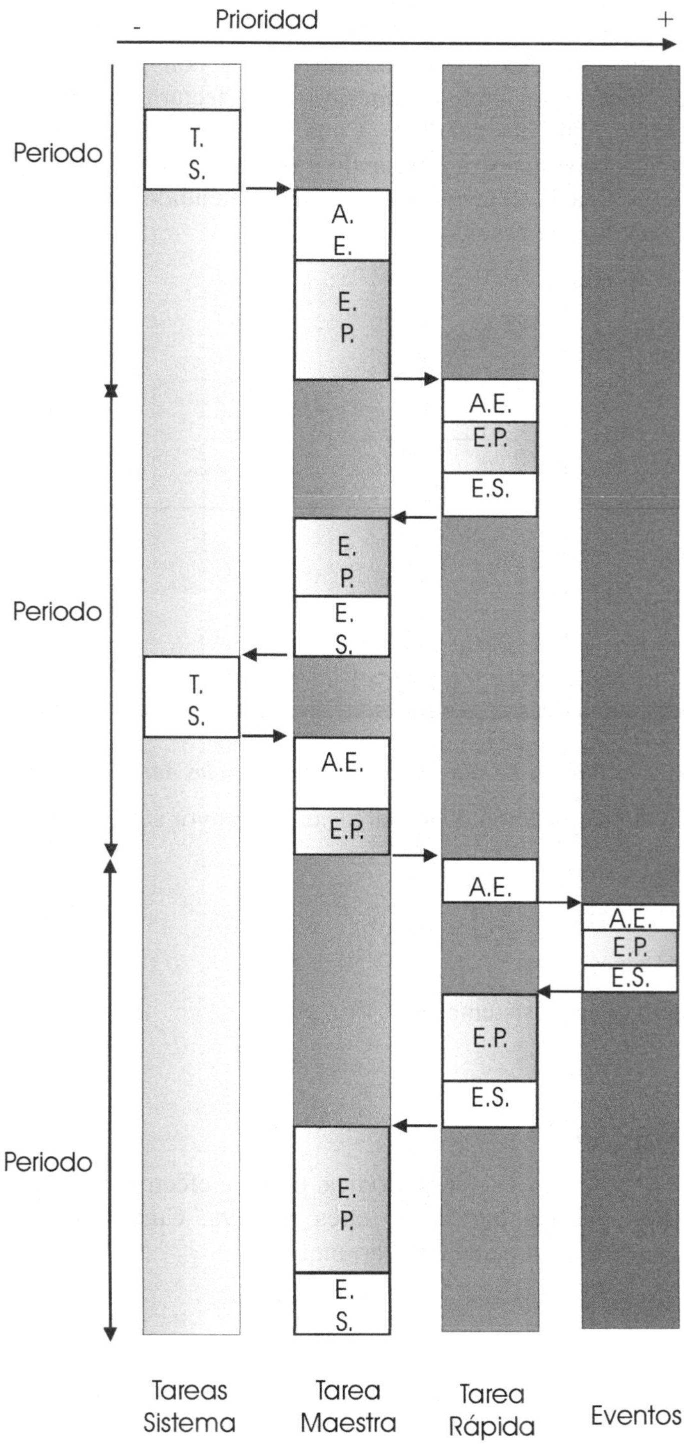

- Prioridad +
Periodo
Periodo
Periodo
T. S.
A. E.
E. P.
A.E.
E.P.
E.S.
E. P.
E. S.
T. S.
A.E.
E.P.
A.E.
A.E.
E.P.
E.S.
E.P.
E.S.
E. P.
E. S.
Tareas Sistema
Tarea Maestra
Tarea Rápida
Eventos

Figura 5.14

En la Figura 5.14 se observa la ejecución de las tareas en la unidad central del autómata. Se ha programado además de la tarea maestra, una tarea rápida de periodo 20 ms y una tarea de eventos. El autómata ejecuta con prioridad mínima la tarea maestra, ejecutando el ciclo detallado anteriormente (lectura de entradas, ejecución del programa, actualización de salidas). Cada 20 ms se activa la tarea rápida interrumpiendo a la tarea maestra y pasando a ocupar el procesador del autómata. En un instante indeterminado salta un evento que es atendido inmediatamente con una prioridad mayor que la tarea rápida.

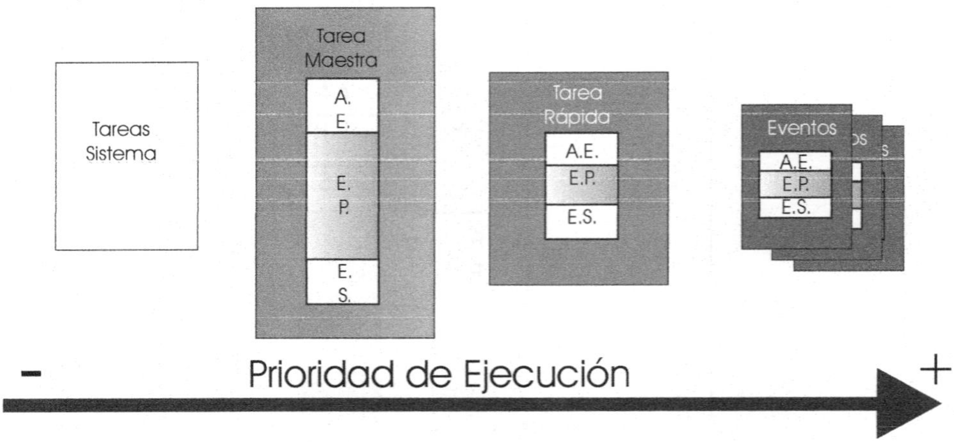

Figura 5.15 Prioridad de Ejecución de las tareas en los Autómatas TSX Micro

La prioridad de ejecución de las tareas es, de mayor a menor:

- Tarea de eventos.
- Tarea rápida.
- Tarea maestra.
- Operaciones de sistema.

5.3.1 La tarea rápida

La tarea rápida, de ejecución periódica, permite efectuar tratamientos cortos con una prioridad más elevada que en la tarea maestra. Cuando está programada, el sistema la activa automáticamente en el arranque.

La tarea rápida tiene la estructura siguiente:

- Un programa principal.
- Subrutinas o subprogramas.

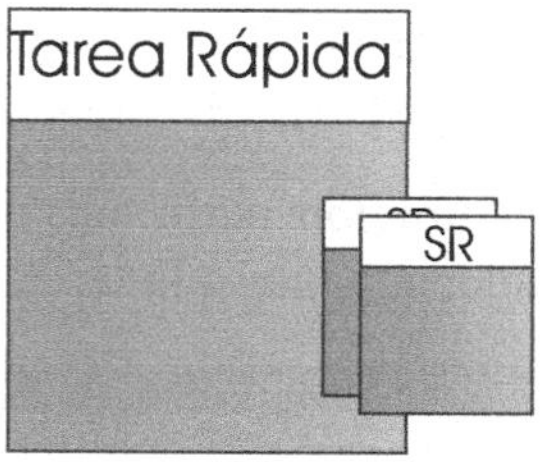

Figura 5.16

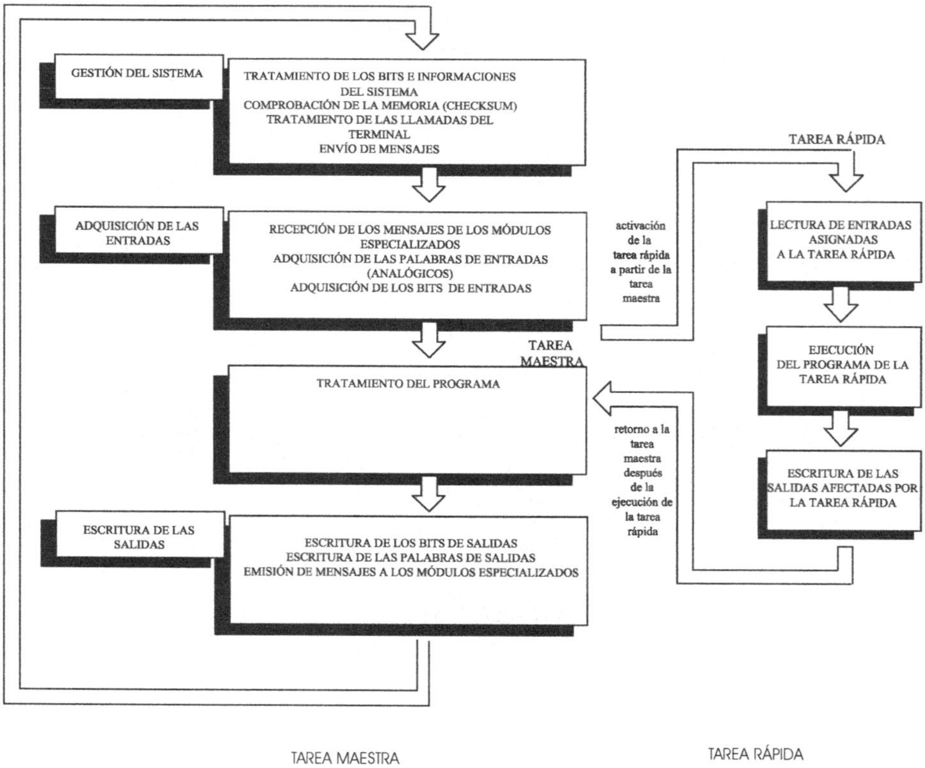

Figura 5.17 Ejecución de la Tarea Rápida

El periodo de la tarea rápida FAST se determina en la configuración: de 1 a 255 ms. Éste puede definirse como superior al periodo de la tarea maestra MAST para que se adapte a tratamientos periódicos lentos pero prioritarios.

La ejecución de la tarea rápida no supone solamente ejecutar el programa de la tarea rápida. Sino que al principio se leen las entradas asignadas a la tarea rápida, se ejecuta el programa y se actualizan las salidas asignadas a la tarea rápida.

Esto se debe a que desde que se han leído por última vez las entradas en la tarea maestra, los valores pueden haber cambiado, y la tarea rápida necesita los valores actualizados de las entradas que tenga asignadas. Asimismo si la tarea rápida controla alguna salida, ésta debe ser actualizada justo cuando se termine la ejecución del programa de la tarea rápida, sin esperar a que termine de ejecutarse la tarea maestra.

Los autómatas en su configuración permiten asignar las entradas/salidas a las diferentes tareas, por defecto están asignadas a la tarea maestra.

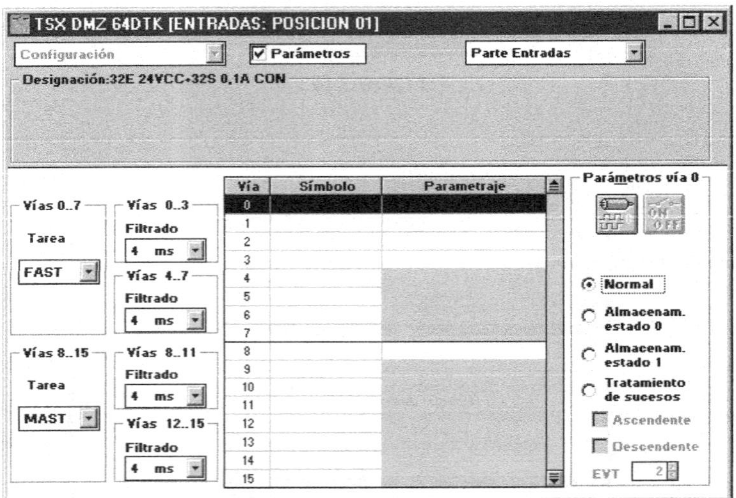

Figura 5.18 Asignación de entradas a la tarea rápida

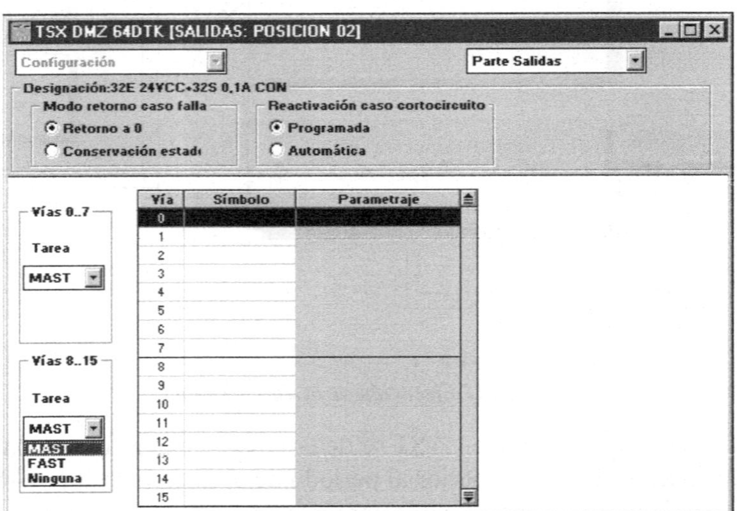

Figura 5.19 Asignación de salidas a la tarea rápida

En la tarea rápida se programan aquellos procesos que tienen que ser atendidos periódicamente sin que tengan que depender del tiempo de ciclo del autómata, por ejemplo, testear el nivel de presión de un tanque cada 13 ms. Otro ejemplo de aplicación puede ser la programación de reguladores PID, cuyo código se debe ejecutar periódicamente, para que los cálculos del algoritmo PID se realicen con corrección.

Estos tratamientos deben ser de corta duración y dejar tiempo de procesador para la ejecución de la tarea maestra. La tarea rápida siempre tiene prioridad sobre la tarea maestra. Una vez se activa la tarea rápida se ejecuta ésta, paralizando la ejecución de la tarea maestra. Una vez finalizada la ejecución se reanuda la tarea maestra.

En la tarea maestra se programan los procesos que no son tan críticos como los anteriores, que pueden soportar los tiempos de ciclo del autómata.

5.3.2 Tareas de eventos

Los tratamientos de eventos permiten tener en cuenta los sucesos de control y tratarlos lo antes posible. Por ejemplo, las entradas de eventos del módulo 1, el rebasamiento del umbral de un módulo de contaje...

La aparición de un evento interrumpe la tarea ejecutada en ese momento por el Autómata y se empieza a ejecutar el programa correspondiente al Evento.

Las Tareas de Eventos se ejecutan con prioridad máxima. Los programas de tratamiento ante el evento deben ser cortos para que no se perturbe la ejecución de las demás tareas.

Por ejemplo, en los Autómatas TSX Micro los tratamientos de suceso pueden ser activados por:

- Las entradas 0 a 3 del módulo 1, en el flanco ascendente o descendente.
- Las vías de contaje de los módulos de contaje.
- Las 2 vías de contaje en las entradas de suceso.
- Las vías de contaje integradas en las bases TSX 37-22.
- El enlace FIPWAY en el autómata TSX 37-21/22.

5.3.3 Secciones

Las tareas maestra y rápida se pueden dividir en secciones y hasta un máximo de 1024 subrutinas. Cada sección se puede programar en el lenguaje más conveniente a las funciones en él implementadas. La programación en lenguaje Grafcet sólo se permite en una sección en la tarea maestra. No se puede programar en grafcet en ninguna otra sección o tarea.

Las secciones llevan asociadas la condición de validación.

La condición de validación permite la activación o desactivación de una sección por programa. La condición es definida mediante un objeto tipo booleano tipo bit interno, bits de entradas, bits de salidas.

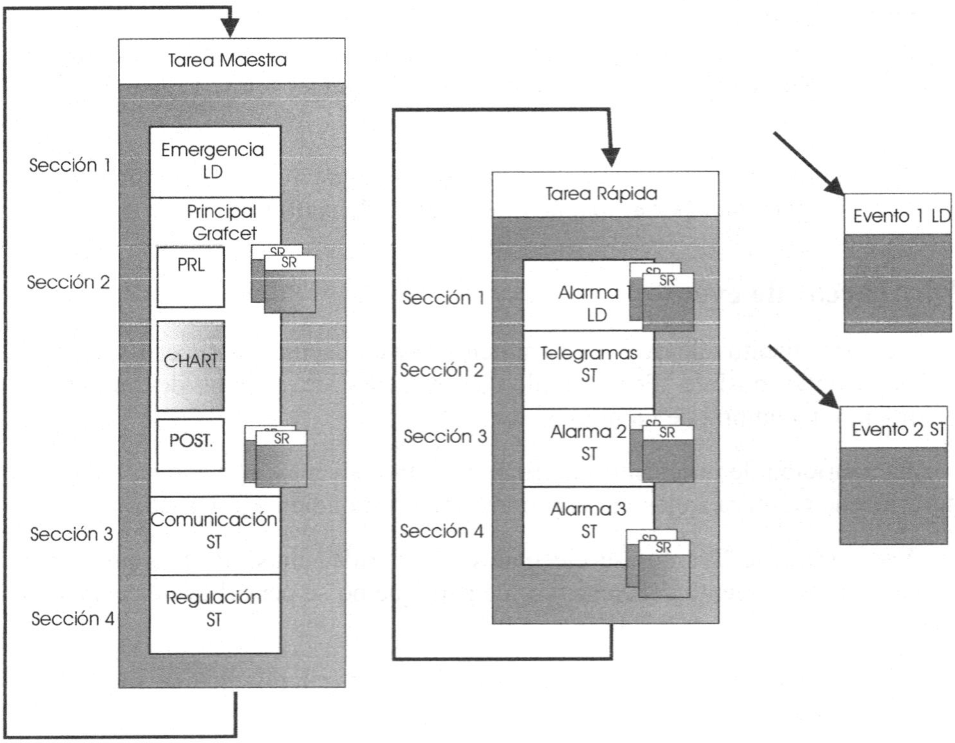

Figura 5.20 Secciones en tareas maestra y rápida

Si el objeto está a uno, la sección se ejecutará; si está a cero, la sección no se ejecuta. Ejemplos de aplicaciones:

- Tratamientos de emergencias

  En una sección donde se programa el tratamiento de las condiciones de parada de emergencia y el rearme de la máquina, si se produce una emergencia, por programa se activa la condición de validación y la sección es ejecutada para efectuar el tratamiento de la emergencia. Una vez tratada la emergencia de la máquina, por programa se desactiva la condición de validación. De esta manera se optimiza la ejecución de una aplicación de autómata ejecutándose el código sólo cuando es necesario.

- Comunicación con terminales de diálogo

  La comunicación con estos terminales suele ser lenta, utilizándose puertos tipo RS-232 y RS-485. La ejecución de los códigos necesarios para gestionar la comunicación con los terminales de diálogo y explotación no tiene por qué realizarse en cada ciclo de scan del autómata. Si el código se ejecuta cada cuarto de segundo, es más que suficiente.

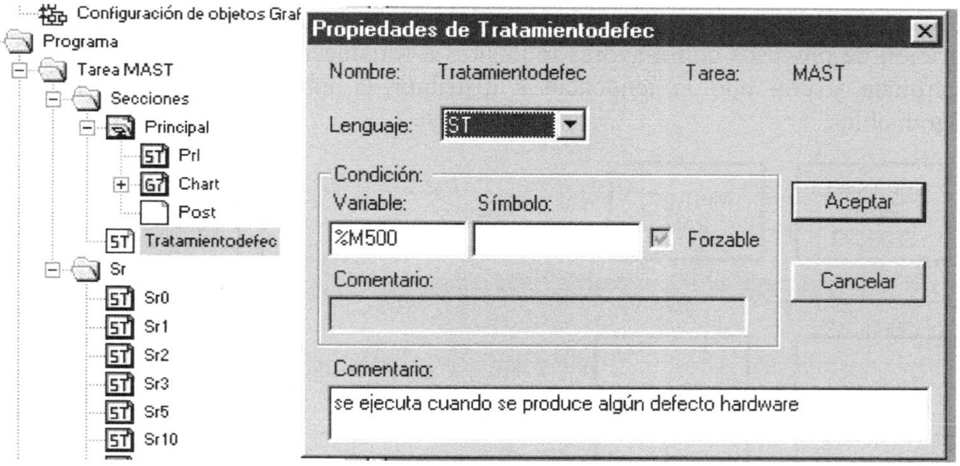

Figura 5.21 Tareas ejecutables por condiciones

5.3.4 Tareas auxiliares

En algunos modelos de autómata existen las llamadas tareas auxiliares que se ejecutan con prioridad más baja que la tarea maestra. Son tareas periódicas destinadas a los tratamientos más lentos como son la mediada, la regulación, el diálogo operador, la ayuda al diagnóstico.

Ejemplo:

Para un control de temperatura, el tratamiento se caracteriza por su lentitud y su periodicidad. Parece inútil repetir continuamente cálculos sobre variables que no se han actualizado.

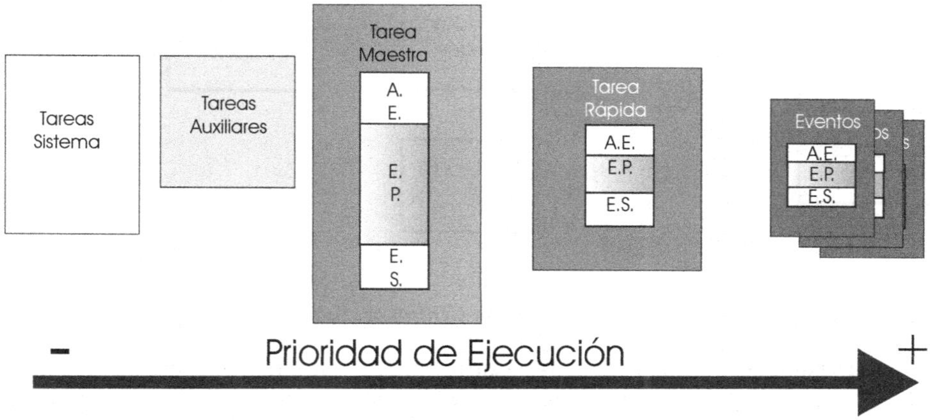

Figura 5.22

5.4 AUTÓMATAS MULTIPROCESADORES

En los primeros autómatas la mayor parte de equipos disponían de un sólo procesador, dado que los procesos normales de producción lo pueden permitir. La aparición de procesos con mayores requisitos a satisfacer impulsó el desarrollo de la electrónica y con ello la tendencia a distribuir la inteligencia en los autómatas programables.

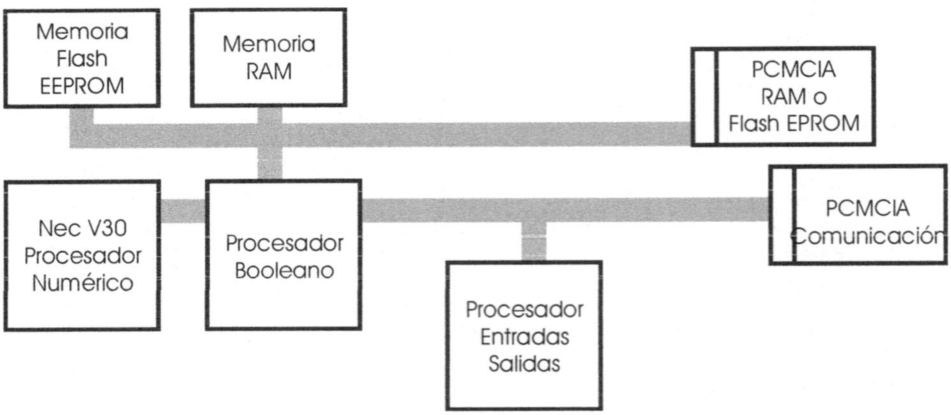

Figura 5.23 Estructura de la Unidad Central del Autómata TSX Micro

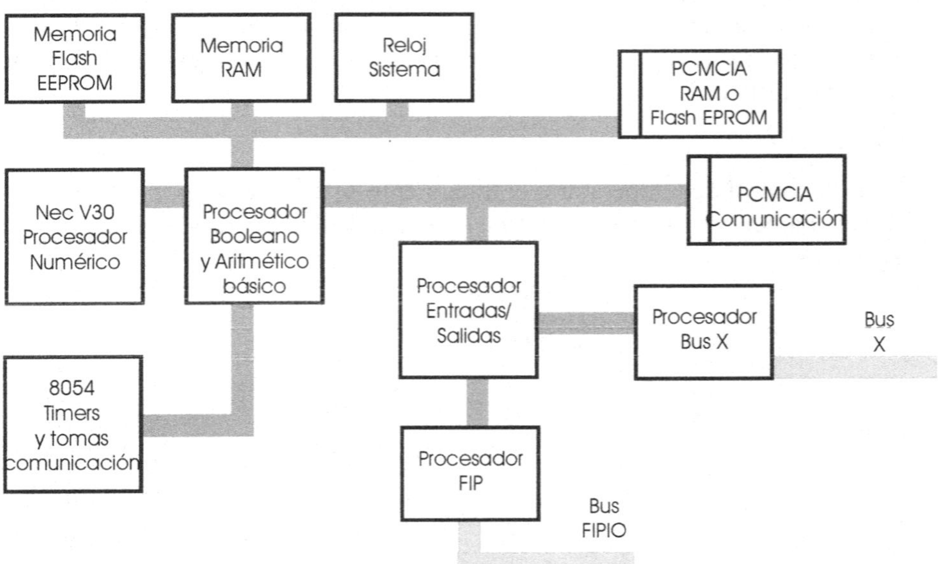

Figura 5.24 Estructura de la Unidad Central del Autómata TSX Premium

La presencia de un solo procesador puede suponer un cuello de botella. Determinados procesos pueden requerir la atención de un microprocesador en exclusiva, lo cual impide que se puedan atender otros.

Los sistemas multiprocesadores disponen de arquitecturas más complejas, donde se acoplan alrededor de un bus central los procesadores especializados, el procesador central, las unidades de entrada/salida y las unidades de memoria.

Los procesadores especializados trabajan autónomamente encargándose del proceso para el cual están destinados. La coordinación y comunicación con el procesador principal se realiza mediante sistemas de interrupciones o por zonas de memoria de escritura/lectura donde el procesador especializado lee y escribe las informaciones a intercambiar con el procesador principal.

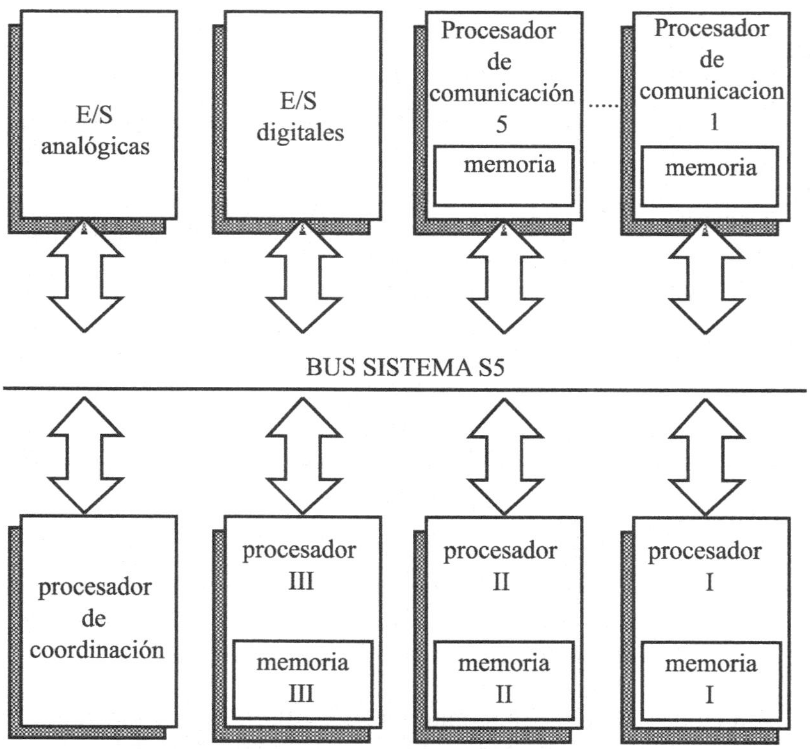

Figura 5.25 Arquitectura del sistema multiprocesador S5-135 U

5.5 MÓDULOS ESPECIALIZADOS

La necesidad de gestionar diferentes tipos de tareas en un principio no muy compatibles entre sí, tales como gestión de módulos digitales, analógicos, procesos de comunicación, regulación, suponía implementar ejecuciones de programa muy complejas y lenguajes cada vez más complicados sin ser por ello más potentes, suponiendo que al producirse solapación en el tiempo de diferentes procesos, como por ejemplo una comunicación y una regulación de posición, los tiempos de cálculo y, por consiguiente, de respuesta no satisficieran los requisitos de producción.

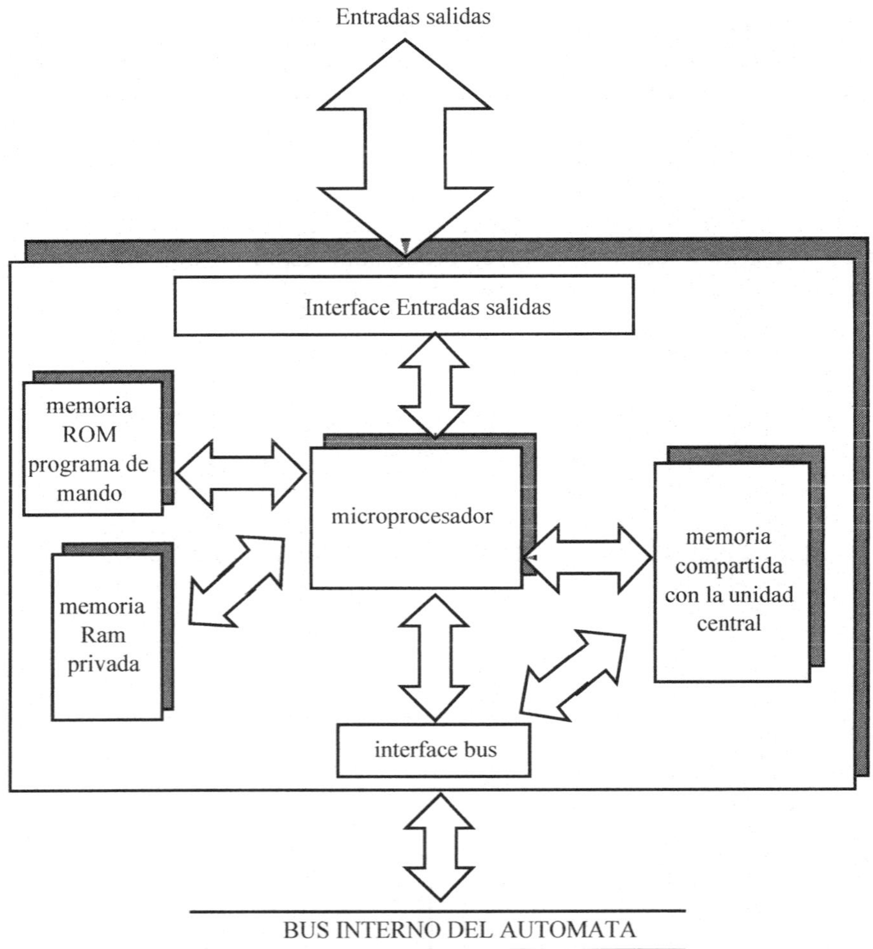

Figura 5.26 Arquitectura de los Módulos Especializados

Para solucionar el problema anterior, los diseñadores sacaron al mercado módulos inteligentes o especializados dotados de microprocesador propio que se encargan de procesos tales como las comunicaciones, controladores de eje, mando de motores eléctricos, regulación de temperatura. Esto supone liberar a la unidad central de una gran carga de proceso y cálculo. La unidad central solamente se encargará de parametrizar el módulo y de gestionar el envío y la recepción de datos entre el módulo y la unidad central.

Por lo tanto, la inteligencia del control se distribuye y no reside solamente en la CPU del autómata. En un control de ejes el control es ejecutado por el módulo especializado, en el programa de aplicación sólo existen una serie de instrucciones que parametrizan al módulo para controlar la ejecución del proceso.

5.6 LA SEGURIDAD DE FUNCIONAMIENTO

En el desarrollo de un automatismo el principal concepto a considerar es la seguridad de funcionamiento. Con el desarrollo de las tecnologías de automatización la seguridad ha tomado cada vez una mayor importancia en sus aspectos de fiabilidad, averías, funcionamiento o respuesta del sistema respecto a diferentes situaciones de fallo, los tiempos de fallo, etc.

El análisis de estos aspectos es fundamental antes de abordar la realización final del automatismo.

5.6.1 Fiabilidad

La fiabilidad de los autómatas se podría decir que crece con el desarrollo de la técnica, pero también hay que observar que los procesos tienen cada día mayores exigencias o complicaciones, por lo cual se somete al autómata a problemas más difíciles a los que tendrá que enfrentarse con una garantía de éxito.

Los fallos del sistema que se pueden "asignar" a fallos o averías del autómata, si éste trabaja en condiciones optimas, no llegan al 4 % de las averías producidas en el sistema. En este 4 % las averías internas representan un porcentaje mínimo en comparación con las producidas en las unidades de entrada/salida del sistema.

La fiabilidad de un autómata representa la probabilidad de que esté en buen funcionamiento en un determinado instante de tiempo. Este tipo de medida no es muy útil y se suele considerar alternativamente el tiempo medio entre averías que en la actualidad se sitúa en unas 25.000 horas (más de mil días de funcionamiento). Como se ha observado anteriormente esta fiabilidad no se mantendrá si se somete al sistema a unas condiciones peores de trabajo.

5.6.2 Tiempos de fallo

Los tiempos de fallo y los necesarios de reparación y mantenimiento preventivo nos indicarán a su vez la posible utilización de los medios de producción, es decir, su disponibilidad absoluta para la fabricación. Para hacer máxima la disponibilidad de los medios de producción los tiempos de reparación deben ser reducidos al mínimo. Este objetivo se podrá conseguir si se dispone de unos métodos de autodiagnóstico adecuados, como pueden ser detectores de alarmas o lanzar temporizaciones máximas en las etapas de funcionamiento del sistema que nunca deben ser superadas. Una vez localizado el fallo el autómata debe poder decidir si paraliza o continúa la producción.

El autómata debe ser lo suficientemente modular para permitir una rápida sustitución de los elementos donde se presente una avería.

El funcionamiento del automatismo puede adoptar diferentes modos según sea el tipo de fallo o avería que haya sido detectado. Si la avería es menor, se podrá mantener la producción, estando el sistema en modo automático no. Puede ser que parte de las operaciones de producción tengan que ser realizadas manualmente (fallo de un cilindro de traslado, etc.) debido a fallos puntuales.

Si los fallos son más graves, el modo automático no se podrá mantener y habrá que pasar a modo manual. Puede existir un pilotaje del sistema semiautomático del sistema que mantenga un seguimiento de éste, aunque el mando sea manual.

5.6.3 Seguridades internas del autómata

Watchdog. El autómata está provisto de un sistema que se encarga de supervisar la duración temporal del ciclo. Si esta duración es excesiva, el autómata detiene la ejecución del programa e indica el fallo. Este sistema permite detectar averías tales como errores en memoria, accesos a módulos de entrada salida, o bucles dentro del programa mal concebidos o realizados.

Checksum interno. El autómata realiza cada cierto tiempo la suma del código de programa. Si el valor obtenido cambia sin intervención de la programadora, significa que existe un error en la memoria de programa.

5.6.4 Seguridad de las alimentaciones eléctricas

Los autómatas programables estarán conectados a la red eléctrica durante la mayor parte del tiempo de funcionamiento, sólo durante pequeños tiempos se podrá mantener el funcionamiento mediante baterías.

El rectificado de la onda senoidal de alimentación debe ser seguido de un buen filtro que evite el paso de ruidos en la onda de tensión de alimentación.

El nivel de tensión que se obtiene en el rectificado debe estar en un margen que garantice el buen funcionamiento del autómata. Una sobretensión en red puede dañar irremediablemente los circuitos internos del Autómata. La fuente de tensión deberá disponer de elementos que eviten estas sobretensiones.

Los autómatas deben llevar circuitos que detecten cualquier tipo de anomalía en la alimentación, poniendo en funcionamiento un sistema de emergencia que en pocos milisegundos permita salvaguardar el estado interno del autómata (registros internos de la unidad central, punteros de programa, pilas) en la memoria interna del autómata, por ejemplo una memoria EEPROM. Cuando esta memoria es volátil, deberá estar apoyada por una batería de emergencia, normalmente una pila de Litio. Esta batería de apoyo permite salvaguardar el estado interno del autómata incluso durante años.

Cuando se vuelva a restablecer el estado normal de alimentación de red, el autómata puede volver a su funcionamiento normal automático si dispone de un circuito que detecte la presencia de nuevo de alimentación externa, o bien, esperar una orden del operador.

5.6.5 La seguridad de los módulos de entrada/salida

El sistema de entradas/salidas es el método de comunicación del autómata con el exterior. Mediante este sistema le llegan las informaciones del exterior, pero evidentemente también pueden llegar problemas, como pueden ser informaciones no fiables, ruidos electromagnéticos, sobretensiones.

Las unidades centrales de proceso deben estar preparadas para detectar cuando un módulo de entradas o salidas no es fiable. La CPU intentará corregir estos defectos y si no es posible pondrá al módulo fuera de servicio. Los módulos de entrada y salida llevan sistemas de protección que sirven para informar a la unidad central de posibles defectos en las tarjetas.

Las maneras de detectar un posible fallo interno en la circuitería del autómata o de los módulos adosados, son varias:

- En los módulos de entrada se puede efectuar la adquisición múltiple del valor de una variable, por ejemplo 10 muestreos en 10 milisegundos, y decidir si las diez medidas son consecuentes, y si éste no es el caso, el módulo de adquisición no funciona correctamente.
- En los módulos de salida el sistema aplicar es que el módulo reenvíe a la unidad central el valor enviado previamente por ésta. De esta manera sólo hay que comprobar la coincidencia entre estos dos valores.

Tanto los módulos de entrada como de salida deben disponer de aislamiento galvánico con el exterior, de desacoplo y si es posible de alimentación distinta a la unidad central.

5.6.6 Seguridad en el programa del autómata

Bastantes averías o fallos del automatismo pueden ser detectadas desde el propio programa. Por ejemplo, si el programa envía el traslado de un transportador a lo largo de una vía, el detector de final de vía se tendrá que activar pasado un tiempo determinado, si no se detecta esa activación, se habrá producido un fallo en el traslado; o en el detector de final de vía. Se establece una temporización máxima y si ésta se cumple antes de que el detector se active, entonces se puede considerar que se ha detectado un fallo en la instalación.

En la programación de un grafcet se debe controlar que el tiempo que transcurre en cada etapa esté dentro de lo razonable. Ésta es una manera de controlar que las acciones no se desarrollen durante un tiempo excesivo, que puede perjudicar al automatismo o a la calidad de los productos que se fabriquen.

Por ejemplo, si un horno se debe calentar hasta una temperatura de 250ºC y se dispone de un termostato que suministra una señal al autómata, se podría programar el grafcet situando como condición de salida de ese estado la señal suministrada por el termostato. Pero se puede producir un fallo en el termostato y el horno seguir calentando hasta destruir el producto y perjudicar al propio horno. Se deberá adicionar una condición de seguridad que será una temporización máxima, una vez transcurrida el horno debe haber llegado a los 250ºC. Por lo cual, si se comprueba que normalmente se calienta en unos diez minutos, la temporización se programará en unos 12 minutos.

Si en un movimiento de traslación se sitúan varios detectores intermedios, como puede ser en el hueco de un ascensor, se deberá tener en cuenta el orden de activación de los detectores, caso de que no sea el correcto, el cableado o un detector fallan. Por ejemplo, si se activa el séptimo después del quinto, significa que el sexto está averiado o se ha producido una activación anómala del séptimo.

Otra manera de detectar fallos es duplicar los detectores, uno con un contacto normalmente abierto y otro con un contacto normalmente cerrado. Cada contacto se asocia a una entrada digital del autómata, por precaución situadas en diferentes módulos. En caso de fallo las entradas no serán complementarias entre sí. El fallo detectado podrá estar en los captadores, en el cableado o en los módulos de entradas.

5.6.7 Seguridad en el entorno de trabajo

El autómata programable trabajará en ambientes hostiles electromagnéticos, químicos, etc., así que una primera precaución consiste en apantallar bien el autómata de posibles contaminaciones que afecten a su buen funcionamiento.

Para ello se deberán colocar dentro de armarios que en bastantes casos deberán disponer de módulos de aire acondicionado para garantizar una temperatura aceptable.

5.6.8 Seguridad externa del autómata

También hay que considerar la seguridad externa del automatismo. Pueden fallar los elementos detectores. La única manera de solucionarlo es, por ejemplo, duplicar las entradas de los captadores principales, y situar captadores adicionales que sirvan para confirmar informaciones; no obstante, ninguna de estas medidas nos puede dar una fiabilidad al cien por cien.

En la mayoría de las averías del sistema puede perderse la información proveniente de algún captador. Por ejemplo, por una rotura de hilo o porque a los accionadores no les lleguen las órdenes del automatismo, el sistema puede entonces evolucionar a estados de fallo en los que es importante garantizar la seguridad del proceso y de los operarios.

A la hora de construir un automatismo hay que adoptar una serie de medidas que tiendan a hacerlo lo más seguro posible.

La rotura de un cable de un accionador debe llevar a éste a una parada segura. Por ejemplo, en los contactores la pérdida de tensión conlleva la desactivación de la bobina.

La pérdida de la fuente de energía (eléctrica, neumática) debe hacer que los actuadores pasen a un estado de reposo seguro para el personal y la instalación. Por ejemplo, en ascensores se deberán situar frenos, que actúan al detectar la pérdida de tensión, es decir, para que no frenen deben estar alimentados.

Los movimientos que no estén limitados tales como el movimiento de un carro en unos carriles sin fin deberán estar condicionados por detectores externos al autómata que garanticen el corte de su alimentación en caso de superar los límites permitidos.

5.7 SEGURIDAD DE FUNCIONAMIENTO EN LOS AUTÓMATAS TELEMECÁNICA

5.7.1 Tratamiento de cortes de corriente

Los autómatas telemecánica disponen de un circuito interno que permite detectar los cortes de alimentación eléctrica. Si la duración del corte es inferior al tiempo de filtrado de la alimentación (aprox. 7 ms), el autómata lo ignora y sigue ejecutando el programa.

Si el Autómata detecta que se va a quedar sin tensión, al detectar un corte de corriente de más de 7 milisegundos, el sistema almacena el contexto de aplicación y la hora del corte, y luego pone todas las salidas al estado de retorno (estado definido en la configuración).

En el Autómata TSX Premium al ocurrir un corte de corriente en uno o varios racks, el sistema almacena el contexto de aplicación y la hora del corte, y luego pone todas las salidas a 0. En los demás racks bajo tensión, todas las salidas pasan al estado de retorno (estado definido en la configuración).

Cuando la alimentación se reanuda, el contexto guardado se compara con el que está en curso. El resultado define qué tipo de arranque será necesario.

- Si el contexto de aplicación ha cambiado (pérdida del contexto sistema o nueva aplicación), el autómata efectúa la inicialización de la aplicación: arranque en frío.
- Si el contexto de aplicación es idéntico, el autómata efectúa una reanudación sin inicialización de datos: rearranque en caliente.

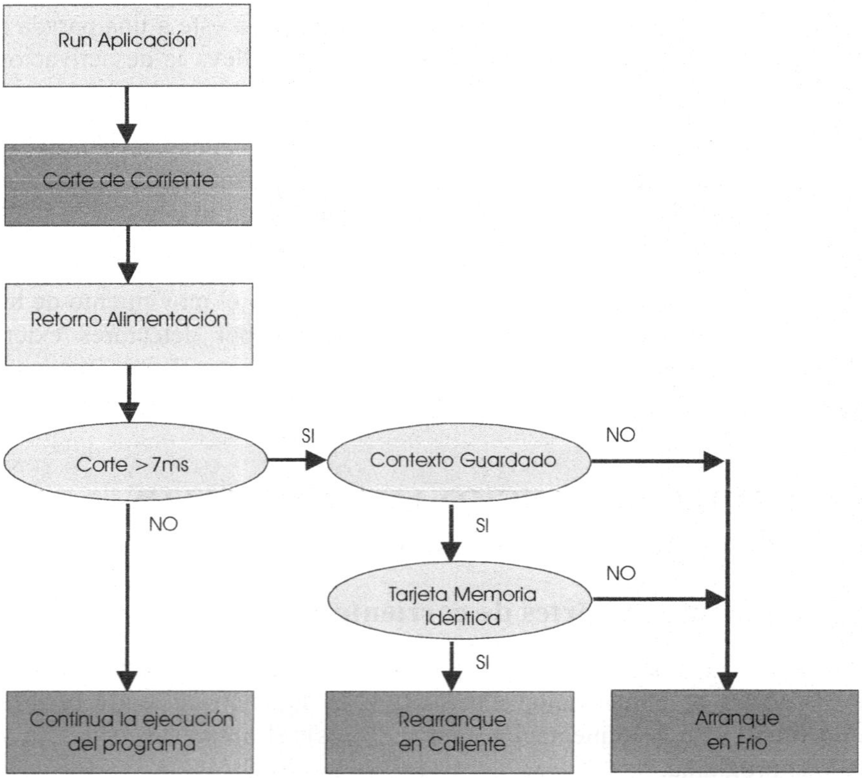

Figura 5.27 Tratamiento de un corte de corriente

5.7.2 Rearranque en caliente

Condiciones o eventos que producen un rearranque en caliente:

- Cuando la alimentación se reanuda sin pérdida de contexto.
- Al poner a 1 el bit %S1 mediante el programa.
- Mediante un comando de consola.

Reanudación de la ejecución del programa

La ejecución del programa se reanuda a partir del elemento en el que ocurrió el corte de corriente sin que se actualicen las salidas. Luego, el sistema efectúa un ciclo de reanudación en el que se aceptan de nuevo todos los módulos de entrada, activa de nuevo la tarea maestra con el bit %S1 puesto a 1 durante un ciclo de tarea y actualiza las salidas.

El sistema desactiva las tareas rápida y de sucesos hasta el final del primer ciclo de la tarea maestra y vacía las colas de sucesos.

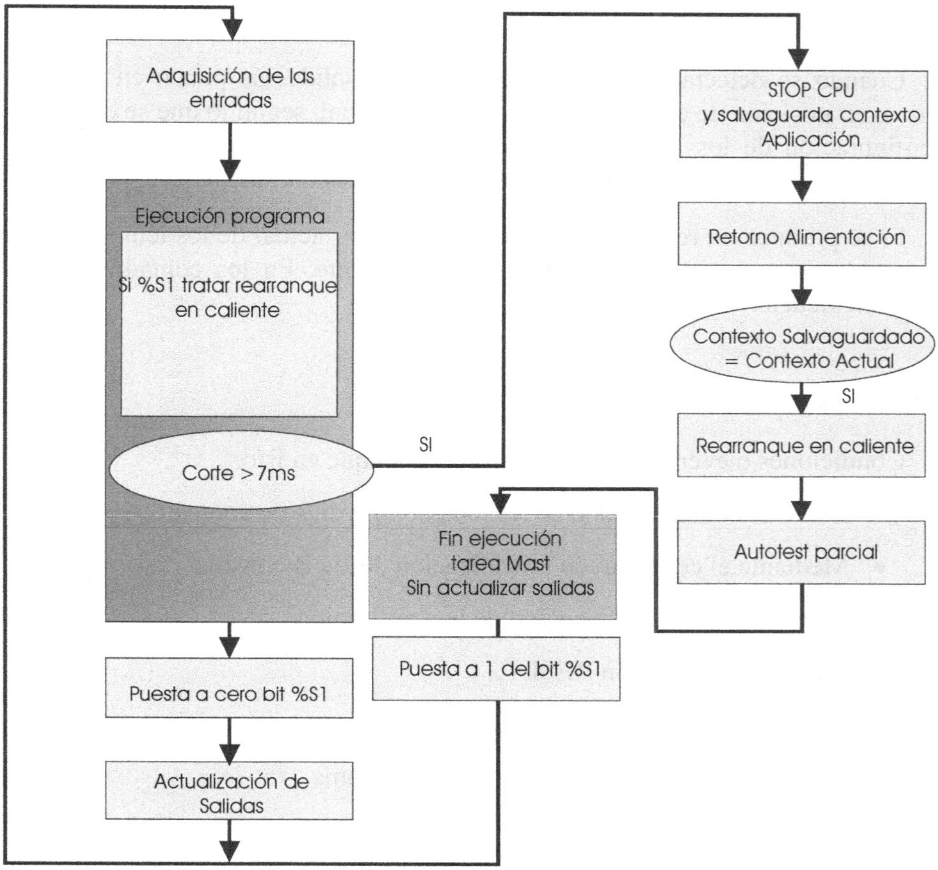

Figura 5.28 Tratamiento de un rearranque en caliente

Reanudación de la ejecución del programa

La ejecución del programa se reanuda a partir del elemento en el que ocurrió el corte de corriente sin que se actualicen las salidas. Luego, el sistema efectúa un ciclo de reanudación en el que se aceptan de nuevo todos los módulos de entrada, activa de nuevo la tarea maestra con el bit %S1 puesto a 1 durante un ciclo de tarea y actualiza las salidas.

El sistema desactiva las tareas rápida y de sucesos hasta el final del primer ciclo de la tarea maestra y vacía las colas de sucesos.

Tratamiento del rearranque en caliente

Si el usuario desea un tratamiento especial del rearranque en caliente, deberá escribir un programa especialmente dedicado al principio de la tarea maestra que se ejecuta mediante prueba del bit %S1=1.

Evolución de las salidas

Cuando se detecta el corte de corriente, las salidas se ponen en posición de retorno o en posición de conservación de su valor actual, según lo que se determinó en la configuración de los módulos de salida. Cuando se reanuda la alimentación las salidas permanecen en el estado cero hasta que el sistema las actualice.

Si se produce un rearranque en caliente, el valor actual de los temporizadores y monoestables se congela durante el corte de corriente. En los contadores no tiene ninguna incidencia.

5.7.3 Arranque en frío

Condiciones o eventos que producen un arranque en frío:

- Cuando la alimentación se reanuda con pérdida de contexto.
- Mediante el comando de inicialización desde la consola.
- Durante la primera ejecución de una aplicación.
- Presionando el botón RESET.
- Cuando se retira la tarjeta de memoria de su emplazamiento.
- Al poner a 1 el bit %S0 mediante el programa.

Inicialización de datos y del sistema

Cuando se detecta un arranque en frío, se produce una Inicialización de datos y del sistema.

- Puesta a cero de los bits y palabras internos, de la imagen de las E/S (si en la pantalla de configuración del procesador se ha marcado la casilla de inicialización de las palabras internas para el arranque en frío).
- Inicialización de bits y palabras de sistema.
- Iniciación de los bloques función (temporizadores, contadores…) a partir de los datos de configuración, puesta a cero de los bits de salida de los bloques función.
- Las tareas, salvo la maestra, se desactivan hasta el final del primer ciclo de la tarea maestra.
- El grafcet se inicializa, se activan las etapas iniciales.

Tratamiento del arranque en frío

Si el usuario desea un tratamiento especial al producirse un arranque en frío, deberá escribir un programa especialmente dedicado al principio de la tarea maestra que se ejecuta mediante prueba del bit %S0=1. Este bit permanece a 1 durante el primer ciclo de la tarea maestra.

Si el bit %S0 se fuerza a 1 desde un dispositivo de programación o mediante un comando de inicialización de la consola, el arranque en frío se realiza sin reinicializar los módulos de aplicaciones específicas (analógicos, de contaje, de comunicación...).

Dependiendo de lo que el usuario determinó en la configuración (parámetro RUN/STOP), el autómata reanuda la ejecución o no.

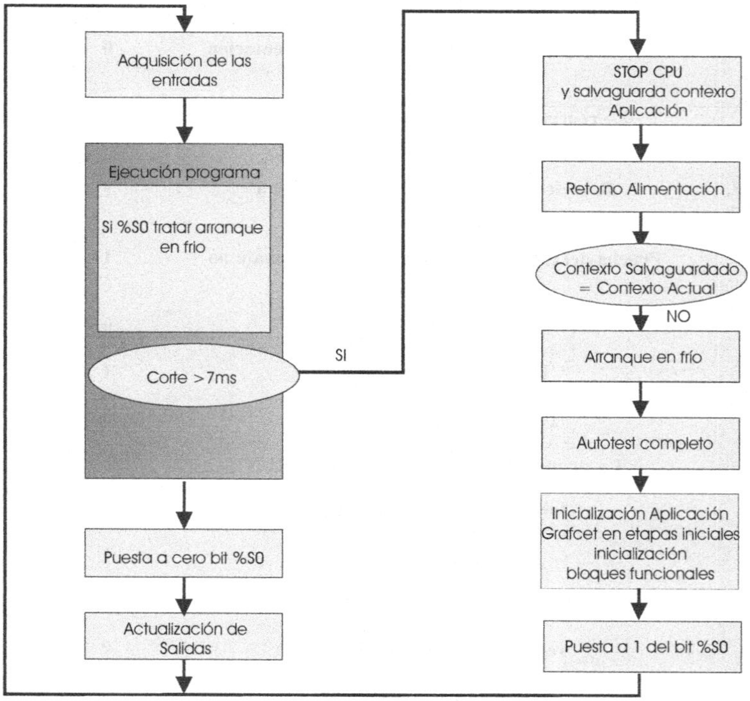

Figura 5.29 Arranque en frío

Evolución de las salidas

Cuando se detecta el corte de corriente, las salidas se ponen en posición de retorno o en posición de conservación de su valor actual, dependiendo de lo que se determinó en la configuración de los módulos de salida. Cuando se reanuda la alimentación, las salidas permanecen en el estado cero hasta que el sistema las actualice.

5.7.4 Bits y palabras de sistema

Los bits y palabras de sistema poseen funciones muy variadas. Mediante los bits y palabras de sistema el autómata puede informar a la aplicación de usuario de diversos eventos como arranques en frío, rearranques en caliente. El usuario, escribiendo en determinados bits, puede inicializar el grafcet, poner a cero las salidas del Autómata o provocar un arranque en frío.

Bits de Sistema en el Autómata TSX Micro

Las funciones de los bits de sistema son:

Bit	Función	Estado Inicial	Gestión
%S0	1 = arranque en frío (reanudación de alimentación con pérdida de los datos)	0	S o U->S
%S1	1 = rearranque en caliente (reanudación de alimentación sin pérdida de los datos)	0	S o U->S
%S4,%S5, %S6,%S7	Base de tiempo 10 ms, 100 ms, 1 s, 1 mn	-	S
%S8	Prueba del cableado (utilizable en un autómata no configurado)	1	U
%S9	1 = paso a retorno de las salidas	0	U
%S10	0 = falla entradas/salidas	1	S
%S11	1 = rebasamiento watchdog	0	S
%S13	1 = primer ciclo después de puesta a RUN	-	S
%S15	1 = falla cadena de caracteres	0	S->U
%S16	0 = falla E/S tarea	1	S->U
%S17	estado del bit de salida, durante desplazamiento	0	S->U
%S18	1 =rebasamiento o error aritmético	0	S->U
%S19	1 =rebasamiento de periodo de tarea	0	S->U
%S20	1 =rebasamiento de índice	0	S->U
%S21	1=inicialización Grafcet	0	S
%S22	1= desactivación Grafcet	0	S
%S23	1= Grafcet fijo	0	S
%S24	1 = puesta en 0 de macroetapas en función de %SW22 a25	0	U->S
%S26	1= Rebasamiento de capacidad de la tabla de las etapas activas con STOP autómata- (véase %SW20 y %SW21)	0	S
%S30	1 = activación de la tarea maestra	1	U

Bit	Función	Estado Inicial	Gestión
%S31	1 = activación de la tarea rápida	1	U
%S38	1 = validación de los sucesos	1	U
%S39	1 = saturación en el tratamiento de los sucesos	0	U
%S40 a %S47	0= falla de los racks 0 a 7 (%S40 rack 0); falla rack = O lógica de fallas de módulos rack	1	S
%S49	1= reactivación de salidas estáticas disyuntadas	0	
%S50	1 = ajuste de la hora del reloj-calendario	0	U
%S59	1 = validación del ajuste de la fecha actual	0	U
%S66	1 = indicador de la batería siempre apagado	0	U
%S67	0 = batería tarjeta de memoria en servicio	-	S
%S68	0 = batería de respaldo (procesador) en servicio	-	S
%S69	1 = validación del modo visualización memoria "WORD" en los indicadores	0	U
%S70	1 = actualización de datos en bus AS-i o enlace TSX Nano	0	U->S
%S73 (1)	Paso al modo protegido en el bus AS-i	0	U
%S74 (1)	Guardar la configuración presente en el bus AS-i	0	U
%S80	1 = puesta a 0 de contadores de mensajes	0	U->S
%S90	1 = actualización de palabras comunes	0	S->U
%S94	1 = guardar los valores de ajuste de los bloques DBF	0	U->S
%S95	1 = restauración los valores de ajuste de los bloques DBF	0	U->S
%S96 (1)	Validez de la acción de guardar del programa de aplicación	-	S
%S97 (1)	Validez de la acción de guardar %MW	-	S
%S98 (1)	Desviación del botón del acoplador TSX SAZ 10	0	U
%S99 (1)	Desviación del botón del bloque de visualización	0	U
%S100	1 = restauración de los valores de ajuste de los bloques DBF	-	S
%S118	0 = falla entradas/salidas FIPIO	1	S
%S119	0 = falla entradas/salidas en rack	1	S

S = gestión por el sistema, U = gestión por el usuario, U->S = puesto a 1 por el usuario, repuesto a 0 por el sistema, S->U = puesto a 1 por el sistema, repuesto a 0 por el usuario.

Palabras de Sistema en Autómata TSX Micro

Las funciones de las palabras de sistema son:

Palabra	función	Gestión
%SW0	Valor del periodo de la tarea maestra (en periódico)	U
%SW1	Valor del periodo de la tarea rápida	U
%SW8	Control de la adquisición de entradas de cada tarea	U
%SW9	Control de la actualización de salidas de cada tarea	U
%SW10	Primer ciclo después de un arranque en frío%SW10:X0: tarea MAST, %SW10:X1: tarea FAST,bit=0 primer turno de ciclo bit=1 fin de ejecución	S
%SW11	Duración del watchdog	S
%SW13	Dirección principal de la estación	S
%SW17	Tipo de falla de ejecución para las operaciones flotantes	
%SD18	Contador de tiempo absoluto	S y U
%SW20	Número de etapas activas (250 máx)	S
%SW21	Número de transiciones válidas (400 máx)	S
%SW22 a%SW25 (2)	Cuadro de 4 palabras que permiten designar las macroetapas que se desean poner a 0 por puesta a 1 del bit %S24.	U
%SW30	Tiempo de ejecución del último ciclo de la tarea maestra	S
%SW31	Tiempo de ciclo máximo de la tarea maestra	S
%SW32	Tiempo de ciclo mínimo de la tarea maestra	S
%SW33	Tiempo de ejecución del último ciclo de la tarea rápida	S
%SW34	Tiempo de ciclo máximo de la tarea rápida	S
%SW35	Tiempo de ciclo mínimo de la tarea rápida	S
%SW48	Número de sucesos tratados	S
%SW49 (1) %SW50 (1) %SW51 (1) %SW52 (1) %SW53 (1)	Función Reloj-calendario: palabras que contienen los valores actuales de fecha y hora (en BCD): %SW49=día de la semana (tipo de día), %SW50=segundos, %SW51=horas y minutos, %SW52=mes y día, %SW53=siglo y año	S y U
%SW54 (1) %SW55 (1) %SW56 (1) %SW57 (1)	Función Reloj-calendario: palabras que contienen la fecha y la hora de la última falla de alimentación o parada autómata (en BCD): %SW54=segundos y código de falla, %SW55=hora y minuto, %SW56=mes y día, %SW57= siglo y año	S
%SW58	Código de identificación de la última parada y día de la semana	S
%SW59	Ajuste incremental de la fecha y hora actuales	U
%SW67 (1)%SW68 (1)%SW69 (1)	Gestión del modo de presentación "Display": %SW67: lectura de los botones pulsadores, %SW68: índices actual y máximo de los "objetos visualizados", %SW69: número del primer objeto del área visualizada	S y U
%SW80	Nº de mensajes emitidos por el sistema hacia conector terminal	S y U
%SW81	Nº de mensajes recibidos por el sistema hacia conector terminal	S y U

Palabra	función	Gestión
%SW82	Número de mensajes emitidos por el sistema hacia el módulo PCMCIA	S y U
%SW83	Número de mensajes recibidos por el sistema desde el módulo PCMCIA	S y U
%SW84	Número de telegramas emitidos por el sistema	S y U
%SW85	Número de telegramas recibidos por el sistema	S y U
%SW86	Número de mensaje rechazados por el sistema	S y U
%SW96 (2)	Comando/diagnóstico de la función guardar/restaurar	S y U
%SW97 (2)	Número de %MW que se va a guardar	U
%SW98 (2)	Dirección de la entrada TON (acoplador SAZ 10)	U
%SW99 (2)	Dirección de la entrada TON (Bloqueo de visualización centralizada)	U
%SW108	Número de bits forzados	S
%SW109	Contador del número analógico de vía forzada a 0	S
%SW124	Tipo de la última falla UC encontrada	S
%SW125	Tipo de falla de bloqueo	S
%SW126	Dirección de la instrucción de la falla de bloqueo	S
%SW127	Dirección de la instrucción de la falla de bloqueo	S
%SW128 à%SW143	Punto de conexión FIPIO que contiene una falla	S
%SW144	Modo de marcha de la función árbitro de bus, productor/ consumidor de variable y supervisión del bus FIPIO	U
%SW145	Modificación de los parámetros del árbitro de bus	U y S
%SW146	Visualización de la función de árbitro de bus y productor/consumidor en el bus FIPIO	S
%SW147	Valor del tiempo de ciclo bus de la tarea en modo LIBRE	S
%SW148	Valor del tiempo de ciclo bus de la tarea en modo CONTROLADO	S
%SW149	Valor del tiempo de ciclo bus de la 2ª tarea en modo CONTROLADO	S
%SW150	Número de tramas FIPIO emitidas	S
%SW151	Número de tramas FIPIO recibidas	S
%SW152	Número de tramas FIPIO de reanudación	S
%SW155	Número de intercambios explícitos en curso de tratamiento	S

S = gestión por el sistema, U = gestión por el usuario

(1) únicamente en TSX 37-21/22 y en TSX 57

(2) únicamente en TSX 37 V2.0 o superior

5.7.5 Bits de fallos en los módulos de entradas/salidas

Los autómatas Telemecánica disponen de bits que informan de fallos de los módulos de entrada/salida.

- El bit de sistema %S10, normalmente en estado 1 al desactivarse (paso a estado cero), indica un fallo en las entradas/salidas del autómata sin especificar el módulo.
- El bit de entrada %Ix.MOD.ERR indica fallo de entradas/salidas en el módulo x. Por ejemplo:

  %I1.MOD.ERR indica fallo en el módulo 1 del autómata.

- El bit de entrada %Ix.i.ERR indica fallo en la vía i del módulo x. Por *ejemplo:*

  %I2.3.ERR indica fallo en la vía 3 del módulo 2 del autómata.

Los bits %Ix.i.ERR son bits de entrada pero pueden indicar fallos en vías de entrada digital y en vías de salida digital.

Por ejemplo, en una aplicación se introduce la siguiente configuración hardware. El módulo DMZ 28 AR es de 16 entradas digitales a 24 VCC y 12 salidas a relé.

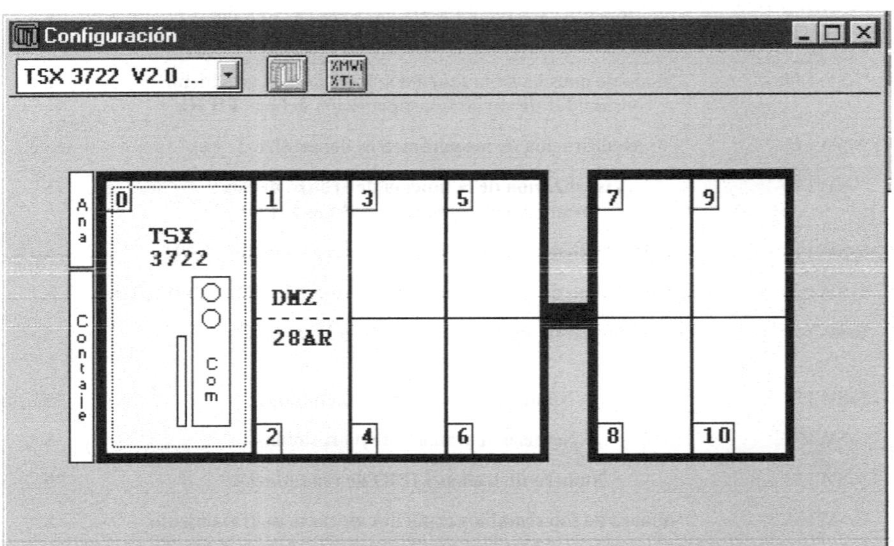

Figura 5.30

En la figuras siguientes se observan los objetos que se asocian al módulo 1 y al módulo 2.

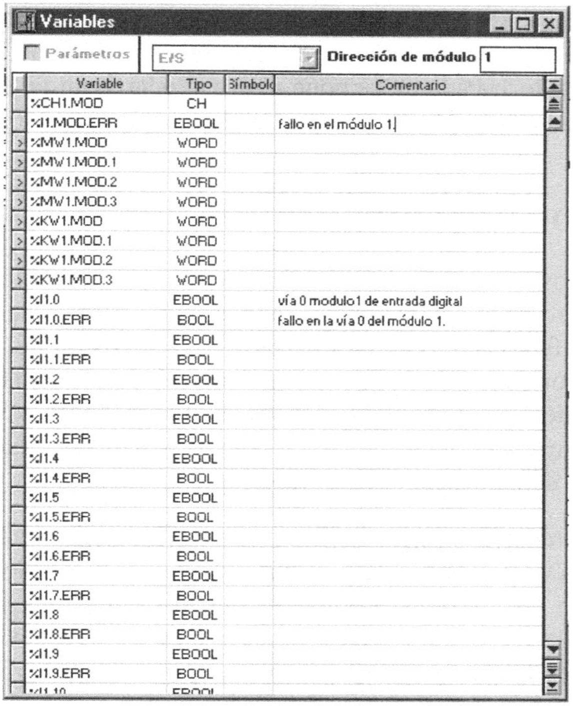

Variable	Tipo	Símbolo	Comentario
%CH1.MOD	CH		
%I1.MOD.ERR	EBOOL		fallo en el módulo 1
%MW1.MOD	WORD		
%MW1.MOD.1	WORD		
%MW1.MOD.2	WORD		
%MW1.MOD.3	WORD		
%KW1.MOD	WORD		
%KW1.MOD.1	WORD		
%KW1.MOD.2	WORD		
%KW1.MOD.3	WORD		
%I1.0	EBOOL		vía 0 modulo1 de entrada digital
%I1.0.ERR	BOOL		fallo en la vía 0 del módulo 1.
%I1.1	EBOOL		
%I1.1.ERR	BOOL		
%I1.2	EBOOL		
%I1.2.ERR	BOOL		
%I1.3	EBOOL		
%I1.3.ERR	BOOL		
%I1.4	EBOOL		
%I1.4.ERR	BOOL		
%I1.5	EBOOL		
%I1.5.ERR	BOOL		
%I1.6	EBOOL		
%I1.6.ERR	BOOL		
%I1.7	EBOOL		
%I1.7.ERR	BOOL		
%I1.8	EBOOL		
%I1.8.ERR	BOOL		
%I1.9	EBOOL		
%I1.9.ERR	BOOL		

Figura 5.31 Objetos asociados al módulo 1

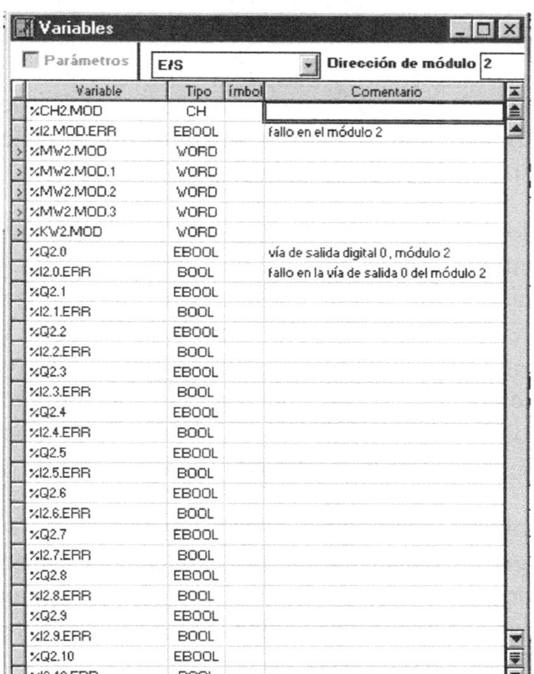

Variable	Tipo	Símbolo	Comentario
%CH2.MOD	CH		
%I2.MOD.ERR	EBOOL		fallo en el módulo 2
%MW2.MOD	WORD		
%MW2.MOD.1	WORD		
%MW2.MOD.2	WORD		
%MW2.MOD.3	WORD		
%KW2.MOD	WORD		
%Q2.0	EBOOL		vía de salida digital 0 , módulo 2
%I2.0.ERR	BOOL		fallo en la vía de salida 0 del módulo 2
%Q2.1	EBOOL		
%I2.1.ERR	BOOL		
%Q2.2	EBOOL		
%I2.2.ERR	BOOL		
%Q2.3	EBOOL		
%I2.3.ERR	BOOL		
%Q2.4	EBOOL		
%I2.4.ERR	BOOL		
%Q2.5	EBOOL		
%I2.5.ERR	BOOL		
%Q2.6	EBOOL		
%I2.6.ERR	BOOL		
%Q2.7	EBOOL		
%I2.7.ERR	BOOL		
%Q2.8	EBOOL		
%I2.8.ERR	BOOL		
%Q2.9	EBOOL		
%I2.9.ERR	BOOL		
%Q2.10	EBOOL		
%I2.10.ERR	BOOL		

Figura 5.32 Objetos asociados al módulo 2

En los autómatas TSX Premium se dispone de los bits de sistema %S40 a %S47 que indican fallo de entradas/salidas en los racks del 0 a 7 respectivamente. Normalmente en estado 1, cada bit se pone a cero al ocurrir un fallo de entrada/salidas en el rack correspondiente. El bit se pone a 1 al desaparecer el fallo.

5.8 CONTROL BASADO EN PC

Los beneficios y ventajas de los autómatas programables nunca han sido puestos en duda, pero de los que tampoco cabe ninguna duda es de la dependencia del usuario respecto al fabricante. Fue en el sector de la industria del automóvil, uno de los sectores de mayor demanda en sistemas de control, donde primero fue adoptado el autómata. El norte de Estados Unidos, cuna de la industria automovilística americana, comprobó pronto los beneficios de estos nuevos sistemas y también padeció las consecuencias de la dependencia usuario-fabricante.

No es de extrañar que fuera también en esta industria y en este mismo lugar donde se comenzó a desarrollar la idea de buscar sistemas más abiertos y flexibles que liberaran al usuario del carácter propietario que los autómatas llevan asociado. A finales de los ochenta el PC era un elemento pasivo de los sistemas de control, pero ya se perfilaba como candidato a jugar un papel más importante.

Durante los últimos años de la década de los ochenta y primeros de los noventa, compañías como General Motors aprovechaban el paro de producción en verano para probar líneas de producción con los nuevos controladores, pero no fue hasta mediados de los noventa cuando dos grandes consumidores de sistemas de control se deciden a implementar la nueva tecnología en importantes líneas de fabricación. General Motors lo implantó en Windsor, Romulus y Warren, mientras Ford lo hacía en Michigan. Una de ellas contaba con 800 computadores industriales.

Los programadores de aplicaciones de supervisión y gestión de producción se han encontrado auténticos muros para la comunicación entre las aplicaciones de gestión y los controladores de planta. Los sistemas de comunicación no eran muy fiables y muchas veces se restringían a la comunicación serie RS-232. Por lo cual, algunas compañías pensaron que la plataforma PC ofrecía más posibilidades a la hora de integrar las funciones clave de un proceso de producción: visualización, optimización y control, recolección de datos del área de producción de la planta, al igual que almacenamiento y análisis de datos.

Las primeras aplicaciones desarrolladas consistían en PC´s provistos de tarjetas de entradas/salidas digitales y/o analógicas. Las aplicaciones software se desarrollaban en lenguajes orientados al desarrollo de sistemas de control en tiempo real como ADA, o lenguajes clásicos de programación como C. Constituían lo que se suele denominar sistemas empotrados de control.

En los últimos años han salido al mercado nuevas opciones. Con el desarrollo de los buses de campo, se ha simplificado el cableado de las instalaciones automatizadas de forma que con un simple cable se establece comunicación con todas las estaciones y esclavos del bus. Los maestros del bus pueden ser autómatas programables, pero también pueden serlo PC's con tarjetas de comunicación incorporadas.

En el mercado se dispone de tarjetas que insertadas en el Bus del PC permiten que este sea una estación maestra de un bus industrial. Existen tarjetas para los buses Profibus, Interbus, AS-i... Para desarrollar el control desde el PC, se suministran los correspondientes drivers, para lenguajes de programación como Visual C++, Delphi, Visual Basic.

Por ejemplo la tarjeta CP 2413 permite configurar un PC como maestro de un Bus AS-i. Se pueden conectar hasta un total de cuatro tarjetas al PC, lo cual implica que el PC será maestro de hasta cuatro buses AS-i. El software suministrado incluye ejemplos de programación y las librerías necesarias para los lenguajes Borland C++ 3.1, Turbo C 1.0, Microsoft C 7.0...

Con este sistema de control se tiene la posibilidad de desarrollar aplicaciones de control en lenguajes de programación de ordenadores que directamente se comunican con los elementos conectados a un bus industrial: módulos de entrada/salida, variadores de velocidad, terminales de visualización y explotación.

Las aplicaciones industriales cuyo control está basado en un PC que actúa de maestro de un bus de campo, en el aspecto hardware, sólo se diferencian con el control basado en autómata/bus de campo en el maestro del bus.

También existen aplicaciones específicas como pueden ser Incontrol de Wonderware. Este software permite la realización de aplicaciones de control en tiempo real, programadas en lenguajes clásicos de autómata, pero que se ejecutan en un PC con sistema operativo Windows NT. Permitiendo la conexión con múltiples buses como son DeviceNet, Profibus, ASI, Interbus, Ethernet...

Como una variante del control basado en PC, el grupo Schneider ha sacado al mercado autómatas programables integrados en una tarjeta de tipo Bus ISA. En el ordenador se inserta un autómata PCX Premium, el cual dispone de conexión para puerto de programación, bus X y bus FIPIO. De esta forma la instalación industrial es idéntica a la de una automatización convencional. El autómata integrado en el PC (programado en ladder, en Grafcet, en list...) es el que controla las máquinas. Se suministran drivers que permiten comunicar las aplicaciones del PC con el autómata memoria del autómata. En el PC puede ejecutarse una aplicación de monitorización y gestión de producción, que intercambia datos con la memoria de un autómata conectado en su bus ISA.

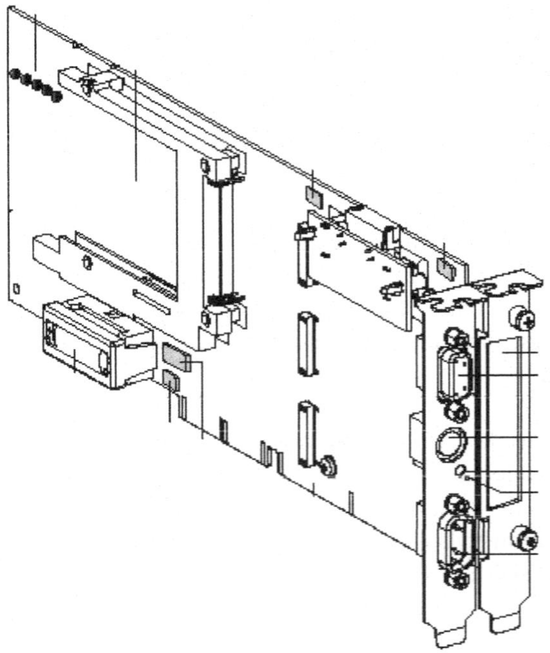

Figura 5.33 Autómata PCX Premium

Esta solución mantiene todas las características de uso de los autómatas, a diferencia de las soluciones de control con PC industrial basadas solamente en puro software sin las debilidades del PC. Todos los servicios de control se integran en el autómata, permitiendo tener siempre las mismas prestaciones, cualquiera que sea el PC elegido. Los modos de marcha del autómata "tradicional" se mantienen.

El autómata es totalmente independiente de la aplicación ejecutada el PC :

- CTRL+ALT+DEL en el PC no tiene ningún efecto sobre el Autómata.
- Reset hard del PC genera un arranque en caliente en el Autómata.
- El Autómata es insensible a los ataques de virus informáticos.

Si se efectua la clásica pregunta comparativa: *¿qué sistema de control es mejor? ¿Autómatas o PC's?* La respuesta no es ni mucho menos tajante. En un principio eran sistemas claramente diferenciados pero poco a poco tienden hacia una integración y fusión de las aplicaciones, siendo las diferencias en algunos casos mínimas. Existen aplicaciones sobre PC que se programan en lenguaje de autómata, y autómatas cuyas funcionalidades son similares a los PC´s. Existen Instalaciones industriales donde el sistema de cableado es el mismo (bus de campo) y sólo se diferencian en el maestro del bus (autómata o PC).

Pero en lo referido a la fiabilidad del control, consideramos que las técnicas de gestión de fallos integradas en los autómatas en forma hardware y software, paradas de emergencia y rearmes, están más desarrolladas que las que se incorporan en los controles basados en PC. En cambio el PC, además de la clásica función de control de los autómatas, integra otras funciones de producción como son la supervisión, el almacenamiento y análisis de datos, la gestión de materiales...

Por lo cual, y a la vista de los ejemplos expuestos, se considera que son dos plataformas que se complementan, que en los últimos años han tendido a integrar aplicaciones y funcionalidades similares.

CAPÍTULO 6

FUNCIONES ESPECIALIZADAS

6.1 INTRODUCCIÓN

Si el autómata se dedica solamente al control mediante entradas/salidas todo o nada, la inteligencia de la aplicación reside en el programa de aplicación, los módulos de entradas/salidas funcionan como interfaces de señal con el proceso controlado. Con el simple tratamiento secuencial del programa de aplicación es imposible que el autómata realice con fiabilidad ciertas funciones.

Si se plantea la función de contaje rápido de impulsos a frecuencias de hasta 500 KHz, la duración del ciclo de programa de autómata debería ser de un microsegundo; para garantizar el contaje de todos los pulsos serán necesarios módulos especializados en contaje rápido.

Los autómatas programables también disponen de módulos para aplicaciones específicas que rebasan la simple gestión de entradas y salidas digitales y analógicas. La complicación y las necesidades de computo de estas tareas hace que se dediquen módulos con inteligencia propia, dotados de procesador y memorias, para realizar tareas como son el control de motores paso a paso, módulos de posicionamiento de ejes continuos, módulos de pesaje, funciones de regulación y control de procesos continuos. En estas aplicaciones la inteligencia del control no reside solamente en el programa secuencial, sino sobre todo en el módulo especializado.

Existen preaccionadores y periféricos especiales en los cuales reside parte de la inteligencia del control. En aplicaciones como el control de velocidad variable parte de la inteligencia reside también en el variador de velocidad. En los identificadores de productos el proceso de identificación, de lectura y de escritura lo realiza el identificador, intercambiando información con el autómata por medio de una comunicación serie.

Los lenguajes de programación de autómatas disponen de bibliotecas de funciones con la que realizar, por ejemplo, en el lenguaje PL7 Pro:

- *Control y Regulación de Procesos Continuos*

  Funciones PID, PWM,SERVO.

- *Control de Ejes y Motores Paso a Paso*

  Funciones SMOVE.

- *Funciones de comunicación*

  READ_WAR, WRITE_WAR.

La mayor parte de las tareas necesarias para realizar estas funciones son ejecutadas por los módulos especializados. La Unidad Central del Autómata solamente parametriza estos módulos.

6.2 MÓDULOS DE ENTRADAS/SALIDAS REFLEX

El funcionamiento normal de los autómatas basado en módulos de entradas/salidas y en tareas, cíclicas o periódicas, o en eventos que leen los módulos de entrada y escriben los módulos de salida permite contar con un tiempo de reacción suficientemente rápido para la mayoría de las aplicaciones.

Con la tarea rápida se puede disponer de tiempos de reacción en torno a los 5 milisegundos. Con los eventos el tiempo de reacción puede estar en tornos a los 1,5 milisegundos. Si se desean tiempos de reacción inferiores, se deben utilizar módulos de entrada/salida reflex, con los cuales se pueden obtener tiempos de reacción inferiores a los 0,5 milisegundos.

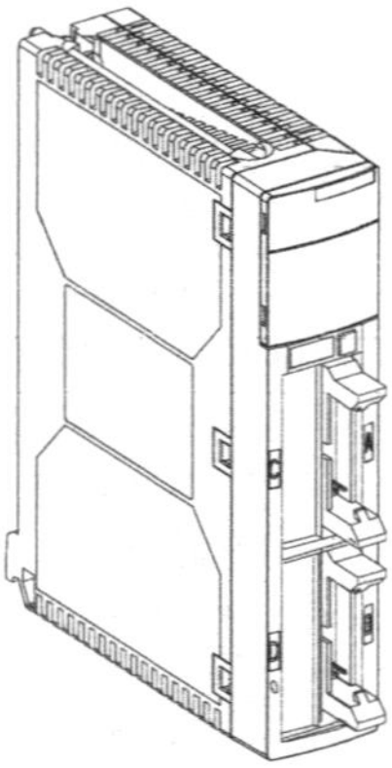

Figura 6.1 Módulo de entradas/salidas reflex

Ejemplos de aplicaciones donde sea necesario un tiempo de reacción tan pequeño pueden ser:

- Control de la velocidad de un móvil y de detención del movimiento cuando la velocidad es demasiado baja,
- Esclavización entre movimientos,

- Temporizaciones con una base de tiempo de 0,1 ms,
- Generación de ondas cuadradas...

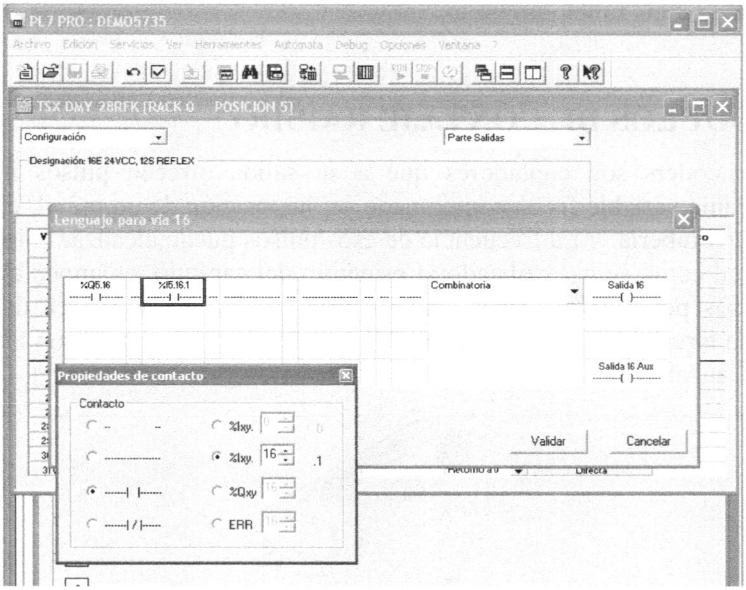

Figura 6.2 Programación de una función combinatoria en un módulo reflex

Los módulos reflex funcionan de forma autónoma respecto a la tareas programadas en el autómata. En un mismo módulo hay entradas que son leídas y salidas que son actualizadas por las funciones incorporadas en el propio módulo tal como se observa en la Figura 6.2.

En cada vía de salida se puede introducir un pequeño programa en lenguaje de contactos. En estos programas se pueden incorporar funciones como osciladores, temporizadores, contadores rápidos, levas electrónicas, generación de señales PWM.

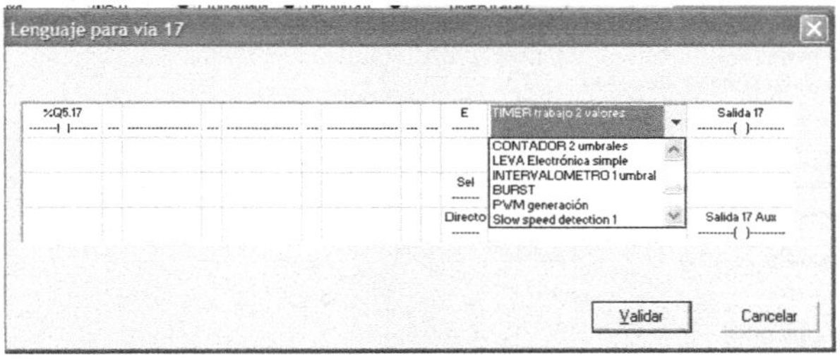

Figura 6.3 Funciones en una vía de salida reflex

De forma paralela, pero al ritmo de la tarea del autómata al que ha sido asignado el módulo, las variables internas del módulo se intercambian con el procesador del autómata. Dichas variables son: los bits de imágenes del estado de las entradas físicas del módulo, los bits de imágenes del estado de las salidas físicas y auxiliares del módulo, los bits de comando de las salidas del módulo.

De esta forma se consiguen tiempos de repuesta inferiores a 0,5 milisegundos. En este tiempo se leen las entradas, se ejecuta la lógica de contactos y se actualizan las salidas. Todo esto se ejecuta en el propio módulo descargando al procesador central del autómata de estas funciones.

6.3 MÓDULOS DE CONTAJE RÁPIDO

Los encoders son captadores que a su salida ofrecen pulsos indicando la variación de una variable física como puede ser la posición de un móvil, el caudal que circula por una tubería… La frecuencia de esos pulsos puede alcanzar valores de hasta 500 KHz y tal como se ha explicado al principio del capítulo, es imposible el contaje de esos pulsos por medio de un contador programado en una tarea del autómata, aunque sea la tarea rápida, dado que los tiempos de ciclo necesarios son tan pequeños, que son inalcanzables.

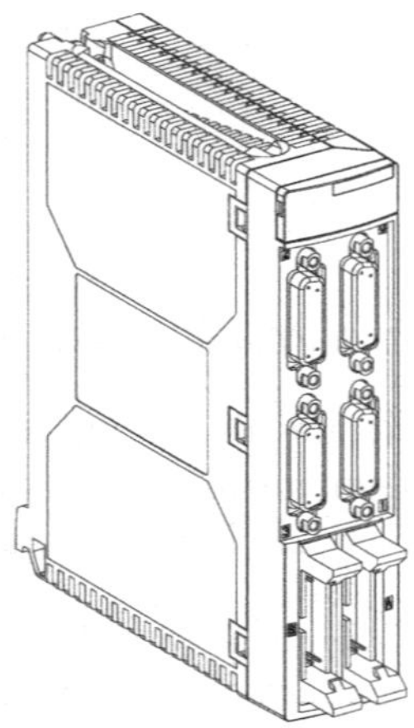

Figura 6.4 Módulo de contaje rápido de 4 vías

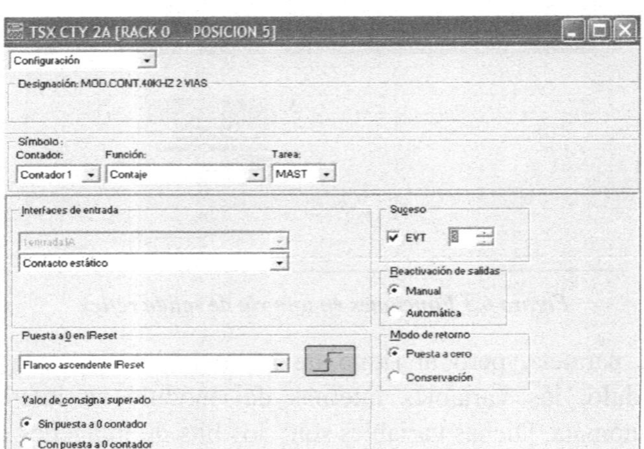

Figura 6.5 Configuración de una vía de contaje rápido

Para solucionar este problema se dispone de vías de entrada de contaje rápido, que en algún módelo de autómata se incorporan en la unidad central de proceso. Estas vías efectuan un contaje hardware de los pulsos, y con valores de umbrales y de consigna configurables pueden lanzar eventos cuando se alcanza un número de impulsos determinado.

Los módulos de contaje rápido disponen de funciones que descargan a la unidad central de proceso del automata de las tareas directamente relacionadas con el contaje como pueden ser comparaciones, lecturas, preselección o puesta a cero, detección de fallos, etc.

También se dispone de funciones de lanzamientos de eventos destinados al programa de aplicación, y de salidas TON configurables en salidas reflejas, adaptadas a acciones rápidas.

Por ejemplo, los módulos TSX CTY 2A y 4A del autómata Premium permiten llevar a cabo funciones de contaje, descontaje o contaje/descontaje de impulsos. Disponen de las siguientes funciones:

- *Validación*
- *Lectura*
- *Preselección o puesta a cero*
- *Comparaciones*
- *Memorización de sucesos transitorios mediante dos biestables*
- *Dos salidas físicas sobre las que el modulo de contaje puede actuar directamente*
- *Lanzamiento de eventos*

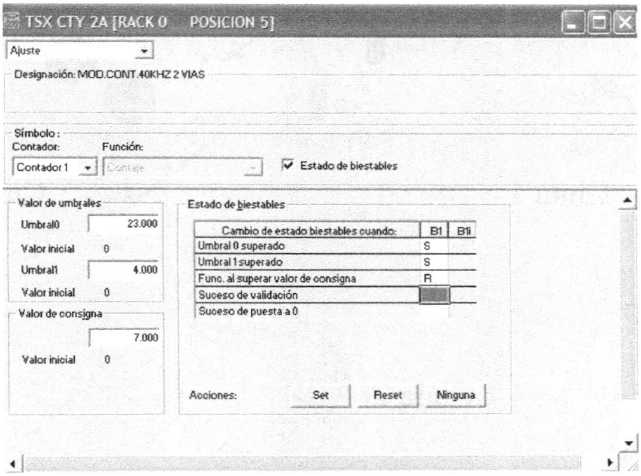

Figura 6.6 Configuración de una vía de contaje rápido

6.4 MÓDULOS DE CONTROL DE EJES

En la Industria unas de las tareas que más se realizan es el traslado de móviles de un punto a otro con rapidez y gran precisión. Estas tareas que normalmente las realizaban los controles numéricos y los posicionadores, pueden ser también realizadas por medio de un Autómata Programable.

Los requisitos temporales de este sistema de control impiden que se realice de forma clásica, es decir, programado en la tarea maestra y con módulos de entrada/salida digitales y analógicos. Los requisitos temporales impiden un control efectivo desde la tarea maestra.

Al autómata se le debe incorporar un módulo especializado que sea el encargado de realizar esta función. Por eso deben emplear módulos de control de ejes, que pueden controlar motores paso a paso o servomotores de corriente continua o alterna por medio de un variador de velocidad. En el módulo de control de ejes reside la inteligencia de la función posicionamiento, dado que están dotados de microprocesador, memorias, etc.

El programa de la tarea maestra solamente lanzará la ejecución de funciones que envían órdenes de movimientos al módulo de control de ejes.

El accionador que actúa sobre el móvil es externo al módulo. La parte de potencia reside en el variador de velocidad en el caso de los servomotores o en el amplificador de impulsos en el caso de los motores paso a paso.

En las figuras siguientes se observan ejemplos de aplicaciones.

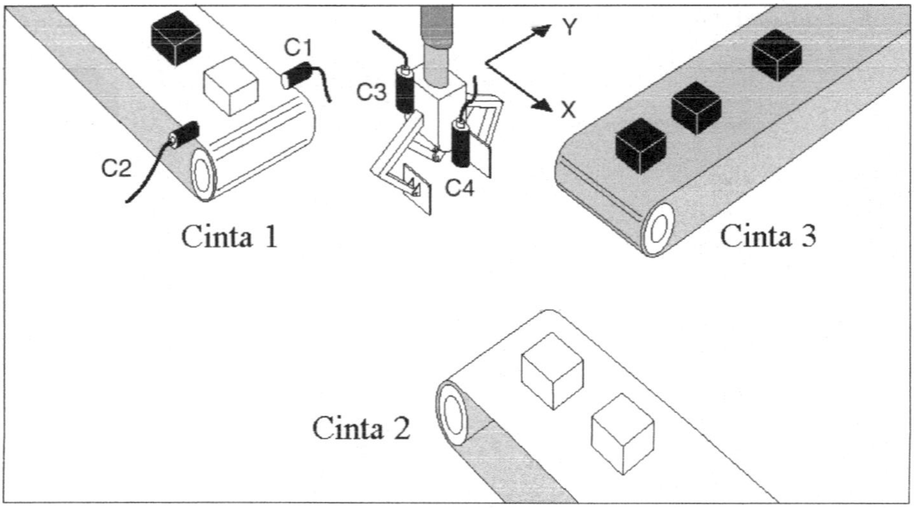

Figura 6.7

** Control de un brazo manipulador de dos ejes*

Mediante una fotocélula se detecta el color del objeto. Los objetos negros son llevados a la cinta 3 y los objetos blancos son llevados a la cinta 2. Según el tipo de objeto se ejecutan una serie de movimientos en el eje *x* y en el eje *y* para llevarlos a las cintas dos y tres.

** Control de posición de un Móvil*

El programa de Aplicación indica al módulo de control de ejes los movimientos a desarrollar por el móvil.

El módulo de control de ejes elabora la consigna de velocidad, necesaria para realizar el movimiento al variador de velocidad, el cual acciona un motor de corriente alterna en cuyo eje hay dispuesto un encoder, cuya señal se lleva a una de las entradas de contaje del módulo.

La variable a controlar es la posición del móvil que es realimentado mediante un encoder. Puede existir otro bucle de control interno de la velocidad del móvil.

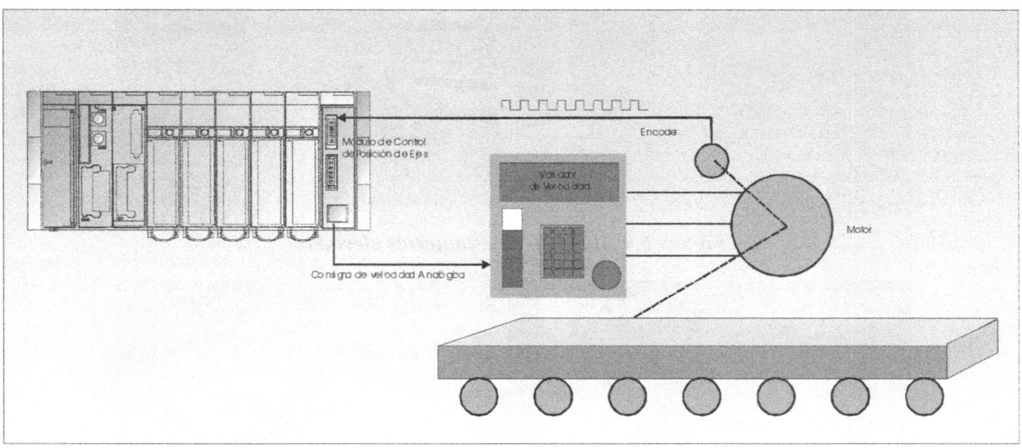

Figura 6.8

Los encoders envían pulsos a frecuencias que pueden llegar hasta 500 KHz. Este factor, combinado con que el motor debe actuar sobre el móvil mediante una reducción alta, permite que la precisión del posicionamiento sea inferior al milímetro.

** Control de un almacén de estanterías elevadas*

En una célula de fabricación flexible se dispone de un almacén de pedidos. Por medio de un módulo de control de ejes continuos de dos vías se controla la posición horizontal y vertical del telescopio que se encarga de almacenar o sacar los pedidos. En cada uno de los dos ejes de movimiento, horizontal y vertical, se dispone como accionador de un Motorreductor de corriente continua, como elemento de medida de la posición del eje se dispone de un encoder incremental acoplado al eje del motor. En dicho eje se dispone de dos finales de carrera de seguridad que limitan el recorrido y un detector magnetoinductivo para indicar la posición inicial del eje. El autómata comunica al módulo de control de ejes las órdenes de movimiento que debe ejecutar. El módulo de control de ejes manda las consignas de velocidad a los variadores de velocidad que mueven los motores de corriente continua, con el objetivo de que aceleren en el arranque, mantengan la velocidad en el movimiento y frenen cuando se está llegando a la posición objetivo.

Figura 6.9 Almacén de estanterías elevadas

Figura 6.10 Telescopio del Almacén de estanterías elevadas

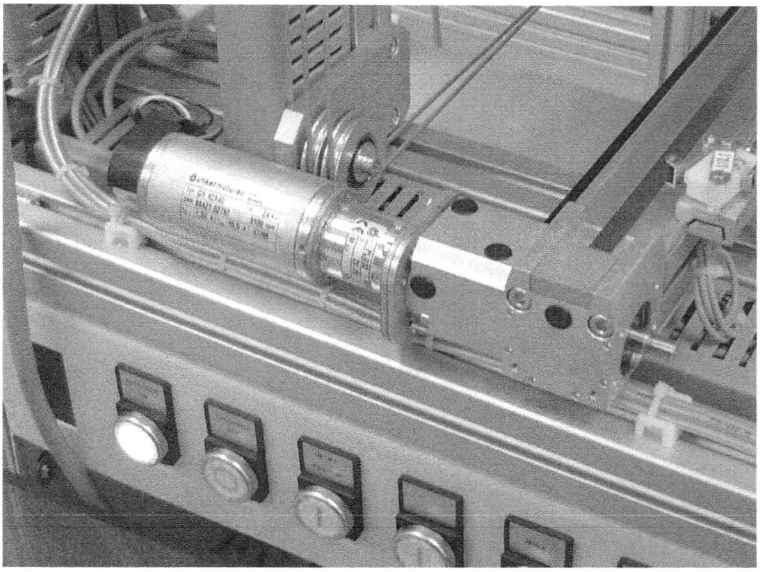

Figura 6.11 Motorreductor de corriente continua con encoder. Eje horizontal

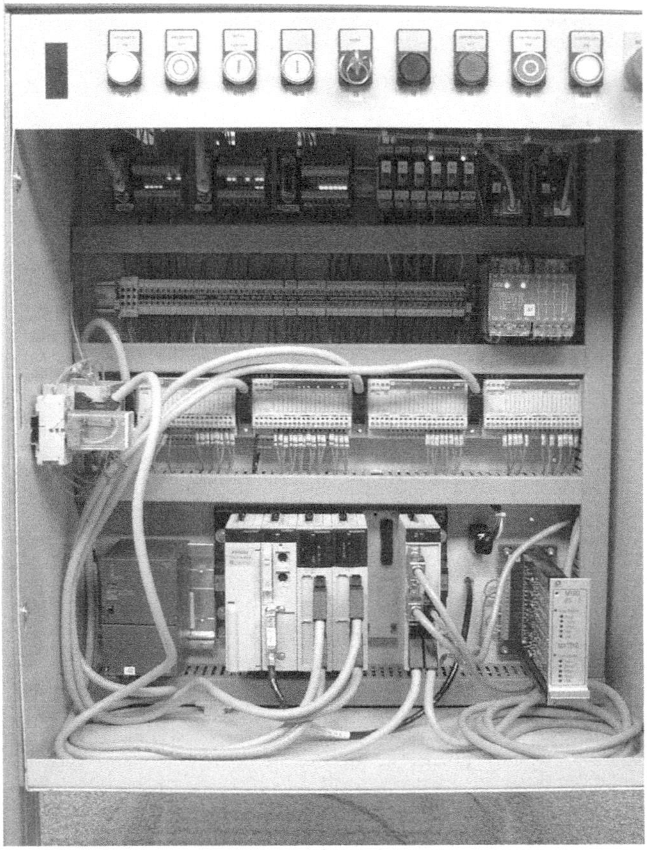

Figura 6.12 Armario de Autómata del Almacén de estanterías elevadas

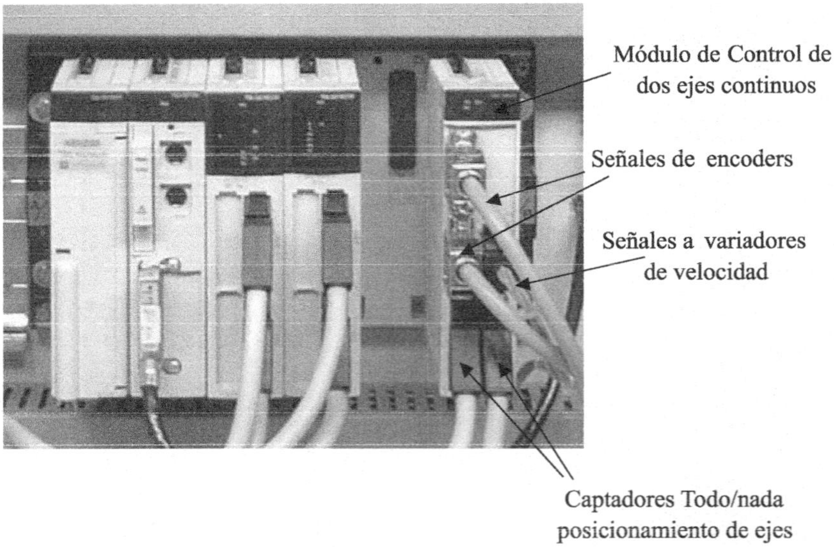

Figura 6.13 Autómata con módulo de control de dos ejes continuos

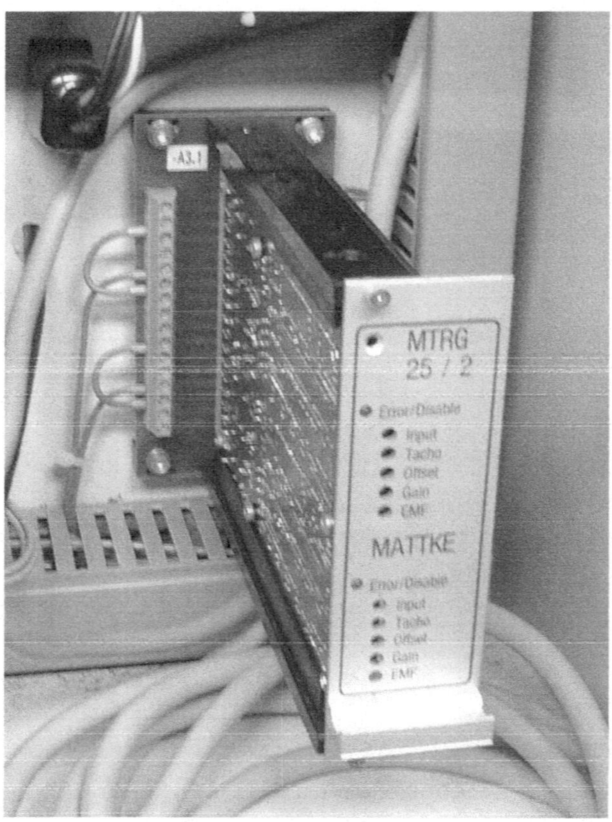

Figura 6.14 Tarjeta con dos variadores de velocidad

Mediante los módulos de posicionamiento o control de ejes, se pueden controlar de una forma simple ejes hidraúlicos y eléctricos de máquinas como pueden ser:

- *Transfers*
- *Equipos de Transporte*
- *Líneas de ensamblaje*
- *Paletizadores*
- *Prensas*
- *Máquinas de Trabajo de La Madera*
- *Máquinas de Embalaje y empaquetado*

Los módulos de control de ejes pueden controlar de uno a cuatro ejes. Los módulos de control de ejes incorporan para cada uno de los ejes una serie de entradas que comunican al módulo con los captadores como son el encoder y los captadores todo o nada auxiliares.

* *Entradas*

- Entrada para captar las medidas de posición

Mediante encoder incremental de tipo de transmisión RS 485. Las frecuencias máximas de contaje son 500 KHz sin multiplicación y 1MHz con multiplicación por 4.

O mediante encoder absoluto, de 16 a 25 bits de datos, con enlace serie.

- Una entrada digital que sirve para indicar el punto origen de la posición, aplicable en el caso de encoder incremental

- Una entrada de eventos

- Una entrada para parada de emergencia

- Una entrada de resincronización periódica

- Una entrada de defecto del variador

Y una serie de salidas para comunicarse con el variador de velocidad.

* *Salidas*

- Una salida analógica para la referencia del variador de velocidad.
- Una salida de relé para activar el variador de velocidad.
- Una salida auxiliar estática.

En los autómatas Telemecánica Premium cada movimiento viene descrito por una función de accionamiento de movimientos SMOVE en lenguaje PL7. Basándose en ese comando SMOVE, y en la posición del móvil, el Módulo de control de ejes elabora la consigna de velocidad que envía al variador.

En la Figura 6.15 se observa la pantalla de ayuda a la programación de una función de control de movimiento que consiste en que el móvil recorra un metro desde la posición inicial a una velocidad de régimen de 300 mm/minuto.

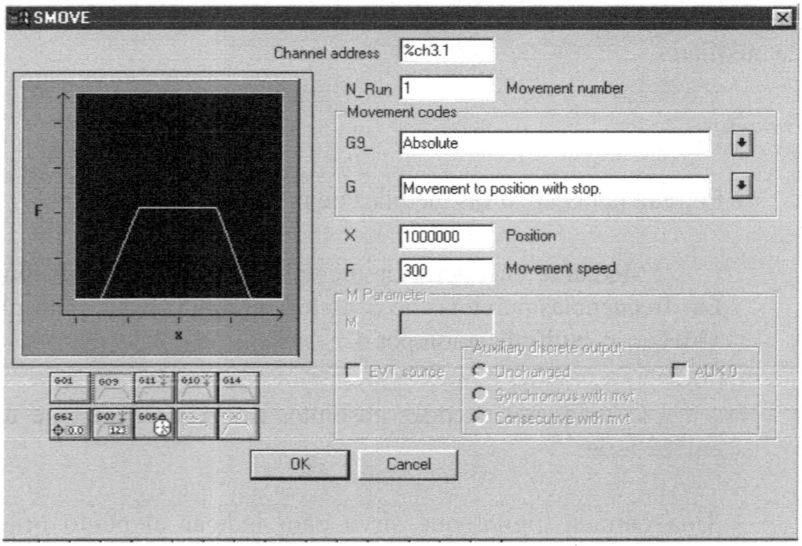

Figura 6.15

El programa del autómata sería:

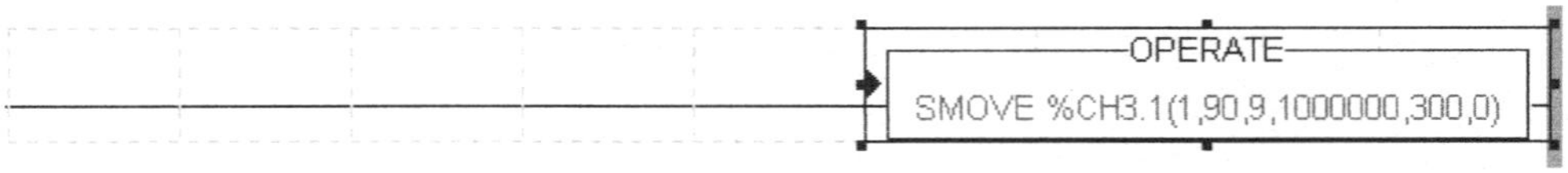

En la Figura 6.16 y en la Figura 6.17 se observan las pantallas de configuración y ajuste de un módulo de control de ejes continuos.

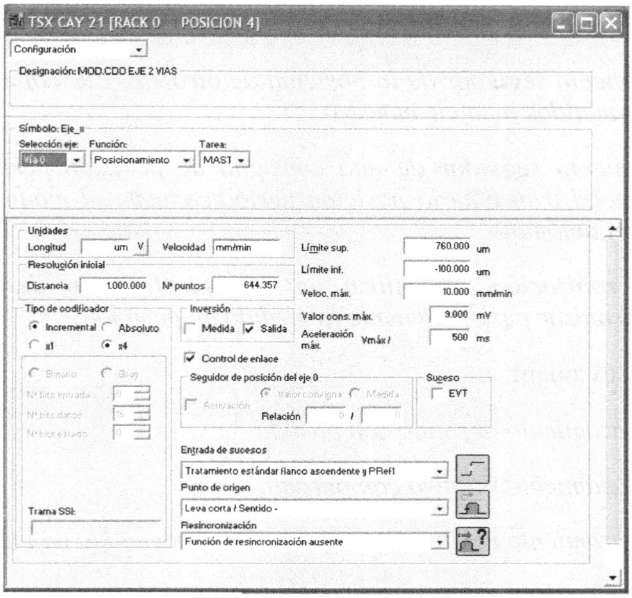

Figura 6.16 Configuración de un módulo de control de ejes

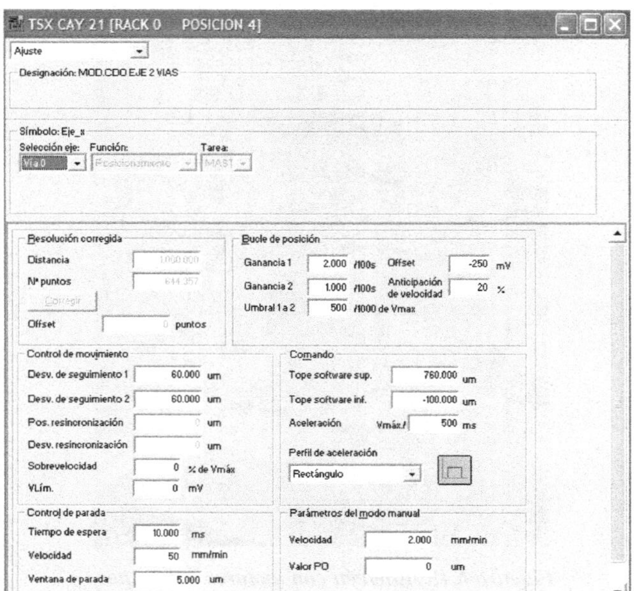

Figura 6.17 Ajuste de un módulo de control de ejes

Los movimientos elementales se programan en el programa del autómata, pero quienes se encargan de controlar el movimiento, de su seguimiento y control son los módulos de mandos de ejes como puede ser el TSX CAY 21/41. Este módulo puede controlar dos ejes. En cada vía la posición del eje es medida por un encoder incremental o absoluto, y una salida analógica es la encargada de pilotar el variador de velocidad encargado de accionar el eje.

Funciones que incorporan los módulos de control de ejes:

- *Movimiento seguidor de la posición de otro eje. Pueden existir uno o más ejes sometidos a un eje maestro.*
- *Movimiento seguidor de una consigna de posición periódica. La tarea secuencial transmite la posición periódicamente al módulo de control de ejes del autómata.*
- *Resincronización. Se utiliza en movimientos con deslizamiento para resincronizar periódicamente la medida de posición.*

Tipos de Movimientos:

- *Desplazamiento absoluto con parada.*
- *Desplazamiento relativo con parada.*
- *Desplazamiento relativo a una posición almacenada en una variable.*
- *Comandos de mecanizado.*

Figeura 6.18 Almacén con motores paso a paso

6.5 CONTROL DE MOTORES PASO A PASO

Los motores paso a paso se construyen con diversas tecnologías. Existen motores de imán permanente, motores de reluctancia variable, y los motores híbridos que combinan las dos técnicas. Existen varias formas de devanado con motores de dos, cuatro o cinco fases.

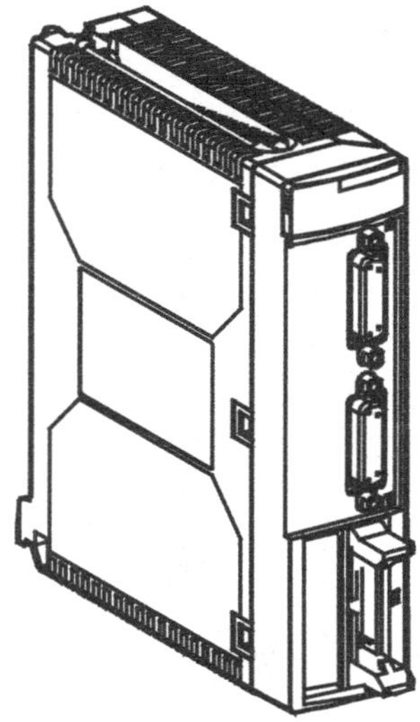

Figura 6.19 Módulo de Control de Ejes Paso a Paso

En el control de un eje mediante un motor paso a paso intervienen tres elementos.

- *Un motor paso a paso*
- *Un trasladador*
- *Un mando*

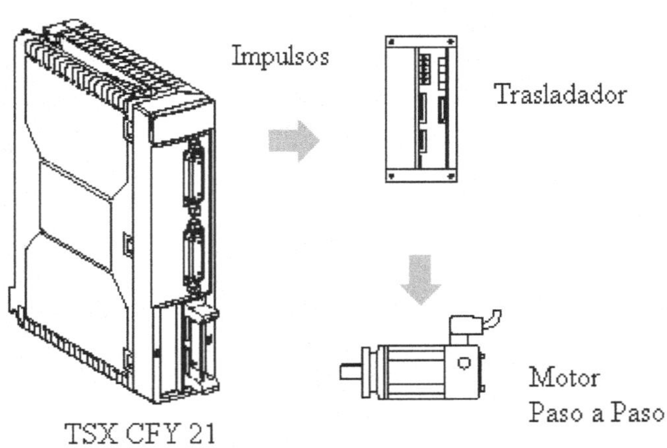

Figura 6.20 Control de un Motor Paso a Paso

La función de mando la realiza el autómata por medio de un módulo de control de motores paso a paso. La inteligencia o mando del proceso reside en el módulo. Al igual que en el control de servomotores, es imposible realizar esta función por programación clásica en la tarea maestra del autómata, ya que los requisitos temporales lo impiden.

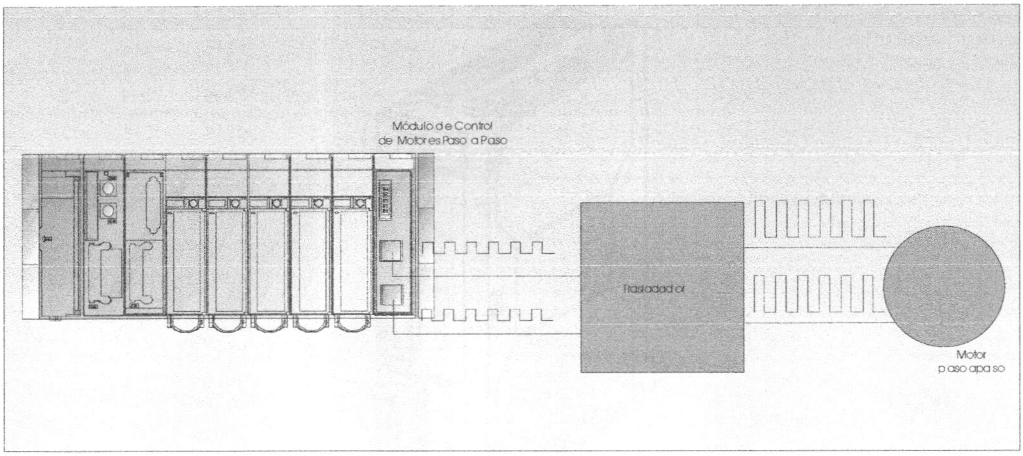

Figura 6.21

Para el control de motores paso a paso los autómatas cuentan con módulos especializados. En los autómatas Premium se dispone de los módulos de mando de ejes TSX CFY 11 para control de un eje y TSX CFY 21 para control de dos ejes. Controlan ejes lineales, finitos e independientes. En la Figura 6.22 se observa un autómata programable Premium con módulo de control de motores paso a paso de dos vías (segundo por la derecha).

Figura 6.22 Autómata con módulo de control de motores paso a paso

Estos módulos se encargan de controlar la velocidad de rotación de un motor paso a paso, sus aceleraciones y deceleraciones transmitiendo a un Trasladador una salida en forma de pulsos a una frecuencia máxima de 187 KHz.

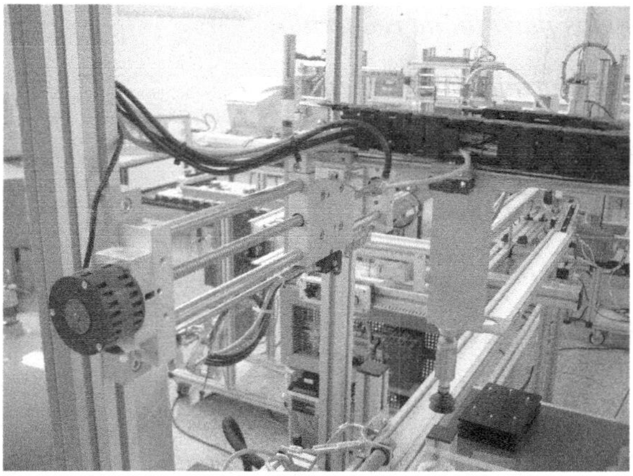

Figura 6.23 Accionamiento con Motor paso a paso

Figura 6.24 Accionamiento con Motor paso a paso

El Trasladador transforma cada impulso en un movimiento elemental del motor paso a paso, haciendo que por los devanados del motor circulen las corrientes apropiadas.

El comando del motor paso a paso se realiza en bucle abierto. Las entradas de fin de recorrido, de leva de punto origen y de evento, permiten que el acoplador controle los desplazamientos del móvil en el eje.

Los módulos de control de ejes incorporan para cada uno de los ejes, una serie de entradas y salidas que comunican al modulo con el trasladador y con los captadores todo o nada auxiliares.

Entradas/Salidas con elementos auxiliares:

- *Entrada para leva de punto de origen*

- *Dos entradas para fin de recorrido*
- *Entrada de parada de emergencia*
- *Entrada de evento*
- *Entrada para el dispositivo externo de parada*
- *Salida estática para el freno del eje*

Entradas/Salidas del Trasladador:

- *Entrada para el control del trasladador*
- *Entrada para el control de pérdida de pasos*
- *Salida Diferencial para validación del trasladador*
- *Dos salidas diferenciales para impulsos, una positiva y otra negativa*
- *Una salida diferencial para la sobrealimentación del motor paso a paso*
- *Una salida diferencial para el restablecimiento tras la pérdida de pasos*

Figura 6.25 Tarjetas de potencia de motores paso a paso

Algunos trasladadores disponen de una entrada de sobrealimentación. Esta función sirve para aumentar la corriente en los devanados del motor. La salida de una de las vías del módulo TSX CFY 11/21 sirve para gobernar esta entrada del trasladador. De esta manera es posible aumentar la energía que se envía al motor en las fases de aceleración y desaceleración, disponiendo el motor de un mayor par de arranque o de frenado.

La salida de freno sirve para gobernar, en caso de que exista, el freno que hay en el eje, en sincronía con el movimiento. Cuando la vía se encuentra en posición de seguridad, esta salida sitúa el freno en estado activo.

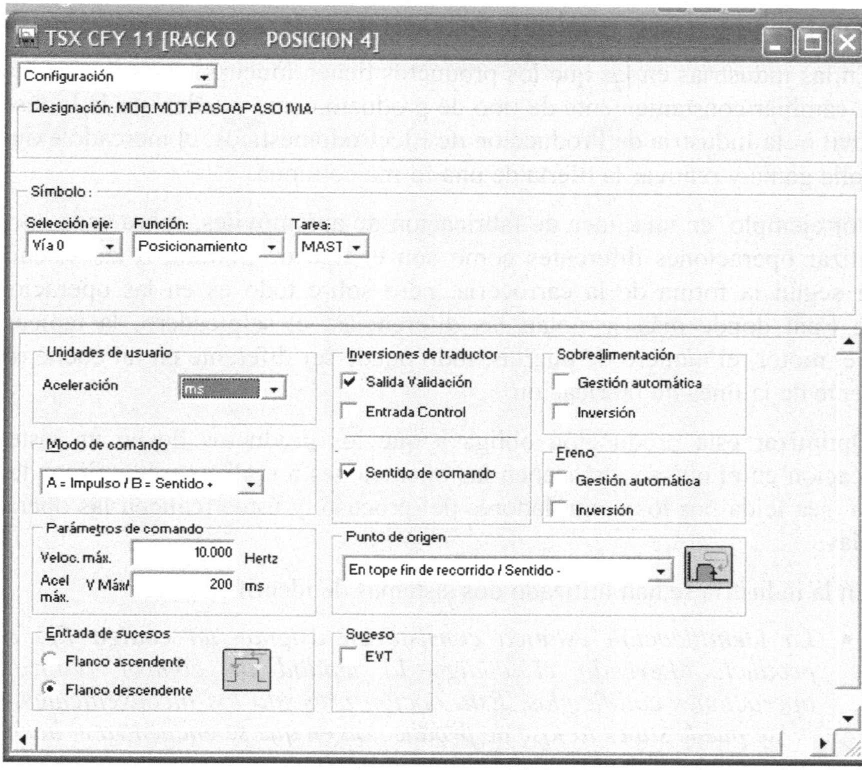

Figura 6.26 Configuración de un módulo de control de motor paso a paso

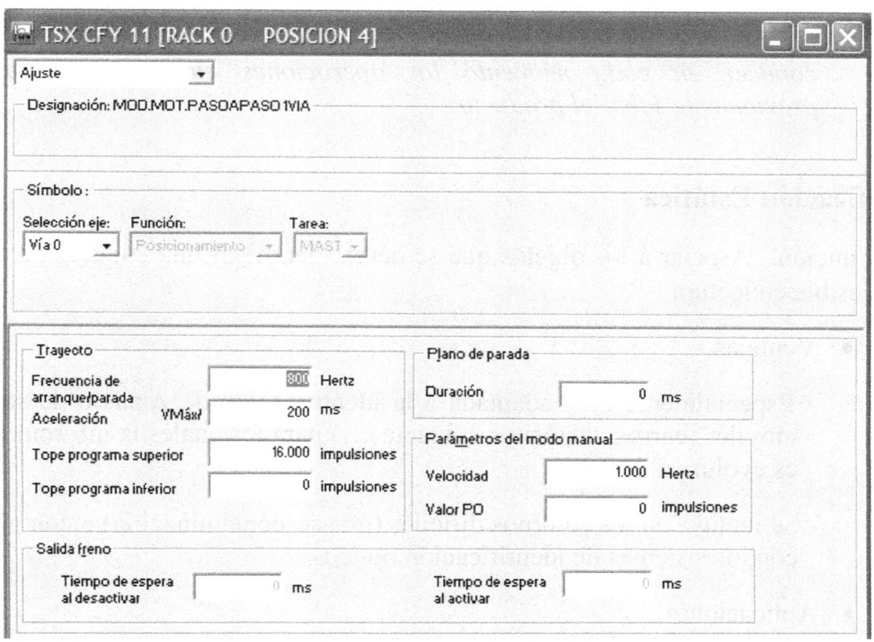

Figura 6.27 Ajuste de un módulo de control de motor paso a paso

6.6 IDENTIFICACIÓN DE PRODUCTOS

En las industrias en las que los productos tienen muchas variantes, o en las que hay que cambiar constantemente de tipo de producto como pueden ser la Industria del Automóvil o la Industria de Producción de Electrodomésticos, el mercado exige tener una amplia gama y renovar la oferta de una forma continua.

Por ejemplo, en una línea de fabricación de automóviles, sobre cada coche hay que realizar operaciones diferentes como son el tipo de pintura, o las soldaduras a efectuar según la forma de la carrocería, pero sobre todo es en las operaciones de acabado final donde más se notan las diferencias: el salpicadero, la tapicería, las llantas, el motor, el número de puertas, todo puede ser diferente en un coche respecto al siguiente de la línea de fabricación.

Optimizar esta producción obliga a que los productos lleven un sistema de identificación en el que se almacenen las operaciones a realizar sobre ellos, de forma que ésta sea leída por los controladores del proceso, y éstos realicen las operaciones adecuadas.

En la industria se han utilizado dos sistemas de identificación:

- *La identificación estática consiste en asignar un código fijo a cada producto. Leyendo el código la unidad de control realizará las operaciones codificadas. Esta opción presenta los inconvenientes de que no se puede saber la fase de producción en que se encuentra el horno y las operaciones deben realizarse en secuencia.*
- *La identificación dinámica consiste en asignar una etiqueta portacódigo a cada producto, pero en esta etiqueta se podrá leer y escribir. Con este método se consigue una mejor gestión de la producción ya que se pueden conocer en cada momento las operaciones que se han realizado previamente sobre el producto.*

Identificación Estática

Función. Asociar a los objetos que se desea identificar una etiqueta de código fijo accesible en lectura.

- Ventajas.
  - Especialmente bien adaptada a la identificación de zonas o de soportes móviles (carros, depósitos colgantes…) para los cuales la información no es evolutiva.
  - Se incluye en los entornos difíciles (grasas, contaminación) incompatibles con los sistemas de identificación ópticos.
- Aplicaciones.
  - Balizas de seguimiento en el suelo para carros filoguiados.

- Identificación de emplazamientos de almacenamiento.
- De forma general, todas las aplicaciones para las cuales se busca una sola solución de identificación.

Identificación Dinámica

Función. Asociar a los objetos que se desea identificar una etiqueta evolutiva accesible en lectura y escritura.

- Ventajas.
  - Identificación de alto nivel.
  - Fiabilidad de los datos transmitidos.
  - Autonomía de funcionamiento.
  - Ganancias de flexibilidad.
- Aplicaciones.
  - Fabricación.
  - Ensamblaje
  - Transporte.
  - De forma general, todas las aplicaciones en las que la descentralización de los datos permite mejorar las prestaciones y, ocasionalmente, su tratamiento.

Esta última opción es la que se ha impuesto en la industria, y permite realizar fabricaciones flexibles y evolucionadas de una forma muy sencilla.

6.6.1 Lectores de códigos de barras

Los códigos de barras consisten en una información codificada impresa en una etiqueta. Los códigos de barras es una información que presenta las siguientes características:

- *Coste muy reducido*
- *Fiable. La información está presente en toda la altura de la barra*
- *Fácil de Imprimir. Se puede realizar por múltiples medios*
- *Estándar para muchos sectores de actividad*

Existen dos familias de códigos:

- Códigos de barras alimenticios

Se utilizan en la gran distribución. Son los códigos EAN de Europa y UPC de Estados Unidos. Están formados por barras y espacios cuya anchura puede variar de uno a tres.

- Códigos de barras industriales

Son numéricos o alfanuméricos. Están formados por barras y espacios anchos que representan el "1" lógico y estrechos que representan el "0" lógico.

Los lectores de códigos de barras o descodificadores se encargan de leer, descodificar y transmitir la información de una etiqueta codificada. Los lectores incluyen un descodificador que permite leer todos los códigos habituales. Funcionan como una cámara de vídeo analizando una imagen compuesta por una línea de 728 puntos, tomando cerca de 200 imágenes por segundo. Se pueden leer, descodificar y trasmitir hasta 10 códigos por segundo. La distancia de lectura es de 25 mm para lectura por contacto y de 30 a 120 mm para lectura a distancia.

Los lectores XGV de Telemecánica integran una comunicación serie de soporte físico RS 232C ó RS 485 con la posibilidad de parametrizar las características de la línea de comunicación (baudios, bit de paridad, bit de Stop). El protocolo de comunicaciones puede ser abierto (Tipo ASCII) o específico de Telemecánica UNI-TE.

El protocolo ASCII permite que el usuario organice el mensaje que se transmitirá a la unidad de tratamiento cada vez que se lea un código. Mediante el protocolo ASCII se podrá comunicar con ordenadores o autómatas de otras marcas.

En el protocolo UNI-TE el lector puede ser configurado como servidor, como cliente controlado por la unidad de control o como cliente a petición mediante un pulsador del lector.

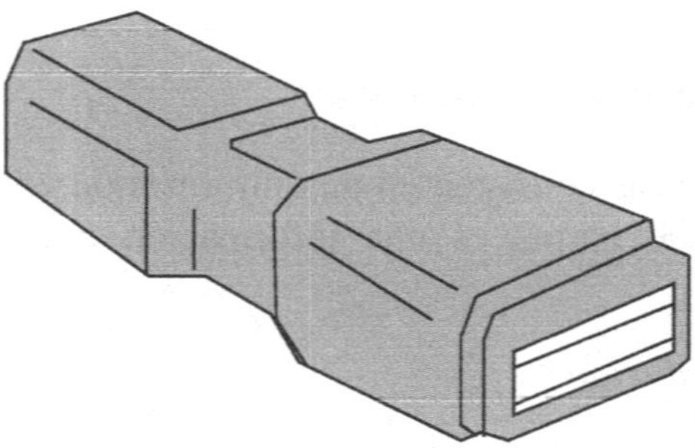

Figura 6.28 Lector de códigos de barras

6.6.2 Plots de lectura/escritura

En ciertos procesos de fabricación es necesario que el objeto fabricado "transporte" información que permita identificarlo, conocer su estado, los procesos que ha sufrido, el tipo de producto. Para almacenar esta información se le dota al producto de un distintivo en el contenedor o en el palet que transporta el objeto. Este dispositivo, normalmente magnético, se puede leer o escribir por medio de plots de lectura/escritura. Así el código puede evolucionar permitiendo conocer en qué etapa de fabricación se encuentra el producto.

Una de las tecnologías que permite cumplir esta función es la tecnología inductiva, puesta a prueba en el dominio industrial con los detectores de proximidad. Ésta es la tecnología utilizada por Telemecanique en su gama XGS de dispositivos de identificación inductiva o por Siemens en sus productos Moby.

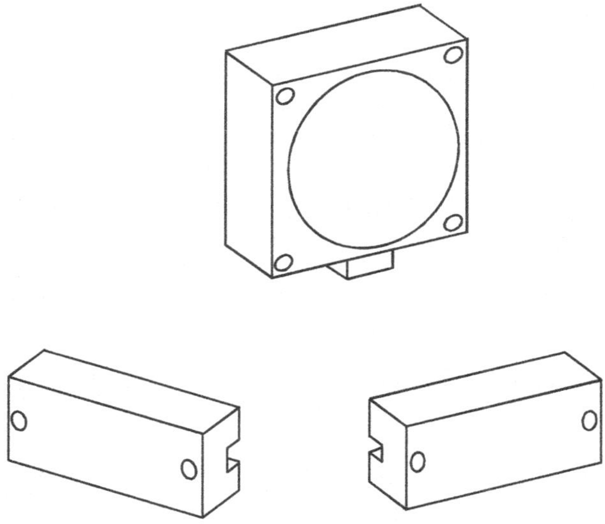

Figura 6.29 Plot de Lectura/Escritura y Etiquetas

Aplicaciones

El concepto de identificación encuentra sus aplicaciones en aquellos procesos relacionados con la manutención automatizada. La identificación de código evolutiva está particularmente adaptada a los procesos en los que se identifica el soporte de la carga:

- *Este soporte de la carga es generalmente reciclado en los procesos tradicionales de manutención. Se le puede colocar una etiqueta sin tener que efectuar un montaje y desmontaje sistemático.*

- *El marcaje evolutivo permite cambiar las informaciones del nuevo producto en cada paso.*

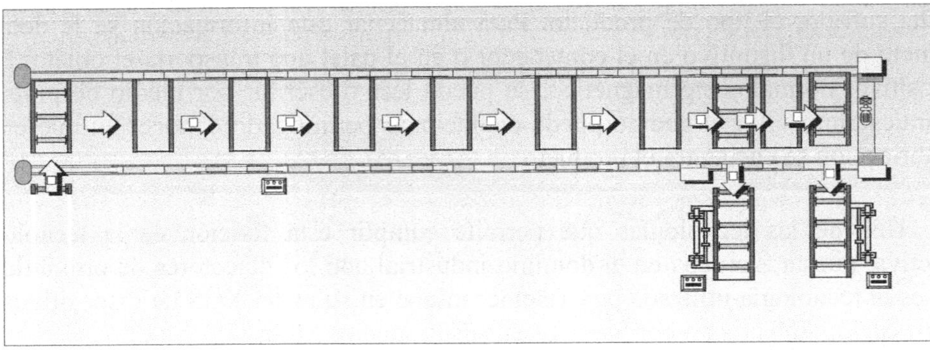

Figura 6.30

Principio de Funcionamiento

La tecnología inductiva se basa en la utilización de una señal electromagnética portadora de media frecuencia para la transmisión de datos sin contacto entre dos dispositivos electrónicos. La transmisión de datos se obtiene por modulación de la portadora alternativamente por uno u otro de los dispositivos:

- *Modulación de la potencia emitida para el envío de una información desde el emisor de la portadora,*
- *Modulación de las pérdidas externas por el receptor de la portadora para devolver la información al emisor.*

La emisión de la portadora media frecuencia permite alimentar a distancia las etiquetas asociadas a los objetos (pasivos) que se desean identificar. La modulación de la potencia emitida desde el lado estación o de las pérdidas del lado etiqueta permite transmitir los datos de forma bidireccional.

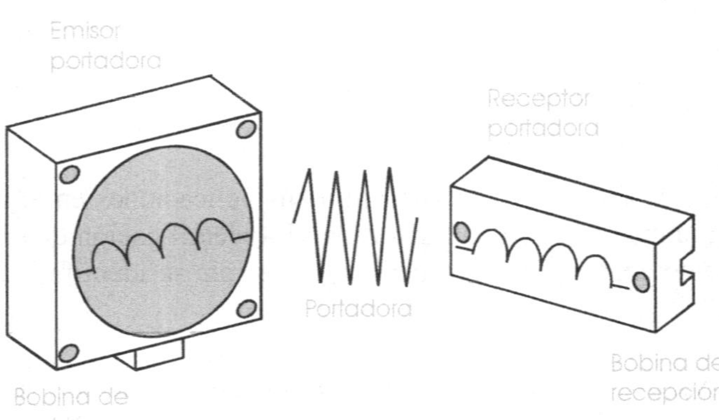

PRINCIPIO DE FUNCIONAMIENTO

Figura 6.31

Ventajas de la identificación Inductiva:

- *No existe contacto mecánico con el objeto que se desea identificar.*
- *Intercambios bidireccionales entre la estación y la etiqueta.*
- *Zona de diálogo precisa.*
- *Elevada velocidad de intercambio.*

6.6.3 Sistema Inductel

Estación de Lectura/Escritura

En el sistema Inductel se dispone de varios tipos de estaciones de lectura/escritura. La elección dependerá del tipo de etiqueta que vayamos a asociar al producto a identificar. Por ejemplo:

Estación de lectura/escritura con interrogador separado

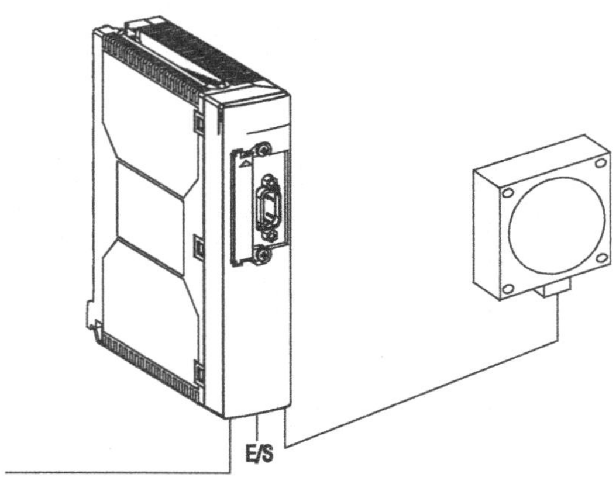

Figura 6.32

La estación está formada por un plot de lectura/escritura y un interrogador separado. El interrogador es la interfaz inteligente del sistema. Asegura el diálogo con los niveles superiores de tratamiento (autómata) por unión serie asíncrona y administra de manera autónoma los intercambios de informaciones con la etiqueta codificada por intermediación del plot de lectura/escritura. Dispone de entradas/salidas que generalmente se utilizan para un tratamiento local con acciones reflejas (tiempo de respuesta<20 ms).

El plot de lectura/escritura, instalado en un puesto fijo, integra la parte operativa y los dispositivos de comunicación con el interrogador. Es un módulo de tratamiento de señal que permite la transparencia entre la unión serie específica (del tipo bucle de corriente) hacia el interrogador y la unión sin contacto por modulación de una portadora media frecuencia hacia la etiqueta. Asegura también la transmisión de energía necesaria para la alimentación de las etiquetas.

- Nivel físico

    - Unión serie multipunto RS485, RS 422, BC 20 mA.

    - Unión serie punto a punto RS 232 C.

    - Unión serie asíncronos específicos.

- Protocolos soportados

    - Protocolos UNITE, Modbus, Jbus, Open, Externe.

    - Modo ASCII.

Estación de lectura/escritura compacta

Un solo elemento agrupa la parte operativa y la parte explotación. La estación se comunica directamente por unión serie asíncrona con la unidad de tratamiento.

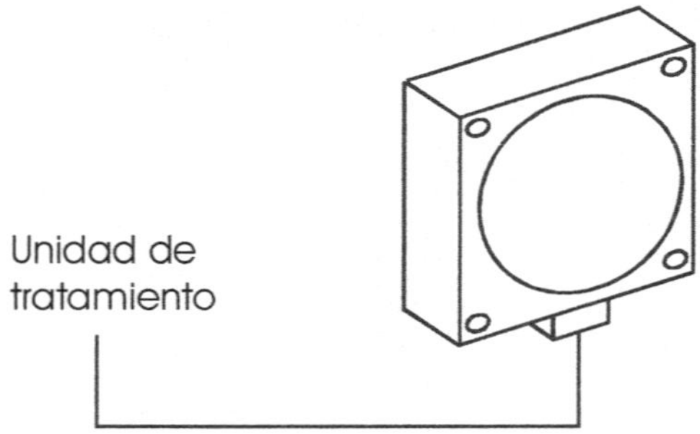

Figura 6.33

- Nivel físico

Unión multipunto RS 485.

- Protocolos

Protocolos UNI-TE, Modbus, Jbus, Open.

REFLEXE (bus de comunicación optimizado para los intercambios entre los autómatas TSX- 17 20 y las estaciones de campo).

Etiquetas

La etiqueta es el elemento asociado al producto a identificar. Comprende los dispositivos modulador/desmodulador y el control de la coherencia de las informaciones permitiendo intercambios a distancia con las estaciones de lectura/escritura. Existen tres tipos de etiquetas:

* *Etiqueta de código fijo*

Memoria descentralizada, solamente accesible en lectura, asociada al producto que se desea identificar. Se trata de una identificación no evolutiva.

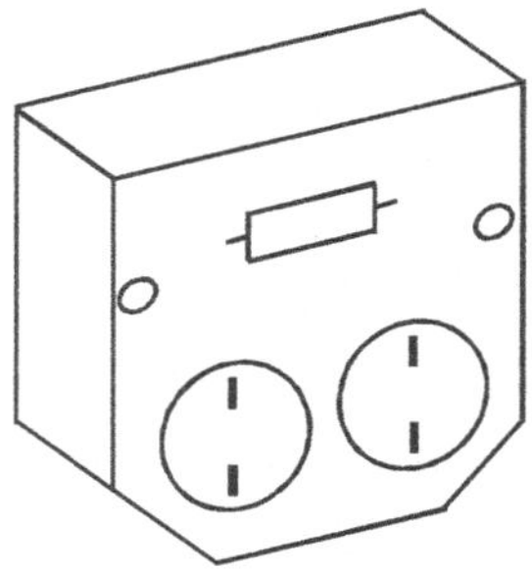

ETIQUETA DE CÓDIGO FIJO

Figura 6.34

* *Etiqueta evolutiva*

Memoria descentralizada, accesible en lectura y escritura, asociada al producto que se desea identificar. Dos tipos:

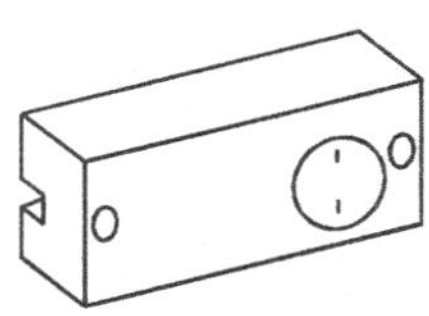

ETIQUETA EVOLUTIVA

Figura 6.35

- Etiquetas con memoria RAM

  La memoria es accesible en lectura y escritura. El número de lecturas y escrituras ilimitado. La seguridad de los datos se garantiza por medio de una pila de litio.

- Etiquetas con memoria EEPROM

  La memoria accesible en lectura y escritura. Las operaciones de escritura son más lentas que las etiquetas con memoria RAM. El número de lecturas ilimitado. El número de escrituras del mismo byte limitado a 1.000.000. No necesitan pila de seguridad.

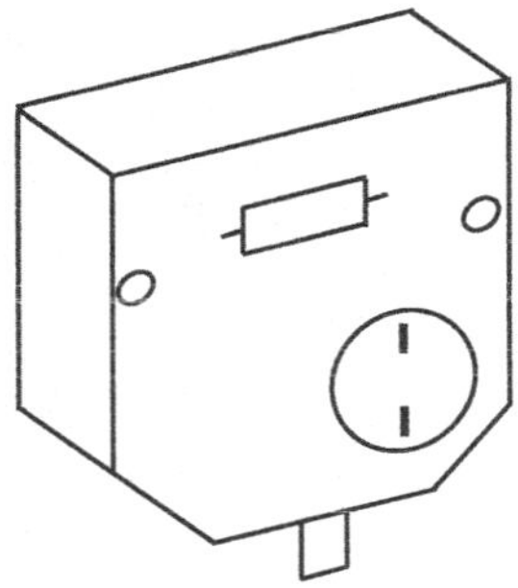
ETIQUETA DE TRANSMISIÓN

Figura 6.36

Zona de diálogo

Las características de la zona de diálogo dependen de la potencia, de la forma y de las dimensiones de los constituyentes del par estación/etiqueta, antena/etiqueta o estación/estación.

- Constituyentes de forma cilíndrica

  En el caso de los constituyentes de forma cilíndrica, la zona de diálogo es omnidireccional. No hay una orientación privilegiada entre la antena separada y la etiqueta cuando las caras sensibles de estos dos constituyentes son paralelas.

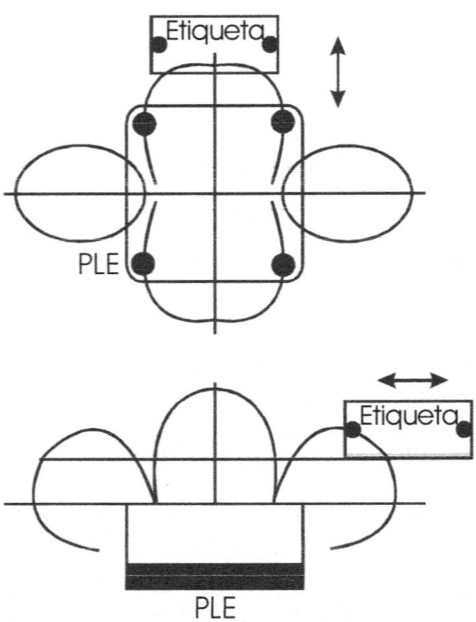

Figura 6.37 Zona de diálogo en constituyentes de forma rectangular

- Constituyentes de forma rectangular

  En el caso de los constituyentes de forma rectangular, la zona de diálogo está formada por 3 lóbulos: un lóbulo principal y dos lóbulos secundarios. Para estos constituyentes existen sentidos de paso recomendados, que se indican con una doble flecha en la cara sensible. Las dimensiones de la zona de diálogo dependen de la orientación de los dos constituyentes. Dichas dimensiones son máximas cuando las dos flechas están estrictamente cara a cara en dos planos paralelos.

Base de datos

Éstos son los datos ligados al producto o al móvil. Hay dos posibilidades:

- *Base de datos internos*

  Etiquetas de código fijo.

  Etiquetas evolutivas de memoria RAM o EEPROM.

- *Base de datos externos*

  Etiquetas de transmisión.

  Estaciones de transmisión.

Procedimiento de intercambios de datos

El diálogo entre una etiqueta y su estación se puede efectuar según dos tipos de intercambios de datos:

- *Intercambios en marcha*

En los cuales el número de bytes que se pueden intercambiar depende del tiempo de presencia de la etiqueta en la zona de diálogo. Generalmente estos intercambios están limitados a algunos bytes (por ejemplo, orden de acciones reflejas: cambio de vía...).

La duración de los intercambios T (lectura o escritura) es: $T=T_0 + N \times T1= D/V$

T_0 es el tiempo de inicialización del intercambio,

D es la longitud de la zona de diálogo,

T_1 es el tiempo de necesario para intercambiar un byte,

N es el número de bytes intercambiados,

El cálculo N máx. = ((D /V) - T_0) / T_1 da el límite teórico del número de bytes intercambiados.

En la práctica hay que tener en cuenta:

- Las variaciones de la posición de la etiqueta con respecto a la estación.
- Las prestaciones de la explotación de datos, por tratamiento local (en la estación) o por una unidad central de tratamiento (autómata, calculadora...) a la cual la estación esté conectada. En este último caso, también hay que tener en cuenta el tiempo de transferencia en la unión serie asíncrona.

- *Los intercambios en paro*

En los cuales se puede cambiar un elevado número de bytes.

Estos intercambios permiten la transmisión de datos relacionados con los productos o con los procesos durante las diferentes fases de fabricación.

El procedimiento de intercambio incluye cinco fases:

- Fase 1

A partir del campo electromagnético emitido por el plot de lectura escritura, la energía recibida por el elemento captador permite generar la alimentación necesaria para el funcionamiento de los circuitos electrónicos internos de la etiqueta desde que ésta llega a la zona de diálogo.

- Fase 2

La etiqueta emite una señal permitiendo a la estación, situada en escucha, identificar su presencia.

- Fase 3

La estación, a partir de la señal "presencia de etiqueta", transmite una orden de lectura o escritura de la forma:

lectura = dirección de comienzo de la lectura

número de octetos a leer

bits específicos del comando

escritura = dirección de comienzo de la escritura

número de octetos a escribir

bits específicos del comando

octetos a escribir

- Fase 4

El microcontrolador de la etiqueta verifica la coherencia del comando.

- Fase 5

Si la orden es correcta, es ejecutada. Si la orden es incorrecta, la etiqueta emitirá otra vez la señal "presencia de etiqueta" y una nueva tentativa podrá ser efectuada por la estación.

6.6.4 Pepperl+Fuchs

Otro ejemplo de plot de lectura/escritura son los identificadores de productos de Pepperl+Fuchs.

En la Figura 6.38 se observa una unidad de control de un sistema de identificación de productos de la casa Pepperl+Fuchs. Esta unidad de identificación permite leer y escribir pastillas de memoria como las de la Figura 6.40, por medio de cabezas de lectura/escritura como las de la Figura 6.39. La unidad de control permite conectar hasta cuatro cabezas de lectura y escritura. Para intercambiar información con los autómatas dispone de un puerto serie RS232 y también de una conexión en formato RS485 ó RS422.

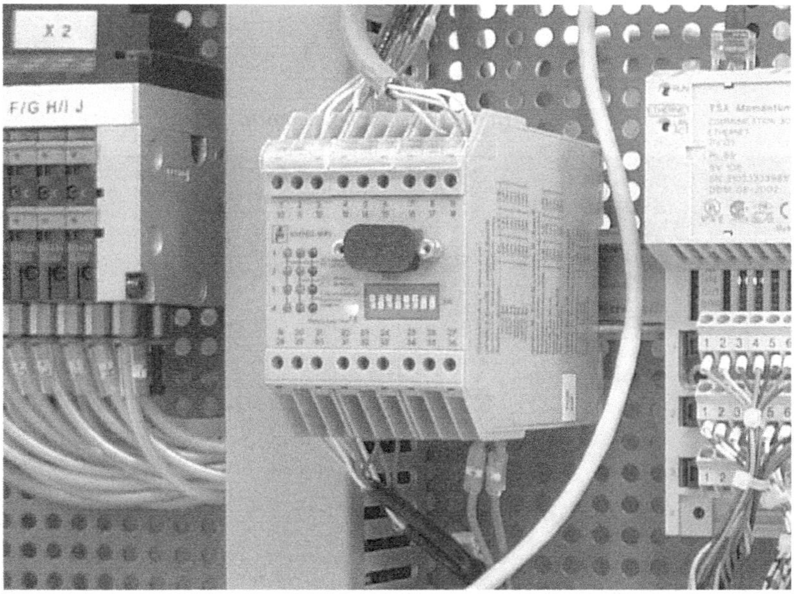

Figura 6.38 Unidad de control de cuatro cabezas de lectura/escritura

Del bornero superior parten de la parte izquierda dos cables de comunicación con cabezas de lectura/escritura y a la derecha el cable de comunicación con el autómata programable en nivel físico RS485. En el bornero inferior parten de la parte izquierda dos cables de comunicación con cabezas de lectura/escritura y a la derecha los dos cables de alimentación a 24 voltios.

Figura 6.39 Cabeza de lectura/escritura

Figura 6.40 Pastilla de memoria

Figura 6.41 Puertos de comunicación serie

Para comunicarse con el identificador de productos el autómata necesita disponer de puertos serie de nivel físico RS485. En la Figura 6.41 se observa un autómata premium con dos tarjetas PCMCIA de comunicación por puerto serie en nivel físico RS485 (módulos tercero y cuarto por la derecha).

6.7 COMUNICACIÓN

Todos los autómatas programables llevan incorporado un sistema de comunicación básico que permite su programación mediante ordenador. Normalmente consiste en una comunicación serie asíncrona que cumple los estándares RS232 C o RS485.

La comunicación serie asíncrona permite el intercambio de caracteres entre el autómata y el ordenador en el proceso de programación, o bien el envío de caracteres a una impresora serie o de mensajes a una terminal de explotación o visualización. Esta comunicación se puede considerar lenta, permitiendo una velocidad máxima de unos 19200 baudios. En la Figura 6.42 se contempla la configuración de la toma terminal en un autómata Premium.

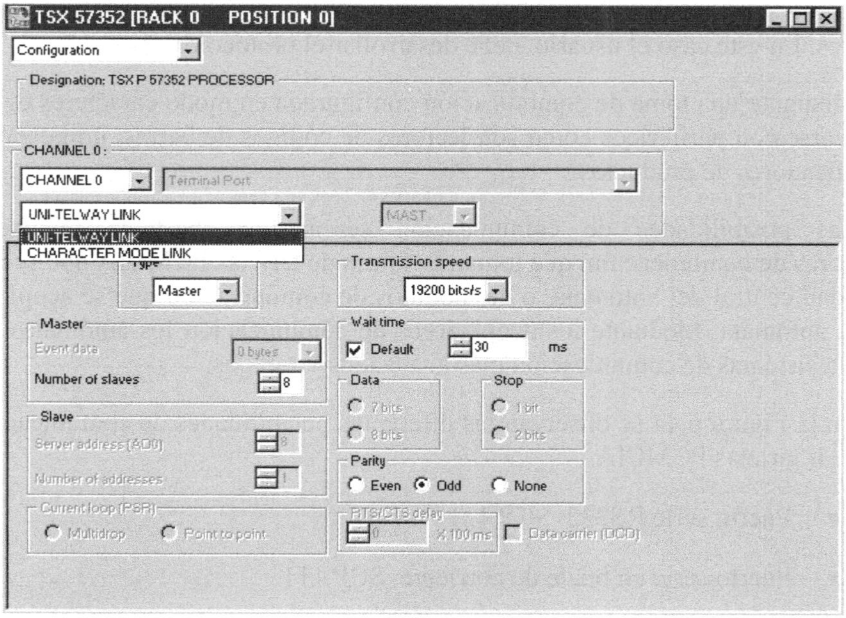

Figura 6.42 Configuración de un módulo de comunicaciones Autómata TSX Premium

La toma de comunicación está configurada para desarrollar la comunicación en protocolo Unitelway, protocolo propio de los autómatas Telemecánica. El protocolo Unitelway es un protocolo maestro-esclavos, donde el maestro es el autómata y los esclavos pueden ser el software de programación en el ordenador, las terminales de visualización o explotación, variadores de velocidad, etc.

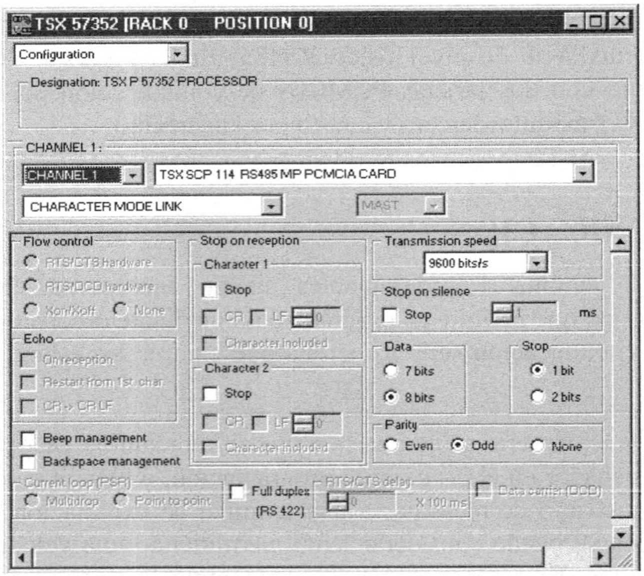

Figura 6.43 Configuración de una Comunicación en modo caracteres

Como se puede observar también se puede configurar para el intercambio de caracteres. En este caso el usuario debe desarrollar el protocolo.

Mediante una toma de comunicación configurada en modo caracteres es posible comunicarse con periféricos como son lectores de códigos de barras, impresoras serie o identificadores de productos.

Las posibilidades de comunicación se amplían bastante mediante los acopladores de comunicación, que toman la forma de tarjetas PCMCIA que se acoplan a la unidad central del autómata, o de módulos de comunicación que se acoplan en el rack del autómata. Mediante los acopladores de comunicación los autómatas pueden acceder a sistemas de comunicación más avanzados y rápidos.

En la Figura 6.44 se observan las diferentes posibilidades de comunicación que ofrecen las tarjetas PCMCIA.

- Puerto serie RS232 SCP 111
- Puerto serie en bucle de corriente SCP 111
- Puerto serie RS485 SCP114
- Tarjetas de comunicación Red Fipway FPP 20 y FPP 200
- Tarjetas de comunicación Bus Fipio FPP 10
- Tarjeta de red Modbus+ MBP 10
- Tarjeta de Modem MDM 10

- Tarjeta comunicación serie RS232 OPEN
- Tarjeta comunicación serie RS485 OPEN

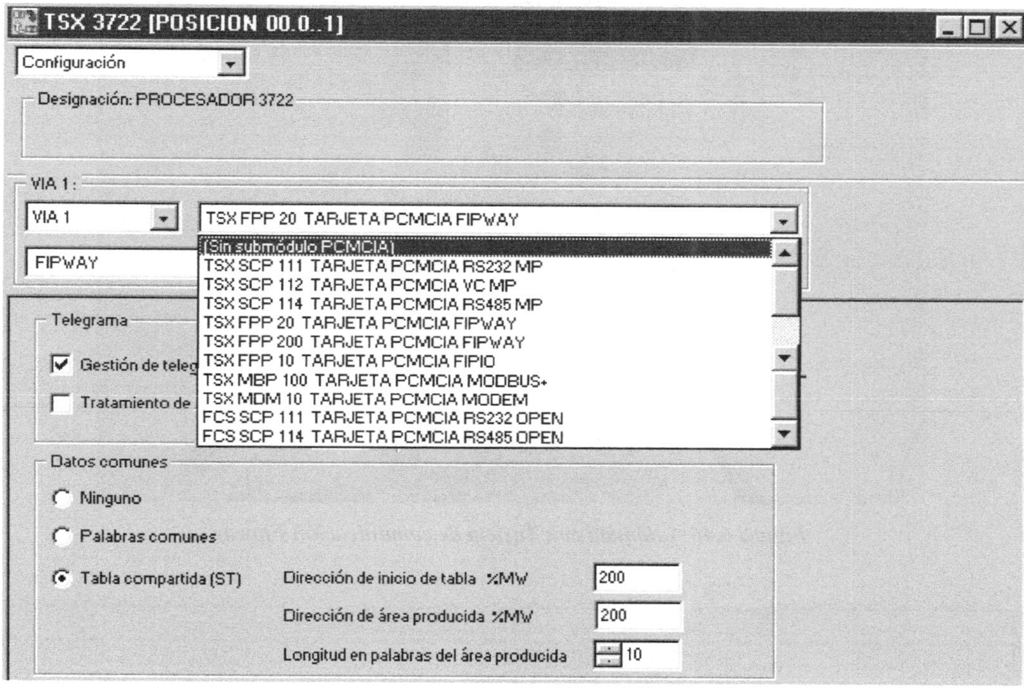

Figura 6.44 Comunicación por tarjetas PCMCIA

Mediante una tarjeta PCMCIA los autómatas Telemecánica pueden acceder a la red Fipway, una red de comunicación en tiempo real, que permite en tiempos mínimos el intercambio de información entre los autómatas estaciones de la red fipway.

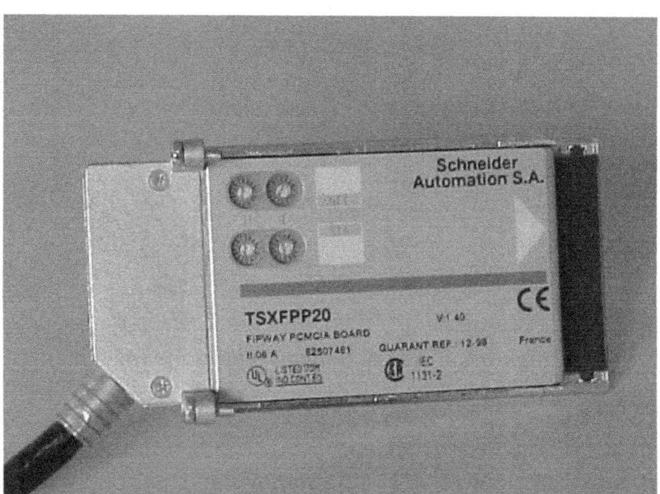

Figura 6.45 Tarjeta PCMCIA de comunicación para Red Fipway

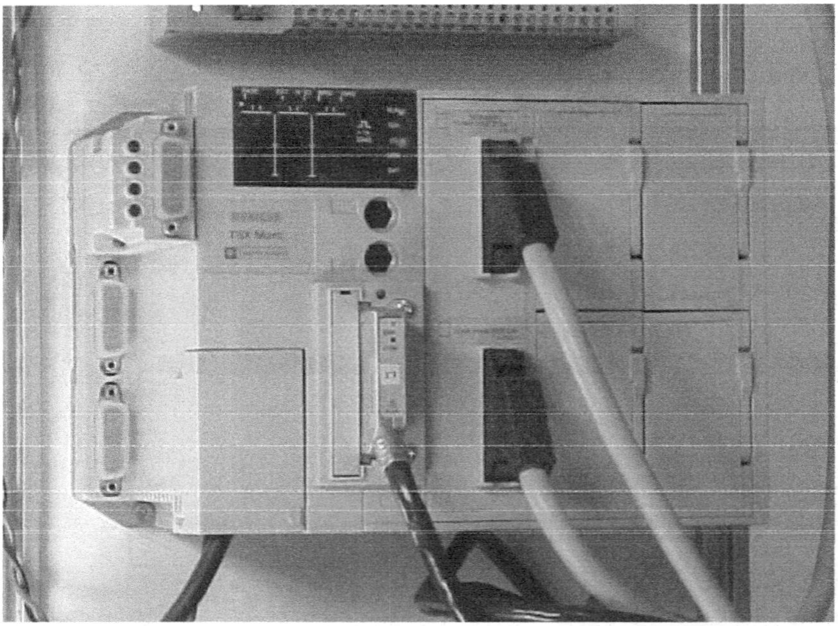

Figura 6.46 Autómata con Tarjeta de comunicación Fipway

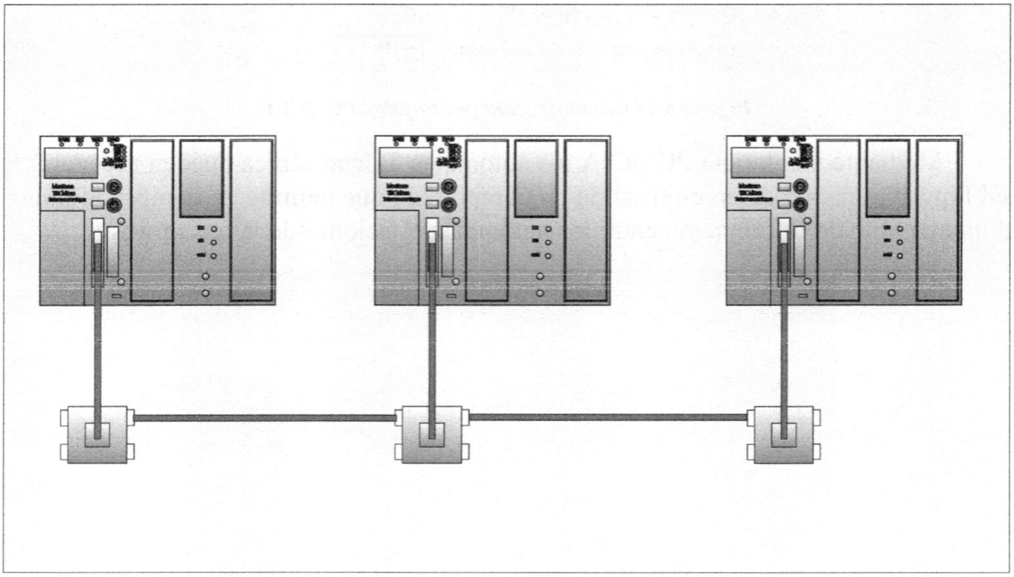

Figura 6.47 Red de comunicaciones Fipway

Los autómatas Micro se pueden comunicar con autómatas nano configurando una red maestro-esclavos, donde los autómatas nano se pueden configurar como autómatas esclavo o como entradas salidas distantes del autómata Micro.

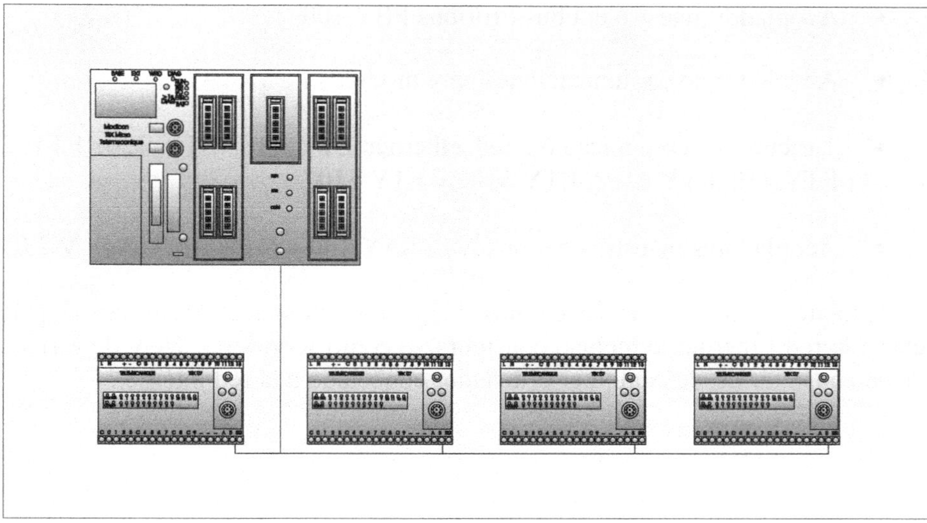

Figura 6.48

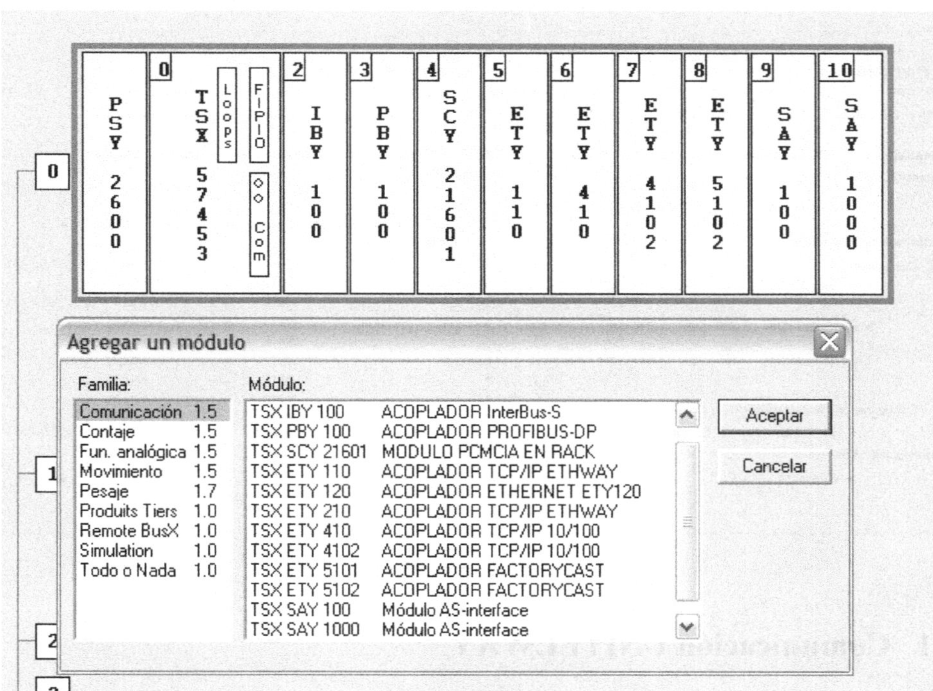

Figura 6.49 Acopladores de comunicación

En la Figura 6.49 se observa la pantalla de configuración hardware de un Autómata Premium, al que se le han incorporado distintos acopladores de comunicación:

- Acoplador maestro del bus Interbus IBY 100

- Acoplador maestro del bus Profibus PBY 100
- Acoplador de comunicaciones para módulos PCMCIA
- Tarjetas de comunicación red ethernet ETY 110, ETY 120, ETY 210, ETY 410, ETY 4102, ETY 5101 y ETY 5102
- Acopladores maestros del bus AS-i SAY 100 y SAY 1000 (As-i V 2.0)

Mediante un acoplador de comunicación los autómatas Premium se pueden conectar a la red Ethernet, e incluso configurarse como servidores Web, de forma que se pueden consultar desde cualquier ordenador conectado a la red internet.

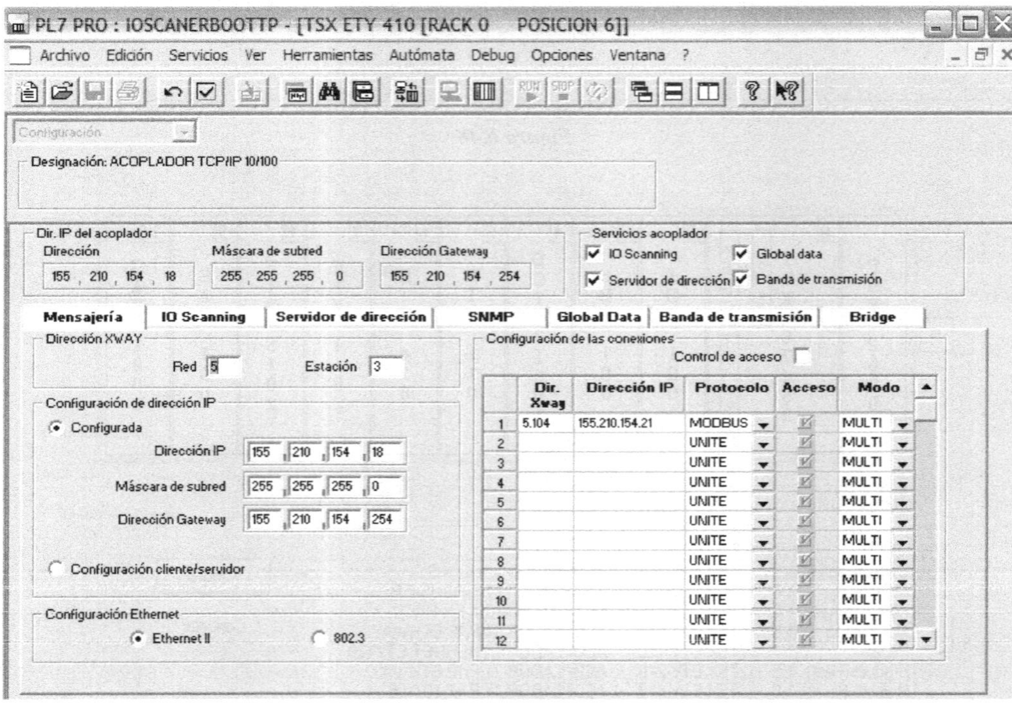

Figura 6.50 Comunicación Ethernet

6.7.1 Comunicación UNITELWAY

La comunicación por el bus UNI-TELWAY permite intercambiar datos entre todos los equipos conectados al bus. Esta comunicación está incorporada de base en los autómatas Telemecánica.

Este tipo de comunicación está disponible en los autómatas programables TSX Micro y Premium. La comunicación Unitelway es del tipo maestro-esclavos. Por defecto el Autómata es el maestro del bus Unitelway.

Los esclavos pueden ser:

- *Terminales de visualización Magelis*
- *Variadores de velocidad*
- *El Ordenador con el software de programación Pl7-Pro*
- *Autómatas TSX Micro o TSX 17 configurados como esclavos*
- *Software SCADA SPIA*

El enlace Unitelway se asocia al nivel físico:

- *RS 232.*
- *Bucle de corriente 20 mA.*
- *RS485 Multipunto.*

Un autómata esclavo puede disponer de hasta tres direcciones en el bus UNI-TELWAY:

- Una dirección de servidor, llamada Ad0, obligatoria y codificada en la configuración. Permite acceder en el sistema del autómata a las funciones de ajuste, diagnóstico, lectura o escritura de variable, carga o descarga de programa, etc.
- Una dirección de aplicación cliente, llamada Ad1, asignada opcionalmente en la configuración al acoplador esclavo. Permite emitir mensajes o peticiones, que requieren una respuesta o no, hacia otro equipo conectado al bus UNI-TELWAY.
- Una dirección de aplicación escucha, llamada Ad2, asignada opcionalmente en la configuración al acoplador esclavo. Permite recibir la petición Datos no solicitados proveniente de otro equipo conectado al bus UNI-TELWAY.

Las direcciones Ad0, Ad1 y Ad2 son consecutivas (Ad1 = Ad0 + 1 y Ad2 = Ad0 + 2).

El número máximo de esclavos es de ocho en la toma terminal, y de 31 con tarjeta de comunicación PCMCIA TSX SCP 111.

La velocidad de comunicación puede alcanzar los 19200 baudios. El bus Unitelway es un bus lento que sólo permite la comunicación al nivel de mensajes, no el intercambio con módulos de entradas/salidas distribuidas.

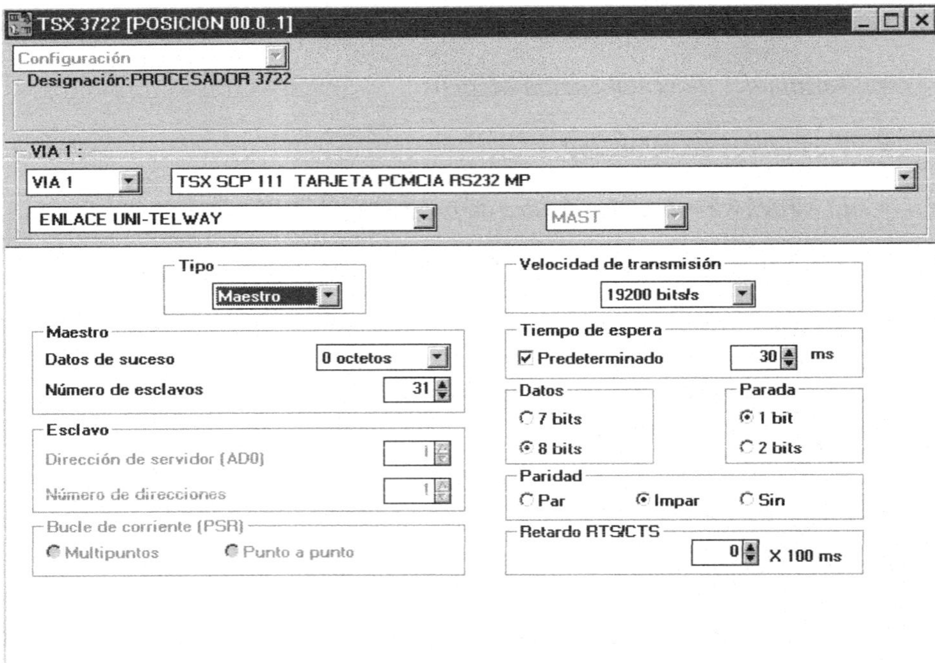

Figura 6.51

El Autómata programable maestro envía llamadas a los esclavos (pollings). Primero envía el polling al esclavo y espera 30 msg a que se identifique (eot), a continuación envía el polling al esclavo 2, y continúa con los demás esclavos. Si un esclavo se identifica, en la siguiente llamada del maestro podrá enviar peticiones al maestro. El software de programación Pl7 Pro funciona como esclavo Unitelway. El software de programación PL7 Pro utiliza varias direcciones de esclavos, de esta forma se logra hacer más rápidos los procesos de envío y recepción de programas.

Figura 6.52 Petición a Maestro

Los esclavos también pueden enviar peticiones a otros esclavos, pero estas peticiones deben pasar a través del maestro.

Figura 6.53 Petición a Esclavo

6.7.2 Comunicación en la red FIPWAY

FIPWAY es la red de célula económica conforme con la norma FIP. FIPWAY garantiza una coordinación sencilla y eficaz entre todos los autómatas programables TSX Micro, TSX Premium y TSX serie 7.

Gracias a su modo de funcionamiento preestablecido y a su mecanismo de árbitro de bus flotante, la red FIPWAY arranca automáticamente en el momento en que se conectan a la tensión los equipos, sin necesidad de configuración previa. Los servicios disponibles en FIPWAY son:

- *Base de datos distribuidas: palabras comunes (COM) intercambiadas cíclicamente entre las 32 primeras estaciones con programa aplicación, y utilizadas en cada punto como variables locales.*

- *Tabla compartida: intercambio cíclico de datos entre estaciones TSX 37 (sin programa de aplicación).*

- *Mensajería industrial UNI-TE para las comunicaciones paritarias entre equipos. Se emplea para todas las funciones de mando, de ajuste, de diagnóstico y de transferencia de programa.*

- *Comunicación de aplicación a aplicación entre todos los equipos de la arquitectura mediante funciones de comunicación PL7 Micro (mensajes estandarizados o telegramas).*

- *Transparencia multired gracias al mecanismo de direccionamiento X-WAY que permite, por ejemplo, que un terminal conectado a un autómata en cualquier punto de una instalación pueda acceder a cualquier otro equipo de la arquitectura como si estuviera físicamente conectado a él.*

Servicio tabla compartida

Mediante el servicio de tabla compartida se configura el intercambio y comunicación de una tabla de 128 palabras internas entre todas las estaciones configuradas de la red. Esta tabla de palabras "reside" en todos los autómatas de la red simultáneamente. La red Fipway garantiza que la tabla se actualiza 25 veces por segundo.

Cada autómata puede escribir en una zona o Área producida. La longitud del Área por cada Autómata producida es de un máximo de 32 palabras. En el resto de la Tabla el Autómata sólo puede leer.

En la configuración de cada estación se debe definir la dirección de inicio de la tabla, la dirección del Área producida y la longitud del área producida. La dirección de inicio de la tabla puede ser diferente en cada Autómata, pero se recomienda que por simplicidad esa dirección sea la misma en todos los Autómatas. Las Áreas producidas deben asignarse en orden según el número de estación.

En el ejemplo se ha configurado en tres estaciones un servicio de Tabla Compartida que empieza en la palabra 200 y termina en la 327. La estación 1 produce en el Área de palabras de la 200 a la 229. La estación 2 produce en el Área de palabras de la 230 a la 259. La estación 2 produce en el Área de palabras de la 260 a la 289.

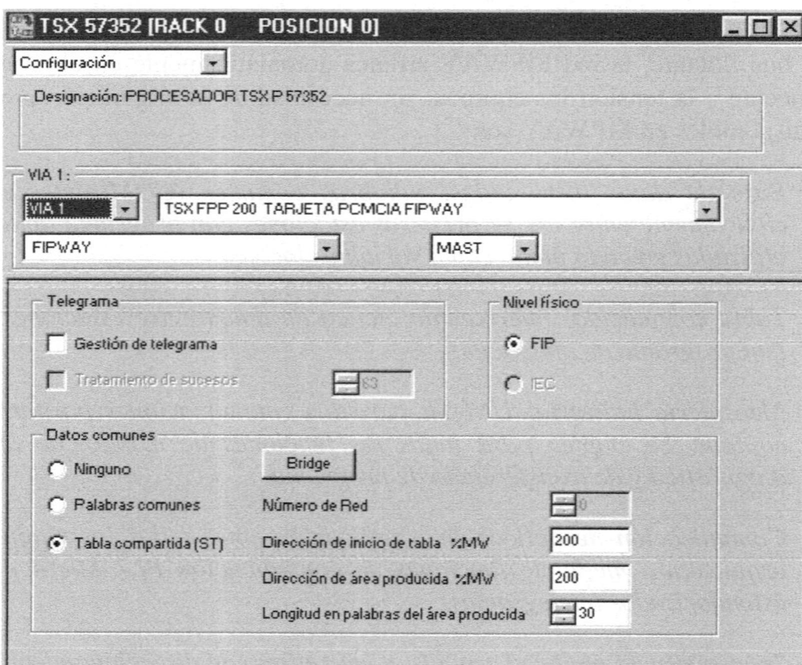

Figura 6.54 Configuración de la Estación 1

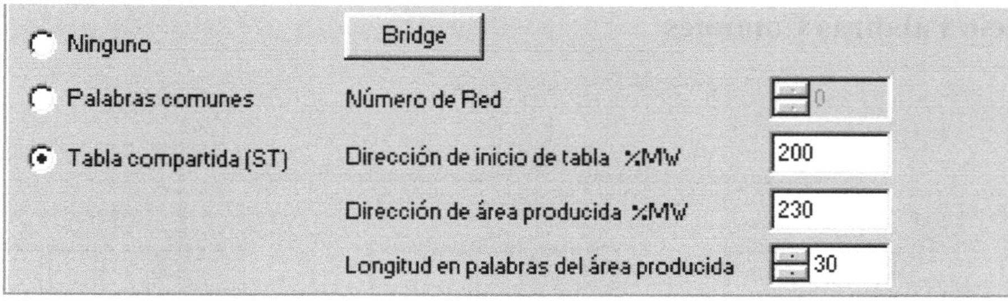

Figura 6.55 Configuración de la Estación 2

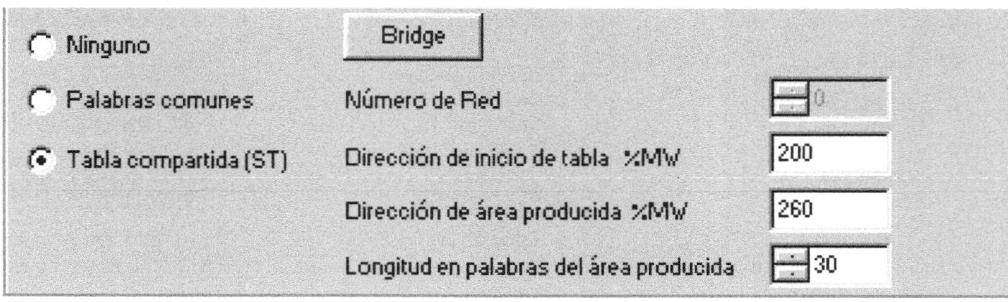

Figura 6.56 Configuración de la Estación 3

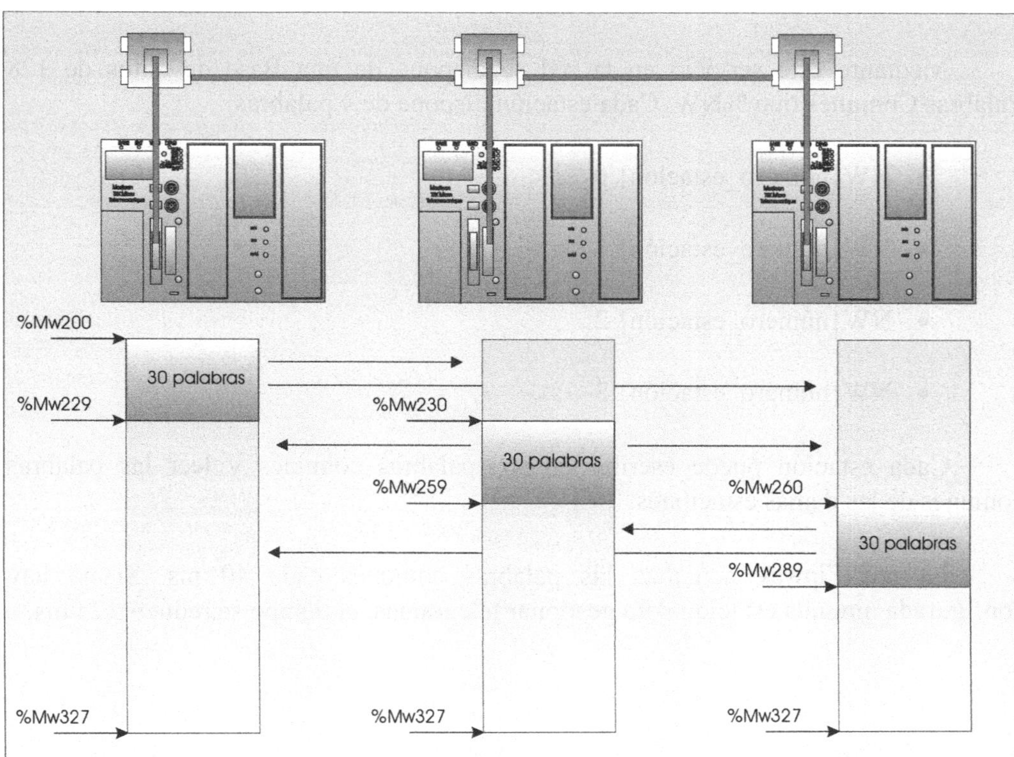

Figura 6.57 Comunicación por tabla Compartida

Servicio Palabras Comunes

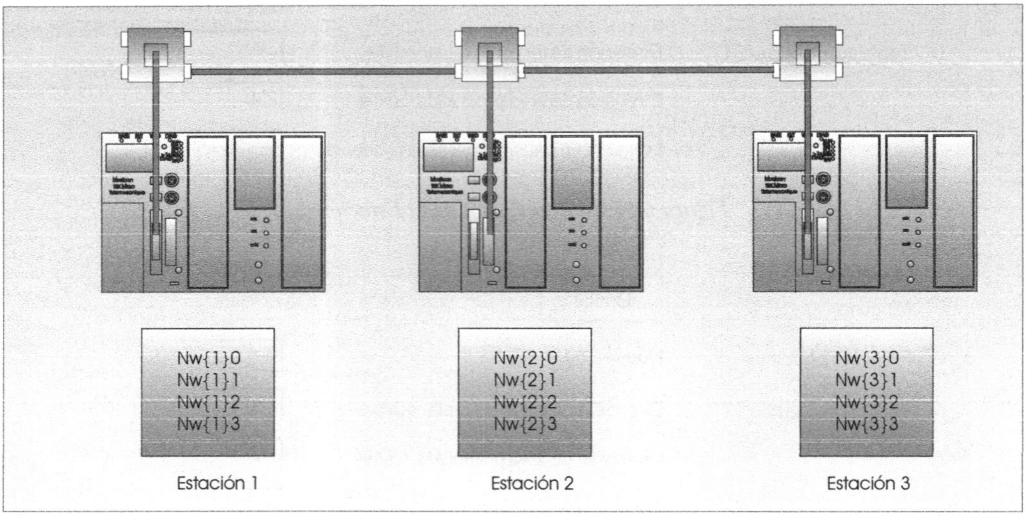

Figura 6.58 Servicio Palabras Comunes

Mediante este servicio en la red se dispone de una Base de datos de 128 Palabras Comunes tipo %NW. Cada estación dispone de 4 palabras:

- NW{número_estación} 0
- NW{número_estación} 1
- NW{número_estación} 2
- NW{número_estación} 3

Cada estación puede escribir en sus palabras comunes y leer las palabras comunes de las demás estaciones.

La red Fipway actualiza las palabras comunes cada 40 ms. Si no hay configurada ninguna estación para gestionar telegramas, el tiempo se reduce a 25 ms.

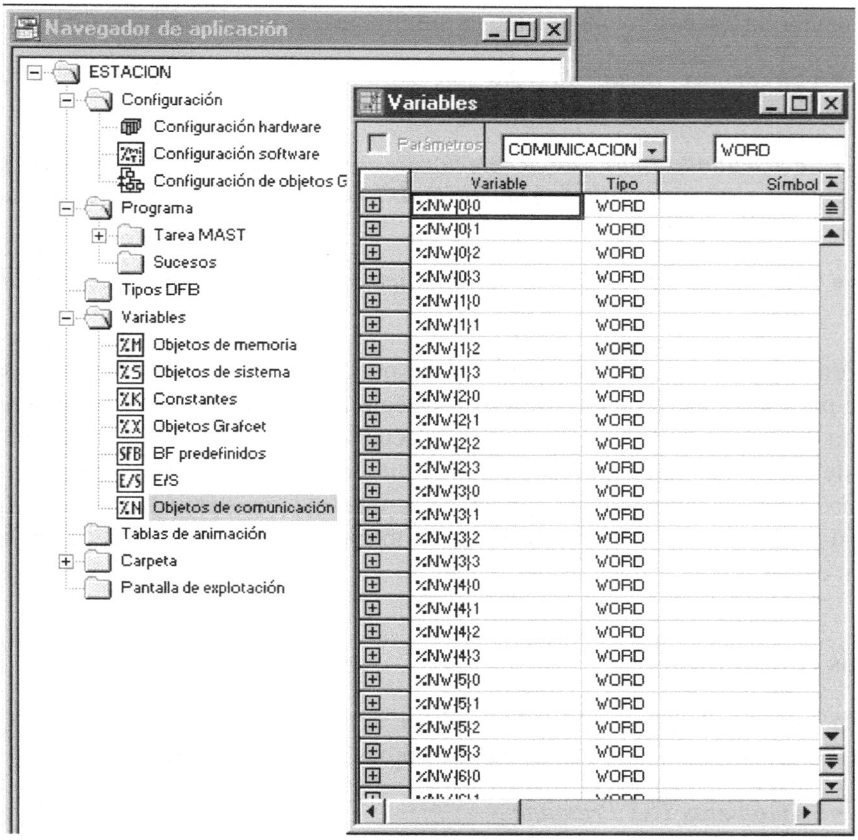

Figura 6.59 Objetos de Comunicación. Palabras Comunes

Gestión de la comunicación

Una red FIP no puede funcionar sin la presencia de un árbitro de bus activo en la red.

Toda estación conectada a una red FIPWAY posee la función de potencial árbitro de bus. Tan pronto se conecta a la tensión, cada árbitro de bus potencial lanza la elección del árbitro de bus activo.

El procedimiento de elección está basado en el desarrollo de una temporización cuyo valor inicial depende de la dirección física de la estación y de la prioridad de esa estación en el papel de árbitro de bus. La cuenta atrás de dicha temporización se efectúa a partir de la detección de una situación de inactividad en la red. La estación cuya temporización llega en primer lugar a cero se pone a la cabeza de la red y se convierte así en el árbitro de bus activo.

Cuando la conexión a la tensión es simultánea, es elegido árbitro de bus activo:

- *En primer lugar, la estación cuya prioridad sea elevada (autómatas programables y terminales tipo PC).*
- *En segundo lugar, en el interior de un conjunto de estaciones que posean todas el mismo nivel de prioridad, la estación cuya dirección física tenga el valor más pequeño.*
- *La puesta en servicio de un autómata relanza la elección del árbitro del bus.*

Toda estación conectada a la red responde cíclicamente al escrutinio de la variable presencia que produce. Desde su elección, el árbitro de bus activo controla la presencia del conjunto de las estaciones conectables, y facilita a la aplicación huésped la lista de estaciones que han respondido o que no hayan respondido a su variable de presencia. Una estación recién conectada a una red en servicio y que tenga una dirección física idéntica a una instalada anteriormente, no puede ser insertada ni en la red ni en el bus.

Equipos conectables

En este apartado se pretende explicar cómo se realiza la conexión a la red FIPWAY en función de las características propias de las estaciones:

- *Autómatas TSX Premium.*
- *Autómatas TSX 17-20.*
- *Autómatas TSX 37.*
- *Ordenadores PC.*

Rendimientos de la red

El principio de funcionamiento de una red FIPWAY permite disponer, para una configuración dada, de tiempos de ciclo de red garantizados y constantes, cualesquiera que sean el tráfico y el número de estaciones. Con esto, una instalación FIPWAY puede desarrollarse incorporando o suprimiendo estaciones sin que sus prestaciones se vean alteradas.

El Tiempo máximo de transmisión es:

- Telegramas (TLG):

Los mensajes a aplicaciones prioritarias se transmiten en menos de 10 ms contando con un telegrama por estación.

- Palabras comunes (COM):

La puesta al día del conjunto de la base de datos de las palabras comunes se efectúa cada 40 ms mejorándose hasta los 25 ms si suprime el servicio de telegramas.

- Tabla compartida:

La actualización del conjunto de la zona global de intercambio se realiza cada 40 ms.

- Mensajería UNI-TE:

Estos mensajes se comunican normalmente en menos de 80 ms aunque, en caso de volumen importante de tráfico, deben aguardar varios ciclos antes de transmitirse.

Contando con una red de tales características, el tiempo de respuesta de las aplicaciones depende casi exclusivamente de las capacidades de procesamiento de los equipos conectados, si bien es cierto que el tiempo de tratamiento de un equipo puede variar de uno a dos tiempos en función de los asincronismos.

CAPÍTULO 7

BUSES DE CAMPO

7.1 INTRODUCCIÓN

Los sistemas de cableado tradicionales, como son el cableado clásico o mediante bases de precableado, presentan problemas que han sido detallados en el capítulo anterior de sistemas de cableado. Cada captador es cableado al autómata mediante dos o tres cables, lo que supone que por cada final de carrera el operario que realiza la instalación tiene que apretar como mínimo 4 tornillos (dos del captador y 2 del autómata).

El número de cables crece con el número de captadores y accionadores complicando el proceso de puesta en marcha de una instalación. Los cables deberán ser numerados en sus dos extremos y también utilizar mangueras de cables multicolores para evitar la confusión. En los cables de señal se pueden inducir ruidos que den lugar a fallos en el funcionamiento, sobre todo en la medida y el control de señales analógicas.

Otro problema es que los captadores y accionadores sólo pueden ser leídos y escritos desde el autómata al que están cableados. A su favor los sistemas de cableado tradicionales cuentan con muchos operarios con gran experiencia en la realización y mantenimiento de ese tipo de instalaciones.

A finales de los ochenta y sobre todo en los noventa aparecen en el mercado nuevas opciones que cambian radicalmente el sistema de comunicación entre captadores y accionadores y la unidad de control. Estas nuevas opciones son los buses de campo.

Expuesto de una manera bastante simplificada, en los buses de campo, a través de un cable de comunicación serie. el Autómata establece un diálogo con los captadores y accionadores. Esta comunicación no sólo se establece con los captadores clásicos, "todo o nada" y analógicos, sino también con los denominados genéricamente dispositivos inteligentes. Estos dispositivos pueden ser variadores de velocidad, controladores de robots, arrancadores, reguladores PID, terminales de visualización, sistemas de identificación... e, incluso, autómatas programables, ordenadores industriales y sistemas de programación y configuración.

Los buses de campo se usan como sistema de comunicación entre los elementos de control industrial y los dispositivos de campo. Las aplicaciones basadas en buses de campo, en comparación con los sistemas de cableado tradicionales, reducen el coste de cableado, configuración y mantenimiento. Por el cable de comunicación del bus se transmite toda la información relevante en un proceso automatizado, los datos de entrada y salida de los captadores y accionadores, y también los datos de parametrización, datos de diagnóstico y programas de aplicación.

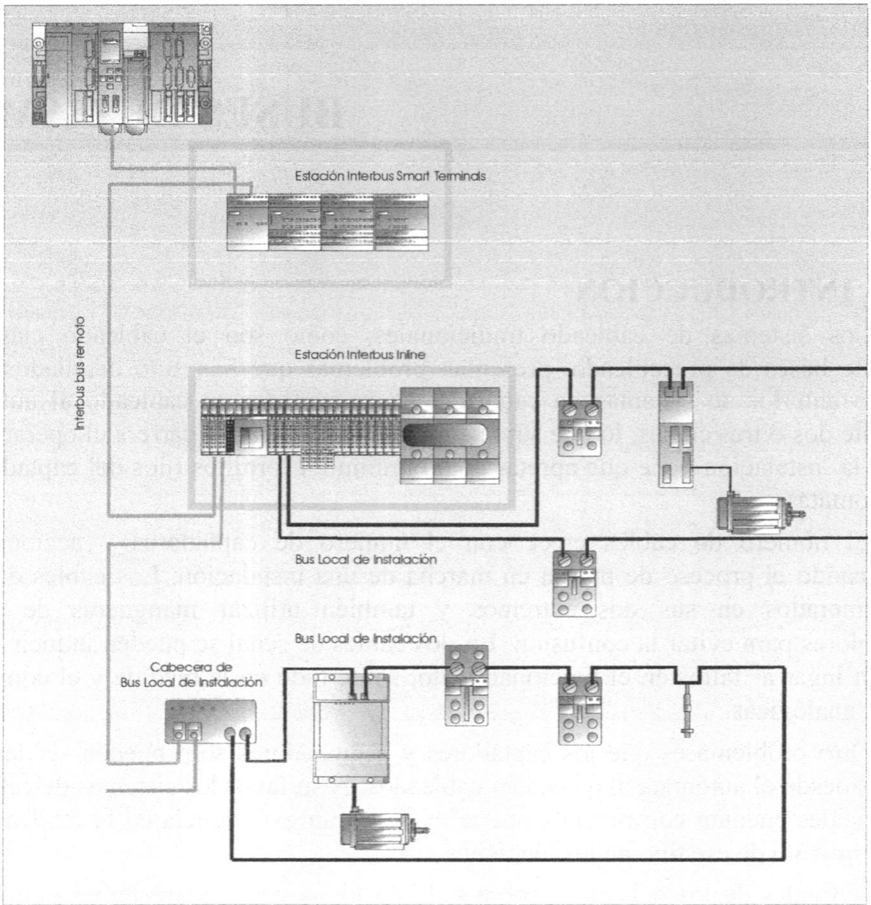

Figura 7.1 Bus de campo

En las instalaciones realizadas mediante el sistema de cableado clásico, para que el autómata trabaje con dispositivos inteligentes se deben emplear varias entradas/salidas digitales y/o analógicas. Para que un autómata comande un accionamiento de velocidad variable a través de un variador, se tienen que cablear en principio una salida analógica, algunas salidas digitales, algunas entradas digitales, y es posible que alguna entrada analógica.

Los buses de campo permiten la comunicación con dispositivos inteligentes mediante un cable de comunicación serie. Las modificaciones y ampliaciones de las instalaciones se pueden realizar fácilmente con sólo extender el cable del bus y conectar los nuevos dispositivos. En las instalaciones realizadas con el sistema de cableado clásico, para prevenir en caso de futuras reformas o ampliaciones, en los racks de los autómatas se suele dejar un 20% de módulos libres.

7.1.1 Servicios de comunicación en los buses de campo

Los captadores y accionadores clásicos se conectan en el bus a módulos de entrada/salida digitales y analógicos los cuales sólo transmiten datos de entrada y reciben datos de salida. Dado que se debe garantizar el control en tiempo real del proceso de fabricación, el intercambio de datos entre el autómata y los captadores y accionadores tiene unos requisitos temporales muy fuertes. El bus de campo debe garantizar la transferencia cíclica en un tiempo máximo de los datos de entrada y de salida. El autómata debe leer todos los captadores y escribir todos los accionadores en un tiempo inferior a un ciclo de programa de autómata. El tamaño de los datos de entrada/salida que puede transmitir cada elemento conectado al bus se reduce drásticamente para garantizar la eficiencia de la comunicación.

Pero los dispositivos inteligentes tienen otros requisitos de comunicaciones. Necesitan ser programados, configurados, testeados... Para realizar estas funciones a través del bus de campo, éste debe permitir el intercambio de datos y en el envío de programas en tamaños que van desde Kbytes a Mbytes. El envío de estas informaciones se realiza por medio de las funciones suministradas por el protocolo de comunicaciones en pequeños paquetes.

Por lo tanto, en el bus se deben transmitir dos tipos de datos:

- Datos de proceso o de entrada/salida.
- Parámetros o Mensajes.

Datos de proceso

Los datos de proceso o datos de entrada/salida se caracterizan por su influencia directa sobre el sistema controlado. Señales que actúan sobre los contactores, válvulas, referencias, variables de proceso… son datos de entrada/salida.

Los datos de entrada/salida deben ser continuamente actualizados por medio del bus de comunicación, tienen un carácter cíclico. Por ejemplo, para realizar tareas de control automático de procesos es necesario que las variables de proceso sean leídas con un periodo de muestreo determinado. El cálculo correcto del control exige una transmisión de datos continua y realizable a intervalos de tiempo iguales entre el sensor y la unidad de control. Igualmente habrá una transmisión de datos con los mismos requerimientos entre la unidad de control y el accionador del proceso. El tiempo de ejecución de una tarea de control programada en un autómata puede estar en torno a los 5…50 ms. La actualización de datos de entrada-salida en el bus debe ser realizada en un tiempo inferior al del ciclo del autómata para todos los dispositivos conectados al bus.

Los datos de entrada/salida de cada dispositivo no suelen tener una complejidad muy alta, siendo en total de unos pocos bytes. De forma que se puede conectar al bus un gran número de dispositivos de campo. Tienen una estructura sencilla, son unos pocos bytes cuyo destino u origen en el bus se identifica por la dirección del dispositivo en la red. En el acoplador de comunicación existirá una zona de memoria de entrada que será actualizada por el bus de campo (los datos de entrada). El bus de campo leerá todos los datos de los módulos de entrada y los vuelca en la zona de memoria de entrada. También existirá una zona de memoria de salida que será actualizada por la tarea de control del autómata y enviada mediante el bus a los módulos de salida.

La transmisión de datos se realiza de una forma transparente al programa de usuario. El programador trata los datos entrada/salida de la misma forma que las señales cableadas en los módulos situados en el propio rack del Autómata. Sólo debe conocer la topología del bus para direccionar correctamente los datos de entrada/salida.

Parámetros o mensajes

Los llamados parámetros tienen la función de ajustar, monitorizar y programar dispositivos inteligentes. No disponen del carácter de información cíclica que tienen los datos de proceso. Esta información es transmitida solamente por demanda y no de una manera recurrente. La transmisión de la información de parámetros requiere una especial seguridad. El tamaño de la información paramétrica en el área de los sensores y actuadores va desde 10 a 100 bytes por dispositivo hasta 100 Kbytes para los programas de determinados dispositivos inteligentes. Esta transmisión de datos no tiene apenas requisitos de tiempo, pudiendo ser de 100 a 500 ms para la función de monitorizar y de varios minutos incluso para la función de programación.

Debido a que los dispositivos inteligentes pueden enviar y recibir un amplio rango de datos e informaciones, un bloque de parámetros no solamente se identifica por la dirección del dispositivo, sino que requiere información adicional que describa el tipo de información.

Perfiles

Estos dos tipos de datos descritos pueden ser utilizados en todos los dispositivos sensores y actuadores. Los sensores y accionadores básicos (detectores de proximidad, contactores, etc.) pueden ser caracterizados perfectamente por los datos de entrada/salida. Los dispositivos de campo inteligentes, tales como servos, identificadores o controladores de robots, necesitan los dos tipos de datos para ser caracterizados. La descripción completa de un dispositivo se conoce como perfil. En los buses de campo se definen perfiles para gran cantidad de dispositivos:

- Módulos de Entrada/salida digitales
- Módulos de Entrada/salida Analógicos
- Módulos funcionales
- Variadores de frecuencia

- Servomecanismos
- Control de motores paso a paso
- Arrancadores
- Encoders
- Sistemas de pesaje y dosificación de productos
- Resolvers
- Plots de Lectura Escritura
- Lectores de códigos de barras
- Escáners
- Controladores de Posición
- Sistemas de Soldadura
- Controladores del Robot
- Controladores multiprocesadores

Los fabricantes de productos de automatización industrial deben ajustarse a los perfiles definidos por los diferentes buses de campo. Para poder comunicar sus productos, existen kits de desarrollo suministrados por las organizaciones que respaldan los diferentes buses de campo que permiten desarrollar los comunicadores necesarios para los dispositivos que se integran en el bus.

Comunicación en el Bus

Los métodos utilizados en los buses de campo para actualizar los datos de proceso o entrada/salida son:

- Strobe

  Petición de información por parte del maestro y envío desde los dispositivos esclavos.

- Polling

  El maestro envía información de salida al dispositivo y éste le responde con la información de entradas.

- Cambio de estado

  El dispositivo no transmite información hasta que se modifica el estado de las variables. Muy eficiente en sistemas discretos.

- Cíclico

  El dispositivo envía la información a la red en un intervalo de tiempo prefijado.

- Trama-suma

  Método utilizado en el bus de campo Interbus gracias a su estructura física en anillo. Los esclavos envían a través del anillo el estado de sus entradas al maestro y reciben los datos de las salidas, formando el maestro y los esclavos un gran registro de desplazamiento.

Además, el bus de campo debe incorporar los servicios de comunicación necesarios para los procesos de configuración, programación y test de los dispositivos inteligentes conectados al bus.

7.1.2 Protección de los dispositivos del bus

Los elementos esclavos que conectamos en bus deben estar en el "campo", es decir, en las máquinas y por lo cual deberán disponer de un nivel de protección adecuado al ambiente industrial en el que van a efectuar su función. Los niveles de protección de los elementos de los buses de campo se basan en normas definidas por la Comisión Electrotécnica Internacional (IEC).

La protección se denomina IP- ## donde ## son dos números característicos:

Primer número característico	Nivel de protección contra el contacto y penetración de cuerpos sólidos
0	Sin protección
1	Protegido contra objetos extraños sólidos de 50 o más milímetros
2	Protegido contra objetos extraños sólidos de 12 o más milímetros
3	Protegido contra objetos extraños sólidos de 2,5 o más milímetros
4	Protegido contra objetos extraños sólidos de 1 o más milímetros
5	Protegido contra el polvo
6	Estanco al polvo

Figura 7.2 Grado de protección. Primer número característico

Segundo número característico	Nivel de protección contra la penetración de líquidos
0	Sin protección
1	Protegido contra gotas de agua que caen verticalmente
2	Protegido contra gotas de agua que caen verticalmente cuando el encapsulado está inclinado hasta 15°
3	Protegido contra rociado de agua
4	Protegido contra salpicaduras de agua
5	Protegido contra chorros de agua
6	Protegido contra fuertes chorros de agua
7	Protegido contra los efectos de una inmersión temporal en agua
8	Protegido contra los efectos de una inmersión permanente en agua

Figura 7.3 Grado de protección. Segundo número característico

7.1.3 Buses industriales

Los buses de campo se usan principalmente como un sistema de comunicación entre los sistemas de automatización y los dispositivos de campo. Las aplicaciones basadas en buses de campo, en comparación con los sistemas tradicionales, reducen en un 40% el coste de cableado, configuración y mantenimiento. Solamente dos cables son necesarios para transmitir toda la información relevante en un proceso automatizado. No solamente los datos de entrada y salida de los captadores y accionadores, sino además los datos de parametrización, datos de diagnóstico y programas de aplicación.

En la actualidad existen en el mercado gran cantidad de buses de campo diferentes. Los buses de campo que se han impuesto en el mercado son los que están respaldados por las principales casas de Autómatas, como son Profibus, Device Net y FIPIO. El bus Profibus está respaldado por el fabricante alemán Siemens, Device Net está respaldado por Allen Bradley y el bus FIPIO está respaldado por Telemecánica. También se han impuesto en el mercado buses como el AS-i creado por un consorcio de empresas y el bus Interbus creado por Phoenix-Contact. En este capítulo se tratará solamente el bus AS-i. En el capítulo siguiente se tratarán los buses FIPIO, Profibus e Interbus.

Los buses FIPIO, Profibus e Interbus se pueden definir como buses de campo y célula. Permite la comunicación entre estaciones a nivel de célula y la lectura de captadores y el mando de accionadores a nivel de campo. El bus AS-i sólo trabaja a nivel de captadores y accionadores, es un bus de campo que se puede utilizar como sub-bus de otros buses. Existen pasarelas para conectar el bus AS-i a FIPIO, Profibus e Interbus. En este caso el bus AS-i actúa como un simple nodo del bus de nivel superior.

7.2 EL BUS AS-i

El bus AS-i surgió en el Año 1990 por iniciativa de un grupo de unas diez empresas, en su mayor parte fabricantes de sensores y accionadores. El objetivo del grupo era definir un sistema de comunicación y cableado único en el nivel de los sensores y accionadores, lo que determinó la denominación AS-i, siglas de Actuator Sensor Interface. En 1992 se crea una asociación encargada de coordinar la producción de componentes AS-i de los distintos fabricantes. Esta asociación reúne en la actualidad a los líderes europeos del mercado de sensores, accionadores, autómatas programables, sistemas de control y de conéctica. Cuenta con el apoyo de poderosas empresas de Alemania, lugar donde nació la asociación, y de numerosos países europeos.

La misión de la asociación AS-i consiste en:

- Difundir el concepto AS-i a escala mundial.
- Proporcionar a los usuarios información constante sobre los trabajos relacionados con AS-i.
- Trabajar en la elaboración de los perfiles y especificaciones AS-i.
- Certificar los productos adaptados a las normas unificadas AS-i.
- Gestionar la normalización de dichas normas.

Certificación de productos AS-i

La asociación AS-i se encarga de homologar los productos que cumplen las especificaciones AS-i. El certificado garantiza al usuario el correcto funcionamiento del producto en una arquitectura AS-i, la posibilidad de operar en asociación con otros componentes AS-i y su intercambiabilidad funcional en un bus AS-i.

En efecto, la normalización AS-i que ha emprendido la asociación garantiza que todos los productos con una gama de funciones similar, recogida en un perfil funcional, podrán utilizarse indistintamente con un bus AS-i sin modificar el programa aunque pertenezcan a fabricantes distintos.

Los productos certificados se identifican por la presencia del logotipo AS-i:

Figura 7.4 Logotipo de la certificación AS-i

Los certificados se realizan en laboratorios autorizados por la asociación AS-i.

Cuando los productos han superado todas las pruebas, la oficina de certificación expide al fabricante un certificado donde figuran la descripción del producto, las pruebas realizadas, su finalidad y el resultado de las mismas.

El certificado puede tener una validez limitada aunque se puede revisar en caso de que las especificaciones AS-i cambien substancialmente o el fabricante solicite una nueva certificación. Todos los componentes AS-i se pueden probar en los laboratorios autorizados, utilizando herramientas de prueba específicas. Las pruebas realizadas difieren en función del producto.

La obtención de este certificado permite al fabricante comercializar un producto fiable y garantizado, cuyos usuarios podrán utilizar sin riesgo alguno en una arquitectura AS-i que cumple además con las normas unificadas establecidas, y que ofrece un mantenimiento fácil, una modularidad garantizada y la posibilidad de modificaciones y ampliaciones rápidas y por tanto de coste reducido.

Perfiles

- *De los maestros*

Las especificaciones AS-i definen determinadas funciones del maestro del bus AS-i:

- Lectura y escritura de las entradas/salidas.
- Modificación de los parámetros de los esclavos.
- Test del bus.
- Comprobación de los esclavos presentes con respecto a una configuración de referencia.

- *De los esclavos*

Cada uno de los esclavos conectados al bus AS-i se puede identificar perfectamente gracias a su código identificador y a su configuración de entrada/salida. Estos dos elementos determinan el "perfil" del esclavo.

La descripción detallada de dichos perfiles ofrecen la ventaja de garantizar al usuario la posibilidad de intercambiar las funciones de los productos AS-i. En efecto, todos los equipos con el mismo perfil son intercambiables entre sí, independientemente del fabricante de cada uno.

Principales características y prestaciones

El AS-i es un bus para sensores y Accionadores del tipo todo o nada con topología libre en línea, en anillo, en árbol, etc. Permite realizar acciones reflejas a nivel de los accionadores. El bus AS-i se puede conectar a autómatas programables dotados de módulo maestro AS-i, o bien mediante módulos pasarela conectarlo a buses de nivel superior como pueden ser el bus FIPIO, Modbus o Profibus.

El AS-i es un bus con un maestro único que se encarga de gestionar la comunicación con los esclavos. El maestro pregunta sucesivamente a cada esclavo y espera la respuesta. Ningún esclavo tiene la iniciativa del diálogo, ésta siempre es del maestro.

Las principales características del bus AS-i son:

- Posibilidad de conectar un máximo de 31 esclavos. Los esclavos pueden ser interfaces de bus que permiten conectar varios accionadores/sensores.
- Posibilidad de utilizar un cable plano cuyo perfil sirve como guía de posicionamiento y recubrimiento autocicatrizante en caso de retirada de un equipo. Por dicho cable circulan la alimentación y las señales.
- Tiempo de escrutación del conjunto de los esclavos de 5 ms como máximo con una velocidad de transferencia de datos de 167 Kbits/s.
- Longitud de cable máxima de 100 m por cada segmento de bus.

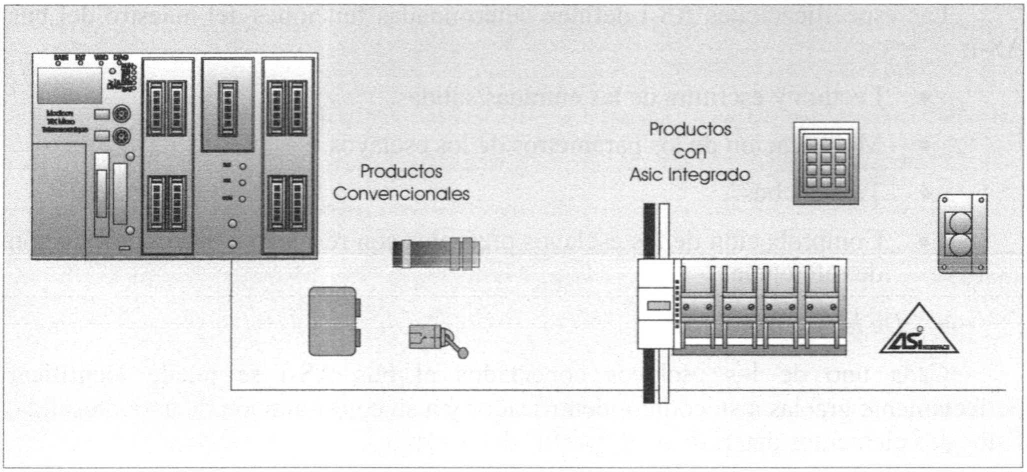

Figura 7.5 Bus AS-i

7.2.1 Componentes básicos del bus AS-i

Chip Asic

Los sensores y actuadores desarrollados para el bus AS-i disponen de un circuito integrado especifico Asic, siglas de Aplication Specific Integrated Circuit, que se integra directamente en el sensor o accionador. Estos son componentes comunicantes. Si se desean integrar en el bus sensores o actuadores estándar, componentes no comunicantes, se dispondrá de una interfaz de conexión que puede admitir hasta cuatro sensores y cuatro accionadores estándar.

El Asic se encarga de gestionar todas las funciones del sensor o del accionador para proporcionar al maestro AS-i información sobre el estado de las entradas/salidas o bien comunicarle la disponibilidad de funcionamiento del sensor o del accionador. El esclavo AS-i viene equipado con el chip Asic. Cada esclavo dispone de:

- 4 bits de entradas digitales
- 4 bits de salidas digitales
- 4 bits de parámetros

Los parámetros de funcionamiento, datos de configuración, códigos de identificación y dirección se guardan en memoria no volátil. Los bits de entradas son adquiridos por el esclavo y enviados al maestro. Los bits de salida son transmitidos por el maestro AS-i a los esclavos.

Los bits de parámetros del esclavo AS-i permiten al maestro AS-i transmitir valores que no se interpretan como salidas. Estos parámetros se pueden utilizar para el control y conmutación de los modos de marcha internos para los sensores y accionadores. Por ejemplo, en una salida motor se puede controlar el sentido de giro, el rearme de las protecciones. En un sensor permite controlar los cambios de escala de sensibilidad, las temporizaciones específicas, etc. Los valores de los parámetros se transmiten al esclavo en la primera conexión al bus.

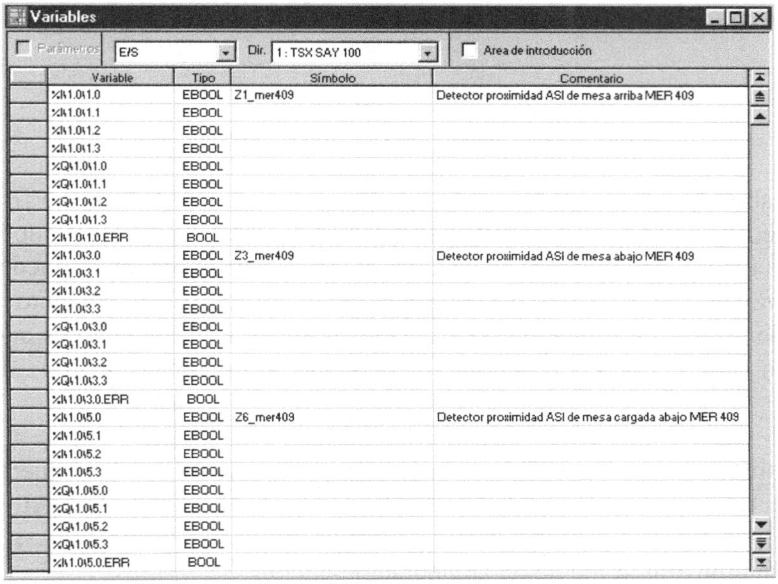

Variable	Tipo	Símbolo	Comentario
%I\1.0\1.0	EBOOL	Z1_mer409	Detector proximidad ASI de mesa arriba MER 409
%I\1.0\1.1	EBOOL		
%I\1.0\1.2	EBOOL		
%I\1.0\1.3	EBOOL		
%Q\1.0\1.0	EBOOL		
%Q\1.0\1.1	EBOOL		
%Q\1.0\1.2	EBOOL		
%Q\1.0\1.3	EBOOL		
%I\1.0\1.0.ERR	BOOL		
%I\1.0\3.0	EBOOL	Z3_mer409	Detector proximidad ASI de mesa abajo MER 409
%I\1.0\3.1	EBOOL		
%I\1.0\3.2	EBOOL		
%I\1.0\3.3	EBOOL		
%Q\1.0\3.0	EBOOL		
%Q\1.0\3.1	EBOOL		
%Q\1.0\3.2	EBOOL		
%Q\1.0\3.3	EBOOL		
%I\1.0\3.0.ERR	BOOL		
%I\1.0\5.0	EBOOL	Z6_mer409	Detector proximidad ASI de mesa cargada abajo MER 409
%I\1.0\5.1	EBOOL		
%I\1.0\5.2	EBOOL		
%I\1.0\5.3	EBOOL		
%Q\1.0\5.0	EBOOL		
%Q\1.0\5.1	EBOOL		
%Q\1.0\5.2	EBOOL		
%Q\1.0\5.3	EBOOL		
%I\1.0\5.0.ERR	BOOL		

Figura 7.6 Bits de entradas-salidas de los esclavos AS-i

Cable de bus

El cable del bus transmite la información y la alimentación a 30 voltios de continua para los sensores y accionadores. Consta de dos hilos sin trenzar y sin apantallar, de sección de 1,5 a 2,5 mm^2.

Pueden ser cables redondos clásicos o cables específicos AS-i. Estos últimos permiten realizar un cableado más rápido y fiable de todos los componentes del Bus AS-i.

Tipos de cables disponibles:

- Cable AS-i
- Cable redondo estándar
- Cable de alimentación auxiliar negro AS-i

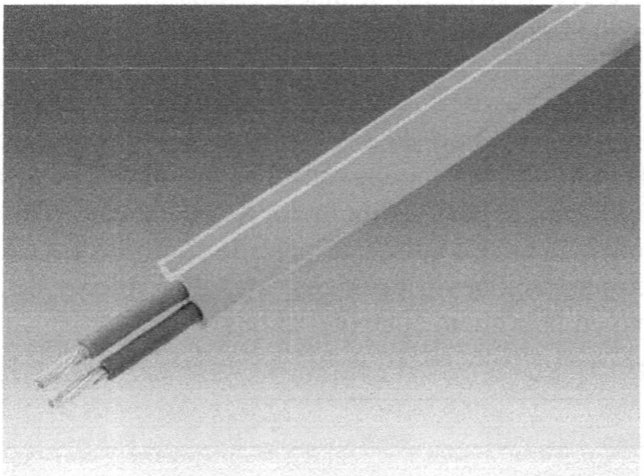

Figura 7.7 Cable plano AS-i con guía de posicionamiento

El cable AS-i es un cable plano de dos conductores y en el perfil tiene una muesca que impide que se invierta la polaridad en la conexión de los componentes. El cable plano no está apantallado. Es de color amarillo y cada segmento puede tener una longitud máxima de 100 m. Se puede añadir al primero otro segmento de 100 m intercalando un repetidor que vuelva a generar la señal. Los conductores pueden tener una sección de 0.75 (para una longitud de cable de 50 m como máximo), de 1.5 o de 2.5 mm^2.

El cable transmite las señales y la tensión continua de 30 voltios que alimenta la electrónica de los sensores, de las interfaces de conexión y también la energía consumida por algunos preaccionadores, siempre que éstos no consuman más de la que puede suministrar la fuente de alimentación del bus.

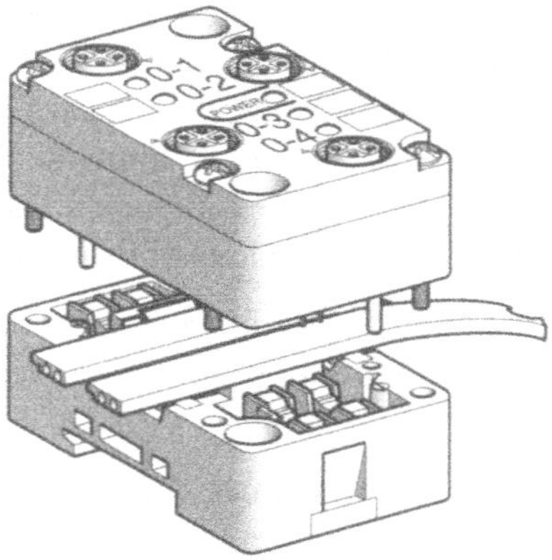

Figura 7.8 Conexión de un Módulo de Usuario de cuatro salidas al bus AS-i

Las propiedades físicas del recubrimiento permiten que los taladros de las tomas vampiro se cierren herméticamente cuando éstas se retiran. Gracias a este tipo de recubrimiento, llamado "autocicatrizante", los componentes del bus se pueden añadir o retirar con mayor comodidad. El proceso de conexión es, en efecto, muy rápido, ya que las tomas vampiro perforan el recubrimiento aislante y establecen el contacto, garantizando una conexión muy fiable. Este sistema aporta una mayor flexibilidad a la instalación, ya que permite modificar la posición de los sensores y la de los accionadores para que se adapten a la configuración de la máquina.

Fuentes de Alimentación

Las fuentes de alimentación del bus AS-i son fuentes específicas. No se pueden utilizar fuentes de alimentación estándar. La fuente de alimentación específica para el bus se utiliza para alimentar los componentes conectados al bus de campo AS-i. Esta fuente suministra 30 voltios de tensión continua y permite un consumo de 2-3 amperios. La distribución de esta potencia se realiza por los mismos hilos que los utilizados en el intercambio de datos (cable amarillo). La fuente está equipada con un circuito desacoplador que permite superponer la tensión de alimentación a los datos propios del bus.

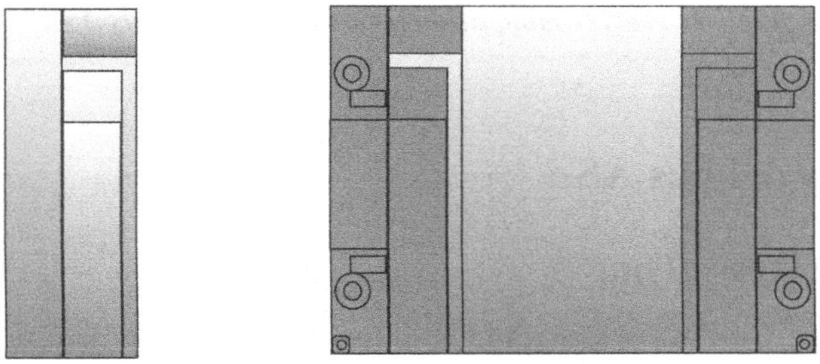

Figura 7.9 Fuentes de Alimentación AS-i

Si en el bus se conectan módulos de salidas o accionadores donde existan grandes consumos de corriente, será necesario de una fuente auxiliar de alimentación. La fuente auxiliar de alimentación suministra 30 voltios de tensión continua y permite un consumo de 6-8 amperios.

Esta alimentación auxiliar es necesaria debido al alto consumo de corriente de algunos componentes del bus AS-i, como puedan ser las derivaciones a motor o los arrancadores en cofre. La alimentación Auxiliar se realiza mediante un cable Auxiliar AS-i negro. Aunque normalmente las fuentes de alimentación se suelen colocar en el mismo armario del maestro del bus, se recomienda la colocación de la fuente de alimentación auxiliar en la zona del bus donde el consumo de los esclavos sea mayor.

La utilización de dispositivos electrónicos proporciona una protección total contra las sobrecargas y los cortocircuitos de salida, con arranque automático al desaparecer el defecto.

Las especificaciones de los componentes conectables al bus imponen una caída de tensión máxima admisible de 3 voltios entre la alimentación y el último esclavo. Para respetar esta condición con una alimentación de 2 A y dadas las características del cable, éste no debe medir más de 100 metros. Sin embargo, se puede prolongar intercalando un repetidor en el cable.

Terminal de direccionamiento

Los elementos comunicantes que se instalan en el bus se les debe configurar la dirección. Esta dirección se le asigna A los captadores y accionadores comunicantes se les debe configurar la dirección que tienen en el bus, es decir, su número de esclavo, esto se efectúa mediante una terminal de direccionamiento.

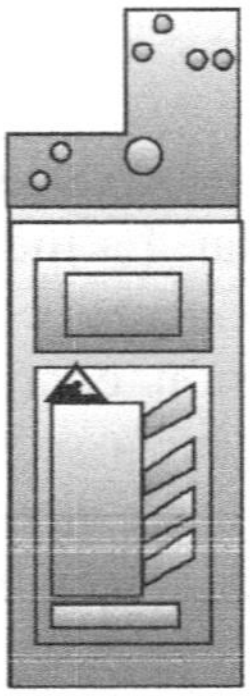

Figura 7.10 Terminal de direccionamiento del Bus AS-i

7.2.2 Esclavos del bus AS-i

Conexión de esclavos al bus

Los esclavos pueden ser conectados al bus AS-i de tres formas distintas:

- Accionadores/sensores convencionales no comunicantes

  Se conectan al bus a través de una interfaz AS-i (repartidor o interfaz bus de entradas/salidas TON). Estas interfaces se utilizan para conectar sensores todo/nada o accionadores todo/nada y proporcionar a estos accionadores/sensores convencionales capacidad de diálogo en el bus AS-i.

- Accionadores/sensores convencionales comunicantes

  Se conectan directamente al bus a través de una interfaz dedicada AS-i independiente. Estos elementos incluyen el componente Asic que permite que el accionador/sensor se convierta en comunicante.

- Accionadores/sensores comunicantes (AS-i dedicados)

  Se conectan directamente al bus. El propio sensor incluye un Asic, por lo que se puede conectar directamente al bus AS-i.

En los tres casos el número máximo de productos con componente Asic integrado que se pueden conectar al bus es de 31. Por tanto, el número total de entradas/salidas del bus dependerá de las entradas/salidas de cada uno de los productos conectados.

Existen dos tipos de repartidores:

- Repartidores activos

  Con circuito integrado AS-i, permiten conectar sensores/accionadores convencionales. Los sensores o actuadores estándar se conectan al bus AS-i mediante repartidores activos o interfaces de conexión, los cuales contienen chip Asic. Se pueden conectar un total de 248 sensores o accionadores estándar al bus AS-i.

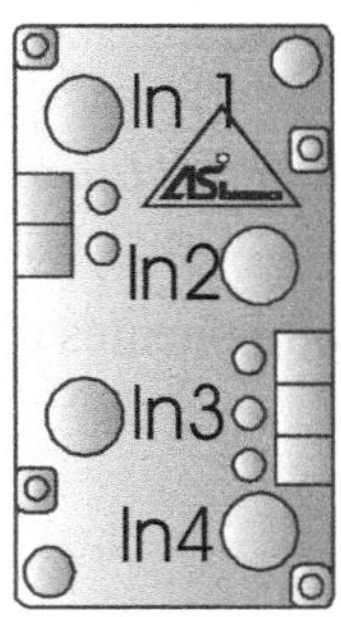

Figura 7.11 Repartidor Activo

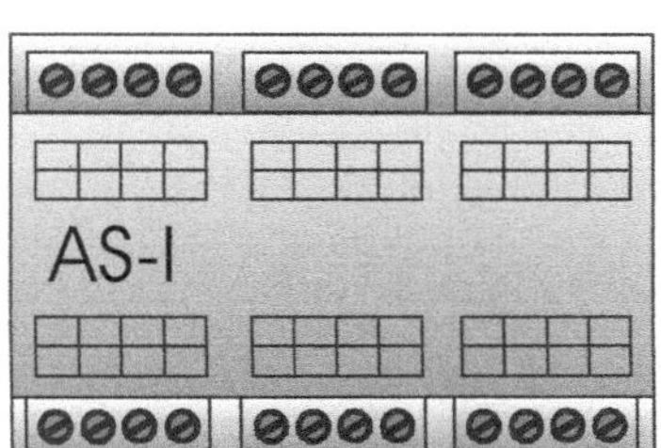

Figura 7.12 Interfaz de Conexión

- Repartidores pasivos

  Carecen de componentes electrónicos y permiten conectar sensores y accionadores comunicantes con componente Asic integrado.

Los repartidores se componen de dos partes:

- La parte inferior, llamada "módulo de conexión", que forma la interfaz eléctrica con el cable AS-i.

- La parte superior, llamada "módulo de usuario", que se elige en función de la aplicación, y puede ser simplemente una tapa, un módulo de usuario activo, que permite conectar hasta cuatro sensores/accionadores estándar, o un módulo de usuario pasivo, que permite conectar hasta cuatro sensores o accionadores comunicantes.

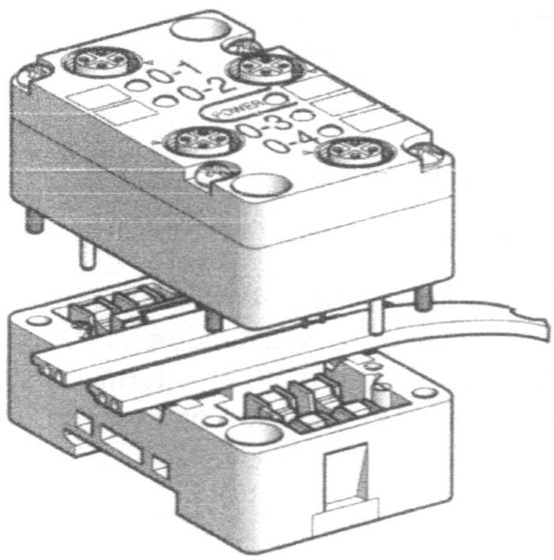

Figura 7.13 Conexión de un Módulo de Usuario de cuatro salidas al bus AS-i

Para efectuar derivaciones a componentes comunicantes se utilizan las llamadas tes de conexión.

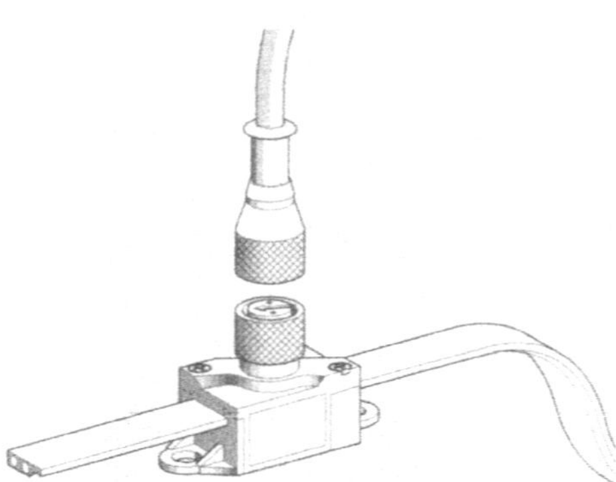

Figura 7.14 Te de Conexión

Los repartidores y tes de conexión pasivos no contienen chip Asic. Sirven para hacer derivaciones del cable de bus a componentes comunicantes.

Módulos de Usuario

Los módulos de usuario permiten la conexión de captadores y accionadores. Los módulos de usuario activos son esclavos AS-i. Permiten la conexión de captadores y accionadores estándar (no comunicantes). Permiten la conexión de un máximo de 4 entradas (captadores) y 4 salidas (accionadores). Los Módulos de usuario pasivos (no contienen chip Asic) permiten la conexión de captadores y accionadores AS-i (comunicantes).

Adoptan varios formatos. Los más comunes son:

- Módulos de usuario de 4 vías con diferentes combinaciones

  2 entradas y 2 salidas

  4 entradas

  4 salidas

- Módulos de usuario de cuatro entradas y cuatro salidas

Las vías de entrada son a 24 Vcc. Las vías de salida pueden ser estáticas, a relé e incluso neumáticas.

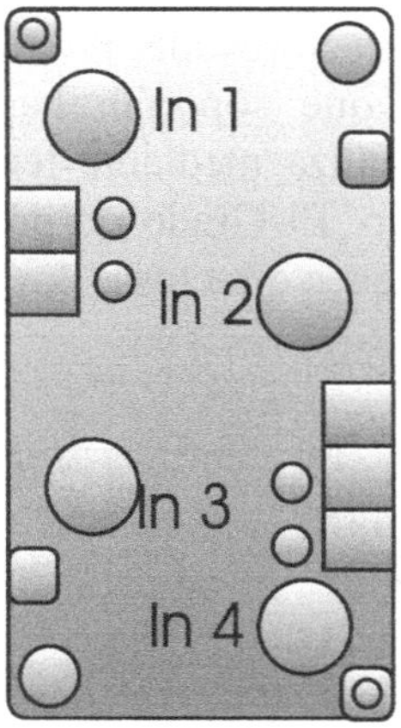

Figura 7.15 Módulo de Usuario con 4 vías de Entrada

Módulo compacto 4E/4S

Permite la conexión de actuadores y sensores estándar sobre conector M12. Tiene cuatro vías de entrada y cuatro de salida. Los sensores conectados a las entradas deben tener un consumo máximo de 200 mA, y las salidas pueden soportar un máximo de 2 A. La Tensión de alimentación a los sensores y a la electrónica se recibe a través del cable de AS-i amarillo. La tensión de alimentación auxiliar para actuadores se recibe a través del cable de AS-i negro. Tiene incorporada la función de diagnóstico a través de dos leds que indican: presencia de tensión, comunicación, sobrecarga de entradas o salidas. También disponen de la función de vigilancia de defecto a tierra integrada.

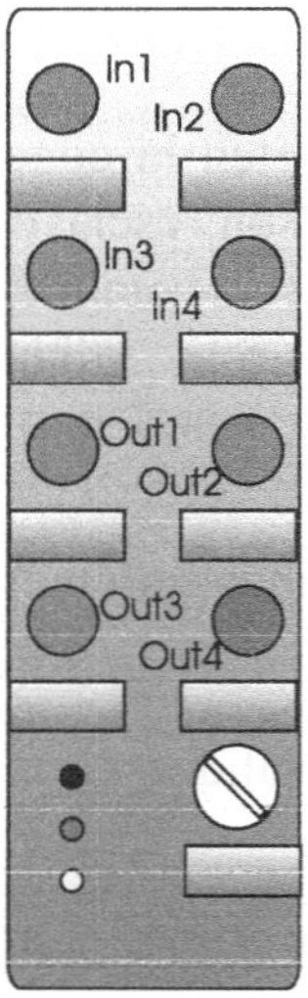

Figura 7.16

Módulo 4E/4S 230 V para derivaciones a consumidor

Este módulo dispone de 4 entradas para la conexión de dispositivos de detección electromecánicos o detectores de proximidad inductivos de dos hilos. Dispone de 4 salidas de relés que soportan hasta 230V el paso de 2 A. La Alimentación de las salidas se realiza mediante tensión externa de 230 V. AC por medio del cable auxiliar AS-i rojo. El Grado de protección es IP 20. Mediante este módulo se pueden realizar 4 arranques directos o dos inversores.

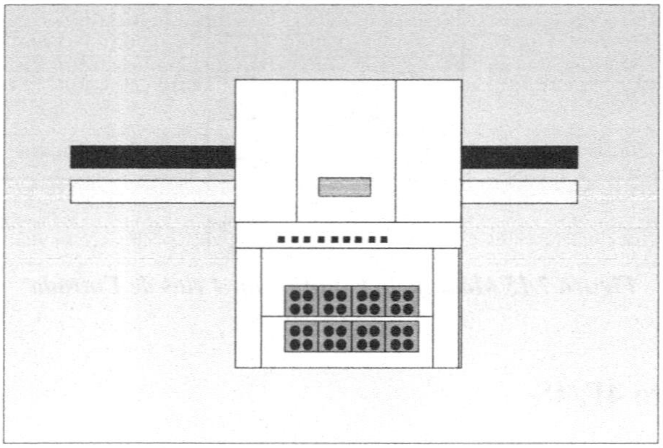

Figura 7.17

Soporte de aparatos para 2 ó 4 derivaciones a motor

Para montar aparatos estándar sobre perfil como son contactores y relés térmicos estándar. Permite la Conexión de hasta 4 derivaciones a motor. Dispone de 2 (4) entradas, y 2 (4) salidas de relés con características 2 A y 230V. La Tensión auxiliar de 230V se suministra mediante el cable de alimentación AS-i rojo. La conexión al bus AS-i se realiza mediante el cable perfilado amarillo.

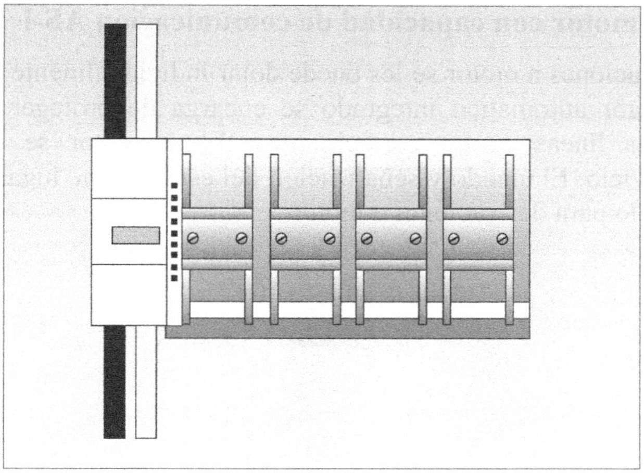

Figura 7.18

Al ser una salida motor compacto conlleva la reducción del cableado, así como la Reducción de armarios de preaccionadores por medio de la utilización de unidades descentralizadas. Se reducen los tiempos de montaje y puesta en marcha. Permite la utilización de contactores estándar con tensiones de 230 V AC.

Mediante las derivaciones a motor se pueden realizar arranques directos o inversores.

- 2E/1S (1 arranque directo)
- 4E/2S (1 inversor / 2 arranques directos)

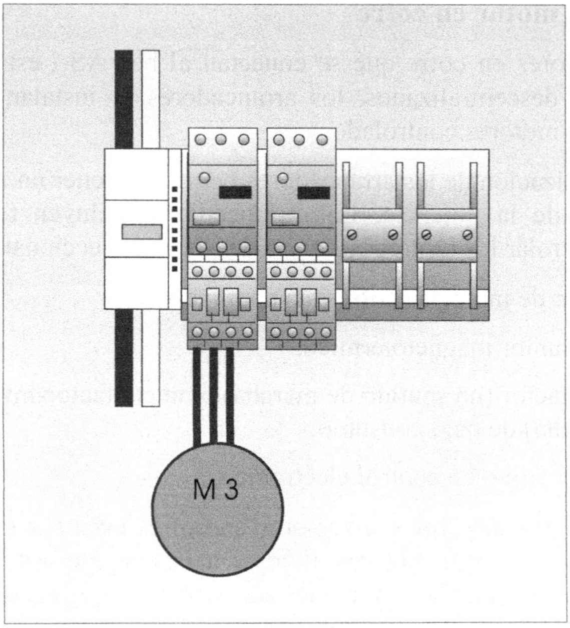

Figura 7.19

Derivaciones a motor con capacidad de comunicación AS-i

A las derivaciones a motor se les puede dotar individualmente de comunicación AS-i. El interruptor automático integrado se encarga de proteger el motor contra sobrecargas y las líneas contra cortocircuitos. El contactor se emplea para las maniobras de servicio. El mando y señalización del estado tiene lugar en AS-Interface a través del módulo para derivaciones a motor.

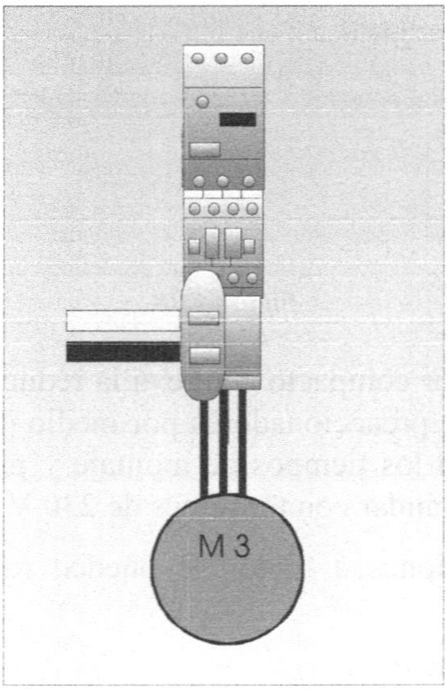

Figura 7.20

Arrancadores de motor en cofre

Los arrancadores en cofre que se conectan al bus AS-i están diseñados como equipos de mando descentralizados, los arrancadores se instalan en campo lo más cerca posible de los motores controlados.

La descentralización de los arrancadores permite obtener un ahorro significativo en la distribución de la potencia. Los arrancadores incluyen todas las funciones necesarias para controlar los motores (mando, protección, seccionamiento, etc.).

Un arrancador de motor en cofre está compuesto de:

- Un disyuntor magnetotérmico.
- Un contactor (un sentido de marcha) o un contactor-inversor (dos sentidos de marcha) de bajo consumo.
- Un dispositivo de control electrónico.

Los arrancadores directos e inversores en cofres estancos (IP54 e IP65) están principalmente pensados para motores alternos trifásicos hasta 4 KW en 400 V. La parada y el rearme son las únicas funciones accesibles directamente desde el cofre. La parada se controla accionando el disyuntor interno que cumple la función de interruptor-seccionador.

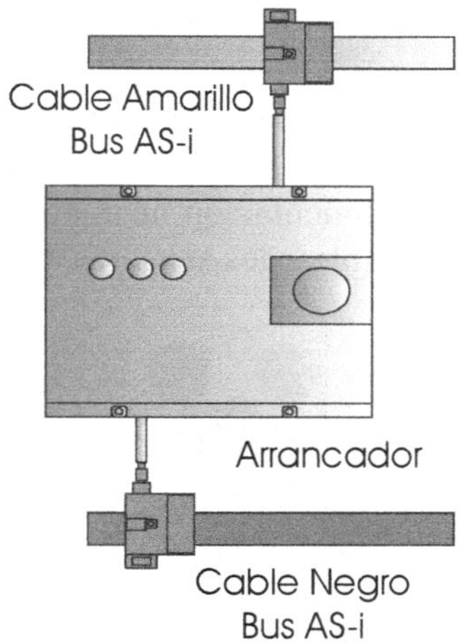

Figura 7.21 Arrancador de motor en cofre

En caso de sobrecarga, hay que esperar a que se enfríe el motor para proceder al rearme del disyuntor magnetotérmico. Dicho rearme se efectuará pulsando el mando habilitado a tal efecto. El bus de comunicación AS-i suministra una alimentación de 30 V. El bus AS-i alimenta los componentes electrónicos del arrancador.

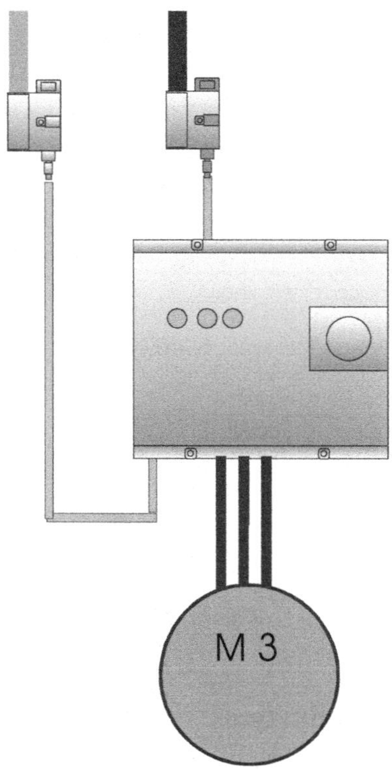

Figura 7.22

Módulo neumático 4E/4S

Este módulo de usuario permite el control directo de accionamientos neumáticos. Permite el control de dos cilindros mediante 4 salidas neumáticas. El Módulo dispone de entrada para alimentación neumática exterior. El módulo dispone de cuatro entradas digitales para cablear los sensores de los cilindros.

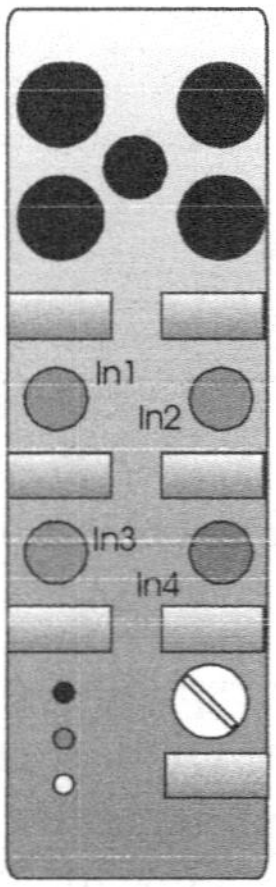

Figura 7.23

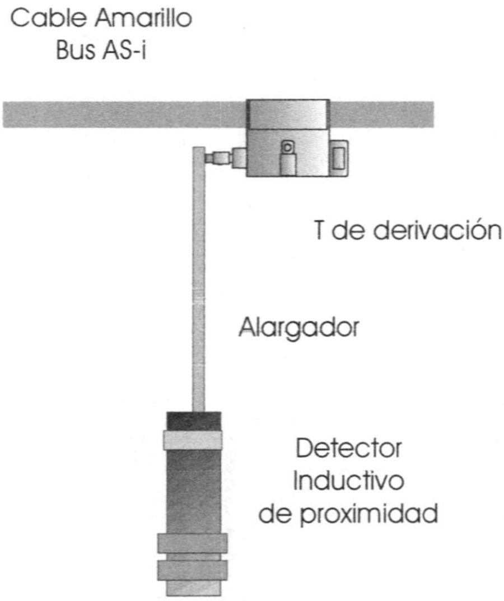

Figura 7.24

Detectores de proximidad inductivos

Estos aparatos detectan cualquier objeto metálico y proporcionan información a las funciones de control de presencia/ausencia de objeto.

Estos detectores señalizan la detección del objeto fuera de los límites de la zona de detección (presencia del objeto en los límites de la zona de detección. Entre 0.8 y 1.2 del alcance nominal). Incluyen una función de diagnóstico que permite localizar de forma rápida el detector a través del LED amarillo intermitente.

Este tipo de componentes pueden ser conectados al bus a través de repartidores pasivos o por medio de "tes de conexión".

Módulos Especiales

En el mercado existen productos que incorporan funcionalidades para las que en principio no estaba previsto la primera versión del bus. Son los módulos de entradas-salidas analógicas, los módulos de 16 entradas y los módulos contadores. La lectura de estos módulos sólo puede ser realizada por un autómata maestro del bus que disponga de bloques funcionales específicos para el tratamiento del intercambio de datos con estos módulos.

La resolución de los módulos analógicos es de 12 bits. Como un esclavo AS-i sólo dispone de 4 bits de entrada y 4 bits de salida. La transmisión del valor analógico se realiza en varios ciclos del bus. La lectura de las entradas analógicas y la escritura de salidas analógicas en el maestro debe ser realizada mediante módulos funcionales en el programa de aplicación del autómata.

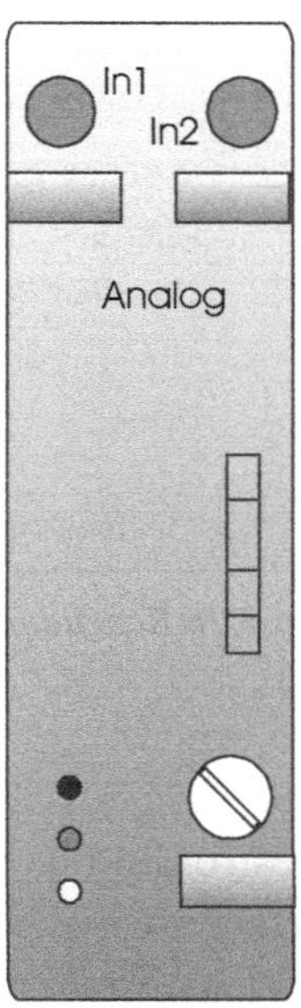

Figura 7.25

Permiten la conexión de hasta 2 entradas ó 2 salidas analógicas con grado de protección IP67. Los rangos de las entradas analógicas son 0..20mA, 0..10V, PT 100. Los rangos de las salidas son 0..20mA, 0..10V.

Los módulos de 16 entradas digitales permiten la conexión de un máximo de 16 señales de captadores clásicos. Como un esclavo AS-i dispone solamente de cuatro bits de entrada, en cada ciclo el maestro consulta un grupo de 4 entradas. La Lectura de las entradas se realiza desde un Autómata Siemens mediante bloques funcionales especializados.

En la extensión de la tecnología AS-i, la versión de AS-i interface 2.1, se da soporte a los módulos analógicos. Además, se amplía el número de esclavos a 62 y se distingue entre fallos de los periféricos y fallos de transmisión.

7.2.3 Módulos de extensión del bus

Repetidor

La longitud máxima del bus AS-i es de 100 m, incluidas las ramificaciones principales y derivaciones. Se puede prolongar otros 200 m utilizando repetidores. El repetidor no amplía el número máximo de esclavos direccionables. Se pueden conectar esclavos a ambos lados del repetidor y se requiere fuente de alimentación.

Existe una separación galvánica entre ambos segmentos del cable de la interfaz AS-i. Existen dos leds que indican alimentación correcta para cada uno de los segmentos de la interfaz AS-i.

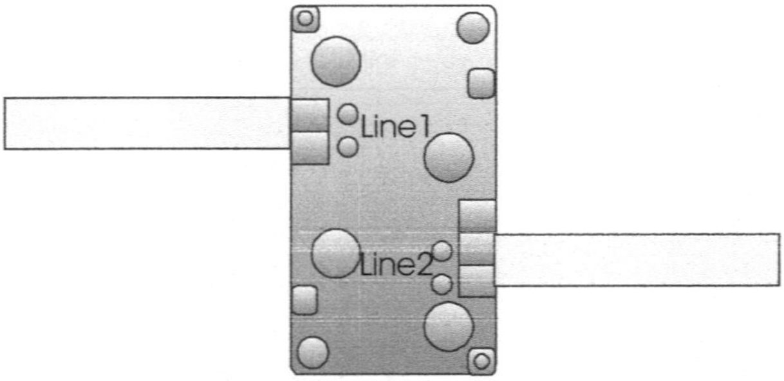

Figura 7.26 Repetidor AS-i

Estendedor

Mediante un estendedor el maestro del bus se puede conectar a una distancia de hasta 100 m del segmento del interface AS-i. No se amplía el número máximo de esclavos direccionables por maestro. Los esclavos sólo se pueden conectar mas allá del estendedor. Sólo es necesaria fuente de alimentación de la interfaz AS-i por detrás del maestro. La alimentación del maestro se realiza a través del estendedor desde el segmento donde están los esclavos. No existe una separación galvánica entre ambos tramos del cable.

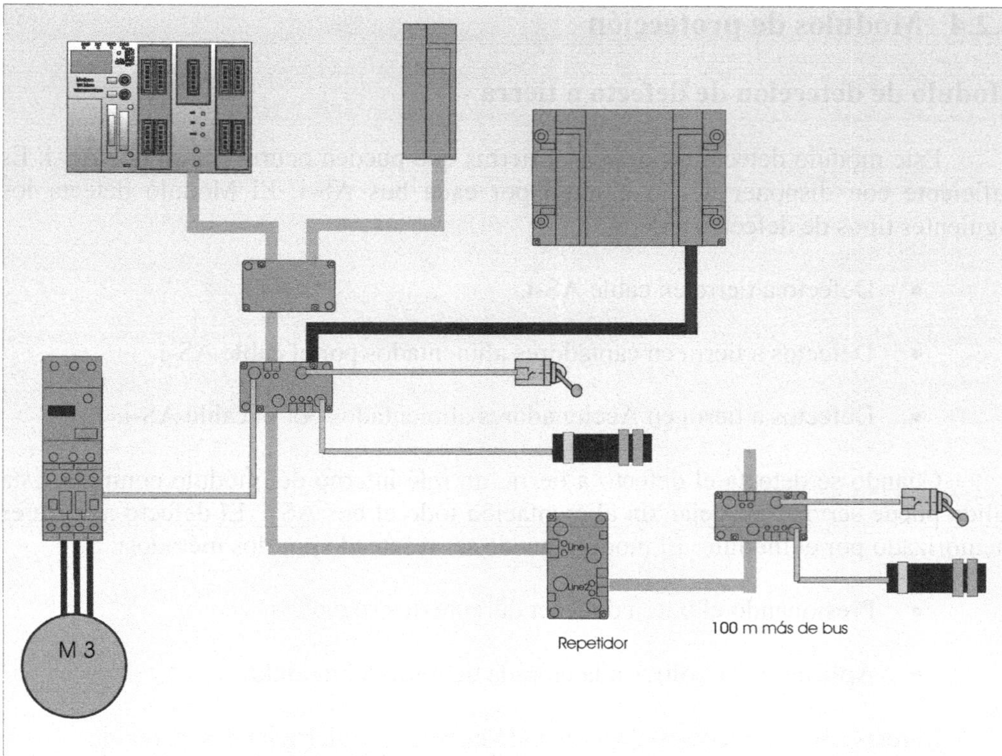

Figura 7.27

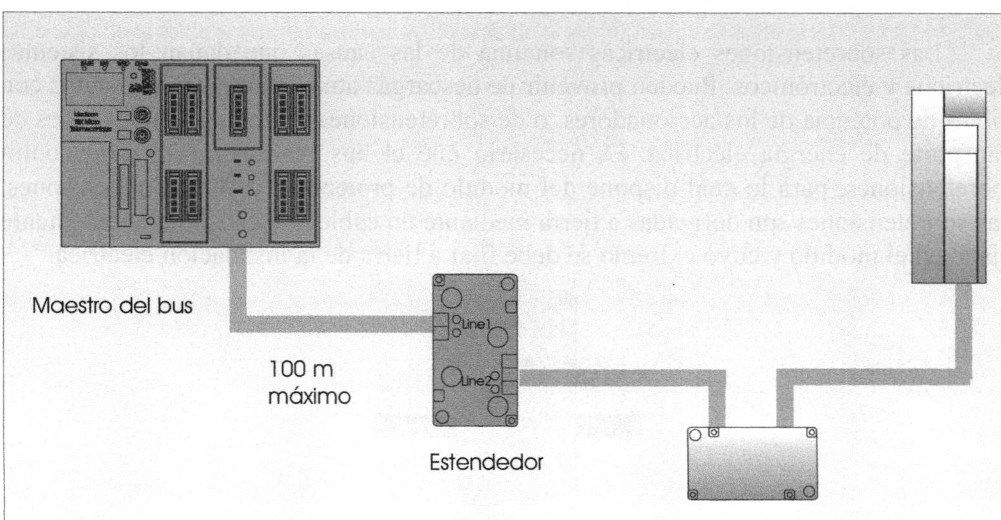

Figura 7.28

7.2.4 Módulos de protección

Módulo de detección de defecto a tierra

Este módulo detecta las derivas a tierras que pueden ocurrir en un bus AS-i. Es suficiente con disponer de un módulo por cada bus AS-i. El Módulo detecta los siguientes tipos de defectos a tierra:

- Defecto a tierra en cable AS-i.
- Defectos a tierra en captadores alimentados por el cable AS-i.
- Defectos a tierra en Accionadores alimentados por el cable AS-i.

Cuando se detecta el defecto a tierra, un relé interno del módulo conmuta, esta salida puede servir para dejar sin alimentación todo el bus AS-i. El defecto a tierra es memorizado por el módulo. El módulo puede ser reseteado por dos métodos:

- Presionando el botón de reset durante dos segundos.
- Aplicando 24 voltios a la entrada de reset del módulo.

El reset sólo se puede realizar cuando el defecto a tierra ha desaparecido.

Módulo de protección contra sobretensiones

Las sobretensiones eléctricas son una de las causas que dañan los sistemas eléctricos y electrónicos. Pueden provenir de descargas atmosféricas, de contactos con cables de potencia de los accionadores, o de sobretensiones producidas en las redes de transporte de energía eléctrica. Es necesario que el bus AS-i sea protegido contra sobretensiones, para lo cual dispone del módulo de protección contra sobretensiones. Las sobretensiones son derivadas a tierra mediante un cable que está permanentemente fijado en el módulo y cuyo extremo se debe fijar a tierra de la instalación eléctrica.

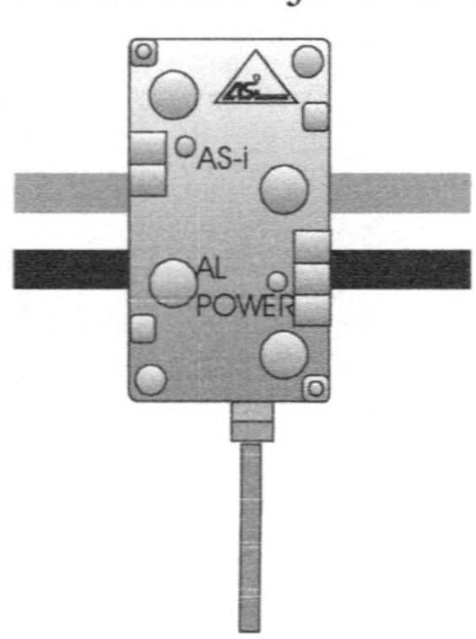

Figura 7.29

7.2.5 Maestros del bus AS-i

El bus AS-i admite varios tipos de maestros:

- Maestro Autómata programable con comunicación AS-i incorporada, de manera que es transparente al programa del autómata.

- Maestro pasarela. Transforma el bus AS-i en un simple nodo de comunicación de un bus de nivel superior. Existen maestros pasarelas para los buses FIPIO, Modbus, Profibus, Interbus...

- Maestro Ordenador PC, con tarjeta de comunicación AS-i insertada en su bus.

El maestro del bus AS-i contiene campos de datos en los que se definen la lista de los esclavos conectados y las imágenes de los datos de entrada-salida. Esta información se almacena en memoria volátil.

- Datos de E/S: imágenes de las 124 entradas y de las 124 salidas del bus AS-i.

- Parámetros: imágenes de los parámetros de todos los esclavos.

- Configuración/identificación: contiene todos los códigos I/O y los códigos de identificación de todos los esclavos detectados en el bus.

El autómata TSX 57 Premium admite hasta ocho acopladores maestros de bus AS-i TSX SAY 100. Se puede conectar hasta un total de ocho buses AS-i al autómata. Un total de 248 esclavos AS-i, o como máximo 992 captadores y 992 accionadores estándar.

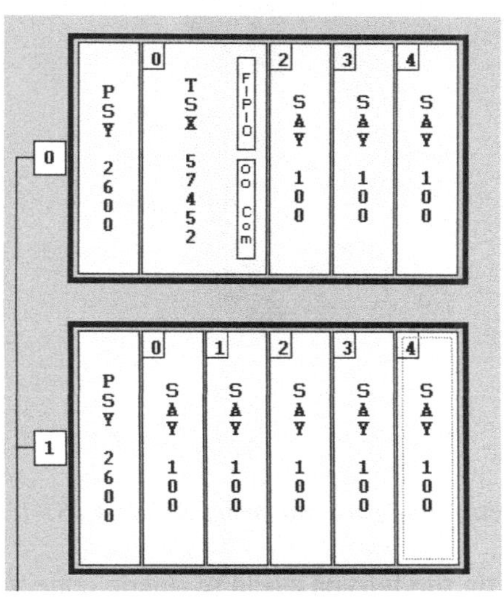

Figura 7.30 Autómata Premium con ocho acopladores AS-i

Mediante un módulo pasarela TBX SAP 10 se puede conectar un bus AS-i al bus FIPIO.

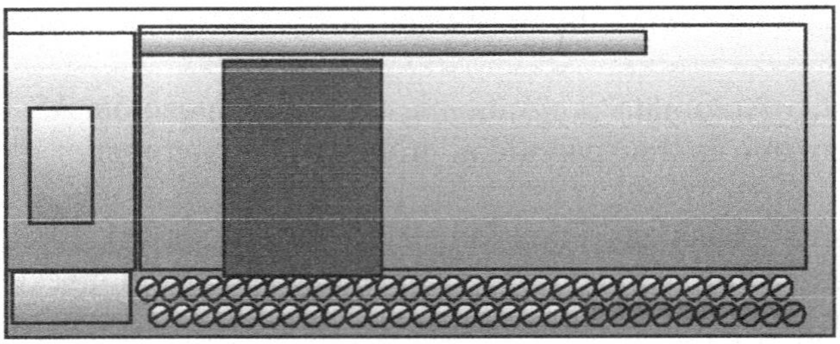

Figura 7.31

En los autómatas Siemens se pueden conectar mediante Interfaces maestro los siguientes modelos:

- SIMATIC S5 90U, 95U, 100U y ET 200
- SIMATIC S5 115U, 135U, 155U
- SIMATIC S7-300
- SIMATIC S7-200
- Módulos de Periferia ET 200U, ET 200X y ET 200M

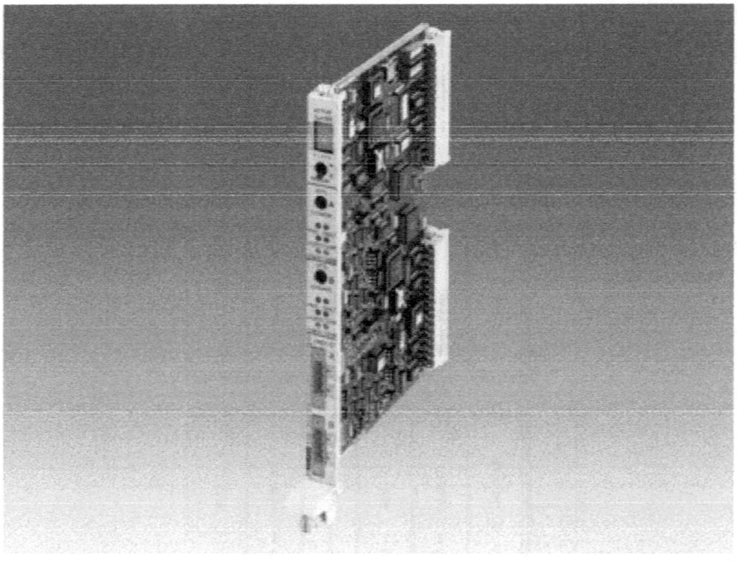

Figura 7.32 Maestro AS-i para Autómatas S5-115-U, S5-135-U y S5-155-U

También mediante un módulo pasarela se puede conectar a Profibus.

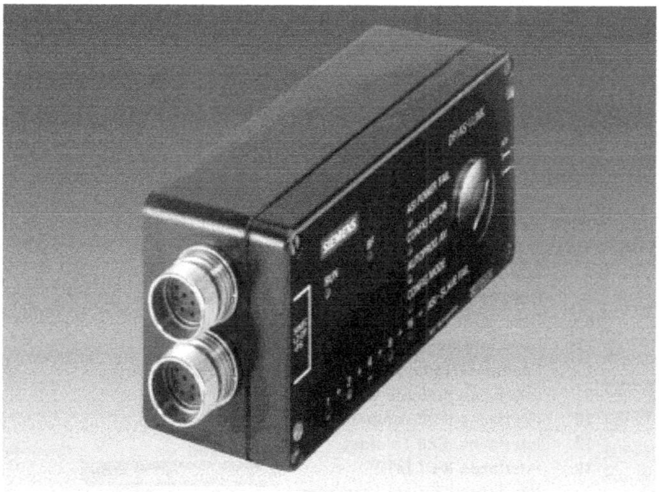

Figura 7.33 Interface AS-i para Profibus-DP

Configuración de un maestro AS-i

El autómata TSX 37 Micro con un acoplador TSX ASZ 10 es un maestro del bus AS-i. En las figuras siguientes se observa la configuración de un módulo TSX ASZ 10 en el autómata TSX Micro. En el módulo se pueden configurar hasta 31 esclavos, para lo cual se dispone de una serie de perfiles estándar que definen distintos tipos de esclavos AS-i.

Los perfiles de esclavos disponibles son:

- Arrancadores
- Balizas luminosas
- Interfaces de conexión con grado de protección IP20
- Interfaces con grado de protección IP67 con conexión de métrica M12 y métrica M8.
- Interfaces neumáticas
- Detectores capacitivos, inductivos y fotoeléctricos
- Detectores de posición
- Elementos de mando y señalización
- Productos comunes
- Teclados
- Relés lógicos
- Terminales de visualización alfanuméricas
- Productos de seguridad

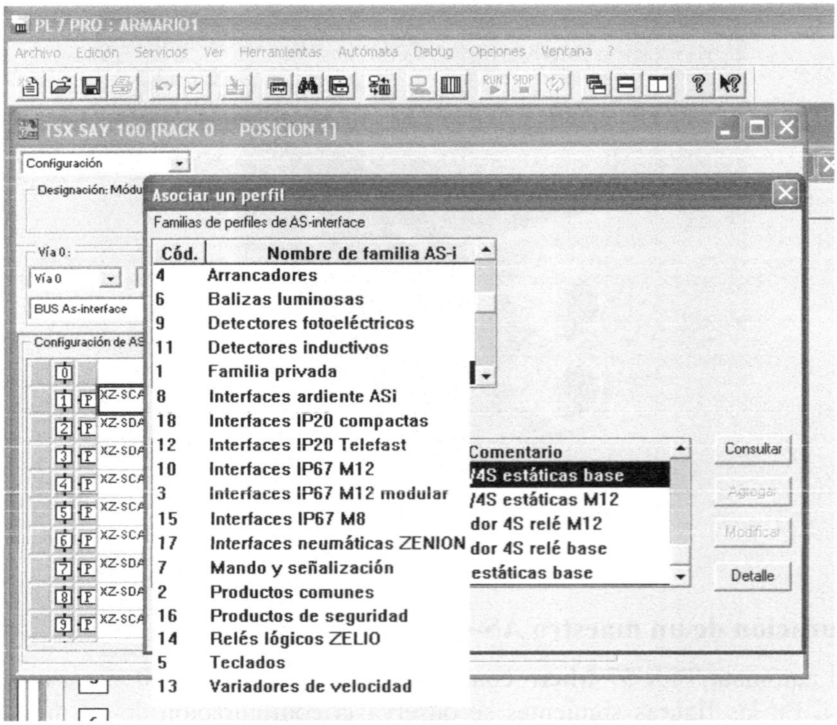

Figura 7.34 Familias de esclavos disponibles

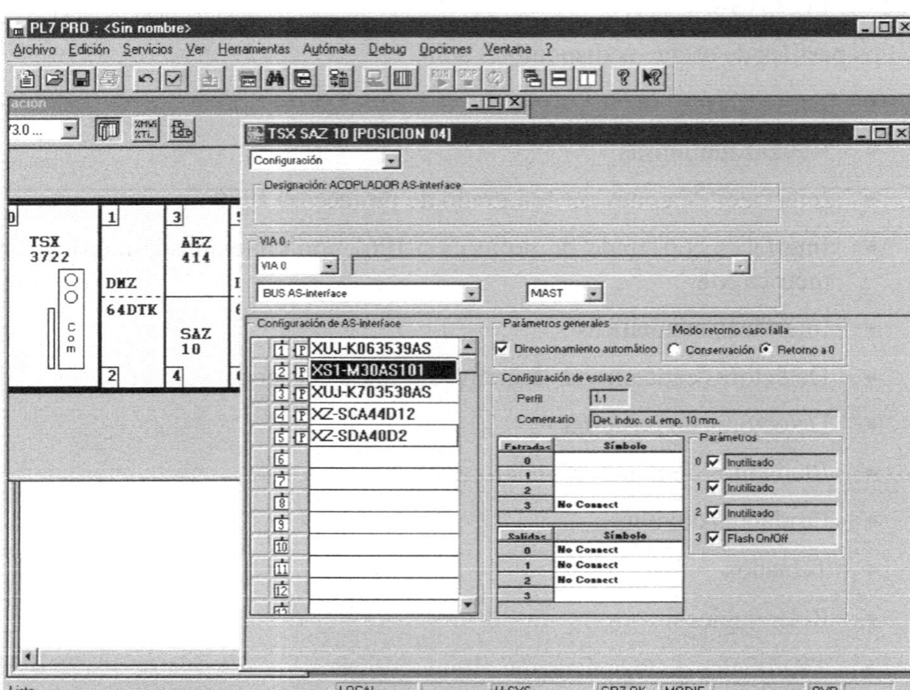

Figura 7.35 Configuración del Bus AS-i en TSX Micro

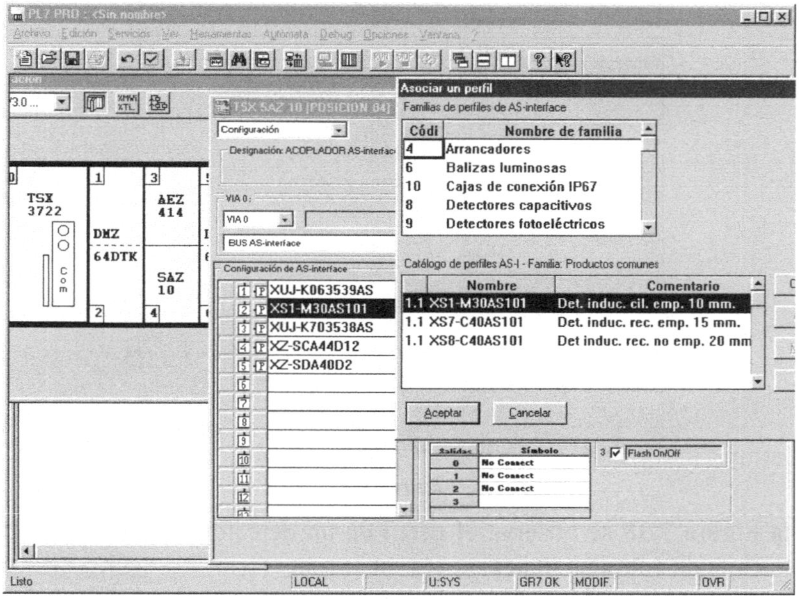

Figura 7.36 Configuración del Bus AS-i en TSX Micro

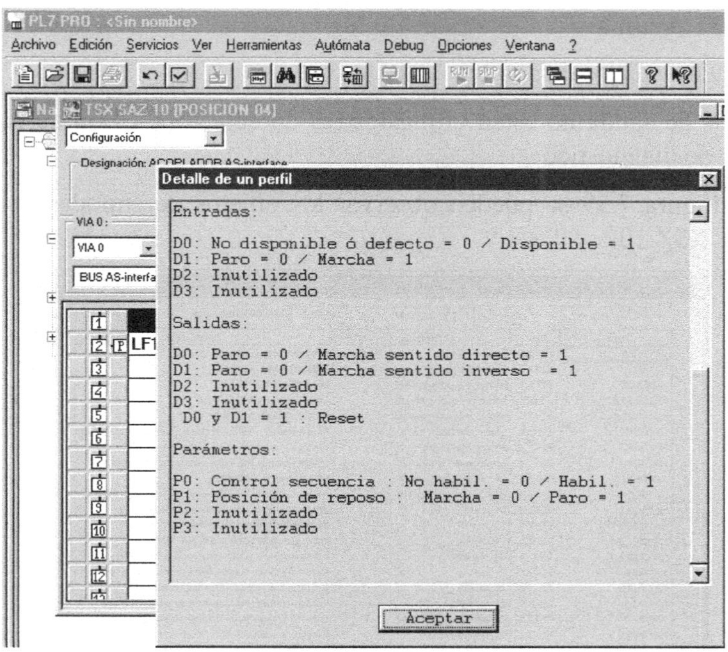

Figura 7.37 Detalle del perfil de un esclavo AS-i Arrancador Inversor de Motor

En la Figura 7.37 se observa el perfil asociado a un arrancador de un motor asíncrono. Desde el autómata, mediante los bits de salida, se puede controlar el sentido de giro. Mediante los bits de entrada el arrancador indica si está disponible o si tiene algún defecto, además indica si está en marcha o bien está parado. Los parámetros del esclavo habilitan o no el control de la secuencia de arranque y configuran el estado de reposo como Marcha o Paro.

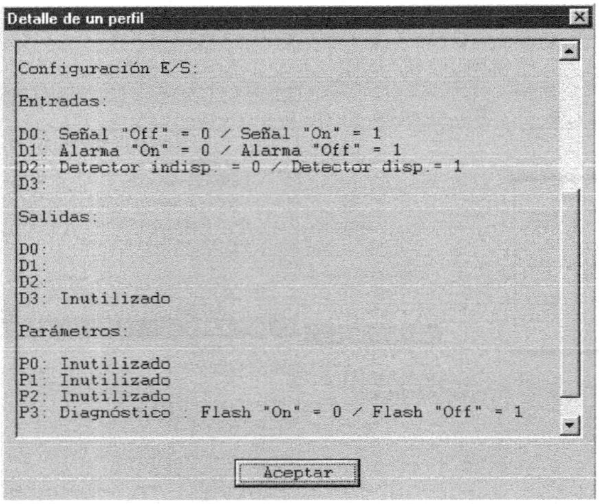

Figura 7.38

En la Figura 7.38 se observa el perfil de un detector de proximidad inductivo. Mediante los bits de entradas indica:

- D0 Señal de detección
- D1 Alarma
- D2 Detector disponible

Los bits de salida no están utilizados (es un detector). El bit de parámetros P3 indica el tipo de diagnóstico

En la Figura 7.39 se pueden observar los objetos de entradas asociados a un maestro TSX ASZ 10.

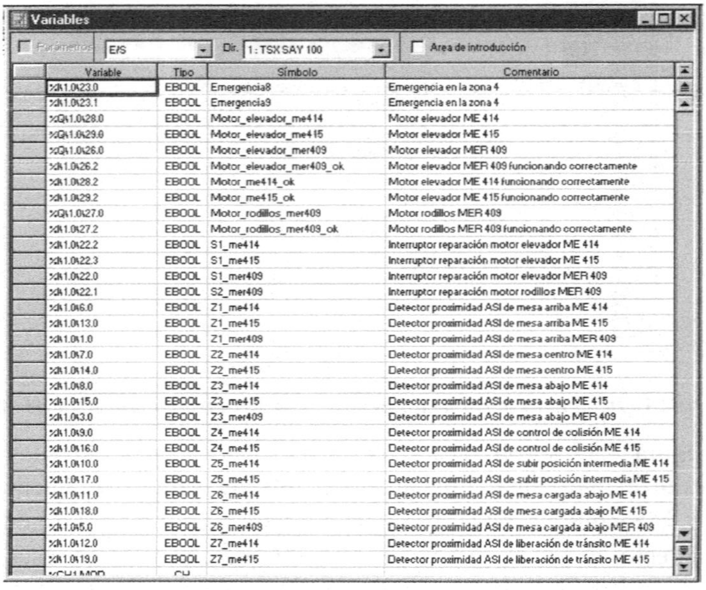

Variable	Tipo	Símbolo	Comentario
%I\1.0\23.0	EBOOL	Emergencia8	Emergencia en la zona 4
%I\1.0\23.1	EBOOL	Emergencia9	Emergencia en la zona 4
%Q\1.0\28.0	EBOOL	Motor_elevador_me414	Motor elevador ME 414
%Q\1.0\29.0	EBOOL	Motor_elevador_me415	Motor elevador ME 415
%Q\1.0\26.0	EBOOL	Motor_elevador_mer409	Motor elevador MER 409
%I\1.0\26.2	EBOOL	Motor_elevador_mer409_ok	Motor elevador MER 409 funcionando correctamente
%I\1.0\28.2	EBOOL	Motor_me414_ok	Motor elevador ME 414 funcionando correctamente
%I\1.0\29.2	EBOOL	Motor_me415_ok	Motor elevador ME 415 funcionando correctamente
%Q\1.0\27.0	EBOOL	Motor_rodillos_mer409	Motor rodillos MER 409
%I\1.0\27.2	EBOOL	Motor_rodillos_mer409_ok	Motor rodillos MER 409 funcionando correctamente
%I\1.0\22.2	EBOOL	S1_me414	Interruptor reparación motor elevador ME 414
%I\1.0\22.3	EBOOL	S1_me415	Interruptor reparación motor elevador ME 415
%I\1.0\22.0	EBOOL	S1_mer409	Interruptor reparación motor elevador MER 409
%I\1.0\22.1	EBOOL	S2_mer409	Interruptor reparación motor rodillos MER 409
%I\1.0\6.0	EBOOL	Z1_me414	Detector proximidad ASI de mesa arriba ME 414
%I\1.0\13.0	EBOOL	Z1_me415	Detector proximidad ASI de mesa arriba ME 415
%I\1.0\1.0	EBOOL	Z1_mer409	Detector proximidad ASI de mesa arriba MER 409
%I\1.0\7.0	EBOOL	Z2_me414	Detector proximidad ASI de mesa centro ME 414
%I\1.0\14.0	EBOOL	Z2_me415	Detector proximidad ASI de mesa centro ME 415
%I\1.0\8.0	EBOOL	Z3_me414	Detector proximidad ASI de mesa abajo ME 414
%I\1.0\15.0	EBOOL	Z3_me415	Detector proximidad ASI de mesa abajo ME 415
%I\1.0\3.0	EBOOL	Z3_mer409	Detector proximidad ASI de mesa abajo MER 409
%I\1.0\9.0	EBOOL	Z4_me414	Detector proximidad ASI de control de colisión ME 414
%I\1.0\16.0	EBOOL	Z4_me415	Detector proximidad ASI de control de colisión ME 415
%I\1.0\10.0	EBOOL	Z5_me414	Detector proximidad ASI de subir posición intermedia ME 414
%I\1.0\17.0	EBOOL	Z5_me415	Detector proximidad ASI de subir posición intermedia ME 415
%I\1.0\11.0	EBOOL	Z6_me414	Detector proximidad ASI de mesa cargada abajo ME 414
%I\1.0\18.0	EBOOL	Z6_me415	Detector proximidad ASI de mesa cargada abajo ME 415
%I\1.0\5.0	EBOOL	Z6_mer409	Detector proximidad ASI de mesa cargada abajo MER 409
%I\1.0\12.0	EBOOL	Z7_me414	Detector proximidad ASI de liberación de tránsito ME 414
%I\1.0\19.0	EBOOL	Z7_me415	Detector proximidad ASI de liberación de tránsito ME 415
%CH1.MOD	CH		

Figura 7.39 Objetos Asociados a un módulo Interface AS-i

Comunicación entre maestro y esclavos

El protocolo AS-i se basa en el funcionamiento en "polling" maestro/esclavo. El maestro interroga a los esclavos por turno y de forma cíclica.

Estas preguntas/respuestas son tramas de dimensiones reducidas y longitud fija, llamadas telegramas, que recogen información útil como la dirección del esclavo, el valor de sus entradas/salidas, su identificación (perfil), su estado, etc. Toda esta información resulta accesible a través de los servicios de lectura/escritura de datos, lectura de status, lectura de identificación, asignación de dirección, etc. del maestro AS-i.

Además de estos intercambios de datos, que representan el funcionamiento nominal del bus, existen otros intercambios, de tipo no cíclico, que gestiona el maestro, para tener en cuenta los cambios de configuración o incluso las fases de arranque del bus.

Normalmente, el maestro AS-i, desde la puesta en tensión del bus, gestiona las siguientes etapas principales:

- Inicialización

  Durante esta fase, todos los buffers del maestro están en su estado inicial. Entre los buffers destacan dos tablas de imágenes de las entradas/salidas y, sobre todo, tres tablas sobre:

  - La lista de los esclavos detectados en el bus.
  - La lista de los esclavos proyectados, es decir, los esclavos identificados en la configuración de referencia del maestro.
  - La lista de los esclavos activos, es decir, aquellos que pueden intercambiar información con el maestro.

- Arranque

  En esta etapa se detectan los esclavos conectados al bus; el maestro los memoriza en la lista de esclavos detectados. A continuación, el maestro compara el perfil de estos esclavos reconocidos con la configuración de referencia del maestro (esclavos proyectados) y elabora la lista de esclavos que deben ser activados, es decir, aquellos con los que puede dialogar (esclavos activos).

- Intercambios

  Finalmente, cuando concluye la fase de activación, el sistema se encuentra en estado de funcionamiento normal, que corresponde al intercambio cíclico de información entre el maestro y los esclavos. Durante esta fase cíclica de intercambios, el maestro puede enviar una trama específica de control a un único esclavo.

Sólo se puede transmitir un comando de control por ciclo, lo que permite al maestro realizar acciones específicas sobre los esclavos. Estos comandos corresponden a envío de parámetros, asignación de direcciones, etc. Lo que permite que el maestro tenga en cuenta automáticamente cualquier cambio de configuración.

7.2.6 Topología del bus AS-i

La topología del bus AS-i admite cualquier arquitectura (en estrella, en anillo, en árbol) y se pueden añadir ramificaciones desde cualquier punto sin que sean necesarios terminadores o adaptadores. Esto permite realizar conexiones más directas entre el bus y los diferentes sensores y accionadores.

Los aparatos se pueden situar en cualquier punto del cable sin condicionantes de ningún tipo (excepto la longitud máxima de 100 metros), lo que permite una distribución óptima de los sensores y accionadores.

Entre las topologías posibles más utilizadas se destacan:

En estrella

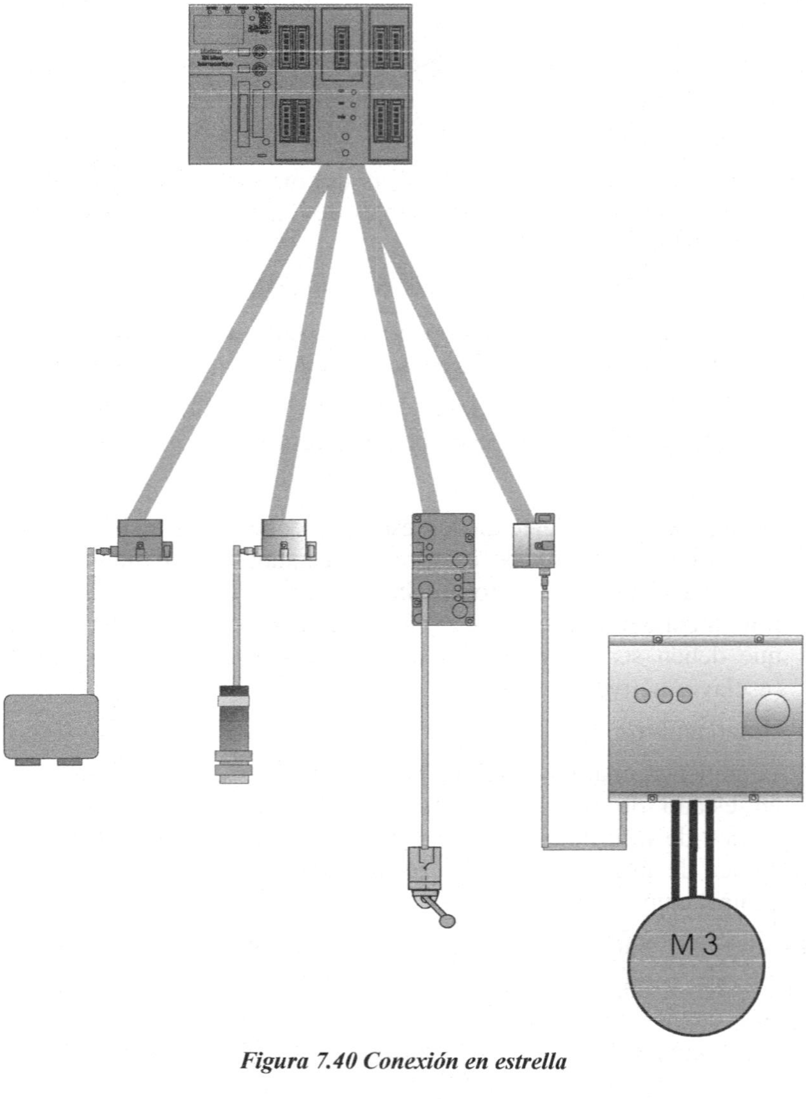

Figura 7.40 Conexión en estrella

La conexión de los segmentos AS-i al módulo maestro AS-i se realiza atornillando los dos hilos de cada segmento a las bornas del maestro AS-i.

Se recomienda situar la alimentación lo más cerca posible de los esclavos que consuman más energía.

La longitud total, resultante de la suma de las diferentes ramas, no debe ser superior a 100 metros. El número máximo de esclavos es siempre 31. Esta topología es aconsejable para instalaciones con aparatos dispuestos en bloques aislados.

Cada punto de conexión está dispuesto linealmente a lo largo de todo el cable.

En línea

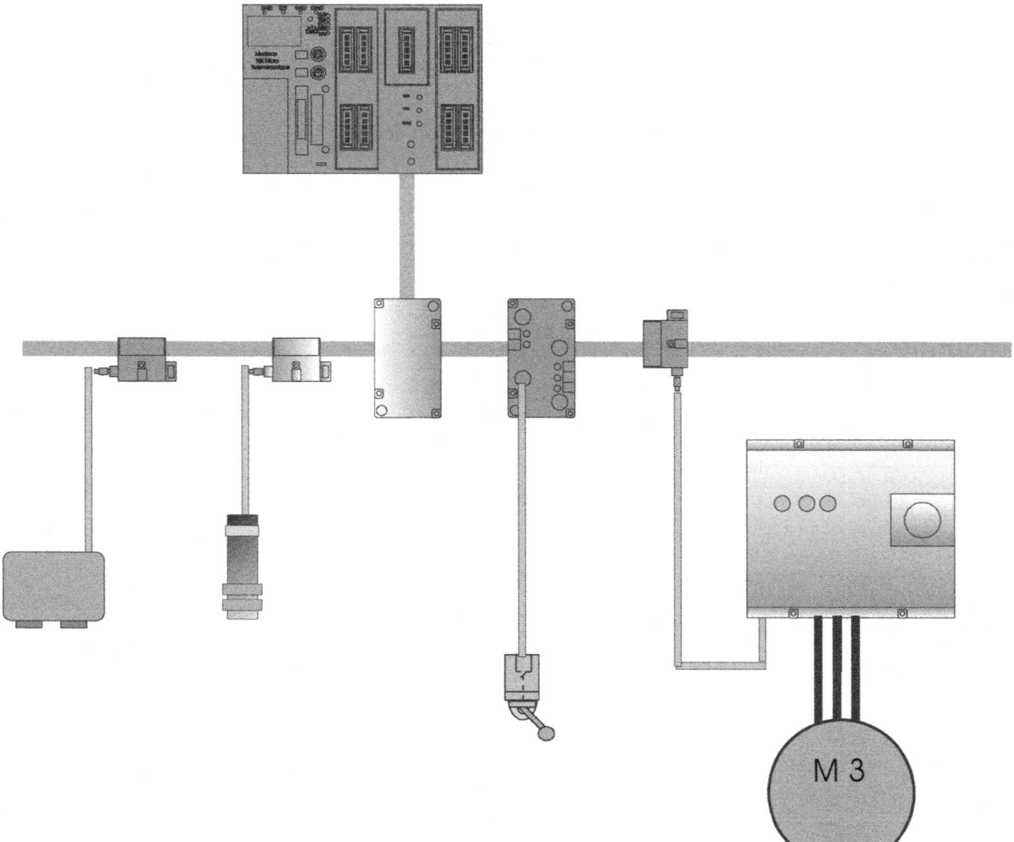

Figura 7.41 Conexión en línea

En árbol

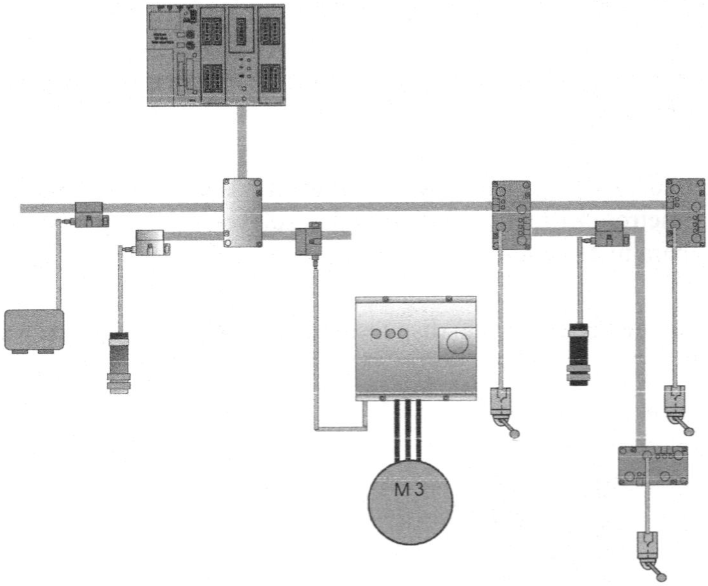

Figura 7.42 Conexión en árbol

Esta estructura requiere la utilización de repartidores o elementos de derivación para realizar las ramificaciones. Como en los casos anteriores, la suma de todos los segmentos AS-i, incluidas las derivaciones y los cables de conexión entre el repartidor y accionador/sensor AS-i, no debe ser superior a 100 metros.

En anillo

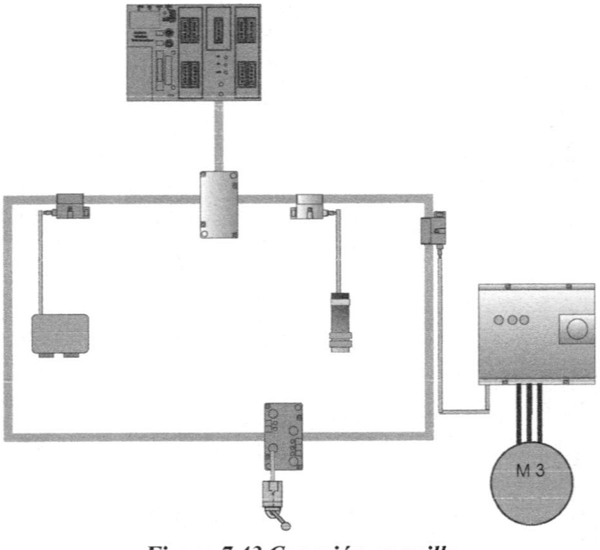

Figura 7.43 Conexión en anillo

En este caso, el perímetro no debe ser superior a 100 metros.

A continuación se muestran dos ejemplos de instalación del bus AS-i.

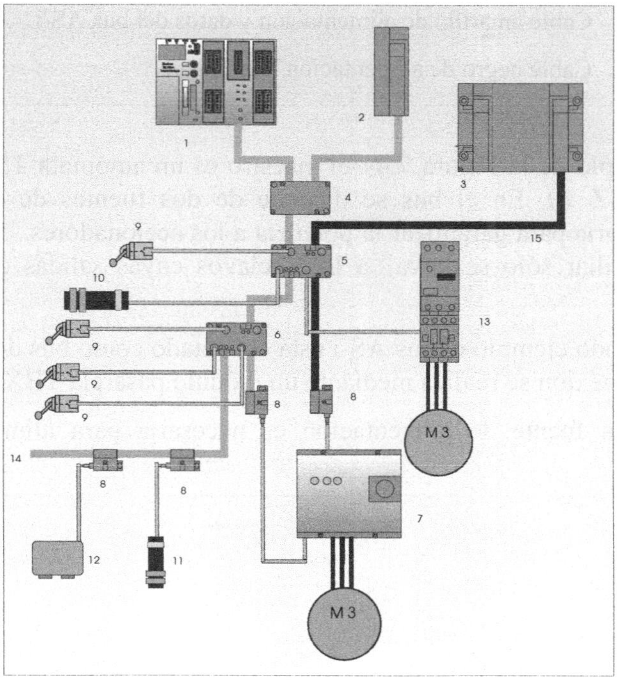

Figura 7.44

1. Maestro del bus AS-i. Autómata TSX Micro con acoplador TSX SAZ 10.
2. Fuente de alimentación de 30 Voltios para el bus AS-i.
3. Fuente de alimentación de 30 Voltios auxiliar para los accionadores con alto consumo de corriente.
4. Repartidor pasivo que permite conectar los dos cables AS-i amarillos con tomas vampiro.
5. Repartidor activo que permite conectar dos captadores y dos accionadores estándar.
6. Repartidor activo que permite conectar cuatro captadores.
7. Arrancador de motores asíncronos (comunicante).
8. Derivación de conexión al bus con toma vampiro, conexión al sensor o accionador por cable 2*0.34 mm^2 con conector M12 recto.
9. Final de Carrera estándar.
10. Detector de proximidad inductivo estándar.
11. Detector de proximidad inductivo AS-i.
12. Detector fotoeléctrico AS-i.

13. Contactor y relé térmico estándar.
14. Cable amarillo de alimentación y datos del bus AS-i.
15. Cable negro de alimentación Auxiliar.

En el ejemplo de la Figura 7.44 el maestro es un autómata TSX Micro con un módulo TSX ASZ 10. En el bus se dispone de dos fuentes de alimentación. La segunda es necesaria para garantizar la potencia a los accionadores. El cable negro de alimentación auxiliar sólo se lleva a los esclavos cuyas salidas consuman mucha potencia.

En el segundo ejemplo el bus AS-i está conectado como bus de menor nivel del bus FIPIO. La conexión se realiza mediante un módulo pasarela TBX SAP 10.

La segunda fuente de alimentación es necesaria para alimentar las salidas motor.

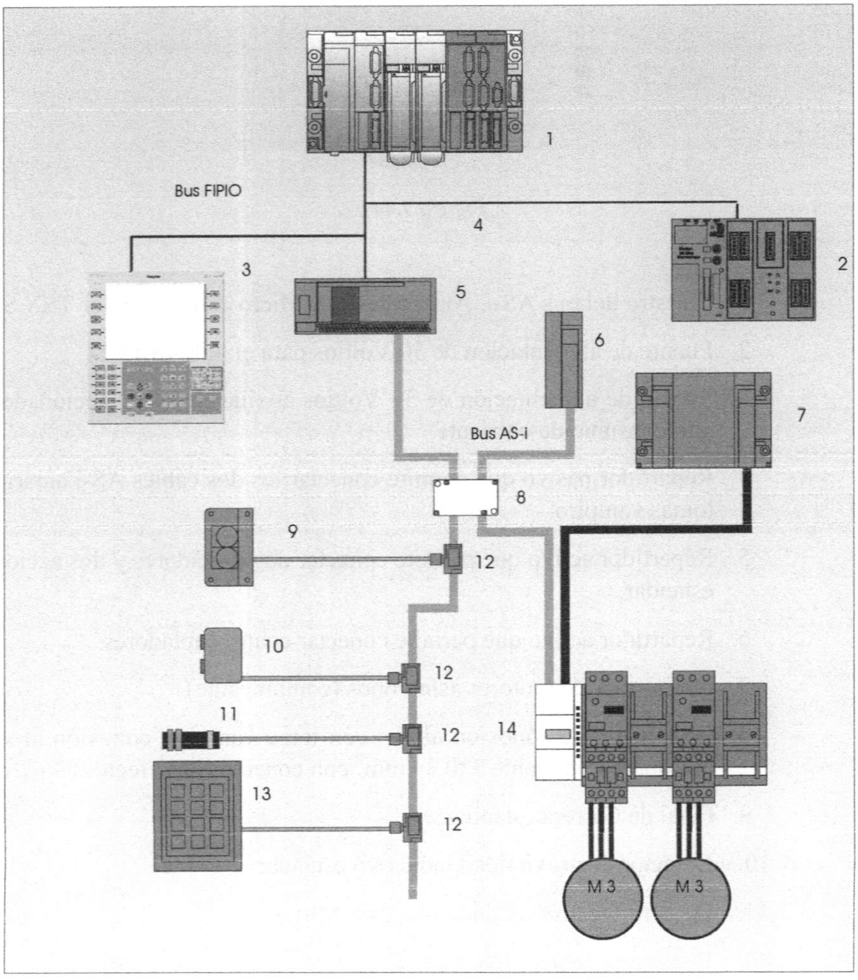

Figura 7.45

1. Gestor del bus FIPIO. Autómata TSX Premium.
2. Autómata TSX Micro, agente del bus FIPIO.
3. Terminal gráfico Magelis, agente del bus FIPIO.
4. Cable del bus FIPIO.
5. Módulo pasarela FIPIO- AS-i TBX SAP 10, maestro del bus AS-i.
6. Fuente de alimentación de 30 Voltios para el bus AS-i.
7. Fuente de alimentación de 30 Voltios auxiliar para los accionadores con alto consumo de corriente.
8. Repartidor pasivo que permite conectar los dos cables AS-i amarillos con tomas vampiro.
9. Caja de dos pulsadores AS-i.
10. Detector fotoeléctrico AS-i.
11. Detector de proximidad inductivo AS-i.
12. Tes de conexión al bus con toma vampiro.
13. Teclado de 12 teclas de efecto táctil.
14. Soporte de aparatos para cuatro derivaciones a motor.

7.2.7 AS-i interface version 2.1

La primera versión del bus AS-i interface posee limitaciones evidentes como es el reducido número de esclavos que se puede conectar al bus, otras limitaciones son la escasa longitud del cable del bus (300 metros máximo con dos repetidores).

Algunas de estas carencias, como es el reducido número de esclavos, las ha solucionado la segunda versión de la tecnología del bus AS-i. Esta segunda versión mantiene la compatibilidad y permite la conexión de los esclavos desarrollados para la primera versión del bus de direccionamiento estándar y también permite la conexión de esclavos de direccionamiento extendido.

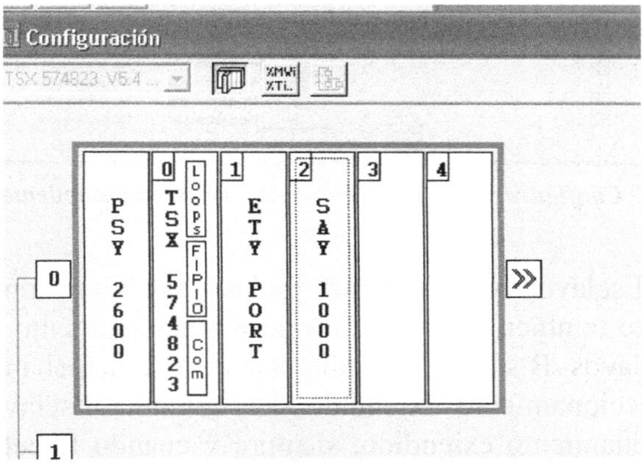

Figura 7.46 Autómata con acoplador maestro AS-i de direccionamiento extendido

El bus AS-i interface versión 2.1 permite la conexión de 31 esclavos de direccionamiento estándar. Los esclavos de direccionamiento estándar disponen cada uno de: 4 bits de entrada, 4 bits de salida, 4 bits de parámetros. El bus AS-i interface versión 2.1 puede gestionar un máximo de 124 entradas y 124 salidas de esclavos de direccionamiento estándar. Cada esclavo tiene su propia dirección y un perfil asociado.

El bus AS-i interface versión 2.1 permite la conexión de 62 equipos de direccionamiento extendido. Los esclavos de direccionamiento extendido disponen cada uno de: 4 bits de entrada, 3 bits de salida y 3 bits de parámetros. El bus AS-i interface versión 2 puede gestionar un máximo de 248 entradas y 186 salidas de esclavos de direccionamiento extendido.

Para que los esclavos de direccionamiento extendido puedan operar en una red AS-i interface, es necesario utilizar también módulos maestros que funcionen conforme a la especificación 2.1. Con los maestros que no cumplen la especificación 2.1, sólo pueden utilizarse esclavos estándar y esclavos A.

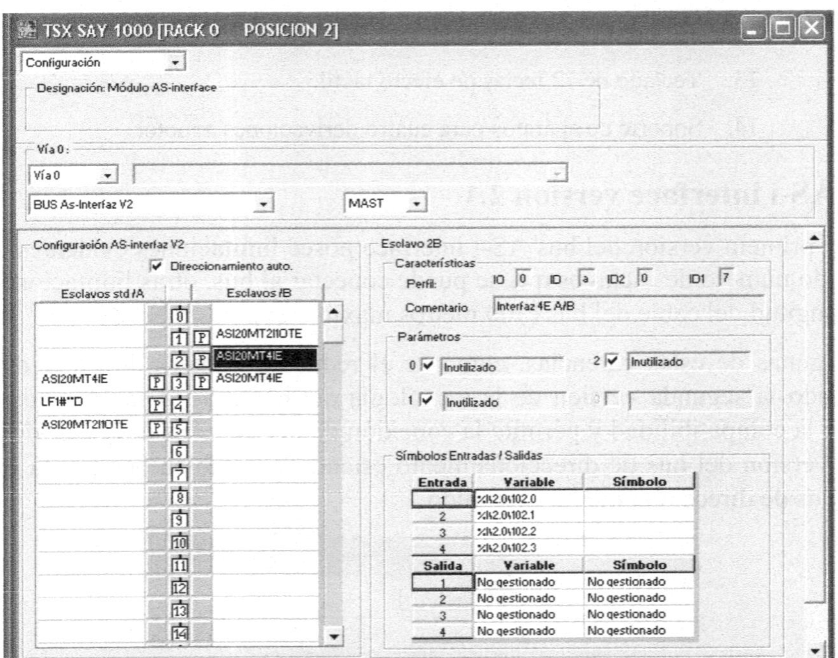

Figura 7.47 Configuración de un esclavo AS-i de direccionamiento extendido

La columna Esclavos std /A admite esclavos de direccionamiento extendido. Esta columna admite también esclavos de tipo direccionamiento estándar siempre y cuando la celda Esclavos /B situada inmediatamente a su derecha no esté ocupada por un esclavo de direccionamiento extendido. La columna Esclavos /B sólo admite esclavos de direccionamiento extendido, siempre y cuando la celda Esclavos std /A situada a su izquierda no esté ocupada por un esclavo de direccionamiento estándar.

Por lo tanto, se pueden configurar como máximo 62 esclavos de direccionamiento extendido o 31 esclavos de direccionamiento estándar. Al igual que a los esclavos estándar, a los esclavos A/B se les puede asignar una dirección con los aparatos de direccionamiento AS-i interface de tipo convencional que cumplan la nueva especificación 2.1. Con los aparatos de direccionamiento que no cumplan la nueva especificación 2.1, los esclavos A/B sólo pueden direccionarse como esclavos A.

Un esclavo de tipo analógico debe configurarse como un esclavo de direccionamiento estándar (en la columna Esclavos /A) e impide la utilización del emplazamiento situado a su derecha (en la columna Esclavos /B).

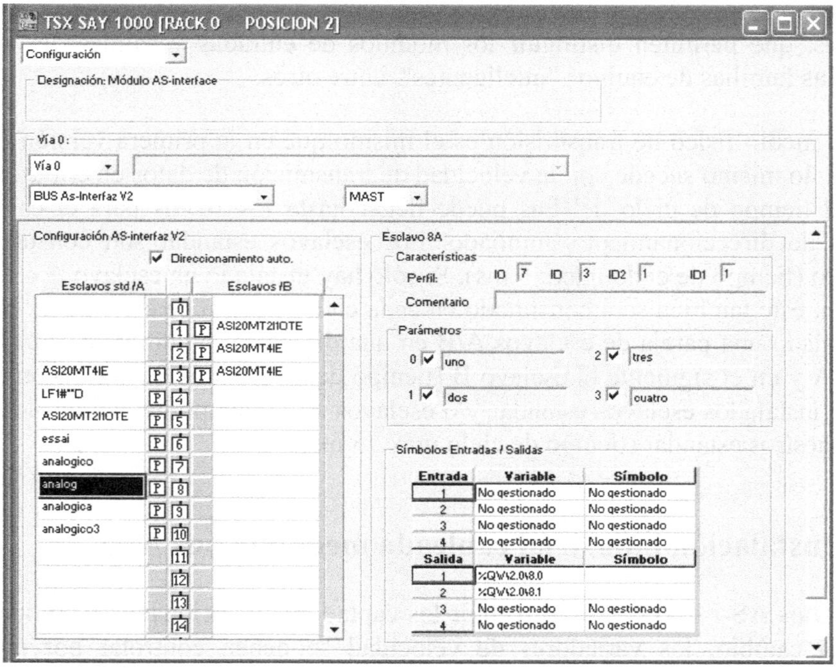

Figura 7.48 Declaración de un esclavo AS-i con dos vías de salida analógica

Todos los equipos esclavos conectados al bus AS-i se identifican por medio de, al menos, un "Código I/O" y un "Código ID", que completa la identificación funcional del esclavo. Algunos esclavos poseen un código ID2 que determina las funcionalidades internas del esclavo: ejemplo de esclavos analógicos en el que ID2 indica el número de vía analógica del esclavo.

Todos los esclavos de direccionamiento estándar se identifican mediante:

- Un código IO (código de repartición de entradas/salidas)
- Un código ID que completa la identificación funcional del esclavo

Todos los esclavos de direccionamiento extendido se identifican mediante:

- Un código IO (código de repartición de entradas/salidas)
- Un código ID que completa la identificación funcional del esclavo
- Un código ID2 que determina las funcionalidades internas del esclavo
- Un código ID1 que completa la identificación funcional del esclavo

Gracias a estas identificaciones, el maestro AS-i puede reconocer la configuración presente en el bus. La Asociación AS-i ha elaborado estos perfiles diferentes, que permiten distinguir los módulos de entradas y salidas, los módulos mixtos, las familias de equipos "inteligentes", entre otros.

El medio físico de transmisión es el mismo que en la primera versión del AS-i interface, lo mismo sucede con la velocidad de transmisión de datos en el bus. Por esta razón, el tiempo de ciclo del bus puede llegar hasta los 10 ms para el caso de 62 esclavos de direccionamiento ampliado. Los esclavos estándar son consultados en cada ciclo (tiempo de ciclo máx.: 5 ms). Si sólo hay instalado un esclavo A o B en una dirección, éste también será consultado en cada ciclo (tiempo de ciclo máx.: 5 ms). Si hay instalado una pareja de esclavos A/B en una dirección, en un ciclo se consulta el esclavo A y en el siguiente el esclavo B (tiempo de ciclo máx.: 10 ms). Si en una red sólo hay instalados esclavos estándar y/o esclavos A, el tiempo de ciclo es idéntico al de los maestros estándar (tiempo de ciclo máx.: 5 ms).

7.2.8 Instalación industrial cableada mediante bus AS-i

El bus AS-i sólo puede distribuir los captadores y accionadores de tipo todo o nada. En cambio, los variadores de velocidad se deben controlar por medio de entradas-salidas digitales y salidas analógicas. Estos accionadores deberán estar en el armario del autómata o en un armario de preaccionadores, efectuándose su mando mediante un cableado hilo a hilo.

El cableado de la instalación se ha realizado con sólo un bus AS-i. Los soportes derivaciones a motor al tener un grado de protección IP-20 se deben instalar dentro de pequeños armarios. Los módulos de usuario tienen 4 vías de entrada digital. En caso de que no fueran suficientes, habría que poner más módulos de 4 vías (duplicarlos), pero esto supondría que se sobrepasaría el máximo de esclavos del bus AS-i (31), en la figura hay 24.

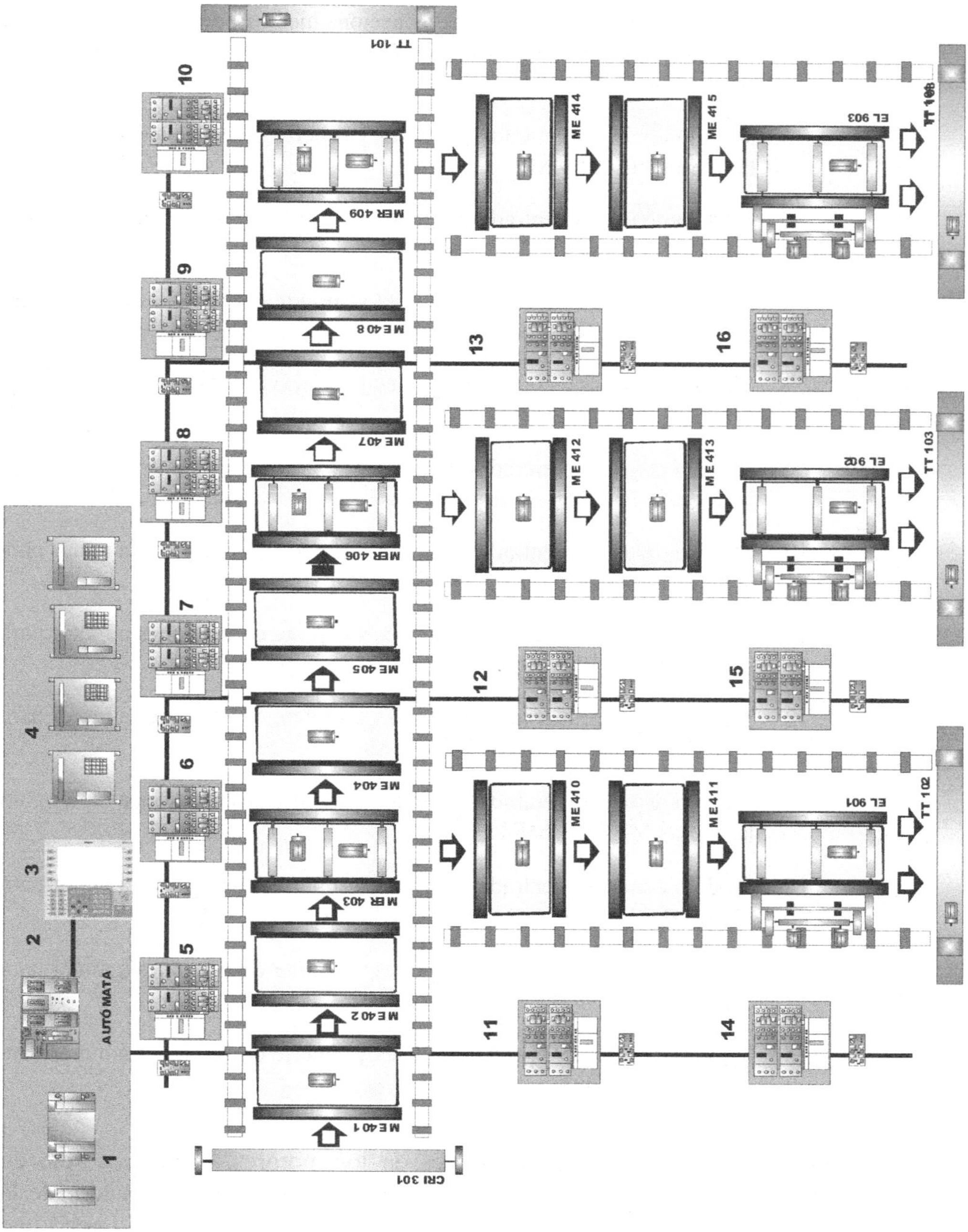

Figura 7.49

1. Fuentes de alimentación para bus AS-i.
2. Armario del autómata programable.
3. Terminal Gráfico Magelis. Conectado al autómata por puerto serie.

4. Variadores de velocidad para los accionamientos de los ascensores y de los transportes de tierra. Controlados por medio de salidas analógicas y entradas-salidas digitales.

5. Módulo de usuario entradas digitales y soporte derivaciones a motor para las mesas ME401 y ME402.

6. Módulo de usuario entradas digitales y soporte derivaciones a motor para la mesa MER403.

7. Módulo de usuario entradas digitales y soporte derivaciones a motor para las mesas ME404 y ME405.

8. Módulo de usuario entradas digitales y soporte derivaciones a motor para la mesa MER406.

9. Módulo de usuario entradas digitales y soporte derivaciones a motor para las mesas ME407 y ME408.

10. Módulo de usuario entradas digitales y soporte derivaciones a motor para la mesa MER409.

11. Módulo de usuario entradas digitales y soporte derivaciones a motor para las mesas ME410 y ME411.

12. Módulo de usuario entradas digitales y soporte derivaciones a motor para las mesas ME412 y ME413.

13. Módulo de usuario entradas digitales y soporte derivaciones a motor para las mesas ME414 y ME415.

14. Módulo de usuario entradas digitales y soporte derivaciones a motor para el elevador EL 901.

15. Módulo de usuario entradas digitales y soporte derivaciones a motor para el elevador EL 902.

16. Módulo de usuario entradas digitales y soporte derivaciones a motor para el elevador EL 903.

Si además se desea utilizar arrancadores en los motores, necesarios sólo en principio para los motores de los rodillos de las MER, para el motor elevador de la mesa no es necesario, el cableado es imposible con un sólo bus AS-i. Se tendrá que utilizar un autómata que pueda ser maestro de dos buses AS-i. En la siguiente propuesta de cableado se ha utilizado el autómata Premium.

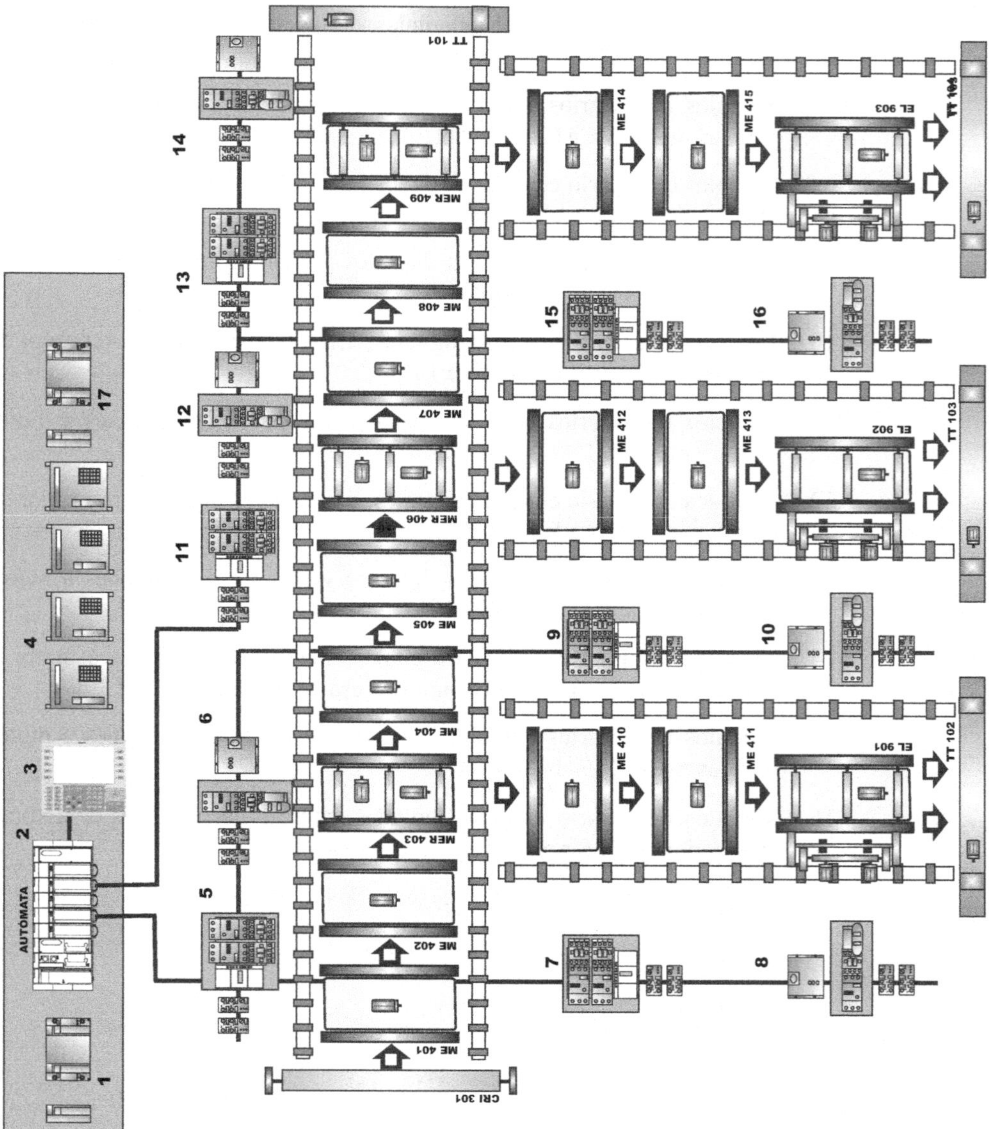

Figura 7.50

1. Fuentes de alimentación para el primer bus AS-i.
2. Armario del autómata programable.
3. Terminal Gráfico Magelis. Conectado al autómata por puerto serie.
4. Variadores de velocidad para los accionamientos de los ascensores y de los transportes de tierra. Controlados por medio de salidas analógicas y entradas-salidas digitales.
5. Módulos de usuarios entradas digitales y soporte derivaciones a motor para las mesas ME401 y ME402.

6. Módulos de usuario entradas digitales, derivación a motor y arrancador de motor en cofre para la mesa MER403.
7. Módulos de usuarios entradas digitales y soporte derivaciones a motor para las mesas ME410 y ME411.
8. Módulos de usuario entradas digitales, derivación a motor y arrancador de motor en cofre para el elevador EL 901.
9. Módulos de usuarios entradas digitales y soporte derivaciones a motor para las mesas ME412 y ME413.
10. Módulos de usuario entradas digitales, derivación a motor y arrancador de motor en cofre para el elevador EL 902.
11. Módulos de usuarios entradas digitales y soporte derivaciones a motor para las mesas ME404 y ME405.
12. Módulos de usuario entradas digitales, derivación a motor y arrancador de motor en cofre para la mesa MER406.
13. Módulos de usuarios entradas digitales y soporte derivaciones a motor para las mesas ME407 y ME408.
14. Módulos de usuario entradas digitales, soporte derivaciones a motor y arrancador de motor en cofre para la mesa MER409.
15. Módulos de usuarios entradas digitales y soporte derivaciones a motor para las mesas ME414 y ME415.
16. Módulos de usuario entradas digitales, soporte derivaciones a motor y arrancador de motor en cofre para el elevador EL 903.
17. Fuentes de alimentación para el segundo bus AS-i.

CAPÍTULO 8

BUSES INDUSTRIALES

8.1 INTRODUCCIÓN

En este capítulo, continuación del de buses de campo, se van a exponer y tratar los buses de campo industriales que no solamente están orientados básicamente a la conexión de sensores y actuadores, sino que también permiten una conexión eficaz de dispositivos inteligentes como variadores de velocidad, terminales de explotación y diálogo, identificadores de productos...

Los buses industriales que se tratarán son:

- FIPIO
- Profibus
- Interbus

En el capítulo siguiente se realiza una exposición de la implantación de las tecnologías de la información de Internet en el entorno industrial. Al final del capítulo se introduce como bus de campo Ethernet. Una vez visto este bus de campo se realiza una comparativa entre los diferentes buses de campo "clásicos" y Ethernet.

8.2 EL BUS FIPIO

El bus FIPIO es un bus industrial abierto conforme a la norma FIP. La norma FIP está impulsada por fabricantes y organismos industriales franceses. El bus FIPIO está impulsado principalmente por el fabricante de autómatas Telemecanique.

El bus FIPIO necesita un elemento gestor del bus. Este elemento gestor debe ser un autómata Telemecánica de la gama Premium. En la Figura 8. se observa un autómata programable TSX Premium 57352 maestro del bus FIPIO. El segundo módulo por la izquierda es la CPU del autómata y de este parte el cable del bus FIPIO (cable y conector oscuros).

Figura 8.1 Autómata TSX Premium gestor del bus FIPIO

El bus permite que se conecten hasta un máximo de 127 agentes. La dirección 0 está reservada al gestor y la dirección 63 a la terminal de programación. El bus permite la gestión como máximo de 32 agentes por segmento de bus. Los dispositivos que se pueden conectar como agentes al bus FIPIO son:

- Autómatas TSX Micro o Autómatas Premium.
- Módulos de entradas/salidas TBX digitales y analógicas.
- Módulos de entradas/salidas Momentum digitales, analógicas y especiales.
- Módulos Pasarela FIPIO / AS-i TBX SAP 10.
- Variadores de velocidad ATV 16, ATV 58, ATV 58F y ATV 68.
- Terminales de explotación y visualización CCX 17.
- Terminales de explotación y visualización gráficas Magelis.
- Estaciones de identificación Inductel.
- Servos Lexium.
- Módulos de entradas/salidas de alto grado de protección TSX IP67.
- Perfiles Estándares FIPIO provenientes de desarrollos de otros fabricantes como son: Festo, Joucomatic, Kuka, Parker / Hms, Aro, Bosch,G Renault, Eca, Datalogic...

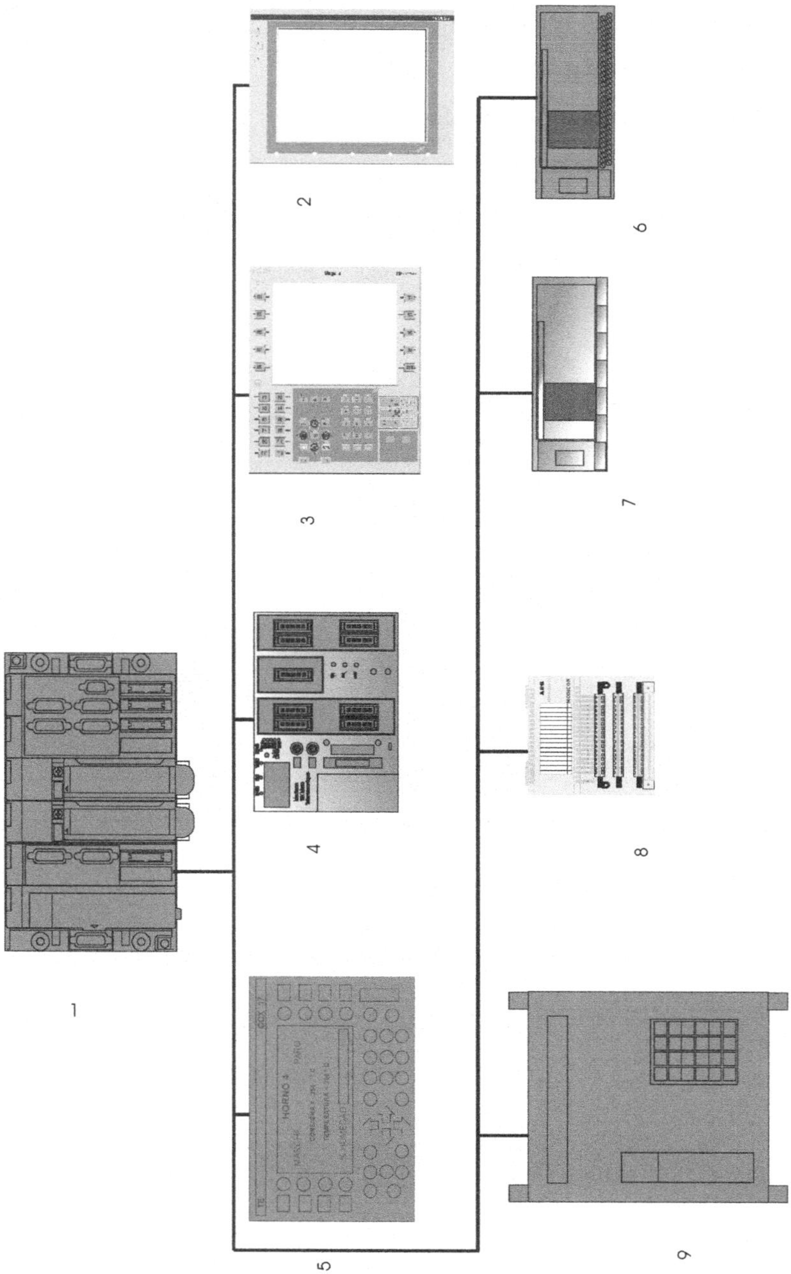

Figura 8.2 Equipos Conectables al bus FIPIO

1. Autómata Gestor del Bus, TSX Premium.
2. Terminal de Explotación y visualización Magelis.
3. Terminal de Explotación y visualización Magelis.
4. Autómatas TSX Micro agente del bus.
5. Terminal de Explotación y visualización CCX 17.

6. Módulo Pasarela FIPIO / AS-i TBX SAP 10.
7. Módulo de entradas TBX.
8. Módulo de Entradas/Salidas Momentum.
9. Variador de velocidad ATV.

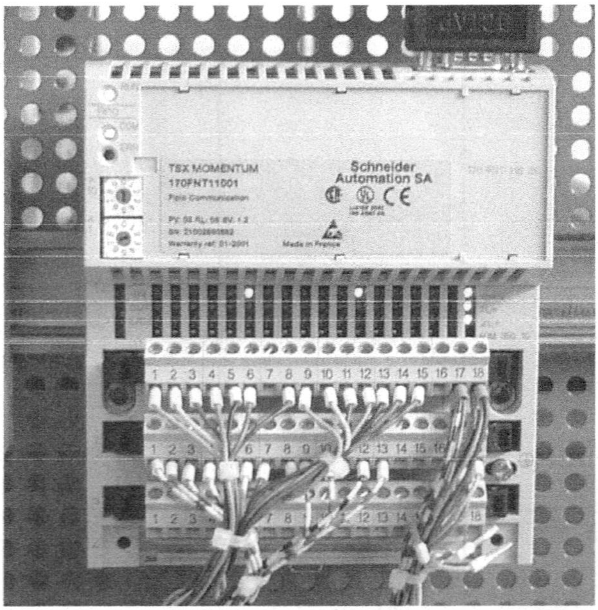

Figura 8.3 Módulo de entradas/salidas digitales Momentum

8.2.1 Configuración del gestor del bus

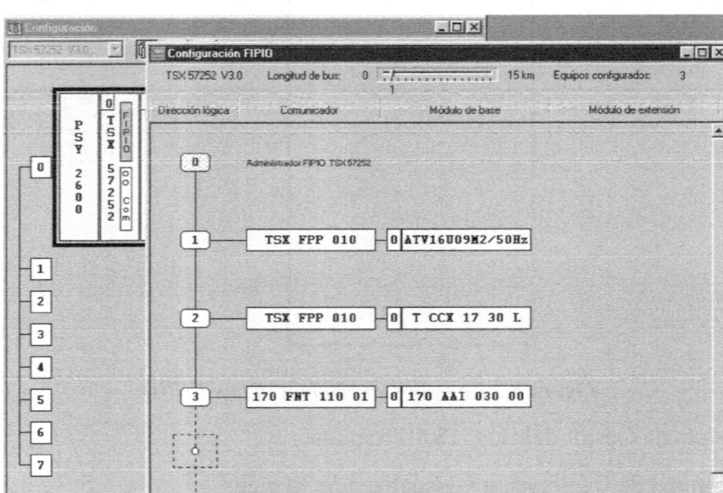

Figura 8.4 Configuración del bus FIPIO

En la configuración del autómata gestor hay que definir los equipos agentes que se conectan al bus.

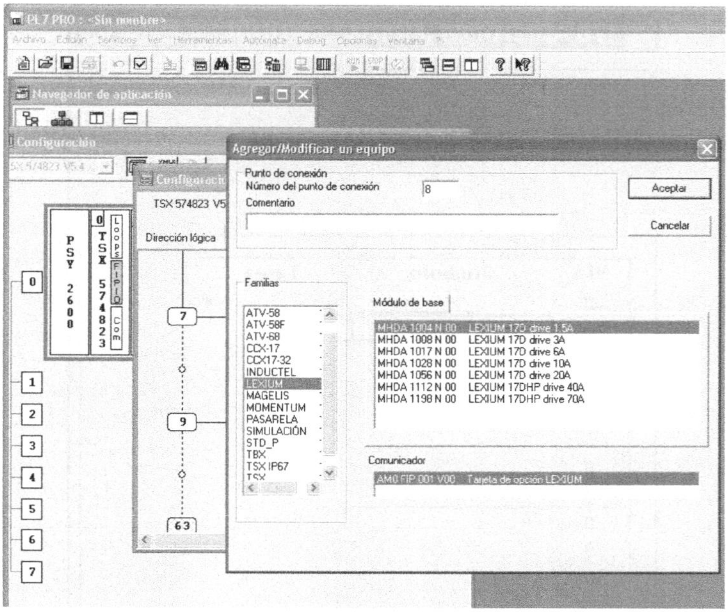

Figura 8.5 Gamas de Equipos que se pueden añadir en el bus FIPIO

En las siguientes imágenes se visualiza la configuración de un variador de velocidad, de un módulo de entradas digitales y de un módulo de entradas-salidas analógicas.

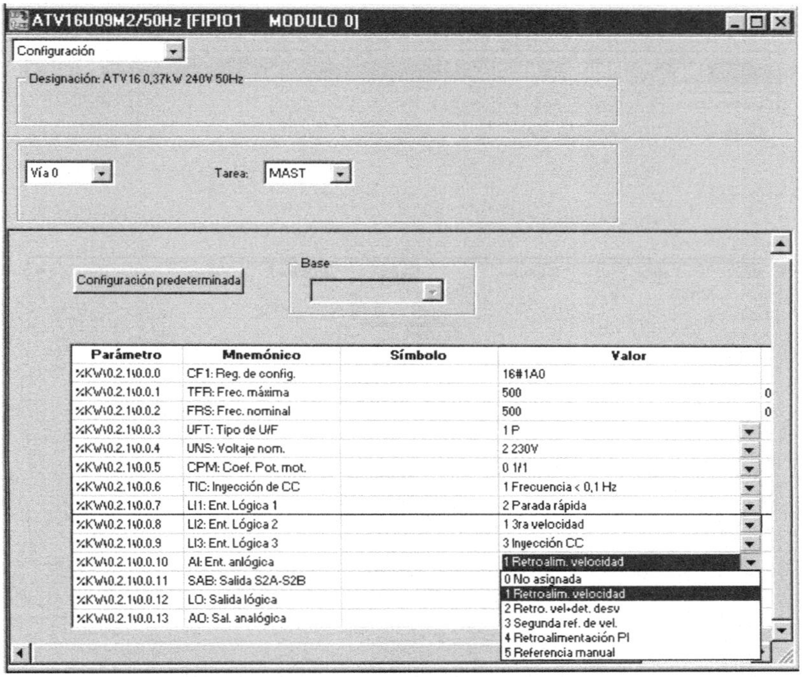

Figura 8.6 Configuración de un variador de velocidad

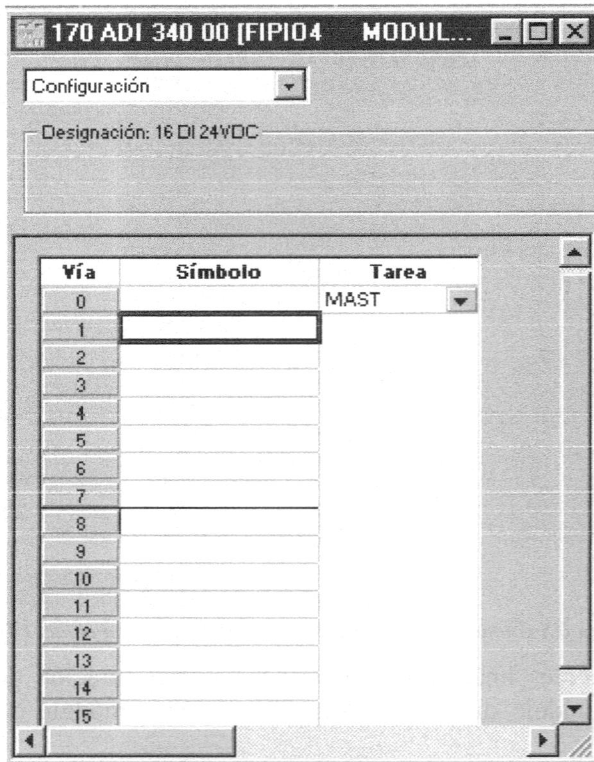

Figura 8.7 Configuración de un módulo de entradas digitales

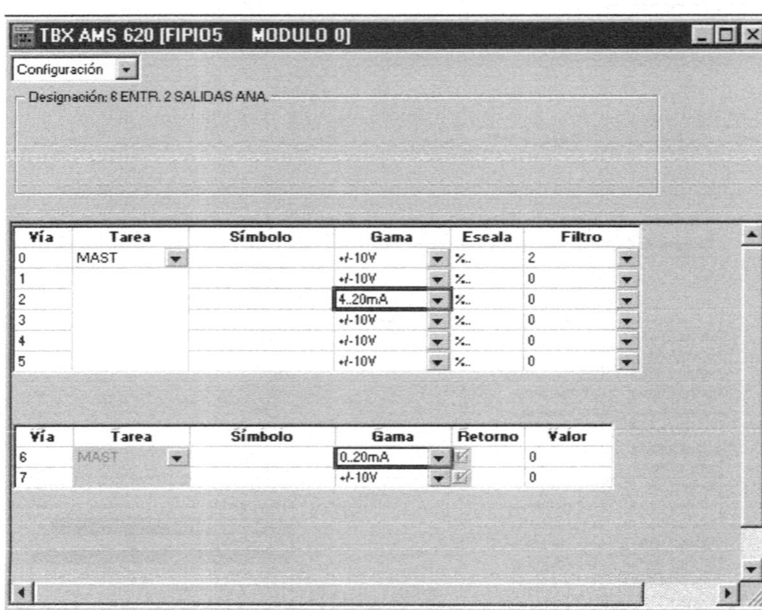

Figura 8.8 Configuración de un módulo de entradas-salidas analógicas

El direccionamiento de los objetos entrada/salida utilizado en el bus Fipio es topológico. Por ejemplo:

- % I \ 0.2.1 \ 0.7 entrada digital 7 del módulo conectado en primer lugar con dirección 1.
- % I \ 0.2.1 \ 1.8 entrada digital 8 del módulo de extensión con dirección 1.
- %Q \ 0.2.2 \ 0.5 salida digital 5 módulo dirección 2.
- %I \ 0.2.10 \ 0.MOD.ERR bit de fallo módulo con dirección 10.
- %I \ 0.2.11 \ 0.7.ERR bit de fallo de la vía 7 módulo con dirección 11.

En las imágenes siguientes se pueden observar los objetos de entradas/salidas disponibles en tres módulos conectados al bus FIPIO.

- En la primera imagen se observan los objetos de un módulo de entradas digitales conectado al bus con dirección 1, son objetos tipo entrada digital y tipo error en vía de entrada digital.
- En la segunda imagen se observan los objetos de un módulo de salidas digitales conectado al bus con dirección 2, son objetos tipo salida digital y tipo error en vía de salida digital.
- En la tercera imagen se observan los objetos de un módulo de entradas-salidas digitales conectado al bus con dirección 4, son objetos tipo entrada digital y tipo salida digital.

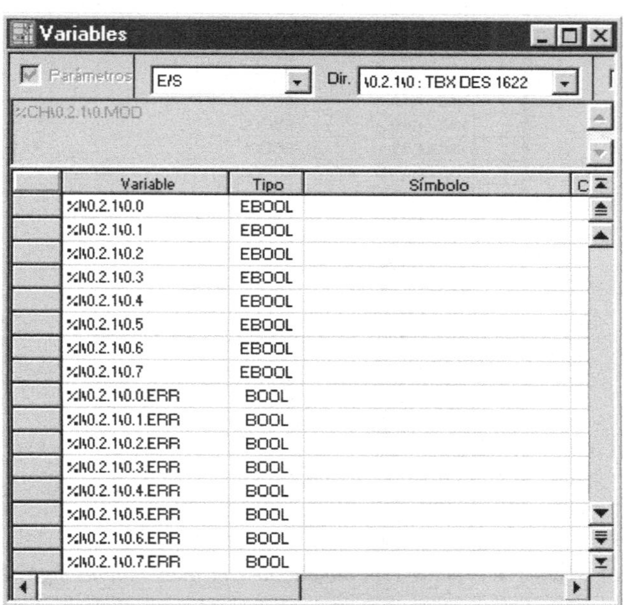

Figura 8.9 Objetos Asociados a un módulo de Entradas digitales FIPIO

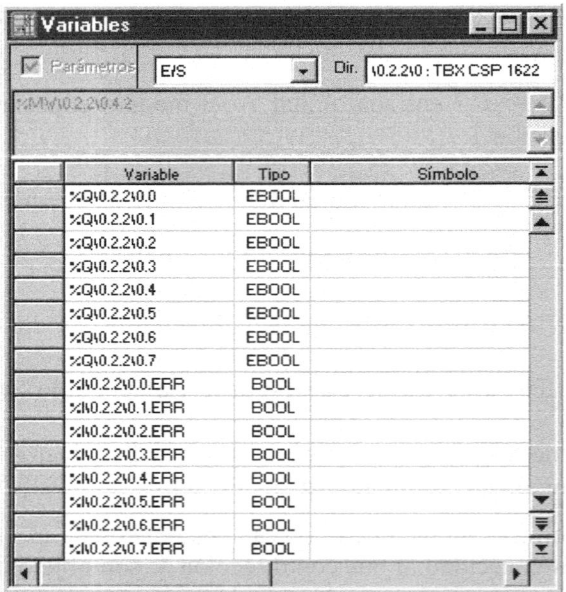

Figura 8.10 Objetos Asociados a un módulo de Salidas digitales FIPIO

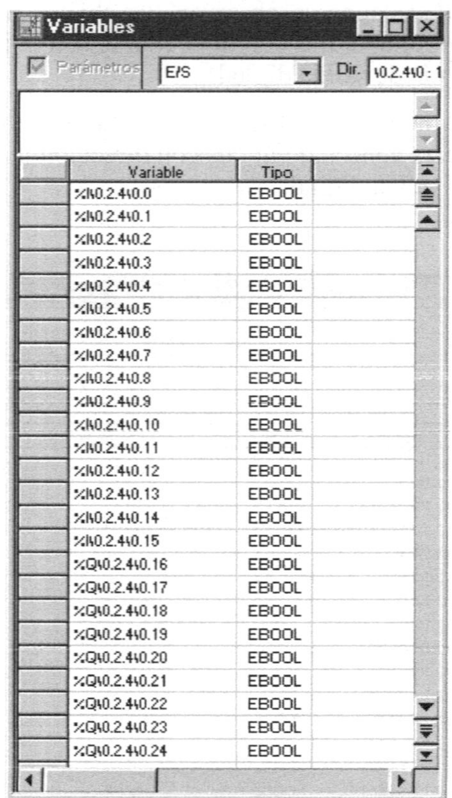

Figura 8.11 Objetos Asociados a un módulo de Entradas-Salidas digitales FIPIO

El número de agentes también depende de la capacidad del equipo gestor. Es decir, de la memoria RAM que dedique el equipo a gestionar el sistema FIP. Dependiendo del tipo de agente conectado se ocupa más o menos memoria del sistema FIP. Por ejemplo, el TSX 57 35 puede gestionar 98 Momentum TOR ó 50 Momentum analógicos ó 59 ATV 16 como máximo.

En la dirección 63 se conecta la terminal de programación del bus. Mediante esta terminal se pueden acceder a todos los servicios, como son la carga y descarga de aplicaciones en los autómatas agentes, la configuración de los módulos, excepto a la carga de la aplicación en el autómata gestor.

8.2.2 Comunicación con los autómatas agentes

La comunicación entre el autómata gestor y los agentes del bus se realiza mediante palabras de entrada %IW y palabras de salida %QW. Estas palabras de entrada salida son vistas desde los autómatas agentes como palabras internas del tipo %MW. Cada autómata FIPIO agente utiliza 64 palabras consecutivas %MW para el intercambio de los datos periódicos. Las 32 primeras palabras están reservadas para transmitir las informaciones al administrador, las 32 palabras siguientes están reservadas para recibir las informaciones.

Los autómatas Agentes se conectan al bus por medio de una tarjeta de comunicaciones en cuya configuración se define el número de punto de conexión y la dirección de inicio de la tabla de 64 palabras para comunicación con el autómata gestor.

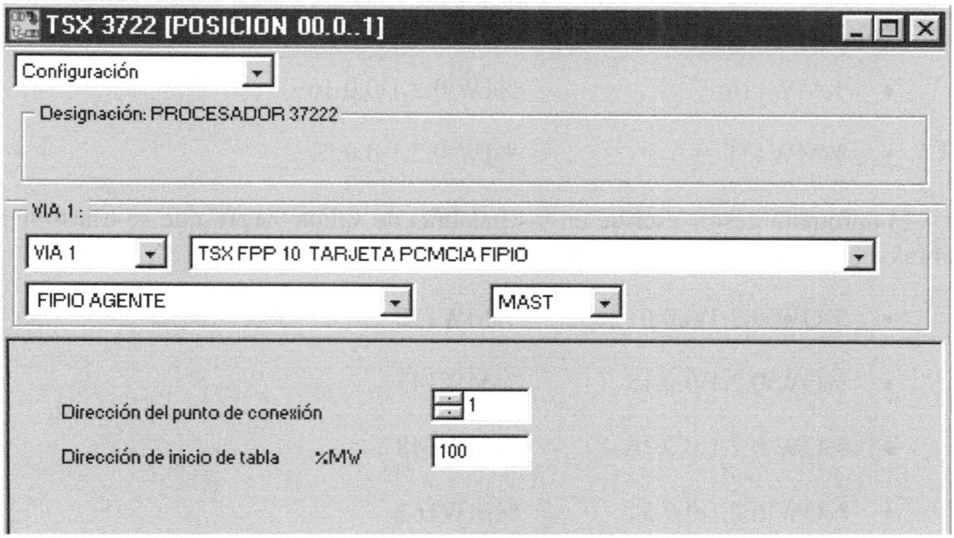

Figura 8.12 configuración Autómata Agente FIPIO

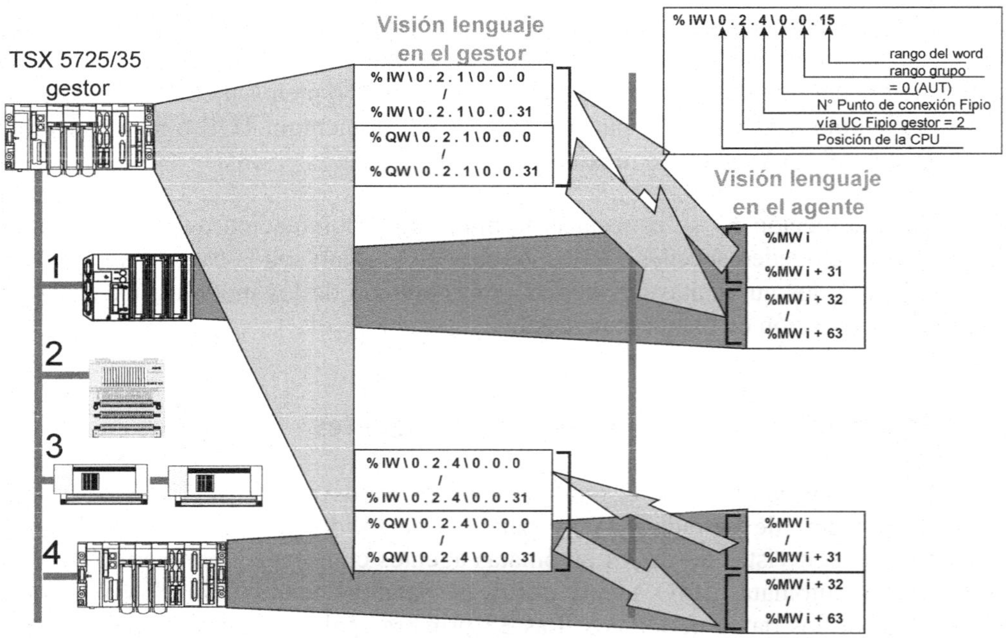

Figura 8.13

Para comunicarse con el autómata agente conectado en la dirección 1. El autómata agente escribe en palabras internas %MW100 a %MW131 que se transmiten a palabras de entrada %IW en el autómata gestor.

- %MW100 %IW\0.2.1\0.0.0
- %MW115 %IW\0.2.1\0.0.15
- %MW116 %IW\0.2.1\0.0.16
- %MW131 %IW\0.2.1\0.0.31

El autómata gestor escribe en las palabras de salida %QW que se transmiten a palabras internas en el autómata agente %MW.

- %QW\0.2.1\0.0.0 %MW132
- %QW\0.2.1\0.0.15 %MW147
- %QW\0.2.1\0.0.16 %MW148
- %QW\0.2.1\0.0.31 %MW163

Servicios que suministra el bus FIPIO

Servicio	Descripción
Intercambio de E/S	Intercambio de variables de estados de los canales de entradas/salidas y de los controles de canales de salida, de forma cíclica y sin intervención del programa aplicación. Gestión de los equipos remotos (configuración...) de forma acíclica y sin intervención del programa aplicación.
UNI-TE	Servicio de peticiones punto a punto con informe: 128 bytes máximo; utilizable por todas las estaciones conectadas al bus FIPIO que soporten este servicio.
Seguridad	Caracteres de control en cada tramo y acuse de recibo de mensajes punto a punto de acuerdo con la norma NF C 46-603.
Vigilancia	Diagnóstico de los autómatas y de sus entradas/salidas locales y distantes.

La velocidad de transmisión del bus es de 1Mbit /segundo.

Funcionamiento de la comunicación en el bus

Una vez configurado el modo FIPIO, el procesador escruta los diferentes equipos de la aplicación según la configuración del bus definida mediante el software PL7-PRO. Las características de esta tabla da los siguientes resultados:

- Las variables imágenes de los valores de entradas y de los controles de salida de un equipo configurable son escrutados lo más rápidamente posible en el bus, respetando los informes existentes entre los periodos de las diferentes tareas que utilizan estos equipos.

- La aparición o desaparición de un equipo configurado se detecta en el bus en un tiempo máximo de:

  - 100 ms si la configuración consta de 2 a 16 equipos.

  - 200 ms si la configuración consta de 17 a 32 equipos.

  - 400 ms si la configuración consta de 33 a 64 equipos.

- La aparición o desaparición de un equipo no configurado se detecta en el bus en un tiempo máximo de 1 segundo.

- Las variables de parametrización y de configuración de los equipos conectados al bus se transmiten a iniciativa del procesador: el volumen de intercambio está limitado a 5 variables por segundo.

- Las transmisiones se realizan con una cadencia de 20 mensajes UNI-TE por segundo.

El tiempo de ciclo de red (Tcr) corresponde al tiempo que separa dos interrogaciones consecutivas de un mismo punto de conexión del bus FIPIO. El valor del tiempo de ciclo de red Tcr, en el caso de una aplicación en la que todos los módulos E/S TBX TON están configurados como tarea maestra MAST, se define con la siguiente fórmula:

Tcr_mast (ms) = 1 + 0,5 x nb. puntos de conexión TBX

Este cálculo tiene en cuenta 20 mensajes aplicación por segundo (servicio UNI-TE o aplicación a aplicación).

Para calcular los tiempos de transferencia correspondientes al tiempo que separa la aparición de una información TON en una entrada TBX y su disponibilidad en una salida TBX, además del tiempo de ciclo de red, es necesario tener en cuenta los siguientes parámetros:

- Tiempo de filtrado o de respuesta de los módulos TBX.

- Tiempo de tratamiento del procesador TSX/PMX.

- Estructura software de la aplicación y periodo de las tareas de programa.

Topología

La topología del bus consiste en el enlace de equipos mediante el encadenamiento o derivación. El número de segmentos es ilimitado en el caso de arquitectura arborescente. Está limitado a 4 repetidores en cascada, es decir, 5 segmentos en cascada. La longitud de bus es:

- 1 Km sin repetidor

- 5 Km con 4 repetidores eléctricos FP ACC 6 (5 segmentos de 1 Km)

- 15 Km con 4 repetidores ópticos (5 segmentos de 3 Km)

Los repetidores ópticos se utilizan en aplicaciones repartidas en grandes superficies, en aplicaciones sometidas a entornos eléctricos severos, en grandes instalaciones públicas o industriales, en tratamiento y distribución de agua. La distancia máxima entre los repetidores ópticos es de 3 Km. El número máximo de repetidores es de 20.

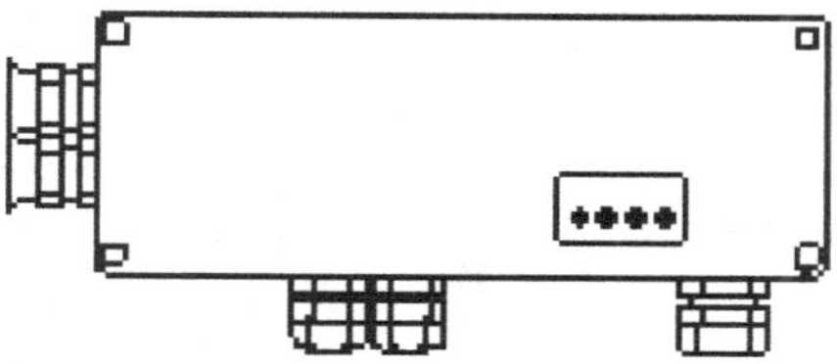

Figura 8.14 Repetidor estanco TSX ACC 8

Figura 8.15 Repetidor OZD FIP G3

8.2.3 Instalación industrial cableada mediante bus FIPIO

Al utilizar el bus FIPIO se pueden distribuir tanto las entradas/salidas digitales, como los variadores de velocidad, como las terminales de visualización... En la instalación ejemplo se han distribuido módulos de entradas/salidas distantes. Los captadores serán cableados hilo a hilo a las entradas digitales del módulo. De las salidas digitales se cableará hilo a hilo a los preaccionadores. Los preaccionadores deberán situarse en los armarios distribuidos o en las máquinas. En cambio, los variadores de velocidad se conectan directamente al bus.

Otra opción existente es utilizar pasarelas de bus AS-i. Los captadores y accionadores de tipo todo o nada se conectarían al bus AS-i. Los variadores de velocidad y las terminales de visualización se conectarían al bus FIPIO.

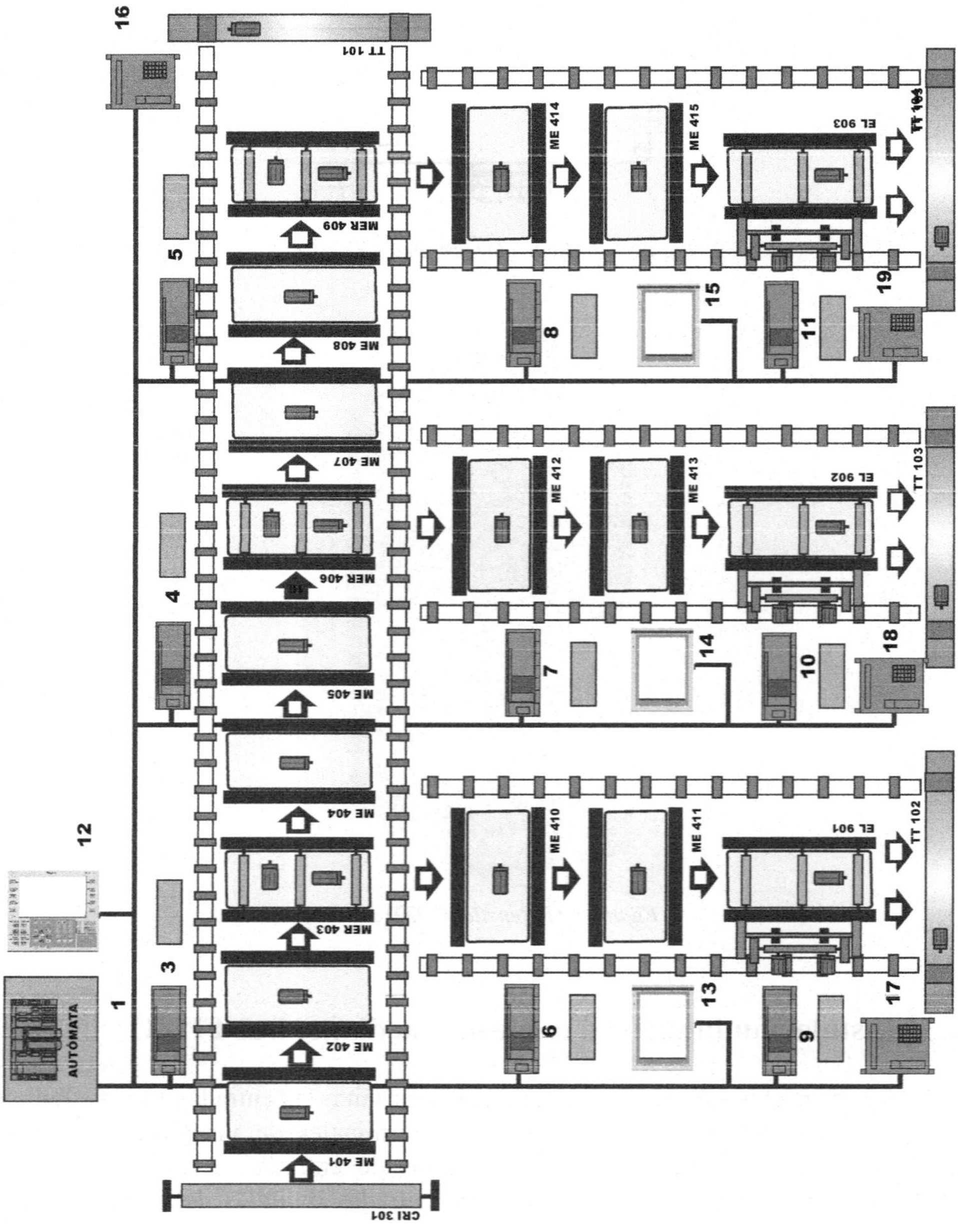

Figura 8.16

1. Autómata programable Premium gestor del bus.
2. Cable del bus FIPIO.
3. Módulo de Entradas/Salidas digitales y armario preaccionadores para mesas ME401, ME402 y MER 403.
4. Módulo de Entradas/Salidas digitales y armario preaccionadores para mesas ME404, ME405 y MER 406.

5. Módulo de Entradas/Salidas digitales y armario preaccionadores para mesas ME407, ME408 y MER 409.
6. Módulo de Entradas/Salidas digitales y armario preaccionadores para mesas ME410 y MER 411.
7. Módulo de Entradas/Salidas digitales y armario preaccionadores para mesas ME412 y MER 413.
8. Módulo de Entradas/Salidas digitales y armario preaccionadores para mesas ME414 y MER 415.
9. Módulo de Entradas/Salidas digitales y armario preaccionadores para Elevador 901.
10. Módulo de Entradas/Salidas digitales y armario preaccionadores para Elevador 902.
11. Módulo de Entradas/Salidas digitales y armario preaccionadores para Elevador 903.
12. Terminal gráfico Magelis, agente del bus.
13. Terminal gráfico Magelis, agente del bus.
14. Terminal gráfico Magelis, agente del bus.
15. Terminal gráfico Magelis, agente del bus.
16. Variador de velocidad para transporte de tierra TT101, agente del bus.
17. Variador de velocidad para elevador 901, agente del bus.
18. Variador de velocidad para elevador 902, agente del bus.
19. Variador de velocidad para elevador 903, agente del bus.

8.3 PROFIBUS

La base del estándar Profibus fue un proyecto de investigación llevado a cabo entre los años 1987-1990 por los siguientes participantes: ABB, AEG, Bosch, Honeywell, Klóckner-Moeller, Landis & Gyr, Phoenix Contact, Rheinmetall, RMP, SauterCumulus, Schleicher, Siemens y cinco institutos alemanes de investigación.

De este proyecto se concluyó el primer borrador de la norma DIN 19245, el estándar Profibus, partes 1 y 2. La parte 3, ProfibusDP, se definió en 1993. Hay instalados más de dos millones de equipos en más de 200.000 aplicaciones. Con más de 1.600 productos disponibles. Hay aproximadamente 250 fabricantes de productos Profibus en todo el mundo.

Actualmente, Profibus en sus tres versiones FMS, DP y PA, son estándar europeo EN 50170. La norma está compuesta de los siguientes documentos:

1. EN 50170, volumen 3, parte 1-3: normas generales para sistemas de comunicación de buses de campo.

2. EN 50170, volumen 3, parte 2-3: nivel físico, específico y definiciones de servicio.
    a. Sub-parte 2-3-1: IEC par trenzado.
    b. Sub-parte 2-3-2: IEC par trenzado, erratas.
    c. Sub-parte 2-3-3: IEC fibra óptica.
3. EN 50170, volumen 3, parte 2-3: nivel físico, especificación y definiciones de servicio.
    a. Sub-parte 3-3-1: definiciones nivel de enlace de datos.
    b. Sub-parte 3-3-2: definición FCS (Frame Check Sequence).
    c. Sub-parte 3-3-3: definición de puentes.
4. EN 50170, volumen 3, parte 5-3: definición de servicio en el nivel de aplicación.
    a. Sub-parte 5-3-1: definición de MPS (Manufacturing periodical/aperiodical Services).
    b. Sub-parte 5-3-2: definición de SubMMS (Subset of messaging Services).
5. EN 50170, volumen 3, parte 6-3: especificación en el nivel de aplicación.
6. EN 50170, volumen 3, parte 7-3: administración de la red.

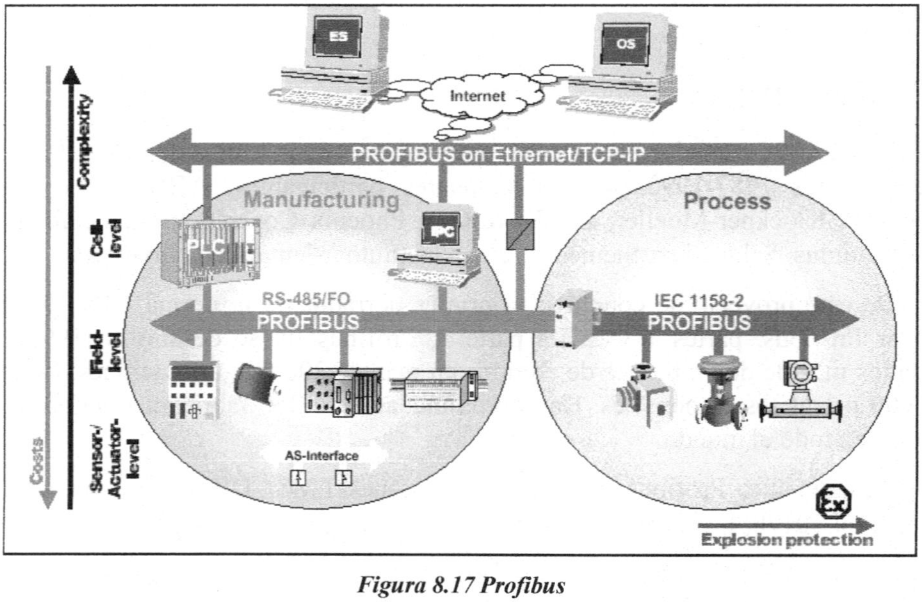

Figura 8.17 Profibus

Existen dos asociaciones Profibus: PI (Profibus Internacional) y PNO (Organización de usuarios de Profibus). Las verificaciones de los productos se llevan a cabo en la Organización de Usuarios de Profibus.

Profibus es uno de los buses de campo que cuenta con mayor aceptación en Europa. Las Áreas de Aplicación incluyen la mayoría de las aplicaciones industriales gracias a las tres posibilidades que ofrece Profibus (FMS, DP y PA). Desde máquinas sencillas, pasando por aplicaciones a nivel de célula, hasta nivel de proceso con Profibus PA.

Estándar	**EN 50 170**
Método de acceso	Paso de testigo junto con maestro esclavo
Velocidad transferencia	9,6 1.500 Kbit/seg., máx. 12 Mbit/seg
Medio de transmisión	Eléctrico: par trenzado apantallado Optico: fibra óptica (cristal y plástico)
Máx. Nº participantes	127
Distancia de red	Eléctrica: máx.9,6 Km (depende de velocidad) Optica: > 100 Km (depende de velocidad)
Topología	Lineal, árbol, estrella, anillo
Aplicaciones	Niveles de campo y de célula

Figura 8.18 Características de Profibus

Las tres posibilidades tecnológicas de Profibus son:

PROFIBUS DP - Periferia descentralizada

- Tiempos de reacción muy pequeños.
- Transferencia de pequeñas cantidades de datos.
- Conexión de equipos de campo, accionamientos, paneles de operación, autómatas programables y PC's.

PROFIBUS FMS - Fieldbus Message Specification

- Interconexión en red de autómatas programables, supervisores de proceso, paneles de operación, PC's, etc.
- Comunicación orientada a objetos.

PROFIBUS PA - Automatización de Procesos

- Conexión de equipos de proceso sobre autómatas programables, supervisores de proceso, PC.
- Datos y alimentación sobre un cable.
- Seguridad Intrínseca.

	PROFIBUS DP	PROFIBUS FMS	PROFIBUS PA
Utilización	Nivel de campo	Nivel de célula	Nivel de campo y célula
Estándar	EN 50 170	EN 50170	IEC 11582
Equipos conectables	Equipos de campo, accionamientos, válvulas, OP's, PG/PC	PLC, PG/PC, equipos de campo	Equipos de campo, accionamientos, PLC, PG/PC, OP's
T. reacción	1 a 5 ms	menor de 60 ms	menor de 60 ms
Distancia	sobre 100 Km	sobre 100 Km	máx. 1,9 Km
Velocidad	9,6 Kbit/seg. 12 MBit/seg.	9,6 Kbit/seg. 1,5 MBit/seg.	31,25 KBit/seg.

Figura 8.19 Posibilidades tecnológicas de Profibus

8.3.1 Profibus-DP

Optimizado para la transmisión de señales a alta velocidad entre los sistemas de control automático y las entradas/salidas distribuidas. Permite también la transmisión serie de pequeños grupos de datos a/desde periféricos inteligentes. En este bus se permite la Conexión de equipos de campo, accionamientos, paneles de operación, autómatas programables.

Mediante este bus los autómatas programables se comunican con los dispositivos de campo (entradas/salidas, accionamientos, válvulas) por medio de una comunicación tipo serie de alta velocidad.

La consulta de los módulos de entrada y la escritura de salidas se debe de realizar de forma cíclica, y en tiempos de ciclo de bus muy pequeños. Adicionalmente a las comunicaciones cíclicas, se permiten comunicaciones acíclicas con dispositivos de campo inteligentes para permitir la configuración, diagnóstico y el manejo de alarmas. Las funciones necesarias para establecer las comunicaciones están establecidas en Profibus-DP de acuerdo con la norma EN 50170.

En Profibus-DP se permiten sistemas con un sólo maestro o sistemas multimaestro. Esto proporciona un alto grado de flexibilidad en la configuración de los sistemas. Hasta 126 dispositivos (maestros o esclavos) pueden ser conectados a un bus. La descripción de la configuración del sistema consiste en el número de estaciones, la relación entre la dirección de la estación y las direcciones de entrada/salida, el formato de los datos de entrada/salida, el formato de los mensajes de diagnóstico y los parámetros del bus. Un sistema Profibus-DP puede contener tres tipos de dispositivos:

- DP Maestro Clase 1

Este maestro es el controlador central del bus, el cual intercambia información con los esclavos DP mediante mensajes cíclicos.

- DP Maestro Clase 2

Son sistemas de programación, dispositivos de configuración o paneles de control. Se utilizan durante la configuración del bus o en las operaciones de control y monitorización.

- DP Esclavo

Un esclavo es un dispositivo periférico (entradas-salidas, accionamientos, HMI, válvulas, etc.) que suministra informaciones de entrada y recibe informaciones de salida del Maestro controlador del bus. Asimismo existen dispositivos que solamente suministran informaciones de entrada (por ejemplo, un módulo de entradas digitales) o reciben informaciones de salida (por ejemplo, un módulo de salidas digitales). La cantidad de información de entrada y salida depende del tipo de dispositivo. Se permite un máximo de 246 bytes de entrada y 246 bytes de salida.

Cíclicamente el maestro lee la información de entrada procedente de los esclavos y cíclicamente escribe la información de salida hacia los esclavos. El tiempo de ciclo del bus debe ser más corto que el tiempo de ciclo de la tarea del autómata. Para muchas aplicaciones de autómata el tiempo de ciclo suele estar en torno a 10 milisegundos.

Profibus-DP, cuando la velocidad del bus es de 12 Mbit/segundo, requiere solamente un milisegundo para la transmisión de 512 bits de entrada y 512 bits de salida. El tiempo de transmisión depende del número de estaciones conectadas al bus y de la velocidad de transmisión. Los tiempos de la Figura 8. son para esclavos con datos de proceso compuestos de dos bytes de entrada y dos bytes de salida.

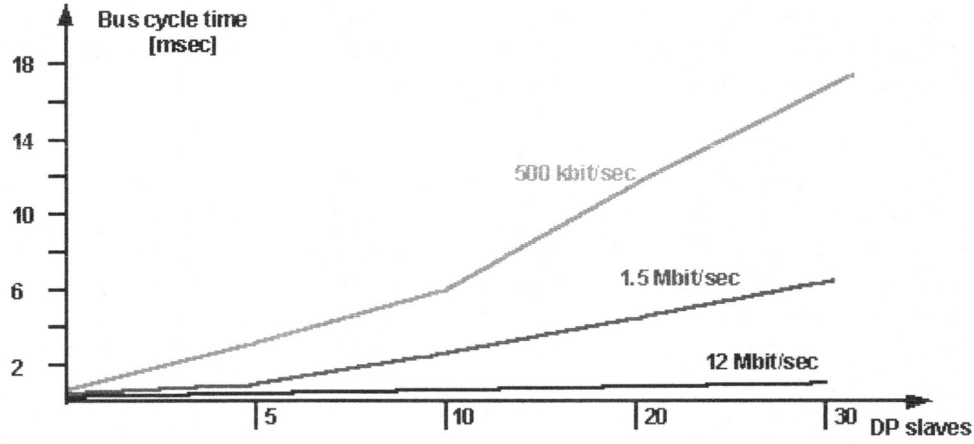

Figura 8.20 Tiempo de ciclo de bus para un sistema DP-monomaestro

8.3.2 Profibus-FMS

Es la solución adoptada para la comunicación en el nivel de célula. En este bus se realiza la interconexión en red de autómatas programables, supervisores de proceso, paneles de operación, PC's…

La Comunicación en Profibus-FMS está orientada a objetos, siguiendo el modelo de Cliente-Servidor, garantizando la seguridad en la transmisión y la imposibilidad de lectura, escritura simultánea sobre un mismo objeto.

Los servicios suministrados por Profibus-FMS permiten un amplio rango de aplicaciones, pudiendo ser utilizado en tareas de comunicación largas y complejas.

Servicios en Profibus-FMS:

- Conexión-Desconexión de entidades lógicas de comunicación.
- Lectura y escritura de variables.
- Carga y Lectura de Áreas de Memoria.
- Depuración, puesta en Run y Stop de Programas de Aplicación.
- Transmisión de mensajes con alta o baja prioridad.
- Peticiones de identificación e indicación de Status.

Las comunicaciones que se pueden establecer en Profibus-FMS:

- Comunicación Maestro/Maestro.
- Comunicación Maestro/Esclavo para transferencia de datos cíclica o acíclica.

- Comunicación Maestro/Esclavo para transferencia de datos cíclica o acíclica a petición del esclavo.

Se pueden transmitir hasta 240 bytes en cada servicio de comunicación.

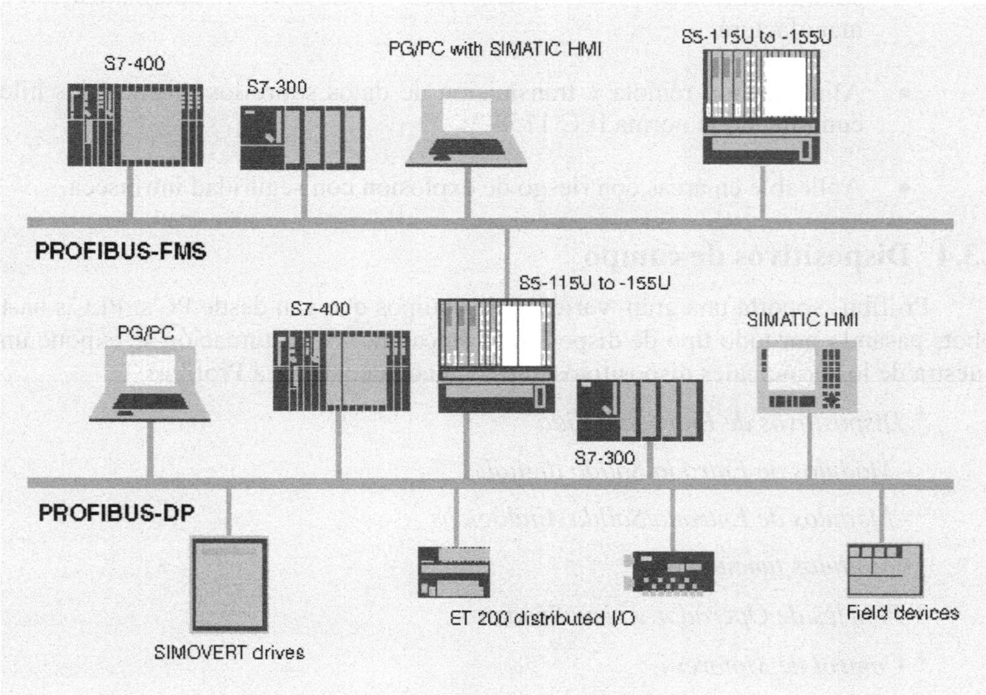

Figura 8.21 Equipos Conectables a Profibus

8.3.3 Profibus-PA

Este bus está diseñado específicamente para automatización de procesos continuos. Permite la conexión en una simple línea de bus de dos cables de equipos de campo, actuadores, autómatas programables, reguladores PID industriales. Permite la transmisión de datos y de potencia en el cable de bus de acuerdo con la norma IEC 1158-2. Está especialmente diseñado para aplicarse en sistemas con riesgo de explosión.

En este bus se puede realizar la medida, el control y la regulación mediante una simple línea de bus de dos cables que además alimenta a los dispositivos de campo. Permite la realización de operaciones de mantenimiento y la conexión/desconexión de dispositivos sin efectos colaterales en el bus. Profibus-PA ha sido diseñado en colaboración con la industria de control de procesos continuos y reúne los requerimientos de esta área de Aplicación:

- Perfiles únicos en los dispositivos de automatización de procesos e intercambiabilidad entre dispositivos de diferentes fabricantes.

- Conexión y desconexión de dispositivos del bus sin influencia sobre otros dispositivos.
- Comunicación transparente entre segmentos de bus Profibus-PA en automatización de proceso y segmentos Profibus-DP en automatización de manufactura.
- Alimentación remota y transmisión de datos sobre los mismos dos hilos cumpliendo la norma IEC 1158-2.
- Aplicable en áreas con riesgo de explosión con seguridad intrínseca.

8.3.4 Dispositivos de campo

Profibus soporta una gran variedad de equipos que van desde PC's, PLC's hasta robots pasando por todo tipo de dispositivos de campo. A continuación se expone una muestra de los principales dispositivos que se pueden conectar a Profibus.

* *Dispositivos de Entrada/Salida*

- *Módulos de Entrada/Salida digitales*
- *Módulos de Entrada/Salida Analógicos*
- *Módulos funcionales*

* *Paneles de Operador y visualizadores*

* *Control de Motores*

- *Variadores de frecuencia*
- *Servomecanismos*
- *Control de motores paso a paso*
- *Arrancadores*

* *Medida y Adquisición de datos*

- *Encoders*
- *Sensores*
- *Sistemas de pesaje y dosificación de productos*
- *Resolvers*

* *Sistemas de identificación*

- *Plots de Lectura/Escritura*
- *Lectores de códigos de barras*
- *Escáners*

* *Controladores de Alto Nivel*

- *Controladores de Posición*
- *Sistemas de Soldadura*
- *Controladores del Robot*
- *Controladores multiprocesadores*
- *Controladores de esfuerzo*

* *Sistemas de control en bucle cerrado*

- *Controladores de Proceso*
- *Dispositivos de Dosificación*

* *Dispositivos neumáticos*

* *Dispositivos hidraúlicos*

8.4 BUS INTERBUS

8.4.1 Introducción

Interbus es un bus de campo desarrollado por el fabricante de elementos y dispositivos de conéctica Phoenix-Contact. Gran parte de los grandes fabricantes de autómatas poseen en su catálogo módulos maestros para este bus de campo. Alrededor de 900 desarrolladores de dispositivos de campo lo soportan, sacando al mercado continuamente nuevos desarrollos técnicos y productos. En la actualidad hay instalados más de 2 millones de dispositivos de campo.

La comunicación entre los dispositivos se realiza mediante el protocolo Interbus, el cual está reflejado en la norma DIN 19258. En Alemania, las funciones clave de Interbus están estandarizadas por la DKE (Deutsche Elektrotechnische Kommission: German Electrotechnical Commission for DIN and VDE). En 1993 se publica la norma DIN E 19258. Esta norma fija los protocolos de transmisión y los servicios necesarios para la transmisión de datos. Las especificaciones de los parámetros de comunicación fueron publicados en el DIN Report 46 en el año 1995. Todas estas normas fueron homologadas a nivel europeo en 1997 en la norma EN 50 254 con el título "High Efficiency Communication Subsystem for Small Data Packages".

Un sistema basado en Interbus está compuesto por una tarjeta de control, instalada en un PC Industrial o en un autómata programable, que comunica con un conjunto de dispositivos distribuidos de entrada/salida.

Interbus utiliza el método de comunicación maestro-esclavo, donde el maestro del bus simultáneamente funciona como conexión o interfaz con el bus de nivel superior. El Protocolo Interbus utiliza la tecnología de trama suma. Un único telegrama actualiza simultáneamente todas las entradas y todas las salidas de los dispositivos conectados al bus.

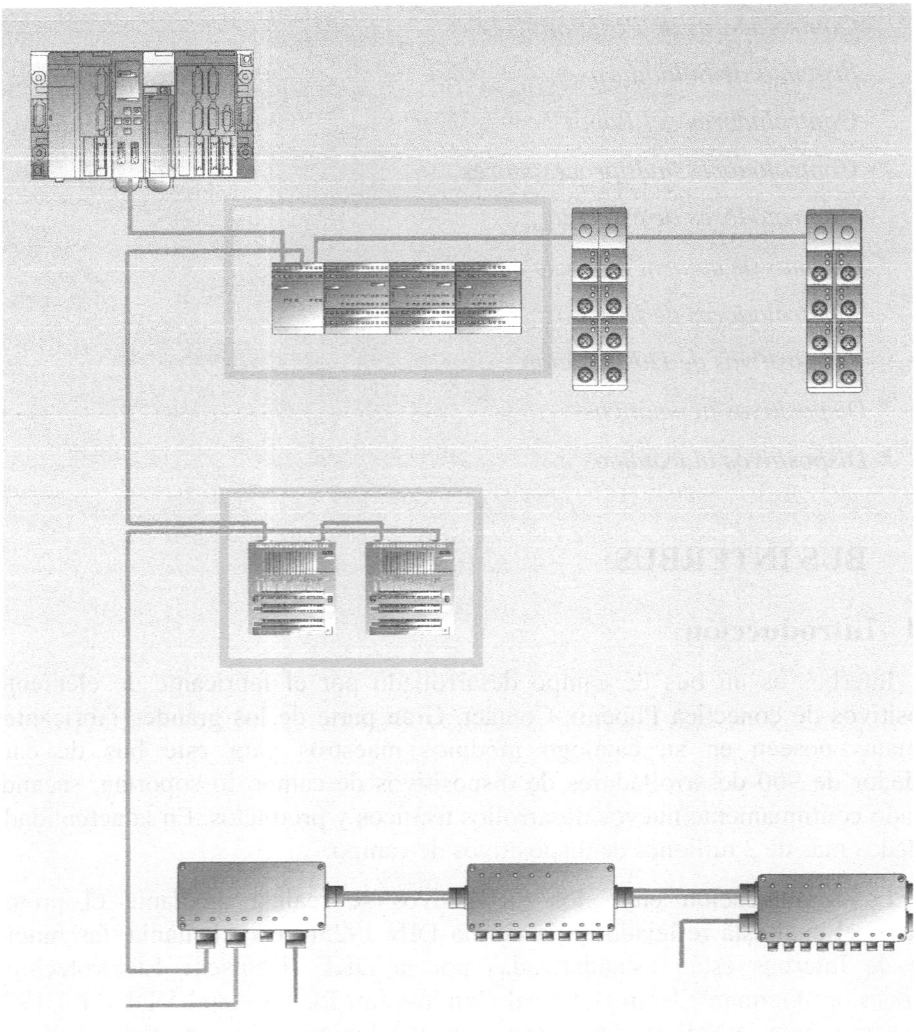

Figura 8.22 Autómata programable Premium maestro del bus Interbus

El protocolo de transmisión de datos es de alta eficiencia con el objetivo de cumplir los requerimientos de alta velocidad de transmisión en los sistemas de control.

Interbus es un sistema abierto de altas prestaciones, de topología en anillo. El concepto básico de un bus abierto es permitir un intercambio de informaciones entre dispositivos producidos por diferentes fabricantes. Las informaciones intercambiadas comprenden datos de proceso (entrada/salida) y parámetros (datos de configuración, programas, datos de monitorización). El formato de las informaciones está definido mediante un perfil estándar con el dispositivo opera. En Interbus se dispone de perfiles estándar para servomotores, encoders, controladores de robot, controladores de posición, paneles de control y operación, Entradas/Salidas digitales, Entradas/Salidas analógicas, termopares, contadores, variadores de frecuencia, robots, controles de soldadura, sistemas de identificación, etc.

8.4.2 Topología

La topología adoptada de Interbus es el anillo. Todos los dispositivos están conectados en un sistema de comunicación en bucle cerrado. Desde los dispositivos conectados al anillo principal, liderado por el maestro, se pueden conectar subanillos que estructuran el sistema completo. Las conexiones entre los anillos se realizan mediante módulos especiales denominados bus terminal.

Un detalle que distingue Interbus de otros sistemas en anillo es que ambas líneas, la línea de envío y la línea de retorno de datos, pertenecen al mismo cable que pasa a través de todos los dispositivos conectados al bus. Esto conlleva que tenga la misma apariencia física que una estructura en forma de árbol. El nivel físico de Interbus está basado en el estándar RS 485. La interfaz RS 485 utiliza el método de transmisión por voltaje diferencial sobre un par trenzado. Debido a la estructura en anillo y la necesidad de llevar la masa lógica a todos los dispositivos, Interbus requiere la conexión de cinco hilos de señal en el cable que conecta dos dispositivos. La transmisión de datos se puede realizar a una velocidad de 500 Kbits a una distancia máxima de 400 metros entre los dispositivos. Como cada dispositivo actúa como repetidor de señal permite que Interbus alcance una distancia superior a 13 km. El máximo número de dispositivos conectados al bus es de 512, con un máximo de 4.096 puntos de entrada/salida.

La estructura punto a punto de comunicación de Interbus y su división en anillo principal y subanillos se adecua perfectamente a la incorporación de diferentes y modernos sistemas de transmisión como la fibra óptica. El sistema de transmisión se puede convertir en fibra óptica, o en sistemas de transmisión por infrarrojos, o bien a otros sistemas utilizando convertidores estándar disponibles en el mercado. La utilización por medio de fibra óptica supone que la transmisión de datos está libre de interferencias.

La estructura en forma de anillo añade al sistema dos ventajas fundamentales. Primero, en contraste con la redes en línea, el anillo permite el envío y la recepción de datos simultáneamente. Segundo, la función de autodiagnóstico del bus se ve mejorada con la estructura en anillo. Si se produce un cortocircuito en el bus de comunicación, al disponer de una estructura en anillo, es posible la localización del fallo dado que la comunicación sólo se interrumpe en un segmento de bus, lo cual no sucede en una estructura en línea.

Interbus incorpora el diagnóstico centralizado o descentralizado de los dispositivos del bus. El diagnóstico se puede realizar por medio de funciones o por registros de datos. El bus efectúa el reconocimiento automático de los dispositivos participantes y del perfil asociado a ellos. En caso de fallo se produce la desconexión automática del dispositivo donde se localiza el fallo, y se permite el cambio de dispositivos y de la topología del bus on-line.

8.4.3 Bus remoto de Interbus

El bus remoto es el bus principal de Interbus. Concebido para comunicar en grandes distancias. En el bus remoto, el maestro del bus se comunica con los esclavos que disponen de cabecera de bus remoto. Estos esclavos pueden ser módulos de entradas/salidas del propio bus remoto, cabeceras de bus local, cabeceras de bus local de instalación, cabeceras de bus remoto de instalación, arrancadores, variadores de velocidad...

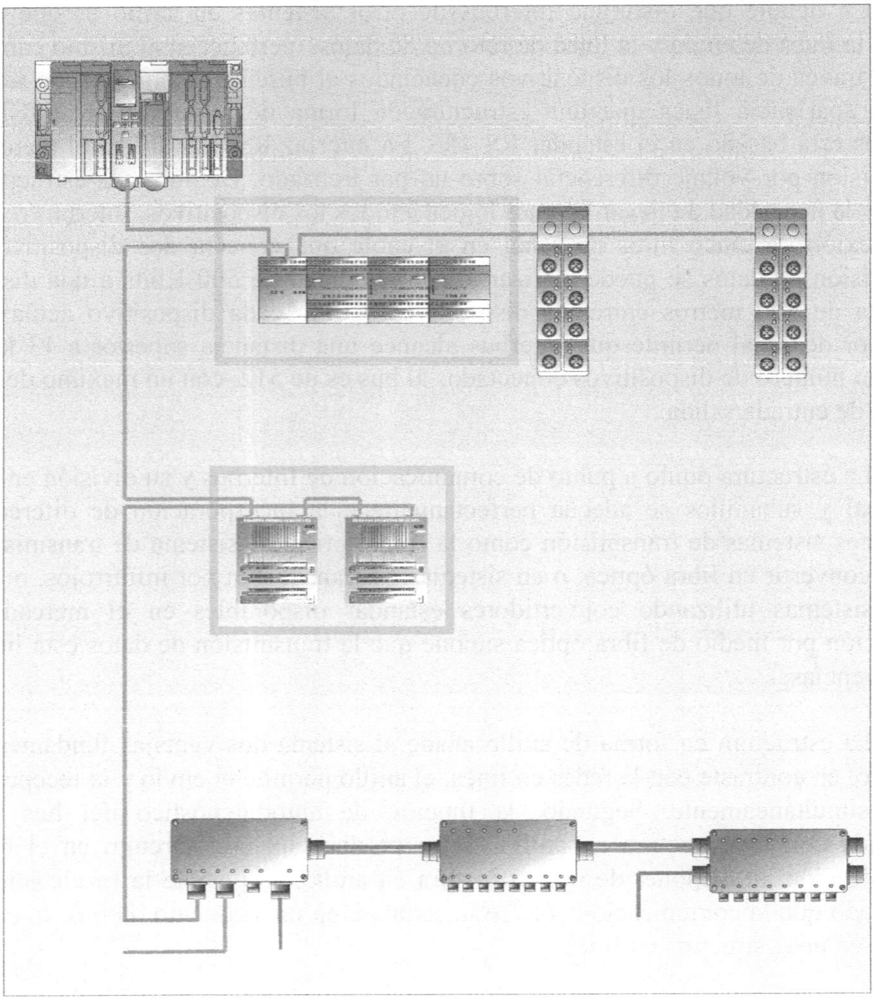

Figura 8.23 Interbus Bus remoto

El bus remoto se compone de "segmentos de bus remoto" y puede alcanzar una extensión total de 12.8 Km. Como segmento de bus remoto se designa el cable de bus remoto que une una estación con la siguiente estación de bus. El bus remoto puede estar compuesto de 256 segmentos. La longitud máxima de un segmento de bus remoto depende del sistema de transmisión empleado y en el caso de cable eléctrico alcanza los 400 m.

Características de la transmisión		
Método de transmisión	RS485	
medios de transmisión posibles	Cable eléctrico con dos Pares trenzados Fibra óptica Infrarrojos Colectores rotativos Carriles eléctricos	
Velocidad	500 Kbits/segundo	
Niveles de derivaciones de bus remoto	16	
Nº máximo de esclavos	256	
Número de E/S	2048 entradas/2048 salidas	
Longuitud de cable máxima entre	**Cabecera de bus remoto y la primera estación de bus remoto**	400 m (cable eléctrico)
	Entre estaciones de bus remoto	400 m (cable eléctrico)
	Cabecera de bus remoto y la última estación de bus remoto	12.8 Km

Figura 8.24 Características del Bus remoto

En el bus remoto se pueden conectar:

- Módulos de entrada/salida digitales y analógicos grado de protección IP20
- Módulos de entrada/salida digitales y analógicos grado de protección IP65-67
- Cabeceras de bus Local
- Cabeceras de bus remoto de Instalación
- Cabeceras de bus Local de Instalación
- Variadores de velocidad
- Terminales de explotación y visualización
- Pasarelas de bus INTERBUS-S a bus AS-i
- Controladores de Robots
- Módulos de neumática

Figura 8.25 Módulos de funcionalidades E/S digitales, analógicas

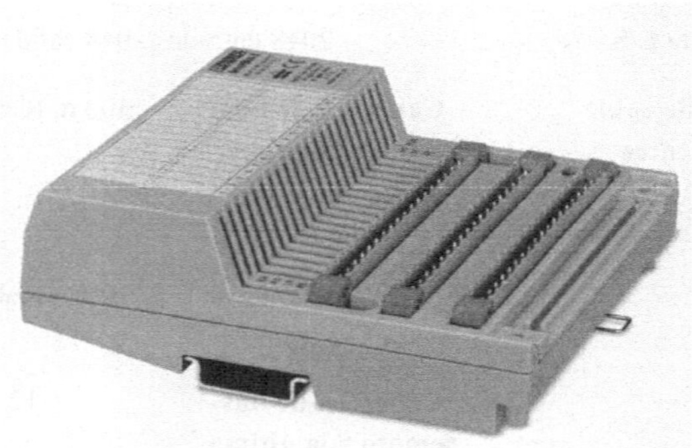

Figura 8.26 Controlador remoto de campo

Figura 8.27 Variador de frecuencia

Derivación del bus remoto

Los módulos interface "branch" permiten abrir una derivación del bus remoto. Este módulo amplifica la señal del bus remoto y además proporciona aislamiento eléctrico entre el bus remoto y la derivación del bus. Mediante leds indicadores informa de la actividad en el bus remoto y en la derivación del bus. En la generación 4 de interbus se permite hasta 16 niveles de derivaciones del bus.

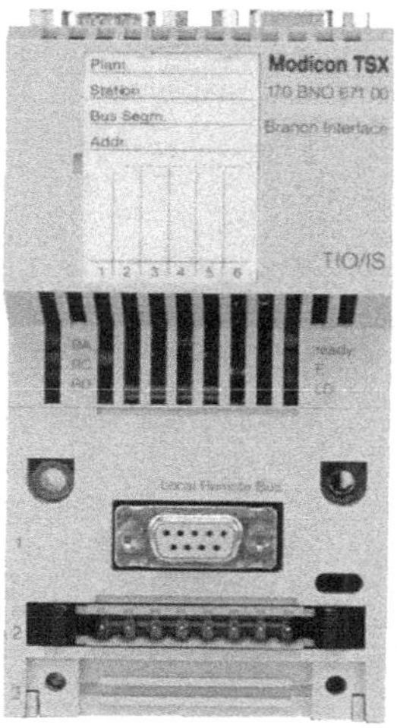

Figura 8.28 Módulo Interface Branch

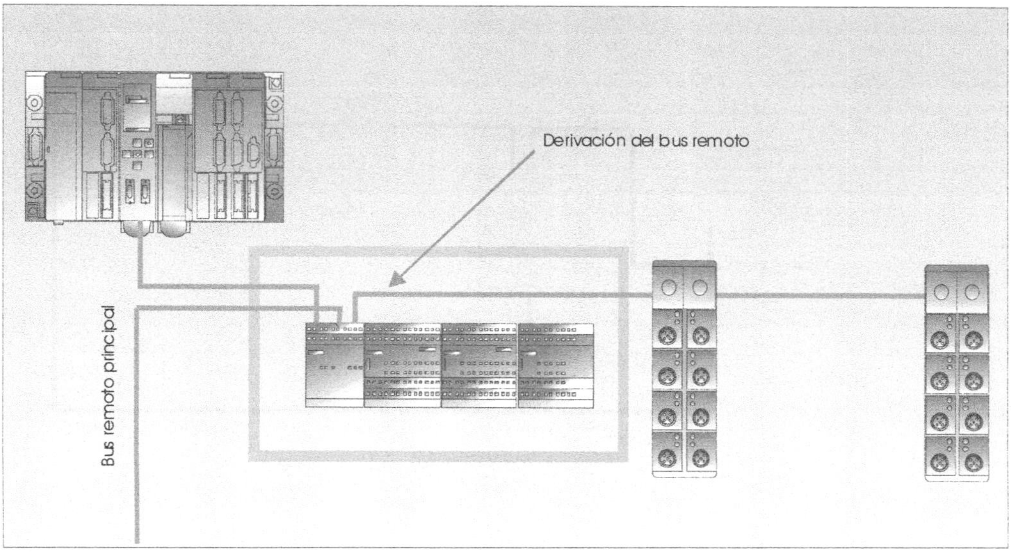

Figura 8.29 Derivación de Interbus Bus remoto

El maestro del bus puede mandar órdenes al módulo interface "branch" para conectar o desconectar la derivación del bus. Esta característica es muy importante, ya que proporciona separación física y lógica de los esclavos conectados en la derivación.

Los esclavos pueden ser agrupados según las necesidades de la aplicación y además permite un fácil mantenimiento.

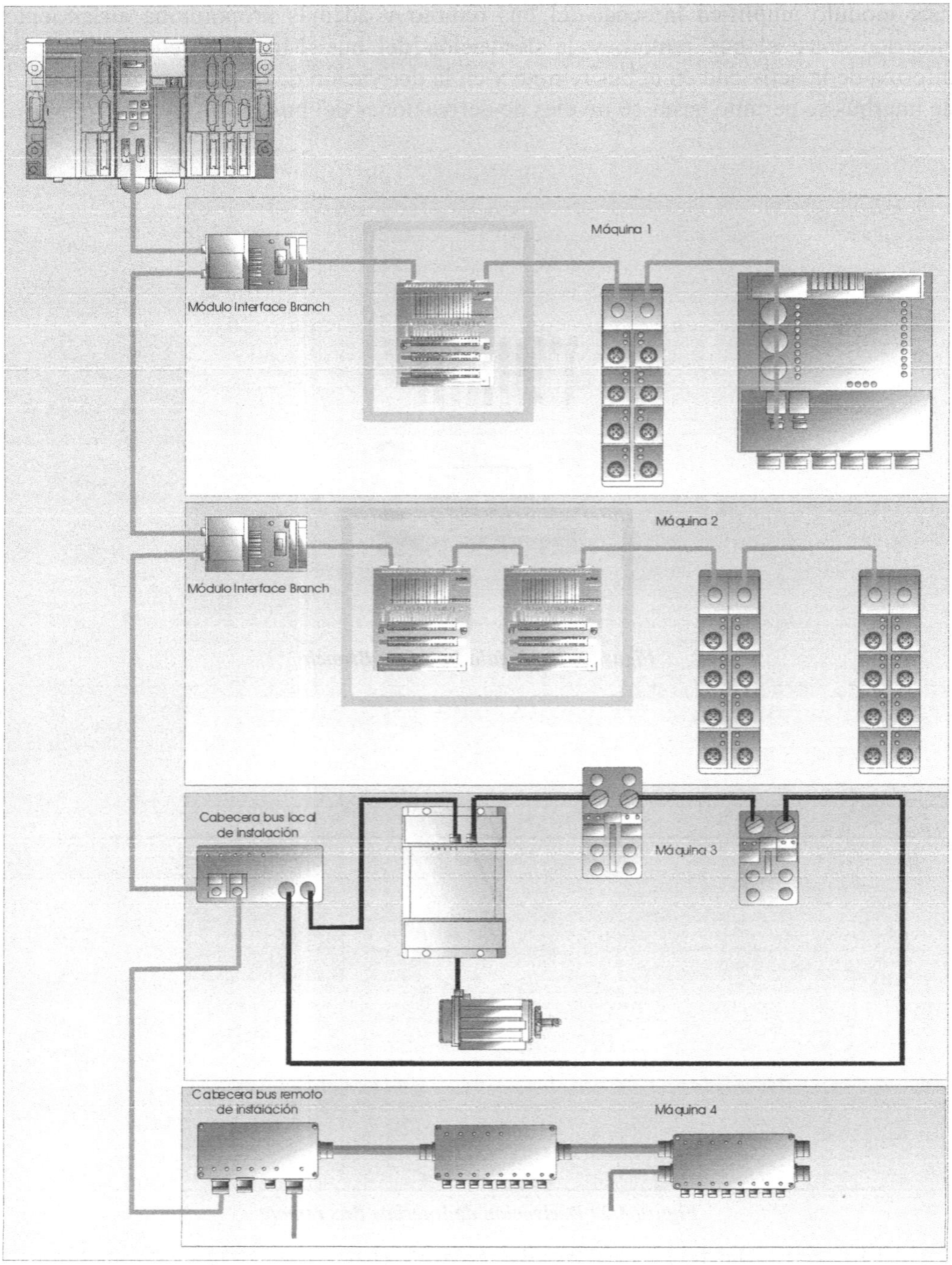

Figura 8.30 Organización física y lógica en el bus Interbus

8.4.4 Bus remoto de instalación

Es una variante del bus remoto. Junto a las líneas de datos propias, el cable de bus remoto de instalación transmite la tensión para alimentar la electrónica de los dispositivos conectados al bus remoto y también para alimentar sensores. Las limitaciones en el bus remoto de instalación son la corriente de 4,5A y una distancia de 50 m.

Caracteristicas de la transmisión		
Método de transmisión	RS485	
Medio de transmisión	Cable especial con transmisión de datos y potencia por conductores separados. Potencia para los modulos de E/S y sensores	
Velocidad	500 Kbits/segundo	
Carga eléctrica máxima	4,5 A	
Número de módulos de E/S	40 máximo	
Longuitud de cable máxima entre	**Cabecera de bus remoto y el primer módulo**	50 m
	Cabecera de bus remoto y el último módulo	50 m

Figura 8.31 Características del bus remoto de instalación

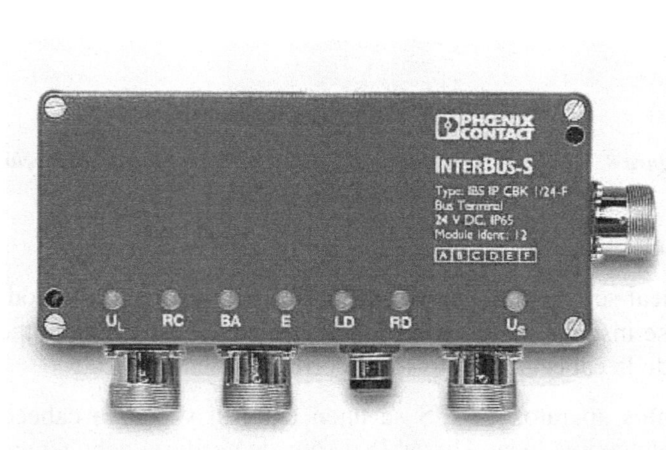

Figura 8.32 Cabecera de bus remoto de instalación

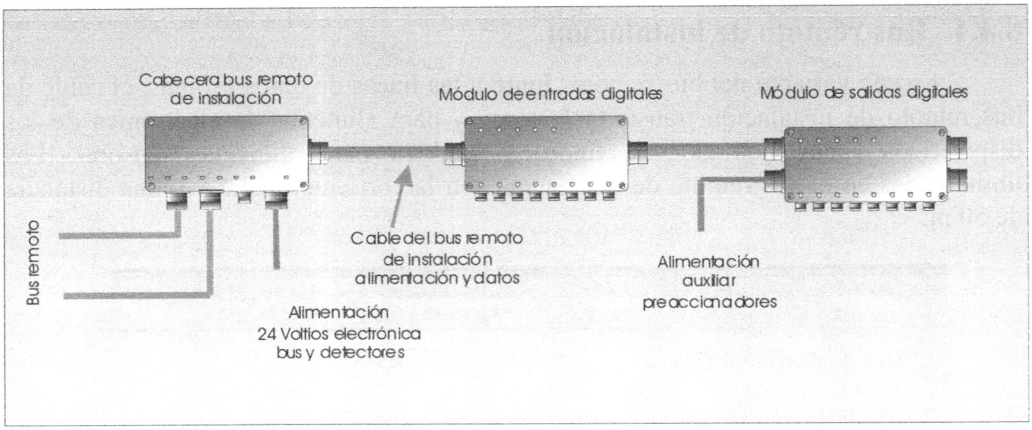

Figura 8.33 Conexión del bus remoto de instalación

Figura 8.34 Módulo de 8 entradas digitales de alto grado de protección

8.4.5 Bus local

El bus local se compone de una cabecera de bus local y de módulos de E/S de Interbus. Estos se instalan en los armarios de distribución. La alimentación del bus se realiza a través de la cabecera de bus local correspondiente.

Los distintos aparatos de E/S se unen entre sí y con la cabecera de bus por medio de un cable de bus local. Un cable de bus de periferia debe tener como máximo 1.5 m de longitud, la extensión total del bus no debe sobrepasar los 10 m. En el bus local no se deben incluir más de 8 aparatos y nunca se debe superar 800 mA de consumo.

Características de la transmisión		
Método de transmisión	**TTL**	
Medio de transmisión	**Cable especial**	
Velocidad	**500 Kbits/segundo**	
Consumo máximo de un módulo	**De 20 a 250 mA**	
Carga eléctrica máxima	**800 mA**	
Número de módulos	**8 máximo**	
Longuitud de cable máxima entre	**Cabecera de bus remoto y el primer módulo**	**1.5 m**
	Entre dos módulos	**1.5 m**
	Cabecera de bus remoto y el último módulo	**10 m**

Figura 8.35 Características del bus Local

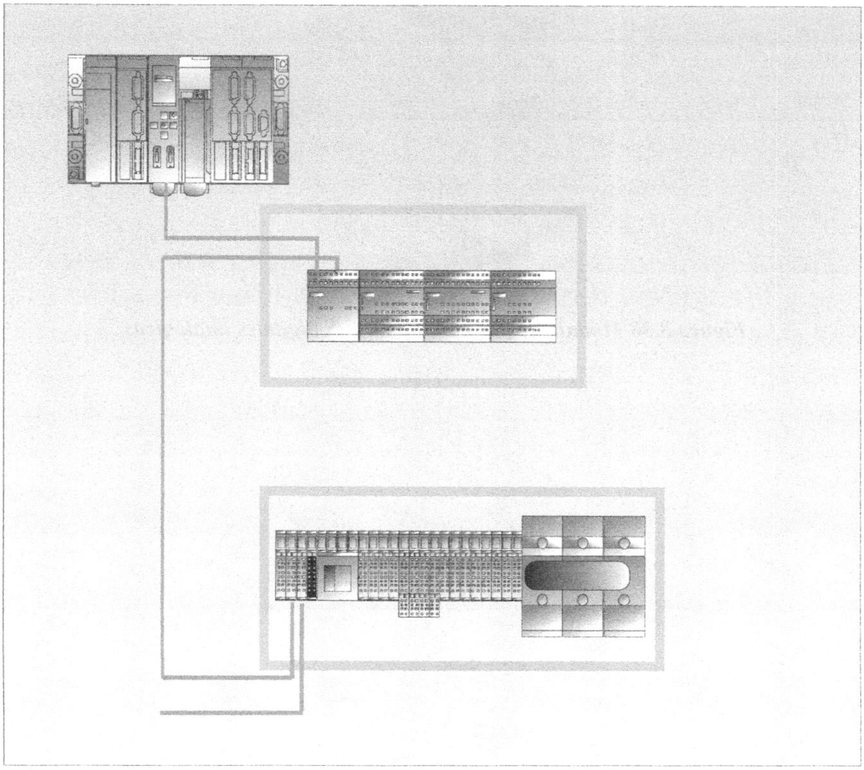

Figura 8.36 Bus Local

Los componentes del bus Local suelen tener un grado de protección IP20 por lo que se instalan dentro de armario.

Figura 8.37 Cabecera del bus Local

Figura 8.38 Módulo de funcionalidad. E/S digitales analógicas

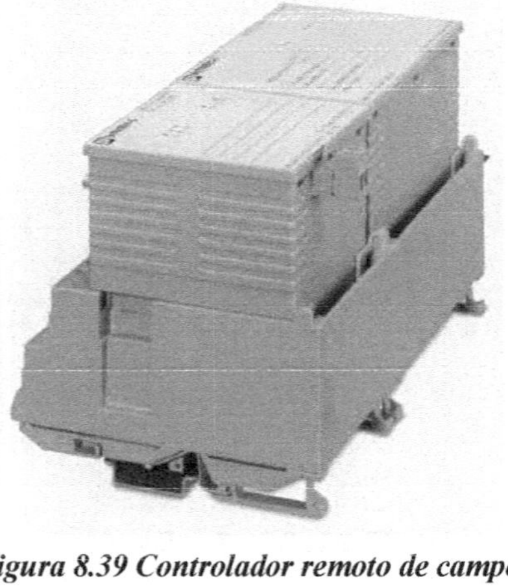

Figura 8.39 Controlador remoto de campo

Figura 8.40 Pasarela a bus AS-i

8.4.6 Interbus Inline

Dentro de un armario de automatización existen contactores, relés térmicos, fusibles, transformadores, fuentes de alimentación, módulos de autómata. Todos estos componentes deben conectarse de forma manual efectuando el cableado hilo a hilo. Estas operaciones son costosas y en la práctica derivan en fallos en puestas en marcha por el simple fallo al atornillar un cable. Los bornes de automatización Interbus Inline incorporan las funciones más clásicas de los armarios de automatización:

- Entradas/salidas digitales
- Entradas/salidas analógicas
- Contactores
- Relés de seguridad
- Arrancadores de motor.

El sistema de conexión consiste en un simple encaje mecánico, de forma que se reducen drásticamente los costes de cableado. Para la construcción de una estación Inline se ensamblan los bornes y se encajan sobre un carril. De esta forma no sólo se efectúa el contacto con tierra, sino también todo el cableado adicional que debería realizarse en el armario de automatización: conexión del bus, alimentación de potencia, alimentación de módulos, cableado de protecciones eléctricas, etc.

En las estaciones Inline se pueden integrar bornes de potencia, equipados con guardamotor para conmutar y proteger motores de corriente alterna. La alimentación del motor se realiza a través de un borne de alimentación.

Figura 8.41 Estación Interbus Inline

Arquitectura de una estación Interbus Inline

- Cabecera de bus

Las cabeceras abren una estación Inline y derivan el bus remoto al bus Local Inline. Establecen además una separación galvánica entre los segmentos del bus remoto de entrada y de salida. Mediante un comando de programa o en caso de error se pueden separar del bus los bornes de automatización. Existen modelos de cabeceras que permiten también comenzar una derivación del bus remoto.

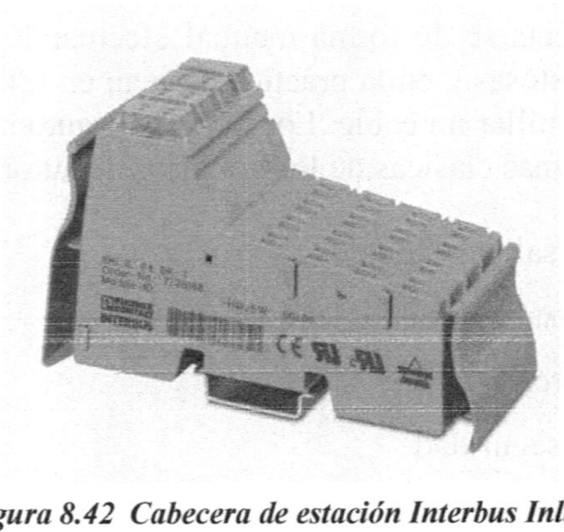

Figura 8.42 Cabecera de estación Interbus Inline

Las estaciones Inline se pueden conectar no sólo al bus Interbus, sino que simplemente cambiando la cabecera de comunicación se puede establecer comunicación con otros buses como Profibus, DeviceNet y Ethernet.

- Bornes de Entrada/salida

Se dispone de diferentes bornes para leer señales de entrada desde 24 hasta 230 V. En las señales de salida se dispone de estáticas, electromecánicas. Bornes analógicos de entrada/salida en todos los rangos estándar y lectura de temperatura mediante termopares o resistencias. Se pueden integrar bornes que realizan funciones especiales como contadores, contadores incrementales, convertidores.

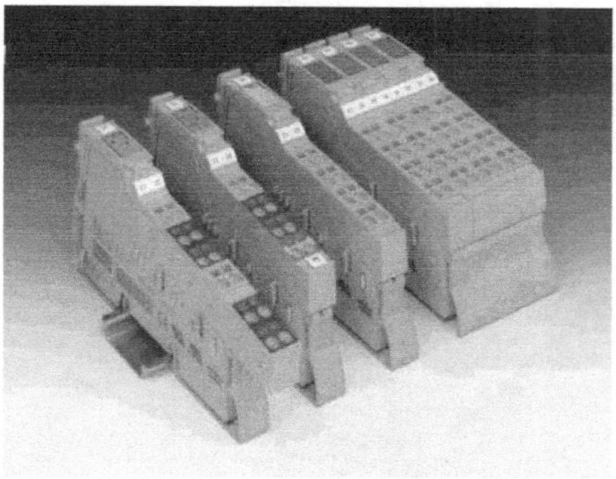

Figura 8.43 E/S digitales, analógicas Interbus Inline

Figura 8.44 Bornes neumáticos Interbus Inline

- Bornes de alimentación

Forman circuitos separados galvánicamente dentro de una estación Inline. En este borne se interrumpen los circuitos de alimentación y datos, y se ofrece la posibilidad de alimentar un circuito nuevo.

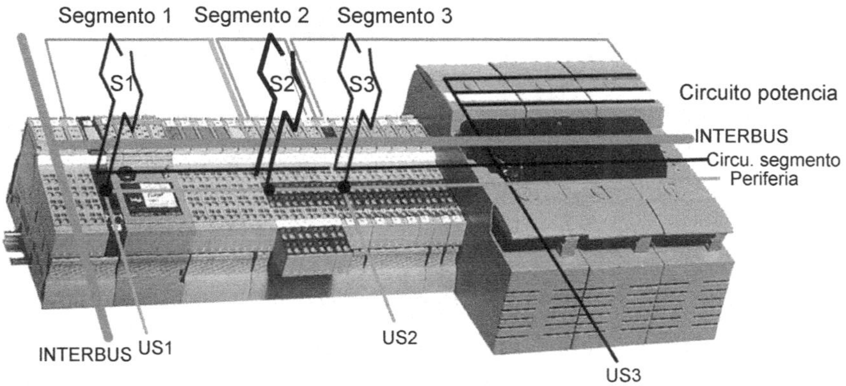

Figura 8.45 Separación de circuitos en las estaciones Interbus Inline

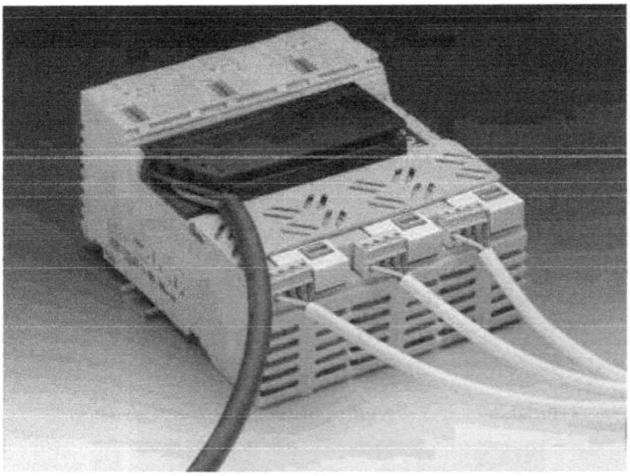

Figura 8.46 Bornes de potencia Interbus Inline

- Bornes de potencia

Con los bornes de potencia pueden conmutarse mecánica o electrónicamente la alimentación a motores de corriente alterna. La alimentación de tensión se realiza a través de un bus de potencia. Junto a la función de conmutar, los bornes de potencia ofrecen funciones de diagnóstico, protección y monitorización de la corriente. Permiten que se les incorpore un módulo de freno electrónico, asimismo se incorpora el control térmico del motor por medio de un borne Inline termistor alineable.

Los bornes de potencia Inline son aparatos de gobierno compactos para la conmutación directa, protección y control de motores de corriente alterna. La gama de productos disponibles ofrece como controladores de arranque directos e inversores así como la variante de controlador directo electromecánico.

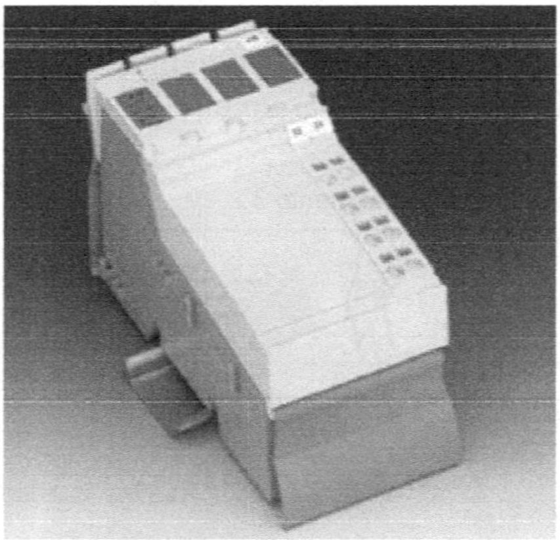

Figura 8.47 Bornes de seguridad Inline

En las estaciones Inline se pueden agregar bornes funcionales para comunicación serie en niveles físicos RS232 y RS485/422. Se dispone de bornes para abrir derivaciones a bus local de instalación (Bucle 2 Interbus).

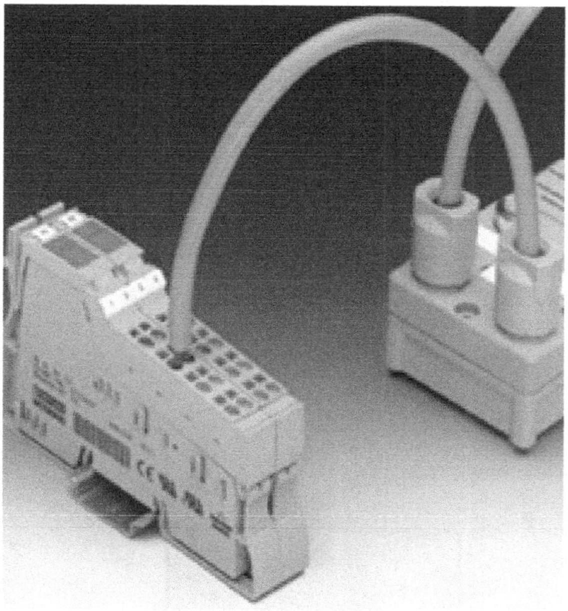

Figura 8.48 Pasarela Inline a bus local de instalación

8.4.7 Bus local de instalación

El bus local de instalación, también conocido como bucle 2 Interbus o sensor loop, es una alternativa más sencilla al bus remoto de instalación. Este bus nos permite conectar en campo módulos de grado de protección IP65, se dispone de módulos de entradas/salidas digitales y/o analógicas, de arrancadores. El bus local puede partir de una cabecera que sea esclava del bus remoto interbus o a través de una pasarela de un bus local Interbus Inline. Los participantes en el bus local de instalación se comunican por un cable sin apantallar, que transmite en solo dos conductores alimentación y datos. Se puede utilizar cualquier fuente de alimentación estándar de 24 Vcc. No son necesarias fuentes de alimentación especiales como en el caso del bus AS-i. Al ser solamente dos conductores será necesario cerrar el anillo entre el último participante y la cabecera del bus local de instalación.

Al bus local de instalación se pueden conectar un máximo de 32 dispositivos, con un máximo de 20 m entre dos estaciones y un máximo de 200 m de longitud total del bus.

Los dispositivos del bus local de instalación no están conectados directamente al bus remoto por lo cual disponen de unos comunicadores mas sencillos y resultan más asequibles.

Próximamente, muchos sensores y actuadores estándar serán conectados directamente al bus local de instalación. Con este propósito serán integrados en los sensores y actuadores la electrónica de comunicación con el bus local.

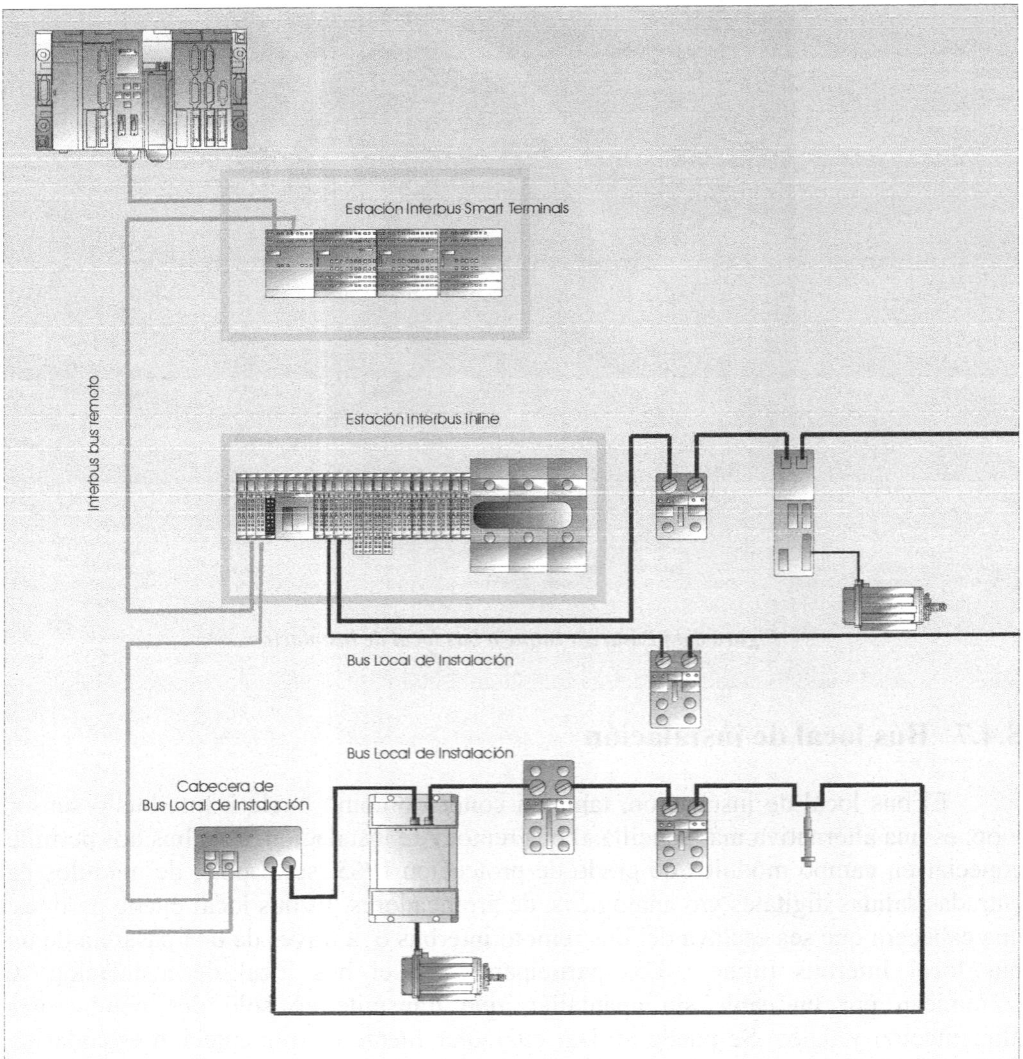

Figura 8.49 Bus Local y Bus Local de Instalación

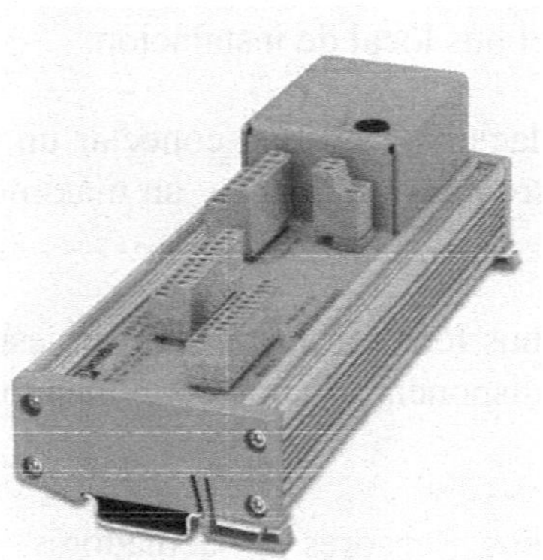

Figura 8.50 Cabecera de bus local de Instalación

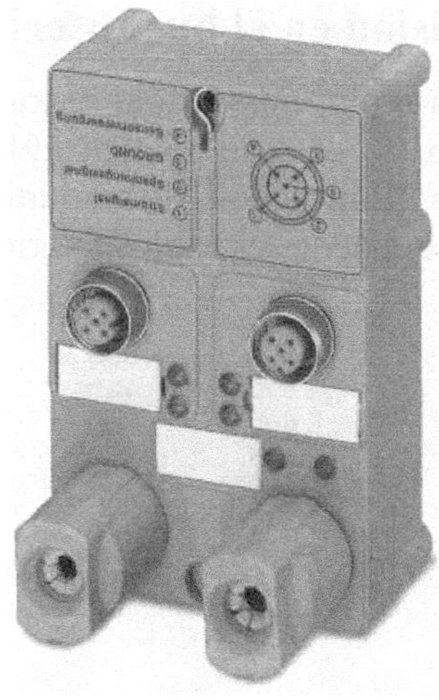

Figura 8.51 Módulo de 2 entradas analógica

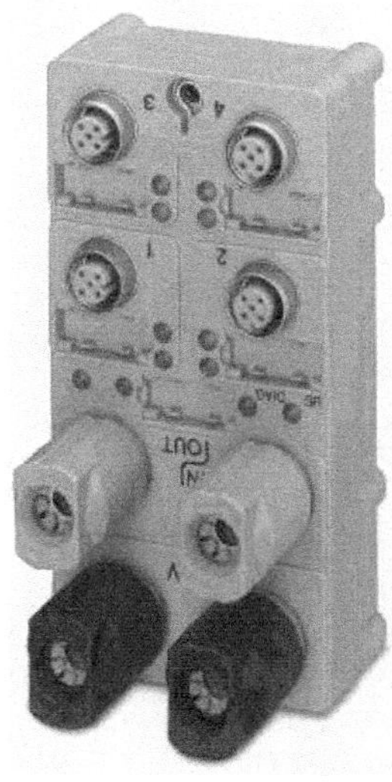

Figura 8.52 Módulo de 4 entradas digitales

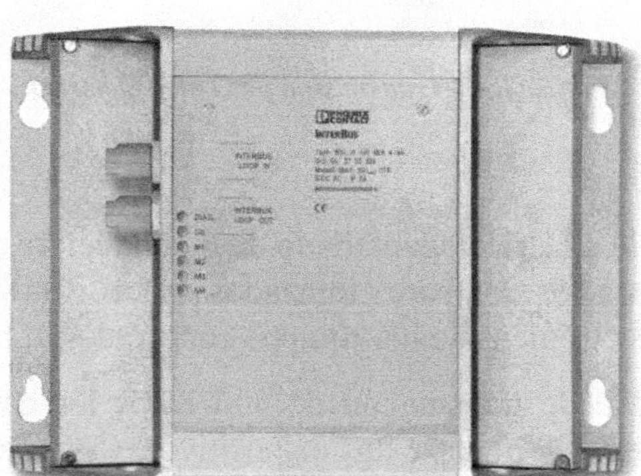

Figura 8.53 Arrancador

8.4.8 Medios de transmisión en el bus Interbus

En el bus remoto Interbus en principio sólo se transmiten datos, no se transmite la energía de alimentación, por lo cual se pueden utilizar diferentes medios físicos para transmitir esa información. El protocolo de comunicación sigue siendo el mismo, sólo cambia el medio físico. Este puede ser cable eléctrico, fibra óptica o infrarrojos.

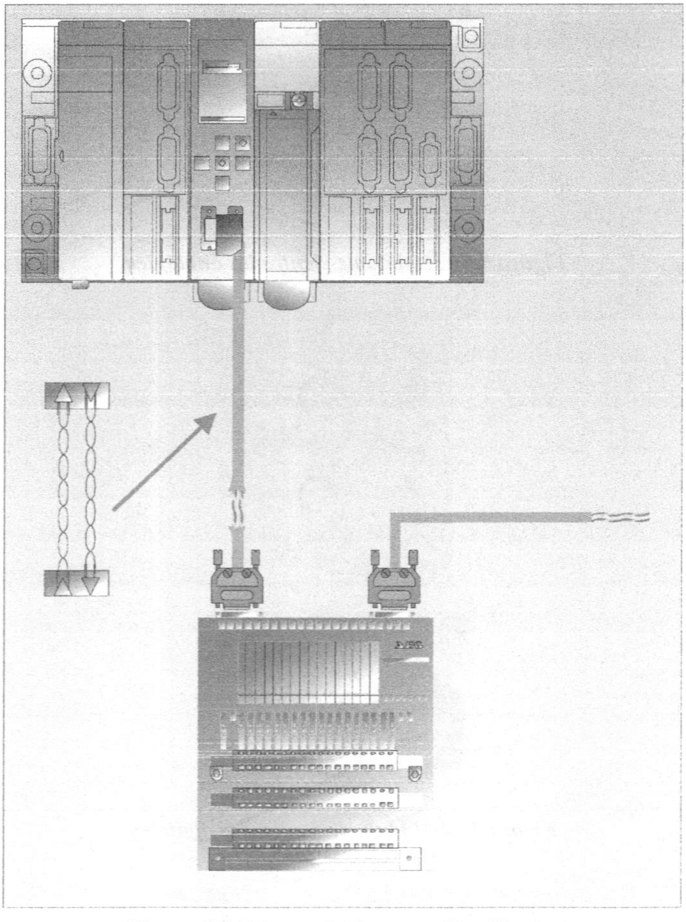

Figura 8.54 Transmisión por cable eléctrico

Cable eléctrico

Se utiliza un cable eléctrico apantallado de 6 conductores, uno de los cuales está libre, cuatro se dedican a los dos pares trenzados de las RS485 de ida y vuelta, y el último une las masas electrónicas de los equipos conectados al bus remoto.

Con una velocidad de transmisión de 500 Kbps los cables eléctricos pueden cubrir distancias de hasta 400 m entre dos dispositivos. Como cada dispositivo integra la función de repetidor, la extensión total del sistema Interbus puede alcanzar los 13 Km.

Fibra óptica

El cable eléctrico puede ser sustituido por fibra óptica. Los datos son transmitidos a través de dos fibras que sustituyen a las RS485 de ida y vuelta. Los incrementos y decrementos de tensión se transforman en luz y viceversa.

El uso de la fibra óptica incrementa la robustez del sistema de transmisión de datos Interbus. En un entorno con un nivel elevado de ruido electromagnético, los cables de fibra óptica transmiten las señales en forma de luz siendo inmunes a las interferencias. En el caso de transmisión por cable eléctrico se deben utilizar cables apantallados dispuestos en canaletas metálicas que sirvan de barrera a las interferencias electromagnéticas.

Además, no es necesaria la unión equipotencial entre los dispositivos conectados al bus, por lo que están eléctricamente aislados.

Se suelen utilizar tres tipos de fibras ópticas que se diferencian principalmente por la distancia de transmisión alcanzada. Ésta no sólo depende de la calidad de la fibra, sino también de otros factores como pueden ser la potencia del emisor de luz.

• Tipo de fibra	• distancia
• Fibra de polímero	• 80 metros
• Fibra de PCS/HCS	• sobre 300 metros
• Fibra Multimodo de vidrio	• 2-3 kilómetros
• Fibra Monomodo de vidrio	• >15 kilómetros

Figura 8.55 Tipos de fibra óptica

La fibra de polímero es la más barata y manipulable. En cambio, presenta el problema de una rápida atenuación de la señal, aplicable en distancias cortas en torno a 80 metros. Existen fibras que permiten mayores distancias en la transmisión de señales dado que la atenuación de la luz es menor. Sin embargo, presentan el problema de que son menos manipulables, permitiendo pequeños ángulos de doblez sin romperse. La fibra HCS tiene el corazón de vidrio y la cubierta de plástico, y puede alcanzar distancias de hasta 400 metros. Para distancias mayores se deben utilizar fibras multimodo y monomodo de vidrio.

La fibra óptica presenta grandes dificultades a la hora de realizar empalmes, debiendo ser realizados por especialistas.

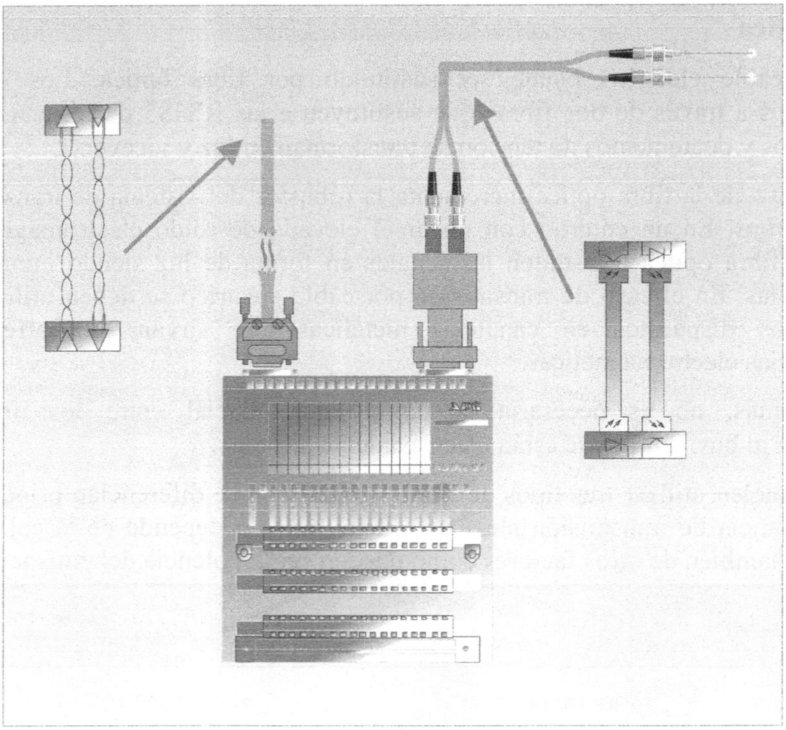

Figura 8.56 Transmisión por cable eléctrico y fibra óptica

Infrarrojos

Permite la transmisión de información sin necesidad de efectuar el cableado entre los equipos, por lo que es adecuado para transmisiones con maquinaria móvil, como pueden ser puentes grúa o comunicaciones internas en almacenes automatizados. Se necesita una trayectoria libre de obstáculos y libre de contaminación o humos que perturben la comunicación. Es deseable que la distancia no supere los 200 metros.

Transmisión de energía en el cable de bus

Tanto la fibra óptica como los infrarrojos son medios físicos a los que no afecta la presencia de ruido electromagnético; en cambio, no permiten la transmisión de energía eléctrica. Por lo tanto, los elementos que conectemos al bus deberán tener una alimentación separada. Será necesario disponer de fuentes de alimentación o de tomas de red eléctrica.

En el bus remoto de instalación el cable eléctrico transmite datos y energía eléctrica por conductores separados. En principio los esclavos que conectemos al bus utilizarán la energía proveniente del cable de bus para alimentar su electrónica interna y como máximo para alimentar sensores con un consumo limitado. Para alimentar los preaccionadores habrá que disponer de alimentaciones auxiliares.

Al transmitir alimentación la longitud del cable de bus esta limitada a 50 metros en el bus remoto de instalación. En principio no existe limitación al ancho de banda de la transmisión dado que se realiza por conductores distintos a la energía eléctrica. La carga máxima es de 4,5 A con conductores de 1 mm^2 de sección.

En el bus local de instalación un sólo cable sin apantallar, con dos conductores de 1,5 mm^2 de sección transmite los datos y la energía eléctrica de alimentación. En este bus se permiten conectar un máximo de 32 dispositivos con una distancia de 20 metros entre ellos y 200 metros en total.

Transmisión de datos en Interbus

El método utilizado por el maestro del bus Interbus para intercambiar datos con los esclavos del bus es el procedimiento de trama-suma. Este método se puede implementar en Interbus gracias a que adopta una topología en anillo, con cualquier otra topología en estrella, en árbol... es imposible aplicarlo.

Básicamente existen dos sistemas para transmitir datos en un bus de campo, el primero es el método orientado al mensaje y el segundo el método de trama-suma.

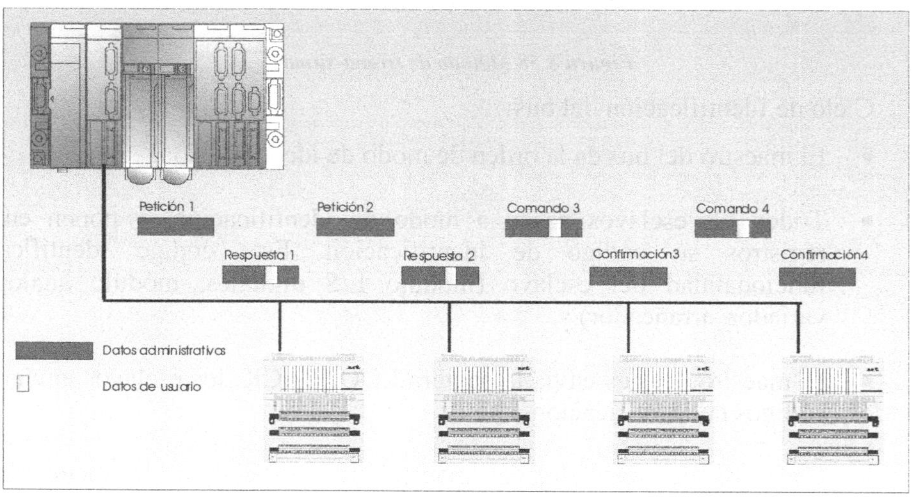

Figura 8.57 Transmisión de datos por método orientado al mensaje

En el primer método el maestro y los esclavos están conectados en una topología en bus, en estrella o en árbol. En definitiva, es un medio físico común, un sólo cable, el que une todos los dispositivos conectados a la red (aunque podría haber medios físicos diferentes como cables eléctricos y fibras ópticas en el mismo bus), y en un instante de tiempo sólo se puede transmitir un bit de información por parte de uno solo de los participantes en el sistema de comunicación.

En el caso de Interbus el sistema de comunicación utilizado es el método de trama-suma. El maestro del bus lanza la orden y todos los esclavos ponen el estado de sus entradas en sus registros. En el siguiente tick de reloj los esclavos pasan el estado de las entradas a los esclavos siguientes y el último esclavo lo pasa al maestro. El maestro pone en el bus el estado de las salidas. Cuando finaliza el ciclo de lectura, los esclavos poseen en sus registros el valor de sus salidas enviadas a través del anillo por el maestro. Los esclavos y el maestro comprueban el código de redundancia cíclica de los datos transmitidos y en caso correcto, transfieren el contenido del registro a sus salidas.

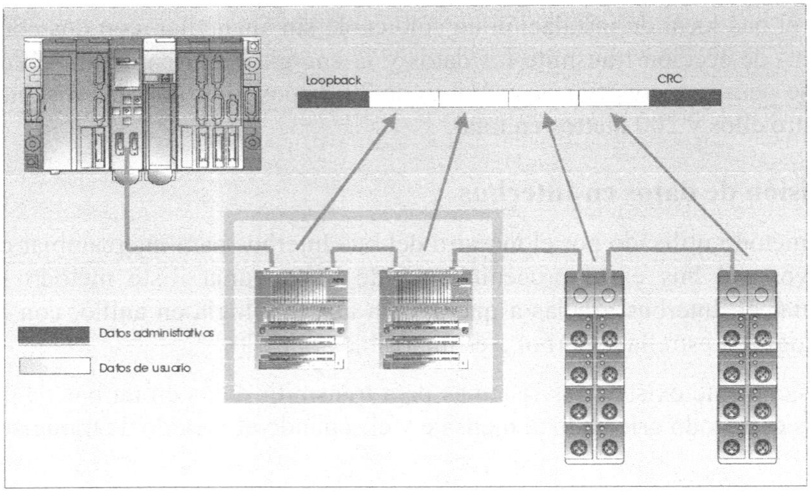

Figura 8.58 Método de trama-suma

Ciclo de Identificación del bus:

- El maestro del bus da la orden de modo de identificación.
- Todos los esclavos pasan a modo de identificación, y ponen en sus registros su código de identificación. Este codigo identifica la funcionalidad del esclavo (modulo E/S digitales, módulo analógico, variador, arrancador).
- El maestro del bus envía la palabra LOOPBACK, los esclavos envían sus códigos de identificación.
- Cada 16 tics de reloj, el maestro lee un código de identificación comenzando por el último esclavo. Mientras, el LOOPBACK avanza esclavo a esclavo partiendo del primero.
- La lectura de todos los códigos de identificación finaliza cuando el maestro recibe el LOOPBACK, lo cual significa fin de ciclo.

Al final del ciclo de identificación el maestro constituye en su memoria la tabla de esclavos conectados al bus con su ID y su posición.

Ciclo de mensaje de datos:

- El maestro del bus da la orden de modo de transferencia de datos.
- Todos los esclavos ponen sus datos de entrada en los registros de desplazamiento; el maestro prepara los datos de salida para los esclavos.

- El maestro del bus inicia la fase de decalage enviando la palabra LOOPBACK.

- Los datos de entrada de los esclavos son enviados hacia el maestro a través de la serie de registros de desplazamiento. Llegarán al maestro desde el último esclavo conectado al bus por la RS485 de vuelta. Los datos de salida son enviados hacia los esclavos desde el maestro, empezando por el primer esclavo del bus por la RS485 de ida. Este decalage continua hasta que el maestro recibe el LOOPBACK.

- El número de tics del reloj es conocido por los esclavos y el maestro a partir del ciclo de identificación.

- El maestro y los abonados evalúan uno a uno los resultados del CRC.

Si el test del CRC es correcto, el maestro y los esclavos validan los datos para su utilización en el proceso. El ciclo de mensaje de datos es repetido continuamente hasta que se pare el maestro. En definitiva, los esclavos y el maestro constituyen una única trama de datos, por lo que la carga de datos administrativos en la comunicación es mucho menor, pudiendo llegar a una eficacia del 60%.

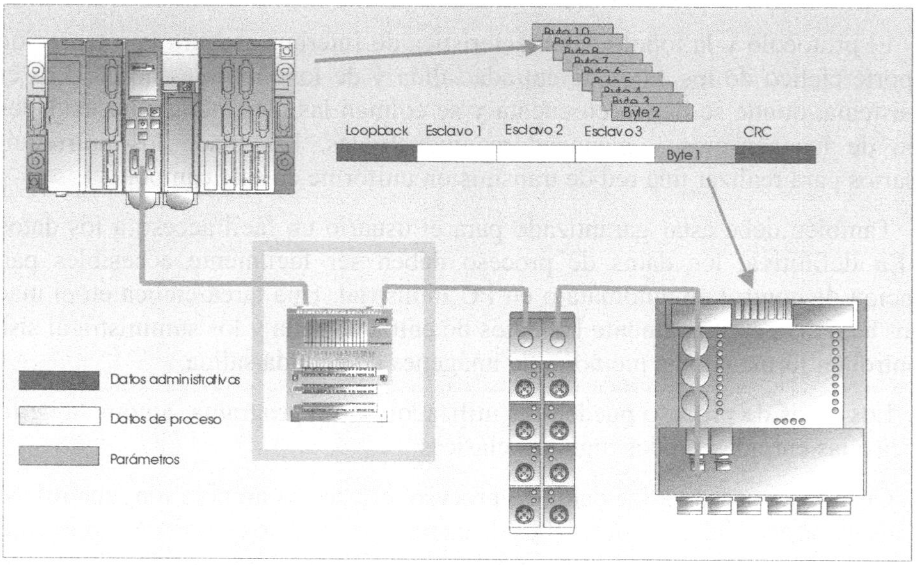

Figura 8.59 Transmisión de parámetros en Interbus

La transferencia de datos de proceso es cíclica con un time-slot fijo. Existe la posibilidad de insertar datos de parametrización de los equipos (mensajería aperiódica) en zonas de datos vacías ya predefinidas. Estos datos son escritos a demanda del maestro, en caso de no utilizarse se dejan vacíos para conseguir una longitud de trama fija. En caso de mensajería muy voluminosa, los mensajes son divididos en paquetes y transmitidos por secuencia a cada ciclo IBS; la fragmentación en paquetes de 2, 4 ó 8 bytes y el ensamblaje son realizados por la capa de software llamada PCP (Peripheral communicatión protocol).

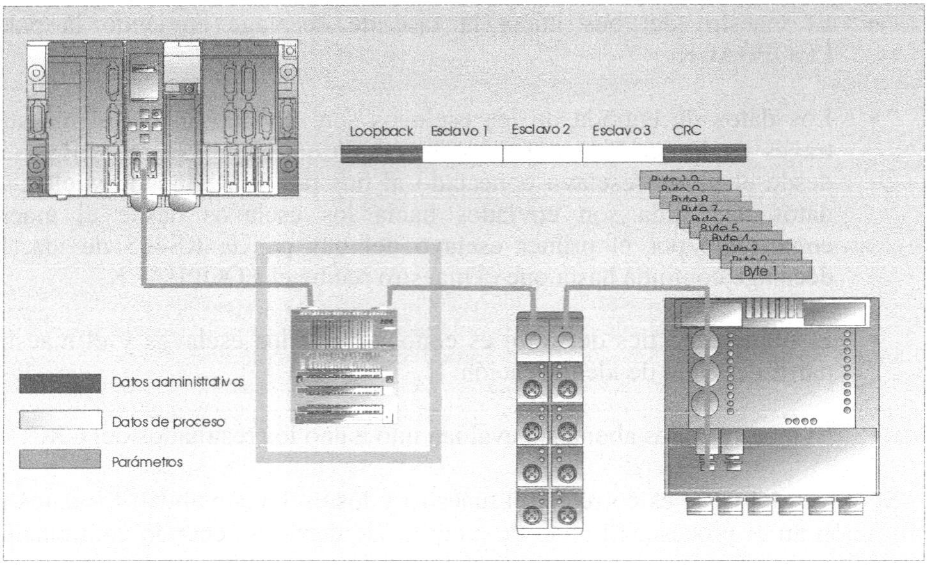

Figura 8.60 Transmisión de parámetros en Interbus

8.4.9 Interfaz de usuario

El protocolo y la topología característica de Interbus asegura la integración del transporte cíclico de los datos de entrada/salida y de los mensajes no cíclicos en un sólo sistema, donde se tienen en cuenta y se colman las demandas y necesidades del campo de los sensores y accionadores industriales. Éstos son los prerrequisitos necesarios para realizar una red de transmisión uniforme en este campo.

También debe estar garantizado para el usuario un fácil acceso a los datos del bus. En definitiva, los datos de proceso deben ser fácilmente accesibles para la aplicación de control en autómata o en PC Industrial. Una tarea cíclica en el maestro del bus actualiza continuamente los datos de entrada/salida y los suministra al sistema de control en forma de una memoria de imágenes de entrada/salida.

Los datos de proceso pueden ser utilizados en un programa autómata de forma idéntica a las entradas/salidas digitales clásicas.

Cuando se accede a los datos de proceso, el usuario no nota ninguna diferencia entre los datos accedidos vía serie (bus de campo), o los datos de proceso provenientes de un cableado tradicional. El usuario del bus no tiene que estar familiarizado con las complejas formas de comunicación del bus. Se han desarrollado tarjetas maestro de Interbus para autómatas Siemens, Telemecanique, Allen-Bradley, Hitachi, ABB, Bosch, etc.

Existen múltiples herramientas de programación disponibles:

- Software CMD. Este software permite la configuración, Monitorización y diagnóstico del bus.

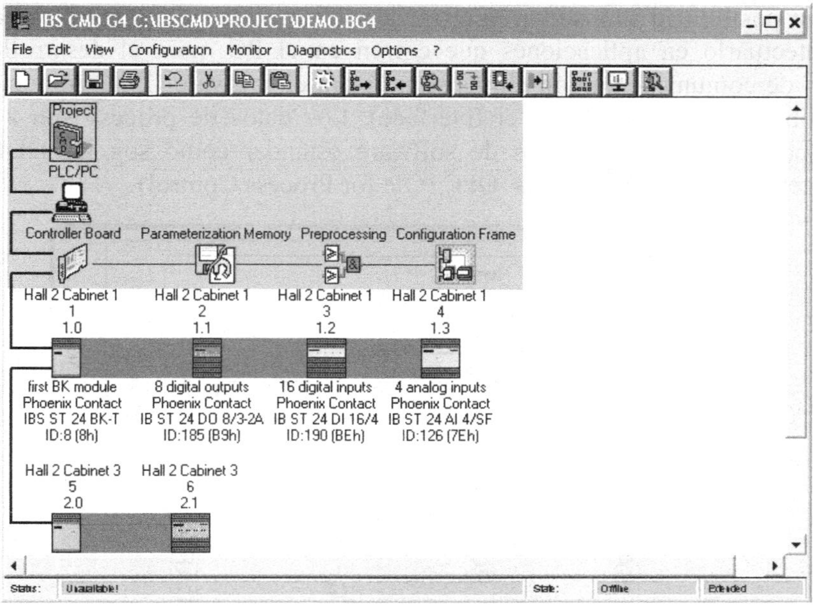

Figura 8.61 Configuración del bus Interbus

- Software PCWORX. Permite programar aplicaciones de control en plataforma PC conforme a la norma IEC 61131-3. En el PC se deberá disponer de una tarjeta maestra Interbus, que a su vez será autómata, ejecutando los programas realizados con PCWORX en su procesador.

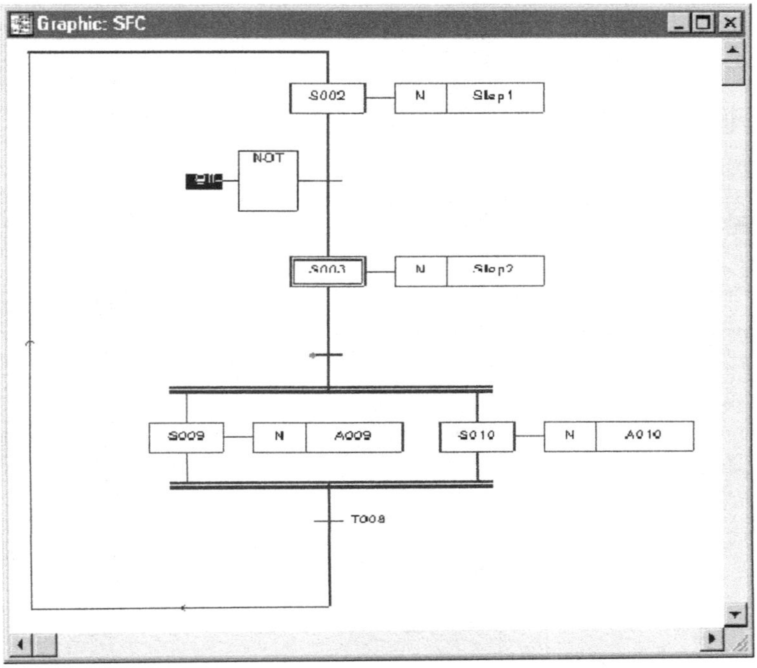

Figura 8.62 Programación en PCWORX

Otra posibilidad es insertar en el PC tarjetas maestras del bus Interbus, pero el control efectuarlo en aplicaciones que corren en el PC, para el desarrollo de las funciones de comunicación con el bus se utilizará el software CMD en combinación con las librerías HLI (High Level Interface). Los datos de proceso son accesibles también por medio de interfaces de software estándar como son las DDI (Direct Driver Interface) o los serviodores OPC (Ole for Process Control).

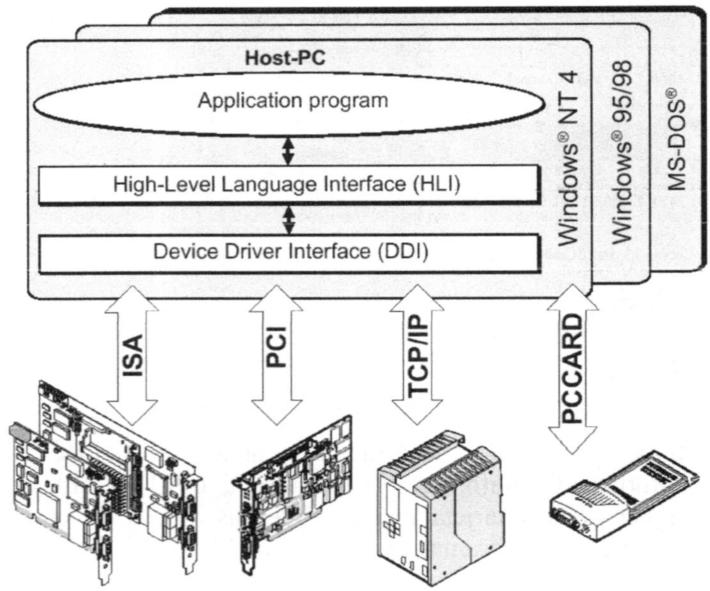

Figura 8.63 Control mediante lenguajes de alto nivel

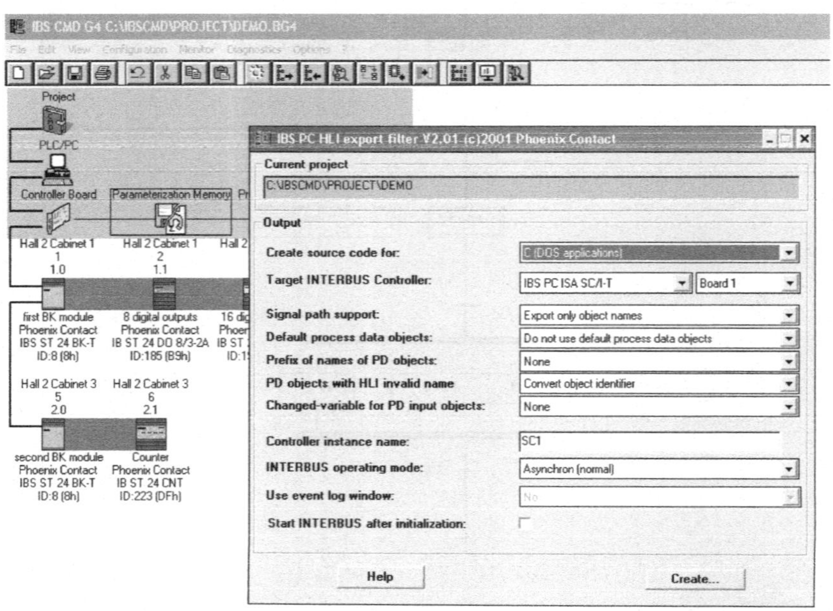

Figura8.64 Creación de programas con High Level Interface

EJEMPLO.C - Bloc de notas

Archivo Edición Formato Ver Ayuda

```
#                                                                      #
#            Cyclic processing of the INTERBUS system -                #
#      This is a PROPOSED FUNCTION for cyclic processing of the        #
#      HLI state machine and the INTERBUS process data objects         #
#                                                                      #
########################################################################
*/

HLIRET IBS_HLI_Process_SC1(void)
{
 /* HLI State machine */
 IBS_HLI_Process(ISASC1);

 /* INTERBUS active ? */
 if( SC1.BusState == HLI_IBS_RUN )
 {
  /* Update of Interbus-S In-data */
  IBS_HLI_PD_In(ISASC1);
  /* Here you can place your application-specific code
     for process data control */

  /* Update of Interbus-S Out-data */
  IBS_HLI_PD_Out(ISASC1);
 }
 return HLI_OKAY;
}


#ifdef __cplusplus
} /* extern C*/
#endif

/* ---------------------------- END OF FILE ---------------------------- */
```

Figura 8.65 Ejemplo de programación en lenguaje C

8.5 CARACTERÍSTICAS DE LOS BUSES DE CAMPO

Principales datos

	Desarrollador de Tecnología	Año de Introducción	Normas estándares	Disponibilidad de Productos y Grado de Apertura del Bus
PROFIBUS DP/PA	**PTO**	**DP-1994, PA-1995**	**DIN 19245 part ¾**	**Productos disponibles de 150 suministradores**
INTERBUS	**Phoenix Contact**	**1984**	**DIN 19258**	**Productos disponibles de 150 suministradores**
Device Net	**Allen-Bradley**	**Marzo 1994**	**ISO 11898 &11519**	**6 suministradores de chips interfaz, más de 100 productos**
AS-i	**Consorcio AS-i**	**1990**	**sometido a IEC**	**Múltiples casas fabricantes**
Fieldbus Foundation	**Fieldbus Foundation**	**1995**	**ISA SP50/IEC TC65**	**Múltiples casas fabricantes de chips y software**
IEC/ISA SP50 Fieldbus	**ISA & Fieldbus Foundation**	**1992-1996**	**IEC 1158/ANSI 850**	**Múltiples casas fabricantes de chips**
WorldFIP	**WorldFIP**	**1988**	**IEC 1158-2**	**Múltiples casas fabricantes de chips**

Topología

	Topología de la red	Medio Físico	Número máximo de Nodos o dispositivos	Máxima Distancia
PROFIBUS DP/PA	**Línea, estrella y anillo**	**Par trenzado, fibra óptica**	**127 nodos**	**24 Km (fibra óptica)**
INTERBUS	**Anillos y subanillos, derivaciones en "T"**	**Par trenzado, fibra óptica, infrarrojos**	**256 nodos**	**400 m/segmento, 12.8 Km total**
Device Net	**En bus, con derivaciones de hasta 6 metros**	**Par trenzado para alimentación y datos**	**64 nodos**	**500 m**
AS-I	**Bus, anillo, árbol, estrella**	**Cable especial de dos hilos**	**31 esclavos**	**100 metros, 300 metros con repetidores**
Fieldbus Foundation	**bus, punto a punto y árbol**	**Par trenzado**	**16 nodos por línea. Máximo Indefinido**	**1900 m @ 31.25K, 500 m @ 2.5 M**
WorldFIP	**Bus**	**Par trenzado, fibra óptica, infrarrojos**	**256 nodos**	**más de 40 Km**

Características de la Comunicación

	Método de Comunicación	Propiedades de la Transmisión	Tamaño del paquete	Método de Arbitraje	Control de errores	Diagnóstico
PROFIBUS, DP/PA	**Maestro/esclavo y estación/estación**	**DP 12Mbps PA 31.25 kbps**	**244 bytes**	**Paso de Testigo**	**HD4 CRC**	**Estación, Módulo y vía**
INTERBUS	**Maestro-esclavo con protocolo de trama-suma única**	**500kBits/s,full duplex**	**512 bytes**	**Ninguno**	**16-bit CRC**	**Localización del segmento donde se produce el error de transmisión o rotura de cable**

	Método de Comunicación	Propiedades de la Transmisión	Tamaño del paquete	Método de Arbitraje	Control de errores	Diagnóstico
Device Net	**Maestro-esclavo multimaestro. otros**	**500 kbps,250 kbps,125 kbps**	**8 bytes**		**CRC check**	**Monitoriza-ción del bus**
AS-I	**Maestro-esclavo con Polling Cíclico**	**Corriente portadora impulsos alternos APM. Datos y Alimentación en un solo cable.**	**31 esclavos con 4 entradas y 4 salidas cada uno**	**Maestro-esclavo con Polling Cíclico**	**Manches ter Code, hammin g-2**	**Fallo en esclavo** **Fallo en dispositivo**
Fieldbus Foundation	**Cliente/Servidor. Publicación/suscri ptorEventos**	**31.25 kbps, 1 Mbps, 2.5Mbps**	**16.6 M objects/device**	**determinis-ta**	**16-bit CRC**	**Diagnóstico remoto, de la red, monitorización del status**
WorldFIP	**Estación a estación**	**31.25 kbps, 1 &2.5 Mbps, 6 Mbps fibra óptica**	**128 bytes**	**Gestor del bus**	**16-bit CRC,**	**Time-out.** **Mensajes de los Dispositivos**

Tiempos de ciclo

	Tiempo de ciclo: Transmisión de 256 variables booleanas 16 nodos con 16 I/O cada uno	Tiempo de ciclo: Transmisión de 128 variables analógicas 16 nodos con 8 I/O cada uno	Transferencia de un bloque de 128 bytes a un solo nodo
PROFIBUS DP/PA	**depende de la configuración típico <2ms**	**depende de la configuración típico <2ms**	**No disponible**
INTERBUS	**1.8 ms**	**7.4 ms**	**140 ms**
Device Net	**2.0 ms Maestro/esclavo polling**	**10 ms Maestro/esclavo polling**	**4.2 ms**
AS-I	**4.7 ms***	**No es posible**	**No es posible**
Fieldbus Foundation	**100 ms @ 31.25k <1 ms @ 2.5M**	**600 ms @ 31.25k <8 ms @ 2.5M**	**36 ms @ 31.25k** **0.45 ms @ 2.5M**
WorldFIP	**2 ms @ 1 Mbps**	**5 ms @ 1 Mbps**	**5 ms @ 1 Mbps**

* 248 variables booleanas con 31 esclavos.

CAPÍTULO 9

INTERNET EN LOS SISTEMAS DE AUTOMATIZACIÓN INDUSTRIAL

9.1 INTRODUCCIÓN

La implantación de las tecnologías de Internet en el mundo empresarial y en los sistemas de comunicación es una realidad que crece de forma exponencial. Las empresas han comprobado que las tecnologías de Internet aplicadas en sus Intranets, demuestran un rendimiento igual o superior a sus antiguas redes corporativas. La explosión del desarrollo de las tecnologías de Internet se debe a la aceptación mundial del protocolo de comunicaciones TCP/IP, la estandarización de los servidores y los lenguajes de desarrollo.

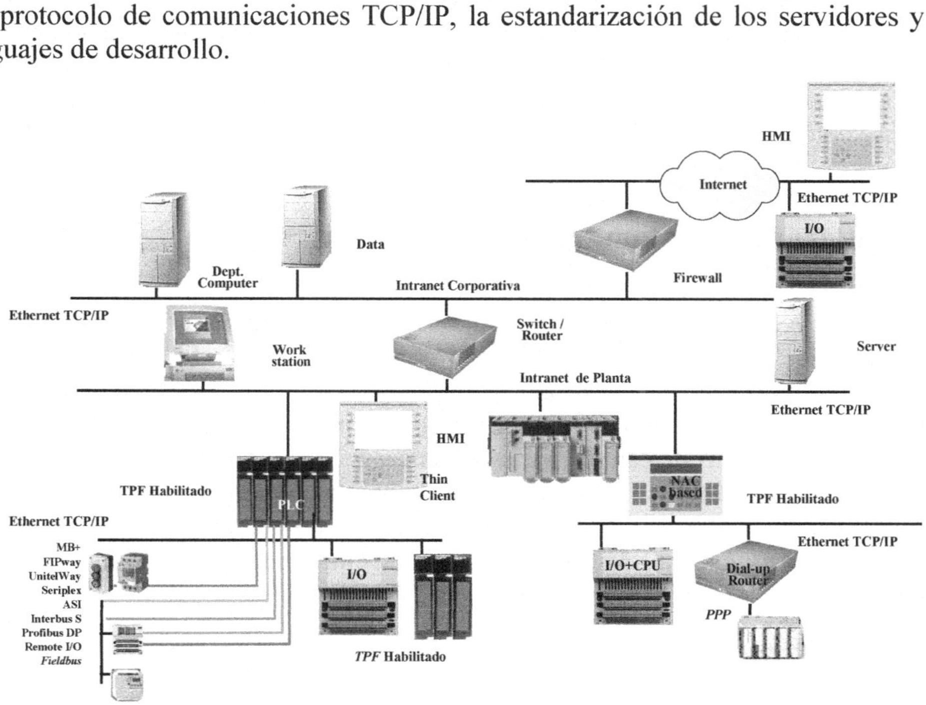

Figura 9.1 Ethernet e Internet en el entorno industrial

El principal objetivo consiste en disponer de la información en tiempo preciso y en tiempo real para tomar decisiones dentro las empresas. Los esfuerzos de muchas compañías se centran en comunicar las herramientas MES con los controladores de planta. El objetivo es conseguir que los datos se transmitan de manera fácil, fiable, y cumpliendo los requisitos temporales.

El problema que existe en las redes de muchas empresas de fabricación es la coexistencia de varios sistemas y protocolos de comunicación diferentes. Por un lado la comunicación en el ámbito de ofimática, por otro la comunicación entre controladores de planta y, por último, la comunicación entre los controladores y los elementos de los buses de campo. De estos tres sistemas de comunicación, sólo se suele utilizar la red Ethernet en el nivel superior. Para los niveles inferiores se emplean buses de célula y campo específicos de los diferentes fabricantes, como pueden ser Interbus, Modbus, Fipio, Profibus. Estos sistemas de comunicación son incompatibles, lo que hace muy difícil acceder a simples informaciones de sensores de máquinas, a menos que se desarrollen bases de datos intermedias en los controladores o en sistemas de supervisión.

Las nuevas tecnologías de tratamiento de la información y de comunicaciones, ya aplicadas en la informática de usuario y en la empresarial, están teniendo una fuerte implantación en los sistemas de producción industrial.

En este entorno, la dependencia de los desarrollos específicos de los distintos fabricantes es todavía muy fuerte. Sin embargo, empieza a notarse una fuerte tendencia a utilizar sistemas independientes de los antiguos estándares de los grandes fabricantes de equipos de control industrial. La red Ethernet y su protocolo de comunicaciones TCP/IP se empiezan a configurar como el estándar de las comunicaciones no sólo a alto nivel, sino también en el nivel más bajo, en el bus de campo.

9.1.1 Internet en Automatización Industrial

Existen varias tecnologías implantadas en Internet que permiten al entorno industrial resolver muchos de sus problemas. El primer paso ha sido la adopción del protocolo de comunicaciones TCP/IP. Gran parte, sino todas, de las compañías de control y automatización lo han adoptado como protocolo estándar para comunicación de alto nivel. Existe un grupo de compañías que propone Ethernet como estándar también al nivel de bus de campo, para comunicar los captadores y accionadores con los controladores. Las redes Ethernet deben segmentarse para conseguir velocidad y comunicación en tiempo real de los controladores con los elementos de bus de campo. Estas redes deben unirse a través de routers inteligentes, de forma que se optimice el tráfico de información en la red.

El desarrollo de la arquitectura cliente/servidor para los controladores y dispositivos de bus de campo proporciona la estructura básica para el intercambio de información. Se han desarrollado servidores de datos en tiempo real que se empotran en los controladores de planta, responsables de organizar y publicar las variables y datos de producción en tiempo real.

Un gran número de fabricantes han empezado a desarrollar dispositivos que utilizan como protocolo de comunicaciones TCP/IP y medio físico Ethernet. Además, muchos de estos dispositivos incorporan servidores Web empotrados. Lo cual permite su configuración y diagnóstico mediante un navegador de Internet: Autómatas Programables, variadores de velocidad, módulos de entrada/salida digitales, analógicos, módulos de contaje rápido, buses de campo con pasarelas a Ethernet.

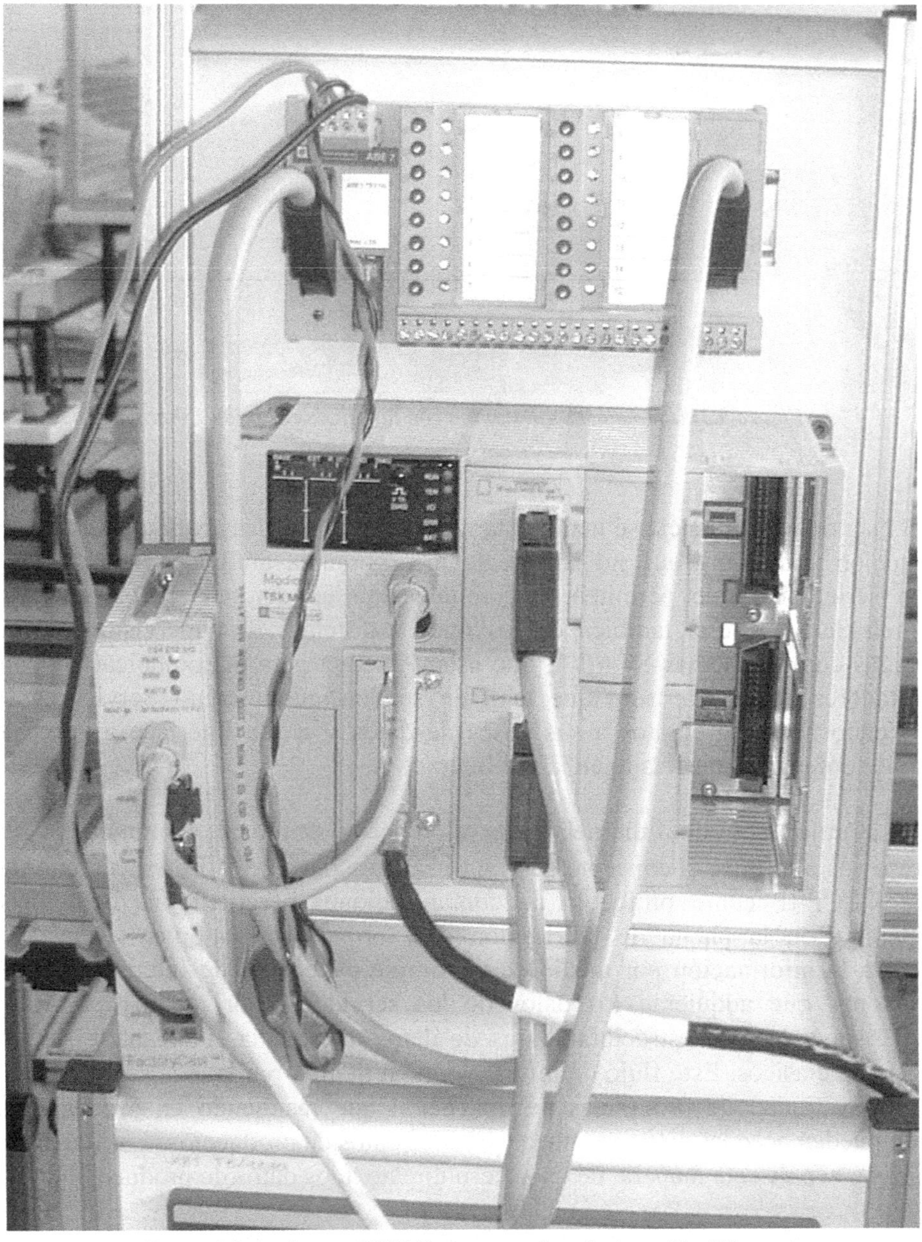

Figura 9.2 Autómata TSX Micro con tarjeta de conexión Ethernet

Figura 9.3 Autómata TSX Premium con tarjeta de conexión Ethernet

Esta nueva tendencia se manifiesta igualmente en el desarrollo de terminales de explotación y diálogo, que no solamente incorporan la antigua comunicación por puerto serie, sino que permiten la comunicación en distintas redes, entre ellas, Ethernet. Se manifiesta también en los nuevos sistemas de supervisión industrial, conocidos como Sistemas SCADA, que usan Ethernet para la comunicación con los controladores de planta, sino que también se configuran como Servidores Web, permitiendo accesos remotos a sus bases de datos y a su interface gráfico desde cualquier ordenador conectado en la red Internet.

La utilización de Ethernet como el único sistema de comunicación en la empresa nos introduce el concepto de "factoría transparente". Ethernet como medio físico y TCP/IP como protocolo de comunicaciones permiten una comunicación transparente en la planta de fabricación. De forma que cualquier sistema puede acceder a la información por medio de un simple navegador de Internet o mediante aplicaciones que adquieran los datos de los servidores por medio del protocolo TCP/IP, sin tener que estructurar bases de datos intermedias mediante sistemas de supervisión clásicos. Este flujo de información en tiempo real puede ser la entrada de una gran variedad de programas de aplicación que residiendo en ordenadores de gestión pueden acceder directamente a todos los datos de producción. Las aplicaciones MES disponen de esta manera de un acceso directo a los datos de producción.

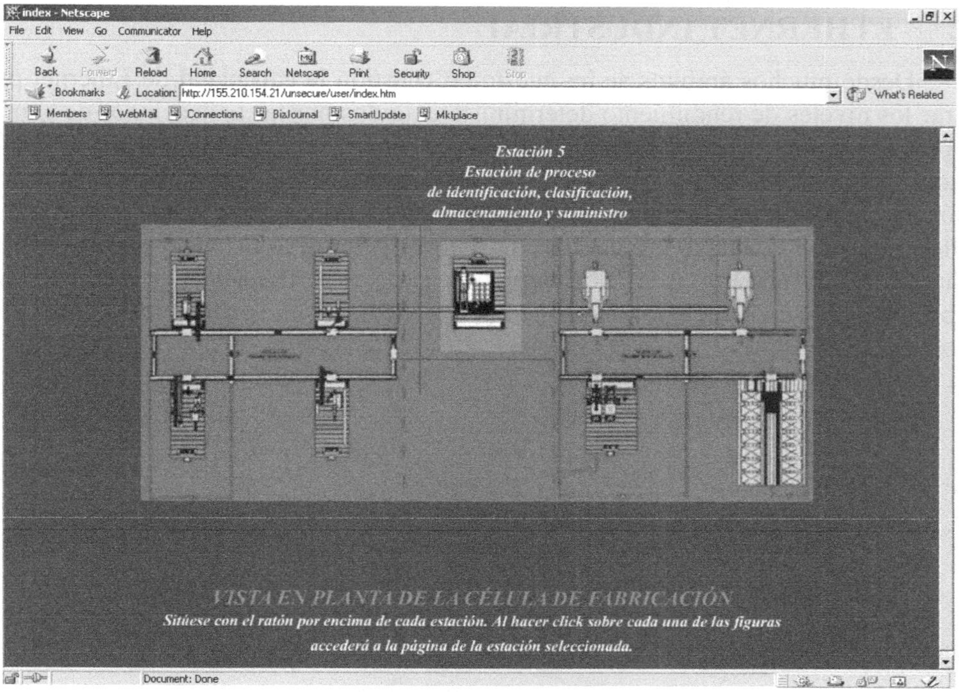

Figura 9.4 Servidor Web empotrado en Autómata Programable

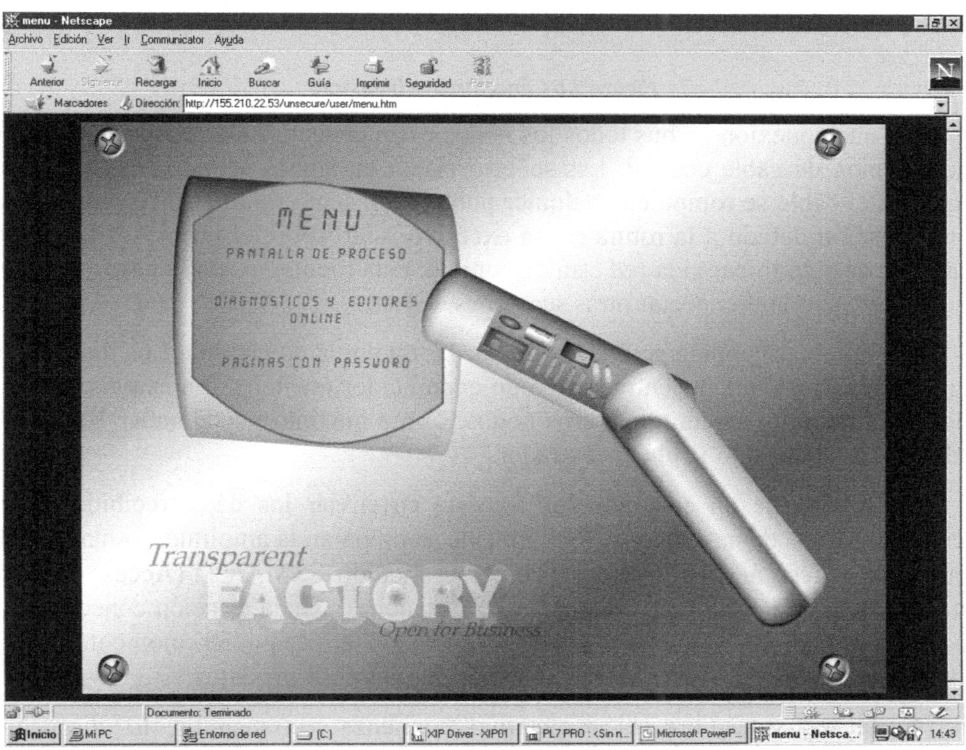

Figura 9.5 Servidor Web empotrado en Autómata Programable

9.2 ETHERNET INDUSTRIAL

Desde muchos ámbitos se ha puesto en cuestión la capacidad de Ethernet para lograr los niveles de rendimiento determinista exigidos por las aplicaciones de control de procesos industriales en tiempo real. En los últimos cinco años se han producido avances en los estándares de Ethernet, especialmente en ámbitos de determinismo, velocidad y prioridad. Actualmente existen menos motivos para que Ethernet no se utilice para crear soluciones de bus de campo deterministas que sean abiertas y reduzcan los costes. En las redes Ethernet básicas los participantes están conectados en bus mediante un cable por conexiones en T o mediante un concentrador (hub).

Figura 9.6 Concentrador industrial

En una conexión en bus todos los nodos están conectados en paralelo sobre una única sección de cable coaxial. Las señales viajan en ambos sentidos desde el nodo origen. Si el cable se rompe en cualquier punto, el sistema falla. Dado que al carecer de terminación debido a la rotura causa excesivo ruido sobre el bus, y los nodos son incapaces de determinar si la red está disponible. Esta topología se usa ante todo como “backbone” para interconectar otras secciones de redes.

En Ethernet también se puede adoptar la topología en estrella. Los dispositivos están conectados a un concentrador o a un conmutador (switch). En esta topología el fallo de un nodo no afecta a los otros nodos. Como máximo puede haber 100 metros de distancia entre nodo y el concentrador.

La misión de un concentrador consiste en enviar los datos recibidos en un puerto a todos los demás puertos. Previamente se preparan la amplitud, forma de señal y pulso. El acceso al medio se produce por el método CSMA/CD (Acceso Múltiple con Detección de Portadora y Detección de Colisiones). Cada estación conectada a la red puede tomar la iniciativa de la comunicación en cualquier momento, previo requisito de que la red no esté ocupada, y empezar a transmitir datos.

Si la red está libre, el dispositivo comienza a transmitir. El dispositivo “escucha” su propio mensaje para ver si ha habido colisión, dado que otra estación puede haber tomado la iniciativa simultáneamente. Si no ha habido, el proceso se ha realizado. Si se produce, la colisión es detectada por ambas estaciones y ambas abandonan la comunicación. Un tiempo aleatorio después volverá cada estación a intentar comunicar.

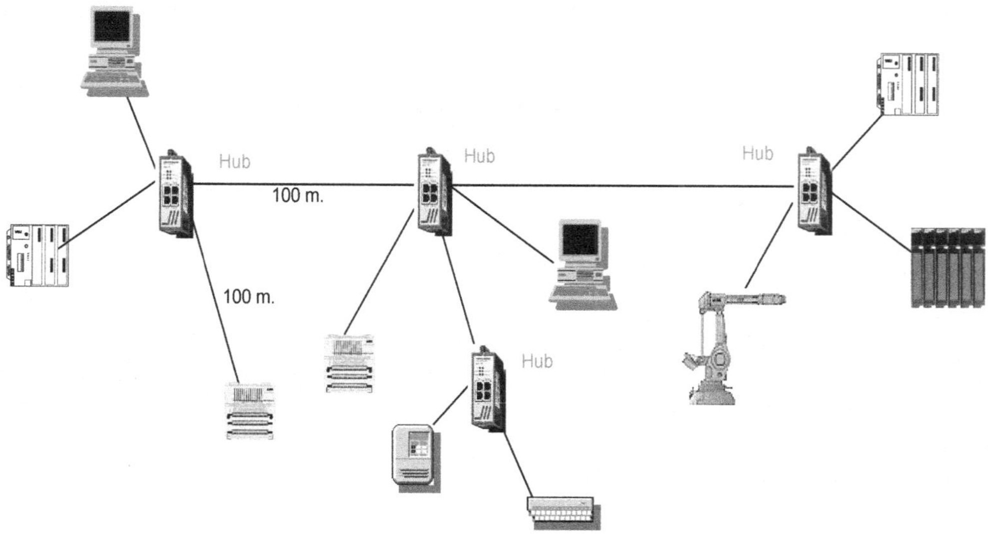

Figura 9.7 Red compartida con concentradores eléctricos

En definitiva, todas las estaciones comparten el medio físico y el ancho de banda se subdivide entre ellas. Se encuentran en el llamado dominio de colisión dado que éstas se distribuyen en todo el segmento de estaciones conectadas a un concentrador. Un concentrador no es un dispositivo inteligente, retransmite lo que llega por un puerto a todos los demás sin analizar la trama para determinar qué estación es la destinataria del mensaje.

Cuantas más estaciones envíen mensajes, más a menudo ocurren las colisiones, resultando que un menor ancho de banda está disponible. Las únicas ventajas que presenta un concentrador son su precio y su facilidad de instalación y configuración. Pero no es un dispositivo recomendable para su instalación en una red Ethernet industrial.

Para garantizar la comunicación en tiempo real los participantes en un Ethernet Industrial deben estar conectados a un conmutador. Estos dispositivos al principio de su funcionamiento operan como un concentrador, pero analizan la trama que reciben por un puerto y determinan la dirección MAC del destinatario y del remitente, reenviando la trama sólo por el puerto correspondiente. Si la dirección de destino es desconocida, el paquete se envía a todos los puertos. No retransmiten colisiones, ni productos de las colisiones, ni paquetes defectuosos. En definitiva, contribuye a reducir y optimizar la carga de la red.

El acceso a la red en los dispositivos que están conectados al conmutador se produce en modo half duplex mediante CSMA/CD. Entre dos conmutadores o con estaciones que admitan comunicación en modo full duplex se produce el envío y recepción simultánea de datos.

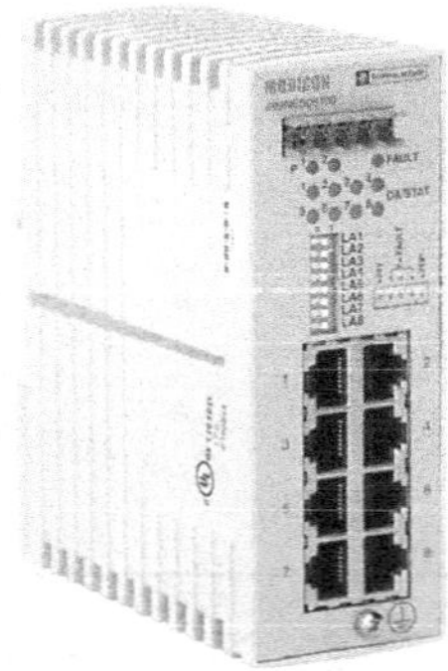

Figura 9.8 Conmutador 10/100 de 8 puertos

En la Figura 9.9 se observa una red conmutada con conmutadores eléctricos y un transceiver eléctrico/óptico que asegura la transmisión en zonas con alto grado de interferencias electromagnéticas. Los conmutadores segmentan la red en diferentes dominios de colisión de forma que las colisiones se producen sólo en dominios pequeños, no expandiéndose por toda la red.

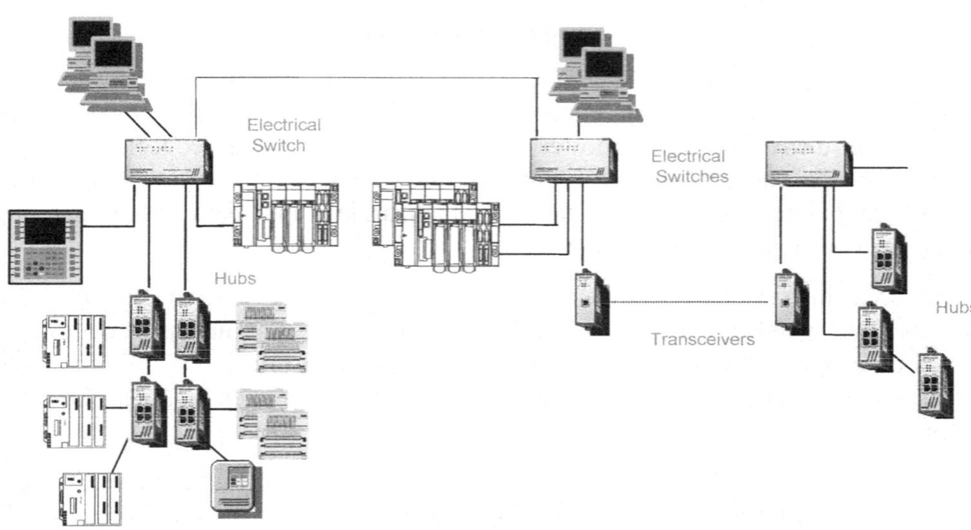

Figura 9.9 Red segmentada mediante conmutadores

También se puede adoptar la topología en anillo. Puede ser un anillo simple o un anillo dual. En el caso del anillo simple la señal pasa solamente en un sentido. Cada dispositivo actúa como un repetidor y amplificador de señal antes de pasarla al próximo dispositivo en el anillo. Si cualquier dispositivo falla, el anillo se rompe.

Los anillos duales están formados por dos anillos de fibra óptica con canales de transmisión alternativos y opuestos. Si un nodo falla, sale el mismo del anillo hasta que es reparado. El anillo dual se transforma en un único anillo en el punto que falla.

En la Figura 9.10 se observa una red en anillo de fibra óptica redundante compartida con concentradores y gracias a un conmutador eléctrico conectado a un segmento aislado.

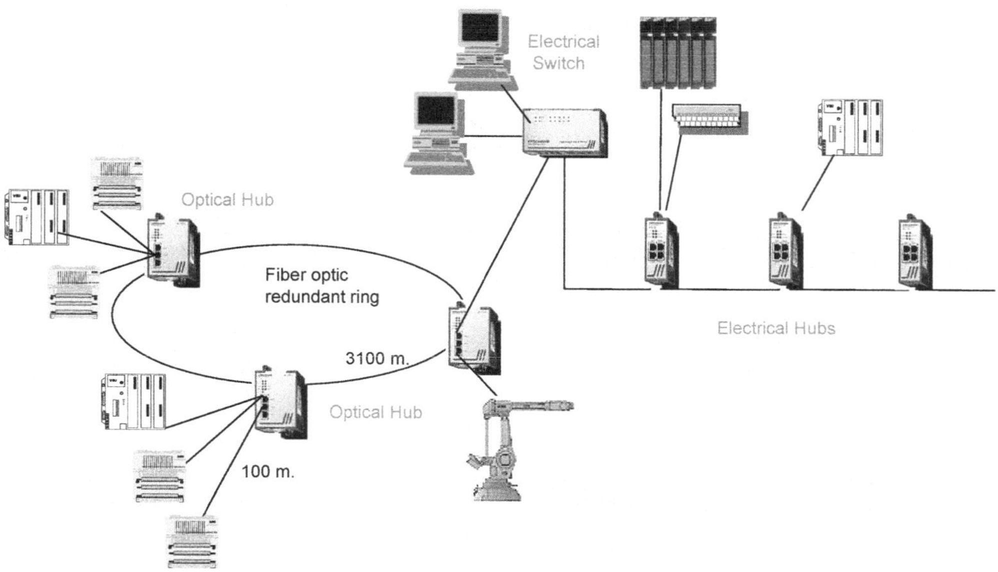

Figura 9.10 Ethernet Industrial

Los anillos duales permiten la transmisión full duplex, por lo cual el ancho de banda efectivo se duplica en cada nodo del anillo, en caso de Fast Ethernet se dispondría de 200 Megabits de ancho de banda. En la Figura 9.11 se observa una red Ethernet industrial segmentada en dominios de colisión mediante comutadores y estableciendo la comunicación entre ellos mediante un anillo redundante que permite la transmisión full-duplex.

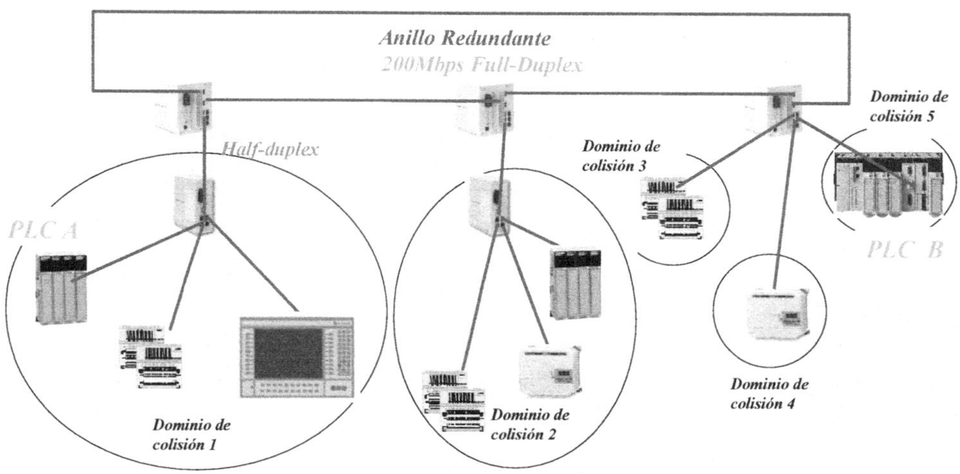

Figura 9.11 Ethernet Industrial

En la Figura 9.12 se observa una red en anillo de fibra óptica con conmutadores para manejarla en modo redundante. En esta red el ancho de banda está totalmente disponible en cada puerto.

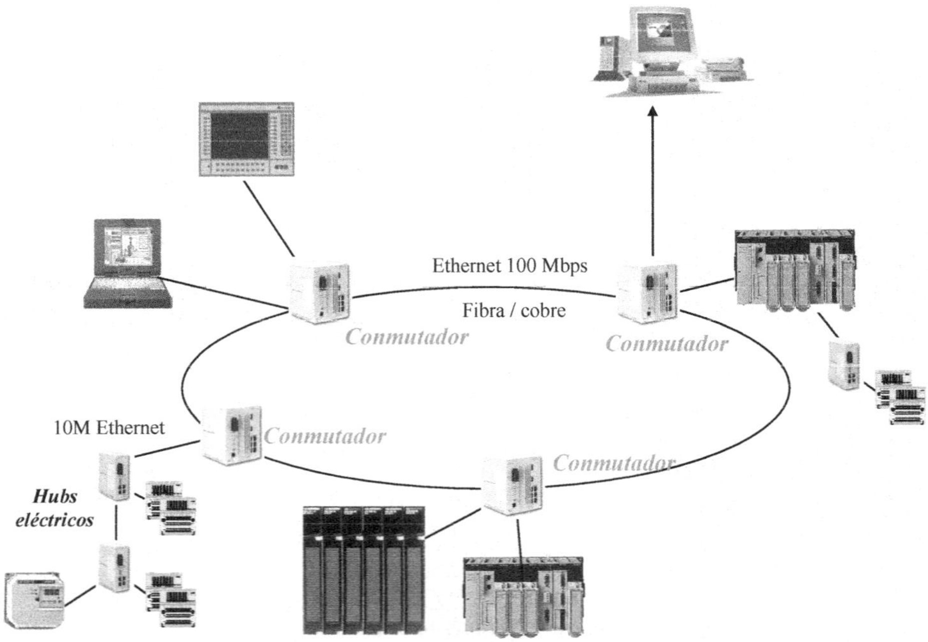

Figura 9.12 Red conmutada: ancho de banda totalmente disponible en cada puerto

En la Figura 9.13 se observa una red doble en anillo de fibra óptica con conmutadores para manejarla en modo redundante.

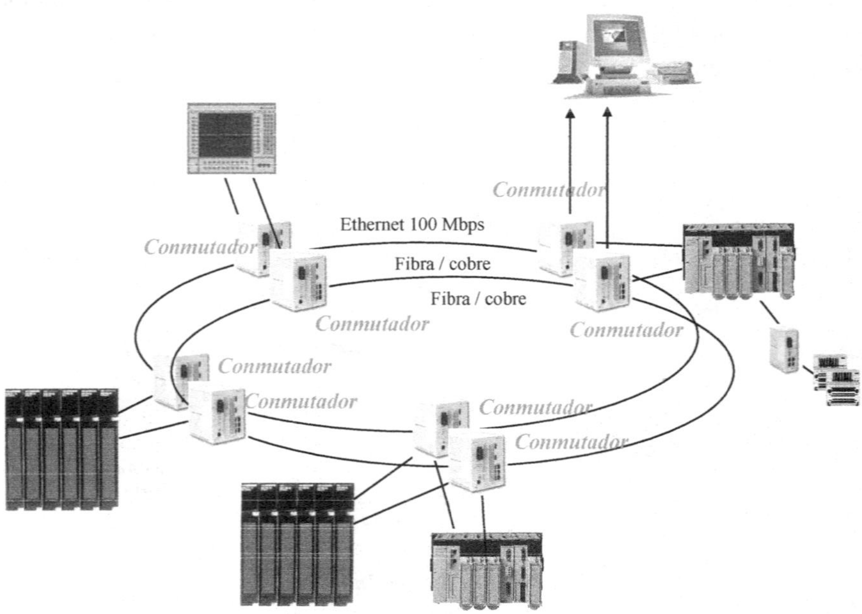

Figura 9.13 Redundancia de red conmutada doble

Con las dos últimas opciones se consiguen redes con un gran ancho de banda disponible en cada nodo del anillo, permitiendo una transmisión eficaz de los servicios de comunicación con requisitos en tiempo real.

9.3 AUTÓMATAS SERVIDORES WEB

En la Figura 9.14 se observa un Autómata programable de la gama TSX Premium con tarjeta de conexión Ethernet (módulo de la derecha). Los módulos de comunicación Ethernet de los autómatas programables no son simples tarjetas de conexión a la red, sino que incorporan una serie de servicios adicionales como son:

- Servidor Web empotrado.
- Página Web con applets de Java para configuración y diagnóstico.
- Servidor y cliente Bootp para asignación de direcciones IP.
- Servidor y cliente DHCP para asignación de direcciones IP.
- Análisis y control del ancho de banda.
- Gestión de red SNMP.
- Servicio I/O Scanner para bus de campo Ethernet.

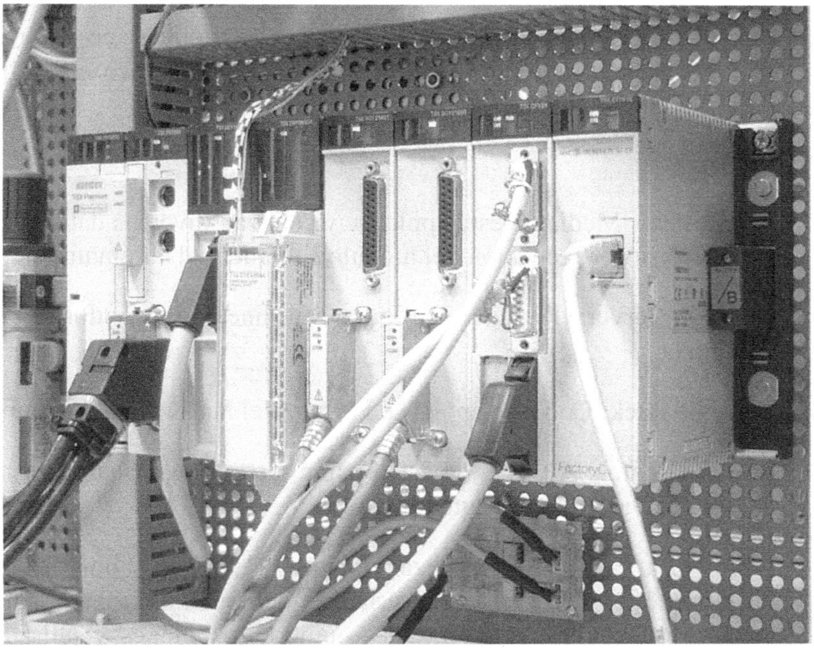

Figura 9.14 Autómata programable Premium Servidor Web

Dicho módulo permite una conexión a la red Ethernet a 10/100 Mbits, incorporando una memoria de 8 Megabytes para almacenar páginas Web.

Figura 9.15 Servidor Web empotrado en Autómata Programable

En el servidor se pueden incluir una serie de applets en lenguaje Java preprogramados por Schneider Electric que facilitan la monitorización, configuración y diagnóstico del Servidor Web.

Estos applets son:

- Estadísticas: Mediante este applet se visualizan diversos datos referentes a la transmisión y recepción del módulo Ethernet del autómata.
- BOOTP Server: Permite configurar en línea el servidor BOOTP del Autómata.
- Visor de Rack: Con este applet se visualiza el hardware del autómata.
- Editor de datos: A través de esta opción, podremos visualizar y modificar el valor de variables del autómata.
- Editor Gráfico: Permite utilizar applets predefinidos por el editor, que visualizan de forma gráfica variables del autómata. También permite incorporar mandos como entradas numéricas, botones y pulsadores que cambian el valor de variables numéricas y/o booleanas del autómata.
- Visor de alarmas: Permite visualizar las alarmas producidas en el autómata.

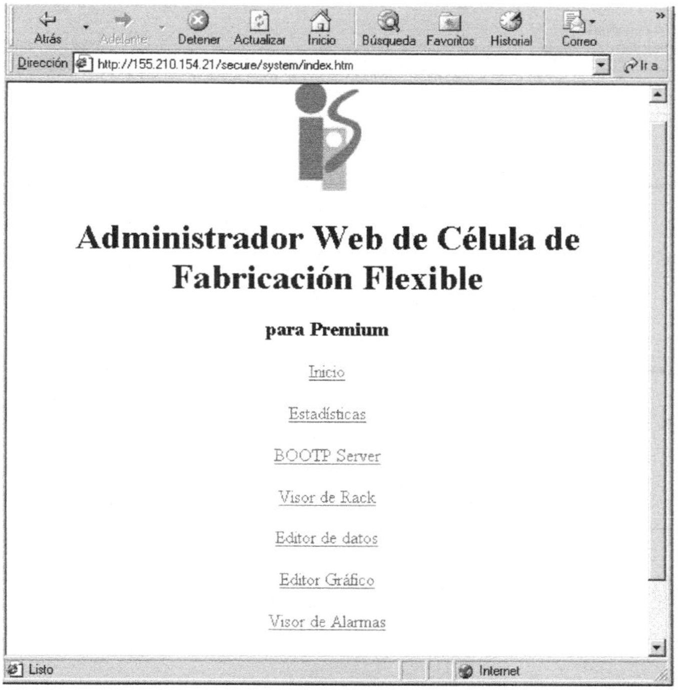

Figura 9.16 Configuración y diagnóstico

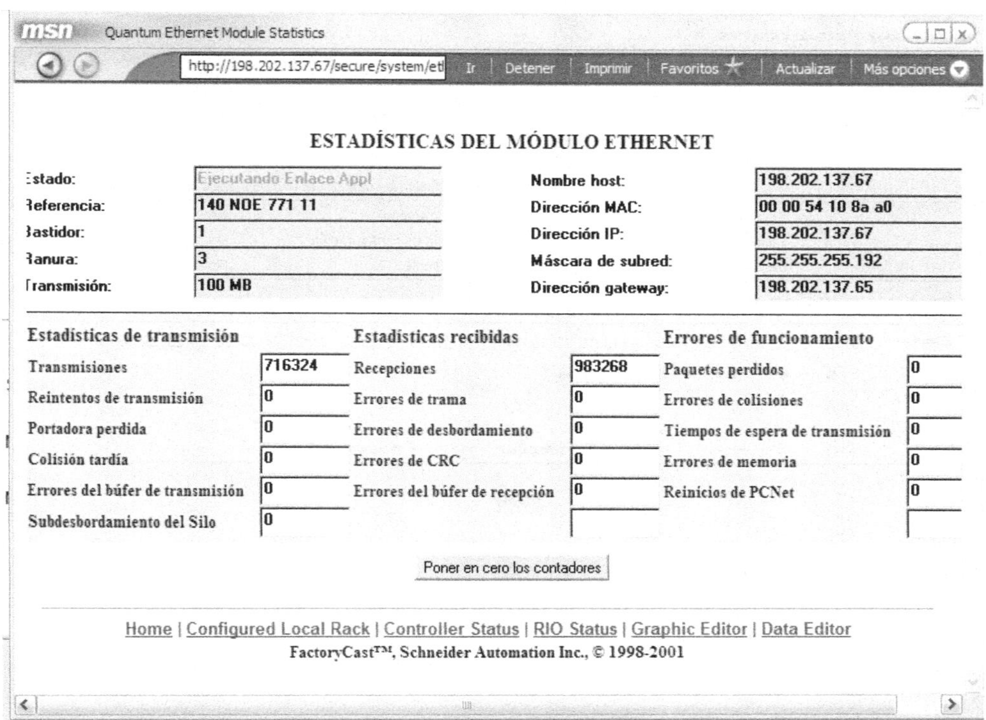

Figura 9.17 Estadísticas del módulo Ethernet

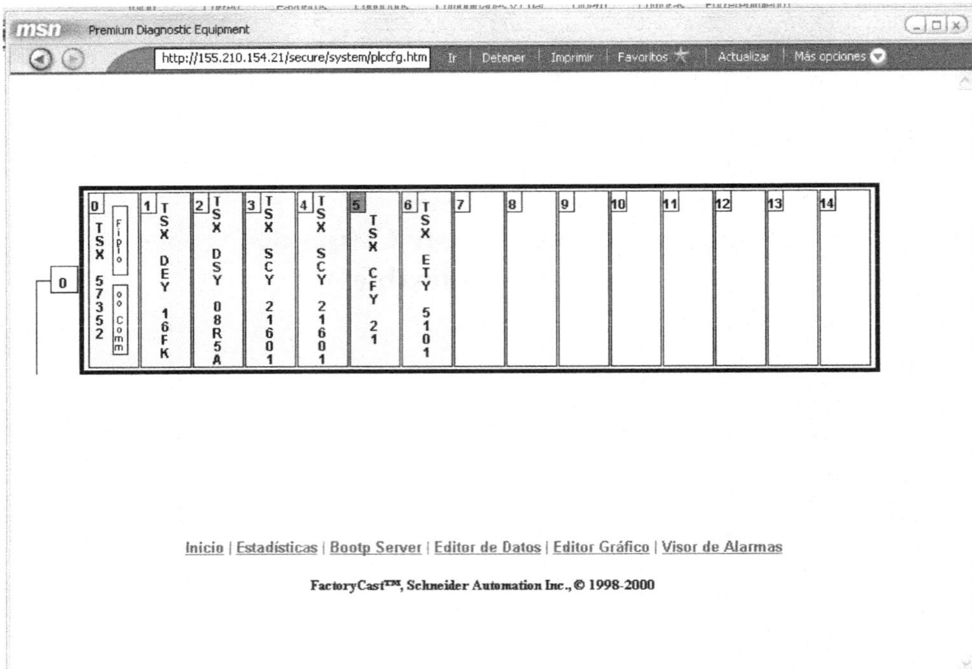

Figura 9.18 Página Web de diagnóstico: visualización del rack del autómata

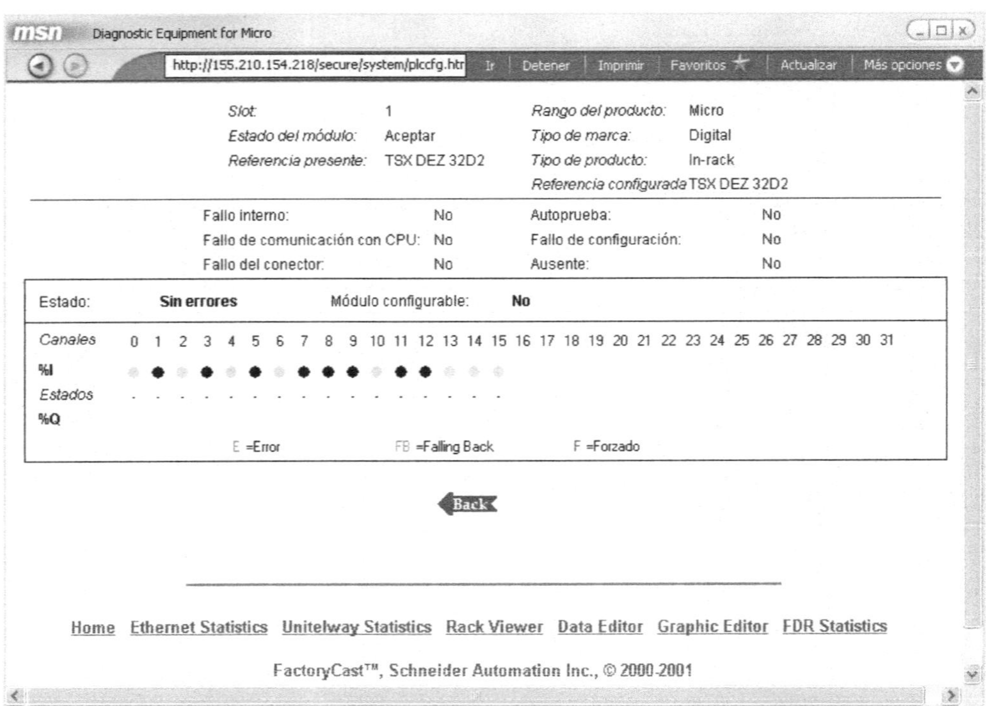

Figura 9.19 Página Web de diagnóstico: estado de un módulo de entradas

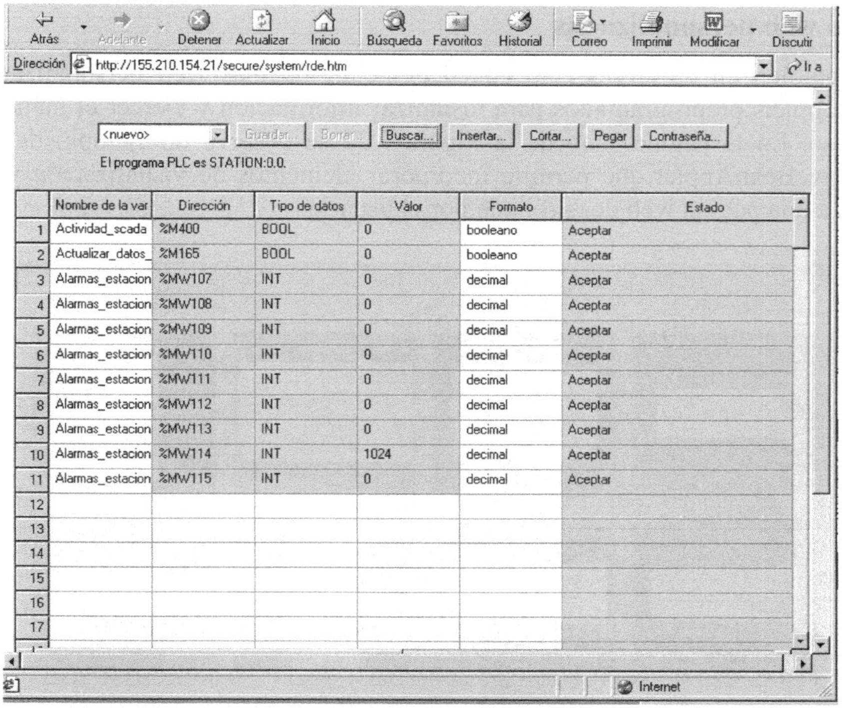

Figura 9.20 Visualizador de datos del servidor Web

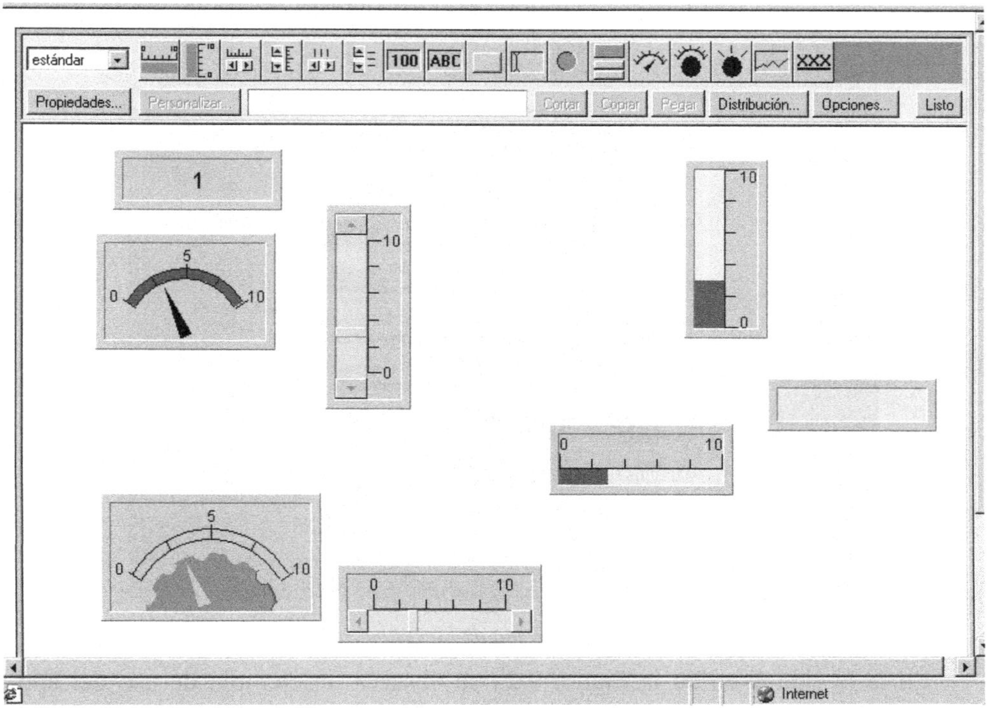

Figura 9.21 Editor gráfico del servidor

Páginas web personalizadas

También en el servidor se pueden incluir páginas web personalizadas que utilicen applets preprogramados para visualizar información y ejercer el mando sobre el proceso. En la página Web de la Figura 9.22 se observa un ejemplo de uso del applet LiveBeanApplet que permite incorporar elementos de visualización y mando gráficos a una página web desarrollada por el usuario.

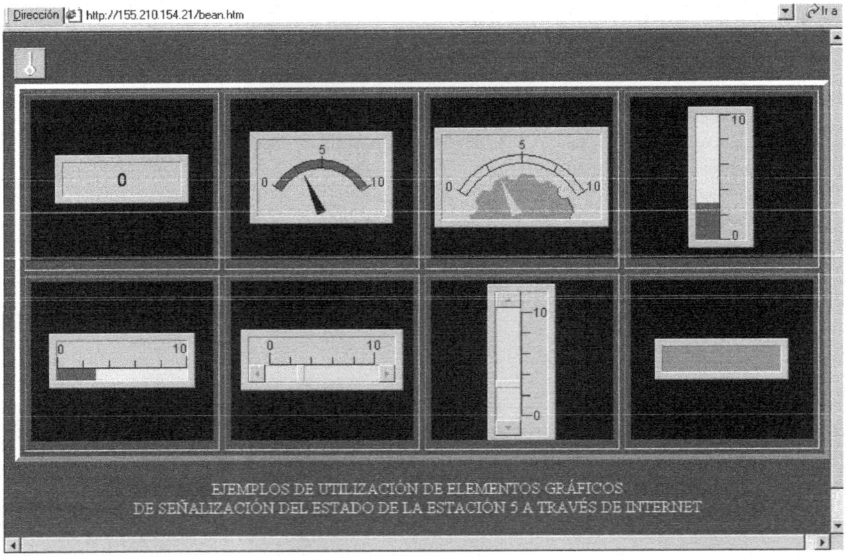

Figura 9.22 Ejemplo de LiveBeanApplet

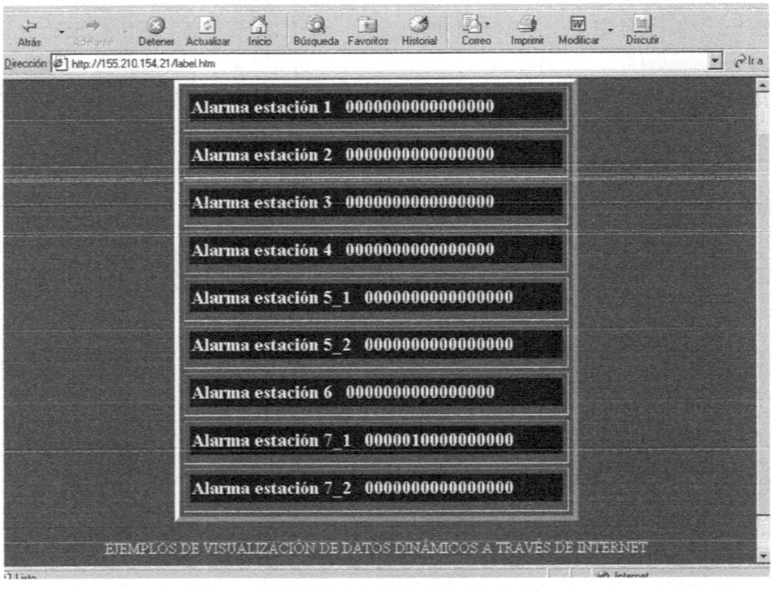

Figura 9.23 Ejemplo de LiveLabelApplet

En la página Web de la Figura 9.23 se observa un ejemplo de uso del applet LiveLabelApplet que permite visualizar datos en forma de tabla.

Un LiveTableApplet funciona de la misma manera que un LiveLabelApplet, con la salvedad de que un LiveTableApplet tiene un aspecto de tabla. En él se pueden dar propiedades de alineación de texto y propiedades de texto a cada una de las columnas o filas que forman parte de la tabla de forma independiente. En la Figura 9.24 se muestra el aspecto de un LiveTableApplet.

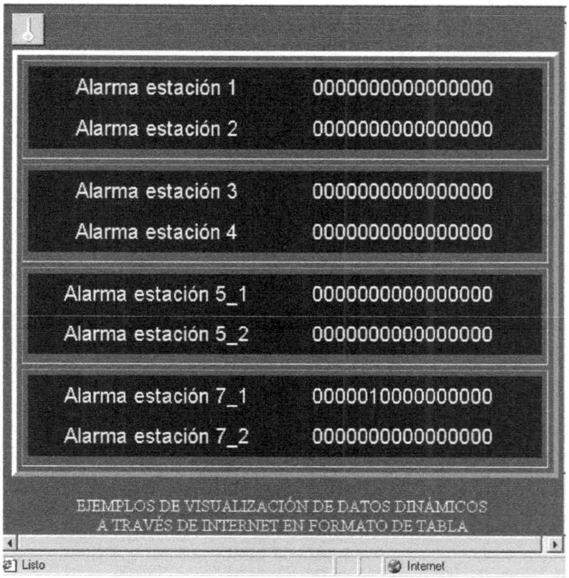

Figura 9.24 Ejemplo de LiveTableApplet

En la Figura 9.25 se observa una página con mandos implementados por medio de applets de java predefinidos.

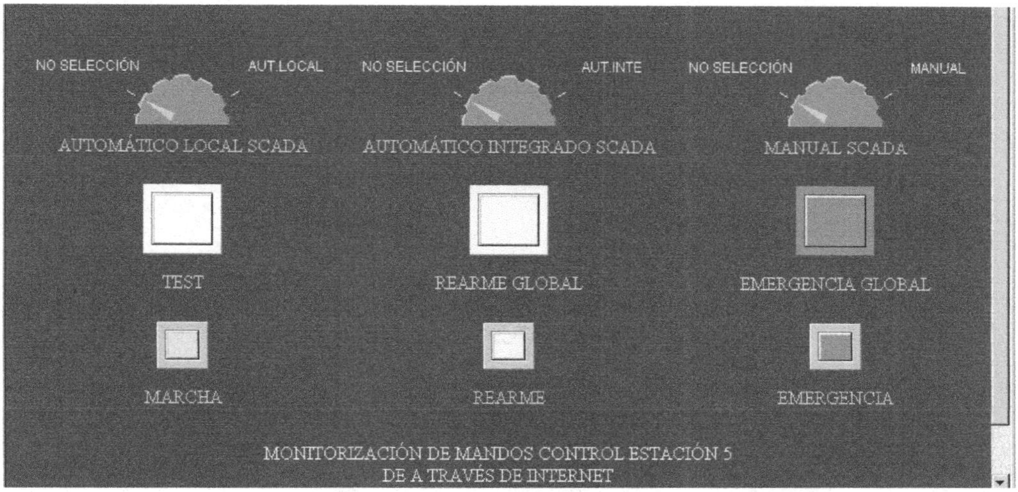

Figura 9.25 Ejemplo de botones activos de la estación 5

En la Figura 9.26 y en la Figura 9.27 se observan la monitorización de dos procesos de producción industriales.

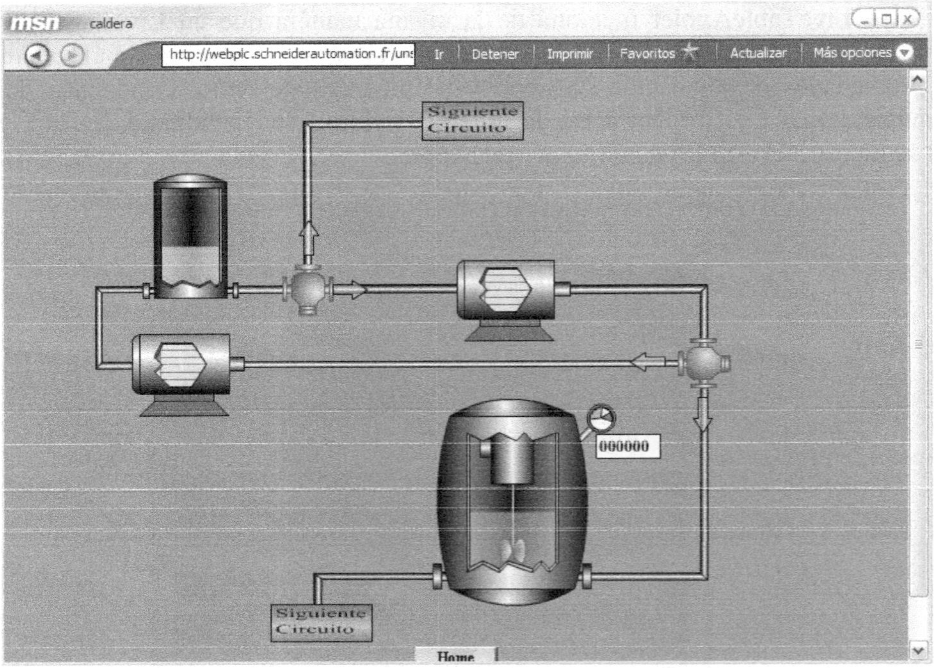

Figura 9.26 Monitorización de procesos vía Internet

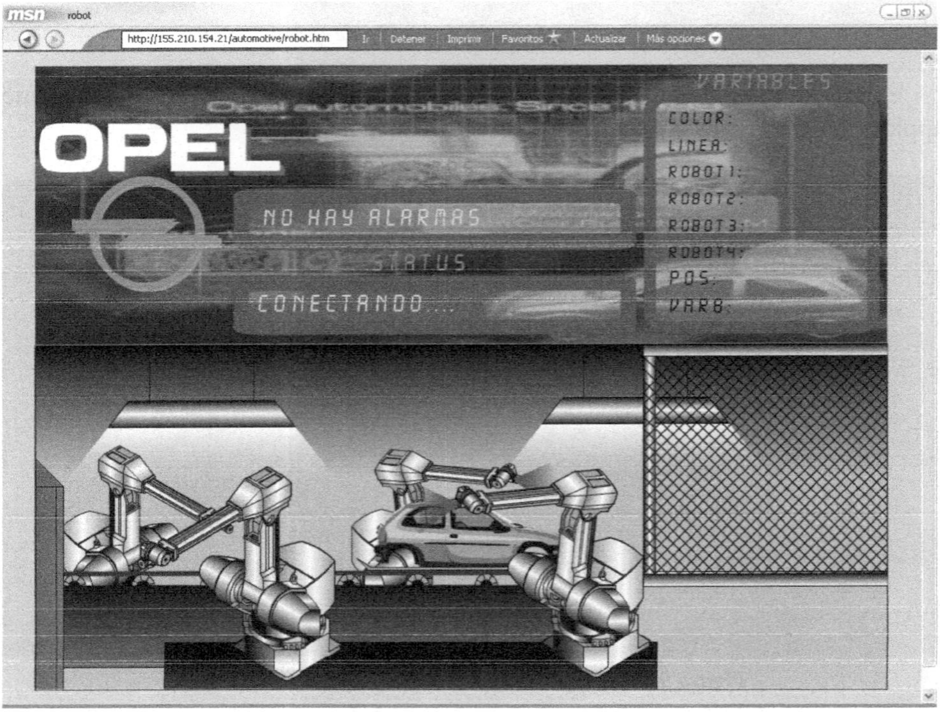

Figura 9.27 Monitorización de procesos vía Internet

9.4 CONFIGURACIÓN DE REDES ETHERNET

A los elementos y dispositivos que se conecten a una red Ethernet se les debe realizar la configuración de su dirección IP, su mascara de subred, y la puerta de enlace, para que puedan establecer comunicación en el protocolo TCP/IP.

En la Figura 9.28 se observa la configuración de la dirección IP de la tarjeta de un autómata TSX Micro. Esta configuración se realiza mediante un navegador Web. Se puede elegir entre introducir los datos numéricos de la dirección, o que ésta se le asigne al autómata desde un sistema servidor de direcciones IP.

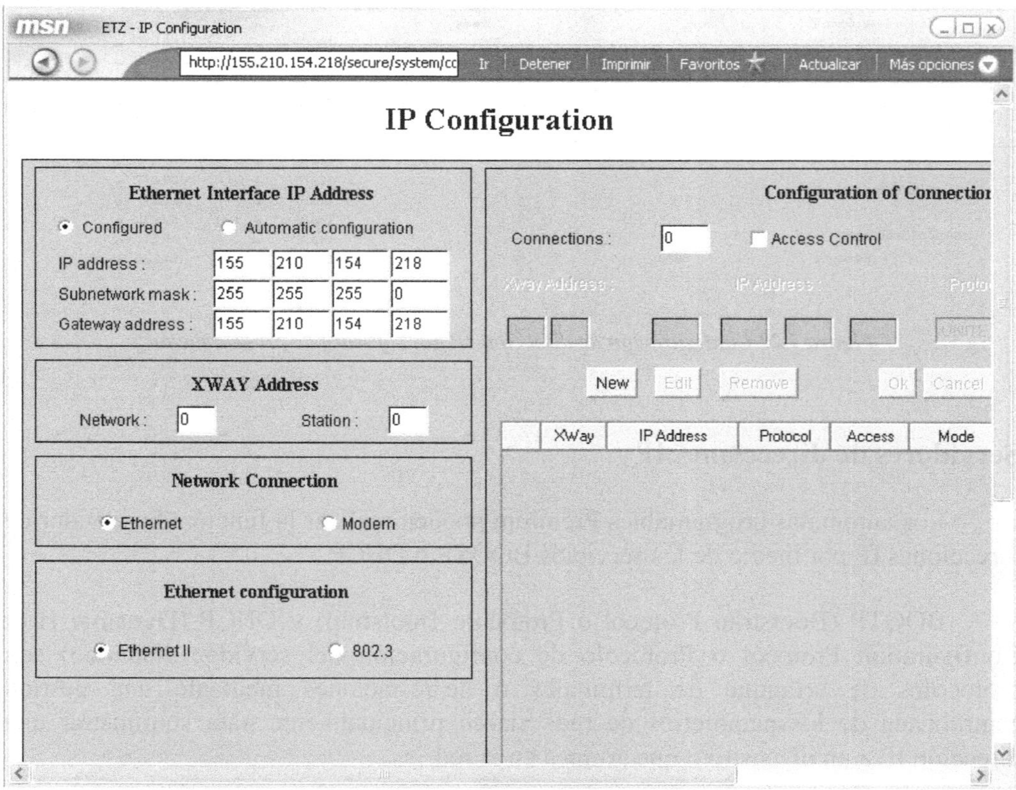

Figura 9.28 Configuración de dirección IP por medio de navegador

En los autómatas programables Premium la configuración de la dirección IP se puede realizar mediante el software de programación Pl7-Pro.

En la Figura 9.29 se observa que la dirección IP se puede configurar introduciendo los datos, o también tiene la opción que la tarjeta funcione como un cliente BOOTP que solicite la dirección IP de un servidor de direcciones IP.

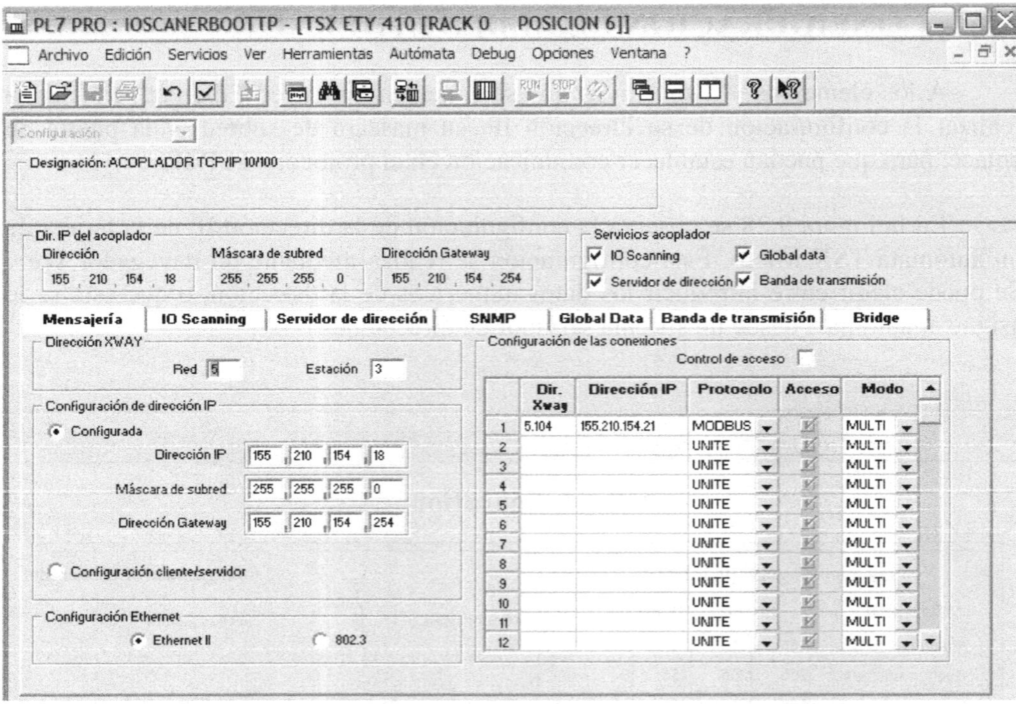

Figura 9.29 Configuración de dirección IP por software de programación

Servidores de direcciones IP

Los autómatas programables Premium pueden realizar la función de servidor de direcciones IP por medio de los servicios BOOTP o DHCP.

BOOTP (Bootstrap Protocol o Protocolo Bootstrap) y DHCP (Dynamic Host Configuration Protocol o Protocolo de configuración del servidor dinámico) son protocolos de arranque de terminales o de estaciones mediante una gestión centralizada de los parámetros de red. Sirven principalmente para suministrar una dirección IP a un dispositivo que arranca en la red.

En la red Ethernet se pueden conectar dispositivos clientes que poseen como única información su propia dirección MAC y que necesitan configurarse automáticamente para arrancar. La dirección IP la obtendrán de un servidor que posee una tabla (BOOTPTAB) que contiene la configuración de dirección IP de cada estación cliente. En la Figura 9.30 se observa la configuración de un servidor BOOTP.

Un dispositivo que funcione como Cliente BOOTP emite peticiones en difusión a través de la red cada segundo durante el arranque, hasta obtener una respuesta. En la petición el dispositivo indica su dirección MAC.

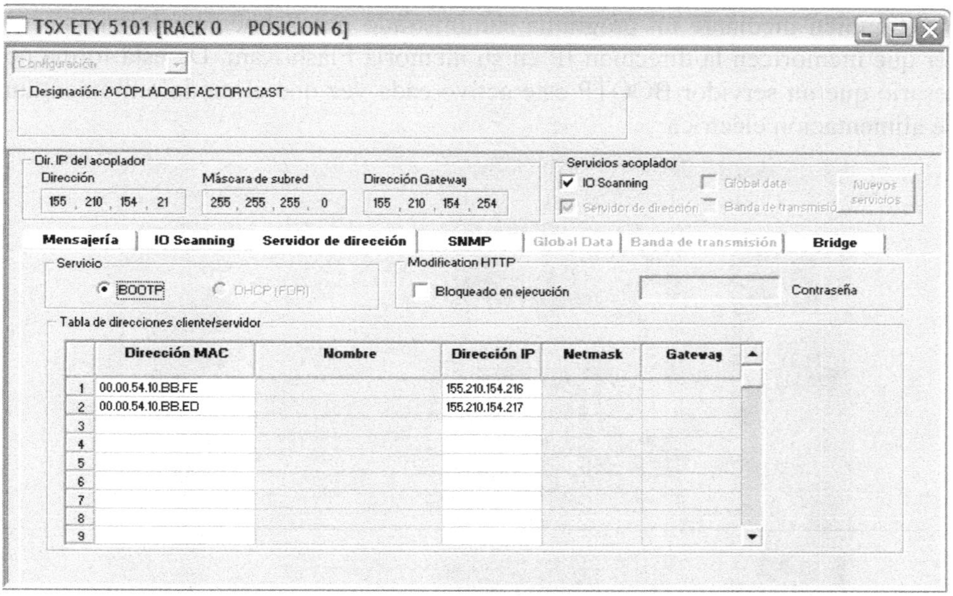

Figura 9.30 Gestión de red Ethernet. Servidor Bootp en Autómata Premium

El servicio Bootp también se puede configurar vía un navegador Web.

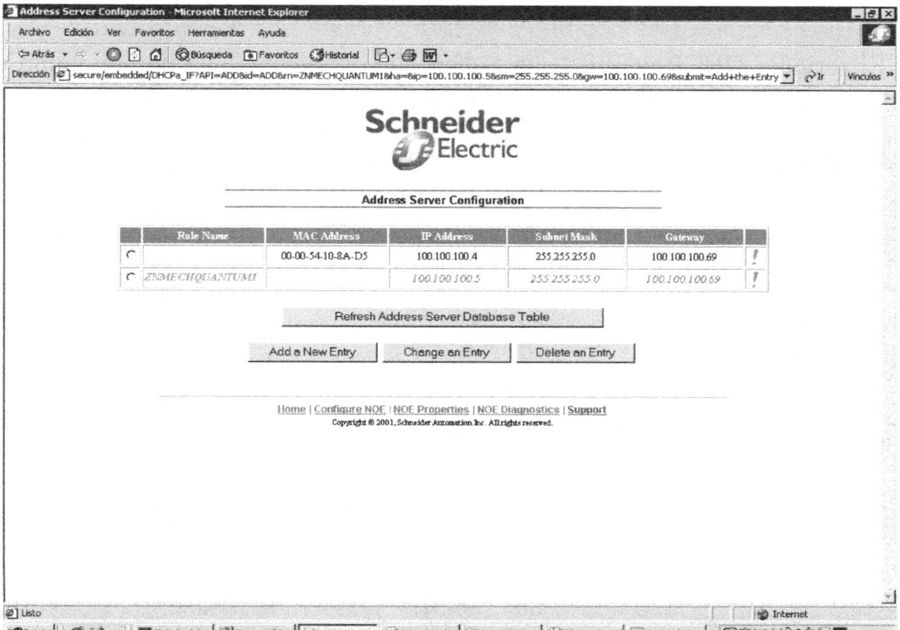

Figura 9.31 Configuración de un Servidor Bootp vía navegador Web

Los módulos momentum con comunicador Ethernet 170ENT11000 son clientes Bootp. El autómata Premium que actúa como servidor BOOTP, lee la dirección MAC en la petición, lanza una respuesta al módulo en la que indica su dirección IP.

También mediante un programa suministrado por Schneider electric se puede hacer que memoricen la dirección IP en su memoria Flash Ram. De esta forma no es necesario que un servidor BOOTP esté activo cada vez que el módulo momentum se le dé alimentación eléctrica.

Figura 9.32 Módulo Momentum cliente Bootp

El servicio DHCP permite que a dispositivos clientes que poseen como única información su Nombre (Role Name) obtener la dirección IP de un servidor DHCP. Un servidor DHCP posee una tabla que contiene la configuración de dirección IP de cada estación cliente, su nombre, máscara de subred y la puerta de enlace.

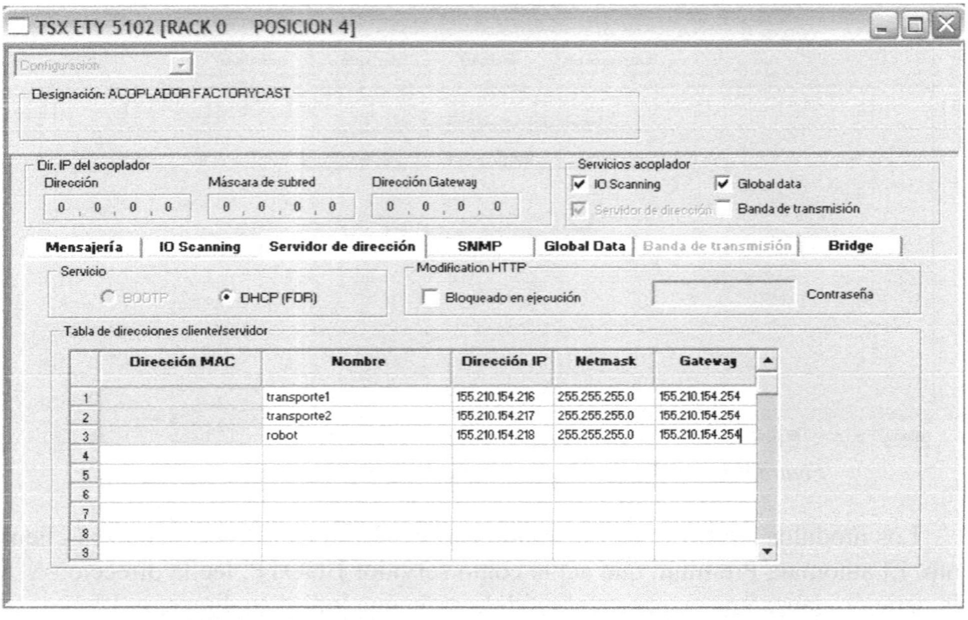

Figura 9.33 Gestión de red Ethernet. Servidor DHCP en autómata Premium

El Servidor DHCP también se puede configurar mediante un navegador Web.

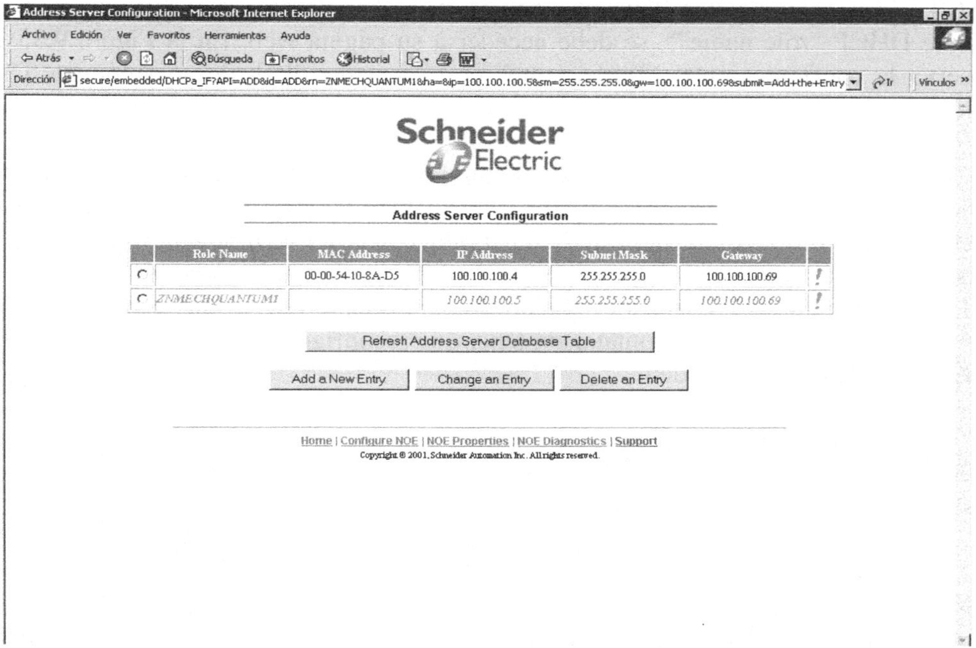

Figura 9.34 Configuración de un Servidor DHCP mediante navegador Web

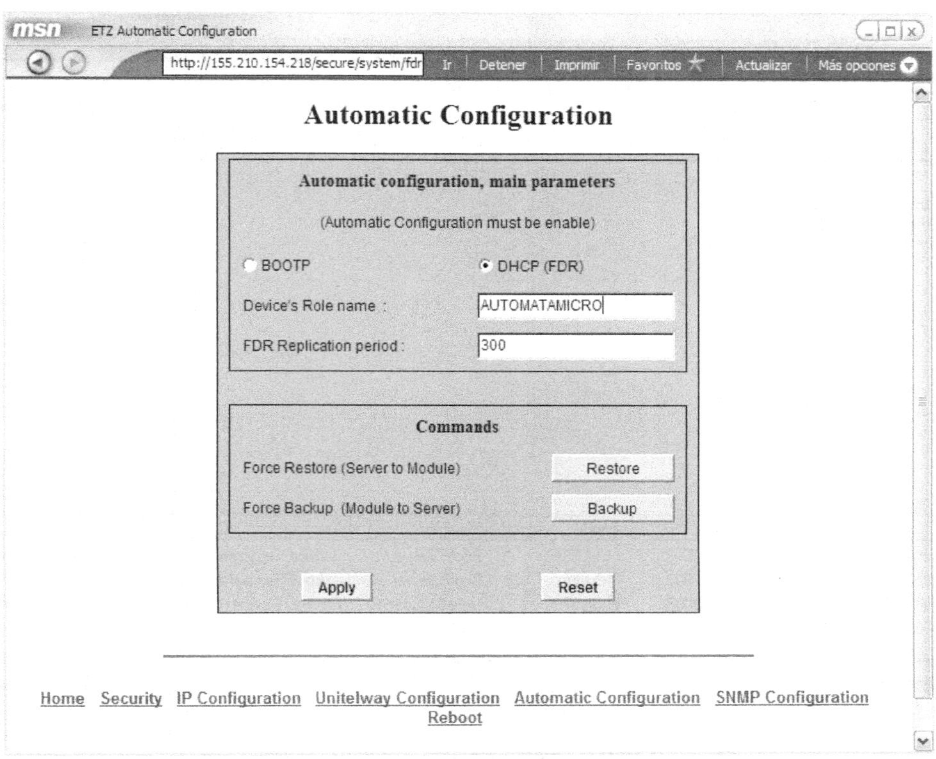

Figura 9.35 Configuración del "role name"

Los módulos momentum con comunicador Ethernet 170ENT11001 son clientes DHCP. Este comunicador lleva una página web empotrada. Para configurar en el cliente DHCP "role name", se debe acceder a su página web. En la Figura 9.35 se observa la configuración del "role name" en el servidor Web de un autómata TSX Micro.

Si un dispositivo funciona como cliente DHCP, facilita su reemplazo en caso de fallo. Si falla el comunicador Ethernet de un módulo E/S momentum, habrá que sustituirlo por otro comunicador, al que habrá que acceder a su página web y darle el mismo "role name" que el dispositivo que ha fallado. A continuación se conecta a la red Ethernet industrial y lanzará peticiones como cliente DHCP que serán atendidas por el servidor DHCP del autómata, sin tener que reconfigurar el servidor DHCP dado que los "role name" coinciden.

En caso de fallo de un cliente BOOTP, habrá que reconfigurar el servidor BOOTP del autómata, dado que el nuevo dispositivo que conectamos a la red sustituyendo al que ha fallado tendrá una dirección MAC diferente.

Los servidores BOOTP o DHCP no tienen porque estar integrados dentro de autómatas Premium. Puede ser un programa gestor de red Ethernet que se ejecuta en un ordenador conectado a la red. Pero con esta opción es necesario que el ordenador esté conectado de forma continua a la red ejecutando el servidor BOOTP ó DHCP.

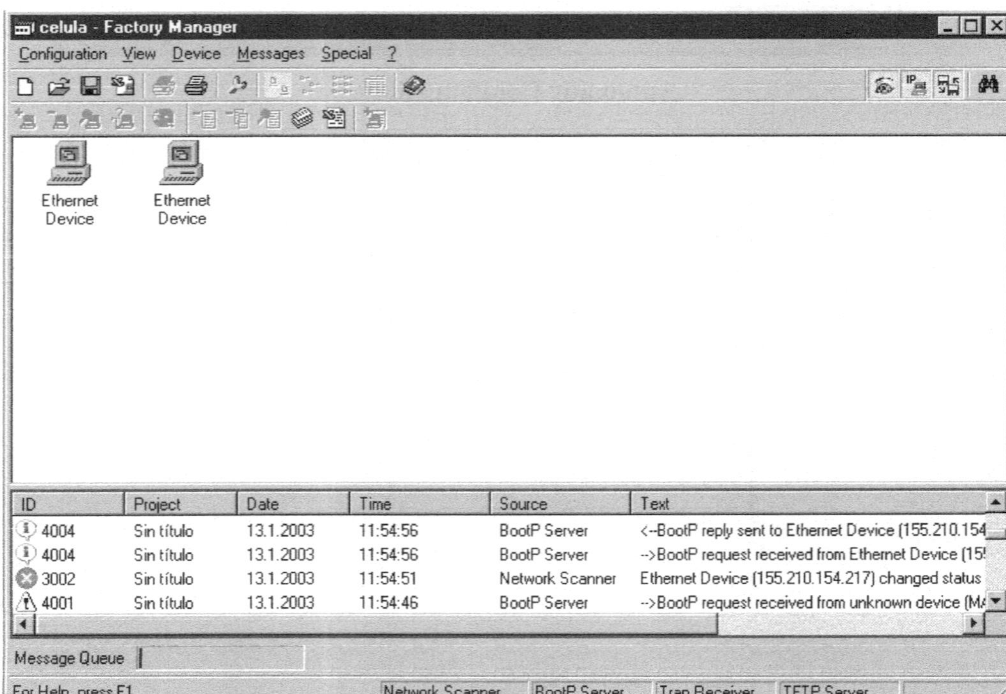

Figura 9.36 Programa gestor de red Factory Manager

9.5 BUS DE CAMPO ETHERNET

Ethernet es la red que se ha impuesto como sistema de comunicaciones en el entorno empresarial. También ha sido adoptado como sistema de comunicaciones por los principales fabricantes de controladores industriales. Algunos de estos fabricantes han lanzado la oferta tecnológica de utilizar Ethernet como medio físico y el protocolo TCP/IP como sistema de comunicación con los módulos de entradas/salidas distribuidos. Entre esos fabricantes se encuentran Schneider Electric y Phoenix Contact.

9.5.1 Industrial Ethernet de Schneider Electric

Los autómatas de Schneider Electric de la Gama Premium, Quantum y los controladores de la gama Momentum, pueden trabajar como maestros del bus de campo Ethernet y escannear hasta 64 equipos.

Los autómatas pueden trabajar como escanneador (maestro) y ser *escaneado* (esclavo) simultáneamente tal como se observa en la Figura 9.38. De esta manera se pueden intercambiar datos entre controladores.

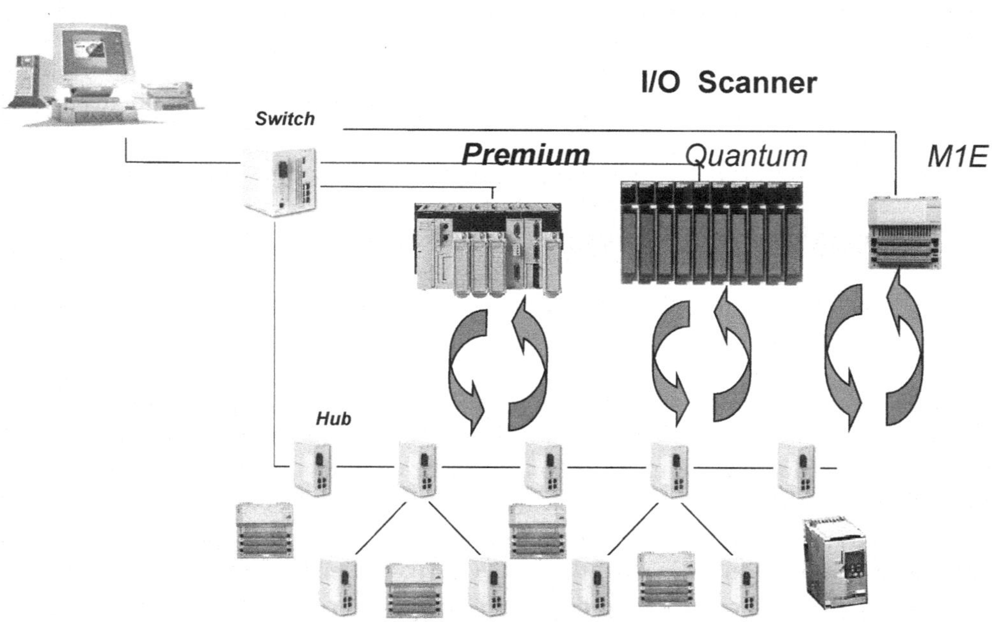

Figura 9.37 Lectura de módulos de entrada/salida en Ethernet

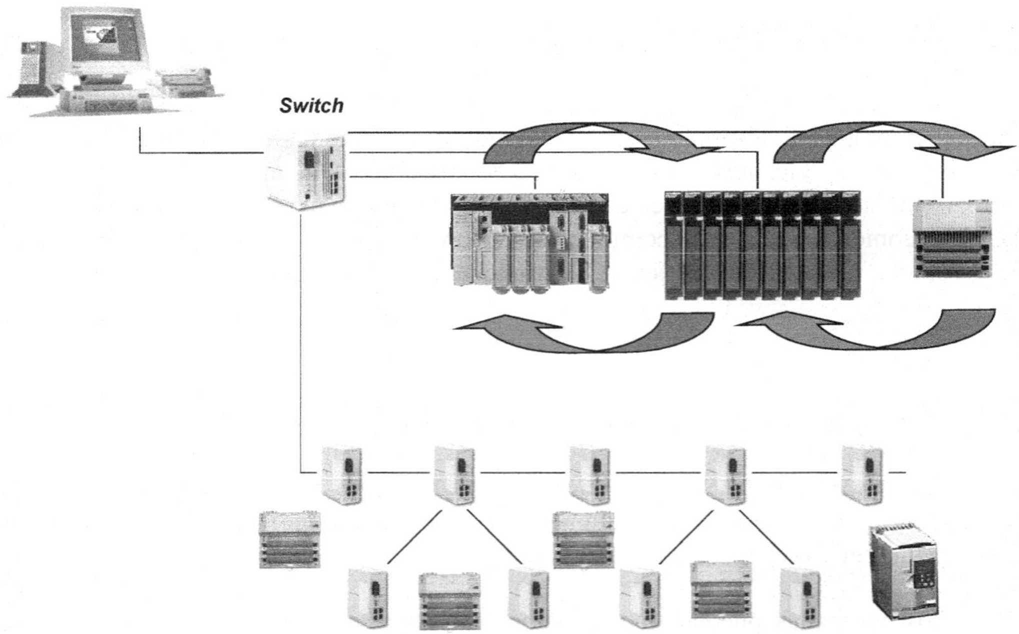

Figura 9.38 Intercambio de datos entre controladores

El servicio I/O scanner de entradas/salidas permite, de manera periódica, leer o escribir las entradas/salidas remotas en la red Ethernet sin programación específica. Como dispositivos escanneables en el bus de campo Ethernet se pueden conectar:

- Pasarelas de comunicación de Ethernet a Modbus (Figura 9.39)
- Pasarelas de comunicación de Ethernet a Modbus plus (Figura 9.40)
- Módulos de entradas/salidas Momentum
- Variadores de velocidad con tarjeta de comunicación Ethernet (Figura 9.43)

Con las pasarelas de comunicación de Ethernet a Modbus y a Modbus plus. Modbus fue el primer protocolo desarrollado para intercomunicar dispositivos de automatización industrial. Es un protocolo estándar en el mundo del control industrial, respaldado por gran cantidad de fabricantes de dispositivos industriales. Con estas pasarelas los dispositivos que funcionen como servidores en el protocolo Modbus establecen comunicación en la red Ethernet TCP/IP, pudiendo ser leídos y escritos por los maestros del bus de campo Ethernet.

El protocolo Modbus se utiliza también en campos alejados de la automatización industrial como son el mando de centrales eléctricas y centros de transformación, y también es el protocolo estándar en los sistemas de radiocontrol.

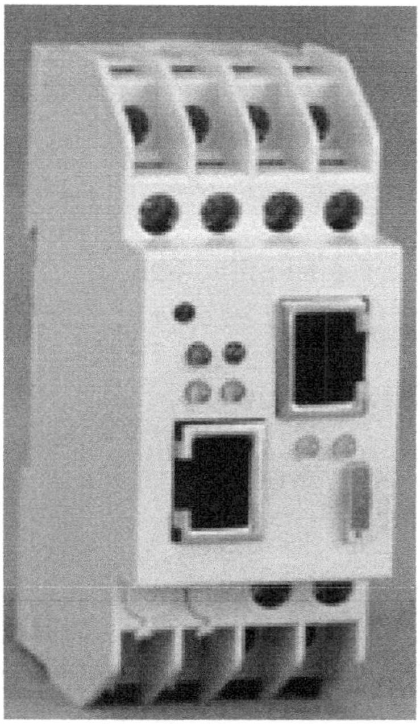

Figura 9.39 Pasarela de Ethernet a Modbus

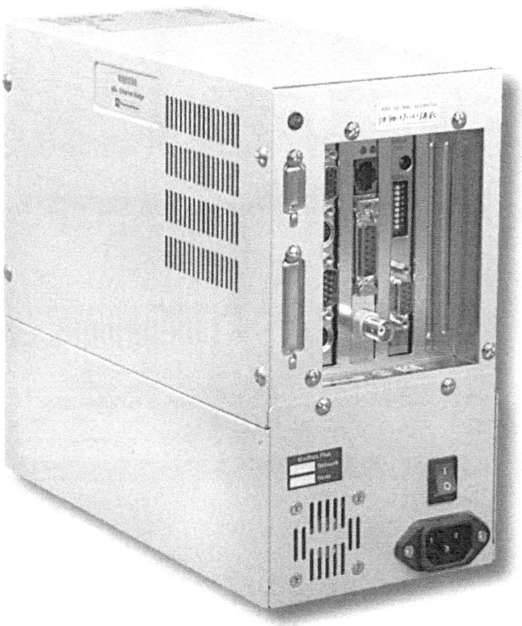

Figura 9.40 Pasarela de Ethernet a Modbus Plus

En la Figura 9.41 se observa un módulo momentum de 16 entradas y 16 salidas digitales con comunicador para red Ethernet.

Figura 9.41 Módulo de E/S en bus de campo Ethernet

En la Figura 9.42 se observan dos módulos momentum con comunicación Ethernet. En la Figura 9.43 se observa un variador de velocidad ATV 56 con comunicación Ethernet.

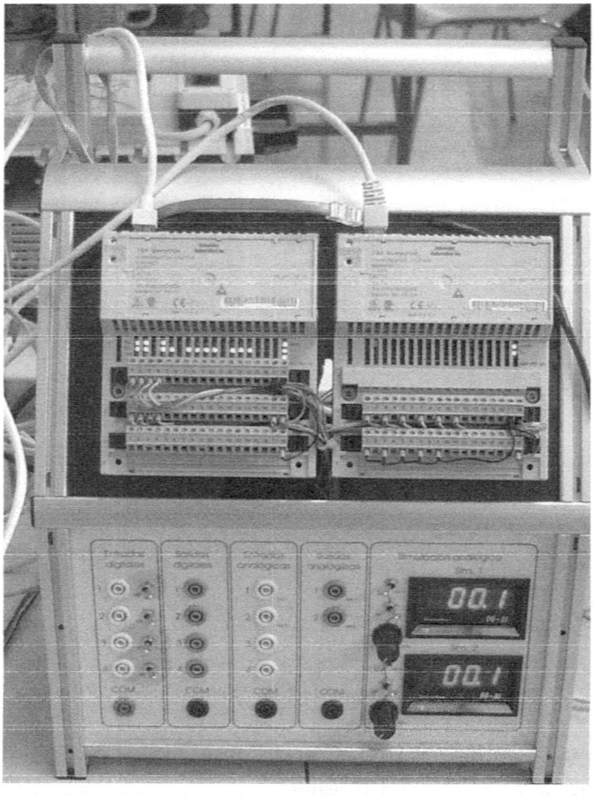

Figura 9.42 Módulos de entradas/salidas con comunicación Ethernet

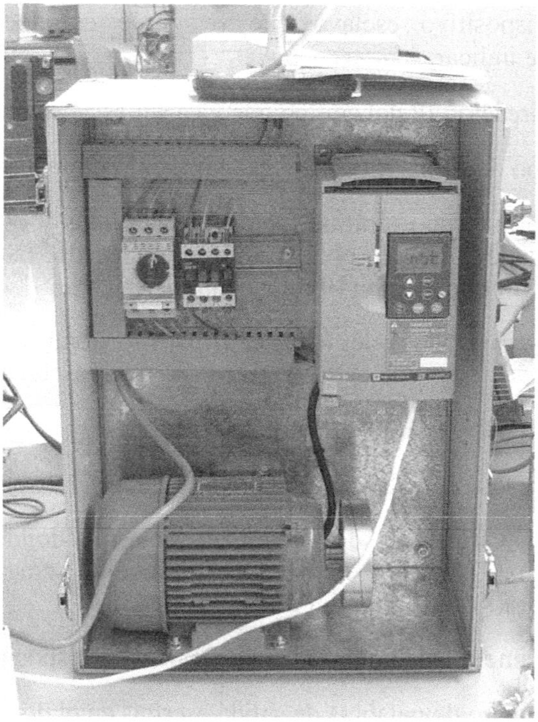

Figura 9.43 Variador de velocidad con comunicación Ethernet

En la Figura 9.44 se observa la configuración del servicio I/O Scanner en el módulo de comunicación Ethernet 5101 de un Autómata Premium.

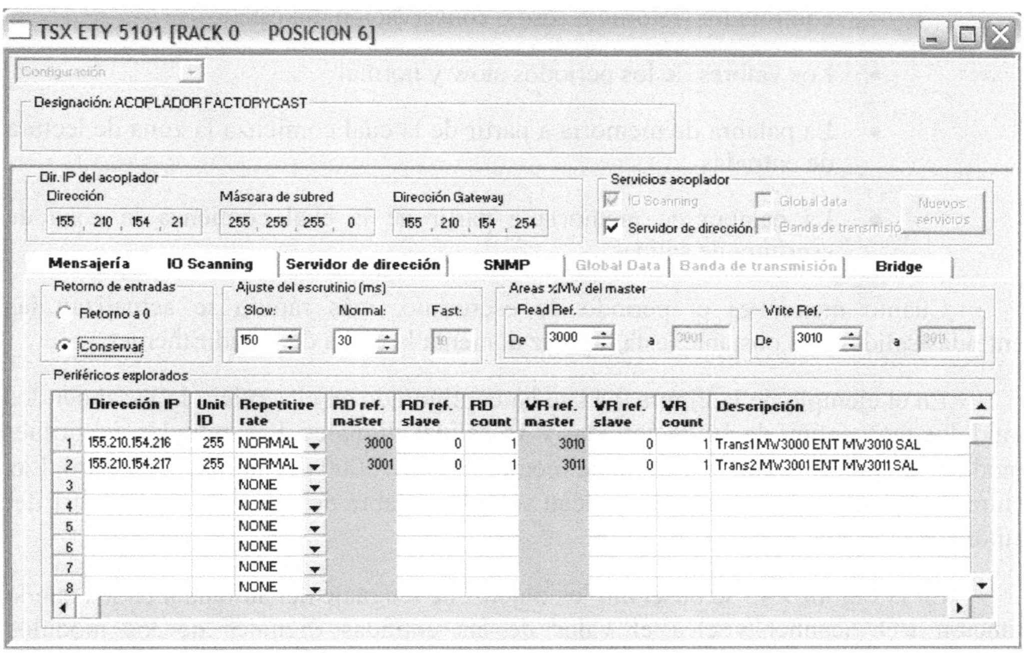

Figura 9.44 Configuración del Servicio IO Scanner

Por cada dispositivo esclavo que se desee escannear en la tabla de configuración se debe indicar:

- La dirección IP del equipo que va a ser escaneado
- El tipo de dispositivo (255 es un módulo momentum)
- El periodo de escrutinio con que son leídas y escritas las entradas y salidas del módulo esclavo que es escaneado. Este periodo puede ser slow, normal o fast (10 milisegundos)
- La(s) variable(s) del autómata maestro donde se vuelca el valor de la(s) palabra(s) de entradas del dispositivo esclavo
- La primera palabra de entradas leída del dispositivo esclavo
- El número de palabras de entradas leídas del dispositivo esclavo
- La(s) variable(s) del autómata maestro donde el programa del autómata maestro escribe el valor que será transmitido a la(s) palabra(s) de salidas del dispositivo esclavo
- La primera palabra de salidas escrita en el dispositivo esclavo
- El número de palabras de salida escritas en el dispositivo esclavo

De forma general en la configuración del módulo 5101 se debe indicar:

- El estado de las salidas de los módulos escaneados en caso de fallo del controlador (retorno a cero o conservación del estado)
- Los valores de los periodos slow y normal
- La palabra de memoria a partir de la cual comienza la zona de lectura de entradas
- La palabra de memoria a partir de la cual comienza la zona de escritura de salidas

Cuanto menor es el periodo de escrutinio, más rápido se actualizan las entradas/salidas. No obstante, esta rapidez aumenta la carga de la red Ethernet.

En el ejemplo de la Figura 9.44 se ha configurado en el servicio I/O scanner dos módulos momentum de 16 de entradas y 16 salidas digitales. Las entradas del primer módulo se vuelcan sobre la palabra de memoria %MW3000 del autómata maestro. Las entradas del segundo módulo se vuelcan sobre la palabra de memoria %MW3001 del autómata maestro.

En la Figura 9.45 se observan los objetos de lenguaje del autómata en los que la función I/O Scanner vuelca el valor de las entradas digitales de los módulos momentum.

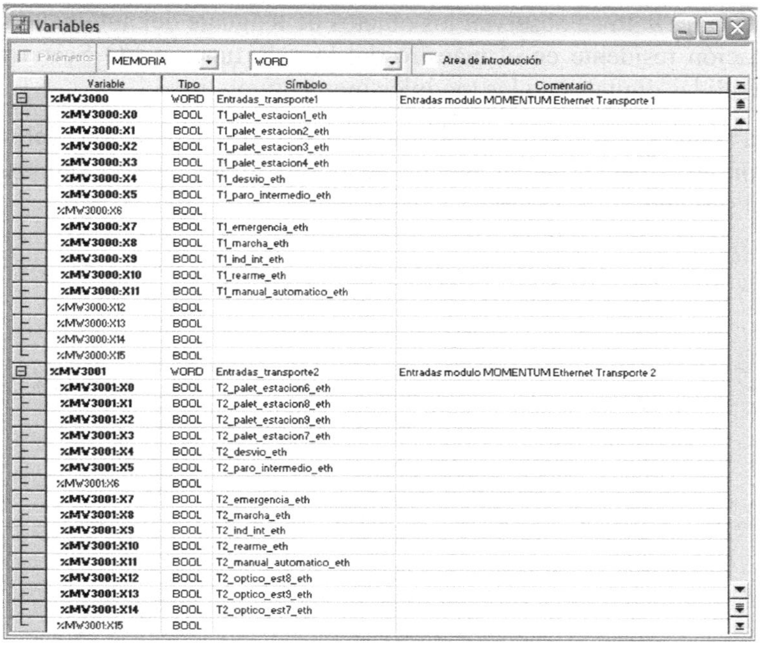

Variable	Tipo	Símbolo	Comentario
%MW3000	WORD	Entradas_transporte1	Entradas modulo MOMENTUM Ethernet Transporte 1
%MW3000:X0	BOOL	T1_palet_estacion1_eth	
%MW3000:X1	BOOL	T1_palet_estacion2_eth	
%MW3000:X2	BOOL	T1_palet_estacion3_eth	
%MW3000:X3	BOOL	T1_palet_estacion4_eth	
%MW3000:X4	BOOL	T1_desvio_eth	
%MW3000:X5	BOOL	T1_paro_intermedio_eth	
%MW3000:X6	BOOL		
%MW3000:X7	BOOL	T1_emergencia_eth	
%MW3000:X8	BOOL	T1_marcha_eth	
%MW3000:X9	BOOL	T1_ind_int_eth	
%MW3000:X10	BOOL	T1_rearme_eth	
%MW3000:X11	BOOL	T1_manual_automatico_eth	
%MW3000:X12	BOOL		
%MW3000:X13	BOOL		
%MW3000:X14	BOOL		
%MW3000:X15	BOOL		
%MW3001	WORD	Entradas_transporte2	Entradas modulo MOMENTUM Ethernet Transporte 2
%MW3001:X0	BOOL	T2_palet_estacion6_eth	
%MW3001:X1	BOOL	T2_palet_estacion8_eth	
%MW3001:X2	BOOL	T2_palet_estacion9_eth	
%MW3001:X3	BOOL	T2_palet_estacion7_eth	
%MW3001:X4	BOOL	T2_desvio_eth	
%MW3001:X5	BOOL	T2_paro_intermedio_eth	
%MW3001:X6	BOOL		
%MW3001:X7	BOOL	T2_emergencia_eth	
%MW3001:X8	BOOL	T2_marcha_eth	
%MW3001:X9	BOOL	T2_ind_int_eth	
%MW3001:X10	BOOL	T2_rearme_eth	
%MW3001:X11	BOOL	T2_manual_automatico_eth	
%MW3001:X12	BOOL	T2_optico_est8_eth	
%MW3001:X13	BOOL	T2_optico_est9_eth	
%MW3001:X14	BOOL	T2_optico_est7_eth	
%MW3001:X15	BOOL		

Figura 9.45 Zona de memoria de lectura de entradas

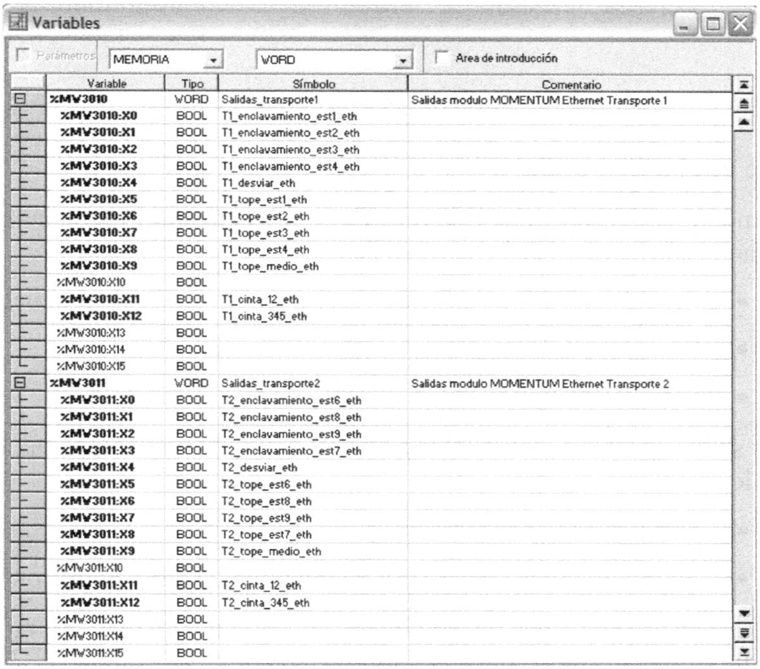

Variable	Tipo	Símbolo	Comentario
%MW3010	WORD	Salidas_transporte1	Salidas modulo MOMENTUM Ethernet Transporte 1
%MW3010:X0	BOOL	T1_enclavamiento_est1_eth	
%MW3010:X1	BOOL	T1_enclavamiento_est2_eth	
%MW3010:X2	BOOL	T1_enclavamiento_est3_eth	
%MW3010:X3	BOOL	T1_enclavamiento_est4_eth	
%MW3010:X4	BOOL	T1_desviar_eth	
%MW3010:X5	BOOL	T1_tope_est1_eth	
%MW3010:X6	BOOL	T1_tope_est2_eth	
%MW3010:X7	BOOL	T1_tope_est3_eth	
%MW3010:X8	BOOL	T1_tope_est4_eth	
%MW3010:X9	BOOL	T1_tope_medio_eth	
%MW3010:X10	BOOL		
%MW3010:X11	BOOL	T1_cinta_12_eth	
%MW3010:X12	BOOL	T1_cinta_345_eth	
%MW3010:X13	BOOL		
%MW3010:X14	BOOL		
%MW3010:X15	BOOL		
%MW3011	WORD	Salidas_transporte2	Salidas modulo MOMENTUM Ethernet Transporte 2
%MW3011:X0	BOOL	T2_enclavamiento_est6_eth	
%MW3011:X1	BOOL	T2_enclavamiento_est8_eth	
%MW3011:X2	BOOL	T2_enclavamiento_est9_eth	
%MW3011:X3	BOOL	T2_enclavamiento_est7_eth	
%MW3011:X4	BOOL	T2_desviar_eth	
%MW3011:X5	BOOL	T2_tope_est6_eth	
%MW3011:X6	BOOL	T2_tope_est8_eth	
%MW3011:X7	BOOL	T2_tope_est9_eth	
%MW3011:X8	BOOL	T2_tope_est7_eth	
%MW3011:X9	BOOL	T2_tope_medio_eth	
%MW3011:X10	BOOL		
%MW3011:X11	BOOL	T2_cinta_12_eth	
%MW3011:X12	BOOL	T2_cinta_345_eth	
%MW3011:X13	BOOL		
%MW3011:X14	BOOL		
%MW3011:X15	BOOL		

Figura 9.46 Zona de memoria de escritura de salidas

Las salidas del primer módulo son escritas con los valores almacenados por el maestro del bus en la palabra %MW3010. Las salidas del segundo módulo son escritas con los valores almacenados por el maestro del bus en la palabra %MW3011.

En la Figura 9.46 se observan los objetos de lenguaje del autómata, que escritos por la aplicación residente en el maestro del bus, la función I/O Scanner vuelca su valor en las salidas digitales de los módulos momentum.

En la Figura 9.47 se observa la pantalla de depuración del módulo de comunicación Ethernet 5101 en la que se observan los dos módulos momentum activos en el servicio I/O Scanner.

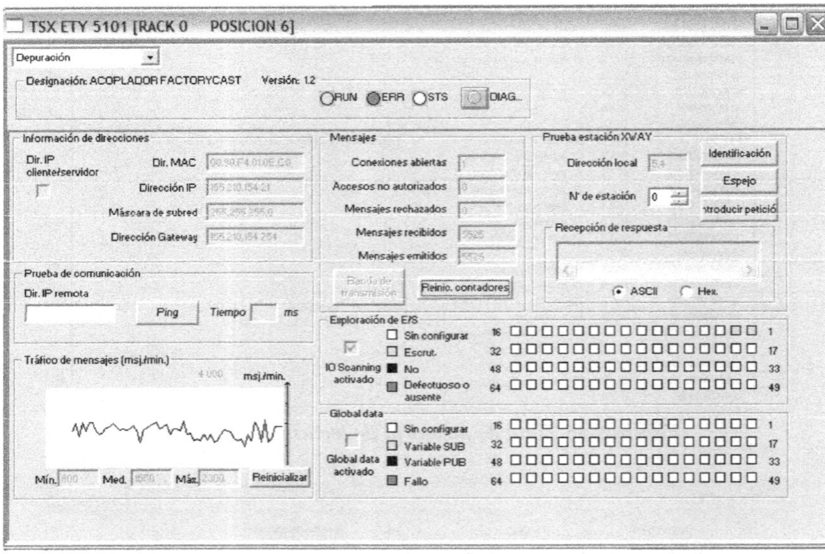

Figura 9.47 Depuración de la conexión Ethernet

Control de ancho de banda

Los módulos de conexión Ethernet de los Autómatas Programables ejecutan simultáneamente varios servicios como pueden ser:

- Servidor HTTP del servidor Web empotrado en el Autómata
- Servidor BOOTP
- Servidor DHCP

Estos servicios no tienen necesidad de una respuesta en tiempo real. En cambio, existen servicios como son:

- Servicio I/O Scanner
- Servicio Global Data (para intercambio de datos entre controladores)

Que si tienen requisitos de comunicación en tiempo real. El módulo 5102 dispone de una utilidad que estima la carga del módulo de comunicación Ethernet. Esta utilidad puede estimar correctamente la carga que suponen servicios como el I/O Scanner y el Servicio Global Data. Pero nunca podrá conocer a priori cuantos clientes acceden simultáneamente al servidor Web, o en algún momento el Servidor BOOTP o el servidor DHCP dan respuesta a una petición de un cliente.

Como datos en la pantalla se debe introducir el tiempo de ciclo de la tarea maestra del autómata, dado que el intercambio de datos en el Servicio Global Data se produce cada n ciclos de la tarea maestra (n es un valor configurable en el Servicio Global Data), y también se debe introducir una estimación del número de mensajes en mensajeria asíncrona por segundo en el módulo (peticiones de lectura/escritura de variables de otros autómatas o dispositivos conectados a la red Ethernet industrial desde la aplicación del autómata).

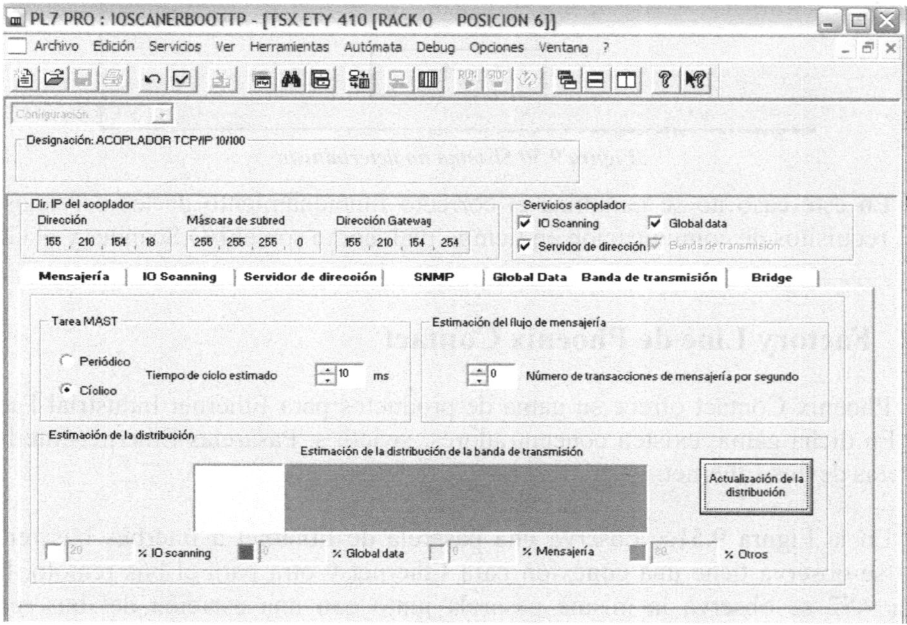

Figura 9.48 Servicio de Control de Ancho de Banda

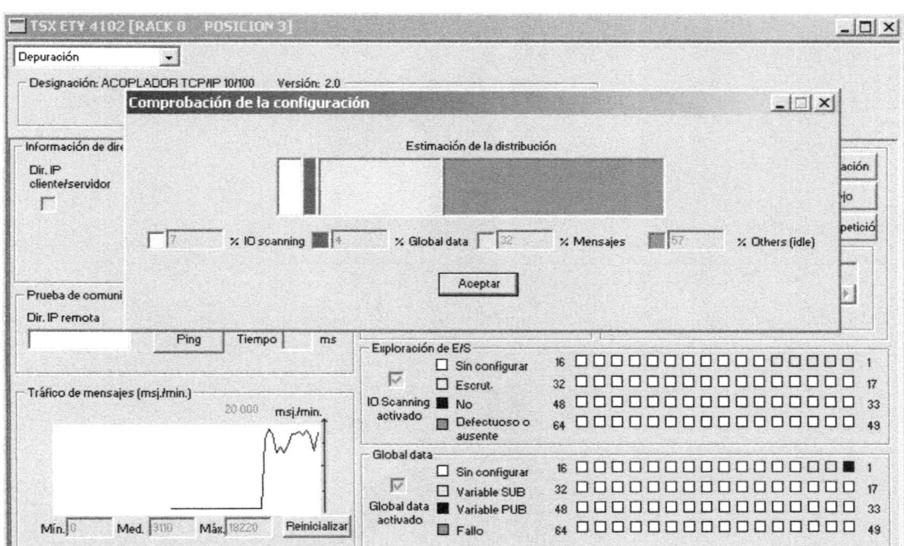

Figura 9.49 Servicio de Control de Ancho de Banda

El tanto por ciento que queda sin utilizar es el disponible para el servidor Web y para los servidores BOOTP y DHCP. En caso que se supere el 100% del ancho de banda con los servicios configurados, aparecería el mensaje de la Figura 9.50.

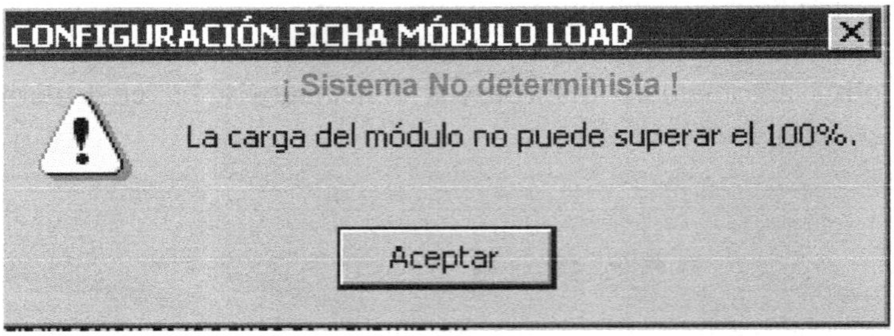

Figura 9.50 Sistema no determinista

En este caso no se garantiza el correcto funcionamiento de los servicios que tienen requisitos de comunicación en tiempo real, como son el I/O Scanner y el Global Data.

9.5.2 Factory Line de Phoenix Contact

Phoenix Contact ofrece su gama de productos para Ethernet Industrial Factory Line. En dicha gama, existen concentradores, swicth´s, Pasarelas Ethernet-Interbus y cabeceras de bus Ethernet.

En la Figura 9.51se observa una pasarela de Ethernet a Interbus bus remoto. Como se observa tiene una conexión para Ethernet y otra para el bus remoto. En la Figura 9.52 se observa la misma pasarela junto con una estación del bus remoto Interbus Inline. Esta pasarela permite conectar los dispositivos Interbus en Ethernet.

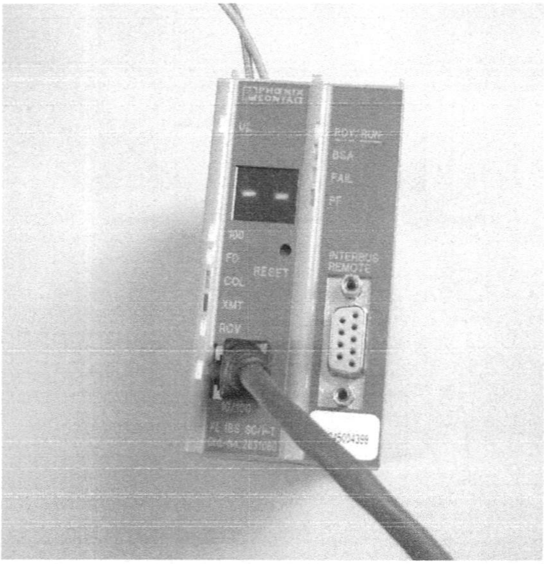

Figura 9.51 Pasarela de Ethernet a bus remoto Interbus

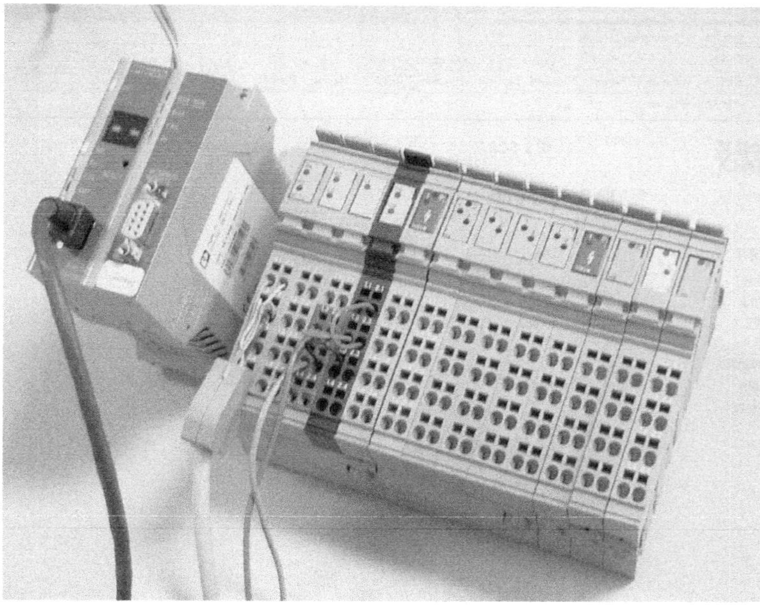

Figura 9.52 Pasarela y estación Inline

La pasarela permite conectar el bus remoto con Ethernet a 10 ó 100 Megabits. Admite la gestión de red vía protocolo SNMP. Esta pasarela lleva empotrado un servidor web que incorpora funciones de diagnóstico y configuración. La primera configuración debe realizarse a través de un servidor Bootp externo.

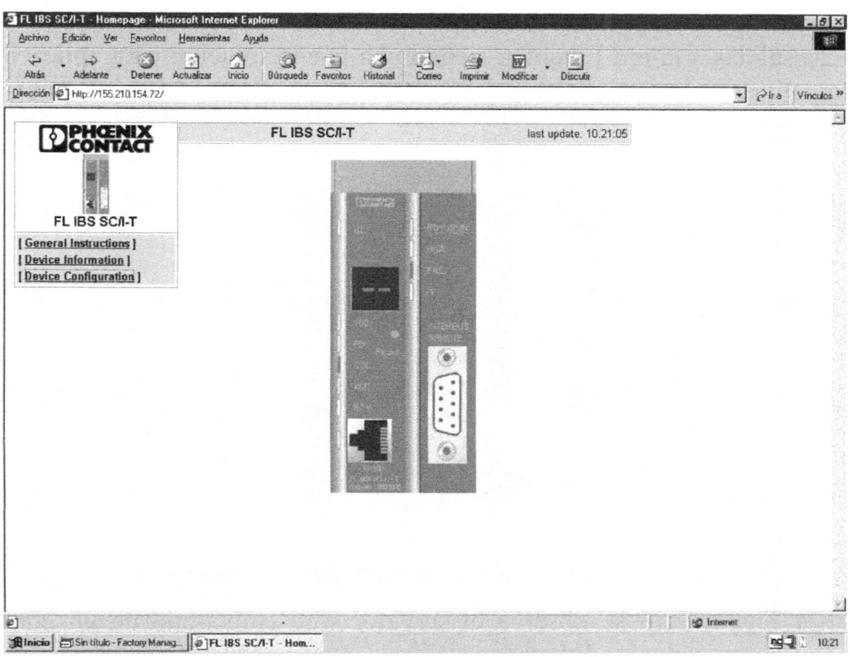

Figura 9.53 Factory Line

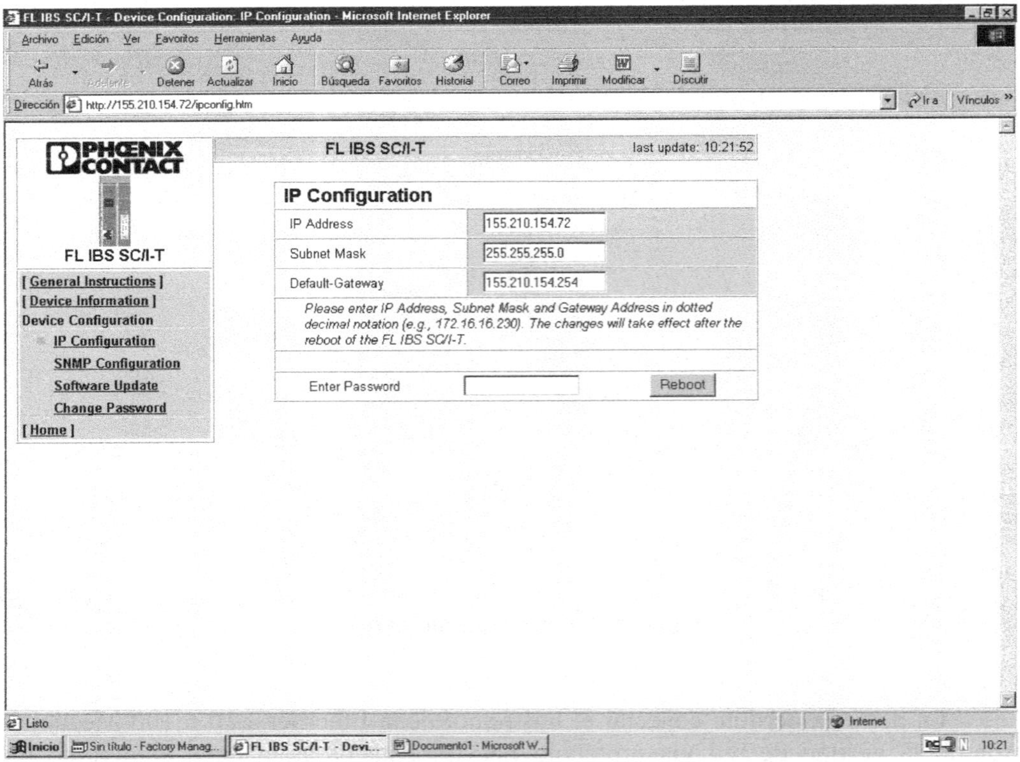

Figura 9.54 Configuarción de IP

También existen cabeceras de Ethernet para estaciones Interbus Inline como se observa en la Figura 9.55. Estas cabeceras permiten incorporar directamente módulos de entradas/salidas a la red Ethernet, siendo una buena solución para aplicaciones de domótica.

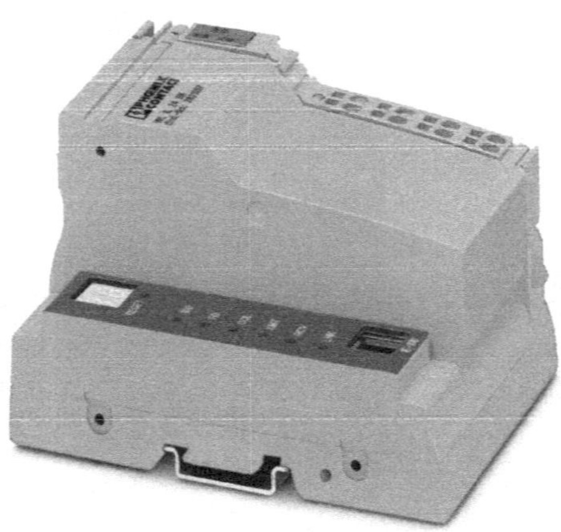

Figura 9.55 Cabecera de Inline para Ethernet

En la Figura 9.56 se observa el servidor web empotrado de un controlador Interbus Inline con conexión Ethernet.

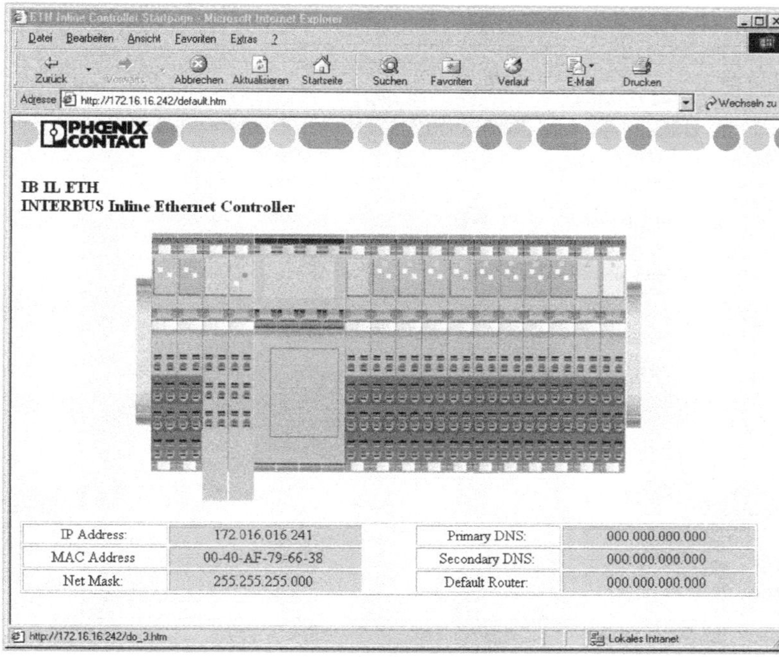

Figura 9.56 Controlador con conexión a Ethernet

Para realizar la configuración y gestión de la red Ethernet Phoenix Contact suministra el programa Factory Manager.

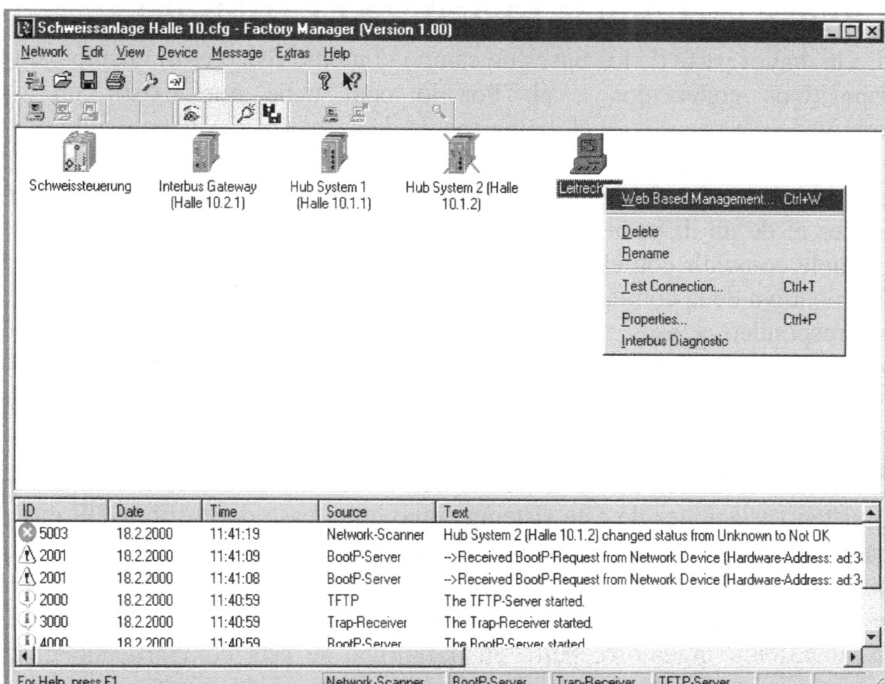

Figura 9.57 Programa de gestión de redes Factory Manager

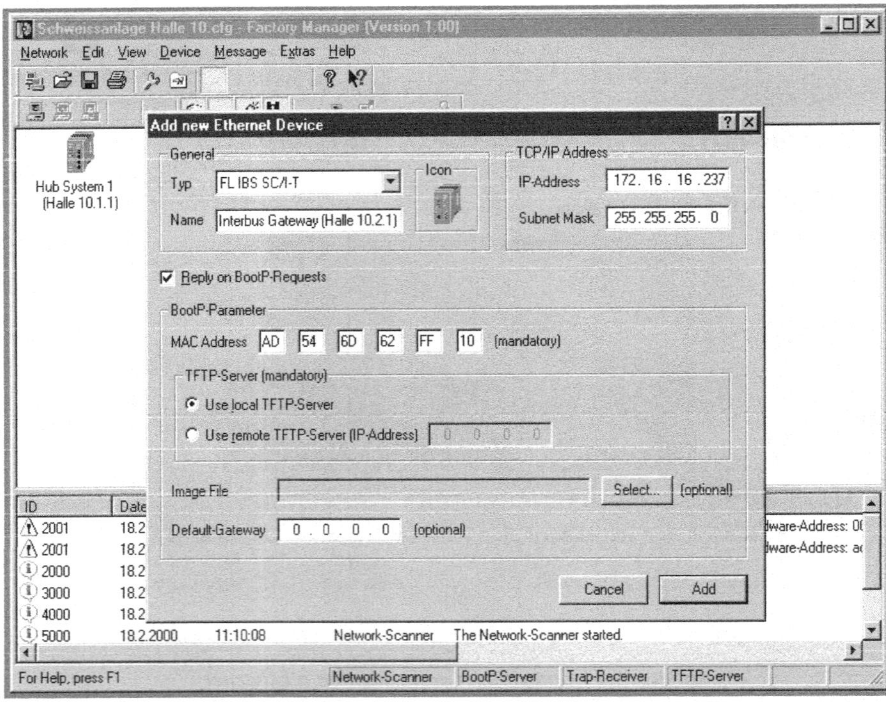

Figura 9.58 Programa de gestión de redes Factory Manager

9.6 BUSES DE CAMPO CLÁSICOS Y ETHERNET

En la mayor parte de los buses de campo el medio físico es el mismo para todos los dispositivos conectados a él. Por lo cual tiene que existir un sistema predeterminado para acceder a él, un protocolo de acceso al medio conocido por todos los participantes, para conocer cuando un dispositivo puede transmitir datos y por lo tanto ocupar el medio físico. En muchos buses el protocolo de acceso al medio adoptado es el de un dispositivo maestro de la comunicación y el resto esclavos. El maestro suele coincidir con el controlador, el autómata programable. Sólo el maestro posee la iniciativa de la comunicación. Envía telegramas a los esclavos por orden y los esclavos responden a esos telegramas (polling). En el caso de comunicarse con módulos de entrada/salida el maestro envía el estado de las salidas al esclavo y éste le responde con el estado de sus entradas. Con este método también se pueden transmitir parámetros o mensajes hacia o desde dispositivos inteligentes conectados al bus. Pero, en definitiva, en cada instante de tiempo sólo puede comunicar un dispositivo.

Existen variaciones de este sistema como en el caso de Profibus-DP que puede tener varios maestros conectados al bus. Cada maestro se comunica con sus esclavos por el método de polling, y el maestro sólo puede comunicar si posee el token, una vez finalice la comunicación con sus esclavos, pasará el token al maestro siguiente. Puede parecer un sistema ingenioso, pero, en definitiva, se está compartiendo el mismo medio físico entre varios maestros y sus esclavos. Y también se está compartiendo el ancho de banda del bus, cuestión no muy deseable.

Este problema también sucede en los dominios de colisión de las redes Ethernet, cuando están cableadas punto a punto o por medio de un concentrador. El medio físico es el mismo para todas las estaciones conectadas a la red Ethernet, y comparten el ancho de banda. Esto no sucede en redes Ethernet conmutadas.

Existe otro problema relacionado con la eficacia de la comunicación y es la composición de las tramas enviadas por/hacia el maestro a/desde los esclavos. Si analizamos la composición de una trama, un gran porcentaje de ella está formada por datos que podemos denominar administrativos de la red, y el resto son los datos transmitidos hacia o desde el esclavo. En los datos administrativos de la trama debe indicarse caracteres de comienzo y fin de trama, las sumas de seguridad, las direcciones MAC del esclavo o de las estaciones. Por ejemplo, en el caso del protocolo de comunicaciones TCP/IP los datos administrativos de la trama son 74 bytes. Por lo cual en el caso de la lectura de un esclavo de 8 entradas digitales (1byte) la eficacia es del 1,3 %. En el caso de Interbus la eficacia puede alcanzar valores del 60%, dado que la trama se construye por el método de trama-suma con los datos de cada esclavo. Esto es posible debido a que la topología de Interbus es en anillo y los registros del maestro y de los esclavos conectados al bus constituyen un gran registro de desplazamiento.

Esto obliga a estos buses a disponer de un ancho de banda bastante alto, para conseguir la misma eficacia que Interbus con 500 Kbits/segundo. Esto también conlleva problemas en el nivel físico. Por ejemplo, en Profibus-DP si se quiere comunicar con un gran número de esclavos, en un tiempo aceptable se deberá configurar a 12Mbits/seg. Si el medio físico elegido es el RS485, con ese ancho de banda la longitud del cable debe ser como máximo de 50 metros. Si se desea más longitud, se deberá disponer de repetidores eléctricos que regeneren la señal.

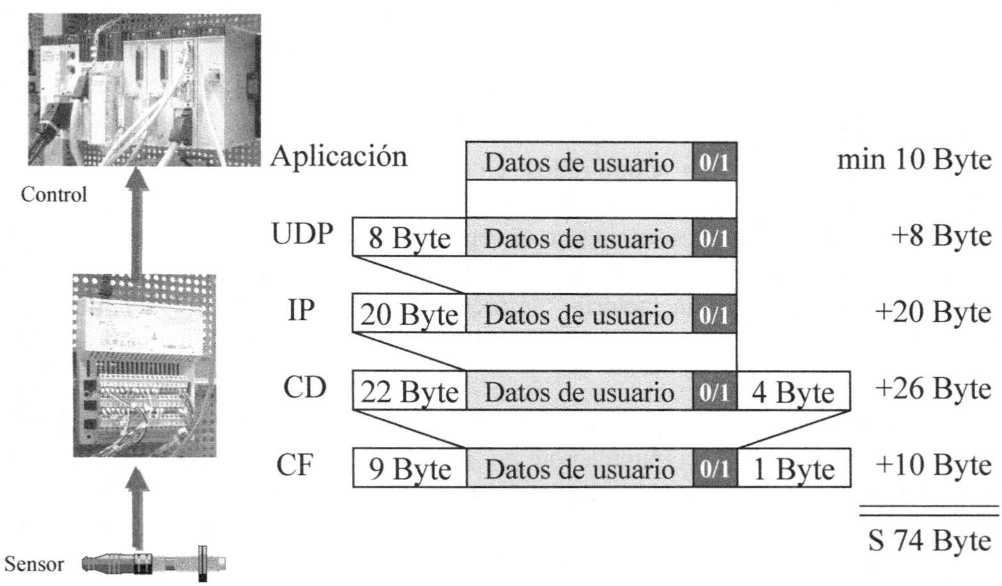

Figura 9.59 Composición de una trama en TCP/IP

Utilizar un sistema de transmisión RS485 a altas velocidades no es muy recomendable. En definitiva, es un cable eléctrico con dos conductores polarizados uno a 5 voltios y otro a 0 voltios sobre los cuales los emisores aplican decrementos o incrementos de tensión. Es una transmisión de una onda cuadrada, las cuales tienen una gran componente armónica. Si se configura Profibus a 12Mbits/seg, en el bus se deberá transmitir una onda cuadrada a 12 MegaHertzios, que será la frecuencia del armónico fundamental y tendrá armónicos a mayor frecuencia. La facilidad con que se introducirán ruidos será enorme y la tasa de fallos en la transmisión de datos será bastante alta, lo cual también influye en la eficacia de la comunicación. En Profibus a esa velocidad es recomendable utilizar fibra óptica.

Si comparamos Ethernet con Interbus, para conseguir la misma tasa de transmisión de datos de proceso, Ethernet necesita una velocidad de transmisión 60 veces mayor que Interbus. Por lo tanto, teniendo en cuenta la eficacia del bus, Interbus debe ser comparado con una red Ethernet a 30 Megabits/seg.

En cambio, Interbus se muestra bastante menos eficaz a la hora de transmitir parámetros o programas a dispositivos inteligentes conectados al bus. La capa de software del protocolo que se encarga de transmitir parámetros (PCP) sólo puede transmitir unos pocos bytes por cada ciclo de bus.

En otros buses Ethernet, Profibus... esto no sucede dado que la alta velocidad de transmisión permite el envío de grandes tramas de parámetros sin interrumpir la transmisión de los datos de entrada/salida, los datos de proceso que necesitan actualización en tiempo real.

Si el bus de campo elegido es Ethernet, este bus debe tener un medio de comunicación óptimo, es decir, la red debe estar convenientemente segmentada por medio de comutadores, para permitir un correcto funcionamiento de los servicios de comunicaciones con requisitos de tiempo real.

Ethernet permite incorporar al nivel de campo las tecnologías de la información de Internet. Representando una gran ventaja en las tareas de configuración y diagnóstico, realizadas a través de un simple navegador web.

Los servidores web empotrados en los autómatas, en los variadores de velocidad, en los módulos de entrada/salida... permiten el acceso a los operadores e ingenieros desde cualquier sistema con navegador web (PC, PDA, teléfono móvil...). Por medio de la estructura cliente/servidor los datos de producción están disponibles desde cualquier punto de la factoría, "la factoría transparente". Sin tener que pagar licencias de software para utilizar sistemas y protocolos pertenecientes a un sólo fabricante.

Los fabricantes de dispositivos de Automatización con conectividad Ethernet suministran librerías de comunicación en Lenguaje Java y C, que permitirán a aplicaciones desarrolladas por terceras partes acceder a los dispositivos conectados a la red Ethernet tanto en lectura como en escritura. También se suministran los servidores OPC que se encargan de leer y escribir los dispositivos de la red y servir los datos a las aplicaciones clientes OPC.

9.7 SISTEMAS SCADA SERVIDORES DE INTERNET

Los sistemas SCADA, *Supervisory Control and Data Acquisition* o Control Supervisor y Adquisición de Datos, surgieron por la necesidad de disponer de una herramienta potente que permitiera supervisar y controlar los sistemas de producción automatizados presentes en casi todas las empresas hoy en día. Para realizar dichas funciones, el sistema SCADA se comunicará con los autómatas del sistema automatizado a través de redes LAN o buses industriales.

Un paquete SCADA suele ofrecer las siguientes características:

- Permite la comunicación con equipos y autómatas de diferentes tipos. Esta comunicación se realiza a través de distintos tipos de redes, buses.
- Dispone de un entorno gráfico para la creación de pantallas de visualización de datos referentes al proceso de producción a supervisar, es decir, conocer el estado de producción del sistema.
- Generación de pantallas o mensajes de alarmas que necesiten ser reconocidas y solucionadas por el operador.
- Acceso a disco para crear bases de datos donde almacenar todo tipo de datos referentes al sistema automatizado que luego sean necesarios analizar. Acceso a impresora para salida de datos.
- Función de mando del proceso desde el SCADA.
- Existencia de un lenguaje de alto nivel para poder realizar operaciones complejas con la información que se reciba del sistema automatizado.

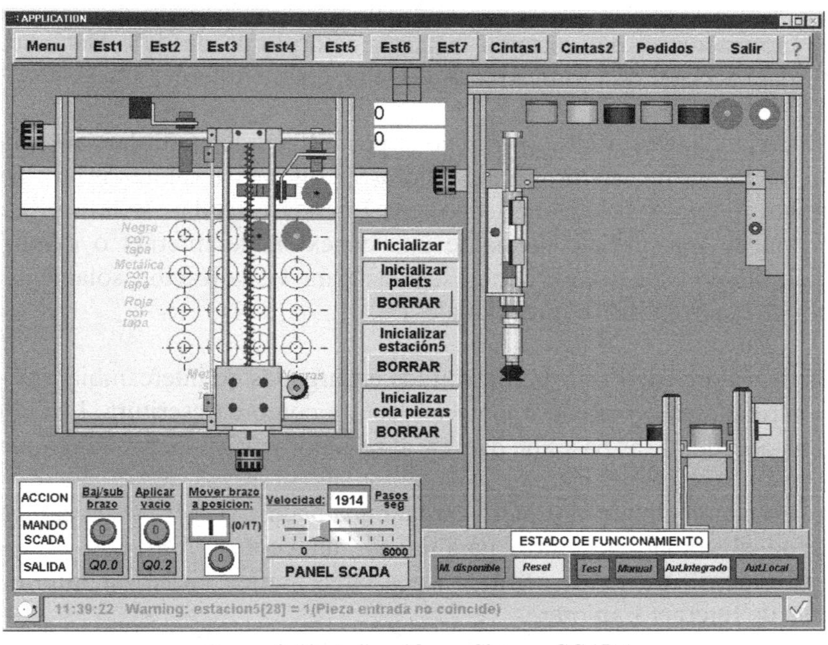

Figura 9.60 Aplicación en Sistema SCADA

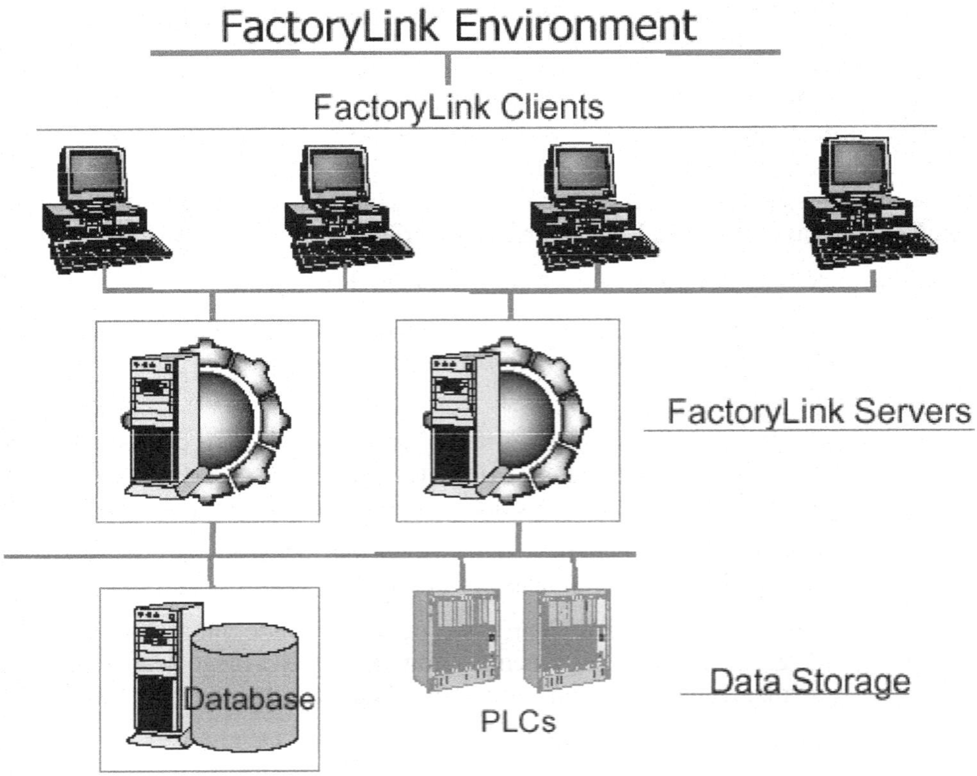

Figura 9.61 Estructura cliente / servidor en Factorylink

Las aplicaciones del sistema Scada FactoryLink de US Data se pueden configurar para acceder de forma remota desde un cliente Internet.

El SCADA FactoryLink nos ofrece la posibilidad de controlar y monitorizar la aplicación de forma remota usando el Microsoft Internet Explorer u otra aplicación con controles Active-X. Mediante tecnología Internet estándar, la información de la aplicación puede transmitirse mediante una conexión de Internet o dentro de una intranet permitiendo, bien conexiones seguras para visualización solamente, o bien conexiones de control total (bidireccionales).

Los Servidores de FactoryLink son los encargados de intercambiar información con los controladores del proceso tanto en lectura como en escritura. Los clientes de FactoryLink acceden a las bases de datos y al servidor gráfico de forma remota.

En la estación cliente el usuario cargará una página HTML. Esta página HTML que contiene el código necesario para iniciar un control Active-X y conectar al servidor. El control Active-X permite a una tarea gráfica visualizar información en una pantalla de Internet Explorer.

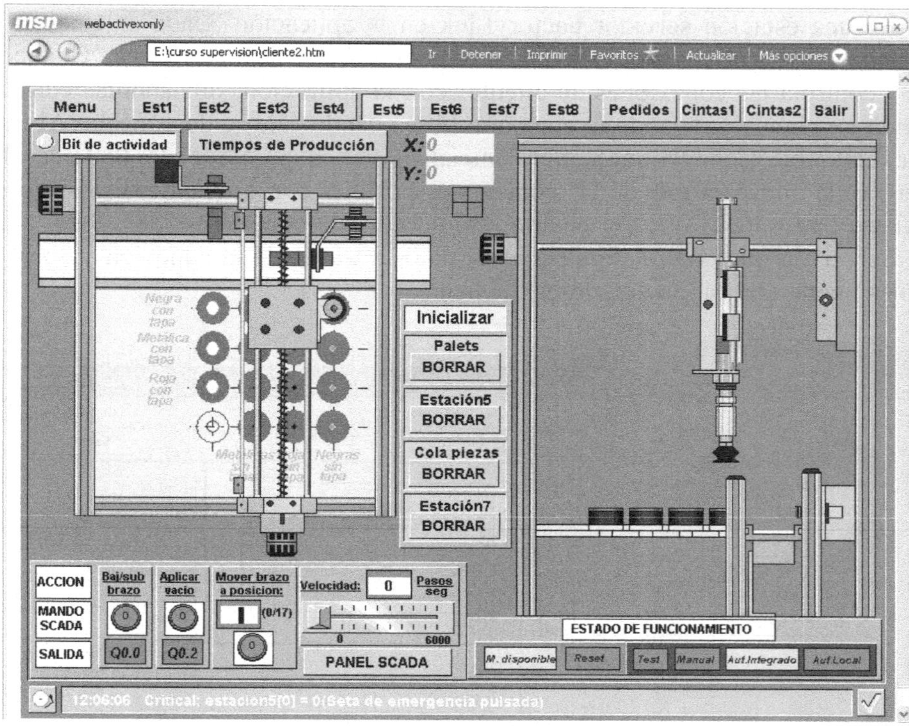

Figura 9.62 Cliente FactoryLink

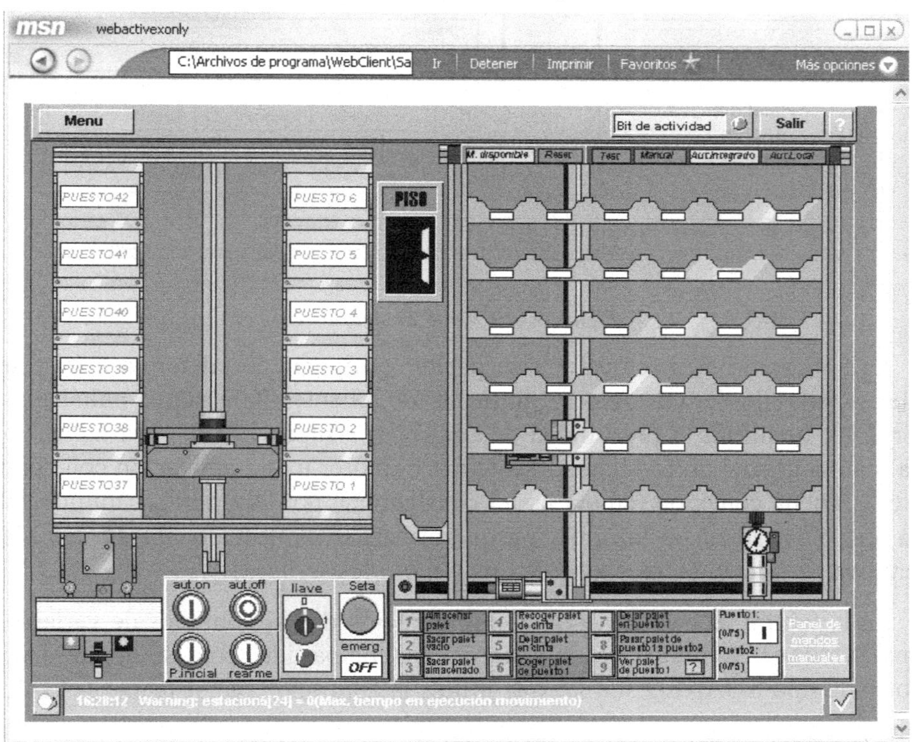

Figura 9.63 Cliente FactoryLink

En una estación servidor FactoryLink en la aplicación Scada se ejecutan dos tareas que controlan las funciones asociadas con WebClient. La tarea 'Connection Server' controla las conexiones de clientes con la aplicación, iniciándolas cuando lo demanda un cliente y dejando la conexión libre cuando éste se desconecta. Al iniciar FactoryLink, el 'Connection Server' inicializa varios procesos de la tarea 'Data Server', cada uno para una de las conexiones posibles con el cliente. Estos procesos quedan en pausa hasta que un usuario remoto conecta con el servidor. Será la tarea 'Data Server' la que controlará el flujo de datos a través de la conexión y sobre qué variables puede escribir un determinado cliente.

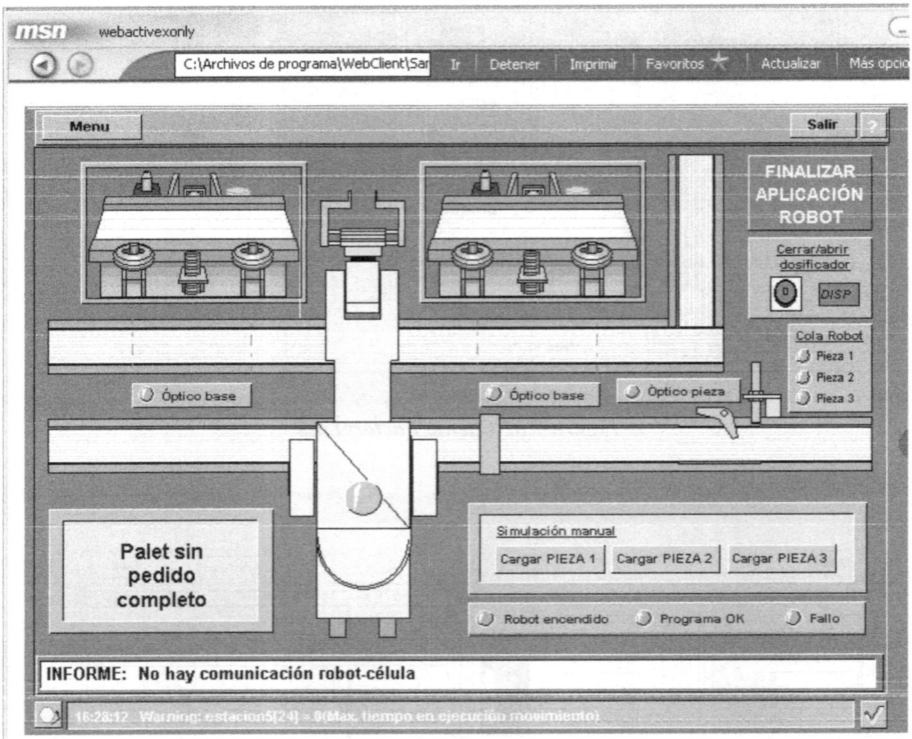

Figura 9.64 Cliente FactoryLink

La aplicación de FactoryLink se puede configurar de tal forma que se pueda acceder a ella desde un número limitado de clientes Internet simultáneamente. FactoryLink permitirá la posibilidad de controlar y supervisar nuestra aplicación de forma remota utilizando el Microsoft Internet Explorer u otra aplicación con controles Active-X. Dicha conexión remota podrá configurarse por otra parte, para que sólo se pueda leer o visualizar la información que ofrezca la aplicación SCADA, o bien de manera que permita el control total de ésta (lectura y escritura).

En la Figura 9.65 se observa la configuración de los dominios de variables del sistema SCADA. Dominios de tipo SHARED (compartido) solo se define uno. Las variables de tipo SHARED son las que utiliza la aplicación del sistema SCADA para escribir y leer de los controladores industriales. Por lo tanto, sólo se define un dominio de tipo SHARED. El Dominio de tipo USER son variables no compartidas con los controladores, utilizadas por el sistema SCADA para las operaciones internas de calculo, conversión. Además del dominio de tipo USER que utiliza el propio servidor, por cada cliente que se vaya a conectar vía WebClient se debe añadir un dominio de tipo USER.

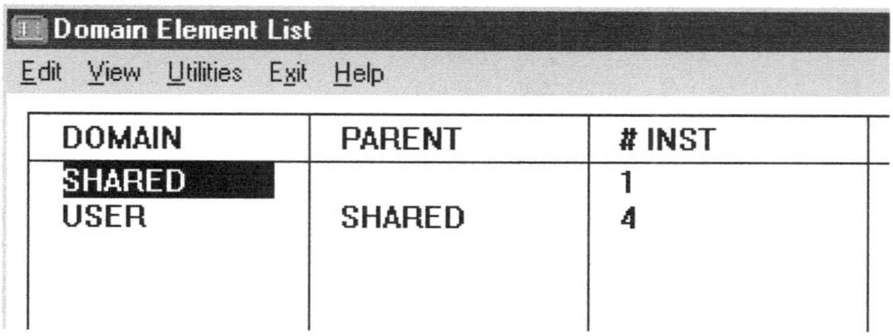

Figura 9.65 Configuración para tres clientes via WebClient

Para configurar el tipo de conexión de los clientes. A un cliente se le puede configurar el acceso a los datos del servidor que puede ser de dos formas:

- VIEW_ONLY: autorizando una conexión que posibilitará la lectura de todas las variables y la escritura de un máximo de 76 variables.
- FULL_CONTROL: autorizando una conexión que posibilitará la lectura/escritura de todas las variables de la aplicación.

También se puede configurar el tipo de conexión que pueda realizar cada cliente en función del IP de éste.

Estas dos propiedades anteriores permiten dar un mayor nivel de seguridad a la aplicación. Además, se debe tener en cuenta que aunque la conexión se realice con un navegador Web, esta conexión no es libre dado que en la estación cliente deberá estar instalada una licencia de WebClient.

En el ordenador donde se ejecuta la aplicación de Monitor Pro, para que éste funcione como servidor en red, hay que modificar el archivo de los servicios TCP/IP para reservar los puertos que permitirán la comunicación de la aplicación. Dicho archivo en NT se llama "Services" y se encuentra en: C:\winnt\system32\drivers\etc.

Al archivo services hay que añadirles las siguientes líneas:

```
FLCONNSRVC 6096/tcp flconnsrvc
FLDATASRVC001 6097/tcp fldatasrvc001
FLDATASRVC001 6098/tcp fldatasrvc002
FLDATASRVC001 6099/tcp fldatasrvc003
```

El programa se ha configurado para tres licencias de WebClient.

CAPÍTULO 10

MODELADO Y PROGRAMACIÓN DE SISTEMAS DE EVENTOS DISCRETOS

10.1 INTRODUCCIÓN

Los automatismos o controladores lógicos son dispositivos que sirven para controlar máquinas. Sobre estas máquinas se influye emitiendo señales de salida a actuadores, y se recibe información de su estado o eventos que suceden en ellas a través de sensores. El automatismo recibe señales de entrada que no solamente provienen de los sensores de la máquina, sino también de los mandos de los paneles de control, de los sistemas de supervisión e, incluso, de otros automatismos. Una señal de salida puede ser tanto una señal que se envía a un acccionador para actuar sobre un proceso físico, como incrementar una variable, como enviar un mensaje.

Los automatismos se basan en la coordinación entre las informaciones que recibe el sistema y las acciones que debe realizar. Una máquina realiza una acción ordenada por el sistema de control hasta que este sistema decide que esa acción ha terminado y entonces ordena a la máquina que cese en la acción. Para que el sistema de control decida el fin de la acción es necesario que obtenga una información que le indique que la acción debe finalizar. Esa información puede provenir de sensores situados en la máquina. Con esa información el sistema de control sabe que debe realizar una evolución. Debe pasar del estado en que realiza la acción al estado siguiente que podría ser cualquiera (realizar otra acción, esperar un material, etc.).

Si se aborda el diseño de un automatismo, se tratará de especificar su comportamiento dinámico, es decir, la forma de generar sus salidas en respuesta a las entradas. Esta especificación puede llevarse a cabo de diferentes formas y será un modelo del funcionamiento deseado del sistema. El funcionamiento deseado del sistema se consigue a través de la sincronizacion entre la evolución del estado del automatismo y de la máquina controlada por medio de la información intercambiada entre ambos a través de las señales de entrada/salida. Pueden existir funcionamientos diferentes para la misma máquina si las acciones a realizar son diferentes.

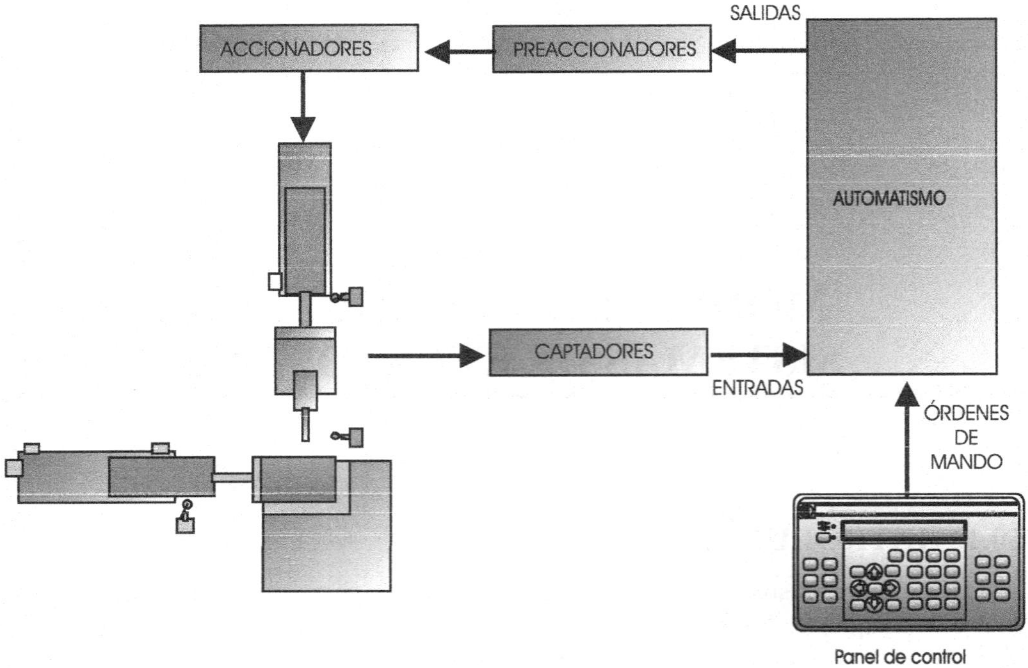

Figura 10.1

Sistemas de eventos discretos

Los sistemas de eventos discretos son sistemas en que los estados toman valores discretos. En el caso del carrito de la Figura 10.3 el estado toma tres valores diferentes (reposo, ir a derechas e ir a izquierdas). El estado del sistema varía instantáneamente en instantes separados de tiempo. Un evento es un suceso instantáneo que puede cambiar el estado del sistema. En un intervalo de tiempo finito no puede haber un número infinito de cambios de estado.

El funcionamiento de gran parte de los sistemas de fabricación responde a la definición de los sistemas de eventos discretos. En la máquina de taladrado que se observa en la Figura 10.1 pueden existir diferentes estados (el cilindro avanza, el taladro baja, el taladro sube). Los cambios de estado son instantáneos, debidos a eventos que llegan del sistema controlado o parte operativa (finales de carrera, captadores...) o a órdenes de mando.

10.2 MODELADO MEDIANTE GRAFOS DE ESTADOS

En principio el automatismo sería una función:

Salidas = Función (Entradas, Órdenes de mando).

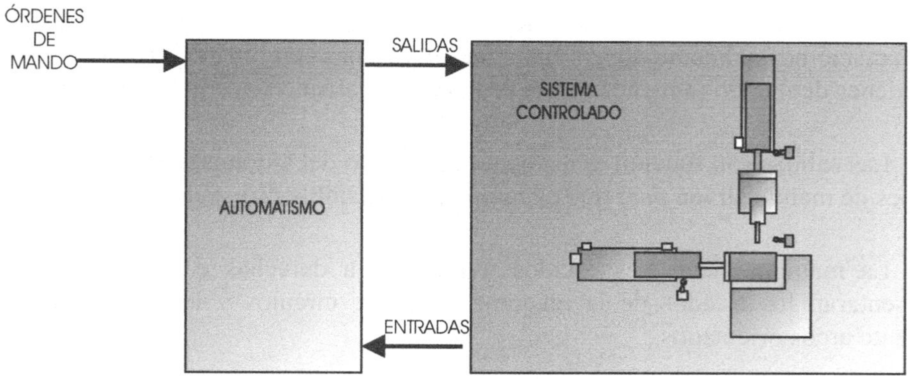

Figura 10.2

En la búsqueda de esta función una primera cuestión: Suponiendo que todas las señales son del tipo todo o nada, señales binarias, *¿las salidas del automatismo son una función booleana combinatoria de las Entradas y de las Órdenes de mando?*

Se plantea el siguiente ejemplo:

Un carro de transporte funciona del siguiente modo. Estando en reposo en el extremo izquierdo se pone en marcha, mediante un pulsador M, hacia la derecha. Cuando toca el final de carrera B invierte su marcha hacia la izquierda. Cuando toca el final de carrera A se para esperando una nueva orden de marcha.

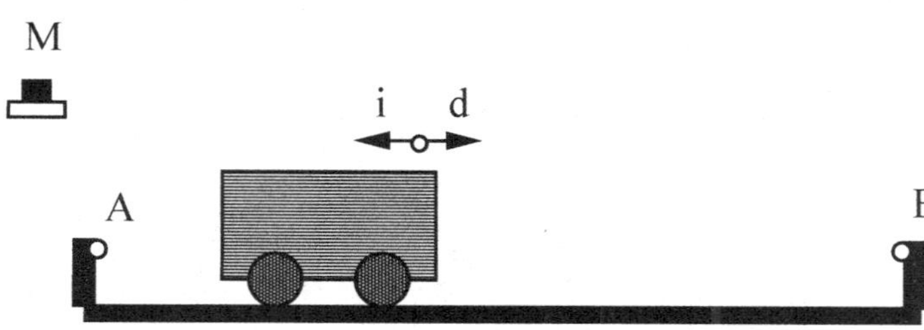

Figura 10.3

Los captadores y el pulsador de marcha serán entradas del automatismo. Mediante dos salidas se activará el motor del carro (marcha a derechas y marcha a izquierdas).

La función buscada para cada una de las salidas:

d = función1(M,A,B)

i = función2(M,A,B)

Intente el lector encontrar las funciones booleanas función1 y función2.

Un posible intento fallido:

d= M*Not (B)+M*A+M*Not (A)...

La repuesta es que esa función buscada no existe. Las salidas de un automatismo normalmente no son funciones booleanas combinatorias de las entradas y las órdenes de mando (a menos que el propio automatismo sea combinatorio).

Las salidas son función únicamente del estado del automatismo y las entradas y órdenes de mando sirven para que el automatismo cambie de estado.

La máquina tiene tres estados: reposo, ir a derechas e ir a izquierdas. Se representarán los estados de la máquina mediante círculos y los saltos de estados mediante arcos orientados.

El grafo de estados de la máquina es:

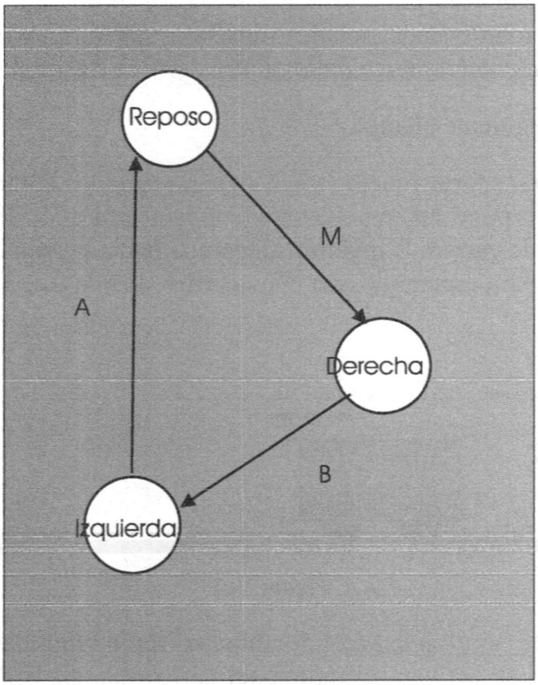

Figura 10.4

Estando la máquina en reposo cuando el operador pulsa marcha, el autómata pasa al estado de Derecha. En el estado Derecha el autómata activa la salida *d*. El carro avanza hacia la derecha, toca el final de carrera B. El autómata cambia su estado a Estado Izquierda, activa la salida *i* y desactiva la salida *d*. El carro retrocede hacia la izquierda, toca el final de carrera A. El autómata cambia su estado a Estado Reposo y desactiva la salida *i*.

Siendo:

- Q el estado del autómata.
- Q_{sig} el estado siguiente del autómata.
- S las salidas del autómata.
- E las entradas del autómata.
- S=f(Q). Las salidas son función del estado del autómata.
- Q_{sig}=f(Q,E). El estado es función del estado anterior y de las entradas.

A continuación, se realiza la implementación programada del grafo de estados en lenguaje de lista de instrucciones de los autómatas Siemens. Para representar los estados de la máquina se utilizan marcas internas cuyo valor puede ser 1 ó 0. Las variables utilizadas son:

- *Estado reposo* *Marca M 64.1*
- *Estado Derecha* *Marca M 64.2*
- *Estado Izquierda* *Marca M 64.3*
- *Pulsador de Marcha* *Entrada digital E 0.1*
- *Final de Carrera B* *Entrada digital E 0.2*
- *Final de Carrera A* *Entrada digital E 0.3*
- *Salida Derecha* *Salida digital A1.1*
- *Salida Izquierda* *Salida digital A1.2*

Instrucción	***Comentario***
U M 64.1	*El carrito está en reposo*
U E 0.1	*El operador pulsa M*
S M 64.2	*Añadimos una marca al siguiente estado*
R M 64.1	*Quitamos una marca del estado anterior*
U M 64.2	
S A 1.1	*El carrito va hacia la derecha*
U M 64.2	
U E 0.2	*El carrito toca el final de carrera B*
S M 64.3	*Añadimos una marca al siguiente estado*

Instrucción	*Comentario*
R M 64.2	*Quitamos una marca del estado anterior*
U M 64.3	
R A 1.1	*El carrito deja de ir a la derecha*
S A 1.2	*El carrito va hacia la izquierda*
U M 64.3	
U E 0.3	*El carrito toca el final de carrera A*
S M 64.1	*Añadimos una marca al estado de reposo*
R M 64.3	*Quitamos una marca del estado anterior*
U M 64.1	
R A 1.2	*El carrito deja de ir a la izquierda*

Este programa tiene un ligero problema para ejecutarse correctamente. Cuando se transfiera el programa al autómata y se ejecute, las marcas que representan los estados del automatismo estarán lo más seguro desactivadas. Por lo cual el autómata no se encuentra en ningún estado.

Para evitar eso se deberá añadir al programa.

Instrucción	*Comentario*
U E 0.7	*Inicialización del estado del Autómata*
S M 64.1	
R M 64.2	
R M 64.3	

Al pulsar la entrada E 0.7 se inicializa el programa del autómata.

En base al ejemplo anterior se va a desarrollar un programa que controle el funcionamiento de dos carritos que cuando el operador pulse M avancen hacia la derecha parándose cuando toquen los finales de carrera B y D. Una vez estén los dos carritos a la derecha, retrocederán hacia la izquierda invirtiendo el sentido de giro de los motores. Además, deberán esperarse en el extremo izquierdo para realizar un nuevo ciclo debiéndose dar nuevamente la orden de marcha M.

Se utilizan 5 entradas (pulsador M y cuatro finales de carrera) y cuatro salidas (marcha a derechas y marcha a izquierdas de cada uno de los carritos).

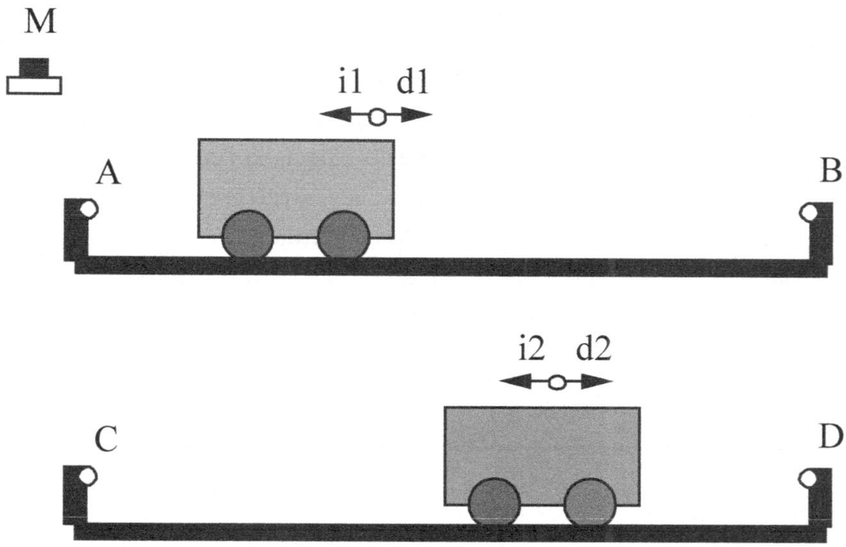

Figura 10.5

Si se dibuja el grafo de estados de la máquina.

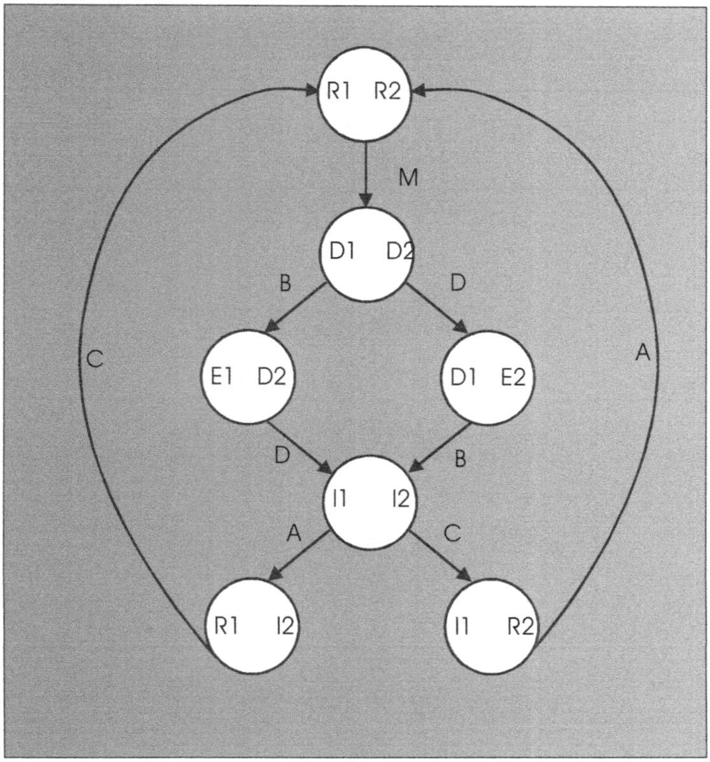

Figura 10.6

El diagrama de bloques tiene siete estados:

- R1R2 Carritos 1 y 2 en reposo.
- D1D2 Carritos 1 y 2 hacia la derecha.
- E1D2 Carrito 1 espera. Carrito 2 hacia la derecha.
- D1E2 Carrito 1 hacia la derecha. Carrito 2 espera.
- I1I2 Carritos 1 y 2 hacia la izquierda.
- I1R2 Carrito 1 hacia la Izquierda. Carrito 2 reposo.
- R1I2 Carrito 1 reposo. Carrito 2 hacia la Izquierda.

Una implementación en lenguaje de diagrama de contactos de los autómatas Telemecánica sería la siguiente:

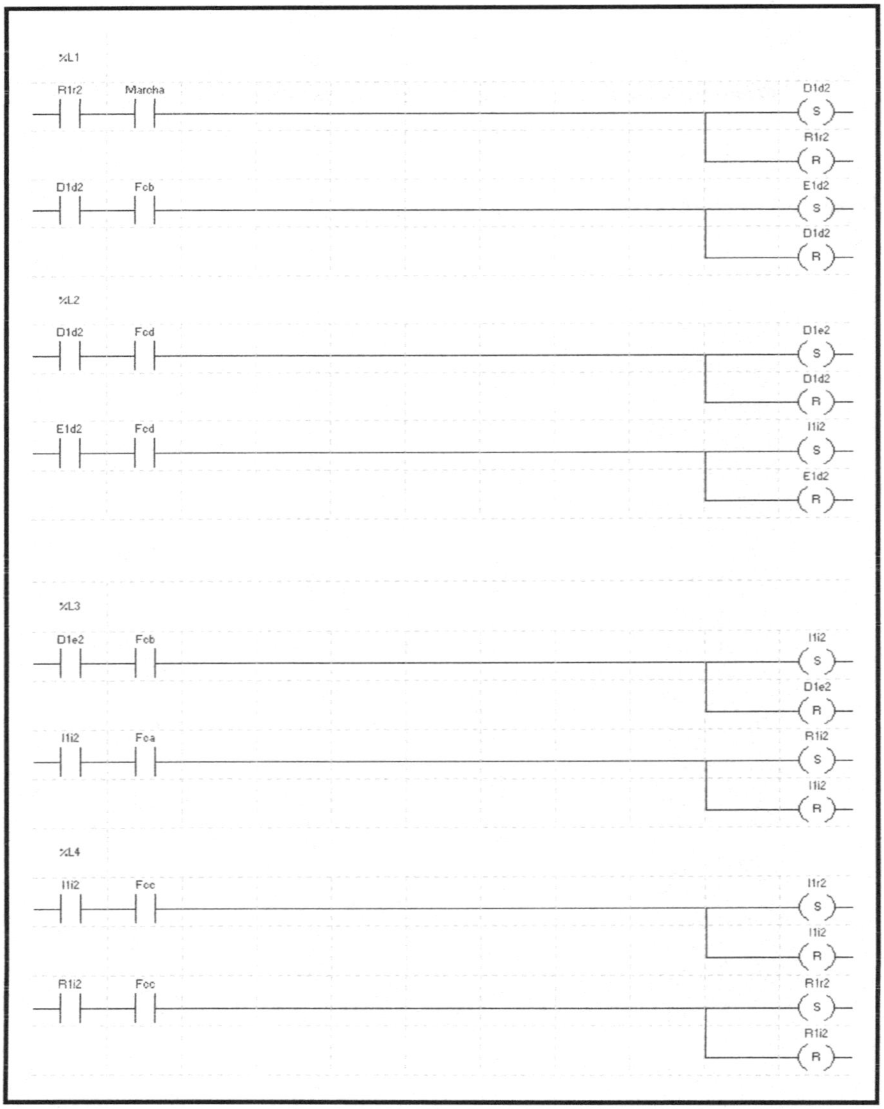

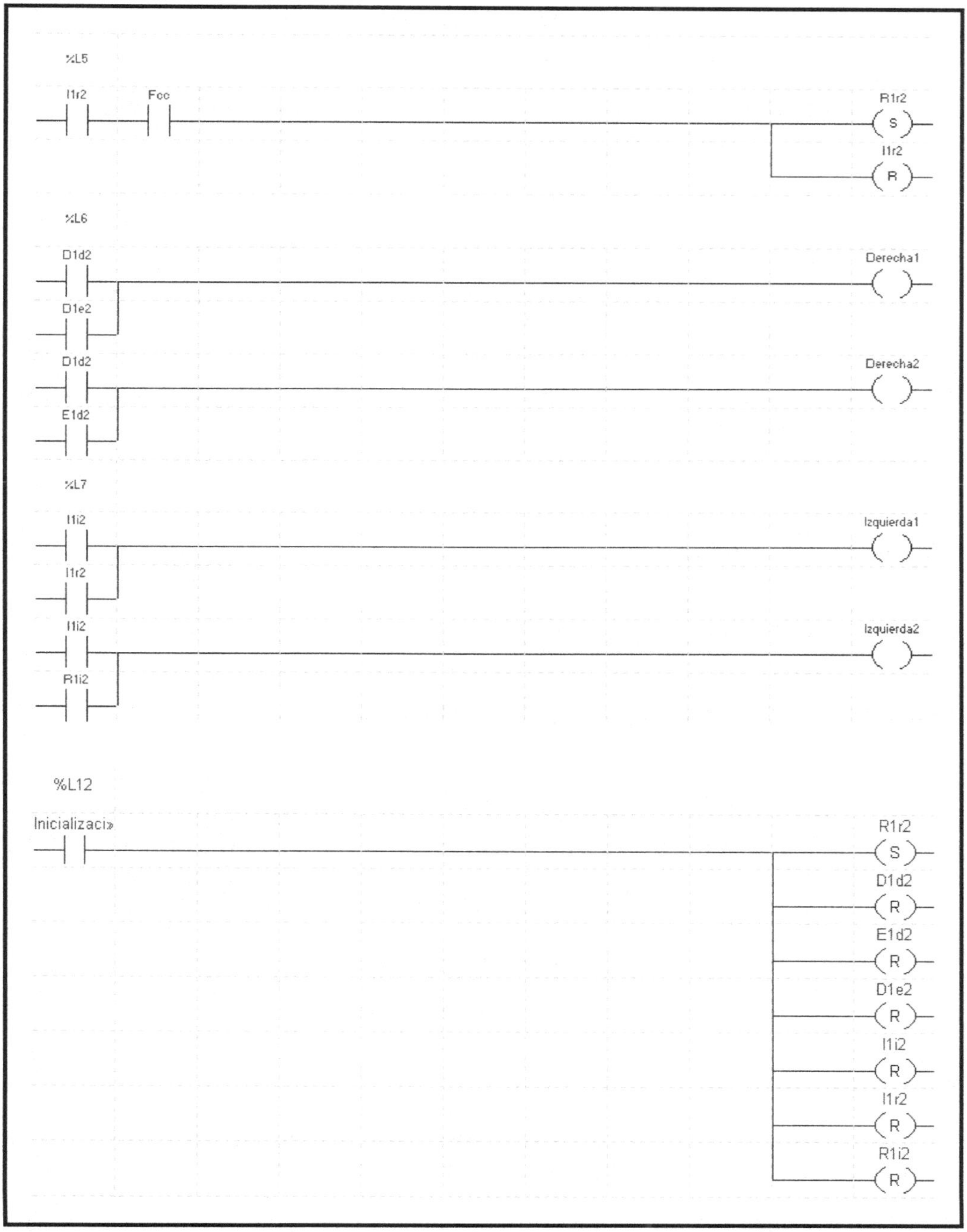

Para representar los estados se utilizan objetos bits internos %Mi. Las entradas digitales son %I1.i (módulo 1); las salidas son %Q2.i (módulo 2).

Variable	Símbolo
%M0	R1r2
%M1	D1d2
%M2	E1d2
%M3	D1e2
%M4	I1i2
%M5	R1i2
%M6	I1r2

Variable	Símbolo
%I1.0	Marcha
%I1.0.ERR	
%I1.1	Fca
%I1.1.ERR	
%I1.2	Fcb
%I1.2.ERR	
%I1.3	Fcc
%I1.3.ERR	
%I1.4	Fcd
%I1.4.ERR	
%I1.5	Inicializacion

Variable	Símbolo
%Q2.1	Derecha1
%I2.1.ERR	
%Q2.2	Derecha2
%I2.2.ERR	
%Q2.3	Izquierda1
%I2.3.ERR	
%Q2.4	Izquierda2

Figura 10.7 Objetos del lenguaje utilizados en el programa

10.3 METODOLOGÍA PARA REALIZAR LOS PROGRAMAS DE AUTÓMATA

El proceso de construcción de un programa de Autómata consiste en:

Modelado del Sistema

Adecuándose al funcionamiento de la máquina deseado, dibujar, en primer lugar, el grafo de estados de la máquina.

Realizar la asignación de los objetos del autómata

- *Asignar entradas digitales a los captadores.*

  Si los mandos son cableados (pulsadores o interruptores) asignar entradas digitales a los mandos (si se utiliza un terminal de diálogo o un SCADA los mandos ocuparán posiciones de la memoria del autómata). Si es necesario, asignar una entrada digital para inicialización del programa.

- *Asignar salidas digitales a los accionadores.*

- *Asignar bits de memoria a los estados del autómata.*

Programación de los saltos de estado

Se deben programar todos los saltos de estado del grafo de estados. Se puede hacer en cualquier orden. La forma genérica de hacerlo es:

Si el estado anterior está activo y la condición de salto es verdadera, se hace un Set sobre el estado siguiente y un Reset sobre el estado anterior.

- *Lenguaje lista de Instrucciones*

U Estado anterior

U condición de salto

S estado siguiente

R Estado anterior

Instrucción	Comentario
U M 64.2	*El carrito va hacia la derecha.*
U E 0.2	*El carrito toca el final de carrera B.*
S M 64.3	*Se activa el estado izquierda.*
R M 64.2	*Se desactiva el estado derecha.*

- *Lenguaje de contactos*

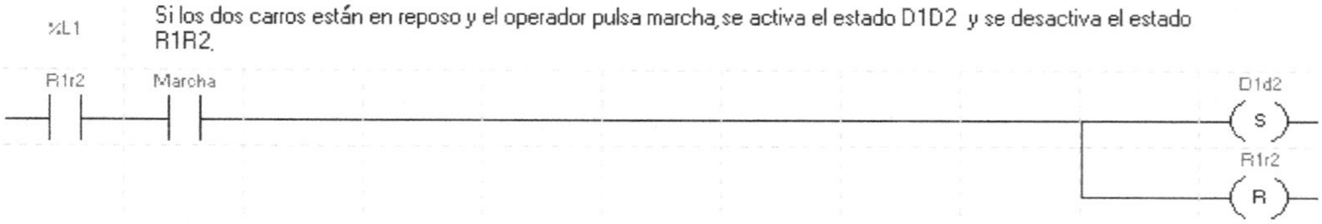

- *Lenguaje Literal estructurado*

IF estado_anterior AND Condición_ salto THEN

SET estado_siguiente; RESET estado_anterior;

END_IF;

Se programan de esta forma todos los saltos de estado del autómata.

Programación de las salidas

Se pueden utilizar dos métodos.

- *Activación y desactivación mediante Set y Reset*

Este método es utilizado en el programa ejemplo de un carrito. En un estado se hace Set sobre las salidas que deben estar activas y se hace Reset sobre las salidas del estado anterior que no están activas en el estado.

Instrucción	Comentario
U M 64.3	*Estado izquierda.*
R A 1.1	*El carrito deja de ir a la derecha.*
S A 1.2	*El carrito va hacia la izquierda.*

- *Estados en paralelo*

Los estados en los que está activa la salida se programan como condiciones en paralelo que activan la salida.

En lenguaje literal estructurado:

Derecha1:= D1D2 OR D1E2;

Derecha2:= D1D2 OR E1D2;

Izquierda1:= I1I2 OR I1R2;

Izquierda2:= I1I2 OR R1I2;

En lenguaje de contactos:

La programación de las salidas con Set y Reset conlleva más código a programar y la posibilidad de que se olvide algún Reset. Estos olvidos conllevan la posibilidad de accidentes en las primeras pruebas del control sobre la máquina.

Atención

La programación mediante estados en paralelo simplifica bastante el código y agrupa la programación de las salidas. Sólo debe existir una bobina en lenguaje de contactos o una asignación en lenguaje literal estructurado para cada salida. Si una salida se programa de la siguiente forma:

- Derecha1:= D1D2;

- Derecha1:= D1E2;

Es incorrecto, el programa funciona como si sólo se hubiera programado la última línea. Recuerde el lector la forma de ejecutar el ciclo del autómata.

Inicialización del estado del autómata

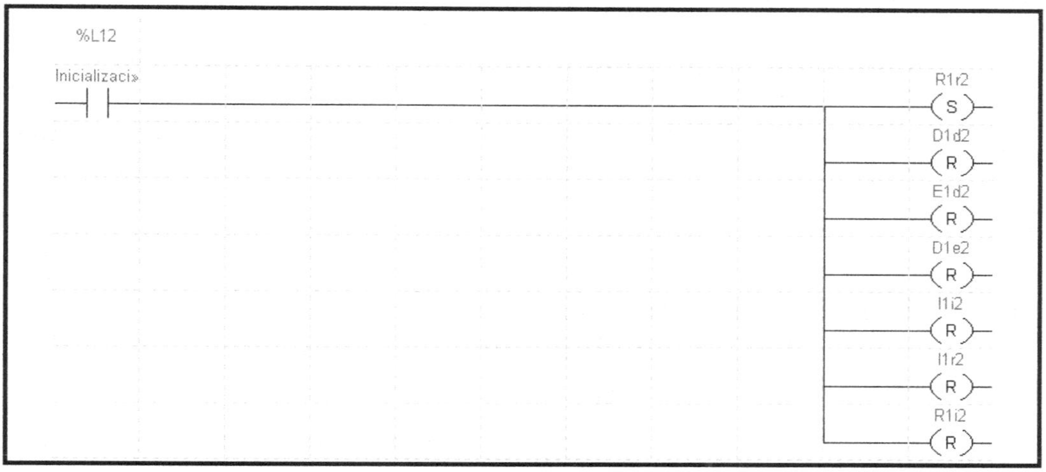

La inicialización del estado del autómata se ha realizado mediante una entrada digital, en los autómatas existen bits de sistema que se activan o bloques de programa que se ejecutan cuando el autómata pasa de STOP a RUN, o bien cuando sucede un arranque en frío o un rearranque en caliente.

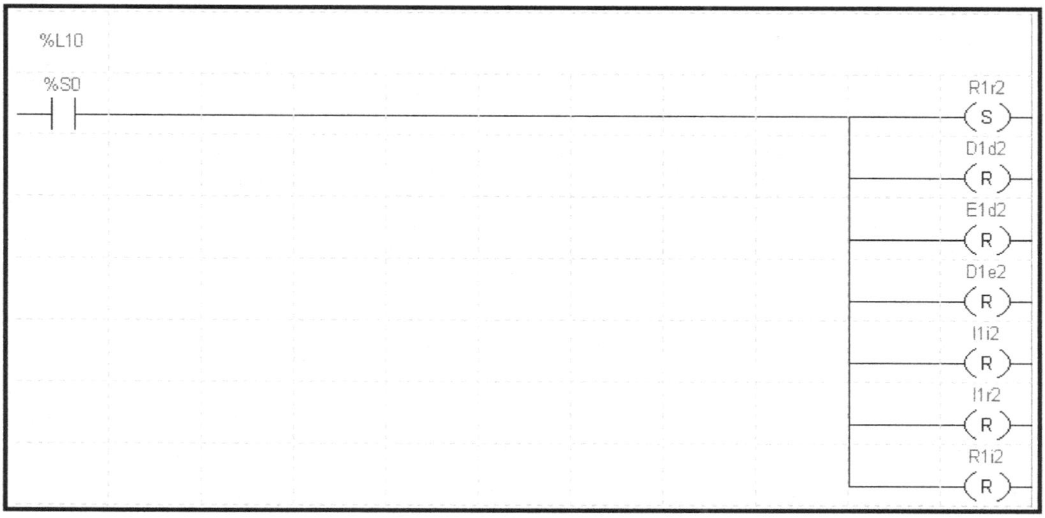

En el ejemplo se realiza la inicialización del estado del autómata cuando se produce un arranque en frío (bit %S0). Aunque pudiera en un principio parecer lo contrario, en la práctica es muy recomendable que se realice la inicialización del programa cuando se produce un rearranque en caliente o en el paso de STOP a RUN. Un rearranque en caliente se produce cuando retorna la alimentación y no hay pérdida de datos, entonces en principio el automatismo puede seguir funcionando. Cuando se produce un paso de RUN a STOP, el autómata conserva (en STOP) el estado de sus variables, por lo cual no hay razones para inicializar el estado del autómata cuando se pase de nuevo de STOP a RUN. En cambio, en un arranque en frío se produce la inicialización de las variables del autómata con pérdida de datos, por lo tanto se debe inicializar el estado del autómata.

Otra cuestión es que si se ha producido un rearranque en caliente, o un paso de RUN a STOP, cuando se vuelve a ejecutar el programa del autómata, el estado del autómata coincida con el estado de la máquina o sistema controlado por él. Esta cuestión se abordará en los capítulos dedicados a la guía de estudio de marchas y paradas.

10.3.1 Ejemplo de programación

Máquina taladradora en lenguaje Literal Estructurado

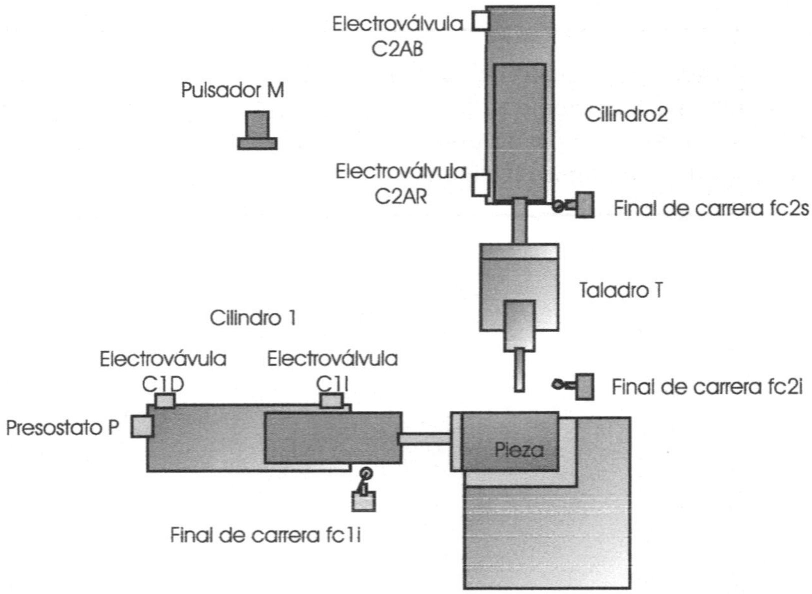

Figura 10.8

- *El funcionamiento que se desea de la máquina es:*

Una vez colocada la pieza en la máquina, el operario da al pulsador de marcha. En ese momento el cilindro 1 se desplaza hacia la derecha. Una vez el presostato P detecta que la pieza está suficientemente presionada, el cilindro 2 se desplaza hacia abajo y el taladro empieza a girar. Cuando el taladro toca el final de carrera c2i, indica que la pieza ha sido ya taladrada y el cilindro 2 debe efectuar el retorno hacia arriba, hasta tocar el final de carrera c2s y el taladro debe pararse. A continuación el cilindro 1 inicia el retorno hacia izquierda hasta tocar el final de carrera c1d.

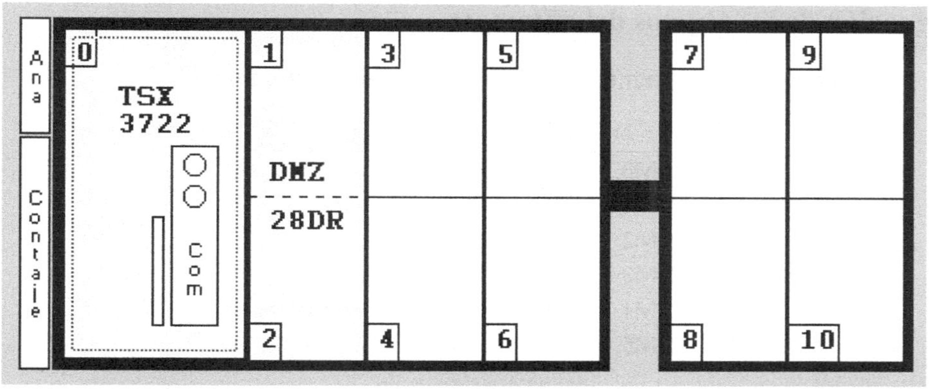

Figura 10.9

El autómata elegido es un TSX 3722 de Telemecánica con un módulo de TSX DMZ 28DR de 16 entradas digitales y 12 salidas digitales.

Grafo de estados de la máquina

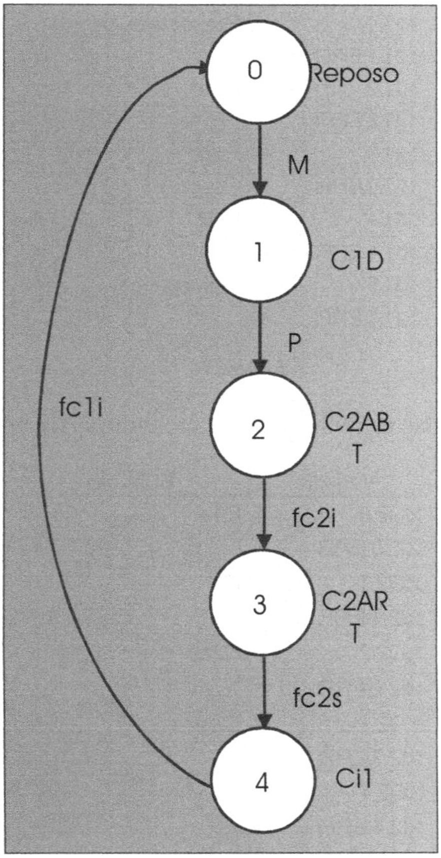

Figura 10.10 Grafo de estados de la máquina taladradora

Asignación de los objetos del autómata

Asignación de bits de memoria a los estados del Autómata.

Variable	Símbolo
%M0	Reposo
%M1	Cilindro1avanza
%M2	Taladrobaja
%M3	Taladrosube
%M4	Cilindro1retrocede
%M5	

Figura 10.11

Asignación de entradas digitales a los captadores, mandos y entrada de inicialización.

Variable	Símbolo
%I1.0	Marcha
%I1.0.ERR	
%I1.1	Presostato_p
%I1.1.ERR	
%I1.2	Fc1i
%I1.2.ERR	
%I1.3	Fc2s
%I1.3.ERR	
%I1.4	Fc2i
%I1.4.ERR	
%I1.5	Inicialización
%I1.5.ERR	

Figura 10.12

Asignación de salidas digitales a los accionadores de la máquina.

Variable	Símbolo
%Q2.0	C1d
%I2.0.ERR	
%Q2.1	C1i
%I2.1.ERR	
%Q2.2	C2ab
%I2.2.ERR	
%Q2.3	C2ar
%I2.3.ERR	
%Q2.4	Taladro
%I2.4.ERR	

Figura 10.13

Programa de Autómata

Listado en Símbolos	Listado en Variables
! (Programación de los saltos de estado *)*	*! (* Programación de los saltos de estado *)*
IF Reposo AND Marcha THEN	*IF %M0 AND %I1.0 THEN*
SET Cilindro1avanza;	*SET %M1;*
RESET Reposo;	*RESET %M0;*
END_IF;	*END_IF;*
IF Cilindro1avanza AND Presostato_p THEN	*IF %M1 AND %I1.1 THEN*
SET Taladrobaja;	*SET %M2;*
RESET Cilindro1avanza;	*RESET %M1;*
END_IF;	*END_IF;*
IF Taladrobaja AND Fc2i THEN	*IF %M2 AND %I1.4 THEN*
SET Taladrosube;	*SET %M3;*
RESET Taladrobaja;	*RESET %M2;*
END_IF;	*END_IF;*
IF Taladrosube AND Fc2s THEN	*IF %M3 AND %I1.3 THEN*
SET Cilindro1retrocede;	*SET %M4;*
RESET Taladrosube;	*RESET %M3;*
END_IF;	*END_IF;*
IF Cilindro1retrocede AND Fc1i THEN	*IF %M4 AND %I1.2 THEN*
SET Reposo;	*SET %M0;*
RESET Cilindro1retrocede;	*RESET %M4;*
END_IF;	*END_IF;*
! (Activación de las salidas *)*	*!(* Activación de las salidas *)*
C1d:=Cilindro1avanza;	*%Q2.0:=%M1;*
C1i:=Cilindro1retrocede;	*%Q2.1:=%M4;*
C2ab:=Taladrobaja;	*%Q2.2:=%M2;*
C2ar:=Taladrosube;	*%Q2.3:=%M3;*
Taladro:=Taladrobaja OR Taladrosube;	*%Q2.4:=%M2 OR %M3;*

Listado en Símbolos
! (Inicialización del estado del autómata *)*
IF %S0 OR %S1 OR %S13 OR Inicialización THEN
SET Reposo;
RESET Cilindro1avanza;
RESET Taladrobaja;
RESET Taladrosube;
RESET Cilindro1retrocede;
END_IF;

Listado en Variables
! (Inicialización del estado del autómata *)*
IF %S0 OR %S1 OR %S13 OR %I1.5 THEN
SET %M0;
RESET %M1;
RESET %M2;
RESET %M3;
RESET %M4;
END_IF;

10.3.2 Limitaciones del método de grafo de estados

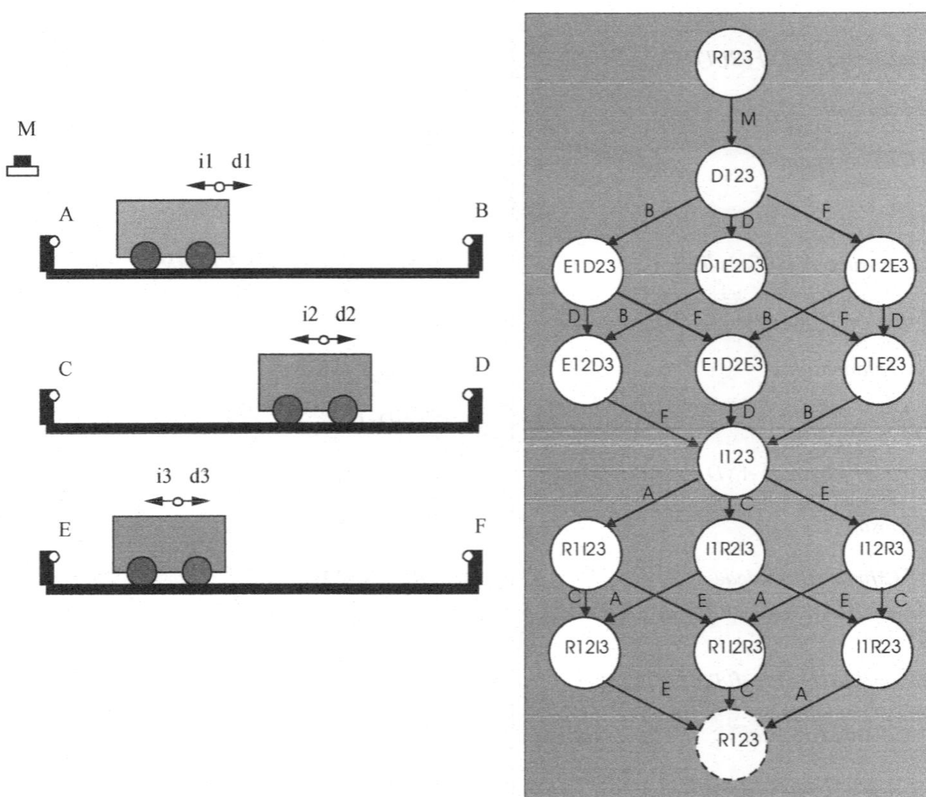

Figura 10.14

Volviendo sobre el ejemplo de los carros, piense el lector en el caso de que se amplíe la máquina y se disponga de tres carros que deben ir y volver sincronizados. Si se plantea desarrollar el grafo de estados, se tiene un total de 15 estados y 25 saltos de estados. El programa de autómata es mucho más largo que en el caso de los dos carros, y en principio no se trata de una modificación de ese programa, sino que hay que partir de cero. ¿Y si se tienen cuatro carritos?

Parece que el sistema de análisis y modelado de automatismos mediante Grafos de estado no sirve.

Cada círculo representa el estado del sistema en su totalidad, conociendo qué círculo se encuentra activo se puede saber el estado de todo el sistema. Pero también implica que si una submáquina del sistema cambia de estado, cambia de estado todo el sistema y, por lo tanto, está activo otro círculo.

Imagine el lector todos los posibles estados que hay en una línea de soldadura de carrocerías en una fábrica de producción de automóviles. ¿Infinitos? No tantos, pero es evidente que a nadie se le ocurre dibujar su grafo de estados.

Es necesario otro método de análisis de los sistemas de fabricación. En un principio una solución sería dibujar un Grafo de Estados para cada carro y a continuación sincronizarlos de alguna forma.

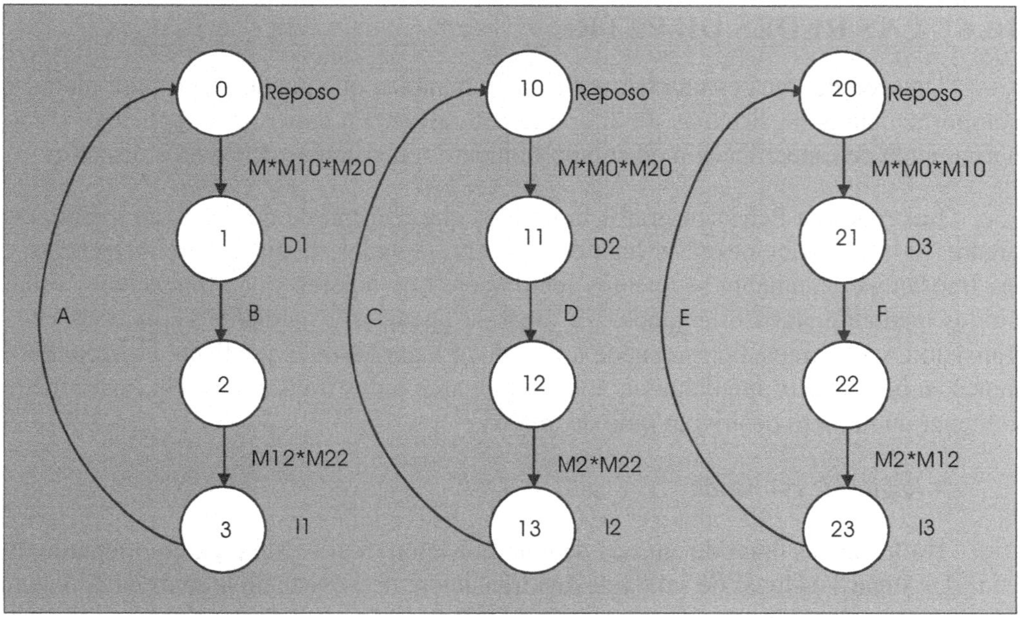

Figura 10.15

Salto del estado 0 al estado 1

M*M10*M20- Para que el salto de estado se produzca tienen que estar en reposo los tres carritos y el operador dé a marcha.

Salto del estado 2 al estado 3

M12*M22- Para pasar a ir a izquierdas tienen que haber llegado los tres carritos.

La programación de los saltos de M0 a M1, de M10 a M11 y de M20 a M21 se debe realizar simultaneamente:

```
IF M0 AND M10 AND M20 AND Marcha THEN
SET M1;SET M11;SET M21
RESET M0;RESET M10;RESET M20;
END_IF;
```

Lo mismo se debe realizar con los saltos de M2 a M3, de M12 a M13 y de M22 a M23.

Mediante los grafos de estados se puede modelar la elección, pero no se puede modelar el paralelismo de varios procesos sin que los estados del grafo aumenten exponencialmente. Es necesario definir otra herramienta más potente que pueda modelar el paralelismo. Esa herramienta serán las Redes de Petri.

10.4 LAS REDES DE PETRI

Una red de Petri es una herramienta matemática que puede servir para modelar comportamientos de sistemas de diferente naturaleza. En concreto se aplicarán como herramienta de especificación de comportamientos en sistemas de eventos discretos.

Las redes de Petri son grafos bipartidos que constan de dos tipos de nudos: los lugares y las transiciones. Los lugares son representados mediante circunferencias y las transiciones mediante segmentos rectilíneos. Los lugares y las transiciones están unidos mediante arcos orientados. Un lugar se puede unir mediante un arco con una transición, y una transición se puede unir con un lugar también mediante un arco. Pero nunca se podrán unir mediante un arco dos lugares o dos transciones. Un lugar puede contener un número positivo o nulo de marcas.

- *Reglas de evolución*

Un lugar l es lugar de entrada de una transición tr si existe un arco orientado de l a tr. Un lugar l es lugar de salida de una transición tr si existe un arco orientado de tr a l.

Una transición está activada si están marcados todos sus lugares de entrada. Una transición activada debe ser disparada si se verifica el evento a ella asociada. El disparo de una transición supondrá quitar una marca de cada uno de sus lugares de entrada y añadir una marca a todos sus lugares de salida.

Por ejemplo, si una transición tiene tres lugares de entrada y cuatro de salida. Si los tres lugares de entrada están marcados, esta transición está activada. Si es disparada, se quitará una marca de cada uno de los lugares de entrada y se añadirá una marca a los de salida (a los cuatro lugares de salida).

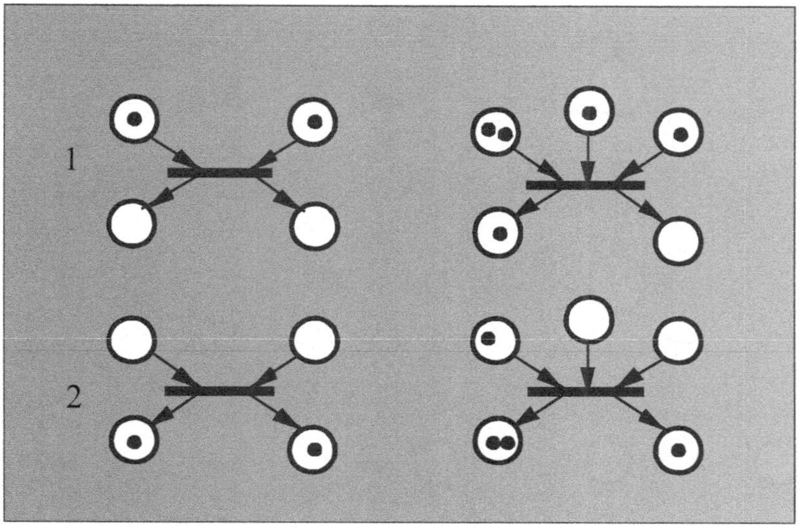

Figura 10.16 1- Transiciones activadas. 2- Marcados después de disparar las transiciones

Las estructuras básicas disponibles para el modelado de sistemas de eventos discretos son:

- *Secuencia*

  Una acción es seguida de otra. Adecuada para modelar máquinas o submáquinas secuenciales.

- *Conflicto*

  Modela el caso en que a partir de un estado el sistema pueda ejecutar uno u otro proceso según las transiciones cuya receptividad sea cierta. Si hay más de una transición, con la receptividad cierta se produce un conflicto.

- *Sincronización*

  Modela el caso de sincronización entre dos o más procesos que se ejecutan en paralelo.

- *Atribución*

  Esta estructura se da después de una elección cuando terminan las posibles alternativas y el sistema continúa en un solo proceso.

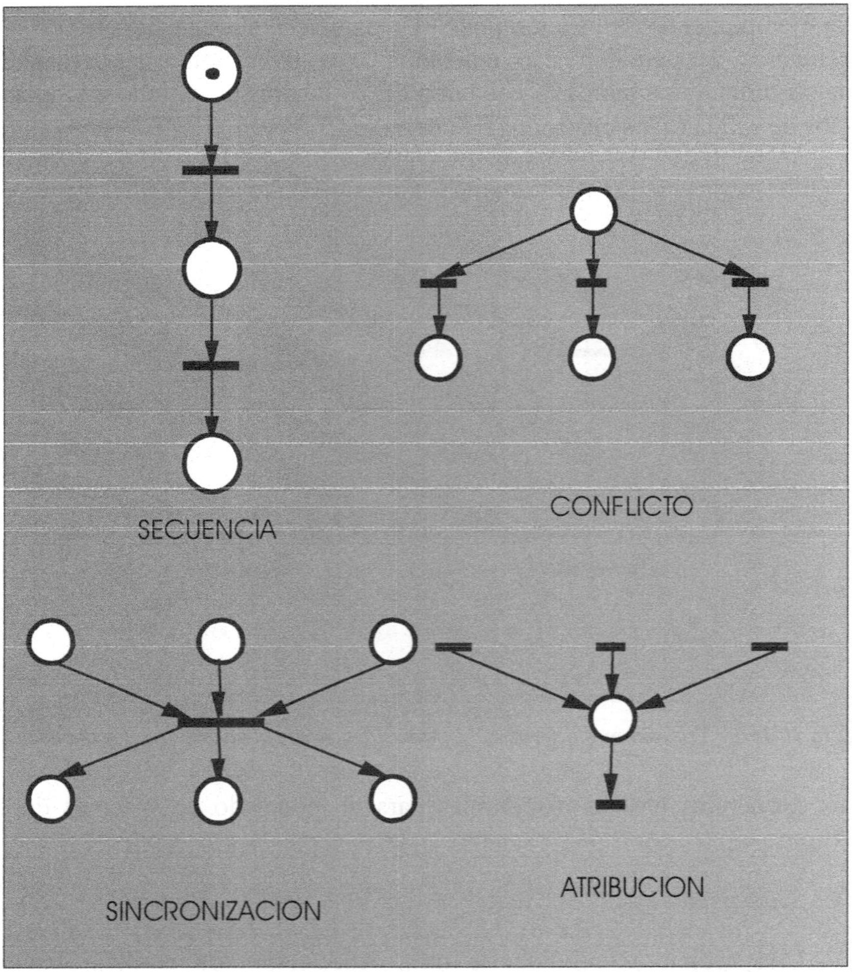

Figura 10.17

10.4.1 Descripción funcional de sistemas de eventos discretos con redes de Petri

Si en una red de Petri se asocian señales a los lugares y a las transiciones, se le denomina diagrama de marcado o red de Petri sincronizada (con su entorno), o interpretada para control (su aplicación más difundida). Un diagrama de marcados es una red de Petri a cuyas transiciones se le asignan señales de entrada y a cuyos lugares y transiciones se le asignan señales de salida.

En el caso de la aplicación de las redes de Petri a la descripción funcional de comportamientos en los sistemas de eventos discretos:

Un lugar representa una parte del estado a la que puede llegar el sistema (ir hacia la derecha, trasladar la carga desde un palet hacia una máquina, esperar durante un minuto...). Si un lugar está marcado, significa que es una parte del estado en la que está el sistema en ese momento.

A las transiciones se les asocian los eventos. Los eventos pueden ser funciones lógicas de las variables de entrada, o generados por la finalización de un contaje o de una temporización. Una transición indica la posibilidad de que ocurra un evento que cambie el estado del sistema (se activa una entrada, se detecta una pieza, se corta el haz de una fotocélula).

Como primer ejemplo de red de Petri vamos a representar el clásico ejemplo del carrito que va de un extremo a otro de la vía.

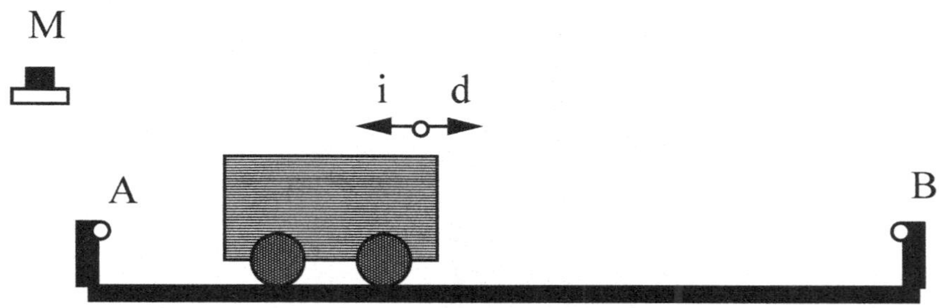

Figura 10.18

En cada extremo de la vía hay un final de carrera que es activado por el carrito cuando llega a ese extremo. Para que el carrito funcione hace falta que se pulse un interruptor M de marcha cuando se encuentra en el extremo izquierdo de la vía.

El funcionamiento deseado es el mismo que en el ejemplo realizado anteriormente mediante grafo de estados. Estando en reposo en el extremo izquierdo, mediante un pulsador M, se pone en marcha hacia la derecha. Cuando toca el final de carrera B, invierte su marcha hacia la izquierda. Cuando toca el final de carrera A, se para esperando una nueva orden de marcha.

El funcionamiento sincronizado del sistema de control (Automatismo) y del sistema controlado (carrito) se descibe a continuación:

Cuando el carrito está situado en el extremo A en reposo, al sistema de control, que también se debe encontrar con el lugar de reposo activo, sólo le importa si se pulsa M. Si M es pulsado, se desmarca el lugar de reposo y se marca el lugar que representa el estado ir a derechas, en el cual se activará la señal de salida que obliga al motor del carrito a ir en dirección derecha. Una vez que el carrito llega al final de carrera B, el sistema de control desmarca el lugar que representa el estado ir a derechas y marca el lugar que representa el estado ir a izquierdas. En este estado el sistema de control, desactivando previamente la señal de salida que obliga al motor del carrito a ir en dirección derecha, activará la señal de salida que obliga al motor del carrito a ir en dirección izquierda. Se invierte la dirección hasta que llega a A. Cuando el carrito llega al final de carrera A, el sistema de control desmarca el lugar que representa el estado ir a izquierdas y marcará el lugar que representa el estado de reposo, desactivando la señal de salida que obliga al motor del carrito a ir en dirección izquierda.

La especificación de este funcionamiento deseado se realiza mediante una red de Petri. Los lugares representan los tres posibles estados en que se puede encontrar el sistema controlado (en el funcionamiento deseado): en reposo, ir a derechas e ir a izquierdas. Las transiciones representan los saltos entre esos estados.

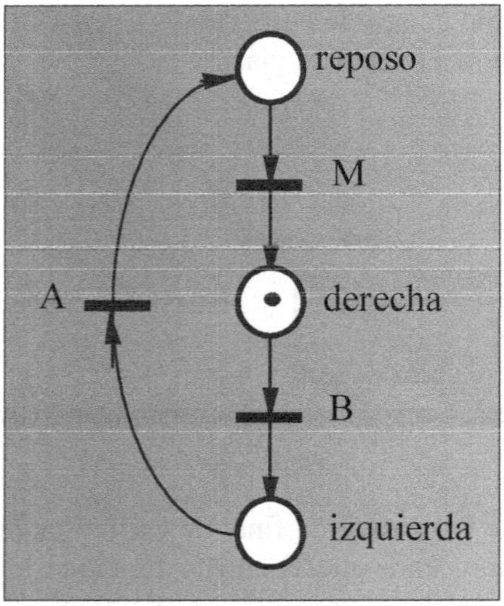

Figura 10.19 Red de Petri del carrito

Descripción de los lugares:

- *lugar 1: Carrito sobre el extremo A en reposo.*
- *lugar 2: Carrito en dirección derecha.*
- *lugar 3: Carrito en dirección izquierda.*

Descripción de las transiciones:

- *Transición 1: Se pulsa M.*
- *Transición 2: Final de carrera B.*
- *Transición 3: Final de carrera A.*

Como se puede observar en la Figura 10.19, en la red de Petri del carrito hay un lugar marcado (derecha), lo cual significa que el carrito va hacia la derecha. La única transición que se puede disparar en este instante es la transición 2 (como se puede observar es la única transición activada). Una transición sólo se puede disparar si tiene marcados todos sus lugares de entrada. Si se toca B, esta transición 2 se disparará.

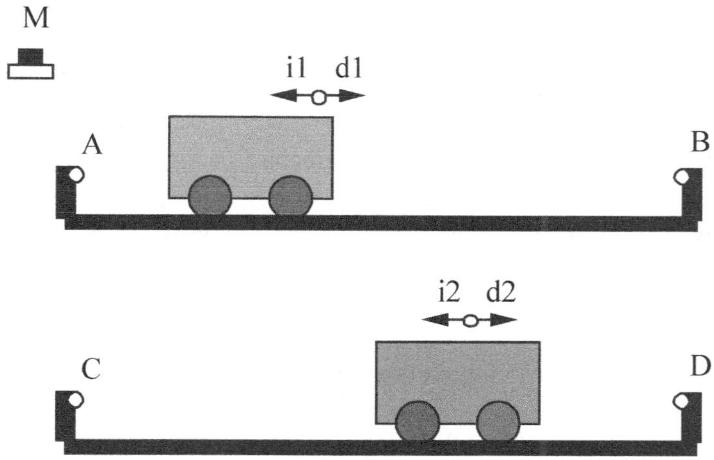

Figura 10.20

El lector se habrá preguntado qué ventaja tiene la red de Petri si el modelo es prácticamente idéntico al grafo de estados de un carrito. La implementación programada, como es de suponer, es idéntica. En la Figura 10.20 se muestra la red de Petri del problema de los dos carritos.

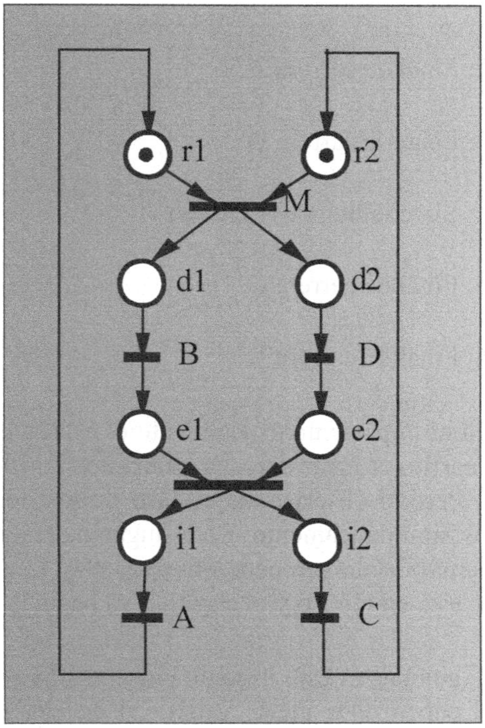

Figura 10.21

Descripción de los lugares:

- Lugar r1: Carrito 1 sobre el extremo A en reposo.
- Lugar d1: Carrito 1 en dirección derecha.
- Lugar e1: Carrito 1 sobre el extremo B en reposo (esperando al Carrito 2).
- Lugar i1: Carrito 1 en dirección izquierda.
- Lugar r2: Carrito 2 sobre el extremo C en reposo.
- Lugar d2: Carrito 2 en dirección derecha.
- Lugar e2: Carrito 2 sobre el extremo D en reposo (esperando al Carrito 1).
- Lugar i2: Carrito 2 en dirección izquierda.

Descripción de las transiciones:

- Transición 1: Se pulsa M.
- Transición 2: Final de carrera A.
- Transición 3: Final de carrera B.
- Transición 4: Sin condiciones (TRUE).
- Transición 5: Final de carrera C.
- Transición 6: Final de carrera D.

Un lugar marcado no representa exactamente el estado en que se encuentra el sistema. En el caso del carrito el lugar derecha marcado significa que se encuentra en el estado *ir a derecha*. Pero si observamos el caso de los dos carritos puede haber varios lugares marcados simultáneamente. Cada lugar marcado representa una parte del estado total del sistema. Como se puede observar r1 y i2 están marcados, lo cual significa que el carrito 1 está en reposo y el carrito 2 va hacia la izquierda.

Otra observación: aunque en este instante pulsemos M el carrito 1 permanecerá en reposo hasta que el carrito 2 toque C y pase al estado de reposo. Es decir, la transición 1 etiquetada por M no se activa hasta que están marcados todos sus lugares de entrada (los dos carritos están en reposo).

Si se compara la red de Petri con el grafo de estados de la máquina:

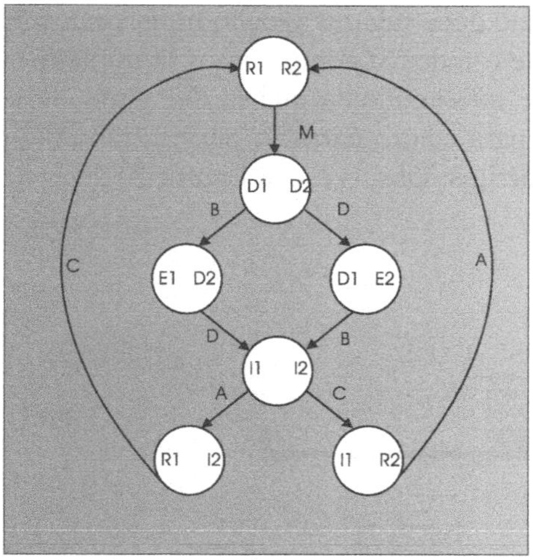

Figura 10.22

La red de Petri tiene ocho lugares y seis transiciones. El grafo de estados tiene 7 estados y 9 saltos de estados.

La red de Petri para tres carritos es:

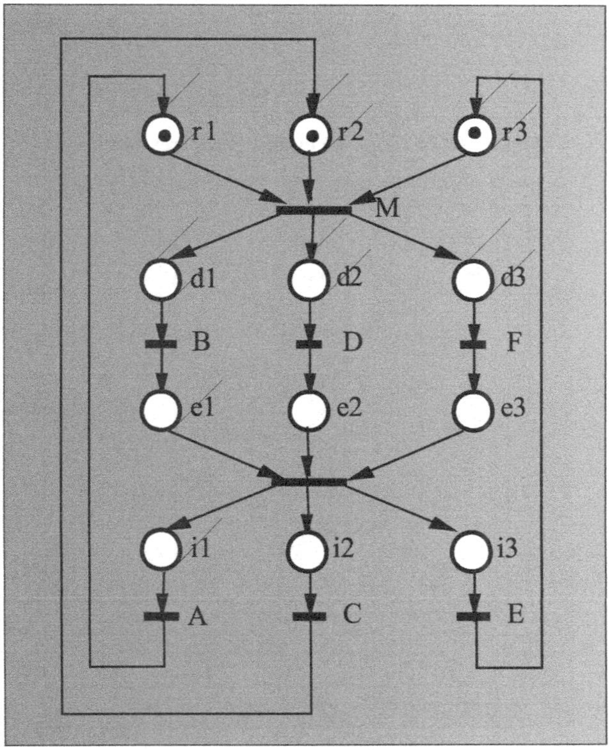

Figura 10.23

Si se compara con el grafo de estados de tres carritos:

La red de Petri tiene doce lugares y ocho transiciones. El grafo de estados tiene 15 estados y 25 saltos de estado. Si comparamos la implementación programada de la red de Petri, es bastante más reducida que la del grafo de estados. Es fácil deducir cómo es la red de Petri para cuatro carritos, pero es bastante difícil imaginar el grafo de estados para cuatro carritos. Obsérvese la Figura 10.25.

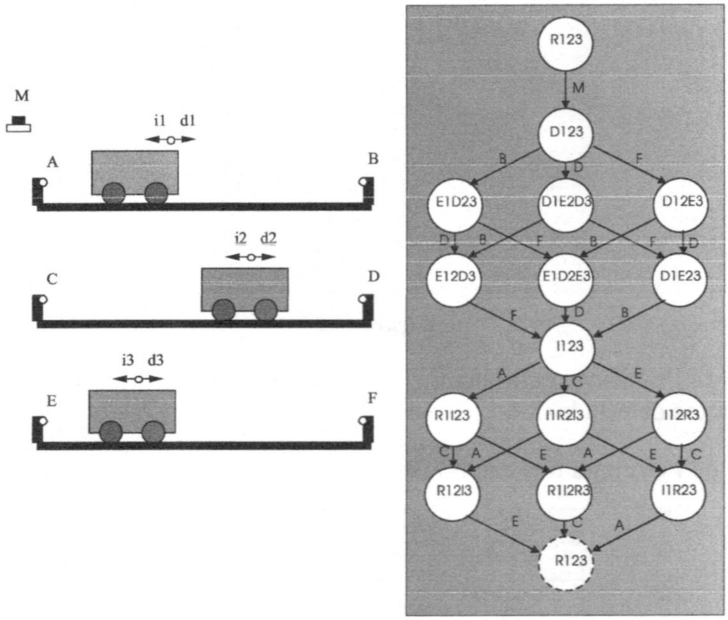

Figura 10.24 Grafo de estados para tres carritos

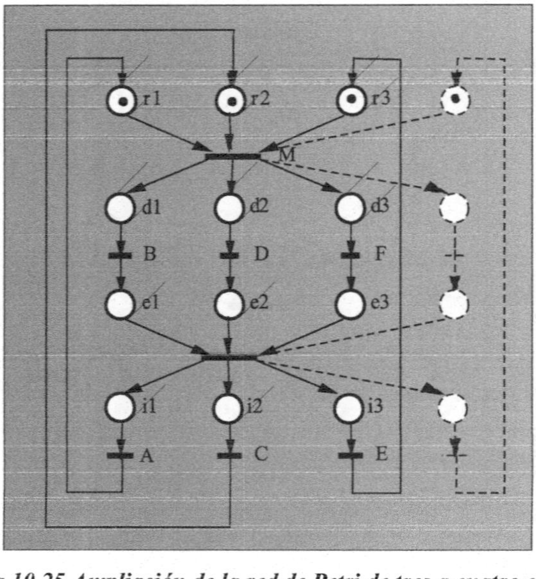

Figura 10.25 Ampliación de la red de Petri de tres a cuatro carritos

10.4.2 Implementación programada de redes de Petri binarias

Implementación programada de la red de Petri de dos Carritos

Lugares	*Salidas*	*Entradas*
Lugar r1- M64.1	*Salida d1- A1.1*	*Pulsador M- E0.1*
Lugar r2- M65.1	*Salida i1- A1.2*	*Final de Carrera A- E0.2*
Lugar d1- M64.2	*Salida d2- A1.3*	*Final de Carrera B- E0.3*
Lugar d2- M65.2	*Salida i2- A1.4*	*Final de Carrera C- E0.4*
Lugar e1- M64.3		*Final de Carrera D- E0.5*
Lugar e2- M65.3		
Lugar i1- M64.4		
Lugar i2- M65.4		

Instrucción	***Comentario***
U M 64.1	*El carrito 1 está en reposo*
U M 65.1	*El carrito 2 está en reposo*
U E 0.1	*Se activa el pulsador M*
S M 64.2	*El carrito 1 va hacia la derecha*
S M 65.2	*El carrito 2 va hacia la derecha*
R M 64.1	*Se desactivan los estados anteriores*
R M 65.1	
U M 64.2	*El carrito 1 va hacia la derecha*
U E 0.3	*Toca el final de carrera B*
S M 64.3	*El carrito 1 espera*
R M 64.2	
U M 65.2	*El carrito 2 va hacia la derecha*
U E 0.5	*Toca el final de carrera D*
S M 65.3	*El carrito 2 espera*
R M 65.2	
U M 64.3	*Han llegado los dos carritos*
U M 65.3	
U E 0.3	
U E 0.5	

Instrucción	***Comentario***
S M 64.4	*El carrito 1 va hacia la izquierda*
S M 65.4	*El carrito 2 va hacia la izquierda*
R M 64.3	*Se desactivan los estados anteriores*
R M 65.3	
U M 64.4	*El carrito 1 va hacia la izquierda*
U E 0.2	*El carrito llega al final de carrera A*
S M 64.1	*Añadimos una marca al estado de reposo*
R M 64.4	*Quitamos una marca del estado anterior*
U M 65.4	*El carrito 2 va hacia la izquierda*
U E 0.4	*El carrito 2 llega al final de carrera C*
S M 65.1	*Añadimos una marca al estado de reposo*
R M 65.4	*Quitamos una marca del estado anterior*
U M 64.2	*Activación de las salidas*
= A1.1	*derecha 1*
U M 65.2	
= A1.3	*derecha 2*
U M 64.4	
= A1.2	*izquierda 1*
U M 65.4	
= A1.4	*izquierda 2*
U E 0.7	*Inicialización del programa*
S M 64.1	
R M 64.2	
R M 64.3	
R M 64.4	
S M 65.1	
R M 65.2	
R M 65.3	
R M 65.4	

La programación de la transición entre los lugares de espera y los lugares i1 e i2 se realiza teniendo en cuenta los captadores B y D. La programación es:

Instrucción	*Comentario*
U M 64.3	*Han llegado los dos carritos*
U M 65.3	
U E 0.3	*Captador B*
U E 0.5	*Captador D*
S M 64.4	*El carrito 1 va hacia la izquierda*
S M 65.4	*El carrito 2 va hacia la izquierda*
R M 64.3	*Se desactivan los estados anteriores*
R M 65.3	

La programación no es del todo correcta, dado que un carrito podría no estar tocando el final de carrera cuando llegue el otro (el carrito ya ha llegado y está en espera). La programación correcta es:

Instrucción	*Comentario*
U M 64.3	*Han llegado los dos carritos*
U M 65.3	
S M 64.4	*El carrito 1 va hacia la izquierda.*
S M 65.4	*El carrito 2 va hacia la izquierda.*
R M 64.3	*Se desactivan los estados anteriores*
R M 65.3	

Por lo cual se deduce que a la vez que se activa la transición 6 se dispara. Es decir, toda transición que no tenga un evento exterior asociado se dispara a la vez que se activa. La receptividad asociada a esa transición es siempre verdad.

10.4.3 Implementación programada de redes de Petri no binarias

Para implementar los lugares de las redes de Petri en los programas de autómata se han utilizado marcas o bits internos, que solamente pueden tomar dos valores 0 ó 1 (False o True). Hasta ahora los lugares son marcados con la instrucción Set o desmarcados con la instrucción Reset. Con este tipo de programación los lugares pueden contener como máximo una marca. Si las redes de Petri son binarias, como máximo el marcado de un lugar es uno ($M(p) \leq 1$). Las redes de Petri no binarias pueden tener lugares que contengan más de una marca. Estos lugares pueden modelar, por ejemplo, el número de objetos que hay en un almacén, el número de piezas de un palet, las piezas que hay encima de una cinta transportadora, etc.

Para programar estos lugares en el autómata utilizaremos los bloques funcionales contadores.

En lenguaje STEP-5 las operaciones que se pueden realizar sobre los contadores son:

Operación	**función**
S	*Activa un contador al valor inicial*
R	*Pone a cero un contador*
ZV	*Suma uno*
ZR	*Resta uno*

Para cargar un contador con su valor inicial la programación puede ser:

U E 0.1

L KZ 45

S Z 5

Con este programa se carga el valor 45 en el contador 5.

Para utilizar el contador en funciones lógicas se pueden utilizar estas cuatro instrucciones:

Operación	*Descripción*
U Z5	*Es verdad si el valor del contador es mayor que cero*
O Z5	*Es verdad si el valor del contador es mayor de cero*
UN Z5	*Es verdad si el valor del contador es cero*
ON Z5	*Es verdad si el valor del contador es cero*

Un productor produce objetos que deposita en el almacén de una fábrica. Este almacén tiene una capacidad de 4 objetos. El consumidor (la fábrica) retira los objetos del almacén con el fin de utilizarlos en un proceso de fabricación. Al almacén no se puede acceder simultáneamente, es decir, el productor y el consumidor tienen que acceder al almacén en exclusión mutua (o se depositan o se extraen objetos).

Nuestra misión es diseñar el sistema de control que coordine las acciones entre el productor y el consumidor, y tenga en cuenta la capacidad finita del almacén (el productor no puede seguir con su labor si el almacén está lleno, o el consumidor no puede seguir consumiendo si el almacén está vacío).

Para modelar el almacén en una red de Petri utilizaremos tres lugares cuyas funciones serán:

lugar	*función*	*implementación*
A	*Almacén libre o ocupado*	*marca*
O	*Número de objetos en el almacén*	*contador*
H	*Número de huecos en el almacén*	*contador*

- *Lugar A*

El productor y el consumidor necesitan saber si pueden acceder al almacén, si este lugar está marcado, y si el almacén está libre. Si el productor accede al almacén, desmarcará este lugar (almacén ocupado), una vez deje el almacén libre volverá a marcarlo (almacén libre).

- *Lugar O*

Si el productor deposita un objeto, añadirá una marca a este lugar (ZV Z...). Si el consumidor extrae un objeto, quitará una marca de este lugar (ZR Z....).

- *Lugar H*

Si el productor deposita un objeto, quitará una marca a este lugar (ZR Z...). Si el consumidor extrae un objeto, añadirá una marca de este lugar (ZV Z....). Evidentemente no se puede utilizar el mismo contador para modelar los dos lugares a la vez.

En la Figura 10.26 se observa una posible red de Petri del sistema:

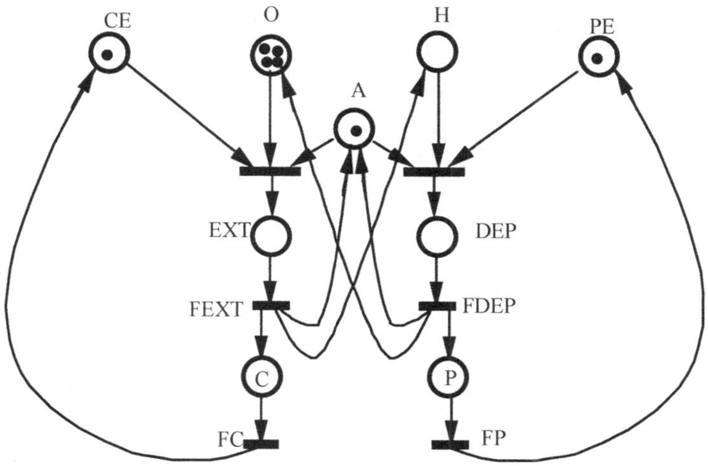

Figura 10.26

Descripción de los lugares:

- CE consumidor en espera de almacén.
- PE productor en espera de almacén.

- O nº de objetos en el almacén.
- H nº de huecos en el almacén.
- A estado del almacén.
- EXT el consumidor extrae un objeto del almacén.
- DEP el productor deposita un objeto en el almacén.
- P el productor produce.
- C el consumidor consume.

Descripción de las transiciones:

- FEXT el consumidor termina de extraer el objeto del almacén.
- FDEP el productor termina de depositar el objeto en el almacén.
- FC el consumidor ha terminado la labor que había realizado con el objeto y pasa al estado de espera de almacén para extraer un nuevo objeto.
- FP el productor ha terminado de fabricar un objeto y pasa al estado de espera de almacén para depositarlo.

Todos los lugares, excepto el 'H' y el 'O', pueden ser programados mediante marcas. El 'H' y el 'O' serán programados en el autómata mediante contadores. La realización del programa se deja como ejercicio para el lector.

- *Programa y descripción adjunta:*

Instrucción	***Comentario***
U CE	*El consumidor está esperando*
U O	*Hay objetos en el almacén*
U A	*El almacén está en reposo*
S EXT	*El consumidor extrae un objeto*
R CE	*Se desmarca el lugar anterior*
ZR O	*Se reduce en uno el número de objetos en el almacén*
R A	*El almacén está ocupado*
U EXT	*El consumidor está extrayendo*
U FEXT	*Fin de la extracción*
S C	*El consumidor consume*
ZV H	*Se incrementa en uno el número de huecos del almacén*

Instrucción	***Comentario***
S A	*El almacén está libre*
R EXT	*Se desmarca el lugar anterior*
U C	*El consumidor consume*
U FC	*Fin del consumo de la pieza*
S CE	*Consumidor en espera*
R C	*Se desmarca el lugar anterior*
U PE	*El productor está esperando*
U H	*Existen huecos en el almacén*
U A	*El almacén está libre*
S DEP	*El productor deposita un objeto en el almacén*
R A	*El almacén ya no está libre*
ZR H	*Se descuenta un hueco*
R PE	*Se desmarca el lugar anterior*
U DEP	*El productor está depositando el objeto*
U FDEP	*Finaliza la operación*
S A	*El almacén está libre*
ZV O	*Se cuenta un objeto*
S P	*El productor produce*
R DEP	*Se desmarca el lugar anterior*
U P	*El productor produce*
U FP	*Finaliza la producción*
S PE	*El productor espera*
R P	*Se desmarca el lugar anterior*
U E0.7	*Inicialización del estado*
S CE	
S A	
S PE	
L KZ 4	
S O	
R H	
R EXT	
R DEP	
R C	
R P	

Implementación programada en lenguaje Literal Estructurado

En lenguaje literal estructurado las operaciones que se pueden realizar sobre los contadores son:

Operación	*función*
Preset	*Carga en el contador su valor de preset*
Reset	*Pone a cero un contador*
Up	*Incrementa uno*
Down	*Decrementa uno*

Los objetos asociados a un bloque funcional contador son:

Variable	*función*
%Ci.P	*Valor de preset del contador. Es una palabra de 16 bits*
%Ci.V	*Valor actual del contador. Es una palabra de 16 bits*

```
! IF Consumidorespera AND Objetos.V>0 AND Almacén THEN
SET Consumidorextrae;
RESET Consumidorespera;
RESET Almacén;
DOWN Objetos;
END_IF;
! IF Consumidorextrae AND Finextraccion THEN
SET Consumidorconsume;
RESET Consumidorextrae;
SET Almacén;
UP Huecos;
END_IF;
! IF Consumidorconsume AND Finconsumo THEN
SET Consumidorespera;
RESET Consumidorconsume;
END_IF;
! IF Productorespera AND Huecos.V>0 AND Almacén THEN
SET Productordeposita;
RESET Productorespera;
RESET Almacén;
```

```
DOWN Huecos;
END_IF;
! IF Productordeposita AND Findeposito THEN
SET Productorproduce;
RESET Productordeposita;
SET Almacén;
UP Objetos;
END_IF;
! IF Productorproduce AND Finproduccion THEN
SET Productorespera;
RESET Productorproduce;
END_IF;
! IF %S0 OR %S1 OR %S13 OR Inicialización THEN
SET Consumidorespera;
PRESET Objetos;
RESET Huecos;
SET Almacén;
SET Productorespera;
RESET Consumidorextrae;
RESET Consumidorconsume;
RESET Productordeposita;
RESET Productorproduce;
END_IF;
```

La inicialización es correcta si el número de objetos del almacén es cuatro. Si el operador desea introducir el número de objetos que hay en el almacén, lo hará mediante un terminal de diálogo que volcará el número de objetos en una variable de memoria del autómata (%MW10).

```
!IF Reglaje THEN
Objetos.P:=%MW10;
PRESET Objetos;
Huecos.P:=4-%MW10;
PRESET Huecos;
END_IF;
```

CAPÍTULO 11

EL GRÁFICO DE MANDO ETAPA/TRANSICIÓN: GRAFCET

11.1 INTRODUCCIÓN

En 1975, uno de los grupos de trabajo de la hoy extinta asociación AFCET (*Asociation Francaise pour la Cibernétique Economique et Technique*), el grupo de Sistemas Lógicos, decidió crear la comisión sobre *Normalización de la Representación de la especificación de los controladores lógicos*. En agosto de 1977 una comisión formada por 12 académicos e investigadores (entre ellos, nuestro catedrático Manuel Silva Suárez) y 12 representantes de compañías como EDF, CEA, Merlin-Gerín, Telemecánica... firmaron el informe final.

En pocas palabras el grupo buscaba un modelo de representación y especificación del funcionamiento de los sistemas comandados por los controladores lógicos, por los automatismos. Este modelo de especificación solamente describe el comportamiento deseado, sin detallar la tecnología con que se realice la implementación real. Dicho modelo fue bautizado con el nombre de Grafcet, Gráfico de mando etapa-transición. El Grafcet está reconocido por la norma IEC-848. Así mismo está reconocido en la norma IEC-61131.

El Grafcet es un formalismo inspirado en las redes de Petri, merced a una interpretación singular, donde se manejan eventos, condiciones y acciones en forma análoga a los clásicos diagramas de estado, siendo la variable local de estado (la etapa) intrínsecamente binaria.

Si en una red de Petri se asocian señales a los etapas y a las transiciones, se le denomina diagrama de marcado o red de Petri sincronizada (con su entorno), o interpretada para control (su aplicación más difundida). Un diagrama de marcados es una red de Petri a cuyas transiciones se le asignan señales de entrada y a cuyos lugares y transiciones se le asignan señales de salida. Si se consideran redes de Petri binarias, en que los lugares representan condiciones booleanas, los diagramas de marcados son esencialmente Grafcet.

El Grafcet está definido por unos elementos gráficos y unas reglas de evolución que reflejan la dinámica del comportamiento del sistema. Todo automatismo secuencial o concurrente se puede estructurar en una serie de Etapas que representan estados o subestados del sistema en los cuales se realizan una o más acciones, así como transiciones, que son las condiciones que deben darse para pasar de una etapa a otra. El Grafcet es una representación gráfica del automatismo compuesto por etapas y transiciones.

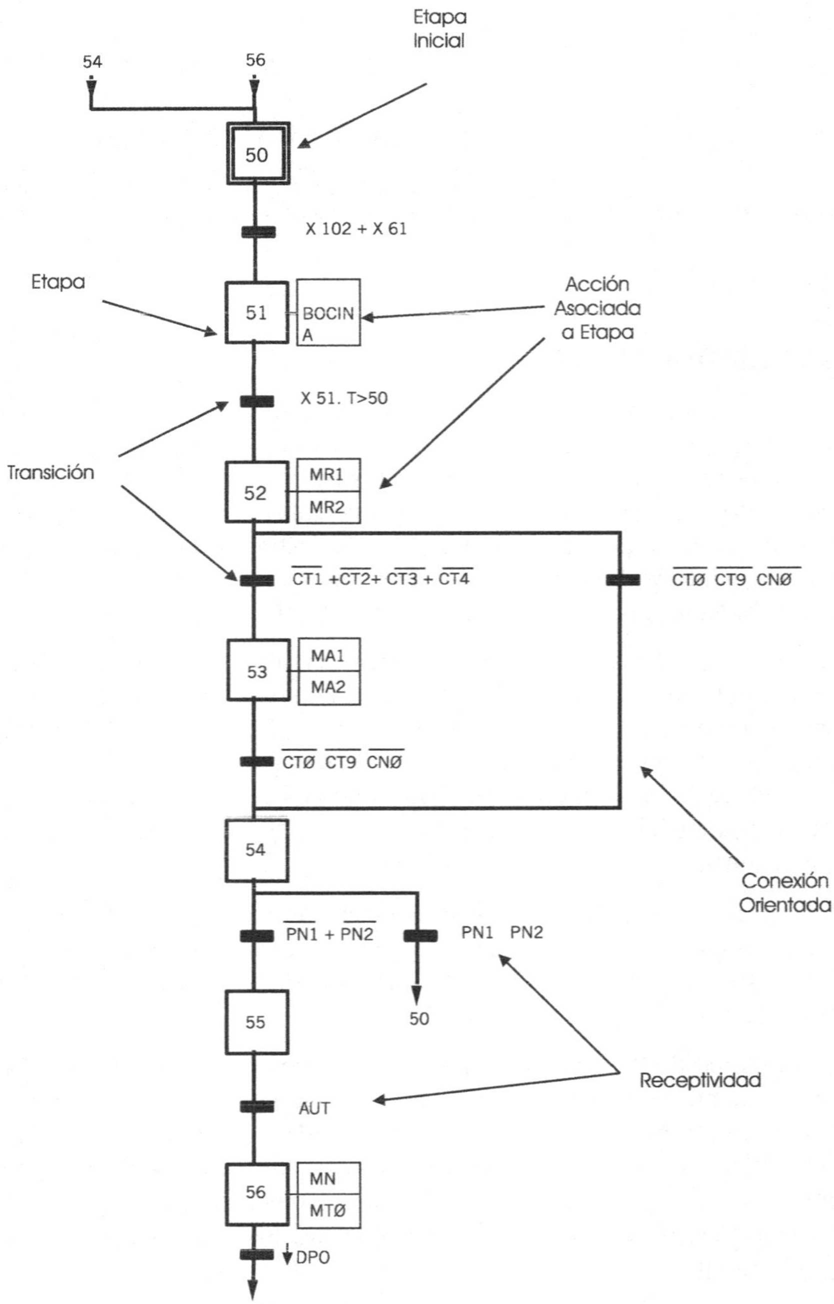

Figura 11.1 Grafcet

11.2 ELEMENTOS BÁSICOS DEL GRAFCET

11.2.1 Etapas

Una etapa corresponde a una situación del sistema que indica un comportamiento estable. Se conviene en representar una etapa por un cuadrado en el que se indicará el número de etapa.

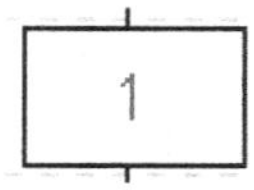

Figura 11.2 Etapa

Las etapas iniciales se representan por dobles cuadrados. Éstas son las únicas que se activan al inicializar el GRAFCET.

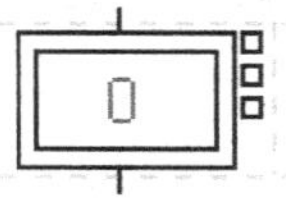

Figura 11.3 Etapa inicial

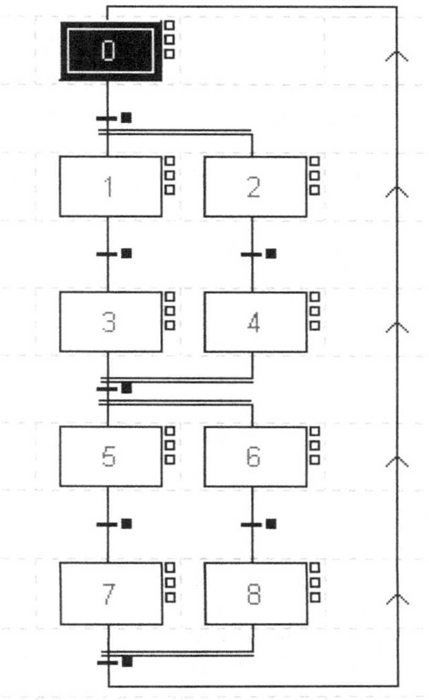

Figura 11.4 Etapa inicial activa al inicializar el grafcet

Se indica el estado activo de una etapa por una marca situada en la parte inferior del cuadrado:

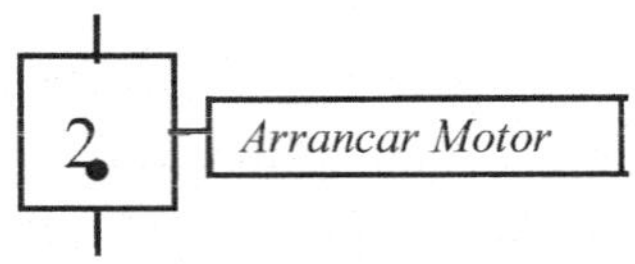

La Etapa nº 21 activa manda el Arranque del Motor.

Figura 11.5

En la ejecución de un grafcet las etapas activas se marcan en negro.

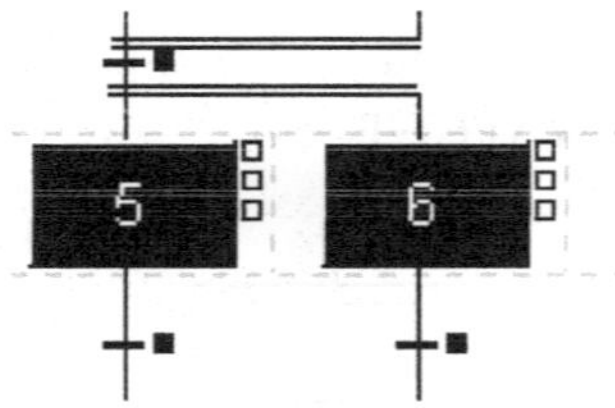

Figura 11.6 Etapas activas

11.2.2 Transiciones

La transición es un elemento que permite evolucionar o no de una etapa a la siguiente. Se representan por un trazo perpendicular a la línea que una dos Etapas.

Una transición entre dos Etapas se representa mediante una línea perpendicular a las uniones orientadas. Para facilitar la compresión del GRAFCET, cada transición puede ir numerada a la izquierda de la línea perpendicular.

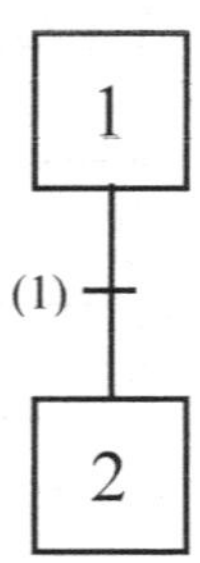

Figura 11.7

Para que una transición sea franqueable y el grafcet evolucione de una etapa a la siguiente, se deben dar las siguientes condiciones:

- Todas las Etapas de entrada de la transición deben estar activas.
- La receptividad asociada a la transición debe ser verdadera.

Receptividad

La receptividad asociada a una transición es una función booleana que expresa la condición lógica de la que depende el franqueamiento (paso a través) de la transición.

Ejemplos de receptividades:

- Contaje de 20 piezas.
- Activación de un captador.
- Fin de temporización.

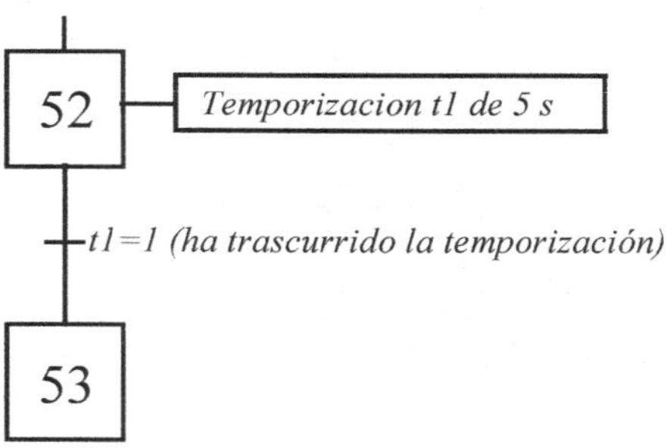

Figura 11.8

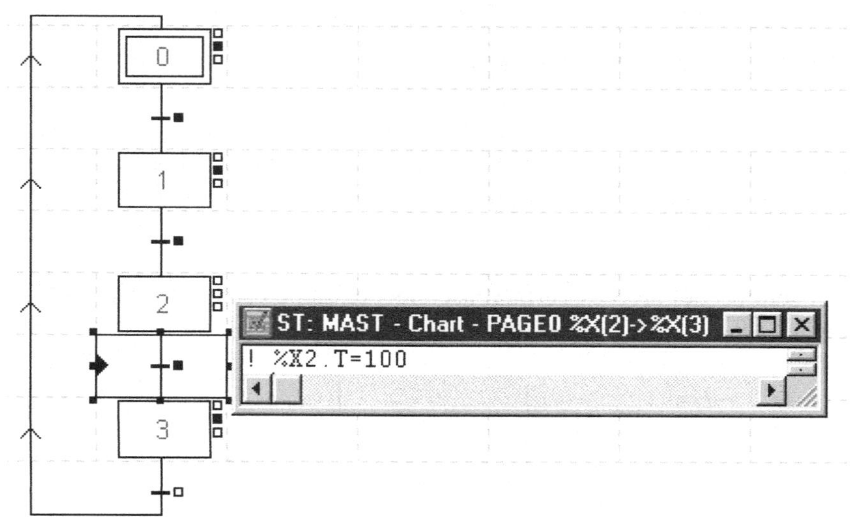

Figura 11.9 Ejemplo de receptividad: Etapa temporizada

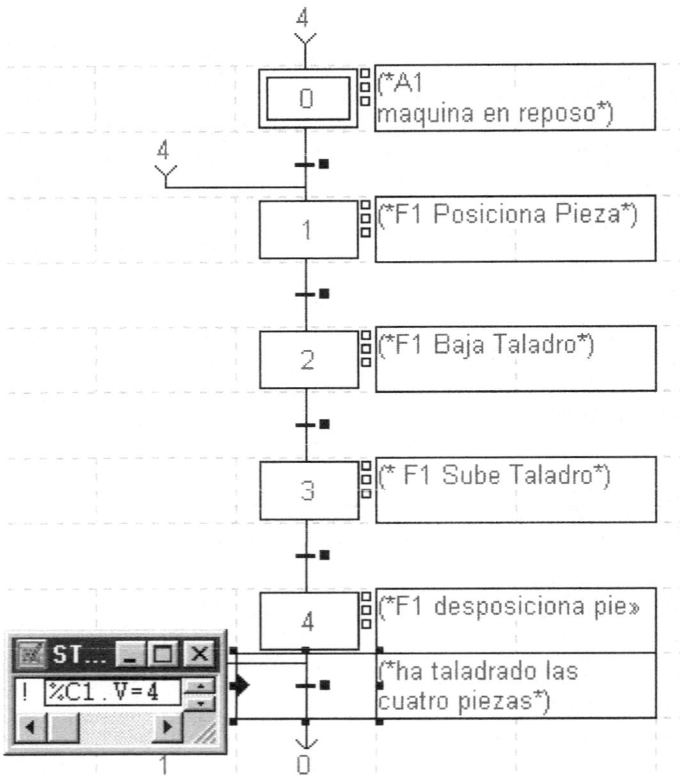

Figura 11.10 Ejemplo de receptividad: Contaje de cuatro piezas

11.2.3 Arcos o uniones orientadas

Un arco es un segmento de recta orientado que une una etapa con una transición, o bien una transición con una etapa, pero nunca dos transiciones o dos Etapas entre sí. Se conviene en que el sentido vertical descendente no está marcado con flecha (orientación implícita).

Si el sentido del arco es vertical ascendente, debe estar marcado con flecha que lo indique.

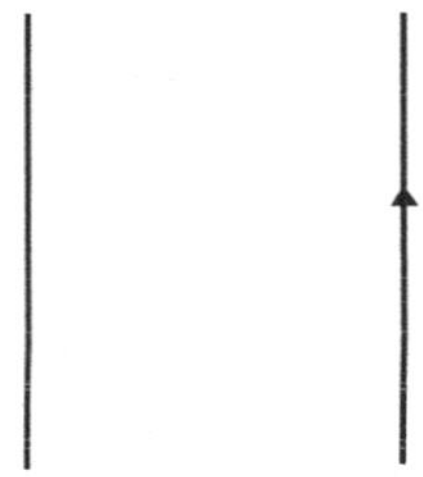

Figura 11.11

11.2.4 Regla de sintaxis

La alternancia *etapa-transición y transición-etapa* debe ser respetada siempre sea cual sea la secuencia recorrida. Dos Etapas nunca deben estar unidas directamente, sino que tienen que estar separadas por una transición.

11.3 ACCIONES

En cada etapa se desarrollan una serie de acciones sobre el sistema. Estas acciones están especificadas en un rectángulo situado a la derecha del símbolo de etapa. Estas acciones pueden ser de tipo impulsional como activar un temporizador, incrementar en uno un contador; o continuas mientras la etapa esté activa, como por ejemplo abrir una electroválvula, alimentar a un motor…

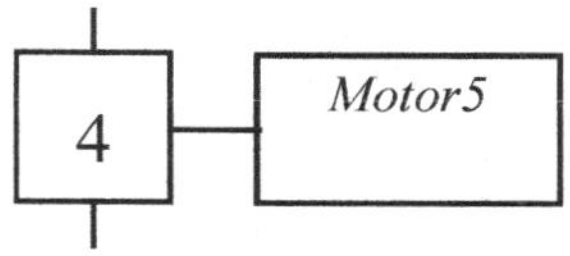

Figura 11.12 Etapa y acciones asociadas

Una etapa que no tiene asociada ninguna acción puede corresponder a estados como son el estado de reposo inicial de la máquina a la espera de la orden de marcha, la espera de un acontecimiento externo, por ejemplo, el cambio de estado de una entrada. También puede corresponder a la espera de un acontecimiento interno como puede ser la activación de otra etapa, etapas temporizadas…

Para la clasificación de las acciones más utilizadas, el criterio a emplear será el de comparar la duración de la acción con la actividad de la etapa.

Acción continua

La ejecución de la acción continua se produce mientras la etapa a la que está asociada, está activa.

Ejemplo:

Acción A=X23

La acción A se produce mientras la etapa 23 está activa. Cuando la etapa 23 está activa (X23=1), la acción A se ejecuta y se mantiene hasta que se desactiva (X23=0).

Acción condicional

La acción condicional es una acción continua cuya ejecución está sometida a una condición lógica.

Ejemplo:

Acción B=X24*c

Esta condición lógica va anotada en el interior del rectángulo correspondiente a la acción a ejecutar. También puede escribirse en el exterior del mismo con un trazo en su parte superior.

Las acciones de cada etapa además de depender de que la etapa esté activa pueden depender de otra serie de condiciones como combinaciones de variables de entrada, bits internos, otras Etapas del grafcet, etc.

Ejemplo:

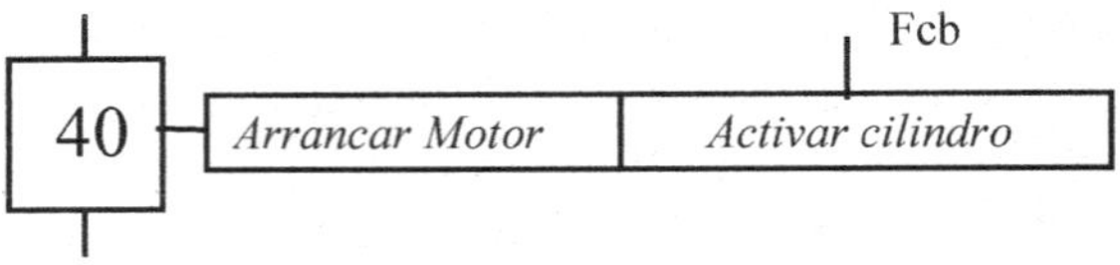

Figura 11.13

Cuando la etapa 40 está activa, se arranca el motor; la acción de Activar cilindro sólo se realiza cuando la condición Fcb es verdadera.

Estas acciones condicionales permiten, por ejemplo, realizar en una etapa combinaciones locales relativas a condiciones de seguridad en un movimiento. Es decir, se activa la salida si los captadores que deben estar activos dan señal.

Acción temporizada

Es un caso particular de las acciones condicionales que se encuentra con mucha frecuencia en las aplicaciones prácticas; en ellas el tiempo interviene como condición lógica. De un modo general, el tiempo se expresa mediante la notación *t/i/q*, en la que tras la letra -t-, se indica el número de la etapa -i-, que determina el origen de tiempos y su duración. Esta notación *t/i/q* toma el valor lógico 1 cuando transcurren -q- segundos después de la última activación de la etapa -i-.

Para programar las acciones temporizadas se utiliza como condición de salida de la etapa una comparación con el contador de tiempo de la etapa:

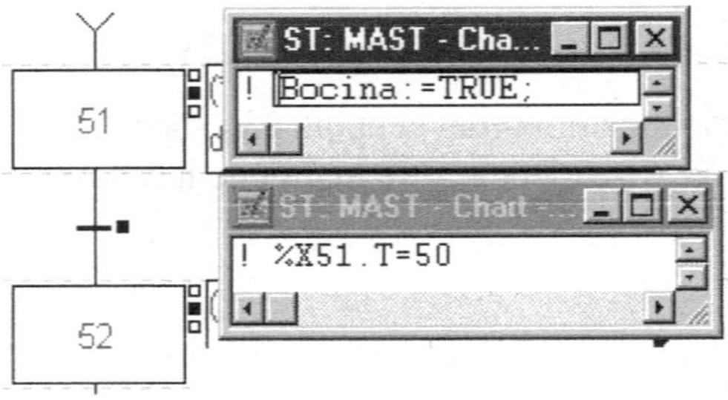

Figura 11.14

La etapa 51 está activa durante 5 segundos, durante los cinco segundos se activa la bocina. La bocina se desactiva en la etapa 52.

Figura 11.15

Efecto mantenido

Una de las dificultades más frecuentes en el momento de construir el GRAFCET es la representación de acciones o, más exactamente, órdenes, que deben permanecer durante un cierto número de Etapas consecutivas.

Hay dos tipos de descripciones:

* *Efecto mantenido por acciones continuas no memorizadas*

Consiste en la repetición de la acción o de la orden en todas las Etapas afectadas, asegurando de esta manera la continuidad del efecto o, también, la utilización de estructuras de secuencias simultáneas.

Este tipo de descripción presenta las características siguientes:

- La acción o la orden debe ser precisada en cada etapa en la que el efecto debe ser mantenido.
- El efecto de la acción o de la orden se interrumpe con la desactivación de la última etapa a la que está asociado.

* *Efecto mantenido por acción memorizada*

En este otro caso, las acciones u órdenes son dadas en la etapa en la que debe efectuarse el comienzo de la acción, la salida mediante un Set es puesta al estado lógico 1, y en la etapa en que esta acción se para, la salida mediante un Reset es puesta al estado lógico 0.

11.4 REGLAS DE EVOLUCIÓN DEL GRAFCET

Situación inicial

La situación inicial del GRAFCET caracteriza el comportamiento inicial de la parte de mando en relación con la parte operativa y corresponde a las Etapas activas al comienzo del funcionamiento.

Si esta situación inicial es siempre la misma, caso de los automatismos cíclicos, estará caracterizada por las Etapas iniciales. Este caso corresponde generalmente a un comportamiento de reposo.

En el caso de automatismos no cíclicos, la situación de partida depende del estado del proceso en el momento de la puesta en marcha de la parte de mando.

Franqueo de una transición

La evolución de la situación del GRAFCET correspondiente al franqueo de una transición no puede producirse más que:

- Cuando una transición está validada y
- Cuando la receptividad asociada a esa transición es verdadera.

Cuando estas dos condiciones se cumplen, la Transición es franqueable y entonces se franquea obligatoriamente.

Evolución de las Etapas activas

El franqueo de una transición trae como consecuencia la activación simultánea de todas las Etapas inmediatamente posteriores y la desactivación de todas las Etapas inmediatamente anteriores.

Evoluciones simultáneas

Si en un instante determinado existe un conjunto de varias transiciones que son franqueables simultáneamente, son simultáneamente franqueadas.

Activación y Desactivación simultáneas

Si en el curso del funcionamiento de un automatismo, una etapa debe ser activada y desactivada simultáneamente, sigue activa.

Duración del franqueo de una transición o de activación de una etapa

La duración del franqueo de una transición se considera teóricamente tan pequeña como se quiera pero no nula, aun en el caso de que esta duración venga impuesta en la práctica por la tecnología utilizada en la realización del automatismo.

Del mismo modo la duración de la activación de una etapa no puede ser considerada nula.

11.5 ESTRUCTURAS EN GRAFCET

11.5.1 Secuencia única

Una Secuencia única se compone de una sucesión de Etapas que son activadas una a continuación de otra. A cada etapa le sigue solamente una transición y cada transición es validada por una sola etapa. El franqueo de una transición activa la etapa siguiente y desactiva la anterior.

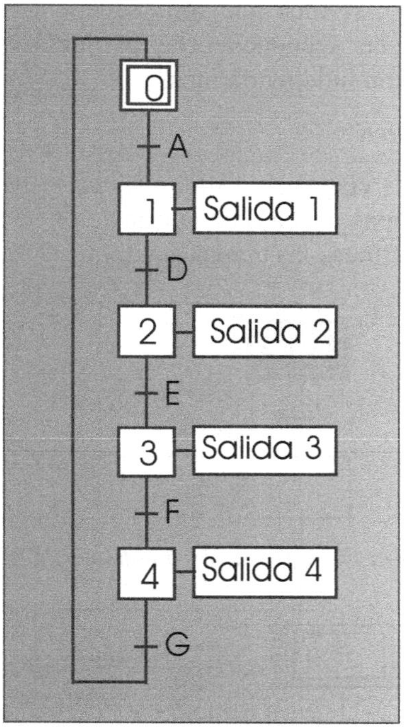

Figura 11.16

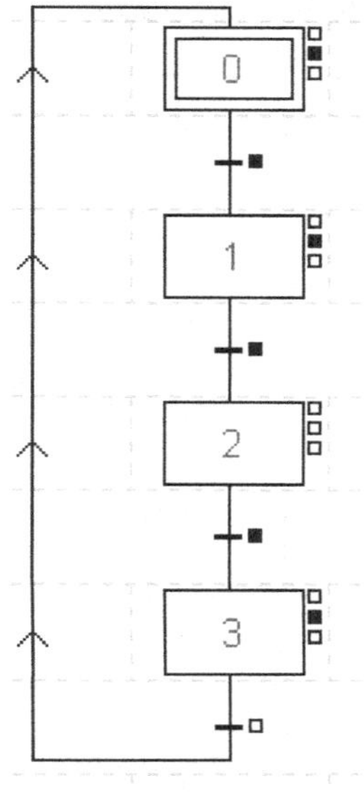

Figura 11.17 Ejemplo de Grafcet de Secuencia única

11.5.2 Secuencias simultáneas

Cuando el franqueo de una transición conduce a la activación de varias secuencias al mismo tiempo, se dice que son secuencias simultáneas. Después de la activación simultánea de estas secuencias, las evoluciones de las Etapas activas en cada una de las secuencias son independientes.

* *Activación simultánea*

Cuando son varias las etapas de salida de una transición se tiene la estructura activación simultánea de etapas. Debajo de la transición se dibujan dos líneas paralelas horizontales y debajo de las líneas las etapas a activar.

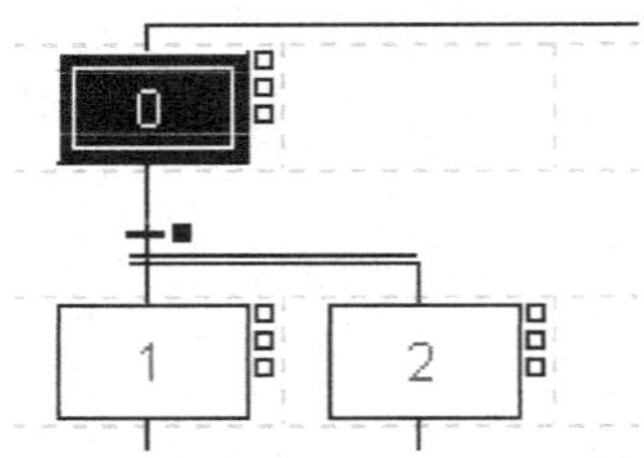

Figura 11.18 Activación simultánea de etapas

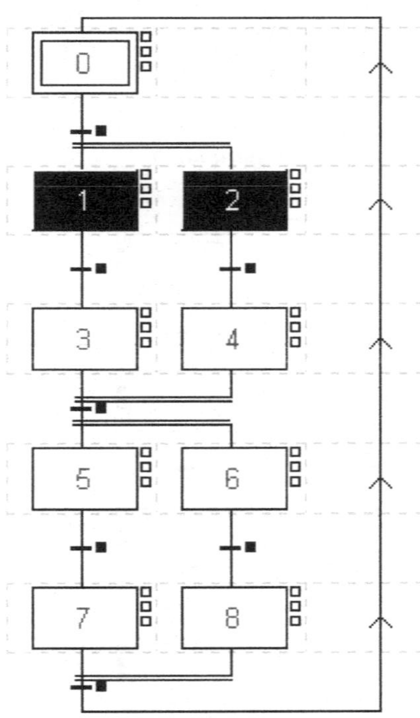

Figura 11.19 Estado del grafcet después de dispararse la transición

* *Desactivación simultánea*

Cuando se deben desactivar varias etapas simultáneamente, por la misma condición se tiene la estructura desactivación simultánea de etapas. Debajo de las etapas se dibujan las dos líneas paralelas horizontales y debajo de las líneas la transición que la desactiva.

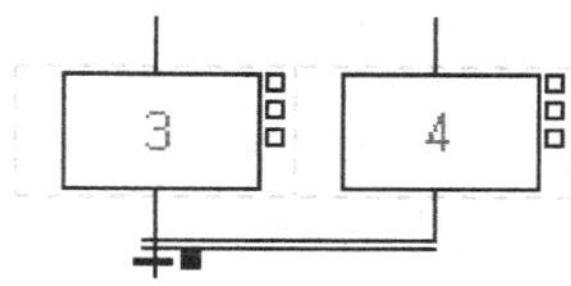

Figura 11.20 Desactivación simultánea

El conjunto de la línea perpendicular a las uniones orientadas y las dos líneas paralelas horizontales constituye, por lo tanto, el símbolo completo de la transición. Pueden existir estructuras de grafcet en las que haya una desactivación simultánea seguida de una activación simultánea.

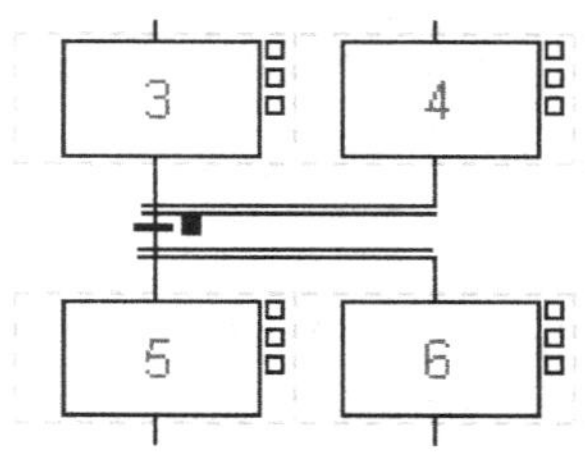

Figura 11.21

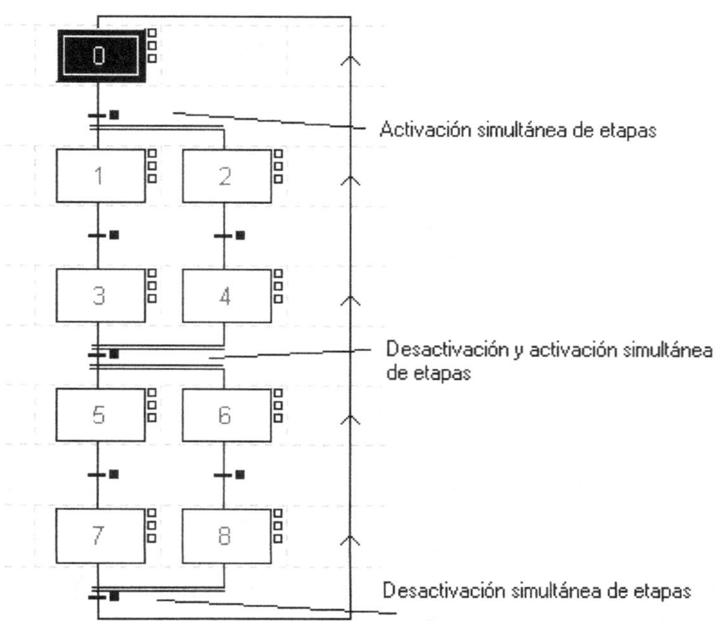

Figura 11.22

Para asegurar la desactivación de las secuencias simultáneas al mismo tiempo, se deben prever Etapas de espera recíproca. En el ejemplo las etapas 3 y 4 son etapas de espera recíproca. También lo son las etapas 7 y 8.

11.5.3 Selección de secuencia

Una selección, o una elección de evolución entre varias Etapas o secuencias, se representa a partir de una o varias Etapas, mediante tantas transiciones validadas como evoluciones haya. Por ejemplo, el producto puede ser de tipo A o tipo B. Si es de tipo A, se activa la etapa 2 y si es de Tipo B, se activa la etapa 3.

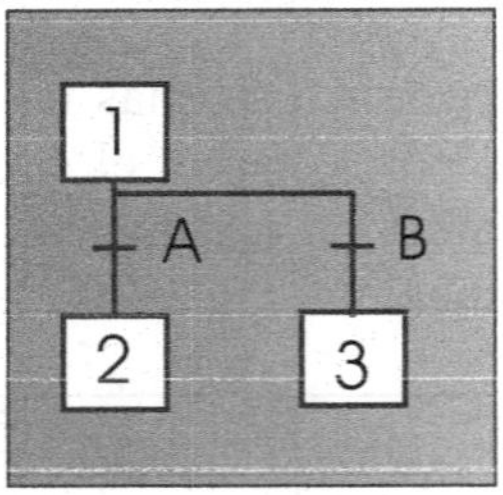

Figura 11.23

En la programación en lenguaje Pl7-Pro de los autómatas Telemecánica se permiten hasta 11 posibles transiciones en selección. En la Figura 11.24 se puede observar un ejemplo de ocho transiciones.

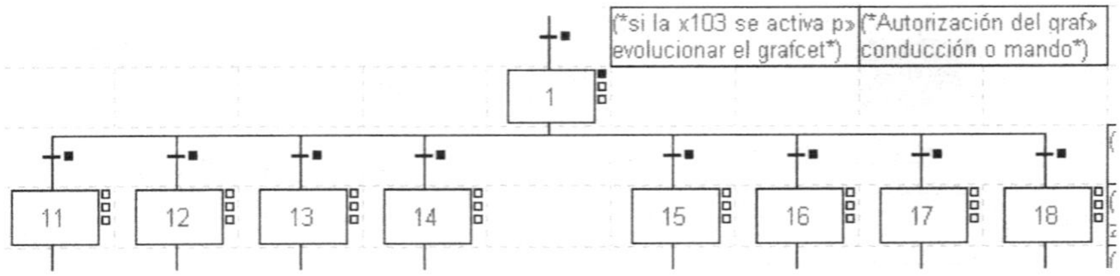

Figura 11.24

11.5.4 Secuencias exclusivas

Un problema que tiene el lenguaje Grafcet es que si en una selección de secuencia las receptividades de dos o más transiciones son verdaderas cuando se active la etapa de entrada, entonces las transiciones se franquean y se activan varias etapas a la vez. ¡No se ha producido una selección! En el caso de las redes de Petri, existiría un conflicto entre las transiciones cuya receptividad es verdadera y se dispararía solamente una de ellas (la transición elegida depende de la política aplicada en el disparo de transiciones), pero el Grafcet franquearía todas las transiciones.

Para obtener una selección exclusiva entre varias evoluciones posibles a partir de una misma etapa, es necesario asegurar que todas las receptividades asociadas a las transiciones son exclusivas, es decir, no pueden ser verdaderas simultáneamente.

Esta exclusión puede ser:

- Físicamente es imposible, por ejemplo un producto es de tipo A o es de tipo B, pero no de ambos a la vez.
- Dando prioridad a las receptividades.

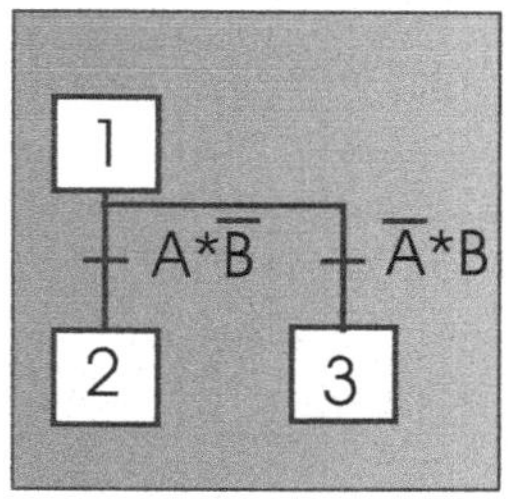

Figura 11.25

Las receptividades $a * \bar{b}$ y $\bar{a} * b$ son lógicamente exclusivas. Por lo tanto, si *a* y *b* son verdaderas al mismo tiempo, ninguna transición podrá franquearse a partir de la etapa 54.

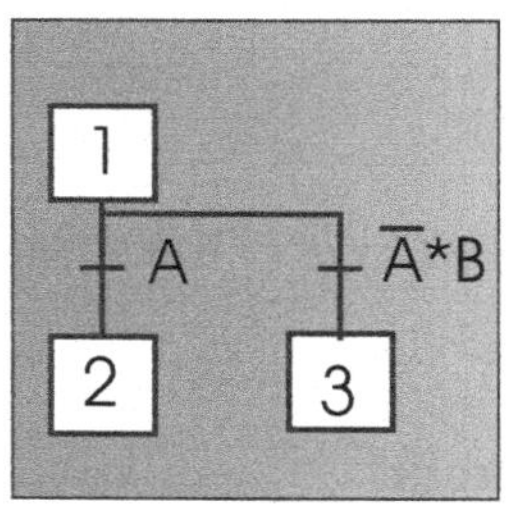

Figura 11.26

La prioridad la tiene la transición cuya receptividad es "a", que es franqueada cuando *a* y *b* son verdaderas al mismo tiempo.

En el ejemplo de la Figura 11.24 se tiene un programa de un vehículo transbordador que debe atender a ocho líneas que producen palets. Se pueden recibir llamadas simultáneamente de varías líneas, en la programación de las transiciones se debe asegurar que dos receptividades nunca sean verdaderas simultáneamente.

Lo cual se consigue gestionado las llamadas con un registro tipo FIFO, cuya palabra de salida se compara en las transiciones.

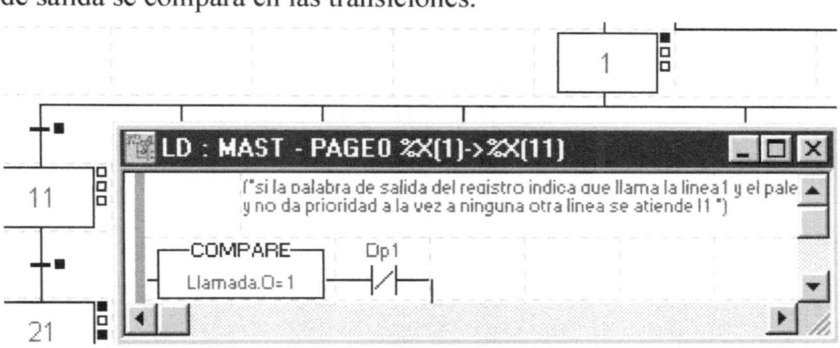

Figura 11.27

11.5.5 Salto de etapas

El salto de Etapas permite saltar una o varias Etapas, por ejemplo, cuando las acciones a efectuar por esas Etapas lleguen a ser inútiles o no tengan efecto.

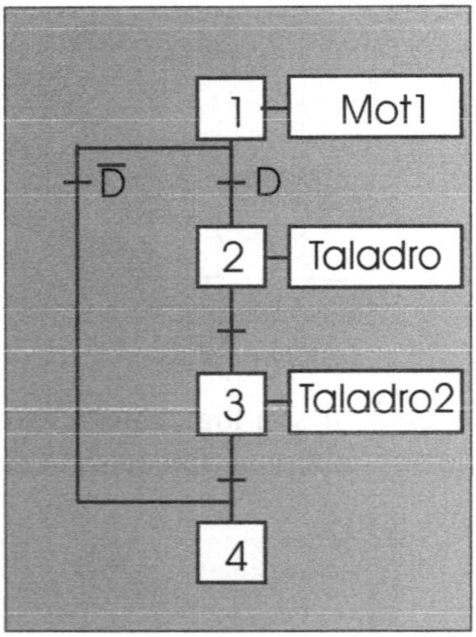

Figura 11.28 Salto de la etapa 1 a la 11 si la receptividad Not D es verdadera

11.5.6 Repetición de secuencia

La repetición de Secuencia permite volver a comenzar la misma Secuencia mientras una condición establecida no sea cumplida.

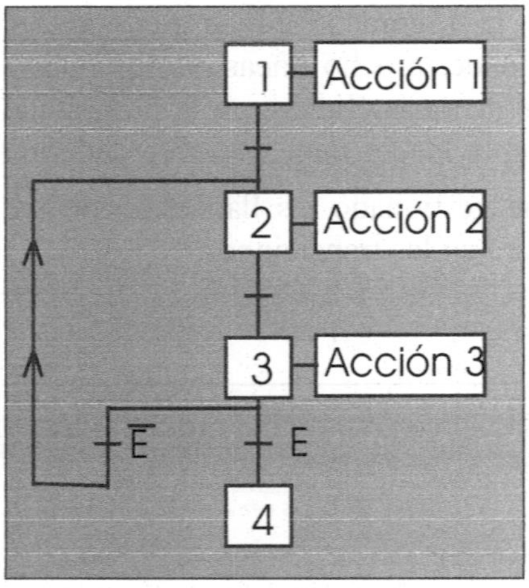

Figura 11.29 Repetición de Secuencia

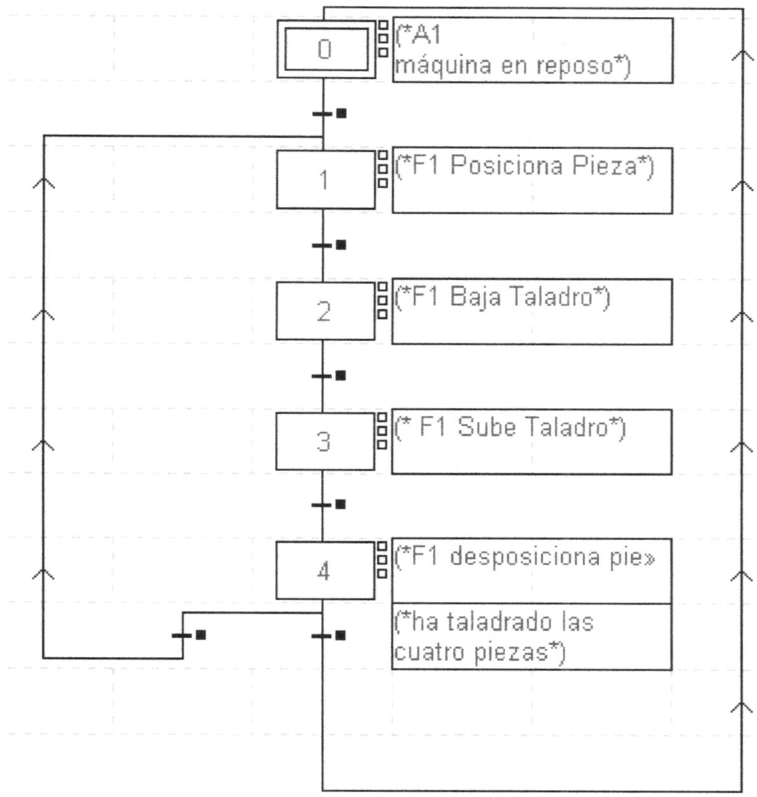

Figura 11.30

En la Figura 11.30 se puede observar la programación de una máquina taladradora, hasta que se taladren las cuatro piezas se repetirá la secuencia de las etapas 1,2,3 y 4.

11.5.7 Paralelismo interpretado

Cuando las receptividades asociadas a las transiciones validadas por una o varias Etapas no son exclusivas, pueden producirse evoluciones simultáneas que activan varias Etapas a la vez.

Este segundo tipo de paralelismo se llama paralelismo interpretado, puesto que, en vez de ser puesto en evidencia por la estructura del diagrama, como en el caso del paralelismo estructural, estas evoluciones, simultáneas o no, son determinadas únicamente por las receptividades asociadas a las transiciones.

Este modo de funcionamiento debe emplearse con cuidado, debido a la gran dificultad que tiene especificar correctamente los finales de las secuencias, para que el grafcet no siga hasta no haber terminado de activarse las Etapas correspondientes a las secuencias activadas en dicho paralelismo.

Ejemplo:

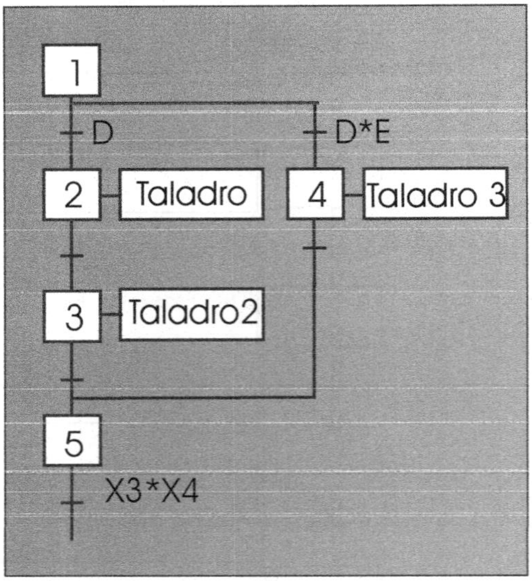

Figura 11.31

A partir de la etapa 1 activa:

- Si la condición "D" es verdadera y la "E" no, solamente se activa la etapa 2.
- Si la condición "E" es verdadera antes de que sea activa la "D" las Etapas 2 y 4 se activan simultáneamente.

La receptividad asociada a la transición debajo de la etapa 5 debe tener en cuenta que las Etapas 3 y 4 estén activas, a fin de efectuar una resincronización antes de seguir por la secuencia común.

Atención:

Es una estructura de programación no muy recomendable. Existen otras soluciones, como pueden ser una activación simultánea de las etapas 2 y 4 y la acción Taladro 3 esté condicionada por la entrada E.

11.5.8 Utilización de recursos comunes

En los procesos automatizados es frecuente encontrarse con que un recurso común, debe ser utilizado por varios procesos o máquinas, como un robot que debe atender a varias máquinas o un almacén donde se extraen y depositan piezas de varias máquinas. El acceso a estos recursos debe hacerse de forma exclusiva, de manera que no existan conflictos de tipo físico o lógico.

Por ejemplo, el estado de un robot se modela como libre o ocupado mediante una etapa de grafcet activa o no activa.

En la Figura 11.32 se observa el programa grafcet que controla tres máquinas. Las operaciones de la máquina 1, las realiza la secuencia 1. Las operaciones desarrolladas en la máquina 2, las realiza la secuencia 2... Para realizar estas operaciones es necesaria la asistencia de un Robot modelado mediante la etapa 10. Se ha dado prioridad a la máquina 1. La máquina 2 sólo producirá si la máquina 1 no utiliza el robot. La máquina 3 sólo producirá si las máquinas 1 y 2 no utilizan el robot. Cuando terminen con las operaciones de las secuencias, las máquinas liberan al robot, y se marca la etapa 10. A continuación las máquinas continúan con otras operaciones en las que no es necesaria la ayuda del robot.

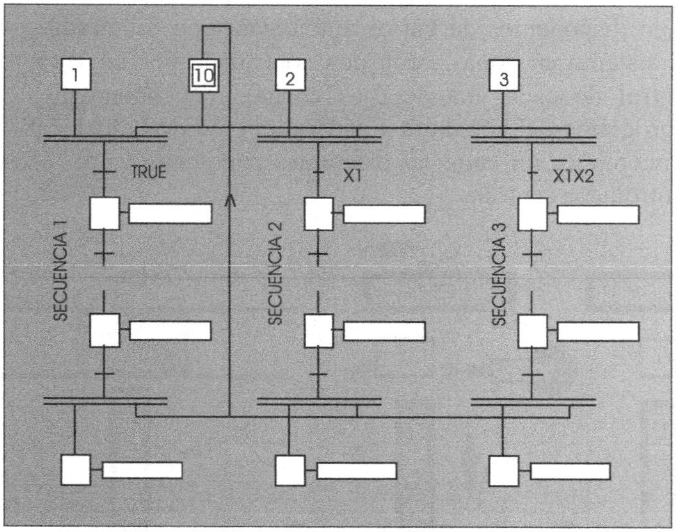

Figura 11.32

Se expone un ejemplo de modelado de robots que atienden a varias máquinas a la vez.

En la Figura 11.33 se observa un sistema de fabricación compuesto por 10 máquinas , 9 cintas transportadoras, 6 robots , 9 células fotoeléctricas, y un sistema de visión artificial.

- El material llega al sistema por las cintas 1 y 2 y sale en carretillas guiadas por railes.
- El robot 1 lleva las piezas de las cintas 1 y 2 a las máquinas 1 y 2, y de estas máquinas a las cintas 3 y 4.
- El robot 2 lleva las piezas de las cintas 3 y 4 a las máquinas 3 y 4, y de estas máquinas a la cinta 5.
- El robot 3 lleva las piezas de la cinta 5 a las máquinas 5 y 6, y de estas máquinas a las cintas 6 y 7.
- El robot 4 lleva las piezas de las cintas 6 y 7 a las máquinas 7 y 8, y de estas máquinas a la cinta 8.
- El robot 5 lleva las piezas de las cinta 8 a las máquinas 9 y 10, y de estas máquinas a la cinta 9.

- El robot 6 obedece las órdenes del sistema de visión artificial y coge las piezas defectuosas depositándolas en un contenedor, dejando pasar las piezas buenas que serán depositadas en las carretillas.
- Las cintas transportadoras se detendrán cada vez que la célula correspondiente detecte una pieza poniéndose en marcha cuando el robot haya retirado la pieza.

Se solicita al lector que diseñe el sistema de control de la siguiente manera: Suponer que sólo disponemos de varios autómatas con 8 entradas y 8 salidas cada uno. Dividir el sistema en zonas, cada una controlada por un autómata. Realizar el sistema de control de cada una de esas zonas independientemente de las otras, escribiendo el programa del autómata a partir de la red de Petri local. A continuación se realizará la interconexión entre las diferentes zonas utilizando, si es necesario, un autómata de controlador central.

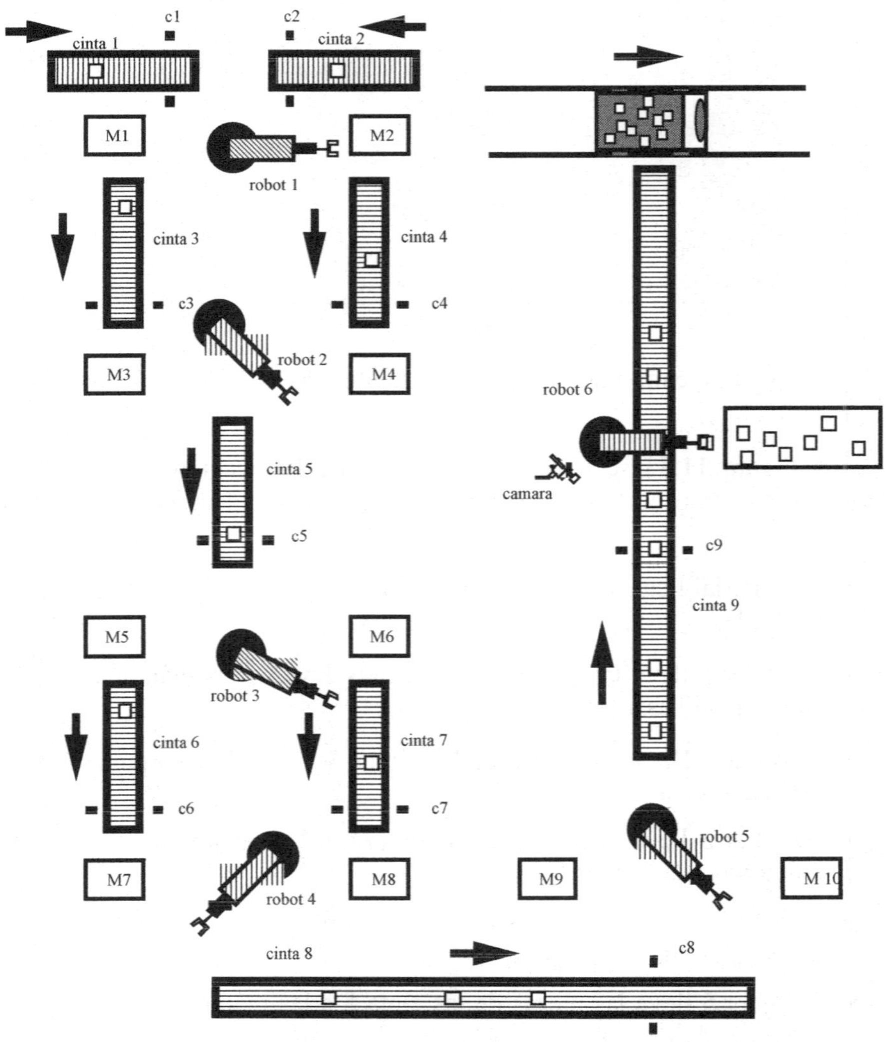

Figura 11.33

11.5.9 Unión entre secuencias

Una o varias Etapas pueden permitir las sincronizaciones lógicas sucesivas de varias secuencias "memorizando" en el momento preciso las autorizaciones necesarias.

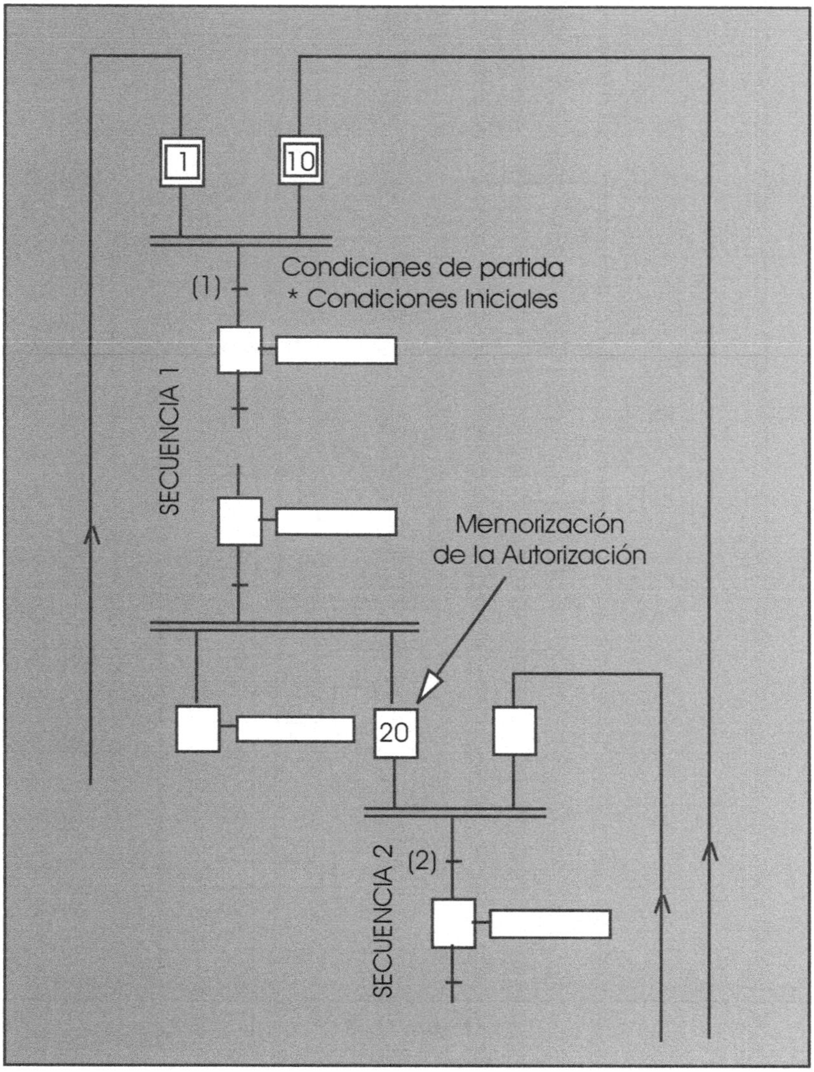

Figura 11.34

En la Figura 11.34 las Etapas 1 y 10 validan la transición (1). Desde el momento en que la receptividad asociada es verdadera, la Secuencia 1 se activa, y cuando acaba la secuencia, la etapa 20 memorizará la autorización dada a la Secuencia 2 que podrá ejecutarse siempre que se cumplan las condiciones propias de esta Secuencia.

Otras representaciones, como la de la Figura 11.35, utilizan diagramas separados.

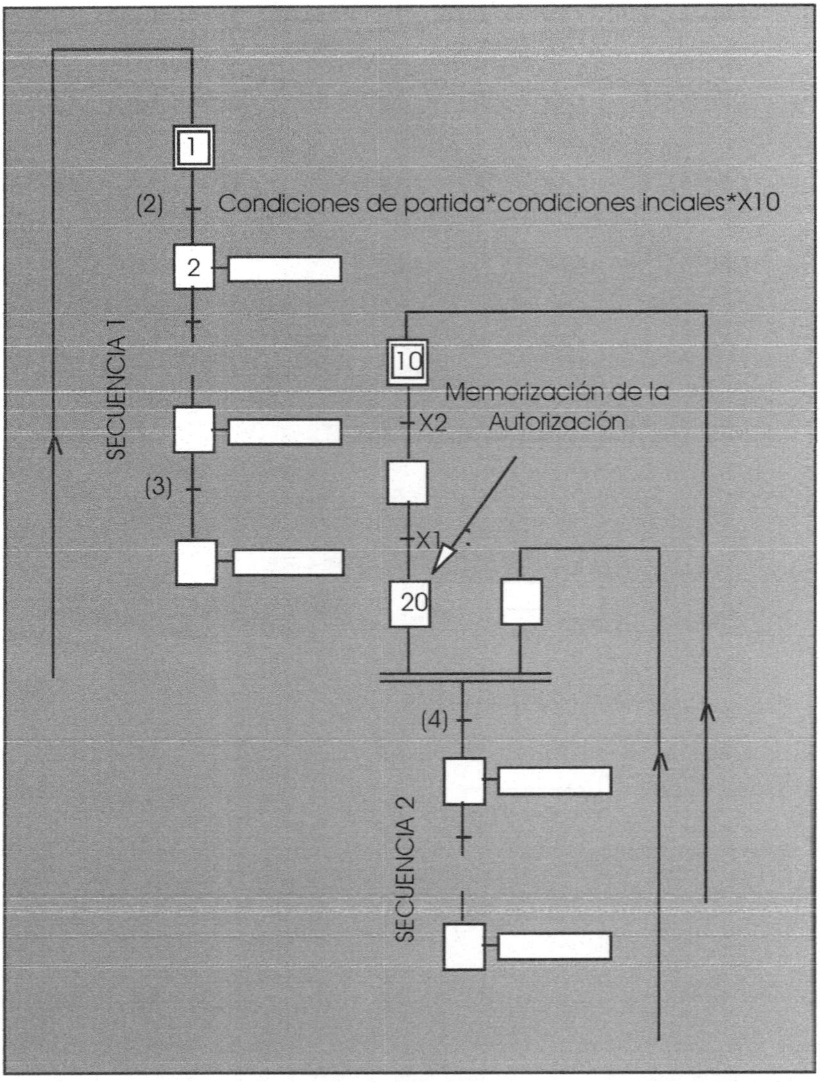

Figura 11.35

11.6 PROGRAMACIÓN DEL GRAFCET EN AUTÓMATAS

En los autómatas Telemecanique, los tratamientos combinatorios y secuenciales descritos por un GRAFCET están relacionados con lo que se llama la tarea principal o maestra, es decir, una de las tareas ejecutadas por el procesador principal. El grafcet sólo se puede programar en la tarea maestra.

Un programa escrito en lenguaje Grafcet consta de 3 tratamientos sucesivos:

- El Módulo preliminar Prl.
- El Módulo secuencial Chart.
- El Módulo posterior Post.

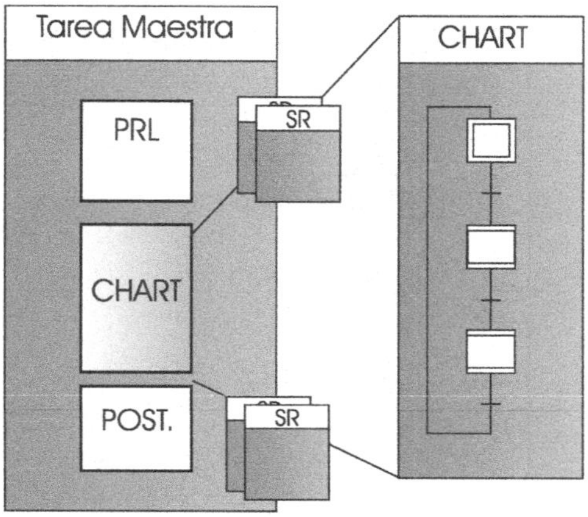

Figura 11.36

Módulo Preliminar

Este módulo se puede programar en lenguaje de contactos, en lista de instrucciones, o en literal estructurado.

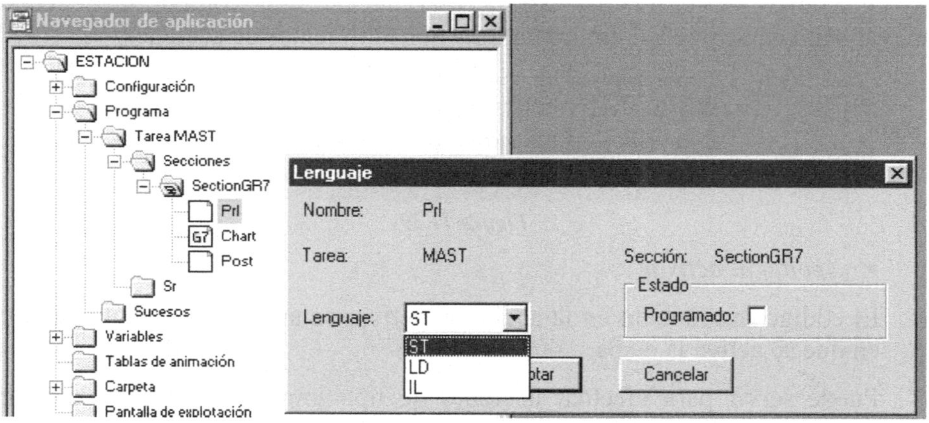

Figura 11.37

En este módulo se programan:

- Las operaciones sobre los bits de sistema.
- Los preposicionamientos del gráfico grafcet.
- La detección de fallos y la activación de la emergencia.
- La gestión del rearme de la máquina.

Módulo Chart

En este módulo se programa el gráfico grafcet y las macroetapas no autónomas. Permite tratar el cuerpo secuencial de la aplicación y acceder al tratamiento de receptividades y de acciones asociadas a etapas.

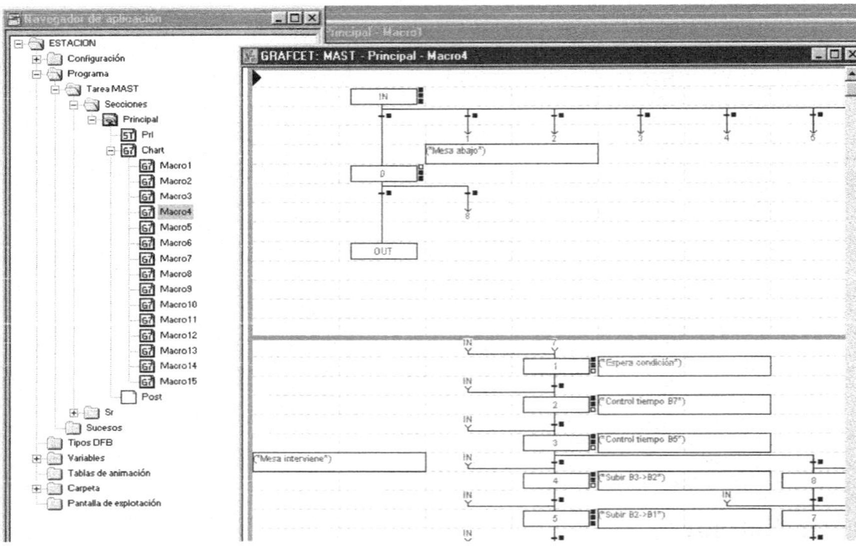

Figura 11.38

En las etapas el programador dispone de tres tipos de acciones donde se puede introducir código de programa. No necesariamente este código debe activar o desactivar salidas. Se pueden programar tres tipos diferentes de acciones:

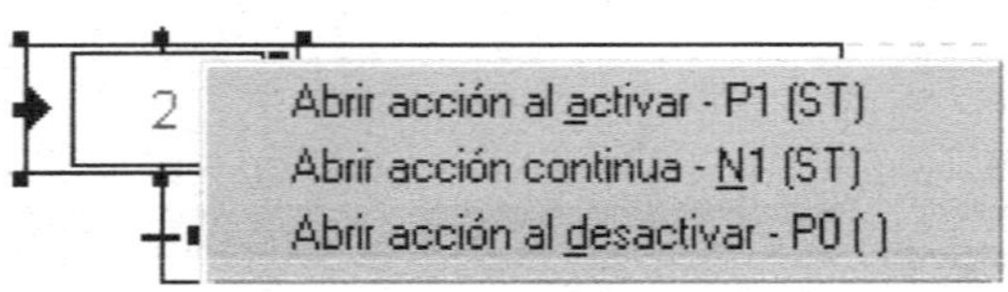

Figura 11.39

- *Acción al activar*

El código introducido en la acción al activar solamente se ejecuta en el ciclo en que se activa la etapa.

Puede servir para efectuar acciones de tipo impulso como incrementar un contador, activar las salidas asociadas a la etapa, activar un monoestable.

- *Acción continua*

La acción continua se ejecuta mientras permanece activa la etapa. El código introducido en la acción continua se ejecuta en todos los ciclos en que está activa la etapa.

- *Acción al desactivar*

El código introducido en la acción al desactivar solamente se ejecuta en el ciclo en que se desactiva la etapa. Puede servir igualmente para efectuar acciones de tipo impulso como incrementar un contador, desactivar las salidas asociadas a la etapa, activar un monoestable.

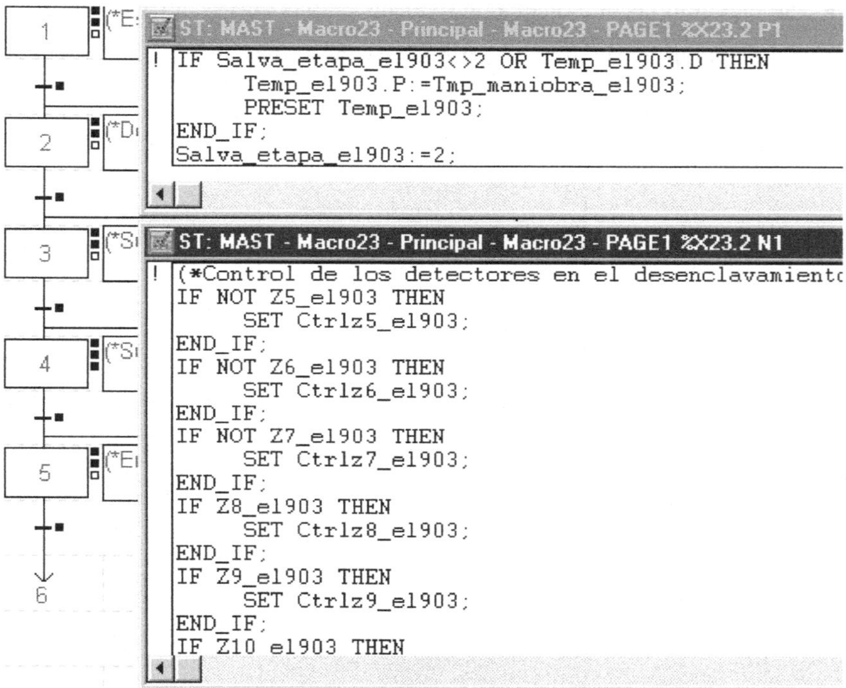

Figura 11.40

En la Figura 11.40 se puede observar la programación de la acción al activar y de la acción continua de la etapa 2 de la macro 23.

Tratamiento posterior

Este módulo se puede programar en lenguaje de contactos, en lista de instrucciones, o en literal estructurado. En este módulo se programan:

- Activación de las salidas del autómata.
- La programación de los bloques funcionales (temporizadores, contadores…).

11.6.1 Ejecución de un Grafcet en un autómata

En el ciclo de la tarea maestra primero se ejecuta el tratamiento preliminar PRL.

A continuación el Autómata ejecuta el módulo Chart. La ejecución del Chart consiste en:

- Se franquean las transiciones que estén validadas y su receptividad sea cierta, desactivando las etapas de entrada de la transición y activando las etapas de salida de la transición.

- Se ejecutan las acciones al desactivar las etapas que se desactivan en el ciclo del autómata.
- Se ejecutan las acciones al activar las etapas que se activan en el ciclo.
- Se ejecutan las acciones continuas de las etapas activas.

A continuación se ejecuta el tratamiento posterior.

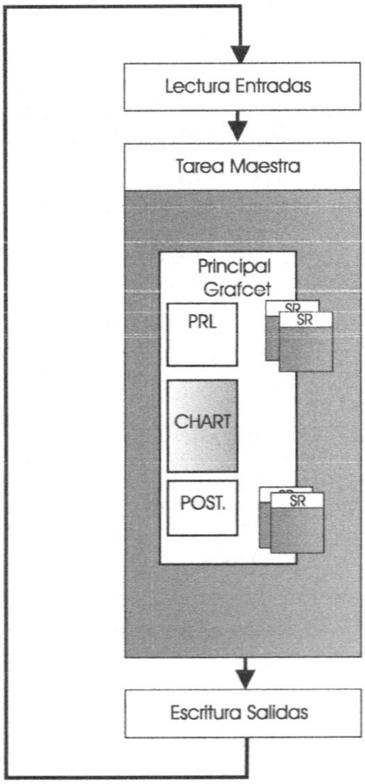

Figura 11.41 Ejecución de un Grafcet en un Autómata

11.6.2 Programación de las salidas en programas Grafcet

En los programas de aplicación de autómatas la activación de las salidas se programa en las etapas o en el modulo Post.

Programación de las salidas en las acciones continuas con instrucciones Set y Reset

En la etapa que active la salida se programa el Set y en la etapa siguiente a la última donde debe estar activa la salida se programa el Reset.

Defectos:

- Las acciones continuas se ejecutan siempre que la etapa está activa, y el Set y Reset sólo es necesario que se ejecuten en un ciclo de programa.
- Hay que entrar en las etapas a programar el Set y el Reset. ¡Posibles accidentes si el programador se olvida algún Reset!

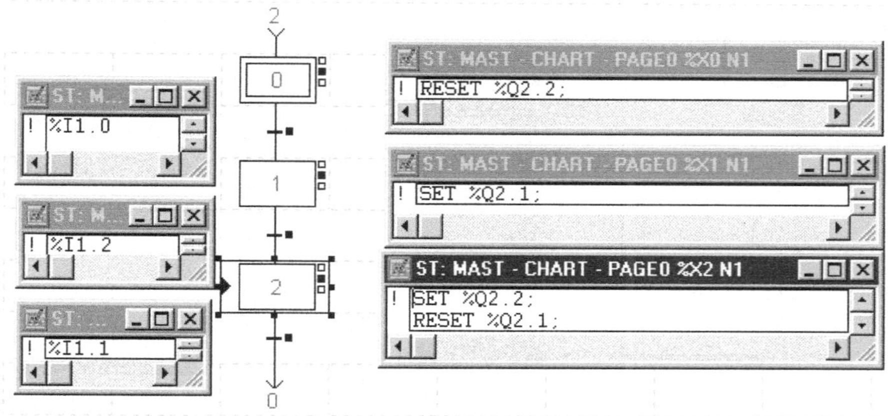

Figura 11.42

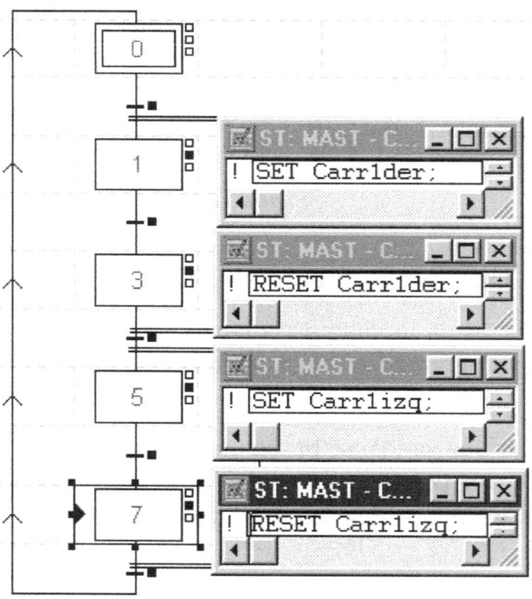

Figura 11.43

Programación de las salidas en las acciones al activar y desactivar

En este caso se pueden utilizar instrucciones de asignación del valor TRUE y del valor FALSE sobre las salidas. El programa es equivalente a hacerlo con instrucciones de Set y Reset. Al ejecutarse sólo en un ciclo de programa consume menos tiempo de procesador del Autómata.

Defectos:

- Al igual que en el caso anterior hay que entrar en las etapas a programar el Set y el Reset. ¡Posibles accidentes si el programador se olvida algún Reset!

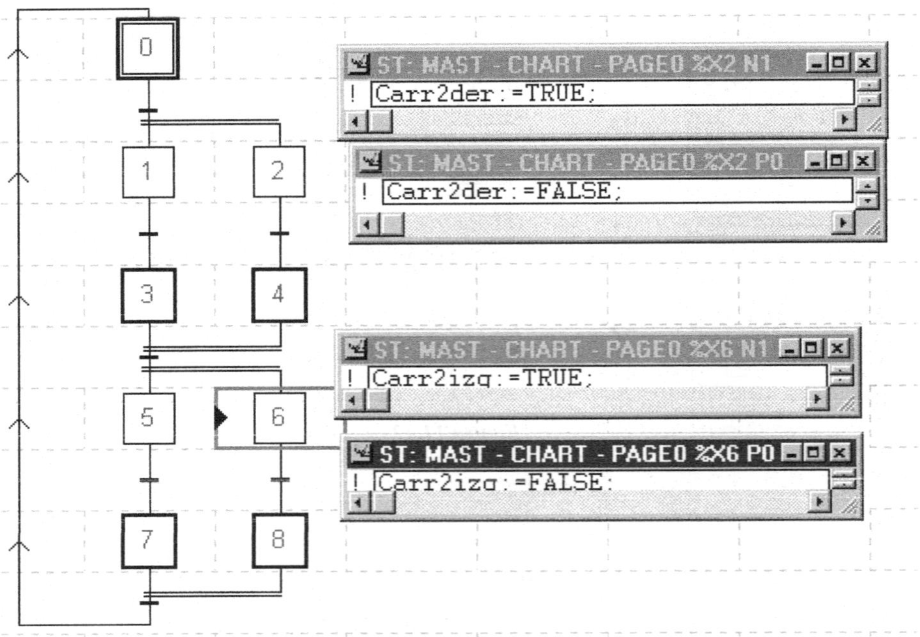

Figura 11.44

Programación de las salidas en el módulo Post

El módulo Post es un módulo de la tarea maestra que se ejecuta a continuación del Chart y se puede programar en lenguaje de contactos, en lista de instrucciones o en literal estructurado.

Para programar una salida, se buscan todas las etapas del grafcet que la activan y todas esas etapas son condiciones que se programan en paralelo para activar la salida. Las acciones condicionales se programan añadiendo la condición en serie con la etapa.

Un ejemplo de programación:

M1d:=%X7 OR %X3 OR %X6 OR %X75 OR(%X71 AND Mm1d AND NOT Mm1i);

M1i:=%X1 OR %X2 OR %X4 OR %X5 OR %X73 OR %X74 OR(%X71 AND Mm1i AND NOT Mm1d);

Esta forma de programar las salidas evita al programador el tener que entrar en la programación de cada etapa. Además, agrupa el código de programa dedicado a las salidas, lo cual facilita operaciones de ajuste y mantenimiento de la aplicación.

Defectos:

- El módulo Post se ejecuta en todos los ciclos de Autómata. ¡Consumo de procesador!

- Cada Salida sólo se debe programar una vez con una bobina de igualdad o una instrucción de Asignación. ¡Todas las condiciones que la activen se ponen en paralelo! ¡Peligro de sobreescritura!

- Una salida programada en el módulo Post no se debe programar en ninguna etapa. ¡Es una sobreescritura! Al ejecutarse el Post en último Lugar en el Ciclo de Autómata, el programa se ejecuta como si la salida sólo se hubiera programado en el Post.

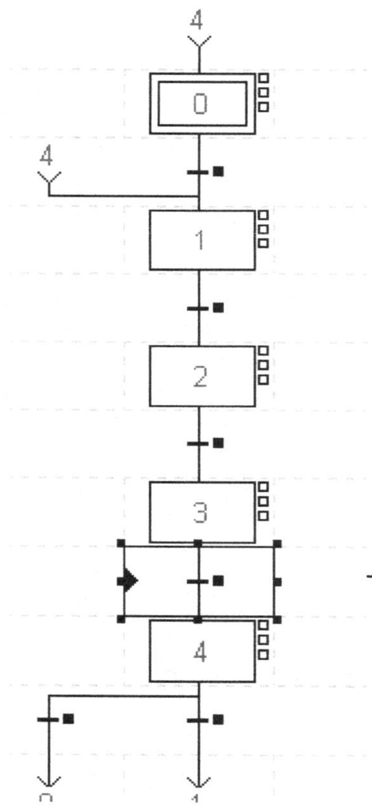


```
! %Q2.0:=%X1 OR %X4;
  %Q2.1:=%X2;
  %Q2.5:=%X3;
  %M2:=%X3;
  IF %X0 THEN RESET %C18;END_IF;
  IF RE %M2 THEN UP %C18;END_IF;
  %M1:=%C18.D;
```

Figura 11.45 Programación de salidas en el módulo Post

Programación de salidas solamente con Set

Una opción utilizada en las aplicaciones industriales donde prime la seguridad es desactivar las salidas en el módulo preliminar y programar en las etapas del Grafcet solamente los Set de las salidas.

Esta opción se detalla más en profundidad en el capítulo dedicado a la Guía de Marchas y Paradas.

11.7 MACROETAPAS

Una macroetapa es una secuencia de etapas y de transiciones que respeta las reglas del GRAFCET, precedida por una etapa de entrada denominada Etapa IN, terminada por una etapa de salida denominada Etapa Out, cuya finalidad conduce de manera única a la realización del mando o control del sistema automatizado.

Una macroetapa es la simbolización gráfica de una secuencia o de un grafcet anidado. Se representa mediante una etapa que tiene dos rayas horizontales. La etapa de entrada responde a las mismas reglas que las otras etapas. La etapa de salida no puede tener acciones asociadas.

Las etapas In y Out son necesarias para respetar la sucesión etapa-transición.

Los autómatas Premium de Telemecánica admiten la programación de hasta 64 Macroetapas con un máximo de 250 etapas por macroetapa. No obstante, no se puede superar el máximo de 1024 etapas de grafcet incluidas las etapas IN y OUT de cada macroetapa.

En la Figura 11.47 se puede observar la configuración de programa de un autómata TSX Premium. Dentro del módulo Chart se han definido seis Macroetapas. En cada macroetapa se ha programado el control de una máquina. Las Macroetapas son llamadas por el módulo Chart, las receptividades de las transiciones debajo de las Macroetapas son FALSE. Se han dibujado por imposición del editor del lenguaje.

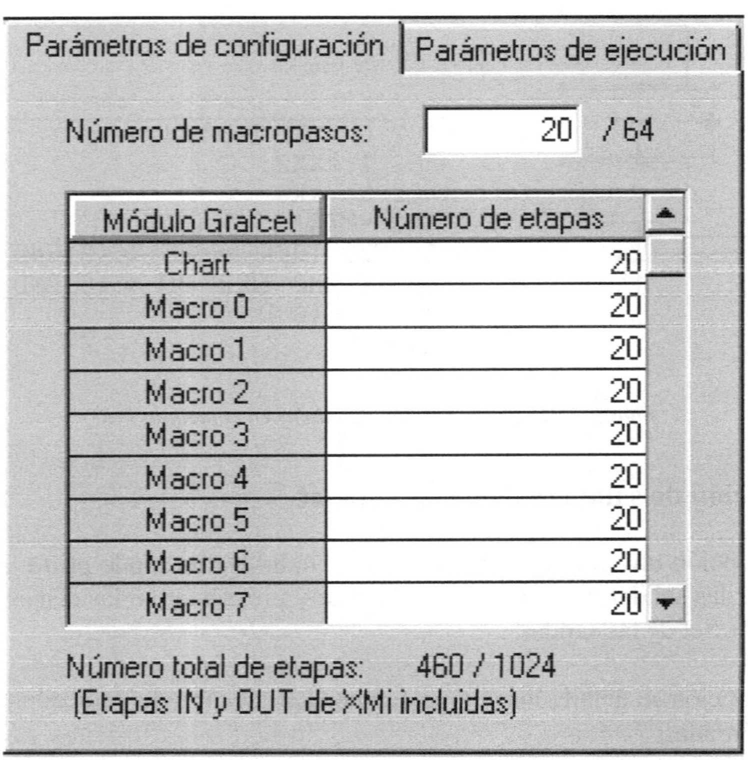

Figura 11.46

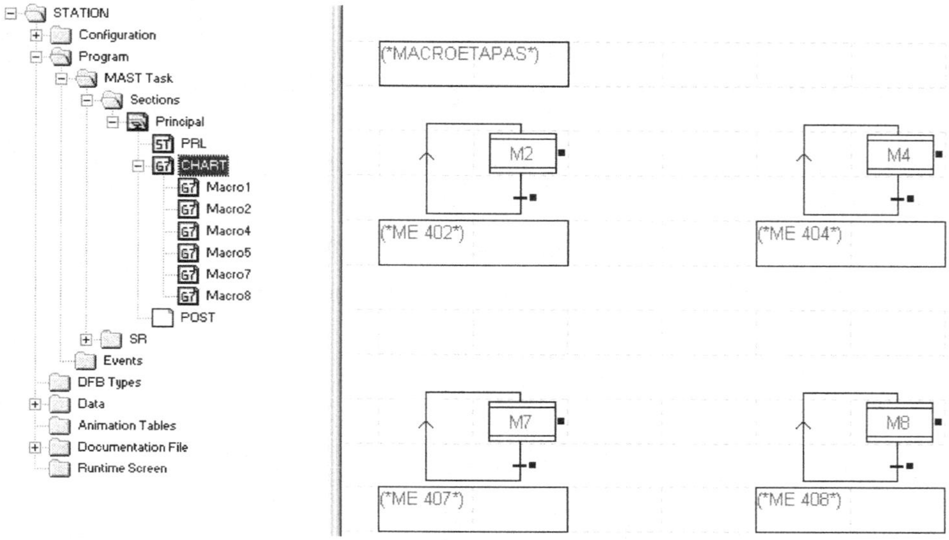

Figura 11.47

En la Figura 11.48 se puede observar la programación de una macroetapa, sólo se visualiza la primera página de las ocho posibles.

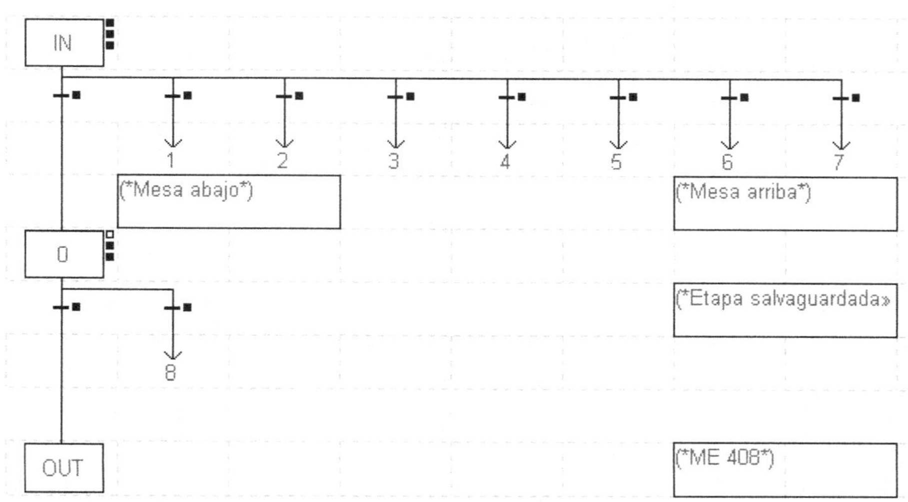

Figura 11.48

Reglas de Evolución

De acuerdo con las reglas generales:

- El franqueamiento de la transición anterior a la macroetapa activa la etapa de entrada IN de la macroetapa.
- La macroetapa se desactiva cuando su etapa de salida OUT está activa y la receptividad de la transición siguiente es verdadera. La etapa de salida de la macroetapa participa en la validación de toda transición posterior.

Los estados de una macroetapa son pues los de las etapas: inactiva, activable y activa con una distinción para esta última entre:

- El estado activo propiamente dicho, por lo menos una secuencia es activa.
- El estado activo-terminado caracterizado por el estado activo de la etapa de salida.

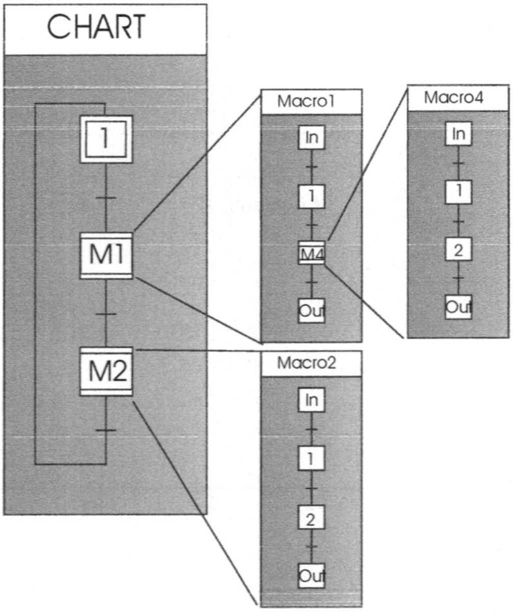

Figura 11.49

En la Figura 11.49 se observa la programación de un grafcet en el que se han utilizado macroetapas. Si se desactiva la etapa 1 del grafcet, se activa la Macroetapa 1. Se activa su etapa In. Cuando se active la etapa Out de la Macro 1 y la receptividad de la transición de M1 a M2 sea verdad entonces se desactiva la Macro 1 y se activa la Macro 2, activando su etapa In. En la Macro 1 se llama a la Macro 4. Se tiene un anidamiento de macroetapas.

En las macroetapas también se pueden programar grafcets cíclicos. Esta opción es utilizada, por ejemplo, cuando un autómata controla varias máquinas. El grafcet de cada Máquina se programa en una macroetapa. Como normalmente los grafcets son cíclicos, la solución que se toma es activar la etapa inicial del grafcet de la máquina desde la etapa In de la macroetapa. La etapa OUT también se programa pero sin ninguna transición que la active, o solamente una transición donde se detectan condiciones de fallo que impiden activar la macroetapa.

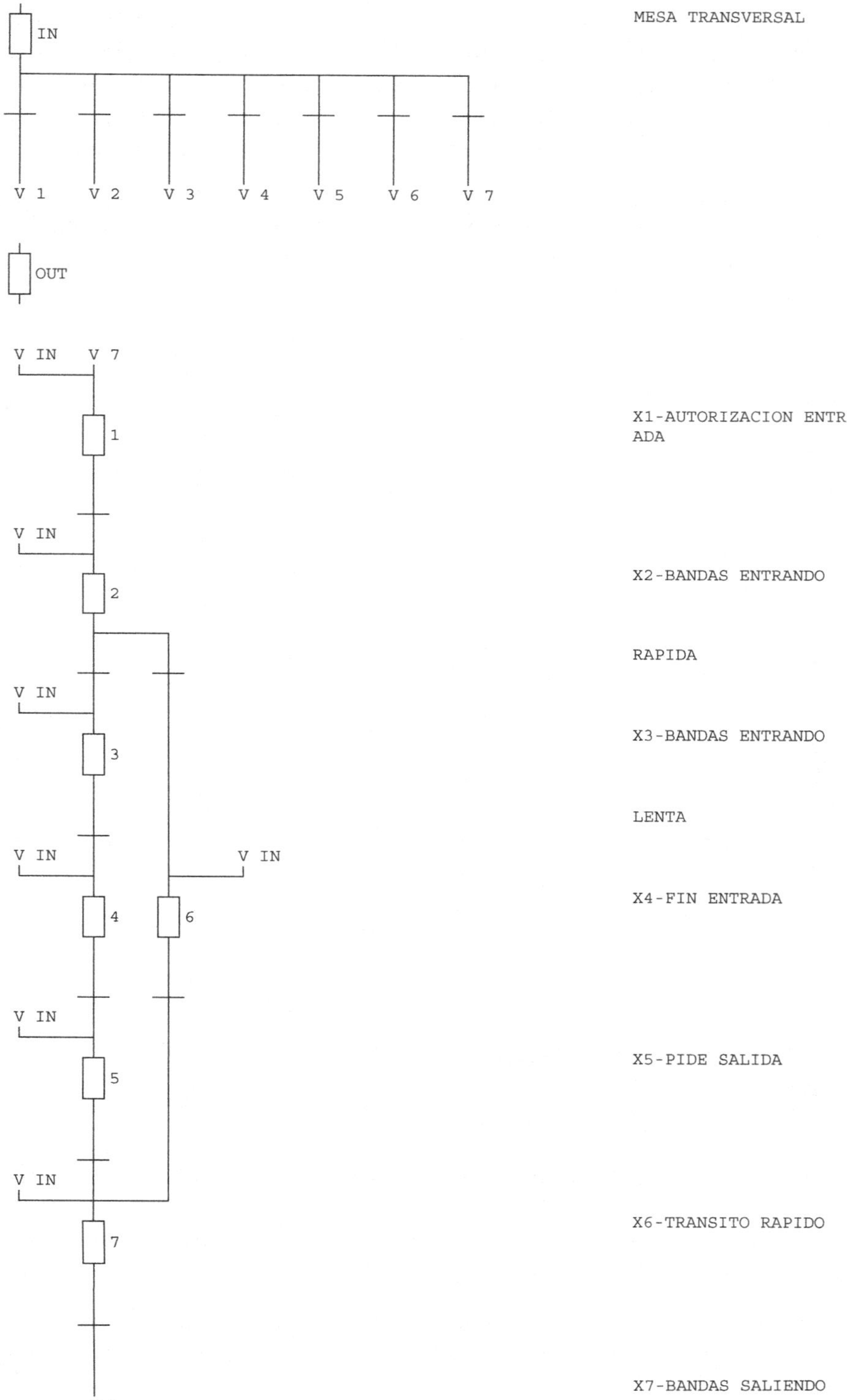

Figura 11.50 Programación de una Macroetapa en Lenguaje Pl7-3

En la Figura 11.50 se observa la programación de una macroetapa en lenguaje PL7-3. Esta macroetapa se encarga de controlar una mesa transversal en un transporte de suelo de una fábrica de automóviles. De la etapa In salen transiciones a todas las etapas del grafcet. En estas transiciones están programadas las condiciones de rearme según el estado de la máquina. El grafcet es cíclico y no se activa nunca la etapa Out.

Si el autómata admite programación de Macroetapas, éstas pueden formar parte de la propia tarea maestra (macroetapa autónoma) o ser llamadas a partir del módulo CHART o desde otra macroetapa (macroetapas anidadas). Las macroetapas se ejecutan en el orden de exploración del tratamiento secuencial.

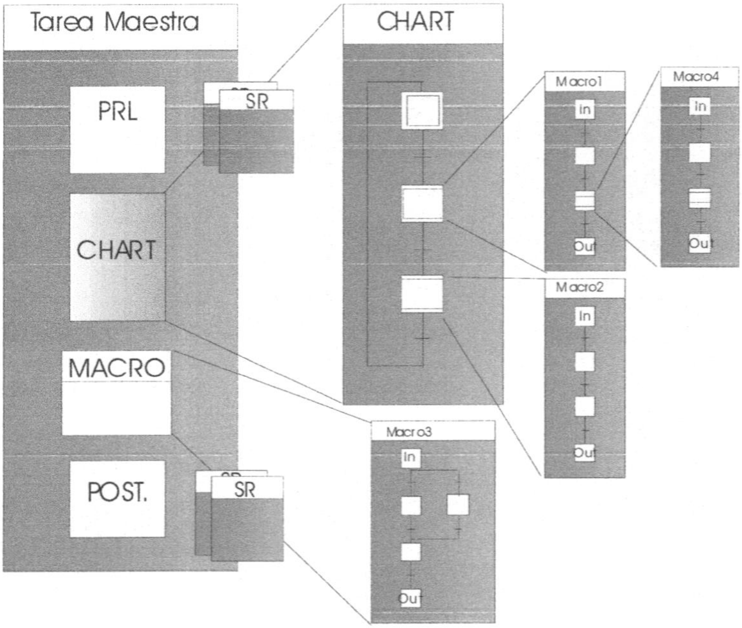

Figura 11.51

11.8 EJEMPLOS DE PROGRAMACIÓN EN GRAFCET

11.8.1 Control de un carro de transporte

Un carro de transporte funciona de la siguiente manera: estando en reposo en el extremo izquierdo se pone en marcha, mediante un pulsador M, hacia la derecha. Cuando toca el final de carrera B, invierte su marcha hacia la izquierda. Cuando toca el final de carrera A, se para esperando una nueva orden de marcha.

Los captadores y el pulsador de marcha se cablean a tres entradas digitales del autómata. Mediante dos salidas se activará el motor del carro (marcha a derechas y marcha a izquierdas).

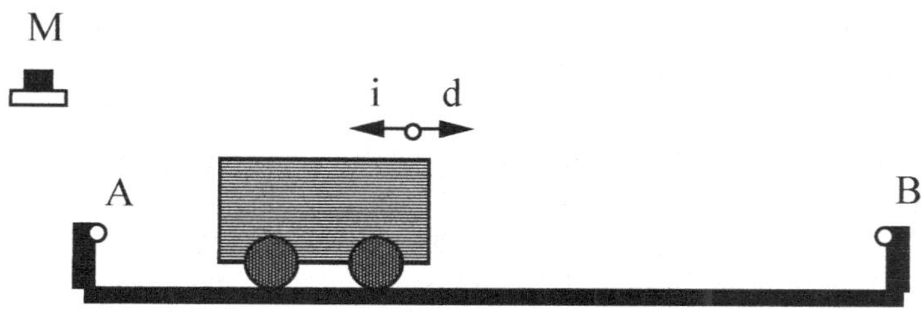

Figura 11.52

La programación en lenguaje Grafcet se muestra a continuación:

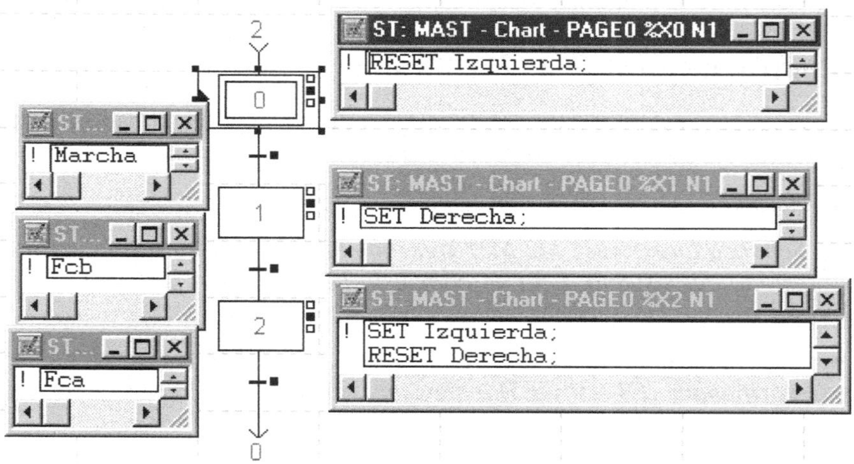

Figura 11.53 Programación del Grafcet en Símbolos

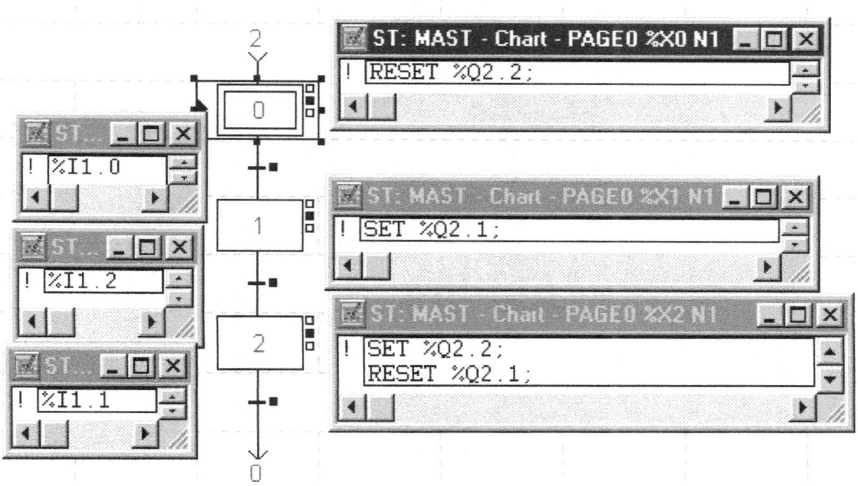

Figura 11.54 Programación del Grafcet en Variables

Puede parecer que el Grafcet no representa ninguna ventaja respecto al grafo de estados. Muy al contrario, el Grafcet es un lenguaje de programación de autómatas, por lo que se puede introducir directamente el gráfico Grafcet mediante un editor y transferirlo como programa al autómata. El grafo de estados es una representación visual de los estados y de los cambios de estado del autómata, no es un lenguaje de programación, necesita una traducción a lenguaje de lista de instrucciones, a literal estructurado, a diagrama de contactos o a Grafcet.

Si se compara la implementación en lista de instrucciones con la implementación en Grafcet, resulta mucho más sencilla la programación en Grafcet. Además, al ejecutar el programa se puede saber inmediatamente en qué estado del proceso se encuentra la máquina, visualizando las etapas o etapas activas del Grafcet.

11.8.2 Control de un sistema clasificador de piezas

Tal como se puede observar, en la imagen del sistema clasificador, disponemos de los siguientes elementos para controlar el sistema.

- *Actuador: un motor de corriente continua (M1).*
- *Señalizadores: (M1,M2,M3) tres bombillas de 6 voltios para indicar el estado del sistema. Una de ellas está conectada en paralelo con el motor del sistema clasificador.*
- *Captadores: Cinco finales de carrera. Tres situados en el recorrido del clasificador (E3, E4 y E5). Otros dos situados en el recorrido de la pieza a clasificar (E1 Y E2).*

Se deberá realizar un programa que controle el funcionamiento del clasificador de piezas.

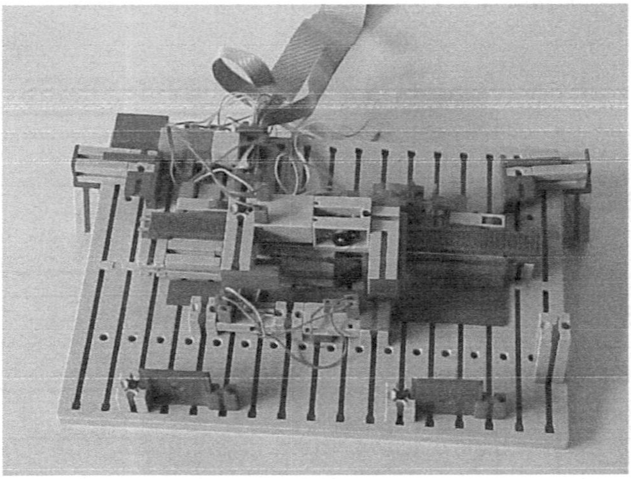

Figura 11.55

El clasificador se encuentra en reposo, en la posición E4, si cae una pieza, a la orden de marcha el clasificador avanza en dirección a E3. La pieza será clasificada en grande o pequeña por medio de la señal que dan los captadores E1 y E2. Una pieza grande puede activar los dos captadores a la vez; en cambio, una pieza pequeña no puede. Las piezas pequeñas serán llevadas hacia el contenedor izquierdo y las piezas grandes al contenedor derecho. A continuación el clasificador deberá regresar a su posición inicial (E4).

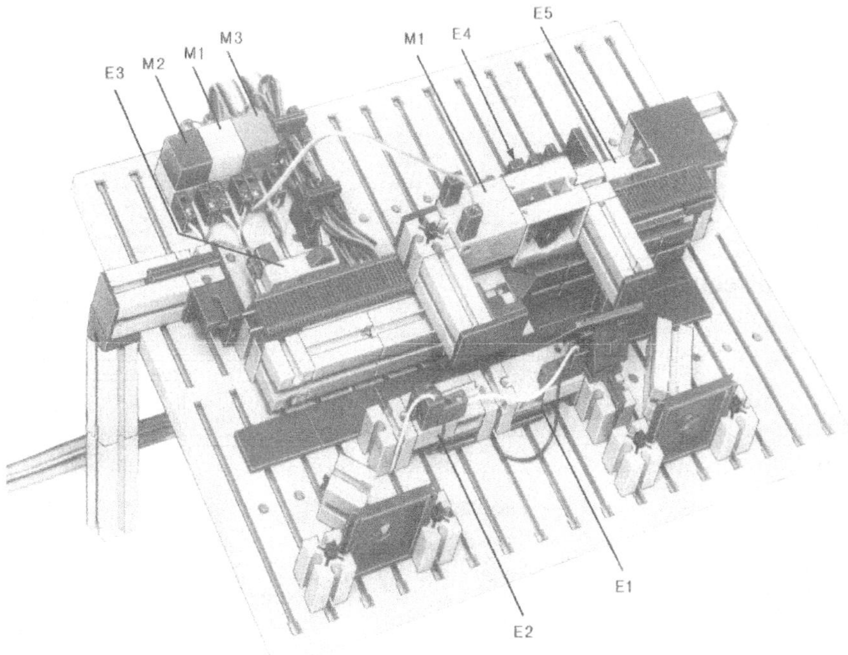

Figura 11.56

Tratamiento preliminar PRL

*(*DETECCION DE POSIBLES FALLOS*)*

(fallo interno*)*

Fallointerno:=%I0.MOD.ERR OR %I1.MOD.ERR OR %I2.MOD.ERR;

*(*maximos tiempos etapas*)*

Maxtempaut:=(%X1.T>50 AND %X1)OR(%X2.T>50 AND %X2)OR(%X3.T>100 AND %X3)OR(%X4.T>50 AND %X4)OR(%X5.T>50 AND %X5)OR(%X6.T>100 AND %X6)OR(%X7.T>50 AND %X7);

Maxtempcond:=(%X73.T>100 AND %X73)OR(%X75.T>100 AND %X75);

*(*puesta en paralelo de las condiciones de parada de emergencia*)*

Bitemergencia:=Maxtempaut OR Maxtempcond OR Fallointerno OR Emergencia;

*(*GESTION DE PARADA DE EMERGENCIA, SE BORRAN LOS GRAFCET *)*

*(*CUANDO SE REARMA LOS GRAFCET SE PONEN EN SU POSICION INICIAL*)*

IF Bitemergencia THEN

SET %S22;

SET Bitmemoriaemerg;

END_IF;

IF Bitmemoriaemerg AND NOT Bitemergencia AND Rearme THEN

RESET Bitmemoriaemerg;

SET %S21;

END_IF;

SET %S21;

END_IF;

Tratamiento secuencial CHART

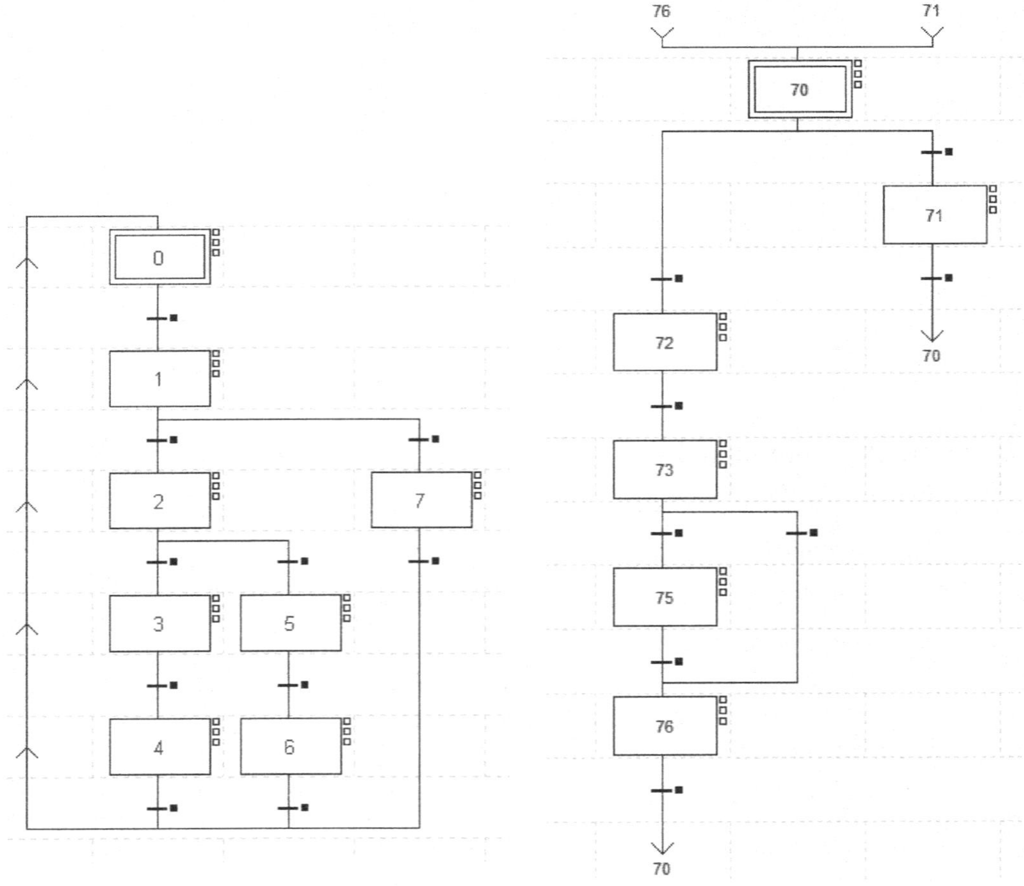

Figura 11.57

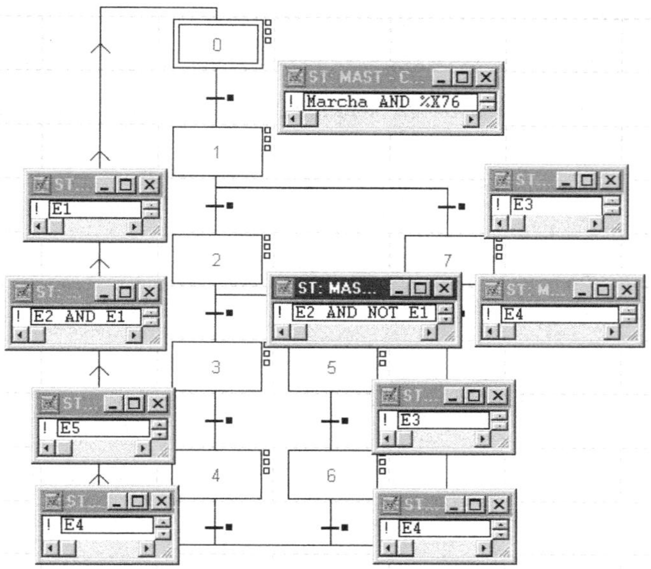

Figura 11.58

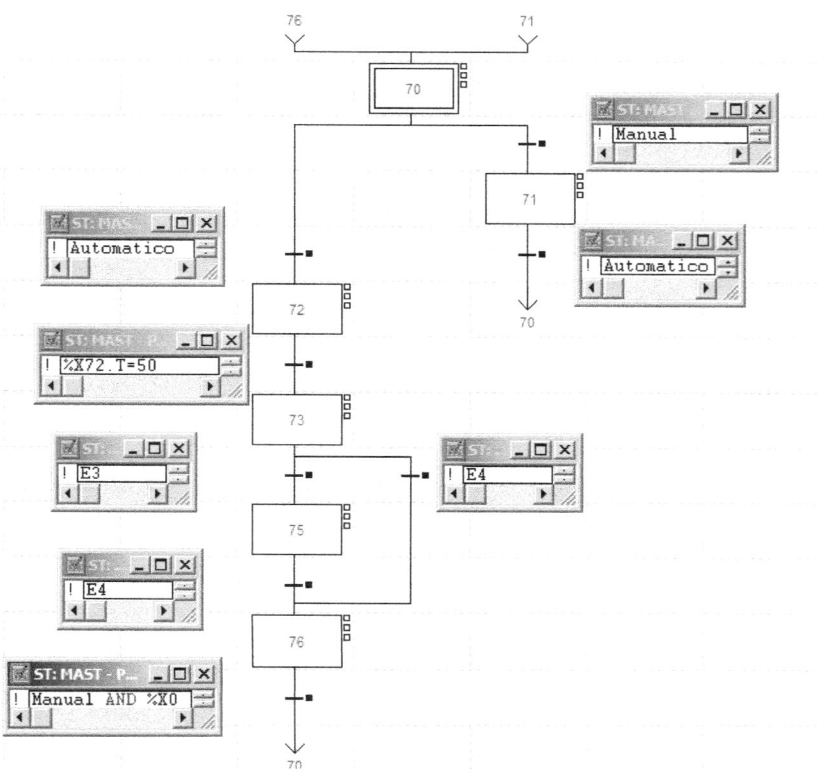

Figura 11.59

Tratamiento posterior POST

M1d:=%X7 OR %X3 OR %X6 OR %X75 OR(%X71 AND Mm1d AND NOT Mm1i);

M1i:=%X1 OR %X2 OR %X4 OR %X5 OR %X73 OR %X74 OR(%X71 AND Mm1i AND NOT Mm1d);

Bocinaemerg:=Bitmemoriaemerg;

Instalautomat:=%X76;

Instalmanual:=%X71;

CAPÍTULO 12

GUÍA GEMMA

12.1 INTRODUCCIÓN

La automatización de máquinas y de procesos industriales debe contemplar todos los posibles estados en que se puede encontrar una máquina o proceso. No solamente se debe contemplar en el programa el simple funcionamiento normal automático, sino las situaciones de fallo, de parada de emergencia, los procesos de rearme y puesta en marcha de la máquina, las marchas de test, el control manual.

Un programa de autómata debe considerar prioritario la detección de los posibles defectos de la parte operativa y la ejecución de la parada de emergencia, cuyo tratamiento será largamente descrito en este capítulo. Asimismo una cuestión fundamental es el rearme de la máquina, debiendo contemplar el caso de que la producción deba continuar en el estado previo a la emergencia, o si ya no es posible continuar, el proceso debe ser iniciado de nuevo.

Todo programa de autómata debe contemplar estos casos, con el objetivo de reducir al mínimo los tiempos de parada de las máquinas y hacer simple el proceso de rearranque y los cambios de modo de funcionamiento, por ejemplo paso de control manual a control automático.

En este capítulo se expondrá una forma organizada de elaborar los programas de autómatas, para que se contemplen las situaciones anteriores. En un principio todo programa de autómata deberá implementar:

- Producción normal automática.
- Control manual de la máquina.
- Marchas de test.

- Posicionamiento de la máquina en la posición inicial.

- Gestión de la parada de emergencia.

- Gestión del rearme de la máquina.

La Guía GEMMA, Guía para el estudio de los modos de Marchas y Paradas, es una representación organizada de todos los modos o estados en que se puede encontrar un proceso de producción automatizado, igualmente representa los saltos o transiciones que se dan de un estado a otro.

Estos estados se organizan en tres grupos principales:

- *Procedimientos de Parada y Puesta en Marcha*

  Engloba los procedimientos de parada activados a petición del operador por causas varias como fin de trabajo, parada pedida a fin de ciclo, parada en un estado determinado y que responden no a eventos generados por la propia máquina. También engloba los procedimientos conducentes a la puesta en marcha de la máquina como son la puesta del sistema en el estado inicial o la puesta del sistema en un estado determinado.

- *Proceso en fallo*

  Engloba los estados de fallo, activados por un fallo propio de la máquina o también a petición del operador al pulsar la seta de emergencia.

- *Proceso en funcionamiento*

  Designa los estados necesarios para la producción y obtención de productos. Además del estado de producción normal automática, engloba también las marchas de preparación y de cierre, las marchas de test y las marchas de verificación.

Gemma también representa el estado en que la Parte de Mando se encuentra fuera de Servicio. Es decir, el autómata está sin alimentación o en Stop.

El estado de producción es representado mediante un rectángulo que engloba todos los posibles estados de producción. Puede existir producción tanto en procesos de funcionamiento como en procesos de puesta en marcha y en procesos donde existan fallos de la parte operativa.

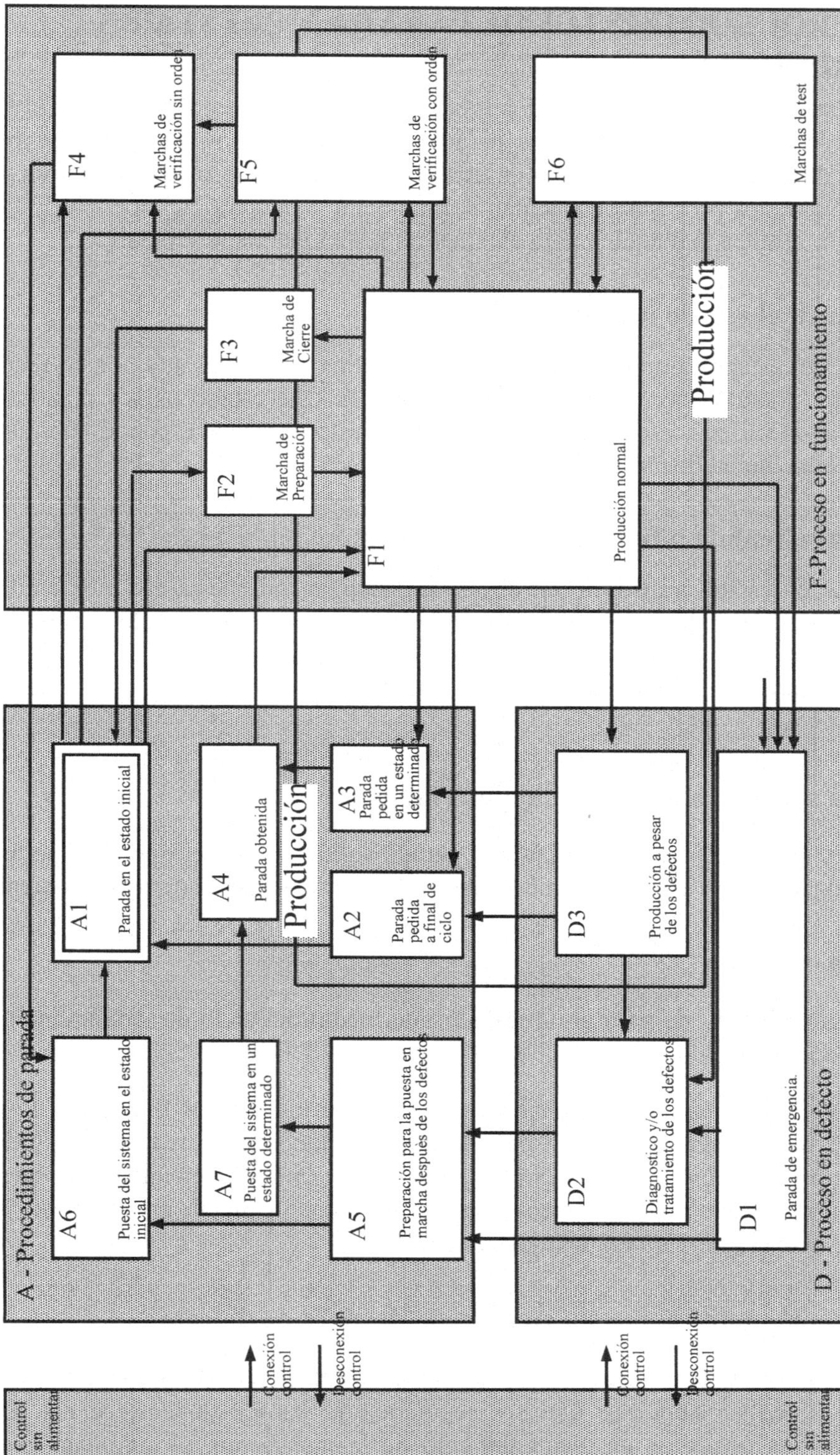

Figura 12.1 Guía Gemma

12.2 PROCEDIMIENTOS DE PARADA Y PUESTA EN MARCHA

Este grupo contiene todos los modos de funcionamiento en los que el sistema está parado, los que llevan a una parada del sistema y los que permiten pasar el sistema de un estado de defecto a un estado de parada para volver a poner en marcha el sistema. Estos procesos se ejecutan normalmente a petición del operador y también cuando se arranca la máquina para efectuar un posicionamiento inicial.

Parada en el estado inicial

Es el estado normal de reposo de la máquina. Se representa por un rectángulo doble. La máquina normalmente se representa en este estado en los planos, en los esquemas eléctricos, esquema neumático. Este estado se corresponde habitualmente con la etapa inicial de un Grafcet.

Parada solicitada a final de ciclo

Es un estado transitorio en el que la máquina, que hasta ese momento estaba produciendo normalmente, debe producir sólo hasta acabar el ciclo y pasar a estar parada en el estado inicial. Es un estado que memoriza una parada solicitada por el operador para que la máquina acabe de ejecutar un ciclo y pase a estado de paro en estado inicial.

Parada solicitada en un estado determinado

Es un estado que memoriza una parada solicitada por el operador para que la máquina pare en un estado intermedio del ciclo y pase al estado de parada obtenida.

Parada obtenida

Es un estado de paro en un estado intermedio del ciclo de la máquina distinto del estado inicial.

Según la máquina pueden implementarse varios estados diferentes de parada obtenida que se corresponderán con diferentes estados intermedios del proceso de fabricación, lo cual supone varios estados de parada solicitada en un estado determinado. Por lo tanto, existirán tantos mandos en el panel de control como los que necesite el operador para realizar las peticiones.

Preparación para la puesta en marcha después de defecto

En este estado se deben realizar las acciones necesarias para corregir los fallos o defectos que han supuesto que se ejecutará una parada de emergencia. Esto lo realizarán los operarios de mantenimiento de la instalación, el autómata les podrá indicar, si se ha programado para ello, dónde se encuentra aproximadamente el fallo.

Una vez finalizado el proceso el operador elegirá cómo se reinicia la máquina. A este estado también se le conoce como *selección del modo de reinicio por parte del operador*. El operador, mediante mandos del panel de control, decidirá pasar la máquina a control manual, o bien pasarla al estado A6 para situarla en el estado inicial.

Puesta del sistema en el estado inicial

La máquina es puesta por el autómata programable de una forma automática en el estado inicial. Se realiza el llamado proceso de retorno automático al estado inicial.

Puesta del sistema en un estado determinado

Desde el estado A5 el operador decide situar la máquina en un estado diferente al inicial, dado que la producción debe continuar a partir de ese estado y no comenzar desde el principio. Corresponde a casos en que ha existido previamente un defecto o una parada de emergencia que ha dejado el sistema a medio producir.

12.3 PROCESO EN FUNCIONAMIENTO

Producción normal

Representa al grafcet que realiza la producción normal de la máquina. Es el estado más importante, va representado por un rectángulo de paredes más gruesas que los demás. El estado de producción normal suele ser un funcionamiento automático, por lo cual al grafcet asociado se le denomina grafcet de producción normal automática.

Marcha de preparación

Son las acciones necesarias para que la máquina entre en producción, como es el calentamiento de los hornos de producción agroalimentaria o la preparación de componentes.

Marcha de cierre

Corresponde a la fase de vaciado y/o limpieza que muchas máquinas deben llevar a cabo antes de parar o de cambiar algunas características del producto.

Marchas de verificación sin orden

La máquina está en control manual, el operador por medio de mandos del panel de control, puede hacer mover los accionadores de la máquina. Estos movimientos deben ser realizados dentro de las condiciones de seguridad de la máquina. Se suele utilizar para verificar el correcto funcionamiento de los captadores y accionadores de la máquina, o bien para posicionar la máquina en un determinado estado de producción.

Marchas de verificación con orden

En este caso la máquina realiza el ciclo completo de funcionamiento en orden pero al ritmo fijado por el operador. Se usa para funciones de mantenimiento y verificación. En este estado hay posibilidades de que la máquina produzca.

Marchas de test

El autómata comprueba el buen funcionamiento de los accionadores y captadores de la máquina. El autómata activa los accionadores de la máquina esperando la activación de los captadores en un máximo tiempo.

12.4 PROCESO EN FALLO

Parada de emergencia

En este estado se debe llevar la máquina a una situación segura para el operario como para el producto, normalmente implica la parada de los accionadores. Se deberá procurar que el autómata memorice el estado en que se encontraba antes de ejecutar la parada de emergencia para una vez superado el defecto, se pueda rearmar la máquina en la situación correcta.

Diagnóstico y/o tratamiento de los defectos

El autómata puede guiar al operador para indicarle más o menos dónde se encuentra el defecto, pero la reparación del defecto tendrá que ser realizada por el operador o por el personal de mantenimiento.

Producción a pesar de los defectos

Corresponde a aquellos casos en que hay que continuar produciendo a pesar de que el sistema no trabaja correctamente. Casos en los que falla un accionador que puede ser sustituido por un operador o casos como el de una línea de fabricación en que falla un puesto, pero que al estar duplicado la producción puede continuar.

Una máquina se puede encontrar en producción o fuera de producción. Si está en producción puede encontrarse en un proceso tipo F, tipo A o tipo D. Igualmente si está fuera de producción puede encontrarse en procesos tipo F,A o D.

La situación de algunos estados dentro o fuera de producción depende de la implementación real. Por ejemplo, el estado F5 Marchas de verificación con orden puede estar dentro o fuera de producción. En este estado se realiza un ciclo de la máquina, pero puede ser que no cumpla los requisitos temporales de producción. Lo mismo sucede con las marchas de test, que pueden producir o no según como se realice el test.

En algunas implementaciones programadas coincidirá el estado F4 y el F5, serán el estado de control manual de la máquina. Dependerá del operador que se realice con o sin orden y dentro o fuera de producción.

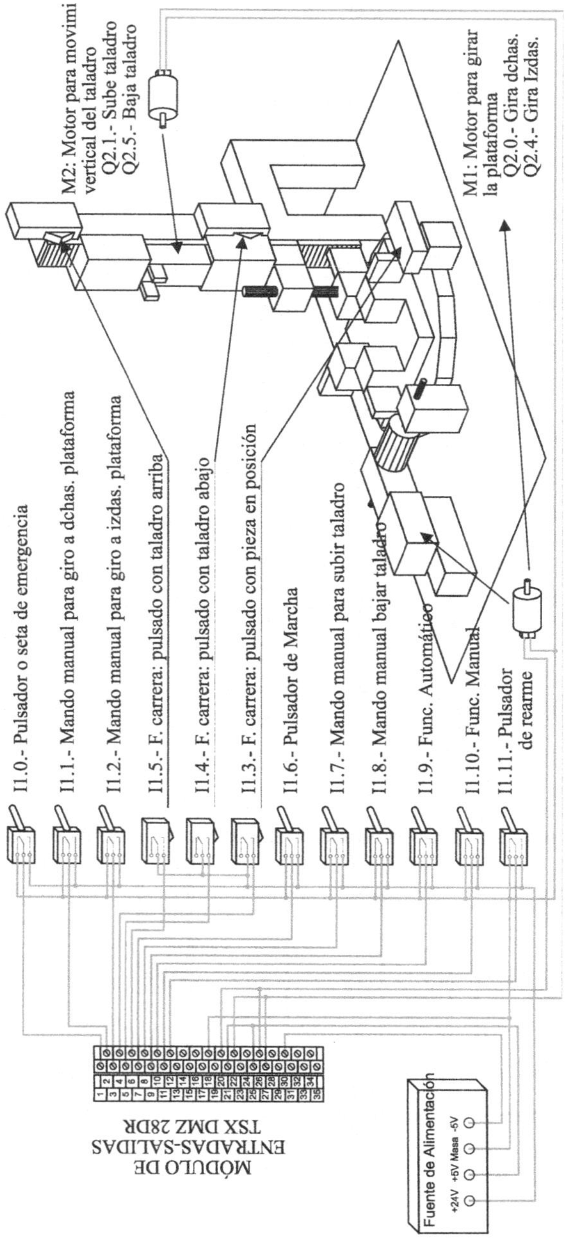

Figura 12.2

12.5 IMPLEMENTACIÓN BÁSICA DE GEMMA

Se realizará un programa que controla el funcionamiento de la máquina herramienta, de manera que al dar una orden de marcha realice el taladro de las cuatro piezas dispuestas en la plataforma.

Tal como se puede observar en la Figura 12.2, se dispone de los siguientes elementos para controlar la máquina herramienta:

Actuadores

Dos motores de corriente continua de 5 voltios. M1 para el movimiento giratorio de la plataforma donde se encuentran las piezas y M2 para el movimiento vertical del taladro.

Señalizadores

Dos bombillas de 5 voltios para indicar el estado de cada uno de los motores. Están en paralelo con los motores M1 y M2.

Captadores

Tres finales de carrera. Dos situados en el recorrido de la taladradora (E4 y E5). E4 detecta taladro abajo, E5 detecta taladro arriba. Otro situado al lado de la rueda giratoria para detectar la posición correcta de la pieza que va a ser taladrada (E3).

El autómata elegido es un TSX Micro de Telemecánica. Dotado de un módulo de entradas/salidas digitales TSX DMZ28DR con 16 entradas a 24 voltios y 12 salidas a relé.

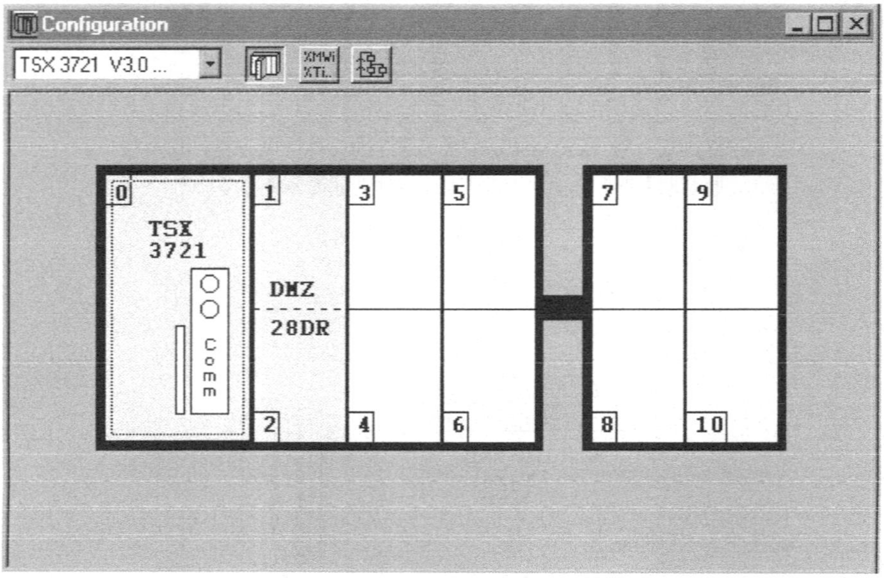

Figura 12.3

El cableado de las entradas y salidas del autómata es el siguiente:

Entradas

Variable	*Símbolo*	*Comentario*
%I1.0	***Emergencia***	***Parada de emergencia panel de Control***
%I1.1	***Mm1d***	***Mando Manual Motor 1***
%I1.2	***Mm1i***	***Mando Manual Motor 1***
%I1.3	***E3***	***Detector Pieza***
%I1.4	***E4***	***Taladro Abajo***
%I1.5	***E5***	***Taladro Arriba***
%I1.6	***Marcha***	***Pulsador Marcha en Panel de Control***
%I1.7	***Mm2d***	***Mando Manual Motor 2***
%I1.8	***Mm2i***	***Mando Manual Motor 2***
%I1.9	***Automático***	***Conmutador Aut/man Panel de Control***
%I1.10	***Manual***	***Conmutador Aut/man Panel de Control***
%I1.11	***Rearme***	***Pulsador Rearme Panel de Control***

Salidas

Variable	*Símbolo*	*Comentario*
%Q2.0	***M1d***	***Motor plataforma antihorario***
%Q2.1	***M2d***	***Motor taladro sube***
%Q2.4	***M1i***	***Motor plataforma horario***
%Q2.5	***M2i***	***Motor taladro baja***
%Q2.6	***Bocretorno.***	***Bocina Aviso Retorno***
%Q2.7	***Bocemerg***	***Bocina de Emergencia***

La mayoría de estados de la guía Gemma que se van a programar se implementarán como etapas o macroetapas de grafcet. Asimismo los saltos entre estados se implementarán mediante transiciones entre las etapas o macroetapas. En principio se programará el grafcet de producción normal automática, en el cual se programa el funcionamiento normal de la máquina.

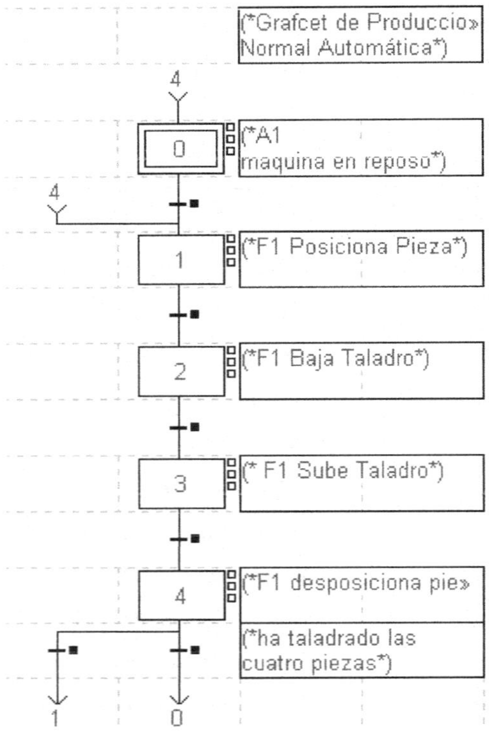

Figura 12.4 Grafcet de Producción Normal Automática

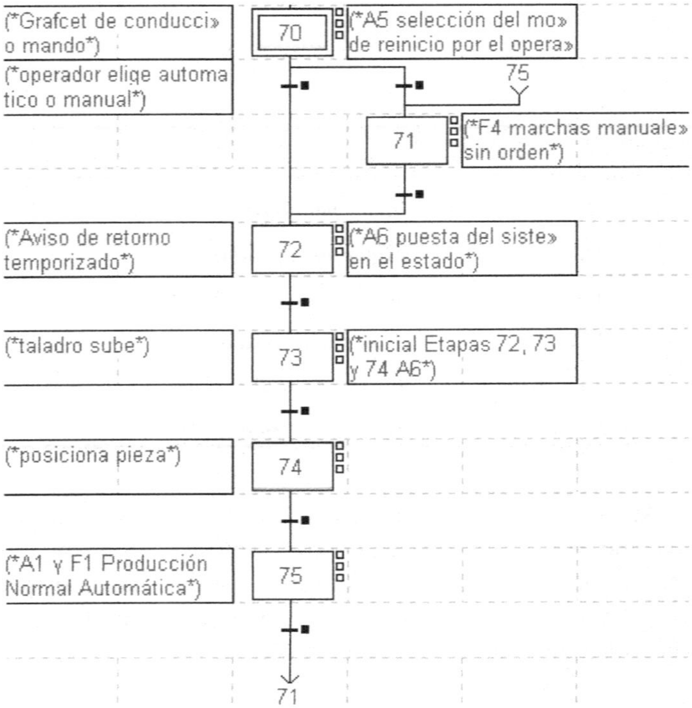

Figura 12.5 Grafcet de Conducción o Mando

Al Grafcet de Producción Normal Automática se le añade el Grafcet de conducción o mando de la Máquina. Las etapas de este grafcet representan los macroestados de la máquina. Además, el grafcet de conducción es el encargado de dialogar con el operario, para gestionar los cambios de modo de funcionamiento.

El grafcet de conducción contiene una etapa inicial en la cual se derivan dos transiciones. En esta estructura el operario puede elegir entre dos estados de funcionamiento: automático, manual. Esta elección la realiza mediante pulsadores o un conmutador con llave del panel de control.

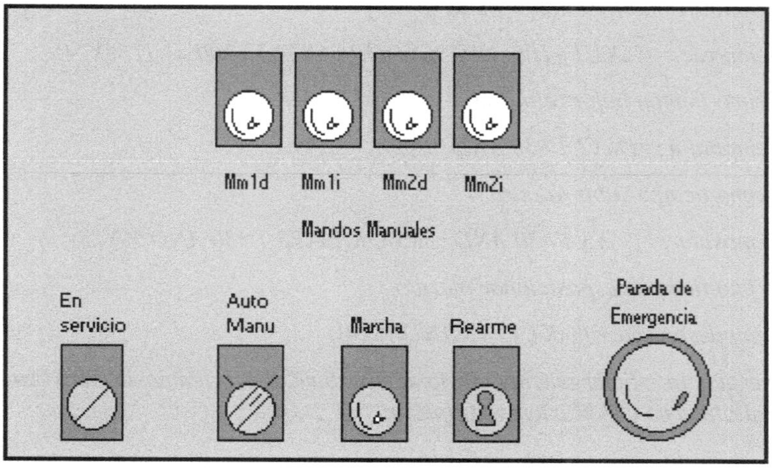

Figura 12.6 Ejemplo de panel de control

- X70 : Etapa Inicial. (espera de elección manual, automático o test).
- X71 : Etapa Manual. (control Manual desde botonera).
- X72, X73 y X74 : Etapa o conjunto de etapas de posicionamiento del proceso.
- X75: Etapa de producción Automática, permite la evolución del grafcet de producción.

Si el operador elige automático, se ejecutará el posicionamiento de la máquina y al final se activa la etapa X75, la cual da autorización al grafcet de producción normal automática. Estando en automático el operador sólo podrá pasar a manual si la máquina ha efectuado el taladrado de las cuatro piezas.

Programación del Módulo Preliminar

```
(* programación del salto al estado D1 de la guía gemma*)
(* se detectan los fallos que hacen saltar de cualquier estado del automatismo*)
(* al estado D1 de emergencia*)
(*detección de fallos internos del autómata*)
Fallointerno:=%I0.MOD.ERR OR %I1.MOD.ERR OR %I2.MOD.ERR;
(* detección de fallos por máximos tiempos*)
(*máximo tiempo posicionar pieza*)
Maxtemposic:=(%X1.T>100 AND %X1)OR(%X74.T>100 AND %X74);
(*máximo tiempo bajar taladro*)
Maxtempbajar:=(%X2.T>30 AND %X2);
(*máximo tiempo subir taladro*)
Maxtempsubir:=(%X3.T>30 AND %X3)OR(%X73.T>30 AND %X73);
(*máximo tiempo desposicionar pieza*)
Maxtempdesppieza:=(%X4.T>15 AND %X4);
Bitemergencia:=Emergencia OR Maxtempsubir OR Maxtemposic OR Maxtempbajar
OR Fallointerno OR Maxtempdesppieza;

(* activación de la emergencia se borran los grafcets*)
IF Bitemergencia THEN
SET %S22;
SET Bitmemoemerg;
END_IF;
(*En el estado D1 de la guía Gemma se borran los grafcets desactivando las salidas
del autómata*)
(* rearme. Los grafcets se situan en su posición inicial*)
(* Es un salto del estado D1 al A5 de la guía Gemma*)
IF Bitmemoemerg AND NOT Bitemergencia AND Rearme THEN
SET %S21;
RESET Bitmemoemerg;
END_IF;
```

Programación del Módulo Chart

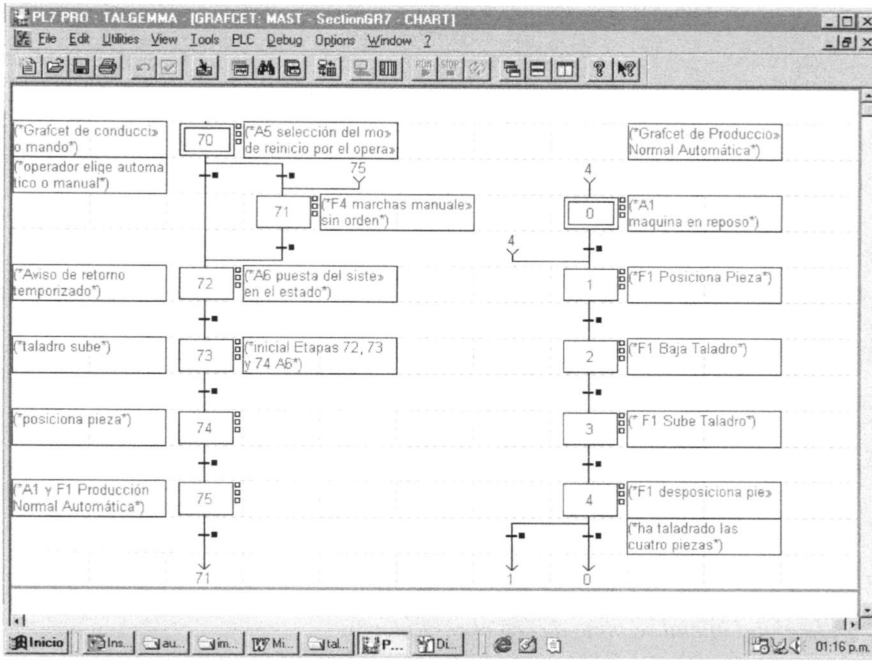

Figura 12.7 Grafcet de conducción y Grafcet de Producción Normal Automática

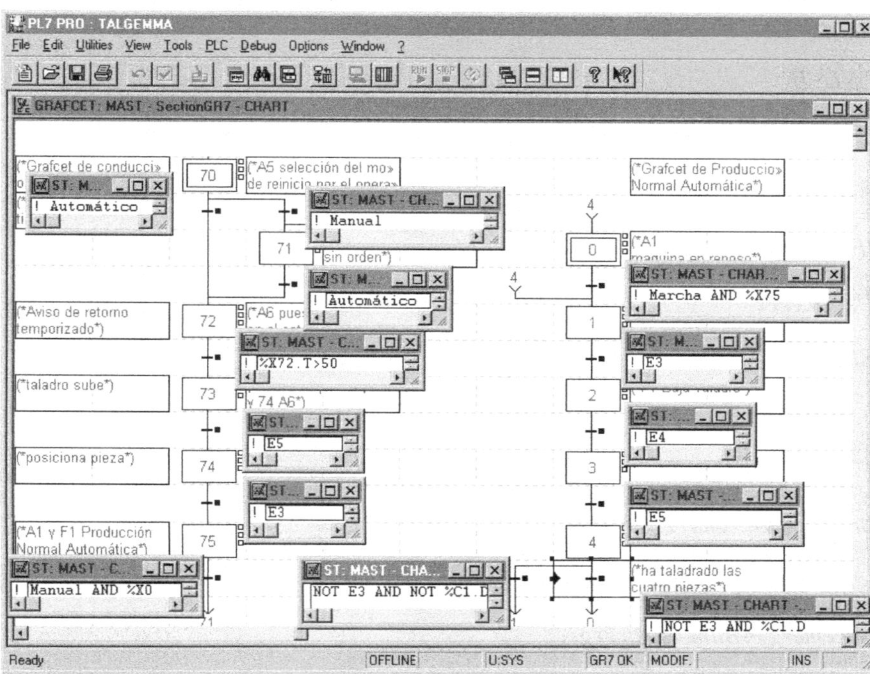

Figura 12.8 Programación de las transiciones

Programación del Módulo Post

```
!
(* gira plataforma*)
M1d:=%X1 OR %X4 OR %X74 OR(%X71 AND Mm1d AND NOT Mm1i);
(* gira plataforma sentido contrario, sólo en manual*)
M1i:=%X71 AND Mm1i AND NOT Mm1d;
(* sube taladro*)
M2d:=%X73 OR %X3 OR(%X71 AND Mm2d AND NOT Mm2i);
(* baja taladro*)
M2i:=%X2 OR(%X71 AND Mm2i AND NOT Mm2d);
!
 (*el preset del Contador C1 de valor 4*)
(*en la etapa inicial se pone a cero el contador*)
IF %X0 THEN
RESET %C1;
END_IF;
(* se incrementa el contador con un flanco de subida de la etapa 3*)
%M30:=%X3;
IF RE %M30 THEN
UP %C1;
END_IF;
!
(*se activa la bocina aviso de retorno*)
Bocretorno:=%X72;
(*se activa la bocina de emergencia*)
Bocemerg:=Bitmemoemerg;
```

12.6 ESTRUCTURA DEL PROGRAMA

La estructura del programa es la siguiente, y está recomendada para un Autómata que controle solamente una máquina.

Módulo Preliminar

- Detección de fallos de la Parte Operativa y parte de mando →D1
- Gestión de la Parada de Emergencia D1
- Gestión del rearme de la Máquina D1→ A5

Módulo Grafcet

- Grafcet de Conducción o Mando A5, A6, F4, A1 y F1 (macroestados de la máquina)
- Grafcet de Producción Normal Automática A1y F1 (desarrollados)

Módulo Post

- Programación de los mandos Manuales F4
- Programación de las salidas del Autómata. Activadas por condiciones automáticas o manuales

Existen partes del programa que representan los estados de la guía Gemma, pero hay otras partes del programa que se encargan de saltar entre estados, es decir, las transiciones. La detección de fallos de la instalación debe ser considerada como una transición del estado en que se encuentre la máquina al estado de emergencia, por lo que se representa como:

$$\rightarrow D1$$

La gestión de la parada de emergencia que se ha realizado en este programa es bastante radical, dado que supone el borrado de los grafcets, con lo cual el autómata pierde el estado en que se encontraba la producción.

La gestión del rearme es bastante simple y supone situar los grafcets, en sus etapas iniciales, con lo cual es un salto del estado D1 al A5.

$$D1 \rightarrow A5$$

Una vez situado el grafcet en sus etapas iniciales el autómata se encuentra en el estado A5 de la guía Gemma y el operador puede decidir entre automático y manual. Si elige automático (transición de etapa X70 a X72) representa un salto del estado A5 al A6

$$en\ el\ grafcet\ X70 \rightarrow X72 \cong en\ Gemma\ \ A5 \rightarrow A6$$

La máquina debe situarse en la posición inicial antes de empezar a producir. Si elige automático (transición de etapa X70 a X71) representa un salto del estado A5 al F4

$$en\ el\ grafcet\ X70 \rightarrow X71 \cong en\ Gemma\ \ A5 \rightarrow F4$$

En este estado el operador puede controlar la máquina manualmente mediante los mandos del panel de control.

!(gira plataforma *)*

M1d:=%X1 OR %X4 OR %X74 OR(%X71 AND Mm1d);

La salida del estado manual se realizará eligiendo automático mediante el conmutador del panel de control.

$$en\ el\ grafcet\ X71 \rightarrow X72 \cong en\ Gemma\ \ F4 \rightarrow A6$$

Como el operador ha controlado la máquina manualmente, el autómata "no se fía" y hace ejecutar el posicionamiento de la máquina.

En las etapas X72, X73 y X74 está programado el retorno automático de la máquina a su posición inicial, el estado A6 de Gemma. La programación del retorno automático depende de la máquina y de los captadores y accionadores de que disponga. En este caso consiste en subir el taladro y posicionar pieza.

Una vez finalizado el retorno la máquina se encuentra en el estado de producción normal automática, estados A1 y F1 de la Guía Gemma; A1 cuando la máquina está parada en el estado inicial esperando una orden de marcha; F1 cuando está en producción moviéndose. En el grafcet de conducción está representado por la etapa X75. La etapa X75 da autorización al grafcet de producción normal automática, tal como se observa en la programación de la transición de la etapa X0 a la etapa X1 dicho grafcet.

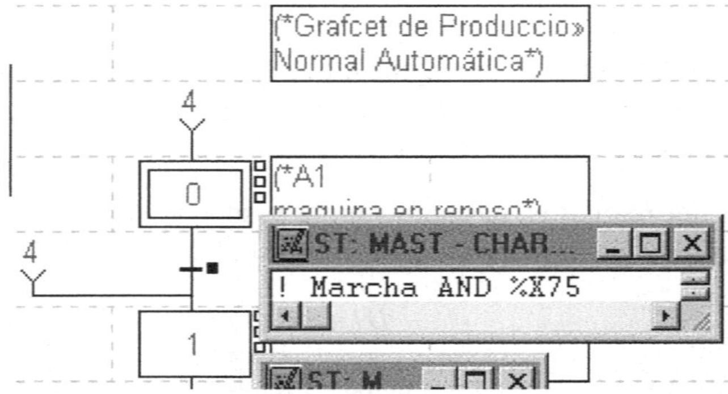

Figura 12.9

Del estado de producción normal automática se puede salir seleccionando manual. Pero esto sólo sucederá si la máquina se encuentra parada en la posición inicial.

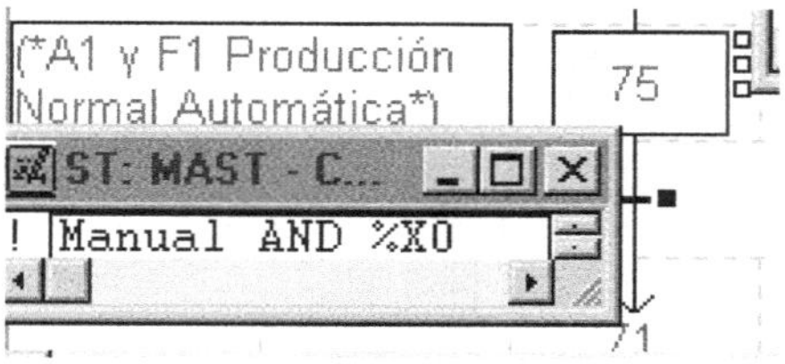

Figura 12.10

Si el operador selecciona manual, la máquina sólo se podrá controlar manualmente una vez que haya taladrado las cuatro piezas y se vuelva a activar la etapa %X0 del Grafcet de Producción Normal Automática.

12.7 EJEMPLO DE PROGRAMACIÓN: CONTROL DE UN VEHÍCULO TRANSBORDADOR

Como segundo ejemplo de implementación de Gemma se tiene la instalación industrial representada en la Figura 12.11. Se debe controlar un vehículo transbordador que transporta palets desde tres líneas de entrada a una máquina enfundadora.

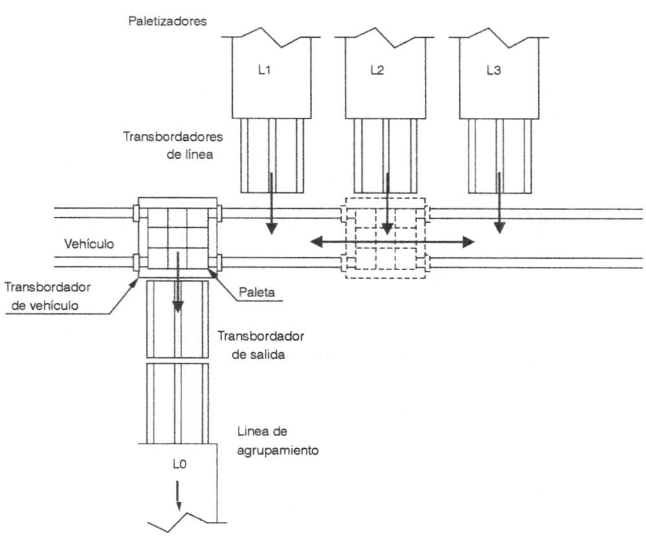

Figura 12.11

Los captadores y accionadores de la Instalación se muestran en la Figura 12.12.

Para controlar los movimientos del vehículo transbordador, de los transbordadores de las líneas de entrada y del transbordador de la línea de salida, se dispone de un autómata programable Telemecánica TSX Micro dotado con un módulo TSX DMZ 64 DTK de 32 entradas y 32 salidas digitales.

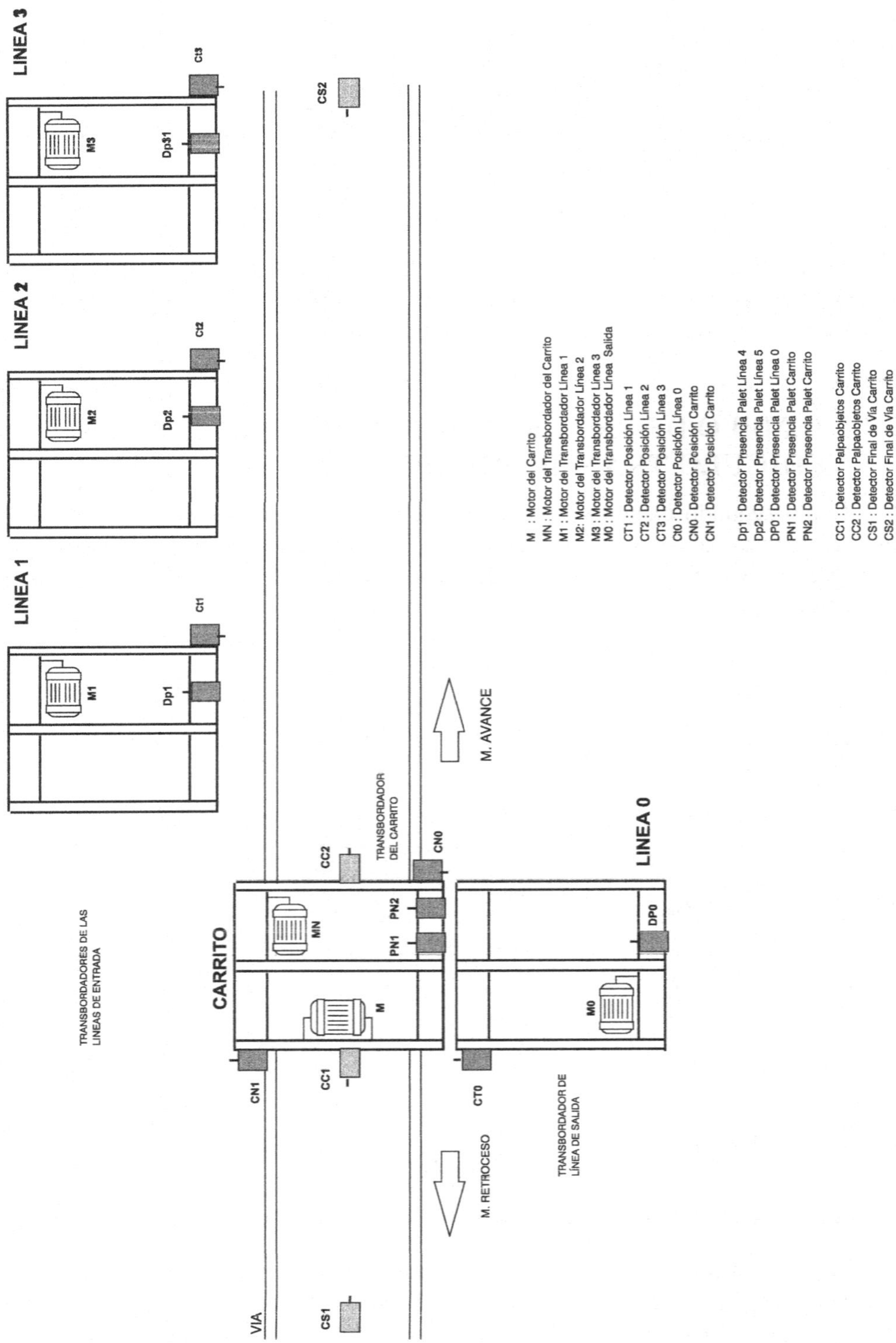
LINEA 1
LINEA 2
LINEA 3
M1
M2
M3
Dp1
Dp2
Dp31
Ct1
Ct2
Ct3
CS1
CS2
TRANSBORDADORES DE LAS LINEAS DE ENTRADA
CARRITO
M
MN
PN1
PN2
CC1
CC2
CN1
CN0
TRANSBORDADOR DEL CARRITO
LINEA 0
DP0
M0
CT0
TRANSBORDADOR DE LÍNEA DE SALIDA
M. AVANCE
M. RETROCESO
VIA
M : Motor del Carrito
MN : Motor del Transbordador del Carrito
M1 : Motor del Transbordador Línea 1
M2: Motor del Transbordador Línea 2
M3 : Motor del Transbordador Línea 3
M0 : Motor del Transbordador Línea Salida
CT1 : Detector Posición Línea 1
CT2 : Detector Posición Línea 2
CT3 : Detector Posición Línea 3
Ct0 : Detector Posición Línea 0
CN0 : Detector Posición Carrito
CN1 : Detector Posición Carrito
Dp1 : Detector Presencia Palet Línea 4
Dp2 : Detector Presencia Palet Línea 5
DP0 : Detector Presencia Palet Línea 0
PN1 : Detector Presencia Palet Carrito
PN2 : Detector Presencia Palet Carrito
CC1 : Detector Palpaobjetos Carrito
CC2 : Detector Palpaobjetos Carrito
CS1 : Detector Final de Vía Carrito
CS2 : Detector Final de Vía Carrito

Figura 12.12

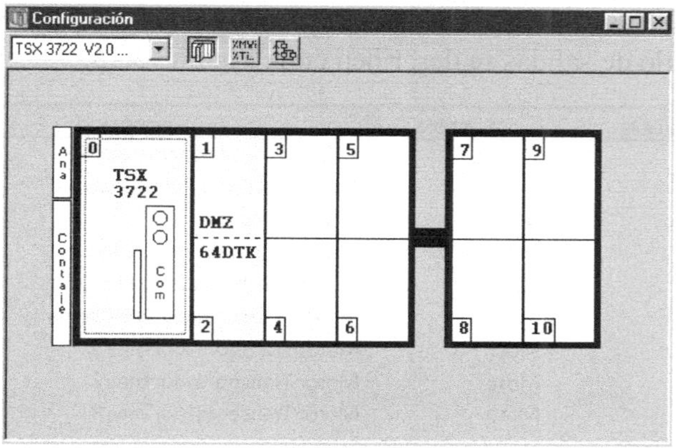

Figura 12.13 Configuración Hardware

Los captadores de la Instalación y los mandos del panel de control cableados al módulo de entradas se describen en la Figura 12.14.

Variable	Símbolo	Comentario
%I1.23	Aut	Autorización enfundadora
%I1.17	Automático	Paso a Funcionamiento Automático
%I1.14	Cc1	Palpaobjetos de seguridad carro
%I1.15	Cc2	Palpaobjetos de seguridad carro
%I1.8	Cn0	Detector Posición en el carro
%I1.9	Cn1	Detector Posición en el carro
%I1.12	Cs1	Fin de Carrera vía
%I1.13	Cs2	Fin de Carrera vía
%I1.4	Ct0	Detector Posición en línea salid
%I1.5	Ct1	Detector Posición en línea 1
%I1.6	Ct2	Detector Posición en línea 2
%I1.7	Ct3	Detector Posición en línea 3
%I1.18	Emergencia	Parada emergencia
%I1.19	Linea1	Llamada línea 1
%I1.20	Linea2	Llamada línea 2
%I1.21	Linea3	Llamada línea 3
%I1.16	Manual	Paso a Funcionamiento Manual
%I1.29	Mmma	Mando Manual Motor Avance Carro
%I1.30	Mmmn	Mando Manual Motor Transb. carro
%I1.28	Mmmr	Mando Manual Motor Retroceso Car
%I1.27	Mmmt0	Mando Manual Motor Línea Salida
%I1.24	Mmmt1	Mando Manual Motor Línea 1
%I1.25	Mmmt2	Mando Manual Motor Línea 2
%I1.26	Mmmt3	Mando Manual Motor Línea 3
%I1.2	P2	Presencia palet en Línea 2
%I1.3	P3	Presencia palet en Línea 3
%I1.10	Pn1	Detector presencia Palets carro
%I1.11	Pn2	Detector presencia Palets carro
%I1.0	Pp0	Presencia palet en Línea salida
%I1.1	Pp1	Presencia palet en Línea 1
%I1.22	Rearme	Rearme del Automata

Figura 12.14 Captadores y Mandos

Los accionadores de la Instalación y los Indicadores del panel de control cableados al módulo de salidas se describen en la Figura 12.15.

Variable	Símbolo	Comentario
%Q2.8	Alarma	Aviso de parada de emergencia
%Q2.7	Bocina	Aviso de retorno Automatico
%Q2.4	Mma	Motor Carro avance
%Q2.5	Mmr	Motor Carro retroceso
%Q2.6	Mn	Motor transbordador Carro
%Q2.0	Mot0	Motor Transbordador linea salida
%Q2.1	Mot1	Motor Transbordador linea 1
%Q2.2	Mot2	Motor Transbordador linea 2
%Q2.3	Mot3	Motor Transbordador linea 3

Figura 12.15 Accionadores e Indicadores

12.7.1 Programa de aplicación

Programación del Módulo Preliminar

*(*lectura de los bits de fallos de entrada salida*)*

Falloentradasalida:=%I0.MOD.ERR OR %I1.MOD.ERR OR %I2.MOD.ERR;

*(*lectura de los captadores de emergencia*)*

Captadseguridad:=Cc1 OR Cc2 OR Cs1 OR Cs2;

(máximos tiempos que puedan estar activas las etapas de envío del carrito hacia*)*

(la línea de entrada atendida*)*

Maxtempavance:=(%X11.T>200 AND %X11)OR(%X21.T>300 AND %X21)OR(%X31.T>400 AND %X31);

(máximos tiempos que puedan estar activas las etapas donde se produce un transbordo*)*

Maxtemptransbordo:=(%X12.T>150 AND %X12)OR(%X22.T>150 AND %X22)OR(%X32.T>150 AND %X32)

OR(%X4.T>150 AND %X4)OR(%X75.T>150 AND %X75);

(máximos tiempos que puedan estar activas las etapas de retorno del carrito hacia*)*

(la línea de salida*)*

Maxtempretroceso:=(%X73.T>500 AND %X73)OR(%X2.T>500 AND %X2);

(puesta en paralelo de las condiciones de parada de emergencia y lectura de la seta de parada de emergencia*)*

Bitemergencia:=Captadseguridad OR Maxtempavance OR

Maxtemptransbordo OR Maxtempretroceso OR Falloentradasalida OR Emergencia;

(GESTIÓN DE LA PARADA DE EMERGENCIA*)*

```
(* SE BORRAN LOS GRAFCET*)
(* CUANDO EL OPERADOR REARMA LOS GRAFCET SE SITÚAN EN SU ESTADO INICIAL*)
(* en el bit interno M6 se encuentran englobadas las condiciones de parada de emergencia*)
(* la puesta a uno de este bit provoca un set de S22 y esto supone el borrado de los grafcet*)
(* se pone a uno el bit M10 para memorizar la parada de emegencia*)
IF Bitemergencia THEN
  SET %S22;
  SET Bitmemoremerg;
END_IF;
(* si ha existido parada de emergencia, han desaparecido las condiciones de parada de emergencia y el operador pulsa rearme, se borra el bit M10 y se hace un set de S21 que situa los *)
(* grafcet en su etapa inicial*)
IF Bitmemoremerg AND NOT Bitemergencia AND Rearme THEN
  RESET Bitmemoremerg;
  SET %S21;
END_IF;
```

Programación del Módulo Chart

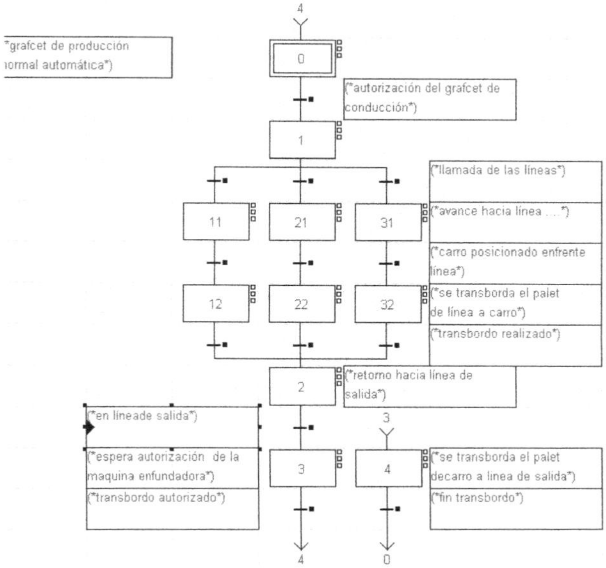

Figura 12.16

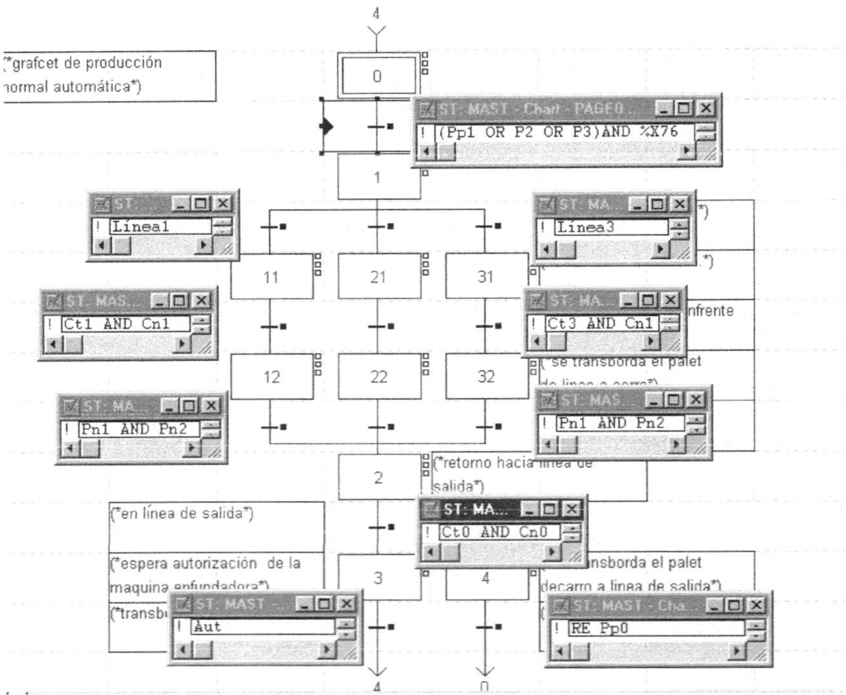

Figura 12.17

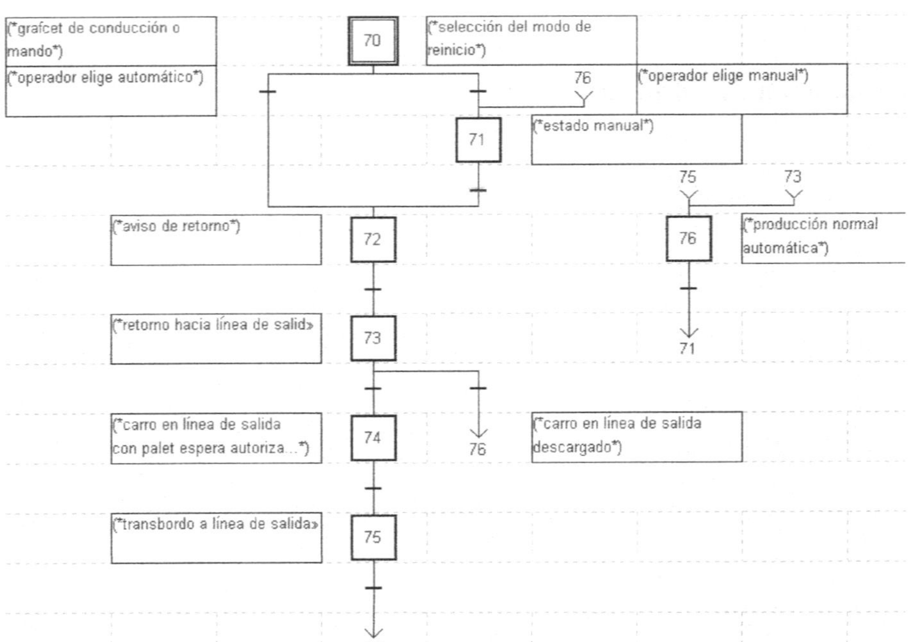

Figura 12.18

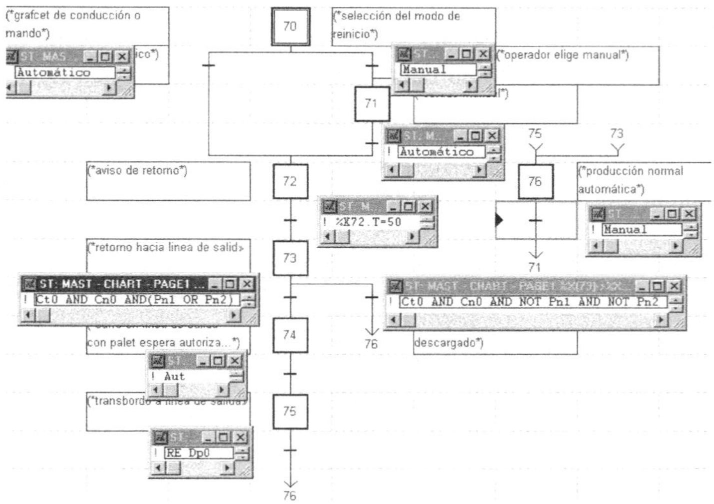

Figura 12.19

Programación del Módulo Post

*(*etapas y mando manual del motor del carro en avance*)*

Mma:=%X11 OR %X21 OR %X31 OR(%X71 AND Mmma AND NOT Mmmr);

*(*etapas y mando manual del motor del transbordador del carrito*)*

Mn:=%X12 OR %X22 OR %X32 OR %X4 OR %X75 OR(%X71 AND Mmmn);

*(*etapas y mando manual del motor del carro en retroceso*)*

Mmr:=%X73 OR %X2 OR(%X71 AND Mmmr AND NOT Mmma);

*(*etapas y mando manual del motor del transbordador de la línea 1*)*

Mot1:=%X12 OR(%X71 AND Mmmt1);

*(*etapas y mando manual del motor del transbordador de la línea 2*)*

Mot2:=%X22 OR(%X71 AND Mmmt2);

*(*etapas y mando manual del motor del transbordador de la línea 3*)*

Mot3:=%X32 OR(%X71 AND Mmmt3);

*(*etapas y mando manual del motor del transbordador de la línea de salida*)*

Mot0:=%X4 OR %X75 OR(%X71 AND Mmmt0);

*(*bocina de aviso de retroceso*)*

Bocina:=%X72;

*(*Alarma por emergencia*)*

Alarma:=Bitmemoremerg;

12.7.2 Programa de aplicación. Versión mejorada

A continuación se muestra una versión mejorada del programa anterior. En el módulo preliminar se han tenido en cuenta más causas que pueden llevar al estado de emergencia.

Además, se ven formas alternativas de implementar el rearme como es que el operador indique al autómata donde se debe situar el grafcet.

Se muestra también la opción de considerar el bit %S23 para congelar la evolución del grafcet. Por último la gestión de las llamada de las líneas se realiza mediante un registro.

Programación del Módulo Preliminar

*!(*DETECCIÓN DE LOS POSIBLES FALLOS DE LA INSTALACIÓN AUTOMATIZADA*)*

*(*lectura de los bits de fallos de entrada/salida*)*

Falloentradasalida:=%I0.MOD.ERR OR %I1.MOD.ERR OR %I2.MOD.ERR;

*(*lectura de los captadores de emergencia*)*

Captadseguridad:=Cc1 OR Cc2 OR Cs1 OR Cs2;

(máximos tiempos que puedan estar activas las etapas de envío del carrito hacia *)*

(la línea de entrada atendida *)*

Maxtempavance:=(%X11.T>200 AND %X11)OR(%X21.T>300 AND %X21)OR(%X31.T>400 AND %X31);

(máximos tiempos que puedan estar activas las etapas donde se produce un transbordo *)*

Maxtemptransbordo:=(%X12.T>150 AND %X12)OR(%X22.T>150 AND %X22)OR(%X32.T>150 AND %X32)

OR(%X4.T>150 AND %X4)OR(%X75.T>150 AND %X75);

(máximos tiempos que puedan estar activas las etapas de retorno del carrito hacia *)*

(la línea de salida *)*

Maxtempretroceso:=(%X73.T>500 AND %X73)OR(%X2.T>500 AND %X2);

(detección de un posible vuelco cuando el carrito vuelve cargado *)*

Posiblevuelco:=(%X2 AND Pn1 AND NOT Pn2)OR(%X2 AND NOT Pn1 AND Pn2);

(detección de un excesivo tiempo de ciclo en atender a una línea*)*

(la detección se realiza activando un temporizador TM1 en forma TP(monoestable)*)*

(con el flanco de subida de la etapa X1 y se desactiva con el flanco de bajada*)*

(de X4 *)*

```
IF RE Flancosubidax1 THEN
  START Maxtempciclo;
END_IF;
Flancobajadax4:=%X4;
IF FE Flancobajadax4 THEN
  DOWN Maxtempciclo;
END_IF;
Exctempciclo:=Maxtempciclo.V>800;
(* puesta en paralelo de las condiciones de parada de emergencia y lectura de la seta de *)
(* parada de emergencia *)
Bitemergencia:=Captadseguridad OR Maxtempavance OR Maxtemptransbordo
 OR Maxtempretroceso OR Falloentradasalida OR Posiblevuelco OR Exctempciclo OR Emergencia;


!
(* GESTIÓN DE LA PARADA DE EMERGENCIA*)
(* SE BORRAN LOS GRAFCET*)
(* CUANDO EL OPERADOR REARMA LOS GRAFCET SE SITÚAN EN SU ESTADO INICIAL*)
(* en el bit interno M6 se encuentran englobadas las condiciones de parada de emergencia*)
(* la puesta a uno de este bit provoca un set de S22 y esto supone el borrado de los grafcet*)
(* se pone a uno el bit M10 para memorizar la parada de emegencia*)
IF Bitemergencia THEN
  SET %S22;
  SET Bitmemoremerg;
END_IF;
(* si ha existido parada de emergencia, han desaparecido las condiciones de parada de emer-*)
(* gencia y el operador pulsa rearme se borra el bit M10 y se hace un set de S21  que situa los *)
(* grafcet en su etapa inicial*)
IF Bitmemoremerg AND NOT Bitemergencia AND Rearme THEN
  RESET Bitmemoremerg;
```

```
  SET %S21;
END_IF;
!
(* EL OPERADOR REARMA MEDIANTE LOS MANDOS MANUALES INDICANDO QUE QUIERE CONTINUAR EL *)
(* TRANSBORDO EN UNA LÍNEA DETERMINADA*)
(* si ha existido parada de emergencia, han desaparecido las condiciones de parada de emergencia y el operador pulsa el mando manual de la línea 1, el autómata posiciona el grafcet*)
(*en la etapa de transbordo en la línea 1 comprobando que los captadores ct1,cn1 y dp1 estén*)
(*activados *)
IF Mmmt1 AND Ct1 AND Cn1 AND Dp1 AND Bitmemoremerg AND NOT Bitemergencia THEN
  SET %X12;
  SET Forzado;
END_IF;
(* si ha existido parada de emergencia, han desaparecido las condiciones de parada de emergencia y el operador pulsa el mando manual de la línea 2, el autómata posiciona el grafcet*)
(*en la etapa de transbordo en la línea 2 comprobando que los captadores ct2,cn1 y dp2 estén*)
(*activados *)
IF Mmmt2 AND Ct2 AND Cn1 AND Dp2 AND Bitmemoremerg AND NOT Bitemergencia THEN
  SET %X22;
  SET Forzado;
END_IF;
(* si ha existido parada de emergencia, han desaparecido las condiciones de parada de emergencia y el operador pulsa el mando manual de la línea 3, el autómata posiciona el grafcet*)
(*en la etapa de transbordo en la línea 3 comprobando que los captadores ct3,cn1 y dp3 estén*)
(*activados *)
IF Mmmt3 AND Ct3 AND Cn1 AND Dp3 AND Bitmemoremerg AND NOT Bitemergencia THEN
  SET %X32;
  SET Forzado;
```

```
END_IF;
(* si ha existido parada de emergencia, han desaparecido las condiciones de parada de emergencia y el operador pulsa el mando manual de la línea 0, el autómata posiciona el grafcet*)
(* en la etapa de transbordo en la línea 0 comprobando que los captadores ct0,cn0,pn1 y pn2*)
(* estén activados *)
IF Mmmt0 AND Ct0 AND Cn0 AND Pn1 AND Pn2 AND Bitmemoremerg AND NOT Bitemergencia THEN
  SET %X4;
  SET Forzado;
END_IF;
(* se posiciona el grafcet de conducción en su etapa de automático, se borra la emergencia *)
IF Forzado THEN
  SET %X76;
  RESET Bitmemoremerg;
  RESET Forzado;
END_IF;
!
(* OTRA FORMA DE GESTIONAR LA PARADA DE EMERGENCIA*)
(* SE CONGELA LA EVOLUCIÓN DEL GRAFCET Y SE PONEN LAS SALIDAS A CERO*)
(* CUANDO EL OPERADOR REARMA LOS GRAFCET SIGUEN EVOLUCIONANDO Y LAS *)
(* SALIDAS RETORNAN AL ESTADO QUE TENÍAN ANTES DE LA EMERGENCIA *)
(* ESTA FORMA DE GESTIONAR LA EMERGENCIA ES INCOMPATIBLE CON LA ANTERIOR *)
(* SE PROGRAMA UNA DE LAS DOS SÓLO *)
(* en el bit interno M6 se encuentran englobadas las condiciones de parada de emergencia*)
(* la puesta a uno de este bit provoca un set de S23 y esto supone que se congela la *)
(* evolución del grafcet*)
(* se hace un set de S9 para poner las salidas del autómata a cero*)
IF Bitemergencia OR Bitmemoremerg THEN
  SET %S23;
```

```
    SET %S9;
    SET Bitmemoremerg;
  END_IF;
  (* si ha existido parada de emergencia, han desaparecido las condiciones de parada de
  emergencia y el operador pulsa rearme se borra el bit M10 y se hace un reset de S23 y
  S9  *)
  (* para que el grafcet evolucione y las salidas retornen al estado que tenían *)
  (* antes de la emergencia*)
  IF Bitmemoremerg AND NOT Bitemergencia AND Rearme THEN
    RESET Bitmemoremerg;
    RESET %S23;
    RESET %S9;
  END_IF;
  (* si se utiliza el bit S23 para congelar el Grafcet, la detección de máximos tiempos de
  las acciones debe hacerse con temporizadores, no se puede hacer con los contadores *)
  (* de tiempo de las Etapas *)
  (* con  el bit %S9 se ponen a cero todas las salidas ¡¡¡¡Todas!!!! Incluso las de los
  paneles de control *)
  (* si no se quiere utilizar el bit %S9 para resetear las salidas, las salidas que se deban
  desactivar*)
  (* se condicionarán con un contacto negado de %S23 en serie*)
  (* gestión de las llamadas de las líneas mediante un registro*)
  (* si se detecta un flanco de subida en el captador de peso*)
  (* de la línea 1 y el registro no está lleno se almacena un *)
  (* 1 en el registro *)
  IF RE Dp1 AND NOT Llamada.F THEN
    Llamada.I:=1;
    PUT Llamada;
  END_IF;
  (* si se detecta un flanco de subida en el captador de peso*)
  (* de la línea 2 y el registro no está lleno se almacena un *)
  (* 2 en el registro *)
  IF RE Dp2 AND NOT Llamada.F THEN
    Llamada.I:=2;
    PUT Llamada;
```

```
END_IF;
(* si se detecta un flanco de subida en el captador de peso*)
(* de la línea 3 y el registro no está lleno se almacena un *)
(* 3 en el registro *)
IF RE Dp3 AND NOT Llamada.F THEN
  Llamada.I:=3;
  PUT Llamada;
END_IF;
(* bit de apoyo para detección de flancos de subida en la etapa %X1*)
Flancosubidax1:=%X1;
(* si se activa la etapa %X1 y el registro no está vacío se extrae una*)
(* palabra del registro*)
IF RE Flancosubidax1 AND NOT Llamada.E THEN
  GET Llamada;
END_IF;
```

Programación del Módulo Chart

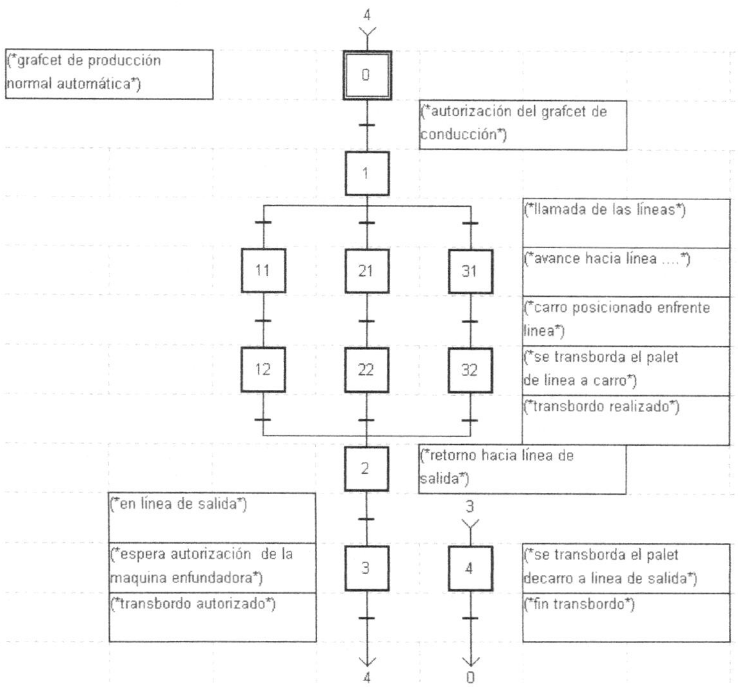

Figura 12.20

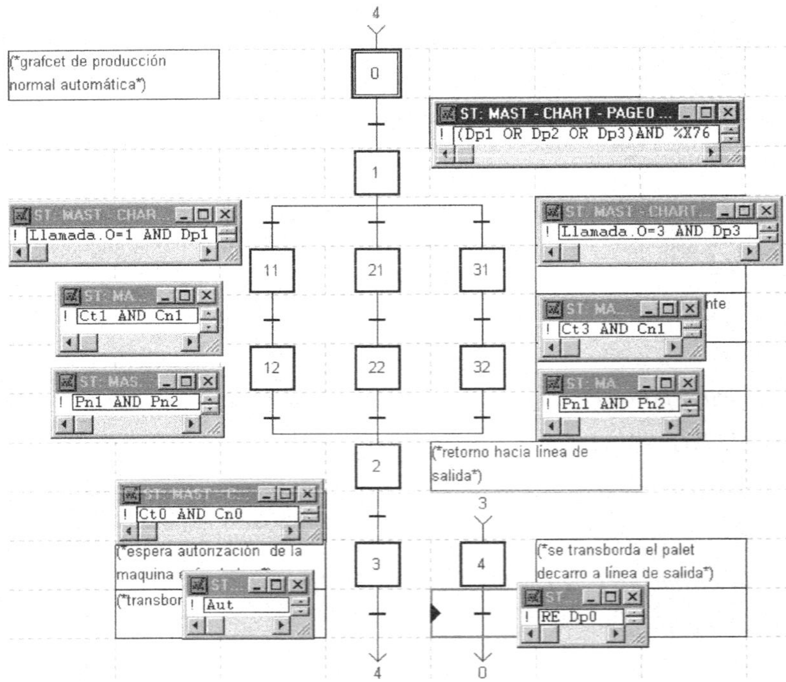

Figura 12.21

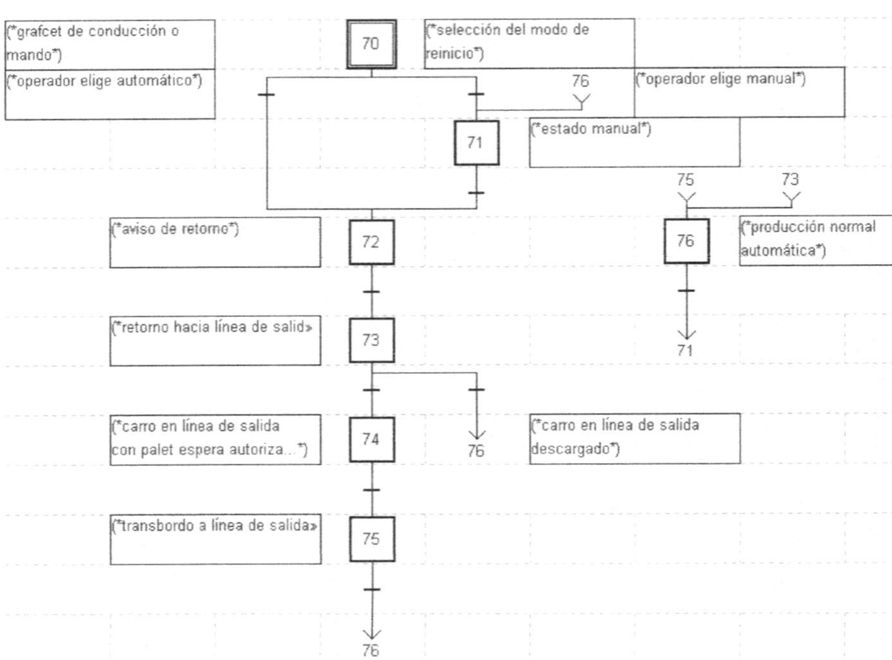

Figura 12.22

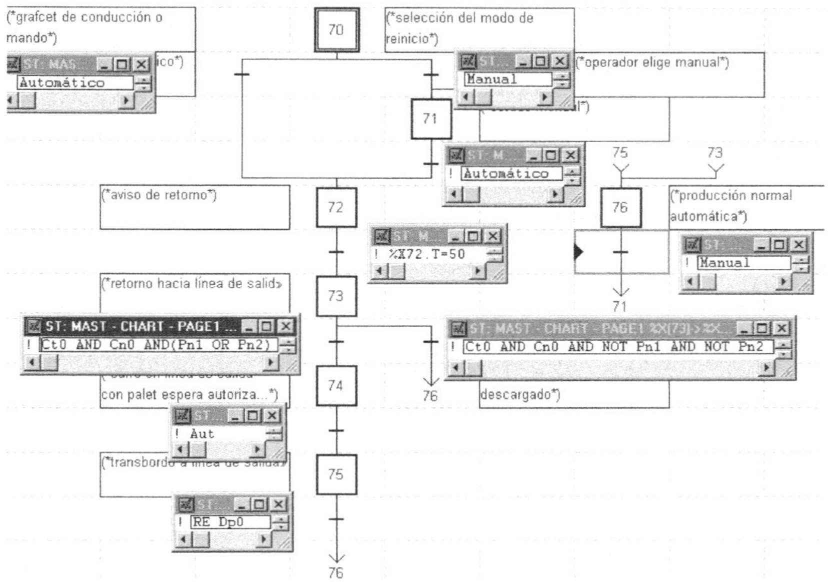

Figura 12.23

Programación del Módulo Post

En la programación de las salidas se han tenido en cuenta los captadores que deben estar activos en las etapas.

!

*(*etapas y mando manual del motor del carro en avance*)*

Mma:=%X11 OR %X21 OR %X31 OR(%X71 AND Mmma AND NOT Mmmr);

*(*etapas y mando manual del motor del transbordador del carrito*)*

Mn:=(Cn1 AND(Ct1 OR Ct2 OR Ct3)AND(%X12 OR %X22 OR %X32))

OR((%X4 OR %X75)AND Cn0 AND Ct0)OR(%X71 AND Mmmn);

*(*etapas y mando manual del motor del carro en retroceso*)*

Mmr:=%X73 OR %X2 OR(%X71 AND Mmmr AND NOT Mmma);

*(*etapas y mando manual del motor del transbordador de la línea 1*)*

Mot1:=(%X12 AND Ct1 AND Cn1)OR(%X71 AND Mmmt1);

*(*etapas y mando manual del motor del transbordador de la línea 2*)*

Mot2:=(%X22 AND Ct2 AND Cn1)OR(%X71 AND Mmmt2);

*(*etapas y mando manual del motor del transbordador de la línea 3*)*

Mot3:=(%X32 AND Ct3 AND Cn1)OR(%X71 AND Mmmt3);

*(*etapas y mando manual del motor del transbordador de la línea de salida*)*

```
Mot0:=((%X4 OR %X75)AND Ct0 AND Cn0)OR(%X71 AND Mmmt0);
(*bocina de aviso de retroceso*)
Bocina:=%X72;
(*alarma por emergencia*)
Alarma:=Bitmemoremerg;
```

CAPÍTULO 13

IMPLEMENTACIÓN AVANZADA DE LA GUÍA GEMMA

13.1 INTRODUCCIÓN

Con el objetivo de ofrecer una mayor claridad y una más fácil compresión de los conceptos expuestos en este capítulo, la implementación programada de la Guía Gemma se va a desarrollar sobre un ejemplo de instalación Industrial Automatizada.

Asimismo se expondrán una serie de propuestas de organización de los programas de autómata programable. Si se siguen estas estructuras de programación, se podrán desarrollar automatizaciones muy avanzadas de una forma simple y organizada sin perder nunca la visión del proceso que se va a controlar mediante autómata.

En la implementación programada de la guía Gemma se utilizará el lenguaje de programación de Autómatas Grafcet. En la Programación de los módulos auxiliares Preliminar y Posterior, y en la programación de las transiciones y de las acciones de las etapas, se utiliza el lenguaje de contactos.

Algunas partes del programa se presentan en lenguaje literal estructurado. Comparando el lenguaje de contactos con el lenguaje literal estructurado, es más recomendable programar en lenguaje literal estructurado por varias razones, como son la rapidez de programación y la mayor potencia de este lenguaje, que no está limitado por la estructura de las redes de contactos. Sin embargo, a la hora de depurar un programa, resulta más visual el lenguaje de contactos.

Se irán proponiendo diversas soluciones a la Implementación de Gemma, viendo cada una sus ventajas, sus desventajas y sus limitaciones. En concreto se desarrolla en profundidad la gestión de la parada de emergencia y el rearme de la Instalación automatizada.

La gestión de la parada de emergencia y el rearme se debe considerar la parte principal de un programa de Autómata. Todo programa de autómata debe tener en cuenta que los tiempos de parada deben ser mínimos y debe efectuarse el rearme de manera que se reanude la producción, si se puede, en el estado previo a la emergencia. Debido a esto se tratará profundamente este tema a lo largo de este capítulo.

13.2 DESCRIPCIÓN DE LA INSTALACIÓN AUTOMATIZADA

La parte de mando del sistema es un autómata programable TSX37 el cual dispone de la siguiente configuración hardware:

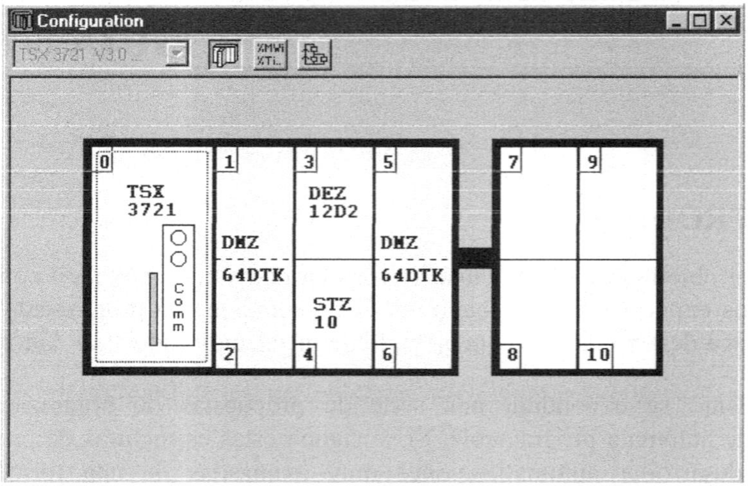

Figura 13.1 Configuración Hardware

En el rack del Autómata hay dispuestos los siguientes módulos:

- Dos módulos TSX DMZ 64 DTK de 32 entradas y 32 salidas digitales.
- Un módulo TSX DEZ 12D2 de 12 entradas digitales.
- Un acoplador TSX STZ 10 para red nano bus.

Mediante el acoplador TSX STZ 10 el autómata se comunica con cuatro módulos de entradas/salidas digitales distribuidos por la instalación. Estos módulos son autómatas TSX Nano configurados como módulos de entradas/salidas digitales.

A las entradas y salidas del rack del autómata TSX Micro se conectan los captadores y accionadores del vehículo transbordador, los captadores y accionadores de la línea de salida, y el panel de control.

A los módulos de entradas/salidas distribuidas se conectan los captadores y accionadores de las líneas de entrada. A cada autómata nano se conectan los captadores y accionadores de dos líneas de entrada.

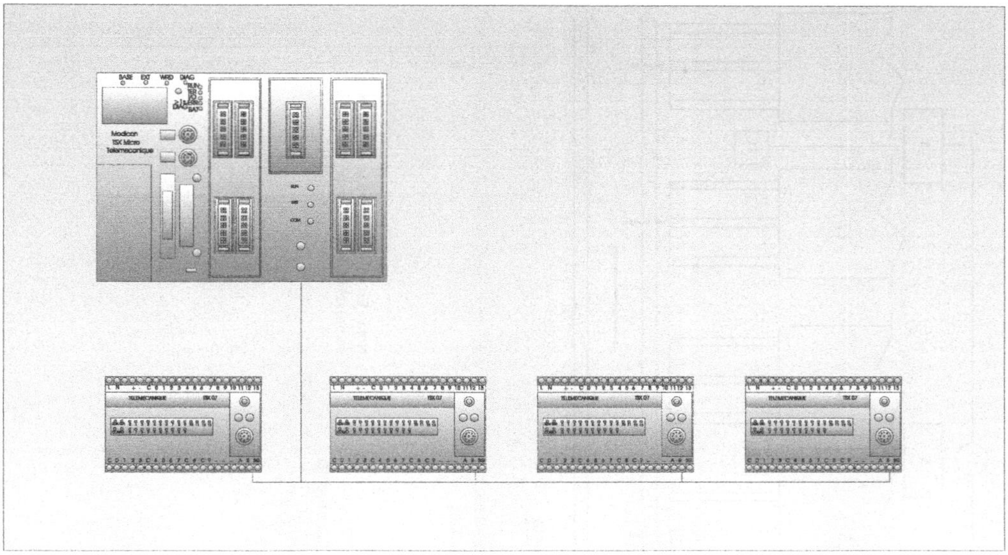

Figura 13.2

Se describe a continuación la parte operativa de la Instalación:

13.2.1 Accionadores

Cada transbordador de línea utiliza un motorreductor de un solo sentido de marcha; lo mismo ocurre con el transbordador de salida. En la Figura 13.4 se denotan por (M1, ... y M8), los de línea y (M0) el de salida.

En cuanto al vehículo, éste comprende:

- Un motorreductor M, con dos sentidos de marcha y frenado de falta de corriente, para asegurar el desplazamiento sobre los railes. (Con movimientos de ida- MA y retorno- MR).

- Un motorreductor Mn, de un solo sentido de marcha para el accionamiento del transbordador, encargado de cargar la paleta en el carro y de su posterior descarga sobre el transbordador de salida.

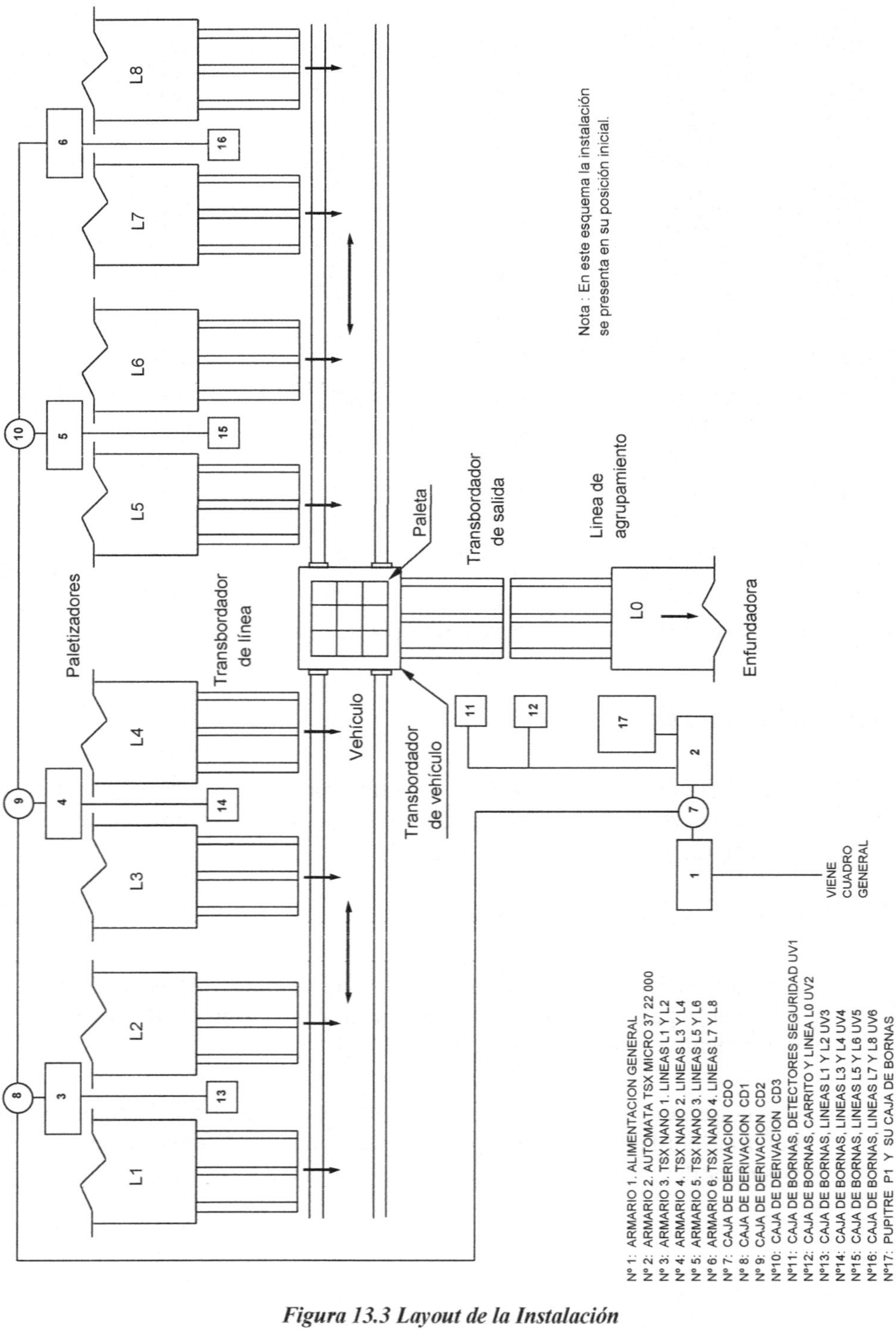

Figura 13.3 Layout de la Instalación

13.2.2 Captadores

- *Captadores para detectar la posición del vehículo transbordador*

  - CT0, CT1,...CT8, situados en el extremo de cada línea.

  - CT9, colocado para asegurar el posicionamiento correcto del vehículo en la descarga.

  - Cn0, Cn1, llevados por el carro.

- *Captadores para detectar la presencia y la posición de las paletas*

  - DP0, colocado en la línea de agrupamiento.

  - DP1 a DP8 en las líneas de producción.

  - Pn1 y Pn2 en el vehículo, desdoblados, tomando en consideración la seguridad antivuelco.

- *Captadores de Seguridad*

  - CS1 y CS2. Finales de Carrera de Extremo de Vía. Situados en los extremos de la vía que actúan por ruptura de sus contactos en caso de carrera excesiva del vehículo.

  - CC1 y CC2. Interruptores de Posición asociados a Palpaobjetos. Servirán para parar el vehículo en caso choque de accionamiento de un Palpaobjetos.

13.2.3 Descripción del funcionamiento automático

El sistema inicialmente está en situación de espera, hasta que recibe una llamada de una de las líneas.

Cuando el paletizador de una de las líneas ha terminado una paleta, (tomamos por ejemplo la línea 1), entonces el captador situado en el transbordador de dicha línea (DP1), se trata de un detector de presencia de paleta o detector de peso, nos informa de que en la línea 1 hay una paleta lista para ser retirada.

Esta información llega al autómata por medio de una entrada digital, la procesa, estudia su prioridad, y entonces por medio de una salida digital, da la orden por medio de un contactor (preaccinador) al motor (M) del vehículo para que se ponga en marcha hacia la línea en cuestión.

En este caso, como la línea 1 está a la izquierda de la posición normal de reposo del vehículo, establecemos que su sentido de marcha inicial sea en avance.

El carro avanza y se sitúa a la derecha de la línea 1, su presencia debe ser detectada por dos interruptores de posición, (CT1) en la línea y (Cn1) en el carro, que certifican por duplicado que la posición es correcta. Llegado a este punto el motor (M) se detiene. Por medio de dos entradas digitales el autómata es informado de que el carro ha alcanzado la línea y se encuentra en perfectas condiciones para cargar la paleta.

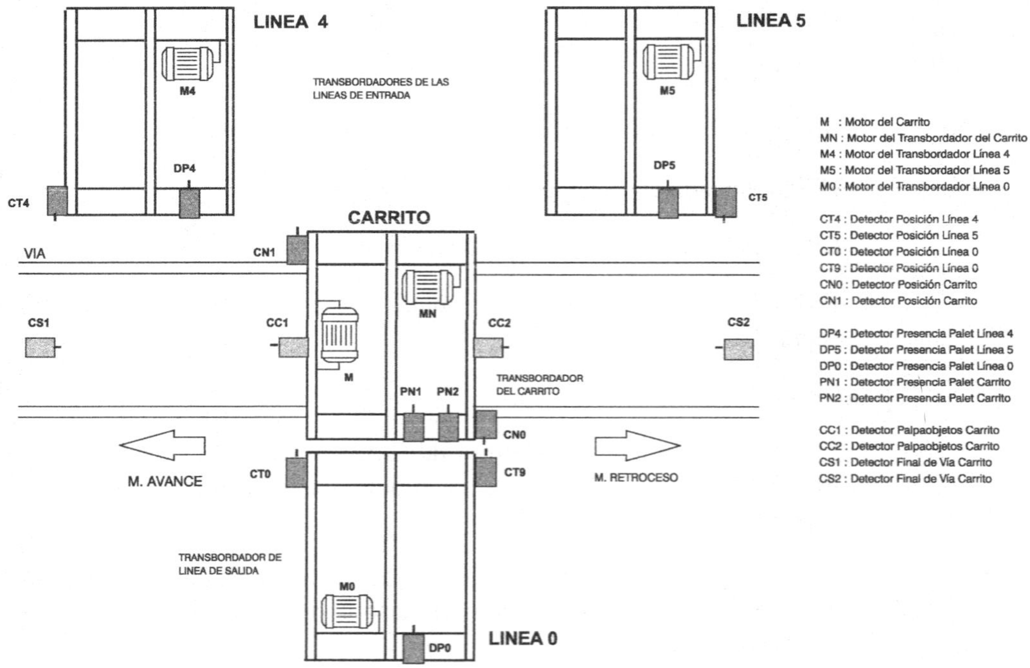

Figura 13.4 Esquema situación de captadores y accionadores

En este momento, por medio de dos salidas da la orden a otros tantos contactores para que cierren y así poner en marcha simultáneamente los motores (M1) del transbordador de la línea 1 y (Mn) del transbordador del vehículo que cargan la paleta. El final de la carga es detectado por duplicado por los interruptores de posición del carro (Pn1 y Pn2), pues al enviar la señal se produce la parada de los motores (M1 y Mn); al mismo tiempo por otra salida distinta a la anterior y por tanto, por otro contactor, indicamos el arranque del motor (M), pero ahora con sentido de marcha opuesto, retroceso.

Mediante los detectores de posición (CT0) de la línea de salida y (CN0) del carro vemos cuándo llega el vehículo a la línea de agrupamiento. Esto significa la parada inmediata del motor (M).

En la línea de salida L0 colocaremos otro detector de posición (CT9), para que el carrito se posicione correctamente a la hora de la descarga, concretamente cuando retorna de las líneas 1 a 4. Por tanto, cuando el carrito regrese de las líneas 1 a 4, hasta que no accione el detector CT9 no se detendrá, y cuando regrese de las líneas 5 a 8 no se detendrá hasta que no accione el detector CT0.

En este momento la paleta está preparada para la descarga, pero ésta sólo se llevará a cabo cuando la enfundadora lo autorice, pues así se dispone en el programa.

Autorizada la descarga, dos contactores ponen en marcha los motores (M0) del transbordador de salida y (Mn) del transbordador del carro, que simultáneamente descargan la paleta.

Los motores se detendrán cuando el detector de peso (DP0) de la línea de salida LO, nos confirme el fin de la descarga.

Un defecto de Gemma es que no está muy clara la manera de implementar de forma programada todos estos estados en una automatización. En este capítulo se suministrará una guía de cómo realizar su implementación programada.

13.3 IMPLEMENTACIÓN PROGRAMADA DE GEMMA

13.3.1 Estructura del programa

A continuación se propone una estructura básica de programa y los estados de la guía Gemma con que se corresponden:

Recomendada para un Autómata que controle solamente una máquina.

Módulo Preliminar

- Detección de fallos de la Parte Operativa y parte de mando →D1
- Gestión de la Parada de Emergencia D1
- Gestión del rearme de la Máquina D1→ A5
- Comunicación con Terminales de Explotación y Sistemas Scada D2

Módulo Grafcet

- Grafcet de Conducción o Mando A5, A6, F4, F5, A1 y F1 (macroestados de la máquina)
- Grafcet de Producción Normal Automática A1 y F1 (desarrollados)
- Grafcet de Test de la Máquina F5
- Grafcet de Retorno Automático a la Posición Inicial A6

Módulo Post

- Programación de las salidas del Autómata
- Programación de los mandos Manuales F4

13.3.2 Implementación programada

La mayoría de los estados de la guía Gemma que se van a programar se implementarán como etapas o macroetapas de grafcet. Asimismo los saltos entre estados se implementarán mediante transiciones entre las etapas o macroetapas.

En principio se programará el grafcet de producción normal automática, en el cual se programa el funcionamiento normal de la máquina. A este grafcet se le añade el Grafcet de conducción o mando de la Máquina. Las etapas de este grafcet representan los macroestados de la máquina. Además, el grafcet de conducción es el encargado de dialogar con el operario, para gestionar los cambios de modo de funcionamiento.

El grafcet de conducción contiene una etapa inicial, en la cual se derivan tres transiciones. En esta estructura el operario puede elegir entre tres estados de funcionamiento: automático, manual y test. Esta elección la realiza mediante un conmutador del panel de control.

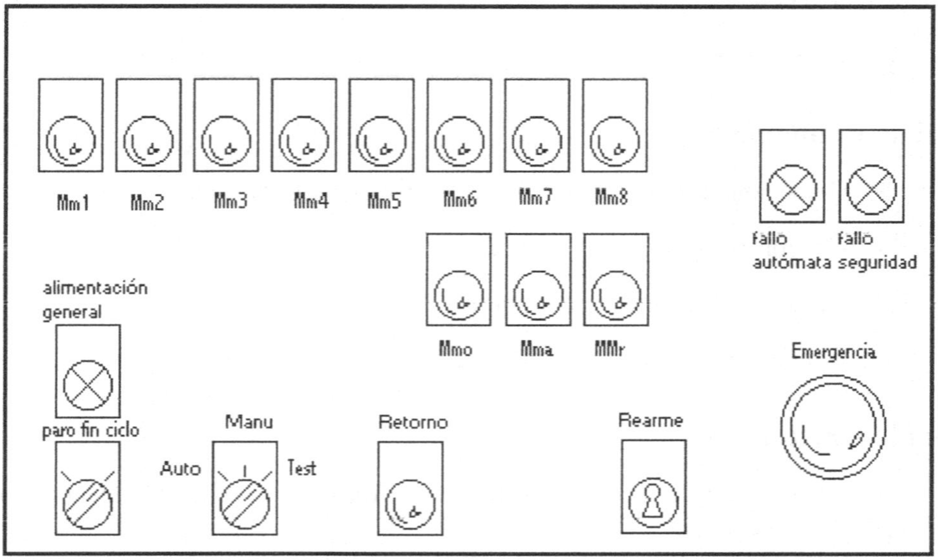

Figura 13.5

La Figura 13.6 muestra el Grafcet de Conducción de la Guía Gemma.

- X100: Etapa Inicial (espera de elección manual, automático o test).
- X101: Etapa Manual (control Manual desde botonera).

- X102: Etapa o conjunto de etapas de posicionamiento del proceso.
- X103: Etapa de producción Automática, permite la evolución del grafcet de producción.
- X104: Etapa de Instalación en Test, se activa el grafcet que ejecuta el test de la máquina.

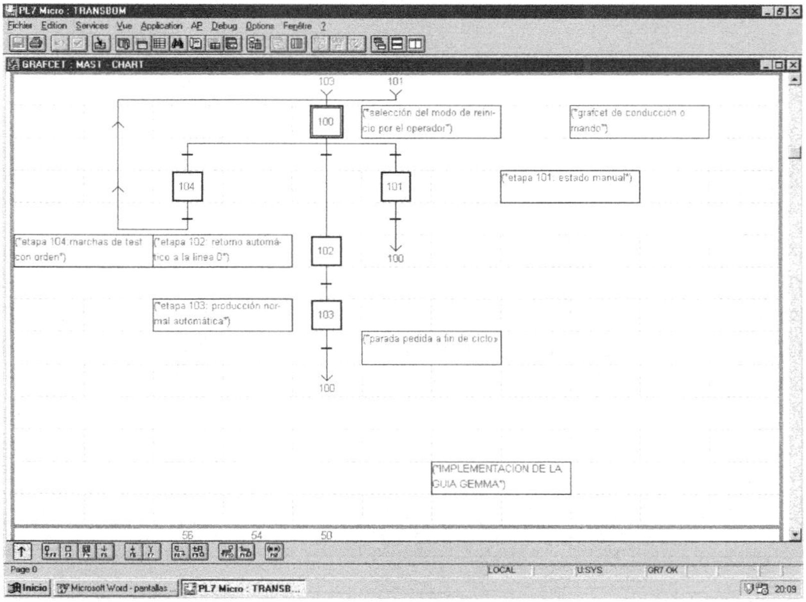

Figura 13.6 Grafcet de Conducción o Mando

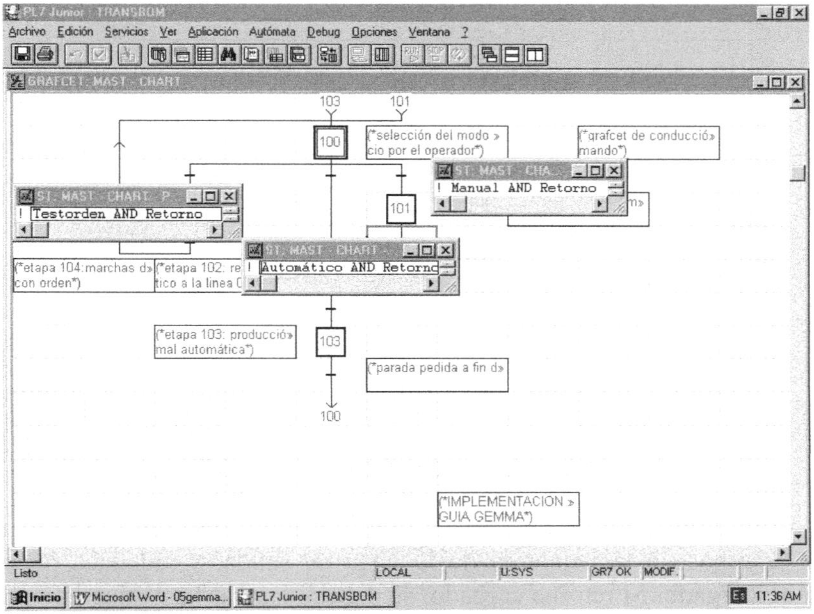

Figura 13.7 Elección entre Automático, Manual o Test

Si elige manual, se activa la etapa %X101. En esta etapa están activos los mandos manuales del panel de control. Mediante una botonera, el operario puede activar las salidas del autómata que actúan sobre el proceso. La etapa %X101 sirve para autorizar los mandos manuales que activarán las salidas del autómata que actúan sobre la máquina.

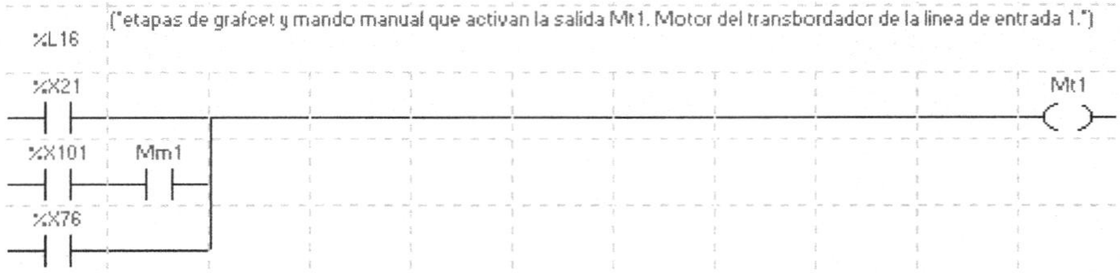

Si elige automático, se activa la etapa X102, que activa el grafcet de posicionamiento de la máquina. Es necesario que la máquina vuelva a la posición inicial antes de empezar la producción. En el posicionamiento automático el autómata sitúa la máquina en la posición inicial para empezar a producir. En este caso sitúa el vehículo transbordador enfrente de la línea de salida.

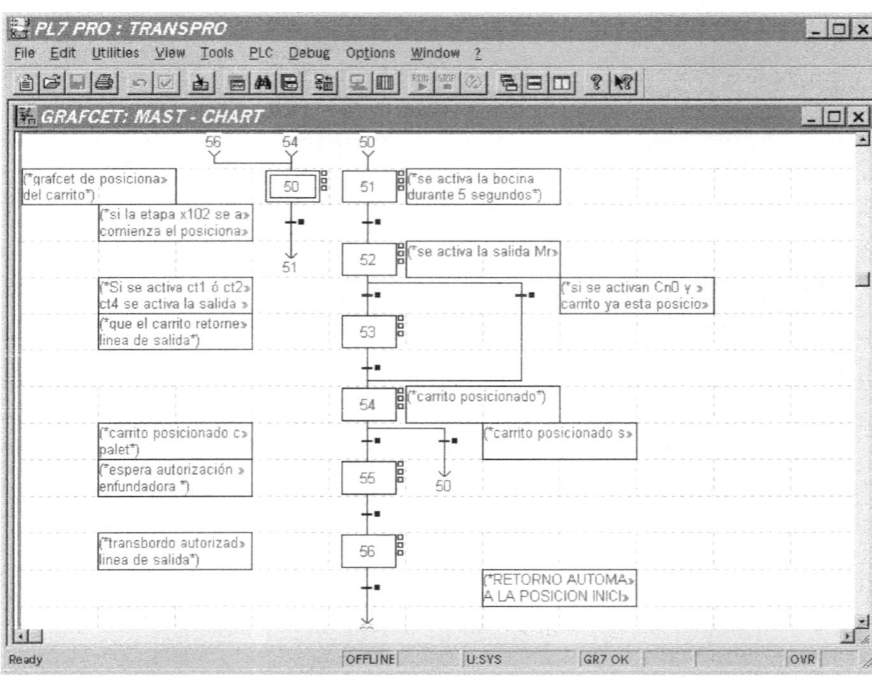

Figura 13.8 Grafcet de Posicionamiento

En el posicionamiento automático se debe tener en cuenta que el vehículo puede estar a la derecha o a la izquierda de la línea de salida, y, además, puede volver cargado o descargado. Si retorna cargado, se deberá esperar hasta que la máquina que está aguas abajo autorice la descarga a la línea de salida.

Una vez el vehículo está descargado en la línea de salida, puede empezar a producir (a atender a las líneas de entrada), se activa la etapa X103 del Grafcet de Conducción la cual autoriza el funcionamiento del grafcet de producción normal automática.

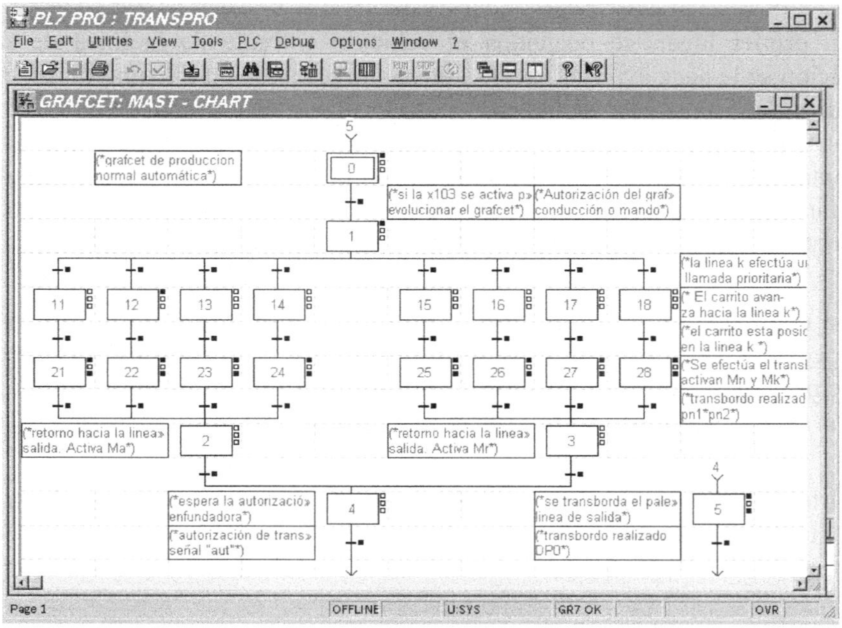

Figura 13.9 Grafcet de producción normal Automática

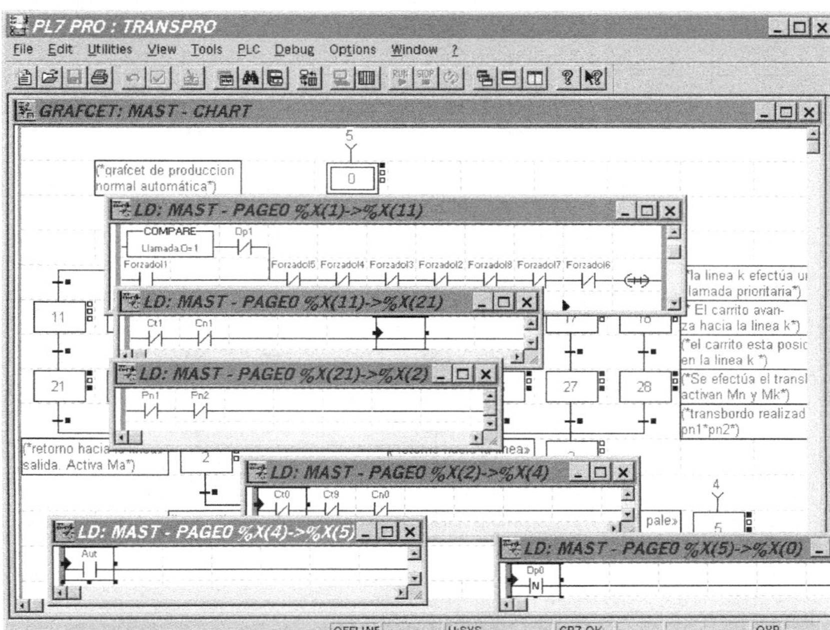

Figura 13.10 Programación de las Transiciones

Si elige test, se activa la etapa X104, que pone en marcha la realización de forma automática de un test de funcionamiento de la máquina. La ejecución del test consistirá en la comprobación del buen funcionamiento de los captadores y accionadores de la máquina.

En primer lugar, se posiciona el vehículo enfrente de la línea de salida, a continuación se le hace avanzar hacia la línea cinco, dando un máximo de 20 segundos para alcanzarla. En ese caso se indica el fallo mediante un terminal de diálogo. El fallo puede estar en el motor del vehículo, o bien en el captador de posición del vehículo o en el captador de posición de la línea. Si falla el motor, saltará su protección eléctrica, por lo tanto el autómata podrá diferenciar entre un fallo en el motor o en los captadores.

En una etapa se activa el motor, se saldrá de esa etapa con el captador de la línea cinco. La detección del fallo se hace mediante una transición en alternativa donde se programa una temporización de la etapa al máximo tiempo permitido. Si esta transición se dispara, indica un fallo en la instalación.

El test de los motores de las líneas consiste en activar el motor de la línea y esperar un máximo tiempo a que cierre el contactor.

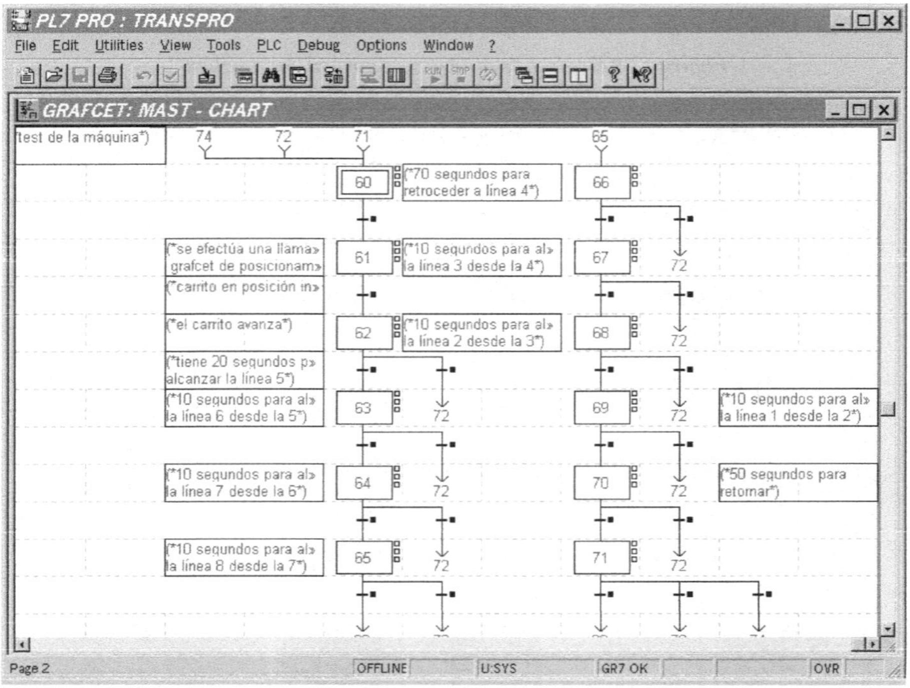

Figura 13.11 Test del Transbordador

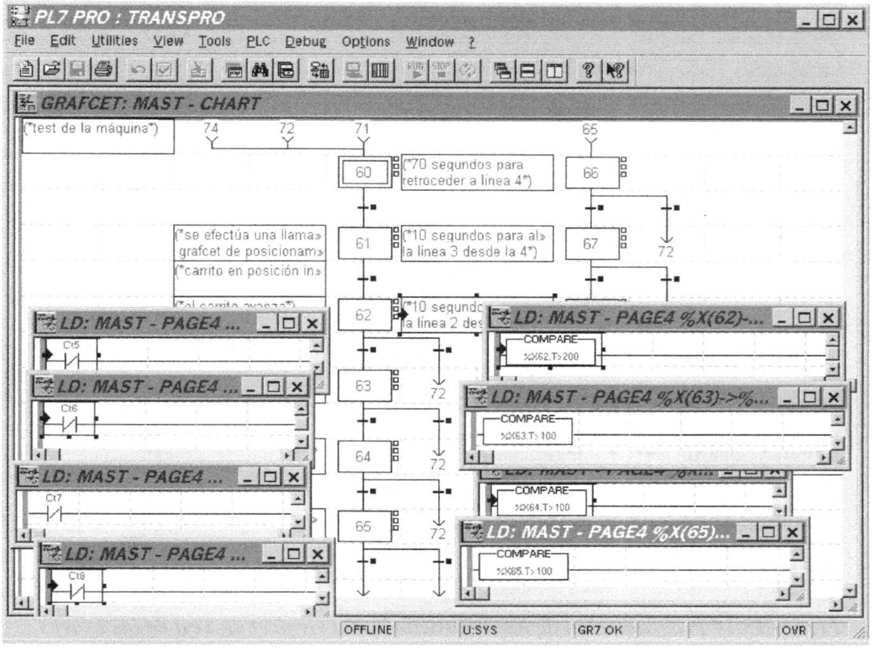

Figura 13.12 Programación de las Transiciones del Grafcet de Test

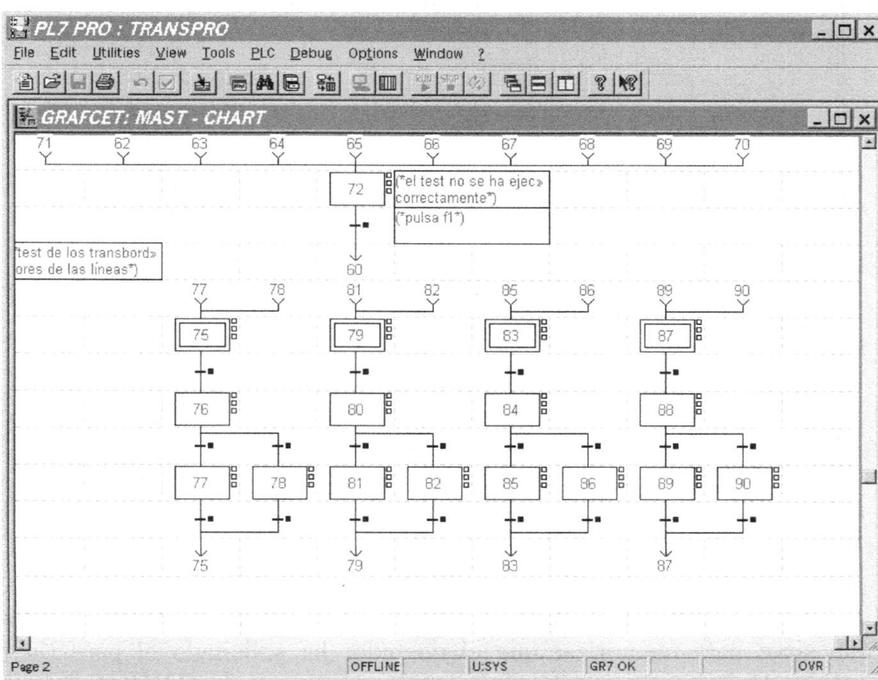

Figura 13.13 Test de las Líneas

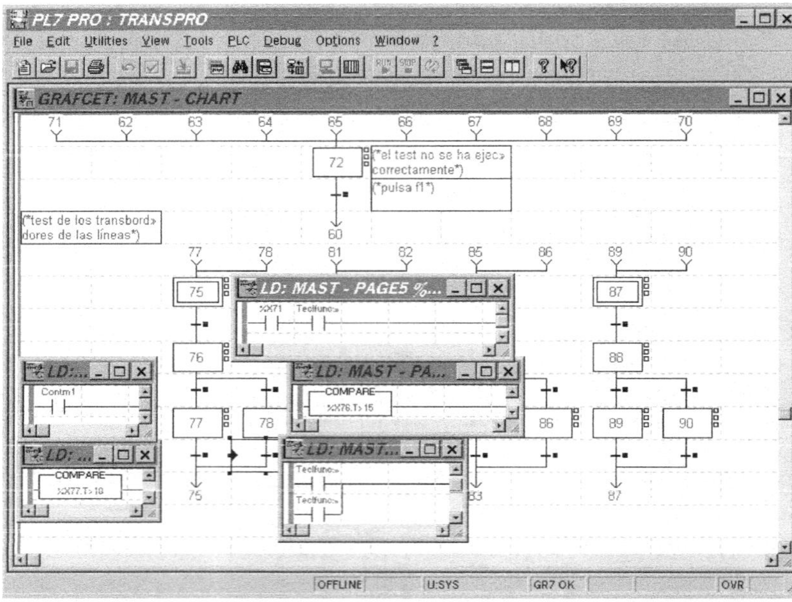

Figura 13.14 Programación de las Transiciones del Grafcet de Test de las Líneas

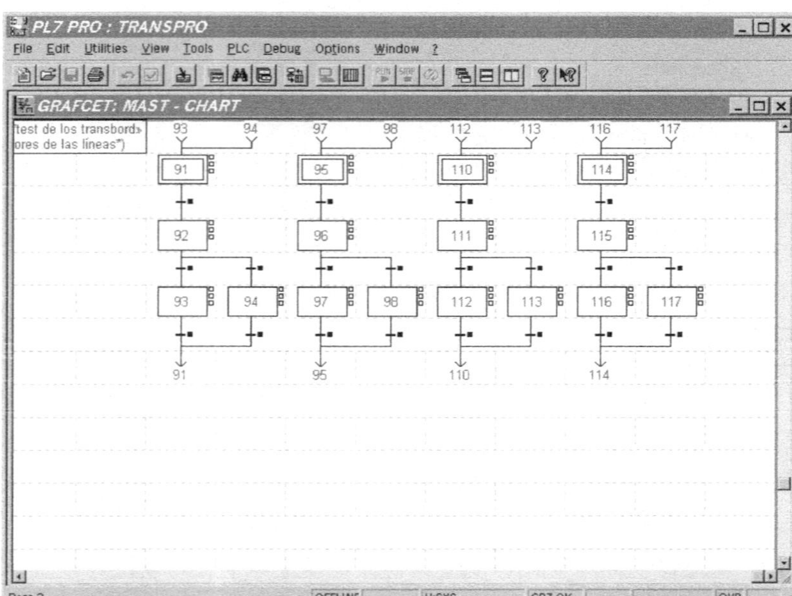

Figura 13.15

La implementación de la parada a fin de ciclo se realiza mediante un grafcet de apoyo que sirve para memorizar que el operador ha solicitado el paro (lo puede solicitar en cualquier instante del ciclo), activándose la etapa %X58, que es la que hace que el grafcet de conducción salga de automático cuando el grafcet de producción normal automática se encuentra en la etapa %X1; es decir, cuando ha finalizado un ciclo de la máquina (el transbordo de un palet desde una línea). El grafcet de conducción se sitúa en la etapa 100, y el operador puede elegir de nuevo entre manual, automático o test.

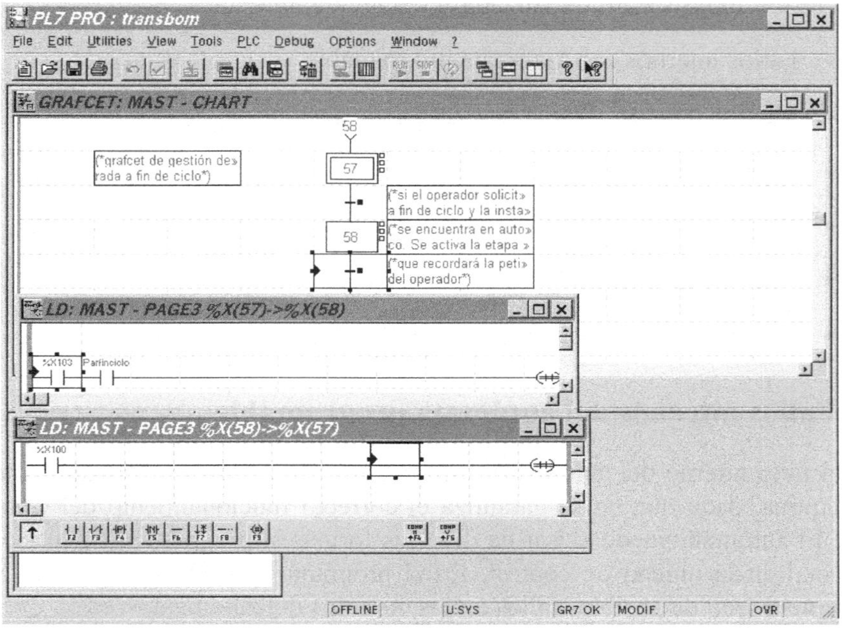

Figura 13.16

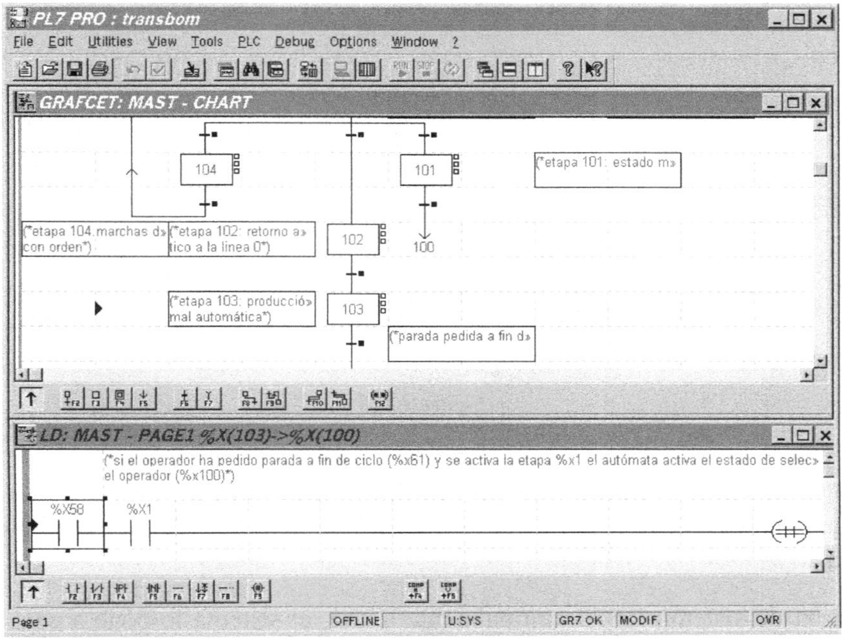

Figura 13.17

13.4 PARADA DE EMERGENCIA Y REARME

Eventos que pueden provocar la activación de una parada de emergencia en una Instalación Industrial Automatizada:

- Fallos internos del Autómata programable.
- Máximos tiempos en la realización de acciones.
- Captadores de Seguridad.
- Contactos auxiliares de protecciones eléctricas de los accionadores.
- Setas de emergencia.
- Captadores que deben estar activos en Etapas.

13.4.1 Fallos internos del autómata programable

Un fallo interno del autómata debe suponer la parada de emergencia inmediata de la máquina, dado que no se garantiza el correcto funcionamiento del Control del Sistema. El autómata puede avisar de diversas formas al programa del usuario de que algo va mal en la unidad de control. En el programa ejemplo se consultan los bits internos que avisan de posibles fallos en los módulos del autómata.

Figura 13.18

%I0.MOD.ERR indica un fallo en la Unidad central, el módulo cero del autómata. %I1.MOD.ERR indica un fallo en el módulo uno de entradas/salidas del autómata.

El bit de sistema %S10, normalmente a uno, el sistema lo pone a cero cuando detecta un fallo en cualquier módulo de los racks del autómata o en un módulo distante del bus FIPIO. Cuando desaparece el fallo el sistema lo pone a uno de nuevo.

El bit de sistema %S119 indica cuándo se pone a cero un fallo en un módulo de entradas/salidas de los racks del autómata.

Los bits de sistema %S40 a %S47 indican fallos en los racks 0 a 7 del autómata Premium. Normalmente a uno los bits son puestos a cero por el sistema cuando se detecta un fallo en su módulo correspondiente. El sistema los volverá a poner a uno cuando desaparece el fallo.

El bit de sistema %S118, normalmente a uno, indica cuándo se pone a cero un fallo en un dispositivo conectado en el bus FIPIO.

Las palabras de sistema %SW128 a %SW143 forman una tabla de 256 bits que indican fallos en los puntos de conexión del bus FIPIO. Normalmente a uno estos bits son puesto a cero por el sistema cuando se detecta un fallo en un punto de conexión. %SW128 representa los puntos de conexión de 0 a 15. %SW143 representa los puntos de conexión de 240 a 255. Cuando desaparece el fallo, el sistema los vuelve a poner a uno.

13.4.2 Máximos tiempos en la realización de acciones

Las acciones realizadas en un proceso de fabricación duran un tiempo acotado, no duran infinito. Se podrán detectar fallos en la máquina si hay acciones que tardan demasiado tiempo en realizarse. La razón puede ser un fallo en un accionador o un captador que no da señal. Se desea calentar un horno hasta 150°C, se activa la alimentación de la resistencia, pero el termostato falla. Por lo cual hay posibilidad de que el horno se sobrecaliente. Una acción suele estar asociada a un estado del proceso o a una etapa de un grafcet. Se detectarán fallos por máximos tiempos en las etapas del grafcet.

La detección de máximos tiempos se debe hacer en etapas que realicen acciones físicas sobre el sistema. No se debe hacer en etapas iniciales, en etapas de espera o en etapas que estén temporizadas.

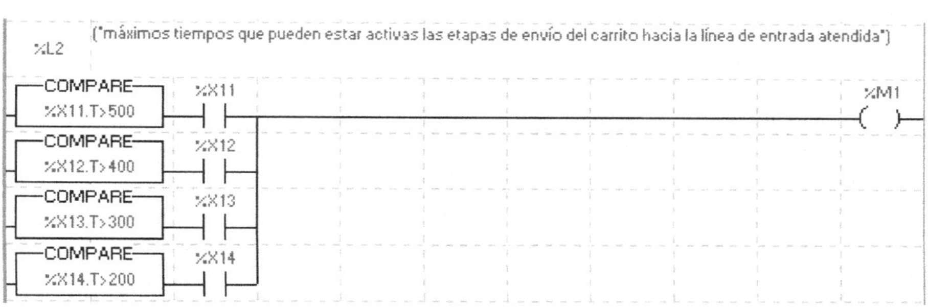

Figura 13.19

%X11.T>500 AND %X11 indica que en la etapa 11 se podrá estar un máximo de 50 segundos. O dicho de otra forma, que la acción que se realiza en la etapa 11 dura normalmente menos de 50 segundos. Que la condición anterior se active indica un fallo en un accionador activado por la etapa X11 o en un captador programado en la transición que desactiva la etapa X11.

A la hora de controlar los tiempos máximos de las acciones se han utilizado los temporizadores asociados a las etapas de grafcet, o mejor llamados contadores de tiempo. Cuando la etapa %Xi se activa, en la palabra del autómata %Xi.T se cuenta el tiempo que está activa la etapa. Si la etapa se desactiva este tiempo se congela. El contador se inicializa cuando se vuelve a activar la etapa.

Si la activación de la salida depende, además de la etapa, de la activación de captadores, el tiempo marcado por el contador de tiempo de la etapa no representa exactamente el tiempo de la acción, dado que si los captadores no dan la señal conveniente la salida estará desactivada pero la etapa no, por lo tanto el contador de tiempo sigue activo. La alternativa es usar temporizadores que se activen cuando se activa la salida con la etapa, pero que se congelen cuando no se cumplen todas las condiciones de activación.

La única forma de hacerlo es utilizar las acciones al activar y continua de las etapas. En la acción al activar se programa el preset del temporizador al valor máximo de tiempo de la acción.

En la acción continua se activa la salida y una vez activada la salida se activa el temporizador. Si la salida se desactiva, el temporizador se congela.

Esta opción de control de máximos tiempos se utiliza en el ejemplo del capítulo siguiente. En la Figura 13.20 se observa un ejemplo de programación: las acciones al activar y continua de la etapa 2.

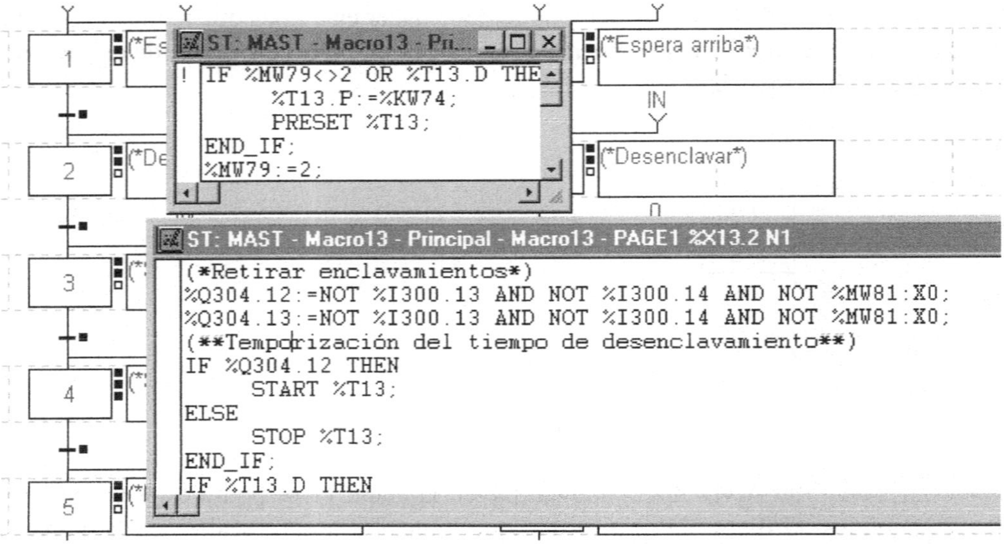

Figura 13.20

13.4.3 Captadores de seguridad, setas de emergencia y contactos auxiliares

En las siguientes redes se observa la programación de la detección de los captadores de seguridad, de las setas de emergencia distribuidas por la máquina y de los contactos auxiliares de las protecciones eléctricas de los accionadores de la máquina.

Los captadores de seguridad, las setas de emergencia y los contactos auxiliares se cablean al autómata mediante sus contactos normalmente cerrados. Es decir, normalmente dan señal (24 voltios a las entradas digitales) y cuando se activan no dan señal (0 voltios). Esto permite que si se rompiera un cable de señal, se activaría la emergencia. Por lo tanto, en el programa se utilizan contactos negados de las entradas digitales.

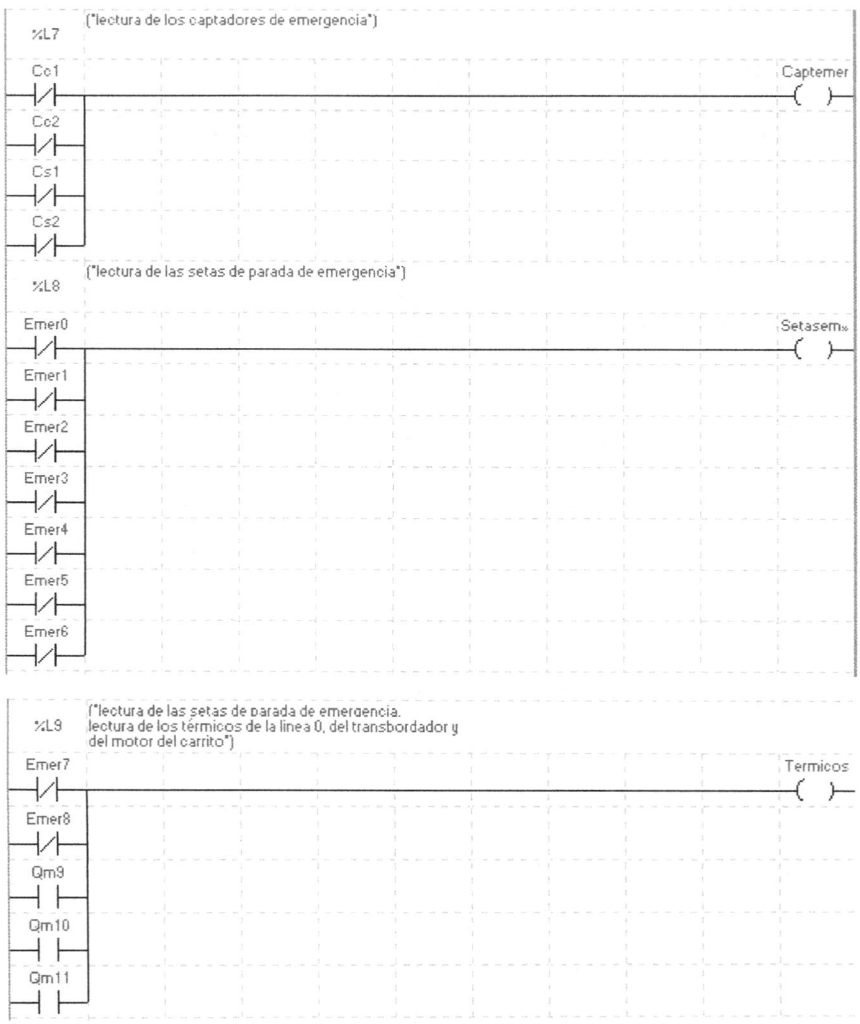

Figura 13.21

Las setas de emergencia no deben estar solamente en el panel de control, también deben existir más setas distribuidas por la instalación. En el ejemplo hay un total de 9 setas de emergencia.

Las protecciones eléctricas de los accionadores protegen a éstos de las sobrecargas eléctricas, de los cortocircuitos y de las posibles derivas a tierra. En el momento en que actúan abren el circuito y dejan al accionador sin alimentación. En ese instante hacen conmutar sus contactos auxiliares que servirán para indicar al autómata el fallo en el accionador.

13.4.4 Captadores que deben estar activos en etapas

En algunas estados del programa es una condición de funcionamiento que algunos captadores permanezcan activos. A continuación se exponen un par de ejemplos. En un transbordo de una línea de entrada al vehículo transbordador, los captadores de posición de la línea y del vehículo deben estar activos. Si está activa la etapa %X21, deben estar activos los captadores Ct1 y Cn1. En el programa ejemplo, en la etapa %X2 el vehículo transbordador vuelve cargado, los dos captadores de peso deben estar dando señal. Si uno de ellos deja de dar señal, indica un posible vuelco.

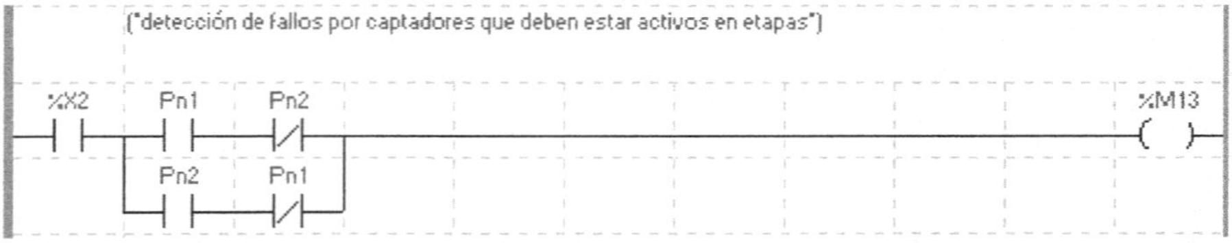

Figura 13.22

Los captadores que deben estar activos en etapas se pueden corresponder con los programados en la transición que activa la etapa. También se puede hacer que estos captadores sean condición para activar las salidas del autómata.

Puesta en paralelo de las condiciones de parada de emergencia:

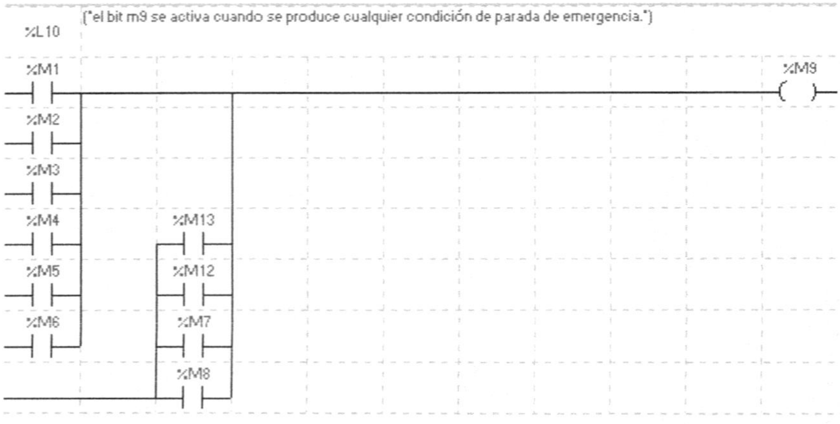

Figura 13.23

Variable	Tipo	Símbolo	Comentario
%M0	EBOOL		
%M1	EBOOL	Mxtimeenv1	máximos tiempos de envío del carrito a la línea de entrada atendida
%M2	EBOOL	Mxtimeenv2	máximos tiempos de envío del carrito a la línea de entrada atendida
%M3	EBOOL	Mxtimetra1	máximos tiempos que puede durar el transbordo en las líneas de entrada
%M4	EBOOL	Mxtimetra2	máximos tiempos que puede durar el transbordo en las líneas de entrada y en la de salida
%M5	EBOOL	Mxtimeret	máximos tiempos que puede durar el retorno de las líneas de entrada a la de salida
%M6	EBOOL	Captemer	lectura de los captadores de emergencia
%M7	EBOOL	Setasemer	lectura de las setas de parada de emergencia
%M8	EBOOL	Termicos	lectura setas de emergencia y térmicos
%M9	EBOOL	Emeractiva	indica que existe parada de emergencia
%M10	EBOOL	Emermemo	memoriza la parada de emergencia hasta que se rearma o se fuerza la instalación
%M11	EBOOL		
%M12	EBOOL	Fallointerno	Fallo interno del autómata
%M13	EBOOL	Captanoactivo	captadores no activos en etapa

Figura 13.24

13.4.5 Gestión de la parada de emergencia

Para gestionar la parada de emergencia se utilizarán los siguientes bits de sistema:

- *%S21*

  Mediante este bit el usuario puede iniciar el grafcet. Al hacer un Set de este bit en el tratamiento preliminar, se desactivan las etapas activas de los grafcet y se activan las etapas iniciales. El sistema pone este bit a cero al final del tratamiento preliminar. Cuando se produce un arranque en frío, el sistema pone a uno este bit para iniciar el grafcet.

- *%S22*

  Mediante este bit el usuario puede borrar el grafcet. Al hacer un Set de este bit obligatoriamente en el tratamiento preliminar, se desactivan las etapas activas de los grafcet. Es puesto a cero por el sistema al final del tratamiento preliminar.

- *%S23*

  La puesta a uno de este bit provoca que el grafcet se “congele”, aunque sean ciertas las receptividades de las transiciones que se pueden disparar, el grafcet no evoluciona. Este bit está controlado totalmente por el usuario, tanto en la puesta a uno como en la puesta a cero que se deben hacer siempre en el tratamiento preliminar.

La primera consecuencia de la activación de la emergencia debe ser la desactivación de las salidas del autómata que supongan acciones físicas sobre el sistema.

En la programación de un grafcet las salidas son activadas por las etapas. Si se desactivan todas las etapas del grafcet, se desactivarán todas las salidas del autómata. Para esto se utiliza el bit de sistemas %S22 cuya activación mediante SET supone el borrado de los grafcet.

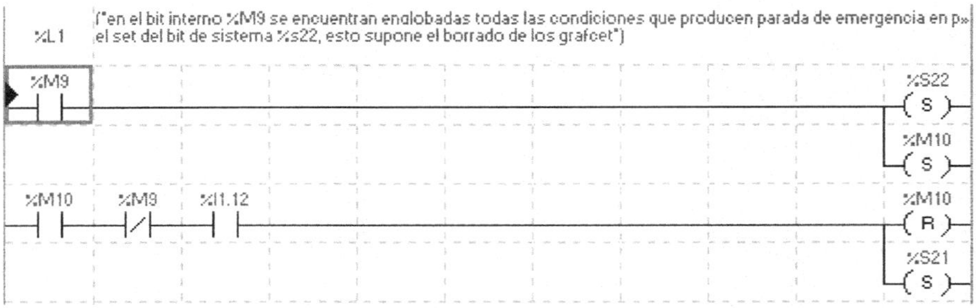

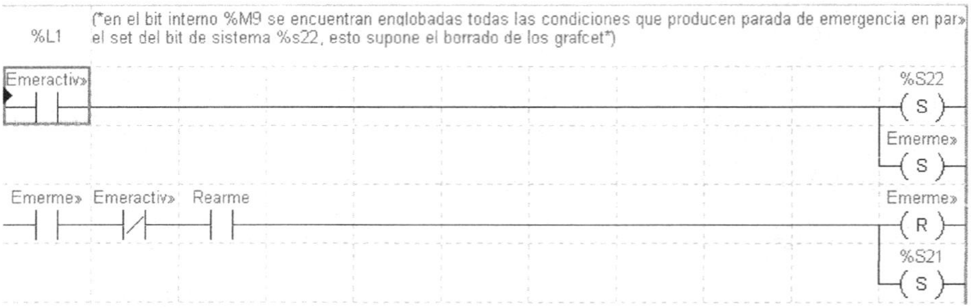

Figura 13.25 Implementación de la Parada de Emergencia

Al activarse el bit %S22 se borran los grafcet poniéndose a cero las salidas que activan los accionadores. Una vez ha desaparecido la condición de parada de emergencia y el operador pulsa el rearme, se activa el bit %S21 y se inician los Grafcet en sus etapas iniciales. La programación del bit Emermemo es necesaria, si no se programara este bit, los grafcet se inicializarían al pulsar rearme aunque no hubiera existido una parada de emergencia previa.

Esta implementación de la parada de emergencia es bastante radical dado que al borrar los grafcet se pierde el estado en que se encontraba la producción, lo cual obliga a que la máquina se deba posicionar de nuevo para empezar a producir, en algunas máquinas se deberá efectuar una limpieza y desechar la producción no acabada. Además, se borran todos los grafcets del autómata, lo cual impide que el autómata controle dos máquinas de forma simultánea, dado que una emergencia en una máquina supone la paralización global de las dos máquinas.

Además, se observa que todos los eventos paran la máquina sin hacer una preselección de éstos, es decir, una clasificación de los fallos, de forma que la detección de algunos fallos no suponga la parada de la emergencia, y se pueda mantener la producción a pesar de los defectos, el estado D3 de la Guía Gemma. Estos defectos que no suponen parada de emergencia sí que deben ser comunicados o señalizados al operador. En realidad, en el programa ejemplo no se han tenido en cuenta los contactos auxiliares de las protecciones de algunos accionadores, sólo se han considerado los accionadores del vehículo transbordador y de la línea de salida. Si falla el accionador de una línea de entrada, no debe suponer la parada global de la máquina, dado que funcionan 8 líneas de entrada en paralelo, y el proceso de transbordo puede seguir funcionando en las demás líneas.

Una forma alternativa de gestionar la emergencia es utilizar el bit de sistema %S23 que permite congelar el estado de los grafcets. La puesta a uno mediante Set de este bit congela la evolución de los grafcet, las transiciones no se disparan aunque las condiciones de disparo sean verdaderas.

A la vez que se activa este bit se activa el bit de sistema %S9 que desactiva todas las salidas del autómata.

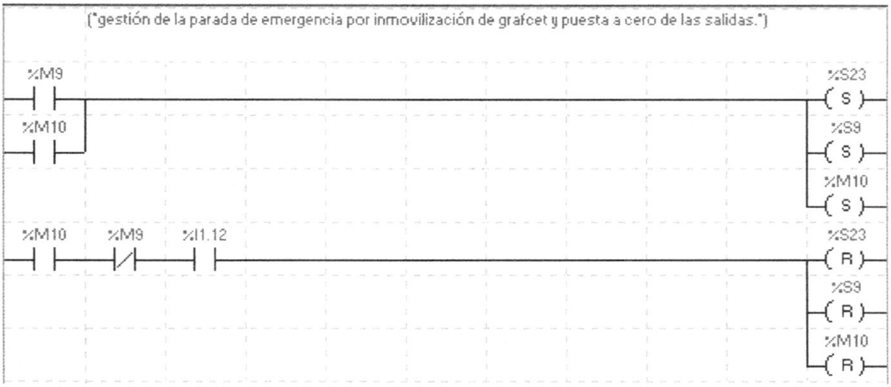

Figura 13.26

Al rearmar la máquina el grafcet sigue evolucionando y las salidas toman su valor anterior a la emergencia. De esta forma puede proseguir la producción sin pérdida del estado en que estaba cuando se produjo la emergencia.

Esta forma de gestionar la emergencia es incompatible con la detección de máximos tiempos de las acciones mediante los contadores de tiempo asociados a las etapas de grafcet. Esto es debido a que si se congela el grafcet, se congelan los temporizadores de las etapas (no son puestos a cero), y si la emergencia se ha disparado por un máximo tiempo en una etapa, esta condición seguirá activa e impedirá el rearme de la máquina.

En este caso, para controlar los máximos tiempos se deberán utilizar bloques funcionales temporizadores, lo cual puede suponer un problema debido al limitado número de temporizadores de que disponen algunos autómatas (64 en un TSX Micro y 255 en un TSX Premium).

Además, esta forma de gestión de la emergencia impide que se pueda pasar la máquina a control manual o realizar un test.

La activación del bit %S9 desactiva todas las salidas (¡¡¡todas!!!) del autómata. Incluso las que activan el piloto o la alarma de emergencia en el panel de control. Al operador no le podrá llegar ninguna información que le indique la causa de la emergencia, lo cual se soluciona disponiendo de una terminal de diálogo que se comunica mediante comunicación serie y no utiliza salidas digitales del autómata.

Una opción para evitarlo es hacer que la activación del bit %S23 sólo desactive las salidas que realicen acciones físicas sobre el sistema. Esto se logra poniendo en serie un contacto negado del %S23 en la programación de las salidas.

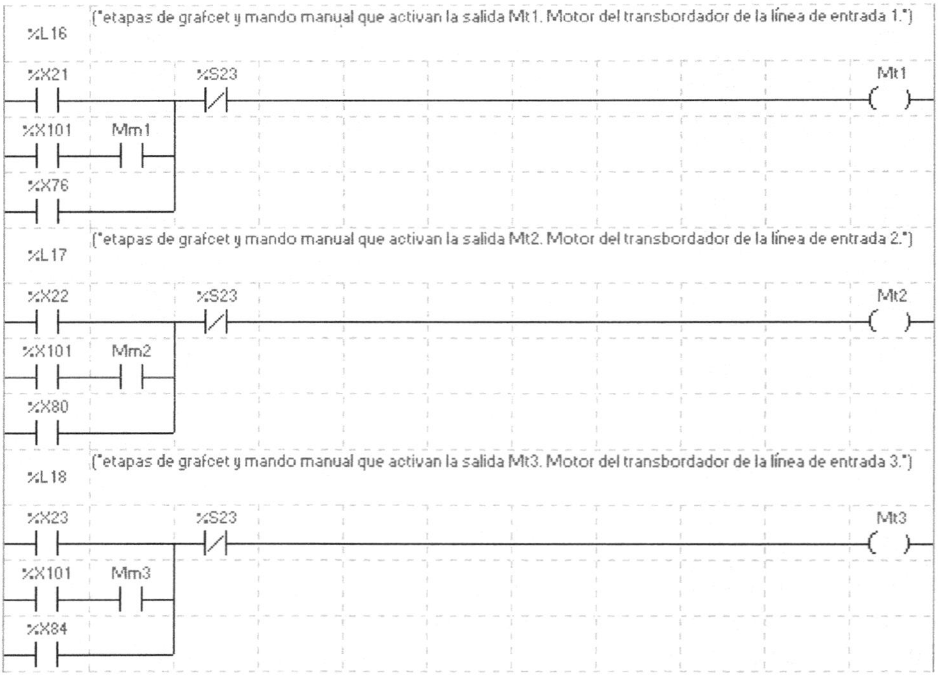

Figura 13.27

Se debe puntualizar que en algunas máquinas, cuando se produce la emergencia, se deben mantener algunas salidas activas, dado que si se desactivaran producirían accidentes mucho más graves, esto puede suceder en paletizadoras, ascensores, descensores… La activación de la emergencia debe salvaguardar en primer lugar la seguridad del operario, y en segundo la seguridad del producto fabricado.

Estas máquinas, que exigen que alguno de sus accionadores no se desactive con la emergencia, exigirán un tratamiento especializado en la programación de la salida que activa el accionador según la aplicación en concreto.

13.4.6 Diagnóstico y/o tratamientos de los defectos

La implementación del estado D2 de la Guía Gemma, diagnóstico y/o tratamiento de los defectos, es difícil que la realice el autómata sin ayuda del operador. Para lo cual es necesario que la comunicación del defecto se realice mediante un terminal de diálogo o un sistema SCADA que facilite la operación al operador. El autómata debe indicar dónde se encuentra el posible defecto y el operador una vez solucionado el defecto decidir la forma de rearmar la máquina, estado A5 de la guía Gemma.

La gestión y/o tratamiento de los defectos se realiza mediante un terminal de diálogo o un sistema SCADA:

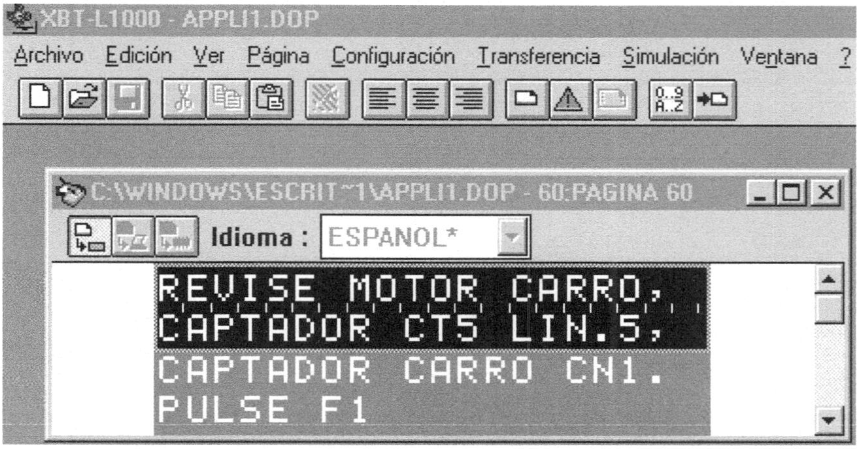

Figura 13.28 Visualización de defectos mediante una terminal de diálogo

13.4.7 Rearme de la instalación

Con la gestión de la emergencia y el rearme de la máquina vistos anteriormente sólo se permite que los grafcets vuelvan a funcionar desde su posición inicial. Una forma alternativa es rearmar mediante otros mandos del panel de control que indican al autómata que se debe rearmar el grafcet en una determinada posición. Para realizar esta función se utilizan los mandos manuales de los motores de las líneas, que sirven para indicar que el grafcet se debe rearmar en la etapa de transbordo de la línea indicada. Se efectuará un preposicionamiento del grafcet. Antes de efectuar el preposicionamiento, el autómata comprueba que la parte operativa se encuentra en la posición que quiere rearmar el operador. En el programa se observan las siguientes instrucciones:

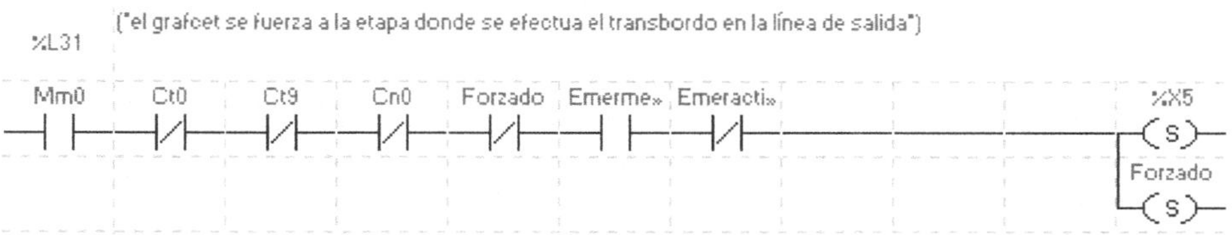

Figura 13.29

Si el operador pulsa en el panel de control el mando Forzadol0, el autómata comprueba que los captadores Ct0, Ct9 y Cn0 estén pulsados (cableados mediante contactos normalmente cerrados) y que ha existido una parada de emergencia pero han desaparecido las condiciones de esa emergencia. Entonces se efectúa el rearme del grafcet de producción normal automática en el transbordo en la línea de salida, el grafcet de conducción o mando se posiciona en automático, y todos los demás grafcets en su posición inicial.

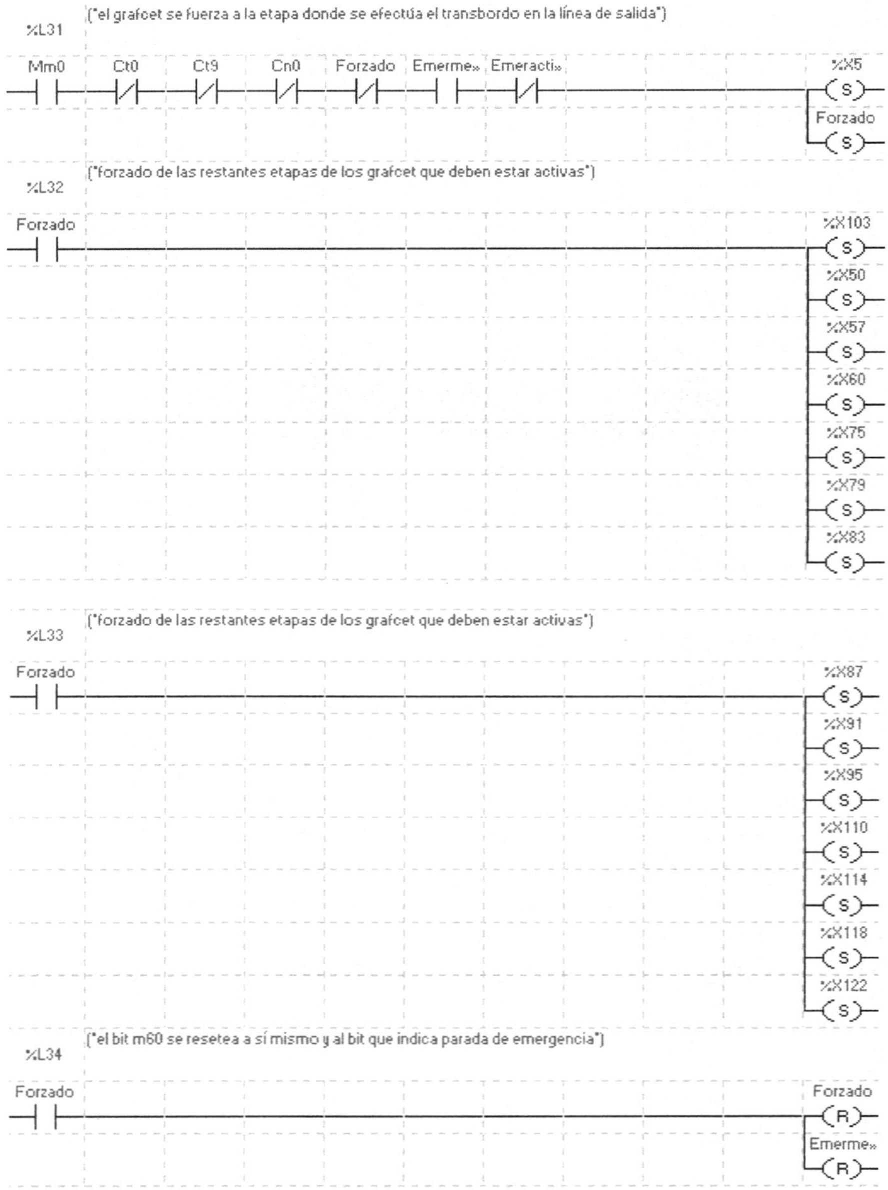

Figura 13.30

En este instante, el lector puede pensar si el autómata podría haber rearmado el grafcet, sin necesidad de que el operario actuara, en el estado donde se encontraba la máquina antes de la emergencia. Es decir, que el autómata mediante sus "ojos", las señales de los captadores, pueda reconstruir el estado donde se encontraba la producción, el estado del grafcet antes de la emergencia.

Se pueden poner ejemplos en los que se observa que el autómata puede llegar a "conclusiones erróneas" si sólo tiene en cuenta la información de los captadores.

Los captadores informarán de la posición de la máquina después de haber transcurrido la gestión de la emergencia, que no tiene por qué coincidir con la que tenía cuando se produjo la emergencia, se puede haber movido.

Si el carro transbordador se encuentra avanzando para recoger un palet en la línea 7 (etapa 17 activa), y se efectúa la emergencia justo cuando pasa por delante de la línea 5, la cual también tiene un palet, al rearmar el autómata posiciona el grafcet en el transbordo de la línea 5 (etapa 25 activa), lo cual es incorrecto y además retrasa la producción que debe salir de la línea 7.

Además, se deberían programar en el módulo preliminar la gran cantidad de situaciones en que puede estar la parte operativa al efectuarse una parada de emergencia, lo que de ninguna manera es correcto.

Solamente con la información proveniente de los captadores es imposible deducir en qué estado se encontraba la producción cuando se produjo la parada de emergencia. Habrá que memorizar de alguna forma el estado donde se encontraba el grafcet antes de ejecutarse la emergencia. Lo cual se efectuará de la siguiente manera: A cada grafcet programado en el autómata se le asigna una palabra interna del autómata, que servirá para almacenar el número de etapa activa de grafcet. Si el grafcet posee más de una etapa activa simultánea se le asignarán tantas palabras como etapas activas simultáneas pueda haber.

Un ejemplo de esto se observa en la Figura 13.31:

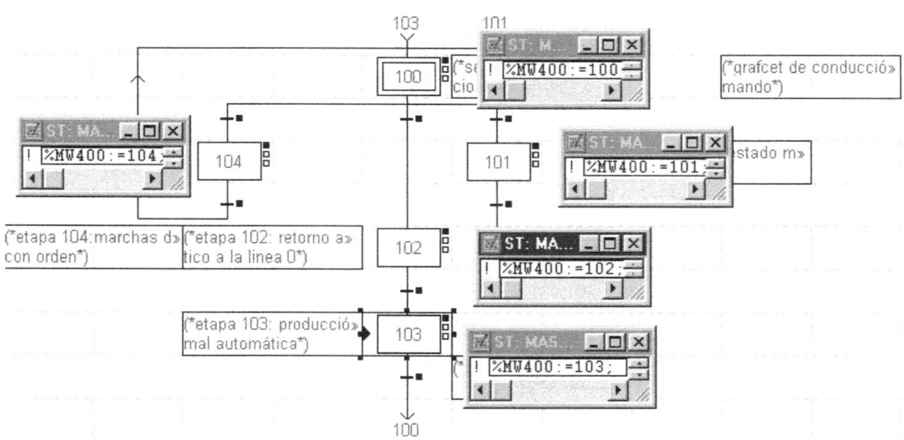

Figura 13.31

Al grafcet de la Figura 13.31 se le ha asignado la palabra %MW400. Cuando el grafcet se va ejecutando en esta palabra se va almacenando el número de etapa activa del grafcet. Las instrucciones se han introducido en las acciones al activar las etapas. Sólo en el ciclo en el que la etapa se activa se almacena su número en la palabra %MW400.

La información contenida en la palabra se podrá utilizar para gestionar el rearme de la máquina de una forma más inteligente. No obstante, habrá que comprobar los captadores que se deben encontrar activos en las etapas.

El grafcet de la Figura 13.31 es el grafcet de conducción de la máquina, un ejemplo aproximado de gestión de rearme sería:

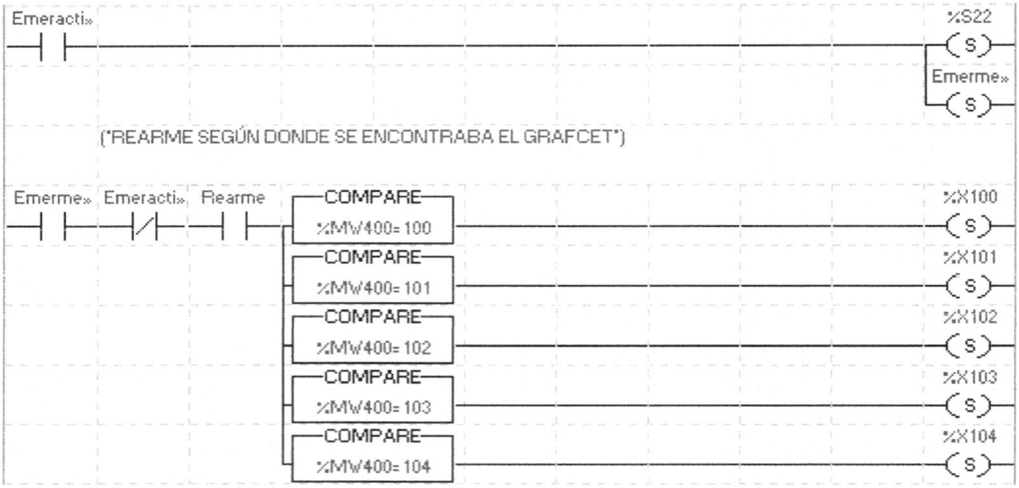

Figura 13.32

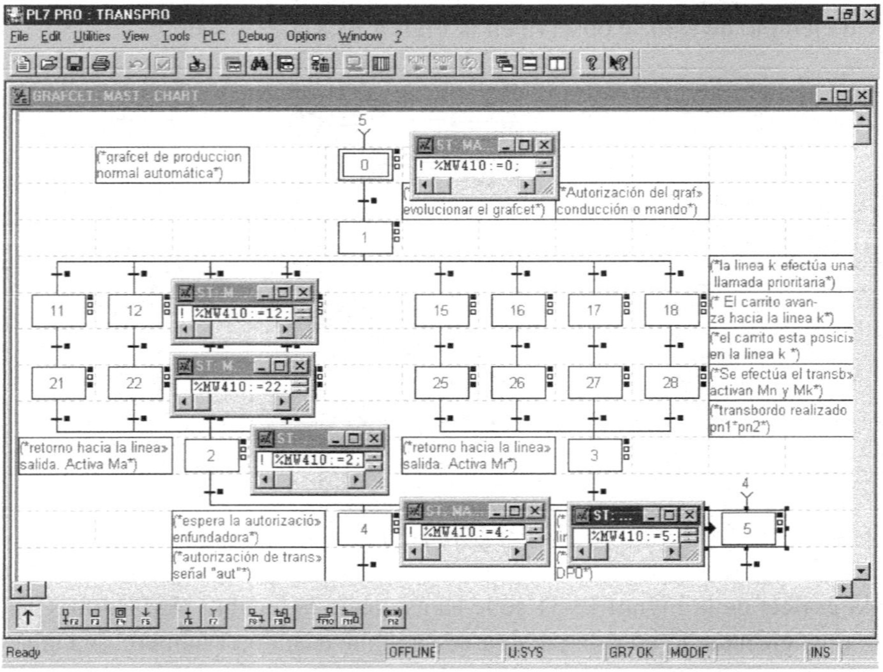

Figura 13.33

Este ejemplo de programa se ha denominado aproximado porque está bastante incompleto. El Set de %S22 hará que todos los grafcet de la máquina se inicialicen, por lo tanto habría que situar estos grafcet también donde se encontrarán. Habría que hacerlo para los grafcet de test, de producción normal, de posicionamiento... No supondría mucha dificultad, sólo habría que programar unas cuantas redes más en el módulo preliminar. En la mayoría de los grafcets habría que poner como condición adicional de rearme los captadores que deben estar activos en las etapas. Estos grafcets son el de PNA, el de posicionamiento y el de test.

A continuación se expone la programación del rearme del grafcet de producción normal automática al que se le ha asignado la palabra %MW410.

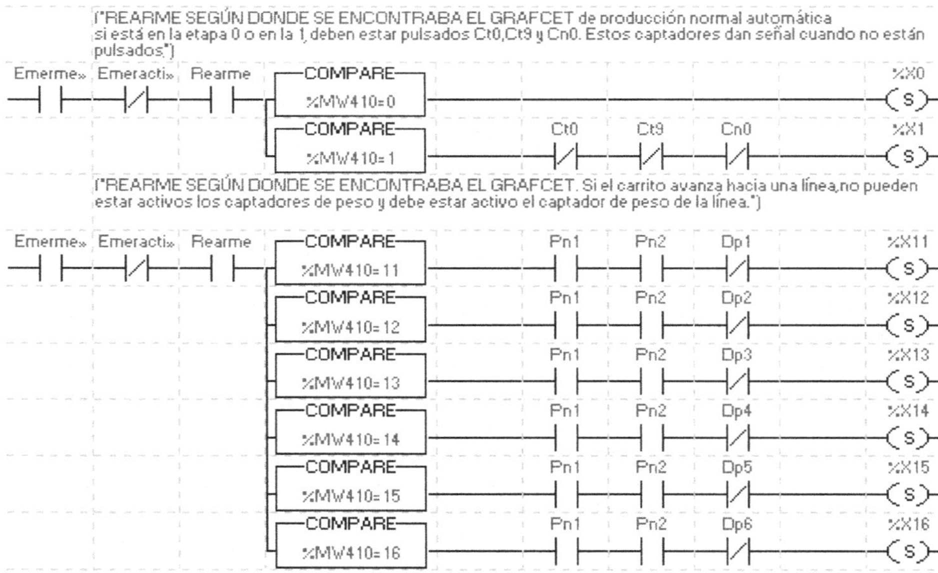

Figura 13.34

Puede suceder que ninguna de las condiciones programadas anteriormente sea cierta y el grafcet no se inicialice en ninguna etapa. En este caso no se efectúa el rearme correctamente y la máquina se queda parada. Esto puede suceder si, por ejemplo, durante la emergencia se ha movido la máquina y no coincide la posición de la parte operativa con las etapas activas del grafcet antes de la emergencia.

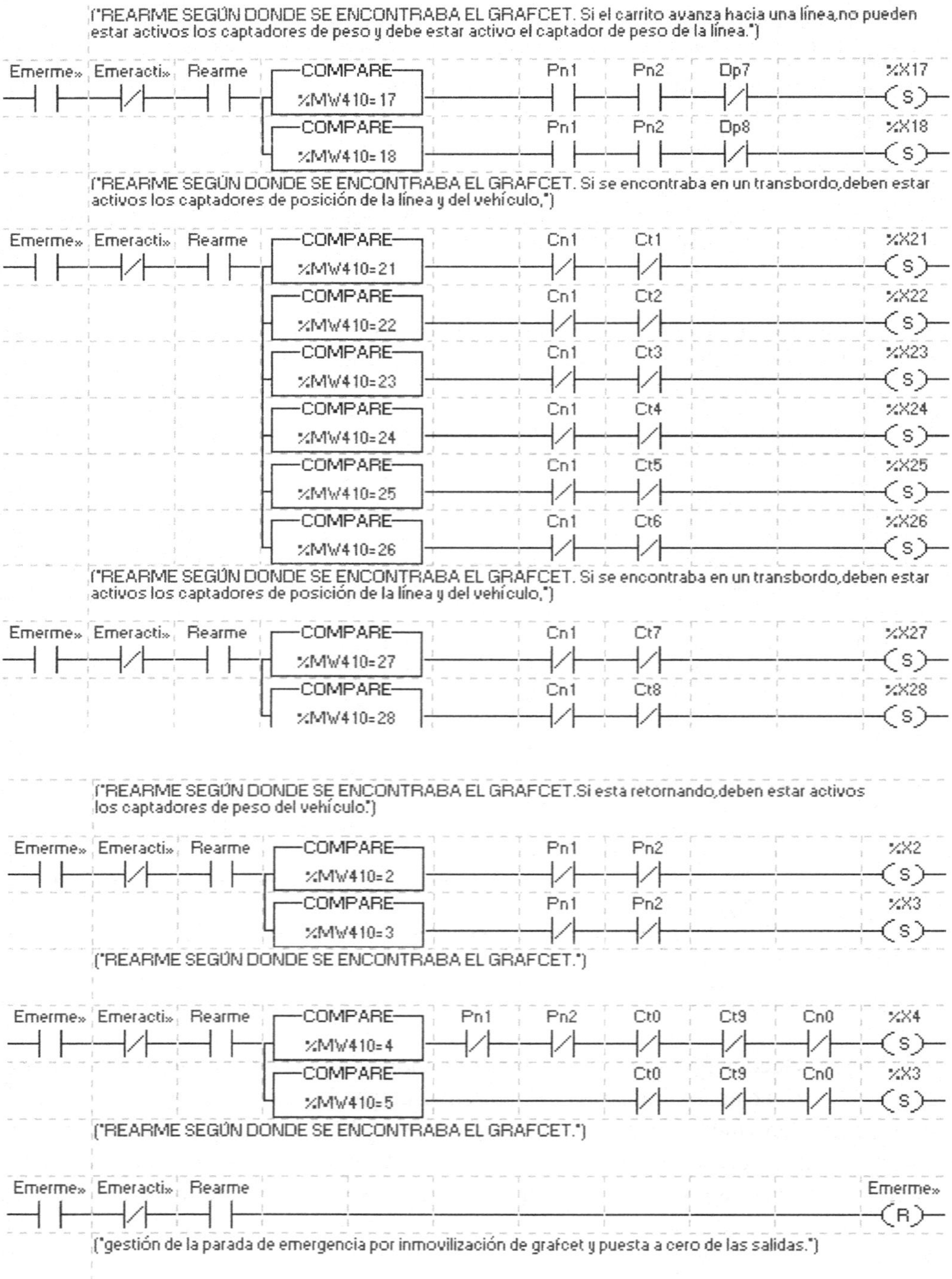
(*REARME SEGÚN DONDE SE ENCONTRABA EL GRAFCET. Si el carrito avanza hacia una línea,no pueden estar activos los captadores de peso y debe estar activo el captador de peso de la línea.*)
Emerme» Emeracti» Rearme
COMPARE %MW410=17
Pn1 Pn2 Dp7 %X17
COMPARE %MW410=18
Pn1 Pn2 Dp8 %X18
(*REARME SEGÚN DONDE SE ENCONTRABA EL GRAFCET. Si se encontraba en un transbordo,deben estar activos los captadores de posición de la línea y del vehículo,*)
Emerme» Emeracti» Rearme
COMPARE %MW410=21
Cn1 Ct1 %X21
COMPARE %MW410=22
Cn1 Ct2 %X22
COMPARE %MW410=23
Cn1 Ct3 %X23
COMPARE %MW410=24
Cn1 Ct4 %X24
COMPARE %MW410=25
Cn1 Ct5 %X25
COMPARE %MW410=26
Cn1 Ct6 %X26
(*REARME SEGÚN DONDE SE ENCONTRABA EL GRAFCET. Si se encontraba en un transbordo,deben estar activos los captadores de posición de la línea y del vehículo,*)
Emerme» Emeracti» Rearme
COMPARE %MW410=27
Cn1 Ct7 %X27
COMPARE %MW410=28
Cn1 Ct8 %X28
(*REARME SEGÚN DONDE SE ENCONTRABA EL GRAFCET.Si esta retornando,deben estar activos los captadores de peso del vehículo*)
Emerme» Emeracti» Rearme
COMPARE %MW410=2
Pn1 Pn2 %X2
COMPARE %MW410=3
Pn1 Pn2 %X3
(*REARME SEGÚN DONDE SE ENCONTRABA EL GRAFCET.*)
Emerme» Emeracti» Rearme
COMPARE %MW410=4
Pn1 Pn2 Ct0 Ct9 Cn0 %X4
COMPARE %MW410=5
Ct0 Ct9 Cn0 %X3
(*REARME SEGÚN DONDE SE ENCONTRABA EL GRAFCET.*)
Emerme» Emeracti» Rearme
Emerme» R
(*gestión de la parada de emergencia por inmovilización de grafcet y puesta a cero de las salidas.*)

Figura 13.35

En el grafcet de producción normal automática esto se comprobaría con el siguiente programa:

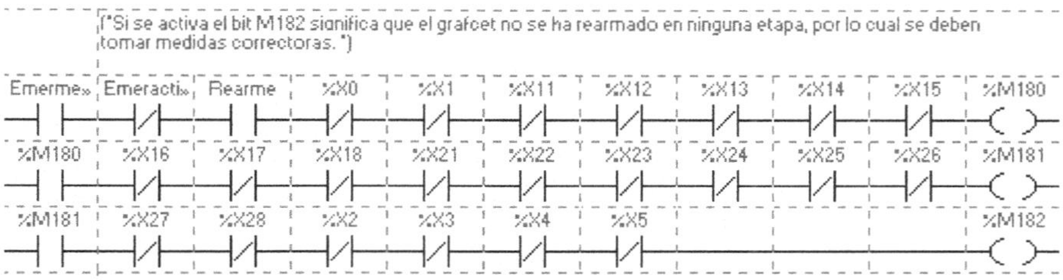

Figura 13.36

Al activarse el bit M182 indica que el rearme no se ha realizado correctamente. Se debera inicializar la máquina. La solución adoptada es activar la etapa inicial X0 y posicionar el grafcet de conducción, si este grafcet se encontraba en automático (etapa %X103), en la etapa %X100 con el objetivo de que el operador rearme la máquina eligiendo entre manual, automático o test.

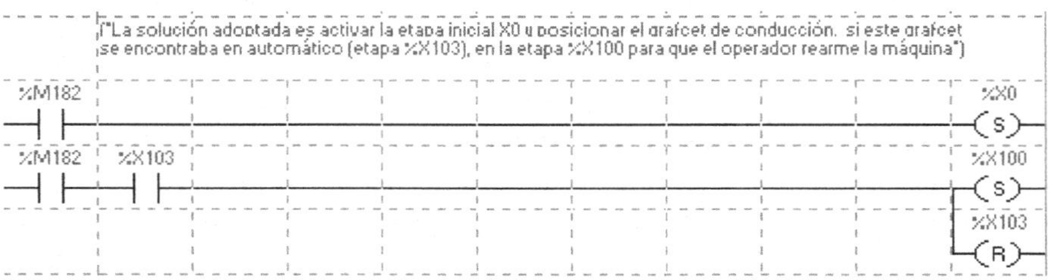

Figura 13.37

Esto mismo se consigue haciendo un Set del bit de sistema %S21 que sitúa los grafcet en su etapa inicial.

Es evidente que ya hay muchas líneas de programa introducidas en el módulo preliminar. Se hace la observación de que quedan más Grafcets a los que hay que programar el rearme. Esto puede ser bastante largo de programar y habría que realizarlo de una forma más organizada. Además, al estar programado en el módulo preliminar el código del rearme se ejecuta en cada ciclo de scan del autómata. Sería deseable que sólo se ejecutará cuando la condición de rearme sea cierta. Esto se puede realizar introduciendo la siguiente red que debe ir antes del código del rearme.

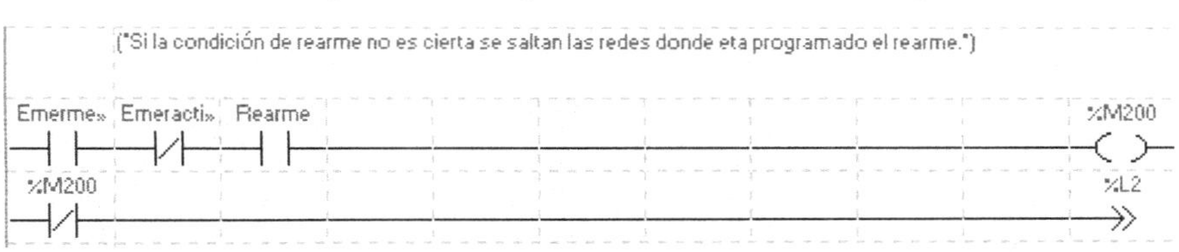

Figura 13.38

Si la condición de rearme no es cierta, entonces el programa salta todas las redes donde se ha programado el rearme.

Entonces en las redes de rearme no habrá que testear la condición de rearme.

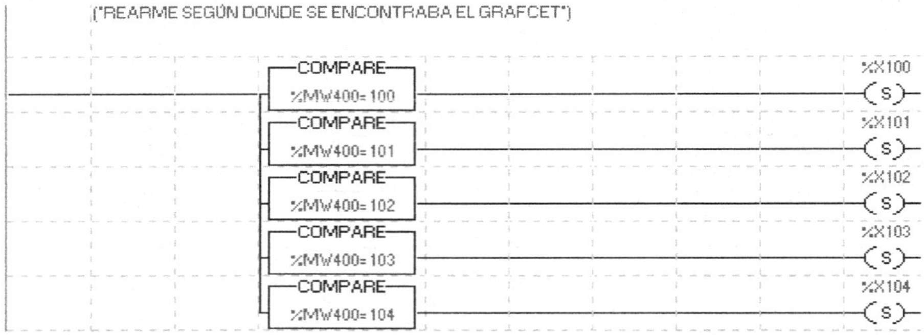

Figura 13.39

Dado que cuando se ejecute esta red la condición de rearme será verdad.

¿Por qué no se ha utilizado una subrutina? La razón es que la escritura mediante Set o reset de las etapas de grafcet sólo es admitida por el autómata en el módulo preliminar.

Una forma alternativa de programar el rearme es situar una etapa inicial en cada grafcet del programa, que será la que se inicie con el rearme y a partir de ella se derivan transiciones a todas las etapas del grafcet donde se programa la gestión del rearme a partir de dicha etapa inicial. Esta etapa inicial se denominará etapa de entrada del grafcet.

Mediante el bit %S21 se rearma el grafcet en la etapa de entrada y a partir de ésta se sitúa en la etapa donde estaba cuando se produjo la emergencia. En la etapa de entrada se permitirá, si el operador lo desea, controlar la máquina en manual para poder realizar un posicionamiento. Se podrá salir de esta etapa si la máquina no se encuentra en manual. Como el operador puede mover la máquina, en la acción continua de esta etapa de entrada se programará un proceso de reconocimiento del estado donde se encuentra la máquina, para actualizar si es debido la palabra interna que indica la situación del grafcet antes de la emergencia. También se debe comprobar que el estado almacenado en la palabra interna se corresponda con la situación de la máquina. De lo contrario se almacenará en la palabra interna un -1, indicando que no se corresponde la situación de la máquina con lo descrito en la palabra interna.

En las transiciones se comprueba el contenido de la palabra interna y que estén activos los captadores que confirman la posición física de la máquina. En caso de que no se cumpla ninguna condición el grafcet se quedaría bloqueado. En este caso se debe activar la primera etapa del proceso programado en el grafcet, lo cual se realizará con una simple temporización en la transición de la etapa inicial a la primera etapa del proceso, en el ejemplo de la etapa 20 a la etapa 0. Si no se cumple ninguna condición de las transiciones (su disparo debe ser inmediato), una décima de segundo después se activará la primera etapa del grafcet.

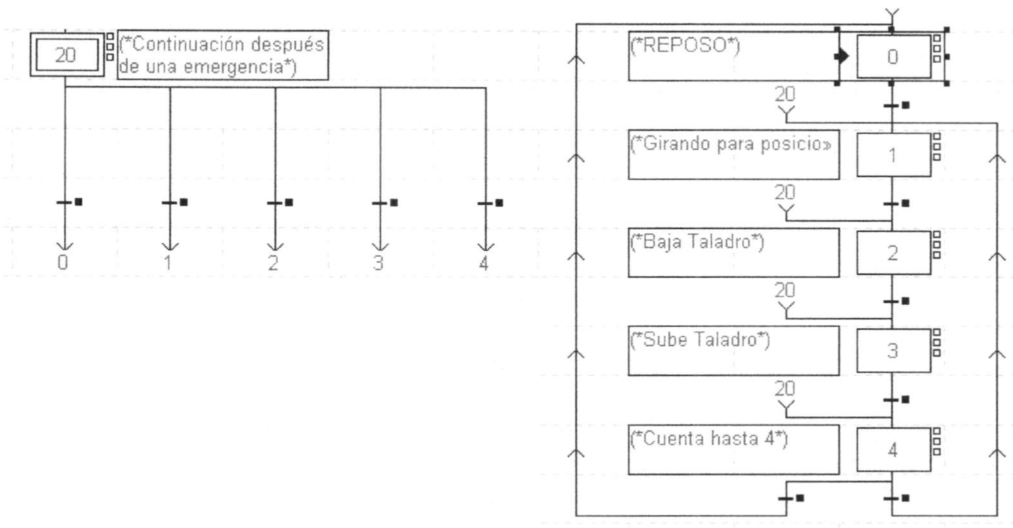

Figura 13.40

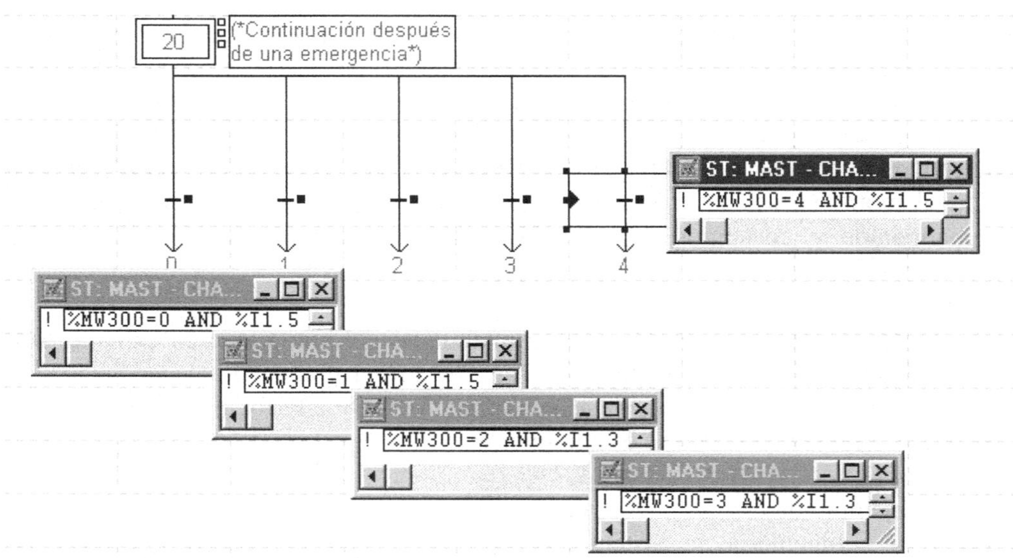

Figura 13.41

Otro problema sigue siendo que si el programa controla más de una máquina, la emergencia local en una máquina paraliza todas las máquinas.

13.5 ARRANQUES EN FRÍO Y REARRANQUES EN CALIENTE

El lector se habrá preguntado: ¿Qué sucedería si la instalación automática se quedara sin tensión? Al reanudar la tensión en el autómata se puede producir un rearranque en caliente o un arranque en frío.

Si se produce un rearranque en caliente, en principio el autómata conserva el estado que tenía el programa cuando se produjo el corte de tensión. En algunas instalaciones no hay que hacer ningún tratamiento del rearranque en caliente y la máquina seguirá funcionando. Pero en otras instalaciones, si que es necesario realizar un tratamiento del rearranque en caliente.

Una situación parecida sucede cuando se para la ejecución del programa del autómata (paso a STOP) y transcurrido un tiempo se pone de nuevo en RUN. En el estado de Stop el autómata conserva su estado interno.

En algunas máquinas se debe controlar el tiempo que dure el corte de tensión para saber si la producción puede continuar. Por ejemplo en horneados de masas, en tratamientos térmicos... un corte de tensión demasiado prolongado puede suponer la perdida de la producción. Cuando se produce el corte de tensión el autómata almacena la fecha y la hora del corte de tensión. Cuando el autómata recupera la tensión se compara la fecha y hora actual con la del último fallo y calcula la duración del corte de tensión.

En otras máquinas si se produce rearranque el caliente el autómata activa todas las salidas que tenía en estado TRUE en el momento en que se produjo el corte de tensión. De "forma brusca" se pueden poner en marcha motores a los que, en un proceso normal de puesta en marcha, se les efectúa un arranque gradual por medio de arrancadores. Pero cuando vuelve la tensión el autómata conserva el estado y en este estado el motor ya estaba arrancado. Esto supone golpes de par bruscos sobre los accionamientos y consumos de intensidad fuertes que podrían hacer actuar las protecciones eléctricas.

En estos casos se deberá hacer un tratamiento del rearranque en caliente para que el arranque de los accionadores se haga de forma gradual y secuenciada. Eso mismo se debe hacer también en el caso del paso de STOP a RUN, dado que en STOP el autómata también conserva su estado interno.

Un ejemplo de esto se ha dado en la célula de fabricación del Departamento de Informática e Ingeniería de Sistemas de la Universidad de Zaragoza. Cuando se produce un paso de STOP a RUN o un rearranque en caliente el autómata ejecuta el siguiente código:

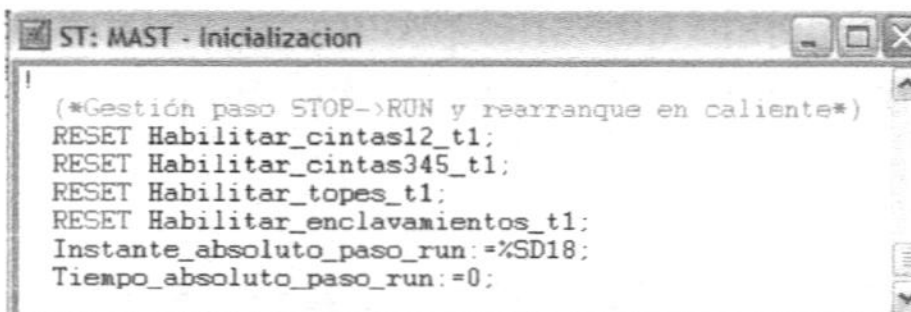
ST: MAST - Inicializacion

```
(*Gestión paso STOP->RUN y rearranque en caliente*)
RESET Habilitar_cintas12_t1;
RESET Habilitar_cintas345_t1;
RESET Habilitar_topes_t1;
RESET Habilitar_enclavamientos_t1;
Instante_absoluto_paso_run:=%SD18;
Tiempo_absoluto_paso_run:=0;
```

Figura 13.42 Tratamiento del rearranque en caliente

Con ese código el autómata deshabilita las salidas de los accionadores de los transportes de la célula de fabricación. A continuación con el código de la Figura 13.43 que se ejecuta en todos los ciclos de programa el autómata va activando en secuencia los accionadores de los transportes.

ST: MAST - Pap - Prl

```
(*Gestión paso STOP->RUN y rearranque en caliente*)
(*Arranque secuencial cintas-topes-enclavam*)
Tiempo_absoluto_paso_run:=%SD18-Instante_absoluto_paso_run;
(* la palabra doble %sd18 es incrementada en una unidad cada décima*)
(* de segundo por el sistema del autómata*)
(*Scaneado Momentum T1 OK*)
(* el bit %IW6.0.1:X0 indica que el primer módulo de E/S digitales del bus de campo Ethernet*)
(* esta activo*)
Copia_momentum_t1_ok:=%IW6.0.1:X0;
IF RE Copia_momentum_t1_ok THEN
     Instante_momentum_t1_ok:=%SD18;
END_IF;
(* se van habilitando en secuencia las salidas del transporte 1*)
IF %IW6.0.1:X0 THEN
     IF NOT Habilitar_cintas12_t1 OR NOT Habilitar_cintas345_t1 OR NOT Habilitar_enclavamientos_t1 OR NO
          IF %SD18-Instante_momentum_t1_ok>=2 THEN SET Habilitar_cintas12_t1;END_IF;
          IF %SD18-Instante_momentum_t1_ok>=15 THEN SET Habilitar_cintas345_t1;END_IF;
          IF %SD18-Instante_momentum_t1_ok>=25 THEN SET Habilitar_enclavamientos_t1;END_IF;
          IF %SD18-Instante_momentum_t1_ok>=35 THEN SET Habilitar_topes_t1;END_IF;
     END_IF;
ELSE
(* si el módulo pierde tensión o configuración se deshabiltan las salidas del transporte 1*)
     RESET Habilitar_cintas12_t1;
     RESET Habilitar_cintas345_t1;
     RESET Habilitar_enclavamientos_t1;
     RESET Habilitar_topes_t1;
END_IF;
(*Scaneado Momentum T2 OK*)
Copia_momentum_t2_ok:=%IW6.0.1:X1;
IF RE Copia_momentum_t2_ok THEN
     Instante_momentum_t2_ok:=%SD18;
END_IF;
(* se van habilitando en secuencia las salidas del transporte 1*)
IF %IW6.0.1:X1 THEN
     IF NOT Habilitar_cintas12_t2 OR NOT Habilitar_cintas345_t2 OR NOT Habilitar_enclavamientos_t2 OR NO
          IF %SD18-Instante_momentum_t2_ok>=2 THEN SET Habilitar_cintas12_t2;END_IF;
          IF %SD18-Instante_momentum_t2_ok>=15 THEN SET Habilitar_cintas345_t2;END_IF;
          IF %SD18-Instante_momentum_t2_ok>=25 THEN SET Habilitar_enclavamientos_t2;END_IF;
          IF %SD18-Instante_momentum_t2_ok>=35 THEN SET Habilitar_topes_t2;END_IF;
     END IF;
```

Figura 13.43 Tratamiento de rearranque en caliente

De esta manera se evitan caídas en la fuente de alimentación del transporte que dejaban sin tensión al módulo de entradas/salidas que controla el transporte. Lo cual suponía a continuación la desactivación de las salidas al fallar el módulo.

¿Y si arranca en frío? En un arranque en frío se pierden "demasiadas cosas". El autómata "pierde la memoria". Recordando un poco las consecuencias de un arranque en frío:

- Puesta a cero de los bits y palabras internos, de la imagen de las E/S (si en la pantalla de configuración del procesador se ha marcado la casilla de inicialización de las palabras internas para el arranque en frío).

- Inicialización de bits y palabras de sistema.

- Iniciación de los bloques función (temporizadores, contadores...) a partir de los datos de configuración, puesta a cero de los bits de salida de los bloques función.

- Las tareas, salvo la maestra, se desactivan hasta el final del primer ciclo de la tarea maestra.
- El grafcet se inicializa, se activan las etapas iniciales.

Ante un arranque en frío el autómata inicia de nuevo el programa, con lo que lo más seguro es que haya que efectuar un retorno automático a la posición inicial y comenzar la producción de nuevo.

Si las palabras internas del autómata se han borrado es bastante difícil que el autómata reconstruya el estado del automatismo que tenía cuando se produjo el corte de tensión. Lo único que tendría posibilidad es que el operador indique al autómata el estado en que se encontraba, por medio de un terminal de diálogo, pero puede ser que ni el operador lo sepa.

En definitiva, si se produce un arranque en frío, puede ser considerado un pequeño o un gran desastre para el proceso automatizado. Se debe evitar que suceda con todos los medios disponibles, baterías, pilas, etc. que mantengan la memoria del autómata.

13.6 PROGRAMACIÓN CON MACROETAPAS

Si el autómata controla más de una máquina, la opción más recomendable es utilizar macroetapas. Cada máquina se programará en una macroetapa, en caso de que se ejecute la emergencia sólo se desactivará la macroetapa, pudiendo continuar funcionando las otras máquinas.

Se deberá utilizar un autómata que soporte macroetapas, como puede ser un TSX Premium. En el autómata Premium, además de los bits de sistema %S21, %S22 y %S23 ya descritos anteriormente, se dispone del bit de sistema %S24 y de una tabla de palabras sistema de la %SW22 a %SW25 cuyas funciones son las siguientes:

- *%S24*

  La función de este bit al ser puesto a uno, es poner a cero las macroetapas del grafcet seleccionadas mediante los bits de las palabras de sistema %SW22 a %SW25 que estén puestos a cero. Es puesto a cero por el sistema después de aceptarlo al final del tratamiento preliminar.

- *%SW22 a %SW25*

  Las palabras de sistema %SW22 a %SW25 contienen una tabla de bits asociados a macroetapas. %SW22:X0 corresponde a la macroetapa %XM0; %SW22:X1 corresponde a la macroetapa %XM1; %SW25:X15 corresponde a la macroetapa %XM63. Estos bits normalmente a uno, pueden ser mediante reset o asignación de FALSE puestos a cero por el usuario. Las macroetapas cuyo bit de la tabla esté a cero, son borradas cuando se hace un Set del bit de sistema %S24. Por ejemplo, en el siguiente programa se desactiva la macroetapa uno

IF(Defecto_gral_maquina1 OR Modo_manual_maquina1)AND NOT %X1.IN THEN

RESET %SW22:X1;

SET %S24;

END_IF;

Las palabras %SW22 a %SW25 son puestas a FFFF cuando se produce un arranque en caliente del autómata.

Cada máquina se programa en una macroetapa, en principio contemplará solamente el funcionamiento normal automático. En las acciones al activar de las etapas se irá memorizando el número de etapa activa en una palabra interna del autómata.

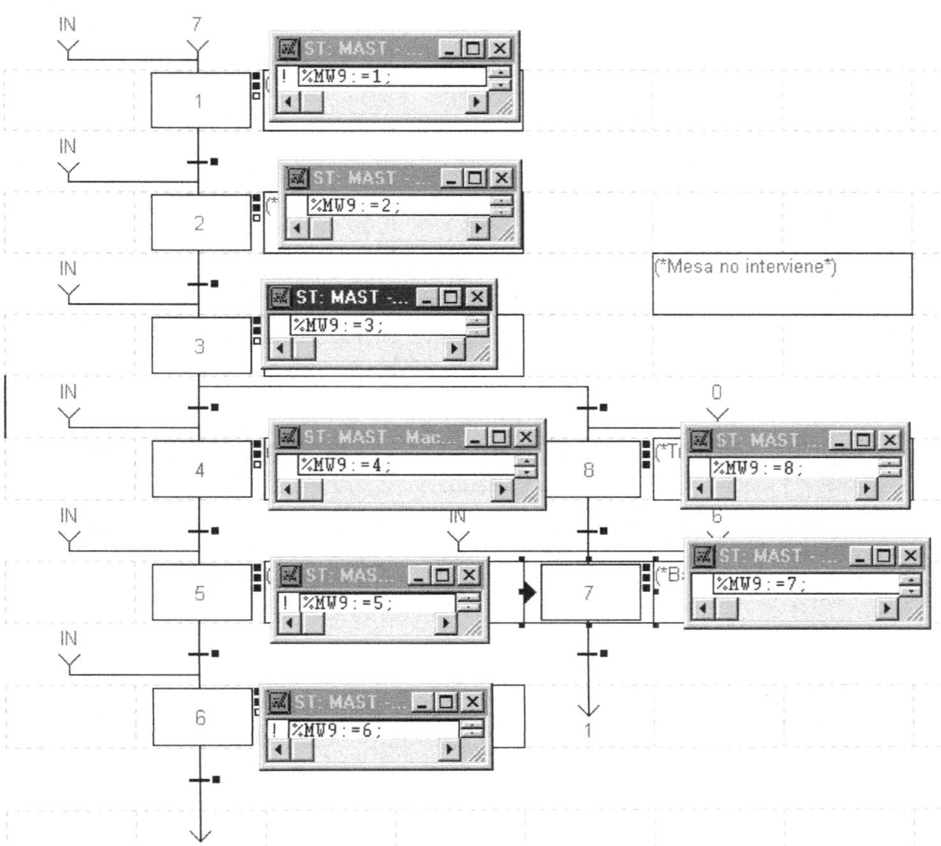

Figura 13.44

A partir de la etapa de entrada de la macro, etapa in, se derivan transiciones a todas las etapas del grafcet de la máquina. En estas transiciones se programan las condiciones de salto de la etapa in a las etapas del grafcet. Estas condiciones consistirán en comprobar que:

- El número de etapa almacenado en la palabra interna coincide con el número de etapa a que salta la transición.
- No existe defecto en la máquina.
- La máquina no se encuentra en manual.

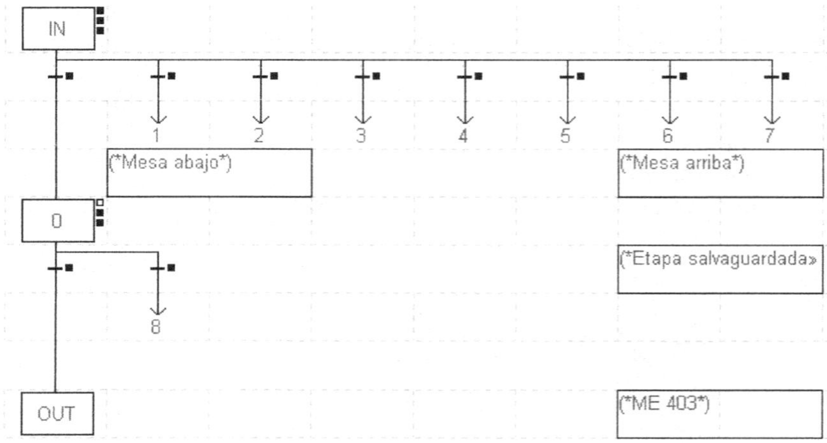

Figura 13.45

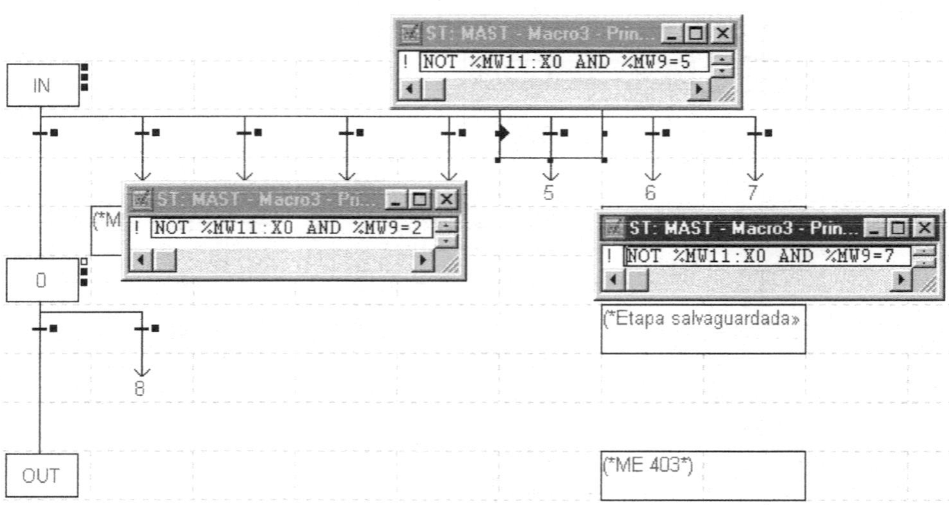

Figura 13.46

En la Figura 13.46 se observa la programación de las transiciones que salen de la etapa in a las etapas 2, 5 y 7. Se comprueba que no existan defectos y que la etapa salvaguardada coincida.

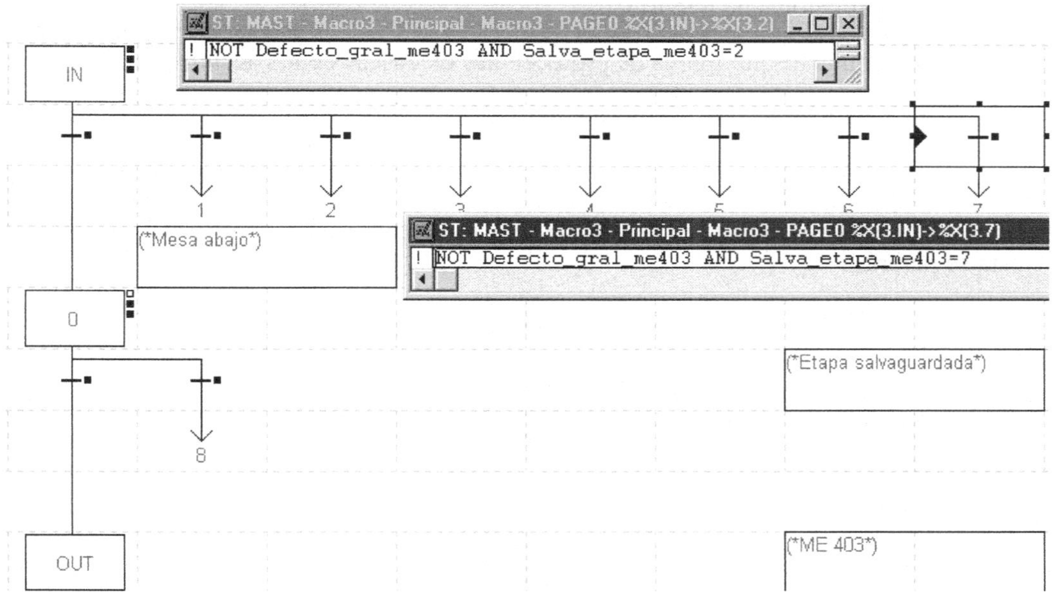

Figura 13.47

El bit de defecto general de la máquina tiene en cuenta los defectos hardware y software de la máquina y si ésta se encuentra en manual.

Se procurará no utilizar en el grafcet la etapa cero, dado que su número coincide con la palabra interna cuando se produce un arranque en frío y se inicializan las palabras internas del autómata.

En la etapa in se permite, si el operador lo quiere, controlar la máquina manualmente. Como el operador puede mover la máquina, en la acción continua de esta etapa in se programará un proceso de reconocimiento del estado donde se encuentra la máquina, para actualizar si es debido la palabra interna que indica la situación del grafcet antes de la emergencia. También se debe comprobar que el estado almacenado en la palabra interna se corresponda con la situación de la máquina. De lo contrario se almacenará en la palabra interna un -1, indicando que no se corresponde la situación de la máquina con lo descrito en la palabra interna.

La gestión de la emergencia se realiza desactivando la macroetapa y activando inmediatamente su etapa de entrada in.

Las condiciones que pueden desactivar una macroetapa son las siguientes:

- Operador Pulsa emergencia local en la máquina.
- Fallos internos del Autómata programable.
- Máximos tiempos en la realización de acciones.

- Captadores de Seguridad.
- Contactos auxiliares de protecciones eléctricas de los accionadores.
- Captadores que deben estar activos en Etapas.
- El operador pasa la máquina mediante el panel de control a manual.

Al desactivar la macroetapa se desactivan las salidas que controlan la máquina y esta se parará.

La subrutina que desactiva las macroetapas:

```
!
(*Desactivación de macros*)
%SW22:=16#FFFF;
%SW23:=16#FFFF;
%SW24:=16#FFFF;
%SW25:=16#FFFF;
IF(Defecto_gral_mer401 OR Modo_manual_mer401)AND NOT %X2.IN THEN
  RESET %SW22:X2;
END_IF;
IF(Defecto_gral_me403 OR Modo_manual_me403)AND NOT %X3.IN THEN
  RESET %SW22:X3;
END_IF;
IF(Defecto_gral_me404 OR Modo_manual_me404)AND NOT %X4.IN THEN
  RESET %SW22:X4;
END_IF;
IF(Defecto_gral_me405 OR Modo_manual_me405)AND NOT %X5.IN THEN
  RESET %SW22:X5;
END_IF;
IF(Defecto_gral_me406 OR Modo_manual_me406)AND NOT %X6.IN THEN
  RESET %SW22:X6;
END_IF;
SET %S24;
En el módulo preliminar también se habrá programado:
IF NOT %XM2 THEN
  SET %X2.IN;
```

```
END_IF;
IF NOT %XM3 THEN
  SET %X3.IN;
END_IF;
(*y todas las demás macroetapas donde estén programadas máquinas*)
```

Es decir, nada más se desactive la macroetapa se activa su etapa in.

Una vez se rearme la máquina no existirán defectos. El grafcet de la macroetapa podrá salir de la etapa in si no existen defectos y la máquina no se encuentra en manual. Entonces, como se ha memorizado el número de palabra, el grafcet se rearma en la posición correcta donde se encontraba la máquina.

13.7 DESACTIVACIÓN DE SALIDAS EN EL MÓDULO PRELIMINAR

La programación de las salidas en las etapas puede dar lugar a problemas y accidentes durante la puesta en marcha de la máquina. Si una salida se activa mediante una instrucción de Set o por una asignación de True, se debe desactivar mediante un Reset o mediante una asignación de False.

Dado que se debe entrar en las etapas y programar las salidas en sus acciones al activar, continua y al desactivar; es una situación muy común que los programadores olviden introducir algún Reset o asignación de False.

Por ejemplo, el programa que controla un ascensor de carrocerías, en una etapa activa la salida (Set) que sube el ascensor hasta que el captador del nivel alto da señal. El grafcet pasa a la siguiente etapa y no se ha programado el Reset. El ascensor sigue subiendo, y la mesa elevadora chocará con los topes.

Una solución adoptada para evitar el trabajo repetitivo que supone la programación del Set y a continuación del Reset de la salida es:

- Incluir en el módulo preliminar una subrutina o el código necesario para poner a cero los objetos de salida de los módulos del autómata. Si se introduce como subrutina, la ejecución será incondicional. El objetivo es que las salidas se pongan a cero si en el módulo Chart no existe ninguna etapa que las active.
- En la ejecución de un ciclo de autómata primero se ejecuta el módulo preliminar que pondrá a cero las salidas. A continuación se ejecuta el grafcet y si existe alguna etapa donde se ejecute un Set, el objeto salida se pone a uno. Al terminar la ejecución del programa el autómata transfiere los objetos salidas a las salidas del autómata.

Si no se efectúa el Set sobre el objeto salida, el objeto salida será cero y la salida estará desactivada.

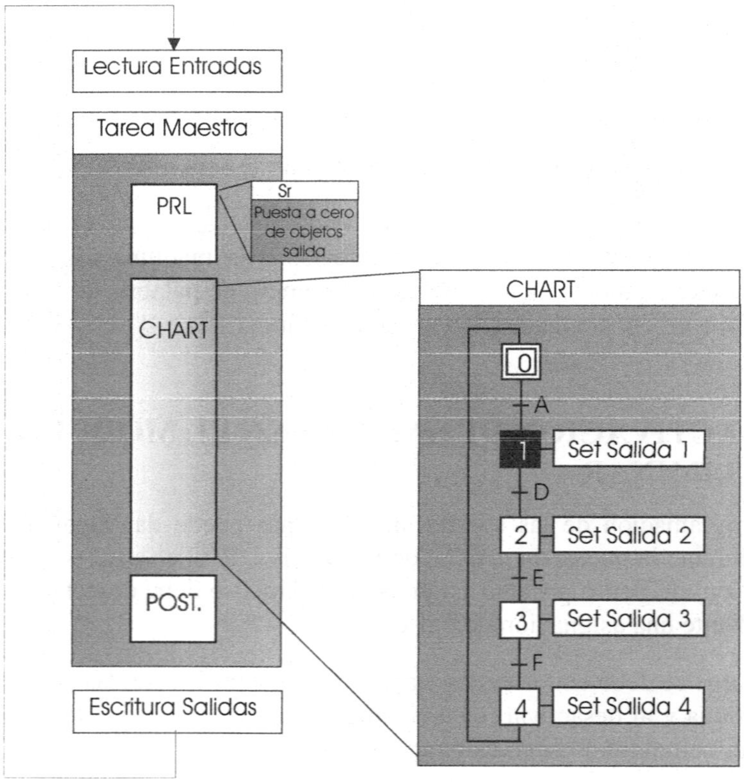

Figura 13.48

En la Figura 13.48 se observa la ejecución de un ciclo de autómata. Se ejecuta el preliminar que pone a cero todos los objetos salida, a continuación se ejecuta el Chart y como la etapa 1 está activa se efectúa un Set sobre la salida 1. A continuación se ejecuta el Post y se efectúa la escritura de salidas. En todos los ciclos de autómata en que está la etapa 1 activa la salida 1 estará activa. Si en un ciclo de autómata se desactiva la etapa 1 y se activa la 2, ahora no se efectúa el Set sobre la salida 1, se efectúa el Set sobre la salida 2. Por lo tanto la salida 1 se desactiva.

Con este método de programación se evita tener que introducir los Reset y además añade seguridad a la ejecución del programa dado para que una salida se active debe ejecutarse en todos los ciclos de autómata una instrucción Set que la ponga a uno.

Atención:

Si se utiliza este método, la programación de las salidas debe efectuarse en la acción continua de la etapa. No se debe efectuar en la acción al activar, dado que sólo se activaría en un ciclo de autómata.

Asimismo conlleva que en todas las etapas donde se active una salida se deba programar el Set. El efecto mantenido por el método de acción memorizada no funciona, dado que en el preliminar se borran las salidas.

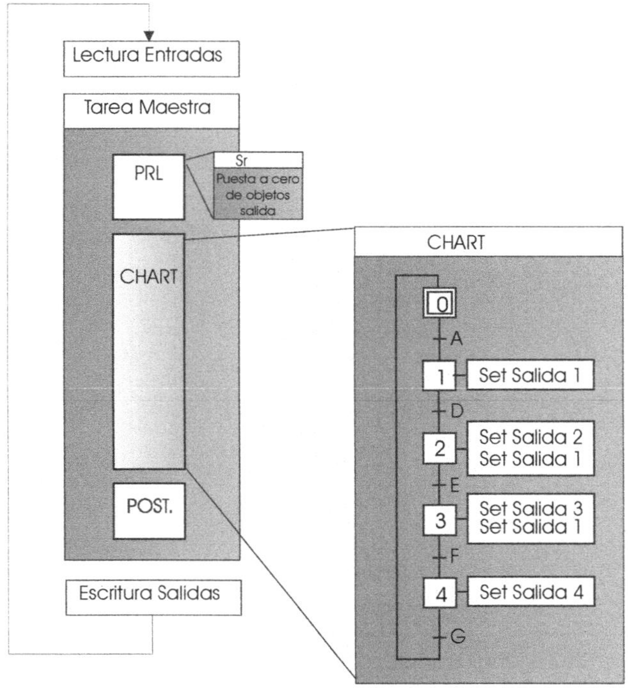

Figura 13.49

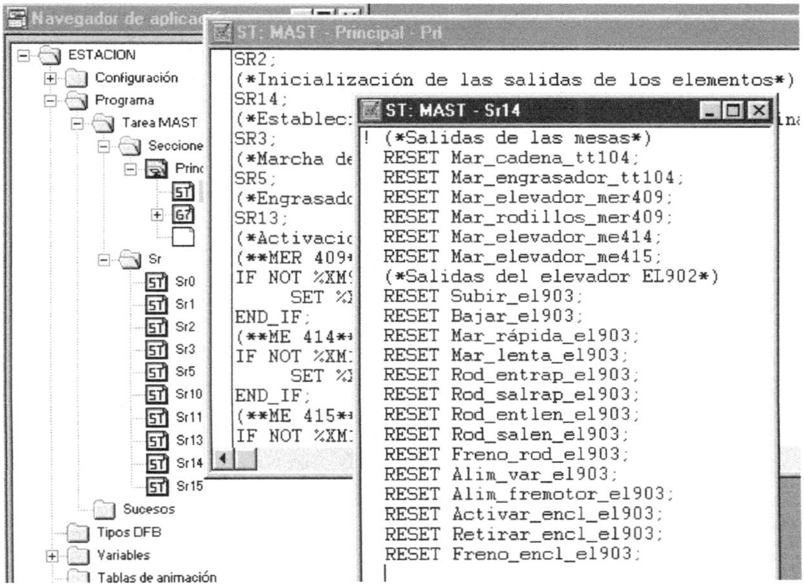

Figura 13.50

CAPÍTULO 14

AUTOMATIZACIÓN DE UN TRANSPORTE DE SUELO

14.1 INTRODUCCIÓN

La automatización del sistema de transbordo de carrocerías en la fabricación de automóviles redunda en una mejor optimización del sistema productivo puesto que no es necesaria la mano humana para llevar a cabo este proceso.

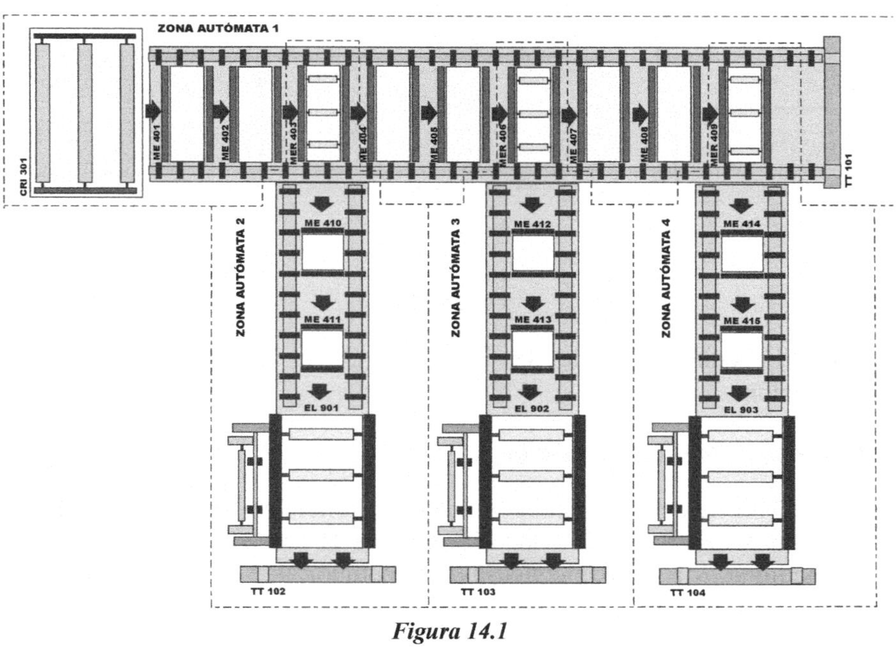

Figura 14.1

En este caso concreto, se ha diseñado una instalación en la que las carrocerías vienen secuencialmente por una sola entrada y son repartidas entre tres líneas iguales entre sí en función de la ocupación de las mismas. Al final de cada una estas líneas se instala un elevador que permite alimentar un pulmón de carrocerías de dos niveles de altura tal como se puede observar en la Figura 14.1.

14.2 GESTIÓN DEL TRANSBORDO DE CARROCERÍAS

Todas las máquinas que componen la instalación están interconexionadas entre sí a una red de autómatas compuesta por cuatro equipos que permiten gestionar todas las operaciones de traslado de carrocerías. Cada uno de estos autómatas controla un conjunto determinado de máquinas de la instalación.

Para establecer el diálogo entre las diferentes mesas que componen la instalación a la hora de efectuar el intercambio de las carrocerías, los autómatas utilizan bits de intercomunicación (ver Figura 14.2).

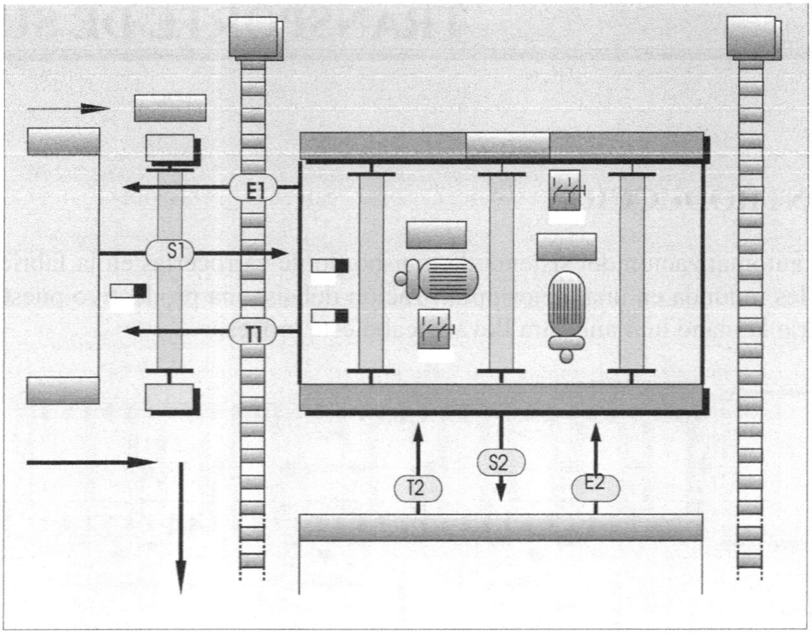

Figura 14.2

Utilizando como ejemplo la Figura 14.3 se describen las líneas de intercomunicación:

- *Línea de intercomunicación E*

  Este bit se activa cuando la máquina solicitante efectúa una petición de entrada de carrocería a la máquina que la precede. En la Figura 14.3, la máquina ME 407 efectuaría una petición de entrada a la MER 406 activando el bit E15.

- *Línea de intercomunicación T*

  Este bit se pone en estado alto cuando la máquina que precede a la solicitante ha recibido una petición de entrada y se dispone a iniciar el transbordo. En la Figura 14.3, la máquina MER 406 señalaría a la ME 407 que procede a efectuar el traslado activando el bit T15.

- *Línea de intercomunicación S*

  Este bit en estado alto marca el final del transbordo en la máquina solicitante. En la Figura 14.3, la máquina ME 407 indicaría el final del traslado a la MER 406 activando el bit S15.

Estos bits pueden ser bits internos gestionados por el propio autómata o bien entradas y salidas digitales cuando el transbordo se produzca entre máquinas controladas por diferente autómata.

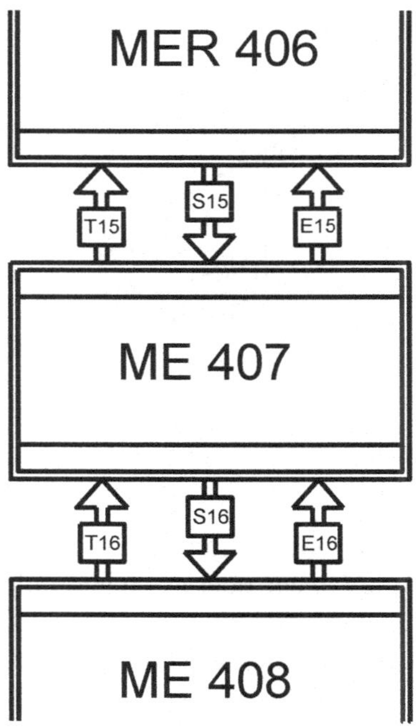

Figura 14.3 Líneas de Intercomunicación

14.3 DESCRIPCIÓN DE LAS MÁQUINAS DE LA INSTALACIÓN

14.3.1 Camino de rodillos

El camino de rodillos es la máquina que facilita a las carrocerías el acceso al transporte de tierra principal. Este acceso se produce de una forma secuencial, por lo que es necesario que todas las carrocerías pasen por esta máquina. Está compuesta únicamente por rodillos accionados por un motor eléctrico que facilitan el deslizamiento de las carrocerías.

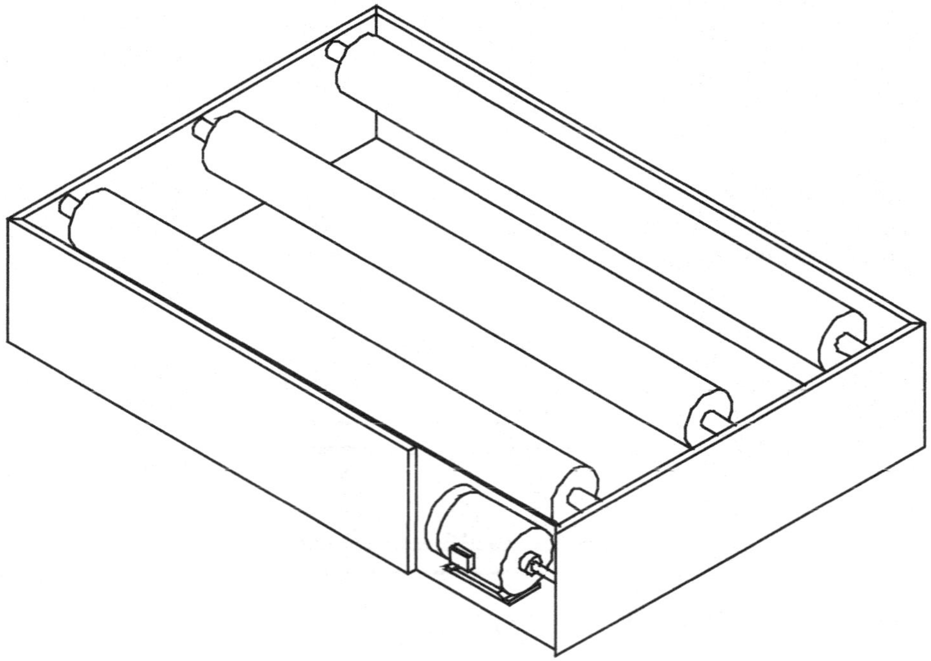

Figura 14.4 Camino de rodillos

14.3.2 Mesas elevadoras

Las mesas elevadoras se encuentran en el interior del transporte de suelo y tienen la función de evitar que las carrocerías se acumulen en la cadena. Estas mesas actúan de forma similar a un embrague, cuando la cadena se encuentra ocupada aguas abajo la carrocería debe esperar a que se desocupe. Así, la mesa, que en un primer momento se encuentra en posición baja, se eleva recibiendo la carga y elimina la transmisión de la cadena al SKID que transporta la carrocería. Y, cuando la mesa cargada recibe una petición de entrada de la mesa subsiguiente, procede a depositar de nuevo el SKID en el transporte de suelo, con lo que la carrocería puede seguir su curso normal.

Cuando se precisa un cambio de dirección en la trayectoria del SKID las mesas elevadoras incorporan rodillos que facilitan dicho cambio.

Las mesas elevadoras contienen una serie de captadores inductivos de proximidad que informan sobre la posición en la que se encuentran tanto la carrocería como la mesa (ver Figura 14.5).

- **Z1, Mesa arriba:** muestra que la mesa se encuentra en su posición más alta almacenando la carrocería.

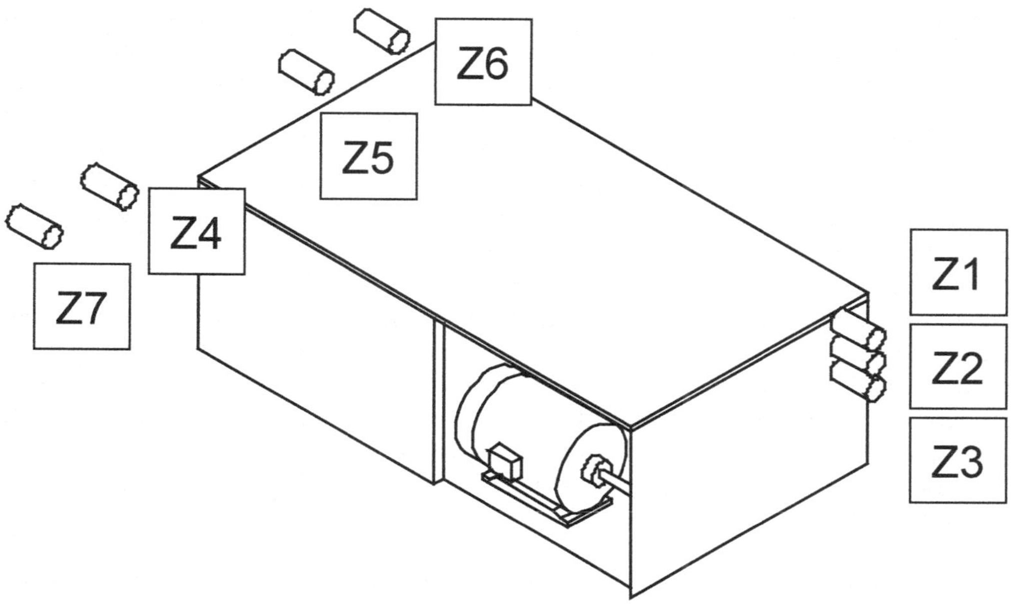

Figura 14.5 Mesa Elevadora

- **Z2, Mesa centro (posición intermedia):** informa que la mesa está en su posición intermedia recibiendo la carga.
- **Z3, Mesa abajo:** este detector nos indica que la mesa está en su posición más baja, es decir, en posición de reposo.
- **Z4, Control colisión:** detector de seguridad que informa de que la mesa anterior ha soltado su carga antes de tiempo.
- **Z5, Subir posición intermedia:** detector de carga entrando en la mesa.
- **Z6, Carga abajo:** indica que la carrocería se ha cargado correctamente en la mesa.
- **Z7, Liberación tránsito:** cuando hay mucho espacio entre mesas se utiliza este detector para ganar tiempo de ciclo, por medio de este detector facilitamos que la carga sea liberada justo antes de que la carga que va por delante llegue a su destino.

14.3.3 Mesa elevadora de rodillos

La mesa elevadora es como la anterior, está siempre esperando abajo y sólo subirá si la siguiente mesa estuviera ocupada o si entrega la carga al elevador por la única salida que tiene. Se encuentra en el interior de un transporte de suelo y una de sus funciones es la ser mesa intermedia, es decir, está por si al transportador no le diera suficiente tiempo de ir trasladando cargas, entonces la mesa espera en una posición intermedia para colocar la carga bien ajustada en su sitio. La siguiente operación de la mesa sería subir la carga a su posición más alta, entonces espera arriba hasta que tiene el camino libre, en este momento, la mesa baja y la carga sigue su proceso. La otra función de la mesa es la de entregar la carga hacia un elevador para subirla a otro nivel y que el transporte siga su proceso. Puede realizar las dos operaciones dependiendo de la demanda del proceso, es decir, la mesa entregará la carga hacia el elevador, si la mesa siguiente está ocupada, o si la alternancia que nos demanda el programa dice que le toca entregar la carga a ella en vez de a la siguiente mesa. Esta alternancia se puede hacer de dos maneras, según la demanda del transporte, es decir, si no tenemos ninguna carga delante siempre entregará esta mesa, o hacer una alternancia pura, la cual, se realizaría para que siempre se fueran turnando, primero entregaría una y después estregaría la otra. Otra característica de la mesa es que posee rodillos, ya que necesitamos traspasar la carga perpendicularmente al transporte transversal. A continuación pasamos a describir los elementos de que consta la mesa:

- **Z3, Mesa abajo:** este detector se encuentra dentro de la mesa y nos indica que se encuentra en su posición más baja, en posición de reposo, es decir, en posición de espera. La mesa continuará en esta posición siempre y cuando la siguiente mesa no esté ocupada, la carga pasará por encima de ella, ya que el camino está libre. Cuando la mesa está abajo es sinónimo de que ésta no está cargada.

- **Z2, Mesa centro (posición intermedia):** si la siguiente mesa está ocupada, ésta subirá a una posición intermedia. La mesa lleva unos topes que sujetan la carrocería; en esta posición la carga está apoyada en el transportador pero no se puede ir debido a estos topes. La finalidad de los topes y de esta posición es centrar la carga que en ocasiones puede llegar torcida, entonces, si subiéramos la mesa, habría una recogida defectuosa de la misma. La espera en esta posición está temporizada, es decir, cuando llega la carga la mesa sube a esta posición intermedia, espera unos segundos y sube a la posición más alta. Este detector también se encuentra en el interior de la mesa, al lado de Z3 (mesa abajo).

- **Z1, Mesa arriba:** Z1, se encuentra en el interior de la mesa, al lado de Z3 y de Z2, nos indica que la mesa está en su posición más alta, es decir, que la mesa estará en esa posición cuando esté cargada. La carga llega por el transportador, si la siguiente está ocupada, sube a una posición intermedia, temporiza unos segundos y sube a está posición. La mesa se quedará en espera (cargada) de que la siguiente libere su carga para poder bajar de nuevo y liberar ella también su carga.

- **Z5, Subir posición intermedia:** este detector se encuentra en el exterior de la mesa, mas o menos a mitad de la mesa de su lado más corto, perpendicular al transportador. Está colocado de tal manera que lo detecte el soporte de la carga cuando llega a mitad de la mesa.

En el momento en que la carga llega a esta posición, toca el detector y, si la mesa siguiente está ocupada, subirá ésta a la posición intermedia. La mesa sujetará y centrará la carga.

- **Z6, Carga abajo:** Z6 se encuentra al lado y en la misma posición que Z5. Cuando la carga ha llegado a los topes estando la mesa en la posición intermedia, tocará Z6, si este detector lo mantiene detectando unos segundos, nos indicará que la mesa está cargada abajo y su carga está centrada en la misma. Esto nos dará la orden para subir la mesa a su posición más alta, es decir, hasta que detectemos Z1.

En la Figura 14.6 se indica la posición física de los detectores.

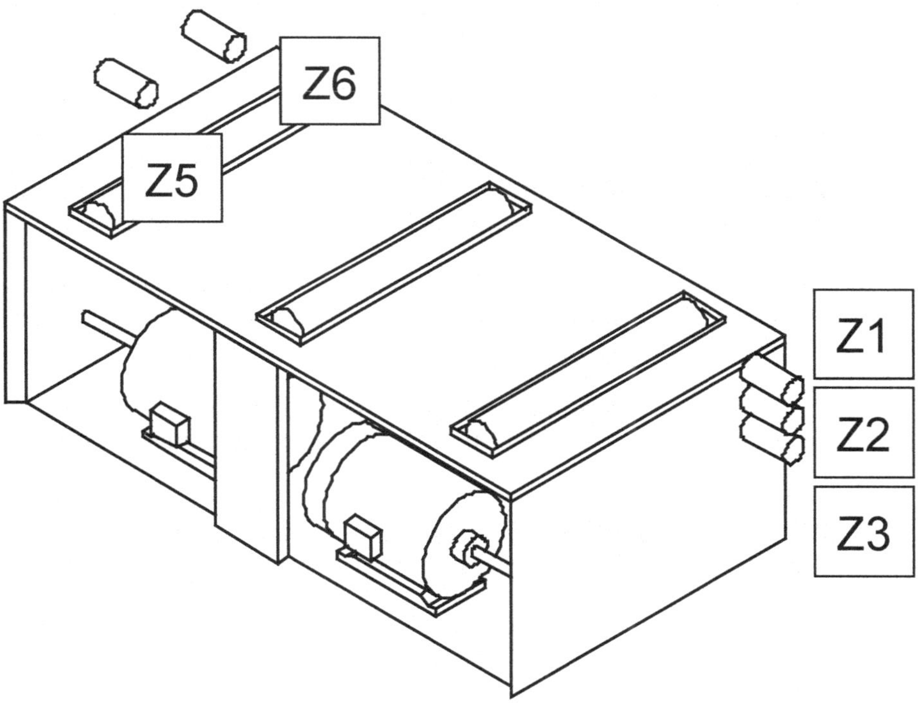

Figura 14.6 Mesa elevadora de Rodillos

14.3.4 Elevador

Los elevadores son las máquinas que deben alimentar al pulmón de carrocerías con dos niveles de altura.

Los elevadores constan de dos partes diferenciadas que son tratadas individualmente por el autómata, la máquina elevadora y la mesa de rodillos de carga.

Máquina Elevadora

Para controlar los movimientos de la máquina elevadora se instalan una serie de detectores inductivos de proximidad que nos informan en todo momento de la posición tanto del elevador como de la carga.

- **Y1, Final de carrera sobrecarrera arriba:** detector de seguridad que evita una sobrecarrera del recorrido del elevador.
- **Y2, Final de carrera sobrecarrera abajo:** detector que tiene las mismas funciones que el anterior.
- **Z4, Fotocélula abajo:** detector de seguridad instalado en la entrada de la carga al elevador para que cuando se active de forma espúrea el elevador se detenga en condiciones de seguridad.
- **Z11, Fotocélula arriba:** detector que tiene las mismas funciones que el anterior.
- **Z5, Posición abajo:** informa de que el elevador está en su posición correcta de recogida de la carga en la parte más baja de su recorrido.
- **Z6, Control 50% de velocidad abajo:** detector que marca el cambio de velocidad de bajada del elevador de rápido al 50% de su velocidad máxima.
- **Z7, Velocidad lenta abajo:** detector que indica, en cambio, la velocidad de bajada del elevador del 50% de su velocidad nominal a su velocidad lenta.
- **Z8, Posición arriba:** informa de que el elevador está en su posición correcta de depósito de la carga en la parte más alta de su recorrido.
- **Z9, Control 50% de velocidad arriba:** detector que marca el cambio de velocidad de subida del elevador de rápido al 50% de su velocidad máxima.
- **Z10, Velocidad lenta arriba:** detector que indica en cambio la velocidad de subida del elevador del 50% de su velocidad nominal a su velocidad lenta.
- **Z12, Enclavamiento:** detector que nos indica que tenemos la mesa elevadora enclavada en la posición alta o baja.
- **Z13, Desenclavamiento**: detector que nos indica que tenemos la mesa elevadora desenclavada.

La distribución física de los detectores se puede apreciar en la Figura 14.7.

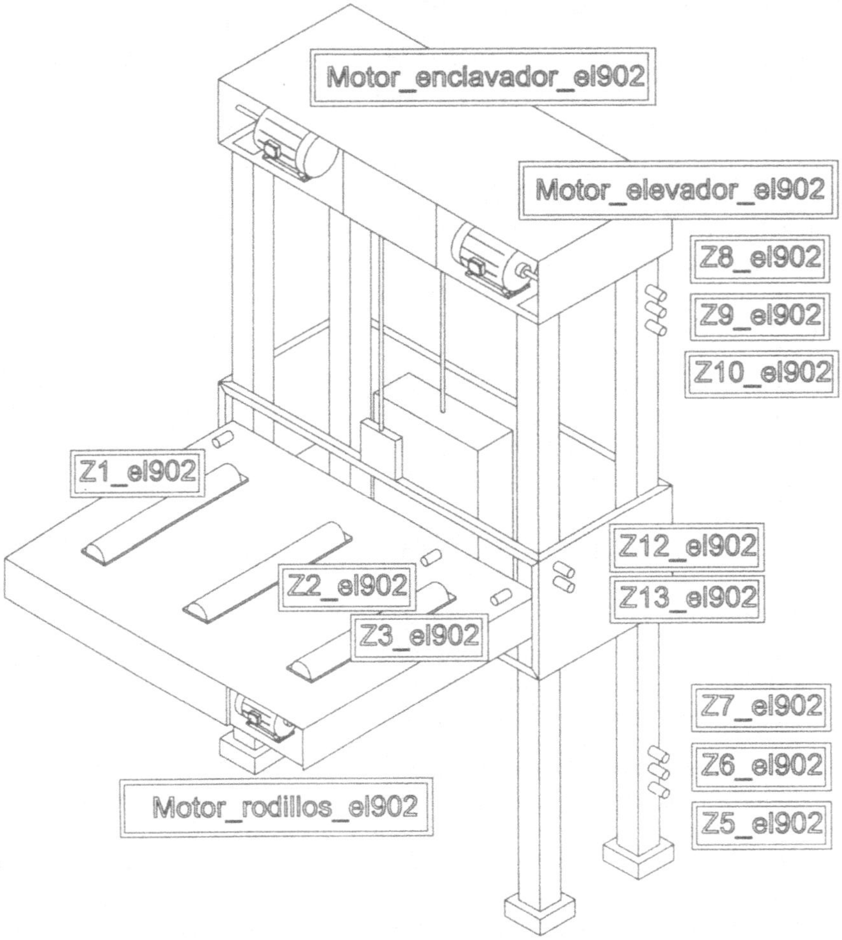

Figura 14.7 Elevador

Mesa de rodillos

La mesa de rodillos es la encargada de realizar el transbordo de las carrocerías tanto en la entrada como en la salida, además de almacenarla durante el intervalo de tiempo que dura el traslado de un nivel de altura al otro.

A continuación se describen los detectores de proximidad inductivos necesarios para efectuar el correcto control de la mesa de rodillos.

- **Z1, entrada carga:** detector de inicio de entrada de carrocería en la mesa de rodillos.
- **Z2, cambio de velocidad rápida lenta:** detector que marca el cambio de velocidad en la entrada de carga.
- **Z3, mesa ocupada en llegada:** detector de carga bien posicionada.

14.3.5 Camino de rodillos de entrada

La siguiente máquina se denomina camino de rodillos, es muy similar a las mesas vistas anteriormente. La diferencia fundamental radica en que está siempre en una posición fija, es decir, que no tiene el motor de elevación. Una característica del CRE es que la carga se desplaza a lo largo deslizándose por encima de unos rodillos (de ahí su nombre Camino de Rodillos). Este CRE tiene la peculiaridad de que los rodillos pueden ir a dos velocidades (el motor que los mueve tiene dos devanados), una velocidad para el transporte y otra para hacer una parada más precisa en el caso de que delante tuviéramos saturada la línea (pueden existir caminos de rodillos con una sola velocidad).

Se le denomina CRE (camino de rodillos de entrada) porque sirve de entrada hacia otro grupo funcional, es decir, nuestro CRE recoge la carga de otro grupo u otra zona de acumulo o de trabajo (también existen los CRS, camino de rodillos de salida que explicaremos en el siguiente apartado).

Una vez explicado el funcionamiento pasamos a describir los elementos que se utilizan:

- **Z1, entrada ocupada:** con este detector sabemos si podemos entrar con la carga hacia nuestro camino de rodillos. El soporte que lleva la carga ocupa todo el CRE, lo que quiere decir que si tenemos una carga ya encima de nuestro camino de rodillos, no puede entrar la que está detrás.
- **Z2, salida ocupada:** con este detector sabemos si una carga está saliendo de nuestro CRE. La combinación de Z1 y de Z2 nos permite saber cómo está la mesa: si están los dos pisados, nos indica que tenemos una carga encima de la mesa; si está sólo Z1 pisado, quiere decir que está entrando una carga; y si está sólo Z2 ocupado, nos dirá que la carga que estaba posicionada encima de nuestro CRE está saliendo hacia el siguiente elemento.

Los detectores que comentamos a continuación forman parte de nuestro CRE debido a que tiene delante un TCP (Transporte de Cadena de Producción, se explica en el apartado 2.8). Al ser de producción las cargas no pueden ir juntas para que a los operarios le dé tiempo a hacer cada una de las fases de trabajo en cada carga.

- **Z3, Parada lenta:** se utiliza para que los rodillos del CRE pasen a velocidad lenta. Cuando entra la carga en el CRE, si Z3 está activado, se parará cuando pise Z2. Si carga que está delante pierde Z3, avanza hasta que pierda Z1. Cuando la carga de delante pierde Z4 arranca nuestra carga en velocidad lenta (siempre y cuando la cadena del TCP esté en marcha). Con esto se consigue crear huecos entre cargas, el hueco será mayor según la distancia entre Z3 y Z4.
- **Z4, Distancia carrocería:** como acabamos de comentar en Z3, se utiliza para crear huecos entre cargas y facilitar el trabajo al operario que la manipule.

En la Figura 14.8 se detalla la posición física de los detectores:

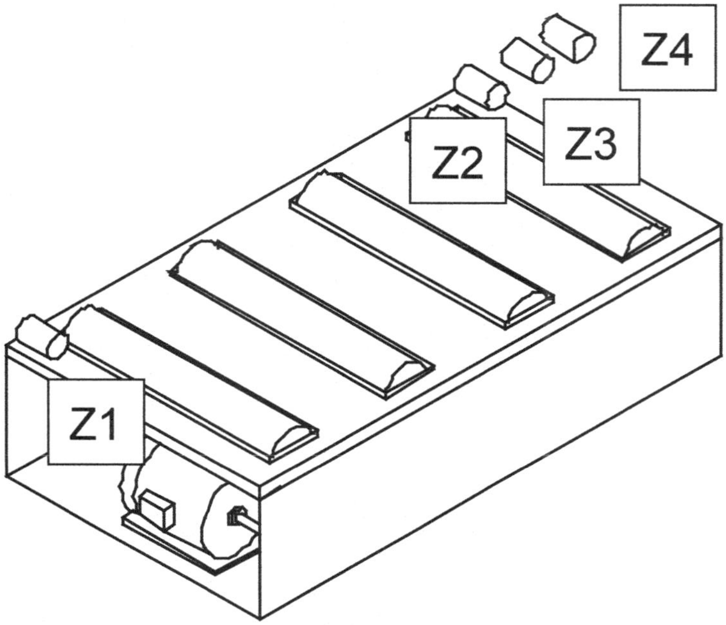

Figura 14.8

14.3.6 Camino de rodillos de salida

La siguiente máquina es un camino de rodillos, es muy similar al visto en el apartado anterior. Éste también está siempre en una posición fija, ya que tampoco tiene el motor de elevación. En el camino de rodillos de salida (CRS) la carga también se desplaza a lo largo deslizándose por encima de unos rodillos, los cuales pueden ir a dos velocidades (el motor que los mueve tiene dos devanados); una velocidad para el transporte y otra para hacer una parada más precisa en el caso de que delante tuviéramos saturada la línea (pueden existir caminos de rodillos con una sola velocidad).

Se le denomina CRS porque la carga sale de un grupo (o elemento) para entrar en otro (a diferencia del anterior al que denominábamos CRE, camino de rodillos de entrada, que actuaba de forma contraria).

En la Figura 14.9 se detalla la posición física de los detectores:

Una vez explicado el funcionamiento pasamos a describir los elementos que se utilizan:

- **Z5, Acoplamiento:** con este detector enviamos al autómata la orden de acoplar mecánicamente la velocidad lenta de nuestro CRS con la velocidad que lleva el TCP.

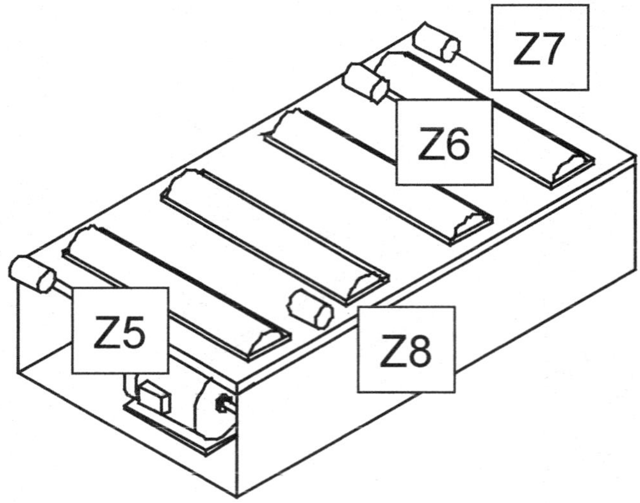

Figura 14.9

- **Z6, Salida ocupada:** cuando llegue la carga a este detector, le mandaremos la orden a la siguiente mesa de que se prepare para recibir la carga que tenemos en nuestro CRS, es decir, la mesa subirá a su posición más alta. Esto lo hará la mesa siempre y cuando ya no esté ocupada, es decir, no contenga ninguna carga.

- **Z7, Aviso salida:** si la carga llega a Z6 y la mesa siguiente está ocupada, quiere decir que ésta no puede colocarse en posición de recibir la carga; entonces ésta seguirá avanzando hasta que toque Z7, se quedará esperando en el CRS mandándole la orden a la siguiente mesa de que tiene una carga preparada hasta que ésta libere la que en esos momentos tenga.

- **Z8, Control codificación:** se utiliza para saber qué tipo de carga pasa en cada momento.

14.3.7 Transportador de suelo

La siguiente máquina a la que nos referimos, es el transportador (TT, transporte transversal). Es la encargada de transportar la carga por el suelo transversalmente, la cual va apoyada sobre dos cadenas cerradas que están girando ininterrumpidamente.

Los elementos principales del transportador son la motriz y las cadenas. La motriz hace girar un eje en cuyos extremos existen dos ruedas dentadas donde están acopladas las cadenas con el fin de que las dos cadenas vayan sincronizadas, ya que si no la carga podría cruzarse encima del transportador y ocasionar daños a la carga o al transportador. Una característica de la motriz es que es fluctuante, es decir, no está fija. Tiene un leve movimiento cuando está girando, con el fin de protegerla en caso de algún enganchón. Esta protección se hace por medio de un final de carrera que está apoyado en una leva acoplada a la motriz. De esta manera el final de carrera está siempre pulsado. Como ya hemos dicho la motriz es fluctuante, por lo tanto, la leva debe asumir esta fluctuación, entonces cuando se enganche la cadena, la motriz tirará más de lo normal y el final de carrera se saldrá de la leva, dejará de estar pulsado, y cortará la alimentación de la motriz evitando que se produzcan daños innecesarios.

Otro elemento que lleva el transportador es el engrasador. Es un motor con un depósito de aceite para engrasar automáticamente las cadenas. Lleva un detector en la cadena para detectar las vueltas que da ésta, así cuando haya llegado a un número de vueltas predeterminado, estará engrasando durante un tiempo. A continuación pasamos a describir los elementos del engrasador:

- **S1, Par de giro:** Es un final de carrera que está situado en la motriz para controlar si hay algún enganchón. Está siempre pulsado y sólo dejará de estar activado cuando la cadena sufra algún tirón fuera de lo normal.

- **B0, Nivel de aceite:** Es un detector de nivel que se encuentra dentro del depósito de aceite del engrasador. Nos indica si el depósito está casi vacío.

- **B1, Paso de cadena:** Es un detector que está dentro de la cadena y cuya función es la de contar las vueltas que da la cadena para dar la orden de engrase.

Las señales siguientes que vamos a comentar a continuación son seguridades que se le incluyen al transportador, con el fin de proteger a la máquina:

- **S1, Interruptor de reparación:** es un interruptor giratorio que sirve para cortar las fases del motor del transportador antes de la caja de conexión del mismo, de manera que si hubiera que cambiarlo con sólo girar el interruptor, el motor se quedaría sin la alimentación. Lleva un contacto para mandarle la señal al autómata y así parar el proceso del programa.

- **Q1-Q2, Térmico cadena:** con el fin de proteger el motor, la alimentación del mismo va protegida mediante un interruptor térmico contra sobreintensidades. En el caso de que el motor se enganche, se producirá en él un sobreconsumo y el térmico saltará. Este sobreconsumo sería perjudicial para el motor durante un tiempo. El térmico lleva un contacto para mandarle la señal al autómata y así parar el proceso del programa.

- **Q3-Q4, Térmico engrasador:** es exactamente igual que Q1-Q2, sólo que nos protegerá el motor del engrasador. Este térmico también lleva un contacto para mandarle la señal al autómata y así parar el proceso del programa.

En la Figura 14.10 se indica la posición física de los detectores.

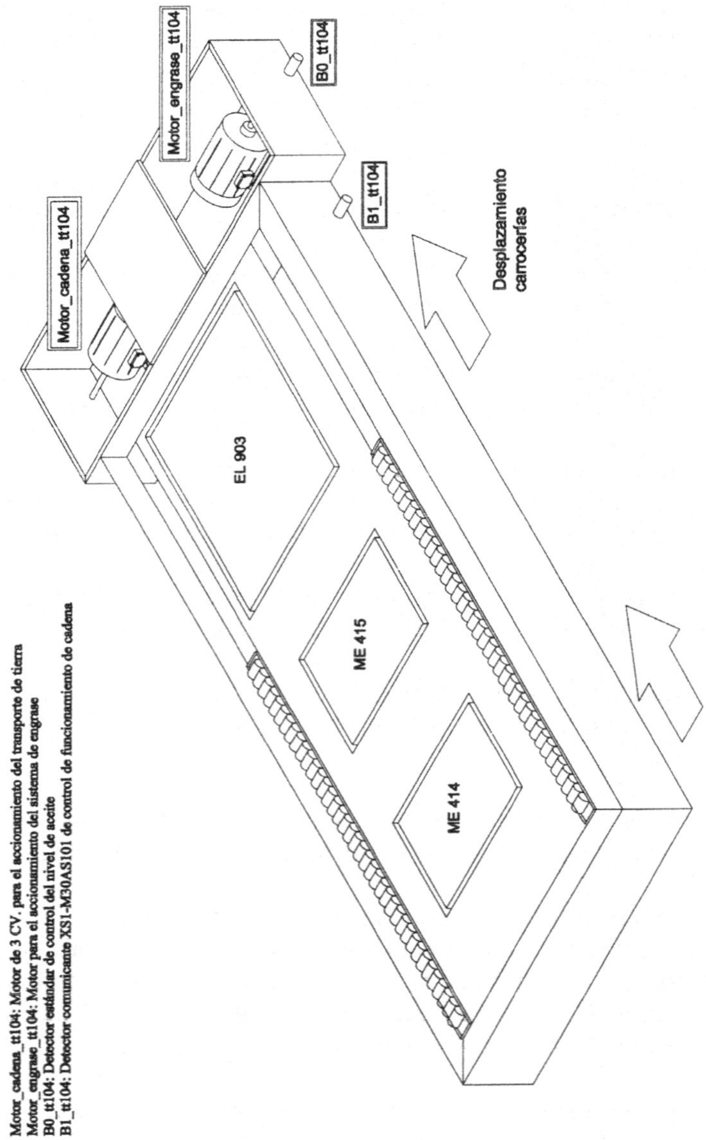

Figura 14.10

14.4 DESCRIPCIÓN DE LA AUTOMATIZACIÓN DE LA INSTALACIÓN

14.4.1 Autómatas

Para realizar la automatización de la instalación, ésta se ha dividido por zonas de trabajo (ver Figura 14.1). Así, cada una de estas zonas se encuentra controlada por un autómata TSX Premium de Telemecanique (ver Figura 14.11).

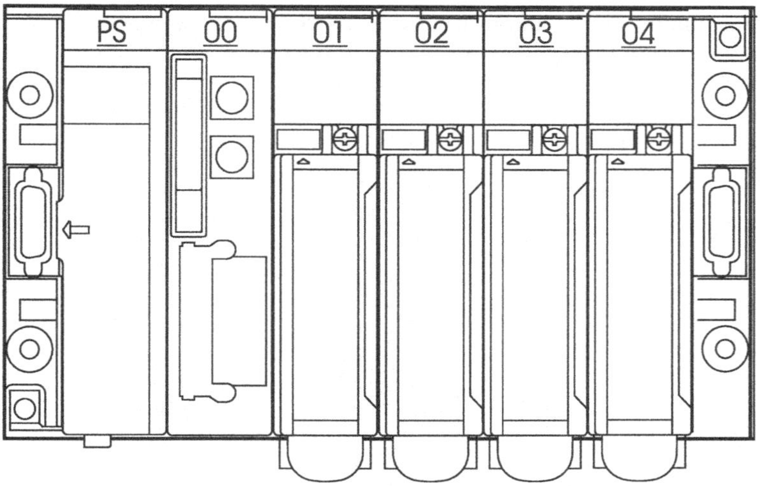

Figura 14.11

Los autómatas se encuentran conectados entre sí a través de una red Fipway utilizando el servicio de tabla compartida. La conexión de cada uno de estos autómatas a esta red se efectúa por medio de una tarjeta PCMCIA TSX FPP 20.

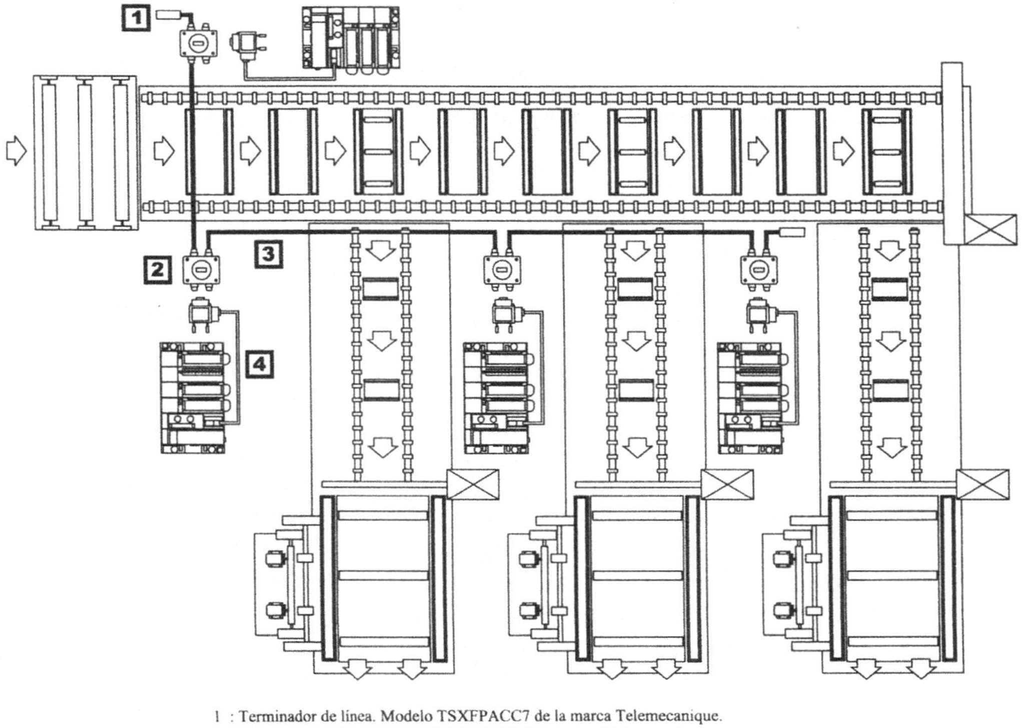

1 : Terminador de línea. Modelo TSXFPACC7 de la marca Telemecanique.
2 : Caja de derivación. Modelo TSXFPACC4 de la marca Telemecanique.
3 : Cable principal. Modelo TSXFPCA xxx de la marca Telemecanique.
4 Cable de derivación. Modelo TSXFPCG010/030 de la marca Telemecanique.

Figura 14.12 Red Fipway

Los autómatas se encuentran ubicados dentro de armarios metálicos cuyos planos de composición e interconexionado se muestran a continuación:

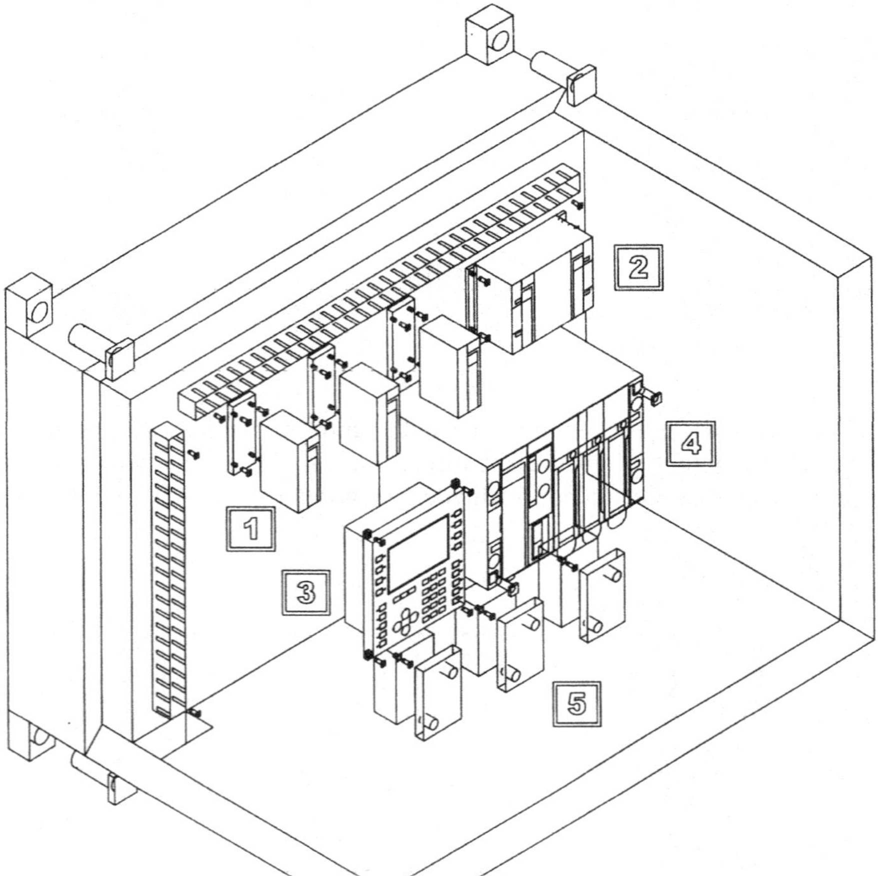

1: Fuente de alimentación 24 V. específica para el bus AS-i Telemecanique TSX SUP A02 y soporte para montaje
2: Fuente de alimentación auxiliar de 24 V. para los accionadores con alto consumo de corriente Telemecanique TSX SUP A05
3: Terminal gráfico de explotación MAGELIS XBT-F011110
4: Autómata TELEMECANIQUE TSX Premium 57352
5: Repartidor activo para conectar la alimentación del bus AS-i TELEMECANIQUE XZ-SDE1113 y tapa XZ-SDP

Figura 14.13 Armario de la Zona 1

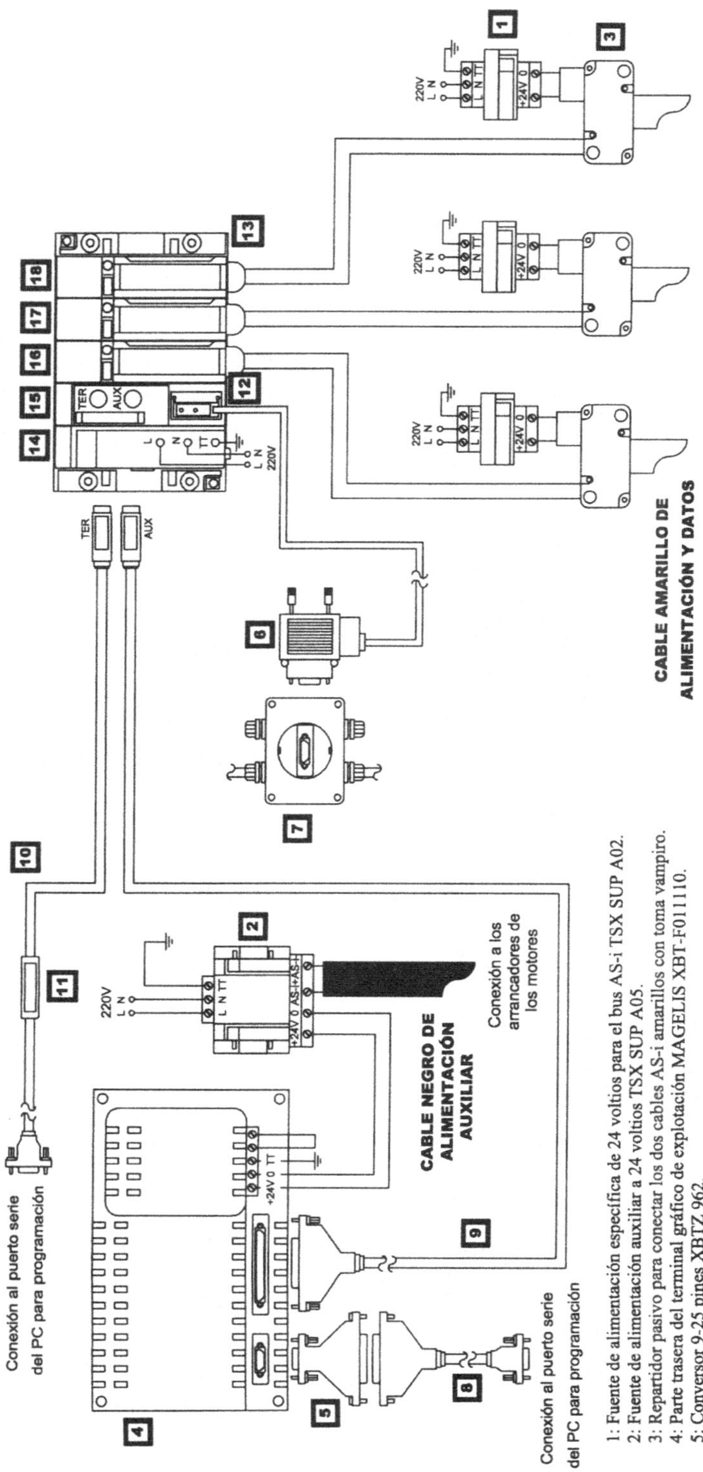

1: Fuente de alimentación específica de 24 voltios para el bus AS-i TSX SUP A02.
2: Fuente de alimentación auxiliar a 24 voltios TSX SUP A05.
3: Repartidor pasivo para conectar los dos cables AS-i amarillos con toma vampiro.
4: Parte trasera del terminal gráfico de explotación MAGELIS XBT-F011110.
5: Conversor 9-25 pines XBTZ 962.
6: Conector de red Fipway Telemecanique TSXFPCG010.
7: Toma de red Fipway Telemecanique TSXFPACC4.
8: Cable de conexión de MAGELIS al PC XBT Z915 22 98ºC 40 LS.
9: Cable de conexión de MAGELIS al autómata XBT Z968 03 9824 CS.
10: Cable de conexión de autómata al PC W1491470 01 01 B 9819 42.
11: Fusible del cable de conexión TSXPCU1030 II:02A.
12: Tarjeta PCMCIA de red Fipway TSX FPP200 con cable de conexión a red.
13: Rack no extensible TSX RKY 6.
14: Fuente de alimentación del autómata.
15: Procesador del autómata TSX Premium 57352.
16: Maestro bus AS-i TSX SAZ 10 Rack 0 Emplazamiento 1.
17: Maestro bus AS-i TSX SAZ 10 Rack 0 Emplazamiento 2.
18: Maestro bus AS-i TSX SAZ 10 Rack 0 Emplazamiento 3.

Figura 14.14 Interconexionado de Elementos en el Armario de la Zona 1

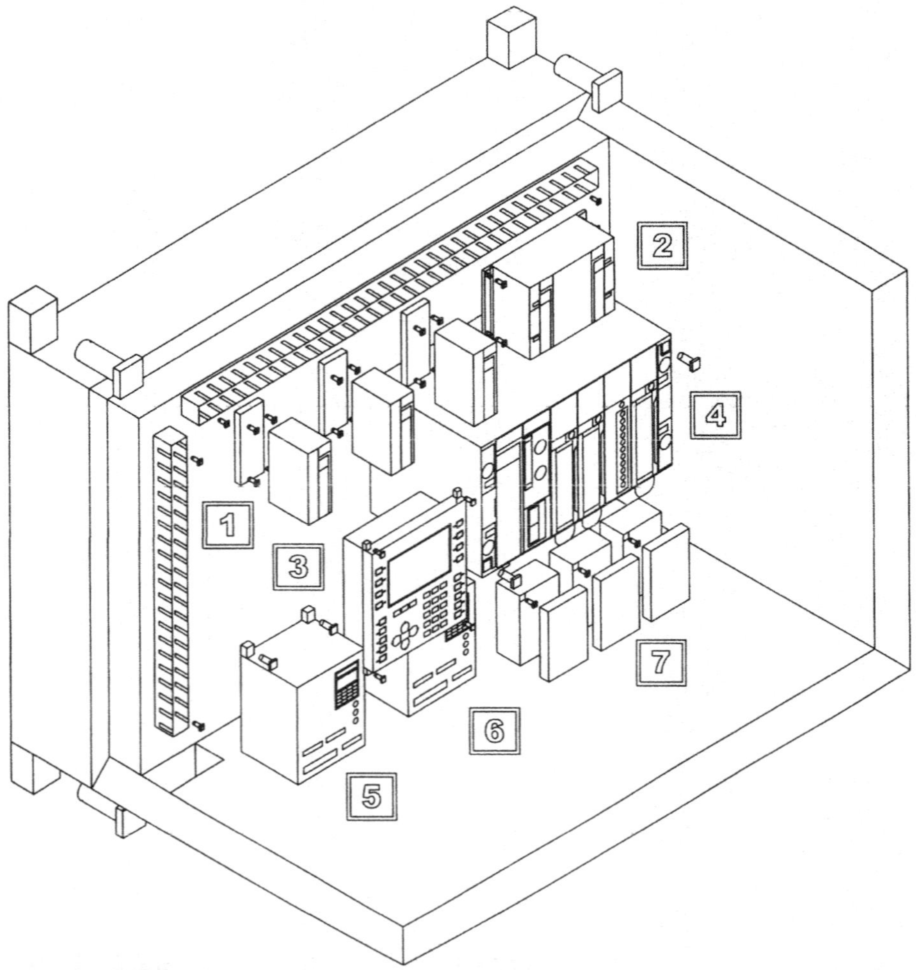

1: Fuente de alimentación de 24 voltios específica para el bus AS-i.
2: Fuente de alimentación auxiliar de 24 voltios para los accionadores del bus AS-i con alto consumo de corriente.
3: Terminal gráfico de explotación MAGELIS XBT-F011110.
4: Autómata TSX Premium 57352.
5: Variador de velocidad ALTIVAR (3 CV.) de Telemecanique para el accionamiento correspondiente al motor de los rodillos del elevador.
6: Variador de velocidad ALTIVAR (3 CV.) de Telemecanique para el accionamiento correspondiente al motor elevador.
7: Módulos comunicantes de 4 entradas y 4 salidas digitales ABE-8S44SBB0 de la marca Telemecanique para los bits de comunicación entre máquinas.

Figura 14.15 Armarios de las Zonas 2,3 y 4

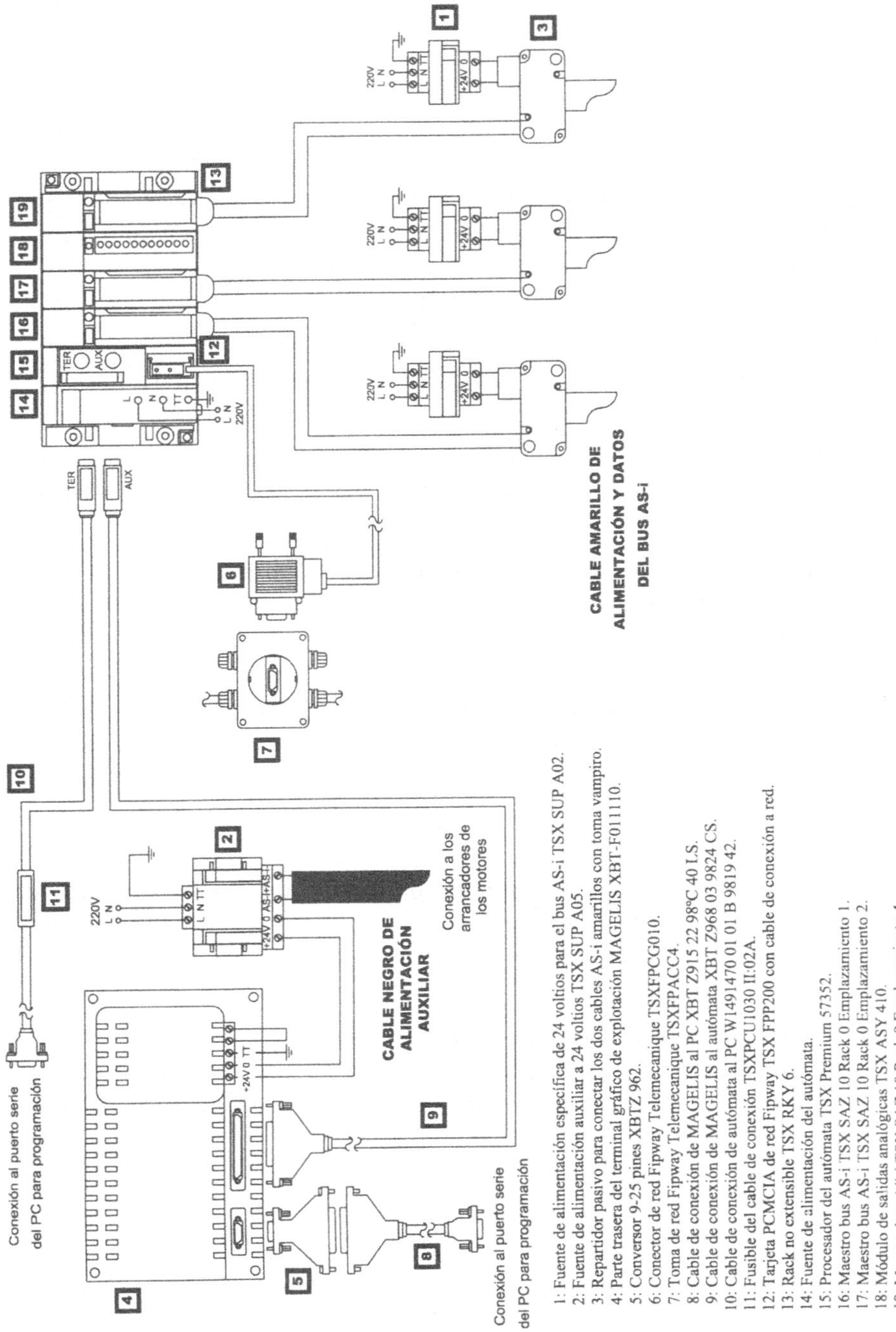

Figura 14.16 Interconexionado de Elementos en los Armarios de la Zonas 2,3 y 4

14.4.2 Bus AS-i

Todos las entradas y salidas de la instalación, excepto las salidas analógicas de los variadores, se conectan al autómata a través del bus AS-i.

Este bus precisa una fuente de alimentación a 24 voltios específica y un controlador que se coloca en el autómata pudiendo soportar hasta un máximo de 31 esclavos. Además, cuando alguno de los accionadores tiene un alto consumo de corriente, se debe instalar una segunda fuente de alimentación auxiliar a 24 voltios con capacidad para suministrar la corriente requerida por dichos accionadores.

Los captadores y accionadores instalados en el bus AS-i son del tipo:

- **Detectores inductivos de proximidad comunicantes bus AS-i:** los detectores se conectan directamente al bus AS-i a través de tomas vampiro.

- **Repartidores activos:** estos repartidores facilitan la conexión al bus de aquellos detectores o accionadores no comunicantes (setas de emergencia, pulsadores estándar...).

- **Derivaciones a motor:** se trata de accionadores comunicantes capaces de controlar motores. Estos accionadores son los que precisan de una alimentación auxiliar debido a los elevados niveles de corriente consumidos.

- **Módulos de entradas y salidas digitales**: son módulos comunicantes de entradas y salidas digitales que facilitan la interconexión entre las diferentes zonas de trabajo.

Por otro lado, en los racks de algunos autómatas también se han conectado módulos de salidas analógicas que permiten controlar los variadores de velocidad que algunas máquinas necesitan para una optimización de su productividad.

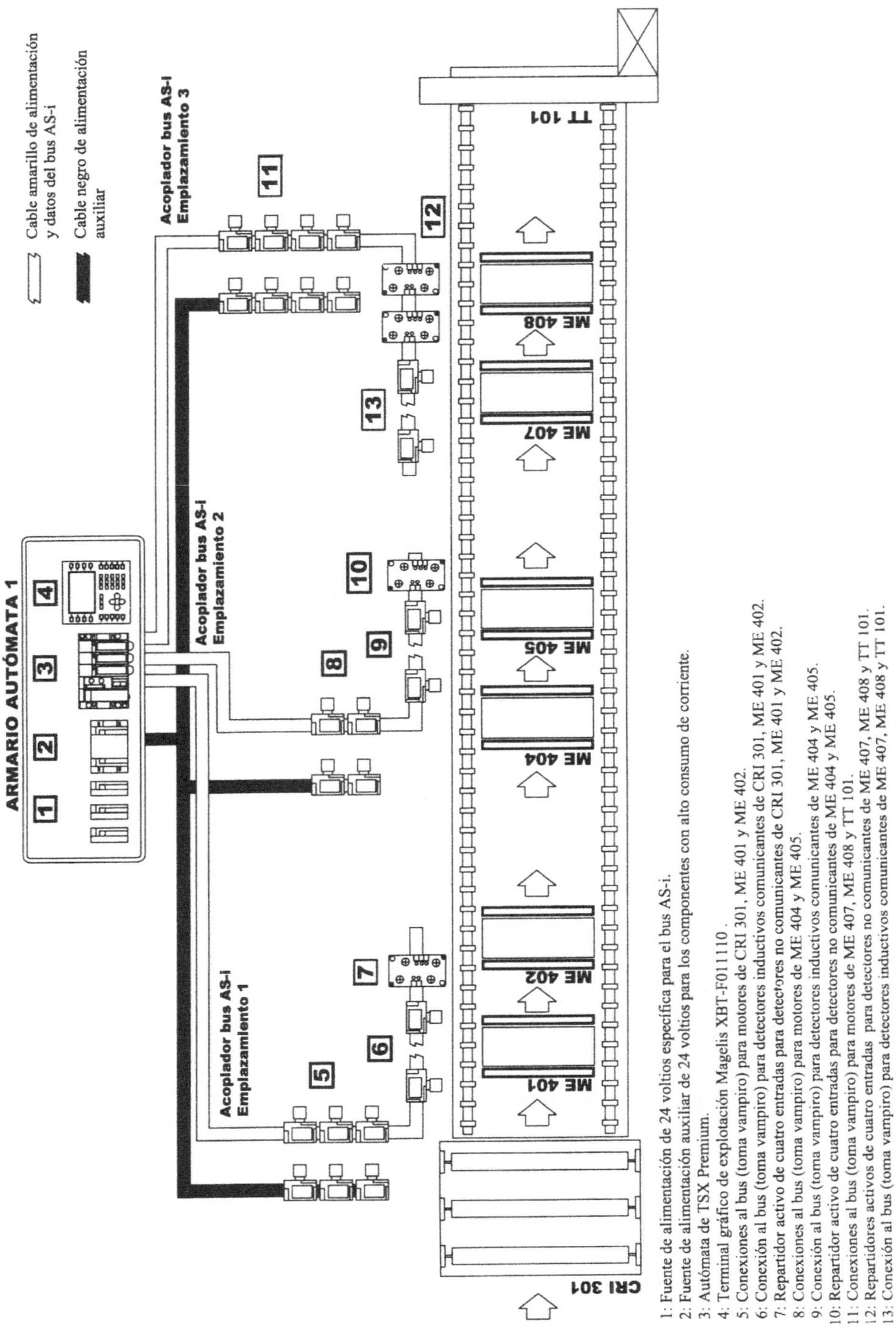
Cable amarillo de alimentación y datos del bus AS-i
Cable negro de alimentación auxiliar
ARMARIO AUTÓMATA 1
1
2
3
4
Acoplador bus AS-i Emplazamiento 1
Acoplador bus AS-i Emplazamiento 2
Acoplador bus AS-i Emplazamiento 3
5
6
7
8
9
10
11
12
13
CRI 301
ME 401
ME 402
ME 404
ME 405
ME 407
ME 408
TT 101
1: Fuente de alimentación de 24 voltios específica para el bus AS-i.
2: Fuente de alimentación auxiliar de 24 voltios para los componentes con alto consumo de corriente.
3: Autómata de TSX Premium.
4: Terminal gráfico de explotación Magelis XBT-F011110.
5: Conexiones al bus (toma vampiro) para motores de CRI 301, ME 401 y ME 402.
6: Conexión al bus (toma vampiro) para detectores inductivos comunicantes de CRI 301, ME 401 y ME 402.
7: Repartidor activo de cuatro entradas para detectores no comunicantes de CRI 301, ME 401 y ME 402.
8: Conexiones al bus (toma vampiro) para motores de ME 404 y ME 405.
9: Conexión al bus (toma vampiro) para detectores inductivos comunicantes de ME 404 y ME 405.
10: Repartidor activo de cuatro entradas para detectores no comunicantes de ME 404 y ME 405.
11: Conexiones al bus (toma vampiro) para motores de ME 407, ME 408 y TT 101.
12: Repartidores activos de cuatro entradas para detectores no comunicantes de ME 407, ME 408 y TT 101.
13: Conexión al bus (toma vampiro) para detectores inductivos comunicantes de ME 407, ME 408 y TT 101.

Figura 14.17

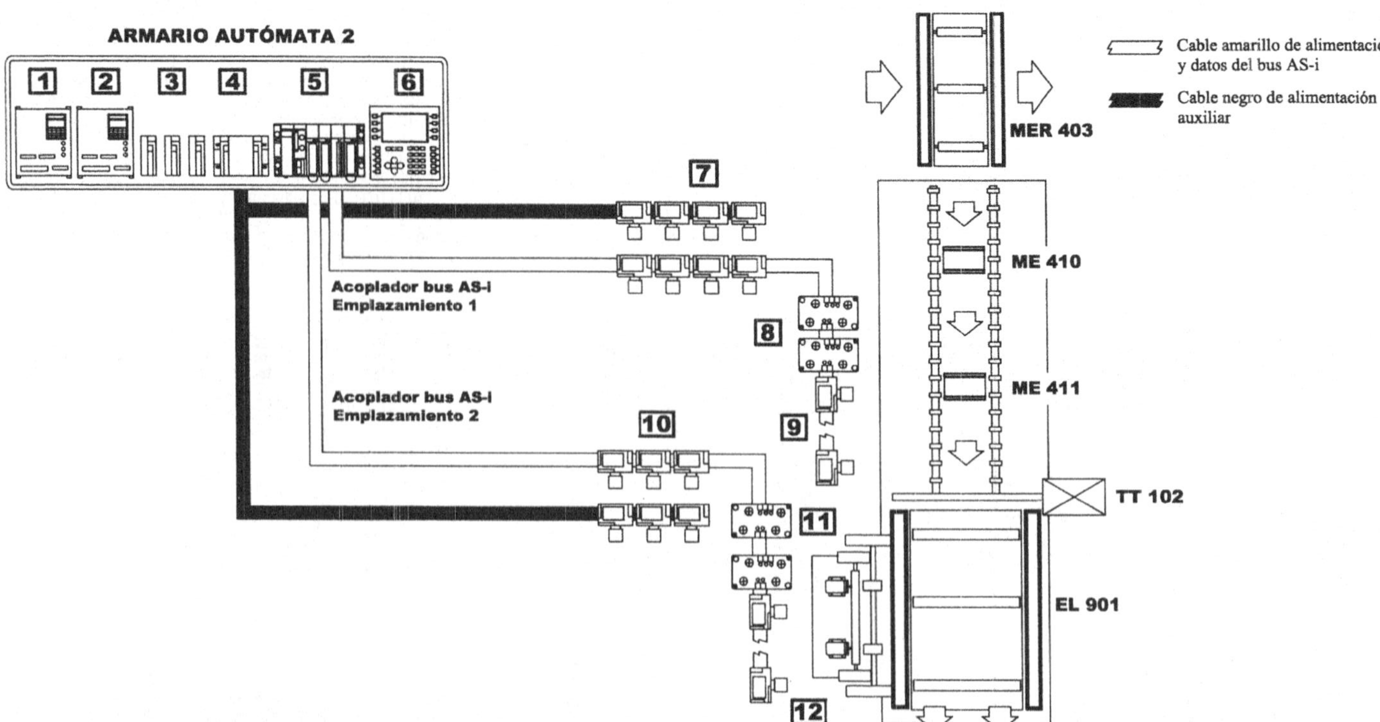

1: Variador de velocidad ALTIVAR para el accionamiento del motor de los rodillos del ascensor EL 901.
2: Variador de velocidad ALTIVAR para el accionamiento del motor elevador del ascensor EL 901.
3: Fuente de alimentación de 24 voltios específica para el bus AS-i.
4: Fuente de alimentación de 24 voltios auxiliar para los componentes con alto consumo de corriente.
5: Autómata TSX Premium.
6: Terminal gráfico de explotación Magelis XBT-F011110.
7: Conexión al bus (toma vampiro) para motores de MER 403, ME 410 y ME 411.
8: Repartidor activo de cuatro entradas para detectores no comunicantes de MER 403, ME 410 y ME 411.
9: Conexión al bus (toma vampiro) para detectores inductivos comunicantes de MER 403, ME 410 y ME 411.
10: Conexión al bus (toma vampiro) para motores EL 901 y TT 102.
11: Repartidor activo de cuatro entradas para detectores no comunicantes de EL 901 y TT 102.
12: Conexión al bus (toma vampiro) para detectores inductivos comunicantes de EL 901 y TT 102.

Figura 14.18

14.4.3 Terminales gráficos de explotación

Cada uno de los armarios de los autómatas incorpora un terminal gráfico de explotación MAGELIS permanentemente conectado al autómata (ver Figura 14.19). Estos terminales facilitan el control en modo manual de cada una de las máquinas de la instalación, la supervisión de la producción e informan y gestionan las posibles emergencias o averías que se puedan producir. Adviértase que, debido a que tenemos los autómatas interconexionados entre sí por medio de la red Fipway, utilizando un terminal gráfico cualquiera podemos tener acceso a cualquier zona de trabajo de la instalación.

Los terminales MAGELIS son los que establecen el diálogo hombre/máquina y cuanto más depurado se encuentre su programa (incorporando gráficos y pantallas), mayor será el nivel de explotación de la instalación pudiéndose incorporar constantemente nuevas funciones.

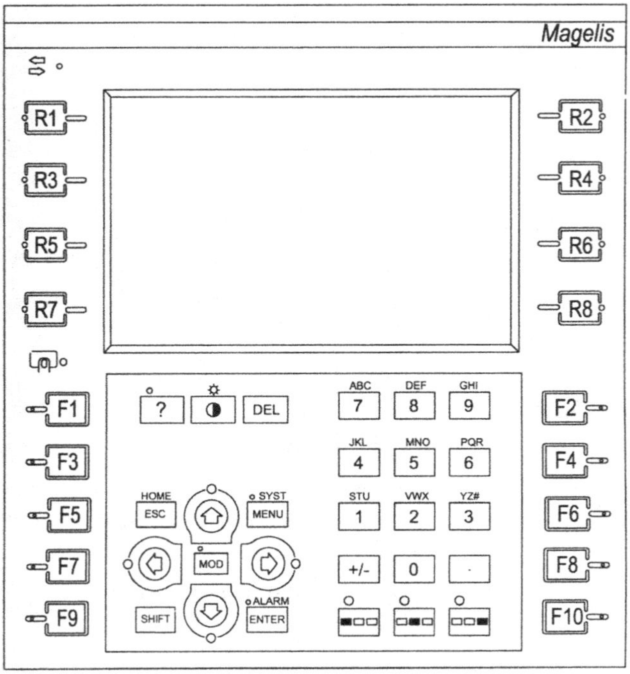

Figura 14.19

En las siguientes figuras se observan diferentes páginas de la Aplicación creada para una Magelis Táctil.

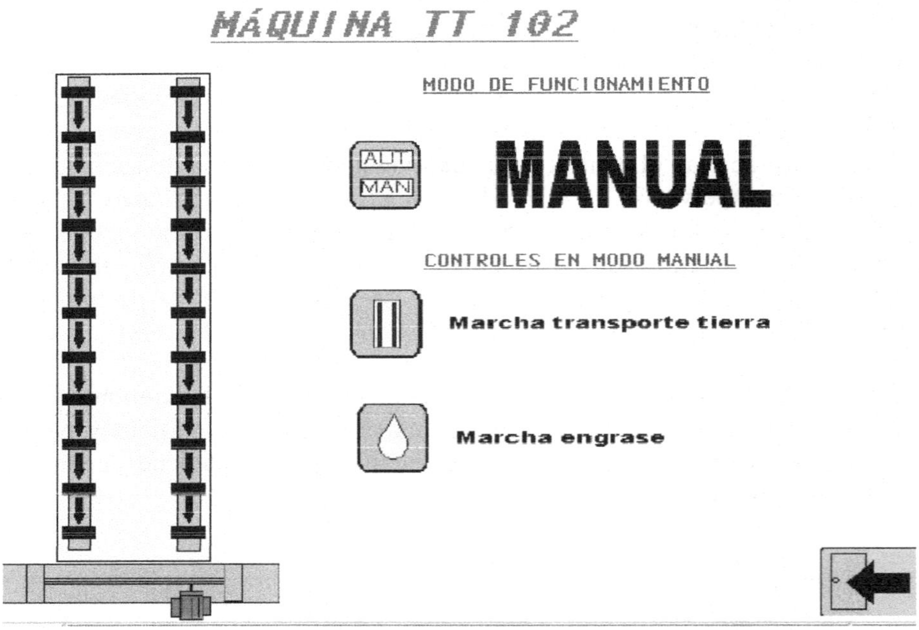

Figura 14.20

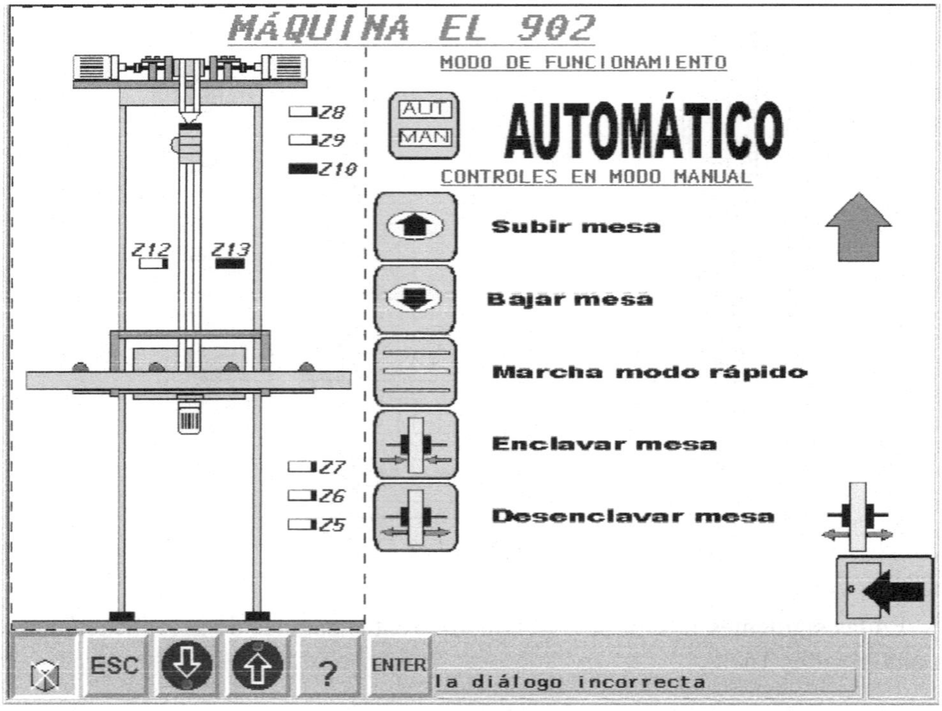

Figura 14.21

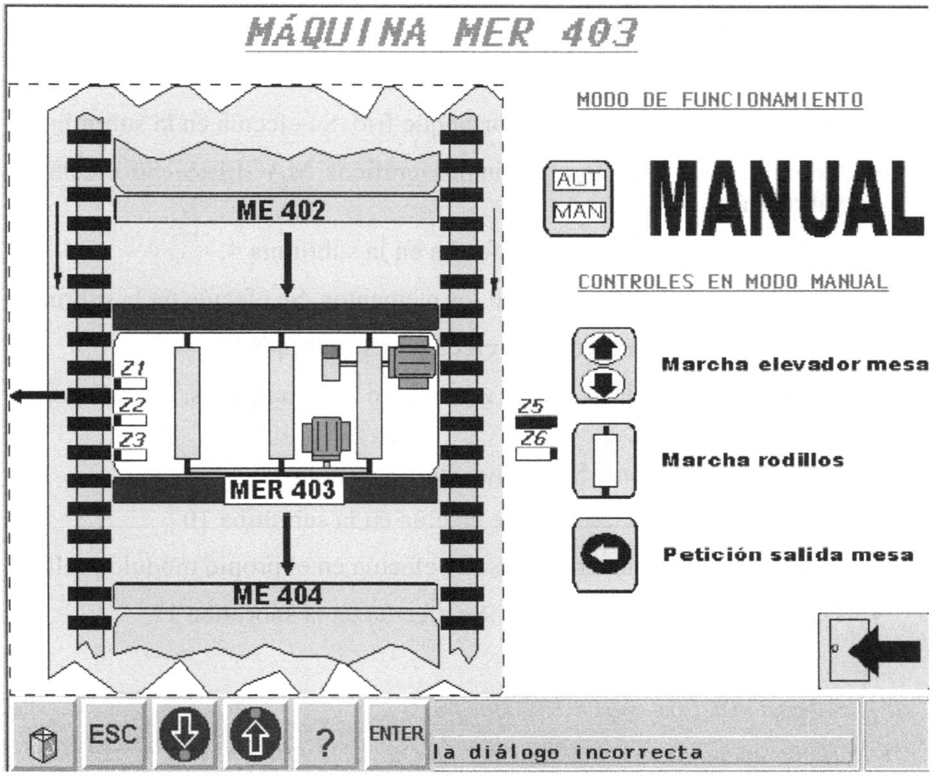

Figura 14.22

14.5 PROGRAMACIÓN DE LOS AUTÓMATAS

Una conveniente programación de los autómatas facilitará un correcto funcionamiento de la instalación. Así pues, ésta es la parte más importante del desarrollo de la automatización.

El concepto fundamental de toda la programación de los autómatas es el de “macroetapa”. Una macroetapa es una secuencia de etapas y transiciones, de la misma forma que el Grafcet convencional, que empieza por una etapa de entrada IN y acaba por una etapa de salida OUT que tiene la finalidad de realizar el mando o control de un sistema automatizado.

De esta forma, cada una de las máquinas de la instalación son controladas por una macroetapa diferente. Notar que a máquinas similares macroetapas similares.

Entre las etapas IN y OUT de inicio y finalización propias de las macroetapas es donde se encuentra la programación del Grafcet de control de la máquina: se producen transiciones entre etapas, se activan salidas...

Por otro lado, necesitamos que en el módulo PRL se efectúe un control general de todas las máquinas efectuando las operaciones necesarias o llamando a las diferentes subrutinas de control de la instalación.

14.5.1 Módulo preliminar

En el módulo preliminar se realiza:

- Inicialización del sistema en arranque frío. Se efectúa en la subrutina 0.
- Comunicación con los terminales gráficos MAGELIS. Se efectúa en la subrutina 1.
- Gestión de emergencias. Se efectúa en la subrutina 4.
- Inicialización de las salidas de los elementos. Se efectúa en la subrutina 5.
- Control defectos motores. Se efectúa en la subrutina 6.
- Establecimiento de defecto general en las máquinas. Se efectúa en la subrutina 8.
- Marcha de la cadena. Se efectúa en la subrutina 9.
- Engrasadores de la cadena. Se efectúa en la subrutina 10.
- Activación de las macroetapas. Se efectúa en el propio módulo preliminar.
- Puesta a cero de macroetapas. Se efectúa en la subrutina 11.

```
(*Inicialización del sistema en arranque frío*)
IF NOT Bit_inicialización_general OR %S0 OR %S21 THEN
  SR0;
  SET Bit_inicialización_general;
ELSE
  RESET Bit_inicialización_datos;
  RESET %S22;(*Inhibe la puesta a cero del Grafcet*)
  RESET %S23;(*Inhibe la inmovilización del Grafcet*)
END_IF;
(*Control del terminal MAGELIS*)
SR1;
(*Gestión de emergencias*)
SR4;
(*Inicialización de las salidas de los elementos*)
SR5;
(*Control defectos motores*)
SR6;
(*Establecimiento de defecto general en las máquinas*)
```

```
SR8;
(*Marcha de la cadena TT 104*)
SR9;
(*Engrasadores de la cadena TT 104*)
SR10;
```

Activación de cada una de las macroetapas: estas operaciones se aseguran de que la macroetapa, a no ser por un caso de emergencia general o avería particular, esté siempre activa, con lo que en todo momento se pueden gestionar todas las máquinas individualmente y al mismo tiempo.

```
(*Activación de las macroetapas*)
(*MER 409*)
IF NOT %XM9 THEN
  SET %X9.IN;
END_IF;
(*ME 414*)
IF NOT %XM14 THEN
  SET %X14.IN;
END_IF;
(*ME 415*)
IF NOT %XM15 THEN
  SET %X15.IN;
END_IF;
(*MESA EL 902*)
IF NOT %XM22 THEN
  SET %X22.IN;
END_IF;
(*EL 902*)
IF NOT %XM23 THEN
  SET %X23.IN;
END_IF;
(*Variador EL 902*)
IF NOT %XM24 THEN
  SET %X24.IN;
END_IF;
```

```
(*Puesta a cero de macroetapas*)
SR11;
```

Subrutina 0. Inicialización de datos

Esta subrutina se llama Al producirse un arranque en frío o un rearranque en caliente al alimentar el autómata. Si se produce un arranque en frío o un rearranque en caliente, se llama a la subrutina SR0 que inicializa los contadores y todas las palabras de la memoria.

```
(*Inicialización de los contadores de carrocerías*)
RESET Contador_total;
RESET Contador_parcial;
(*Inicialización de las palabras de la memoria*)
IF Bit_inicialización_datos THEN
  Defectos_hard_mer409[10239]:=0;
END_IF;
```

Subrutina 1. Gestión de la Comunicación con Magelis

Esta subrutina es la encargada de:

- Establecer el código de autorización de comunicación entre la terminal MAGELIS y el autómata.
- Actualizar los valores necesarios del MAGELIS en la tabla compartida de la red FIPWAY para así poder establecer el control de cualquier zona de la instalación desde un terminal de explotación.
- Actualizar los contadores del MAGELIS para que muestren una información correcta del número de carrocerías tratadas.
- Efectuar las llamadas a las subrutinas SR2 y SR3.

```
(*Autorización de comunicación del terminal de visualización y control MAGELIS con el autómata*)
Autorización_magelis:=16#A509;
(*Actualización de los valores de MAGELIS en la red FIPWAY*)
Imagen_teclas_magelis:=Función_estática_magelis;
Imagen_página_magelis:=Página_visualizada_magelis;
Imagen_alarmas4_magelis:=Alarmas_zona4_magelis;
(*Actualización de los contadores*)
Imagen_contador_parcial:=Contador_parcial.V;
Imagen_contador_total:=Contador_total.V;
```

```
(*Animación entradas y salidas en el terminal MAGELIS*)
SR2;
(*Iluminación de las teclas de función del terminal MAGELIS*)
SR3;
```

Subrutina 2. Subrutina de animación de los captadores en el terminal MAGELIS

```
!
(***Animación terminal MAGELIS***)
(**Mesa MER 409**)
(*Salidas motores*)
IF Motor_elevador_mer409 THEN
  IF Motor_rodillos_mer409 THEN
            IF %S6 THEN Animación_mer409:=3;ELSE
Animación_mer409:=0;END_IF;
  ELSE
            IF %S6 THEN Animación_mer409:=1;ELSE
Animación_mer409:=0;END_IF;
  END_IF;
ELSE
  IF Motor_rodillos_mer409 THEN
            IF %S6 THEN Animación_mer409:=2;ELSE
Animación_mer409:=0;END_IF;
  ELSE
            Animación_mer409:=0;
  END_IF;
END_IF;
(*Defectos*)
IF Term_elevador_mer409 THEN
  IF Term_rodillos_mer409 THEN
            Animación_defectos_mer409:=3;
  ELSE
            Animación_defectos_mer409:=1;
  END_IF;
ELSE
```

```
  IF Term_rodillos_mer409 THEN
        Animación_defectos_mer409:=2;
  ELSE
        Animación_defectos_mer409:=0;
  END_IF;
END_IF;
(*Captadores*)
Anim_z1_mer409:=Z1_mer409 AND %S6;
Anim_z3_mer406:=Z3_mer409 AND %S6;
Anim_z6_mer406:=Z6_mer409 AND %S6;
Anim_salida_mer409:=S_18 AND %S6;
(**Mesa ME 414**)
Anim_me414:=Motor_elevador_me414 AND %S6;
(*Captadores*)
Anim_z1_me414:=Z1_me414 AND %S6;
Anim_z2_me414:=Z2_me414 AND %S6;
Anim_z3_me414:=Z3_me414 AND %S6;
Anim_z4_me414:=Z4_me414 AND %S6;
Anim_z5_me414:=Z5_me414 AND %S6;
Anim_z6_me414:=Z6_me414 AND %S6;
Anim_z7_me414:=Z7_me414 AND %S6;
(**Mesa ME 415**)
Anim_me415:=Motor_elevador_me415 AND %S6;
(*Captadores*)
Anim_z1_me415:=Z1_me415 AND %S6;
Anim_z2_me415:=Z2_me415 AND %S6;
Anim_z3_me415:=Z3_me415 AND %S6;
Anim_z4_me415:=Z4_me415 AND %S6;
Anim_z5_me415:=Z5_me415 AND %S6;
Anim_z6_me415:=Z6_me415 AND %S6;
Anim_z7_me415:=Z7_me415 AND %S6;
(**Mesa EL 903**)
Anim_mesa_el903:=(Rodillos_lento_el903 OR Rodillos_rápido_el903)AND %S6;
```

```
(*Captadores*)
Anim_z1_mesa_el903:=Z1_el903 AND %S6;
Anim_z2_mesa_el903:=Z2_el903 AND %S6;
Anim_z3_mesa_el903:=Z3_el903 AND %S6;
Anim_z4_mesa_el903:=Z4_el903 AND %S6;
Anim_z11_mesa_el903:=Z11_el903 AND %S6;
Anim_salida_mesa_el903:=(S_21 OR S_21bis)AND %S6;
Anim_entrada_mesa_el903:=(E_20 OR T_20)AND %S6;
Anim_entrada_mesa_el903:=Rodillos_rápido_el903;
(**EL 903**)
IF Z5_el903 OR Z6_el903 OR Z7_el903 THEN
  Animación_el903:=0;
ELSE
  IF Z8_el903 OR Z9_el903 OR Z10_el903 THEN
            Animación_el903:=2;
  ELSE
            Animación_el903:=1;
  END_IF;
END_IF;
Anim_subiendo_el903:=Subir_lenta_el903 OR Subir_rápida_el903;
Anim_bajando_el903:=Bajar_lenta_el903 OR Bajar_rápida_el903;
(*Captadores*)
Anim_z5_el903:=Z5_el903 AND %S6;
Anim_z6_el903:=Z6_el903 AND %S6;
Anim_z7_el903:=Z7_el903 AND %S6;
Anim_z8_el903:=Z8_el903 AND %S6;
Anim_z9_el903:=Z9_el903 AND %S6;
Anim_z10_el903:=Z10_el903 AND %S6;
Anim_z12_el903:=(Z12i_el903 OR Z12d_el903)AND %S6;
Anim_z13_el903:=(Z13i_el903 OR Z13d_el903)AND %S6;
Anim_enclavando_el903:=Motor_enclavamiento_el903 AND NOT
Inverso_enclavamiento_el903;
Anim_desenclavando_el903:=Motor_enclavamiento_el903 AND
Inverso_enclavamiento_el903;
```

Anim_modo_rápido_el903:=Subir_rápida_el903 OR Bajar_rápida_el903;

*(**Cadena TT 104**)*

Anim_tt104:=Motor_cadena_tt104 AND %S6;

Anim_engrase_tt104:=Motor_engrase_tt104 AND %Q\2.0\28.0;

Subrutina 3. Iluminación de los leds de las teclas dinámicas o estáticas del terminal Magelis

!

*(**Teclas dinámicas**)*

*(*R1*)Led_dinámicas_magelis:X0:=(Página_visualizada_magelis=1)OR(Página_visualizada_magelis=2)OR(Página_visualizada_magelis=4)OR(Página_visualizada_magelis=12)OR(Página_visualizada_magelis=14)OR(Página_visualizada_magelis=21)OR(Página_visualizada_magelis=23)OR(Página_visualizada_magelis=30)OR*

(Página_visualizada_magelis=32);

*(*R2*)Led_dinámicas_magelis:X1:=(Página_visualizada_magelis=1)OR(Página_visualizada_magelis=3)OR(Página_visualizada_magelis=4)OR(Página_visualizada_magelis=5)OR(Página_visualizada_magelis=6)OR(Página_visualizada_magelis=7)OR(Página_visualizada_magelis=8)OR(Página_visualizada_magelis=9)OR(*

Página_visualizada_magelis=10)OR

(Página_visualizada_magelis=11)OR(Página_visualizada_magelis=13)OR(Página_visualizada_magelis=14)OR(Página_visualizada_magelis=15)OR(Página_visualizada_magelis=16)OR(Página_visualizada_magelis=17)OR(Página_visualizada_magelis=18)OR(Página_visualizada_magelis=19)OR(Página_visualizada_magelis=20)

OR

(Página_visualizada_magelis=22)OR(Página_visualizada_magelis=23)OR(Página_visualizada_magelis=24)OR(Página_visualizada_magelis=25)OR(Página_visualizada_magelis=26)OR(Página_visualizada_magelis=27)OR(Página_visualizada_magelis=28)OR(Página_visualizada_magelis=29)OR(Página_visualizada_magelis=31)

OR

(Página_visualizada_magelis=32)OR(Página_visualizada_magelis=33)OR(Página_visualizada_magelis=34)OR(Página_visualizada_magelis=35)OR(Página_visualizada_magelis=36)OR(Página_visualizada_magelis=37)OR(Página_visualizada_magelis=38);

*(*R3*)Led_dinámicas_magelis:X2:=(Página_visualizada_magelis=1)OR(Página_visualizada_magelis=2)OR(Página_visualizada_magelis=4)OR(Página_visualizada_magelis=12)OR(Página_visualizada_magelis=14)OR(Página_visualizada_magelis=21)OR(Página_visualizada_magelis=23)OR(Página_visualizada_magelis=30)OR*

(Página_visualizada_magelis=32);

*(*R4*)Led_dinámicas_magelis:X3:=(Página_visualizada_magelis=4)OR(Página_visualizada_magelis=14)OR(Página_visualizada_magelis=23)OR(Página_visualizada_magelis=32);*

*(*R5*)Led_dinámicas_magelis:X4:=(Página_visualizada_magelis=1)OR(Página_visualizada_magelis=4)OR(Página_visualizada_magelis=14)OR(Página_visualizada_magelis=23)OR(Página_visualizada_magelis=32);*

*(*R6*)Led_dinámicas_magelis:X5:=(Página_visualizada_magelis=4)OR(Página_visualizada_magelis=14)OR(Página_visualizada_magelis=23)OR(Página_visualizada_magelis=32);*

*(*R7*)Led_dinámicas_magelis:X6:=(Página_visualizada_magelis=1)OR(Página_visualizada_magelis=4);*

*(*R8*)Led_dinámicas_magelis:X7:=(Página_visualizada_magelis=2)OR(Página_visualizada_magelis=3)OR(Página_visualizada_magelis=4)OR(Página_visualizada_magelis=5)OR(Página_visualizada_magelis=6)OR(Página_visualizada_magelis=7)OR(Página_visualizada_magelis=8)OR(Página_visualizada_magelis=9)OR*

(Página_visualizada_magelis=10)OR(Página_visualizada_magelis=11)OR(Página_visualizada_magelis=12)OR(Página_visualizada_magelis=12)OR(Página_visualizada_magelis=13)OR(Página_visualizada_magelis=14)OR(Página_visualizada_magelis=15)OR(Página_visualizada_magelis=16)OR

(Página_visualizada_magelis=17)OR(Página_visualizada_magelis=18)OR(Página_visualizada_magelis=19)OR(Página_visualizada_magelis=20)OR(Página_visualizada_magelis=21)OR(Página_visualizada_magelis=22)OR(Página_visualizada_magelis=23)OR(Página_visualizada_magelis=24)OR(

Página_visualizada_magelis=25)OR

(Página_visualizada_magelis=26)OR(Página_visualizada_magelis=27)OR(Página_visualizada_magelis=28)OR(Página_visualizada_magelis=29)OR(Página_visualizada_magelis=30)OR(Página_visualizada_magelis=31)OR(Página_visualizada_magelis=32)OR(Página_visualizada_magelis=33)OR(

Página_visualizada_magelis=34)OR

(Página_visualizada_magelis=35)OR(Página_visualizada_magelis=36)OR(Página_visualizada_magelis=37)OR(Página_visualizada_magelis=38);

!

*(**Teclas estáticas**)*

*(*F1*)Led_estáticas_magelis:X0:=(Imagen_página_magelis=5 AND %MW220:X1)OR(Imagen_página_magelis=6 AND %MW220:X2)OR(Imagen_página_magelis=7 AND %MW220:X3)OR(Imagen_página_magelis=8 AND %MW220:X4)OR(Imagen_página_magelis=9 AND %MW220:X5)OR (Imagen_página_magelis=10 AND %MW220:X6) OR(Imagen_página_magelis=11 AND %MW220:X7)OR(Imagen_página_magelis=15 AND %MW250:X0) OR (Imagen_página_magelis= 16 AND %MW250:X1) OR(Imagen_página_magelis=17 AND %MW250:X2)OR (Imagen_página_magelis=18 AND %MW250:X3) OR (Imagen_página_magelis=20 AND %MW250:X5)OR(Imagen_página_magelis=24*

AND %MW280:X0)OR(Imagen_página_magelis=25 AND %MW280:X1)OR(Imagen_página_magelis=26 AND %MW280:X2)OR (Imagen_página_magelis=27 AND %MW280:X3)OR(Imagen_página_magelis=29 AND %MW280:X5)OR(Imagen_página_magelis=33 AND Modo_manual_mer409)OR(Imagen_página_magelis=34 AND Modo_manual_me414)OR(Imagen_página_magelis=35 AND Modo_manual_me415)OR(Imagen_página_magelis=36 AND Modo_manual_rod_el903)OR(Imagen_página_magelis=38 AND Modo_manual_tt104);

*(*F2*)Led_estáticas_magelis:X1:=(Imagen_página_magelis=5 AND %MW220:X1)OR(Imagen_página_magelis=11 AND %MW220:X7)OR(Imagen_página_magelis=15 AND %MW250:X0)OR(Imagen_página_magelis=18 AND %MW250:X3)OR(Imagen_página_magelis=20 AND %MW250:X5)OR*

(Imagen_página_magelis=24 AND %MW280:X0)OR(Imagen_página_magelis=27 AND %MW280:X3)OR(Imagen_página_magelis=29 AND %MW280:X5)OR(Imagen_página_magelis=33 AND Modo_manual_mer409)OR(Imagen_página_magelis=36 AND Modo_manual_rod_el903)OR(Imagen_página_magelis=38 AND Modo_manual_tt104);

*(*F3*)Led_estáticas_magelis:X2:=(Imagen_página_magelis=15 AND %MW250:X0)OR(Imagen_página_magelis=18 AND %MW250:X3)OR(Imagen_página_magelis=24 AND %MW280:X0)OR(Imagen_página_magelis=27 AND %MW280:X3)OR (Imagen_página_magelis=33 AND Modo_manual_mer409) OR (Imagen_página_magelis=36 AND Modo_manual_rod_el903);*

*(*F4*)Led_estáticas_magelis:X3:=(Imagen_página_magelis=18 AND %MW250:X3)OR(Imagen_página_magelis=27 AND %MW280:X3)OR(Imagen_página_magelis=36 AND Modo_manual_rod_el903);*

*(*F6*)Led_estáticas_magelis:X5:=(Imagen_página_magelis=19 AND %MW250:X4)OR(Imagen_página_magelis=28 AND %MW280:X4)OR(Imagen_página_magelis=37 AND Modo_manual_el903);*

*(*F7*)Led_estáticas_magelis:X6:=(Imagen_página_magelis=19 AND %MW250:X4)OR(Imagen_página_magelis=28 AND %MW280:X4)OR(Imagen_página_magelis=37 AND Modo_manual_el903);*

*(*F8*)Led_estáticas_magelis:X7:=(Imagen_página_magelis=19 AND %MW250:X4)OR(Imagen_página_magelis=28 AND %MW280:X4)OR(Imagen_página_magelis=37 AND Modo_manual_el903);*

*(*F9*)Led_estáticas_magelis:X8:=(Imagen_página_magelis=19 AND %MW250:X4)OR(Imagen_página_magelis=28 AND %MW280:X4)OR(Imagen_página_magelis=37 AND Modo_manual_el903);*

*(*F10*)Led_estáticas_magelis:X9:=(Imagen_página_magelis=19 AND %MW250:X4)OR(Imagen_página_magelis=28 AND %MW280:X4)OR(Imagen_página_magelis=37 AND Modo_manual_el903);*

Subrutina 0. Gestión de las emergencias

Es la subrutina encargada de gestionar las emergencias en el terminal MAGELIS que se produzcan en la instalación. Cuando se produce una situación de emergencia todos los terminales informan de dicha situación. Se pueden diferenciar entre dos clases diferentes de emergencias:

- *Emergencias provocadas por pulsación de una seta de emergencia:*

  Estas emergencias son prioritarias a todas las demás y provocan la parada del sistema hasta que se proceda al rearme del mismo en el terminal de explotación correspondiente a la zona en la que se produjo la emergencia.

- *Emergencias provocadas por averías:*

  Corresponden a averías internas detectadas en las máquinas durante el tiempo de computación. Estas emergencias son menos prioritarias que las anteriores, sin embargo, las averías producidas en un zona son más prioritarias en el terminal correspondiente a esa zona que las que se produzcan en otra zona diferente.

```
!
(**Gestión de emergencias**)
(*Emergencia general zona 1*)
Alarma_emergencia_zona1:=%MW202:X0;
(*Emergencia general zona 2*)
Alarma_emergencia_zona2:=%MW232:X0;
(*Emergencia general zona 3*)
Alarma_emergencia_zona3:=%MW262:X0;
(*Emergencia general zona 4*)
IF NOT(Emergencia8 OR Emergencia9)THEN
  SET Alarma_emergencia_zona4;
END_IF;
(**Gestión de las averías en la zona 1*)
(*Avería ME 401*)
Alarma_me401:=%MW202:X1;
(*Avería ME 402*)
Alarma_me402:=%MW202:X2;
(*Avería ME 404*)
Alarma_me404:=%MW202:X3;
(*Avería ME 405*)
Alarma_me405:=%MW202:X4;
```

```
(*Avería ME 407*)
Alarma_me407:=%MW202:X5;
(*Avería ME 408*)
Alarma_me408:=%MW202:X6;
(*Avería TT 101*)
Alarma_tt101:=%MW202:X7;
(**Gestión de las averías en la zona 2*)
(*Avería MER 403*)
Alarma_mer403:=%MW232:X1;
(*Avería ME 410*)
Alarma_me410:=%MW232:X2;
(*Avería ME 411*)
Alarma_me411:=%MW232:X3;
(*Avería MESA EL 901*)
Alarma_mesa_el901:=%MW232:X4;
(*Avería EL 901*)
Alarma_el901:=%MW232:X5;
(*Avería TT 102*)
Alarma_tt102:=%MW232:X6;
(**Gestión de las averías en la zona 3*)
(*Avería MER 406*)
Alarma_mer406:=%MW262:X1;
(*Avería ME 412*)
Alarma_me412:=%MW262:X2;
(*Avería ME 413*)
Alarma_me413:=%MW262:X3;
(*Avería MESA EL 902*)
Alarma_mesa_el902:=%MW262:X4;
(*Avería EL 902*)
Alarma_el902:=%MW262:X5;
(*Avería TT 103*)
Alarma_tt103:=%MW262:X6;
(**Gestión de las averías en la zona 4*)
```

```
(*Avería MER 409*)
IF Defecto_gral_mer409 THEN SET Alarma_mer409;END_IF;
(*Avería ME 414*)
IF Defecto_gral_me414 THEN SET Alarma_me414;END_IF;
(*Avería ME 415*)
IF Defecto_gral_me415 THEN SET Alarma_me415;END_IF;
(*Avería MESA EL 903*)
IF Defecto_gral_rod_el903 THEN SET Alarma_mesa_el903;END_IF;
(*Avería EL 903*)
IF Defecto_gral_el903 THEN SET Alarma_el903;END_IF;
(*Avería TT 104*)
IF Defecto_gral_tt104 THEN SET Alarma_tt104;END_IF;
(**Gestión del rearme**)
(*Emergencia general*)
IF Rearme_emergencia THEN
  RESET Alarma_emergencia_zona4;
END_IF;
(*Rearme averías*)
IF Rearme_averías THEN
  RESET Alarma_mer409;Defectos_hard_mer409:=0;Defectos_soft_mer409:=0;
  RESET Alarma_me414;Defectos_hard_me414:=0;Defectos_soft_me414:=0;
  RESET Alarma_me415;Defectos_hard_me415:=0;Defectos_soft_me415:=0;
  RESET
Alarma_mesa_el903;Defectos_hard_rod_el903:=0;Defectos_soft_rod_el903:=0;
  RESET Alarma_el903;Defectos_hard_el903:=0;Defectos_soft_el903:=0;
  RESET Alarma_tt104;Defectos_hard_tt104:=0;
  RESET Defecto_gral_variador1;RESET Defecto_gral_variador2;
END_IF;
```

Subrutina 5. Puesta a cero de todas las salidas de los Accionadores

En esta subrutina se procede a poner a cero todas las salidas correspondientes a los motores de la instalación evitando así que alguna salida correspondiente a un motor se quede activada por algún fallo en el desarrollo del programa.

```
(**Inicialización de las salidas de los motores**)
```

```
(*MER 409*)
RESET Motor_elevador_mer409;
RESET Motor_rodillos_mer409;
(*ME 414*)
RESET Motor_elevador_me414;
(*ME 415*)
RESET Motor_elevador_me415;
(*MESA EL 903*)
RESET Rodillos_lento_el903;
RESET Rodillos_rápido_el903;
(*EL 903*)
RESET Subir_lenta_el903;
RESET Bajar_lenta_el903;
RESET Subir_rápida_el903;
RESET Bajar_rápida_el903;
RESET Motor_enclavamiento_el903;
(*TT 104*)
RESET Motor_cadena_tt104;
RESET Motor_engrase_tt104;
```

Subrutina 6. Control de los defectos de las máquinas

Desde esta subrutina se activan todos los bits que provocan las averías en las máquinas en función de las informaciones de los detectores. En esta subrutina también se controlan los posibles defectos producidos en los racks del autómata (SR7).

```
!
(***Defectos en los racks entradas/salidas***)
SR7;
(***Control de los defectos***)
(**MER 409**)
(*Control del térmico de elevación*)
IF NOT Motor_elevador_mer409_ok THEN SET Term_elevador_mer409;END_IF;
(*Control del térmico de rodillos*)
IF NOT Motor_rodillos_mer409_ok THEN SET Motor_rodillos_mer409_ok;END_IF;
(*Control del interruptor de reparación del elevador*)
```

```
IF NOT S1_mer409 THEN SET Intrep_elevador_mer409;END_IF;
(*Control del interruptor de reparación de los rodillos*)
IF NOT S2_mer409 THEN SET Intrep_rodillos_mer409;END_IF;
(**ME 414**)
(*Control del térmico de elevación*)
IF NOT Motor_me414_ok THEN SET Term_elevador_me414;END_IF;
(*Control del interruptor de reparación del elevador*)
IF NOT S1_me414 THEN SET Intrep_elevador_me414;END_IF;
(**ME 415**)
(*Control del térmico de elevación*)
IF NOT Motor_me415_ok THEN SET Term_elevador_me415;END_IF;
(*Control del interruptor de reparación del elevador*)
IF NOT S1_me415 THEN SET Intrep_elevador_me415;END_IF;
(**MESA EL 903**)
(*Control del térmico de rodillos*)
IF Térmico_rodillos_el903 THEN SET Term_mot_rod_el903;END_IF;
(*Control del interruptor de reparación de los rodillos*)
IF NOT S2_el903 THEN SET Intrep_rodillos_rod_el903;END_IF;
(**EL 903**)
(*Control del térmico del elevador*)
IF Térmico_elevador_el903 THEN SET Term_subida_el903;END_IF;
(*Control del interruptor de reparación del elevador*)
IF NOT S1_el903 THEN SET Intrep_elevador_el903;END_IF;
(*Control del térmico de enclavamiento*)
IF NOT Motor_enclavamiento_el903_ok THEN SET Term_enclavar_el903;END_IF;
(*Control del interruptor de reparación del enclavamiento*)
IF S3_el903 THEN SET Intrep_enclavar_el903;END_IF;
(*Seguridad apertura puerta elevador*)
IF NOT Detector_puerta_cerrada_el903 THEN SET Seguridad_puerta_el903;END_IF;
(*Control de la seguridad de la cadena*)
IF NOT Seguro_cadena_el903 THEN SET Seguridad_cadena_el903;END_IF;
(*Control de la seguridad de rotura de bandas*)
IF NOT Seguro_rotura_bandas_el903 THEN SET
Seguridad_rotura_bandas_el903;END_IF;
```

```
(*Control de la sobrecarrera abajo*)
IF NOT Y1_el903 THEN SET Sobrecarrera_abajo_el903;END_IF;
(*Control de la sobrecarrera arriba*)
IF NOT Y2_el903 THEN SET Sobrecarrera_arriba_el903;END_IF;
(**VARIADORES**)
IF Limitación_corriente_variador1 THEN SET Defecto_gral_variador1;END_IF;
IF Velocidad_alcanzada_variador1 THEN
  STOP Temp_variador1;
ELSE
  START Temp_variador1;
END_IF;
IF Temp_variador1.P>Tmp_alcance_velocidad_variador1 THEN SET
Defecto_gral_variador1;END_IF;
IF Limitación_corriente_variador2 THEN SET Defecto_gral_variador2;END_IF;
IF Velocidad_alcanzada_variador2 THEN
  STOP Temp_variador2;
ELSE
  START Temp_variador2;
END_IF;
IF Temp_variador2.P>Tmp_alcance_velocidad_variador2 THEN SET
Defecto_gral_variador2;END_IF;
(***TT 104***)
(*Control del térmico de la cadena*)
IF NOT Motor_engrase_tt104_ok THEN SET Term_cadena_tt104;END_IF;
(*Control del interruptor de reparación de la cadena*)
IF NOT S2_tt104 THEN SET Intrep_cadena_tt104;END_IF;
(*Control del par de giro*)
IF NOT S1_tt104 THEN SET Pargiro_cadena_tt104;END_IF;
```

Subrutina 7. Control de los defectos en los Racks del Autómata

```
(**Control de los errores de E/S en los racks**)
(*Rack 1*)
IF NOT %S41 THEN
  Error_emp1_esc1:=%I\1.0\1.0.ERR;
  Error_emp1_esc3:=%I\1.0\3.0.ERR;
```

```
  Error_emp1_esc5:=%I\1.0\5.0.ERR;
  Error_emp1_esc6:=%I\1.0\6.0.ERR;
  Error_emp1_esc7:=%I\1.0\7.0.ERR;
  Error_emp1_esc8:=%I\1.0\8.0.ERR;
  Error_emp1_esc9:=%I\1.0\9.0.ERR;
  Error_emp1_esc10:=%I\1.0\10.0.ERR;
  Error_emp1_esc11:=%I\1.0\11.0.ERR;
  Error_emp1_esc12:=%I\1.0\12.0.ERR;
  Error_emp1_esc13:=%I\1.0\13.0.ERR;
  Error_emp1_esc14:=%I\1.0\14.0.ERR;
  Error_emp1_esc15:=%I\1.0\15.0.ERR;
  Error_emp1_esc16:=%I\1.0\16.0.ERR;
  Error_emp1_esc17:=%I\1.0\17.0.ERR;
  Error_emp1_esc18:=%I\1.0\18.0.ERR;
  Error_emp1_esc19:=%I\1.0\19.0.ERR;
  Error_emp1_esc22:=%I\1.0\22.0.ERR;
  Error_emp1_esc23:=%I\1.0\23.0.ERR;
  Error_emp1_esc26:=%I\1.0\26.0.ERR;
  Error_emp1_esc27:=%I\1.0\27.0.ERR;
  Error_emp1_esc28:=%I\1.0\28.0.ERR;
  Error_emp1_esc29:=%I\1.0\29.0.ERR;
END_IF;
(*Rack 2*)
IF NOT %S42 THEN
  Error_emp2_esc1:=%I\2.0\1.0.ERR;
  Error_emp2_esc2:=%I\2.0\2.0.ERR;
  Error_emp2_esc3:=%I\2.0\3.0.ERR;
  Error_emp2_esc4:=%I\2.0\4.0.ERR;
  Error_emp2_esc5:=%I\2.0\5.0.ERR;
  Error_emp2_esc6:=%I\2.0\6.0.ERR;
  Error_emp2_esc7:=%I\2.0\7.0.ERR;
  Error_emp2_esc8:=%I\2.0\8.0.ERR;
  Error_emp2_esc9:=%I\2.0\9.0.ERR;
```

```
    Error_emp2_esc10:=%I\2.0\10.0.ERR;
    Error_emp2_esc11:=%I\2.0\11.0.ERR;
    Error_emp2_esc12:=%I\2.0\12.0.ERR;
    Error_emp2_esc13:=%I\2.0\13.0.ERR;
    Error_emp2_esc14:=%I\2.0\14.0.ERR;
    Error_emp2_esc15:=%I\2.0\15.0.ERR;
    Error_emp2_esc16:=%I\2.0\16.0.ERR;
    Error_emp2_esc17:=%I\2.0\17.0.ERR;
    Error_emp2_esc18:=%I\2.0\18.0.ERR;
    Error_emp2_esc19:=%I\2.0\19.0.ERR;
    Error_emp2_esc20:=%I\2.0\20.0.ERR;
    Error_emp2_esc21:=%I\2.0\21.0.ERR;
    Error_emp2_esc22:=%I\2.0\22.0.ERR;
    Error_emp2_esc23:=%I\2.0\23.0.ERR;
    Error_emp2_esc24:=%I\2.0\24.0.ERR;
    Error_emp2_esc25:=%I\2.0\25.0.ERR;
    Error_emp2_esc27:=%I\2.0\27.0.ERR;
    Error_emp2_esc28:=%I\2.0\28.0.ERR;
    Error_emp2_esc29:=%I\2.0\29.0.ERR;
    Error_emp2_esc30:=%I\2.0\30.0.ERR;
  END_IF;
  (*Rack 3*)
  IF NOT %S43 THEN Error_emp3:=%I3.MOD.ERR;END_IF;
  (*Rack 4*)
  IF NOT %S44 THEN
    Error_emp4_esc1:=%I\4.0\1.0.ERR;
    Error_emp4_esc2:=%I\4.0\2.0.ERR;
    Error_emp4_esc3:=%I\4.0\3.0.ERR;
  END_IF;
```

Subrutina 8. Defectos generales

Establecimiento de los defectos generales de la máquina en función de los defectos hardware o software detectados en los sucesivos ciclos de computación. La aparición de un defecto hardware o software provoca la parada de la máquina correspondiente.

```
!

(**Control de defectos hardware o software de las mesas**)

(*MER 409*)

Defecto_gral_mer409:=(Defectos_soft_mer409<>0 OR Defectos_hard_mer409<>0);

Defectos_soft_mer409:X15:=Deftmp_transfent_mer409 OR
Deftmp_maniobraup_mer409 OR Deftmp_maniobradown_mer409 OR
Deftmp_transfz5_mer409 OR Deftmp_transfz6_mer409 OR Defciclo_mer409;

(*ME 414*)

Defecto_gral_me414:=(Defectos_soft_me414<>0 OR Defectos_hard_me414<>0);

Defectos_soft_me414:X15:=Deftmp_maniobraup_me414 OR
Deftmp_maniobradown_me414 OR Deftmp_transfz5_me414 OR
Deftmp_transfz6_me414 OR Defciclo_me414;

(*ME 415*)

Defecto_gral_me415:=(Defectos_soft_me415<>0 OR Defectos_hard_me415<>0)OR
Modo_manual_me415 OR %MW233:X6 OR %MW233:X7 OR %MW233:X8;

Defectos_soft_me415:X15:=Deftmp_maniobraup_me415 OR
Deftmp_maniobradown_me415 OR Deftmp_transfz5_me415 OR
Deftmp_transfz6_me415 OR Defciclo_me415;

(*MESA EL903*)

Defecto_gral_rod_el903:=(Defectos_soft_rod_el903<>0 OR
Defectos_hard_rod_el903<>0)OR(Defectos_soft_el903<>0 OR
Defectos_hard_el903<>0);

Defectos_soft_rod_el903:X15:=Deftmp_transfent_rod_el903 OR Defciclo_rod_el903;

(*EL 903*)

Defecto_gral_el903:=(Defectos_soft_rod_el903<>0 OR
Defectos_hard_rod_el903<>0);

Defectos_soft_el903:X11:=Deftmp_maniobra_bloqueo_el903 OR
Deftmp_updownrápido_el903 OR Deftmp_updownlento_el903 OR Ctrl50vel_el903 OR
Defciclo_el903;

(*TT 104*)

Defecto_gral_tt104:=Defectos_hard_tt104<>0;

Defectos_hard_tt104:X15:=Pargiro_cadena_tt104 OR Deftmp_pasocadena_tt104;

(*VARIADORES*)

Defecto_var_el903:=Defecto_gral_variador1 OR Defecto_gral_variador2;
```

Subrutina 9. Marcha de la cadena de producción

Esta subrutina gestiona la puesta en marcha del transporte de tierra tanto en modo manual como en modo automático.

```
!
(*Condiciones de puesta en funcionamiento de la cadena de producción*)
Motor_cadena_tt104:=(NOT Defecto_gral_tt104 OR Modo_manual_tt104 AND NOT
Term_cadena_tt104 AND NOT Pargiro_cadena_tt104 AND NOT Intrep_cadena_tt104
AND Anim_led_marcha_tt104)OR Modo_manual_tt104 AND((%MW230:X0 AND
%MW231=38)OR(%MW200:X0 AND %MW201=38)OR(%MW260:X0 AND
%MW261=38)OR(Imagen_teclas_magelis:X0 AND Imagen_página_magelis=38));
```

Subrutina 10. Marcha de los engrasadores de la cadena

Gestiona la activación de los engrasadores de la cadena tanto en modo manual (cíclicamente) como en modo automático.

```
!
(*Control del térmico del motor de engrase*)
IF NOT Motor_engrase_tt104_ok THEN
  SET Term_engrase_tt104;
END_IF;
(*Control del nivel de aceite*)
IF NOT B0_tt104 THEN
  SET Def_nivelaceite_tt104;
END_IF;
(*Temporización del paso de la cadena*)
IF RE B1_tt104 AND Motor_cadena_tt104 THEN
  Temp_tt104.P:=Tmp_pasocadena_tt104;
  PRESET Temp_tt104;
END_IF;
IF Temp_engrase_tt104.D AND Inyección_aceite_tt104 THEN
  Temp_engrase_tt104.P:=Tmp_engrase_tt104;
  PRESET Temp_engrase_tt104;
END_IF;
IF Motor_cadena_tt104 THEN
  START Temp_tt104;
  START Temp_engrase_tt104;
ELSE
  STOP Temp_tt104;
  STOP Temp_engrase_tt104;
```

```
END_IF;

IF Temp_tt104.D THEN

  SET Deftmp_pasocadena_tt104;

END_IF;

(*Motor engrasador*)

Motor_engrase_tt104:=Motor_cadena_tt104 AND NOT Term_engrase_tt104 AND
NOT Def_nivelaceite_tt104 AND Inyección_aceite_tt104;

(*Inyección de aceite*)

Inyección_aceite_tt104:=Temp_engrase_tt104.D OR(Modo_manual_tt104
AND((%MW230:X1 AND %MW231=38)OR(%MW200:X1 AND
%MW201=38)OR(%MW260:X1 AND %MW261=38)OR(Imagen_teclas_magelis:X1
AND Imagen_página_magelis=38)));
```

Subrutina 10. Desactivación de las macroetapas

Desactivación de macroetapas (SR11): esta subrutina es la encargada de desactivar las macroetapas en casos de defectos generales, modos manuales o emergencias.

```
(**Desactivación de macros**)

%SW22:=-1;

%SW23:=-1;

(*MER 409*)

IF((Defecto_gral_mer409 OR Modo_manual_mer409)AND NOT %X9.IN)OR
Alarma_emergencia_zona2 THEN

  RESET %SW22:X9;

END_IF;

(*ME 414*)

IF((Defecto_gral_me414 OR Modo_manual_me414)AND NOT %X14.IN)OR
Alarma_emergencia_zona3 THEN

  RESET %SW22:X14;

END_IF;

(*ME 415*)

IF((Defecto_gral_me415 OR Modo_manual_me415)AND NOT %X15.IN)OR
Alarma_emergencia_zona3 THEN

  RESET %SW22:X15;

END_IF;

(*MESA EL 903*)
```

```
IF((Defecto_gral_rod_el903 OR Modo_manual_rod_el903)AND NOT %X22.IN)OR
Alarma_emergencia_zona3 THEN
  RESET %SW23:X6;
END_IF;
(*EL 903*)
IF((Defecto_gral_el903 OR Modo_manual_el903)AND NOT %X23.IN)OR
Alarma_emergencia_zona3 THEN
  RESET %SW23:X7;
END_IF;
(*VARIADORES*)
IF((Defecto_gral_variador1 OR Defecto_gral_variador2)AND NOT %X24.IN)OR
Alarma_emergencia_zona3 THEN
  RESET %SW23:X8;
END_IF;
IF %SW22<>-1 OR %SW23<>-1 THEN
  SET %S24;
ELSE
  RESET %S24;
END_IF;
```

14.5.2 Programación de las macroetapas

Cada programa de autómata contiene, en el módulo chart, macroetapas diferentes en cuanto a su contenido y a la cantidad, en función de las máquinas que gobierne:

Autómata estación 1:

NÚMERO DE MACROETAPA	*MÁQUINA QUE CONTROLA*
1	*Mesa elevadora ME 401*
2	*Mesa elevadora ME 402*
4	*Mesa elevadora ME 404*
5	*Mesa elevadora ME 405*
7	*Mesa elevadora ME 407*
8	*Mesa elevadora ME 408*

Autómata estación 2:

NÚMERO DE MACROETAPA	*MÁQUINA QUE CONTROLA*
3	*Mesa elevadora de rodillos MER 403*
10	*Mesa elevadora ME 410*
11	*Mesa elevadora ME 411*
16	*Mesa de rodillos EL 901*
17	*Máquina elevadora EL 901*
18	*Variadores de velocidad EL 901*

Autómata estación 3:

NÚMERO DE MACROETAPA	*MÁQUINA QUE CONTROLA*
6	*Mesa elevadora de rodillos MER 406*
12	*Mesa elevadora ME 412*
13	*Mesa elevadora ME 413*
19	*Mesa de rodillos EL 902*
20	*Máquina elevadora EL 902*
21	*Variadores de velocidad EL 902*

Autómata estación 4:

NÚMERO DE MACROETAPA	*MÁQUINA QUE CONTROLA*
9	*Mesa elevadora de rodillos MER 409*
14	*Mesa elevadora ME 414*
15	*Mesa elevadora ME 415*
22	*Mesa de rodillos EL 903*
23	*Máquina elevadora EL 903*
24	*Variadores de velocidad EL 903*

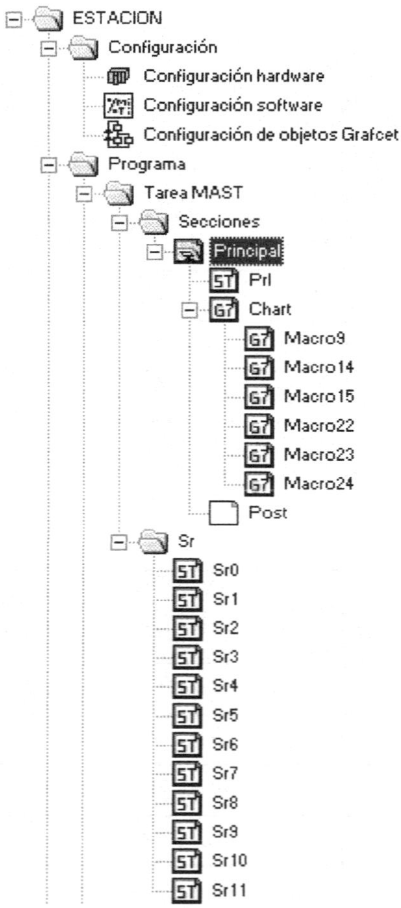

Figura 14.23

En la Figura 14.23 se muestra la estructura del programa de la estación cuatro. Dentro del módulo grafcet se han programado seis macroetapas.

A continuación, se pasan a describir de una forma genérica los diagramas Grafcet de máquinas diferentes. Como ya se ha comentado con anterioridad, a máquinas semejantes, diagramas Grafcet semejantes.

Cada macroetapa puede ser dividida en dos partes diferenciadas:

- Una primera parte que es la encargada de gestionar el modo manual y el acceso directo, en función de una variable de salvaguarda de estado, a las diferentes etapas que gestionan la máquina cuando se ha producido una situación de emergencia o avería. Esta parte no difiere en gran medida una macroetapa de otra.

- Una segunda parte que constituye lo que es propiamente el Grafcet de control de la máquina con las transiciones y las activaciones de salidas.

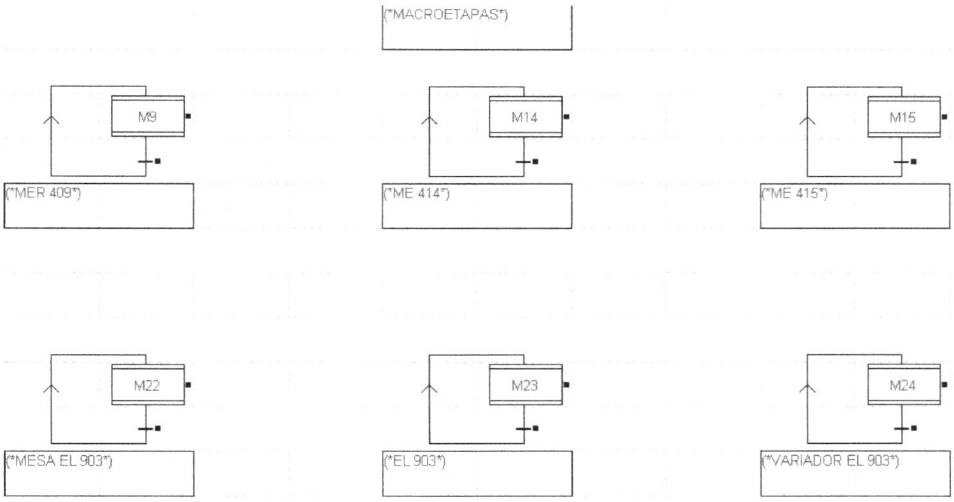

Figura 14.24

14.5.3 Mesa elevadora

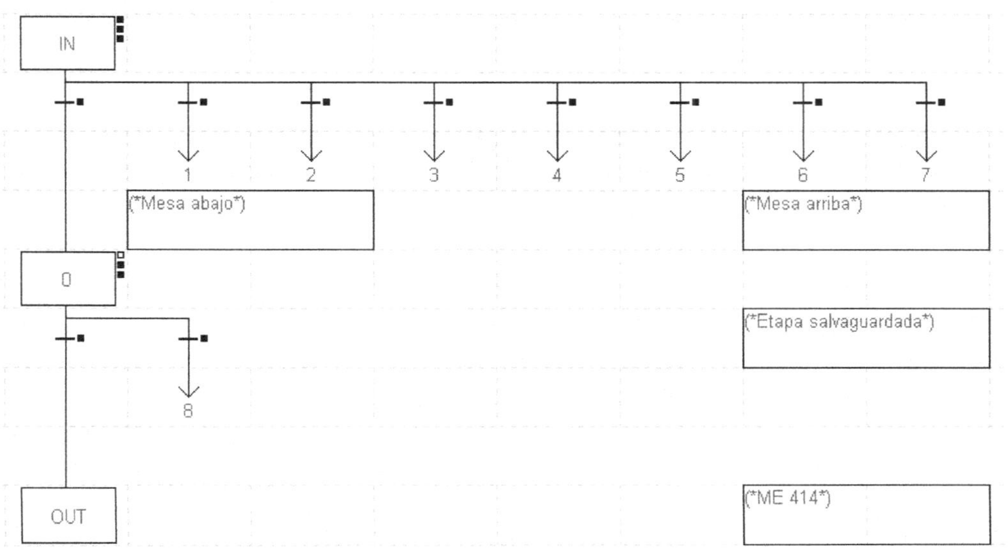

Figura 14.25

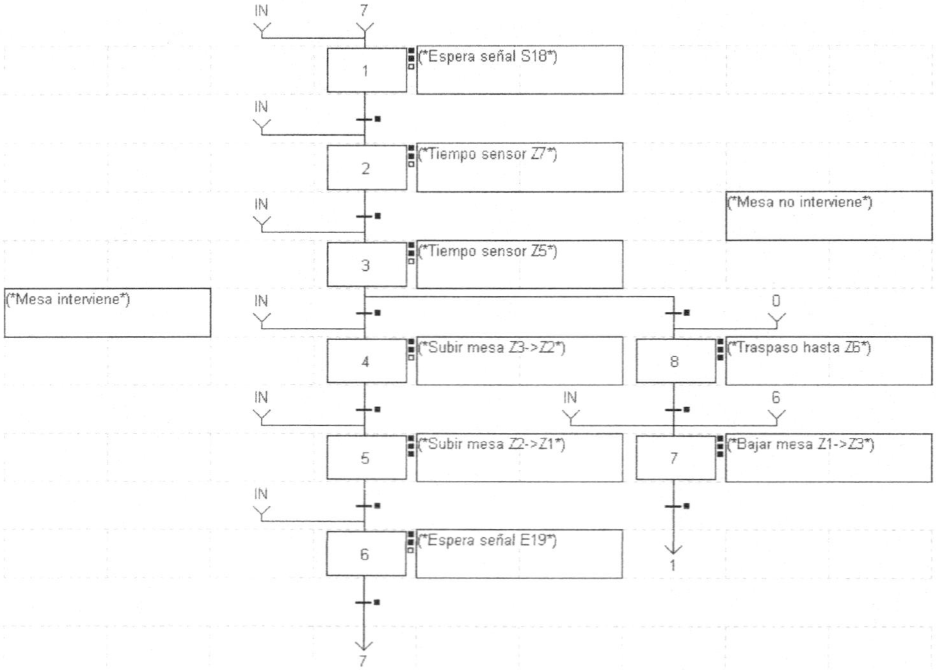

Figura 14.26

Cuando el operario selecciona el modo manual desde el terminal de explotación o se produce una emergencia o una avería, la macroetapa se desactiva quedándose marcada la etapa IN.

En la etapa IN podemos efectuar en modo manual los controles de todas las salidas a través de cualquiera de los terminales MAGELIS distribuidos por toda la instalación.

Las transiciones a las diferentes etapas de conducción (0, 1, 2...) son posibles siempre que hayamos restablecido el funcionamiento normal del sistema. Estas transiciones vienen determinadas por dos aspectos:

- El contenido de la palabra que ha almacenado el número de etapa en la que se encontraba el Grafcet de conducción antes de desactivarse la macroetapa.

- La información que remiten los detectores de proximidad inductivos.

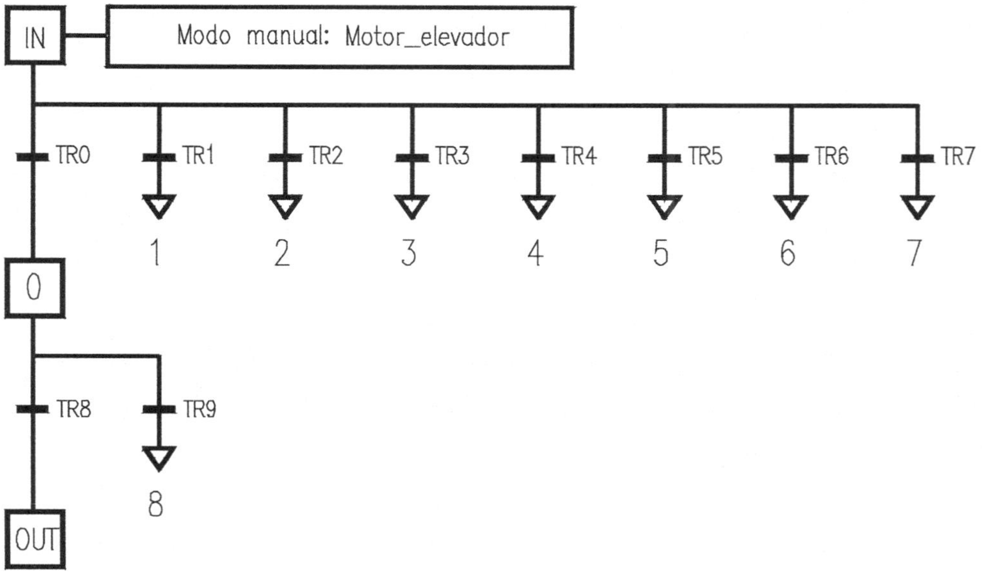

TR0 : Salva_etapa_me414>7 AND Salva_etapa_me414<9
TR1 : NOT Defecto_gral_me414 AND (Salva_etapa_me414=0 AND NOT Z1_me414 AND Z3_me414 OR Salva_etapa_me414=1)
TR2 : NOT Defecto_gral_me414 AND Salva_etapa_me414=2
TR3 : NOT Defecto_gral_me414 AND Salva_etapa_me414=3
TR4 : NOT Defecto_gral_me414 AND Salva_etapa_me414=4
TR5 : NOT Defecto_gral_me414 AND Salva_etapa_me414=5
TR6 : NOT Defecto_gral_me414 AND (Salva_etapa_me414=0 AND Z1_me414 AND NOT Z3_me414 OR Salva_etapa_me414=6)
TR7 : NOT Defecto_gral_me414 AND Salva_etapa_me414=7
TR8 : Salva_etapa_me414=0
TR9 : NOT Defecto_gral_me414 AND Salva_etapa_me414=8
TR10: S_18
TR11: Z7_me414
TR12: Z5_me414 AND NOT E_19 AND NOT Mesa_fueraserv_me414
TR13: Z5_me414 AND (E_19 OR Mesa_fueraserv_me414)
TR14: Z2_me414 AND Z6_me414 AND (Word_aux_me414-Tmp_máximo_me414>Temp_me414.V)
TR15: NOT S_18 AND T_18 AND Z6_me414
TR16: Z1_me414 AND NOT S_18 AND T_18
TR17: Z3_me414 AND NOT E_19 AND T_19
TR18: E_19

Figura 14.27 Grafcet de gestión

En la Figura 14.28 se muestra el Grafcet de control que constituye la parte más importante de la macroetapa, puesto que es el diagrama que debe establecer un correcto funcionamiento de la máquina.

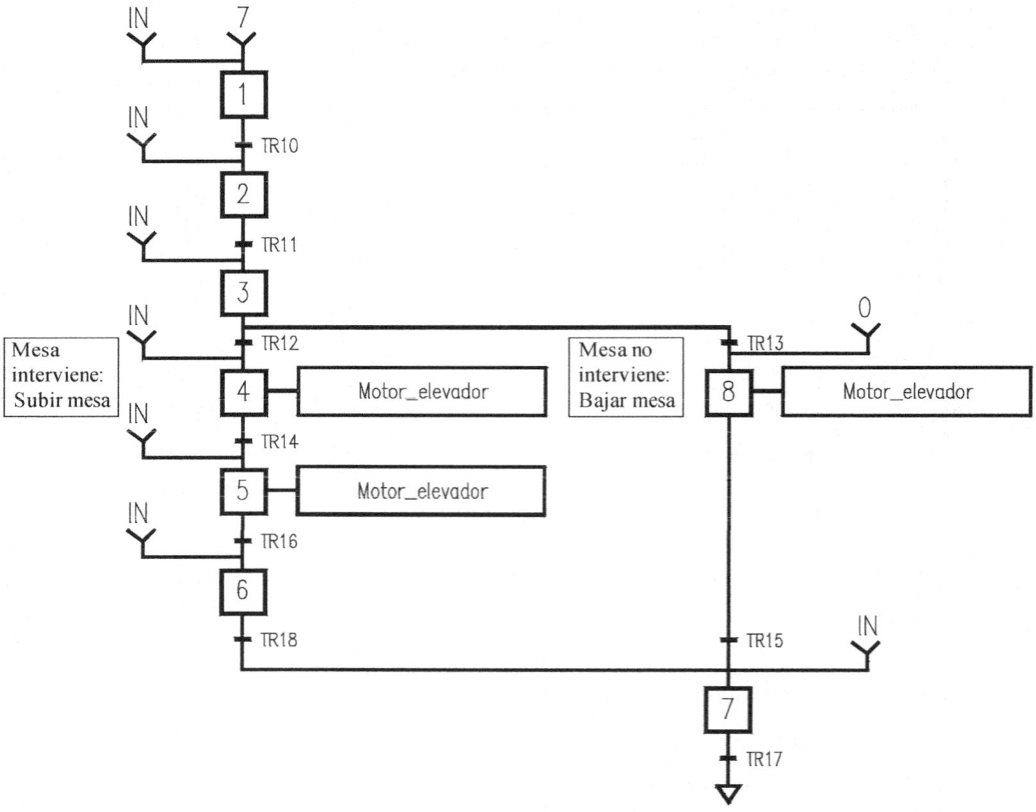

Figura 14.28 Grafcet de control

Obsérvese que en cada una de las etapas que componen el Grafcet de control de la máquina se debe programar una acción a la activación de las mismas que salvaguarde en una variable del autómata el número de etapa en la que se encuentra el Grafcet. Así, en todo momento, podemos volver al estado primitivo en el que estaba el Grafcet tras producirse una situación anormal. Además, todas las etapas llevan programadas acciones que ejercen un control de los detectores para determinar posibles averías tanto en lo que se refiere a excesos de tiempo como a activaciones espúreas de los detectores.

El Grafcet de control de la máquina nos muestra una primera etapa 1 de reposo en la que la mesa elevadora se encuentra en su posición baja esperando una carrocería. En esta etapa se está realizando constantemente una petición de carga a la máquina que precede a la mesa de rodillos.

La evolución hacia la siguiente etapa, transición 10, se produce cuando se activa la línea que marca un envío inminente de carrocería por parte de la máquina precedente.

La etapa 2 constituye un intervalo de espera en la recepción de la carrocería. En esta etapa se activa un temporizador que contabiliza dicho tiempo de espera y, si fuera excesivo, se activaría el defecto correspondiente puesto que se considera un anormal funcionamiento del sistema.

La transición 11 se produce cuando se detecta la activación del sensor Z7 que marca una entrada de carrocería. Este captador señala que, en efecto, la transferencia se está produciendo y la carrocería viene en camino.

Una segunda temporización, con las mismas características que la anterior, se produce en la etapa 3 hasta que la carrocería active el sensor Z5. Dicho captador indica que la carrocería se encuentra sobre la mesa elevadora y, por consiguiente, es el momento de tomar una determinación acerca de la intervención o no de la mesa elevadora en el discurrir de la carrocería por el transporte de tierra.

Si tenemos una petición de salida de carrocería por parte de la mesa subsiguiente, transición 13, la mesa elevadora no debe intervenir y únicamente se debe limitar, en la etapa 8, a controlar el tiempo de traspaso de la carrocería hasta el detector Z6. Una vez que la carrocería ha activado el sensor Z6, transición 15, la mesa debe volver a su posición original desentendiéndose de la carrocería.

Por otro lado, si no tenemos ninguna petición de salida de carrocería por parte de la mesa subsiguiente, transición 12, la mesa elevadora debe intervenir. En la etapa 4, se produce el ascenso de la mesa hasta la posición de altura intermedia para recibir y acomodar la carga correctamente.

Una vez que tenemos la carga bien ubicada en la mesa (Z2 y Z6 activados), transición 14, se debe proceder, en la etapa 5, a elevar la mesa cargada hasta su posición más alta para desembragar la transmisión del transporte de tierra sobre la carrocería.

Cuando tenemos la carga en su posición más alta, transición 16, se evoluciona hasta la etapa 6, etapa en la que tiene lugar una espera de petición de salida de dicha carga.

Al producirse esta petición, transición 18, la mesa debe descender hasta su posición inicial de reposo, etapa 7, depositando la carrocería sobre el transporte de tierra y permitiendo que siga su curso normal.

La transición 17, mesa en su posición baja de reposo, facilita la evolución hacia el principio del Grafcet que posibilite el tratamiento de una nueva carrocería.

14.5.4 Mesa elevadora de rodillos de una entrada y dos salidas

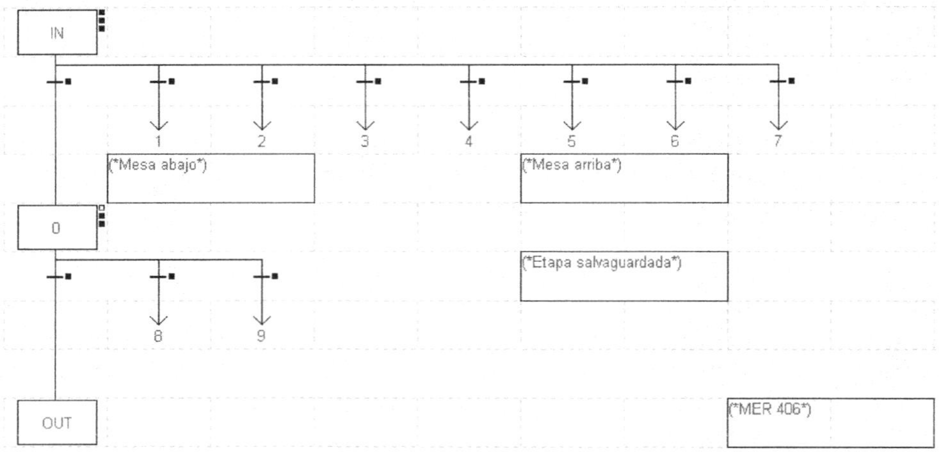

Figura 14.29

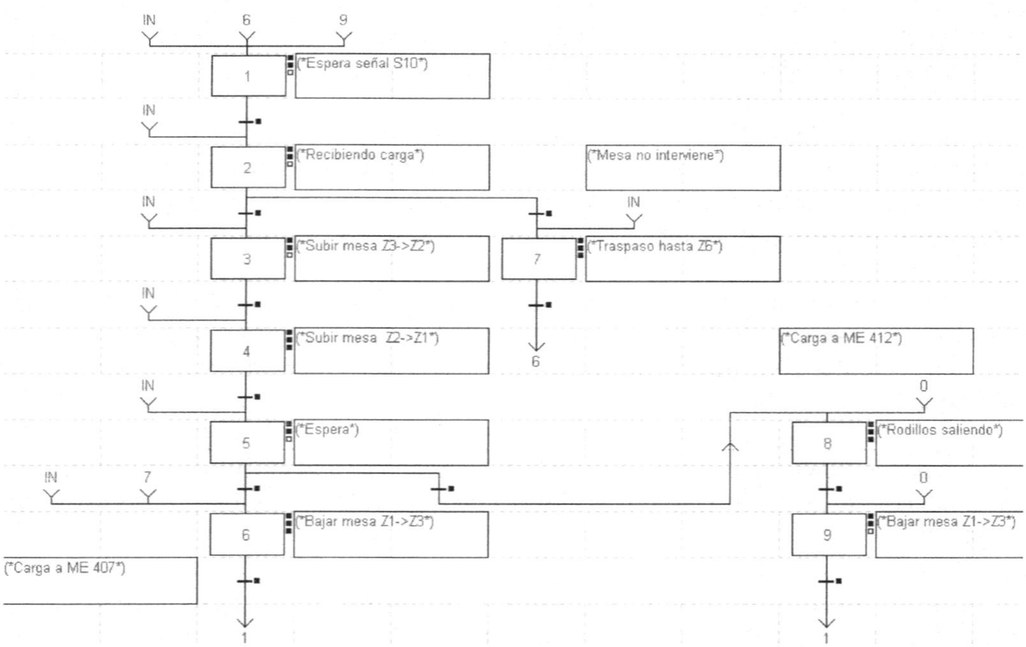

Figura 14.30

La primera parte de la macroetapa que controla la mesa elevadora de rodillos se muestra en la Figura 14.31.

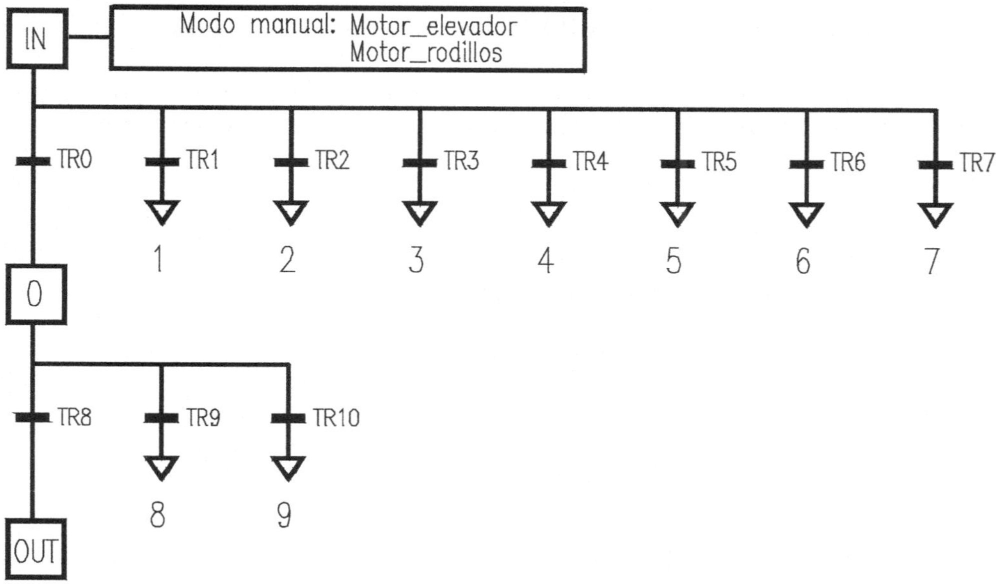

TR0 : NOT Defecto_gral_mer406 AND Salva_etapa_mer406>7 AND
Salva_etapa_mer406<10
TR1 : NOT Defecto_gral_mer406 AND (Salva_etapa_mer406=0 AND
Z3_mer406 AND NOT Z1_mer406 OR Salva_etapa_mer406=1)
TR2 : NOT Defecto_gral_mer406 AND Salva_etapa_mer406=2
TR3 : NOT Defecto_gral_mer406 AND Salva_etapa_mer406=3
TR4 : NOT Defecto_gral_mer406 AND Salva_etapa_mer406=4
TR5 : NOT Defecto_gral_mer406 AND (Salva_etapa_mer406=0 AND
Z1_mer406 AND NOT Z3_mer406 OR Salva_etapa_mer406=5)
TR6 : NOT Defecto_gral_mer406 AND Salva_etapa_mer406=6
TR7 : NOT Defecto_gral_mer406 AND Salva_etapa_mer406=7
TR8 : Salva_etapa_mer406=0
TR9 : NOT Defecto_gral_mer406 AND Salva_etapa_mer406=8
TR10: NOT Defecto_gral_mer406 AND Salva_etapa_mer406=9
TR11: S_10
TR12: Z5_mer406 AND (NOT E_15 OR Alternancia_mer406<>0) AND
NOT Mesa_fueraserv_mer406
TR13: Z5_mer406 AND Alternancia_mer406=0 AND (E_15 OR
Mesa_fueraserv_mer406)
TR14: Z2_mer406 AND Z6_mer406 AND (Word_aux_mer406-
Tmp_máximo_mer406>Temp_mer406.V)
TR15: NOT S_10 AND T_10
TR16: Z1_mer406 AND NOT S_10 AND T_10
TR17: E_15 AND (Alternancia_mer406=0 OR Alternancia_mer406<>0 AND
(%X6.5.T>Tmp_ciclosalida_mer406 OR Defecto_gral_me410))
TR18: E_11 AND (Alternancia_mer406=1 OR Alternancia_mer406<>1 AND
%X6.5.T>Tmp_ciclosalida_mer406)
TR19: Z3_mer406 AND NOT E_15 AND T_15
TR20: NOT E_11 AND T_11
TR21: Z3_mer406

Figura 14.31 Grafcet de gestión

Cuando se selecciona el modo manual o se produce una emergencia o una avería, la macroetapa se desactiva permaneciendo marcada la etapa IN.

En la etapa IN podemos controlar el modo manual de todas las salidas a través de cualquiera de los terminales MAGELIS distribuidos por toda la instalación.

Las transiciones a las etapas (0, 1, 2...) son posibles siempre que hayamos restablecido el funcionamiento normal del sistema. Estas transiciones vienen dadas por:

- El contenido de la palabra que ha almacenado el número de etapa en la que se encontraba el Grafcet de conducción antes de desactivarse la macroetapa.
- La información que remiten los detectores de proximidad inductivos.

En la Figura 14.32 se muestra el Grafcet de control de la mesa.

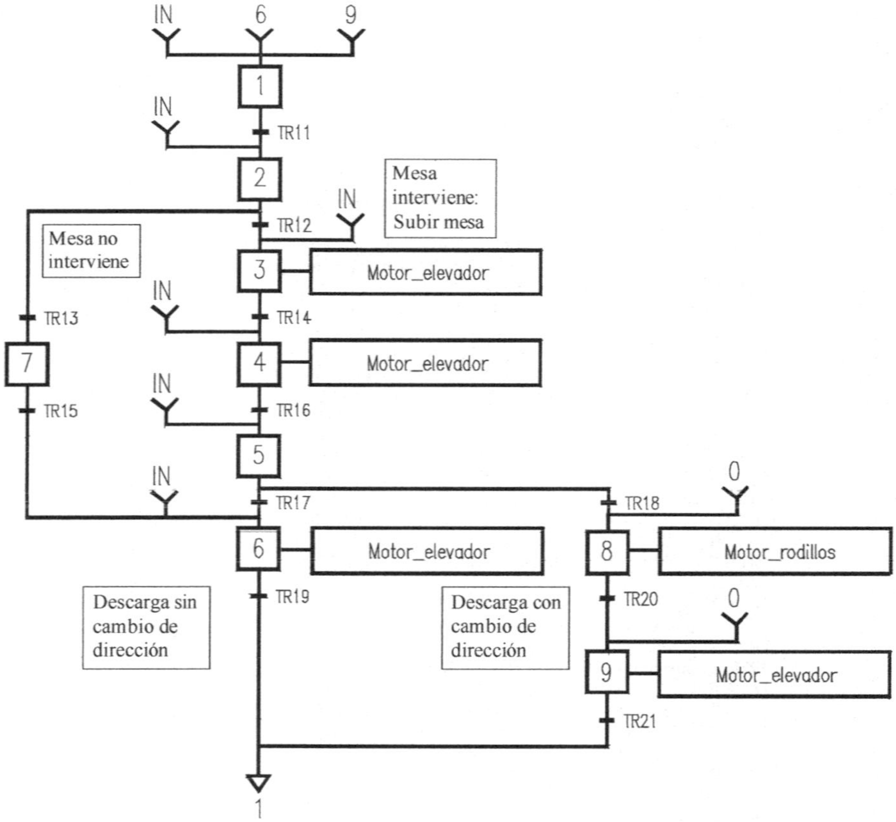

Figura 14.32 Grafcet de control

Obsérvese que en cada una de las etapas que componen el Grafcet de control de la máquina se debe programar una acción a la activación de las mismas que salvaguarde en una variable del autómata el número de etapa en la que se encuentra el Grafcet. Así, en todo momento, podemos volver al estado primitivo en el que estaba el

Grafcet tras producirse una situación anormal. Además, todas las etapas llevan programadas acciones que ejercen un control de los detectores para determinar posibles averías tanto en lo que se refiere a excesos de tiempo como a activaciones espúreas de los detectores.

El Grafcet de control de la máquina nos muestra una primera etapa 1 de reposo en la que la mesa elevadora de rodillos se encuentra en su posición baja esperando una carrocería. En esta etapa se está realizando constantemente una petición de carga a la máquina que precede a la mesa de rodillos.

La evolución hacia la siguiente etapa, transición 11, se produce cuando se activa la línea que marca un envío inminente de carrocería por parte de la máquina precedente.

La etapa 2 constituye un intervalo de espera en la recepción de la carrocería. En esta etapa se activa un temporizador que contabiliza dicho tiempo de espera y, si fuera excesivo, se activaría el defecto correspondiente, puesto que se considera un anormal funcionamiento del sistema.

La carga sigue su proceso de transferencia hasta que activa el detector Z5 (carga situada justo encima de la mesa). En este momento, puede darse el caso de que haya una solicitud de carrocería (transición 13) y la mesa no deba intervenir; o el caso de que la mesa deba almacenar temporalmente la carga porque no tenemos ninguna solicitud de salida de carrocería (transición 12).

En caso de que la mesa no deba intervenir en el discurrir de la carrocería por el transporte de tierra, el Grafcet únicamente se debe limitar, en la etapa 7, a controlar el tiempo de traspaso de la carrocería hasta el detector Z6. Una vez que la mesa receptora de la carga activa la línea de fin de transferencia de carrocería, transición 15, la mesa debe volver a su posición original de reposo.

Por el contrario, si la mesa debe intervenir almacenando temporalmente la carga, en la etapa 3, ésta se posiciona en su altura intermedia para recepcionar correctamente la carrocería.

Una vez que tenemos la carga bien ubicada en la mesa (Z2 y Z6 activados), transición 14, se debe proceder, en la etapa 4, a elevar la mesa cargada hasta su posición más alta para desembragar la transmisión del transporte de tierra sobre la carrocería.

Cuando tenemos la mesa cargada en su posición más alta, transición 16, se evoluciona hasta la etapa 5, etapa en la que tiene lugar una espera de petición de salida de dicha carga.

Las peticiones de salida de carrocería pueden ser efectuadas por la mesa dispuesta longitudinalmente o la que se encuentra ubicada transversalmente a la mesa de rodillos.

Cuando la que se encuentra dispuesta longitudinalmente efectúa una petición de carrocería, transición 17, en la etapa 6 se procede a depositar la carga sobre el transporte de tierra bajando la mesa a su posición de reposo.

Si, por el contrario, es la mesa ubicada transversalmente la que solicita una carrocería, transición 18, necesitamos la acción de los rodillos para cambiar la dirección del desplazamiento; de esta forma, mientras la etapa 9 se encuentre activada los rodillos de la mesa elevadora transfieren la carga a la mesa.

En el momento en que la mesa que recepciona la carga active la línea de fin de transferencia de carrocería, transición 20, se debe proceder, en la etapa 8, a bajar la mesa de rodillos a su posición inicial de reposo.

La evolución hacia la primera etapa del Grafcet de control se producirá cuando la mesa se encuentre en su posición más baja (detector Z3) y se haya llevado con éxito el transbordo de la carrocería (transiciones 19 y 21).

14.5.5 Mesa elevadora de rodillos de una entrada y una salida

Los Grafcets de gestión y control de las mesas elevadoras de rodillos con dos salidas difieren de los de las mesas con una sola salida posible. La diferencia radica en que esta mesa, por la distribución física de la instalación, siempre debe recepcionar todas las carrocerías, almacenarlas (si fuera necesario), y cambiar su dirección transversalmente.

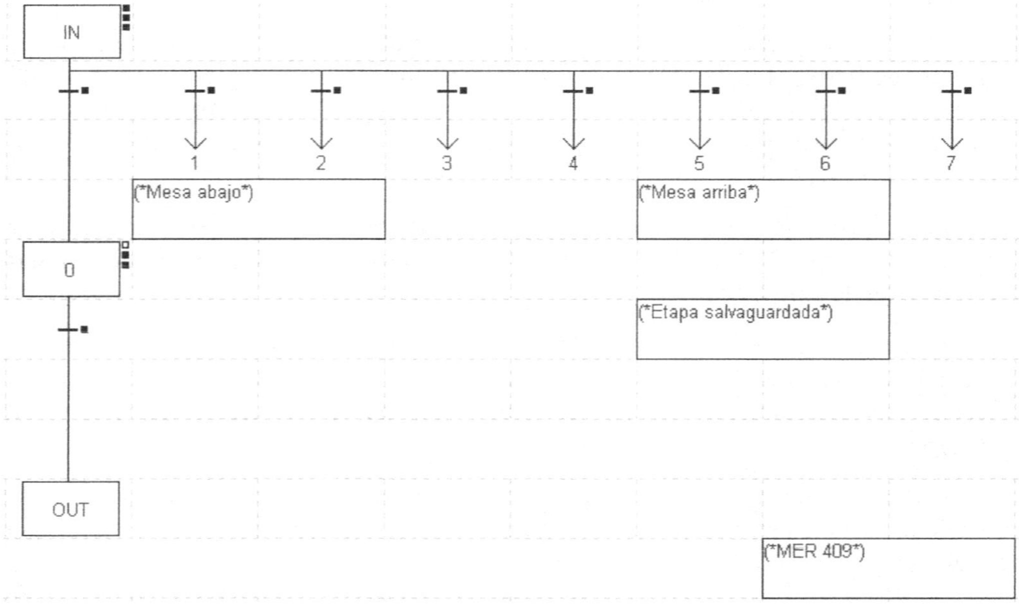

Figura 14.33

Sin embargo, los principios de funcionamiento expuestos anteriormente son válidos en el caso que nos ocupa. Los Grafcets se pueden observar en las figuras siguientes.

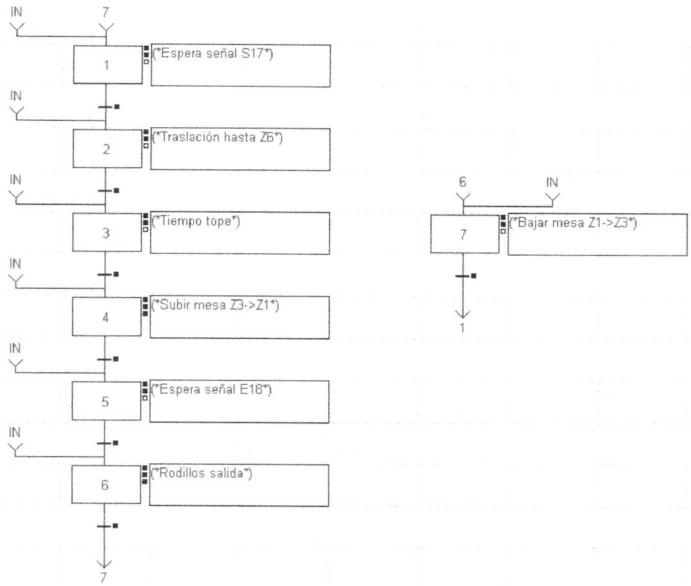

Figura 14.34

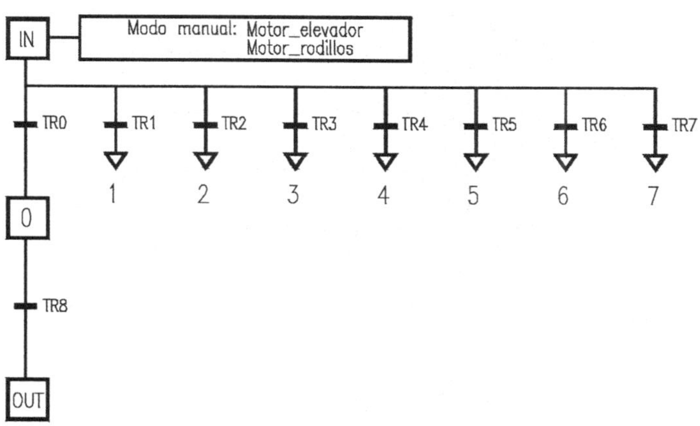

TR0 : Salva_etapa_mer409>7 AND Salva_etapa_mer409<7
TR1 : NOT Defecto_gral_mer409 AND(Salva_etapa_mer409=0 AND Z3_mer409 AND NOT Z1_mer409 OR Salva_etapa_mer409=1)
TR2 : NOT Defecto_gral_mer409 AND Salva_etapa_mer409=2
TR3 : NOT Defecto_gral_mer409 AND Salva_etapa_mer409=3
TR4 : NOT Defecto_gral_mer409 AND Salva_etapa_mer409=4
TR5 : NOT Defecto_gral_mer409 AND(Salva_etapa_mer409=0 AND NOT Z3_mer409 AND Z1_mer409 OR Salva_etapa_mer409=5)
TR6 : NOT Defecto_gral_mer409 AND Salva_etapa_mer409=6
TR7 : NOT Defecto_gral_mer409 AND Salva_etapa_mer409=7
TR8 : Salva_etapa_mer409=0
TR9 : S_17 AND NOT Mesa_fueraserv_mer409
TR10: Z6_mer409
TR11: Temp_mer409.D
TR12: Z1_mer409 AND NOT S_17 AND E_17
TR13: E_18
TR14: NOT E_18 AND T_18
TR15: Z3_mer409

Figura 14.35 Grafcet de gestión

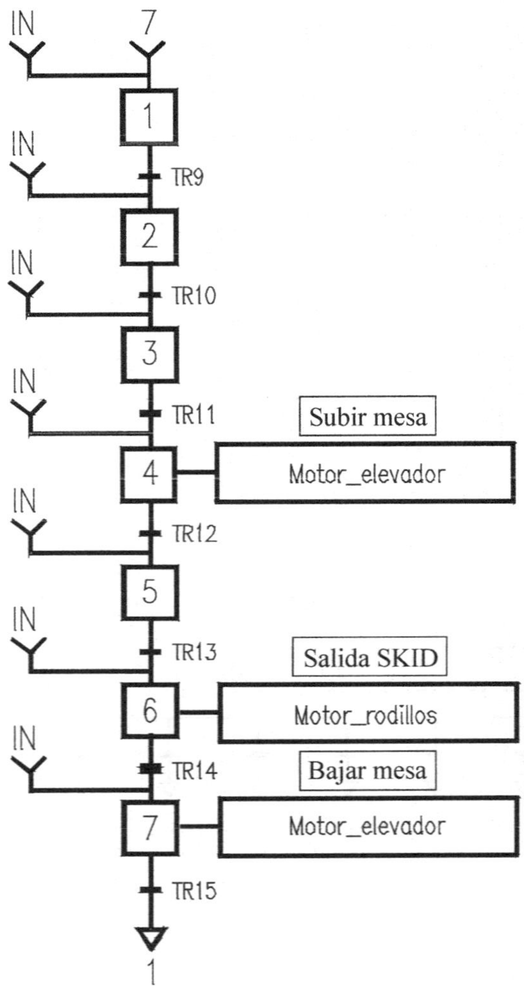

Figura 14.36 Grafcet de control

14.5.6 Máquina elevadora

Como ya hemos visto en el apartado correspondiente a la descripción de las máquinas, el ascensor puede ser considerado como dos máquinas diferentes: mesa de rodillos y elevador. Es por esto por lo que el ascensor es la única máquina que puede ser tratada con dos macroetapas diferentes.

Cada macroetapa puede ser dividida en dos partes diferenciadas:

- Una primera parte que es la encargada de gestionar el modo manual y el acceso directo, en función de la memoria, a las diferentes etapas que gestionan la máquina cuando se ha producido una situación de emergencia o avería.
- Una segunda parte que constituye lo que es propiamente el Grafcet de control de la máquina con las transiciones y las activaciones de salidas.

Máquina elevadora. Mesa de rodillos

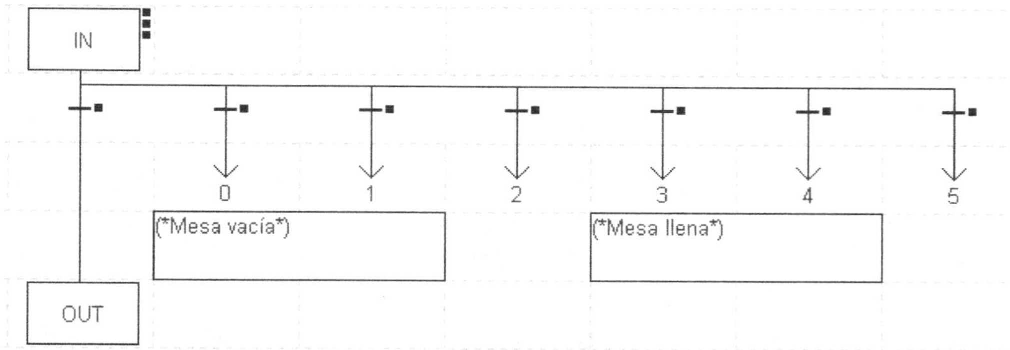

Figura 14.37

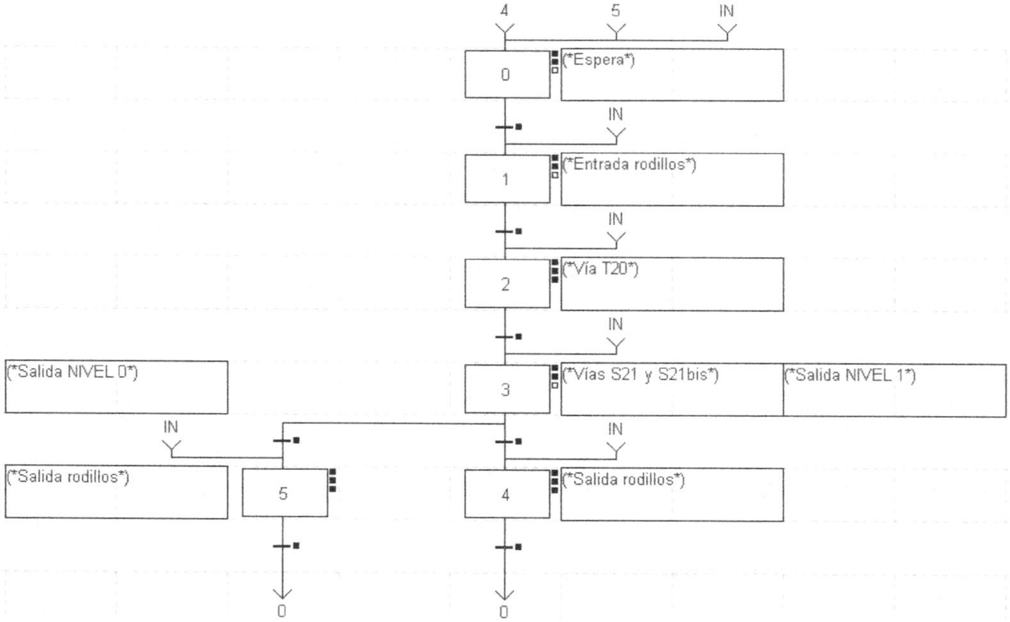

Figura 14.38

La primera parte de la macroetapa se puede observar en la Figura 14.39.

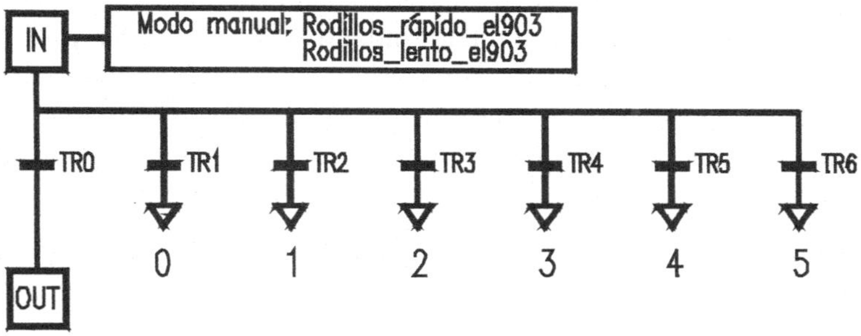

Figura 14.39

Cuando el operario selecciona el modo manual desde el terminal de explotación, o se produce una emergencia o una avería, la macroetapa se desactiva quedándose marcada la etapa IN.

En la etapa IN podemos efectuar los controles en modo manual de todas las salidas a través de cualquiera de los terminales MAGELIS distribuidos por toda la instalación.

Las transiciones a las diferentes etapas de conducción (0, 1, 2...) son posibles siempre que hayamos restablecido el funcionamiento normal del sistema. Estas transiciones vienen determinadas por dos aspectos:

- El contenido de la palabra que ha almacenado el número de etapa en la que se encontraba el Grafcet de conducción antes de desactivarse la macroetapa.
- La información que remiten los detectores de proximidad inductivos.

La segunda parte de la macroetapa que controla la mesa de rodillos del ascensor se puede observar en la Figura 14.40.

Obsérvese que en cada una de las etapas que componen el Grafcet de control de la máquina se debe programar una acción a la activación de las mismas que salvaguarde en una variable del autómata el número de etapa en la que se encuentra el Grafcet. Así, en todo momento, podemos volver al estado primitivo en el que estaba el Grafcet tras producirse una situación anormal. Además, todas las etapas llevan programadas acciones que ejercen un control de los detectores para determinar posibles averías tanto en lo que se refiere a excesos de tiempo como a activaciones espúreas de los detectores.

El Grafcet de control de la máquina nos muestra una primera etapa 0 de reposo en la que la mesa de rodillos se encuentra en su posición baja esperando una carrocería. En esta etapa se está realizando constantemente una petición de carga a la mesa que precede al ascensor.

La transición TR7 se produce cuando la mesa precedente responde a la petición de entrada de carrocería que solicita el ascensor y pone en estado alto la línea de intercomunicación S avisando, de esta forma, que procede al transbordo de la carga.

En la *etapa* 1 se activa el motor de los rodillos de la mesa que recepcionan la carga. Dicho motor puede funcionar en velocidad rápida o en velocidad lenta dependiendo del detector de proximidad inductivo de la mesa que avisa de la recepción de la carga. De este modo, en un primer momento, el motor funcionará en velocidad rápida, pero, cuando el detector nos indique que una parte de la carga ya se ha transferido, procederemos a seguir el transbordo en la velocidad lenta, para así, permitir que la carrocería se cargue del modo correcto en la mesa.

La transición TR8 la determina la activación del detector de proximidad inductivo que marca el fin del transbordo de la carrocería y su correcta disposición en la mesa.

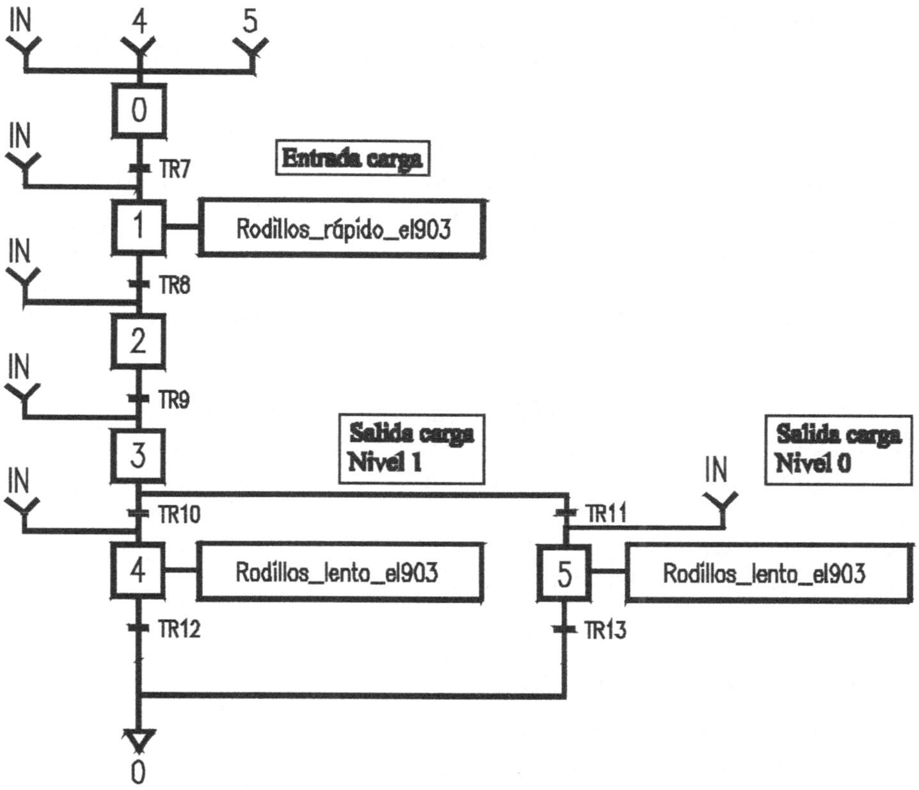

TR0 : FALSE
TR1 : Salva_etapa_rod_el903=0 AND NOT Z1_el903 AND NOT Z3_el903 AND NOT Defecto_gral_rod_el903
TR2 : NOT Defecto_gral_rod_el903 AND Salva_etapa_rod_el903=1
TR3 : NOT Defecto_gral_rod_el903 AND Salva_etapa_rod_el903=2
TR4 : (Salva_etapa_rod_el903=0 AND Z1_el903 AND Z3_el903 OR Salva_etapa_rod_el903=3)AND NOT Defecto_gral_rod_el903
TR5 : NOT Defecto_gral_rod_el903 AND Salva_etapa_rod_el903=4
TR6 : NOT Defecto_gral_rod_el903 AND Salva_etapa_rod_el903=5
TR7 : E_20 AND S_20 AND Z5_el903
TR8 : Z3_el903
TR9 : NOT S_20 AND T_20
TR10: E_21bis AND(Alternancia_rod_el903=0 OR Alternancia_rod_el903<>0 AND %X22.3.T>Tmp_ciclosalida_rod_el903)
TR11: E_21 AND (Alternancia_rod_el903=1 OR Alternancia_rod_el903<>1 AND %X22.3.T>Tmp_ciclosalida_rod_el903)
TR12: NOT E_21bis AND T_21bis
TR13: NOT E_21 AND T_21

Figura 14.40

En la etapa 2 se marca la mesa precedente indicando que el transbordo se ha llevado a cabo correctamente activando la línea de intercambio T.

La transición TR9 se produce cuando la mesa precedente se da por enterada de que el transbordo ya se ha efectuado y pone en estado bajo la línea de intercambio E.

En la etapa 3 la mesa se encuentra en su posición baja almacenando una carrocería. Así, esta etapa constituye un proceso de espera de recepción de solicitudes de transbordo en cualquiera de los dos niveles de altura.

Las transiciones TR10 y TR11 (correspondientes a los dos niveles de altura del pulmón de carrocerías) son posibles cuando se hace una petición de salida de la carrocería activando las líneas de intercambio correspondientes. La evolución del Grafcet hacia las etapas que controlan un nivel de altura u otro depende de otros factores como puedan ser la alternancia a la hora de repartir las carrocerías o posibles defectos detectados en alguno de los dos niveles de altura debiéndose desviar, en este caso, todas las carrocerías hacia el mismo nivel.

Las etapas 4 y 5 son similares, únicamente se diferencian en que operan en diferentes niveles de altura. La función de dichas etapas es la de activar los rodillos en modo lento para facilitar el transbordo de la carga hacia el pulmón de carrocerías.

Las transiciones 12 y 13 corresponden a la finalización de los procesos de transbordo dados por las líneas de intercambio.

Máquina elevadora. Elevador

La macroetapa que controla el elevador, al igual que la anterior, también puede ser dividida en dos partes diferenciadas.

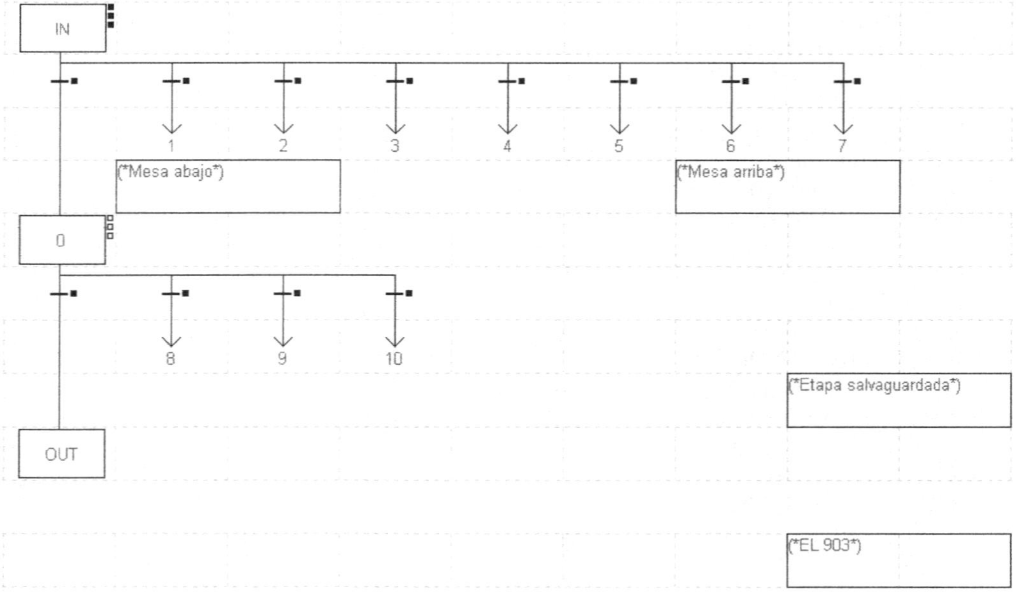

Figura 14.41

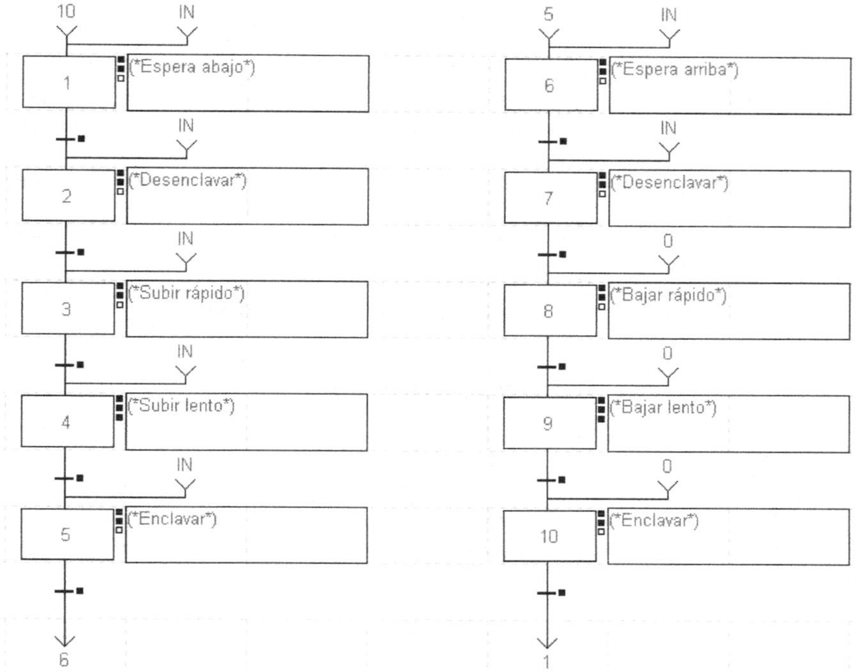

Figura 14.42

Una primera parte que controla los accesos directos a las diferentes etapas del Grafcet de control (ver Figura 14.43).

Con respecto a esta primera parte de la macroetapa cabe hacer las mismas consideraciones que se han expuesto en el apartado anterior.

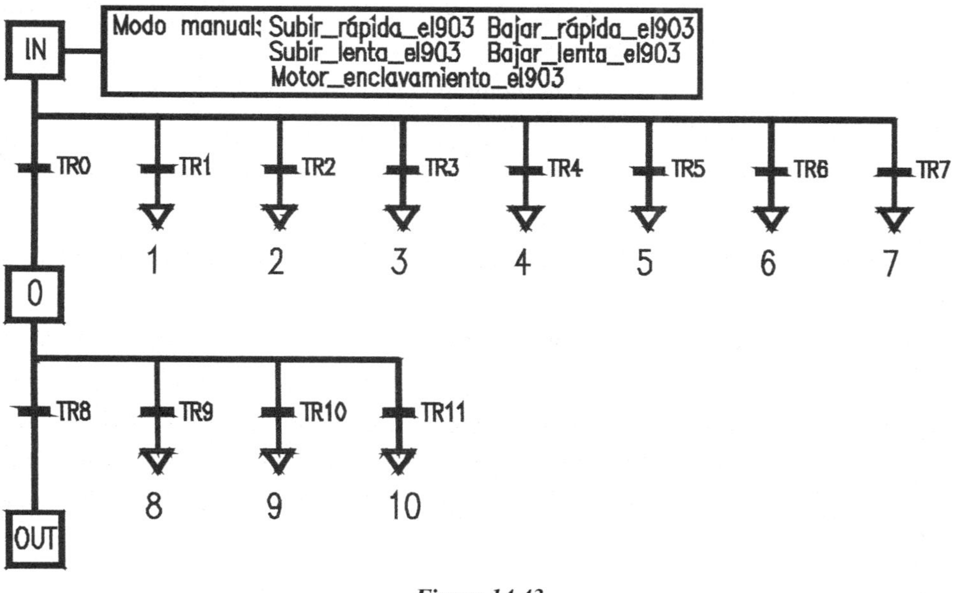

Figura 14.43

La segunda parte de la macroetapa puede ser observada en la Figura 14.44.

Al igual que en la macroetapa anterior cada una de las etapas debe incluir acciones programadas para salvaguardar el número de la etapa actual y para efectuar los controles de los detectores que establezcan las averías de las máquinas.

La etapa 1 es una etapa de espera en la que tenemos la mesa en la posición baja.

La transición TR12 se puede producir bajo tres circunstancias diferentes:

- La mesa de rodillos se encuentra en posición baja con la carrocería completamente cargada (etapa 3 de la macroetapa anterior).
- La mesa de rodillos ya está marcando el fin de la recepción de una carrocería (etapa 2 de la macroetapa anterior).
- La carga ya ha sido transferida a la mesa de rodillos en una alta proporción (etapa 1 de la macroetapa anterior).

El hecho de que esta transición se pueda producir bajo tres tipos de circunstancias diferentes pone de manifiesto el intento de optimizar al máximo los tiempos de ciclo.

En la etapa 2 es donde se procede a desenclavar la mesa de rodillos que se encuentra en su posición baja. Este proceso se efectúa a través del correspondiente motor de enclavamiento funcionando en sentido inverso al normal.

La transición TR13 se produce cuando los detectores de enclavamiento y desenclavamiento indican que la operación de desenclavamiento necesaria para poder elevar la mesa se ha desarrollado correctamente. De este modo, llegados a este punto tenemos la mesa de rodillos cargada y desenclavada en su posición más baja.

En la etapa 3 procedemos a subir el elevador en velocidad rápida activando las salidas correspondientes.

La transición TR14 marca el momento en el que llegamos al punto del recorrido del ascenso en el que es necesario pasar a velocidad lenta.

La etapa 4 activará las salidas necesarias para que el ascenso se produzca en velocidad lenta.

La transición TR15 indica que la mesa se encuentra cargada en su parte más alta del recorrido.

La etapa 5 es la que se va a encargar de enclavar la mesa de rodillos en su parte más elevada.

La transición TR16 tiene lugar cuando los detectores de enclavamiento y desenclavamiento informan de que el sistema se encuentra enclavado. Llegados a este punto, la mesa se encuentra en su posición más alta cargada con una carrocería lista para ser transbordada al nivel de altura 1.

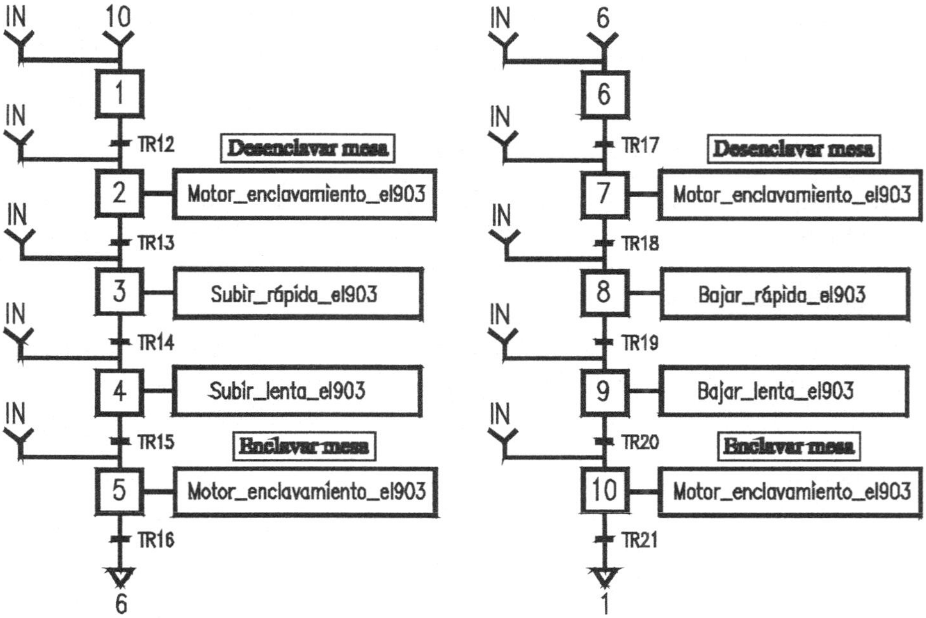

TR0 : Salva_etapa_el903>7 AND NOT Defecto_gral_el903
TR1 : (Salva_etapa_el903=1 OR(Salva_etapa_el903=0 AND Z5_el903 AND Z12i_el903 AND Z12d_el903 AND NOT Z13i_el903 AND NOT Z13d_el903))AND NOT Defecto_gral_el903
TR2 : NOT Defecto_gral_el903 AND Salva_etapa_el903=2
TR3 : NOT Defecto_gral_el903 AND Salva_etapa_el903=3
TR4 : NOT Defecto_gral_el903 AND Salva_etapa_el903=4
TR5 : NOT Defecto_gral_el903 AND Salva_etapa_el903=5
TR6 : (Salva_etapa_el903=6 OR(Salva_etapa_el903=0 AND Z8_el903 AND Z12i_el903 AND Z12d_el903 AND NOT Z13i_el903 AND NOT Z13d_el903))AND NOT Defecto_gral_el903
TR7 : NOT Defecto_gral_el903 AND Salva_etapa_el903=7
TR8 : FALSE
TR9 : NOT Defecto_gral_el903 AND Salva_etapa_el903=8
TR10: NOT Defecto_gral_el903 AND Salva_etapa_el903=9
TR11: NOT Defecto_gral_el903 AND Salva_etapa_el903=10
TR12: (Salva_etapa_rod_el903=3 OR(Salva_etapa_rod_el903=1 AND Z2_el903)OR Salva_etapa_rod_el903=2)AND NOT Defecto_gral_rod_el903
TR13: Z13i_el903 AND Z13d_el903 AND NOT Z12i_el903 AND NOT Z12d_el903 AND Salva_etapa_rod_el903=3 AND NOT Defecto_gral_rod_el903
TR14: Salva_etapa_rod_el903=3 AND Z10_el903 AND NOT Defecto_gral_rod_el903
TR15: Salva_etapa_rod_el903=3 AND Z8_el903 AND NOT Defecto_gral_rod_el903
TR16: Salva_etapa_rod_el903=3 AND Z12i_el903 AND Z12d_el903 AND NOT Z13i_el903 AND NOT Z13d_el903 AND NOT Defecto_gral_rod_el903
TR17: (Salva_etapa_rod_el903=0 OR(Salva_etapa_rod_el903=4 AND NOT Z1_el903 AND NOT Z2_el903))AND NOT Defecto_gral_rod_el903
TR18: Z13i_el903 AND Z13d_el903 AND NOT Z12i_el903 AND NOT Z12d_el903 AND Salva_etapa_rod_el903=0 AND NOT Defecto_gral_rod_el903
TR19: Salva_etapa_rod_el903=0 AND Z7_el903 AND NOT Defecto_gral_rod_el903
TR20: Salva_etapa_rod_el903=0 AND Z5_el903 AND NOT Defecto_gral_rod_el903
TR21: Salva_etapa_rod_el903=0 AND Z12i_el903 AND Z12d_el903 AND NOT Z13i_el903 AND NOT Z13d_el903 AND NOT Defecto_gral_rod_el903

Figura 14.44

El proceso de bajada se produce de forma similar a la ya explicada con la diferencia de las diferentes salidas que se deben activar según se puede observar en la Figura 14.44.

Máquina elevadora. Variadores de velocidad

El control de los variadores de velocidad se efectúa a través de macroetapas cuyo diagrama se puede ver en la figura siguiente. Estos variadores de velocidad gestionan los motores de rodillos (rama izquierda) y los motores elevadores (rama derecha) de los ascensores.

Como puede observarse en la figura, de acuerdo con la estructura del Grafcet, se efectúa un tratamiento en paralelo de los dos variadores de velocidad.

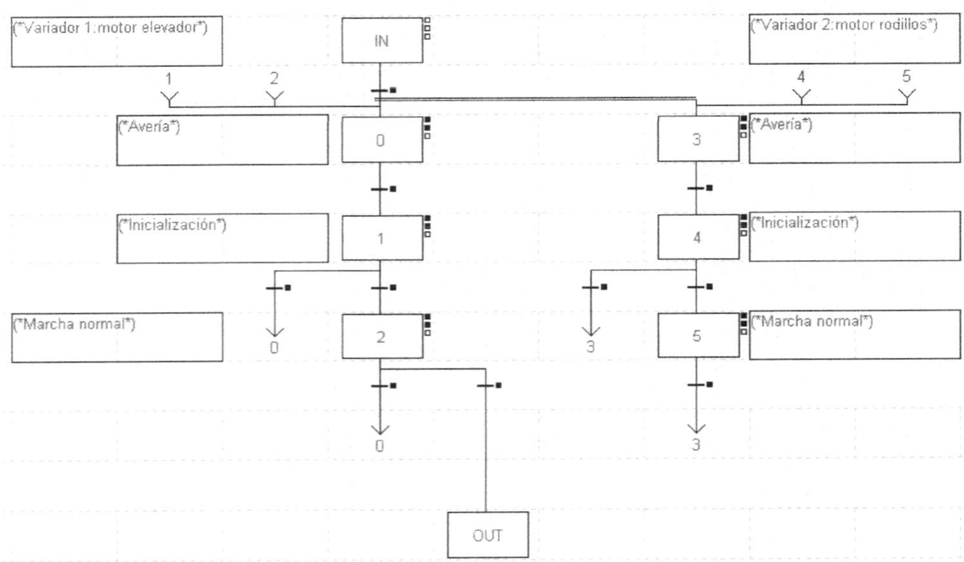

Figura 14.45

Al activarse la macroetapa, siempre se produce un marcado simultáneo de las etapas 0 y 3, puesto que la transición 1 está programada para que su receptividad asociada sea siempre verdadera. Ambas etapas corresponden a estados de deshabilitación de los variadores.

Si no existen defectos generales, tanto en el variador del motor de los rodillos como en el variador del motor del elevador, se producen las transiciones 1 y 2 respectivamente.

En las etapas 1 y 4 tienen lugar las operaciones de habilitación de los variadores y la inicialización de sus salidas. Si se produce un defecto general en alguno de los dos variadores de velocidad (transiciones 3 y 5), se evoluciona hasta las etapas de avería 0 y 3 respectivamente.

Si siguen sin darse defectos, evolucionamos hacia las etapas de funcionamiento normal, transiciones 4 y 6. Tanto en la etapa 2, correspondiente al variador del motor de los rodillos de la mesa del ascensor, como en la etapa 5, correspondiente al variador del motor del elevador del ascensor, se especifican las operaciones para gestionar los sentidos de giro y los rangos de velocidad de los motores determinados en las especificaciones de las máquinas.

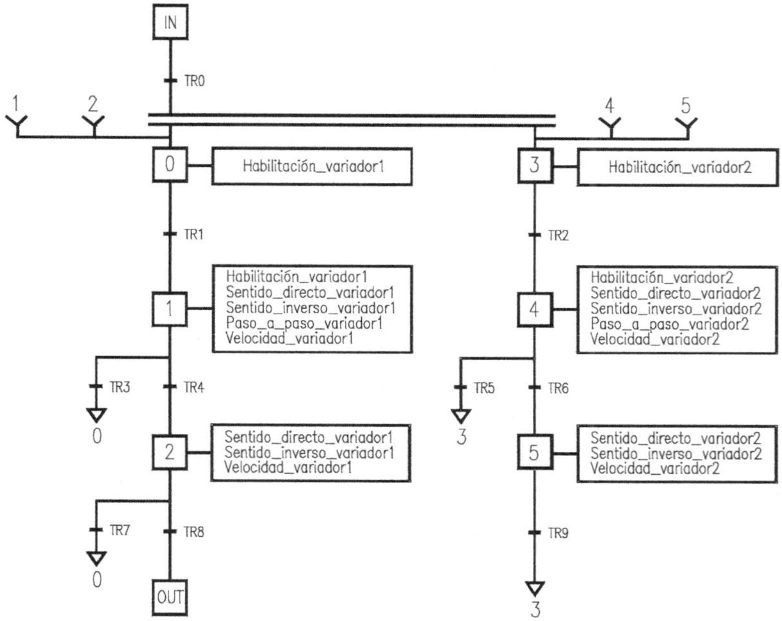

Figura 14.46 Grafcet de control

Si en algún momento durante el normal funcionamiento del sistema, se detectara alguna anomalía, evolucionaríamos mediante las transiciones 7 y 9 a los estados de avería de las etapas 0 y 3.

CAPÍTULO 15

AUTOMATIZACIÓN DE UNA LÍNEA FLEXIBLE DE MONTAJE DE HORNOS

15.1 INTRODUCCIÓN

En el presente capítulo se va a describir el proceso de automatización de una línea flexible de montaje de hornos. El proceso de montaje de hornos se compone de diferentes etapas:

- ***Montaje*** *de las diferentes piezas que constituyen un horno.*
- ***Verificación*** *del correcto montaje y estado de las piezas que han sido colocadas.*
- ***Ensayos y pruebas*** *para comprobar el correcto funcionamiento del horno una vez montado casi en su totalidad.*
- ***Reparación*** *de aquellos hornos que no han sido correctamente montados o bien no han superado alguna de las pruebas.*
- ***Distribución*** *de los hornos según el tipo y el lote a los que pertenecen, en distintas cadenas de circulación, para pasar posteriormente a la zona de embalaje*

Se puede decir que el sistema se compone de cuatro zonas bien diferenciadas, ya que cada una de ellas está controlada por una autómata:

ZONA Nº 1

En esta zona se lleva a cabo el montaje de las primeras piezas (internas y externas) que forman parte del horno. Son montajes muy sencillos y rápidos que se realizan en poco tiempo. Esta parte está formada por 2 cadenas paralelas, cada una de ellas con 8 puestos de trabajo colocados uno detrás de otro en la misma línea de cadena.

Las tareas que se llevan a cabo en esta zona son, por ejemplo:

- *Adaptar y fijar las resistencias del horno.*
- *Adaptar y fijar los protectores de las resistencias.*

- *Adaptar y fijar el protector del motor.*
- *Adaptar y fijar el envolvente del horno.*
- *Colocar bridas de protección.*
- *Colocar las botoneras.*

ZONA Nº 2

En esta zona de la cadena de producción se llevan a cabo 3 operaciones distintas:

- *Cambio en la orientación del horno mediante un robot volteador.*
- *Montaje de algunas piezas del horno.*
- *Verificación del montaje realizado hasta ese momento.*

ZONA Nº 3

Las tareas que se llevan a cabo en esta zona son, por ejemplo:

- *Pequeño ensayo de vida, en el que los hornos están en funcionamiento durante un tiempo mínimo de 3 minutos.*
- *Prueba de aislamiento y consumo.*
- *Prueba de rigidez.*
- *Reparación de aquellos hornos que presenten taras o defectos, o bien que no hayan conseguido superar alguna de las pruebas.*

ZONA Nº 4

En esta zona se llevan a cabo las siguientes operaciones:

- *Introducción de todos los folletos informativos y pegatinas que debe llevar el horno.*
- *Auditorías.*
- *Distribución de los hornos según el modelo para llevarlos luego a la zona de embalaje.*

Esta Línea De Montaje está constituida por un gran número de "mesas" que permiten controlar el avance de los hornos por la cadena, deteniéndolos o permitiéndoles continuar cuando es necesario. Un horno será detenido cuando:

- *Su camino esté obstaculizado por otro horno colocado justo en la mesa siguiente a la suya.*
- *Deba entrar en un puesto de trabajo situado en una bifurcación de la cadena en la que se encuentra.*
- *Deba realizarse el montaje de alguna de las piezas por el operario.*

Para detener al horno, la mesa se eleva ligeramente por encima de la cadena en la que se encuentra, impidiéndole así el contacto con ella. En el momento en que el horno pueda seguir avanzando, la mesa descenderá y volverá a colocar al horno en la cadena, permitiendo que prosiga su camino por la línea de producción.

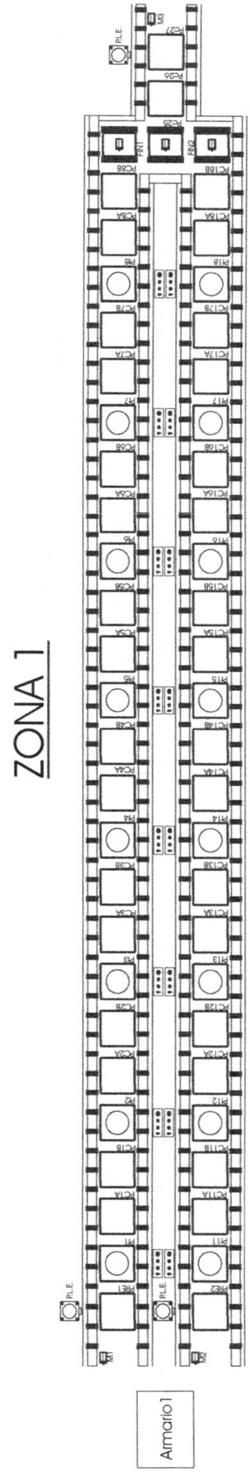

Figura 15.1

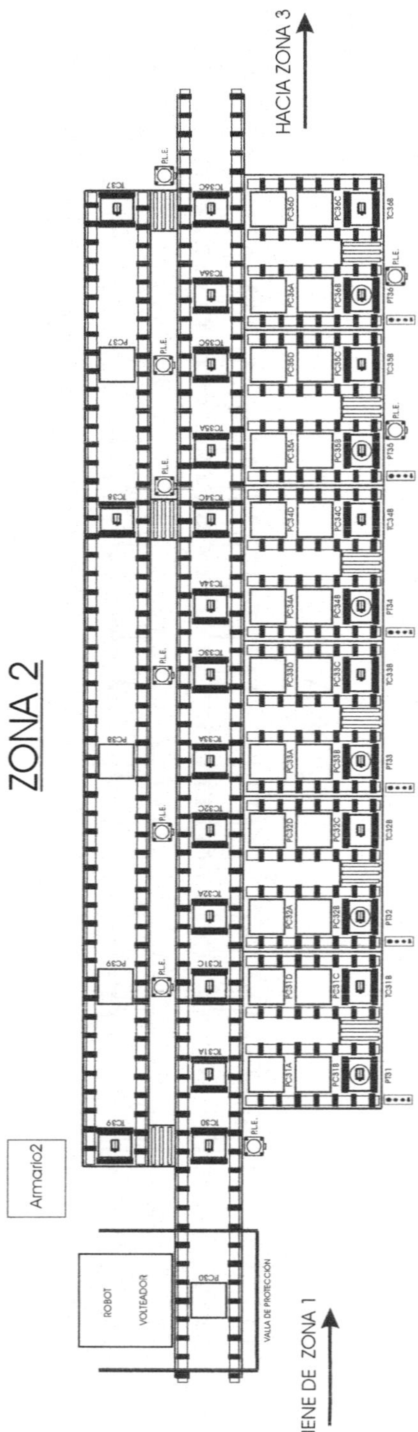
HACIA ZONA 3
ZONA 2
Armario2
ROBOT
VOLTEADOR
VALLA DE PROTECCIÓN
VIENE DE ZONA 1

Figura 15.2

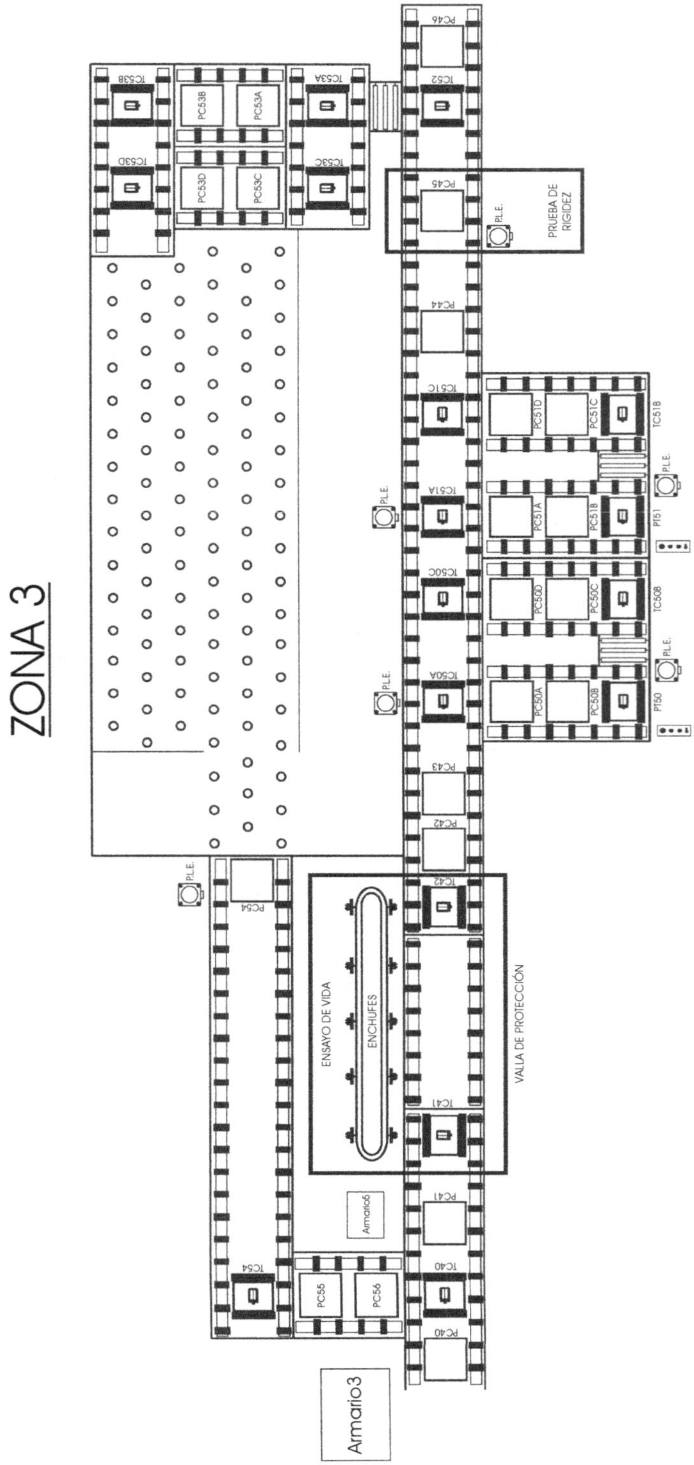
ZONA 3
PRUEBA DE RIGIDEZ
ENSAYO DE VIDA
ENCHUFES
VALLA DE PROTECCIÓN
Armario6
Armario3

Figura 15.3

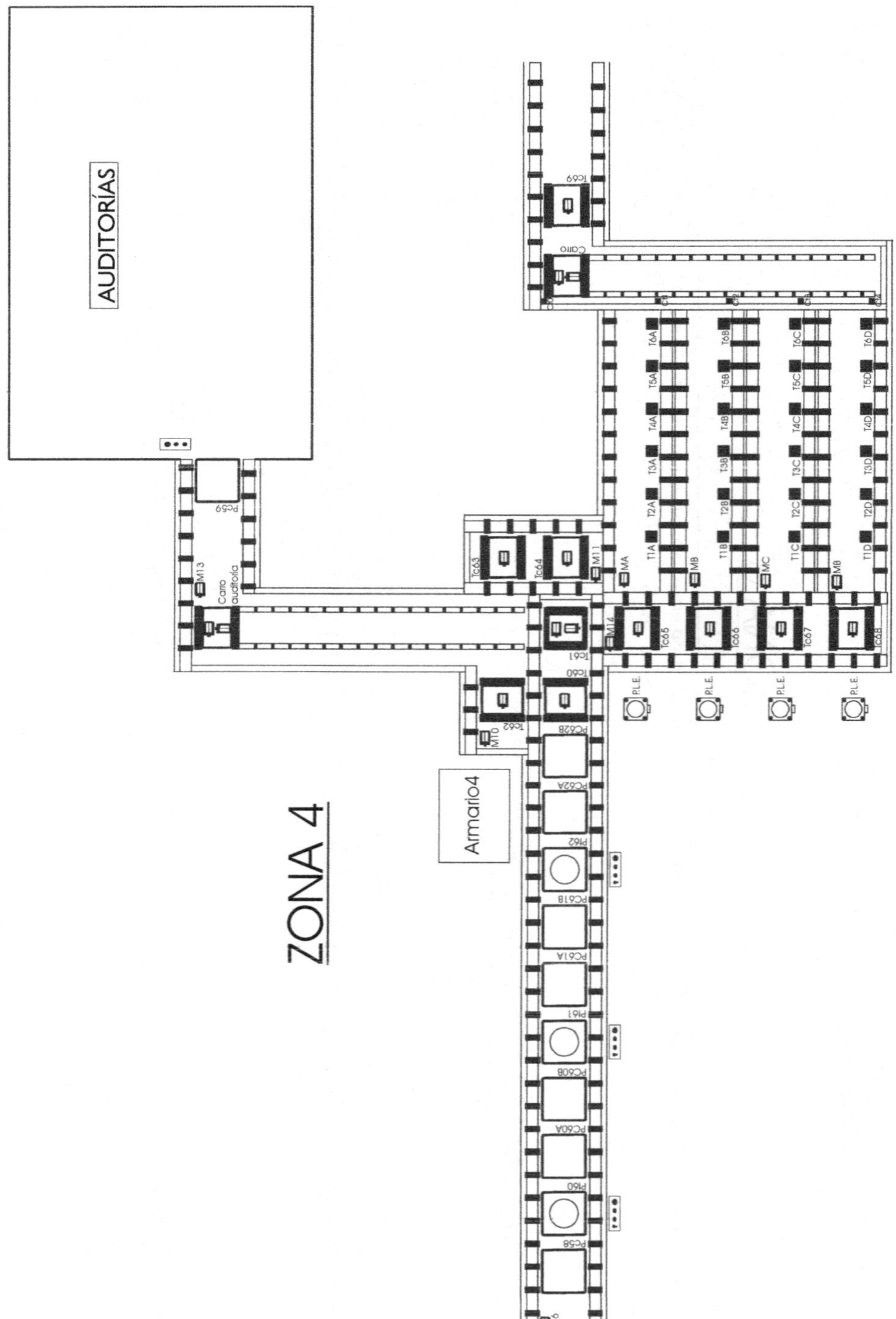
AUDITORÍAS
ZONA 4
Armario4
Carro auditoría
Carro
M13
M10
M11
M14
M16
MA
MB
MC
Tc60
Tc61
Tc62
Tc63
Tc64
Tc65
Tc66
Tc67
Tc68
Tc69
PC59
PC58
PC60A
PC60B
PC61A
PC61B
PC62A
PC62B
PI60
PI61
PI62
P.L.E.
T1A
T2A
T3A
T4A
T5A
T6A
T1B
T2B
T3B
T4B
T5B
T6B
T1C
T2C
T3C
T4C
T5C
T6C
T1D
T2D
T3D
T4D
T5D
T6D

Figura 15.4

15.2 CAPTADORES Y ACCIONADORES DE LAS MESAS

Para controlar el estado de las mesas de la LÍNEA DE PRODUCCIÓN, y el avance de los hornos de una forma sencilla, cada mesa consta de:

Detectores

- ***B1**: detector de presencia que nos indica que hay un horno encima de la mesa.*
- ***B2**: detector de posición que señaliza que la mesa se encuentra elevada.*
- ***B3**: detector de posición que indica que la mesa está bajada.*

En el caso de las mesas de trabajo, aparecen tres detectores más:

- ***B4:** detector de posición que indica que el horno está en posición correcta.*
- ***B5:** detector de posición que indica que el transfer o plataforma giratoria está abajo.*
- ***B6:** detector de posición que señaliza que el transfer está arriba.*

Electroválvulas

Controlan el avance o retroceso de los cilindros neumáticos que hacen subir o bajar las mesas.

- ***Eva:** para hacer subir la mesa.*
- ***Evb:** para hacer bajar la mesa.*

En el caso de las mesas de trabajo hay dos electroválvulas más para controlar el cilindro que hace subir o bajar el transfer o plataforma giratoria.

Motores

Para controlar la pequeña cadena de circulación que poseen algunos tipos de mesas PT y las TC.

Para conocer la ubicación de los mismos dentro de la mesa obsérvense las figuras siguientes:

LEYENDA:

1: B1 (DETECTOR CAPACITIVO DE PRESENCIA DE HORNO)
2: B2 (DETECTOR MAGNETO-INDUCTIVO DE POSICIÓN MESA ABAJO)
3: B3 (DETECTOR MAGNETO-INDUCTIVO DE POSICIÓN MESA ARRIBA)
4: CILINDRO NEUMÁTICO

Figura 15.5

MESA DE TRABAJO ZONA 2

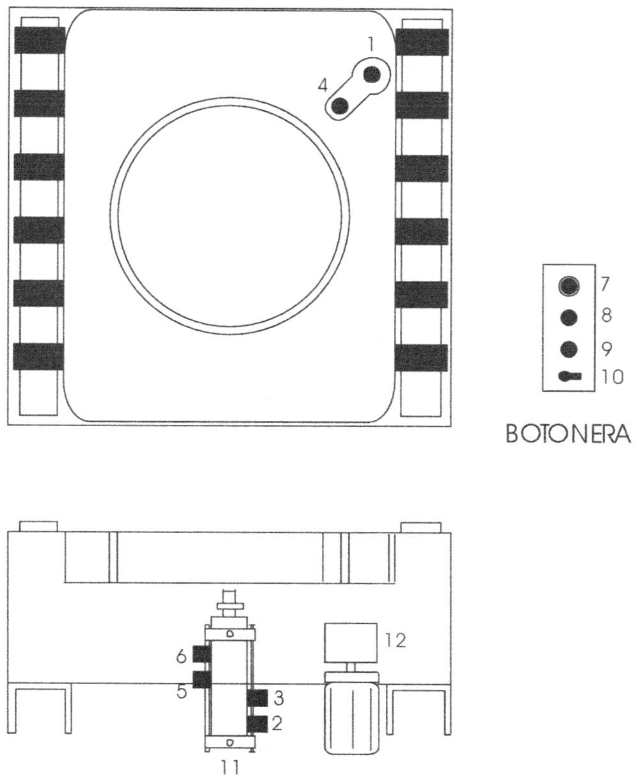

LEYENDA:

1: B1 (DETECTOR CAPACITIVO DE PRESENCIA DE HORNO)
2: B2 (DETECTOR MAGNETO-INDUCTIVO DE POSICIÓN MESA ABAJO)
3: B3 (DETECTOR MAGNETO-INDUCTIVO DE POSICIÓN MESA ARRIBA)
4: B4 (DETECTOR INDUCTIVO DE POSICIÓN DEL HORNO)
5: B5 (DETECTOR MAGNETO-INDUCTIVO DE POSICIÓN TRANSFER ABAJO)
6: B6 (DETECTOR MAGNETO-INDUCTIVO DE POSICIÓN TRANSFER ARRIBA)
7: SETA DE EMERGENCIA
8: OK (PULSADOR DE VALIDACIÓN)
9: Ae (PULSADOR DE AVISO ENCARGADO)
10: LLAVE DE DESCONEXIÓN DEL PUESTO
11: CILINDRO NEUMÁTICO
12: MOTORREDUCTOR

Figura 15.6

15.3 FUNCIONAMIENTO DE LA ZONA 2

Esta zona está constituida por:

- *4 puestos de montaje, en cada uno de los cuales se lleva a cabo la misma operación,*
- *2 puestos de verificación.*
- *1 cadena de recirculación.*

Los puestos de montaje

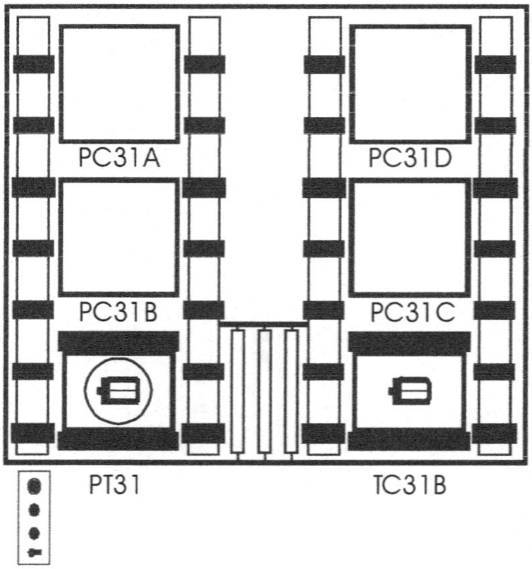

Figura 15.7 Puesto de montaje

Los puestos de montaje están dispuestos en bifurcaciones hechas a partir de la cadena principal, situados en una posición más elevada, y en cada uno de ellos se desempeña la misma operación o trabajo como se ha dicho anteriormente. Esta operación consta de un mayor número de tareas que las desempeñadas en los puestos de la zona 1ª, ocupando por ello más tiempo. Por esta razón se han diseñado cuatro puestos de idénticas condiciones, con mayor número de mesas en espera, para permitir una mayor producción.

Cada puesto de montaje tiene forma de U, ya que está formado por dos cadenas paralelas colocadas a la misma altura, y consta de 6 mesas:

- *2 mesas de espera (PACs o PCs) antes de llegar a la mesa de trabajo, en la cadena de entrada.*
- *1 mesa de trabajo (PT) también en la cadena de entrada al puesto y dotada de una cadena propia de transporte.*

- *1 mesa de cambio de dirección (TC) a la misma altura que la mesa PT pero en la cadena de salida.*
- *2 mesas más de espera (PCs) también en la cadena de salida.*

Estos puestos, al igual que los de la cadena principal, poseen una botonera de mando constituida por los mismos pulsadores y también la llave de desconexión. En este caso la llave de desconexión sirve para dejar inoperativo el puesto de trabajo al completo, es decir, las 6 mesas que lo forman. Así se crea una línea flexible y con múltiples posibilidades.

Los puestos de verificación

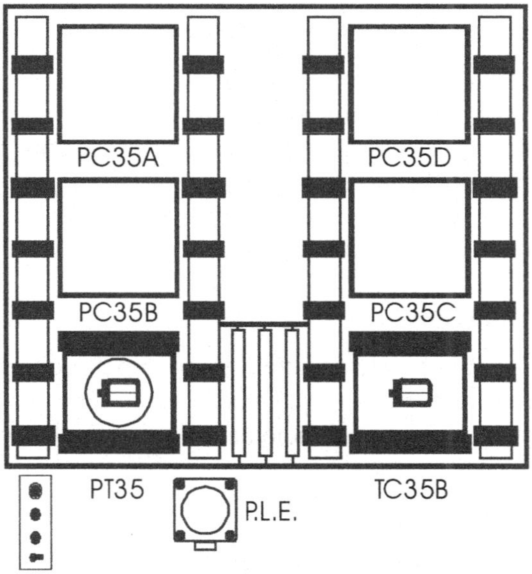

Figura 15.8 Puesto de verificación

Los puestos de verificación están diseñados de la misma forma que los puestos de montaje y se encuentran situados a continuación de los mismos. Están dispuestos en bifurcaciones hechas a partir de la cadena principal, situados ligeramente más elevados, y en cada uno de ellos se desempeña el mismo trabajo. Pero como es obvio, la tarea que desempeñan es muy distinta a la que se lleva a cabo en los puestos de montaje. En estos puestos, el operario debe comprobar el correcto montaje de las piezas del horno hasta ese momento colocadas, observar las posibles taras que empeoran la estética del aparato y colocar correctamente o cambiar, si les es posible, aquellas que se encuentren en muy mal estado. Si el horno presenta demasiadas taras o defectos, lo mandarán directamente a la zona de reparaciones. Para ello, en estos puestos hay colocado un Plot de lectura/escritura que dependiendo del pulsador, o de la botonera de mando, pulsado escribirá que el horno está correcto (si pulsa el OK) o incorrecto (si pulsa NOK).

Cada puesto de verificación tiene forma de U, ya que está formado por dos cadenas paralelas colocadas a la misma altura, y consta de 6 mesas:

- *2 mesas de espera (PACs o PCs) antes de llegar a la mesa de trabajo, en la cadena de entrada.*
- *1 mesa de trabajo (PT) también en la cadena de entrada al puesto, en la que hay colocada un Plot de lectura/escritura para escribir en el dispositivo si el horno está correctamente montado o si, por el contrario, presenta alguna tara. Al igual que la mesa de trabajo de los puestos de montaje anteriores, está diseñado con una pequeña cadena propia de circulación que facilita el cambio de la cadena de entrada al puesto a la de salida.*
- *1 mesa de cambio de dirección (TC) a la misma altura que la mesa PT pero en la cadena de salida.*
- *2 mesas más de espera (PCs) también en la cadena de salida.*

Estos puestos, al igual que los de la cadena principal, poseen una botonera de mando constituida por el mismo número de pulsadores que en los puestos anteriores pero con diferentes funciones (OK, NOK y Seta de emergencia), y también la llave de desconexión. En este caso la llave de desconexión sirve para dejar inoperativo el puesto de verificación al completo, es decir, las 6 mesas que lo forman. Así se crea una línea flexible y con múltiples posibilidades.

La cadena de recirculación

Es una cadena situada paralelamente a la principal y que se emplea para hacer regresar al principio de la cadena principal a aquellos hornos que por diversas razones no han pasado por montaje o por verificación al llegar al final de dichas zonas.

15.3.1 Funcionamiento automático

Antes de entrar en la parte de la cadena controlada por el 2º autómata, el horno ya lleva asignada la ruta a seguir. En esta ruta a seguir siempre deberá haber incluido un puesto de montaje y uno de verificación. Pero cabe la posibilidad de que dicha ruta no se cumpla, dependiendo de las condiciones que presenten los puestos de trabajo, tanto de montaje como de verificación, cuando el horno llegue a la entrada de cada puesto (debido a que esté saturado en entrada, al tener 3 hornos en las 3 mesas de la cadena de entrada, o bien por no estar operativo al encontrarse averiado o desconectado mediante la llave de desconexión o en control manual).

La lectura de la ruta del horno se realiza una mesa antes de llegar a la que posibilita la entrada al puesto de montaje (mesa tipo TEC TIPO A):

- *En la mesa TC30 para la entrada al puesto de montaje 1.*
- *En la mesa TC31C para la entrada al puesto de montaje 2.*
- *En la mesa TC32C para la entrada al puesto de montaje 3.*
- *En la mesa TC33C para la entrada al puesto de montaje 4.*
- *En la mesa TC34C para la entrada al puesto de verificación 1.*
- *En la mesa TC35C para la entrada al puesto de verificación 2.*

Una vez que se realiza la lectura y el horno está en la mesa de entrada al puesto, se llevará a cabo el tratamiento de los datos leídos y se decidirá si el horno debe entrar o no en el puesto de montaje o verificación que tiene delante. Estas mesas de entrada son:

- *TC31A para el puesto de montaje 1.*
- *TC32A para el puesto de montaje 2.*
- *TC33A para el puesto de montaje 3.*
- *TC34A para el puesto de montaje 4.*
- *TC35A para el puesto de verificación 1.*
- *TC36A para el puesto de verificación 2.*

15.3.2 Control manual

El control manual de esta zona se clasifica en 7 partes:

- *Control del puesto de montaje nº 1.*
- *Control del puesto de montaje nº 2.*
- *Control del puesto de montaje nº 3.*
- *Control del puesto de montaje nº 4.*
- *Control del puesto de verificación nº 1.*
- *Control del puesto de verificación nº 2.*
- *Control de la cadena principal y la de recirculación.*

Cuando se desea controlar manualmente alguno de los puestos de trabajo, ya sea de montaje o verificación, el puesto correspondiente se detiene mientras que el resto permanece en funcionamiento. Sólo puede controlarse manualmente un puesto cada vez, nunca más de uno. Cuando se desea realizar el control manual sobre otro puesto, el anterior vuelve a funcionamiento automático para que el otro pueda entrar en funcionamiento manual.

Al controlar manualmente la cadena principal o la de recirculación, se provoca el paro de toda la zona 2, ya que no tiene sentido permitir el funcionamiento de los puestos de trabajo si los hornos no pueden salir de los mismos. Como la cadena principal forma parte de la cadena principal de la zona 1 y 3, cuando se lleva a cabo un control manual de la misma además de provocar el paro anterior, se paran también las otras dos cadenas de las zonas 1 y 3. El dato que informa sobre el control manual de la cadena principal se transmite a los autómatas de la zona 1 y 3 mediante una palabra de la tabla compartida. De esta forma, éstos sabrán cuándo tienen que detener su propia cadena.

15.3.3 Comportamiento ante los fallos

En uno de los apartados anteriores se han definido los fallos que pueden tener lugar en las distintas mesas, en las cadenas o en la estructura hardware del autómata. Cada vez que se produce uno de los fallos o paradas aparece un mensaje en la MAGELIS situada en el armario de la zona.

Cuando se produce un fallo en alguna de las mesas:

- Si pertenece a uno de los puestos de trabajo, ya sea de montaje o verificación, éste parará su funcionamiento mientras el resto de los puestos y de la zona seguirá funcionando con normalidad.
- Si pertenece a la cadena principal o a la de recirculación, provocará el paro de toda la zona al igual que sucede con el control manual de la misma. Como esta cadena principal forma parte de la cadena principal de las zonas 1 y 3, cuando se produce un fallo en la misma, además de provocar el paro de la zona 2, se paran también las otras dos cadenas de las zonas 1 y 3. El dato que informa sobre el fallo producido en la cadena se transmite a los autómatas de la zona 1 y 3 mediante una palabra de la tabla compartida. De esta forma, éstos sabrán cuándo tienen que detener su propia cadena.

Para rearmar el sistema, hay que pulsar el botón de rearme situado en el terminal MAGELIS de cada zona.

NOTAS

En el caso de que los 4 puestos de montaje o los 2 de verificación estuvieran fuera de funcionamiento por la razón que fuera (averiados, desconectados, en control manual…), saltaría una alarma general que provocaría el paro de toda la zona.

Este caso se ha programado de esta manera, ya que si los hornos no pueden ser montados, no tiene sentido el permitirles seguir avanzando por la cadena.

15.4 HARDWARE Y CABLEADO DE LA ZONA 2

Los componentes utilizados en el diseño de la Automatización son comunes a cada una de las 4 zonas en que se divide la línea de producción.

Estos componentes son:

- *Autómata TSX-Premium*

  Se ha utilizado un total de 4 Autómatas TSX Premium, dedicado cada uno de ellos a controlar una zona de la Instalación Automatizada.

- *Bus AS-i*

  Para simplificar y reducir al máximo la fase de cableado y mantenimiento posterior el cableado se realiza mediante bus AS-i. En la instalación se han utilizado 17 buses AS-i. 4 en la zona 1, 5, en la zona 2, 5, en la zona 3 y 3 en la zona 4.

- *Terminales de control MAGELIS*

  Son paneles de Control gráficos. Hay un total de 7 terminales distribuidas por la instalación.

- *Sistema de identificación de productos INDUCTEL.*

  La razón por la que ha sido elegido es porque facilita mucho la tarea de producción y la programación de la línea de fabricación, además de que permite llevar un control exhaustivo de cada horno.

15.4.1 Armario de autómata

La zona 2 está controlada por un Autómata Premium del cual parten cinco buses AS-i. El autómata se encuentra situado en el interior del Armario 2, junto con las fuentes de alimentación auxiliares de los buses AS-i y elementos auxiliares de alimentación y protección eléctrica. La disposición de los elementos dentro del armario se puede observar en la Figura 15.9.

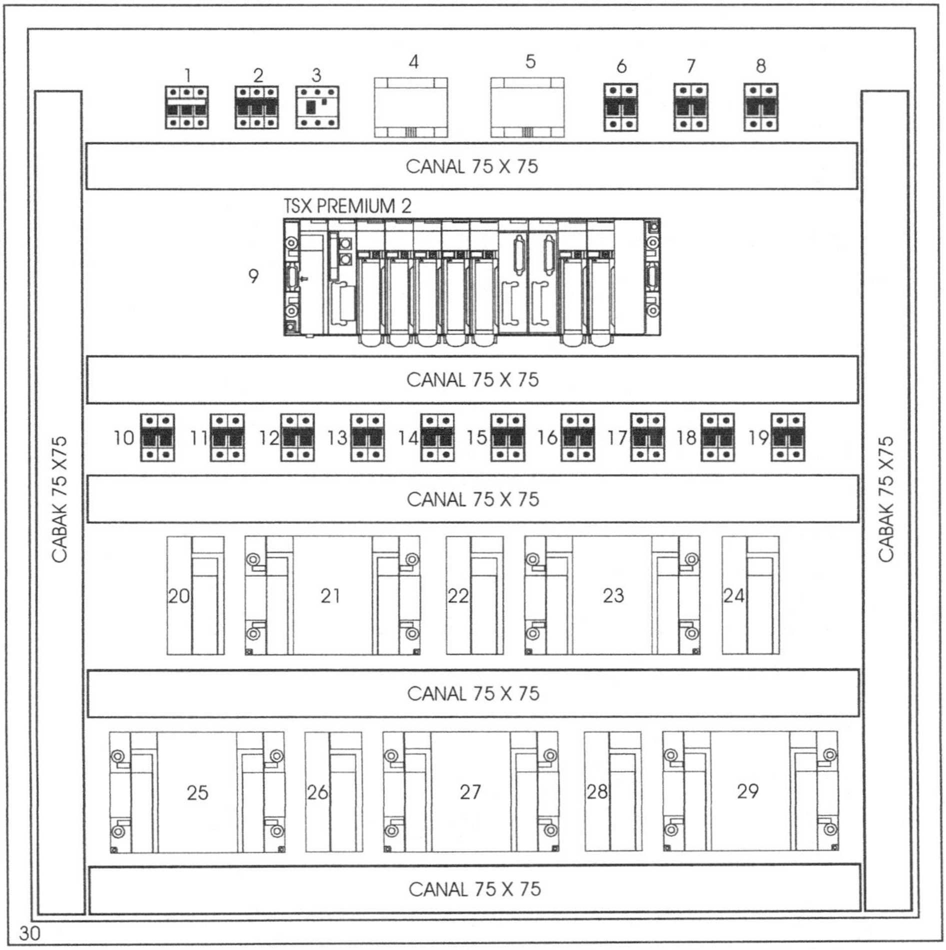

Figura 15.9

1. (Fu1, Fu2, FU3)3 200A
2. Qf2, MAGNETOTÉRMICO TRIPOLAR 160A REGULABLE
3. Qd1, INTERRUPTOR DIFERENCIAL 30mA 160A
4. Tm2, TRANSFORMADOR DE POTENCIA 380/220V 63VA
5. Tm3, TRANSFORMADOR DE POTENCIA 380/220V 1200VA
6. Q12, MAGNETOTÉRMICO BIPOLAR 0,5A
7. Q13, MAGNETOTÉRMICO BIPOLAR 1A
8. Q14, MAGNETOTÉRMICO BIPOLAR 5A
9. AUTÓMATA TSXPREMIUM 2
10. Q15, MAGNETOTÉRMICO BIPOLAR 1A
11. Q16, MAGNETOTÉRMICO BIPOLAR 1A
12. Q17, MAGNETOTÉRMICO BIPOLAR 1A
13. Q18, MAGNETOTÉRMICO BIPOLAR 1A
14. Q19, MAGNETOTÉRMICO BIPOLAR 1A
15. Q20, MAGNETOTÉRMICO BIPOLAR 1A
16. Q21, MAGNETOTÉRMICO BIPOLAR 1A
17. Q22, MAGNETOTÉRMICO BIPOLAR 1A
18. Q23, MAGNETOTÉRMICO BIPOLAR 1A
19. Q24, MAGNETOTÉRMICO BIPOLAR 1A
20. Gs9, TBX SUP A02, ALIMENTACIÓN BUS AS-I 1
21. Gs10, TBX SUP A05, ALIMENTACIÓN AUXILIAR BUS ASI 1
22. Gs11, TBX SUP A02, ALIMENTACIÓN BUS AS-I 2
23. Gs12, TBX SUP A05, ALIMENTACIÓN AUXILIAR BUS ASI 2
24. Gs13, TBX SUP A02, ALIMENTACIÓN BUS AS-I 3
25. Gs14, TBX SUP A05, ALIMENTACIÓN AUXILIAR BUS ASI 3
26. Gs15, TBX SUP A02, ALIMENTACIÓN BUS AS-I 4
27. Gs16, TBX SUP A05, ALIMENTACIÓN AUXILIAR BUS ASI 4
28. Gs17, TBX SUP A02, ALIMENTACIÓN BUS AS-I 5
29. Gs18, TBX SUP A05, ALIMENTACIÓN AUXILIAR BUS ASI 5
30. ARMARIO 2 METÁLICO "MONOBLOC"

En la Figura 15.10 se observa la disposición del terminal gráfico Magelis y de la seta de Emergencia en el exterior del Armario.

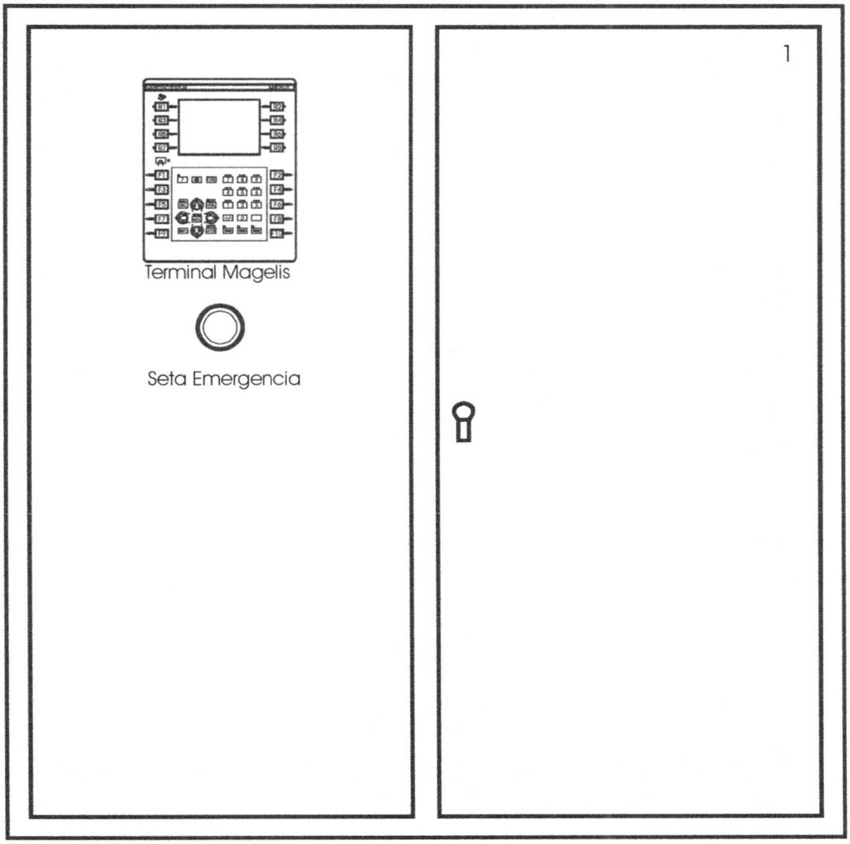

Figura 15.10

Autómata programable TSX Premium

La composición del Autómata que controla la zona 2 se describe en la Figura 15.11.

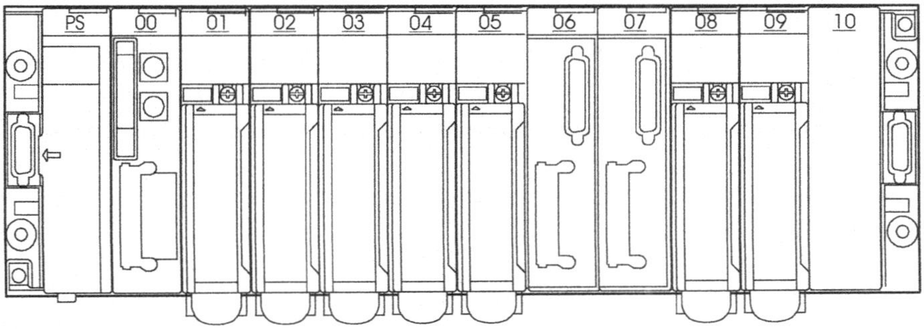

Figura 15.11

PS: Fuente de alimentación PSY 2600

00: Procesador TSX 57352

01: Maestro del bus AS-i SAY 100

02: Maestro del bus AS-i SAY 100

03: Maestro del bus AS-i SAY 100

04: Maestro del bus AS-i SAY 100

05: Maestro del bus AS-i SAY 100

06: Comunicación SCY 21601

07: Comunicación SCY 21601

08: Salidas Todo o Nada DSY 08R4D

09: Entradas Todo o Nada DEY 08D2

10: Módulo libre

El procesador empleado en la configuración del autómata TSX-Premium es el TSX 57352 V3.0. Ocupa la posición 0 del rack, es decir, se coloca detrás de la fuente de alimentación. Al ser de formato estándar, ocupa solamente una posición.

En el frontal del procesador se distingue:

- *Bloque de visualización con 4 pilotos:*

  - Piloto RUN (verde): encendido si el procesador está en funcionamiento (ejecución del programa).

  - Piloto ERR (rojo): si está encendido indica un fallo en el procesador y en sus componentes instalados (tarjeta de memoria PCMCIA y tarjeta de comunicación PCMCIA).

  - Piloto I/O (rojo): si está encendido indica un fallo en otro módulo de la estación o un defecto de configuración.

  - Piloto TER (amarillo): si parpadea, indica actividad en la toma terminal.

- *Pulsador RESET que arranca en frío el autómata cuando se acciona.*

- *Toma terminal TER: conexión de un terminal de programación o de reglaje.*

- *Toma terminal AUX: conexión de un periférico.*

- *Un emplazamiento para una tarjeta de ampliación de memoria de formato PCMCIA.*

- *Un emplazamiento para una tarjeta de comunicación de formato también PCMCIA.*

Este procesador gestiona el conjunto de los módulos ubicados en el rack. Incluye:

- *Una memoria RAM interna no volátil donde se puede almacenar la aplicación al completo y que puede ampliarse mediante una tarjeta de memoria PCMCIA (RAM o Flash EPROM).*

- *Un reloj calendario.*

- *Distintos modos de comunicación:*

  - Comunicación mediante toma terminal (modo UNI-TELWAY o modo de caracteres): 2 tomas de terminal permiten la conexión de varios equipos al mismo tiempo.

  - Comunicación mediante tarjeta PCMCIA. Un emplazamiento compatible con diferentes tarjetas de comunicación (FIPWAY, Agent, FIPIO, UNI-TELWAY, Modbus/Jbus, enlaces serie).

El procesador lleva incluido en:

- *Vía 0: enlace UNITELWAY.*

- *Vía 1: una tarjeta PCMCIA (FIPWAY) TSX FPP20.*

- *La memoria del procesador está ampliada con una PCMCIA y presenta un tamaño de 256K palabras (128Kx2).*

15.4.2 Buses AS-i

Como Maestro del bus AS-i se utilizan los módulos **" TSX SAY 100"** de formato estándar. Está integrado en el autómata y ocupa por tanto una sola posición en el rack. Éstos empiezan a aparecer a partir de la posición nº 1 del rack, justo después del módulo del procesador. El número empleado de estos módulos maestro, dentro de la misma configuración del autómata TSX-Premium, depende de la zona de la línea de producción en la que se encuentre y de la distribución de los accionadores y detectores que se haya realizado en cada bus AS-i. Es el único módulo de maestro AS-i que hay para el autómata TSX-Premium.

En la parte frontal del módulo maestro aparecen:

- *Una ranura para introducir el cable plano del bus AS-i (que se conecta al bornero que hay en el interior del módulo).*

- *Cuatro pilotos de señalización:*

  - Piloto RUN: módulo en funcionamiento.

- Piloto ERR: defecto del módulo o del enlace bus.

- Piloto COM: comunicación bus AS-i activa.

- Piloto AS-i: defecto de configuración en el bus.

- *Un pulsador de reenvío de la visualización del bus AS-i en la parte frontal del autómata.*

El módulo maestro de bus AS-i se encarga de gestionar los esclavos que hay conectados al bus AS-i. Confiere al autómata TSX-Premium la función de maestro AS-i, que puede gestionar hasta 31 esclavos. El maestro interroga por turno a los equipos conectados al bus AS-i y almacena la información (estado de los accionadores y captadores, estado de funcionamiento de los equipos) en la memoria del autómata. La gestión de la comunicación en el bus AS-i es totalmente trasparente para el programa de aplicación del autómata.

En el rack del Autómata se ha dispuesto un total de cinco módulos TSX SAY 100. Del Autómata parten cinco buses AS-i independientes cuyo cableado y objetos asociados de entradas/salidas leíbles y escribibles desde el programa de Aplicación se observan en las figuras siguientes:

%I\1.0\1.0	EBOOL	B2_pt31	MESA ABAJO PUESTO DE TRABAJO 31
%I\1.0\1.1	EBOOL	B3_pt31	MESA ARRIBA
%I\1.0\1.2	EBOOL	B5_pt31	TRANSFER ABAJO
%I\1.0\1.3	EBOOL	B6_pt31	TRANSFER ARRIBA
%Q\1.0\1.0	EBOOL	Ev1a_pt31	SUBIR MESA
%Q\1.0\1.1	EBOOL	Ev2a_pt31	SUBIR TRANSFER
%Q\1.0\1.2	EBOOL	Ev1b_pt31	BAJAR MESA
%Q\1.0\1.3	EBOOL	Ev2b_pt31	BAJAR TRANSFER
%I\1.0\1.0.ERR	BOOL	Esclavo1_pt31	
%I\1.0\2.0	EBOOL	B2_pt32	MESA ABAJO PUESTO DE TRABAJO 32
%I\1.0\2.1	EBOOL	B3_pt32	MESA ARRIBA
%I\1.0\2.2	EBOOL	B5_pt32	TRANSFER ABAJO
%I\1.0\2.3	EBOOL	B6_pt32	TRANSFER ARRIBA
%Q\1.0\2.0	EBOOL	Ev1a_pt32	SUBIR MESA
%Q\1.0\2.1	EBOOL	Ev2a_pt32	SUBIR TRANSFER
%Q\1.0\2.2	EBOOL	Ev1b_pt32	BAJAR MESA
%Q\1.0\2.3	EBOOL	Ev2b_pt32	BAJAR TRANSFER
%I\1.0\2.0.ERR	BOOL	Esclavo1_pt32	
%I\1.0\3.0	EBOOL	B2_pt33	MESA ABAJO PUESTO DE TRABAJO 33
%I\1.0\3.1	EBOOL	B3_pt33	MESA ARRIBA
%I\1.0\3.2	EBOOL	B5_pt33	TRANSFER ABAJO
%I\1.0\3.3	EBOOL	B6_pt33	TRANSFER ARRIBA
%Q\1.0\3.0	EBOOL	Ev1a_pt33	SUBIR MESA
%Q\1.0\3.1	EBOOL	Ev2a_pt33	SUBIR TRANSFER
%Q\1.0\3.2	EBOOL	Ev1b_pt33	BAJAR MESA
%Q\1.0\3.3	EBOOL	Ev2b_pt33	BAJAR TRANSFER
%I\1.0\3.0.ERR	BOOL	Esclavo1_pt33	
%I\1.0\4.0	EBOOL	B2_pt34	MESA ABAJO PUESTO DE TRABAJO 34
%I\1.0\4.1	EBOOL	B3_pt34	MESA ARRIBA
%I\1.0\4.2	EBOOL	B5_pt34	TRANSFER ABAJO
%I\1.0\4.3	EBOOL	B6_pt34	TRANSFER ARRIBA
%Q\1.0\4.0	EBOOL	Ev1a_pt34	SUBIR MESA
%Q\1.0\4.1	EBOOL	Ev2a_pt34	SUBIR TRANSFER
%Q\1.0\4.2	EBOOL	Ev1b_pt34	BAJAR MESA
%Q\1.0\4.3	EBOOL	Ev2b_pt34	BAJAR TRANSFER

Figura 15.12

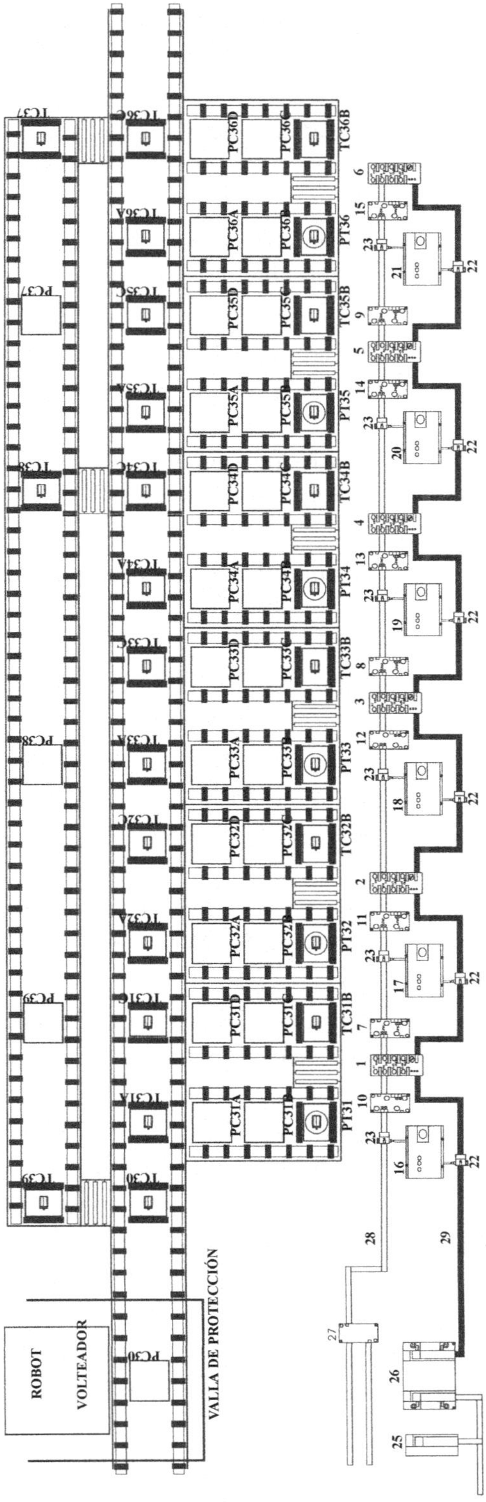
ROBOT
VOLTEADOR
VALLA DE PROTECCIÓN
PC30
TC30
TC31A
TC31C
TC32A
TC32C
TC33A
TC33C
TC34A
TC34C
TC35A
TC35C
TC36A
TC36C
TC37
TC38
TC39
PC37
PC38
PC39
PC31A
PC31B
PC31C
PC31D
PC32A
PC32B
PC32C
PC32D
PC33A
PC33B
PC33C
PC33D
PC34A
PC34B
PC34C
PC34D
PC35A
PC35B
PC35C
PC35D
PC36A
PC36B
PC36C
PC36D
PT31
PT32
PT33
PT34
PT35
PT36
TC31B
TC32B
TC33B
TC34B
TC35B
TC36B
1
2
3
4
5
6
7
8
9
10
11
12
13
14
15
16
17
18
19
20
21
22
23
25
26
27
28
29

Figura 15.13

1 XZ-SCA44D11	Repartidor activo que permite conectar sensores o accionadores estándar (4E/4S).
2 XZ-SCA44D11	Repartidor activo que permite conectar sensores o accionadores estándar (4E/4S).
3 XZ-SCA44D11	Repartidor activo que permite conectar sensores o accionadores estándar (4E/4S).
4 XZ-SCA44D11	Repartidor activo que permite conectar sensores o accionadores estándar (4E/4S).
5 XZ-SCA44D11	Repartidor activo que permite conectar sensores o accionadores estándar (4E/4S).
6 XZ-SCA44D11	Repartidor activo que permite conectar sensores o accionadores estándar (4E/4S).
7 XZ-SDA40D3	Repartidor activo que permite conectar sensores o accionadores estándar (4E).
8 XZ-SDA40D3	Repartidor activo que permite conectar sensores o accionadores estándar (4E).
9 XZ-SDA40D3	Repartidor activo que permite conectar sensores o accionadores estándar (4E).
10 XZ-SDA40D3	Repartidor activo que permite conectar sensores o accionadores estándar (4E).
11 XZ-SDA40D3	Repartidor activo que permite conectar sensores o accionadores estándar (4E).
12 XZ-SDA40D3	Repartidor activo que permite conectar sensores o accionadores estándar (4E).
13 XZ-SDA40D3	Repartidor activo que permite conectar sensores o accionadores estándar (4E).
14 XZ-SDA40D3	Repartidor activo que permite conectar sensores o accionadores estándar (4E).

15	XZ-SDA40D3	Repartidor activo que permite conectar sensores o accionadores estándar (4E).
16	LF1-K09BWM08C	Arrancador directo en cofre con un sentido de marcha.
17	LF1-K09BWM08C	Arrancador directo en cofre con un sentido de marcha.
18	LF1-K09BWM08C	Arrancador directo en cofre con un sentido de marcha.
19	LF1-K09BWM08C	Arrancador directo en cofre con un sentido de marcha.
20	LF1-K09BWM08C	Arrancador directo en cofre con un sentido de marcha.
21	LF1-K09BWM08C	Arrancador directo en cofre con un sentido de marcha.
22	XZ-CG0121D	Derivación a conexión al bus con toma vampiro, conexión al accionador por cable 2 x 0.34 mm2 con hilos con conector M12 recto.
23	XZ-CG0122	Derivación a conexión al bus con toma vampiro, conexión al accionador por cable 2 x 0.34 mm2 con hilos para bornero.
24	SAY100	Maestro del bus AS-i.
25	TSX-SUP A02	Fuente de alimentación para el conjunto de los accionadores/sensores del bus AS-i.
26	TSX-SUP A05	Fuente de alimentación auxiliar de 24 V para el conjunto de accionadores con altos consumos de corriente.
27	XZSDE1113+XZ-SDP	Repartidor pasivo que permite conectar los dos cables AS-i con tomas vampiro.
28	XZ-CB10501	Cable plano amarillo para bus con perfil especial para evitar las inversiones de polaridad, formado por dos conductores sin trenzar y sin apantallar.
29	XZ-CB10502	Cable plano negro para alimentación 24V auxiliar, con perfil especial para evitar las inversiones de polaridad, formado por dos conductores sin trenzar y sin apantallar.

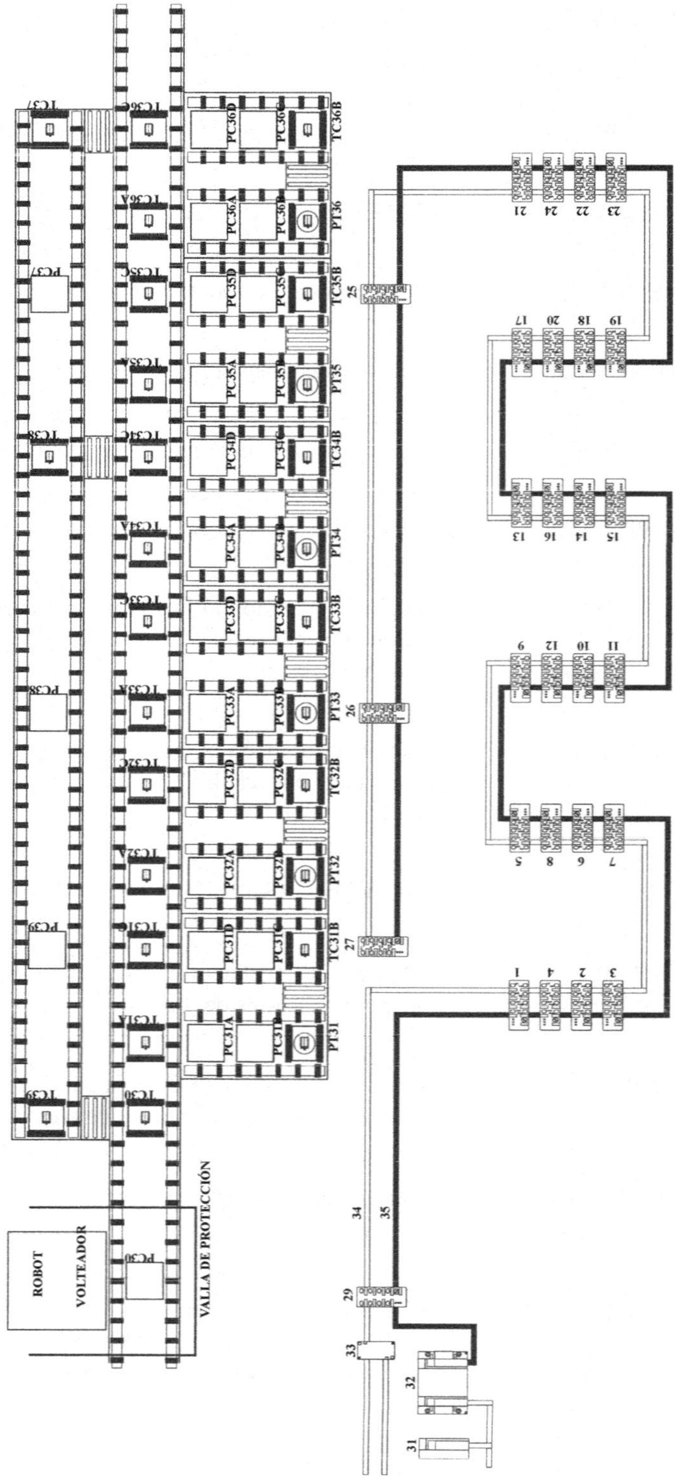
ROBOT
VOLTEADOR
VALLA DE PROTECCIÓN
PC30
TC30
TC39
PC39
PC38
TC38
PC37
TC37
TC31A
PC31A
PC31B
PT31
PC31C
PC31D
TC31B
TC31C
TC32A
PC32A
PC32B
PT32
PC32C
PC32D
TC32B
TC32C
TC33A
PC33A
PC33B
PT33
PC33C
PC33D
TC33B
TC33C
TC34A
PC34A
PC34B
PT34
PC34C
PC34D
TC34B
TC34C
TC35A
PC35A
PC35B
PT35
PC35C
PC35D
TC35B
TC35C
TC36A
PC36A
PC36B
PT36
PC36C
PC36D
TC36B
TC36C

Figura 15.14

1 XZ-SCA44D11	Repartidor activo que permite conectar sensores o accionadores estándar (4E/4S).
2 XZ-SCA44D11	Repartidor activo que permite conectar sensores o accionadores estándar (4E/4S).
3 XZ-SCA44D11	Repartidor activo que permite conectar sensores o accionadores estándar (4E/4S).
4 XZ-SCA44D11	Repartidor activo que permite conectar sensores o accionadores estándar (4E/4S).
5 XZ-SCA44D11	Repartidor activo que permite conectar sensores o accionadores estándar (4E/4S).
6 XZ-SCA44D11	Repartidor activo que permite conectar sensores o accionadores estándar (4E/4S).
7 XZ-SCA44D11	Repartidor activo que permite conectar sensores o accionadores estándar (4E/4S).
8 XZ-SCA44D11	Repartidor activo que permite conectar sensores o accionadores estándar (4E/4S).
9 XZ-SCA44D11	Repartidor activo que permite conectar sensores o accionadores estándar (4E/4S).
10 XZ-SCA44D11	Repartidor activo que permite conectar sensores o accionadores estándar (4E/4S).
11 XZ-SCA44D11	Repartidor activo que permite conectar sensores o accionadores estándar (4E/4S).
12 XZ-SCA44D11	Repartidor activo que permite conectar sensores o accionadores estándar (4E/4S).
13 XZ-SCA44D11	Repartidor activo que permite conectar sensores o accionadores estándar (4E/4S).
14 XZ-SCA44D11	Repartidor activo que permite conectar sensores o accionadores estándar (4E/4S).
15 XZ-SCA44D11	Repartidor activo que permite conectar sensores o accionadores estándar (4E/4S).
16 XZ-SCA44D11	Repartidor activo que permite conectar sensores o accionadores estándar (4E/4S).
17 XZ-SCA44D11	Repartidor activo que permite conectar sensores o accionadores estándar (4E/4S).

18	XZ-SCA44D11	Repartidor activo que permite conectar sensores o accionadores estándar (4E/4S).
19	XZ-SCA44D11	Repartidor activo que permite conectar sensores o accionadores estándar (4E/4S).
20	XZ-SCA44D11	Repartidor activo que permite conectar sensores o accionadores estándar (4E/4S).
21	XZ-SCA44D11	Repartidor activo que permite conectar sensores o accionadores estándar (4E/4S).
22	XZ-SCA44D11	Repartidor activo que permite conectar sensores o accionadores estándar (4E/4S).
23	XZ-SCA44D11	Repartidor activo que permite conectar sensores o accionadores estándar (4E/4S).
24	XZ-SCA44D11	Repartidor activo que permite conectar sensores o accionadores estándar (4E/4S).
25	XZ-SCA44D11	Repartidor activo que permite conectar sensores o accionadores estándar (4E/4S).
26	XZ-SCA44D11	Repartidor activo que permite conectar sensores o accionadores estándar (4E/4S).
27	XZ-SCA44D11	Repartidor activo que permite conectar sensores o accionadores estándar (4E/4S).
29	XZ-SCA44D11	Repartidor activo que permite conectar sensores o accionadores estándar (4E/4S).
30	SAY100	Maestro del bus AS-i.
31	TSX-SUP A02	Fuente de alimentación para el conjunto de los accionadores/sensores del bus AS-i.
32	TSX-SUP A05	Fuente de alimentación auxiliar de 24 V para el conjunto de accionadores con altos consumos de corriente.
33	XZSDE1113+XZ-SDP	Repartidor pasivo que permite conectar los dos cables AS-i con tomas vampiro.
34	XZ-CB10501	Cable plano amarillo para bus con perfil especial para evitar las inversiones de polaridad, formado por dos conductores sin trenzar y sin apantallar.
35	XZ-CB10502	Cable plano negro para alimentación 24V auxiliar, con perfil especial para evitar las inversiones de polaridad, formado por dos conductores sin trenzar y sin apantallar.

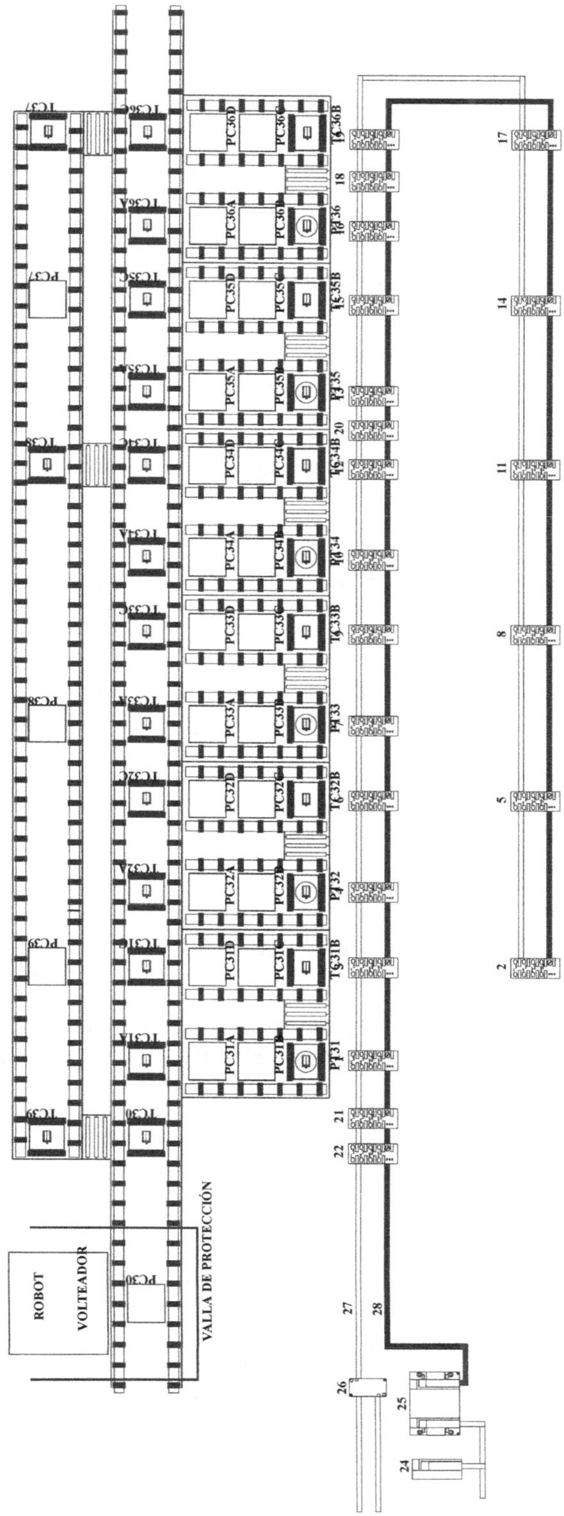
ROBOT
VOLTEADOR
VALLA DE PROTECCIÓN
PC30
PC31A
PC31D
PC32A
PC32D
PC33A
PC33D
PC34A
PC34D
PC35A
PC35D
PC36A
PC36D
2
5
8
11
14
17
18
20
21
22
24
25
26
27
28

Figura 15.15

1	XZ-SCA44D11	Repartidor activo que permite conectar sensores o accionadores estándar (4E/4S). TC31A
2	XZ-SCA44D11	Repartidor activo que permite conectar sensores o accionadores estándar (4E/4S). TC31B
3	XZ-SCA44D11	Repartidor activo que permite conectar sensores o accionadores estándar (4E/4S). TC31C
4	XZ-SCA44D11	Repartidor activo que permite conectar sensores o accionadores estándar (4E/4S). TC32A
5	XZ-SCA44D11	Repartidor activo que permite conectar sensores o accionadores estándar (4E/4S). TC32B
6	XZ-SCA44D11	Repartidor activo que permite conectar sensores o accionadores estándar (4E/4S). TC32C
7	XZ-SCA44D11	Repartidor activo que permite conectar sensores o accionadores estándar (4E/4S). TC33A
8	XZ-SCA44D11	Repartidor activo que permite conectar sensores o accionadores estándar (4E/4S). TC33B
9	XZ-SCA44D11	Repartidor activo que permite conectar sensores o accionadores estándar (4E/4S). TC33C
10	XZ-SCA44D11	Repartidor activo que permite conectar sensores o accionadores estándar (4E/4S). TC34A
11	XZ-SCA44D11	Repartidor activo que permite conectar sensores o accionadores estándar (4E/4S). TC34B
12	XZ-SCA44D11	Repartidor activo que permite conectar sensores o accionadores estándar (4E/4S). TC34C
13	XZ-SCA44D11	Repartidor activo que permite conectar sensores o accionadores estándar (4E/4S). TC35A
14	XZ-SCA44D11	Repartidor activo que permite conectar sensores o accionadores estándar (4E/4S). TC35B

15	XZ-SCA44D11	Repartidor activo que permite conectar sensores o accionadores estándar (4E/4S). TC35C
16	XZ-SCA44D11	Repartidor activo que permite conectar sensores o accionadores estándar (4E/4S). TC36A
17	XZ-SCA44D11	Repartidor activo que permite conectar sensores o accionadores estándar (4E/4S). TC36B
18	XZ-SCA44D11	Repartidor activo que permite conectar sensores o accionadores estándar (4E/4S). TC36C
19	XZ-SCA44D11	Repartidor activo que permite conectar sensores o accionadores estándar (4E/4S). TC37
20	XZ-SCA44D11	Repartidor activo que permite conectar sensores o accionadores estándar (4E/4S). TC38
21	XZ-SCA44D11	Repartidor activo que permite conectar sensores o accionadores estándar (4E/4S). TC39
22	XZ-SCA44D11	Repartidor activo que permite conectar sensores o accionadores estándar (4E/4S). TC30
23	SAY100	Maestro del bus AS-i.
24	TSX-SUP A02	Fuente de alimentación para el conjunto de los accionadores/sensores del bus AS-i.
25	TSX-SUP A05	Fuente de alimentación auxiliar de 24 V para el conjunto de accionadores con altos consumos de corriente.
26	XZSDE1113+XZ-SDP	Repartidor pasivo que permite conectar los dos cables AS-i con tomas vampiro.
27	XZ-CB10501	Cable plano amarillo para bus con perfil especial para evitar las inversiones de polaridad, formado por dos conductores sin trenzar y sin apantallar.
28	XZ-CB10502	Cable plano negro para alimentación 24V auxiliar, con perfil especial para evitar las inversiones de polaridad, formado por dos conductores sin trenzar y sin apantallar.

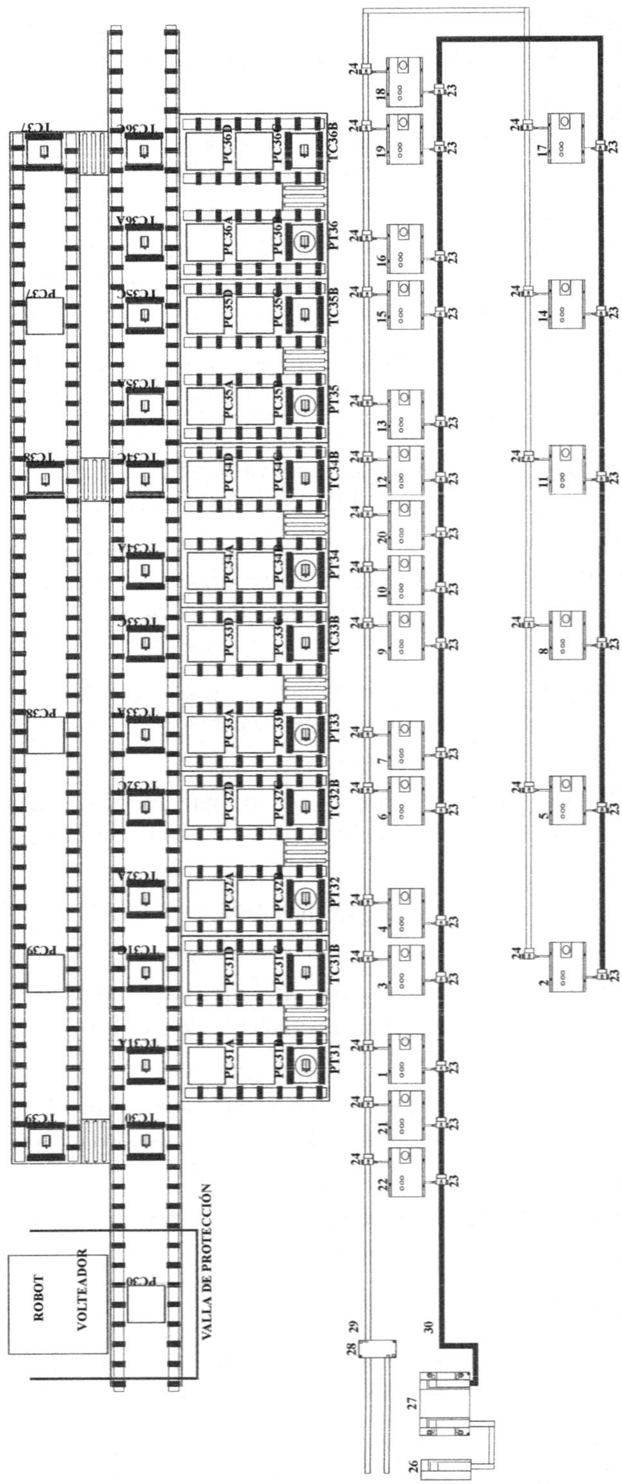
ROBOT
VOLTEADOR
VALLA DE PROTECCIÓN
PC30
PT31
TC31B
PT32
TC32B
PT33
TC33B
PT34
TC34B
PT35
TC35B
PT36
TC36B
PC37
PC38
PC39

Figura 15.16

1 LF1-K09BWM08C	Arrancador directo en cofre con un sentido de marcha. TC31A
2 LF1-K09BWM08C	Arrancador directo en cofre con un sentido de marcha. TC31B
3 LF1-K09BWM08C	Arrancador directo en cofre con un sentido de marcha. TC31C
4 LF1-K09BWM08C	Arrancador directo en cofre con un sentido de marcha. TC32A
5 LF1-K09BWM08C	Arrancador directo en cofre con un sentido de marcha. TC32B
6 LF1-K09BWM08C	Arrancador directo en cofre con un sentido de marcha. TC32C
7 LF1-K09BWM08C	Arrancador directo en cofre con un sentido de marcha. TC33A
8 LF1-K09BWM08C	Arrancador directo en cofre con un sentido de marcha. TC33B
9 LF1-K09BWM08C	Arrancador directo en cofre con un sentido de marcha. TC33C
10 LF1-K09BWM08C	Arrancador directo en cofre con un sentido de marcha. TC34A
11 LF1-K09BWM08C	Arrancador directo en cofre con un sentido de marcha. TC34B
12 LF1-K09BWM08C	Arrancador directo en cofre con un sentido de marcha. TC34C
13 LF1-K09BWM08C	Arrancador directo en cofre con un sentido de marcha. TC35A
14 LF1-K09BWM08C	Arrancador directo en cofre con un sentido de marcha. TC35B
15 LF1-K09BWM08C	Arrancador directo en cofre con un sentido de marcha. TC35C
16 LF1-K09BWM08C	Arrancador directo en cofre con un sentido de marcha. TC36A

17	LF1-K09BWM08C	Arrancador directo en cofre con un sentido de marcha. TC36B
18	LF1-K09BWM08C	Arrancador directo en cofre con un sentido de marcha. TC36C
19	LF1-K09BWM08C	Arrancador directo en cofre con un sentido de marcha. TC37
20	LF1-K09BWM08C	Arrancador directo en cofre con un sentido de marcha. TC38
21	LF1-K09BWM08C	Arrancador directo en cofre con un sentido de marcha. TC39
22	LF1-K09BWM08C	Arrancador directo en cofre con un sentido de marcha. TC30
23	XZ-CG0121D	Derivación a conexión al bus con toma vampiro, conexión al accionador por cable 2 x 0.34 mm^2 con hilos con conector M12 recto.
24	XZ-CG0122	Derivación a conexión al bus con toma vampiro, conexión al accionador por cable 2 x 0.34 mm^2 con hilos para bornero.
25	SAY100	Maestro del bus AS-i.
26	TSX-SUP A02	Fuente de alimentación para el conjunto de los accionadores/sensores del bus AS-i.
27	TSX-SUP A05	Fuente de alimentación auxiliar de 24 V para el conjunto de accionadores con altos consumos de corriente.
28	XZSDE1113+XZ-SDP	Repartidor pasivo que permite conectar los dos cables AS-i con tomas vampiro.
29	XZ-CB10501	Cable plano amarillo para bus con perfil especial para evitar las inversiones de polaridad, formado por dos conductores sin trenzar y sin apantallar.
30	XZ-CB10502	Cable plano negro para alimentación 24V auxiliar, con perfil especial para evitar las inversiones de polaridad, formado por dos conductores sin trenzar y sin apantallar.

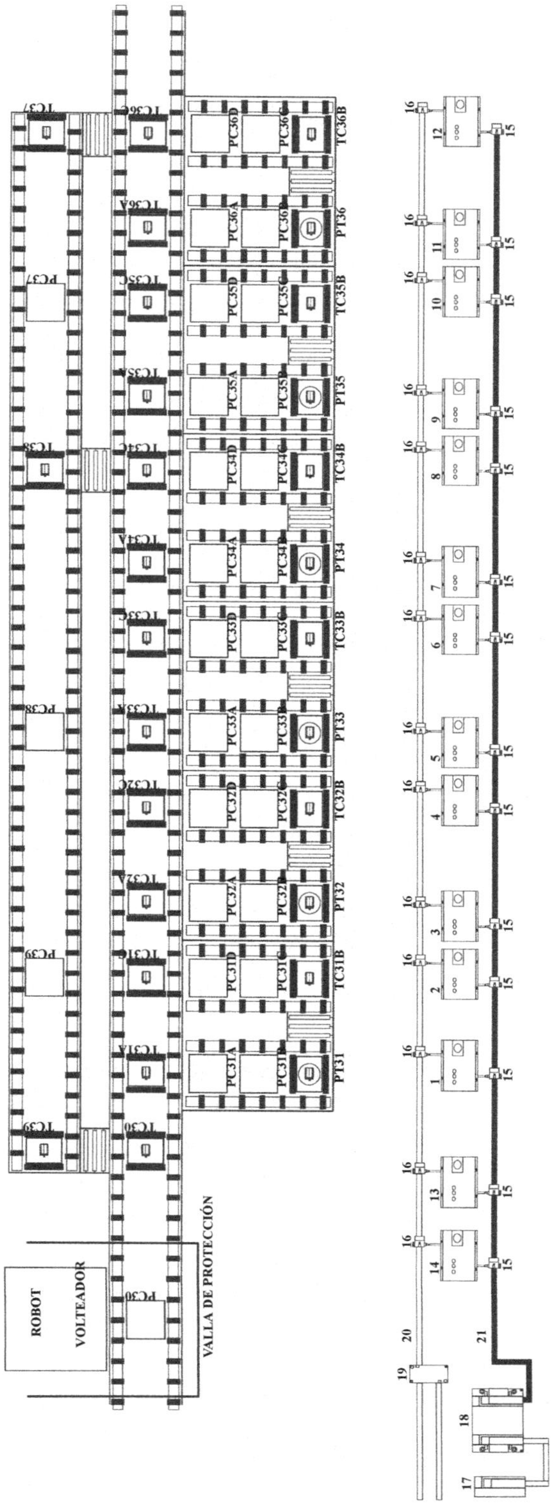
ROBOT
VOLTEADOR
VALLA DE PROTECCIÓN
PT31
TC31B
PT32
TC32B
PT33
TC33B
PT34
TC34B
PT35
TC35B
PT36
TC36B

Figura 15.17

1 LF1-K09BWM14C	Arrancador directo CADENA PT31A.
2 LF1-K09BWM14C	Arrancador directo CADENA PT31B.
3 LF1-K09BWM14C	Arrancador directo CADENA PT32A.
4 LF1-K09BWM14C	Arrancador directo CADENA PT32B.
5 LF1-K09BWM14C	Arrancador directo CADENA PT33A.
6 LF1-K09BWM14C	Arrancador directo CADENA PT33B.
7 LF1-K09BWM14C	Arrancador directo CADENA PT34A.
8 LF1-K09BWM14C	Arrancador directo CADENA PT34B.
9 LF1-K09BWM14C	Arrancador directo CADENA PT35A.
10 LF1-K09BWM14C	Arrancador directo CADENA PT35B.
11 LF1-K09BWM14C	Arrancador directo CADENA PT36A.
12 LF1-K09BWM14C	Arrancador directo CADENA PT36B.
13 LF1-K09BWM14C	Arrancador directo CADENA PRINCIPAL.
14 LF1-K09BWM14C	Arrancador directo CADENA AUXILIAR.
15 XZ-CG0121D	Derivación a conexión al bus con toma vampiro, conexión al accionador por cable 2 x 0.34 mm^2 con hilos con conector M12 recto.
16 XZ-CG0122	Derivación a conexión al bus con toma vampiro, conexión al accionador por cable 2 x 0.34 mm^2 con hilos para bornero.
17 TSX-SUP A02	Fuente de alimentación para el conjunto de los accionadores/sensores del bus AS-i.
18 TSX-SUP A05	Fuente de alimentación auxiliar de 24 V para el conjunto de accionadores con altos consumos de corriente.
19 XZSDE1113+XZ-SDP	Repartidor pasivo que permite conectar los dos cables AS-i con tomas vampiro.
20 XZ-CB10501	Cable plano amarillo para bus con perfil especial para evitar las inversiones de polaridad, formado por dos conductores sin trenzar y sin apantallar.
21 XZ-CB10502	Cable plano negro para alimentación 24V auxiliar, con perfil especial para evitar las inversiones de polaridad, formado por dos conductores sin trenzar y sin apantallar.

15.4.3 Comunicación con periféricos

El módulo de comunicación utilizado es el “TSX-SCY 21601”. Es de formato estándar, por lo que ocupa una sola posición dentro del rack. Están colocados después de los módulos maestro de bus AS-i.

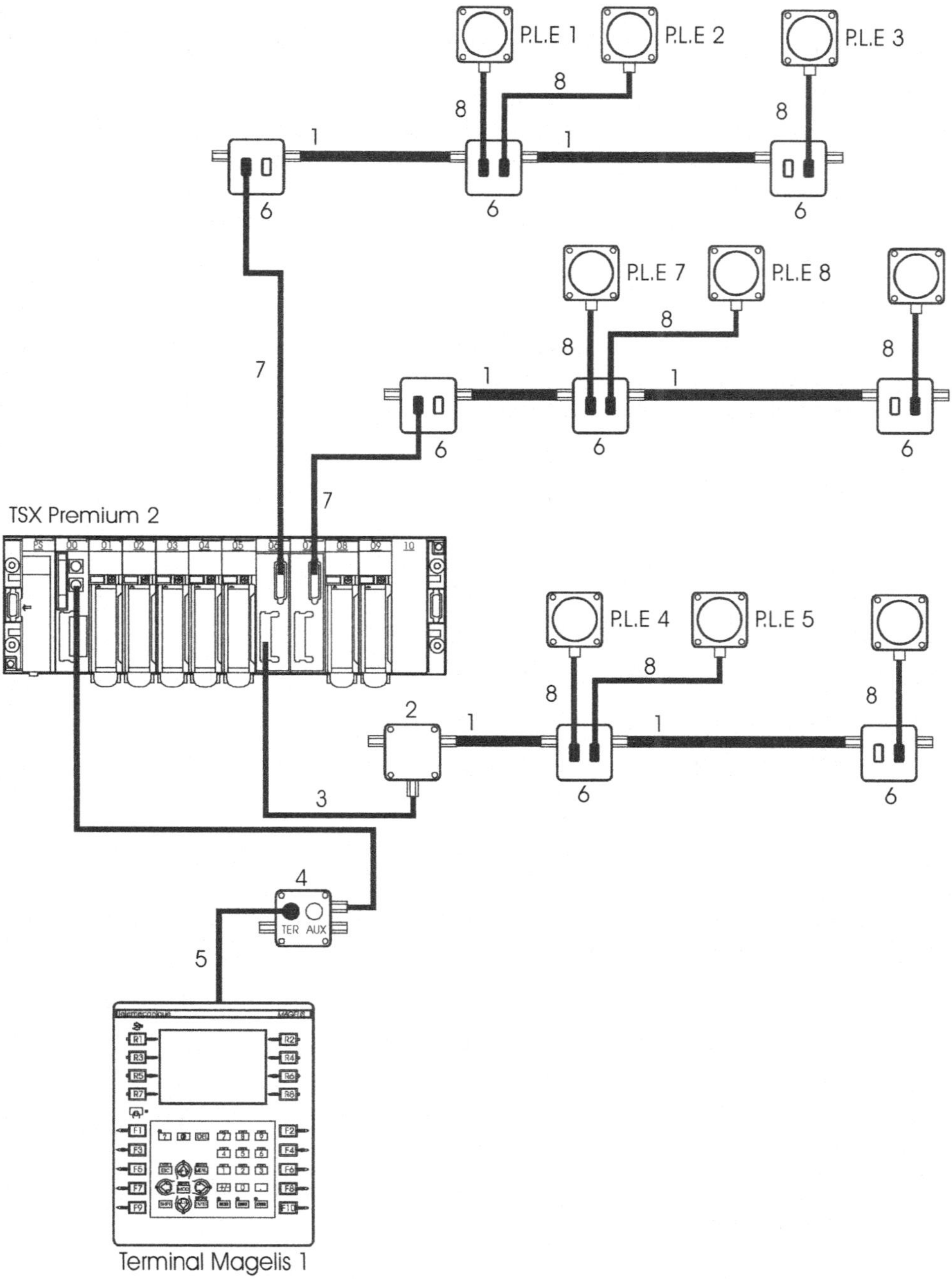

Figura 15.18

1. TSX CSA 100 Cable bus, par trenzado blindado doble. El blindado debe tener una toma de tierra en cada equipo.

2. TSX SCA 50 Caja de derivación pasiva, que adapta la impedancia cuando se encuentra en un extremo de línea.

3. TSX SCP CU 4030 Cable de conexión UNI-TELWAY entre la tarjeta PCMCIA instalada en el módulo TSX SCY 21601 y la caja TSX SCA 50.
4. TSX P ACC 01 Caja de conexión de autómatas TSX Premium al bus UNI-TELWAY a través de la toma terminal del autómata. El cable de conexión (1 m de longitud) está integrado en la caja. Aísla las señales (en distancias > 10m) y adapta la impedancia al final de línea. También fija el funcionamiento de la toma terminal (UNI-TELWAY Maestro/esclavo o modo caracteres).
5. XBT-Z968 Cable de conexión UNI-TELWAY entre el terminal Magelis y la caja TSX P ACC 01.
6. TSX SCA 62 Toma de abonado pasiva con 2 vías UNI-TELWAY, que codifica la dirección de los dos equipos conectados y adapta la impedancia cuando se encuentra en un extremo de línea.
7. TSX SCY CU 6530 Cable de conexión UNI-TELWAY entre la vía integrada del módulo TSX SCY 21601 y la toma de abonado TSX SCA 62.
8. TSX CSC 015 Cable de conexión entre un plot de lectura/escritura y la toma de abonado TSX SCA 62.

La parte frontal del módulo de comunicación incluye:

- *Emplazamiento para tarjeta de comunicación PCMCIA.*
- *Bloque de visualización con 3 leds:*

  - Piloto RUN: módulo funcionando.

  - Piloto ERR: fallo del módulo.

  - Piloto CH0: vía integrada enviando o recibiendo datos.

El módulo de comunicación permite ampliar las posibilidades de comunicación del autómata TSX-Premium. Disponen de dos vías de comunicaciones.

Estos módulos se emplean para:

- *Conectar los PLOTS de LECTURA/ESCRITURA del dispositivo de comunicación inductiva INDUCTEL y así permitir la comunicación entre dicho PLOT y la ETIQUETA identificativa que va situada en el palet de cada horno.*
- *Conectar terminales MAGELIS cuando el número de las mismas por zona es mayor de 1.*

En la Figura 15.18 se observa los cuatro buses Unitelway que parten del Autómata para comunicar con los plots de lectura/escritura y con la terminal Magelis.

15.4.4 Identificadores de productos

Para llevar un control sobre los hornos, se ha empleado un dispositivo de comunicación inductiva denominado INDUCTEL.

Permite guardar una gran cantidad de información en codificación binaria, muy útil para el proceso productivo.

Está constituido por dos elementos principales:

- ***Etiqueta:*** *dispositivo de funcionamiento parecido a un disquete de ordenador donde se almacena la información.*
- ***Plot de lectura/escritura:*** *permite leer/escribir datos en la etiqueta.*

Esta etiqueta se coloca en el pálet, o plataforma sobre la que va depositada el horno para circular por la línea de producción, y en ella se escriben datos como por ejemplo:

- *Tipo;*
- *Procedencia;*
- *Destino;*
- *Lote;*
- *Número de horno dentro del lote;*
- *Fecha de fabricación;*
- *Paso por el proceso de montaje de la zona 1;*
- *Paso por el proceso de montaje de la zona ;*
- *Paso por el proceso de verificación de la zona 2;*
- *Paso por las distintas pruebas de la zona 3;*
- *Ruta que debe llevar, es decir, los puestos de las zonas 2 y 3 por los que debe entrar tanto de montaje como de verificación como pruebas.*

Los datos citados anteriormente se guardan en direcciones distintas de la etiqueta del dispositivo, de forma que cuando queremos escribir o leer un dato determinado, debemos indicar cuál es la dirección de la etiqueta en la que se encuentran.

Como para leer o escribir estos datos es necesario el plot de lectura/escritura, éste ha sido colocado en distintos lugares del proceso de producción que se han creído oportunos.

Los primeros datos (tipo, procedencia… fecha) se escriben justo al principio del proceso de fabricación, en la primera mesa para ser más exactos. Las informaciones acerca de su paso por los distintos procesos de fabricación se introducen en el dispositivo cuando el horno ha pasado por dichos procesos. La ruta que debe llevar el horno en las zonas 2 y 3 se escribe justo en la entrada de la zona 2.

Todos estos datos, al final del proceso productivo, nos permiten tener un informe sobre su proceso de fabricación. Para conocer más acerca de este dispositivo se ha desarrollado un apartado bastante amplio que explica todo sobre su funcionamiento.

Además de este dispositivo, cada horno llevará un adhesivo en el que se indicará el tipo de horno que es, los componentes que debe llevar, lote, número... y que será colocado al principio del proceso de producción (al mismo tiempo que se introducen los primeros datos en el dispositivo de comunicación inductiva).

Este adhesivo permitirá informar al operario sobre el tipo de horno que está montando en cada momento y la clase de componentes que debe colocar.

15.4.5 Terminales gráficos Magelis

Para esta aplicación se ha empleado un terminal MAGELIS modelo "XBT-F 5". La aplicación creada está destinada a:

- *Permitir el control manual de cualquier zona de la cadena.*
- *Conocer datos sobre la producción.*
- *Visualizar y señalizar los fallos que aparecen en el sistema.*
- *Rearmar el sistema.*
- *Detener la línea de producción momentáneamente.*

Esta aplicación es común a todos los terminales MAGELIS, excepto en las páginas de alarma, y consta de:

- *100 páginas de aplicación (la navegación entre las páginas se realiza mediante las teclas de función dinámicas).*
- *10 páginas de alarma (dependiendo de la zona).*

Control manual

Cada zona a controlar manualmente posee sus propias páginas de aplicación, su número depende de la cantidad de las mesas que haya en esa zona.

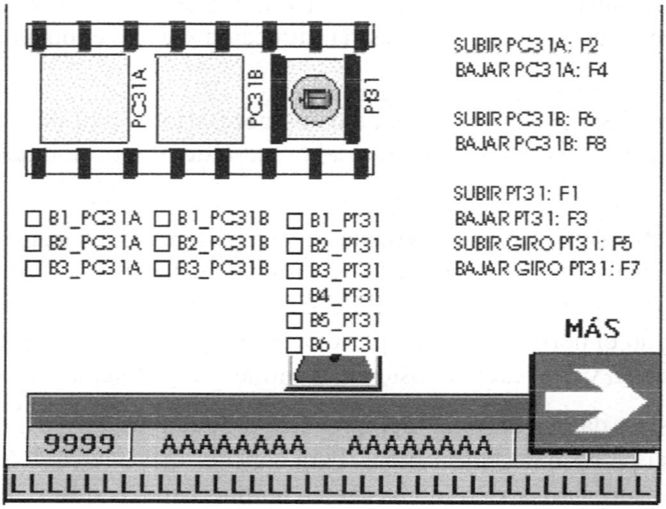

Figura 15.19

En cada página de aplicación empleada para el control manual aparece:

- *Dibujo orientativo, para saber qué mesas estamos controlando manualmente.*
- *Gráficos dinámicos (1 por detector) que nos indican el estado de la mesa (si está arriba, abajo, con horno, sin él...). Éstos se oscurecen cuando el detector correspondiente está activo y se aclaran cuando no lo está. Están asociados a bits de palabras internas del autómata.*
- *Textos aclarativos que informan al usuario sobre las teclas de función estáticas que debe pulsar para subir o bajar la mesa que desee.*
- *Dibujos informativos situados cerca de las teclas de función dinámicas, que le indican al usuario hacia qué página pasará pulsando dicha tecla, permitiendo seguir con el control manual de la zona que desea o haciéndole salir de él y poner el sistema en funcionamiento automático.*

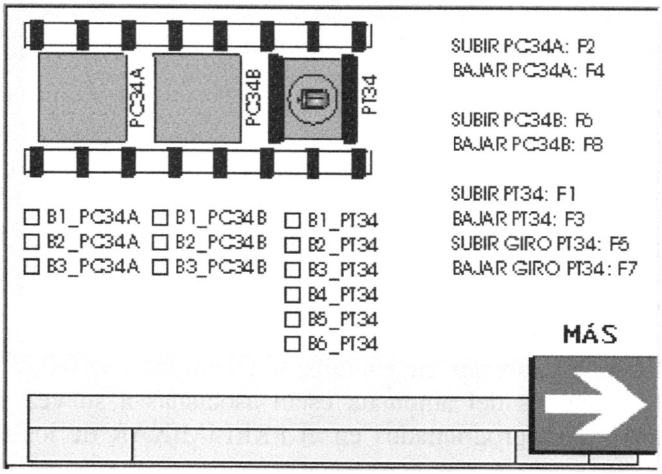

Figura 15.20

Para realizar el control manual se emplean las teclas de función estáticas. Éstas harán subir o bajar la mesa correspondiente según estén programadas, ya que cada tecla de función estará asociada a una de las salidas (las electroválvulas en este caso) del autómata. Están configuradas con el comando PULSAR/PULSAR, es decir, si quieren subir o bajar una mesa, deberán pulsar una vez para hacer que suba (o baje) y volver a pulsar para detenerla.

Datos de la producción

Estas páginas nos permiten conocer datos sobre la producción globales o independientes de cada zona.

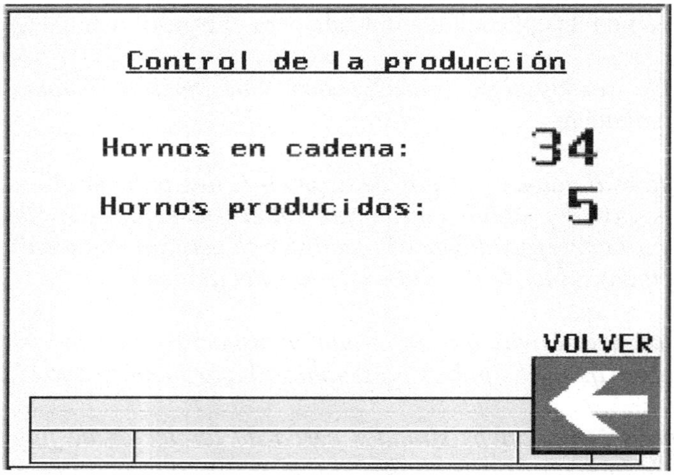

Figura 15.21

Los datos globales son:

- *Hornos producidos y enviados a embalaje.*

- *Hornos en producción*

Los datos independientes son:

- *Hornos producidos en esa zona.*

- *Hornos en producción en dicha zona.*

Estos datos que aparecen en pantalla son campos asociados a palabras del autómata, y estas palabras del autómata están asociadas a su vez al valor de los contadores de los hornos programados en el PRELIMINAR de los programas PL7 PRO.

Alarmas

Cada terminal MAGELIS trata únicamente las señales de alarma de su zona. Es decir, éstas no son comunes a todos los armarios como las páginas de aplicación.

Cuando alguno de los fallos programados tiene lugar, aparece un mensaje de alarma en la pantalla del terminal. Este mensaje nos indica el fallo que se ha producido y el lugar donde ha tenido lugar el mismo.

Estos fallos deben ser tenidos en cuenta, ya que, en caso contrario, la cadena no volverá a su funcionamiento habitual. Para ello será necesario pulsar el botón de rearme que hay en cada terminal MAGELIS (botón que únicamente sirve para rearmar la zona correspondiente).

Figura 15.22

Paradas del sistema

En la primera página de la aplicación MAGELIS aparece una tecla de función dinámica asociada al mensaje MARCHA/PARO. Esta tecla está asociada a un bit de memoria del autómata, y está configurada como PULSAR/PULSAR. Esto quiere decir que cuando pulsamos esta tecla, el sistema al completo, es decir, toda la cadena de fabricación, se detiene y permanece en este estado hasta que vuelve a ser pulsada.

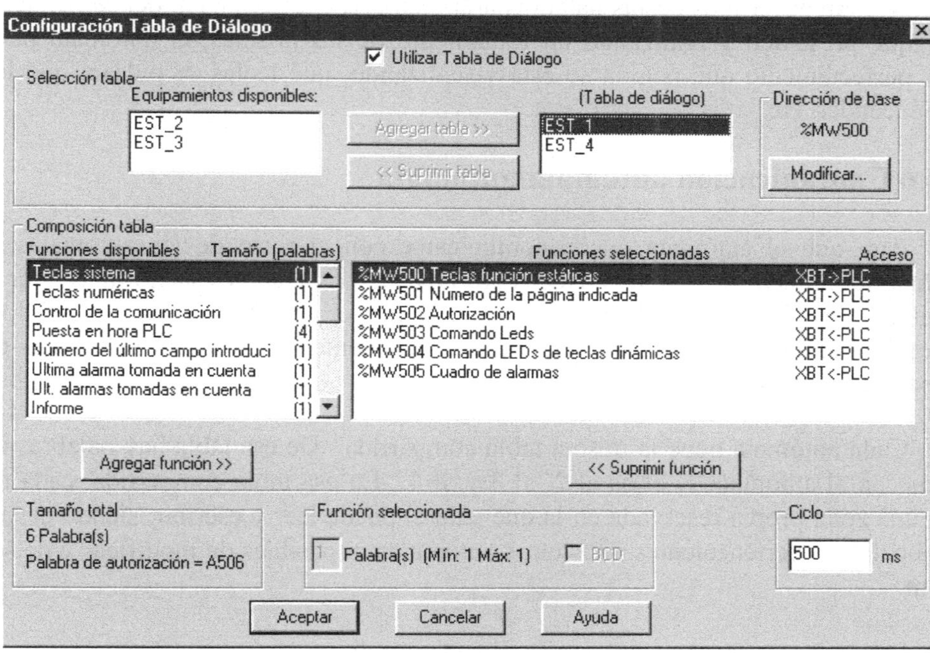

Figura 15.23

Tabla de diálogo

Para que el autómata tenga en cuenta las órdenes procedentes del terminal es necesario que éste se comunique con aquél. Cada MAGELIS se comunica con su correspondiente autómata mediante la "TABLA DE DIÁLOGO". Esta tabla constituye un conjunto de palabras pertenecientes al automatismo que representan distintas funciones del terminal de control. Tales funciones son:

- Teclas función: representadas por una palabra del automatismo. Cada bit de esa palabra representa una tecla de función.
- Nº de página a tratar: otra palabra cuyo valor representa la página de aplicación que se está visualizando en cada momento en el terminal MAGELIS.
- Autorización.
- Comando de leds de teclas de función estáticas: palabra cuyos bits representan un led perteneciente a una tecla de función estática.
- Comando de leds de teclas de función dinámicas: palabra cuyos bits representan un led perteneciente a una tecla de función dinámica.
- Tabla de alarmas: palabra que representa las páginas de alarmas existentes según el valor que posee.

Todas estas palabras se actualizan cada medio segundo para que el autómata pueda actuar en consecuencia y con rapidez.

Al pertenecer todas estas palabras a la memoria del autómata, dependiendo del valor que presenten y realizando un tratamiento de las mismas, el autómata puede saber perfectamente qué página se está visualizando, qué teclas se pulsan, qué leds debe encender, etc.

15.4.6 Comunicación autómata/autómata

Para que el autómata pueda comunicarse con el resto de los autómatas del sistema, se emplea la "TABLA COMPARTIDA". Esta tabla está formada por un conjunto de palabras de 16 bits reservadas (cuyo número puede variar dependiendo de la configuración deseada) pertenecientes a la memoria de cada autómata, que comparten todos los demás autómatas.

Cada autómata tiene la misma tabla compartida. De esa tabla hay palabras que pertenecen al autómata 1, otras al 2, al 3 y al 4. En esa tabla compartida, cada uno tiene una zona propia reservada en la que sólo él puede leer y escribir, siendo el resto de las palabras pertenecientes a los otros autómatas imposibles de modificar y de sólo lectura.

Esta zona reservada comienza en direcciones diferentes para cada autómata.

En nuestro caso la tabla compartida que posee cada autómata tiene un tamaño de 120 palabras. El nº de palabras de la zona restringida de cada uno es de 30 y como hemos dicho anteriormente, comienzan en direcciones distintas:

- *Autómata 1: comienza en la 0 y termina en la 29.*
- *Autómata 2: comienza en la 30 y termina en la 59.*
- *Autómata 3: comienza en la 60 y termina en la 89.*
- *Autómata 4: comienza en la 90 y termina en la 119.*

En esta TABLA COMPARTIDA se escriben aquellos datos que deben ser conocidos por todos los autómatas al ser de cierta importancia. Por ejemplo, algunos de los datos que aparecen en la tabla compartida de los autómatas son:

- *Seta de emergencia general.*
- *Control manual de aquellas zonas que comparten cadena de transporte.*
- *Paro general de la línea de montaje al completo.*
- *Fallos en aquellas zonas que comparten cadena de circulación.*
- *Estado de los BITS E-S-T de las mesas situadas al inicio de las zonas, ya que éstos deben ser conocidos por las mesas situadas al final de las zonas.*
- *Contadores.*

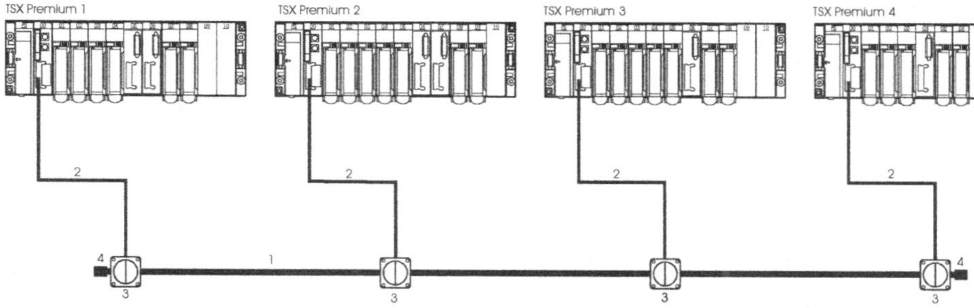

Figura 15.24

15.5 PROGRAMA DE AUTÓMATA

15.5.1 Comunicación entre las mesas

Para sincronizar la transferencia de hornos entre las mesas contiguas se utilizan 3 bits del autómata que representan 3 tipos de señales o mensajes distintos:

- ***E**: Habilita entrada. La mesa está preparada para permitir el paso de cualquier horno (B1 desactivado y en posición correcta). Este bit se activa en cuanto una mesa está preparada para recibir un horno y se desactiva en el momento que el horno situado en la mesa anterior empieza a circular de una mesa a otra.*

- ***S***: *Pide salida. Hay un horno en la mesa y ésta le señaliza a la mesa siguiente que necesita permiso de paso. Este bit se activa en el momento en que un horno es detectado por una mesa, y se desactiva justo cuando el horno está pasando de una mesa a otra.*
- ***T***: *Transferencia en curso. Indica que un horno está pasando de una mesa a otra. Este bit se activa cuando un horno está pasando de una mesa a otra y se desactiva justo cuando es detectado por una mesa nueva.*

Para comprender mejor el funcionamiento de estos bits, se expone a continuación un ejemplo muy sencillo:

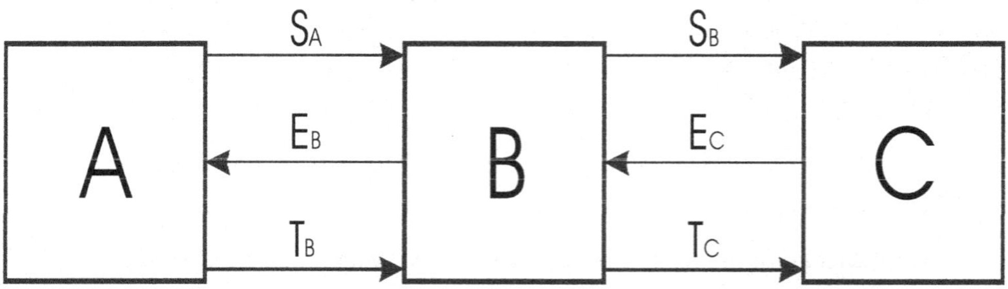

Figura 15.25

Supongamos la siguiente situación:

- *MESA A libre y bajada*
- *MESA B con horno y elevada*
- *MESA C con horno y bajada*

La situación de los bits es:

- $E_B = E_C =$ *'0' ya que sus mesas tienen la presencia de un horno.*
- $S_A =$ *'0' ya que no hay presencia de horno en la mesa A.*
- $S_B =$ *'1' ya que hay presencia de horno en la mesa B.*
- $T_B = T_C =$ *'0' ya que no hay ningún horno que esté pasando de la mesa A a la B o de la B a la C.*

Si la mesa C se queda libre y en posición baja:

- *EB='0' ya que sigue teniendo horno la mesa B*
- *EC='1' ya que no tiene horno la mesa C. De este modo permite a la mesa B bajar para que el horno siga su camino.*
- *Los otros valores siguen igual.*
- S_B*='1';* T_B*='0';* T_C*='0';*

Pero en el momento en que la mesa B permite al horno seguir circulando (deposita al horno encima de la cadena de circulación), la situación cambia:

- E_B*='0' ya que el horno sigue estando encima de la mesa B.*

- *S_B='0' ya que la mesa B ya ha conseguido el permiso para dejar pasar al horno que tenía encima de él.*
- *E_C='0' ya que hay un horno avanzando hacia su posición.*
- *T_C= '1' ya que el horno esté avanzando por la cadena y pasando de B a C.*

Cuando el horno llega a la mesa C:

- *E_B='1' ya que la mesa B no tiene horno y está preparado para recibir un horno.*
- *E_C='0' ya que la mesa C tiene ahora un nuevo horno.*
- *S_B='0' ya que la mesa B no tiene horno.*
- *T_C='0' ya que el horno ha terminado de pasar de la mesa B a la C.*

15.5.2 Programación de las mesas

Al diseñar la LÍNEA DE MONTAJE se han escogido cuatro tipos distintos de mesas:

- *Mesa de espera intermedia: Pac o PC.*
- *Mesa correspondiente a un puesto donde trabaja el operario: PT.*
- *Mesa para cambiar la dirección de circulación de un horno: Tec o TC.*

Cada mesa que forma parte de la línea de producción se programa individualmente. Cada mesa se programará dentro de una macroetapa.

Mesa de espera intermedia. PAC o PC

Estas mesas simulan las diferentes posiciones que puede tener un horno dentro de una misma cadena de transporte o circulación. Son mesas situadas entre los puestos de trabajo y pueden servir bien como mesas para que el trabajador pueda tener hornos en espera de que monte sus piezas, o bien como simples mesas de paso.

La única función que desempeñan es detener el avance de los hornos cuando es necesario, elevándose ligeramente por encima de la cadena, y descendiendo cuando se le permite el paso, para que pueda seguir su camino.

Estas mesas están situadas por toda la línea de montaje y son las más simples que hay.

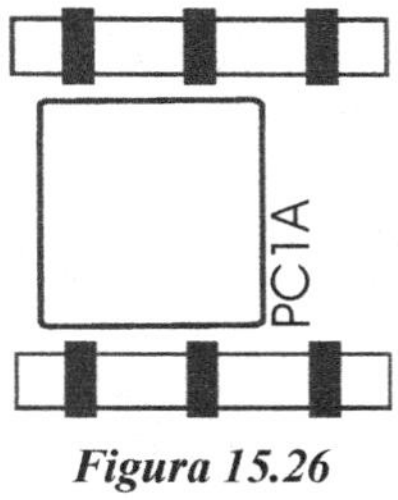

Figura 15.26

El grafcet de producción normal Automática.

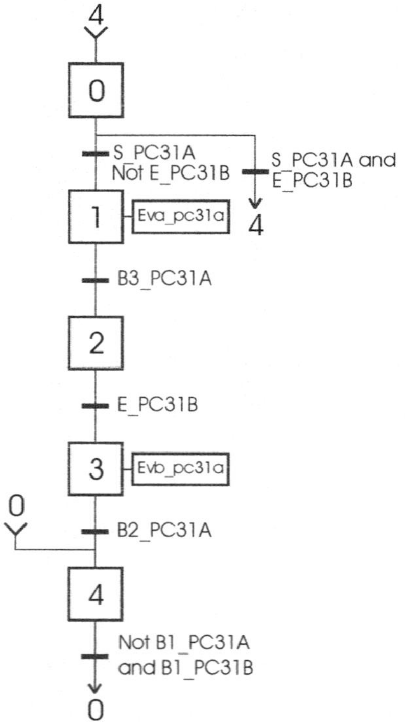

Figura 15.27

- ***Etapa 0 (X0):*** *espera inicial. Primeramente la mesa está en su posición de reposo (abajo y sin horno) esperando detectar la presencia de un horno.*
- ***Transición X0 →X1:*** *detecta la presencia de un horno, pero la mesa siguiente no está preparada para recibir un nuevo horno. (Detector de presencia B1 activado pero la mesa siguiente no está sin horno y en posición baja.)*
- ***Transición X0 →X4:*** *detecta la presencia de un horno y la mesa siguiente está vacía y preparada para recibir un nuevo horno. (Detector de presencia B1 activado y mesa siguiente sin horno y en posición baja.)*
- ***Etapa 1 (X1):*** *como hay horno y la mesa siguiente no le permite el paso, se eleva y detiene el avance del horno que tiene. (Se activa electroválvula que hace que la mesa se eleve.)*
- ***Transición X1 →X2:*** *se activa el detector que indica que la mesa ha subido. (Detector B3 activado.)*
- ***Etapa 2 (X2):*** *la mesa espera arriba hasta que la mesa siguiente esté vacía y preparada para recibir un horno.*
- ***Transición X2 →X3:*** *la mesa siguiente ya está preparada para realizar el traspaso del horno. (No tiene horno y está en posición baja.)*

- ***Etapa 3 (X3):*** *como la mesa siguiente ya puede recibir el horno, la mesa PC baja. (Se pone en funcionamiento la electroválvula que hace descender la mesa.)*
- ***Transición X3 →X4:*** *se activa el detector que indica que la mesa ya ha bajado. (Detector B2 activado.)*
- ***Etapa 4 (X4):*** *el horno avanza por la cadena hacia la mesa siguiente.*
- ***Transición X4 →X1:*** *el horno ya ha llegado a la mesa siguiente. Por tanto, esta mesa se encuentra en su posición de reposo original. (Detector de presencia B1 de mesa PC desactivado y detector B1 de la mesa siguiente activado.)*

Mesa de un puesto de trabajo. PT

Estas mesas son muy parecidas a las explicadas anteriormente. En ellas el operario desempeña su trabajo.

Para facilitar la tarea del trabajador, las mesas están dotadas de un transfer o pequeña plataforma giratoria, que eleva el horno a una altura adecuada para el operario, y permite girarlo y manejarlo con suma facilidad (se busca una posición ergonómica para el operario). Para que este transfer pueda subir y bajar, el horno debe estar en situación correcta (situación controlada mediante un detector de posición).

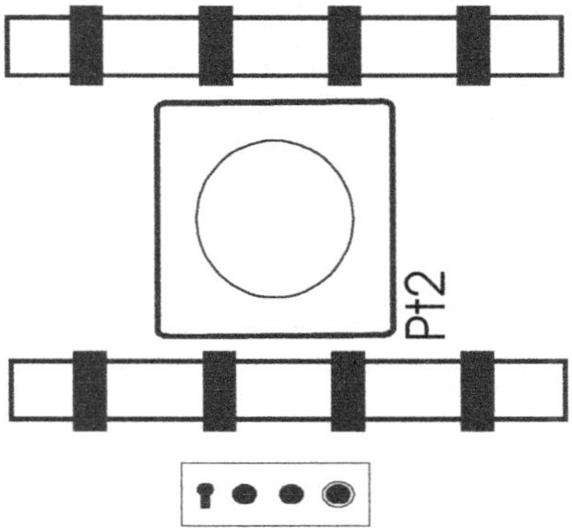

Figura 15.28

Dependiendo de la zona en la que se encuentre, la mesa de trabajo puede estar dotada de una pequeña cadena de circulación propia que permitirá el cambio de sentido de avance del horno al cambiarlo de cadena. Este tipo de mesas de trabajo está situado en las zonas 2 y 3.

Las funciones que desempeñan estas mesas son:

- *Detener el avance del horno por la cadena, como un PAC.*
- *Permitir y facilitar el trabajo al operario.*
- *Permitir el cambio en el sentido de avance del horno (puestos situados en bifurcaciones de las cadenas principales).*

Estos tipos de mesas se encuentran repartidos por toda la línea de montaje aunque con alguna variedad. Las mesas que presentan una pequeña cadena de circulación propia se encuentran en las zonas 2 y 3, y las normales en las zonas 1 y 4.

Vamos a poner un ejemplo de cómo se programan estas mesas:

- ***Etapa 0 (X0):*** *espera inicial. Primeramente la mesa está en su posición de reposo (abajo y sin horno) esperando detectar la presencia de un horno.*
- ***Transición X0 →X1:*** *detecta la presencia de un horno. (Detector B1 activado.)*
- ***Etapa 1 (X1):*** *para que el operario realice el trabajo, la mesa se eleva y detiene el avance del horno que tiene. (Se pone en funcionamiento la electroválvula que hace subir la mesa.)*
- ***Transición X1 →X2:*** *se activa el detector que indica que la mesa ha subido. (Detector B2 activado.)*
- ***Etapa 2 (X2):*** *para facilitar la tarea al operario, sube el transfer. (Se activa la electroválvula que hace subir el transfer.)*
- ***Transición X2 →X3:*** *se activa el detector que indica que el transfer ya está arriba. (Detector B6 activado.)*
- ***Etapa 3 (X3):*** *el operario realiza su trabajo.*
- ***Transición X3 →X4:*** *el operario ha terminado su trabajo y pulsa la tecla de OK de su botonera de mando.*
- ***Etapa 4 (X4):*** *se baja el transfer si el horno está correctamente posicionado después de haberlo girado. (Se activa la electroválvula que hace bajar el transfer.)*
- ***Transición X4 →X1:*** *se activa el detector que indica que el transfer o plataforma giratoria está abajo. (Detector B5 activado.)*
- ***Etapa 5 (X5):*** *se espera a que la mesa siguiente esté preparada para recibir horno. (Estará preparada cuando no tenga horno y esté bajada.)*
- ***Transición X5 →X6:*** *mesa siguiente preparada.*
- ***Etapa 6 (X6):*** *se baja la mesa para permitir el avance del horno. (Se activa la electroválvula que hace bajar la mesa.)*
- ***Transición X6 →X7:*** *se activa el detector que indica que la mesa ya ha descendido. (Detector B2 activado.)*
- ***Etapa 7 (X7):*** *el horno se traslada de la mesa PT a la mesa siguiente.*
- ***Transición X7 →X1:*** *el horno ha sido traspasado al completo. (Detector B1 de PT desactivado y detector de presencia B1 de la mesa siguiente activado.)*

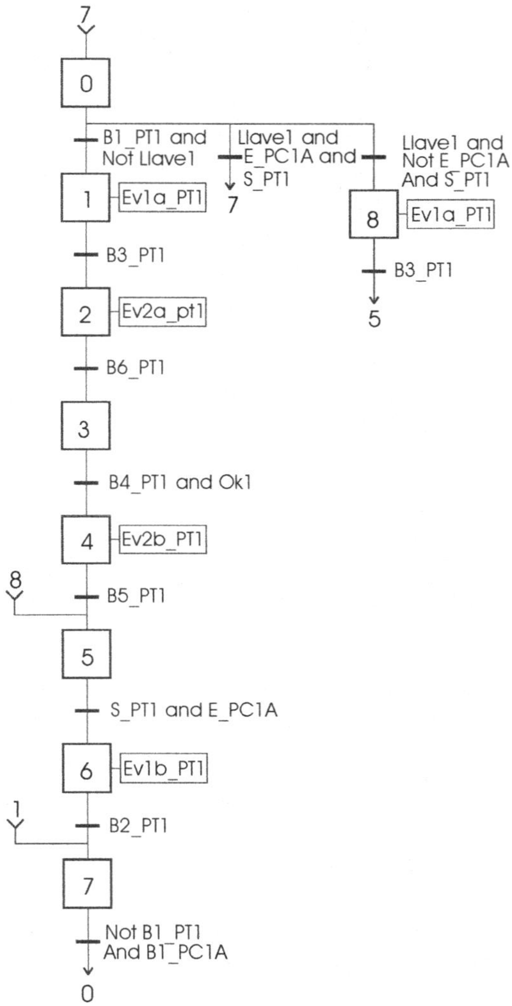

Figura 15.29

Mesas de cambio de dirección y sentido de avance. TC o TEC

Estas mesas están situadas por distintas zonas de la línea de producción.

Están dotadas, al igual que las mesas de trabajo, de una cadena propia de circulación, para facilitar el cambio de dirección y sentido o variar la velocidad de avance del horno por la cadena.

Las funciones que desempeñan son:

- *Detener el avance del horno por la cadena, como un PAC o PC.*
- *Permitir el cambio de dirección y sentido de la trayectoria del horno.*
- *Modificar la velocidad de avance del horno (función que desempeña únicamente en la zona 3).*

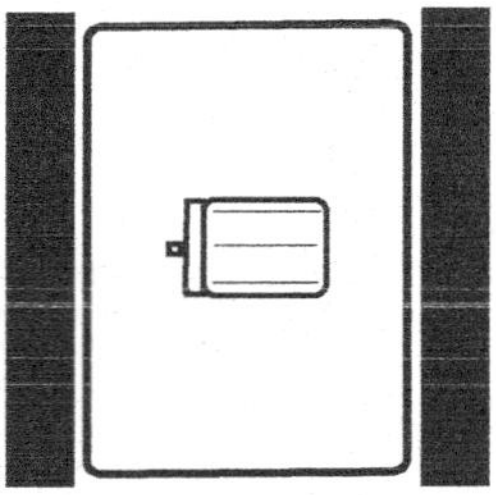

Figura 15.30

Dependiendo de dónde estén situadas dentro de la línea de producción, su principio de funcionamiento varía:

• *En lugares donde hay bifurcaciones de la cadena principal (cadena en la que se encuentran ubicadas).*

Estas bifurcaciones son también cadenas de transporte que se encuentran unos centímetros más elevadas que la cadena en la que se encuentra el TEC.

Para realizar el cambio de dirección y sentido en el avance del horno que les llega:

- *Se elevan ligeramente por encima de la cadena en la que se encuentran (para detener el horno) y se colocan a la misma altura que la cadena a la que van a traspasar el horno.*
- *Esperan a recibir el permiso de paso de la mesa colocada al inicio de la cadena auxiliar; es decir, esperan que la mesa esté en posición baja y libre de la presencia de horno.*
- *Una vez recibido el permiso, pone en marcha la cadena de transporte que lleva incorporada para hacer avanzar el horno en el mismo sentido y dirección que la cadena a la que lo va a traspasar.*
- *Espera a que el horno haya sido totalmente trasladado a la otra cadena, para su motor.*
- *Y baja de nuevo, habilitando la entrada a la mesa colocada delante de ella, para recibir un nuevo horno y comenzar otra vez.*

Un ejemplo de estas mesas es: TC31A, TC32A, TC33A, TC34A, TC35A, TC36A, TC50A, TC51A…

• *En lugares donde confluyen dos cadenas, la principal y una auxiliar:*

Esta cadena auxiliar que confluye suele estar ligeramente más elevada que la cadena principal.

Estas mesas permiten que los hornos que vienen por la cadena principal sigan su camino y que los que se han apartado de ella vuelvan para continuar su proceso de fabricación.

Para poder realizar este proceso, tienen que controlar la llegada de los hornos, es decir, cuál ha llegado primero a la mesa previa a la actual (de la que estamos hablando) solicitando paso. Para poder gestionar el paso de los hornos se ha empleado una herramienta software denominada registros FIFO (First In First Out). De esta forma, cuando un horno llega a la mesa previa, ya sea de la cadena principal o de la auxiliar, solicita paso y se introduce su llamada en el registro. Así, cuando el TEC está vacío y preparado para recibir otro horno, saca una llamada del registro y permite el paso a la primera mesa que lo ha solicitado. La llamada de la otra mesa será atendida posteriormente.

Cuando tiene que atender la llamada de la mesa auxiliar colocada a distinta altura, sigue los siguientes pasos:

- *Se eleva la mesa hasta alcanzar la altura de la cadena auxiliar y habilita la entrada del horno.*

- *Pone su propia cadena de transporte en funcionamiento hasta que detecta la presencia de horno.*

- *Espera que la mesa colocada detrás de ella esté libre, es decir, sin horno y en posición baja.*

- *Desciende y espera hasta que ha terminado de pasar el horno a la otra mesa, para volver a atender otra llamada de una de las mesas que están delante de ella, mirando el registro.*

Un ejemplo de estas mesas es: TC30, TC31C, TC32C, TC33C, TC34C, TC35C, TC36C, TC40, TC50C, TC51C, TC53D...

Si tanto en un caso como en otro, ambas cadenas (principal y auxiliar) están colocadas a la misma altura, siempre habrá otra mesa del mismo tipo TEC en la cadena auxiliar que cuando haya que realizar un cambio, se colocará a la misma altura y ponga su motor en marcha al mismo tiempo que las mesas de las que estamos hablando en este apartado. Estas mesas son, por ejemplo, TC37, TC39, TC53A...

- *En lugares donde se juntan dos cadenas que van a distinta velocidad:*

Estas mesas modifican o adaptan la velocidad de avance del horno, a la velocidad de la cadena a la que va a ser traspasado. Esta situación sólo tiene lugar a la entrada del pequeño ensayo de vida que se realiza en el proceso de fabricación, en la mesa TC41.

La cadena a la que se va a trasladar al horno está colocada a una altura más elevada y lleva una velocidad menor que la cadena en la que se encuentra la mesa de la que estamos hablando. Por eso, y para que no se produzca un vuelco en el traspaso del horno, la pequeña cadena que lleva incorporada la mesa avanza a la misma velocidad que la cadena a la que va a ser trasladado el horno.

Los pasos a seguir para realizar el cambio de cadena son los mismos que los de las mesas situadas en donde hay bifurcaciones de la cadena principal.

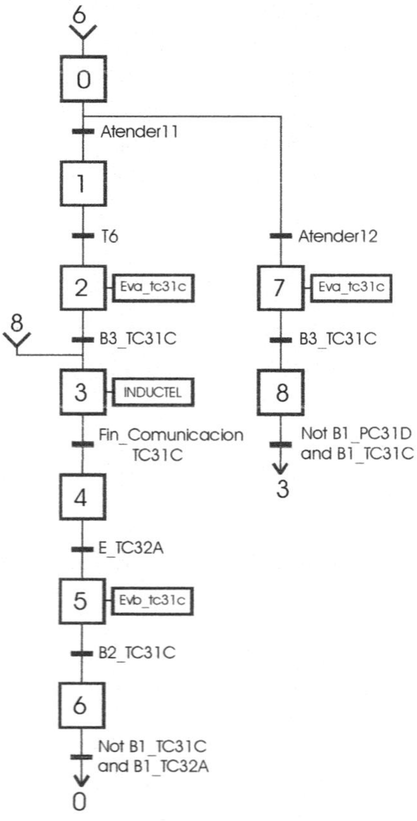

EJEMPLO GRAFCET DE PRODUCCIÓN AUTOMÁTICA
DE MESA TIPO TEC CLASE A

Figura 15.31

15.5.3 Módulo preliminar

En el módulo preliminar se han programado distintos bloques. Para mayor claridad comentaremos cada uno de ellos por separado.

Posibles fallos de la Instalación

A la hora de diseñar una línea de producción hay que tener en cuenta los posibles fallos que pueden tener lugar durante el proceso de fabricación, y que son los siguientes:

- ***Máximo tiempo de subida de las mesas:*** *este fallo se produce cuando una mesa tarda más de un tiempo determinado en elevarse.*
- ***Máximo tiempo de bajada de las mesas:*** *este fallo tiene lugar cuando una mesa tarda más de un tiempo determinado en descender.*

- ***Máximo tiempo de traspaso de un horno:*** *cuando un horno tarda más de un tiempo determinado en trasladarse de una mesa a otra, se activa este fallo. El tiempo cuenta a partir del momento en que el horno comienza a avanzar por la cadena hacia la otra mesa.*

- ***Posible vuelco:*** *fallo que aparece cuando no se detecta la presencia de horno en la subida o bajada de las mesas, cuando debería detectarse.*

- ***Esclavos AS-i:*** *fallo producido al no funcionar correctamente alguno de los módulos de E/S del bus AS-i, donde van conectados los detectores, accionadores...*

- ***Motores:*** *este fallo se detecta cuando el motor o el arrancador no funcionan correctamente.*

- ***Comunicación:*** *fallo que se activa cuando la comunicación entre el plot de lectura/escritura y la etiqueta del dispositivo INDUCTEL dura más de un tiempo determinado, o bien cuando dicha comunicación resulta errónea por varios factores.*

- ***Entradas/Salidas:*** *este fallo tiene lugar cuando alguno de los módulos situados en los racks del TSX-Premium no funciona. Este fallo provocará la parada de toda la zona controlada por el autómata correspondiente.*

Además de los posibles fallos que se pueden producir, hay que mirar también las paradas de emergencia y los paros momentáneos que puede haber en una cadena de producción. Se han considerado las siguientes:

- ***Parada de emergencia:*** *esta parada se realiza cuando cualquiera de los trabajadores pulsa su correspondiente seta de emergencia.*

- ***Parada momentánea:*** *cuando se desea realizar una parada del sistema durante un tiempo determinado, para reanudar la marcha posteriormente.*

Estos dos tipos de paradas harán detenerse a toda la línea de producción.

Los fallos serán detectados de dos maneras diferentes. Primero se detectarán según su tipo, por ejemplo MAXTEMPSUBIDA, que cuando se active significará que alguna mesa de la zona ha superado el máximo tiempo de subida.

```
(*DETECCIÓN DE LOS POSIBLES FALLOS DE LA INSTALACIÓN
AUTOMATIZADA*)

 (*CONJUNTO DE FALLOS POSIBLES DE LOS DISTINTOS PUESTOS PARA
RECONOCIMIENTO

  DEL TIPO DE FALLO POR EL TERMINAL MAGELIS*)

  (*Máximos tiempos de subida de las mesas*)

  IF      ((%X0.4 AND %X0.4.T>20)OR(%X0.12 AND %X0.12.T>20)OR(%X0.22
```

```
        AND %X0.22.T>20)OR(%X0.29 AND %X0.29.T>20)OR(%X0.42 AND
%X0.42.T>20)
        OR(%X0.52 AND %X0.52.T>20)OR(%X0.62 AND %X0.62.T>20)OR
        (Cont_macro0.V=0 AND %X0.71 AND %X0.71.T>20)OR......
        THEN SET Maxtempsubida;
END_IF;
```

Posteriormente los fallos serán detectados en la máquina que se han producido. Cada máquina tendrá un bit de fallo que lleve su nombre (Ejemplo: Fallo_pc1a). En ese bit se englobarán todos los posibles fallos que se puedan dar en esa máquina.

```
(*FALLOS EN LAS MESAS CORRESPONDIENTES A LOS PUESTOS DE TRABAJO*)

 (*Fallos de las mesas del puesto de trabajo 31*)
 IF     ((%X1.2 AND %X1.2.T>20)OR(%X1.4 AND %X1.4.T>20)OR(%X1.5 AND
%X1.5.T>50)OR ((%X1.2 OR %X1.4)AND NOT B1_pc31a)OR(Cont_macro1.V=0
AND %X1.61 AND %X1.61.T>20)OR Esclavo_pc31a)
        THEN SET Fallo_pc31a;
 END_IF;
 IF     ((%X1.12 AND %X1.12.T>20)OR(%X1.14 AND %X1.14.T>20)OR(%X1.15
AND %X1.15.T>50)OR((%X1.12 OR %X1.14)AND NOT
B1_pc31b)OR(Cont_macro1.V=1AND %X1.61 AND %X1.61.T>20)OR
Esclavo_pc31b)
        THEN SET Fallo_pc31b;
 END_IF;
```

La detección de los fallos se ha llevado a cabo de esta manera para permitir que, cuando se produzca un fallo, en el terminal Magelis aparezca el tipo de fallo que ha tenido lugar y el puesto exacto en el que se ha producido. De esta manera se consigue simplificar la labor del personal de reparaciones.

La zona controlada por cada autómata se ha dividido a su vez en otras zonas cuyo funcionamiento es, en principio, independiente; es decir, que si se produce un fallo en una de las máquinas de una de esas zonas, sólo dejará de funcionar esa zona, mientras que las demás podrán continuar funcionando en modo automático sin ningún problema. Por este motivo, los bits de fallo de cada máquina serán los que activen el bit de fallo de la zona a la que pertenecen.

No debemos olvidar que también habrá unos fallos que harán que paren todas las zonas controladas por el armario. Éstos serán: las setas de emergencia y los producidos en alguno de los módulos del autómata.

Gestión de las Paradas de Emergencia

Las paradas de emergencia serán gestionadas por zonas, dependiendo de los bits de fallo que haya activados. El control de las paradas se efectúa con las palabras internas de sistema %SW22, %SW23, %SW24 y %SW25, y el bit interno de sistema %S24. Con las palabras mencionadas se pueden desactivar las 64 macros que se pueden programar en el autómata, poniendo a '0' el bit correspondiente, por ejemplo, si ponemos a '0' el bit %SW22:X0, desactivaremos la macroetapa 0, y así sucesivamente.

Lo que hemos hecho ha sido pues, dependiendo de los bits de fallo, los pulsadores de Manual y de parada activos, desconectar las macroetapas necesarias. Una vez programadas esas desconexiones se efectuará un SET del bit sistema %S24, que será el que finalmente desactive las macroetapas señaladas por las palabras sistema.

Ejemplo:

```
(*GESTIÓN DE LAS PARADAS DE EMERGENCIA*)
  (*Desactivación de macroetapas*)
  %SW22:=16#FFFF;
  %SW23:=16#FFFF;
  (*Si hay un fallo en uno de los puestos de montaje, se quiere realizar su control
  manual, o se desea dejar inoperante dicho puesto, se desactiva la macro correspon-
  diente*)
(* y se resetean los bits de entrada del primer puesto y de salida del último
  puesto que pertenecen a ese puesto de montaje, dejando en funcionamiento el resto
  de la cadena de producción*)

  IF(Fallo_31 OR Manual31 OR Llave_pt31)AND NOT(%X1.0 OR %X1.10 OR
%X1.20 OR %X1.30 OR %X1.40 OR %X1.50) THEN
                    RESET %SW22:X1;
                    RESET E_pc31a;
                    RESET S_pc31d;
  END_IF;

  IF(Fallo_32 OR Manual32 OR Llave_pt32)AND NOT(%X2.0 OR %X2.10 OR
%X2.20 OR %X2.30 OR %X2.40 OR %X2.50)THEN
                    RESET %SW22:X2;
                    RESET E_pc32a;
```

```
            RESET S_pc32d;
    END_IF;

    IF(Fallo_33 OR Manual33 OR Llave_pt33)AND NOT(%X3.0 OR %X3.10 OR
%X3.20 OR %X3.30 OR %X3.40 OR %X3.50) THEN
            RESET %SW22:X3;
            RESET E_pc33a;
            RESET S_pc33d;
    END_IF;

    IF(Fallo_34 OR Manual34 OR Llave_pt34)AND NOT(%X4.0 OR %X4.10 OR
%X4.20 OR %X4.30 OR %X4.40 OR %X4.50)THEN
            RESET %SW22:X4;
            RESET E_pc34a;
            RESET E_pc34d;
    END_IF;

    (*Si hay un fallo en cualquiera de los puestos de la cadena principal, o si se quiere
    realizar un control manual de la misma, se desactivan todas las macroetapas y se
    detienen los motores en el módulo POST*)
    (*De la misma forma, si se produce un fallo en el autómata o una parada general*)
    (*También tenemos en cuenta si se produce algún fallo en alguno de los puestos de
    la cadena que se comparte con los autómatas 1 y 3*)

    %MW484:X1:=Parada_gral;

    IF (Fallo_cp OR Manualcp OR Parada_gral OR Fallocomp1=1 OR
Fallocomp3=1)AND NOT(%X7.0 OR %X7.20 OR %X7.40 OR %X7.60 OR %X8.0 OR
%X8.20 OR %X8.40 OR %X8.60 OR %X9.0 OR %X9.20 OR %X9.40 OR %X9.60 OR
%X10.0 OR %X10.10 OR %X0.0 OR %X0.10 OR %X0.20 OR %X0.40 OR %X0.50 OR
%X0.60)
        THEN %SW22:=16#0000;
    END_IF;

SET %S24;
```

Rearme de la Instalación

El pulsador de rearme de la instalación estará situado en el terminal Magelis que hay situado en cada armario. La instalación sólo podrá ser rearmada desde el armario desde el que se controla la parte de la instalación que haya fallado.

Cuando el pulsador de rearme sea activado, se hará un reset de todos los bits de fallo de la instalación.

```
(*Si rearma el armario, reseteamos todos los bits de fallo, para permitir que los
Grafcet evolucionen*)

  Rearme:=%MW484:X0;

  IF Rearme THEN
          RESET Maxtempsubida;RESET Maxtempbajada;RESET Maxtemptraspaso;
          RESET Posiblevuelco;RESET Falloesclavo;RESET Fallomotor;
          RESET Fallocomunicacion;RESET Fallo;RESET Setaemergencia;
          RESET Falloentradasalida;
          RESET Fallo_pc31a;RESET Fallo_pc31b;RESET Fallo_pt31;
          RESET Fallo_tc31b;RESET Fallo_pc31c;RESET Fallo_pc31d;
          RESET Fallo_pc32a;RESET Fallo_pc32b;RESET Fallo_pt32;
          RESET Fallo_tc32b;RESET Fallo_pc32c;RESET Fallo_pc32d;
          RESET Fallo_pc33a;RESET Fallo_pc33b;RESET Fallo_pt33;
          RESET Fallo_tc33b;RESET Fallo_pc33c;RESET Fallo_pc33d;
          RESET Fallo_pc34a;RESET Fallo_pc34b;RESET Fallo_pt34;
          RESET Fallo_tc34b;RESET Fallo_pc34c;RESET Fallo_pc34d;
.........
  END_IF;
```

Puesta de macroetapas en sus etapas iniciales

Si la macroetapa ha sido desactivada por un fallo, y la instalación no está en situación de paro general, entonces volveremos a entrar a la macroetapa. De este modo, cuando desaparezcan los fallos o se termine el control manual, se hará el reconocimiento de estado necesario a la instalación.

Ejemplo:

```
IF NOT %XM0 AND NOT Paro_general THEN

        SET %X0.IN;
END_IF;

IF NOT %XM1 AND NOT Paro_general THEN

        SET %X1.IN;
END_IF;
```

Asignación de valores a variables de reconocimiento de estado

Como en cada macroetapa hemos programado más de una mesa, para que sea reconocido el estado de todas las mesas de la macroetapa, tendrá que ser reconocido el estado de cada mesa individualmente. El estado de la macroetapa será reconocido cuando hayan sido reconocidos previamente los estados de las mesas que están programadas en ella. Por el contrario, el estado de la macroetapa no será reconocido cuando cualquiera de los estados de las mesas no hayan sido reconocidos.

En este apartado del módulo preliminar realizamos las asignaciones necesarias a los bits de reconocimiento de estado.

Ejemplo:

```
Estado_reconocido1:=Estado_reconocido1_0 AND Estado_reconocido1_10 AND
Estado_reconocido1_20;

Estado_no_reconocido1:=Estado_no_reconocido1_0 OR Estado_no_reconocido1_10
OR Estado_no_reconocido1_20;

Estado_reconocido2:=Estado_reconocido2_0 AND Estado_reconocido2_10 AND
Estado_reconocido2_20;

Estado_no_reconocido2:=Estado_no_reconocido2_0 OR Estado_no_reconocido2_10
OR Estado_no_reconocido2_20;
```

Programación de registros

En esta parte se realiza la programación de los registros que controlarán las zonas en que confluyen dos cadenas y pueden llegar hornos de dos lugares. Cuando el horno llegue al punto crítico, efectuará una llamada. El primero en llegar será el primero en ser atendido.

Ejemplo:

```
(*Llamada para entrada de horno en auditoría*)
        IF RE B1_tc62 AND NOT Llamada1.F AND NOT Manual2 THEN
        Llamada1.I:=1;
        PUT Llamada1;
END_IF;

(*Llamada para salida de horno a la cadena*)
        IF RE Sacar_horno AND NOT Llamada1.F AND NOT Manual2 THEN
        Llamada1.I:=2;
        PUT Llamada1;
END_IF;
(*Si se activa la etapa y el registro no está vacío, se extrae una palabra*)

IF RE Flancosubidax5_2 AND NOT Llamada1.E AND NOT Manual3 THEN
        GET Llamada1;
END_IF;
```

Control de la producción

En este punto se programan unos contadores que se encargarán de contabilizar los hornos que hay en la zona, los que han entrado y los que han salido. Estos contadores se inicializarán a las 6 de la mañana cada día, porque ésta es la hora a la que comenzará el primer turno a trabajar.

```
! (*MANDAMOS DATOS A LA TABLA COMPARTIDA*)
(*Enviamos los defectos de los distintos puestos de trabajo*)
Defecto31:=Def31;
Defecto32:=Def32;
Defecto33:=Def33;
Defecto34:=Def34;
Defecto35:=Def35;
Defecto36:=Def36;
(*Enviamos los valores de la mesa PC30 a la tabla compartida*)
B1_pc30comp:=B1_pc30;
B2_pc30comp:=B2_pc30;
```

```
(*Enviamos el control manual de la cadena principal*)
IF Manualcp THEN Manualcomp2:=1;END_IF;
(*Recibimos un posible control manual de la cadena compartida por otros
autómatas*)
IF Manualcomp1=1 OR Manualcomp3=1
        THEN SET Manualcp;
END_IF;
(*Enviamos la parada general de la zona*)
IF Parada_gral THEN Paro_general2:=1;END_IF;
(*Recibimos una posible parada por parte de los otros autómatas*)
IF Paro_general1=1 OR Paro_general2=1 OR Paro_general4=1 OR
Paro_general3=1
        THEN SET Parada_gral;
        ELSE RESET Parada_gral;
END_IF;
(*Recibimos las demás setas de emergencia*)
IF Seta_general1=1 OR Seta_general2=1 OR Seta_gral3=1 OR Seta_gral4=1
        THEN SET Setaemergencia;
        ELSE RESET Setaemergencia;
END_IF;
(*Enviamos fallo que provoca la parada de la zona*)
IF Fallo THEN Fallocomp2:=1;END_IF;
IF Seta_armario2 THEN Seta_general2:=1;END_IF;
(*Enviamos el reconocimiento o no reconocimiento de estado de nuestra cadena
principal*)
IF Estado_reconocido0 AND Estado_reconocido7 AND Estado_reconocido8 AND
        Estado_reconocido9 AND Estado_reconocido10
        THEN Estado_reconocidocomp2:=1;END_IF;
IF Estado_no_reconocido0 AND Estado_no_reconocido7 AND
Estado_no_reconocido8 AND
        Estado_no_reconocido9 AND Estado_no_reconocido10
        THEN Estado_no_reconocidocomp2:=1;END_IF;
(*CONTADOR DEL NÚMERO DE HORNOS QUE HAN PASADO POR ESTA ZONA
DE LA CADENA DE PRODUCCIÓN*)
Contador:=B1_pc40comp;
```

```
IF RE Contador
        THEN UP C_salida2;
END_IF;
C_entrada3:=C_salida2.V;
(*PROGRAMACIÓN DE CONTADORES PARA REALIZAR EL CONTROL DE LA
PRODUCCIÓN. ESTOS
CONTADORES SE INICIALIZAN CADA DÍA A LAS 6:00h, COMIENZO DEL PRIMER
TURNO*)
RRTC(%MW490:4);
IF %MW492=16#0600 AND %MW493=16#0000
        THEN RESET C_salida2;
END_IF;
```

Comunicación con los terminales Magelis

En esta parte se realiza la programación de los terminales Magelis de la zona. Se realiza el control de los leds del terminal según la página en la que se está. Se activarán las entradas o salidas según los pulsadores activados, se gestionarán las alarmas y, por último, se asignará la palabra de autorización de comunicación con el terminal.

```
(*Encendido de los leds de las teclas de función según las páginas*)
(*Páginas correspondientes al armario 1*)
IF %MW501=1 THEN
  %MW503:=16#0000;
  %MW504:=16#005F;
END_IF;

IF %MW501=2 THEN
  %MW503:=16#0000;
  %MW504:=16#0080;
END_IF;

IF %MW501=3 THEN
  %MW503:=16#0000;
  %MW504:=16#0094;
END_IF;
```

```
..........

(*ASIGNACIÓN DE ENTRADAS A BITS DE PALABRAS PARA VISUALIZAR EN
MAGELIS *)
%MW450:X0:=B1_pc30;%MW450:X1:=B2_pc30;%MW450:X2:=B3_pc30;
%MW450:X3:=B1_tc30;%MW450:X4:=B2_tc30;%MW450:X5:=B3_tc30;
%MW450:X6:=B1_tc31a;%MW450:X7:=B2_tc31a;%MW450:X8:=B3_tc31a;
%MW450:X9:=B1_tc31c;%MW450:X10:=B2_tc31c;%MW450:X11:=B3_tc31c;
%MW450:X12:=B1_tc32a;%MW450:X13:=B2_tc32a;%MW450:X14:=B3_tc32a;
%MW450:X15:=B1_tc32c;%MW451:X0:=B2_tc32c;%MW451:X1:=B3_tc32c;
 (* Asignación de valores palabras tabla de diálogo a las palabras de la tabla
compartida*)
 (*Teclas de función*)
Tf2:=%MW500;
(*Páginas a tratar*)
Pag2:=%MW501;
(*INDICACIÓN DEL NÚMERO DE MESA EN QUE SE HA PRODUCIDO LA
ALARMA*)
IF Fallo_pc30 THEN %MW480:=701;END_IF;
IF Fallo_tc30 THEN %MW480:=702;END_IF;
IF Fallo_tc31a THEN %MW480:=711;END_IF;
IF Fallo_tc31c THEN %MW480:=712;END_IF;
IF Fallo_tc32a THEN %MW480:=721;END_IF;
IF Fallo_tc32c THEN %MW480:=722;END_IF;
IF Fallo_tc33a THEN %MW480:=731;END_IF;
......
 (*CUADRO DE ALARMAS*)
%MW505:X1:=Maxtempsubida;
%MW505:X2:=Maxtempbajada;
%MW505:X3:=Maxtemptraspaso;
%MW505:X4:=Posiblevuelco;
%MW505:X5:=Falloesclavo;
%MW505:X6:=Fallomotor;
%MW505:X7:=Fallocomunicacion;
```

```
%MW505:X8:=Falloentradasalida;
%MW505:X9:=Setaemergencia;
%MW505:X10:=Fallomotor_pt31a OR Fallomotor_pt31b OR
  Fallomotor_pt32a OR Fallomotor_pt32b OR
  Fallomotor_pt33a OR Fallomotor_pt33b OR
  Fallomotor_pt34a OR Fallomotor_pt34b OR
  Fallomotor_pt35a OR Fallomotor_pt35b OR
  Fallomotor_pt36a OR Fallomotor_pt36b OR
  Fallomotor_ca;
 (*ASIGNACIÓN DE VALORES A PALABRAS PARA EL CONTROL DE LA
PRODUCCIÓN EN ESTE ARMARIO*)
%MW482:=C_salida2.V-C_entrada2;
%MW483:=C_salida2.V;
 (*PALABRA DE AUTORIZACIÓN*)
%MW502:=16#A509;
```

15.5.4 Módulo CHART (Grafcet)

El módulo CHAR (Grafcet) ha sido estructurado en macroetapas. En el módulo principal del Chart se efectuarán las llamadas a todas las macroetapas.

Una macroetapa Grafcet es una secuencia de etapas y de transiciones que respeta las reglas del Grafcet, precedida por una etapa de entrada (EE), y terminada por una etapa de salida (ES), cuya finalidad conduce de manera única a la realización del mando o control del sistema automatizado.

La idea es realizar el programa de control de cada máquina en una macroetapa diferente. Como existen una gran cantidad de máquinas (mesas) por controlar sería muy complejo programar cada una de ellas en una macroetapa diferente. Por este motivo lo que se ha hecho es programar en cada macro el control de un conjunto de mesas. Este conjunto de mesas formarán una de las zonas independientes en que se divide la parte controlada por cada autómata o un subconjunto de esa zona. De esta manera, cuando se produzca un fallo que no afecte a todo el sistema, sólo habrá que desactivar las macroetapas implicadas. Así conseguimos simplificar notablemente la gestión de los fallos, que se lleva a cabo en el módulo preliminar, ya comentado anteriormente.

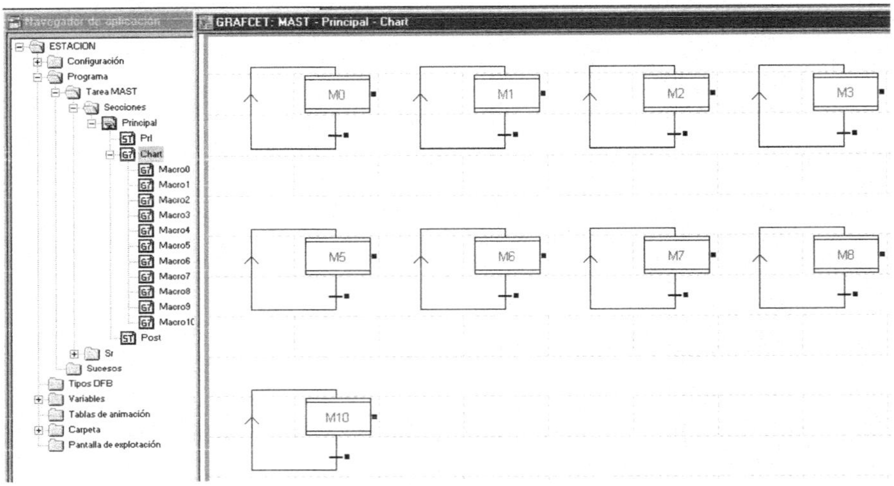

Figura 15.32

Dentro de cada macroetapa, cada una de las mesas programadas tendrá un Grafcet independiente. Estos Grafcet podrán ser ejecutados en paralelo, por eso a partir de la etapa de entrada a la macroetapa partirán tantas ramas como mesas haya.

El puesto de trabajo está compuesto de un total de 6 mesas que se comunican por medio de señales E-T-S.

En la MACROETAPA 1, ZONA2, están programadas las 6 mesas de las que consta un puesto de montaje. Se han agrupado en una misma macro porque todas ellas constituyen el puesto de montaje 1, y el funcionamiento de una influye en el funcionamiento de las demás.

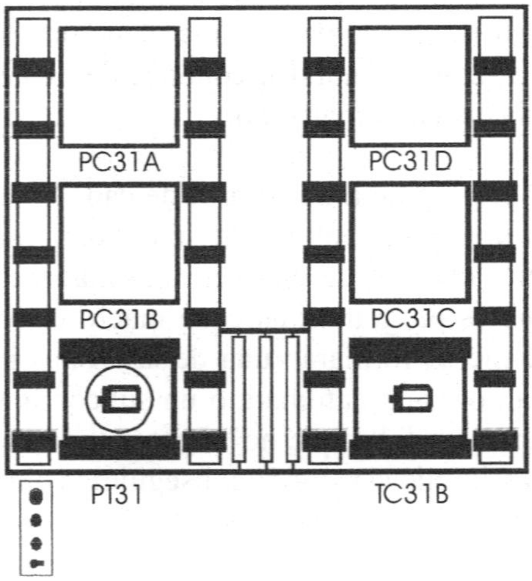

Figura 15.33 Puesto de Trabajo 31

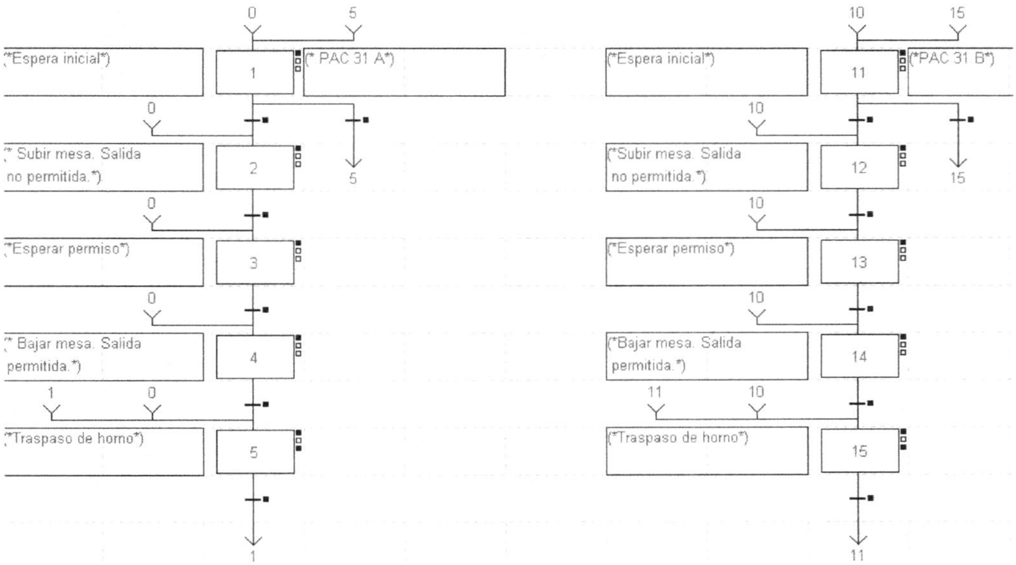

Figura 15.34

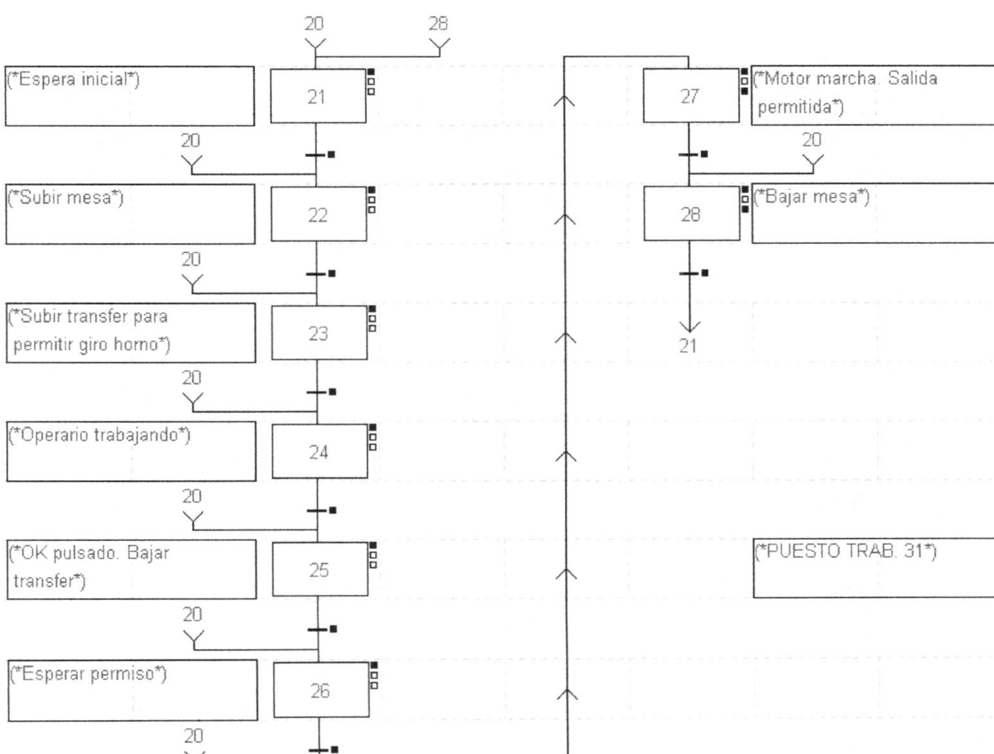

Figura 15.35

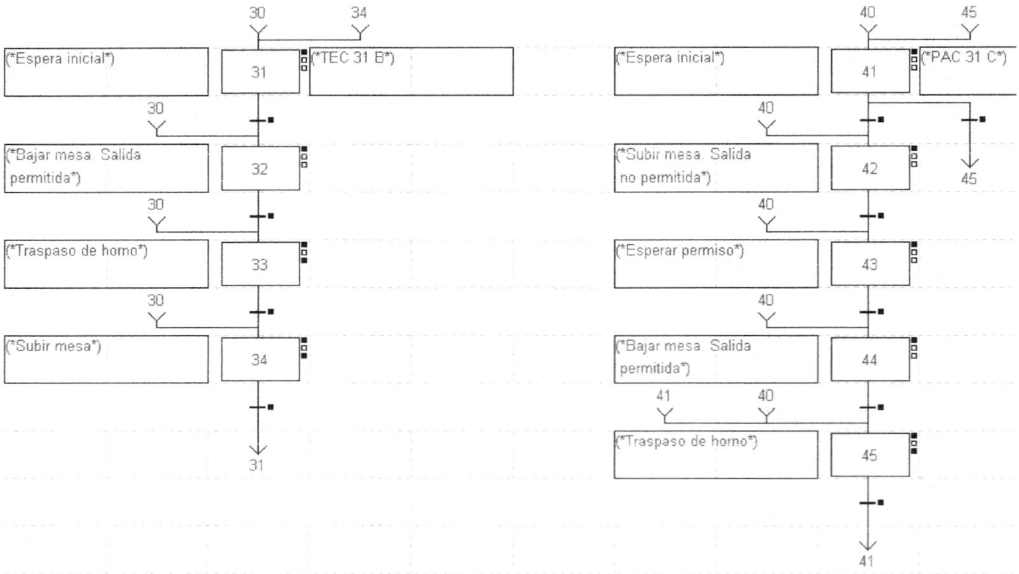

Figura 15.36

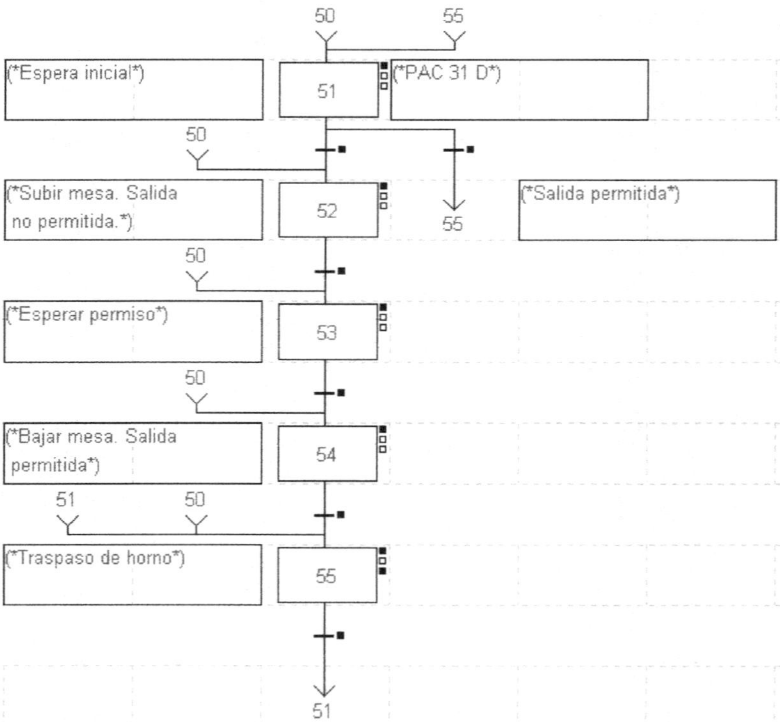

Figura 15.37

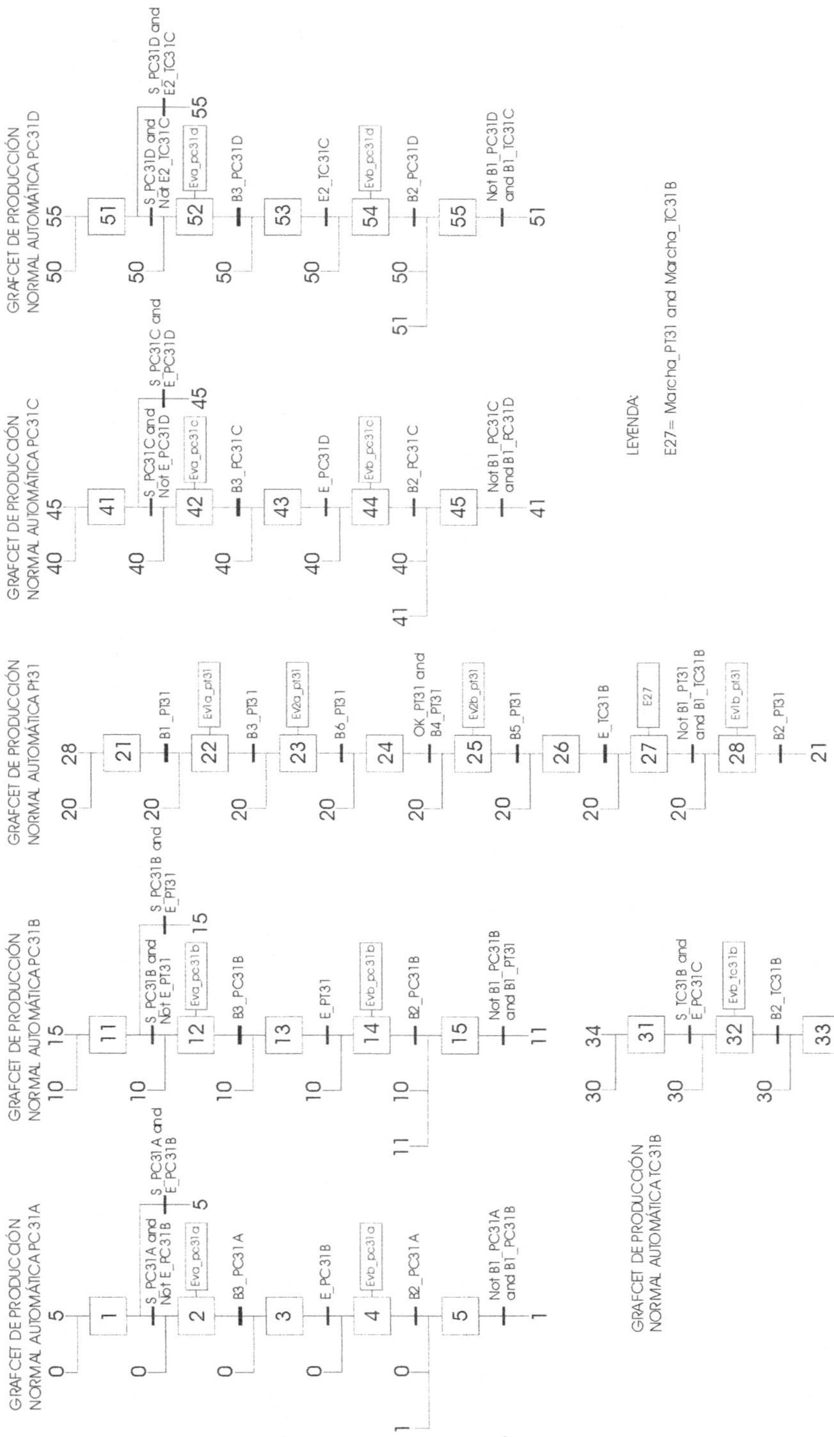
GRAFCET DE PRODUCCIÓN NORMAL AUTOMÁTICA PC31A
S_PC31A and Not E_PC31B
S_PC31A and E_PC31B
Eva_pc31a
B3_PC31A
E_PC31B
Evb_pc31a
B2_PC31A
Not B1_PC31A and B1_PC31B
GRAFCET DE PRODUCCIÓN NORMAL AUTOMÁTICA PC31B
S_PC31B and Not E_PT31
S_PC31B and E_PT31
Eva_pc31b
B3_PC31B
E_PT31
Evb_pc31b
B2_PC31B
Not B1_PC31B and B1_PT31
GRAFCET DE PRODUCCIÓN NORMAL AUTOMÁTICA TC31B
S_TC31B and E_PC31C
Evb_tc31b
B2_TC31B
Not B1_TC31B and B1_PC31C
Eva_tc31b
B3_TC31B
GRAFCET DE PRODUCCIÓN NORMAL AUTOMÁTICA PT31
B1_PT31
Ev1a_pt31
B3_PT31
Ev2a_pt31
B6_PT31
OK_PT31 and B4_PT31
Ev2b_pt31
B5_PT31
E_TC31B
E27
Not B1_PT31 and B1_TC31B
Ev1b_pt31
B2_PT31
GRAFCET DE PRODUCCIÓN NORMAL AUTOMÁTICA PC31C
S_PC31C and Not E_PC31D
S_PC31C and E_PC31D
Eva_pc31c
B3_PC31C
E_PC31D
Evb_pc31c
B2_PC31C
Not B1_PC31C and B1_PC31D
GRAFCET DE PRODUCCIÓN NORMAL AUTOMÁTICA PC31D
S_PC31D and Not E2_TC31C
S_PC31D and E2_TC31C
Eva_pc31d
B3_PC31D
E2_TC31C
Evb_pc31d
B2_PC31D
Not B1_PC31D and B1_TC31C
LEYENDA:
E27= Marcha_PT31 and Marcha_TC31B

Figura 15.38

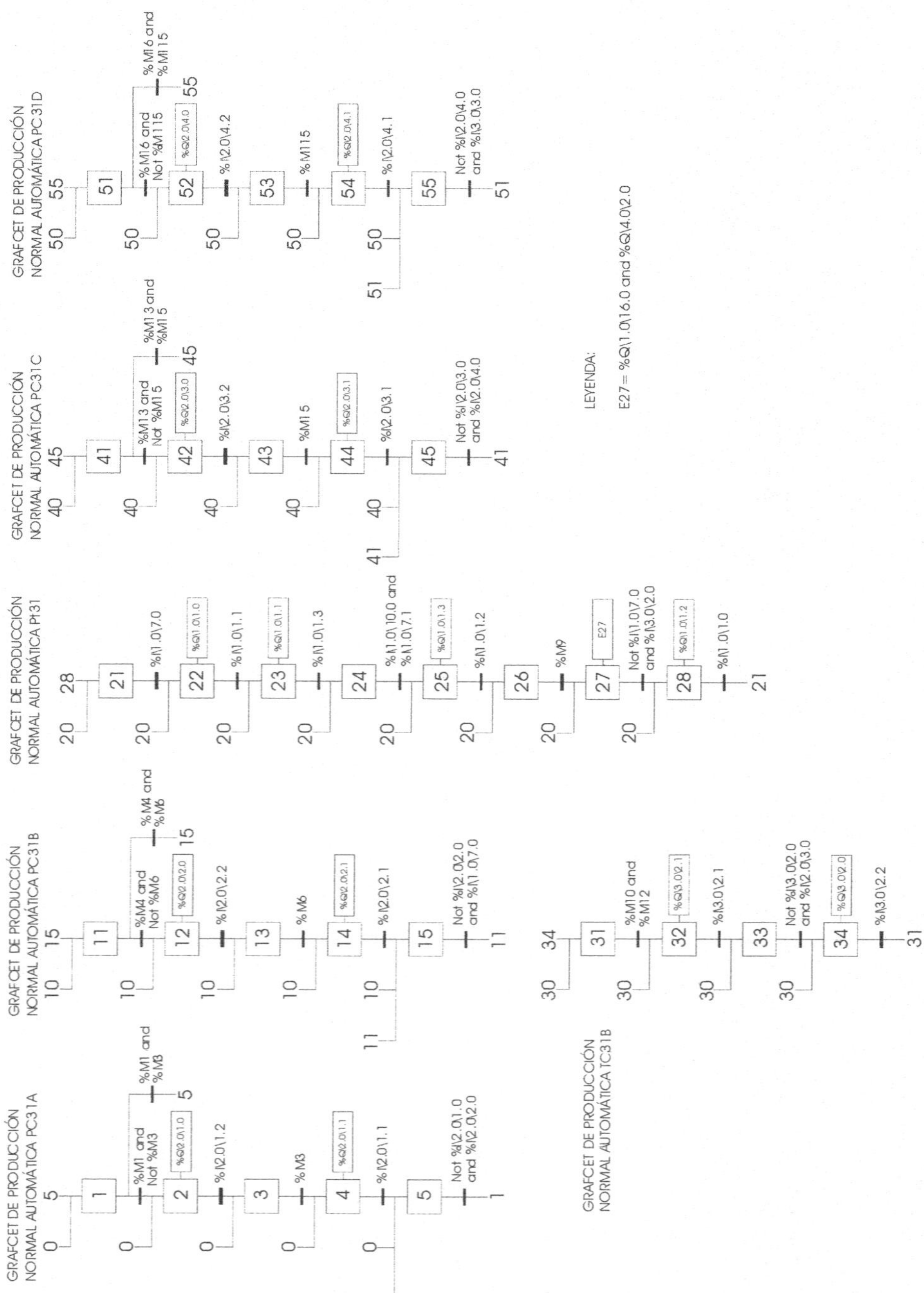

Figura 15.39

En las acciones al activar de las etapas del grafcet de cada macro, se irá memorizando el número de etapa activa en una palabra interna del autómata, para conocer el estado en que se encuentra el sistema en cada momento (algo que será de utilidad cuando tenga lugar algún fenómeno que provoque la parada de la macro). Como cada macro contiene más de 1 grafcet de producción y, por tanto, más de 1 etapa activa simultáneamente, se asigna a cada grafcet una palabra distinta de la memoria del autómata.

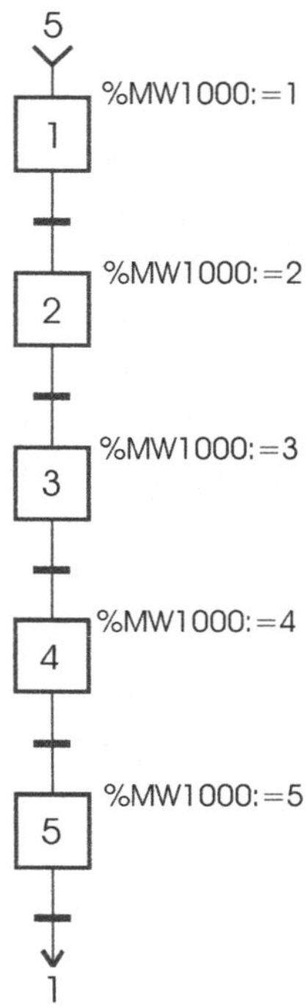

Figura 15.40

A este grafcet se le ha asignado la palabra %MW1000. Cuando el grafcet se va ejecutando, en esta palabra se va almacenando el número de etapa activa correspondiente. Las instrucciones de asignación se introducen en las acciones al activar de cada etapa.

A partir de la etapa de entrada *IN* a la macro, se deriva una transición (TRUE) hacia etapas iniciales de los grafcet, donde se permite, si el operador lo desea, controlar manualmente el sistema. Estas etapas iniciales son la: 0, 10, 20…

Como en estas etapas el operador puede mover el sistema como quiera, se procederá, en éstas, a un reconocimiento del estado en el que se ha dejado el sistema tras el control manual, para así actualizar si es debido la palabra interna que señaliza la situación de los grafcet antes de la parada.

A partir de las etapas iniciales de los grafcet (0, 10, 20,…) se derivan transiciones a todas las etapas del grafcet correspondientes. En estas transiciones se programan las condiciones de salto de etapa 0, 10… a las etapas del grafcet. Estas condiciones consisten en:

- *Número de etapa almacenado en la palabra interna coincide con el número de etapa a que salta la transición.*
- *El estado de la macro al completo ha sido reconocido.*

Para efectuar el reconocimiento de estado lo que se debe hacer es asignar a cada uno de los Grafcet que controlan las mesas una palabra (Ej: %MW1000). Al activar cada una de las etapas del Grafcet al que pertenezca la palabra se le asignará a ésta un valor, que será el número de la etapa.

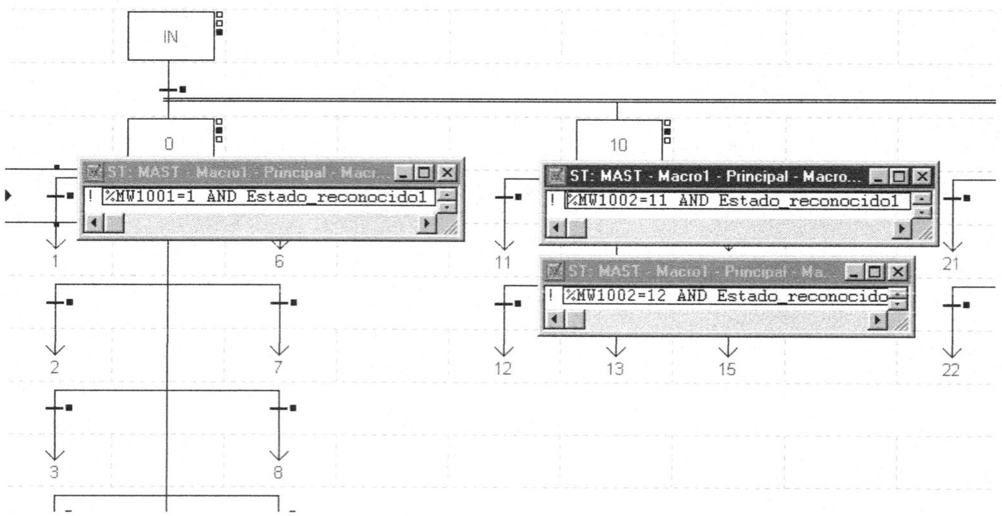

Figura 15.41

Una vez que la máquina ha sido rearmada, no existirán defectos. El grafcet de la macroetapa podrá salir de las etapas iniciales si no existen defectos, la máquina no está en manual, el estado de todas las mesas programadas en la macro es reconocido... Entonces, como se ha memorizado el número de palabra, el grafcet se rearma en la posición correcta donde se encontraba la máquina.

El reconocimiento de estado consiste en comprobar que el estado almacenado en la palabra interna se corresponde con la situación actual de la máquina y se realiza cuando no existen fallos, y desaparece el control manual sobre alguna máquina o mesa cuyo grafcet de producción esté programado en esa macroetapa.

```
(*RECONOCE ESTADO PARA PC1A*)
IF NOT Fallocadena1 AND NOT Fallo AND NOT Manual1 THEN
IF %MW1002=11 THEN
  IF B2_pc1a AND NOT B1_pc1a
          THEN SET S_pc1a;
                  SET E_pc1a;
                  RESET T_pc1a;
                  SET Estado_reconocido1_10;
          ELSE %MW1002:=12;
  END_IF;
```

```
END_IF;
IF %MW1002=12 THEN
  IF B1_pc1a AND NOT B3_pc1a AND B1_pc1b
          THEN SET S_pc1a;
                    RESET E_pc1a;
                    RESET T_pc1a;
                    SET Estado_reconocido1_10;
          ELSE %MW1002:=13;
  END_IF;
END_IF;
IF %MW1002=13 THEN
  IF B1_pc1a AND B3_pc1a AND B1_pc1b
          THEN SET S_pc1a;
                    RESET E_pc1a;
                    RESET T_pc1a;
                    SET Estado_reconocido1_10;
          ELSE %MW1002:=14;
  END_IF;
END_IF;
IF %MW1002=14 THEN
  IF B1_pc1a AND NOT B2_pc1a AND NOT B1_pc1b
          THEN SET S_pc1a;
                    RESET E_pc1a;
                    RESET T_pc1a;
                    SET Estado_reconocido1_10;
          ELSE %MW1002:=15;
  END_IF;
END_IF;
IF %MW1002=15 THEN
  IF B1_pc1a AND B2_pc1a AND NOT B1_pc1b AND B2_pc1b
          THEN   SET S_pc1a;
                    RESET E_pc1a;
                    SET Estado_reconocido1_10;
```

```
            ELSE %MW1002:=11;
      END_IF;
   END_IF;
   IF %MW1002=11 THEN
      IF B2_pc1a AND NOT B1_pc1a
            THEN SET S_pc1a;
                  SET E_pc1a;
                  RESET T_pc1a;
                  SET Estado_reconocido1_10;
            ELSE SET Estado_no_reconocido1_10;
      END_IF;
   END_IF;
   END_IF;END_IF;
```

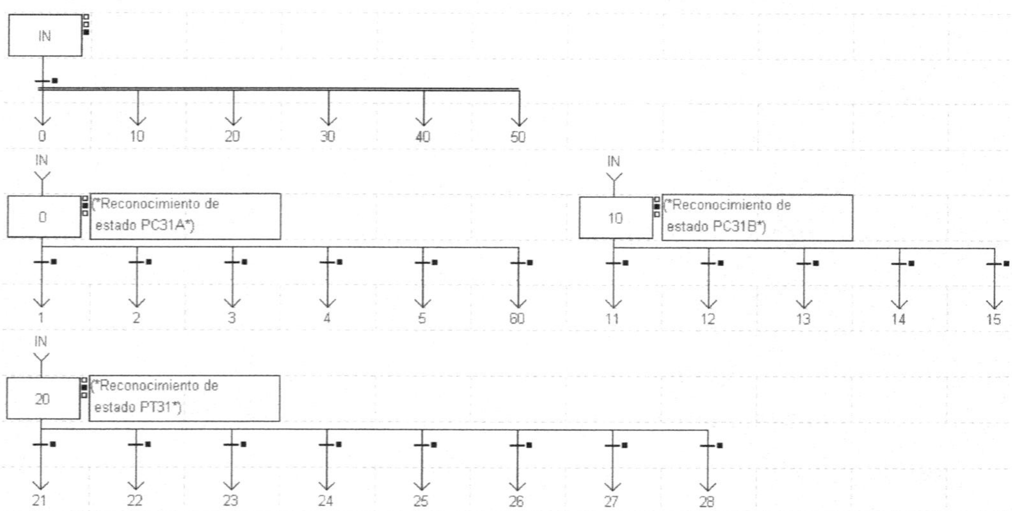

Figura 15.42

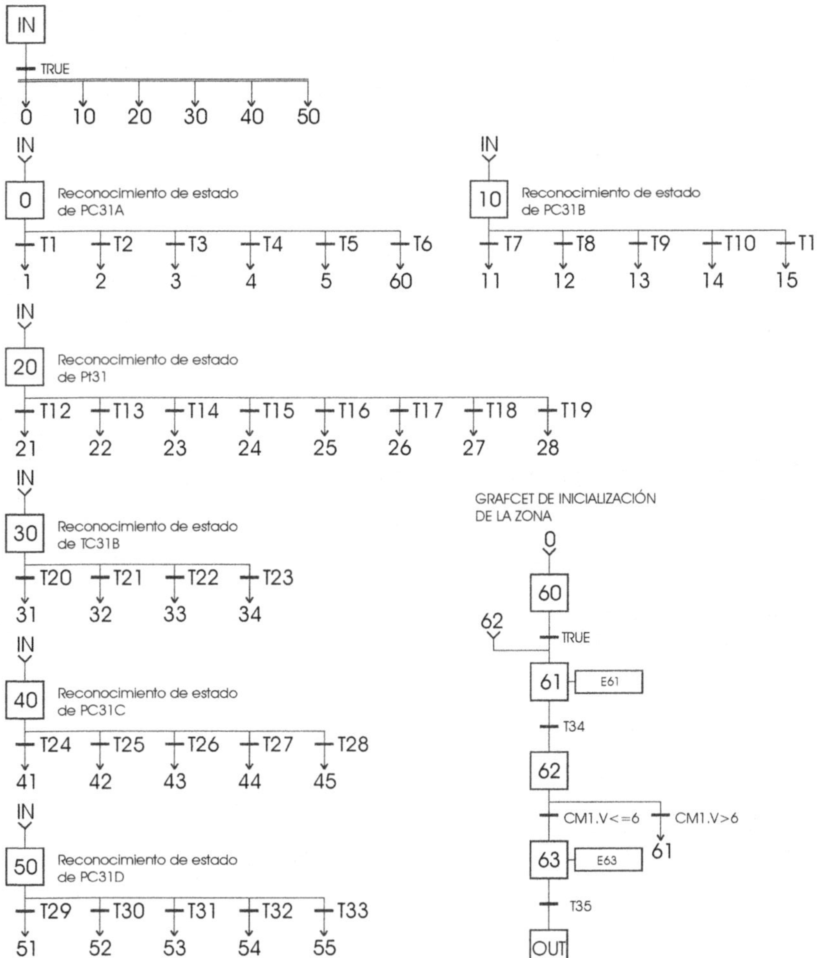

LEYENDA:

T1= Estado_reconocido1 and Estado_reconocidoCp and %MW1000=1
T2= Estado_reconocido1 and Estado_reconocidoCp and %MW1000=2
T3= Estado_reconocido1 and Estado_reconocidoCp and %MW1000=3
T4= Estado_reconocido1 and Estado_reconocidoCp and %MW1000=4
T5= Estado_reconocido1 and Estado_reconocidoCp and %MW1000=5
T6= Estado_no_reconocido1
T7= Estado_reconocido1 and Estado_reconocidoCp and %MW1001=11
T8= Estado_reconocido1 and Estado_reconocidoCp and %MW1001=12
T9= Estado_reconocido1 and Estado_reconocidoCp and %MW1001=13
T10= Estado_reconocido1 and Estado_reconocidoCp and %MW1001=14
T11= Estado_reconocido1 and Estado_reconocidoCp and %MW1001=15
T12= Estado_reconocido1 and Estado_reconocidoCp and %MW1002=21
T13= Estado_reconocido1 and Estado_reconocidoCp and %MW1002=22
T14= Estado_reconocido1 and Estado_reconocidoCp and %MW1002=23
T15= Estado_reconocido1 and Estado_reconocidoCp and %MW1002=24
T16= Estado_reconocido1 and Estado_reconocidoCp and %MW1002=25
T17= Estado_reconocido1 and Estado_reconocidoCp and %MW1002=26
T18= Estado_reconocido1 and Estado_reconocidoCp and %MW1002=27
T19= Estado_reconocido1 and Estado_reconocidoCp and %MW1002=28
T20= Estado_reconocido1 and Estado_reconocidoCp and %MW1003=31
T21= Estado_reconocido1 and Estado_reconocidoCp and %MW1003=32
T22= Estado_reconocido1 and Estado_reconocidoCp and %MW1003=33
T23= Estado_reconocido1 and Estado_reconocidoCp and %MW1003=34
T24= Estado_reconocido1 and Estado_reconocidoCp and %MW1004=41
T25= Estado_reconocido1 and Estado_reconocidoCp and %MW1004=42
T26= Estado_reconocido1 and Estado_reconocidoCp and %MW1004=43
T27= Estado_reconocido1 and Estado_reconocidoCp and %MW1004=44
T28= Estado_reconocido1 and Estado_reconocidoCp and %MW1004=45
T29= Estado_reconocido1 and Estado_reconocidoCp and %MW1005=51
T30= Estado_reconocido1 and Estado_reconocidoCp and %MW1005=52
T31= Estado_reconocido1 and Estado_reconocidoCp and %MW1005=53
T32= Estado_reconocido1 and Estado_reconocidoCp and %MW1005=54
T33= Estado_reconocido1 and Estado_reconocidoCp and %MW1005=55

E61= Suben o bajan mesas en orden, según el valor del contador.
T34= Comprobación de que las mesas están arriba o abajo según les corresponda.
E63= Asignación de valores bits, según la presencia o ausencia de horno en las mismas.
T35= Comprobación de que los bits han sido asignados correctamente.

Figura 15.43

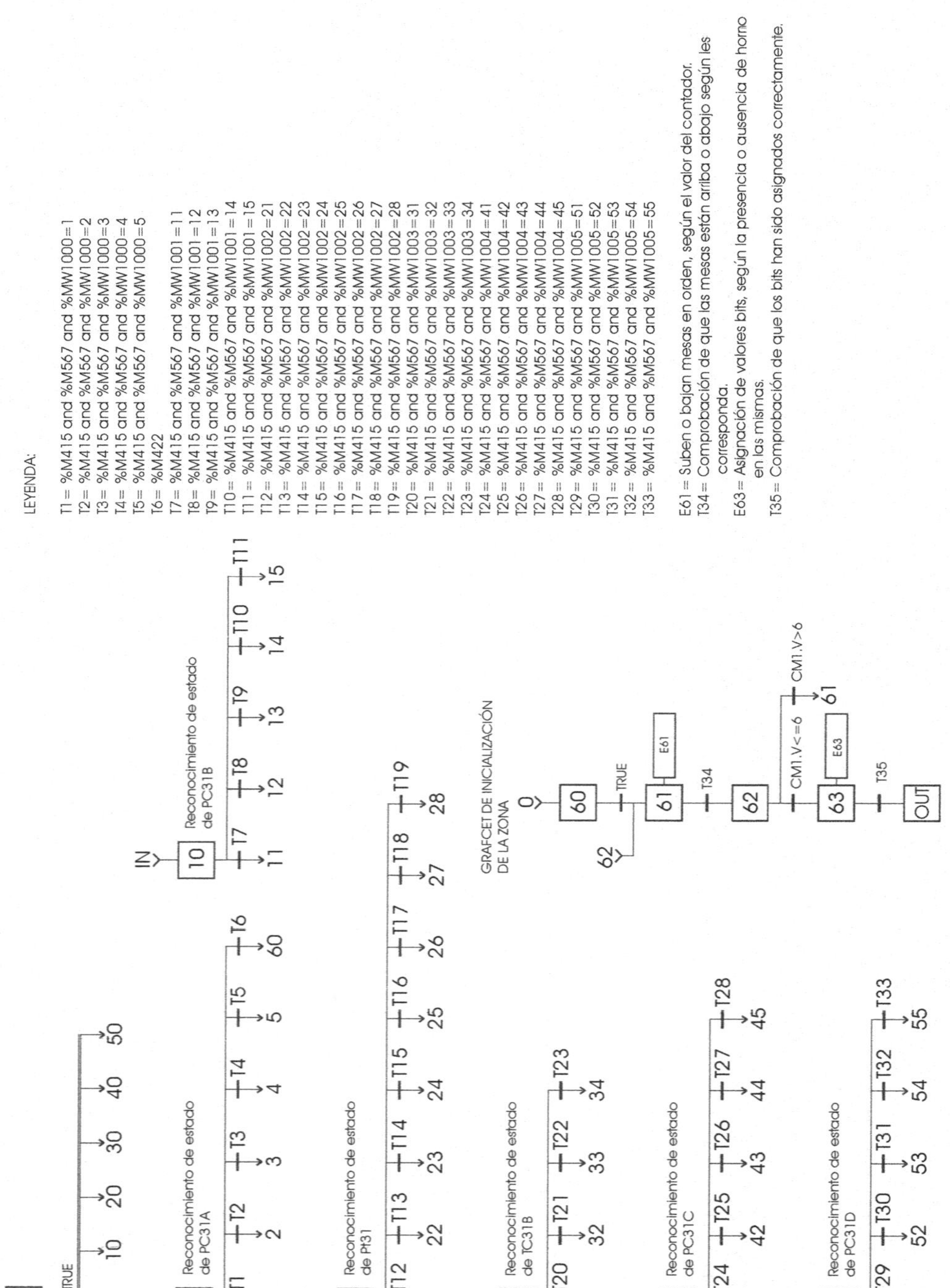

Figura 15.44

En caso de que el estado no sea reconocido se activará un bit de la memoria del autómata señalizando, el no reconocimiento de estado, y se procederá a la inicialización de la macroetapa no reconocida.

La inicialización consiste en bajar o subir las mesas correspondientes (estado que varía dependiendo de la situación de la mesa dentro de la línea de producción), actualizar los bits de control de mesas E-S-T e inicializar las palabras internas correspondientes a cada grafcet de acuerdo al estado en el que se encuentran, para volver a realizar un reconocimiento de estado y poder poner en funcionamiento las mesas asociadas a dicha macro.

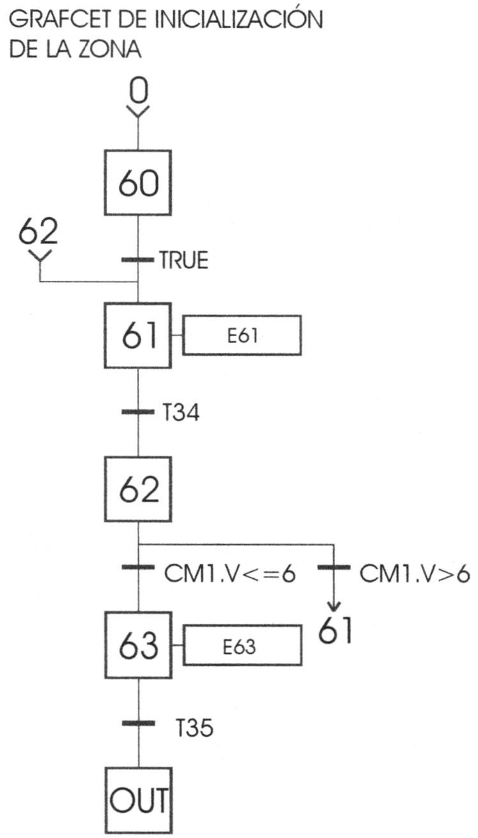

Figura 15.45

La gestión de la emergencia se realiza desactivando la macroetapa correspondiente y activando inmediatamente su etapa de entrada IN.

Las condiciones para desactivar una macroetapa son:

- *Operador pulse una seta de emergencia.*
- *El autómata detecte un fallo en el proceso de fabricación.*
- *Fallos internos del Autómata Programable.*
- *Máximos tiempos en la realización de subidas o bajadas de mesas, traspaso de hornos y comunicaciones con dispositivo INDUCTEL (se emplean los temporizadores asociados a las etapas).*

- *Detectores de presencia no activos cuando una mesa se eleva o desciende cuando dichos detectores deberían estar activos.*
- *Fallos en los esclavos del bus AS-i .*
- *Fallos en los motores tanto de cadenas de gran tamaño como de cadenas de mesas.*
- *El operador pase la máquina a control manual.*
- *El operador decida realizar una parada momentánea de toda la cadena de producción.*

Todos estos fallos se programan en lenguaje literal estructurado en el PRELIMINAR.

Al desactivar la macroetapa se desactivan las salidas que controlan las mesas y aquellas que también se relacionan con su funcionamiento.

Cada macroetapa se desactivará si el fallo se produce en una de las mesas cuyo grafcet de funcionamiento está programada en ella o es un fallo o parada que afecta a toda la zona o a ella en particular, o se desea controlar manualmente alguna de las mesas programadas en ella u otras mesas que no pertenecen a ella pero cuyo control manual afecta a su funcionamiento.

15.5.5 Módulo posterior

En este módulo simplemente se ha programado la activación de las salidas del autómata en producción normal automática y en el momento de inicialización de mesas. Las salidas a las que nos referimos son motores y electroválvulas.

```
(*ACTIVACION SUBIDAS/BAJADAS PUESTO TRABAJO 31*)

Eva_pc31a:=%X1.2 OR(Manual31 AND((Pag1=44 AND Tf1:X1)OR(Pag2=44 AND
Tf2:X1)OR(Pag3=44 AND Tf3:X1)OR(Pag4=44 AND Tf4:X1)));

Evb_pc31a:=%X1.4 OR(%X1.61 AND Cont_macro1.V=0 AND NOT
B2_pc31a)OR(Manual31 AND((Pag1=44 ANDTf1:X3)OR(Pag2=44 AND
Tf2:X3)OR(Pag3=44 AND Tf3:X3)OR(Pag4=44 AND Tf4:X3)));

Eva_pc31b:=%X1.12 OR(Manual31 AND((Pag1=44 AND Tf1:X5)OR(Pag2=44 AND
Tf2:X5)OR(Pag3=44 AND Tf3:X5)OR(Pag4=44 AND Tf4:X5)));

Evb_pc31b:=%X1.14 OR(%X1.61 AND Cont_macro1.V=1 AND NOT
B2_pc31b)OR(Manual31 AND((Pag1=44 AND Tf1:X7)OR(Pag2=44 AND
Tf2:X7)OR(Pag3=44 AND Tf3:X7)OR(Pag4=44 AND Tf4:X7)));

Ev1a_pt31:=%X1.22 OR(Manual31 AND((Pag1=44 AND Tf1:X0)OR(Pag2=44 AND
Tf2:X0)OR(Pag3=44 AND Tf3:X0)OR(Pag4=44 AND Tf4:X0)));

Ev1b_pt31:=%X1.28 OR(%X1.61 AND Cont_macro1.V=2 AND NOT
B2_pt31)OR(Manual31 AND((Pag1=44 AND Tf1:X2)OR(Pag2=44 AND
Tf2:X2)OR(Pag3=44 AND Tf3:X2)OR(Pag4=44 AND Tf4:X2)));

Ev2a_pt31:=%X1.23 OR(Manual31 AND((Pag1=44 AND Tf1:X4)OR(Pag2=44 AND
Tf2:X4)OR(Pag3=44 AND Tf3:X4)OR(Pag4=44 AND Tf4:X4)));
```

Las salidas son activadas por condiciones automáticas y manuales. El control manual está destinado principalmente para realizar un mantenimiento preventivo y correctivo de la línea de producción.

Para ello se han empleado los terminales MAGELIS tipo XBT-F 5", situadas en los armarios de los autómatas de cada zona.

Desde cada terminal de cada autómata se puede controlar la subida y bajada de todas y cada una de las mesas que constituyen la línea de fabricación. No se permite el control sobre los motores, en algunas zonas, ya sean de mesas o de cadenas de transporte, por motivos de seguridad.

Una vez que ya sabemos cómo se comunican entre sí el autómata con la MAGELIS y cómo se comunican entre sí los distintos autómatas podemos explicar cómo se puede realizar el control manual de toda la cadena de producción desde un mismo terminal de control:

Lo que se hace es introducir en la zona reservada de la tabla compartida de cada autómata aquellas palabras de la TABLA DE DIÁLOGO del correspondiente terminal MAGELIS que son importantes. En nuestro caso se ha introducido:

- *Teclas de función y*
- *nº de página a tratar.*

De esta forma, cada autómata tendrá en su tabla compartida las TECLAS DE FUNCIÓN y el Nº DE PÁGINA A TRATAR que se están pulsando o visualizando en cada terminal MAGELIS, actuando en consecuencia. Por ejemplo: Si se quiere realizar un control manual de la zona 1 desde el terminal MAGELIS de la zona 4, el autómata 1 sabrá que desde la zona 4 se quiere controlar manualmente su zona y actuará en consecuencia deteniendo la parte que se quiera controlar, y subiendo o bajando la mesa que le indiquen al pulsar las teclas de función.

BIBLIOGRAFÍA

David, R., Hassane, A.: *Petri Nets & Grafcet. Tools for modelling discrete event systems.* Prentice Hall 1992.

Dicesare, F., Harhalakis, G., Proth, J.M., Silva, M., Vernadat, F.B.: *Practice of Petri Nets in Manufacturing.* Editorial Chapman & Hall, Londres 1993.

Mayr, O.: *The origins of Feedback Control. Editorial M.I.T. Press 1970.*

Michel, G.: *Autómatas Programables Industriales: Arquitectura y Aplicaciones.* Marcombo 1997.

Piedrafita, R.: *Autómatas Programables. Nivel II.* Universidad de Zaragoza 1992.

Piedrafita, R.: *Automatización Industrial Avanzada.* Universidad de Zaragoza 1998.

Piedrafita, R.: *Automatización Industrial.* Universidad de Zaragoza 1994.

Piedrafita, R.: *Internet y Nuevas tecnologías en los Sistemas de Producción Industrial* . Universidad de Zaragoza 2002.

Romeo, A.: *Pc, Ada y Tiempo Real* . Kronos 1998.

Silva, M., Colom, J.M.: *Concurrencia y Redes.* Apuntes del curso de doctorado. Universidad de Zaragoza.

Silva, M.: *Las Redes de Petri: en la Automática y la Informática.* Editorial AC 1985.

Strandh, S.: *The History of The Machine.* Bracken Books,1989.

Teruel, E.: *Interpretaciones de Redes de Petri. Aplicaciones.* Universidad de Zaragoza 1997.

Varios Autores: *Gemma (Guide d'Étude des Modes de Marches et d'Arrêts)* ADEPA.

Varios Autores: *Los Automatismos Programables.* Citef 1991.

Villarroel, J., Tardós, J.D.: *Ingeniería de sistemas de tiempo real.* Apuntes del curso de doctorado. Universidad de Zaragoza.

Villarroel, J., Briz, J.L.: *Implementación programada de Redes de Petri.* Apuntes del curso de doctorado. Universidad de Zaragoza.

MANUALES TÉCNICOS

Allen Bradley.Rockwell Software. Catalog CD-Rom. Rockwell Automation 1997.

Autómatas Premium TSX 57/PCX 57. Comunicación Interfaces bus y red. Schneider Electric 2002.

Autómatas TSX Micro. Manual de Puesta en Marcha. Schneider Electric 1998.

Automatismos programables Industriales TSX-Micro-Tsx Nano. Schneider Electric 1999.

Catálogo Informático. Schneider Electric 1998.

Components for Automation. The Entire Product Range on CD-Rom. Siemens 1997.

Comunicación Red FIPWAY. AEG Schneider Automation 1996.

Inductel. Manual de Instalación y configuración. Telemecanique 1996.

Interbus &Automation. Phoenix Contact 2003.

Magelis. Guía de Utilización. Schneider Electric 1998.

Módulo de comunicación de autómatas Premium TSX IBY 100/TSX IBX 100. Schneider Electric 2002.

PL7 Junior/Pro. Funciones Específicas de los Autómatas Premium. Analógico/ Pesaje. Manual de Puesta en Marcha de Funciones Específicas. Groupe Schneider 2002.

PL7 Junior/Pro. Funciones Específicas de los Autómatas Premium. Contaje y Comando de Movimientos. Manual de Puesta en Marcha de Funciones Específicas. Groupe Schneider 2002.

PL7 Micro/Junio/Pro. Manual de Referencia. Schneider Electric 2002.

PL7 Micro/Junior/Pro TSX Micro/Premium. Documentación técnica. Schneider Electric 2002.

PL7 Micro/Junior/Pro. Funciones específicas de comunicación. Schneider Electric 2002.

Plataforma de Automatismos. Modicon TSX Premium. Schneider Electric 1999.

Sensores, Vision & Medicion. Keyence 2003.

PÁGINAS WEB

Profesor Ramón Piedrafita Moreno

http://ramon.cps.unizar.es

Área de Ingeniería de Sistemas y Automática en la Escuela Universitaria de Ingeniería Técnica Industrial de Zaragoza

http://automata.cps.unizar.es

Departamento de Informática e Ingeniería de Sistemas

http://diis.unizar.es

Escuela Universitaria de Ingeniería Técnica Industrial de Zaragoza

http://www.unizar.es/euitiz/euiti.htm

Schneider España

http://www.schneiderelectric.es/

Schneider Electric

http://www.modicon.org/

Modicon

http://www.modicon.com/

http://eclipse.modicon.com/

La factoría transparente

http://www.transparentfactory.com/

Phoenix Contact

http://www.interbus.com/

Bus AS-i

http://www.as-interface.com/

Siemens Automation and Drives

http://www.ad.siemens.de/

Profibus

http://www.profibus.com/

Rockwell Automation

http://www.rockwell.com/

Allen Bradley

http://www.ab.com/

Keyence

http://www.keyence.com/

Pepper+Fuchs

http://www.am.pepperl-fuchs.com/home/default.asp

http://www.pepperl-fuchs.com/

Control Engineering

http://www.manufacturing.net/ctl/

Norma IEC-6131

http://www.plcopen.org/

Control Engineering Virtual Library

http://www.control.eng.cam.ac.uk/extras/Virtual_Library/Control_VL.html

International Federation of Automatic Control.

http://www.ifac-control.org/

Comité Español de Automática de la IFAC.

http://www.cea-ifac.es/

American Automatic Control Council.

http://www.a2c2.org/

The International Society for Measurement and Control.

http://www.isa.org/

The American Society of Mechanical Engineers.

http://www.asme.org/

The Institute of Measurement and Control.

http://www.instmc.org.uk/

The IEEE Control Systems Society.

http://www.ieeecss.org/

IEEE Robotics and Automation Society.

http://www.ncsu.edu/IEEE-RAS/RAM/RAM.html

American Institute of Aeronautics and Astronautics.

http://www.aiaa.org/

American Institute of Chemical Engineers.

http://www.aiche.org/about/

IEEE Systems, Man and Cybernetics Society.

http://www.isye.gatech.edu/ieee-smc/

The World of Petri Nets

http://www.daimi.au.dk/PetriNets/

Profesor Carl Adam Petri.

http://www.informatik.uni-hamburg.de/TGI/mitarbeiter/profs/petri_eng.html

Neumática de Herón de Alejandría

http://www.history.rochester.edu/steam/hero/

Editorial Ra-Ma

http://www.ra-ma.es/

CONTENIDO DEL CD-ROM

Con la presente edición del libro se suministra un CD-ROM que contiene información adicional, software de programación de Autómatas y programas ejemplo:

- PL7-Pro V4.0 versión demo. Permite programar los Autómatas Modicon Telemecánica de las gamas TSX Micro y TSX Premium.
- Programas ejemplo del libro en tres versiones:

  Versión Autómatas Módicon Telemecánica

  Versión PLC-Open

  Fichero de impresión en formato Acrobat Reader
- Programas ejemplo adicionales.
- Documentación de los Autómatas Modicon Telemecánica en formato Acrobat Reader. Incluyendo manuales de programación.
- Enlace a la página web de Historia de la Ingeniería de Control.
- Documentación sobre sensores.
- Documentación sobre elementos de seguridad en los sistemas automatizados.
- Documentación sobre la aplicación de Ethernet e Internet en los sistemas automatizados.
- Documentación sobre sistemas de supervisión industrial.
- Documentación sobre diálogo humano-máquina.

ÍNDICE ALFABÉTICO

B

C

D

S

T

U

V

W